OPTISCHE STRÖMUNGSMESSTECHNIK

meiner lieben Frau Aga
meiner lieben Mutter
gewidmet

OPTISCHE STRÖMUNGSMESSTECHNIK

Dr. rer. nat. Herbert Oertel sen.
a. pl. Professor für Strömungslehre
Universität Karlsruhe

Leitender Regierungsdirektor a. D., Ehem. Wissenschaftlicher
Mitarbeiter am Deutsch-Französischen Forschungsinstitut
Saint Louis (ISL)

unter Mitarbeit von

Dr.-Ing. habil. Herbert Oertel jun.
a. pl. Professor für Strömungslehre
Universität Karlsruhe

Direktor des Instituts für Theoretische Strömungsmechanik
DFVLR-AVA Göttingen

mit 1121 Abbildungen, 51 Tabellen,
3039 Literaturhinweisen

SPRINGER-VERLAG BERLIN HEIDELBERG GMBH

CIP-Titelaufnahme der Deutschen Bibliothek

Oertel, Herbert:
Optische Strömungsmesstechnik/Herbert Oertel sen.;
Herbert Oertel jun.- Karlsruhe: Braun, 1989
(Wissenschaft + Technik)

NE: Oertel, Herbert

ISBN 978-3-642-51756-3   ISBN 978-3-642-51755-6 (eBook)
DOI 10.1007/978-3-642-51755-6

Softcover reprint of the hardcover 1st edition 1989

Verlag und Gesamtherstellung: G.Braun, Karlsruhe

Vorwort

Das vorliegende Buch basiert auf Erfahrungen, die der Seniorverfasser in
den Jahren **1945** bis **1983** als Mitarbeiter des Deutsch-Französischen Forschungsinstitut Saint Louis und der Juniorverfasser in den Jahren **1971** bis
1981 als Mitarbeiter des Instituts für Strömungslehre und Strömungsmaschinen der Universtät Karlsruhe sammeln konnten. Es will einen Wunsch
erfüllen, der von Hörern der Vorlesungen beider Verfasser an der Universität Karlsruhe geäußert wurde. Immer wieder wurde nach einem Buch
gefragt, das nicht nur gründlich in die wichtigsten Teilgebiete der optischen Strömungsmeßtechnik einführt, sondern darüber hinaus auch einen
möglichst umfassenden Überblick über die gesamte optische Strömungsmeßtechnik gibt und einen Einblick in die jüngsten Entwicklungen gewährt.
Über einige Teilgebiete wurde schon oft zusammenfassend berichtet [1-225].
Auf verschiedenen internationalen Tagungen wurde und wird regelmäßig über
die jeweils letzten Entwicklungen und Anwendungen vorgetragen [226-286].
Wer sich auskennt, kann sich also den Überblick auch mit einem Studium der
zitierten Bücher und Tagungsberichte verschaffen.Aber diese setzen besondere Optikausbildung und Erfahrungen mit den verschiedensten
Lichtquellen und Lichtempfängern, mit der Photographie, Kinematographie,
Interferometrie, Holographie und Spektroskopie voraus. Die optische
Strömungsmeßtechnik wird nicht nur von Spezialisten auf diesen Gebieten,
sondern auch von Physikern und Ingenieuren der verschiedensten Fachrich-
tungen, von Chemikern,Biologen und Medizinern verwendet. Immer wieder
wurde nach einem Buch gefragt, das auch diese anspricht.
Ganz ohne besondere Vorkenntnisse geht es nicht. Darum wird zunächst im
1.Teil das mindestens mitzubringende Wissen bereit gestellt. Wer sich
auskennt, mag hier nur soviel lesen, wie zur Einführung der Bezeichnungen
geschrieben wurde. Mehr allgemeines Optikwissen wird von den Büchern[287-
374] vermittelt. Im 2. Teil werden die photographierenden und im 3. Teil
die signalisierenden Verfahren besprochen. Dabei werden die bildabta-
stenden den photographierenden und die objektabtastenden den signalisierenden Verfahren zugeordnet.
Selbstverständlich mußte sich auch das vorliegende Buch einige Beschränkungen auferlegen.Nur die mit sichtbarem Licht arbeitenden Verfahren werden beschrieben. Die Messungen mit infrarotem oder ultraviolettem Licht
werden gelegentlich am Rande erwähnt. Die mit Röntgenstrahlen werden ganz
weggelassen. Auf die Anwendungen kann nur mit Literaturangaben und Bild-
beispielen hingewiesen werden. Die Bilder wollen einen Eindruck von der
außerordentlichen Vielfalt der Anwendungsmöglichkeiten vermitteln. Es
lohnt sich, hierzu auch ein Album zu betrachten, in dem **1982** zahlreiche
Strömungsbilder versammelt wurden [375]. Die optische Strömungsmeßtechnik
wird für Untersuchungen in Blutgefäßmodellen, Gerinnen, Wasserkanälen ,
Wärmetauschern, Freistrahlen, Windkanälen verschiedenster Art, Stoßroh-
ren, Strömungsmaschinen, Schießkanälen und an Bord von Flugzeugen
gebraucht. Ob dabei das eine oder andere Verfahren das geeignetere ist,
hängt von der Versuchsanlage ab. Hier kann nur auf die wenigen diesbezüg-

lichen Vermerke in Büchern oder Übersichtsberichten über Versuchsanlagen verwiesen werden [376-396]. Von den Versuchsanlagen spielt das Stoßrohr insofern eine besondere Rolle, als es besonders oft zur Erprobung neuer optischen Strömungsmeßtechnik, zur Eichung oder zur Bestimmung von Gasdaten verwendet wurde, die für die Auswertung von Messungen benötigt werden. Davon hat insbesondere die Spektroskopie profitiert [397-411]. Aber auch zahlreiche andere Verfahren haben hier ihre Bewährungsprobe bestanden [412-416]. Auch darauf wie überhaupt auf die Methoden der Erprobung und Eichung kann nur gelegentlich und nur am Rande eingegangen werden. Nur Messungen in weder ionisierten noch doppelbrechenden Medien werden betrachtet. Die Plasmadiagnostik wird nicht besprochen. Trotz all solcher Beschränkungen blieb nicht genug Platz, um mehr als eine sehr begrenzte Auswahl der überaus zahlreichen Veröffentlichungen zu zitieren.

Optische Messungen haben verglichen mit Sondenmessungen immer dann entscheidende Vorteile, wenn möglichst geringe Störung der Strömung oder möglichst viel Information in möglichst kurzer Zeit verlangt wird. Die meisten optischen Verfahren messen vollkommen berührungslos. Viele liefern schon in Nanosekunden Daten einer ganzen Strömungsebene oder sogar eines ganzen Strömungsvolumens. Wer diese Vorteile nutzt, kann nach mehr als 100 Jahren intensiver Strömungsforschung immer noch unbekannte Vorgänge entdecken. Außerdem machen die Vielfalt und Eleganz der Verfahren, ihre Anpassungsfähigkeit und ihre Entwicklungsfähigkeit die optische Strömungsmeßtechnik zu einem faszinierenden Thema. Die Verfasser hoffen, mit dem vorliegenden Buch auch Studenten anzusprechen und für dieses Thema zu gewinnen. Allerdings fühlen sie sich hier verpflichtet, eine Warnung auszusprechen. Die Begeisterung für die optische Meßtechnik kann dazu verführen, den Zweck zu vergessen. Meßtechnik will nicht nur erfunden, sondern auch angewandt werden. Die Fähigkeit zur sinnvollen Anwendung kann aber nur mit einem gründlichen Studium der Strömungsmechanik und ihrer Probleme erworben werden. Außerdem ist heute ein strömungsmechanisches Experiment nur noch dann sinnvoll, wenn es mehr als ein numerisches liefern könnte. Der Experimentator muß auch mit dem Numeriker sprechen können. Das Optikstudium allein genügt nicht.

Die Verfasser haben zu danken. Dank zunächst den zahlreichen Institutsdirektoren und Experimentatoren, die mit der Zusendung von Sonderdrucken und mit der Genehmigung zur Übernahme von Bildern geholfen haben. Die Schreib-, Zeichen- und Photoarbeiten sowie einige Rechnungen wurden im Institut für Theoretische Strömungsmechanik der Deutschen Forschungs- und Versuchsanstalt für Luft- und Raumfahrt in Göttingen ausgeführt. Dank den Mitarbeitern und Mitarbeiterinnen E. Bieler, G. Boehme, L. Emme, H. Feine, K. Fichna, G. Kopp, V. Langanke, L. Schubert, D. Welke.
Dank Herrn Prof. Dr. J. Zierep, Universität Karlsruhe, für seine Vermittlung des Verlages und Dank dem Verlag für die verständnisvolle und gute Zusammenarbeit.

Herbert Oertel sen.
Herbert Oertel jun.

1 GRUNDLAGEN

1 GRUNDLAGEN

1.1 Licht

1.1.1 Beschreibungen

1.1.1.1 Elektromagnetische Wellen

Licht kann bei fast allen im vorliegenden Buch zu besprechenden Anwendungen als ein Gemisch elektromagnetischer Wellen beschrieben werden. Oft genügt es sogar, stellvertretend für das Gemisch eine einzige, endlose und harmonische Welle zu betrachten. In der elektromagnetischen Welle ändern sich die in **Fig. 1111-1** aufgeführten Feldvektoren.
Von diesen kann E als Kraft pro Ladung ($1V/m=1N/Cb$) und $\vec{B}$ als Kraft pro Strom in Drahtlänge ($1Wb/m^2=1N/Am$) gemessen werden. Im ladungsfreien Vakuum gilt:

$$\text{div}\,\vec{D} = 0 \quad ; \quad \text{div}\,\vec{H} = 0 \qquad\qquad (1)\,(2)$$

$$\vec{D} = \varepsilon_0\,\vec{E} \quad ; \quad \vec{B} = \mu_0\,\vec{H} \qquad\qquad (3)\,(4)$$

Die Dielektrizität ε_0 und Permeabilität μ_0 des Vakuums sind konstant. Die Maxwellgleichungen der Elektrodynamik lauten in diesem Fall:

$$\text{rot}\,\vec{E} = -\frac{\partial\vec{B}}{\partial t} \quad ; \quad \text{rot}\,\vec{H} = \frac{\partial\vec{D}}{\partial t} \qquad\qquad (5)\,(6)$$

Differentiation und Kombination ergibt die Wellendifferentialgleichungen:

$$\Delta\,\vec{E} = \frac{1}{c_0^2}\cdot\frac{\partial^2\vec{E}}{\partial t^2} \quad ; \quad \Delta\,\vec{B} = \frac{1}{c_0^2}\frac{\partial^2\vec{B}}{\partial t^2} \qquad\qquad (7)\,(8)$$

$\Delta=\partial^2/\partial x^2+\partial^2/\partial y^2+\partial^2/\partial z^2$ bezeichnet den Laplaceoperator. Es sind also gekoppelte $\vec{E}$-Wellen und $\vec{B}$-Wellen möglich, deren Momentanwerte sich mit der sog. Vakuumlichtgeschwindigkeit c_0 fortpflanzen:

$$c_0 = 1/\sqrt{\varepsilon_0\mu_0} \qquad\qquad (9)$$

Die Verhältnisse der Konstanten $\varepsilon_0, \mu_0, c_0$ zu ihren Einheiten hängen von den Definitionen der Einheiten ab. Diese wurden mehrfach geändert. Zuletzt wurde 1983 auf der internationalen Generalkonferenz für Maß und Gewicht vereinbart, die Basiseinheit m=Meter nicht mehr mit einer bestimmten Lichtwellenlänge, sondern mit der Basiseinheit s=Sekunde und mit exakt dem folgenden Wert von c_0 festzulegen [417]:

Größe		Einheit	
Zeichen	Namen	Zeichen	Namen
$\vec{E}$	Elektrische Feldstärke	V/m	Volt pro Meter
$\vec{D}$	Elektrische Verschiebung	Cb/m^2	Coulomb pro Quadrätmeter
$\vec{H}$	Magnetische Feldstärke	A/m	Ampere pro Meter
$\vec{B}$	Magnetische Induktion	Wb/m^2	Weber pro Quadratmeter

1: Feldvektoren

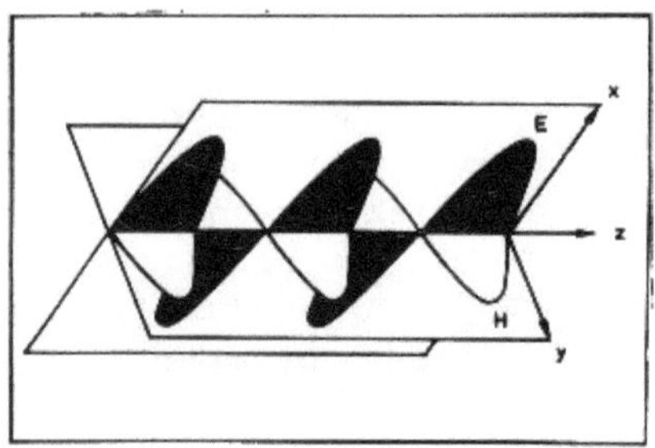

2: El. magn. Welle

3: Dipolwelle

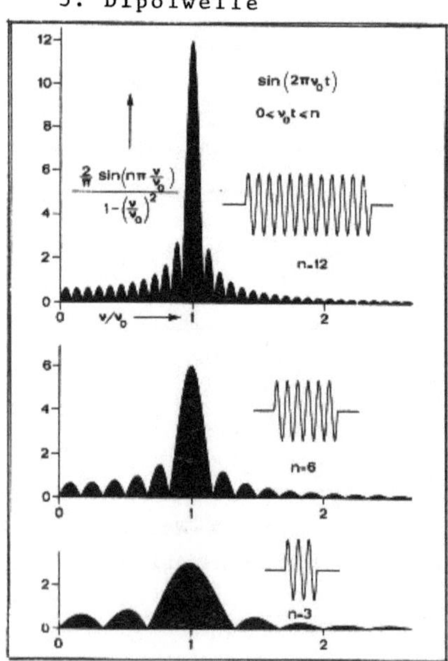

4: Sichtbares Licht

5: Wellenzüge

Fig. 1111: Lichtwellen

$$c_0 = 2{,}99792458 \cdot 10^8 \, \frac{m}{s} \tag{10}$$

Die Feldkonstanten ε_0 und μ_0 haben jetzt die folgenden Werte:

$$\varepsilon_0 = 8{,}85418782 \cdot 10^{-12} \, \frac{Cb}{Vm} \quad ; \quad \mu_0 = 4\pi \cdot 10^{-7} \, \frac{Wb}{Am} \tag{11}\,(12)$$

Aus dem unerschöpflichen Lösungsvorrat der Wellendifferentialgleichung interessiert zunächst jene Lösung, welche eine endlose und harmonische in Richtung positiver z fortschreitende und von x,y unabhängige Welle beschreibt. Für diese gilt z.B.

$$E_x = 0 \quad ; \quad E_y = \hat{E}_y \sin\left[\omega(t-z/c_0)\right] \tag{13}\,(14)$$

$$B_y = 0 \quad ; \quad B_x = E_y/c_0 \tag{15}\,(16)$$

$\vec{E}$ und $\vec{B}$ stehen beide senkrecht auf z. Es handelt sich also um eine Transversalwelle. Außerdem steht $\vec{B}$ senkrecht auf $\vec{E}$ und hat zu jeder Zeit an jedem Ort einen mit der gleichen Proportionalitätskonstanten zum Betrag von $\vec{E}$ proportionalen Betrag wie in **Fig. 1111-2**. Es genügt, $E_y(z,t)$ zu betrachten. $E_y(z,t)$ schwingt an einer Stelle z mit der Kreisfrequenz $\omega = 2\pi\nu$ und hat dort zur Zeit t den gleichen Momentanwert wie an der Stelle z=0 zur Zeit $t_0 = t - z/c_0$. Der Momentanwert hat also für den Weg z die Laufzeit z/c_0 gebraucht. Es hat sich mit der Geschwindigkeit c_0 fortgepflanzt. Zu einer Zeit t erscheinen gleiche $\partial E_y/\partial z$ bei gleichen E_y mit jenem Abstand $\Delta z = \lambda_0$, um welchen sich E_x während der Schwingungsdauer $\tau = 1/\nu$ verschiebt. Mit der Wellenlänge $\lambda_0 = c_0\tau = c_0/\nu$ oder mit der Kreiswellenzahl $k_0 = 2\pi/\lambda_0 = \omega/c_0$ kann man auch schreiben:

$$E_y(z,t) = \hat{E}_y \sin\left[2\pi\left(\frac{t}{\tau} - \frac{z}{\lambda_0}\right)\right] = \hat{E}_y \sin(\omega t - k_0 z) \tag{17}\,(18)$$

Bei einer harmonischen Schwingung wird das Argument der Sinusfunktion ihre Phase genannt. Da im vorliegenden Fall die Amplitude $\hat{E}_y$ konstant bleibt, erscheinen gleiche Momentanwerte $E_y(z,t)$ bei gleichen Phasen $\varphi(z,t) = \omega t = k_0 z$. Die Phasen sind in x,y-Ebenen konstant. Flächen mit konstanter Phase werden Phasenflächen genannt. Im Vakuum bewegen sie sich mit der Phasengeschwindigkeit c_0 in Richtung ihrer Normalen. Bei dem hier betrachteten Beispiel bleibt der $\vec{E}$-Vektor in der y,z-Ebene. Die Ebene des $\vec{E}$-Vektors wird als Schwingungsebene der Welle angegeben. Wird nur eine einzige Welle mit ebenen Phasenflächen betrachtet, so kann man das Koordinatensystem so legen, daß die Gleichung (18) die Welle beschreibt. Es ist dann üblich, den Index y wegzulassen. Werden zwei oder mehr Wellen mit ebenen Phasenflächen und verschiedenen Schwingungsebenen bei gleicher Fortpflanzungsrichtung betrachtet, so sind statt der Skalaren E und $\hat{E}$ die Vektoren $\vec{E}$ und $\vec{\hat{E}}$ einzusetzen. Sind auch die Fortpflanzungsrichtungen verschieden, so tritt an die Stelle des Produktes der Skalaren k_0 und z das skalare Produkt des Wellenvektors $\vec{k}_0$ mit den Komponenten k_{0x}, k_{0y}, k_{0z} und Ortsvektors $\vec{r}$ mit den Komponenten x,y,z:

12

$$k_0 r = k_{0x} x + k_{0y} y + k_{0z} z \tag{19}$$

$\vec{E}$ steht senkrecht auf $\vec{k}_0$. Die elektromagnetische Welle transportiert Energie. Richtung und Betrag der pro Zeit und pro Fläche senkrecht durch ein Flächenelement gehenden Energie wird mit dem Poyntingvektor $\vec{S}$ angegeben (J.H. Poynting 1852-1914). Im Vakuum hat $\vec{E}$ die gleiche Richtung wie $\vec{D}$ und $\vec{B}$ die gleiche Richtung wie $\vec{H}$. Dann gilt:

$$\vec{S} = \vec{E} \times \vec{H} \tag{20}$$

$\vec{S}$ zeigt in diesem Fall in die Fortpflanzungsrichtung der Phasenflächen. Für den Betrag kommt:

$$S = \sqrt{\varepsilon_0/\mu_0} \cdot E^2 = c_0 \, ED \tag{21}$$

S oszilliert an einem gegebenen Ort mit der Kreisfrequenz ω. Mittelung über lange Zeit ergibt den folgenden Ausdruck für die Energiestromdichte:

$$<S> = \lim_{\Delta t \to \infty} \frac{1}{\Delta t} \int_0^{\Delta t} S(t) \, dt = \frac{c_0}{2} \, ED \tag{22}$$

Elektromagnetische Wellen werden nicht als ebene, sondern als divergierende Wellen erzeugt. Ein realistisches und besonders wichtiges Beispiel ist die Dipolwelle. Zwei elektrische Punktladungen mit entgegengesetzten Vorzeichen, mit gleichem Betrag q und mit dem Abstand $\vec{a}$ bilden einen Dipol mit dem Dipolmoment $\vec{M}=q \cdot \vec{a}$. Wenn die Ladungen ruhen, so existiert in der Umgebung lediglich ein elektrostatisches Feld. Wenn sie schwingen, so wird eine elektromagnetische Welle mit gekoppelten orts- und zeitabhängigen Feldstärken $\vec{E}(\vec{r},t)$ und $\vec{H}(\vec{r},t)$ gesendet. Im Nahfeld ist diese Welle sehr kompliziert. Zu einer Zeit t sehen die Feldlinien des elektrischen Feldes in der Meridonalebene z.B. wie in **Fig. 1111-3** aus. Im Fernfeld d.h. bei $r \gg \lambda$ kann im Falle harmonischer Schwingung $\vec{M}=\vec{M}_0 \cos \omega t$ näherungsweise mit den folgenden Ausdrücken gerechnet werden.

$$\frac{\varepsilon_0 \lambda^2}{\pi} \, r\vec{E} = [\vec{M}_0 - \vec{e}(\vec{e}\vec{M}_0)] \cos \omega(t - \frac{r}{c_0}) \tag{23}$$

$$\frac{\lambda^2}{\pi c_0} \, r\vec{H} = [\vec{e} \times \vec{M}_0] \cos \omega(t - \frac{r}{c_0}) \tag{24}$$

$\vec{e}$ bezeichnet den Einheitsvektor in Richtung von $\vec{r}$ und $\vec{M}_0$ die Amplitude der Dipolmomente in Richtung von $\vec{a}$. Auf der $\vec{a}$ enthaltenden Geraden ist $\vec{e}(\vec{e}\vec{M}_0)=\vec{M}_0$ und $[\vec{e} \times \vec{M}_0]=0$. Dort ist fortwährend $\vec{E}=0$ und $\vec{H}=0$. Der Dipol sendet nicht in Richtung seiner Achse. In der Äquatorialebene ist hingegen $\vec{e}(\vec{e}\vec{M}_0)=0$. Dort hat $\vec{E}$ die gleiche Richtung wie $\vec{M}_0$ und steht senkrecht auf $\vec{r}$. $\vec{H}$ steht senkrecht auf $\vec{M}_0$ und $\vec{r}$. Die Momentanwerte von $\vec{E}$ und $\vec{H}$ pflanzen sich dort wie bei der ebenen Welle mit gleichen Phasen fort. Dabei nehmen die Amplituden $\hat{H}(r)$ und $\hat{E}(r)$ umgekehrt proportional zu r ab. Das Amplitudenverhältnis $\hat{H}/\hat{E}=\sqrt{\varepsilon_0/\mu_0}$ bleibt konstant. Die Dipolwelle verhält sich dort wie eine Kugelwelle:

$$E(r) = \frac{Q}{r} \cos \omega(t - \frac{r}{c_0}) \quad \text{mit} \quad Q = \frac{\pi M_0}{\varepsilon_0 \lambda^2} \tag{25}$$

$$<S> = \frac{1}{2} \sqrt{\frac{\varepsilon_0}{\mu_0}} \, (\frac{Q}{r})^2 \tag{26}$$

Die Dipolwellen vieler auf einer Geraden und im Takt schwingender Dipole vereinen sich im Fernfeld zu einer Zylinderwelle:

$$E(r) = \frac{Q_z}{\sqrt{r}} \cos \omega(t - \frac{r}{c_0}) \tag{27}$$

$$<S> = \frac{1}{2} \sqrt{\frac{\varepsilon_0}{\mu_0}} \, \frac{Q_z^2}{r} \tag{28}$$

In sehr großem Abstand r vom Zentrum bzw. von der Achse und auf kurzem Weg $\Delta r \ll r$ verhält sich die Kugelwelle mit der Quellstärke Q praktisch wie eine ebene Welle mit der Amplitude $\hat{E} = Q/r$ und die Zylinderwelle mit der Quellstärke Q_z wie eine ebene Welle mit der Amplitude $\hat{E} = Q_z/\sqrt{r}$. Die sphärische, zylindrische und ebene Welle sind theoretisch mögliche, aber praktisch nicht exakt realisierbare Lösungen der Maxwellgleichungen. Die tatsächlich auftretenden und genau betrachtet stets viel komplizierteren Wellen können in begrenzten Gebieten als solch einfache Wellen und allgemein als Überlagerungen von solchen angesehen werden.

Licht besteht nie nur aus einer einzigen elektromagnetischen Welle. Dabei können alle Fortpflanzungsrichtungen, alle Schwingungsrichtungen der elektrischen Feldstärke und alle sichtbaren Frequenzen gleich häufig vorkommen. Solches Licht heißt diffus, unpolarisiert und weiß. Man kann Licht so erzeugen, ausblenden und umlenken, daß es sich fast nur noch in einer Richtung fortpflanzt. In diesem Fall wird von parallelem Licht gesprochen. Man kann es außerdem so erzeugen oder filtern, daß die elektrische Feldstärke fast nur noch in parallelen Ebenen schwingt. Das Licht heißt dann linearpolarisiert. Und man kann das Licht so erzeugen oder filtern, daß es nur noch aus Wellen mit Frequenzen in einem engen Frequenzband besteht. Das Licht wird dann monochromatisch genannt. Die Tabelle in **Fig. 1111-4** informiert über die Bereiche der Frequenzen ν und Wellenlängen λ, in denen der Mensch beim Sehen monochromatischen Lichtes die angegebenen Farben empfindet. Nur Frequenzen im Bereich $3,89 < \nu/10^{14}\text{Hz} < 7,69$ sind sichtbar. Es handelt sich um einen winzigen Ausschnitt des gesamten Frequenzbereichs der elektromagnetischen Wellen. Nach höheren Frequenzen schließen sich die des ultravioletten Lichtes (UV), der Röntgenstrahlen und der Gammastrahlen und nach tieferen Frequenzen die des infraroten Lichtes (IR), der Mikrowellen und der Radiowellen an.
Eine Lichtwelle mit nur einer einzigen Frequenz ν kann es schon alleine darum nicht geben, weil sie nicht endlos, sondern während einer gewissen endlichen Sendezeit T emittiert wird. Sie ist dann als Wellenzug mit der Länge $L = c_0 T$ unterwegs und erscheint in einer Kontrollebene als ein Schwingungszug mit der Dauer T. Jede hier in Frage kommende Zeitfunktion

14

E(t) kann als Überlagerung von unendlich vielen endlosen Sinusfunktionen $S(\omega)d\omega\sin\omega t$ und Kosinusfunktionen $C(\omega)d\omega\cos\omega t$ mit Kreisfrequenzen zwischen $\omega=0$ und $\omega\rightarrow\infty$ aufgefaßt werden:

$$E(t) = \int_0^\infty S(\omega)\ \sin \omega t\ d\omega + \int_0^\infty C(\omega)\ \cos \omega t\ d\omega \tag{29}$$

Dabei sind die Funktionen $S(\omega)$ und $C(\omega)$ folgendermaßen zu berechnen:

$$S(\omega) = \frac{1}{\pi} \int_0^T E(t)\ \sin \omega t\ dt \quad ; \quad C(\omega) = \frac{1}{\pi} \int_0^T E(t)\ \cos \omega t\ dt \tag{30}\ (31)$$

Man kann umformen in:

$$E(t) = \int_0^\infty F(\omega)\ \cos[\omega t + \varphi(\omega)]\ d\omega \tag{32}$$

mit dem folgenden Amplitudenspektrum $F(\omega)$ und Phasengang $\varphi(\omega)$:

$$F(\omega) = \sqrt{S^2(\omega) + C^2(\omega)} \quad ; \quad \tan \varphi(\omega) = S(\omega)/C(\omega) \tag{33}\ (34)$$

Für den in **Fig. 1111-5** skizzierten Schwingungszug mit konstanter Amplitude $\hat{E}$ und mit $N=T/\tau_0$ Schwingungen

$$E(t) = \begin{cases} \hat{E}\ \sin \omega_0 t & \text{bei } 0 < t < N\tau_0 \\ 0 & \text{sonst} \end{cases} \tag{35}$$

ergibt sich z.B. das folgende Amplitudenspektrum:

$$F(\omega) = \frac{2\hat{E}}{\omega_0} \cdot \frac{\sin(\pi N\omega/\omega_0)}{1 - (\omega/\omega_0)^2} \tag{36}$$

In **Fig. 1111-5** ist der Betrag dieses Spektrums graphisch dargestellt. Es hat ein Hauptmaximum $F(\omega_0)=\hat{E}\pi N/\omega_0=\hat{E}T/2$ bei $\omega=\omega_0$. Beiderseits dieses Hauptmaximums liegen die ersten Nullstellen bei $\omega=\omega_0\pm\omega_0/N$. Mit $\omega=2\pi\nu$ und $\omega_0/N=2\pi/T$ ergibt sich, daß der Frequenzabstand dieser Nullstellen $\Delta\nu(0)=2/T$ beträgt. Je länger die Sendezeit T, umso schmaler wird das Spektrum $F(\omega)$. Die Wellenzüge des Lichtes sind nicht von solch einfacher Art. Aber schon dieses hypothetische Beispiel lehrt: Auch wenn Licht aus kurzen Wellenzügen besteht, so kann es dennoch als ein Gemisch von endlosen und harmonischen Wellen beschrieben werden. Manchmal genügt es zur Erklärung der Wirkungsweise einer optischen Anordnung das Schicksal einer einzigen dieser Welle zu betrachten. Kommt das Licht von spontan emittierenden Atomen oder Molekülen, so besteht kein Phasenzusammenhang zwischen den Wellenzüge. Der zwischen den endlosen Wellen des einzelnen Wellenzuges bestehende Phasenzusammenhang $\varphi(\omega)$ verschwindet in der Zufälligkeit der vielen Wellenzüge. Wird in solchen Fällen vom Spektrum gesprochen, so ist das in Abschnitt 1.1.2.1 definierte Spektrum der spektralen Strahlungsflußdichten gemeint.

1.1.1.2 Komplexe Schreibweise

Die Sinusschwingung $E(t)=\hat{E}\sin\omega t$ kann wie in **Fig.** 1112-1 links durch einen Zeiger mit der Länge $\hat{E}$ dargestellt werden, der sich mit der Winkelgeschwindigkeit ω um den Koordinatenursprung dreht und zur Zeit $t=0$ auf der positiven Abszissenachse befand. Die Momentanwerte $E(t)$ werden von seinen Projektionen auf die Ordinatenachse wiedergegeben. Diese Darstellung erweist sich insbesondere dann als nützlich, wenn die Momentanwerte von zwei oder mehr phasenverschobenen Sinusschwingungen verglichen oder addiert werden sollen. Eilt z.B. die Phase $\omega t+\Delta\varphi$ einer Schwingung $E_2(t)=\hat{E}_2\sin(\omega t+\Delta\varphi)$ der Phase ωt einer Schwingung $E_1(t)=\hat{E}_1\sin\omega t$ mit der Phasenverschiebung $\Delta\varphi$ voraus, so werden diese zwei Schwingungen zur Zeit $t=0$ durch die zwei Zeiger in **Fig.** 1112-2 repräsentiert. Die Phasenverschiebung erscheint als Winkel $\Delta\varphi$. Addieren ergibt eine Schwingung $E_3(t)=E_1(t)+E_2(t)$. Der diese Schwingung repräsentierende Zeiger wird wie in **Fig.** 1112-3 konstruiert. Addition der Momentanwerte erfordert Vektoraddition der Zeiger. Die Länge des resultierenden Zeigers repräsentiert die Amplitude und sein Winkel mit der positiven Abszissenachse die Phasenverschiebung der resultierenden Schwingung $E_3(t)$ gegenüber $E_1(t)$.

Mit dieser Zeigerdarstellung der Sinusschwingung ist ihre Phasordarstellung in der Gaußschen Ebene der komplexen Zahlen verwandt. In dieser Ebene mit der reellen x-Achse und imaginären jy-Achse wird eine komplexe Zahl $z=x+jy$ durch einen Punkt $P(z)$ mit den Koordinaten x und jy repräsentiert wie in **Fig.** 1112-4. Statt dieser Koordinaten kann man die Länge $r=\sqrt{x^2+y^2}$ des Pfeils vom Koordinatenursprung bis P und seinen Winkel $\varphi=\arctan y/x$ gegen die x-Achse angeben. Mit $x=r\cos\varphi$ und $y=r\sin\varphi$ kann man schreiben:

$$z = x + jy = r(\cos\varphi + j\sin\varphi) \tag{1}$$

Der Klammerausdruck ist mit $e^{j\varphi}$ identisch, wie Potenzreihenentwicklungen von $\cos\varphi$, $\sin\varphi$ und $e^{j\varphi}$ beweisen:

$$\cos\varphi + j\sin\varphi = e^{j\varphi} \tag{2}$$

Die komplexe Zahl z kann also auch in der folgenden sog. Polarform oder Eulerform geschrieben werden:

$$z = r\,e^{j\varphi} \tag{3}$$

Der Pfeil in **Fig.** 1112-4 repräsentiert mit seiner Länge ihren Modul r und mit seinem Winkel ihr Argument φ. Der Realteil $x=\mathrm{Re}(z)$ wird mit der Länge der Projektion auf die reelle Achse und der Imaginärteil $y=\mathrm{Im}(z)$ mit der Länge der Projektion auf die imaginäre Achse wiedergegeben. Änderung des Vorzeichens des Imaginärteils macht aus der komplexen Zahl z die konjugiert komplexe Zahl z^*:

$$z^* = x - jy = r(\cos\varphi - j\sin\varphi) \tag{4}$$

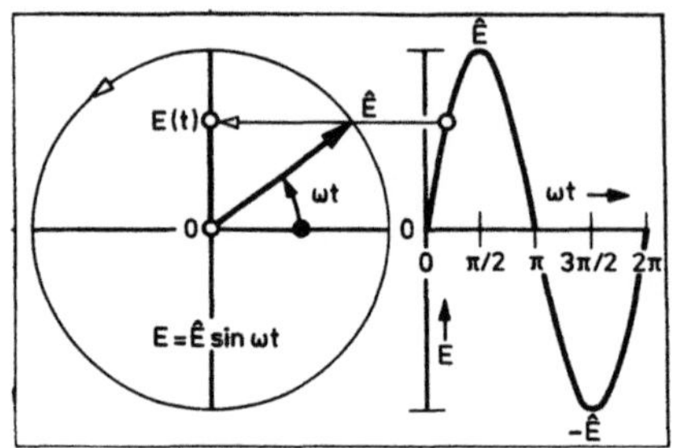

1: Zeiger

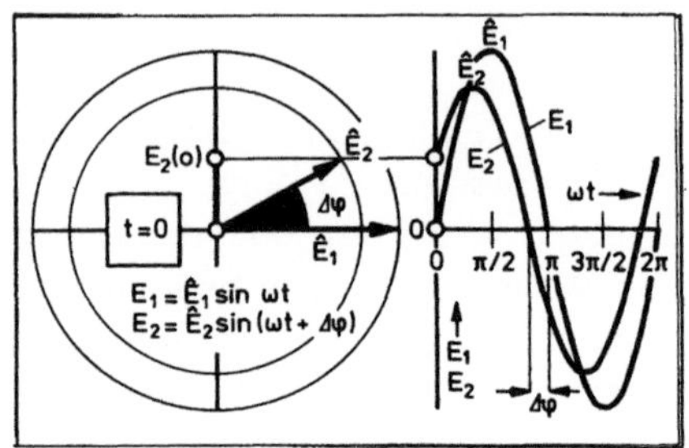

2: Zwei Zeiger

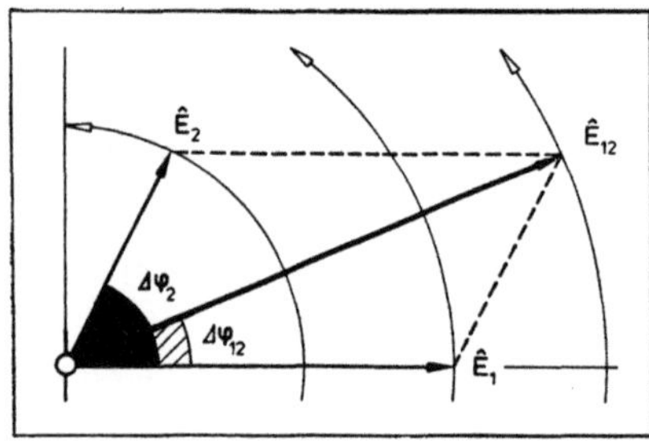

3: Zeigeraddition

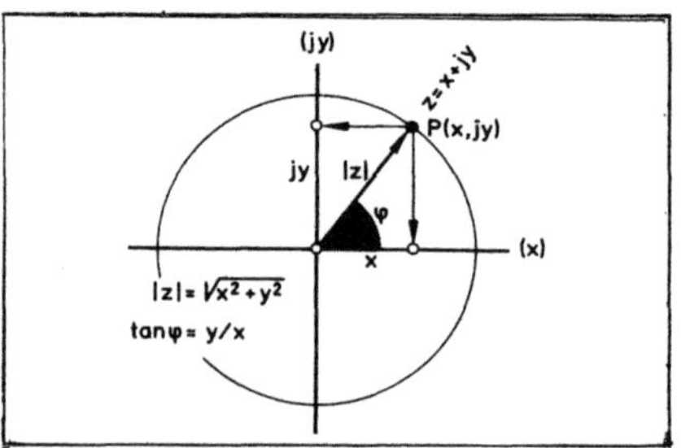

4: Phasor

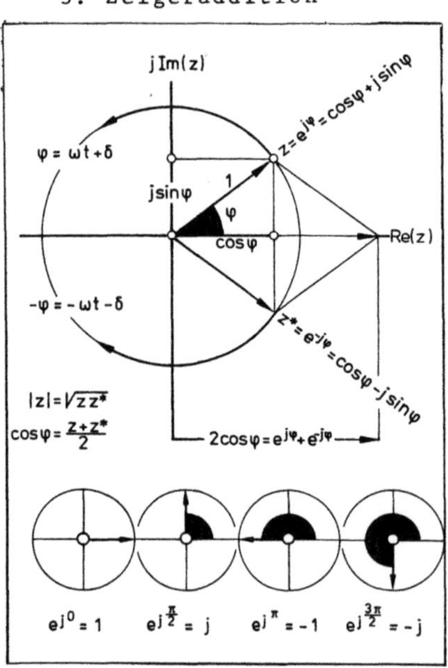

5: Konjungierte Phasoren

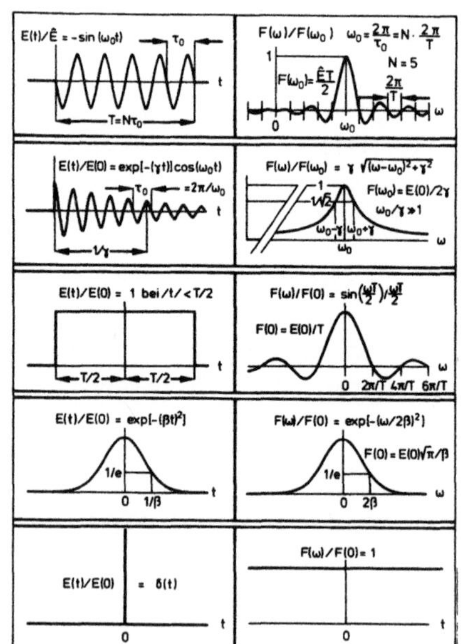

6: Fourierpaare

Fig. 1112: Komplexe Schreibweise

Hier ist der Klammerausdruck mit $e^{-j\varphi}$ identisch:

$$\cos\varphi - j\sin\varphi = e^{-j\varphi} \tag{5}$$

Damit kommt:

$$z^* = re^{-j\varphi} \tag{6}$$

Der z^* repräsentierende Pfeil erscheint mit gleichem Modul wie z, aber mit entgegengesetztem Vorzeichen von φ auf der anderen Seite der reellen Achse wie in **Fig. 1112-5**. x,y,r und φ können mit folgenden Formeln berechnet werden:

$$x = \frac{z+z^*}{2}; \quad y = \frac{z-z^*}{2j}; \quad r^2 = zz^* \quad ; \quad \tan\varphi = \frac{1}{j}\cdot\frac{z-z^*}{z+z^*} \tag{7)(8)(9)(10}$$

Beim Rechnen mit komplexen Zahlen werden außerdem die nachstehenden aus $j^2=-1$ folgenden Formeln gebraucht:

$$\frac{1}{j} = -j \quad ; \quad \sqrt{2j} = 1+j \quad ; \quad \sqrt{-2j} = 1-j \tag{11)(12)(13}$$

$$(z^*)^* = z \quad ; \quad (z^*)^m = (z^m)^* \quad ; \quad (z^*)^{-m} = (z^{-m})^* \tag{14)(15)(16}$$

$$(z_1 + z_2)^* = z_1^* + z_2^*; \quad (z_1 z_2)^* = z_1^* z_2^*; \quad (z_1/z_2)^* = z_1^*/z_2^* \tag{17)(18)(19}$$

$$e^{jm2\pi} = 1 \quad ; \quad e^{\pm j\frac{\pi}{2}} = \pm j \quad ; \quad e^{\pm j\pi} = -1 \tag{20)(21)(22}$$

Die Funktion $e^{j\varphi}$ ist wie die Funtionen $\cos\varphi$ und $\sin\varphi$ periodisch mit der Periode $\Delta\varphi=2\pi$. In der Gaußschen Ebene der komplexen Zahlen kommt der $z(\varphi)=r\cdot e^{j\varphi}$ repräsentierende Pfeil bei Drehung um $\Delta\varphi=\pm m2\pi$ immer wieder in die gleiche Lage. Darum kann mit komplexen Funktionen $z(\varphi)=re^{j\varphi}$ anstatt mit den reellen Funktionen $r\sin\varphi$ oder $r\cos\varphi$ gerechnet werden. Der Übergang von der reellen zur komplexen Schreibweise kann entweder exakt oder symbolisch erfolgen.

Der exakte Übergang wird mit den folgenden Transformationen vollzogen:

$$\sin\varphi = \frac{1}{2j}(e^{j\varphi} - e^{-j\varphi}) \quad ; \quad \cos\varphi = \frac{1}{2}(e^{j\varphi} + e^{-j\varphi}) \tag{23)(24}$$

Dieses Vorgehen hat den Vorteil, daß alle Rechnungen im Grunde reelle bleiben. Es hat aber den Nachteil, daß die Winkelfunktion in der Gaußebene nicht durch einen Pfeil, sondern durch zwei Pfeile mit entgegengesetzt gleichen Winkeln $\pm\varphi$ wie in **Fig. 1112-5** repräsentiert wird.

Beim symbolischen Übergang wird nicht transformiert, sondern vereinbart, mit der komplexen Funktion $e^{j\varphi}$ stellvertretend entweder für ihren Realteil oder für ihren Imaginärteil zu rechnen:

$$\cos\varphi = \mathrm{Re}(e^{j\varphi}) \quad \text{oder} \quad \sin\varphi = \mathrm{Im}(e^{j\varphi}) \tag{25)(26}$$

Der jeweils andere Term von $e^{j\varphi}$ wird lediglich zur Gewinnung von Schreib- oder Rechenvorteilen mitgeschleppt. Am Ende einer Rechnung ist dann sein Anteil am Ergebnis zu eliminieren. Dieses Vorgehen hat den Vorteil, daß wie bei der Zeigerdarstellung ein einziger Pfeil die Winkelfunktion repräsentiert. Der Pfeil in der Gaußebene wird ihr Phasor genannt. Aber die Rechnung kann zu unsinnigen Ergebnissen führen. Diese Gefahr besteht wegen

$$\Sigma\, e^{j\varphi i} = \Sigma\, \text{Re}(e^{j\varphi i}) + j\,\Sigma\,\text{Im}(e^{j\varphi i}) \tag{27}$$

nicht, wenn nur addiert oder subtrahiert wird. Je nach Vereinbarung ist dann entweder der Realteil oder der Imaginärteil das gewünschte reelle Rechenergebnis. Auch die Integration und Differentiation sind erlaubt:

$$\int \text{Re}(e^{j\omega t})\,dt = \text{Re}(\int e^{j\omega t}dt) = \frac{1}{\omega}\,\text{Re}(e^{j(\omega t - \frac{\pi}{2})}) \tag{28}$$

$$\frac{d}{dt}\,\text{Re}(e^{j\omega t}) = \text{Re}(\frac{d}{dt}\,e^{j\omega t}) = \omega\,\text{Re}(e^{j(\omega t + \frac{\pi}{2})}) \tag{29}$$

Multiplikation oder Division macht jedoch aus Imaginärteilen Realteilanteile und aus Realteilen Imaginärteilanteile .

Im vorliegenden Buch wird die symbolische Schreibweise verwendet, wenn keine Gefahr eines Irrtums besteht. Stellvertretend für

$$E(z,t) = \hat{E}\cos(\omega t - kz + \delta) = \text{Re}(\hat{E}\,e^{j(\omega t - kz + \delta)}) \tag{30}$$

steht dann:

$$E(z,t) = \hat{E}\,e^{j(\omega t - kz + \delta)} \tag{31}$$

Es wird sich als nützlich erweisen, zwischen dem zeitabhängigen und dem zeitunabhängigen Faktor zu unterscheiden:

$$E(z,t) = \hat{E}(z)\,e^{j\omega t}\ \text{mit}\ \hat{E}(z) = \hat{E}e^{-j(kz - \delta)} \tag{32}$$

$\hat{E}$ ist die sog. komplexe Amplitude oder Erregung der elektromagnetischen Welle. Die Rückkehr zur reellen Schreibweise erfordert die Addition von $E^*/2$ zu $E/2$:

$$E = \text{Re}(E) = (E + E^*)/2 \tag{33}$$

Der Zeitmittelwert $\langle E^2\rangle$ hängt folgendermaßen mit E und E^* zusammen:

$$\langle E^2\rangle = \hat{E}^2/2 = |\hat{E}|^2/2 = \hat{E}\hat{E}^*/2 \tag{34}$$

Der exakte Übergang ist insbesondere bei Rechnungen mit Fouriertransformierten unerläßlich. Die in Abschnitt 1.1.1.1 besprochene Darstellung der Schwingungszuges als Überlagerung endloser harmonischer Schwingungen war ein besonders einfaches Beispiel der Fouriertransformation. So lassen sich nicht nur Zeitfunktionen $E(t)$ in Frequenzfunktionen $F(\nu)$, sondern allgemein Funktionen einer Variablen in solche einer anderen Variablen mit reziproker Dimension transformieren. Die Funktionen müssen nicht reell, sondern dürfen auch komplex sein. Als Variable kommen auch Vektoren in Frage. Im vorliegenden Buch werden gelegentlich komplexe Ortsfunktionen $E(x,y)$ der orthogonalen Ortskoordinaten x,y zur Beschreibung der komplexen Amplituden deformierter Wellen verwendet. Es wird sich dann als sinnvoll erweisen, die zugehörige Ortsfrequenzfunktion $F(k_x,k_y)$ der Ortsfrequenzen k_x,k_y mit der Dimension 1/Länge zu betrachten. Im Folgenden werden Rechenregeln für das Rechnen mit komplex geschriebenen Fouriertransformierten zusammengestellt.

Der exakte Übergang von der reellen zur komplexen Schreibweise mit den Formeln

$$\sin \omega t = \frac{1}{2j}\,(e^{j\omega t} - e^{-j\omega t}) \quad ; \quad \cos \omega t = \frac{1}{2}\,(e^{j\omega t} + e^{-j\omega t}) \qquad (35)\,(36)$$

bringt die Integralbeziehungen (29) bis (31) des Abschnitts 1.1.1.1 in die folgende Form:

$$E(t) = \frac{1}{2\pi}\int_{-\infty}^{+\infty} F(\omega)\,e^{j\omega t}\,d\omega \quad ; \quad F(\omega) = \int_{-\infty}^{+\infty} E(t)\,e^{-j\omega t}\,dt \qquad (37)\,(38)$$

$F(\omega)$ ist die komplexe Amplitudendichte des kontinuierlichen Kreisfrequenzspektrums von $E(t)$. Man kann sie mit

$$F(\omega) = A(\omega) - j\,B(\omega) \qquad (39)$$

$$A(\omega) = \int_{-\infty}^{+\infty} E(t)\,\cos \omega t\,dt \quad ; \quad B(\omega) = \int_{-\infty}^{+\infty} E(t)\,\sin \omega t\,dt \qquad (40)\,(41)$$

im Realteil und Imaginärteil, oder mit

$$F(\omega) = |F(\omega)|\,e^{-j\varphi(\omega)} \qquad (42)$$

$$|F(\omega)| = \sqrt{|A(\omega)|^2 + |B(\omega)|^2} \quad ; \quad \tan \varphi(\omega) = \frac{B(\omega)}{A(\omega)} \qquad (43)\,(44)$$

in Modul und Phasenanteil zerlegen. Die Rücktransformationsformel (37) enthält unter dem Integral zwei komplexe Größen $F(\omega)$ und $\exp(j\omega t)$, muß aber die reelle Funktion $E(t)$ ergeben. Die folgende Umformung erläutert den Weg zurück zur reellen Schreibweise:

$$E(t) = \frac{1}{2\pi}\int_{-\infty}^{+\infty} |F(\omega)|\,e^{-j\varphi(\omega)}\,e^{j\omega t}\,d\omega = \frac{1}{2\pi}\int_{-\infty}^{+\infty} |F(\omega)|\,e^{j(\omega t-\varphi)}\,d\omega$$

$$\qquad (45)$$

$$= \frac{1}{2\pi}\int_{-\infty}^{+\infty} |F(\omega)|\,\cos(\omega t-\varphi)\,d\omega + j\,\frac{1}{2\pi}\int_{-\infty}^{+\infty} |F(\omega)|\,\sin(\omega t-\varphi)\,d\omega$$

Der zweite Summand verschwindet, weil sich wegen der Eigenschaft $\sin[-\omega t-\varphi(-\omega)]=-\sin[\omega t-\varphi(+\omega)]$ der ungeraden Sinusfunktion die Glieder mit gleichen Beträgen und verschiedenen Vorzeichen von ω wegheben. Beim ersten Summanden kann man wegen der Eigenschaft $\cos[-\omega t-\varphi(-\omega)]=\cos[\omega t-\varphi(+\omega)]$ der geraden Kosinusfunktion die Glieder mit gleichen Beträgen und verschiedenen Vorzeichen von ω zusammenfassen. Damit kommt:

$$E(t) = \frac{1}{\pi} \int_0^\infty |F(\omega)| \cos[\omega t - \varphi(\omega)]\, d\omega \qquad (46)$$

Die bei der komplexen Schreibweise auftretenden negativen Kreisfrequenzen haben keine physikalische Bedeutung und verschwinden bei der Rücktransformation.

Bei geraden Funktionen $E(t)$ ist $F(\omega)$ reell und eine gerade Funktion von ω:

$$F(\omega) = 2 \int_0^\infty E(t) \cos \omega t\, dt = F(-\omega) \text{ bei } E(t) = E(-t) \qquad (47)$$

Bei ungeraden Funktionen $E(t)$ ist $F(\omega)$ imaginär und ebenfalls eine gerade Funktion von ω:

$$F(\omega) = 2j \int_0^\infty E(t) \sin \omega t\, dt = F(-\omega) \text{ bei } E(t) = - E(-t) \qquad (48)$$

Darum werden als Beispiele gerne gerade Funktionen $E(t)$ betrachtet. Ist die Funktion $E(t)$ weder gerade noch ungerade, so kann man sie in einen geraden Anteil $E_g(t)$ und ungeraden Anteil $E_u(t)$ zerlegen:

$$E(t) = E_g(t) + E_u(t) \qquad (49)$$

$$E_g(t) = \frac{1}{2}\,[E(t) + E(-t)] \quad ; \quad E_u(t) = \frac{1}{2}\,[E(t) - E(-t)] \qquad (50)\,(51)$$

Das Spektrum $F_g(\omega)$ von $E_g(t)$ ist reell. Das Spektrum $F_u(\omega)$ von $E_u(t)$ ist imaginär. Das Spektrum $F(\omega)=F_g(\omega)+F_u(\omega)$ von $E(t)$ ist dann komplex.

Mit $\nu=\omega/2\pi$ können die Gleichungen auch folgendermaßen geschrieben werden:

$$E(t) = \int_{-\infty}^{+\infty} F(\nu)\, e^{j2\pi\nu t}\, d\nu \quad ; \quad F(\nu) = \int_{-\infty}^{+\infty} E(t)\, e^{-j2\pi\nu t}\, dt \qquad (52)\,(53)$$

So braucht man sich den Faktor $1/2\pi$ in Gleichung (37) nicht zu merken. Die Funktionen $E(t)$ und $F(\nu)$ bilden ein Fourierpaar. In **Fig. 1112-6** sind oft vorkommende Fourierpaare zusammengestellt. Es gilt ganz allgemein: Je schmaler der t-Bereich merklicher $E(t)$, um so breiter ist der ν-Bereich merklicher $F(\nu)$. Für einige im vorliegenden Buch vorzunehmende Rechnungen ist der Grenzfall verschwindenden t-Bereichs merklicher $E(t)$ d.h. der Grenzfall der sog. Dirac-Deltafunktion $\delta(t)$ interessant:

$$E(t) = \delta(t) = \lim_{N\to\infty} N\, e^{-\pi(Nt)^2} \quad ; \quad F(\nu) = \lim_{N\to\infty} e^{-\pi(\frac{\nu}{N})^2} = 1 \qquad (54)\,(55)$$

$\delta(t)$ hat die folgenden Eigenschaften:

$$\delta(t) = \begin{cases} \infty & \text{bei } t = 0 \\ 0 & \text{sonst} \end{cases} \tag{56}$$

$$\int_{-\Delta t}^{+\Delta t} \delta(t)dt = 1 \text{ bei } |\Delta t| > 0 \quad ; \quad \delta(at) = \frac{1}{|a|} \delta(t) \tag{57} \tag{58}$$

Das Fourierspektrum $F(\nu)=1$ von $\delta(t)$ ist ideal weiß.

Für das Rechnen mit den Fouriertransformierten

$$\mathfrak{F}\{E(t)\} = F(\nu) \quad ; \quad \mathfrak{F}^{-1}\{F(\nu)\} = E(t) \tag{59} \tag{60}$$

gelten zu Zeiten t mit stetigem $E(t)$ die folgenden Regeln:

$$\mathfrak{F}^{-1} \, \mathfrak{F}\{E(t)\} = E(t) \tag{61}$$

$$\mathfrak{F}\{\alpha E(t)\} = \alpha \mathfrak{F}\{E(t)\} \quad ; \quad \mathfrak{F}\{E(\alpha t)\} = \frac{1}{|\alpha|} F(\frac{\nu}{\alpha}) \tag{62} \tag{63}$$

$$\mathfrak{F}\{E(t-a)\} = F(\nu) \, e^{-j2\pi(a\nu)} \tag{64}$$

$$\mathfrak{F}\{E_1(t) + E_2(t)\} = \mathfrak{F}\{E_1(t)\} + \mathfrak{F}\{E_2(t)\} \tag{65}$$

$$\mathfrak{F}\{\frac{dE(t)}{dt}\} = j\omega \, \mathfrak{F}\{E(t)\} \text{ bei } E(t<0) = 0 \tag{66}$$

$$\mathfrak{F}\{\int_0^t E(t)dt\} = \frac{1}{j\omega} \mathfrak{F}\{E(t)\} \text{ bei } E(t<0) = 0 \tag{67}$$

$$\int_{-\infty}^{+\infty} |E(t)|^2 dt = \int_{-\infty}^{+\infty} |F(\nu)|^2 d\nu \tag{68}$$

$$\mathfrak{F}\{\int_{-\infty}^{+\infty} E_1(\tau) \, E_2(\tau-t) \, d\tau\} = F_1(\nu) \, F_2(\nu) \tag{69}$$

Mit dem Parsevalstheorem (68) wird das Leistungsspektrum $|F(\nu)|^2$ von $E(t)$ berechnet. Das Integral in Gleichung (69) wird Faltung der Funktionen $E_1(\tau)$ und $E_2(\tau)$ genannt und gerne folgendermaßen geschrieben:

$$\int_{-\infty}^{+\infty} E_1(\tau) \, E_2(t-\tau) \, d\tau = E_1(t) \otimes E_2(t) \tag{70}$$

Es gilt:

$$E_1(t) \otimes E_2(t) = E_2(t) \otimes E_1(t) \tag{71}$$

Gleichung (69) ist das Faltungstheorem der Fouriertransformation. Die Rücktransformation ergibt:

$$\mathfrak{F}^{-1}\{\mathfrak{F}\{E_1(t)\} \cdot \mathfrak{F}\{E_2(t)\}\} = E_1(t) \otimes E_2(t) \tag{72}$$

Mit $E_2(t-\tau)=\delta(t-\tau)$ und $F_2(\nu)=1$ ergibt sich eine andere nützliche Integraldarstellung der Zeitfunktion $E(t)$:

$$\int_{-\infty}^{+\infty} E(\tau) \, \delta(t-\tau) \, d\tau = E(t) \tag{73}$$

22

Der Faktor $\delta(t-\tau)$ bei $E(\tau)$ bewirkt, daß $E(\tau)$ nur bei $\tau=t$ einen Beitrag zum Integral liefert.

Die Fouriertransformation einer Ortsfunktion $E(x,y)$ lautet:

$$E(x,y) = \int\!\!\int_{-\infty}^{+\infty} F(k_x,k_y)\, e^{j2\pi(k_x x + k_y y)}\, dk_x dk_y \tag{74}$$

$$F(k_x,k_y) = \int\!\!\int_{-\infty}^{+\infty} E(x,y)\, e^{-j2\pi(k_x x + k_y y)}\, dx\, dy \tag{75}$$

Hier wird $E(x,y)$ als Linearkombination periodischer Ortsfunktionen angesehen. Das komplexe Ortsfrequenzspektrum $F(k_x,k_y)$ nennt die Amplituden und Ortsphasen dieser Funktionen. Der Faktor $k_x x + k_y y$ im Exponenten ist das skalare Produkt $\vec{k}\vec{r}$ des Ortsfrequenzvektors $\vec{k}$ mit den Komponenten k_x, k_y und des Radiusvektors $\vec{r}$ mit den Komponenten x, y. $\vec{k}$ hat einen Betrag k und bildet mit der x-Achse einen Winkel α. $\vec{r}$ hat einen Betrag r und bildet mit der x-Achse einen Winkel β. Es gilt:

$$k_x = k \cos\alpha; \quad k_y = k \sin\alpha; \quad \tan\alpha = k_y/k_x; \quad k = \sqrt{k_x^2 + k_y^2} \tag{76}$$

$$x = r \cos\beta; \quad y = r \sin\beta; \quad \tan\beta = y/x; \quad r = \sqrt{x^2 + y^2} \tag{77}$$

Ist nicht eine Funktion $E(x,y)$ der karthesischen Koordinaten x,y, sondern eine Funtion $E(r,\beta)$ der Polarkoordinaten r,β gegeben, so wird gerne mit den r,β und k,α anstatt mit den x,y und k_x,k_y gerechnet. Die Ortsfrequenzen k_x,k_y haben die Dimension 1/Länge. Gelegentlich wird die Lichterregung in einem Punkt der x,y-Ebene mit der zweidimensionalen Deltafunktion in Rechnung gesetzt:

$$E(x,y) = \delta(x,y) = \lim_{N\to\infty} N^2\, e^{-\pi N^2 (x^2+y^2)} \tag{78}$$

$$F(k_x,k_y) = \lim_{N\to\infty} e^{-\frac{\pi}{N^2}(k_x^2+k_y^2)} = 1 \tag{79}$$

$\delta(x,y)$ hat die folgenden Eigenschaften:

$$\delta(x,y) = \begin{cases} \infty & \text{bei } x = y = 0 \\ 0 & \text{sonst} \end{cases} \tag{80}$$

$$\int\!\!\int_{-\Delta x\Delta y}^{+\Delta x\Delta y} \delta(x,y)\, dx\, dy = 1 \quad ; \quad \delta(ax,by) = \frac{1}{|a\,b|}\,\delta(x,y) \tag{81}\tag{82}$$

Für das Rechnen mit den Fouriertransformierten

$$\mathfrak{F}\{E(x,y)\} = F(k_x,k_y) \quad ; \quad \mathfrak{F}^{-1}\{F(k_x,k_y)\} = E(x,y) \tag{83}\tag{84}$$

gelten an Orten x,y mit stetigem $E(x,y)$ die folgenden Regeln:

$$\mathfrak{F}^{-1}\mathfrak{F}\{E(x,y)\} = E(x,y) \tag{85}$$

$$\mathfrak{F}\{\alpha E_\alpha + \beta E_\beta\} = \alpha\mathfrak{F}\{E_\alpha\} + \beta\mathfrak{F}\{E_\beta\} \tag{86}$$

$$\mathfrak{F}\{E(\alpha x,\beta y)\} = \frac{1}{|\alpha\beta|}\, F(\frac{k_x}{\alpha}\,;\,\frac{k_y}{\beta}) \tag{87}$$

$$\mathfrak{F}\{E(x-a,y-b)\} = F(k_x,k_y)\, e^{-j2\pi(ak_x+bk_y)} \tag{88}$$

$$\int\!\!\int_{-\infty}^{+\infty} |E(x,y)|^2\, dx\, dy = \int\!\!\int_{-\infty}^{+\infty} |F(k_x,k_y)|^2\, dk_x\, dk_y \tag{89}$$

$$\mathfrak{F}\{\int\!\!\int_{-\infty}^{+\infty} E_1(\zeta,\eta)\, E_2(\zeta-x,\eta-y)\, d\zeta\, d\eta\} = F_1(k_x,k_y)\, F_2(k_x,k_y) \tag{90}$$

$$\mathfrak{F}\{\int\!\!\int_{-\infty}^{+\infty} E(\zeta,\eta)\, E^*(\zeta-x,\eta-y)\, d\zeta\, d\eta\} = |F(k_x,k_y)|^2 \tag{91}$$

$$\mathfrak{F}\{|E(\zeta,\eta)|^2\} = \int\!\!\int_{-\infty}^{+\infty} E(\zeta,\eta)\, E^*(\zeta-k_x,\eta-k_y)\, d\zeta\, d\eta \tag{92}$$

Manchmal kann eine Funktion $E(x,y)$ separiert d.h. als Produkt $E_x(x)\cdot E_y(y)$ geschrieben werden. In diesem Sonderfall hilft die folgende Formel:

$$\mathfrak{F}\{E_x(x)\cdot E_y(y)\} = \mathfrak{F}_x\{E_x(x)\}\cdot\mathfrak{F}_y\{E_y(y)\} \tag{93}$$

Einsetzen von $E_2(\zeta-x,\eta-y)=\delta(\zeta-x,\eta-y)$ und $F_2(k_x,k_y)=1$ in die Gleichung (90) und Rücktransformation ergibt hier die folgende Möglichkeit der Darstellung von $E(x,y)$ durch ein Integral:

$$\int\!\!\int_{-\infty}^{+\infty} E(\zeta,\eta)\, \delta(\zeta-x,\eta-y)\, d\zeta\, d\eta = E(x,y) \tag{94}$$

1.1.1.3 Lichtstrahlen

In der Umgangssprache wird immer dann von einem Lichtstrahl gesprochen, wenn hinter einem kleinen Loch in der Wand eines verdunkelten Raumes ein dünnes Lichtband erscheint. Es gehört zur Alltagserfahrung, daß dieses Lichtband gerade ist. Die in **Fig. 1113-1** skizzierten Lichtbänder in einer Lochkamera sind von dieser Art. Man stellt sich dabei vor, daß mit abnehmendem Lochdurchmesser auch der Strahldurchmesser immer kleiner würde, bis er schließlich verschwindet. Aus dem Lichtstrahl würde ein geometrischer Strahl. Dies könnte der Fall sein, wenn die Wellenlänge des Lichtes selbst im Grenzfall verschwindenden Durchmessers noch viel kleiner als der Durchmesser wäre. Deswegen sagen manche Autoren, der Lichtstrahl sei ein Lichtband mit dem Durchmesser Null und der Wellenlänge Null. Diese Definition genügt bei den Betrachtungen der geometrischen Optik. Der Begriff Lichtstrahl wird aber auch bei den Betrachtungen der Wellenoptik und hier sogar bei Strahllängen gebraucht, die kleiner als die Wellenlänge sind. Hier werden die Energiestromlinien Lichtstrahlen genannt. Sie haben in jedem ihrer Punkte die gleiche Richtung wie der Poyntingvektor. Diese Strahlen sind nicht unbedingt mit den Orthogonaltrajektorien der Wellenphasenflächen identisch. Im Vakuum und in isotropen Medien weit ab von beugenden Objekten stimmen sie mit diesen überein. In anisotropen Medien ist dies jedoch nur in besonderen Richtungen der Fall. Werden die Wellenphasenflächen schief von den Strahlen geschnitten, so wird auf ihnen die Energie nicht mit der Phasengeschwindigkeit c, sondern mit einer davon abweichenden sog. Strahlgeschwindigkeit c_s transportiert. Die Strahlen sind auch nicht unbedingt gerade. Einige der zu besprechenden Verfahren benutzen die Tatsache, daß sie sich in inhomogenen Medien krümmen. An Grenzflächen werden sie reflektiert und gebrochen.

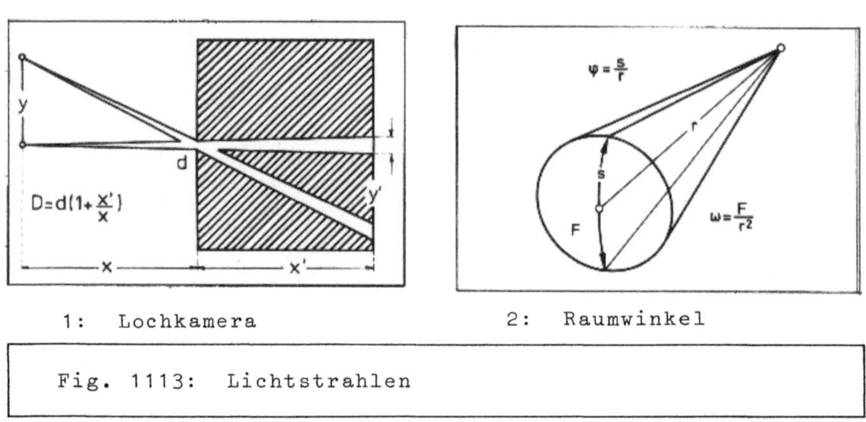

1: Lochkamera   2: Raumwinkel

Fig. 1113: Lichtstrahlen

In der geometrischen Optik wird mit dem Begriff Strahlenbündel operiert. Damit ist die Gesamtheit all der unendlich vielen Strahlen gemeint, die von irgendeiner Blende begrenzt wird. Meist werden sog. homozentrische Bündel betrachtet, deren Strahlen von einem einzigen Punkt ausgehen oder in einem einzigen Punkt zusammenlaufen. Füllen die Strahlen des homozentrischen Strahlenbündels einen Kegel, so wird auch von einem Strahlenkegel gesprochen. Es kann sich um einen gerade oder schief durch eine Kreisblende gehenden Kegel handeln. Die Randstrahlen bilden den Kegelmantel. Der von der Kegelspitze durch den Mittelpunkt der Blendenöffnung gehende Strahl ist der Hauptstrahl. Die von allen Punkten eines Objektes ausgehenden Strahlenkegel bilden ihrerseits ein im Mittelpunkt der Blendenöffnung zentriertes homozentrisches sog. Hauptstrahlenbündel . Strahlengänge durch optische Anordnungen werden meist entweder mit den Hauptstrahlen oder mit den Randstrahlen gezeichnet. Manchmal kann aber auch die Einzeichnung anderer besonderer Strahlen instruktiver sein. Das Durchdringungsgebiet eines divergenten und eines konvergenten Strahlenbündels wird ein Strahlenköcher genannt. Wird das Strahlenbündel von einer engen Schlitzblende begrenzt, so wird von einem Strahlenbüschel gesprochen.

Das divergente homozentrische Strahlenbündel füllt einen Raumwinkel ω.Mit dem ebenen Winkel $\varphi=s/r$ wird das Verhältnis des Kreisbogens s zum Kreisradius r bezeichnet. Als Einheit Radiant (rd) wird der Winkel $\varphi(1)=r/r=1$ benutzt. Der volle Winkel beträgt $\varphi(2\pi)=2\pi r/r=2\pi\varphi(1)=2\pi rd$. Entsprechend wird der Raumwinkel $\omega=F/r^2$ als das Verhältnis der Kugelfläche F zum Quadrat r^2 des Kugelradius definiert. Als Einheit Steradiant (sr) wird der Raumwinkel $\omega(1)=r^2/r^2=1$ benutzt. Der volle Raumwinkel beträgt $\omega(4\pi)=4\pi r^2/r^2=4\pi\omega(1)=4\pi sr$. Die Kugelfläche F muß dabei nicht von einem Kreis berandet sein. Wird sie von einem Kreis berandet wie in **Fig. 1113-2**, so besteht zwischen dem ebenen Scheitelwinkel φ und dem Raumwinkel ω der Zusammenhang:

$$\omega = 2\pi(1-\cos\tfrac{\varphi}{2}) = 1sr \quad bei \quad \varphi = 2arc\,\cos\frac{2\pi-1}{2\pi} = 1,144rd = 65,54° \qquad (1)$$

φ und ω sind dimensionslose Größen. Ihre Einheiten rd und sr sind Zählungseinheiten. Wird in einer Gleichung φ oder ω durch die betreffenden Verhältnisse ersetzt, so geht die Information über den Bezug auf Winkel verloren. Wir schreiben darum $\varphi=(s/r)\varphi(1)$ und $\omega=(F/r^2)\omega(1)$. Damit wird die Dimensionskontrolle erleichtert.

Sind die Strahlen die Orthogonaltrajektoren der Wellenphasenflächen, so ist die Bahn eines Wellenelementes ein Strahl. Es gilt das Fermatsche Prinzip: Der Strahl ist die Bahn, auf der das Wellenelement in der kürzestmöglichen oder längstmöglichen Laufzeit von einem Punkt zu einem anderen gelangen kann. Für die homozentrischen Bündel folgt der Malussche Satz der geometrischen Optik: Jedes aus einem Punkt kommende Strahlenbündel hat auch nach beliebig vielen Reflexionen und Brechungen an jeder beliebigen Stelle eine Orthogonalfläche.

1.1.1.4 Photonen

Nur das von sehr vielen gebundenen oder freien Elektronen gesendete und empfangene Licht kann mit den Gleichungen der elektromagnetischen Wellen beschrieben werden. Das einzelne Elektron emittiert oder absorbiert unteilbare Energieportionen. Es emittiert oder absorbiert ein Elementarteilchen, das Lichtquant oder Photon genannt wird. Wie alle Elementarteilchen so hat auch das Photon sowohl Korpuskel- als auch Welleneigenschaften. Wie eine Korpuskel kann es seine gesamte Masse m_ν, Bewegungsgröße p_ν, Drehbewegungsgröße s_ν und Energie ε_ν von einem Elektron zu einem anderen transportieren. Aber wie eine Welle hat es diese Größen nicht in einem vorgegebenen Zeitpunkt an einem bestimmten Raumpunkt oder an einem vorgebenen Raumpunkt in einem bestimmten Zeitpunkt. Das Photon hat keine Ruhmasse. Mit der Vakuumlichtgeschwindigkeit c_0 und mit $\lambda_0\, \nu = c_0$ gilt:

$$m_\nu\, c_0^2 = p_\nu\, c_0 = \varepsilon_\nu = h\nu \tag{1}$$

h bezeichnet das Plancksche Wirkungsquantum:

$$h = 6{,}626176 \cdot 10^{-34}\ \text{Js} \tag{2}$$

$\nu/10^{14}$ Hz	7,49	6,00	5,00	4,28
$\lambda_0/10^{-7}$ m	4,00	5,00	6,00	7,00
$\varepsilon_\nu/10^{-19}$ J	4,97	3,97	3,31	2,84
ε_ν/eV	3,10	2,48	2,07	1,77
$p_\nu/10^{-27}$ kg ms^{-1}	1,66	1,33	1,10	0,95
$m_\nu/10^{-36}$ kg	5,53	4,42	3,68	3,16
$10^6\ m_\nu/m_e$	6,06	4,85	4,04	3,47

Tab. 1114-1:   Photonen

Der Spin s_ν zeigt in oder gegen die Fortpflanzungsrichtung und hat den Betrag $|s_\nu|=h/2\pi$. In der vorstehenden Tabelle sind die m_ν, p_ν, ε_ν bei einigen ν und λ_0 sichtbaren Lichtes zusammengestellt. Die ε_ν sind in Einheiten Joule (J) und Elektronenvolt (eV) angegeben. 1eV ist die kinetische Energie $m_e v^2/2 = q_e El$ eines Elektrons mit der Masse m_e und Ladung q_e, das von einem elektrostatischen Feld mit der Feldstärke E=1V/1 auf dem Weg 1 beschleunigt wurde. Mit $m_e = 9{,}1092 \cdot 10^{-31}$kg und $q_e = 1{,}6024 \cdot 10^{-19}$Cb ergibt sich der folgende Betrag dieser Energie:

$$1\ \text{eV} = 1{,}6024 \cdot 10^{-19}\ \text{J} \tag{3}$$

Das Elektron hat dann die Geschwindigkeit v=593km/s=593mm/µs.

ε_ν oder die Komponenten $p_{\nu x}, p_{\nu y}$ oder $p_{\nu z}$ von p_ν zu einer Zeit t an einem Ort x,y,z können nur mit den folgenden Mindestunbestimmtheiten vorhergesagt und gemessen werden:

$$\Delta\varepsilon_\nu\, \Delta t \geq h/2\pi \quad ; \quad \Delta p_{\nu x}\, \Delta x \geq h/2\pi \quad \text{usw.} \tag{4}\ \tag{5}$$

Ohne diese Heisenbergschen Unbestimmtheitsrelationen wären das Korpuskelverhalten und das Wellenverhalten des Photons unvereinbar.
Sie erinnern an die von Fouriertransformierten. Mit $\Delta\varepsilon_\nu = h\Delta\nu$ und $\Delta t = N\tau = N/\nu$ sowie mit $\Delta p_{\nu x} = h\Delta(1/\lambda_0)$ und $\Delta x = N\lambda_0$ kann man schreiben:

$$\frac{\Delta\nu}{\nu} \geq \frac{1}{2\pi N} \quad ; \quad \frac{\Delta\lambda_0}{\lambda_0} \geq \frac{1}{2\pi N} \tag{6}\tag{7}$$

In dieser Form stimmt die Unbestimmtheitsrelation formal mit dem in Abschnitt 1.1.1.1 notierten Ausdruck für die Breite des Fourierspektrums eines Schwingungszuges mit N Perioden bzw. Wellenzuges mit N Wellenlängen überein. Mit der ultrarelavistischen Quantenmechanik und der Quantenelektrodynamik [336,374] wurden Formalismen gefunden, die das Gesamtverhalten des Photons und der Photonenkollektive vollständig und in Übereinstimmung mit allen bisherigen Experimenten beschreiben. Diese Theorien betrachten nicht Fakten, sondern Möglichkeiten und Wahrscheinlichkeiten. Sie operieren mit unanschaulichen Begriffen. Es scheint, daß das Denken mit den aus der makroskopischen Erfahrung stammenden Vorstellungen von Ursachen und Wirkungen in Raum und Zeit nicht genügt, um das Verhalten des einzelnen Photons zu verstehen.

Aus den Wahrscheinlichkeiten werden praktisch Gewißheiten, wenn sehr viele Photonen beteiligt sind. Geht während eines Zeitelementes dt eine große Zahl $dN = \dot{N}dt$ Photonen mit gleicher Energie $h\nu$ durch eine Fläche, so fließt durch diese der Energiestrom $\Phi = \dot{N}h\nu$. Für den Energiestrom $\Phi = 1W$ grünen Lichtes mit $\nu = 555nm$ braucht es z.B. $\dot{N} = 2,72 \cdot 10^{39}$ Photonen /s. Treffen diese Photonen auf einen idealen Spiegel, so wird das Vorzeichen ihrer Bewegungsgröße $p_\nu = h\nu/c_0$ umgekehrt. Insgesamt wird die Bewegungsgröße der N Photonen pro Zeit um $2\dot{N}h\nu/c_0$ geändert. Eben so groß ist die Kraft $K = 2\dot{N}h\nu/c_0 = 2\Phi/c_0$ auf dem Spiegel. Bei $\Phi = 1W$ beträgt sie etwa $K = 6,67 \cdot 10^{-9} Kgm/s^2$. Gehen alle Photonen mit gleicher Richtung, mit gleichem Spin und phasengleich durch die Fläche F, so bilden sie eine elektromagnetische Welle mit folgendem Zeitmittelwert des Poyntingvektorbetrages:

$$< S > = \dot{N}h\nu/F$$

Je nach Richtung des Spinvektors $\vec{s}$ in oder gegen die Fortpflanzungsrichtung ist die Welle links oder rechts zirkular polarisiert. Die in Abschnitt 1.1.1.1 betrachtete linear polarisierte Welle besteht aus gleich viel Photonen mit der einen und der anderen Richtung des Spins. Der resultierende Spin ist in diesem Fall gleich Null. Gleiche Photonen sind ununterscheidbar. Im Kollektiv besitzen sie keine Individualität.

Namen	Symbol Definition	Einheit
Strahlungsfluß radiant energy flux flux énergétique	Φ_e	W Watt
Strahlstärke radiant intensity intensité énergétique	$J_e = \dfrac{d\Phi_e}{d\omega}$	$\dfrac{W}{sr}$
Spezif. Ausstrahlung radiant exitance exitance énergétique	$M_e = \dfrac{d\Phi_e}{dF}$	$\dfrac{W}{m^2}$
Strahlungsflußdichte radiant density densité de flux énergétique	$I_e = \dfrac{d\Phi_e}{dF\cos\varepsilon}$	$\dfrac{W}{m^2}$
Strahldichte radiance radiance	$L_e = \dfrac{d^2\Phi_e}{d\omega dF\cos\varepsilon}$	$\dfrac{W}{sr\cdot m^2}$
Bestrahlungsstärke irradiance éclairement énergétique	$B_e = \dfrac{d\Phi_e}{dF}$	$\dfrac{W}{m^2}$
Bestrahlung radiant exposure exposition énergétique	$H_e = \int B_e(t)dt$	$\dfrac{J}{m^2}$
Strahlungsenergie radiant energy énergie rayonnante	$Q_e = \int \Phi_e(t)dt$	$J = W\,s$

Tab. 1121-1: Physikalische Strahlungsgrößen

1.1.2 Lichtgrößen

1.1.2.1 Physikalische Größen

Zur quantitativen Beschreibung des Lichtes werden entweder physikalische Strahlungsgrößen in physikalischen Einheiten oder physiologische Lichtgrößen in sog. lichttechnischen oder photometrischen Einheiten angegeben. Wo es auf die Unterscheidung ankommt, werden die Symbole der physikalischen mit dem Index e (energetisch) und die der physiologischen mit dem Index v (visuell) versehen. In der **Tab.** 1121-1 sind die international vereinbarten [418 bis 427] und mit DIN 5031 vorgeschriebenen physikalischen Größen und Einheiten zusammengestellt. Als Grundgröße wird der Strahlungsfluß Φ_e angesehen. Damit wird die pro Zeit von einer Lichtquelle in einen gegebenen Raumwinkel ω emittierte oder die pro Zeit durch eine gegebene Fläche F transportierte Energie angegeben. Es handelt sich um eine in Watt (W) zu messende Leistung. Gelegentlich wird der Strahlungsfluß auch die Strahlungsleistung genannt und mit P bezeichnet. Integration der während einer Zeit t in den gegebenen Raumwinkel ω oder durch die gegebene Fläche F gehenden Energieelemente $dQ_e=\Phi_e(t)dt$ ergibt die in Joule (J) zu messende Strahlungsenergie Q_e. Der sichtbare Anteil wird gelegentlich auch die Strahlungsmenge genannt. Der pro Fläche einer Lichtquelle in den Strahlungsraum ausgestrahlte Strahlungsfluß wird spezifische Ausstrahlung $M_e=d\Phi_e/dF$ und der pro Fläche eines Lichtempfängers aus dem Halbraum empfangene Strahlungsfluß $B_e=d\Phi_e/dF$ wird Bestrahlungsstärke genannt. Der senkrecht durch eine Fläche gehende Strahlungsfluß pro Fläche heißt Strahlungsflußdichte I_e. Bildet die Normale eines Flächenelementes dF mit der Richtung des Strahlungsflusses einen Winkel ε, so wird nicht dF, sondern das sog. projizierte Flächenelement $dF\cos\varepsilon$ senkrecht durchsetzt. Dann ist also $I_e=d\Phi_e/dF\cos\varepsilon$. Im Falle $\varepsilon=0$ stimmt I_e an der Quelle mit M_e und am Empfänger mit B_e überein. Für die Schwärzung eines Films ist die empfangene Energie pro Fläche maßgebend. Integration der während einer Belichtungszeit t pro Fläche empfangenen Energieelemente $dH_e=B_e(t)dt$ ergibt die in J/m^2 zu messende Bestrahlung H_e. Geht Licht in verschiedene Richtungen, so werden zu seiner Beschreibung außerdem die Größen Strahlstärke $J_e=d\Phi_e/d\omega$ und Strahldichte $L_e=dJ_e/dF\cos\varepsilon=d^2\Phi_e/d\omega dF\cos\varepsilon$ benötigt. J_e beschreibt den von einer Lichtquelle in die betrachtete Richtung ausgestrahlten Strahlungsfluß pro Raumwinkel. L_e gibt an, wie groß der Anteil dJ_e eines strahlenden Flächenelementes dF an J_e pro Projektion $dF\cos\varepsilon$ auf eine Ebene senkrecht zu der betrachteten Strahlungsrichtung ist. Ein die Lichtquelle betrachtender Beobachter sieht nicht dF, sondern $dF\cos\varepsilon$. Die abgeleiteten Einheiten werden mit der Flächeneinheit m^2 und Raumwinkeleinheit sr gebildet. Zwischen der Energieeinheit Joule (J), der Leistungseinheit Watt (W) und den Basiseinheiten Meter (m) der Länge, Kilogramm (kg) der Masse und Sekunde (s) der Zeit besteht der Zusammenhang $1J=1Ws=1kg(m/s)^2$.

Die genannten Strahlungsgrößen fragen nicht nach dem Spektrum. Bei polychromatischem Licht setzen sie sich additiv aus Anteilen mit Frequenzen zwischen ν und $\nu+d\nu$ bzw. mit Wellenlängen zwischen λ und $\lambda+d\lambda$ zusammen. So gilt z.B.:

$$\Phi_e = \int_0^\infty \Phi_{e\nu}(\nu)\,d\nu = \int_0^\infty \Phi_{e\lambda}(\lambda)\,d\lambda \tag{1}$$

Es ist üblich, sowohl die Größen mit dem Index $e\nu$ als auch die mit dem Index $e\lambda$ die spektralen Größen zu nennen. Sie haben verschiedene Dimensionen. Für die $\Phi_{e\nu}(\nu)=d\Phi_e/d\nu$ und $\Phi_{e\lambda}(\lambda)=d\Phi_e/d\lambda$ gilt z.B.:

$$\Phi_{e\lambda}(\lambda = \frac{c}{\nu}) = \frac{\nu^2}{c_0}\,\Phi_{e\nu}(\nu) \quad ; \quad \Phi_{e\nu}(\nu = \frac{c}{\lambda}) = \frac{c_0}{\lambda^2}\,\Phi_{e\lambda}(\lambda) \tag{2}\,(3)$$

Bei einer monochromatischen Welle ist die Strahlungsflußdichte I_e gleich dem Betrag $|\langle\vec{S}\rangle|$ des Zeitmittelwertes $\langle\vec{S}\rangle$ des Poyntingvektors $\vec{S}$. Es gilt:

$$I_e = \frac{1}{2}\sqrt{\frac{\varepsilon_r\varepsilon_0}{\mu_r\mu_0}}\,\hat{E}^2 \tag{4}$$

Hier ist es üblich, nicht von der Strahlungsflußdichte, sondern von der Intensität der Welle zu sprechen. Wir folgen diesem Brauch. Der Begriff Intensität wurde allerdings bislang nicht durch eine internationale Vereinbarung festgelegt und wird insbesondere in Katalogen und Tagungsvorträgen unverbindlich gebraucht.

1.1.2.2 Physiologische Größen

Die physiologischen Lichtgrößen geben an, wie der Mensch die mit den gleichen Buchstaben bezeichneten physikalischen Strahlungsgrößen empfindet.
Das gesunde und helladaptierte Auge benötigt für die gleiche Helligkeitsempfindung einen kleineren Strahlungsfluß grünen als roten oder blauen
Lichtes. Bei gleichem Strahlungsfluß Φ_e durch die Pupille wird Licht mit
der Wellenlänge $\lambda=555$ nm als das hellste empfunden. Licht mit anderem λ
erscheint dem Auge nur so hell wie das mit $\lambda=555$ nm bei kleinerem Strahlungsfluß $V(\lambda)\Phi_e$. Die in **Fig.1122-1** graphisch dargestellten $V(\lambda)$ wurde mit
vielen gesunden und ausgeruhten, ansonsten aber sehr verschiedenen und
verschieden lebenden Testpersonen zu verschiedenen Tageszeiten als die
sog. durchschnittlichen Helligkeitsempfindlichkeiten des helladaptier-
ten Auges ermittelt. Das dunkeladaptierte Auge bewertet mit anderen,
gestrichelt eingezeichneten Faktoren $V'(\lambda)$. Mit den Bewertungsfaktoren
$V(\lambda)$ wird der spektrale Lichtstrom $\Phi_{v\lambda}(\lambda)$ beim spektralen Strahlungsfluß
$\Phi_{e\lambda}(\lambda)$ definiert:

$$\Phi_{v\lambda}(\lambda) = KV(\lambda)\ \Phi_{e\lambda}(\lambda) \tag{1}$$

Für den Lichtstrom Φ_v polychromatischen Lichtes ergibt sich der Ausdruck:

$$\Phi_v = K \int_0^\infty V(\lambda)\ \Phi_{e\lambda}(\lambda)\,d\lambda \tag{2}$$

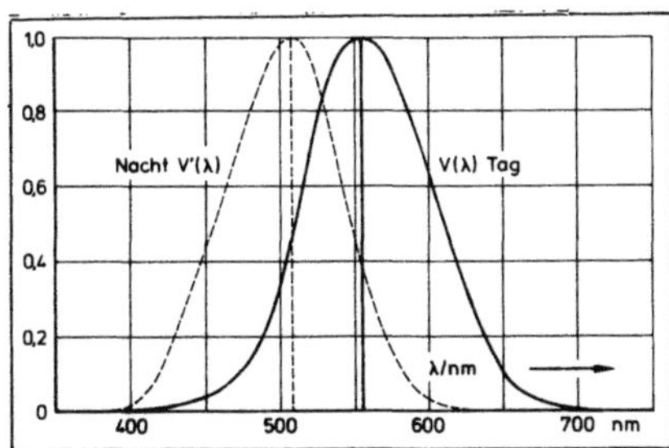

1: Bewertungsfaktoren

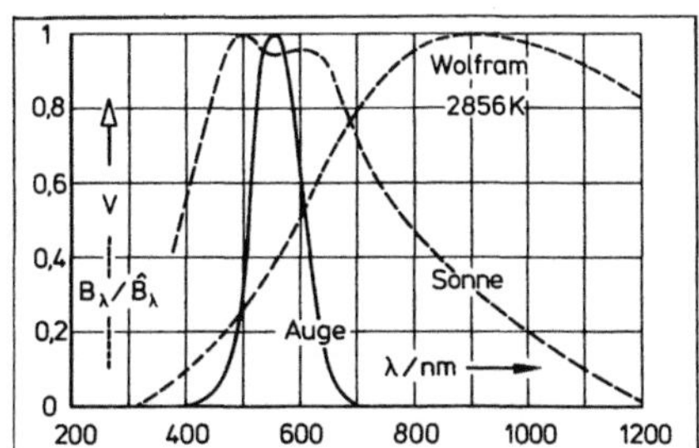

2: Vergleich mit Spektren

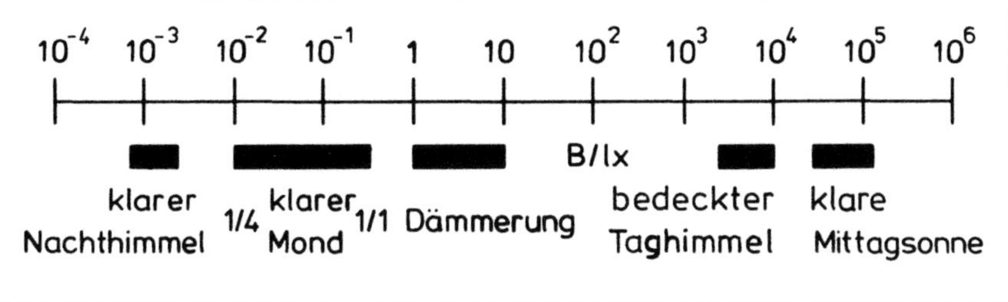

3: Beleuchtungsstärken im Freien

Fig. 1122: Physiologische Größen

Namen	Symbol Definition	Einheit
Lichtstrom luminous flux flux lumineux	Φ_V	lm lumen
Lichtstärke luminous intensity intensité lumineuse	$J_V = \dfrac{d\Phi_V}{d\omega}$	cd = lm/sr candela
Spezif. Lichtausstrahlung luminous exitance exitance lumineuse	$M_V = \dfrac{d\Phi_V}{dF}$	$\dfrac{lm}{m^2}$
Lichtstromdichte luminous flux density densité de flux lumineux	$I_V = \dfrac{d\Phi_V}{dF\cos\varepsilon}$	$\dfrac{lm}{m^2}$
Leuchtdichte luminance luminance	$L_V = \dfrac{d^2\Phi_V}{d\omega dF\cos\varepsilon}$	$\dfrac{cd}{m^2}$
Beleuchtungsstärke illuminance éclairement	$B_V = \dfrac{d\Phi_V}{dF}$	$lx = lm/m^2$ lux
Belichtung light exposure exposition lumineuse	$H_V = \int B_V(t)\,dt$	lx s
Lichtmenge quantity of light quantité de lumiére	$Q_V = \int \Phi_V(t)\,dt$	lm s

Tab. 1122-1: Physiologische Lichtgrößen

Es wäre möglich, den λ-unabhängigen Faktor K gleich 1 zu setzen und so auch den Lichtstrom Φ_v wie den Strahlungsfluß Φ_e in Watt anzugeben. Zwecks Anschluß an ältere Einheiten wird jedoch eine andere mit einer Normallichtquelle definierte Einheit des Lichtstroms verwendet, die Lumen genannt und mit lm bezeichnet wird. Die Definition wurde mehrfach geändert. Entsprechend unterschiedlich sind die in der Literatur genannten Werte des sog. photometrischen Strahlungsäquivalents K. Seit 1983 wird mit

$$K = 673 \ \text{lm/W} \tag{3}$$

gerechnet. Dieser Wert ergibt sich aus einer Vereinbarung über eine weiter unten definierte Lichtstärke einer Normallichtquelle. Genaugenommen wird hier also nicht der Lichtstrom, sondern die Lichtstärke als die Grundgröße angesehen. Es erleichtert die Gegenüberstellung der physiologischen und physikalischen Größen, wenn wir dennoch annehmen, daß der Lichtstrom Φ_v die Grundgröße und das Lumen die Grundeinheit sei. Mit Φ_v wird die pro Zeit von einer Lichtquelle in einen gegebenen Raumwinkel ω emittierte oder die pro Zeit durch eine gegebene Fläche F transportierte Lichtmenge angegeben. Integration der während einer Zeit t in den gegebenen Raumwinkel ω oder durch die gegebene Fläche F gehenden Lichtmengenelemente $dQ_v=\Phi_v(t)dt$ ergibt die in Lumensekunden (lms) zu messende Lichtmenge Q_v. Der pro Fläche einer Lichtquelle in den Halbraum ausgestrahlte Lichtstrom wird spezifische Lichtausstrahlung $M_v=d\Phi_v/dF$ und der pro Fläche eines Lichtempfängers aus dem Halbraum empfangene Lichtstrom $B_v=d\Phi_v/dF$ wird Beleuchtungsstärke genannt. Der senkrecht durch eine Fläche gehende Lichtstrom pro Fläche $I_v=d\Phi_v/dF\cos\varepsilon$ heißt Lichtstromdichte.

Die Einheit lm/m^2 dieser drei Größen hat den besonderen Namen Lux (lx). Hängt die Empfindlichkeit eines Films ähnlich wie $V(\lambda)$ von λ ab, so ist für die Schwärzung die während der Belichtungszeit empfangene und Belichtung H_v genannte Lichtmenge pro Fläche maßgebend. Sie setzt sich aus der Summe der Belichtungselemente $dH_v=B_v(t)dt$ zusammen. Die Lichtstärke $J_v=d\Phi_v/d\omega$ beschreibt den von einer Lichtquelle in eine betrachtete Richtung ausgestrahlten Lichtstrom pro Raumwinkel. Auch ihre Einheit lm/sr hat einen besonderen Namen. Ihr Name Candela (cd) erinnert an Zeiten, in denen eine Kerzenflamme als Normallichtquelle diente. Die Hefnerkerze hatte die Lichtstärke $J_v=0,903\text{cd}$ und die Internationale Kerze die Lichtstärke $J_v=1,019\text{cd}$. Die Leuchtdichte $L_v=dJ_v/dF\cos\varepsilon=d^2\Phi_v/d\omega dF\cos\varepsilon$ gibt an, wie groß der Anteil dJ_v eines leuchtenden Flächenelementes dF an J_v pro Projektion $dF\cos\varepsilon$ auf eine Ebene senkrecht zu der betrachteten Strahlungsrichtung ist. Sie wird in cd/m^2 gemessen. Das photometrische Strahlungsäquivalent $K=673$ lm/W ergibt sich aus der Vereinbarung, daß die Lichtstärke der Fläche $1/600000 \ \text{m}^2$ des Hohlraumstrahlers bei der Temperatur T=2044,9 K erstarrenden Platins genau $J_v=1$ cd betrage. Diese Normallichtquelle wird in den Eichämtern mit einem Thoriumoxydröhrchen mit der Länge 4 cm, dem Innendurchmesser 2 mm und der Wandstärke 0,5 mm realisiert, das in ein Bad flüssigen Platins eintaucht. Bei Abkühlung unter dem Normaldruck p_N=101325 N/m^2 kommt im Moment des Erstarrens Hohlraumstrahlung mit der Leuchtdichte L_v=600000 cd/m^2 aus dem Röhrchen. Von manchen Autoren werden außer den genannten noch weitere Einheiten wie Phot=lm/cm^2, Stilb=cd/cm^2, Apostilb=cd/πm^2 oder Lambert=cd/πcm^2 gebraucht. Außerdem wird im englischen Sprachraum noch oft und manchmal sogar ohne die international vereinbarte Vorsilbe foot auf Quadratfuß statt Quadratmeter bezogen. In der **Tabelle 1122-1** sind die international vereinbarten [418-427] und mit DIN 5031 vorgeschriebenen physiologischen Größen und Einheiten zusammengestellt.

Wie zu jeder Strahlungsgröße die spektrale Strahlungsgröße, so wird auch zu jeder Lichtgröße die spektrale Lichtgröße definiert. So setzt sich z.B. der Lichtstrom Φ_v aus Anteilen $\Phi_v(\nu)d\nu$ oder $\Phi_\lambda(\lambda)d\lambda$ zusammen:

$$\Phi_v = \int_0^\infty \Phi_{v\nu}(\nu)d\nu = \int_0^\infty \Phi_{v\lambda}(\lambda)d\lambda \tag{4}$$

Auch hier gilt:

$$\Phi_{v\lambda}(\lambda_0 = \frac{c_0}{\nu}) = \frac{\nu^2}{c_0}\Phi_{v\nu}(\nu) \quad ; \quad \Phi_{v\nu}(\nu = \frac{c_0}{\lambda_0}) = \frac{c_0}{\lambda_0^2}\Phi_{v\lambda}(\lambda_0) \tag{5}\tag{6}$$

Die Umrechnung der spektralen Strahlungsgrößen in die spektralen Lichtgrößen erfordert lediglich die Multiplikation mit KV(λ). Zur Umrechnung der Strahlungsgrößen in die Lichtgrößen sind jedoch im allgemeinen die mit KV(λ) multiplizierten spektralen Anteile zu integrieren. Nur bei praktisch monochromatischem Licht ist auch hier einfach mit KV(λ) zu multiplizieren, bei λ=555 nm also einfach mit K. Mit dem Lichtstrom 1 lm werden von einer monochromatischen Lichtquelle mit dieser Wellenlänge 4,109•10^{15} Photonen pro Sekunde emittiert. **Fig. 1122-2** vergleicht die Bewertungsfaktoren V(λ) mit den relativen spektralen Bestrahlungstärken des direkten Sonnenlichtes an einem klaren Sommermittag in Meereshöhe sowie mit denen des Wolframglühlichtes bei der Farbtemperatur T_f=2856 K. Das Auge nimmt nur einen kleinen und bei den sehr verschiedenen Spektren ebenso verschiedenen Bruchteil der Gesamtbestrahlungsstärke wahr. Die Integration liefert entsprechend unterschiedliche Verhältnisse B_v/B_e, nämlich etwa B_v/B_e=100 lm/W für das Sonnenlicht und 20 lm/W für das Glühlicht. Für anderes Tageslicht, anderes Glühlicht oder für das Licht von Gasentladungslampen können sich ganz andere kleinere oder größere Werte ergeben. Die **Fig. 1122-3** will mit Angaben von Beleuchtungsstärken im Freien ein Gespür für die Einheit 1 lx vermitteln. Ein Schreibtisch wird mit etwa 1000 lx gut beleuchtet.

1.2 LICHT IN MATERIE

1.2.1 Brechung und Reflexion

1.2.1.1 Brechzahlen

In elektrisch nichtleitender Materie, im sog. Dielektrikum, regt die elektromagnetische Welle die an die Kerne der Atome oder Moleküle gebundenen Elektronen zum Mitschwingen an. Die Atome oder Moleküle werden zu schwingenden Dipolen, die der einfallenden Welle Dipolwellen überlagern. Die resultierende Welle erscheint im allgemeinen gedämpft und phasenverschoben. Liegt die Frequenz ν der Welle weit ab von allen Eigenfrequenzen ν_{0i} der Dipolschwingungen, und ist der Lichtweg kurz, so kann die Dämpfung vernachlässigt werden. Das Dielektrikum ist dann transparent. Ist es außerdem isotrop, so kann man den Einfluß der mitschwingenden Dipole einfach dadurch in Rechnung setzen, daß man in die Maxwellgleichungen $\varepsilon_r\varepsilon_0$ statt ε_0 und $\mu_r\mu_0$ statt μ_0 einsetzt. Die relative Dielektrizität ε_r und die relative Permeabilität μ_r sind ν-abhängige Materialkonstanten. In der Wellendifferentialgleichung erscheint dann

$$c = \sqrt{1/\varepsilon_r\varepsilon_0\mu_r\mu_0} \tag{1}$$

statt c_0. Die Wellenphasen pflanzen sich nicht mehr mit der Vakuumlichtgeschwindigkeit c_0, sondern mit der Geschwindigkeit

$$c = c_0/n \quad \text{mit} \quad n = \sqrt{\varepsilon_r\mu_r} \tag{2}\tag{3}$$

fort. n ist die Brechzahl. Bei den uns interessierenden Dielektrika ist sie im sichtbaren Spektralbereich größer als 1. Die Phasengeschwindigkeit c ist hier also kleiner als c_0. Außerdem ist hier die Rechnung mit $\mu_r=1$ d.h. mit $n=\sqrt{\varepsilon_r}$ genügend genau. Die Abweichung $\varepsilon_r-1=n^2-1$ ist zur Zahl N der mitschwingenden Dipole pro Volumen proportional. Bei Gasen unter mäßig hohem Druck kann mit der folgenden Abhängigkeit von der Kreisfrequenz $\omega=2\pi\nu$ gerechnet werden:

$$n^2-1 = \frac{Nq_e^2}{\varepsilon_0 m_e} \sum_i \frac{f_i}{\omega_{0i}^2-\omega^2} \tag{4}$$

q_e bezeichnet die elektrische Ladung und m_e die Masse des Elektrons. Die ω_{0i} sind die Eigenkreisfrequenzen der möglichen Dipolschwingungen. Die Oszillatorenstärken f_i sind Gewichtsfaktoren, die die Bedingung $\Sigma f_i=1$ erfüllen. Bei der quantentheoretischen Berechnung des Vorganges erscheinen sie als die Übergangswahrscheinlichkeiten der Übergänge zwischen Energieniveaus der Elektronenhülle, die sich um $h\nu_{0i}=\hbar\omega_{0i}/2\pi$ unterscheiden. Beim Normaldruck p=1 atm und bei tieferen Drücken unterscheiden sich die Brechzahlen n so wenig von 1, daß mit $n^2-1=(n-1)(n+1)\approx2(n-1)$ gerechnet werden kann. Der Zusammenhang (4) wird dann gerne wie folgt geschrieben:

$$n-1 = G(\omega)\rho \quad \text{mit} \quad G(\omega) = \frac{q_e^2}{2\varepsilon_0 m_e m} \sum_i \frac{f_i}{\omega_{0i}^2 - \omega^2} \qquad (5)\,(6)$$

$\rho = Nm$ ist die Dichte des Gases mit der Masse m pro Gaspartikel. $G(\omega)$ ist die sog. Gladstone/Dale-Konstante. Bei Gasgemischen setzt sich $n-1$ additiv aus den Anteilen der verschiedenen N_k Dipole mit Massen m_k und Eigenfrequenzen ω_{0ki} zusammen. Mit $N = \Sigma N_k$, $\rho_k = N_k m_k$, $\rho = \Sigma N_k m_k$ ergibt sich der folgende Zusammenhang zwischen den Gladstone/Dale-Konstanten $G = (n-1)/\rho$ des Gemisches und den Gladstone/Dale-Konstanten $G_k = (n_k-1)/\rho_k$ seiner Komponenten:

$$G = \sum_k \frac{\rho_k}{\rho} G_k \qquad (7)$$

Bei der Herstellung des Gemisches wird meist nicht das Partialdichteverhältnis ρ_k/ρ, sondern das Partialdruckverhältnis p_k/p gemessen. Bei idealem Gas ist $p_k = N_k kT$ und $p = NkT$. Hier ist also

$$\frac{\rho_k}{\rho} = \frac{p_k}{p} \frac{m_k}{m} = \frac{p_k}{p} \frac{M_k}{M} \qquad (8)$$

einzusetzen. $m = \Sigma N_k m_k/N$ ist die mittlere Masse pro Gaspartikel, $M_k = N_k m_k$ die Molmasse der k-ten Komponente und $M = Nm$ die mittlere Molmasse des Gemisches.

Gas	$M/\frac{g}{mol}$	$\rho_N/\frac{kg}{m^3}$	$10^4(n_N-1)$	$G/10^{-4}\frac{m^3}{kg}$	$G_0/10^{-4}\frac{m^3}{kg}$	$A/10^{-9}m$
He	4,0030	0,1785	0,3489	1,9546	1,9389	0,4917
Ne	20,183	0,8999	0,6725	0,7473	0,7331	0,7614
Ar	39,944	1,7838	2,8227	1,5824	1,5517	0,7688
Kr	83,700	3,7400	4,3080	1,1518	1,1983	1,0832
Xe	131,30	5,8900	7,0658	1,1996	1,1394	1,2556
H_2	2,0156	0,0899	1,4018	15,595	14,819	1,2503
N_2	28,016	1,2505	2,9914	2,3922	2,2645	1,2964
O_2	32,000	1,4290	2,7223	1,9050	1,8233	1,1564
CO_2	44,010	1,9770	4,5011	2,2767	2,2043	0,9899

Tab. 1211-1: Gladstone/Dale-Konstanten G bei $\lambda = 546,1$ nm

In der **Tabelle** 1211-1 sind die Gladstone/Dale-Konstanten einiger reiner Gase und des Gasgemisches Luft bei der Vakuumwellenlänge λ_0=546,1 nm zusammengestellt. Bei der Normaldichte ρ_N=ρ(p_N=1 atm, T_N=273,15 K) haben die Abweichungen der Brechzahl von 1 die ebenfalls aufgeführten Werte [428].

Die λ_0-Abhängigkeit läßt sich im sichtbaren Spektralbereich mit

$$G(\lambda_0) = G_0[1 + (\frac{A}{\lambda_0})^2 + (\frac{B}{\lambda_0})^4] \tag{9}$$

annähern. Für trockene Luft haben Messungen die folgen Werte der drei Konstanten ergeben:

$$G_0 = 2,2244 \cdot 10^{-4} \frac{m^3}{kg} \; ; \quad A = 6,7132 \cdot 10^{-8} m \; ; \quad B = 1,0686 \cdot 10^{-7} m \tag{10}$$

Die damit berechneten $G(\lambda_0)$ und $n(\lambda_0)$-1 bei $T=T_N$+20°C sind in den **Fig.** 1211-1 und 2 graphisch dargestellt. Luftfeuchtigkeit vermindert die $G(\lambda_0)$. In dem engeren Spektralbereich 400<λ_0/nm<600 kann die Rechnung mit B=0 und den in **Tab.** 1211-1 aufgeführten Konstanten G_0 und A genügen.

Bei hohen Gasdrücken, in Flüssigkeiten und in festen Dielektrika ist der mittlere Abstand der mitschwingenden Dipole so klein, daß die Wechselwirkung mit benachbarten Dipolen zu berücksichtigen ist. Haben die Dipole kein permanentes Dipolmoment, so gilt die folgende Helmholtz/Ketteler-Erweiterung einer von H.A. LORENTZ (1880) und L. LORENZ (1881) vorgeschlagene Formel:

$$\frac{n^2-1}{n^2+1} = \frac{Nq_e^2}{3\varepsilon_0 m_e} \; \Sigma \; \frac{f_i}{\omega_{0i}^2 - \omega^2} \tag{11}$$

Die Zahl $(n^2-1)/(n^2+2)$ heißt Refraktion. In Datensammlungen wird die Polarisierbarkeit $3(n^2-1)/(n^2+2)4\pi N$, die Molrefraktion $M(n^2-1)/(n^2+2)\rho$ oder das spezifische Brechvermögen $(n^2-1)/(n^2+2)\rho$ angegeben. Im Falle n-1<<1 ist $(n^2-1)/(n^2+2) \approx 2(n-1)/3$.

In Flüssigkeiten liegen oft nicht nur wegen permanenter Dipolmomente, sondern auch wegen einer Temperatur- und Druckabhängigkeit der Flüssigkeitsstruktur, kompliziertere Verhältnisse vor. Für die Strömungsforschung ist insbesondere die Temperaturabhängigkeit der Brechzahl destillierten Wassers unter Normaldruck interessant. Sie wurde mehrfach und sehr genau untersucht. Die in den **Fig.** 1211-3 bis **1211-6** graphisch dargestellten Werte bei Celsiustemperaturen $t=T-T_N$ wurden mit einer Interpolationsformel [429] mit 13 empirischen Konstanten berechnet. Die Brechzahl ist nicht bei t=4°C, d.h. bei der größten Dichte, sondern je nach λ_0 bei Temperaturen im Bereich -0,5<t/°C<0,5 am größten. Die Druckabhängigkeit ist nicht so gut bekannt. Bei λ_0=589,3 nm und t=20°C hat die Erhöhung des Druckes von 1 atm auf 2 atm die Zunahme von n(H_2O)/n(Luft) um $1,514 \cdot 10^{-5}$ zur Folge. Gelegentlich ist es wichtig, daß sich die Brechzahl

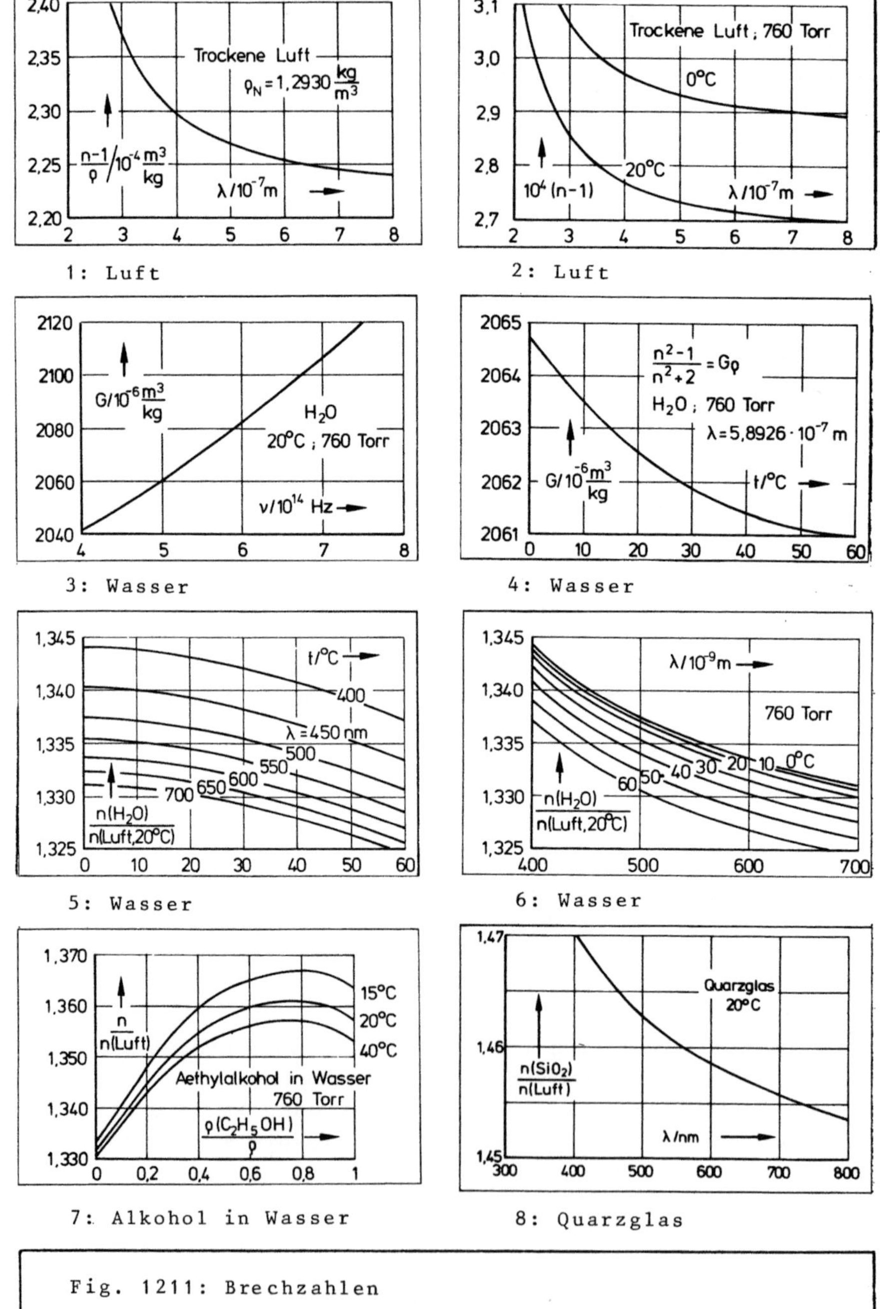

1: Luft

2: Luft

3: Wasser

4: Wasser

5: Wasser

6: Wasser

7: Alkohol in Wasser

8: Quarzglas

Fig. 1211: Brechzahlen

einer Flüssigkeit möglichst wenig von der eines Fensters unterscheidet. Geringe und darum genau dosierbare Erhöhungen der Brechzahl kann man durch Zumischung von Äthylalkohol erzielen. **Fig.** 1211-7 zeigt, wie die in Gewichtsprozenten angegebene Alkoholkonzentration die Brechzahl bei $\lambda_0 = 589,3$ nm verändert. Die **Tabelle 1211-2** informiert über die Brechzahlen einiger anderer Flüssigkeiten bei dieser Wellenlänge. Mit Schwefel/Selenmischungen kann man Brechzahlen bis 2 und mit Schwefel/Arsen/Selenmischungen sogar Brechzahlen bis 2,72 erzielen.

Flüssigkeit	n/n(Luft)	Flüssigkeit	n/n(Luft)
Methylalkohol	1,329	Trichloraethylen	1,481
Aethylalkohol	1,362	Benzol	1,500
Benzin	1,390	Anisöl	1,560
Chloroform	1,443	Zimtöl	1,602
Tetrachlorkohlenstoff	1,461	Schwefelkohlenstoff	1,620
Terpentinöl	1,470	Methylenjodid	1,740

Tab. 1211-2:   Brechzahlen von Flüssigkeiten bei $\lambda_0 = 589,3$ nm

Von den festen und transparenten Dielektrika interessiert hier insbesondere das ohne Kristallisation erstarrte Glas. Die Brechzahlen der reintransparenten Gläser liegen im sichtbaren Spektralbereich zwischen 1,3 und 2,1 und nehmen hier mit zunehmender Frequenz zu, mit zunehmender Wellenlänge ab. In Glaskatalogen wird die sog. Hauptbrechzahl n_d bei λ_d oder n_e bei λ_e und die sog. Abbezahl ν_d oder ν_e angegeben [430]:

$$\nu_d = \frac{n_d - 1}{n_F - n_C} \quad ; \quad \nu_e = \frac{n_e - 1}{n_{F'} - n_{C'}} \qquad (12)\,(13)$$

Die Indizes bezeichnen die in **Tab.** 1211-3 aufgeführten Eichwellenlängen.

Symbol	F'	F	e	d	C'	C
λ/nm	480,0	486,1	546,1	587,1	643,8	656,3
Element	Cd	H_2	Hg	He	Cd	H_2
Farbe	blau		grün	gelb		rot

Tab. 1211-3:   Eichwellenlängen

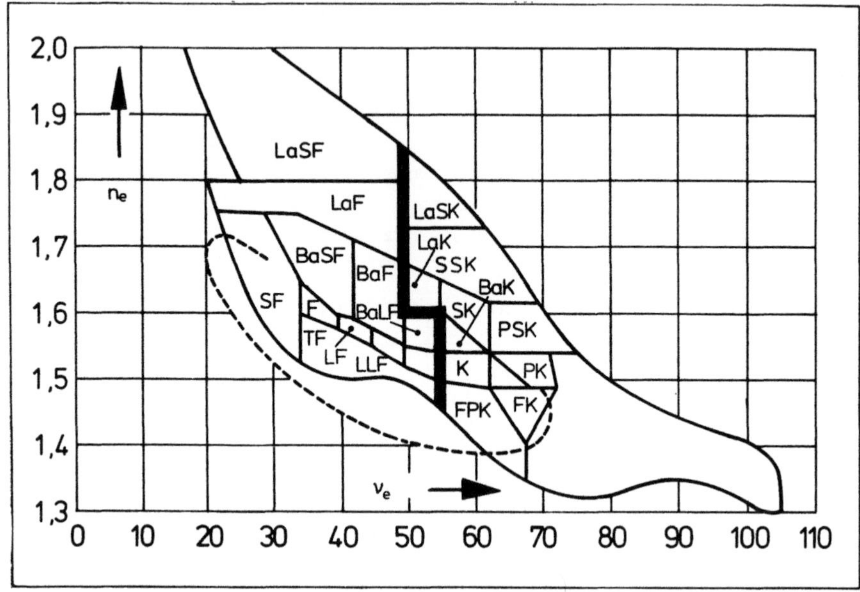

9: Brechzahlen n_e und Abbezahlen ν_e der Gläser

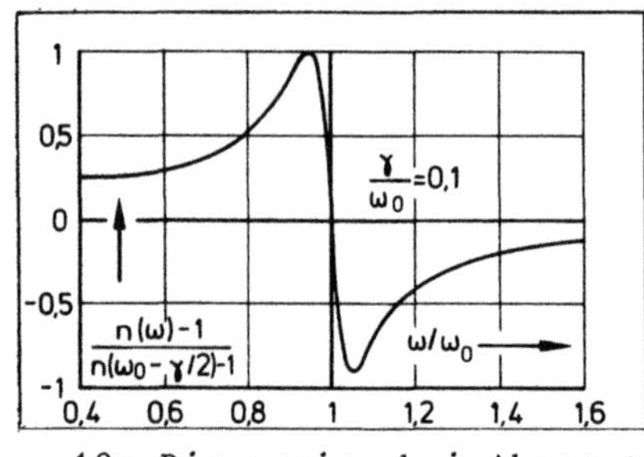

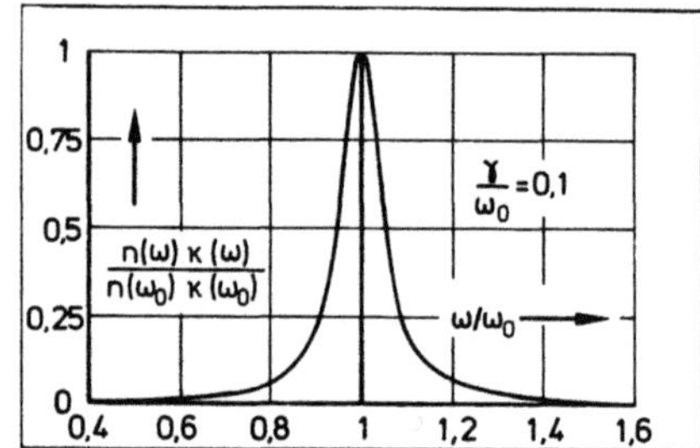

10: Dispersion bei Absorption   11: Absorption

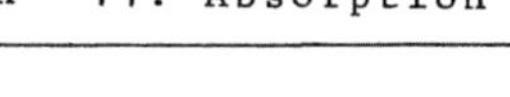

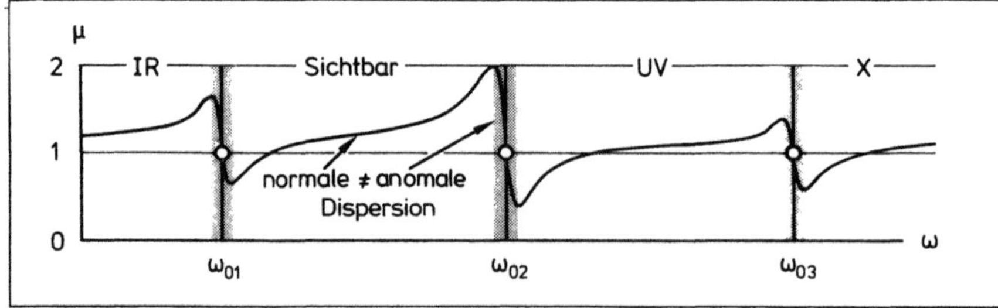

12: Dispersion bei Frequenzen zwischen Eigenfrequenzen

Fig. 1211: Brechzahlen

Je größer die Abbezahl, umso schwächer ist die Dispersion. Gläser mit $\nu_e > 54,7$ bei $n_e < 1,6028$ oder $\nu_e > 49,7$ bei $n_e > 1,6028$ werden Krone und Gläser mit kleineren ν_e werden Flinte genannt. **Fig.** 1211-9 informiert über die n_e und ν_e verschiedener Krone und Flinte. Die eingetragenen Buchstaben bedeuten K=Kron, F=Flint, S=schwer, SS=schwerst, L=leicht, LL=doppelt-leicht , F=Fluor, P=Phosphor, B=Bor, Z=Zink, Ba=Barit, La=Lanthan , T=tief, Kz=kurz. Sie charakterisieren die chemische Zusammensetzung. Das hier nicht miteingetragene Quarzglas aus reinem SiO_2 hat die Hautpbrechzahl $n_d = 1,45859$ und Abbezahl $\nu_d = 67,8$ und bleibt bis ins nahe UV reintransparent. In **Fig.** 1211-8 ist die Abhängigkeit seiner Brechzahl von λ_0 graphisch dargestellt. Berylliumfluorid mit $n_d = 1,3336$ und $\nu_D = 105,0$ und Boratglas mit $n_d = 2,0954$ und $\nu_d = 15,6$ haben extreme n_d und ν_d. In **Fig.** 1211-9 ist außerdem jener Bereich punktiert umrandet, in welchem die n_e, ν_e der etwa 100 verchiedenen und für Optik angebotenen reintransparenten Plaste liegen. Bei diesen organischen Polymerisationsprodukten wird der Vorteil leichter Verarbeitung und geringer Stoßempfindlichkeit mit dem Nachteil geringer Kratzfestigkeit und hoher Temperaturabhängigkeit erkauft.

Alle vorstehenden Angaben gelten bei Kreisfrequenzen ω weit ab von den ω_{0i}. In der Nähe einer Eigenkreisfrequenz ω_{0i} kann die Absorption nicht mehr vernachlässigt werden. Die Lichtwelle pflanzt sich dann nicht nur mit einer von c_0 abweichenden Geschwindigkeit $c = c_0/n$, sondern auch mit abnehmenden Amplituden fort:

$$E(z,t)/\hat{E} = \exp\left(-\frac{\alpha}{2}z\right) \exp[-j(\omega t - kz)] \qquad (14)$$

$\alpha/2$ ist der Amplitudenabsorptionskoeffizient. Mit $k = 2\pi/\lambda = 2\pi n/\lambda_0$, $\alpha/2 = k\kappa$ und mit der komplexen Brechzahl $n = n(1+j\kappa)$ kann man schreiben:

$$E(Z,t)/\hat{E} = \exp\left[-j(\omega t - 2\pi n \frac{z}{\lambda_0})\right] \qquad (15)$$

Berücksichtigung der Absorption ergibt die folgende Gleichung für **n** mit Dämpfungskonstanten γ_i:

$$\frac{n^2-1}{n^2+2} = \frac{Nq_e^2}{\varepsilon_0 m_e} \sum_i \frac{f_i}{\omega_{01}^2 - \omega^2 - j\gamma_i\omega} \qquad (16)$$

$$\mathrm{Re}\left(\frac{n^2-1}{n^2+2}\right) = \frac{Nq_e^2}{\varepsilon_0 m_e} \sum_i \frac{f_i(\omega_{01}^2 - \omega^2)}{(\omega_{01}^2 - \omega^2)^2 + \gamma_i^2} \qquad (17)$$

$$\mathrm{Im}\left(\frac{n^2-1}{n^2+2}\right) = j\frac{Nq_e^2}{\varepsilon_0 m_e} \sum_i \frac{f_i\gamma_i\omega}{(\omega_{01}^2 - \omega^2)^2 + \gamma_i^2\omega^2} \qquad (18)$$

Bei Gasen kann wegen $|(n^2-1)/(n^2+2)| \approx 3(n-1)/2$ näherungsweise mit den folgenden Formeln gerechnet werden:

$$n - 1 = \frac{Nq_e^2}{2\varepsilon_0 m_e} \sum_i \frac{f_i(\omega_{01}^2 - \omega^2)}{(\omega_{01}^2 - \omega^2)^2 + \gamma_i^2 \omega^2} \qquad (19)$$

$$n\kappa = \frac{Nq_e^2}{2\varepsilon_0 m_e} \cdot \sum_i \frac{f_i \gamma_i \omega}{(\omega_{01}^2 - \omega^2)^2 + \gamma_i^2 \omega^2} \qquad (20)$$

Oft ist eine Eigenkreisfrequenz ω_{Ok} weit von allen anderen entfernt. In ihrer Nähe können dann wegen $\gamma_i \ll \omega_{Oi}$ die Summanden mit $i \neq k$ vernachlässigt werden. Außerdem ist dort $\omega_{Ok}^2 \approx 2\omega_{Ok}(\omega_{Ok} - \omega)$. Die Verläufe sehen dann z.B. wie in **Fig. 1211-10 auch 11** aus. Die n-1 durchlaufen zwei Extrema

$$n - 1 \simeq \pm \frac{Nq_e^2}{\varepsilon_0 m_e} \cdot \frac{f_k}{\omega_{Ok} j_k} \quad \text{bei } \omega \simeq \omega_{Ok} + \gamma_k/2 \qquad (21)$$

Die $n\kappa$ durchlaufen ein Maximum

$$n\kappa \simeq \frac{Nq_e^2}{\varepsilon_0 m_e} \cdot \frac{f_k}{\omega_{Ok} \gamma_k} \text{ bei } \omega = \omega_{Ok} \qquad (22)$$

und bei $\omega \approx \omega_{Ok} + \gamma_k/2$ die Hälfte dieses Wertes. Eine genauere Rechnung ergibt für die Extrema von n-1 die Ausdrücke:

$$n - 1\kappa \simeq \pm \frac{Nq_e^2}{\varepsilon_0 m_e} \left[\frac{f_k}{\omega_{Ok} \gamma_k} \pm \sum_{i \neq k} \frac{f_i}{\omega_{Oi}^2 - \omega_k^2} \right] \qquad (23)$$

Fig. 1211-12 zeigt einen n-Verlauf, der von drei Eigenfrequenzen außerhalb des sichtbaren Frequenzbereichs bestimmt wird. In einigem Abstand von den ω_{Oi} ist dn/dω positiv. Eine solche Dispersion heißt normal. In der Nähe der ω_{Oi} ist jedoch dn/dω negativ. Hier wird von anomaler Dispersion gesprochen. Bei Kreisfrequenzen wenig über den ω_{Oi} ist n<1. Die Phasengeschwindigkeit c ist hier größer als die Vakuumlichtgeschwindigkeit c_0.
A. Sommerfeld hat 1914 gezeigt, daß das Licht jedoch auch hier Signale nur mit Geschwindigkeiten bis höchstens c_0 transportiert.

1.2.1.2 Fresnelformeln

Trifft eine ebene Lichtwelle auf die ebene Grenzfläche zwischen zwei transparenten Dielektrika mit verschiedenen Brechzahlen $n_1 \neq n_2$, so wird sie dort im allgemeinen teilweise reflektiert und teilweise gebrochen. Der einfallende, der reflektierte und der gebrochene Strahl liegen in derselben Ebene. Diese steht senkrecht auf der Grenzfläche und enthält das Einfallslot. **Fig. 1212-1** zeigt den Fall eines vom Dielektrikum mit n_1 kommenden und in das Dielektrikum mit $n_2 > n_1$ gehenden Strahls. Der Winkel α_1 des einfallenden Strahls mit dem Einfallslot wird Einfallswinkel, der Winkel α'_1 des reflektierten Strahls Reflexionswinkel und der Winkel α_2 des gebrochenen Strahls mit der Verlängerung des Einfallslots wird Brechungswinkel genannt. Es gilt das Reflexionsgesetz

$$\alpha'_1 = \alpha_1 \tag{1}$$

und das Brechungsgesetz:

$$n_2 \sin \alpha_2 = n_1 \sin \alpha_1 \tag{2}$$

Das Brechungsgesetz wird mit der in **Fig. 1212-2** skizzierten Überlegung verständlich. Während desselben Zeitintervalls Δt läuft eine Phasenfläche links noch mit der Geschwindigkeit $c_1 = c_0/n_1$, rechts aber bereits mit der kleineren Geschwindigkeit $c_2 = c_0/n_2$. Das muß eine Rechtsschwenkung zur Folge haben. Aus $c_1 \Delta t/\sin\alpha_1 = c_2 \Delta t/\sin\alpha_2$ folgt die Gleichung (2). Man kann den gebrochenen Strahl wie in **Fig. 1212-3** konstruieren. α_2 wächst weniger als α_1 und erreicht schließlich bei streifendem Einfall, d.h. bei $\alpha_1 = 90°$, $\sin\alpha_1 = 1$, den folgenden Grenzwinkel α_G:

$$\sin \alpha_G = \frac{n_1}{n_2} \tag{3}$$

Im Falle $n_1 = 1$ und $n_2 = 1,5$ ist z.B. $\alpha_G = 41,81°$. Kommt umgekehrt der einfallende Strahl aus dem Dielektrikum mit der höheren Brechzahl n_2, so liegen die in **Fig. 1212-4** skizzierten Verhältnisse vor. Der Strahl wird dann nicht zur Verlängerung des Einfallslots hin, sondern von diesem weg gebrochen. Das ist solange möglich, wie $\alpha_2 < \alpha_G$ ist. Bei $\alpha_2 > \alpha_G$ kann nur noch der mit $\alpha'_2 = \alpha_2$ reflektierte Strahl existieren. Der aus dem optisch dichteren Dielektrikum kommende Strahl wird dann total reflektiert. Total soll heißen, daß der gesamte Strahlungsfluß im optisch dichteren Dielektrikum bleibt.

Wie sich bei diesen Vorgängen die Amplituden der elektrischen Feldstärke verhalten, wurde 1821 von A.J. FRESNEL untersucht. Die sog. Fresnelschen Formeln werden besonders einfach, wenn man wie in **Fig. 1212-5** und **1212-6** die E-Komponenten $E_\odot$ senkrecht und $E_\shortparallel$ parallel zur Einfallsebene betrachtet. $E_\odot$ ist zugleich die Komponente parallel zur Grenzfläche. Größen der einfallenden Welle werden ohne Index angegeben. Solche der reflektierten Welle werden mit dem Index r und solche der gebrochen transmittierten mit

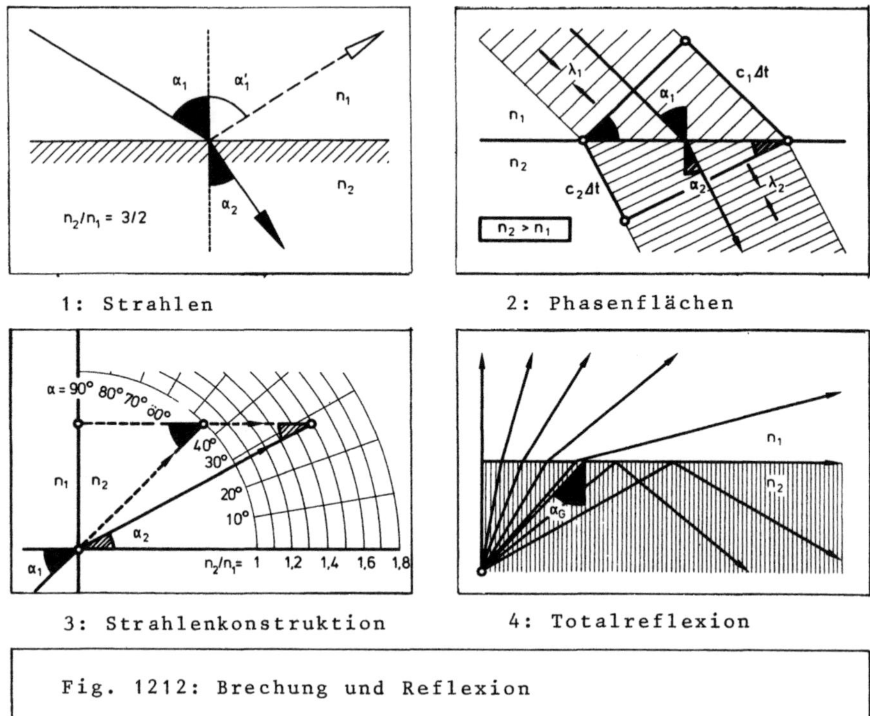

Fig. 1212: Brechung und Reflexion

dem Index t bezeichnet. Bei Winkeln β, β_r, β_t zwischen den E, E_r, E_t haben die Amplitudenkomponenten $E_\odot, E_{\odot r}, E_{\odot t}$ und $E_{\parallel}, E_{\parallel r}, E_{\parallel t}$ die in **Fig. 1212-5** notierten Werte. Bei Annahme gleicher Tangentialkomponenten $E_\odot = E_{\odot r} = E_{\odot t}$ auf beiden Seiten der Grenzfläche fordern die Maxwellgleichungen die folgenden Amplitudenreflexionsverhältnisse r und Amplitudentransmissionsverhältnisse t:

$$r_\odot = \frac{E_{\odot r}}{E_\odot} = \frac{n_2 \cos\alpha_2 - n_1 \cos\alpha_1}{n_2 \cos\alpha_2 + n_1 \cos\alpha_1} = \frac{\sin(\alpha_1 - \alpha_2)}{\sin(\alpha_1 + \alpha_2)} \tag{4}$$

$$r_\parallel = \frac{E_{\parallel r}}{E_\parallel} = \frac{n_2 \cos\alpha_1 - n_1 \cos\alpha_2}{n_2 \cos\alpha_1 + n_1 \cos\alpha_2} = \frac{\tan(\alpha_1 - \alpha_2)}{\tan(\alpha_1 + \alpha_2)} \tag{5}$$

$$t_\odot = \frac{E_{\odot t}}{E_\odot} = \frac{2 n_1 \cos\alpha_1}{n_2 \cos\alpha_2 + n_1 \cos\alpha_1} = \frac{2 \cos\alpha_1 \sin\alpha_2}{\sin(\alpha_1 + \alpha_2)} \tag{6}$$

$$t_\parallel = \frac{E_{\parallel t}}{E_\parallel} = \frac{2 n_1 \cos\alpha_1}{n_2 \cos\alpha_1 + n_1 \cos\alpha_2} = \frac{2 \cos\alpha_1 \sin\alpha_2}{\sin(\alpha_1 + \alpha_2) \cos(\alpha_1 + \alpha_2)} \tag{7}$$

Diese Verhältnisse sind in **Fig. 1212-7** als Funktion von α_1 aufgetragen. In allen Fällen gilt $r_\odot + t_\odot = 1$, aber nur bei senkrechtem Einfall mit $\alpha_1 = 0$ ist auch $r_{\parallel} + t_{\parallel} = 1$. Bei $\alpha_1 = 0$ ist auch $\alpha_2 = 0$ und darum:

$$r_\odot = r_{\parallel} = \frac{n_2 - n_1}{n_2 + n_1} \; ; \; t_\odot = t_{\parallel} = \frac{2n_1}{n_2 + n_1} \qquad (8)\,(9)$$

Im Sonderfall $\alpha_1 + \alpha_2 = 90°$ wird $r_{\parallel} = 0$. Die in der Einfallsebene schwingende Komponente wird hier nicht reflektiert, sondern nur durchgelassen. Mit dem Brechungsgesetz ergibt sich, daß dies bei dem folgenden sogenannten Brewsterwinkel $\alpha_1 = \alpha_B$ der Fall ist:

$$\tan \alpha_B = \frac{n_2}{n_1} \qquad (10)$$

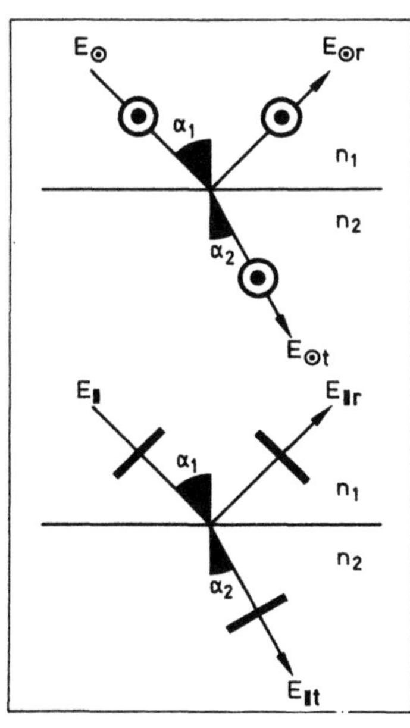

6: Komponenten

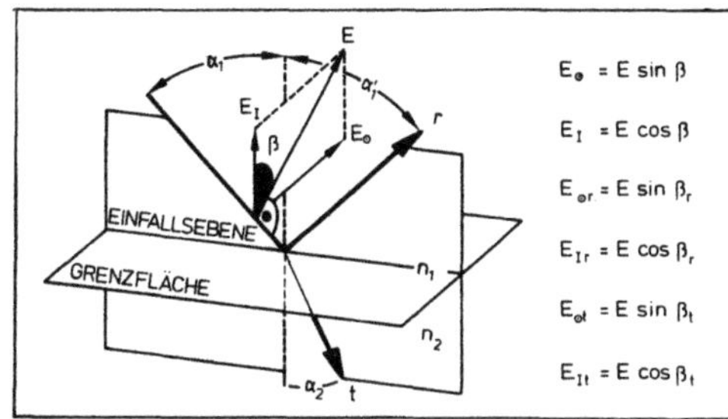

5: Feldstärkezerlegung

7: Feldstärkenverhältnisse

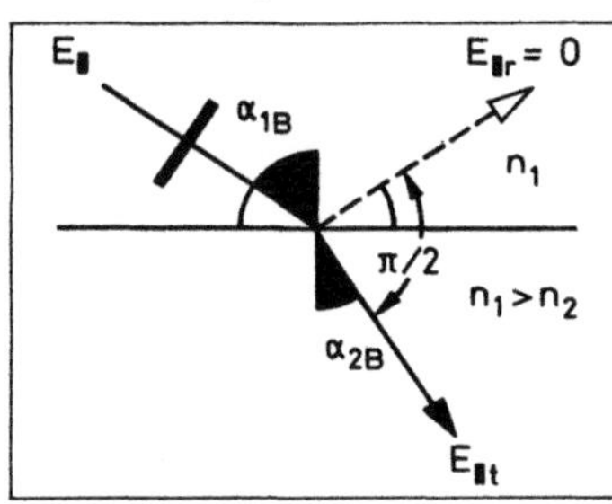

8: Brewsterwinkel

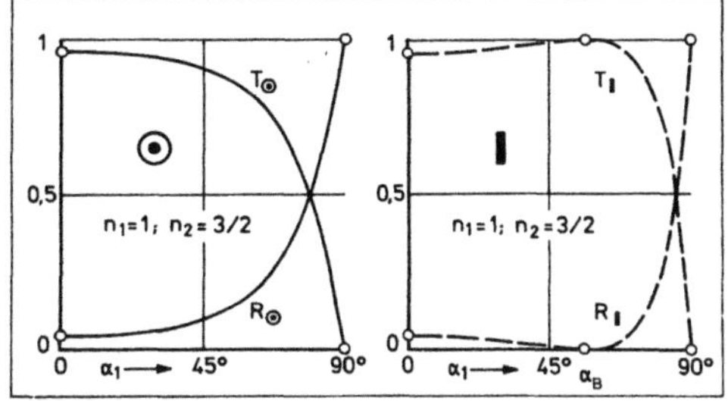

9: Strahlungsflußverhältnisse

Fig. 1212: Fresnelformeln

Bei $n_1=1$ und $n_2=1,5$ ist z.B. $\alpha_B=56,31°$. Der reflektierte Strahl würde in diesem Fall senkrecht auf dem gebrochenen stehen, wie in **Fig. 1212-8**. Die im optisch dichteren Dielektrikum mitschwingenden Dipole müßten in Richtung ihrer Achsen strahlen. Das ist unmöglich. Bei streifendem Einfall mit $\alpha_1=90°$ wird $r_\odot=r_{/\!/}=1$ und

$$t_\odot = \frac{2n_1}{\sqrt{n_2^2-n_1^2}} \quad ; \quad t_{/\!/} = \frac{2n_2}{\sqrt{n_2^2-n_1^2}} \qquad (11)\,(12)$$

Das reflektierte und das gebrochene Licht bleiben hier wie das einfallende linear polarisiert. Das Azimut β wird bei der Reflexion vergrößert und bei der Brechung verkleinert:

$$\tan \beta_r = - \frac{\cos(\alpha_1-\alpha_2)}{\cos(\alpha_1+\alpha_2)} \tan \beta \quad ; \quad \tan \beta_t = \cos(\alpha_1-\alpha_2)\,\tan \beta \qquad (13)\,(14)$$

Die Brechung erfolgt ohne Phasenverschiebung. Die Reflexion bringt hingegen die reflektierte in Gegenphase zur einfallenden und gebrochenen Welle.

Die Fresnelschen Formeln (4) bis (7) gelten auch im Falle $n_2<n_1$. Hier liefern sie jedoch nur solange reelle $t_\odot$ und $t_{/\!/}$, wie $\alpha_2\leq 90°$ bleibt. Bei $\alpha_2=90°$ wird $r_\odot=r_{/\!/}=1$, $t_\odot=t_{/\!/}=0$ und ist α_1 gleich dem hier mit $\sin \alpha_G=n_2/n_1$ zu berechnenden Grenzwinkel der Totalreflexion. Bei größeren $\alpha_1 > \alpha_G$ bleibt $r_\odot=r_{/\!/}=1$. Im optisch dünneren Dielektrikum existiert dann lediglich eine Welle, die sich parallel zur Grenzfläche mit der Phasengeschwindigkeit $c_0/n_1 \sin \alpha_1$ fortpflanzt, und deren Amplitude mit zunehmendem Abstand z von der Grenzfläche wie $\exp(-z/z_e)$ abnimmt. Die 1/e-Eindringtiefe

$$z_e = \frac{\lambda_0}{2\pi n_1 \sqrt{\sin^2\alpha_1 - (n_2/n_1)^2}} \qquad (15)$$

ist kleiner als die Vakuumlichtwellenlänge λ_0. Diese Welle kann durch die endlose Grenzfläche zwischen zwei Halbräumen mit n_1 und n_2 keine Energie transportieren. Sie macht sich bemerkbar, wenn z.B. eine Glasoberfläche zu klein oder verschmutzt ist. Die Totalreflexion verschiebt die Phasen der beiden Komponenten der reflektierten Welle um verschiedene Beträge. Im Falle $E_\odot=E_{/\!/}$ resultiert z.B. die folgende Phasenverschiebung $\Delta\varphi$ zwischen den beiden:

$$\tan \frac{\Delta\varphi}{2} = \frac{\cos\alpha_1}{n_1\sin\alpha_1} \sqrt{n_1^2 \sin^2\alpha_1 - n_2^2} \qquad (16)$$

$\Delta\varphi$ verschwindet bei streifendem Einfall und beim Einfall mit $\alpha_1=\alpha_G$. Ansonsten ist das totalreflektierte Licht aber elliptisch polarisiert. Im Falle $n_2=1$ durchläuft $\Delta\varphi$ bei $\sin^2\alpha_1=2/(n_1^2+1)$ ein Maximum $\tan(\Delta\varphi/2)=(n_1^2-1)/2$. Bei $n_1=1,5$ geschieht dies bei $\alpha_1=51°41'$ etwa $10°$ über dem Grenzwinkel $\alpha_G=41°48'$. Dort ist $\Delta\varphi=45°12'$.

Meist sind wir weniger an den Amplituden als an den Strahlungsflußdichten interessiert. Das Verhältnis R der reflektierten zur einfallenden wird Reflexionsgrad (reflectance) oder Reflexionsvermögen und das Verhältnis T der gebrochenen zur einfallenden wird Transmissionsgrad (transmittance) oder Durchlässigkeit genannt. Es gilt:

$$R = \frac{I_r}{I} = r^2 \quad ; \quad T = \frac{I_t \cos\alpha_2}{I \cos\alpha_1} = \frac{n_2 \cos\alpha_2}{n_1 \cos\alpha_1} t^2 \qquad (17)\,(18)$$

Bei der Berechnung von T ist zu beachten, daß die in's Verhältnis gesetzten Strahlungsflüsse mit verschiedenen Geschwindigkeiten durch verschiedene flußnormale Querschnitte gehen. Im Sonderfall $E_{//}=0$ ist $r_\odot^2$ und $t_\odot^2$ und im Sonderfall $E_\odot=0$ ist $r_{//}^2$ und $t_{//}^2$ einzusetzen. Damit ergeben sich die in **Fig. 1212-9** graphisch dargestellten Abhängigkeiten der $R_\odot, R_{//}, T_\odot, T_{//}$ vom Einfallswinkel α_1. Der Energieerhaltungssatz fordert:

$$R_\odot + T_\odot = R_{//} + T_{//} = 1 \qquad (19)\,(20)$$

Für den Fall senkrechten Einfalls kommt:

$$R_\odot = R_{//} = \left(\frac{n_2 - n_1}{n_2 + n_1}\right)^2 \quad ; \quad T_\odot = T_{//} = \frac{4 n_2 n_1}{(n_2 + n_1)^2} \qquad (21)\,(22)$$

Bei $n_1=1$ und $n_2=1,5$ wie auch bei $n_1=1,5$ und $n_2=1$ ist dann z.B. $R_\odot=R_{//}=0,04$ und $T_\odot=T_{//}=0.96$. Dies ist jene gefürchtete 4%-Reflexion an den Oberflächen von Fenstern und Linsen, welche bei der Visualisierung von Strömungen störende Reflexe erzeugt und gelegentlich mit sog. Geisterbildern gar nicht vorhandene Strömungsstrukturen vorgaukelt. In einer Optik mit m Glasflächen summieren sich die reflektierten Strahlungsflußdichten:

$$\sum_1^m \frac{I_{ri}}{I} = 1 - (1-R)^m \qquad (23)$$

Bei m=17 wird $\Sigma\, I_{ri}/I=0,5$. Ein Stapel lose aufeinandergelegter Diadeckgläser demonstriert diesen Effekt. Bei schiefem Einfall wird im allgemeinen mehr reflektiert. Bei streifendem Einfall wird schließlich sowohl bei $n_1 < n_2$ wie auch bei $n_1 > n_2$ sowohl $R_\odot=1$ und $T_\odot=0$ wie auch $R_{//}=1$ und $T_{//}=0$. Ein streifend beleuchtetes Fenster spiegelt. Nur beim Brewsterwinkel $\alpha_1=\alpha_B$ wird $R_{//}=0$ und $T_{//}=1$. Diese Tatsache spielt bei Lasern und Polatisationsstrahlteilern eine wichtige Rolle. $R_\odot$ und $T_\odot$ haben bei $\alpha_1=\alpha_B$ die folgenden Werte:

$$R_{\odot B} = \left(\frac{n_2^2 - n_1^2}{n_2^2 + n_1^2}\right)^2 \quad ; \quad T_{\odot B} = \left(\frac{2 n_1 n_2}{n_2^2 + n_1^2}\right)^2 \qquad (24)\,(25)$$

Bei $n_1=1$ und $n_2=1,5$ sowie bei $n_1=1,5$ und $n_2=1$ ist z.B. $R_{\odot B}=0,148$ und $T_{\odot B}=0,852$. Mit m Grenzflächen läßt sich hier die durchgehende Strahlungsflußdichte des parallel zur Grenzfläche polarisierten Lichtes um den Faktor $[2n_2/(n_2^2-1)]^{2m}=0,9231^{2m}$ reduzieren. Hinter 14 Grenzflächen erscheinen nur noch etwa 10%, während das parallel zur Einfallsebene polarisierte Licht ungeschwächt durchgeht.

Die Fresnelformeln setzen voraus, daß die beiden Medien nicht absorbieren. Wenn sie absorbieren, dann sind an Stelle der reellen die komplexen Brechzahlen $\mathbf{n}_1=n_1(1+j\kappa_1)$ und $\mathbf{n}_2=n_2(1+j\kappa_2)$ einzusetzen. Für den Sonderfall $n_1=1$, $\kappa_1=0$ und $\lambda_1=90°$ kommt:

$$R = \mathbf{r}\,\mathbf{r}^* = \frac{(\eta_2-1)^2+n_2^2\kappa_2^2}{(\eta_2+1)^2+n_2^2\kappa_2^2} \tag{26}$$

Die Phasenverschiebung δ zwischen der reflektierten und einfallenden Welle ist dann nicht mehr gleich π, sondern mit der folgenden Formel zu berechnen:

$$\tan \delta = -\,\frac{2n_2\kappa_2}{n_2^2(1+\kappa_2^2)-1} \tag{27}$$

1.2.1.3 Reflexion an Metall

Metall ist ein brechendes und absorbierendes Medium mit der Besonderheit, daß nicht nur gebundene, sondern auch freie Leitungselektronen mitwirken. Mit den Gleichungen (24) und (25) in Abschnitt 1.2.1.2 wurden aus gemessenen Reflexionsgraden R und Phasenverschiebungen δ bei senkrechtem Einfall die in der folgenden Tabelle aufgeführten Brechzahlen n und Absorptionszahlen κ bei $\lambda_0(NaD)=589nm$ bestimmt [352]:

Metall	Ag	Al	Hg	Cu	Au	Pt
R	0,952	0,827	0,784	0,722	0,715	0,700
$-\delta$	30,4°	20,2°	61,6°	39,9°	56,1°	21,7°
n	0,18	1,44	1,73	0,64	0,37	2,06
κ	20,4	3,63	2,87	4,09	4,92	2,07
$n\kappa$	3,67	5,23	4,96	2,62	1,82	4,26

Tab. 1213-1: Optische Metalleigenschaften

Bei Ag,Au und Pt ist die Phasengeschwindigkeit $c=c_0/n$ größer als die Vakuumlichtgeschwindigkeit. Wären nur die Leitungselektronen maßgebend, so müßte $\kappa=1$ sein und müßte n folgendermaßen mit der elektrischen Leitfähigkeit σ und Lichtfrequenz ν zusammenhängen:

$$n = \sqrt{\sigma\lambda_0/4\pi\varepsilon_0 c_0} \tag{1}$$

Bei der Wellenlänge λ_0(NaD) müßte sich für Cu mit $\sigma=6,45\cdot10^7\Omega^{-1}m^{-1}$ die Brechzahl $n=33,8$ und für Hg mit $\sigma=1,06\cdot10^6\Omega^{-1}m^{-1}$ die Brechzahl $n=129$ ergeben. Der Reflexionsgrad müßte gemäß Gleichung (24) in Abschnitt 1.2.1.2 ungefähr $R=1-4/n$ betragen. Bei längeren Wellen mit $\lambda_0>10nm$ kann tatsächlich mit der sog. Drudeschen Gleichung (1) gerechnet werden. Bei sichtbarem Licht ist dies offensichtlich nicht der Fall. n und κ hängen vom Einfallswinkel α ab. Bei Pt sind die Änderungen klein. Bei Ag,Au und Cu ist aber $n(\alpha=90°)$ etwa doppelt so groß wie $n(\alpha=0)$. Das kompliziert die Zusammenhänge. Für die Praxis wäre mit ihrer Berechnung aus folgendem Grund nicht viel gewonnen: Bei den hohen κ dringt die Lichtwelle nur typisch $10^{-4}cm$ in das Metall ein. In so geringen Tiefen können die Eigenschaften noch erheblich von denen des kompakten Metalls abweichen. Sie können von absorbiertem und adsorbiertem Gas abhängen. Die in der Tabelle aufgeführten Werte wurden an besonders sorgfältig behandelten Oberflächen kompakter Metalle im Vakuum gemessen. Die dünnen Schichten von Metallspiegeln auf Glas können erheblich anders reflektieren. So bleibt als das für die Praxis wichtige Ergebnis der vorstehenden Überlegungen nur die Warnung, daß bei der Verwendung von Metallspiegeln in optischen Anordnungen Vorsicht geboten ist, wenn es auf die Phasenverschiebung der Komponenten polarisierten Lichtes ankommt. Bei senkrechtem Einfall kann nicht mit der Phasenverschiebung π gerechnet werden. Bei schrägen Einfall wird aus linear polarisiertem elliptisch polarisiertes Licht. Das Amplitudenverhältnis und die Phasenverschiebung der beiden Komponenten können nicht genau voraus berechnet werden und können sich mit der Zeit in nicht vorhersagbarer Weise ändern.

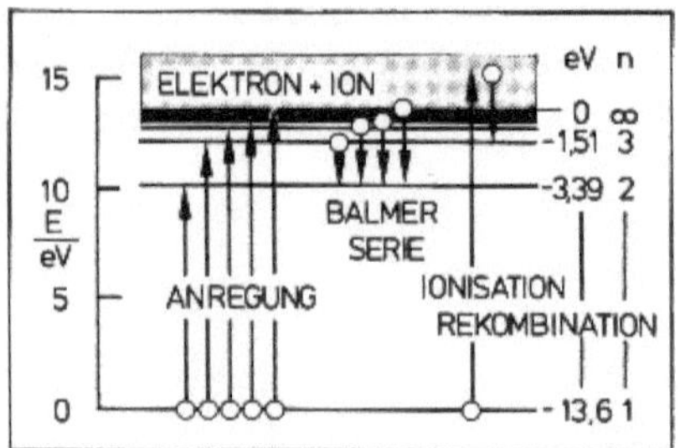

1: H-Niveauschema

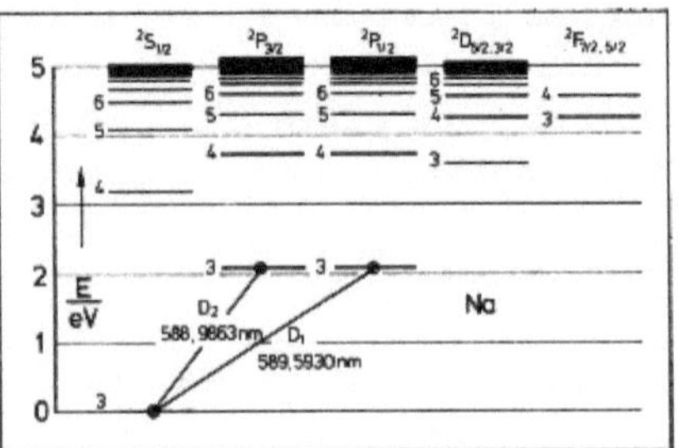

2: Na-Niveauschema

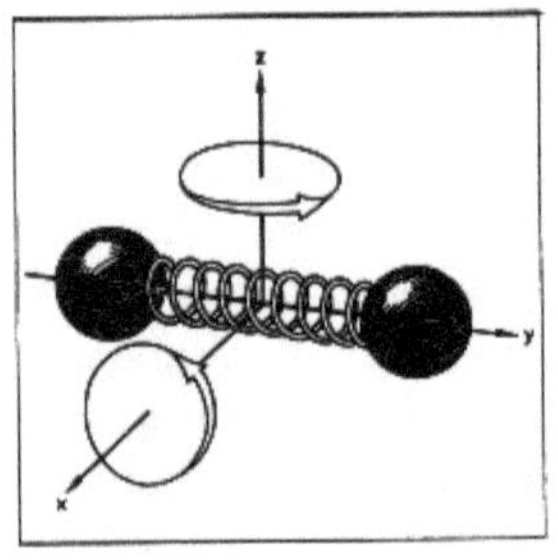

3: Molekül

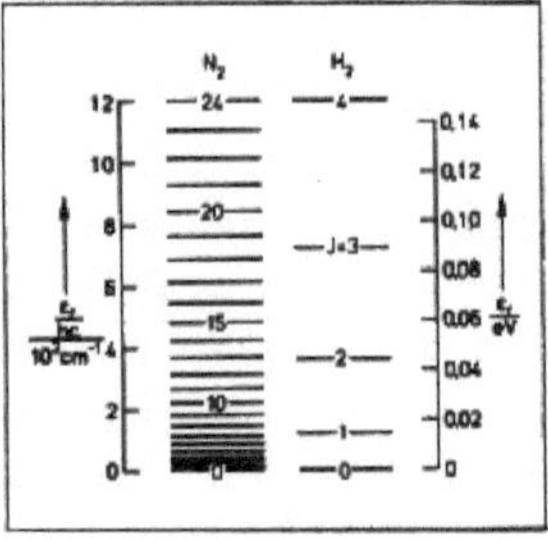

4: Rotation

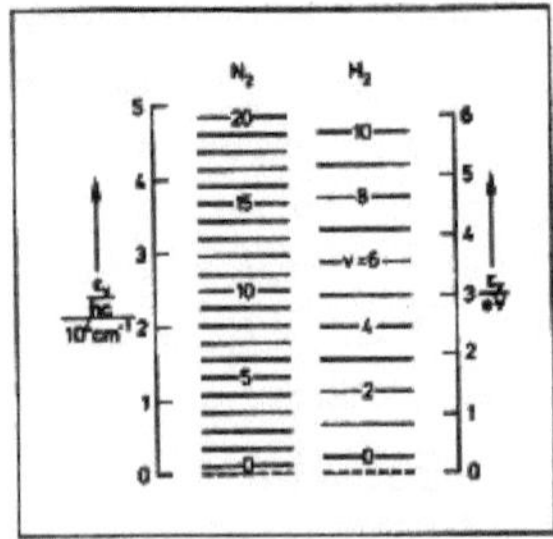

5: Schwingung

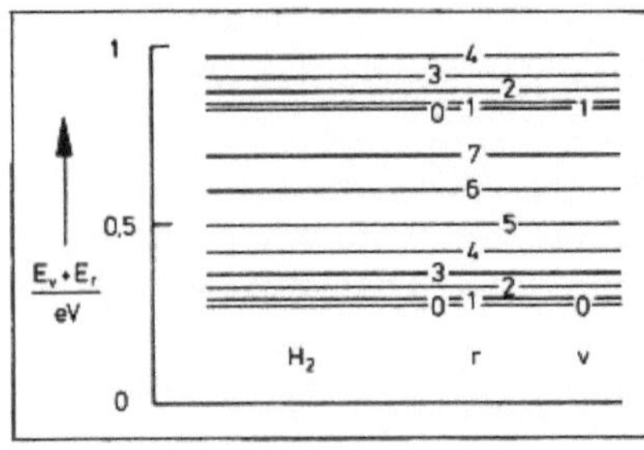

6: Rotation und Schwingung

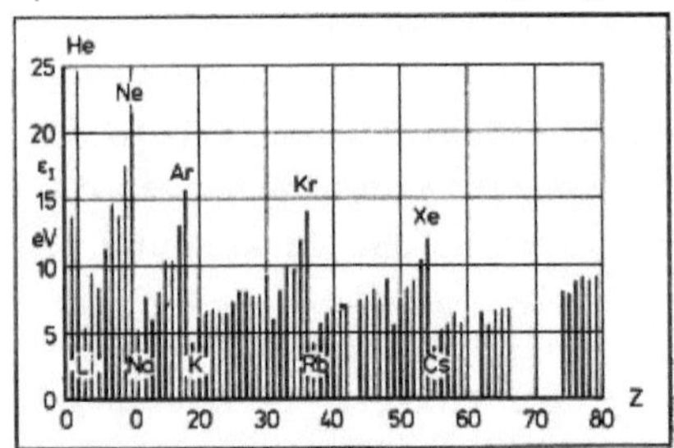

7: Ionisierungsenergien

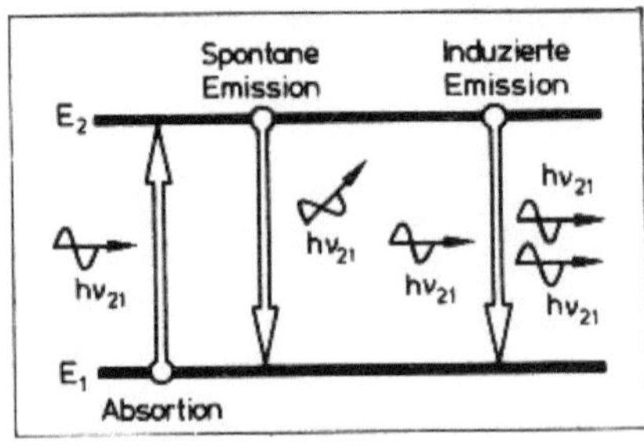

8: Übergänge

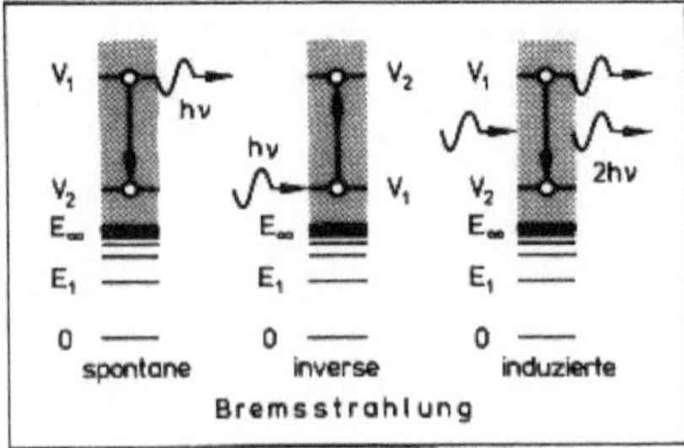

9: Bremsübergänge

Fig. 1221: Elementarakte

1.2.2 Absorption und Emission

1.2.2.1 Elementarakte

Die Elektronenhüllen der Atome und Moleküle können Energie nur in bestimmten Portionen speichern. Mit zugeführter Energie werden sie in angeregte Zustände mit bestimmten Energieniveaus gehoben. Die Energieniveaus werden in einem Niveauschema wie in **Fig.** 1221-1 graphisch dargestellt. Das hier gezeigte Niveauschema des Wasserstoffatoms ist besonders einfach, weil die Elektronenhülle nur aus einem einzigen Elektron besteht. Wählt man als Nullpunkt der Energieskala die Energie des H-Atoms im Grundzustand, so hat es in seinen angeregten Zuständen die folgenden Energien E_n:

$$E_n = \frac{2\pi m_e q_e^4}{h^2 (1+m_e/m_k)} \left(1 - \frac{1}{n^2}\right) = 13,594 \left(1 - \frac{1}{n^2}\right) eV \tag{1}$$

Das Verhältnis der Elektronenmasse m_e zur Kernmasse m_K beträgt hier $m_e/m_K = 1/1836,7$. Die sog. Hauptquantenzahl n durchläuft die Folge der positiven ganzen Zahlen. Man muß die folgenden Energien zuführen, um das Atom in die Energieniveaus mit n zu heben:

n	2	3	4	5	∞
E_n/eV	10,195	12,083	12,744	13,050	13,594

Tab. 1221-1: Energieniveaus des H-Atoms

Die Niveauschemas der anderen Atome mit mehr Elektronen sind erheblich komplizierter. Schaut man genauer hin, so entdeckt man, daß sogar beim H-Atom jedes der genannten Niveaus mehrere eng übereinanderliegende Niveaus repräsentiert. Bei anderen Atomen braucht man mehrere nebeneinander gezeichnete Niveauschemas, wie in **Fig.** 1221-2, um die Ordnung aufzuzeigen. Bei den Molekülen kommt hinzu, daß diese auch Rotationsenergie und Schwingungsenergie und diese ebenfalls nur in bestimmten Portionen aufnehmen können. So hätten z.B. zweiatomige homonukleare Moleküle wie in **Fig.** 1221-3 bei starrer Rotation ohne Schwingung und Elektronenanregung die Rotationsniveaus

$$E_r = r(r + 1)R \quad \text{mit} \quad r = 0,1,2... \tag{2}$$

wie in **Fig.** 1221-4 und bei harmonischer Schwingung ohne Rotation und Elektronenanregung die Schwingungsniveaus

$$E_r = v(v + \frac{1}{2})h\nu_0 \quad \text{mit} \quad v = 0,1,2... \tag{3}$$

wie in **Fig.** 1221-5. Damit ergibt sich ein resultierendes Niveauschema wie in

Fig. 1221-6. Genauer besehen bewirkt die Zentrifugaldehnung eine Abhängigkeit der Schwingungsfrequenz ν_0 von der Rotationsquantenzahl r und die Schwingung eine Abhängigkeit der mit zunehmendem Trägheitsmoment abnehmenden Rotationskonstanten R von der Schwingungsquantenzahl v. Die Elektronenanregung kann sowohl R wie auch ν_0 merklich verändern. Genauer besehen wird außerdem die Schwingung mit wachsendem v zunehmend anharmonisch, bis schließlich die Schwingung mit $E_v=E_D$ das Molekül zerreißt. Die Elektronenanregungsenergie E_e kann die Dissoziationsenergie E_D überschreiten. Übersteigt sie die Ionisationsenergie E_I , so verläßt ein Elektron die Elektronenhülle und hinterläßt ein positives Molekülion oder Atomion. Überschüssige Energie wird dem Elektron als kinetische Energie $m_e v^2/2$ mitgegeben. Diese Energie unterliegt keiner Quantenbedingung. Im Niveauschema des neutralen Partikels schließt sich also oberhalb von E_I ein Niveaukontinuum an. Das Niveauschema des Ions kann sich stark von dem des neutralen Partikels unterscheiden. In der **Tabelle 1221-2** sind die Kernabstände r_0, die Rotationskonstanten R, die Schwingungskonstanten $h\nu_0$, die Dissoziationsenergien E_D und die Ionisationsenergien E_I einiger zweiatomiger Moleküle zusammengestellt. Bei mehratomigen Molekülen treten außer Dehnungsschwingungen auch Biegeschwingungen auf. Außerdem rotieren solche Moleküle meist mit verschiedenen Trägheitsmomenten um die verschiedenen Achsen. In **Fig.** 1221-7 sind die Ionisationsenergien der Atome über den Zahlen Z der Elektronen ihrer Elektronenhüllen aufgetragen.

Molekül	$r_0/10^{-10}$m	$\nu_0/10^{13}$Hz	$R/10^{-4}$eV	$h\nu_0/10^{-1}$eV	E_D/eV	E_I/eV
H_2	0,741	13,21	119,1	5,461	4,478	15,43
N_2	1,095	7,074	4,029	2,925	9,756	15,58
O_2	1.208	4,738	2,895	1,959	5,116	12,21
Cl_2	1,989	1,694	0,489	0,700	2,481	13,00
J_2	2,667	0,643	0,075	0,266	1,542	9,70
HCl	1,275	8,961	21,31	3,705	4,500	13,80
CO	1,128	6,500	3,707	2,688	11,11	14,21
NO	1,150	5,716	3,412	2,364	6,500	9,25

Tab. 1221-2: Moleküleigenschaften

Die Energie kann auf vielerlei verschiedene Weisen zu- und wieder abgeführt werden. In heißen Gasen können Zusammenstöße der Atome oder Moleküle mit einer Zufuhr oder Abgabe von Energie verbunden sein. Dabei ist zwischen den unelastischen Zusammenstößen erster und zweiter Art zu unterscheiden. Bei denen erster Art wird Translationsenergie in Rotations-, Schwingungs- oder Elektronenenergie umgesetzt. Zur Umsetzung in Elektronenenergie bedarf es bei den meisten Partikeln ziemlich hoher Temperaturen T. Die mittlere Translationsenergie pro Gaspartikel beträgt $\overline{E}_t=3kT/2$ mit der Boltzmannkonstanten:

$$k = 1,38554 \cdot 10^{-23} \text{ J/K} \tag{4}$$

Bei T=300K ist erst $\overline{E}_t=0,039eV$. Ein Zusammenstoß mit dieser Energie kann nur die Rotationsenergie ändern. In thermisch ionisierten Gasen, in elektrischen Gasentladungen und bei Beschuß eines Gases mit einem Elektronenstrahl sind es vor allem die freien Elektronen, die ihre Energie auf die Elektronenhüllen der Atome, Moleküle oder deren Ionen übertragen. Wegen der weitreichenden Felder der Elektronen und Ionen kommt es dabei oft und mit zunehmender Gasdichte immer häufiger vor, daß ein Dreierstoßpartner Impuls übernimmt. Dies ermöglicht Frei-Freiübergänge der Elektronen wie in **Fig. 1221-9**. Die Bremsung eines Elektrons ist mit der Emission und seine Beschleunigung mit der Absorption eines Photons verbunden. Dabei unterliegt die umgesetzte Energie keiner Quantenbedingung. In einem starken monochromatischen Strahlungsfeld kommt es jedoch zu der rechts skizzierten induzierten Emission gleicher Photonen. Auch der Einfang eines Elektrons durch ein Ion, die Rekombination, bedarf eines Dreierstoßes. Die überschüssige teils potentielle und teils kinetische Energie wird teils sofort in Form eines Photons abgegeben und teils in Anregungsenergie des entstehenden neutralen Partikels umgesetzt. Die sofort abgegebene Energie wird auch hier von keiner Quantenbedingung vorgeschrieben, wohl aber die Energie die das Partikel aufnehmen und danach spontan und auf einmal oder in Portionen wieder abgeben kann. Bei den Zusammenstößen zweiter Art wird Anregungsenergie von dem einen auf den anderen Stoßpartner übertragen. Ein solcher Elementarakt ist insbesondere dann zu erwarten, wenn die Anregungsenergie genau den Wert hat, der zur Hebung des anderen in eines seiner Energieniveaus erforderlich ist. Die Energieübertragung erfolgt dann in Resonanz. Die Aufnahme und Abgabe der Energie kann auch in Form eines Photons erfolgen. Die Aufnahme ist nur möglich, wenn das Photon paßt. Zur Hebung aus einem Niveau E_1 in ein Niveau E_2 muß die Energie des absorbierten Photons

$$h\nu_{21} = E_2 - E_1 \tag{5}$$

betragen. Eben so groß ist die Energie des Photons, das beim Übergang aus einem Niveau E_2 in das Niveau E_1 emittiert wird. Ein solcher Übergang kann spontan d.h. zufällig oder induziert d.h. ausgelöst durch vorbeiziehende Photonen mit gleicher Energie $h\nu_{21}$ erfolgen. Einige Niveaus sind metastabil. Der Übergang aus einem solchen in ein niedrigeres Niveau unter Emission eines Photons ist verboten d.h. selten. Die Zeit des Verweilens des Atoms oder Moleküls in einem solchen Niveau kann lang sein. Bei den meisten angeregten Niveaus vergehen jedoch von der Energieaufnahmen bis zur spontanen Emission eine Photons nur typisch 10^{-8} s. Bei der Absorption und darauf folgenden Emission des gleichen Photons $h\nu_{21}$ kann die Verweilzeit sogar nur 10^{-9}s betragen. Ein solcher Vorgang heißt Resonanzstreuung oder Resonanzfluoreszenz. Das Zurückfallen aus einem Anregungsniveau in das Grundniveau kann direkt oder in Stufen über dazwischen liegende Niveaus erfolgen. Es kann also vorkommen, daß ein Photon mit großer Energie absorbiert und ein Photon mit kleinerer Energie emittiert wird. Das Partikel speichert dann die Energiedifferenz und kann sie in Form eines zweiten Photons abgeben oder auf einen Stoßpartner übertragen. Dies ist der allgemeinere Fall der Fluoreszenz. Wir sprechen von Phosphoreszenz, wenn die Emission des Photons infolge von Umsetzungen der Anregungsenergie innerhalb des Partikels erst lange nach der Anregung erfolgt. In dissoziierten Gasen oder chemisch reagierenden Gasgemischen kann eine Umwandlung von Reassoziationsenergie bzw. Reaktionsenergie in Photonenenergie erfolgen. So erzeugtes Leuchten heißt Lumineszenz.

1.2.2.2 Spektren

Schon beim einfachsten aller Atome, dem H-Atom, ist die Zahl der Übergänge über alle Grenzen groß, bei denen Photonen emittiert oder absorbiert werden können. Mit der Gleichung (1) in Abschnitt 1.2.2.1 ergibt sich, daß hier Photonen mit den folgenden Frequenzen die Bedingung $h\nu_{21}=E_2-E_1$ erfüllen:

$$\nu_{21} = Ry\left(\frac{1}{n_1^2} - \frac{1}{n_2^2}\right) \qquad \text{mit} \qquad Ry = \frac{2\pi\varepsilon_0 m_e q_e^4}{h^3(1+m_e/m_K)} = 3,2898 \cdot 10^{15}\,\text{Hz} \qquad (1)$$

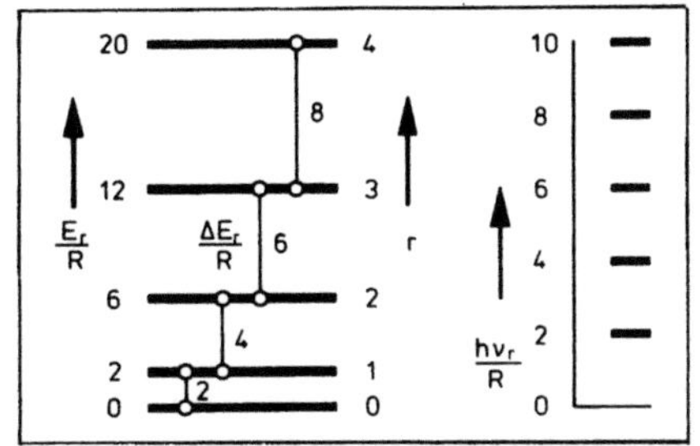

1: Rotationsübergänge

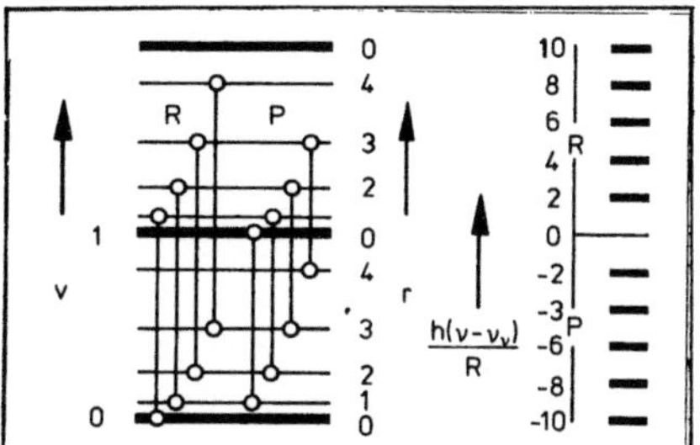

2: Schwingungsübergänge

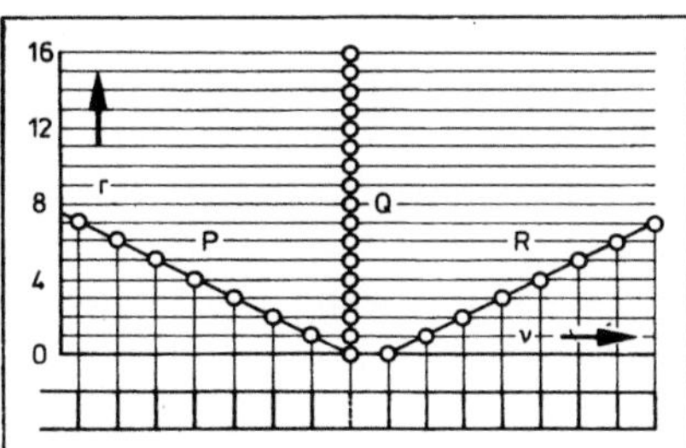

3: Fortratdiagramm

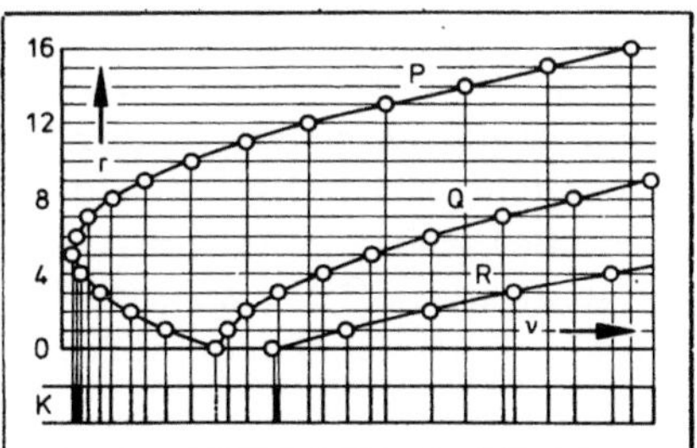

4: P-Bandenkante

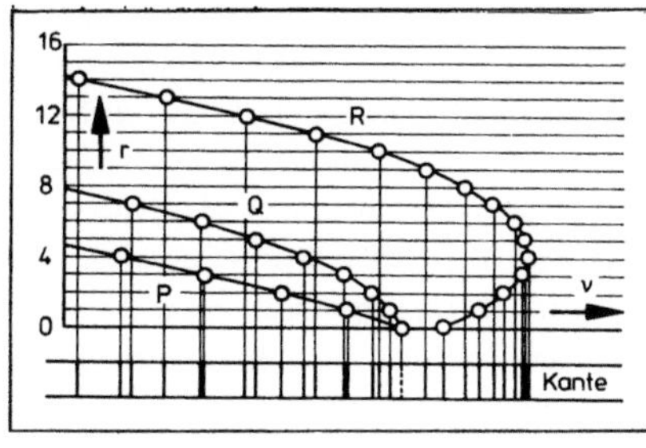

5: R-Bandenkante

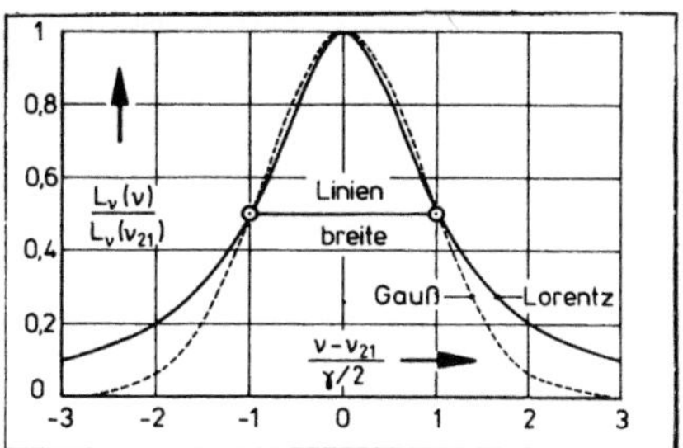

6: Linienprofil

Fig. 1222: Spektren

Die Quantenzahlen n_1 und n_2 können die gesamte Folge der ganzen Zahlen von 0 bis ∞ durchlaufen. Befinden sich Atome in einem oberen Niveau mit n_2, so wird bei einem Übergang von dort in ein darunter liegendes Niveau n_1 eine

Linie mit der Frequenz $\nu_{21}=(E_2-E_1)/h$ emittiert. Die Linien mit gleichem n_1 bilden eine Linienserie. Die Linienserien bilden das Linienspektrum. Die Frequenzen einer Serie liegen zwischen einer kleinsten bei $n_2=n_1+1$ und einer größten $\nu_{21}=Ry/n_1^2$ bei $n_2\to\infty$. Beim H-Atom liegt nur die sog. Balmerserie mit $n_1=2$ und $n_2=3,4,5$ usw. im sichtbaren Spektralbereich. Mit zunehmendem n_2 werden die Frequenzabstände der Linien einer Serie immer kleiner. An der Häufigkeit der Linien bei $n_2\to\infty$ kann man die obere Seriengrenze $\nu_{21}=Ry/n_1^2$ erkennen. Existieren positive Ionen und freie Elektronen, so erscheint jenseits jeder oberen Seriengrenze ein kontinuierliches Spektrum infolge von Rekombinationen. Außerdem tritt dann ein kontinuierliches Spektrum infolge der Bremsungen und Beschleunigungen auf, die freie Elektronen in der Nähe der positiven Ionen erfahren. Wird Licht mit kontinuierlichem Spektrum eingestrahlt, so werden die gleichen Linien absorbiert. Das Linienspektrum kann also als Emissionsspektrum oder als Absorptionsspektrum beobachtet werden. Allerdings sind dabei nur die Frequenzen und nicht die Intensitätsverhältnisse gleich, weil die letzteren bei der Emission von der Besetzung des oberen Niveaus, bei der Absorption aber von der Besetzung des unteren abhängen. Befinden sich praktisch alle Atome im Grundniveau mit $n_1=1$, so emittieren sie überhaupt nicht, absorbieren aber die gesamte Linienserie mit $n_1=1$.

Auch bei Atomen mit mehr als einem Elektron kommt es vor, daß nur ein einziges sog. Leuchtelektron Anregungsenergie aufnimmt. Die Alkaliatome sind von dieser Art. Wegen der Wechselwirkung mit der übrigen Elektronenhülle braucht man selbst bei diesen vier Serienformeln, um die Linien anzugeben. Bei anderen Atomen liegen noch kompliziertere Verhältnisse vor. Es war ein Triumpf der Atomtheorie, daß es ihr gelang die Ordnungen aller Linien aller Atomspektren aufzudecken [431 - 444].

Die Molekülspektren unterscheiden sich von den Atomspektren durch eine infolge der Rotations- und Schwingungsübergänge auftretende Aufspaltung der Linien in sehr viele eng beieinanderliegende Linien von sogenannten Linienbanden [445 - 457]. Für die Strömungsmeßtechnik sind insbesondere die Spektren zweiatomige Moleküle interessant. Hier ist zwischen Molekülen mit oder ohne ein permanentes elektrisches Dipolmoment zu unterscheiden. Solche mit Dipolmoment können schon emittieren oder absorbieren, wenn sich nur die Rotationsenergie E_r oder Schwingungsenergie E_v und nicht die Elektronenenergie E_e ändert. Dabei gelten die Auswahlregeln $|\Delta r|=1$ und $|\Delta v|=0$ oder 1. Eine Änderung um $|\Delta r|=1$ bei $\Delta v=0$ hätte bei starrer Rotation gemäß Gleichung (2) in Abschnitt 1.2.2.1 eine zur Rotationsquantenzahl r des oberen Niveaus proportionale Änderung $|\Delta E_r|=2rR$ zur Folge. Der Frequenzabstand benachbarter Rotationslinien $\Delta\nu_r=\Delta(\Delta E_r)/h=2R$ wäre konstant wie in **Fig. 1222-1**. Das reine Rotationsspektrum sieht tatsächlich fast so einfach aus. Eine Änderung um $|\Delta v|=1$ bei $\Delta r=0$ würde bei harmonischer Schwingung gemäß Gleichung (3) in Abschnitt 1.2.2.1 eine Änderung $|\Delta E_v|=h\nu_0$ bewirken, die garnicht von der Schwingungsquantenzahl v abhängt. Hier wäre sogar nur eine einzige Linie des reinen Schwingungsspektrums zu erwarten. Bei konstant bleibender Elektronenenergie ist jedoch eine Änderung von v ohne Änderung von r verboten d.h. selten. Die Änderungen $|\Delta v|=1$ sind also wie in **Fig. 1222-2** entweder mit $\Delta r=+1$ oder mit $\Delta r=-1$ verbunden. Das ergibt ein Rotationsschwingungsspektrum mit zwei sog. Zweigen oder Flügeln einer sog. Linienbande. Der mit $\Delta r=+1$ heißt R-Zweig. Der mit $\Delta r=-1$ heißt P-Zweig. Bei starrer Rotation und harmonischer Schwingung wären die Linien der beiden Zweige äquidistant. Die mit $|\Delta v|=1$ und $\Delta r=0$ berechneten Linien würden vollkommen fehlen. Wegen der Zentrifugaldehnung bei starker Rotation und der Anharmonizität starker Schwingung treten mit zunehmenden r und v zunehmende Abweichungen auf. Diese ohne Änderung der Elektronenenergie emittierten oder absorbierten Banden liegen im Infraroten und werden darum im Folgenden nicht weiter betrachtet.

Die zweiatomigen homonuklearen Moleküle wie z.B. H_2, Cl_2, J_2, Br_2 und insbesondere N_2 und O_2 haben kein elektrisches Dipolmoment, solange sich die Elektronenhülle im Grundniveau befindet. Merkliche Emission oder Absorption kommt darum nur in Verbindung mit einer Änderung der Elektronenenergie vor. Eine solche Änderung ΔE_e kann mit oder ohne Änderung ΔE_r der Rotationsenergie oder ΔE_v der Schwingungsenergie erfolgen. Die Auswahlregeln lauten jetzt $|\Delta r|=0$ oder 1 und $|\Delta v|=0$ oder 1. Bei gegebenen Anfangs- und Endniveaus E_e und E_v sind jetzt also nicht nur zwei sondern drei Serien von Übergängen mit $\Delta r=0$ oder $+1$ oder -1 möglich. Zum R-Zweig und P-Zweig der Bande kommt infolge der Übergänge mit $\Delta r=0$ ein Q-Zweig hinzu. Es kommt vor, daß die Elektronenanregung die Rotationskonstante R und die Schwingungsfrequenz v_0 nicht merklich ändert. In einem solchen Fall würde der Q-Zweig bei harmonischer Schwingung nur aus einer einzigen Linie bestehen und wären die Linien des R-Zweigs und P-Zweigs bei starrer Rotation äquidistant. Im allgemeinen sind jedoch mit der Elektronenanregung starke Änderungen von R und v_0 verbunden. Die Abstände des Rotationsniveaus können dann in oberen Elektronen- und Schwingungsniveaus ganz andere als im unteren sein. Man kann sich anhand eines sog. Fortratdiagramms der in den **Fig. 1222-3 bis 5** skizzierten Art überlegen, wie dies die Q-Linie in viele Linien des Q-Zweiges aufspaltet, und wie dies die Abstände der Linien im R-Zweig und P-Zweig verändert. In diesem Diagramm ist die Rotationsquantenzahl r des unteren Rotationsniveaus über der emittierten oder absorbierten Frequenz $v=(\Delta E_e+\Delta E_v+\Delta E_r)/h$ aufgetragen. In **Fig. 1222-4** erscheinen die drei Zweige violett abschattiert und erstreckt sich der P-Zweig bis zu einer Bandenkante, weil R im oberen Elektronenniveau kleiner als im unteren ist. Auch rot abschattierte Zweige und eine Bandenkante des R-Zweiges wie in **Fig. 1222-5** kommen vor. Wegen einer zusätzlichen die Richtungen von Kernspin und Elektronenspin betreffenden Auswahlregel fällt bei einigen Molekülen wie z.B. O_2 jede zweite Rotationslinie aus. Bei einigen anderen Molekülen wie z.B. H_2 und N_2 erscheinen die Linien abwechselnd stärker und schwächer. Außerdem bewirken die verschiedenen Niveaubesetzungszahlen eine temperaturabhängige Modulation der Linienintensitäten.

Manchmal sind auch bei sehr komplizierten Atomspektren einzelne Linien oder Linienserien leicht auszumachen, weil sie intensiver als die in ihrer Umgebung erscheinen. Meist kommt der Übergang zwischen dem tiefsten und dem nächst höheren Niveau am häufigsten vor. Die dabei absorbierte oder emittierte Linie wird Resonanzlinie genannt. Bei den Alkali Li,Na,K und den Erdalkali Mg,Ca,Sr ist diese Linie sichtbar. Beim Na und K erscheint sie in ein Liniendoublet aufgespalten. In der folgenden **Tabelle** sind die Frequenzen und Wellenlängen der sichtbaren Resonanzlinien zusammengestellt. Die Emission und Absorption solcher Linien gibt Auskunft über Besetzungszahlen und damit über die Zahl der betreffenden Atome pro Volumen und ihre Temperatur. Die folgende Betrachtung der Übergänge zwischen zwei Niveaus E_1 und E_2 führt in die hierzu erforderlichen Überlegungen ein.

Atom	Li	Na	K	Mg	Ca	Sr
$\dfrac{\nu}{10^{14}\,\text{Hz}}$	4,4692	5,0847 / 5,0899	3,8939 / 3,9112	6,5586	4,5959	4,3495
$\dfrac{\lambda_0}{10^{-9}\,\text{m}}$	670,79	589,60 / 588,99	769,91 / 766,49	457,10	652,30	689,26

Tab. 1222-1:   Sichtbare Resonanzlinien

Wir fragen, wie sich bei gegebenen Zahlen N_1 und N_2 der Partikel pro Volumen in den Niveaus E_1 und E_2 die Zahlen $N(\nu_{21})$ der Photonen pro Volumen mit der Energie $h\nu_{21}=E_2-E_1$ verhalten. Die spontane Emission allein würde N_2 vermindern und damit N_1 und $N(\nu_{21})$ erhöhen:

$$\left(\frac{dN_2}{dt}\right)_{21} = \left(\frac{dN_1}{dt}\right)_{21} = \left(\frac{dN(\nu_{21})}{dt}\right)_{21} = A_{21}\cdot N_2 \tag{2}$$

Die Absorption allein würde N_2 erhöhen und damit N_1 und $N(\nu_{21})$ vermindern

$$\left(\frac{dN_2}{dt}\right)_{12} = -\left(\frac{dN_1}{dt}\right)_{12} = -\left(\frac{dN(\nu_{21})}{dt}\right)_{12} = B'_{12}\,N_1\,N(\nu_{21}) \tag{3}$$

Sind die $N(\nu_{21})$ und N_2 hoch, so ist aber auch merkliche induzierte Emission zu erwarten. Sie vermindert N_2 und erhöht N_1 und $N(\nu_{21})$:

$$\left(\frac{dN_2}{dt}\right)_{21i} = \left(\frac{dN_1}{dt}\right)_{21i} = \left(\frac{dN(\nu_{21})}{dt}\right)_{21i} = B'_{21}\,N_2\,N(\nu_{21}) \tag{4}$$

Die Faktoren A_{21}, B'_{21} und B'_{12} hängen von ν_{21} und Partikeldaten ab. Sie können folgendermaßen geschrieben werden:

$$g_2\,A_{21} = \frac{64\pi^4\nu_{21}^3}{3hc^3}\,\Sigma\,|\mathbb{R}|^2; \quad g_2\,B'_{21} = g_1\,B'_{12} = \frac{8\pi\nu_{21}}{3h\Delta\nu}\,\Sigma\,|\mathbb{R}|^2 \tag{5} \tag{6} \tag{7}$$

$\Sigma |\mathbb{R}|^2$ ist eine für den betreffenden Übergang charakteristische Konstante. g_1 und g_2 sind statistische Gewichte der Energieniveaus E_1 bzw. E_2. Das Frequenzintervall $\Delta\nu$ wird mit Gleichung (14) definiert. Manche Autoren ziehen eine andere Schreibweise mit der Emissionsoszillatorenstärke f_{21} und Absorptionsoszillatorenstärke f_{12} vor:

$$g_2\, f_{21} = g_1\, f_{12} = \frac{8\pi\nu_{21}}{3h} \cdot \frac{m_e\varepsilon_0}{q_e^2}\, \Sigma\, |\mathbb{R}|^2 \tag{8}$$

Wir betrachten drei Sonderfälle:

N_1, N_2 und $N(\nu_{21})$ ändern sich nicht, wenn sie die folgende Bedingung erfüllen:

$$A_{21}\, N_2 + B_{21}'\, N_2\, N(\nu_{21}) = B_{12}'\, N_1\, N(\nu_{21}) \tag{9}$$

Bei thermodynamischem Gleichgewicht stellt sich eine Boltzmannverteilung der Besetzungszahlen N_i der Energieniveaus E_i ein:

$$N_i = N \cdot \frac{g_i \exp\,(-E_i/kT)}{Z} \quad \text{mit } Z = \sum_j g_j \exp\,(-E_j/kT) \tag{10}\,(11)$$

N ist die Gesamtzahl der Partikel pro Volumen und Z die sog. Zustandssumme. Damit kommt:

$$N(\nu_{21}) = \frac{A_{21}/B_{21}'}{g_2 N_1/g_1 N_2 - 1} = \frac{C\; 8\pi\, \nu_{21}^2/c^3}{\exp\left(\frac{\nu_{21}}{kT}\right) - 1} \tag{12}$$

Diesen Gleichungen werden wir im nächsten Abschnitt wieder begegnen.

Können die Absorption und induzierte Emission vernachlässigt werden, so nennt Gleichung (2) die Zahl der pro Zeit und Volumen spontan emittierten Photonen. Aus einer dünnen Gasschicht mit der Fläche F und Tiefe 1 geht dann der Strahlungsfluß $\Phi(\nu_{21})=[dN(\nu_{21})/dt]h\nu_{21}$ in den vollen Raumwinkel $\Omega=4\pi\,\mathrm{sr}$. Damit ergibt sich der folgende Ausdruck für die in diesem Fall richtungsunabhängige Strahldichte $L(\nu_{21})=\Phi(\nu_{21})/F4\pi\,\mathrm{sr}$:

$$L(\nu_{21}) = \frac{A_{21}h\nu_{21}}{4\pi\mathrm{sr}}\, N_2 1 = \frac{16\pi^3\nu_{21}^4}{3c^3} \cdot \frac{\Sigma|\mathbb{R}|^2}{Z}\, \exp\left(-\frac{E_2}{kT}\right) \cdot N \cdot 1 \tag{13}$$

Aus noch zu besprechenden Gründen erscheinen die Photonen nicht nur mit exakt der einen Energie $h\nu_{21}$. Es wird eine Linie mit spektralen Strahldichten $L_\nu(\nu)$ emittiert. Dabei besteht der folgende Zusammenhang zwischen dem Scheitelwert $L_\nu(\nu_{21})$ von $L_\nu(\nu)$ und der totalen Strahldichte $L(\nu_{21})$:

$$L(\nu_{21}) = \int L_\nu(\nu)\, d\nu = L_\nu(\nu_{21})\, \Delta\nu \tag{14}$$

Das Frequenzintervall $\Delta\nu$ kann als Produkt $\Delta\nu=C\gamma$ der Halbwertbreite γ und eines Formfaktors C der Linie geschrieben werden.
Bei Einstrahlung von Photonen $h\nu_{21}$ in eine Gasschicht mit einer Fläche F und Tiefe 1 können andererseits im Falle $N_2 \ll N_1$ die spontane und die indu-

zierte Emission vernachlässigt werden. Dann beschreibt die Gleichung (2) die zeitliche Abnahme der Zahl $N(\nu_{21})$ der Photonen pro Volumen. In einer Schicht mit der infinitesimalen Tiefe dz wird während der Dauer dt=dz/c des Photonenfluges durch die Schicht der folgende Bruchteil der Photonen absorbiert:

$$\frac{dN(\nu_{21})}{N(\nu_{21})} = - B'_{12} N_1 \cdot \frac{dz}{c} \tag{15}$$

Ebenso verhalten sich die Strahlungsflußdichten $I(\nu_{21})=cN(\nu_{21})h\nu_{21}$. Bei z-unabhängigen $B'_{12}N_1$ ergibt die Integration von z=0 bis z=l den Ausdruck:

$$I(\nu_{21},l) = I(\nu_{21}0) \exp \left(- \frac{B'_{12}N_1}{c} l\right) \tag{16}$$

Ist die Schicht optisch dünn, d.h. $B'_{12}N_1 l/c$ klein, so kann mit

$$I(\nu_{21},l) = I(\nu_{21},0) \left(1 - \frac{B'_{12}N_1}{c} l\right) \tag{17}$$

gerechnet werden. Auch die Absorption erfolgt nicht nur bei exakt der einen Energie $h\nu_{21}$. Bei Einstrahlung mit kontinuierlichem Spektrum sind die spektralen Strahlungsflußdichten $I_\nu(\nu)$ zu betrachten. Sie werden bei den verschiedenen Frequenzen ν im Frequenzbereich der Absorptionslinie mit verschiedenen Absorptionskoeffizienten $\alpha(\nu)$ geschwächt. Bei senkrechter Durchstrahlung gilt:

$$I_\nu(\nu,l) = I_\nu(\nu,0) \exp [- \alpha(\nu) l] \tag{18}$$

Bei optisch dünner Schicht d.h. bei kleinem $\alpha(\nu)l<<1$ kann mit

$$I_\nu(\nu,l) = I_\nu(\nu,0) [1 - \alpha(\nu) l] \tag{19}$$

gerechnet werden. Ist $I_\nu(\nu,0)$ im Frequenzbereich der Absorptionslinie konstant, so ergibt die Integration den folgenden Ausdruck für die Linienabsorption A:

$$A = \frac{1}{I_\nu(0)} \int [I_\nu(0) - I_\nu(\nu,l)] \, d\nu = l \int \alpha(\nu) \, d\nu \tag{20}$$

Im Linienscheitel macht es keinen Unterschied, ob ein kontinuierliches Spektrum oder eine Linie eingestrahlt wird. Mit

$$\int [I_\nu(0) - I_\nu(\nu,l)] \, d\nu = [I_\nu(0) - I_\nu(\nu_{21},l)] \, \Delta\nu \tag{21}$$

in Gleichung (20) und mit $I_\nu(\nu_{21},l)/I_\nu(\nu_{21},0)=I(\nu_{21},l)/I(\nu_{21},0)$ in Gleichung (14) kommt:

$$A(\nu_{21}) = \frac{B'_{12}N_1}{c} \Delta\nu l = \frac{8\pi\nu_{21}}{3hc} \frac{\Sigma |R|^2}{Z} \exp \left(- \frac{E_1}{kT}\right) Nl \tag{22}$$

Während die Linienemission $L(\nu_{21})$ mit der vierten Potenz von ν_{21} wächst, nimmt die Linienabsorption $A(\nu_{21})$ nur proportional zu ν_{21} zu. Beide sind

unabhängig von der Linienbreite. Bei der Absorption ist jedoch der Scheitelwert $I_\nu(0)-I_\nu(\nu_{21},1)$ gemäß Gleichung (21) und bei der Emission ist der Scheitelwert $L_\nu(\nu_{21})$ gemäß Gleichung (14) umgekehrt proportional zum Produkt $\Delta\nu = C\gamma$ des Formfaktors C und der Halbwertbreite γ.
Ist nur die Unbestimmtheit der Energieniveaus maßgebend, so hat die Linie das folgende in **Fig.** 1222-6 graphisch dargestellte Lorentzprofil:

$$\frac{L_\nu(\nu)}{L_\nu(\nu_{21})} = \frac{\alpha(\nu)}{\alpha(\nu_{21})} = \frac{(\gamma_{21}/2)^2}{(\nu-\nu_{21})^2+(\gamma_{21}/2)^2} \tag{23}$$

Ihre Halbwertbreite γ_{21} hängt folgendermaßen mit der Unbestimmtheit $\Delta(E_2-E_1)$ der Energiedifferenz E_2-E_1 bzw. mit der Verweilzeit t_{21} im Niveau E_2 bis zur vollzogenen spontanen Rückkehr in das Niveau E_1 zusammen:

$$t_{21} \, h \, \gamma = t_{21} \, h \, \Delta\nu_{21} = t_{21} \, \Delta(E_2 - E_1) = h/2\pi \tag{24}$$

Gleichung (3) sagt: Wird keine Anregungsenergie nachgeliefert, so nimmt die Zahl N_2 der Atome pro Volumen im Niveau E_2 exponentiell ab:

$$N_2(t) = N_2(0) \exp(- A_{21} \cdot t) \tag{25}$$

Zur Zeit $t_{21}=1/A_{21}$ befinden sich nur noch $N_2(0)/e$ Atome im Niveau E_2. Die in Gleichung (24) einzusetzende Verweilzeit ist gleich dieser Zeit. Sie ist kurz und kann z.B. $t_{21}=10^{-8}$s betragen. Die natürlichen Linienbreite γ_{21} ist entsprechend schmal. Oft ist jedoch die mittlere Zeit zwischen zwei aufeinanderfolgenden Zusammenstöße eines Gaspartikels mit anderen Gaspartikeln noch kürzer. Bei p=1bar und T=273K beträgt sie z.B. $t_s=10^{-10}$s. Dann kommt es oft vor, daß ein Zusammenstoß die Verweilzeit verkürzt oder den Emissionsvorgang stört. Dies wirkt sich fast wie eine größere Unbestimmtheit $\Delta(E_2-E_1)$ aus. Die Linie hat auch dann fast ein Lorentzprofil. Dessen Halbwertbreite γ_s ist jedoch größer. Ist sie erheblich größer als γ_{21}, so wächst sie proportional zu $N\sqrt{T}$. Bei Gasdrücken unter p=0,01bar kann diese Stoßverbreiterung gegenüber der Dopplerverbreiterung vernachlässigt werden. Der Dopplereffekt infolge der thermischen Zufallsbewegung der Gaspartikel ändert nicht nur die Breite, sondern auch die Form der Linie. Ist ihre Breite γ_D viel größer als γ_{21}, so hat sie ein Gaußprofil wie in **Fig.** 1222-6:

$$\frac{L_\nu(\nu)}{L_\nu(\nu_{21})} = \frac{\alpha(\nu)}{\alpha(\nu_{21})} = \exp\left[-\left(\frac{\nu-\nu_{21}}{\gamma_D/2}\right)^2 \ln 2\right] \tag{26}$$

$$\text{mit}\quad \gamma_D/\nu_{21} = \sqrt{\frac{kT}{mc^2}\, 2\ln 2} \tag{27}$$

Der Formfaktor beträgt beim Lorentzprofil $C=\pi/2=1{,}571$ und beim Gaußprofil $C=\sqrt{\pi}/4\ln 2=1{,}065$. In strömendem Gas tritt infolge des Dopplereffektes nicht nur eine Verbreiterung, sondern auch eine Verschiebung der Linie auf. Sie wird merklich, sobald die wirksame Komponente der Strömungsgeschwindigkeit nicht viel kleiner als die Schallgeschwindigkeit des Gases ist. In starken elektrischen oder magnetischen Feldern kommen zu den genannten Verbreiterungen solche durch Starkeffekte bzw. Zeemanneffekte hinzu. Manche Linien werden dann aufgespalten.

1.2.2.3 Hohlraumstrahlung

In einem allseitig geschlossenen Hohlraum stellt sich bei konstant gehaltener Wandtemperatur T ein thermodynamisches Gleichgewicht ein, bei dem ebenso viel Strahlung pro Zeit absorbiert wie emittiert wird. Die Strahlung hängt dann nur von T ab. Sie wird Hohlraumstrahlung genannt und kann praktisch unverändert beim Austritt aus einem kleinen Loch in der Hohlraumwand beobachtet werden. Diskrepanzen zwischen Meßergebnissen und theoretischen Ansätzen haben M. PLANCK 1900 zur Entdeckung des Wirkungsquantums h geführt. M. PLANCK fand, daß im Hohlraum die Zahl N_ν der Lichtenergiequanten mit Energien zwischen $h\nu$ und $h(\nu+d\nu)$ pro Volumen und pro $d\nu$

$$N_\nu = \frac{8\pi\nu^2/c_0^3}{\exp(h\nu/kT)-1} \tag{1}$$

beträgt. Sie fliegen mit der gleichen Geschwindigkeit c_0 gleich häufig in alle Richtungen. Daraus folgt, daß pro Zeit, Fläche, Raumwinkel und Frequenzintervall $n_\nu = N_\nu c_0/4\pi$ Photonen mit Frequenzen zwischen ν und $\nu+d\nu$ das kleine Loch in der Hohlraumwand verlassen. Auch diese n_ν sind richtungsunabhängig. Damit ergeben sich die folgenden Ausdrücke für die spektralen Strahlungsdichten $L_{e\nu}$ und $L_{e\lambda}$

$$L_{e\nu}(\nu,T) = \frac{2h\nu^3/c_0^2\,\omega(1)}{\exp(h\nu/kT)-1} \quad ; \quad L_{e\lambda}(\lambda_0,T) = \frac{2hc_0^2/\lambda_0^5\,\omega(1)}{\exp(hc_0/\lambda_0 kT)-1} \tag{2}\;(3)$$

In den **Fig. 1223-1** und **1223-2** sind die $L_{e\lambda}(\lambda_0)$ bei einigen T einmal linear und einmal logarithmisch als Funktion von λ aufgetragen. $L_{e\lambda}(\lambda_0)$ durchläuft ein Maximum $\hat{L}_{e\lambda}$ bei $\hat{\lambda}_0$. Zur Bestimmung ist die transzendente Gleichung $\exp(-\beta)+\beta/5=1$ zu lösen. Mit $\beta=4,9651$ kommt:

$$\hat{L}_{e\lambda} = 42,420\,\frac{k^5 T^5}{h^4 c_0^3\,\omega(1)} = 4,0967\cdot 10^{-6}\,\frac{W}{m^3 sr}\left(\frac{T}{K}\right)^5 \tag{4}$$

$$\hat{\lambda}_0 T = 0,20141\,\frac{hc_0}{k} = 2,898\cdot 10^{-3}\,mK \tag{5}$$

Bei T=5207 K ist $\hat{\lambda}_0$=555 nm. Bei dieser Temperatur liegt das Maximum der Hohlraumstrahlung bei der gleichen Wellenlänge wie das der Augenempfindlichkeit. Dieses sog. Wiensche Verschiebungsgesetz wurde 1893 von W. WIEN empirisch gefunden. Die größte Zahl der Photonen pro Zeit, Fläche, Raumwinkel und Frequenzintervall $d\nu$ wird bei einer größeren mit $\hat{\lambda}_0' T = 3,670\cdot 10^{-3}$ mK zu berechnenden Wellenlänge emittiert. In **Fig.1223-3** sind die nur vom Produkt $\lambda_0 T$ abhängigen Verhältnisse $L_\lambda/\hat{L}_\lambda$ graphisch dargestellt [458].

Integration ergibt die folgende spezifische Ausstrahlung Φ_e/F bei Lochfläche F:

$$\phi_e/F = \frac{2\pi^5 k^4 T^4}{15 h^3 c_0^2} = 5,169\cdot 10^{-8}\,\frac{W}{m^2}\left(\frac{T}{K}\right)^4 \tag{6}$$

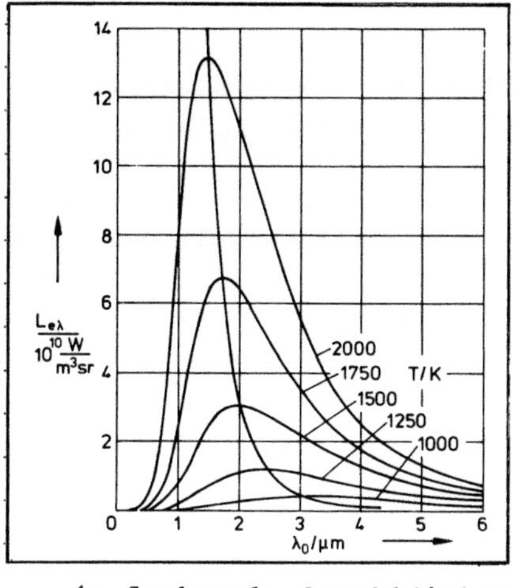

1: Spektrale Strahldichten

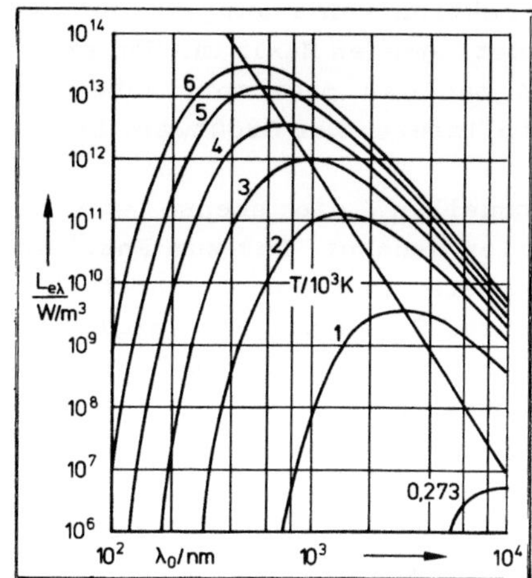

2: Logarithmisch dargestellt

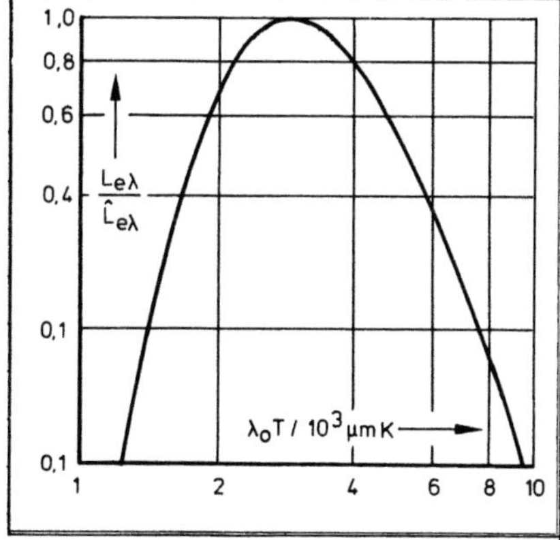

3: Bezogen auf die Maximalen

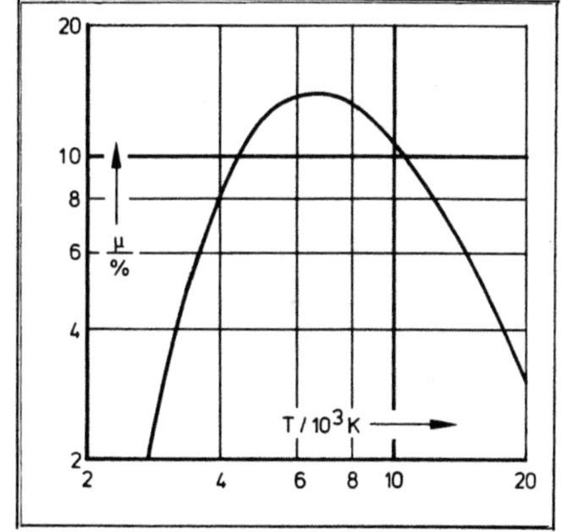

4: Strahlungsflußbewertung

Fig. 1223: Hohlraumstrahlung

Dieser Zusammenhang wurde 1879 von J. STEFAN empirisch ermittelt, wurde 1884 von L. BOLTZMANN thermodynamisch begründet und ist als das Stefan - Boltzmanngesetz der Hohlraumstrahlung bekannt. Der Strahlungsfluß nimmt mit der 4. Potenz von T zu. Das Auge empfindet jedoch einen bei tiefem T stärker und bei hohem T schwächer wachsenden Lichtstrom Φ_v. Es bewertet die spektralen Strahlungsflüsse $\Phi_{e\lambda}$ mit den in Abschnitt 1.1.2.2 besprochenen Helligkeitsempfindlichkeiten $V(\lambda)$. In **Fig.1223-4** ist das Verhältnis

$$\mu(T) = \int_0^\infty V(\lambda)\Phi_{e\lambda}(\lambda)d\lambda \Big/ \int_0^\infty \Phi_{e\lambda}(\lambda)d\lambda \qquad (7)$$

als Funktion von T aufgetragen. Es durchläuft bei etwa T=6600 K ein etwa 14 % betragendes Maximum. Man erhält die Verhältnisse Φ_v/Φ_e in Lumen/Watt, indem man das photometrische Strahlungsäquivalent K=673 lm/W mit $\mu(T)$ multipliziert. Der Größtwert bei T=6600 K beträgt Φ_v/Φ_e=95 lm/W.

Lichtquellen, die ebenso wie der Hohlraum strahlen, werden schwarze Strahler genannt. Das zur Festlegung der Einheit Candela der Lichtstärke verwendete Thoriumoxydröhrchen in erstarrendem Platin ist ein solcher schwarzer Strahler. Bei Vergleichen von anderen Lichtquellen mit schwarzen Strahlern werden die Strahlungsgrößen der Letzteren mit einem Stern * gekennzeichnet.

1.2.2.4 Das Kirchhoffsche Gesetz

Aus einem Volumelement emittierender Materie mit dem Querschnitt dF und der Dicke ds geht in ein dF-normales Raumwinkelelement $d\omega$ der folgende Strahlungsfluß $d\Phi_e(\nu)$ mit Freqenzen zwischen ν und $\nu+d\nu$:

$$d\Phi_e(\nu) = \varepsilon(\nu)\ d\nu\ d\omega\ dFds \tag{1}$$

$\varepsilon(\nu)$ ist der spektrale Emissionskoeffizient, wobei hier spektral nicht pro $d\nu$, sondern bei ν bedeutet. Jede emittierende Materie kann auch absorbieren. Tritt in dasselbe Volumelement ein dF-normaler Strahlungsfluß $d\Phi_{e1}(\nu)$ mit Frequenzen zwischen ν und $\nu+d\nu$ ein, so kommt von diesem auf der anderen Seite ein kleinerer Strahlungsfluß $\Phi_{e2}(\nu)$ heraus:

$$d\Phi_{e1}(\nu) - d\Phi_{e2}(\nu) = \alpha(\nu)d\Phi_{e1}(\nu)ds \tag{2}$$

$\alpha(\nu)$ ist der spektrale Absorptionskoeffizient, wobei hier wiederum spektral lediglich bei ν bedeutet. Wird die Materie in einen Hohlraum mit der Temperatur T gebracht, so ist $d\Phi_{e1}(\nu)=L^*_{e\nu}(\nu)d\nu d\omega dF$. Es stellt sich ein Gleichgewicht ein, bei dem ebensoviel absorbiert wie emittiert wird. Mit $d\Phi_e(\nu)=d\Phi_{e1}(\nu)-d\Phi_{e2}(\nu)$ kommt:

$$\varepsilon(\nu)/\alpha(\nu) = L^*_{e\nu}(\nu,T) \tag{3}$$

Was für die beiden Materialeigenschaften $\varepsilon(\nu)$ und $\alpha(\nu)$ im Hohlraum gilt, muß auch außerhalb gelten, solange diese nur von ν und T abhängen, wenn es sich also um einen Temperaturstrahler handelt. Wenn es für alle spektralen $\varepsilon(\nu)$ und $\alpha(\nu)$ gilt, so gilt es auch für die totalen ε und α:

$$\varepsilon/\alpha = \int\varepsilon(\nu)d\nu\ /\ \int\varepsilon(\alpha)d\alpha = L^*_{e\nu}(\nu,T) \tag{4}$$

Mit

$$\varepsilon(\nu)ds = L_{e\nu}(\nu) = E(\nu)\, L^*_{e\nu} \quad ; \quad \alpha(\nu)ds = A(\nu) \qquad (5)\,(6)$$

kann man $E(\nu)=A(\nu)$ schreiben. $E(\nu)$ wird Emissiensgrad und $A(\nu)$ wird Absorptionsgrad genannt. $A(\nu)$ kann nicht größer werden als 1. Also kann auch $E(\nu)$ nicht größer werden als 1, und $L^*_{e\nu}(\nu)$ ist der größte Wert, den die Strahldichte $L_{e\nu}(\nu)$ annehmen kann. 1861 fand F. KIRCHHOFF, daß dies nicht nur für dF-normale Strahlung aus einem und durch ein Volumelement dFds, sondern ganz allgemein für die von einem Temperaturstrahler emittierte und absorbierte Strahlung gilt. $E(\nu)$ und $A(\nu)$ hängen dann im allgemeinen auch von der Geometrie des Strahlers, von der Reflexion an seinen Oberflächen und von der Strahlungsrichtung ab. Der Absorptionsgrad einer nicht reflektierenden Platte mit der Dicke d beträgt z.B.

$$A(\nu) = 1 - \exp\left(-\frac{\alpha(\nu)d}{\cos\vartheta}\right) , \qquad (7)$$

wenn die Strahlungsrichtung mit der Oberfläche den Winkel ϑ bildet. Wird vom einfallenden spektralen Strahlungsfluß $\Phi_{e\nu}$ der Anteil $R(\nu)\Phi_{e\nu}$ reflektiert, so steht für die Absorption nur noch $[1-R(\nu)]\Phi_{e\nu}$ zur Verfügung. Der auf $\Phi_{e\nu}$ bezogene Absorptionsgrad beträgt dann:

$$A(\nu) = [1-R(\nu)]\left[1-\exp\left(-\frac{\alpha(\nu)d}{\cos\vartheta}\right)\right] \qquad (8)$$

Für einen nicht reflektierenden Zylinder mit dem Durchmesser d gilt:

$$A(\nu) = 1-\exp[-\alpha(\nu)d\,\cos\vartheta] \qquad (9)$$

In all solchen Fällen kann die spektrale Strahlungsflußdichte $L_{e\nu}$ mit

$$L_{e\nu}(\nu,T) = E(\nu)L^*_{e\nu}(\nu,T) \quad ; \quad E(\nu) = A(\nu) \qquad (10)\,(11)$$

berechnet werden, wenn $A(\nu)$ bekannt ist.

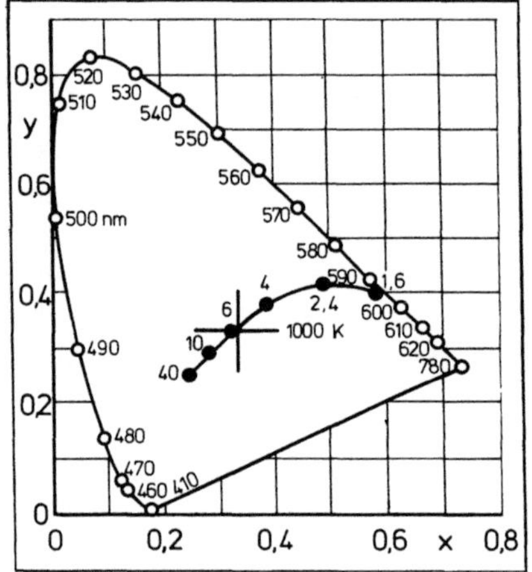

1 : Normfarbtafel

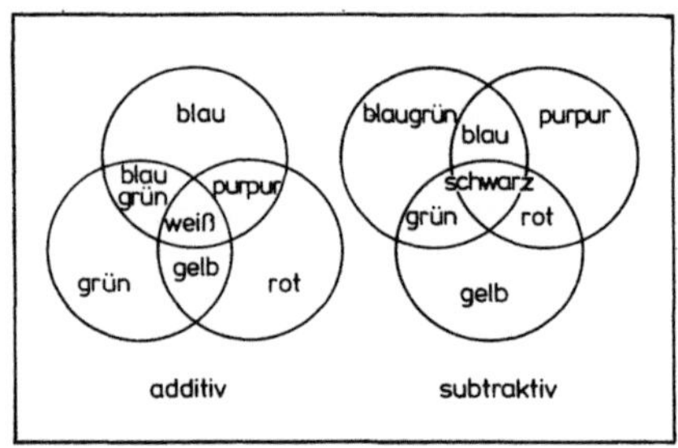

2 : Farbmischungen

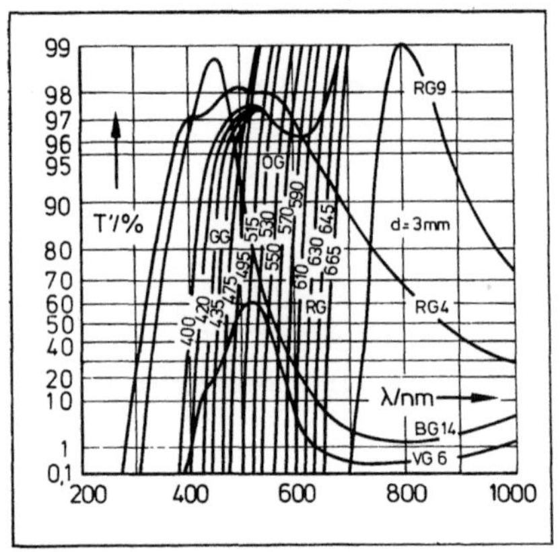

Pigmente	gelb + blaugrün		purpur + blaugrün		gelb + purpur	
reflektieren	rot grün	blau grün	blau rot	blau grün	rot grün	blau rot
absorbieren	blau	rot	grün	rot	blau	grün
bleibt	grün		blau		rot	

3 : Substraktive Mischung

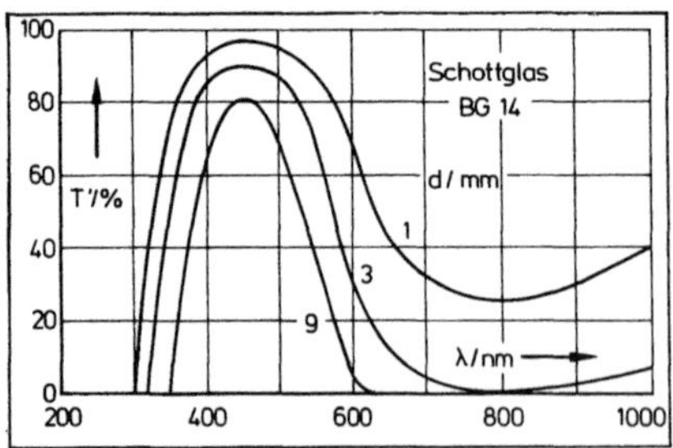

4 : Farbglasfilter

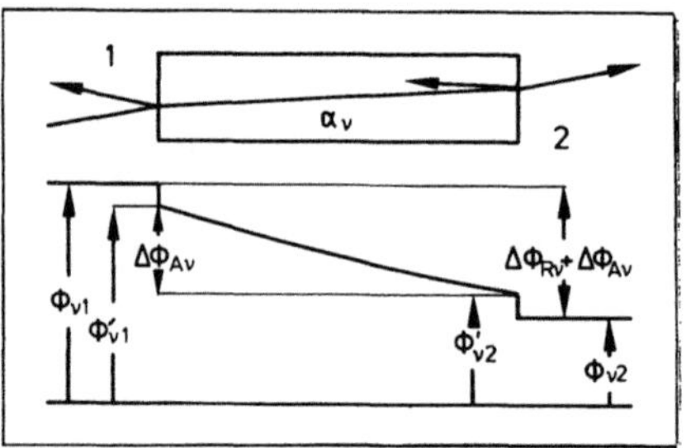

5 : Spektr. Strahlungsflüsse

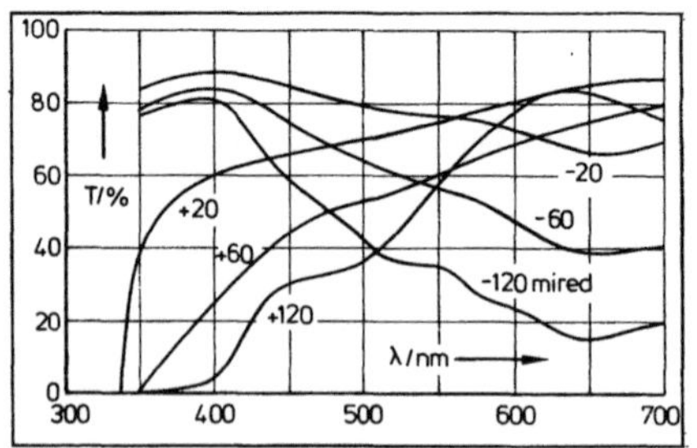

6 : Einfluß der Filterdicke

7 : Farbtemperaturwandler

Fig. 1225: Farben

1.2.2.5 Farben

Licht mit verschiedenen Spektren wird zwar im allgemeinen, wird aber nicht in jedem Fall als Licht mit verschiedenen Farben wahrgenommen. Die Menge der unterschiedlichen Farbempfindungen ist längst nicht so mächtig, wie die aller möglichen Spektren. Drei Angaben reichen aus, um eine Farbempfindung zu beschreiben. In der Umgangssprache wird von Ton, Sättigung und Helligkeit der Farbe gesprochen. Entsprechend kann eine Farbe mit drei Maßzahlen, den sog. Normfarbwerten X, Y, Z angegeben werden. In einem dreidimensionalen X,Y,Z-Koordinatensystem würde sie durch einen Punkt repräsentiert. Zur graphischen Darstellung in einer ebenen Normfarbtafel wird der sog. Normfarbwertanteil $y=Y/(X+Y+Z)$ über dem Normfarbwertanteil $x=X/(X+Y+Z)$ aufgetragen. Ein Punkt mit den Koordinaten x,y repräsentiert die sog. Farbart, d.h. den Farbton und die Sättigung. Die Helligkeit wird - wo erwünscht - mit der Zahl Y bei dem betreffenden Punkt angegeben. **Fig. 1225-1** zeigt eine Normfarbtafel (DIN 5033). Die Farben monochromatischen Lichtes, die sog. Spektralfarben, liegen auf dem hufeisenförmigen sog. Spektralfarbenzug. Die hier angeschriebenen Zahlen nennen die Wellenlängen in nm. Alle Mischfarben, die aus unterschiedlichen Anteilen von nur zwei Spektralfarben additiv zusammengesetzt werden können, liegen auf der geraden Verbindungslinie zwischen den beiden Punkten, die diese Spektralfarben repräsentieren. Offensichtlich kann man die gleiche Farbart mit verschiedenen Paaren von Spektralfarben erhalten. Farben gleicher Farbart mit verschiedenen Spektren werden metamere Farben genannt. Der mit einem Kreuz eingezeichnete Punkt mit den Koordinaten $x=0,333$ und $y=0,333$ ist der sog. Unbuntpunkt. Hier wird das Licht als weiß empfunden. Auch diese Empfindung läßt sich also mit verschiedenen Paaren von Spektralfarben erzeugen. Die Farben höchster Sättigung liegen auf dem Spektralfarbenzug und der sog. Purpurgeraden, die seine Endpunkte bei den gerade noch sichtbaren Wellenlängen 410 nm und 780 nm verbindet. Die Sättigung nimmt mit Annäherung an den Unbuntpunkt ab. Auf der Kurve mit schwarzen Punkten liegen die Farbarten der Hohlraumstrahlung bei den angeschriebenen Temperaturen $T/1000$ K. Bei etwa $T=6000$ K geht diese Kurve nah am Unbuntpunkt vorbei. Hier erzeugt die Hohlraumstrahlung die Farbenpfindung Weiß. Jede Farbart der Hohlraumstrahlung läßt sich auch mit ganz anderen Spektren und sogar mit nur zwei Spektralfarben erzeugen. Umgekehrt kann man also auch die Farbempfindungen bei all jenen Spektren mit der Temperatur eines äquivalenten Hohlraumstrahlers charakterisieren, welche auf oder in der Nähe der Hohlraumstrahlungskurve liegen. Solche Farbempfindungen werden insbesondere von den kontinuierlichen Spektren der infolge von Erhitzung leuchtenden sog. Temperaturstrahler erzeugt. Die auf das Maximum bezogenen relativen spektralen Strahlungsflußdichten eines solchen Strahlers stimmen ungefähr mit denen der Hohlraumstrahlung bei einer bestimmten Temperatur überein. Diese Temperatur wird als Farbtemperatur T_F angegeben.

Nicht nur die beiden Spektralfarben auf einer Geraden durch den Unbuntpunkt ergeben Weiß. Das gleiche gilt auch für alle anderen Farbenpaare, deren Farborte auf einer solchen Geraden beiderseits des Unbuntpunktes und in gleichem Abstand von diesem liegen. Solche Farben heißen Gegenfarben. Jede dieser Farben läßt sich ihrerseits aus zwei Farben zusammensetzen. Daraus folgt, daß die Empfindung Weiß auch mit drei passenden Farben erzeugt werden kann. **Fig.** 1225-2 zeigt links, daß z.B. sowohl die Addition der Farben Blau, Grün und Rot als auch die ihrer Mischfarben Blaugrün, Gelb und Purpur Weiß ergibt. Weiß bildende Farbsummanden heißen kompensativ. Beim Fernsehen werden die drei kompensativen Farben Blau, Grün und Rot verwendet. Die Addition geschieht hier im Auge, das die drei winzigen und eng nebeneinanderliegenden Farbflecken nicht auflöst, sondern als einen einzigen wahrnimmt.

Von solcher additiven Farbmischung ist die subtraktive zu unterscheiden. Die additive summiert spektrale Strahlungsflüsse. Die subtraktive entfernt Teile des Spektrums einfallenden Lichtes durch Absorption. Die einfallenden spektralen Strahlungsflüsse werden je nach Beobachtung der resultierenden in Aufsicht oder Durchsicht mit wellenlängenabhängigen Reflexionsgraden $R(\lambda)$ oder Transmissionsgraden $T(\lambda)$ multipliziert. Man kann also auch von multiplikativer Farbenmischung sprechen. Die Körperfarben entstehen auf solche Weise. Dabei spielen die komplementären Farben eine besondere Rolle. Zwei Farben sind komplementär, wenn sich die Summe der beiden Spektren gleichmäßig über den ganzen sichtbaren Spektralbereich erstreckt, und wenn dabei das eine Spektrum keinen Anteil vom anderen enthält. Bei der selektiven Reflexion oder Transmission wird die Komplementärfarbe absorbiert. Daraus folgt, daß bei der Mischung von zwei Pigmenten nur jene Farbe reflektiert oder durchgelassen wird, die nicht zu den Komplementärfarben der beiden Pigmentfarben gehört. Blau und Gelb, Blaugrün und Rot oder Grün und Purpur sind z.B. Paare komplementärer Farben. Die Tabelle in **Fig.** 1225-3 erklärt wie infolgedessen Grün durch Mischung von Gelb und Blaugrün, Blau durch Mischung von Purpur und Blaugrün oder Rot durch Mischung von Gelb und Purpur entsteht. Mischung von Blaugrün, Purpur und Gelb oder von Blau, Grün und Rot muß dann Schwarz ergeben, weil die Pigmente gemeinsam das gesamte einfallende Licht absorbieren. Die **Fig.** 1225-2 vergleicht diese subtraktive mit der additiven Mischung.

Auch ein in farbiges Licht gestelltes Farbglasfilter oder verschiedene hintereinander in weißes Licht gestellte Farbglasfilter mischen in dieser Weise. Bei der Vorhersage ihrer Wirkung ist zu beachten, daß die spektralen Transmissionsgrade $T(\nu)$ kleiner als die in den Farbglaskatalogen aufgeführten spektralen Reintransmissionsgrade $T'(\nu)$ sind, weil die beiden Glasoberflächen reflektieren. $T'(\nu)$ ist das Verhältnis des spektralen Strahlungsflusses $\Phi'_{\nu 2}(\nu)$ unmittelbar vor dem Austritt zu dem spektralen Strahlungsfluß $\Phi'_{\nu 1}(\nu)$ unmittelbar nach dem senkrechten Eintritt in das Glas. Gebraucht wird jedoch das Verhältnis $T(\nu)$ des spektralen Strahlungsflusses $\Phi_{\nu 2}(\nu)$ nach dem Austritt zu dem spektralen Strahlungsfluß

$\Phi_{v1}(v)$ vor dem Eintritt. Die Differenz $\Phi_{v1}-\Phi_{v2}$ setzt sich wie in **Fig.** 1225-5 aus einem Absorptionsanteil $\Delta\Phi_{Av}$ und einem Reflexionsanteil $\Delta\Phi_{Rv}$ zusammen. Berücksichtigt man nur je eine Reflexion an den zwei Flächen, so ergibt die Rechnung den folgenden Korrekturfaktor (Reflexionsfaktor) K:

$$K = \frac{T(v)}{T'(v)} = (1 - R)^2 \quad \text{mit } R = \left(\frac{n-1}{n+1}\right)^2 \tag{1) (2}$$

n ist die Brechzahl des Glases. Die genauere Rechnung mit unendlich vielen Hin- und Herreflexionen ergibt einen wegen T'<1 und R<<1 nur wenig größeren Wert:

$$K = \frac{(1-R)^2}{1-T'^2R^2} \tag{3}$$

Im Falle n=3/2, R=4/100 kommt z.B. ein Wert zwischen K=0,9216 bei T'=0 und 0,9231 bei T'=1. Außerdem werden die T'(v) meist nur für eine einzige Glasdicke d angegeben. Die Umrechnung für andere Dicken kann wegen

$$T'(v) = \frac{\Phi'_{v2}(v)}{\Phi'_{v1}(v)} = \exp\left[-\alpha(v)\,d\right] \tag{4}$$

mit der folgenden Formel vorgenommen werden:

$$T'(v,d_2) = \left[T'(v,d_1)\right]^{d_2/d_1} \tag{5}$$

In **Fig.** 1225-4 sind die T'(λ) typischer Farbglasfilter mit der Dicke d=3 mm graphisch dargestellt. Die Auftragung von 1-ln[ln(1/T')]=1-lnα-lnd hat den Vorteil, daß nur die Höhe und nicht die Form der Filterkurve von der Filterdicke abhängt. **Fig.** 1225-6 zeigt mit einer linearen Auftragung wie zunehmende Filterdicke mit der Senkung des Transmissionsmaximums zugleich den Transmissionsbereich eines Bandpaßfilters einengt. Außer Bandpaßfiltern zur Ausfilterung einer Farbe werden Tiefpaßfilter zur Unterdrückung der hohen Frequenzen, Hochpaßfilter zur Unterdrückung der tiefen Frequenzen, Neutralfilter zur gleichmäßigen Schwächung sichtbaren Lichtes und Filter mit bestimmten T'(λ)-Verläufen zur Senkung oder Erhöhung der Farbtemperatur T_F angeboten. Bei den letzteren ist es üblich die Größe $10^6/T_F$ gemessen in mired (micro reciprocal degrees) zu betrachten. Ein +60 mired-Filter erhöht diese Größe um $10^6/T_{F2}-10^6/T_{F1}=60$ mired. Dies bedeutet z.B. bei $T_{F1}=2500$ K eine Senkung auf $T_{F2}=2174$ K. Ein -60 mired-Filter senkt um $10^6/T_{F2}-10^6/T_{F1}=-60$ mired. Die Farbtemperatur wird z.B. von $T_{F1}=2500$ K auf $T_{F2}=2941$ K erhöht. **Fig.** 1225-7 zeigt die T'(λ) solcher Filter. Bei den Neutralfiltern ist T_λ unabhängig von λ und darum die sogenannte Dichte D=lg(1/T) zur Dicke proportional. Sie werden auch als Graukeile mit linear wachsender Dicke angeboten.

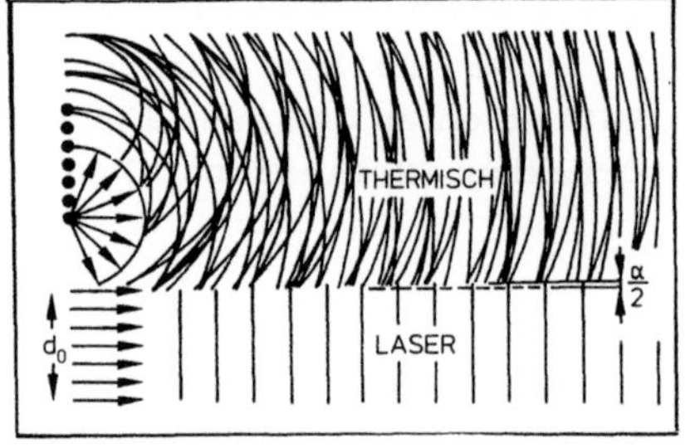

1: Spontanstrahler $\neq$ Laser

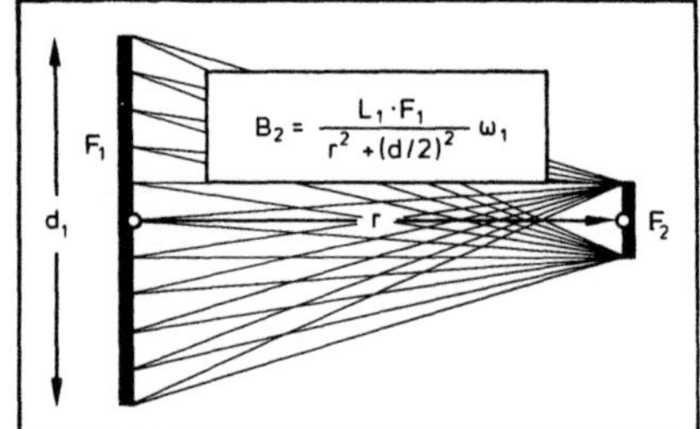

2: Punktlichtquelle

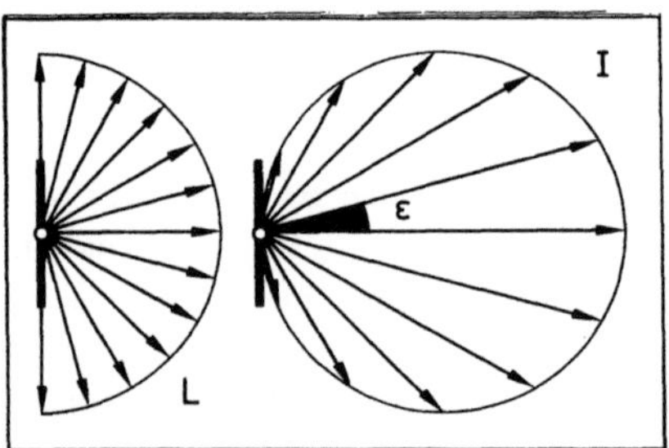

3: Strahlendes Flächenelement

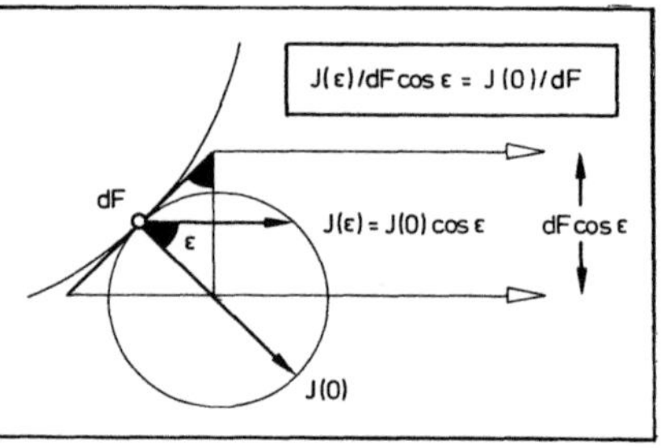

4: Flächenlichtquelle

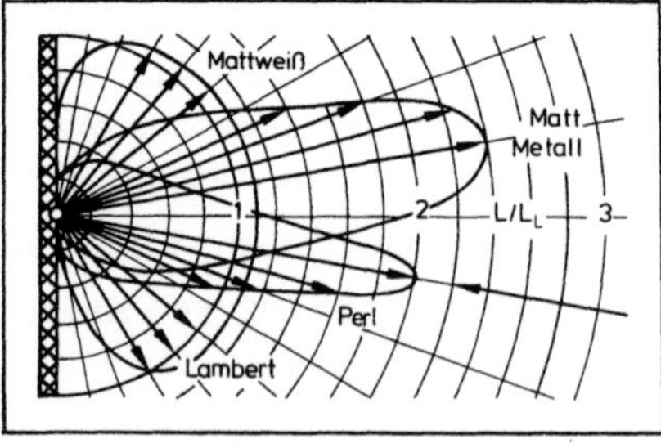

5: Lambertstrahler

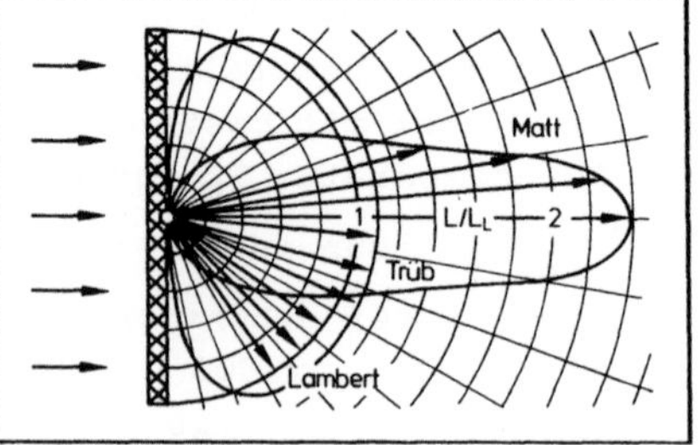

6: Gekrümmte Strahlerfläche

7: Projektionswände

8: Mattglas $\neq$ Trübglas

Fig. 1311: Strahlerarten

1.3 LICHTQUELLEN

1.3.1 Quellen inkohärenten Lichtes

1.3.1.1 Strahlerarten

Für die im vorliegenden Buch besprochenen Meßverfahren werden die verschiedensten Lichtquellen gebraucht. Dabei ist zwischen den Quellen spontan oder induziert emittierten Lichtes zu unterscheiden. Das spontane verläßt die gebundenen oder freien Elektronen der Quelle in Form von kurzen Wellenzügen zu zufälligen Zeiten mit zufälligen Fortpflanzungsrichtungen und zufälligen Schwingungsrichtungen wie in **Fig. 1311-1 oben.** Von Sonderfällen abgesehen verläßt es sie außerdem mit Frequenzen in einem weiten Frequenzband. Mit Blenden und Filtern können der Herkunftsort und die Bereiche der Fortpflanzungsrichtungen, Schwingungsrichtungen und Frequenzen eingeengt werden. Ein Phasenzusammenhang zwischen den Wellenzügen wird so jedoch nicht erzielt. Das spontan emittierte Licht bleibt phaseninkohärent. Die Wellenzüge des induziert emittierten Lichtes sind hingegen in Phase mit der induzierenden Welle. In den Lasern werden sie wie in **Fig. 1311-1 unten** zu langen Wellenzügen mit fast gleicher Fortpflanzungsrichtung, Schwingungsrichtung und Frequenz aneinandergereiht. Laserlicht ist während vergleichsweise langer Zeiten phasenkohärent. Die Laser werden in den Abschnitten 1321 bis 1325 besprochen. Als Quellen inkohärenten Lichtes kommen Temperaturstrahler (Glühender Draht), Gasentladungsstrahler (Bogen, Funken, Glimmentladung) und in einigen Fällen auch pyrotechnische Strahler (Vakublitz) in Frage. Dabei ist zwischen Kontinuumsstrahlern und Linienstrahlern zu unterscheiden. Alle Temperaturstrahler sind Kontinuumsstrahler. Weicht die Strahlung nicht merklich von der aus einem kleinen Loch in der Hohlraumwand ab, so wird der Temperaturstrahler schwarzer Strahler genannt, weil er dann auch einfallendes Licht restlos absorbiert. Sind die spektralen Strahldichten nur um einen frequenzunabhängigen Faktor kleiner als die schwarzer Strahler, so wird von einem grauen Strahler gesprochen. Bei frequenzabhängigen Abweichungen heißt der Temperaturstrahler selektiv. Elektrische Gasentladungen und pyrotechnische Strahler können selektive Kontinuumsstrahler oder/und Linienstrahler sein. Von Lichtbögen und Funken werden Kontinua und stark verbreitete Linien emittiert. Die Wahl der Lichtquelle hängt sehr davon ab, ob eine Kurzzeit- oder Langzeitbelichtung beabsichtigt ist. Außerdem ist zu entscheiden, ob eine Punkt- oder Flächenlichtquelle gebraucht wird. Bei der ersteren ist die Strahlstärke J, bei der letzteren hingegen die Strahldichte L die wichtigste Größe.

Bei der idealen Punktlichtquelle kommt der Strahlungsfluß Φ aus einem einzigen Quellpunkt und geht mit der gleichen Strahlstärke $J=\Phi/4\pi\omega(1)$ in alle Richtungen des vollen Raumwinkels $\omega=4\pi$ sr. Die Strahlungsflußdichte I nimmt mit zunehmendem Abstand r vom Quellpunkt umgekehrt proportional zur Kugelfläche $4\pi r^2$ ab. Es ist also:

$$I = \Phi/4\pi r^2 = J\omega(1)/r^2 \tag{1}$$

Ebenso groß ist die Bestrahlungsstärke B auf dieser Kugelfläche. Ein Flächenelement dF mit dem Winkel ε zwischen der Flächennormalen und r wie in **Fig.**1311-2 empfängt den in den Raumwinkel $d\omega=\omega(1)dF\cos\varepsilon/r^2$ gehenden Strahlungsfluß $d\Phi=Jd\omega$. Hier ist also die Bestrahlungsstärke

$$B = d\Phi/dF = J\omega(1)\cos\varepsilon/r^2 \tag{2}$$

um den Faktor $\cos\varepsilon_2$ kleiner als die Strahlungsflußdichte I. Die reale Punktlichtquelle hat eine gewisse Fläche F_1. Ihr Strahlungsfluß wird aber in einer so großen Entfernung r verwendet, daß dennoch mit den vorstehenden Beziehungen gerechnet werden kann. Dazu muß die reale Punktlichtquelle nicht unbedingt mit der gleichen Strahlstärke J in alle Richtungen strahlen. Es genügt, wenn sie diese Bedingung in jenem Raumwinkel ω erfüllt, in welchen der verwendete Teil $\Delta\Phi=J\Delta\omega$ ihres Gesamtstrahlungsflusses geht.

In der Nähe einer Flächenlichtquelle liegen kompliziertere Verhältnisse vor. Hier geht von jedem Flächenelement dF_1 der strahlenden Fläche ein Strahlungsflußelement in den Halbraum, das sich seinerseits aus Strahlungsflußelementen $d\Phi=Jd\omega=Ld\omega F_1\cos\varepsilon_1$ zusammensetzt, die in Richtungen mit Winkeln ε_1 gegen die dF_1-Normalen in Raumwinkelelemente $d\omega$ gehen wie in **Fig. 1311-3**.Dabei kann die Strahldichte L vom Ort und vom Winkel ε_1 abhängen. Die Bestrahlungsstärke B auf einem Flächenelement dF_2 setzt sich aus Anteilen $dB=d\Phi/dF_2$ infolge von Strahlungsflußelementen $d\Phi$ zusammen, die wie in **Fig. 1311-4** mit verschiedenen Richtungen von den verschiedenen Flächenelementen dF_1 der Lichtquelle kommen. Mit $d\Phi=Ld\omega dF_1\cos\varepsilon_1$ und $d\omega=(dF_2\cos\varepsilon_2/r^2)\omega(1)$ ergibt sich das photometrische Grundgesetz:

$$dB = \frac{\omega(1)\cos\varepsilon_1\cos\varepsilon_2}{r^2} LdF_1 \tag{3}$$

Zur Bestimmung von B auf dF_2 sind alle Anteile dB verursacht von den dF_1 der Lichtquellenfläche F_1 zu integrieren. Eine leuchtende Kreisfläche F_1 mit dem Durchmesser d erzeugt auf einem parallelen und auf der Achse befindlichen Empfangsflächenelement dF_2 in Abstand r bei konstanter Strahldichte L die folgende Bestrahlungsstärke:

$$B = \frac{L\omega(1)F_1}{r^2+(d/2)^2} \tag{4}$$

Im Falle r>10d wird bei Vernachlässigung von $(d/2)^2$ gegenüber r^2, d.h. bei einer Quasipunktstrahlerrechnung mit $J=LF_1$ ein Fehler unter 0,25 % zugelassen. Wir sprechen von einem Lambertstrahler (J.H. LAMBERT 1728-1777), wenn L konstant ist. Das kleine Loch in der Hohlraumwand ist ein Lambert-strahler. In solchen Fällen hängen die von allen Flächenelementen dF_1 ausgehenden Strahlstärkeelemente $dJ=LdF_1\cos\varepsilon_1$ in der gleichen Weise von ε_1 ab. Im Fernfeld summieren sich die dJ zu der Strahlstärke $J=L\cdot F_1\cos\varepsilon_1$. Die graphische Darstellung der $J(\varepsilon_1)$ in Polarkoordinaten ergibt die Richt-charakteristik des Lambertstrahlers in **Fig. 1311-5**. Bei Betrachtung eines Lambertstrahlers mit gekrümmter Oberfläche wie in **Fig. 1311-6** hängt die gesehene Projektion $dF\cos\varepsilon$ eines Flächenelementes dF in der gleichen Wei-se vom Winkel ε ab wie die von diesem ausgehende Strahlstärke $J(\varepsilon)=J(0)\cos\varepsilon$. Die Strahlung scheint von einem ebenen Strahler mit der konstanten Strahldichte $J(\varepsilon)/dF\cos\varepsilon=J(0)/dF$ auszugehen. Darum wird ein glühender Draht als gleichmäßig helles Band und die Sonne als gleichmäßig helle Scheibe gesehen. Auch der ideal remittierende oder transmittierende Streuschirm ist ein Lambertstrahler. Die mattweiße Projektionswand und die Trübglasscheibe (Milchglas) kommen diesem Ideal ziemlich nah. Die Mattmetallwand und Perlwand weichen wie in **Fig. 1311-7** und die Mattglas-scheibe weicht wie in **Fig. 1311-8** davon ab.

Die genannten Beziehungen gelten ebenso für die physiologischen Lichtgrö-ßen wie für die physikalischen Strahlungsgrößen. Darum wurde der Index e weggelassen. In den Herstellerkatalogen werden leider fast nur die phy-siologischen Größen angegeben. Ihre Kenntnis kann genügen, wenn nur mit dem Auge beobachtet oder auf panchromatischem Film photographiert wird. Bei anderen Lichtempfängern ist in der Regel mit ganz anderen stark von $V(\lambda)$ abweichenden spektralen Empfindlichkeiten zu bewerten. In einigen Fällen ist eine ungefähre Umrechnung durch Multiplikation mit einem Um-rechnungsfaktor möglich. Dies ist der Fall, wenn Licht einer interna-tional vereinbarten Normlichtart (DIN 5033) emittiert wird. Glühlampen emittieren die Normlichtart A, wenn sich ihr Licht nicht merklich von dem der Wolframfadenlampe bei der Farbtemperatur $T_F=2856$ K unterscheidet. Hier wird der Strahlungsfluß $\Phi_e=1W$ als Lichtstrom $\Phi_v=21Lm$ wahrgenommen.

1.3.1.2 Glühlampen

In der Glühlampe leuchtet elektrisch erhitztes Metall. Da der Reflexions-grad ziemlich hoch ist, ist der Absorptionsgrad und damit auch der Emis-sionsgrad ziemlich klein. **Fig. 1312-1** zeigt den Emissionsgrad $E(\lambda)$ von Wolfram bei drei Temperaturen T als Funktion der Wellenlänge [462]. Im sichtbaren Spektralbereich ändert sich $E(\lambda)$ nur wenig. Hier ist Wolfram fast ein grauer Strahler. Für die IR-Meßtechnik ist der bei $\lambda=1,3$ µm auf-tretende sog. X-Punkt interessant. Hier hängt $E(\lambda)$ nicht von T ab. Solche X-Punkte im IR wurden auch bei anderen Metallen, wie z.B. Kupfer, Silber und Gold gefunden. Wolframdrähte in Klarglaskolben werden nach wie vor gerne zur Justierung und Eichung gebraucht. Aber Wolfram schmilzt bei

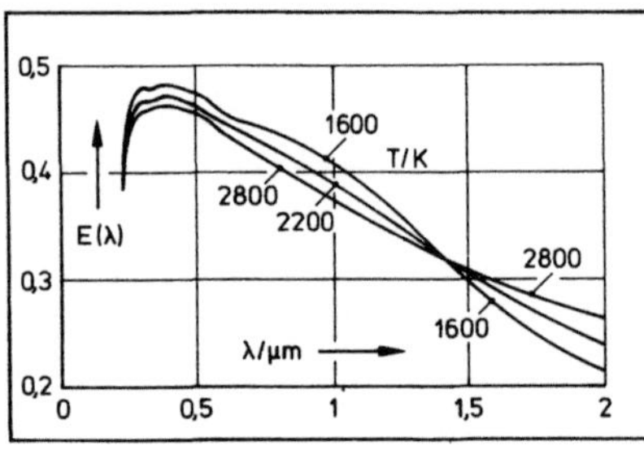

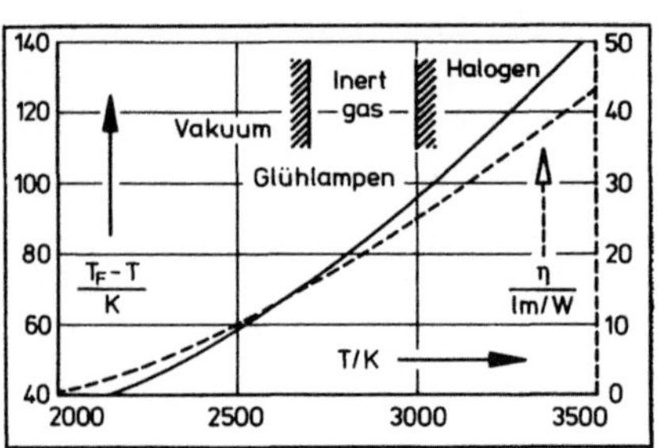

1: Glühendes Wolfram   2: Farbtemp. u. Lichtausbeute

Fig. 1312: Glühlampen

T=3653 K und dampft schon bei den üblichen Betriebstemperaturen bis T=3000 K merklich ab. Der Wolframdampf schwärzt den Kolben. Die Verdampfungsgeschwindigkeit läßt sich mit Inertgasfüllungen (N_2,Ar,Kr,Xe) des Kolbens vermindern. Noch wirksamer wird die Schwärzung des Kolbens durch geringe Beigaben von Halogenverbindungen (z.B. Bromverbindungen) zum Inertgas verhindert. Die abgedampften Wolframatome werden an den kälteren Orten in einiger Entfernung vom Glühdraht chemisch gebunden. Die Verbindung diffundiert zum Glühdraht und wird dort zerlegt. Die wieder freigesetzten Wolframatome werden auf dem Glühdraht abgeschieden. Auf solche Weise wird bei den sog. Halogenlampen entweder die Lebensdauer verlängert oder mit höherer Drahttemperatur eine erheblich höhere Leuchtdichte ermöglicht. Der Kolben muß heiß sein und hohen Druck des heißen Füllgases vertragen. Darum besteht der Kolben aus Quarzglas und ist viel kleiner als bei den herkömmlichen Glühlampen. Wie schon bei den letzteren werden hohe Leuchtdichten mit kleinen Wendeln aus dickem Draht, d.h. mit hohem Strom I bei kleiner Spannung U erreicht. Es handelt sich um sog. Niedervoltlampen, die man nicht wie die Hochvoltlampen der Wohnungsbeleuchtung unmittelbar an das 220V-Netz anschließen kann. Hier wie dort wächst I ungefähr mit $U^{1/2}$, T mit $U^{1/3}$, der Gesamtemissionsgrad E mit $U^{3/2}$ und der Gesamtlichtstrom Φ mit U^3. Die Lebensdauer nimmt ungefähr mit U^{-14} ab. Mehr als bei den herkömmlichen Glühlampen besteht die Gefahr, daß der Draht infolge einer Überspannung beim Einschalten des Transformators schmilzt. Wegen der höheren Leuchtdichte und kleinerer Abmessungen haben die Halogenlampen die herkömmlichen Glühlampen aus den Projektoren verdrängt.

Die Farbtemperatur T_F der Glühlampe ist etwas größer als die Temperatur T des Glühfadens. In **Fig.** 1312-2 sind die Differenzen T_F-T über T aufgetragen. Außerdem sind dort die ungefähren Lichtausbeuten η bei T graphisch dargestellt, die emittierten Lichtströme pro aufgenommener elektrischer Leistung. Zum Vergleich: Die Farbtemperatur der Paraffinkerze beträgt T_F =1920 K. Die der Kohlefadenlampe kann T_F=2070 K nicht überschreiten. Die Wolframlampe ist da überlegen. Ihre Farbtemperatur bleibt aber weit unter der des Tageslichtes. Das Licht der tritt T_F=6500 K in die Atmosphäre ein und erreicht an einem klaren Sommermittag die Meereshöhe mit 5300 K $< T_F <$ 5600 K. Der blaue Nordhimmel leuchtet dann mit 19000 K$<$ $T_F <$ 24000 K. Bedeckung senkt die Farbtemperatur des Nordhimmels auf 6400 K $< T_F <$ 6900.

1.3.1.3 Gasentladungslampen

Für die Photographie von Strömungen werden meist viel höhere Leuchtstärken J oder Leuchtdichten L benötigt, als Glühlampen liefern. Bei einigen Visualisierungsverfahren kommt die Forderung möglichst monochromatischen Lichtes hinzu. Als Lichtquellen kommen dann elektrische Gasentladungen in Frage. Im vorliegenden Abschnitt werden die langzeitigen Gasentladungen in den Glimmlampen, Niederdruckbogenlampen und Hochdruckbogenlampen betrachtet. Die kurzzeitigen Gasentladungen werden im nächsten Abschnitt besprochen. Die Bücher [463 - 484] führen in die Physik der Gasentladungen ein.

Auch die langzeitigen Gasentladungen starten mit einem höchst instationären Vorgang, der elektrischer Durchbruch genannt wird. Wir betrachten den Modellfall ebener Elektroden mit dem Abstand l, zwischen denen sich Gas mit dem Druck p befindet. Wird eine allmählich zunehmende Spannung U an die beiden Elektroden gelegt, so treten zunächst nur sehr kurze, schwache und kaum leuchtende Stromimpulse auf. Sie werden von Elektronen erzeugt, die entweder zufällig infolge von Höhenstrahlung oder Radioaktivität zwischen den Elektroden erscheinen, oder die infolge von Temperatur oder Photonen aus der Kathode austreten. Die Elektronen werden vom elektrischen Feld $E=U/l$ in Richtung Anode beschleunigt und setzen bei Zusammenstößen mit Gaspartikeln Elektronen frei, die dann ihrerseits weitere Elektronen freisetzen. So bilden sich Elektronenlawinen, die mit Photonen und den zur Kathode wandernden positiven Ionen Nachfolgeelektronen auslösen können. Überschreitet die Spannung die Zündspannung U_z, so wird von jeder an der Kathode startenden Lawine mindestens eine Nachfolgelawine ausgelöst. Aus der unselbständigen sog. Townsendentladung wird eine selbständige Gasentladung. Diese produziert so viele Elektronen, positive Ionen und in manchen Gasen auch negative Ionen, daß elektrische Raumladungen das weitere Geschehen bestimmen. U_z hängt wie in **Fig. 1313-1** von der Gasart und vom Produkt pl ab. Die sog. Paschenkurven durchlaufen die in der folgenden Tabelle zusammengestellten U_z(min) bei pl(min).
Im Folgenden interessieren nur die pl $>$ pl(min). Hier wächst U_z mit pl. Bei mäßig hohen pl und ohne plötzlich angelegte Überspannung $U-U_z$ braucht es viele aufeinander folgende Lawinen, um die Raumladung aufzubauen. Bei hohen pl oder plötzlich angelegter Überspannung kann schon ein einzige Elektronenlawine viel schneller eine viel schnellere Entwicklung der

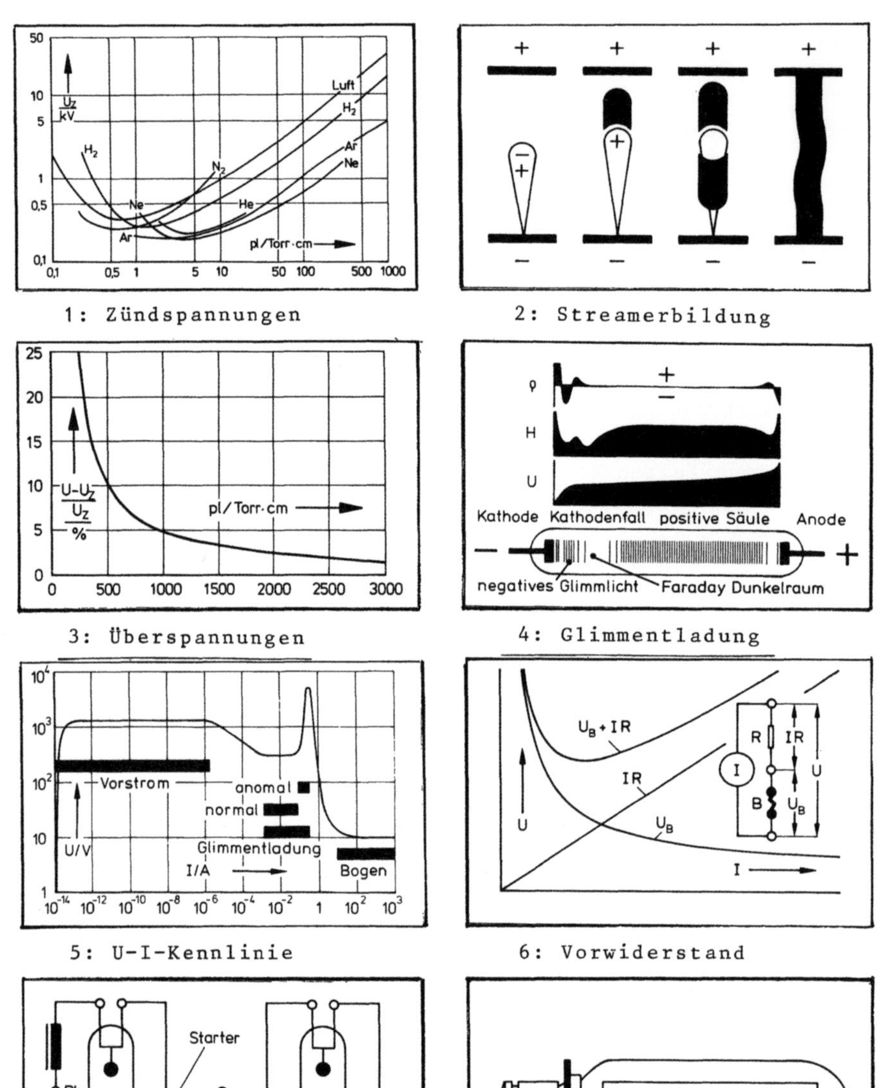

Fig. 1313: Gasentladungslampen

Gas	Luft	N_2	H_2	Ar	Ne	He
U_z (min)/V	330	250	270	200	190	200
pl(min)/Torr · cm	0,57	0,67	1,15	1,50	3	4

Tab. 1313-1: Zündspannungsminima

selbständigen Entladung einleiten. Die Raumladung der Lawine überhöht das Feld vor der Lawine. Die Stoßionisation am Lawinenkopf wird so heftig und häufig, daß Photoionisation in's Spiel kommt. Sie erzeugt einen Kanal, dessen Front sich mit fast 100 km/s Geschwindigkeit in Richtung Anode bewegt. Sobald dieser Kanal die Anode erreicht hat, wird das Feld hinter der Lawine so stark, daß sich auch dort ein Kanal bildet und noch schneller mit fast 1000 km/s Geschwindigkeit in Richtung Kathode wächst. Diese in **Fig. 1313-2** skizzierte Bildung eines sog. Streamers ist möglich, wenn die Zahl der Elektronen einer Lawine 10^8 bis 10^9 überschreitet. **Fig. 1313-3** zeigt die Überspannungen $(U-U_z)/U_z$, die dazu mindestens an Luft mit pl plötzlich angelegt werden müssen. Andere Formen der Elektroden, nahe leitende oder isolierende Wände und aus einer Photokathode oder Glühkathode in großer Menge austretende Elektronen können U_z senken und den Durchbruch beschleunigen. Die weitere Entwicklung der selbständigen Entladung hängt von dem Strom ab, den die Schaltung der Entladungsstrecke zuläßt. Bei begrenztem und konstantem Strom I ist zwischen der Glimmentladung bei kleiner und der Bogenentladung bei großer Stromdichte zu unterscheiden.

Die Glimmentladung besorgt sich ihre Nachfolgeelektronen durch Ionenstöße und Photoeffekt aus der kalten Kathode. Sie breitet sich in dem ganzen Raum zwischen den Elektroden aus. Ihre positive Raumladung verstärkt das Feld vor der Kathode und schwächt das Feld vor der Anode. Man kann wie in **Fig. 1313-4** zwischen einem Kathodenfall und einer positiven Säule unterscheiden. Wo mehr ionisiert wird, hängt von der Stromdichte ab. Im Kathodenfall werden die Elektronen stärker beschleunigt. In der positiven Säule sind sie länger unterwegs. Unterhalb einer gewissen Stromdichte stellt sich ein weder vom Druck noch von der Stromdichte abhängender sog. normale Kathodenfall ein. In diesem wird etwa gleich viel wie in der positiven Säule ionisiert. Bei höheren Stromdichten wird der sog. anomale Kathodenfall mit zunehmender Stromdichte immer höher und kürzer. Dann erfolgt die Ionisation vorwiegend in der positiven Säule. Mit den unterschiedlichen kinetischen Energien und Häufigkeiten der Elektronen auf ihren verschieden langen Wegen ist unterschiedliche Anregung der Atome oder Moleküle zum Leuchten verbunden. Ein erstes schwaches Leuchten tritt in einer dünnen Glimmhaut auf, die die Kathode mit geringem Abstand überzieht. Auf den sog. Crookschen oder Hittdorfschen Dunkelraum folgt ein stärkeres und ausgedehnteres Leuchten. Darauf folgt der sog. Faradaysche Dunkelraum, der sich bis in die positive Säule erstreckt. Auch die positive Säule leuchtet nicht gleichmäßig hell, sondern je nach Gasart und Stromdichte in mehr oder weniger ausgeprägten und stehenden oder wandernden abwechselnd helleren und dunkleren Zonen. Reine Glimmentladungen werden darum kaum noch als Lichtquelle verwendet. Vor der Entwicklung der Laser wurden sie zur Erzeugung von Linienspektren mit kleinen Linienbreiten benutzt. Bei niedrigem Druck und starker Kühlung kamen die Linienbreiten der natürlichen nahe. Die Brennspannung U liegt beträchtlich unter der Zündspannung U_z. **Fig. 1313-5** zeigt eine typische Strom(I)-Spannungs(U)- Kennlinie. Können der Stromquelle höhere I bei höheren U entnommen werden, so bedarf es eines Vorwiderstandes R, um das gewünschte Wertepaar I,U einzustellen.

Ist R zu klein, so heizt der wachsenden Strom die Kathode so stark auf, daß schließlich thermisch freigesetzte Elektronen das Geschehen bestimmen. Der Kathodenfall wird schwächer und kürzer. Der Strom wird immer größer, während der Brennspannung fällt. Aus der Glimmentladung wird eine Bogenentladung mit fallender I,U-Kennlinie wie in **Fig. 1313-6**. Ohne R würde I solange wachsen, bis schließlich der Abbrand die Elektroden oder Überlastung Teile der Schaltung zerstört. Mit R stellt sich ein Wertepaar I,U ein, das zugleich die Gleichung I=A/(U-B) der I,U-Kennlinie und die Gleichung $I=(U_0-U)/R$ der sog. Widerstandsgeraden erfüllt. In den Leuchtstoffröhren , Spektrallampen und in einigen Gaslasern wird mit einer Fremdheizung der Glühkathode dafür gesorgt, daß ein solcher Bogen schon bei niedrigem Druck und mäßig hoher Stromstärke brennen kann. Der Bogen emittiert dann ein Linienspektrum. Niederdruckbögen können bei Heizung beider Elektroden mit der Netzfrequenz ν=50 Hz umgepolt werden. In diesem Fall kann der induktive Widerstand $2\pi\nu L$ einer Drosselspule oder kann ein Streutransformator wie in **Fig. 1313-7** anstelle eines Widerstandes R den Strom begrenzen. So werden Leuchtstofflampen, Natriumdampflampen und Spektrallampen betrieben. In Leuchtstofflampen wird z.B. mit Quecksilberdampf im Zündgas Argon oder Neon Licht mit hohem UV-Anteil erzeugt. Dieses Licht wird von einer Leuchtpigmentschicht (Luminophor, z.B. $3Ca_3(PO_4)\cdot Ca(FCl)_2,Sb,Mn$) in tageslichtähnliches oder auch in gewollt farbiges Fluoreszenzlicht umgewandelt. Der Gasdruck kann z.B. 1 bar und der Quecksilberpartialdruck weniger als 10^{-2} Torr betragen. Bei elektrischen Leistungen zwischen 18 und 65 W werden Lichtausbeuten zwischen 40 und 60 lm/W erzielt. Die Lichtausbeuten von Natriumdampflampen können bis zu 150 lm/W betragen. Ihr Licht ist fast monochromatisch. Spektrallampen emittieren ein Spektrum von schmaleren Linien, von denen man die eine oder andere für Experimente mit monochromatischem Licht ausfiltern kann. **Fig. 1313-8** zeigt den Aufbau einer Spektrallampe.

Läßt man bei höherem Gasdruck höhere Stromdichten zu, so sorgt die Bogenentladung selbst für ausreichende Heizung der Kathode. Der Hochdruckbogen besteht aus einem fast neutralen Plasma mit lokalen Gaszuständen, die sich nur wenig von Zuständen thermodynamischen Gleichgewichtes unterscheiden. Die Wärmeleitung nach außen hat zur Folge, daß sich ein sehr heißer Kern mit einem kälteren Mantel umgibt. Die höhere elektrische Leitfähigkeit im Kern verstärkt diesen Effekt. Die Strahlung resultiert aus der Emission des Kerns und Absorption im Mantel und hat ein vorwiegend kontinuierliches Spektrum. Früher wurde gerne der Anodenkrater des Lichtbogens zwischen zwei Kohlestiften als Lichtquelle verwendet. Die Stifte wurden zwecks Zündung zur Berührung und dann in einen etwa 3 mm betragenden Abstand gebracht. Der Bogen selbst leuchtet hier vergleichsweise schwach. Die beiden Stifte brennen weißglühend ab. Die Kathode wird spitz. An der Anode bildet sich ein noch heißerer Krater, der bei der Temperatur 4300 k etwa 85 % des gesamten Lichtstroms emittiert. Dabei beträgt die Brennspannung etwa 40 V und die Stromdichte im Krater mehrere Tausend A/cm^2. Es vereinfacht die Nachstellautomatik, wenn mit dem Dickenverhältnis 9(Anode):5(Kathode) für gleiche Abbrandgeschwindigkeit der beiden Stifte gesorgt wird. Heute werden wegen des Abbrandes und der damit verbundenen Cyanbildung sowie wegen der höheren Leuchtdichten und photographisch wirksameren Spektren die sog. Kurzbogenlampen mit nicht abbrennenden Metallelektroden in Quarzkolben vorgezogen. **Fig. 1313-9** zeigt Formen und **Fig. 1313-11** Spektren von Kurzbogenlampen. In der **Tabelle 1313-2** sind Daten solcher Lampen zusammengestellt. Wegen des hohen Überdrucks und der

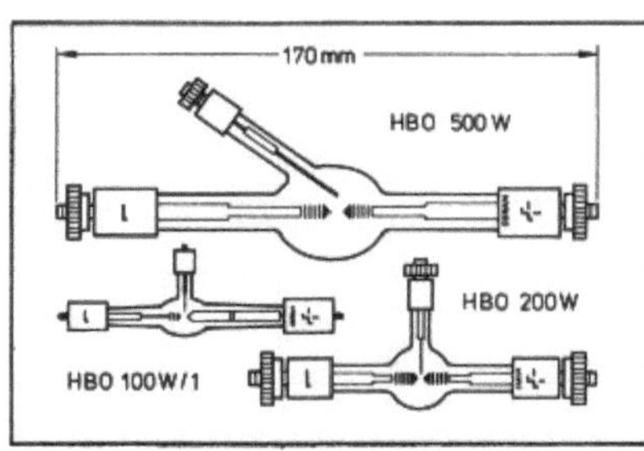

9:   Hg-Bogenlampen

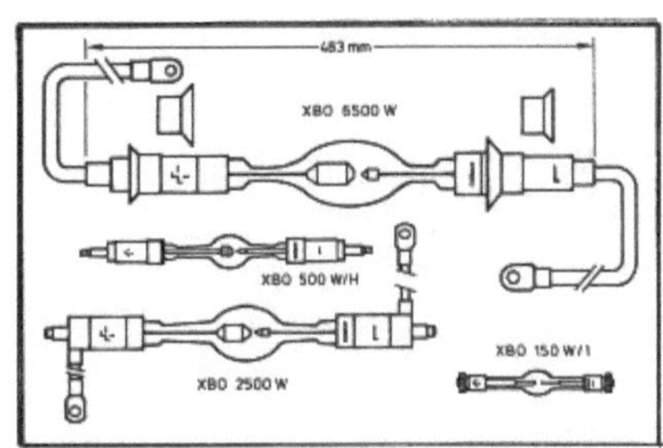

10:   Xe-Bogenlampen

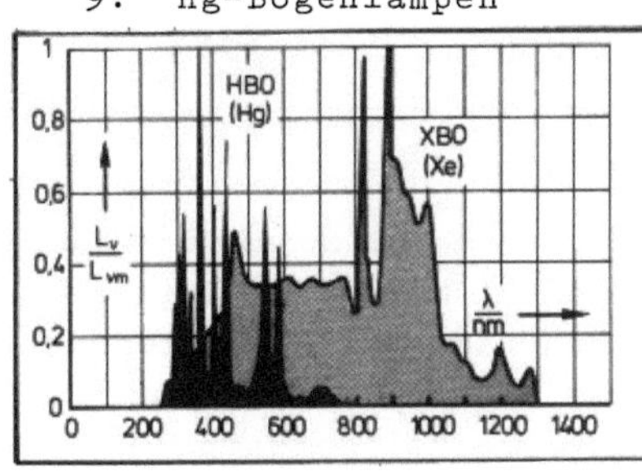

11:   Spektren

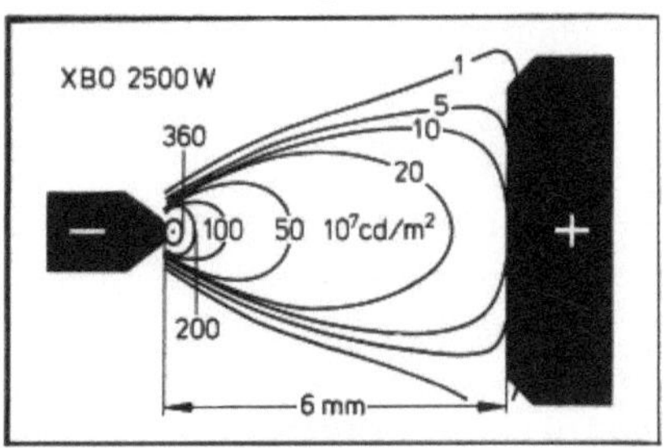

12:   Leuchtdichten

Fig. 1313:   Kurzbogenlampen [486]

intensiven Strahlung muß man sie in einem Schutzgehäuse unterbringen. Bei den Quecksilberdampflampen dauert es etwa 15 Minuten, bis der Betriebszustand erreicht ist. Kommt es auf möglichst hohe Leuchtdichte bei möglichst kleiner Leuchtfläche an, so sind nicht die Lampen mit den hohen elektrichen Leistungen, sondern ist von den genannten die Lampe HBO 100/1 zu empfehlen. Bei nur 100 W elektrischer Leistung leuchtet die Fläche 0,25 mm×0,25 mm mit der Leuchtdichte L=170 000 cd/cm^2. Die Quecksilberdampflampen geben im Sichtbaren vorwiegend grünblaues Licht. Farbbilder werden besser mit Xenonlampen mit ihrem im Sichtbaren tageslichtähnlichen Licht aufgenommen. **Fig.** **1313-12** zeigt die Leuchtdichteverteilung der Xenonkurzbogenlampe XBO 2500 W.

Gas	Hg – Dampf		Xe	
Typ	HBO100/1	HBO500	XBO150/1	XBO2500
Nennleistung/W	100	500	150	2 500
Brennspannung/V	20	85...67	20	30
Strom/A	5	5,9...7,4	7,5	83
Lichtstrom/Lm	2 000	28 500	3 000	100 000
Lichtausbeute/(Lm/W)	20	57	20	40
Leuchtdichte/(cd/cm^2)	170 000	30 000	15 000	61 000
Leuchtfläche/mm^2	0,25x0,25	1,1x4,1	0,5x2,2	1,5x6,0
Lebensdauer/h	100	200	1 200	1 500

Tab. 1313-2: Kurzbogenlampen [486]

Kommt es auf möglichst hohen Gesamtlichtstrom an, so sind wassergekühlte Langbogenlampen besser geeignet. Eine solche mit Wechselstrom zu betreibende Xenonlampe XBF 6000 W/1 mit der Bogenlänge 110 mm liefert z.B. bei der Brennspannung 135 V und Stromstärke 45 A den Lichtstrom 215000 lm, während der Lichtstrom der oben erwähnten Quecksilberdampflampe HBO 100/1 bei der Brennspannung 20 V und Stromstärke 5 A nur 2000 lm beträgt. Allerdings wird der um den Faktor 107 größere Lichtstrom mit einer um den Faktor 1/53 kleineren Leuchtdichte erzeugt. Daten von Bogenlampen wurden z.B. in [485,486] zusammengestellt.

1.3.1.4 Blitzlicht

Die meisten Bilder von Strömungen werden mit Blitzlicht aufgenommen. Dabei ist zwischen dem pyrotechnisch und dem mit elektrischen Gasentladungen erzeugten Blitzlicht zu unterscheiden. Kurzzeitige Niederdruckentladungen werden Flash und kurzzeitige Hochdruckentladungen werden Funken genannt. In allen Fällen wird ein zeitlicher Verlauf des Lichtstroms wie in **Fig.** 1314-1 angestrebt. Als Scheitelzeit oder Anstiegzeit t_m wird die Zeit von der Auslösung bis zum Maximum Φ_m des Lichtstroms und als Leuchtzeit δt wird von einigen Autoren die Halbwertzeit $\delta t_{1/2}$ und von anderen jenes Zeitintervall $\delta t_{1/e}$ angegeben, in welchem der Lichtstrom Φ_m/e überschreitet. Der Verlauf kann mit

$$\Phi(t) = \Phi_m[\frac{t}{t_m}\exp(1-\frac{t}{t_m})]^K \tag{1}$$

angenähert werden. Der Exponent K liegt zwischen 0,15 und 1,5. Bei K=1 ist $\delta t_{1/2}/t_m$=2,45 und $\delta t_{1/e}/t_m$=3,00. Die Leuchtzeiten der verschiedenen Blitze unterscheiden sich um Größenordnungen.

Von den unterschiedlichsten Möglichkeiten der pyrotechnischen Blitzerzeugung wird in geschlossenen Räumen fast nur noch die der Verbrennungen von dünnen Metallfolien oder Metallfäden mit Sauerstoff oder Fluor in Glaskolben benutzt. Solche Wegwerfblitzlampen werden mit Handelsnamen wie Vacublitz für einzelne und Magicube, Flipflash oder Flashbar für vier, acht oder zehn angeboten. Die **Fig.** 1314-2 zeigt typische sog. Abbrennkurven. Die Scheitelzeiten liegen im Bereich $7<t_m/ms<17$ und die Leuchtzeiten im Bereich $9<\delta t_{1/2}/ms<15$. Die Farbtemperatur beträgt etwa 5500 K. Die umgesetzte Energie ist erstaunlich groß. 600 J ist ein üblicher und 3000 J ist ein mit besonderen Blitzlampen erreichter Wert. In den Jahren 1880 bis 1930 wurden mit offen abbrennendem Blitzpulver noch stärkere Blitze erzeugt. Allerdings ist die Handhabung dieses Gemisches von Magnesiumpulver und Kaliumchloratpulver nicht ganz ungefährlich. Der Photograph und die zu porträtierenden Personen erlebten gelegentlich eine Explosion und einen Magnesiumoxydregen.

In der sog. Flashlampe oder Elektronenblitzlampe wird mit einer Niederdruckentladung ein Kondensator entladen. Dafür wird bei der Ladespannung U_0 des Kondensators mit der Kapazität C die Ladung $Q = CU_0$ bereitgestellt. Die gespeicherte Energie beträgt:

$$W = QU_0/2 = CU_0^2/2 \tag{2}$$

Sie wird so bemessen, daß sie einerseits genug Licht erzeugt, andererseits aber nicht die Elektroden zerstört. Würde C über einen konstanten Widerstand R entladen, so würden sich der Strom I(t) und die Spannung U(t) wie in **Fig.** 1314-3 ändern:

82

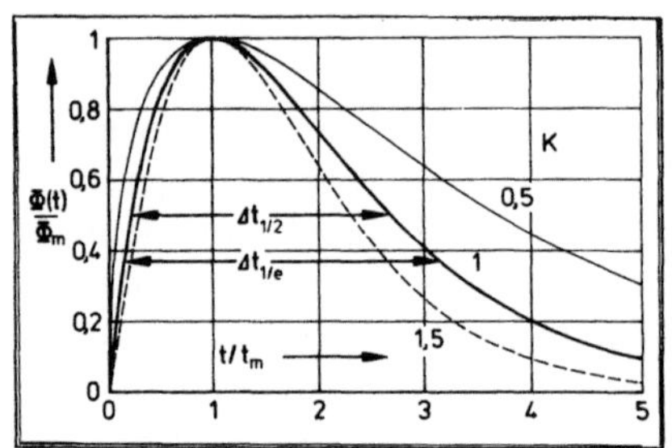

1: Verlauf des Lichtstroms

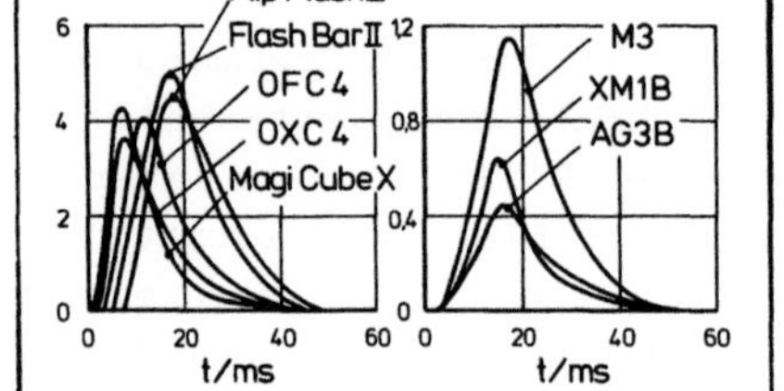

2: Kolbenblitze

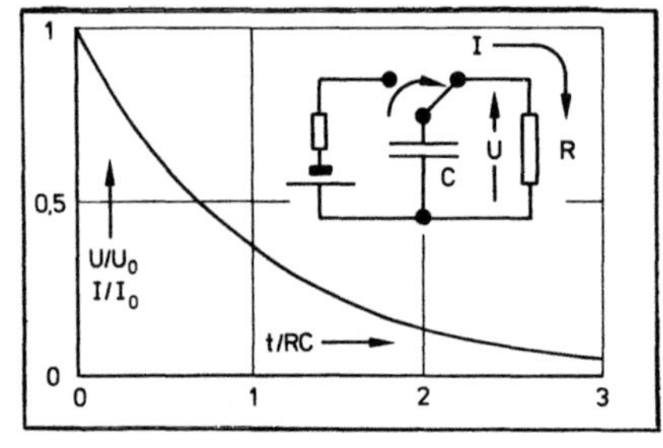

3: C-Entladung

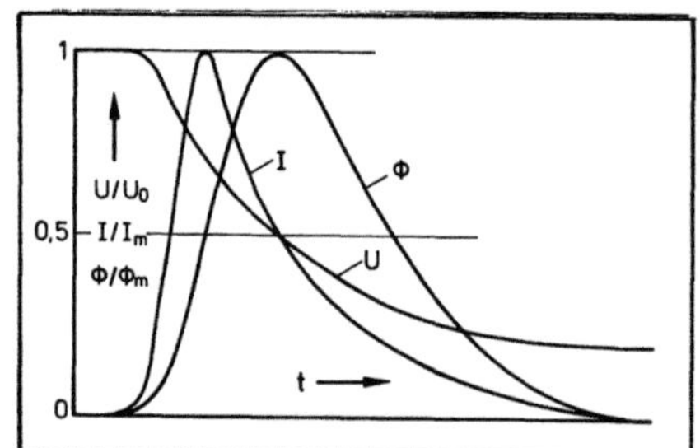

4: C-Entladung bei R(t)

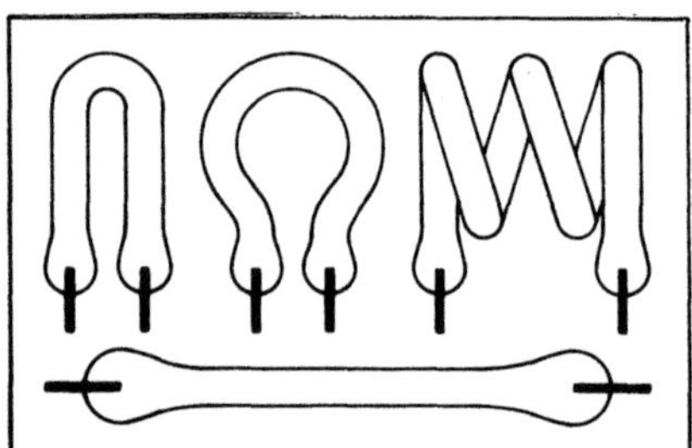

5: Flashlampen

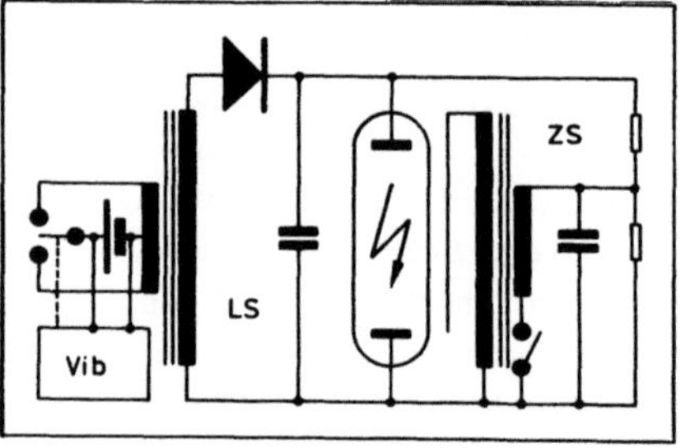

6: Flashlampenschaltung

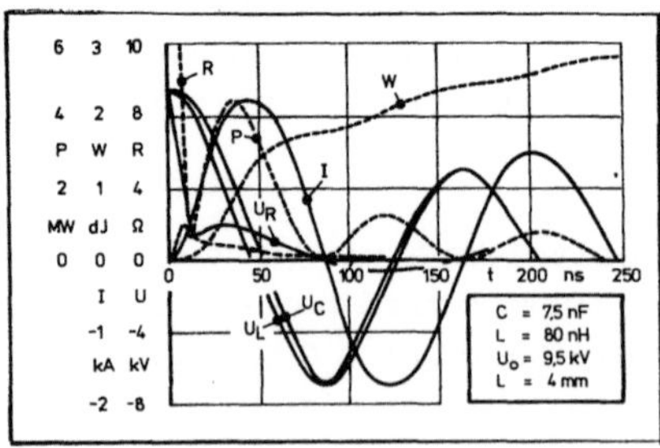

7: Luftfunken

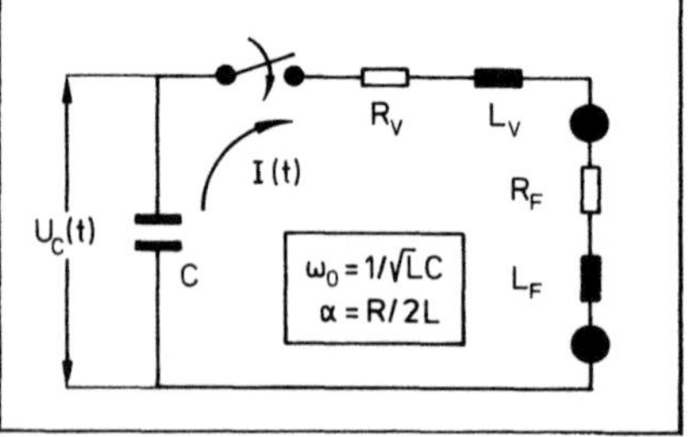

8: Funkenschaltung

Fig. 1314: Blitzlicht

$$I(t) = \frac{U_0}{R}\exp\left(-\frac{t}{RC}\right) \quad ; \quad U(t) = U_0\exp\left(-\frac{t}{RC}\right) \tag{3}(4)$$

In Wirklichkeit ändert sich jedoch der Widerstand R der Entladung. Dies allein hätte die I(t) und U(t) wie in **Fig. 1314-4** zur Folge. Oft werden die Verläufe außerdem durch Induktivitäten kompliziert. Der Lichtstrom Φ(t) ändert sich ungefähr in der ebenfalls eingezeichneten Weise. Sein Scheitelwert wächst etwa proportional zu der bereitgestellten Energie $CU_0^2/2$. Flashlampen werden mit geraden, U-förmigen, ringförmigen oder gewendelten Glasröhren wie in **Fig. 1314-5** hergestellt und meist mit Xenon gefüllt. Meist sind sie für Kondensatorspannungen U_0 beträchtlich unter der Zündspannung U_Z vorgesehen. Die Zündung erfolgt mit einem kurzen Hochspannungsimpuls an einer besonderen Zündelektrode, die sich innerhalb oder außerhalb der Lampe befinden kann. Dazu wird neben der Ladeschaltung LS eine Zündschaltung ZS wie in **Fig. 1314-6** benötigt. Für die Amateurphotographie werden Elektronenblitzgeräte mit bereitgestellten Energien zwischen 6 J und 60 J verkauft. Die Lichtausbeute beträgt typisch 30 lm/W. Die vollständige Entladung des Kondensators dauert einige 100 µs. In modernen Geräten wird sie mit einer Regelschaltung unterbrochen. Die Leuchtdauer läßt sich so bis auf etwa 10 µs verkürzen. Für die Mikrophotographie oder die Stroboskopie werden auch schwächere Flashlampen und für das Pumpen von Lasern oder das Signalisieren bei Nebel werden viel stärkere angeboten [74,79,90 487,488]. Nur die Lichtstärken sind hoch, die Leuchtdichten der Niederdrucklampen bleiben vergleichsweise klein.

Viel höhere Leuchtdichten in viel kürzeren Zeiten werden mit Funken beim Druck der Atmosphäre oder bei höheren Drücken und mit plötzlich angelegter Überspannung erzielt [62,81,98,488-495]. Der Funken entwickelt sich so schnell aus dem in Abschnitt 1.3.1.3 erwähnten Streamer. daß schon kleinste Induktivitäten den Vorgang entscheidend mitbestimmen. In **Fig. 1314-7** sind die gemessenen Ströme I(t) eines Luftfunkens und die mit gemessenen Kanaldurchmessern berechneten Kanalwiderstände R(t), Spannungen U(t) am Kanal und U_c(t) am Kondensator sowie die elektrischen Leistungen P(t) im Kanal und die bis zur Zeit t eingespeisten elektrischen Energien W(t) graphisch dargestellt. Die Schlagweite betrug l= 95 mm . Auf dem Kondensator mit der Kapazität C=5500 pF wurde bei der Ladespannung U_0=20 KV die Energie W_0=1,1 J bereitgestellt. Die Induktivitäten L_V=10 nH des äußeren Stromkreises und etwa L_F=6 nH des ausgebildeten Kanals reichten aus, um Strom und Spannung oszillieren zu lassen. Sobald der Streamer die leitende Verbindung der Elektroden hergestellt hat, haben wir es mit der in **Fig. 1314-8** skizzierten Serienschaltung zu tun. Wären die Summe $R=R_F+R_V$ des Funkenwiderstandes R_F und Vorwiderstandes R_V sowie die Summe $L=L_F+L_V$ der Funkeninduktivität L_F und der Vorinduktivität L_V konstant, so würden sich die Spannung U_C(t) am Kondensator und der Entladestrom I(t) folgendermaßen ändern:

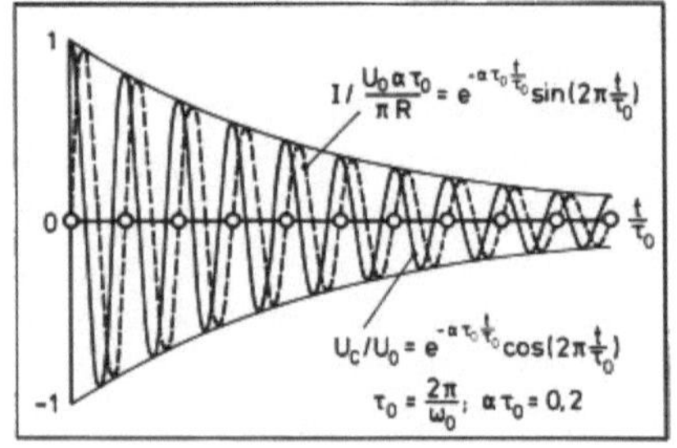
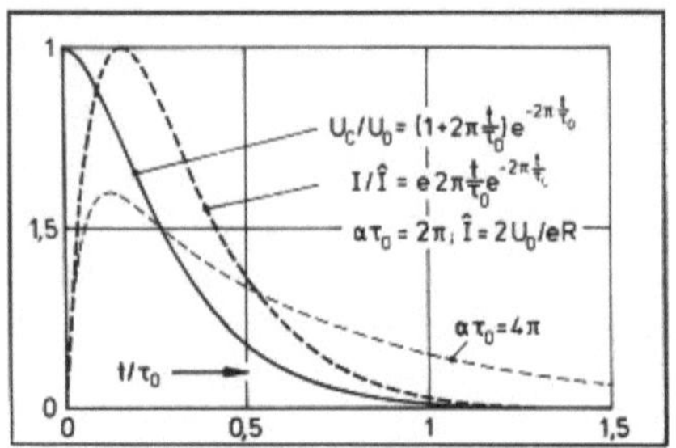

9: Oszillierende Entladung

10: Aperiodische Entladung

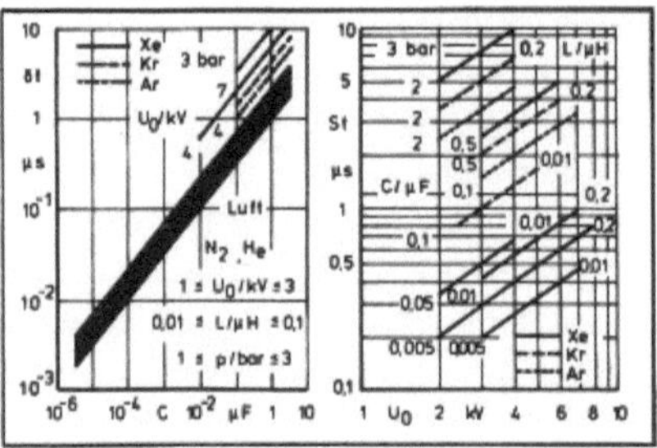
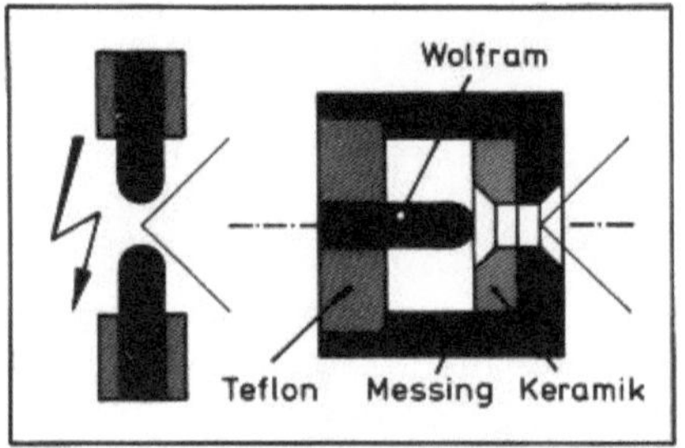

11: Funkendauer

12: Funkenstrecken

13: Kondensatorenbatterie

14: Scheibenkondensator

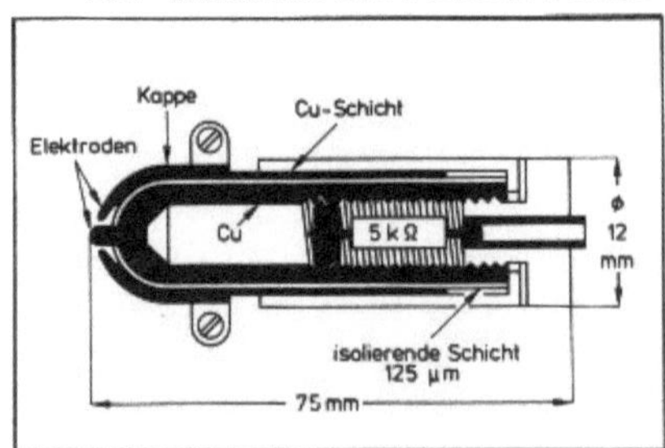
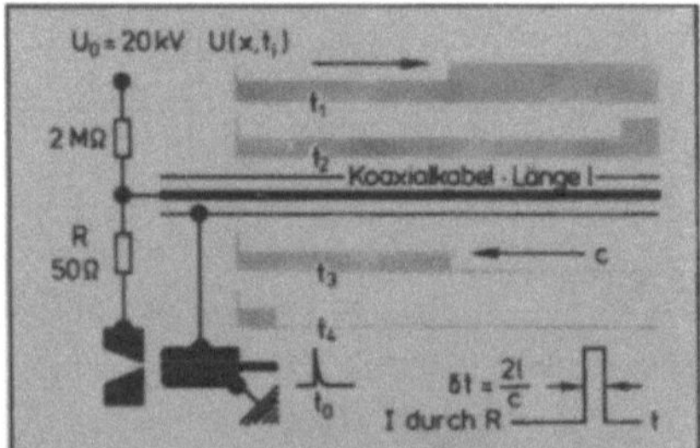

15: Flaschenkondensator

16: Kabelentladung

Fig. 1314: Blitzlicht

$$U_C(t) = U_0 e^{-\alpha t}(\cos\omega t + \frac{\alpha}{\omega}\sin\omega t) \tag{5}$$

$$I_C(t) = -C\frac{dU_C}{dt} = \frac{U_0}{\omega L} e^{-\alpha t}\sin\omega t \tag{6}$$

Die Dämpfungskonstante α und Kreisfrequenz ω hängen folgendermaßen mit R,C,L zusammen:

$$\alpha = R/2L \quad ; \quad \omega = \sqrt{\omega_0^2 - \alpha^2} \quad ; \quad \omega_0 = 1/\sqrt{LC} \tag{7} \tag{8} \tag{9}$$

Im Falle $R^2 \ll 4L/C$ wäre $\omega^2 \approx \omega_0^2$. Spannung und Strom würden schwach gedämpft, praktisch in Gegenphase und mit der Eigenkreisfrequenz ω_0 des Schwingkreises schwingen wie in **Fig. 1314-9**:

$$U_C(t) \approx U_0 e^{-\alpha t}\cos\omega_0 t \quad ; \quad I(t) = U_0\sqrt{\frac{C}{L}}\, e^{-\alpha t}\sin\omega_0 t \tag{10} \tag{11}$$

Das erste Strommaximum würde zur Zeit $t_{m1}=\pi\sqrt{LC}/2$ und der erste Nulldurchgang zur Zeit $t_{01}=\pi\sqrt{LC}$ durchlaufen. Bei $R^2=4L/C$ wird der in **Fig. 1314-10** graphisch dargestellte aperiodische Grenzfall erreicht:

$$U_C(t) = U_0 e^{-\alpha t}(1+\alpha t) \quad ; \quad I(t) = 2\frac{U_0}{R} e^{-\alpha t}\alpha t \tag{12} \tag{13}$$

Bei noch größeren $R^2 > 4L/C$ hat $I(t)$ den folgenden ebenfalls graphisch dargestellten Verlauf:

$$I(t) = \frac{2U_0}{R\sqrt{1-\Delta}} \sinh(\sqrt{1-\Delta}\,\alpha t)e^{-\alpha t} \qquad \text{mit } \Delta = 4L/R^2 C \tag{14}$$

Die Ströme werden immer kleiner und gehen immer langsamer asymptotisch nach Null. Im Falle $R^2 \gg 4L/C$ kann schließlich L gegenüber R vernachlässigt werden und gelten näherungsweise die Gleichungen (3) und (4). In Wirklichkeit ist anfangs R_F sehr groß und wird schließlich sehr klein. Wie klein, das hängt davon ab, ob die bereitgestellte Energie $W_0=CU_0^2/2$ genügt, um die Kathode so weit aufzuheizen, daß das Bogenstadium der Entladung erreicht wird. Die Berechnung der $R_F(t)$ und $L_F(t)$ ist kompliziert und problematisch, weil anfangs eine vom Funken erzeugte Stoßwelle und später die Kühlung durch Wärmeleitung und Abstrahlung das Geschehen mitbestimmen. Bei der photographischen Verwendung würden Oszillationen der Leuchtdichte stören. Darum wird angestrebt, die Schwingung mit einem Vorwiderstand aperiodisch zu dämpfen. Für Funken, die das Bogenstadium erreichen, kann die Größenordnung des erforderlichen Vorwiderstandes R_V unter Vernachlässigung von R_F und L_F mit $R_V^2=4L_V/C$ abgeschätzt werden. Stromzuführung mit einem Eisendraht anstatt mit einem Kupferdraht kann genügen. Bei aperiodischer Dämpfung sehen die Verläufe des Lichtstromes $\Phi(t)$, der Leuchtstärke $J(t)$ und der Leuchtdichte $L(t)$ wieder ungefähr wie in Fig. 1314-1 aus. Allerdings ändert sich dabei auch das Spektrum. Anfangs treten sog. Funkenlinien und später treten Bogenlinien auf. In der Umgebung des Strommaximums wird hingegen vorwiegend Licht mit kontinuierlichen Spektren emittiert, die man im Sichtbaren mit Hohlraumspektren annähern kann. Ihre Temperatur kann z.B. 0,1 μs nach der Zündung 30000 K überschreiten und schon 0,3 μs später 20000 K unterschreiten. Die Leuchtdauer δt nimmt etwa proportional zur Wurzel aus der umgesetzten Energie $CU_0^2/2$ zu. Dies zeigt die **Fig.** 1314-11 mit der graphischen Darstellung von azimutalen Lichtstärkedauern $\delta t_{1/e}$, die mit verschiedenen Funkenstrecken in verschiedenen Gasen bei verschiedenen Drücken gemessen wurden [493]. Es scheint aber, daß $\delta t_{1/e}$ durch Verringerung von $CU_0^2/2$ nur bis auf etwa $\delta t_{1/e}/\mu s=\sqrt{C/\mu F}$ verkürzt werden kann [81]. Während $\delta t_{1/e}$ bei der Flashlampe mit zunehmender Ladespannung U_0 umgekehrt proportional zu $U_0^{0,6}$ abnimmt, wächst $\delta t_{1/e}$ beim Funken proportional zu U_0. Etwa ebenso verhält sich auch der Scheitelwert $\hat{J}$ der Leuchtstärke. Und beide Größen, sowohl $\delta t_{1/e}$ wie auch $\hat{J}$ wachsen linear mit der Molmasse **M** des Gases. Mit Xenon kann man erheblich höhere $\hat{J}$ als mit Luft erzielen. Dieser Vorteil wird aber mit dem Nachteil längerer Leuchtdauer erkauft. Eine gewisse Erhöhung von $\hat{J}$ etwa proportional zu $p^{0,5}$ und $1^{0,7}$ wird außerdem mit einer Erhöhung des Druckes und der Schlagweite erreicht. Die nachstehende **Tabelle** informiert über Lichtausbeuten η, d.h. Verhältnisse der insgesamt abgegebenen Strahlungsenergie zur umgesetzten Energie $CU_0^2/2$ von Funken bei hohen Drücken in verschiedenen Gasen [81].

Gas	Xe	Kr	Ar	Hg	N_2	CO_2	H_2
p/atm	13	14	11	8	11,6	9,8	10,3
$(CU_0^2/2)/J$	5	10	5	10	5	5	5
$\eta/\%$	10,2	8,1	7,3	3,6	1,9	1,3	0,081

Tab. 1314-3:   Lichtausbeuten η von Funken

Die Lichtausbeuten in Molekülgasen liegen beträchtlich unter denen in Edelgasen, weil viel Energie für die Dissoziation verbraucht wird. So gesehen sind Luftfunken ungünstig. Sie haben aber den Vorteil, daß die Funkenstrecke leicht selbst hergestellt werden kann.

Nach Abfluß der gespeicherten Ladung $Q=U_0C$ schließt sich an das Bogenstadium des Funkens ein Abklingvorgang an. Die Temperatur auf der Achse des Funkenkanals nimmt exponentiell ab. Der Kanal weitet sich noch etwas auf, bevor er sich von den Elektroden löst und zu einer Warmgaswolke verformt. Ohne besondere Maßnahmen kann es sehr lange dauern, bis sich die Funkenstrecke so weit verfestigt, daß ein nächster Funken ohne Beeinträchtigung durch den vorhergehenden springt. Funken müssen in der Regel mit einer Zündschaltung ausgelöst werden, die ihrerseits eine sog. Zündfunkenstrecke enthält. Sollen aufeinanderfolgende Funken in derselben

Funkenstrecke springen, so kann Abbruch der Entladung mit Hilfe einer sog. Löschfunkenstrecke erforderlich sein. Auch in den Funkenschaltungen tritt also das Problem der Wiederverfestigung auf. Es wird in den Abschnitten 2.4.1.1 und 2.4.2.1 besprochen.

Die meisten der im vorliegenden Buch gezeigten Bilder wurden mit Luftfunken in selbstgefertigten Funkenstrecken aufgenommen. Meist genügten zwei Wolframstifte mit abgerundeten Enden wie in **Fig. 1314-12 links.** Zur Entladung von typisch $CU_0^2/2=1$ J bei $U_0=10$ KV kann der Stiftdurchmesser z.B. 1 mm und die Schlagweite 4 mm betragen. Die rechts gezeigte sog. Punktfunkenstrecke hat gelegentlich den Vorteil, daß die Leuchtfläche klein und das Leuchtvolumen trotzdem optisch dick ist. Außerdem läßt sich eine solche Funkenstrecke leicht abschirmen. Die in **Fig. 1314-13** skizzierte Anordnung von Kondensatoren rings um eine Punktfunkenstrecke mit Auslöseelektrode sorgt für kleine Induktivität bei größerem C. Ohne besondere Maßnahmen zur Begrenzung der Induktivität ist bei einem 1 J-Funken eine Leuchtdauer zwischen 0,5 µs und 1 µs zu erwarten. Mit einem induktivitätsarm gewickelten Kondensator und einem kurzen Koaxialkabel zwischen dem Kondensator und der Funkenstrecke läßt sich die Leuchtdauer auf 0,2 µs senken. Noch kürzere $\delta t_{1/2}$ wurden mit einer Punktfunkenstrecke im Zentrum eines Scheibenkondensators wie in **Fig. 1314-14** erzielt, der sich bei der Entladung wie ein ringförmiger Hohlraumresonator verhält [497]. Beim Scheibendurchmesser 10 cm war C=40000 pF. Mit $U_0=10$ KV wurde die Energie $CU_0^2/2=2$ J gespeichert. Die Leuchtdauer betrug etwa $\delta t_{1/2}=0,1$ µs. Die Anordnung läßt sich in vielerlei Weise variieren. Der in **Fig. 1314-15** skizzierte Flaschenkondensator mit C=464 pF speichert bei $U_0=4,8$ KV die Energie $CU_0^2/2=5,4 \cdot 10^{-3}$ J. Die sehr kleinen Induktivitäten 0,1 nH des Kondensators, 0,4 nH der Elektrodenzuleitung und 0,3 nH des Funkens lassen einen außerordentlich steilen Stromanstieg $dI/dt=2 \cdot 10^{12}$A/s bis auf den Scheitelwert $I_m=2500$ A zu. Die Scheitelzeit des Leuchtens beträgt $2 \cdot 10^{-9}$s, die Halbwertzeit etwa $\delta t_{1/2}=7 \cdot 10^{-9}$s und der Scheitelwert der Leuchtstärke $J_m=20000$ cd [498]. Zur Erzeugung eines derart kurzzeitigen Funkens kann man auch einfach ein Koaxialkabel wie in **Fig. 1314-16** entladen. Bei einer Kapazität C' und Induktivität L' pro Kabellänge l wird die Entladungsdauer durch die Laufzeit $t=l\sqrt{C'L'}$ der Wanderwelle und wird der Scheitelwert des Entladungsstromes durch den Wellenwiderstand $Z=\sqrt{L'/C'}$ des Kabels bestimmt [499]. Für die Umsetzung viel höherer Energien CU_0^2 werden von mehreren Herstellern Funkenblitzlampen mit großen Elektroden in demontierbaren Glasgefäßen angeboten, die mit verschiedenen Gasen unter Überdruck gefüllt werden können. Die Leuchtdauer wird dann vergleichsweise lang. Bei C=200 µF und $U_0=5$ KV, d.h. bei $CU_0^2/2=2500$ J ist z.B. mit der Leuchtdauer $\delta t_{1/2}=150$ µs zu rechnen. Kühlrippen sorgen dafür, daß solche Lampen auch periodisch betrieben werden können [493].

Gelegentlich kommt auch ein langer Gleitfunken als Lichtquelle in Frage. **Fig. 1314-17** zeigt eine Gleitfunkenstrecke, bestehend aus den beiden Hauptelektroden E1 und E2 auf der einen und einer Gleitelektrode E3 auf der anderen Seite eines dünnen Isolators. Ein an E1 auftretender Spannungsstoß erzeugt dort eine Entladungsfront, die mit einer hohen z.B. 10^5 m/s betragenden Geschwindigkeit an der Oberfläche des Isolators in Richtung E2 fortschreitet. Sobald diese Vorentladung die leitende Verbindung zwischen E1 und E2 hergestellt hat, setzt wie bei jedem anderen Funken eine stromstarke Hauptentladung ein. Die Verschiebungsströme durch den Isolator setzen die Zündspannung so weit herab, daß z.B. mit U_Z=20 KV in Luft Gleitfunken mit Längen zwischen 10 cm und 16 cm gezündet werden können. Die Lichtausbeute wird höher als beim freien Funken. Gleitfunken kann man wie in **Fig. 1314-18** auf der Außen- oder Innenfläche einer Glaskapillare erzeugen[81,500-502]. Als Blitzlichtquellen für besondere Zwecke sind schließlich noch die Drahtexplosionen [503] und die sog. Pseudofunken [519] bei sehr kleinen pl links von pl(min) in Fig. 1313-1 zu nennen.

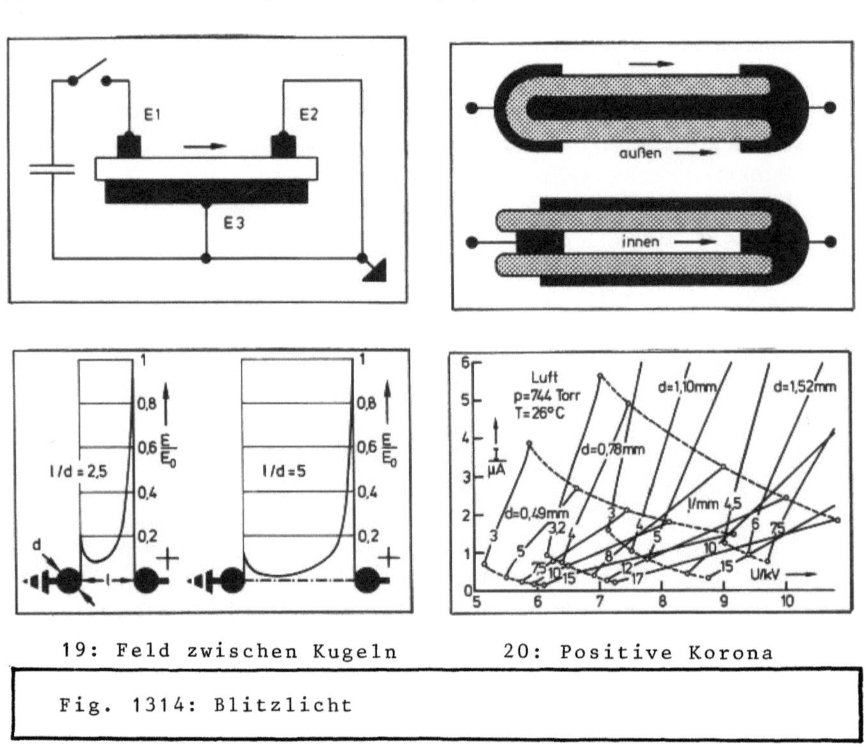

19: Feld zwischen Kugeln   20: Positive Korona

Fig. 1314: Blitzlicht

Wer zugleich mit Funken und elektrooptischen Meßgeräten experimentiert, hat zu beachten, daß die hohen, oft mehr als 10 KA betragenden Funkenströme in benachbarten Leitungen Wanderwellen induzieren. Wer mit Hochspannung experimentiert, wird außerdem mit den Problemen Kriechstrom und Koronaentladung konfrontiert. Dem Problem Kriechstrom über feuchte Isolatoroberflächen geht man am besten mit einem wasserabstoßenden Isolator wie z.B. Teflon aus dem Wege. Koronaentladungen treten auf, wenn die inhomogenen elektrostatischen Felder vor Elektroden mit kleinen Krümmungsradien eine gewisse Stärke überschreiten. **Fig. 1314-19** zeigt die

Feldstärken zwischen einer an Spannung liegenden und einer geerdeten Kugel. Die Ionisation in dem stark überhöhten Feld kurz vor der einen Elektrode genügt, um die selbständige Entladung zu unterhalten. Dabei ist zwischen der positiven und negativen Korona zu unterscheiden. Die positive Korona tritt auf, wenn sich das überhöhte Feld vor der Anode befindet. Von dort wandern lediglich positive Ionen langsam und ohne zu ionisieren zur Kathode. Die Form der Kathode hat kaum einen Einfluß. Die I,U-Kennlinie steigt wie in **Fig. 1314-20** [505]. Der Strom I ist klein. Damit kann die positive Korona nur einen kleinen Kondensator in langer Zeit merklich entladen. Man kann sie unter Umständen tolerieren. Die negative Korona tritt auf, wenn sich das überhöhte Feld vor der Kathode befindet. Sie ist mit der Glimmentladung verwandt, hat eine fallende I,U-Kennlinie und kann den ungewollten Durchbruch an einem Draht, einer Kante oder einer Spitze einleiten [568]. Insbesondere alle an negativer Hochspannung liegende Metallteile sind also sorgfältig abzurunden. Die Abschirmung und Erdung wurde z.B. in [506] ausführlich besprochen.

1.3.2 Laser

1.3.2.1 Laserprinzip

Der Name Laser wurde aus den Anfangsbuchstaben der Worte "Light Amplification by Stimulated Emission of Radiation" gebildet. Im Laser spielt die in Abschnitt 1.2.2.1 vernachlässigte induzierte Emission die entscheidende Rolle. Die Betrachtung der Absorption und induzierten Emission von Photonen mit der Energie $h\nu_{21} = E_2 - E_1$ in einem Kollektiv von Atomen mit den Energieniveaus E_1 und E_2 ergibt die folgende Gleichung:

$$N_\nu(z) = N_\nu(0) \exp[\sigma_{21}(N_2 - N_1)z] \tag{1}$$

Darin sind N_1 und N_2 die Zahlen der Atome pro Volumen in den Energieniveaus E_1 und E_2 und ist $N_\nu(z)$ die Zahl der Photonen pro Volumen an der Stelle z, wenn $N_\nu(0)$ Photonen pro Volumen bei z=0 eintreten und sich in Richtung positiver z bewegen. $N_\nu(z)$ nimmt ab, wenn die Atome wegen $N_2 < N_1$ mehr Photonen absorbieren als induziert emittieren. Dies is immer dann der Fall, wenn das Verhältnis N_2/N_1 nur wenig von dem der Gleichgewichtsverteilung $N_2/N_1 = \exp[-(E_2 - E_1)/kT]$ abweicht. $N_\nu(z)$ kann aber auch zunehmen, wenn auf irgendeine Weise eine Inversion $N_2 > N_1$ der Besetzungszahlen erzeugt und trotz der Emission der Photonen $h\nu_{21}$ aufrechterhalten wird.
In den Lasern wird eine solche Inversion durch optische, elektrische oder chemische Zufuhr von Pumpenergie erzeugt oder aufrechterhalten. Dabei ist zwischen Dreiniveausystemen wie in **Fig. 1321-1** oder Vierniveausystemen wie in **Fig. 1321-2** zu unterscheiden. Beim Dreiniveausystem ist das

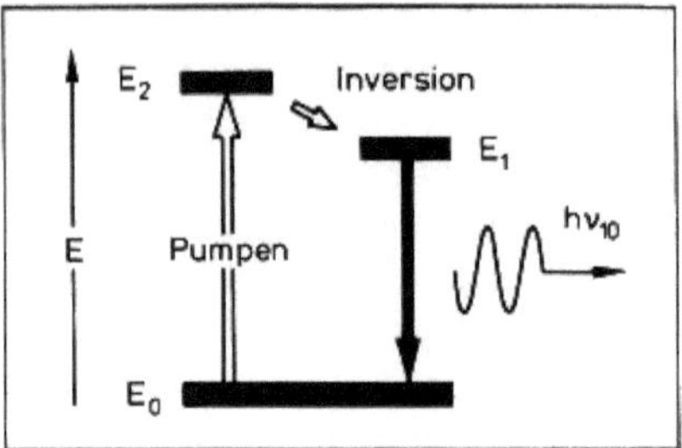

1: Dreiniveausystem

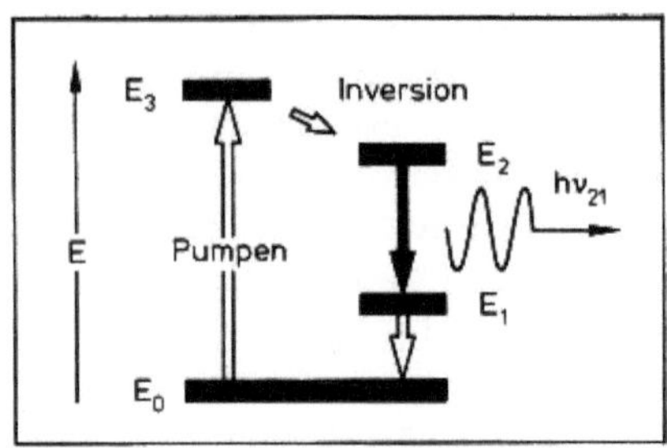

2: Vierniveausystem

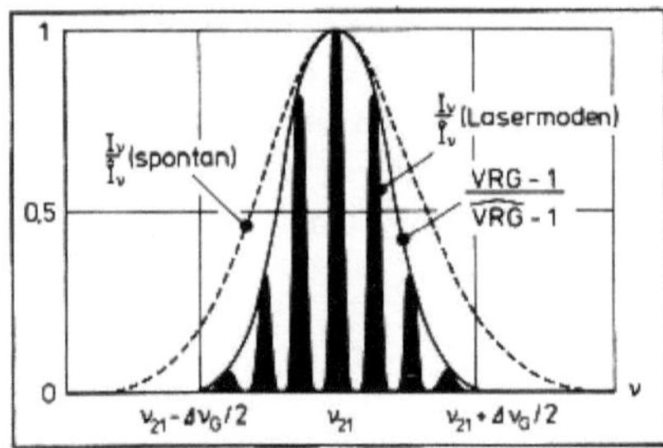

3: Selbsterregung

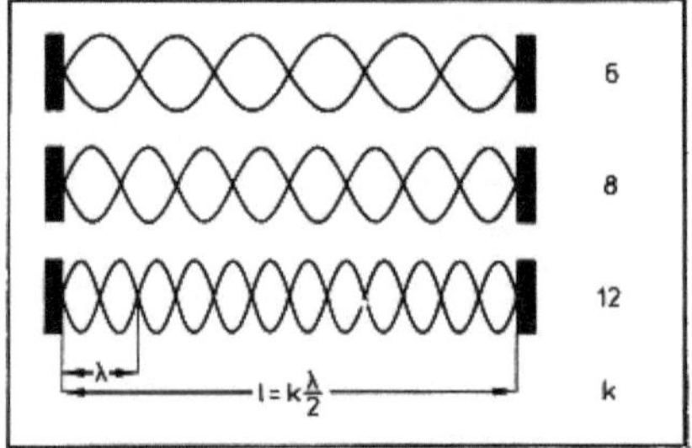

4: Stehende Wellen

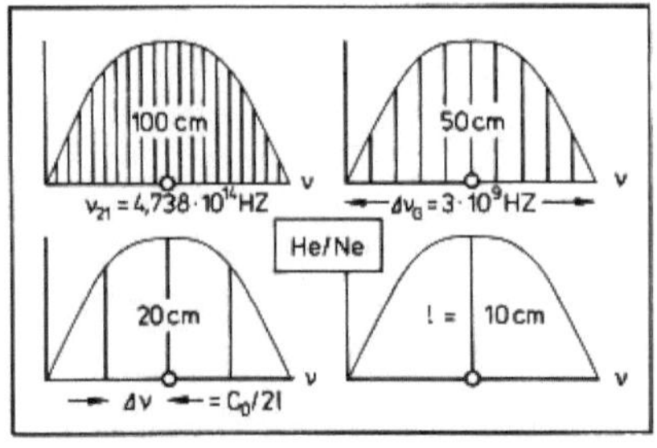

5: Longitudinale Moden

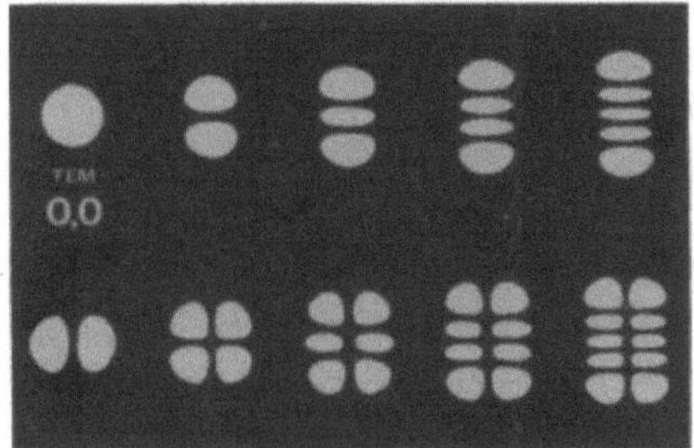

6: Transversale Moden

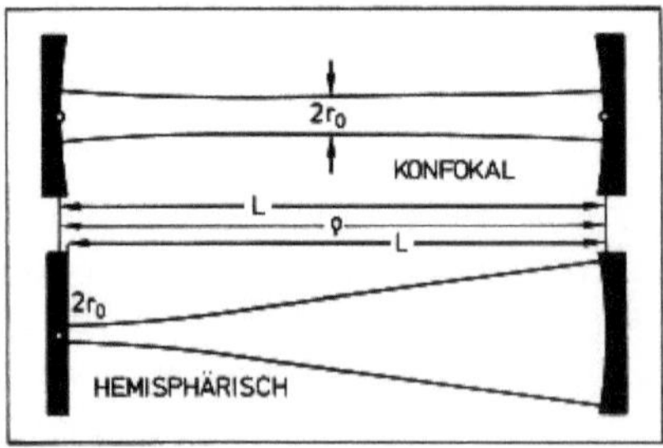

7: Resonator

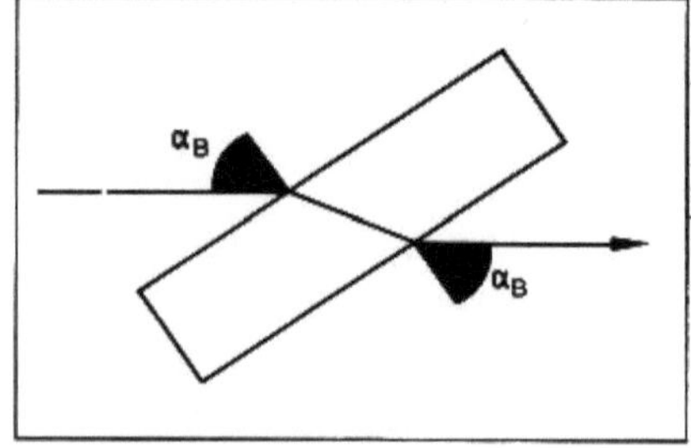

8: Brewsterfenster

Fig. 1321: Laserprinzip

Grundniveau E_0 das untere und ein Niveau E_1 das obere Laserniveau. In Gleichung (1) sind also die Indizes 1 und 2 durch 0 und 1 zu ersetzen. Die Pumpenergie hebt Atome in ein darüberliegendes Pumpniveau E_2 Von dort fallen die Atome in das Niveau E_1, oder wird die Pumpenergie auf andere Atome übertragen und hebt diese in das Niveau E_1. Da sich anfangs fast alle Atome im Grundniveau E_0 befinden, muß viel Pumpenergie zugeführt werden, bevor $N_1 > N_0$ wird und damit die Photonenvermehrung durch die induzierte Emission einsetzen kann. Beim Vierniveausystem liegt das untere Laserniveau E_1 über dem Grundniveau E_0. Die Gleichung (1) gilt unverändert. Die Pumpenergie hebt Atome in das Pumpniveau E_3. Von dort fallen die Atome in das obere Laserniveau E_2, oder wird die Pumpenergie auf andere Atome übertragen und hebt diese in das Niveau E_2. Da anfangs das untere Laserniveau E_1 fast ebenso wenig besetzt ist wie das obere E_2, wird die zur Photonenvermehrung erforderliche Inversion $N_2 > N_1$ mit wenig Pumpenergie sofort bei Beginn des Pumpens erreicht. Die Inversion kann hier nur aufrechterhalten werden, wenn irgendein Vorgang das Niveau E_1 mindestens eben so schnell leert, wie es durch induzierte Emission gefüllt wird. In beiden Fällen können viele mehr oder weniger scharfe Pumpniveaus beteiligt sein. Meist ermöglichen mehrere obere oder/und untere Laserniveaus die Vermehrung von verschiedenen Photonen $h\nu_{10}$ bzw. $h\nu_{21}$. Als Medium kommen neutrale oder ionisierte Gase oder Gasgemische, Farbflüssigkeiten, Halbleiter oder dotierte Kristalle in Frage.

Mit der Inversion wird zunächst nur eine notwendige Bedingung dafür erfüllt, daß sich induziert ermittierte Photonen vermehren. Es bedarf einer positiven Rückkopplung, um aus dem Verstärker einen selbsterregten Oszillator zu machen. Von der am Verstärkerausgang auftretenden Leistung ist ein hinreichend großer Teil an den Verstärkereingang zurückzuführen. Diese Rückkopplung wird bei den Lasern mit zwei Spiegeln besorgt, die die Lawinen induziert emittierter Photonen hin- und herreflektieren. Die beiden Spiegel bilden einen optischen Resonator, in dem sich die induziert emittierten Photonen zu einer stehenden Welle formieren. Wären die Reflexionsgrade der beiden Spiegel ideal gleich 1, und würden auch sonst keine Verluste auftreten, so würde sich die Zahl der Photonen $h\nu_{21}$ auf dem Weg 21 vom einen bis zum anderen Spiegel und zurück um den Gewinnfaktor $G = \exp[2l\sigma_{21}(N_2 - N_1)]$ vermehren. Der eine der beiden Spiegel hat jedoch einen Reflexionsgrad $R < 1$. Durch ihn treten z.B. $1-R = 2\%$ der auftreffenden Photonen aus und bilden das Laserlichtbündel. Höchstens die um den Faktor RG vermehrte Zahl der Photonen wird an ihm reflektiert. Verluste z.B. durch Absorption und spontane Emission bewirken, daß pro einem am anderen Spiegel startenden Photon nur VRG Photonen diesen anderen Spiegel erreichen. $V < 1$ ist ein Verlustfaktor, der stark von den Eigenschaften des Mediums und den Abmessungen des Resonators abhängt. Die Selbsterregungsbedingung lautet:

$$VRG \geq 1 \quad ; \quad l(N_2 - N_1) \geq \frac{\ln(1/VR)}{2\sigma_{21}} \qquad (2)\,(3)$$

Je mehr Photonen entnommen werden, umso größer ist die erforderliche Inversion N_2-N_1 oder der erforderliche Abstand 1 der beiden Spiegel. Wegen der Unbestimmtheit der Energieniveaus, wegen des Dopplereffektes infolge der thermischen Bewegung und meist auch noch aus anderen Gründen werden nicht nur Photonen mit einer einzigen Frequenz v_{21}, sondern mit Frequenzen v um v_{21} emittiert. Aber der Verstärkungsfaktor $G(v)$ ist für die mit v_{21} am größten, und nur für $v= v_{21}\pm\Delta v_G/2$ ist VRG größer als 1 wie in **Fig. 1321-3**. Und im Resonator können sich im allgemeinen viele stehende Wellen wie in **Fig. 1321-4** ausbilden. Seine Länge 1 wird so eingestellt, daß sie die folgende Bedingung erfüllt:

$$1 = k\,\frac{\lambda_{21}}{2} \tag{4}$$

k ist eine sehr große ganze Zahl. Dann paßt nicht nur die eine Welle mit der Frequenz $v_{21}=C_0/\lambda_{21}$, sondern passen auch alle jene Wellen in den Resonator, deren Frequenzen v sich von v_{21} um ganzzahlige Vielfache des Frequenzabstandes $\Delta v = C_0/21$ unterscheiden. Von diesen erfüllen etwa

$$m = \frac{\Delta v_G}{\Delta v} = k\,\frac{\Delta v_G}{v_{21}} \tag{5}$$

die Selbsterregungsbedingung. Im Resonator können wie in **Fig. 1321-5** etwa m+1 stehende Wellen mit verschiedenen Frequenzen auftreten. Diese werden die longitudinalen oder axialen Schwingungsmoden des Lasers genannt. Ihre Zahl m+1 läßt sich durch Verkleinerung von k, d.h. Verkürzung von 1 oder durch Verkleinerung von Δv_G mit Hilfe eines Interferenzfilters reduzieren. Zwischen ebenen Spiegeln können sich auch verschiedene transversale Schwingungsmoden ausbilden. Das Licht kann dann den Laser mit Intensitätsverteilungen wie in **Fig. 1321-6** verlassen. Die transversalen Moden werden mit TEM_{ij} (transversal elektromagnetisch) angegeben. Für die zu besprechenden Anwendungen sind nur sog. Monomodelaser geeignet. Bei diesen sorgen Fokussierung, Abblendung und präzise Justierung dafür, daß sich nur die TEM_{00}-Mode ausbilden kann. Sie werden mit Resonatoren wie in **Fig. 1321-7** ausgerüstet. Bei dem oben gezeigten sog. konfokalen Resonator haben die beiden Hohlspiegel den gleichen Krümmungsradius $\rho=1$. Mit den in Abschnitt 1.6.3.1 zu besprechenden Gleichungen ergibt sich, daß sich dann der engste Querschnitt des Lichtbündels mit dem folgenden Taillenradius r(0) in der Mitte des Resonators befindet:

$$r(0) = \sqrt{\lambda 1/2\pi} \tag{6}$$

Das Bündel verläßt den Laser mit dem folgenden Radius r(1/2) und dem folgenden Randwinkel $\theta(1/2)$:

$$r(1/2) = r(0)\sqrt{2}\;; \quad \theta(1/2) = \arctan\sqrt{2\lambda/\pi 1} \tag{7}\tag{8}$$

Bei dem unten gezeigten sog. hemisphärischen Resonator steht einem ebenen ein sphärischer Hohlspiegel mit einem Krümmungsradius ρ gegenüber, der etwas größer als 1 ist. Die Bündeltaille liegt auf dem ebenen Spiegel, wenn die folgende Bedingung erfüllt ist:

$$\rho/1 = 1 + [\lambda\rho/\pi r(1)]^2 \qquad (9)$$

Für den Taillenradius $r(0)$ und den Bündelradius $r(1)$ am Hohlspiegel ergeben sich die folgenden Formeln:

$$r(0) = r(1) \sqrt{1-1/\rho} = \sqrt{\lambda 1 \sqrt{\rho/1-1}}/\pi \qquad (10)\,(11)$$

Das Bündel verläßt den ebenen Spiegel mit dem Randwinkel $\theta(0)=0$. Bei Austritt aus dem Hohlspiegel beträgt der Randwinkel

$$\theta(1) = \arctan \sqrt{\lambda/\pi 1} \sqrt{\rho/1-1} \qquad (12)$$

Bei diesem Resonator muß $\pi r^2(1)/\lambda 1 > 2$ sein. Das Verhältnis $\rho/1$ wird so gewählt, daß der Strahlungsfluß möglichst groß wird. Dies ist bei einem wenig über 1 liegenden Verhältnis $\rho/1$ der Fall. Vom Lasermedium in einem Zylinder wird dabei nur etwa ein Drittel genutzt. Der Strahlungsfluß wird nur etwa halb so groß wie beim konfokalen Resonator. Diesem Nachteil steht der Vorteil gegenüber, daß der hemisphärische Resonator stabiler schwingt und leichter justiert werden kann. **Fig. 1321-7** wurde mit der unrealistischen Vorgabe $1/\lambda=450/\pi$ gezeichnet, damit die Krümmungen sichtbar werden. In Wirklichkeit handelt es sich in jedem Fall um eine fast ebene Welle in einem Lichtbündel, dessen Durchmesser viel kleiner als 1 sind.

Bei den Gaslasern wird das Glasgefäß mit schiefen Fenstern abgeschlossen. Nur das unter dem Brewsterwinkel α_B ein- und austretende und parallel zur Zeichenebene schwingende Licht geht ohne Reflexion durch ein solches Fenster wie in **Fig. 1321-8**. Nur für solches Licht wird die Selbsterregungsbedingung erfüllt. Das Lichtbündel wird so linear polarisiert. Bei den Kristallasern haben schief abgeschliffene Enden den gleichen Effekt.

Auch der in einer einzigen transversalen und einer einzigen longitudinalen Mode schwingende Laser emittiert keine endlose harmonische Welle mit einer einzigen Frequenz, sondern eine Spektrallinie mit einer gewissen Halbwertbreite. Die Halbwertbreiten handelsüblicher Laser werden vorwiegend von thermischen Schwankungen bestimmt. Bei extremer Kühlung und Stabilisierung wird schließlich die mittlere Aufenthaltsdauer Δt der induziert emittierten Photonen im Resonator maßgebend. Ein Photon wird im Mittel $1/(1-R)$ mal am Spiegel mit $R<1$ reflektiert, bevor es durch diesen austritt. Im Mittel legt es also den Weg $21/(1-R)$ im Resonator zurück und benötigt dazu die Zeit $\Delta t=21/c(1-R)$. Die von ihm während dieser Zeit Δt induziert d.h. phasengleich freigesetzen Photonen erscheinen als Wellenzug mit der Länge $c_0\Delta t$. Mit der in Abschnitt 1.1.1.1 begründeten Relation $\Delta t\Delta\nu=1$ ergibt sich die folgende Formel zur Abschätzung der Halb-

94

wertbreite des Spektrums:

$$\frac{\Delta\nu}{\nu} = \frac{\lambda}{2l}\ (1-R) \tag{13}$$

Auf die Rolle der induzierten Emission in der Energiebilanz des strahlenden Gases hatte schon Albert Einstein hingewiesen. Der erste Laser wurde
1960 von T.H. Maiman [507] mit einem Rubinkristall verwirklicht. Noch im
gleichen Jahr 1960 stellten A. Javan, W.R. Bennett jr. und D.R. Herriott
[508] den ersten Gaslaser vor. Heute sind so viele so verschiedene Laser
bekannt, daß allein schon die Aufzählung zu viele Seiten des vorliegenden
Buches beanspruchen würde [509 - 554]. Die in den folgenden Abschnitten
besprochenen Laser haben sich als Meßlaser bewährt und sind handelsüblich.

1.3.2.2 Dauerlaser

Für einige der im vorliegenden Buch besprochenen Meßverfahren wird das
möglichst monochromatische und linear polarisierte Licht eines kontinuierlich emittierenden Monomodelasers gebraucht. Für Messungen mit Durchlicht genügt die Leistung des Helium/Neonlasers. Für Messungen mit Streulicht wird die höhere Leistung des Argonionenlaser benötigt.

In **Fig. 1322-1** ist der Aufbau eines Helium/Neonlasers skizziert, den wir von
jetzt ab kürzer HeNe-Laser nennen. In einem z.B. 66 cm langen Glasrohr mit
dem Innendurchmesser 2 mm befindet sich ein Gemisch von Helium mit dem
Partialdruck 2 mb und weniger Neon mit dem Partialdruck 0,2 mb. Die erwei-
terten Enden des Glasrohres tragen Brewsterfenster. In Abzweigen ist am
einen Ende eine Anode (+) und am anderen eine Glühkathode (-) eingeschmol-
zen. Der Hohlspiegel des z.B. 75 cm langen hemissphärischen Resonators
läßt etwa 2 % des auftretenden Lichtes durch. Die Gleichspannung 2000 V
zwischen den Elektroden unterhält eine elektrische Gasentladung. Von den
zahlreichen dadurch möglichen Elementarakten sind im wesentlichen die in
Fig. 1322-2 skizzierten maßgebend, wenn Verluste die Beteiligung eines weiteren hier nicht beachteten verhindern. Zur Vereinfachung der Darstellung
sind die Energieniveaus ohne Beachtung ihrer Feinstruktur eingezeichnet
und anders als in der Atomphysik üblich nummeriert. Die He-Atome werden
bei Zusammenstößen mit Elektronen in metastabile Energieniveaus
$E_1(He)\approx20,0$ eV und $E_2(He)\approx20,7$ eV gehoben. Zusammenstöße zweiter Art solcher He-Atome mit Ne-Atomen heben diese in die Energieniveaus
$E_3(Ne)=19,78$ eV und $E_4(Ne)=20,66$ eV und führen dort zur Inversion
der Besetzungszahlen. Bei den Übergängen von dort in das Niveau
$E_2(Ne)=18,70$ eV werden jene Photonen $h\nu_{32}=E_3(He)-E_2(He)=1,08$ eV

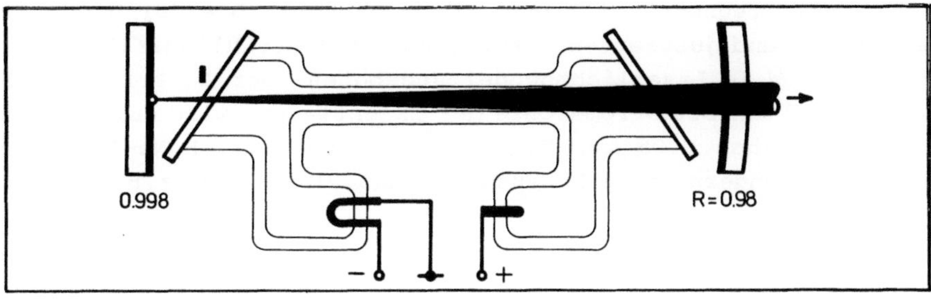

1: HeNe-Laser

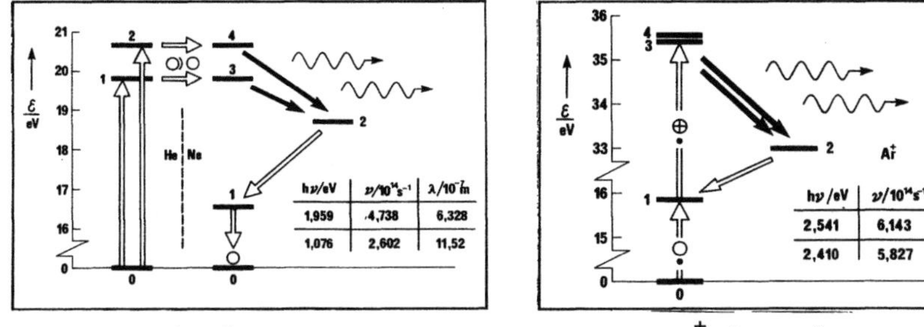

2: HeNe-Übergänge   3: Ar$^+$-Übergänge

Fig. 1322: Gaslaser

und $h\nu_{42}=E_4(He)-E_2(He)=1,96$ eV emittiert, welche sich durch induzierte Emission vermehren können. Sie können dies nur, wenn das Niveau $E_2(Ne)$ durch spontane Emission von Photonen $h\nu_{21}=E_2(Ne)-E_1(Ne)=2,09$ eV und das Niveau $E_1(Ne)=16,62$ eV bei Zusammenstößen zweiter Art mit der Gefäßwand geleert wird. Darum ist das Glasrohr so eng. Die induziert emittierten Photonen können sich zu stehenden Wellen mit den folgenden Frequenzen und Wellenlängen formieren:

Übergang	$h\nu/eV$	$\nu/10^{14}Hz$	$\lambda_0/10^{-7}m$
$3s_2 - 2p_4$	1,959	4,738	6,328
$2s_2 - 2p_4$	1,076	2,602	11,523

Tab. 1322-1: HeNe-Laserübergänge

Man kann die Frequenzabhängigkeit der Spiegel so wählen, daß die Selbsterregungsbedingung für beide oder nur für eine der beiden Frequenzen erfüllt wird. Mit Infrarotspiegeln wäre noch eine dritte Frequenz $\nu=8,840\cdot10^{13}Hz$ infolge eines He-Niveaus wenig unter dem Niveau $E_4(Ne)$ möglich. Für die im vorliegenden Buch interessierenden Verwendungen wird nur die rote Frequenz $\nu=4,738 \cdot 10^{14}$ Hz gebraucht. Die für diese Frequenz ausgerüsteten und justierten Laser werden mit Strahlungsflüssen zwischen 5 mW und 50 mW im Laserlichtbündel angeboten. Der Austrittsdurchmesser beträgt z.B. 2 mm. Die Stromdichte der Gasentladung wird auf einen optimalen Wert zwischen 0,05 und 0,5 A/cm^2 eingestellt. HeNe-Laser zeichnen sich durch besonders lange Lebensdauer aus. Diese kann z.B. 20000 Stunden betragen.

Mit dem Argonionen-Laser oder kürzer Ar-Laser werden mit höheren elektrischen Leistungen erheblich größere Strahlungsflüsse erzeugt. Dabei entsteht viel Wärme, die mit einer Wasserkühlung abgeführt werden muß. Außerdem ist es ratsam, mit einen Bypass das Auftreten eines Druckgefälles zu verhindern und mit dem longitudinalen Magnetfeld einer Spule den Wirkungsgrad zu erhöhen. Von diesem beträchtlichen zusätzlichen Aufwand abgesehen unterscheidet sich der Aufbau des Ar-Lasers nicht wesentlich von dem des HeNe-Lasers. Das Argon wird mit einem Druck unter 2 mb in den Quarzglaszylinder mit Brewsterfenstern, Anode und Glühkathode gefüllt. Darin brennt ein Gleichstrombogen, dessen Stromdichte z.B. $J=100$ A/cm^2 beträgt. Das Argon wird ionisiert. Es kommt im wesentlichen auf die in **Fig.** **1322-3** skizzierten Übergänge zwischen Energieniveaus der positiven Ar$^+$-Ionen an. Wieder sind nur die wichtigsten Niveaus eingezeichnet und anders als in der Atomphysik üblich nummeriert. Die beim Zusammenstoß mit einem Elektron mögliche Trennung des Atoms in ein Ion und Elektron hebt das Atom aus dem Grundniveau E_0 in das Niveau $E_1=15,68$ eV. Ein zweiter Zusammenstoß mit einem Elektron bringt das Ion in das Niveau $E_3=35,24$ eV oder $E_4=35,37$ eV. Weil diese Niveaus metastabil sind, werden sie überbesetzt. Hier wird also die gewünschte Inversion unmittelbar durch die Zusammenstöße mit Elektronen erzielt. Bei den Übergängen aus diesen oberen in das untere Laserniveau $E_2=32,83$ eV werden jene Photonen $h\nu_{32}=E_3-E_2=$ 2,41 eV und $h\nu_{42}=E_4-E_2=2,54$ eV abgegeben, welche sich durch induzierte Emission vermehren. Das Niveau E_2 wird durch spontane Emission des Photons $h\nu_{21}=E_2-E_1$ und damit Rückkehr in das Niveau E_1 geleert. Neben den Übergängen zwischen den genannten Niveaus können noch mehrere andere zwischen benachbarten Niveaus zur selbsterregten induzierten Emission führen. Diese kommen jedoch nicht so häufig vor. Einige der insgesamt 15 möglichen Linien überlappen sich so, daß ihre axialen Moden in den handelsüblichen Lasern mit 1m bis 2m Länge nicht getrennt werden können. Bei einem 2W-Laser kann man das Lichtbündel mit einem Dispersionsprisma in 8 Teilbündel mir den in der folgenden Tabelle aufgeführten Frequenzen, Wellenlängen und Anteilen $\Delta P/P$ an der Ausgangsleistung $P=2$ W zerlegen. Die umrahmte blaue Linie mit $\lambda_0=488,0$ nm und grüne Linie mit $\lambda_0=514,5$ nm kommen mit je 0,9 W am intensivsten. Die Ar-Laser werden mit Ausgangsleistungen zwischen 1 W und 10 W angeboten. Die im Niederdruckbogen umgesetzte elektrische Leistung beträgt mehr als das 500-fache dieser optischen Leistung. Die Stromdichte kann dabei z.B. 100 A/cm^2 betragen. Höhere Stromdichten wären möglich. Anders als beim HeNe-Laser würden damit auch höhere Strahlungsflüsse Φ erzeugt. Sie hängen ungefähr folgendermaßen mit dem Volumen V und der Stromdichte J des Bogens zusammen:

$$\Phi/VJ^2 = 10^{-7} \ W/m^3 \ (A/m^2)^2 \tag{1}$$

Im intermittierenden Betrieb ist mit Stromdichten bis J=10000 A/cm^2 gearbeitet worden. Die Lebensdauer wird so jedoch erheblich verkürzt. Zur Zeit kann bereits beim 2W-Laser nur mit einer etwa 500 Betriebsstunden betragenden Lebensdauer gerechnet werden. Die volle vom Hersteller angegebene Leistung bringt er vielleicht während der ersten Hälfte dieser Zeit.

Übergang	$h\nu/eV$	$\nu/10^{14}Hz$	$\lambda_0/10^{-7}m$	$\Delta P/P$
$4p\,^2S^0_{1/2} - 4s\,^2P_{1/2}$	2,707	6,547	4,579	0,0125
$4p\,^2P^0_{1/2} - 4s\,^2P_{3/2}$	2,661	6,436	4,658	0,0075
$4p\,^2D^0_{3/2} - 4s\,^2P_{3/2}$	2,623	6,432	4,727	0,0075
$4p\,^2P^0_{3/2} - 4s\,^2P_{1/2}$	2,602	6,292	4,765	0,0300
$4p\,^2D^0_{5/2} - 4s\,^2P_{3/2}$	2,540	6,143	4,880	0,4500
$4p\,^2D^0_{3/2} - 4s\,^2P_{1/2}$	2,497	6,038	4,965	0,0300
$4p'\,2F^0_{5/2} - 3d\,^2D_{3/2}$	2,471	5,976	5,017	0,0125
$4p\,^4D^0_{5/2} - 4s\,^2P_{3/2}$	2,410	5,827	5,145	0,4500

Tab. 1322-2: Ar$^+$-Laserübergänge

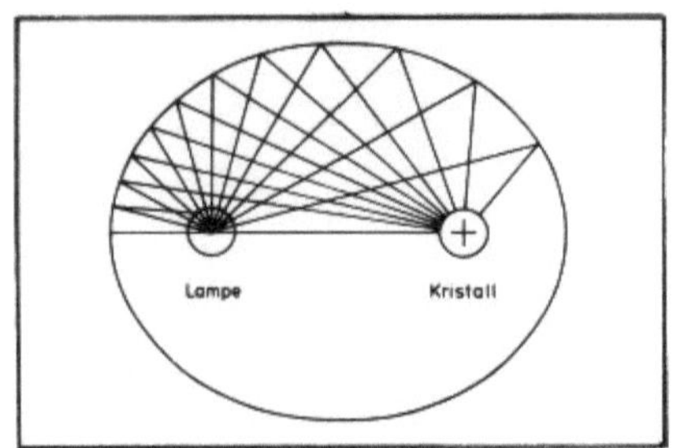

1: Optisches Pumpen

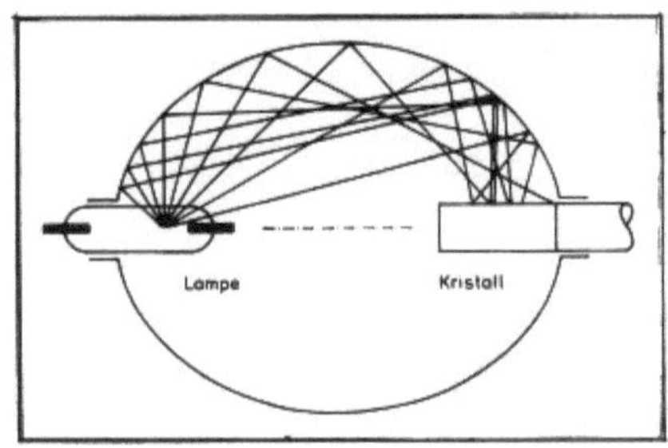

2: im Ellipsoidspiegel

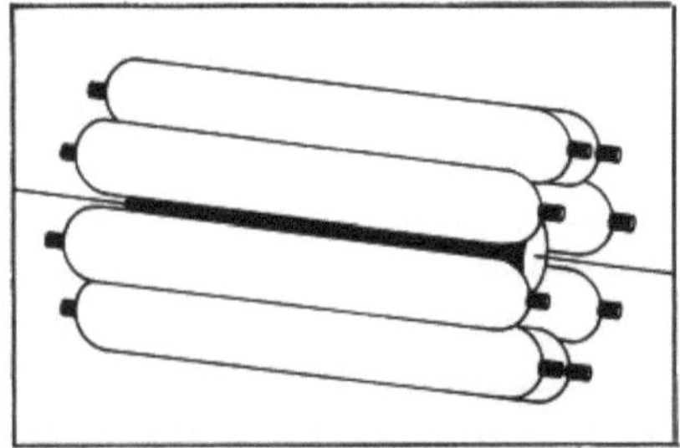

3: mit Lampenbatterie

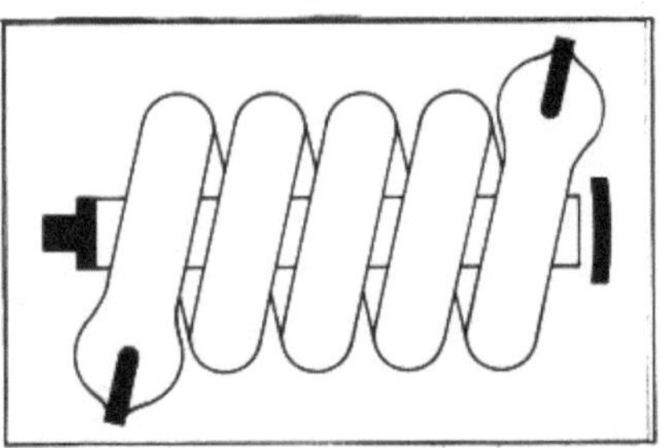

4: mit gewendelter Lampe

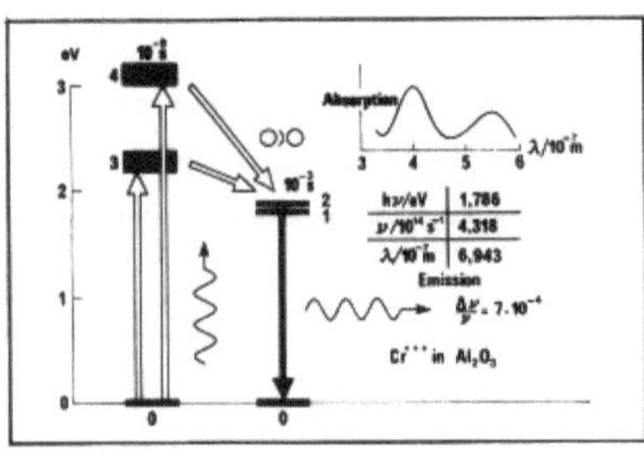

5: Rubinübergänge

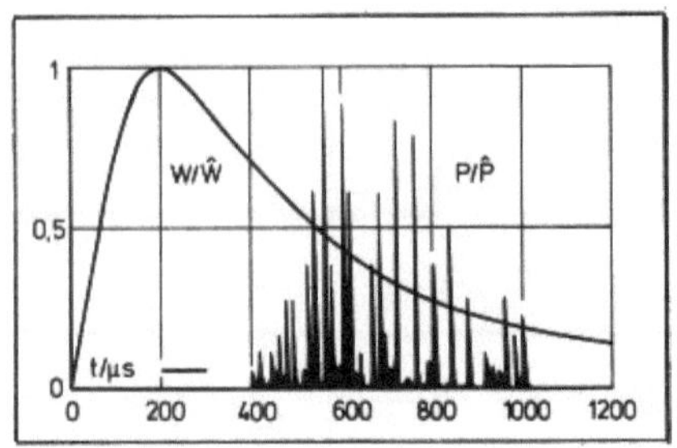

6: Spikes

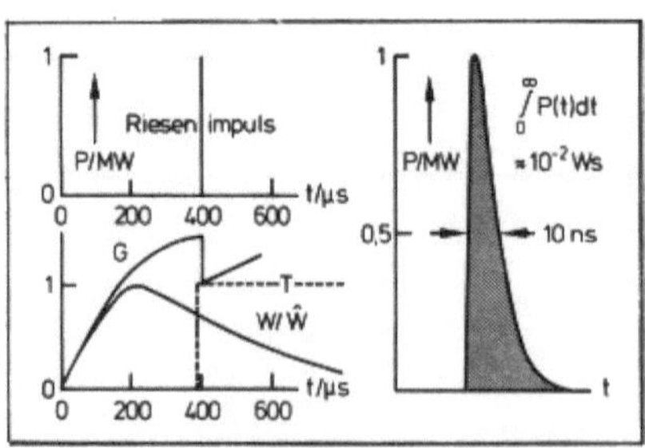

7: Riesenimpuls

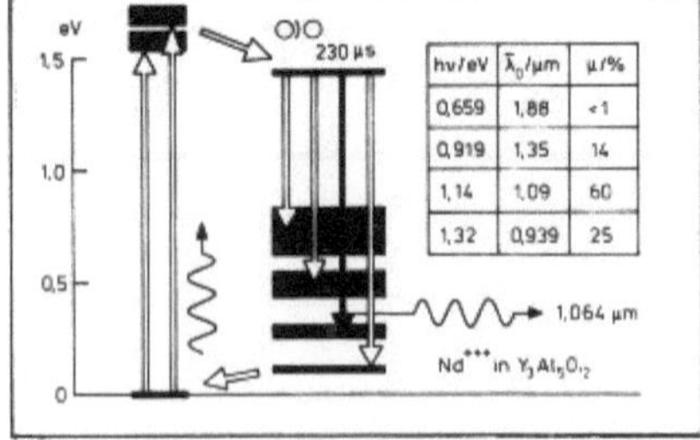

hν/eV	λ₀/µm	µ/%
0,659	1,88	<1
0,919	1,35	14
1,14	1,09	60
1,32	0,939	25

8: Nd/YAG-Übergänge

Fig. 1323: Impulslaser

1.3.2.3 Impulslaser

Als Impulslaser zur Erzeugung sichtbaren, möglichst monochromatischen und linearpolarisierten Blitzlichtes haben sich Rubinlaser und Nd/YAG-Laser mit Frequenzverdopplern bewährt. Beide Kristall-Laser können auch kontinuierlich betrieben werden. Im Folgenden wird nur der Impulsbetrieb besprochen.

Der Rubinlaser besteht aus einem Rubin-Einkristallstab, einer Xenonflashlampe mit Spiegeln und dem Resonator. Der Durchmesser des Stabes kann z.B. 8 mm und seine Länge 80 mm betragen. Die Lampe kann sich wie in **Fig. 1323-1** auf der einen und der Stab auf der anderen Brennlinie eines elliptischen Spiegels befinden. Beide können aber auch wie in **Fig. 1323-2** auf der Achse eines Ellipsoidspiegels angeordnet werden. Mehrere gerade Lampen können den Stab wie in **Fig. 1323-3** umgeben. Einige Hersteller ziehen die in **Fig. 1323-4** skizzierte Anordnung des Stabes auf der Wendelachse einer gewendelten Flashlampe vor. Die Endflächennormalen bilden mit der Stabachse den Brewsterwinkel. Die Resonatorspiegel müssen die hohe Scheitelleistung des Lichtimpulses vertragen. Rubin (Korund) ist ein Aluminiumoxydkristall (Al_2O_3), dem eine Dotierung mit etwa $5 \cdot 10^{18}$ dreifach ionisierten Chromionen (Cr^{+++}) pro Kubikzentimeter die typisch rote Farbe verleiht. Bei Bestrahlung mit polychromatischem Licht wird der grüne und blaue Anteil absorbiert und rotes Fluoreszenzlicht emittiert. **Fig. 1323-5** zeigt jene Energieniveaus und Übergänge, welche die selbsterregte induzierte Emission bewirken. Die Chromionen werden von den grünen und blauen Photonen der Flashlampe in die breiten Energieniveaubänder E_3 und E_4 gehoben. Von dort fallen sie ohne Emission von Photonen in die tieferen Niveaus E_1 und E_2. Die überschüssige Energie wird an die Schwingungen des Kristallgitters abgegeben. Die Lebensdauer $3 \cdot 10^{-3}$s der Niveaus E_1 und E_2 ist viel länger als die Lebensdauer 10^{-8}s der Niveaus E_3 und E_4. Darum führt dieser Vorgang zur Inversion der Besetzungszahlen der Niveaus E_1 und E_2. Induzierte Emission von Photonen $h\nu_{10}=E_1$ und $h\nu_{20}=E_2$ bringt die Chromionen in das Grundniveau E_0 zurück. Auch die Laserniveaus E_1 und E_2 sind ziemlich breit und liegen eng beieinander. Der Mittelwert beträgt $E_{12}=1{,}786$ eV. Sorgt der Resonator für Selbsterregung ohne Modenselektion, so wird eine vergleichsweise breite Linie mit der folgenden Halbwertbreite $\Delta\nu$ und mit dem Maximum des spektralen Strahlungsflusses bei der folgenden Frequenz ν und Vakuumwellenlänge λ_0 emittiert:

h hν/eV	ν/10^{14}Hz	λ_0/10^{-7}m	$\Delta\nu/\nu$
1 1,786	4,318	6,943	$7 \cdot 10^{-4}$

Tab. 1323-1: Rubin-Laserübergang

Es handelt sich im Prinzip um ein Dreiniveausystem, bei dem zunächst einmal viel Pumpenergie zugeführt werden muß, um mehr als die Hälfte der Chromionen aus dem Grundniveau E_0 in das Laserniveau E_{12} zu heben. Sobald aber die Inversion die Selbsterregungsbedingung erfüllt, wird dieses Niveau schneller geleert als nachgefüllt. Die Inversion wird zu schwach. Die Selbsterregung hört auf. Die Inversion wird wieder stark, und so fort. Die Abstrahlung erfolgt so nicht kontinuierlich, sondern in Form von kurzen Impulsen, sog. Spikes, die während der Leuchtdauer der Flashlampe mit unterschiedlichen Höhen, Breiten und Abständen wie in **Fig. 1323-6** auftreten. Es gibt Anwendungen, bei denen man den Haufen unregelmäßiger Spikes als einen einzigen Blitz ansehen kann, dessen Dauer z.B. bei der Dauer 300 ms des Pumplichtblitzes etwa 100 ms beträgt. Meist ist jedoch ein viel kürzerer Laserblitz mit einer viel höheren Scheitelleistung erwünscht. Mit einem Eingriff in der Resonator kann man dafür sorgen, daß die Selbsterregung erst dann möglich wird, wenn fast die ganze Pumpenergie im Laserniveau E_{12} gespeichert ist. Sie wird dann in Form eines einzigen, sehr kurzen und sehr intensiven sog. Riesenimpulses abgestrahlt . Der Eingriff wird Gütemodulation oder Q-Switch genannt. Die Güte Q eines Resonators ist gleich dem mit 2π multiplizierten Verhältnis der in ihm gespeicherten zu der aus ihm während einer Schwingungsperiode durch Verluste entnommenen Energie. Diese Güte ist beim Laser außerordentlich hoch. Bei der Stimmgabel mit der Resonanzfrequenz $\nu=400$ Hz beträgt sie vielleicht $Q=10^4$. Beim Schwingquarz mit $\nu=10^6$Hz kann sie $Q=10^6$ betragen. Beim optischen Resonator mit $\nu=4,32 \cdot 10^{14}$Hz ist $Q=10^8$ ein möglicher Wert. Es kommt darauf an, diese Güte bis zum gewünschten Zeitpunkt der Auslösung des Riesenimpulses soweit herabzusetzen, daß das Laserniveau nicht durch selbsterregte induzierte Emission geleert wird. Man kann dies mit einem aktiven oder passiven Schalter bewirken. Als aktiver Schalter kann z.B. ein Drehspiegelpolygen an Stelle des festen Planspiegels eingesetzt werden. Allerdings kann man so den Riesenimpuls nicht zu einem frei und präzise wählbaren Zeitpunkt auslösen. Diese Auslösung ist möglich, wenn man die Selbsterregung vor der Auslösung mit einer Pockelszelle oder Kerrzelle verhindert. Die Wirkungsweise solcher elektrooptischen Phasenschieber wird in Abschnitt 1.7.2.3 beschrieben. Ihre Schaltzeit kann weniger als 10^{-8}s betragen. Als passive Schalter kommen verschiedene ausbleichbare Absorber im Resonator in Frage. Bei diesen wächst die Transparenz T mit der Bestrahlungsstärke B:

$$T = T_0^{1/(1+B/B_s)} \tag{1}$$

Bei $B=B_s$ wird $T=\sqrt{T_0}$. Von den Herstellern wird B_s als die Sättigungsbestrahlungsstärke angegeben. Die folgende Tabelle informiert über Absorber, die bei Bestrahlung mit Rubinlicht nur die angegebenen kurzen Öffnungszeiten benötigen, um die Transparenz $T=\sqrt{T_0}$ zu erreichen:

Substanz	$B_s / (W/cm^2)$	τ/s
Phthalocyamin	10^5	$5 \cdot 10^{-7}$
Krytocyamin in Methanol	$2 \cdot 10^6$	10^{-8}
Schott-RG8-Glas	10^6	$5 \cdot 10^{-9}$

Tab. 1323-2: Ausbleichbare Absorber

Der Absorber verhindert zunächst, daß sich induziert emittierte Photonen auf Wegen vermehren, die länger als die doppelte Länge der Rubinstabes sind. Die Inversion wächst. Schließlich vermehren sich die Photonen bereits auf den kurzen Wegen so stark, daß sie die Transparenz des Absorbers merklich erhöhen. Damit wird ein exponentieller Vorgang ausgelöst, bei dem mehr Transparenz mehr Photonen zuläßt und mehr Photonen mehr Transparenz erzeugen. Der Riesenimpuls leert die Laserniveaus während einiger Hin- und Herläufe der Photonen im Resonator. die Impulsanstiegszeit beträgt einige 10^{-9}s. Danach nimmt die Zahl der pro Zeit und Fläche auf den Absorber treffenden Photonen wieder ab. Nach z.B. 10^{-8}s ist der Absorber wieder zu. **Fig. 1323-7** zeigt den typischen Strahlungsflußverlauf eines Riesenimpulses. Verluste durch spontane Emissionen begrenzen den Scheitelwert auf z.B. 2 MW. Die mit einem solchen Impuls abgegebene Energie beträgt z.B. 0,1 J.

Der Nd/YAG-Laser besteht aus einem YAG-Einkristallstab, einer die Pumpenergie liefernden Lampe und dem Resonator. Die Anordnung und Abmessungen unterscheiden sich nicht wesentlich von denen des Rubinlasers. Es handelt sich jedoch nicht um ein Dreiniveausystem, sondern um ein Vierniveausystem. Der Laser kann ebensogut kontinuierlich wie intermittierend oder kurzzeitig betrieben werden. Dauerlicht wird mit einer Metalldampflampe oder Kryptonbogenlampe eingespeist. Der Stab wird in diesem Fall mit Wasser gekühlt. Als Blitzlichtquelle ist die Kryptonflashlampe effektiver als die Xenonflashlampe, weil vorwiegend rotes und infrarotes Licht absorbiert wird. Die induziert emittierten Linien liegen im nahen Infraroten. Eine Frequenzverdopplung macht aus dem unsichtbaren ein sichtbares Laserlichtbündel.

Das Kunstwort YAG ist aus den Anfangsbuchstaben von Yttrium-Aluminium-Granat ($Y_3Al_3O_2$) gebildet. Maßgebend für die selbsterregte induzierte Emission im Resonator sind die in **Fig. 1323-8** skizzierten Übergänge zwischen Niveaus von dreifach ionisierten positiven Neodymionen (Nd^{+++}) mit denen dieser Kristall dotiert ist. Infrarote Photonen mit Wellenlängen um 0,81 µm und 0,75 µm heben die Ionen in die breiten Energieniveaus (Pumpbänder) E_6 und E_7. Von dort fallen sie ohne Emission von Photonen in das tiefere Niveau $E_5=1,43$ eV. Wieder wird die überschüssige Energie an die Schwingungen des Kristallgitters abgegeben. Die Besetzungszahl des Laserniveaus E_5 wird schon nach wenigen solchen Übergängen höher als die Besetzungszahlen der Niveaus E_1 bis E_4. Diese stehen hier für zahlreiche eng beieinanderliegende Niveaus mit Energien um $E_1=0,11$ eV, $E_2=0,26$ eV, $E_3=0,51$ eV und $E_4=0,77$ eV. Die induzierte Emission von Photonen

$$h\nu_{54} = E_5-E_4, \quad h\nu_{53} = E_5-E_3, \quad h\nu_{52} = E_5-E_2, \quad h\nu_{51} = E_5-E_1$$

bringt die Chromionen in diese Niveaus. Die dort noch vorhandene Restenergie wird teils an die Schwingungen des Kristallgitters und teils in Form von spontan emittierten Infrarotphotonen abgegeben. Der Übergang von E_4 nach E_1 hat die höchste Übergangswahrscheinlichkeit. Wird der Resonator für die Frequenz ν_{41} abgestimmt, so treten im Laserlichtbündel die in der folgenden Tabelle aufgeführten Frequenzen ν und Wellenlängen λ_0 auf. Sie sind mit den notierten Anteilen $\Delta\Phi/\Phi$ am Strahlungsfluß Φ beteiligt.

Übergang	$h\nu/eV$	$\nu/10^{14}Hz$	$\lambda_0/10^{-7}m$	$\Delta\Phi/\Phi$
$^4F_{3/2} - {}^4I_{15/2}$	0,59-0,73	1,43-1,76	1,70-2,10	< 0,01
$^4F_{3/2} - {}^4I_{13/2}$	0,89-0,95	2,14-2,31	1,30-1,40	0,14
$^4F_{3/2} - {}^4I_{11/2}$	1,11-1,18	2,68-2,86	1,05-1,12	0,60
$^4F_{3/2} - {}^4I_{9/2}$	1,32	3,19	0,94	0,25

Tab. 1323-3:   NdYAG-Laserübergänge

Das Laserniveau E_5 hat die Lebensdauer 230 µs. Bei Labortemperatur verursachen die thermischen Schwingungen des Kristallgitters die Linienbreite $\Delta\nu/\nu=6\cdot10^{-4}$ der Hauptlinie mit $\lambda_0=1,064$ µm. Diese Breite läßt sich durch starke Kühlung je nach Güte des Kristalls auf 10^{-4} bis $2\cdot10^{-5}$ bei $T<4°K$ reduzieren. Mit einem der z.Zt. handelsüblichen Nd/YAG-Laser kann man entweder bei repetierendem Pumplicht Serien von Riesenimpulsen mit Impulsintervallen zwischen 0,1s und 0,01s oder bei kontinuierlichem Pumplicht Serien schwächerer Impulse mit Impulsintervallen zwischen 0,01s und 1ns erzeugen. Die mittlere Ausgangsleistung beträgt z.B. 10 W. Die hierfür erforderlichen Eingriffe werden in Abschnitt 2.4.2.1 besprochen. Die Frequenzverdopplung wird außerhalb des Resonators mit Hilfe eines nichtlinearen Polarisationseffektes in einem KDP-Kristall vorgenommen. Die elektrische Feldstärke E der aus dem Laser austretenden und in diesen Kristall geschickten Welle ist so hoch, daß die Auslenkungen der mitschwingenden Elektronen nicht mehr E-proportional sind. Anders als in Abschnitt 1.7.2.3 ist dann auch die Polarisation P nicht mehr E-proportional. An die Stelle der Beziehung $P=\varepsilon_0\chi E$ mit der konstanten Suszeptibilität χ tritt die Beziehung $P=\varepsilon_0\chi(E)E=\varepsilon_0(\chi'E+\chi''E^2+\chi'''E^3+...)$.

Dies hat zur Folge, daß neben der eingestrahlten Welle mit der Grundfrequenz ν_1 auch Oberwellen mit den Frequenzen $\nu_2=2\nu_1$, $\nu_3=3\nu_1$ usw. auftreten.

Pumplicht	Flash	Dauerlicht		
Modulation	Q-Switch	Q-Switch	Cavity dumping	Modenkopplung
$\hat{P}/W$	10^7	$10^3 - 10^4$	$10 \ -10^3$	$10^2 -10^3$
Q/J	$< 0,3$	$< 10^3$	$< 10^{-4}$	$< 10^6$
$\delta t/s$	$< 10^{-8}$	$> 10^{-7}$	$< 10^{-7}$	$< 10^{-9}$
$\Delta t/s$	$10^{-2}-10^{-1}$	$10^{-4}-10^{-2}$	$10^{-7}-10^{-5}$	$10^{-9}-10^{-8}$

Tab. 1323-4: NdYAG-Impulse

Bei passender Orientierung des Kristalls laufen der ordentliche Strahl mit ν_1 und der außerordentliche Strahl mit $\nu_2=2\nu_1$ kollinear, und wird auf diesem nicht nur der Energiesatz $h\nu_2=h\nu_1+h\nu_1$, sondern auch der Impulssatz $h/\lambda_2=h/\lambda_1+h/\lambda_1$ erfüllt. Theoretisch könnte so das mit ν_1 eintretende Laserlichtbündel auf einem wenige Zentimeter langen Weg vollkommen in ein mit $\nu_2=2\nu_1$ austretendes Laserlichtbündel umgewandelt werden. Praktisch wird die Umwandlung von 20% bis 30% des eintretenden Lichtes erreicht. Tritt ein linear polarisierter infraroter Riesenimpuls mit $\lambda_1=1064$ nm und $\hat{P}=50$ MW ein, so kommt ein orthogonal linear polarisierter grüner Riesenimpuls mit $\lambda_2=532$ nm und $\hat{P}=10$ MW heraus.

1.3.2.4 Abstimmbare Laser

Auch verschiedene in Flüssigkeiten gelöste Farbstoffe können Licht durch induzierte Emission verstärken. Allerdings werden alle Energieniveaus der Farbstoffmoleküle durch deren Rotation und Schwingung so stark aufgespalten, daß sie wie breite Energieniveaubänder wirken. Entsprechend unbestimmt sind die Frequenzen, bei denen die Verstärkung auftreten kann. Das ist ein Nachteil, wenn es darum geht, ein möglichst monochromatisches Laserlichtbündel mit möglichst großer Leistung zu erzeugen. Ein Dispersionsprisma (DP), Beugungsgitter (BG) oder Interferenzfilter (IF) muß dann wie in **Fig. 1324-2** dafür sorgen, daß die Selbsterregungsbedingung nur für Frequenzen innerhalb eines schmalen Frequenzbandes erfüllt wird. Bei breitbandigem Pumpen bleibt das Verhältnis der Laserleistung zur Pumpleistung entsprechend klein. Das hat aber andererseits den Vorteil, daß die Laserfrequenz durch Drehen des frequenzselektierenden Bauteils

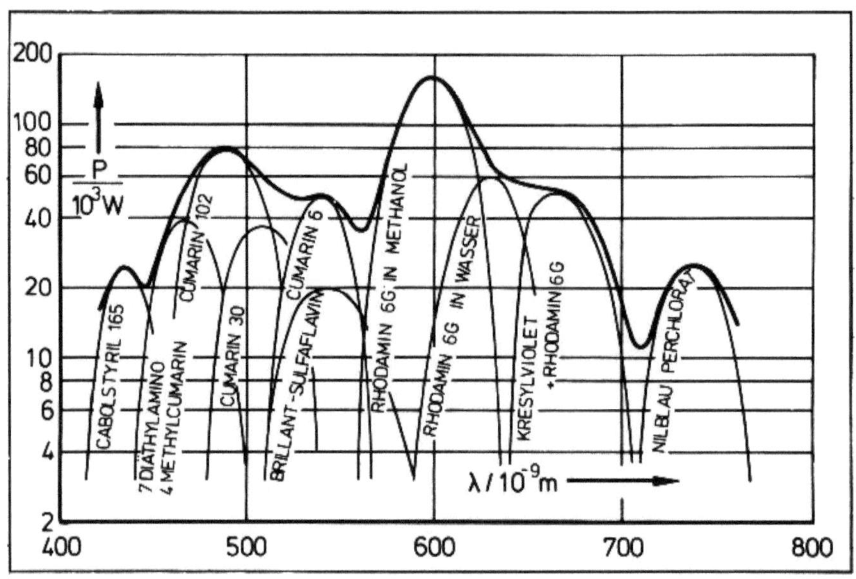

1: Abstimmbereiche der Farbstofflaser

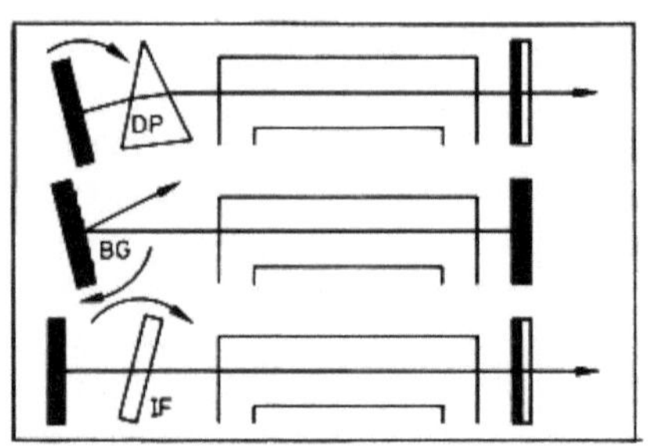

2: Frequenzselektion

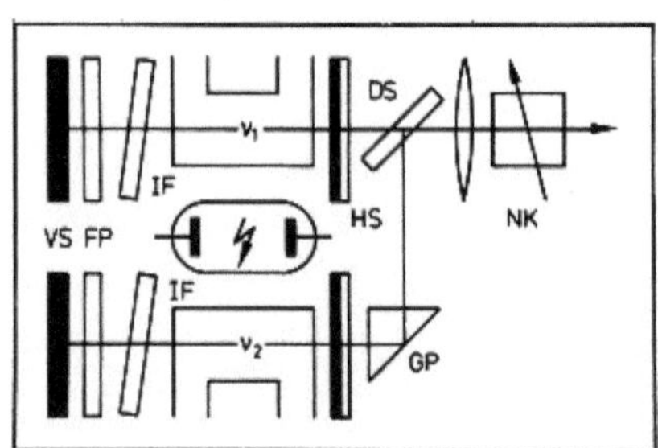

3: Frequenztransformation

4: Frequenzsubtraktion

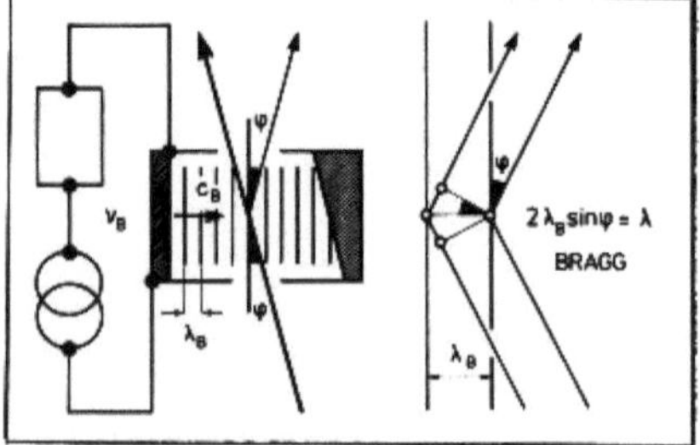

5: Braggzelle

Fig. 1324: Abstimmbare Laser

variiert werden kann. Der Farbstofflaser ist abstimmbar (tunable). **Fig.** **1324-1** gibt eine Übersicht über die Abstimmbereiche einiger Farbstoffe [535]. Die angegebenen Laserausgangsleistungen wurden mit 60 J-Pumpimpulsen einer Flashlampe erreicht, deren Dauer nur etwa 1 µs betrug. Interferenzfilter mit Transmissionsbreiten zwischen 2,5 nm und 5 nm besorgten die Frequenzselektion. Die Selbsterregung war nur in der Nähe des zwischen 92% und 98% betragenden Transmissionsmaximus möglich. Darum betrug die Bandbreite der emittierten Linie nur zwischen 0,2 nm und 0,5 nm. Die Dauer des Laserimpulses betrug zwischen 0,2 µs und 0,6 µs. Es war möglich, die Impulse mit 0,1 s Erholungspausen zu repetieren. Bei periodischem kann wie bei kontinuierlichem Betrieb die Erwärmung der Farbstofflösung störende Schlieren zur Folge haben. Laminare Strömung von frisch zugeführter oder in einem Kreislauf gekühlter Farbstofflösung vermeidet diesen Effekt. Der Abstimmbereich läßt sich auf verschiedene Weisen zu anderen Frequenzen verschieben. Die naheliegendste Methode ist die schon beim Nd/YAG-Laser erwähnte Frequenzverdopplung mit der nichtlinearen Polarisation eines Kristalls wie in **Fig. 1324-3** oben. In **Fig. 1324-3** unten wird die in Abschnitt 1.8.2.2 zu besprechende Ramanstreuung benutzt, um mit der Frequenz ν Frequenzen $\nu-\Delta\nu$ und $\nu+\Delta\nu$ zu erzeugen. Als Ramanmedium hat sich Wasserstoff unter hohem z.B. 30bar. betragenden Druck bewährt. Die Frequenzverschiebung $\Delta\nu=1,246\cdot10^{14}$Hz ist hier ziemlich groß. Es gibt Ramanmedien wie z.B. Indiumantimonit, in denen $\Delta\nu$ mit einem Magnetfeld variiert werden kann. In **Fig. 1324-4** werden zwei Farbstofflaser mit den Frequenzen ν_1 und ν_2 gleichzeitig gepumpt. Die beiden Laserlichtbündel werden mit Hilfe eines dichroitischen Spiegels DS vereint. Die nichtlineare Polarisation eines Lithiumjodatkristalls ($LiJO_3$) hat dann zur Folge, daß neben den Frequenzen ν_1, ν_2, $2\nu_1$, $2\nu_2$ usw. auch die Frequenzen $\nu_1+\nu_2$ und $\nu_1-\nu_2$ auftreten. Man kann es so einrichten, daß bei einer bestimmten Orientierung des Kristalls nur ein Laserlichtbündel mit der Frequenz $\nu_1-\nu_2$ herauskommt. Die Umwandlungsausbeute ist dann allerdings klein. 10^{-5} ist ein typischer Wert. Immerhin können bei den in **Fig. 1324-1** genannten Scheitelleistungen über 0,1 W übrigbleiben.

Es gibt noch andere elektrooptische Möglichkeiten [555]. Die Frequenz jedes Laserlichtbündels kann außerdem nachträglich mit Hilfe des in Abschnitt 1.8.2.1 zu besprechenden Dopplereffektes verschoben werden. Von den verschiedenen hierfür entwickelten Geräten wurde bisher die in **Fig.** **1324-5** skizzierte Braggzelle am meisten angewendet. In einer Flüssigkeit oder in einem Kristall werden auf piezoelektrischem Wege möglichst ebene und mit einer Schallgeschwindigkeit C_B laufende Ultraschallwellen erzeugt. Das fast parallel zu deren Phasenflächen einfallende Laserlichtbündel wird an den Brechzahlgradienten dieser Wellen gebeugt. Fast das ganze Licht wird um den einen Winkel 2φ abgelenkt, wenn der Winkel φ zwischen der Achse des einfallenden Bündels und den Ultraschallphasenflächen die Braggbedingung (W.H. Bragg sen., 1862-1942, W.L. Bragg jr., geb. 1890) erfüllt [556-559]:

$$2 \sin \varphi = \pm \, \lambda/\lambda_B$$

Darin ist $\lambda = c/\nu$ die Wellenlänge des Lichtes und $\lambda_B = c_B/\nu_B$ die der Ultraschallwellen bei Erregung des Ultraschallsenders mit der Frequenz ν_B. Bei kleinem Winkel φ ergibt sich mit den in Abschnitt 1.8.2.1 zu besprechenden Gleichungen die folgende Dopplerverschiebung $\Delta\nu$ der Lichtfrequenz ν:

$$\Delta\nu = \pm \, \nu_B$$

Braggzellen werden für Frequenzen ν_B zwischen 10 MHz und 80 MHz angeboten. Sie können auch zur akustooptischen Amplitudenmodulation und Variation der Bündelrichtung verwendet werden [559]. Für kleinere Frequenzverschiebung um z.B. 0,5 MHz genügen die Winkelgeschwindigkeiten, mit denen ein radiales Beugungsgitter rotieren kann [560].

Mit den abstimmbaren Lasern sind neue spektroskopische Meßverfahren möglich geworden. Die Farbstofflösungen werden auch gerne zur Verstärkung der Lichtbündel anderer Laser verwendet. Der Nd/YAG-Laser wird von den Herstellern mit KDP-Kristall und solchen Verstärkern angeboten.

1.3.2.5 Laserlichtbündel

Monomode-Laserlichtbündel haben in der Taille Amplituden der elektrischen Feldstärke, die man mit einer Gaußfunktion annähern kann:

$$E(r,0) = E(0,0) \exp \left[- \left(\frac{r}{R(0)}\right)^2\right] \tag{1}$$

Ein solches E-Profil hat den Vorteil, daß die Beugung mit zunehmender Entfernung z von der Taille nicht die Form des Profils, sondern lediglich das E-Maximum E(0,z) auf der Bündelachse und jenen Radius R(z) verändert, bei welchem E(r,z)=E(0,z)/e wird. Es gilt:

$$E(r,z) = E(0,z) \exp \left[- \left(\frac{r}{R(z)}\right)^2\right] \tag{2}$$

Fällt das Bündel auf einen Schirm, so beobachtet man dort Bestrahlungsstärken B(r,z), die zu dem Quadraten von E(r,z) proportional sind:

$$B(r,z) = B(0,z) \exp \left[- 2 \left(\frac{r}{R(z)}\right)^2\right] \tag{3}$$

Dieses B-Profil ist in **Fig. 1325-1** graphisch dargestellt. Bei r=R wird $B(r)=B(0)/e^2$. Der gesamte durch jeden Bündelquerschnitt gehende Strahlungsfluß Φ hängt folgendermaßen mit B(0,z) und R(z) zusammen:

$$\Phi = 2\pi \int_0^\infty B(r,z) \, dr = \frac{B(0,z)}{2} \pi R^2(z) \tag{4}$$

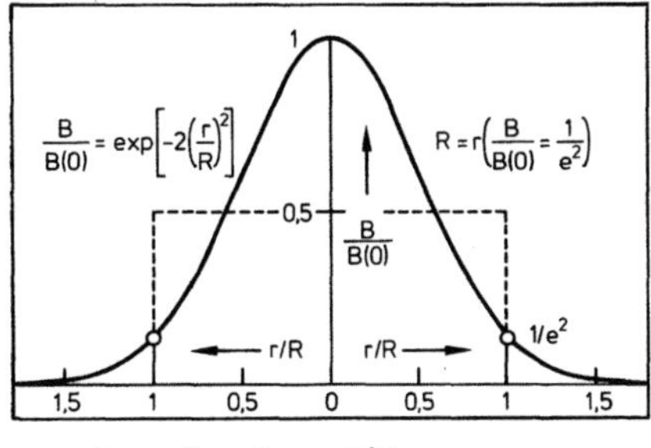

1: Gaußprofil

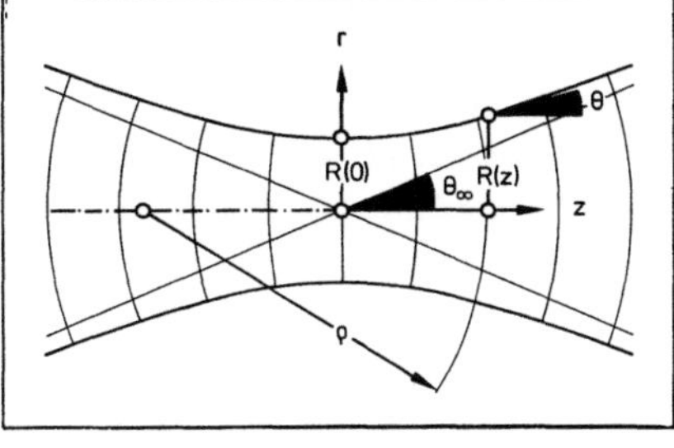

2: Taille

Fig. 1325: Laserlichtbündel

Der Strahlungsfluß eines Bündels mit der konstanten Bestahlungsstärke B(r,z)=B(0,z)/2 bei r<R(0) und B(r,z)=0 bei r>R(0) wäre gleich groß. Durch die Kreise mit den Radien R(z) geht der Strahlungsfluß:

$$\Phi_R = 2\pi \int_0^R B(r,z) \, dr = 0,865 \, \Phi \tag{5}$$

108

Es ist üblich, die R(z) die Radien des Bündels zu nennen. R(z) wächst mit zunehmenden z in der folgenden in **Fig. 1325-2** graphisch dargestellten Weise:

$$\left(\frac{R(z)}{R(0)}\right)^2 = 1 + \left(\frac{\lambda z}{\pi R^2(0)}\right)^2 \tag{6}$$

Wegen der Φ-Konstanz ist mit dieser Zunahme die folgende Abnahme von $B(0,z)$ verbunden:

$$\frac{B(0,z)}{B(0,0)} = \left(\frac{R(0)}{R(z)}\right)^2 \tag{7}$$

Für die lokalen Winkel $\theta(z)$ des mit den R(z) definierten Bündelrandes ergibt sich der folgende Ausdruck:

$$\tan\theta(z) = \frac{dR(z)}{dz} = \frac{\lambda/\pi R(0)}{\sqrt{1+[\pi R^2(0)/\lambda z]^2}} \tag{8}$$

Der Tangens des Randwinkels strebt mit wachsendem z dem folgenden Grenzwert zu:

$$\tan\theta_\infty = \lim_{z\to\infty}[\tan\theta(z)] = \frac{\lambda}{\pi R(0)} \tag{9}$$

Der Randradius R(z) ändert sich so, daß die Ringfläche zwischen dem Bündelquerschnitt $\pi R^2(z)$ und dem Querschnitt πr_K^2 des Kegels mit den Radien $r_K = z\tan\theta_\infty$ konstant bleibt. Es gilt $R^2(z) - r_K^2(z) = R^2(0)$. Dabei ändert sich der Krümmungsradius $\rho(z)$ der in **Fig. 1325-2** skizzierten Wellenflächen in der folgenden Weise:

$$\frac{\rho(z)}{z} = 1 + \left(\frac{\pi R^2(0)}{\lambda z}\right) \tag{10}$$

In der Taille ist $1/\rho(0)=0$. Die Welle ist dort eben. $\rho(z)$ nimmt mit wachsenden z zunächst ab, durchläuft ein Minimum $\rho=2z$ bei $z=\pi R^2(0)/\lambda$ und nähert sich schließlich dem Radius z einer von der Taillenmitte kommenden Kugelwelle. Stets ist $\rho/z=(R/r_K)^2$. Das Verhältnis ρ/z strebt also wie das Verhältnis des Bündelquerschnitts πR^2 zum Grenzkegelquerschnitt πr_K^2 nach 1. Es gilt:

$$R = \rho\tan\theta \quad ; \quad \rho\tan^2\theta = z\tan^2\theta_\infty \tag{11}\tag{12}$$

Die ganze Geometrie des idealen Laserlichtbündels hängt also nur vom Taillenradius R(0) und der Wellenlänge λ ab. Dabei ist in der Regel das Verhältnis R(0)/λ so groß, der Winkel θ_∞ so klein, daß man mit θ_∞ statt $\tan\theta_\infty$ und $\theta(z)$ statt $\tan\theta(z)$ rechnen kann. Wird umgekehrt bei gegebener Wellenlänge λ der Krümmungsradius ρ bei z vorgeschrieben , so wird damit R(0) festgelegt. Dies geschieht mit den Spiegeln des Resonators. Die Spiegelflächen sind Phasenflächen. Beim konfokalen Resonator mit dem Spiegelabstand L ist $\rho=L$ bei $z=L/2$. Damit wird $R^2(0)=\lambda L/2\pi$ gefordert. Beim hemisphärischen Resonator mit dem Spiegelabstand L würde die Rechnung mit

ρ=L bei z=L den Taillenradius R(0)=0 ergeben. Der Grenzrandwinkel würde θ_∞=π/2 betragen. Hier muß ρ bei z=L mindestens soviel größer als L sein, daß der Bündelradius R bei z=L kleiner als der Spiegelradius ist. Für einen geforderten Taillenradius R(0) müssen bei gegebenem Abstand L der Spiegel der Krümmungsradius ρ(L) und der Mindestradius R(L) des sphärischen Spiegels die folgende Bedingung erfüllen:

$$\frac{\rho(L)-L}{L} = \frac{R^2(0)}{R^2(L)-R^2(0)} = \left(\frac{\pi R^2(0)}{\lambda L}\right) \tag{13}$$

Soll R(0) bei gleichen L den gleichen Wert haben wie beim konfokalen Resonator, so wird z.B. der Krümmungsradius ρ(L)=5L/4 und ein Spiegelradius über R(L) = R(0)$\sqrt{5}$ benötigt.

R(0) bestimmt mit θ_∞ auch jenen Raumwinkel ω_∞, in welchen in großem Abstand z von der Taille 86,5% des Strahlungsflusses Φ gehen:

$$\omega_\infty = 2\pi \, (1 - \cos\theta_\infty) \tag{14}$$

Eine rundum in den vollen Raumwinkel 4π strahlende Lichtquelle müßte für den gleichen Strahlungsfluß in den gleichen Raumwinkel ω_∞ den $4\pi/\omega_\infty$-fachen Gesamtstrahlungsfluß emittieren. Bei R(0)=1 mm ist z.B. θ_∞≈2,8', $\tan\theta_\infty$≈8·10^{-4}, ω_∞≈2·10^{-6} sr. Der Gesamtstrahlungsfluß des Rundumstrahlers müßte etwa um den Faktor 5,3·10^6 größer als der des Lasers sein.

Das Laserlichtbündel kann mit der in Abschnitt 1.6.3.1 zu besprechenden Laseroptik eingeschnürt oder aufgeweitet werden. Bei der Einschnürung hängt die Strahlungsflußdichte I in der Mitte des Laserfokus folgendermaßen vom Strahlungsfluß Φ und Radius R des Bündels vor der Linse, vom Radius R_L der Linse, ihrer Brennweite f und von der Wellenlänge λ ab [509]:

$$I = 2\pi\Phi \left(\frac{R_L}{\lambda f}\right)^2 \left(\frac{1-e^{-(R_L/R)^2}}{R_L/R}\right)^2 \tag{15}$$

I wird bei R_L/R=1,07 am größten:

$$I_m(\text{Laser}) = 2,622 \left(\frac{R_L}{\lambda f}\right)^2 \Phi \tag{16}$$

Wird mit der gleichen Linse das Licht einer Flächenlichtquelle mit der Strahldichte L fokussiert, so ist andererseits die größtmögliche Strahlungsflußdichte in der Mitte des Fokus gleich der des strahlenoptischen Lichtquellenbildes:

$$I_m(\text{Spontan}) = L \left(\frac{R_L}{f}\right)^2 \omega(1) \tag{17}$$

Für das Verhältnis der beiden I_m kommt:

$$\frac{I_m(\text{Laser})}{I_m(\text{Spontan})} = \frac{2,622\Phi}{L\lambda^2 \, \omega(1)} \tag{18}$$

Darin ist $L\lambda^2\omega(1)/2{,}622$ jener Strahlungsfluß der Flächenlichtquelle, welcher von einem winzigen quadratischen Fleck mit der Seitenlänge $0{,}62\lambda$ in den Raumwinkel $\omega(1)=1\,sr$ geht. Eine besonders intensive Quecksilber-Kurzbogenlampe strahlt z.B. im ganzen sichtbaren Spektralbereich mit $L=250W/cm^2\,sr$ und in einem 10 nm breiten Ausschnitt um die grüne 546,1nm-Linie mit $L=95W/cm^2\,sr$. Schon ein schwacher HeNe-Laser mit nur $\Phi=5$ mW erzeugt mit seiner roten 632,8nm-Linie im optimalen Fokus eine um den Faktor 13000 bzw. 34500 höhere Strahlungsflußdichte. Der Vergleich fällt ganz anders aus, wo eine starke Aufweitung des Laserlichtbündels und Wandlung des Gaußprofils in ein Rechteckprofil erforderlich ist. Die Wandlung kann mit einer Blende vorgenommen werden, deren Transmissionsgrad $T(r)$ den folgenden Verlauf hat:

$$T(r) = \begin{cases} \exp\dfrac{r^2-R_L^2}{R^2} & \text{bei} \quad r < R_L \\[2ex] 0 & \quad\;\; r > R_L \end{cases} \tag{19}$$

Sie sorgt für eine konstante Strahlungsflußdichte innerhalb eines Kreises mit dem Radius R_L und setzt den Strahlungsfluß um den Faktor $2(R_L/R)^2\exp[-2(R_L/R)^2]$ herab. Der durchgehende Strahlungsfluß ist bei $R_L=R/\sqrt{2}$ am größten und beträgt dann $\Phi_R(\text{Laser})=\Phi(\text{Laser})/e$. Dieser Strahlungsfluß geht nach Aufweitung durch einen Kreis mit dem Radius R'. Er ist mit jenem zu vergleichen, welcher von einer Flächenlichtquelle mit der strahlenden Fläche F_Q und der Strahldichte L durch eine Linse mit dem Radius R' und der Brennweite f geht, wenn diese in der vorderen Brennebene der Linse steht. Der Strahlungsfluß beträgt dann:

$$\Phi_R(\text{Spontan}) = LF_Q\pi(R'/f)^2\,\omega(1) \tag{20}$$

Bei $L=250W/cm^2\,sr$, $F_Q=1$ mm^2, $R'=10$ cm, $f=1$ m beträgt er z.B. $\Phi_R(\text{Spontan})=78{,}5$ mW. Der Strahlungsfluß $\Phi_R(\text{Laser})=1{,}84$ mW des HeNe-Lasers ist etwa um den Faktor 1/43 kleiner. Der Laser hat hier nur dann Vorteile, wenn es auf die Kohärenz des Lichtes ankommt.

1.4 LICHTEMPFÄNGER

1.4.1 Film

1.4.1.1 Photochemischer Effekt

Die photographische Schicht besteht aus einer erstarrten Emulsion suspendierter Halogensilberkriställchen AgCl oder AgBr in Gelatine. Sie befindet sich auf einem Träger aus Glas (Platte) oder Plastik (Film). Die Gelatine muß einerseits das Ausflocken bei der Herstellung und das gekoppelte Reagieren der Kriställchen bei der Belichtung und chemischen Behandlung verhindern, muß aber andererseits so porös sein, daß Flüssigkeiten die Kriställchen erreichen. Sie enthält filternde, sensibilisierende und stabilisierende Chemikalien. Die Kriställchen haben Abmessungen zwischen $0,1$ μm und $1,5$ μm. Photonen mit hinreichend hoher Energie $h\nu$ können in ihnen Elektronen freisetzen und damit nach folgendem Schema Spuren ungebundenen Silbers Ag erzeugen:

$$Ag\,Br + h\nu \rightarrow Ag^+ + Br + e \rightarrow Ag + Br \tag{1}$$

Bei der Entwicklung mit einer alkalischen Lösung werden die Kriställchen mit einer solchen Spur schneller als solche ohne Spur zu schwarzen Silberkörnern reduziert. Diese Reduktion wird mit einer sauren Lösung oder mit Wasser unterbrochen. Beim Fixieren wird das verbliebene Halogensilber und das entstandene Halogen oxydiert. Die Oxyde werden schließlich mit Wasser ausgewaschen. Wie viele und wie große schwarze Körner entstehen, hängt nicht allein von der Zahl der pro Fläche eingetroffenen Photonen und der Zahl der pro Fläche angebotenen Kriställchen ab. Auch die Absorption in der Gelatine spielt eine Rolle. Ohne sie würden die Kriställchen viel häufiger auf kurzwelliges als auf langwelliges Licht reagieren. Zugesetzte Sensibilisatoren absorbieren UV, Violett und Blau und erhöhen die Empfindlichkeit orthochromatischen Films für Grün oder panchromatischen Films für Grün, Gelb, Orange und Rot. Die photographische Schicht altert. Ihre Eigenschaften ändern sich selbst bei sorgfältigster Lagerung im Laufe der Zeit. Zugesetzte Stabilisatoren bremsen dieses Altern soweit, daß es bei Lagerung in einem Kühlschrank erst nach etwa einem Jahr merklich wird. Hohe Temperatur hat schnelleres Altern und Vergiftung mit absorbierten Gasen und Dämpfen (O_2, H_2O, Verpackung) zur Folge. Bei der Entwicklung und Fixierung haben die Konzentration, die Temperatur und die Bewegung des Bades erheblichen Einfluß. Die photographische Schicht ist also ein Lichtempfänger, der nur bei vorschriftsmäßiger Vor- und Nachbehandlung während einer begrenzten Zeit zuverlässig arbeitet. Sie bedarf der Eichung. Die Zahl der pro Photon entstehenden Silberkörner, die sog. Photonenausbeute, beträgt bestenfalls 4 %. Sie ist bei grobkörnigen größer als bei feinkörnigen Emulsionen.

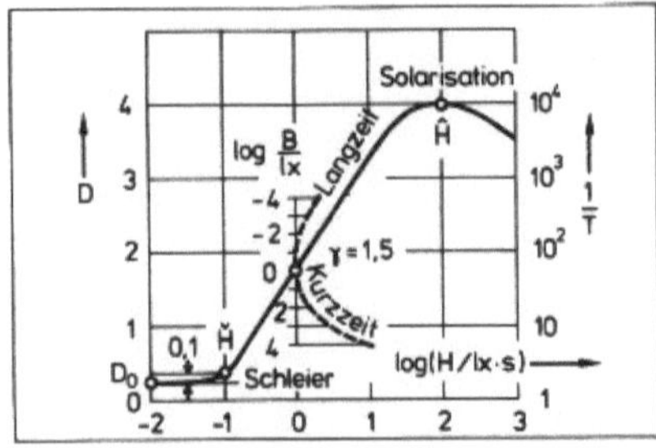

1: Schwärzungskurve

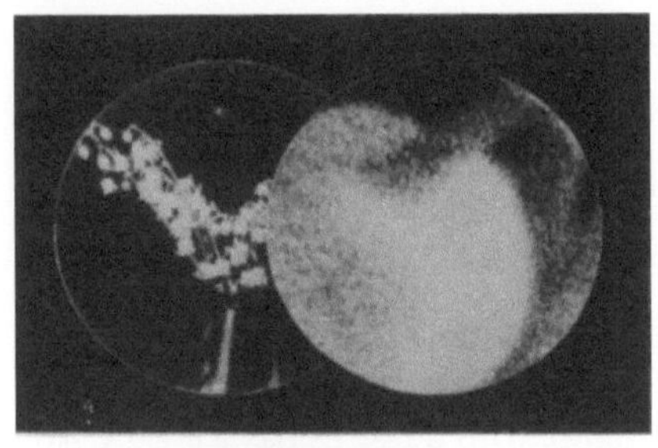

2: Filmkorn

3: Kontextkonturen

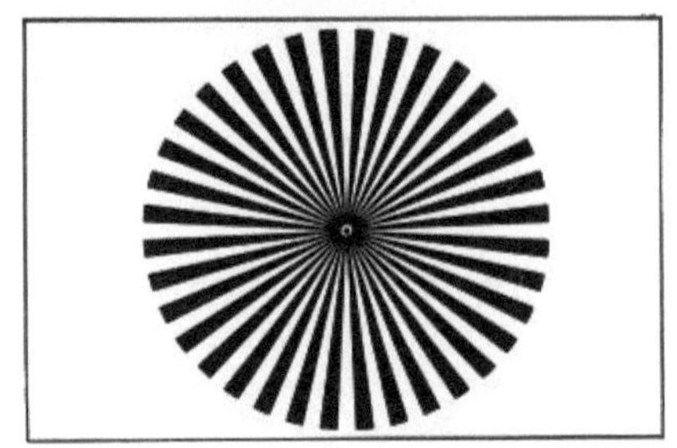

4: Siemensstern

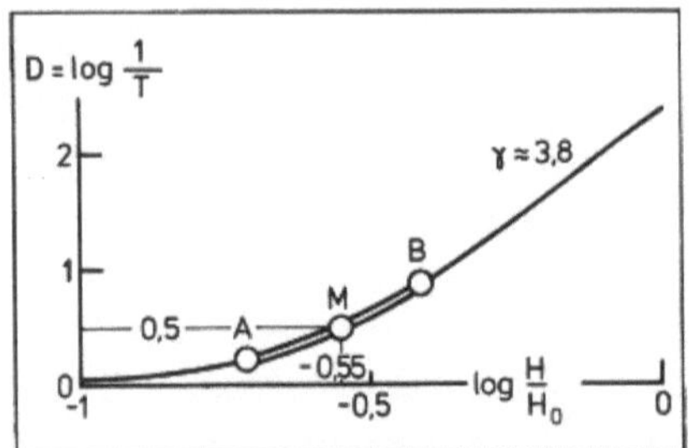

5: Schwache Belichtung

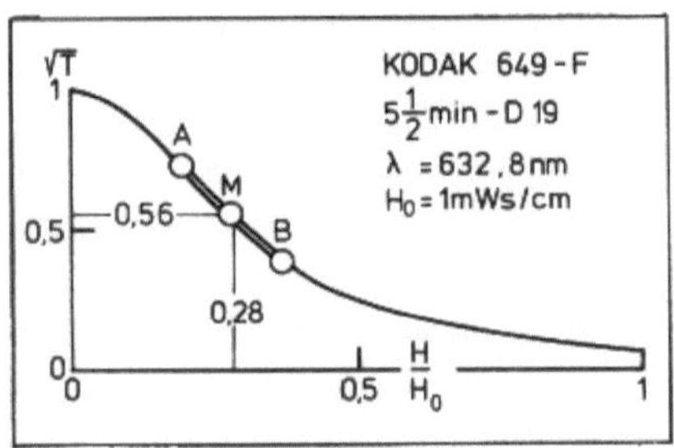

6: $\sqrt{T}(t)$ linear

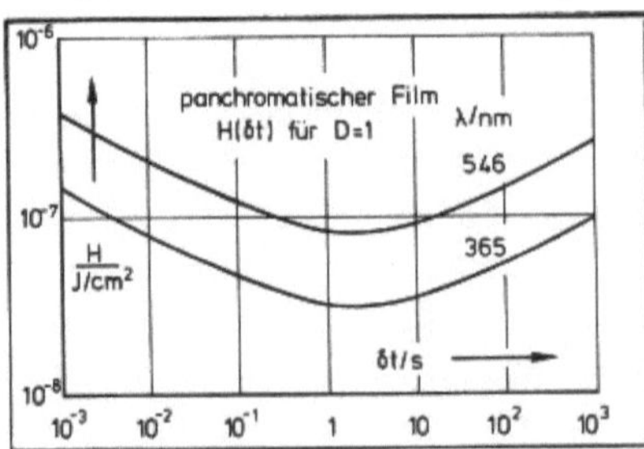

7: Schwarzschildeffekt

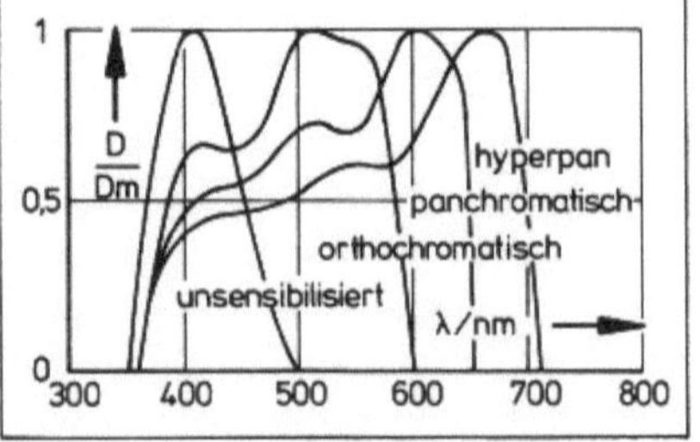

8: Spektrale Empfindlichkeit

Fig. 1412: Schwarzweißfilm

1.4.1.2 Schwarzweißfilm

Die Eigenschaften der handelsüblichen Filme werden mit physiologischen Größen angegeben. Der Index v wird dabei weggelassen. Der Film wird während einer Belichtungszeit δt mit Belichtungsstärken $B(x,y,t)$ belichtet. Nach Entwicklung, Fixierung, Wässerung und Trocknung informieren Schwärzungen über die Belichtungen:

$$H(x,y) = \int_0^{\delta t} B(x,y,t)dt \tag{1}$$

Die ortsabhängigen Schwärzungen machen sich bei senkrechter Durchleuchtung mit einer konstanten Lichtstromdichte I_1 durch ebenso ortsabhängige Transmissionsgrade $T(x,y)=I_2(x,y)/I_1$ bemerkbar. Der dekadische Logarithmus des Kehrwertes von T wird die Schwärzungsdichte D genannt:

$$D(x,y) = \log \frac{1}{T(x,y)} \tag{2}$$

Auftragung von D über $\log[H/H(1)]$ mit $H(1)=1$ lx·s ergibt die sog. Schwärzungskurve des Films. Sie hängt vom Spektrum des Lichtes, von der Art, dem Alter und der Lagerung des Films, von seiner Temperatur und Feuchtigkeit bei der Belichtung und stark von seiner Entwicklung ab. **Fig. 1412-1** zeigt ein Beispiel. Schon beim unbelichteten Film ist D nicht gleich Null, sondern hat einen gewissen Wert D_0, der Schleier genannt wird. D erreicht bei einer gewissen Mindestbelichtung $\check{H}$ einen Wert $\check{D}=D_0+0,1$ und kann einen gewissen Größtwert $\hat{D}$ bei $\hat{H}$ nicht überschreiten. Jenseits $\hat{H}$ erfolgt die sog. Solarisation, bei der D mit zunehmendem H wieder abnimmt. In einem gewissen H-Bereich zwischen $\check{H}$ und $\hat{H}$ ist die Schwärzungskurve praktisch gerade. Die Verlängerung dieses geraden Teils der Schwärzungskurve schneidet die Parallele $D=D_0$ zur H-Achse bei H_0.

$$D - D_0 = \gamma \log(H/H_0) \quad ; \quad T/T_0 = (H/H_0)^{-\gamma} \tag{3}\tag{4}$$

Filme mit großer Gradation γ werden hart und solche mit kleiner werden weich wiedergebende Filme genannt. Die für die Amateurphotographie angebotenen Filme haben γ-Werte zwischen 0,5 und 1. Für die wissenschaftliche Photographie werden Filme mit γ-Werten bis 4 hergestellt. Damit der Film überhaupt etwas wiedergibt, muß die Belichtung H jenen Wert $\check{H}$ überschreiten, bei dem $D=\check{D}=D_0+0,1$ wird. Mit dieser mindestens erforderlichen Belichtung $\check{H}$ werden die zur Charakterisierung der Filmempfindlichkeit angegebenen DIN-Zahlen oder ASA-Zahlen definiert.

$$\check{H}/\text{lx·s} = 10^{-DIN/10} = \frac{0,8}{ASA} \tag{5}\tag{6}$$

Je höher die DIN-Zahl oder ASA-Zahl, umso kleiner ist $\check{H}$, umso empfindlicher ist also der Film. Senkung von $\check{H}$ auf die Hälfte erfordert eine um die Differenz $10 \log 2=3,01$ höhere DIN-Zahl und die doppelte ASA-Zahl:

$\breve{H}$/lxs	1	0,063	0,032	0,016	0,008	0,004	0,002	0,001	0,0005
DIN	0	12	15	18	21	24	27	30	33
ASA	0,8	13	25	50	100	200	400	800	1600

Tab. 1412-1: Filmempfindlichkeiten

Für die Amateurphotographie werden Filme mit Empfindlichkeiten zwischen DIN 15 bis DIN 36 verkauft. Dabei ist in der Regel hohe Empfindlichkeit mit grobem Korn und kleinem γ verbunden. **Fig.1412-2** demonstriert an einem Beispiel, wie das Korn den Informationsgehalt eines Bildes begrenzt. Das links oben gezeigte Bild eines Maiglöckchens hatte auf dem Film den Durchmesser 24 mm. Das Bild rechts unten zeigt die Vergrößerung eines Ausschnittes mit dem Durchmesser 0,75 mm. Die Körnigkeit resultiert aus der teilweisen Überdeckung der Silberkörner in den Tiefen der Schicht. Als Ursache von Grobkörnigkeit kommen also nicht nur grobe, sondern auch zwar feine aber ungleichmäßig verteilte Silberkörnchen in Frage. Die Körnigkeit bewirkt zwei Unsicherheiten. Die lokale Schwärzung informiert nur mit einem gewissen zugelassenen Fehler über die lokale Belichtung. Außerdem werden scharfe Objektkonturen mit unscharfen Bildkonturen wiedergegeben . Bei scharfen Hell/Dunkelkonturen kommt eine Unschärfe infolge von Diffusionsvorgängen bei der Belichtung und Entwicklung hinzu. Die erstgenannte Unsicherheit bestimmt das Signal/Rauschverhältnis des Films. Sie begrenzt zusammen mit dem Belichtungsumfang $\hat{H}$-$\breve{H}$ die Zahl der Informationsbit, die man pro Bildpixel speichern kann. Schwankt die Schwärzung des gleichmäßig belichteten Films mit einer Standardabweichung σ_D, so gibt die lokale Schwärzung D(x,y) des ungleichmäßig belichteten Films nur mit der Unsicherheit $\sigma_H = \sigma_D$ dH/dD Auskunft über die lokale Belichtung H(x,y). Mit Gleichung (3) und log e=0,4343 kommt:

$$H = 0,4343 \; \gamma \; \frac{\sigma_H}{\sigma_D} \; H(1) \tag{7}$$

H kann als das zu bestimmende Eingangssignal und σ_H als der Effektivwert jenes Eingangsrauschens des Signalwandlers Film angesehen werden, welcher dem Effektivwert σ_D des Ausgangsrauschen äquivalent ist. Das Signal/Rauschverhältnis H/σ_H wächst mit zunehmendem γ und abnehmendem σ_D. Während γ mit wachsendem D immer weniger zunimmt und schließlich konstant bleibt, nimmt σ_D zunehmend zu. H/σ_H durchläuft infolgedessen ein Maximum bei ungefähr γ=1. Dort kann σ_D zwischen etwa 0,02 H(1) bei feinkörnigem und 0,05 H(1) bei grobkörnigem Film betragen. Für einen feinkörnigen Film mit σ_D=0,02 H(1) und γ=2 ergibt sich z.B. H/σ_H=43, für einen grobkörnigen mit σ_D=0,05 H(1) und γ=1 aber nur H/σ_H=17. Kommt es auf möglichst hohes Signal/Rauschverhältnis an, so muß also nicht nur σ_D möglichst klein, sondern auch γ möglichst groß sein. Das sind widerstrebende Forderungen.

Die zweite Unsicherheit, die der Konturwiedergabe, ist nicht so leicht zu quantifizieren, weil hier das Gehirn fehlende Information aus dem Kontext errät. So sieht z.B. jedermann in **Fig.1412-3** das Dreieck und das Rechteck sofort und ohne danach zu suchen. Die Unsicherheit der Konturwiedergabe wird mit dem Stichauflösungsvermögen charakterisiert. Als Maß für das Strichauflösungsvermögen wird mit Hilfe eines Testmusters die Zahl der Paare paralleler und gleich breiter abwechselnd schwarzer und weißer Striche ermittelt, die von Testpersonen pro strichnormaler Strecke getrennt wahrgenommen werden. Sie wird als Zahl N_L der Linien pro mm angegeben. Die subjektive Ermittlung ergibt ein nicht nur vom mittleren Korndurchmesser d, sondern auch von der Schwärzung D und vom Anstieg γ der Schwärzungskurve abhängiges Maß. Bei D=1 ist ungefähr $N_L=\gamma/2d$. Auf grobkörnigem Film kann man $N_L=25$ bis 50 Linien/mm erkennen, auf 18 DIN-Amateurfilm etwa $N_L=100$ Linien/mm und auf 3 DIN-Reprofilm etwa $N_L=200$ Linien/mm. Für die Holographie werden Filme mit Korndurchmessern unter $0,1$ µm angeboten, auf denen mehr als $N_L=3000$ Linien/mm erkannt werden können. Hochauflösende Filme haben geringe Empfindlichkeiten. Wird ein unterbelichteter Film mit konzentriertem und warmem Entwickler "gequält, um das letzte aus ihm herauszuholen", so wird sein Strichauflösungsvermögen unter das eines empfindlicheren Films gesenkt, der mit der gleichen Belichtung gut geschwärzt worden wäre. Als Testmuster werden Strichraster unterschiedlicher Art verwendet. Auch ein Teststern wie in **Fig.1412-4** kann helfen. Das Bild eines solchen sog. Siemenssterns wird vom Film nur außerhalb eines sog. Graukreises mit klar erkennbarer Schwarzweißstruktur wiedergegeben. Zwischen dem Durchmesser d des Graukreises, der Zahl m der schwarzen Segmente und N_L besteht der Zusammenhang :

$$N_L = m/\pi d \tag{8}$$

Der abgebildete Stern hat m= 36 schwarze Segmente. Bei $N_L=50$ Linien/mm ist z.B. d=0,23mm. Das Bild muß mit einer starken Meßlupe betrachtet werden. Auf den Abbildungsmaßstab der Abbildung des Sterns auf dem Film kommt es dabei nicht an. Es muß aber sicher sein, daß man die Abbildungsfehler vernachlässigen kann. Mit dem Stern werden auch Kameraobjektive geprüft. Man kann ihn zur Scharfeinstellung benutzen. Genauer als die ziemlich subjektive Charakterisierung des Films mit N_L ist die mit seiner Modulationsübertragungsfunktion. Diese muß jedoch mit mühsamen Messungen ermittelt werden und wird darum selten angegeben.

Mit der Zahl N_L der erkennbaren Linien pro Länge hängt die Zahl N_P der erkennbaren Pixel pro Fläche, d.h. der unterscheidbaren Bildflächenelemente pro Bildfläche zusammen. Hier kann ungefähr mit quadratischen Pixeln gerechnet werden, deren Seitenlänge gleich dem kleinsten erkennbaren Abstand der Linien ist. Bei $N_L=100$ Linien/mm beträgt diese Seitenlänge z.B. 5 µm. Das ergibt $N_P=40000$ Pixel/mm^2. Selbst wenn man nur $8 = 2^3$ Schwärzungswerte unterscheiden, d.h. nur 3 bit pro Pixel speichern könnte, so wären dies 120000 bit/mm^2. Auf der Fläche 864 mm^2 eines 24 mm × 36 mm - Bildes würden in $3,45 \cdot 10^7$ Pixeln etwa 10^8 bit gespeichert. Auf Hologrammen mit gleicher Fläche werden über 10^9 bit untergebracht. Rasternde elektro-optische Bildempfänger haben zwar ein erheblich besseres Signal/Rausch-verhältnis und speichern damit bis zu 8 bit pro Pixel, bleiben aber mit ihren N_p weit unter denen des Films und können darum dennoch hinsichtlich der Gesamtzahl der pro Fläche gespeicherten bit nicht mit dem Film konkur-rieren.

Bei der Holographie kommt es nicht auf den bis hier betrachteten Lei-stungstransmissionsgrad T, sondern auf den Amplitudentransmissionsgrad τ an. Dieser ist im allgemeinen komplex, weil die Schwärzungen des Films nicht nur die Amplitude schwächen, sondern auch phasenverschiebende Dik-kenänderungen zur Folge haben:

$$\tau(x,y) = \sqrt{T(x,y)} \exp\left[j\varphi(x,y)\right] \tag{9}$$

Die Dickenänderungen lassen sich zum Teil mit einer passenden Ölbeschich-tung kompensieren. Dann gilt näherungsweise $\tau=\sqrt{T}$. Bei der Amplitudenholo-graphie wird angestrebt und in Abschnitt 2.2.5.1 wird vorausgesetzt, daß zwischen diesem $\tau=\sqrt{T}$ und der Belichtung H ein linearer Zusammenhang be-steht:

$$\tau = \tau^* - \beta H \tag{10}$$

Im Gültigkeitsbereich der Gleichung (4) gilt:

$$\frac{\tau}{\tau_0} = \left(\frac{H}{H_0}\right)^{-\gamma/2} \simeq 1 - \frac{\gamma}{2}\frac{H-H_0}{H_0} \quad \text{bei} \quad \frac{H-H_0}{H_0} \ll 1 \tag{11}$$

Man muß schwach belichten, um die Bedingung (10) mit $\tau^*=(1+\gamma/2)\tau_0$ und $\beta=\gamma\tau_0/2H_0$ hinreichend gut zu erfüllen. Die **Fig.1412-5** und **1412-6** zeigen für ein Beispiel die Kurven D(H) und τ(H).

Die Schwärzungskurve beschreibt das Verhalten des Films nur in einem ge-wissen Bereich der Belichtungszeiten δt einigermaßen korrekt. Nur dort gilt, daß die Schwärzung bei zeitlich konstanter Bestrahlungsstärke B nur vom Produkt $H=B\delta t$ abhängt. Bei zu langer oder zu kurzer Belichtungszeit treten Abweichungen von dieser Reziprozitätsregel auf. In beiden Fällen wird für eine Schwärzung D eine stärkere Belichtung benötigt wie in **Fig.1412-7** für D = 1 . In **Fig. 1412-1** kann man an der gestri-chelt eingezeichneten Kurve die in solchen Fällen bei Bestrahlungsstärken B für eine Schwärzung D erforderlichen Belichtungen H ablesen. Dieser sog. Schwarzschildeffekt (K. SCHWARZSCHILD 1873-1916) wurde bei zu langen δt, d.h. zu kleinen B, wegen seiner Bedeutung für die Astronomie ausgiebig untersucht. Über den bei zu kurzen δt ist vergleichsweise weniger bekannt. Im Strömungslabor kommt der Langzeiteffekt selten, der Kurzzeiteffekt aber immer dann vor, wenn eine instationäre Strömung mit dem Licht eines Funkens oder Impulslasers photographiert wird. Wir kommen in Abschnitt 2.4.1.1 darauf zurück. Es gibt noch eine ganze Reihe weiterer, manchmal störender, manchmal aber auch nützlicher Belichtungseffekte. Bei mehrfacher Kurzzeitbelichtung tritt der sog. Intermittenzeffekt auf. Die Schwärzung wird geringer als bei gleicher Gesamtbelichtung ohne Dunkelpausen. Geht einer Langzeitbelichtung eine Kurzzeitbelichtung voraus, so wird die Schwärzung stärker als bei der umgekehrten Reihenfolge. Die Kurzzeitbelichtung erzeugt in den Kriställchen Subkeime, die erst bei der darauffolgenden Langzeitbelichtung zu entwicklungsfähigen Keimen anwachsen. Diesen sog. Weinlandeffekt kann man zur sog. Hypersensibilisierung für die Langzeitbelichtung oder zur sog. Latensifikation, d.h. zur nachträglichen Verstärkung des mit einer Kurzzeitbelichtung erzeugten latenten Bildes benutzen. Weiß man, daß überbelichtet wurde, so kann man mit einer vor der Entwicklung vorzunehmenden längeren Rot- oder Infrarotbelichtung Entwicklungskeime abbauen und so die Schwärzung vermindern. Dieser sog. Herscheleffekt kann allerdings auch zu einer Bildumkehr führen. Für zukünftige Visualisierungsverfahren wird vielleicht der sog. Weigerteffekt interessant. Bei Belichtung mit linear polarisiertem Licht entstehen die Silberkörnchen mit einer Vorzugsrichtung. Die Schwärzung wird dichroitisch.

Die Gradation und damit den Kontrast eines Bildes kann durch Umkopieren verändern werden. Wird ein 2. Film durch das Bild auf dem 1. Film hindurch belichtet, so gilt:

$$\frac{T_1}{T_0} = \left(\frac{H_1}{H_0}\right)^{-\gamma_1} \quad ; \quad \frac{T_2}{T_0} = \left(\frac{HT_1}{H_0}\right)^{-\gamma_2} = \left(\frac{HT_0}{H_0}\right)^{-\gamma_2} \left(\frac{H_1}{H_2}\right)^{\gamma_1 \gamma_2} \tag{11}$$

Mit $\gamma_1 \gamma_2 = 1$ kann man Proportionalität zwischen T_2 und H_1 erzielen.

Alle vorstehenden Überlegungen anhand der Schwärzungskurve gelten unter der Voraussetzung, daß mit der gleichen Normlichtart belichtet wird, mit der die Schwärzungskurve ermittelt wurde. Der Hersteller ermittelt die von Kunstlichtfilmen mit der Normlichtart A und die von Tageslichtfilmen mit der Normlichtart C. Andernfalls ist das Spektrum der Lichtquelle einerseits und sind die spektralen Empfindlichkeiten des Films andererseits zu betrachten. Die **Fig. 1412-8** vergleicht die spektralen Empfindlichkeiten verschieden sensibilisierter Filme mit denen eines unsensibilisierten Films. Mehr Angaben über Schwarzweißfilme finden sich z.B. in [73,99, 561-569].

118

1.4.1.3 Farbfilm

Farbfilm besteht aus drei lichtempfindlichen Schichten und einer Gelbfilterschicht zwischen der oberen und mittleren. Die obere Schicht ist blauempfindlich. Die Filterschicht verhindert das Eindringen blauen Lichtes in die darunter liegenden Schichten. Die mittlere Schicht ist grünempfindlich. Die untere Schicht ist rotempfindlich. Bei der Entwicklung bewirken farbbildende Substanzen unterschiedliche Färbungen der drei Schichten an all jenen Stellen an welchen Silberbromid zu Silber reduziert worden ist. Das kann auf verschiedene Weise geschehen. Beim Negativfilm befinden sich die Farbbildner schon vor der Entwicklung in den drei Schichten. Die blauempfindliche wird gelb, die grünempfindliche purpur und die rotempfindliche blaugrün. Nach der Entfernung des Silbers erscheint ein komplementärfarbenes Bild. Die Filme Agfacolor, Gevacolor und Anscocolor enthalten diffusionsfeste Farbbildner. Bei den Filmen Kodacolor, Ektachrom und Ektacolor verhindert die Einbettung der Farbbildner in winzige Öltröpfchen die Diffusion. Derart geschützte Farbbildner haben wenig Einfluß auf die Lichtempfindlichkeit der Emulsion und ermöglichen schnellere Entwicklung mit einem aggressiveren Entwickler. Beim Negativfilm Ektacolor ist der Purpurbildner ursprünglich leicht gelb und der Blaugrünbilder leicht orange gefärbt. Diese Einfärbungen verschwinden, wo sich bei der Entwicklung die Farbstoffe bilden. An den anderen Stellen bleiben sie erhalten und sorgen für eine größere Farbsättigung der vom Negativfilm herzustellende Positivkopie. Die Umkehrfilme gleichen Namens werden lediglich anders behandelt. Zunächst erfolgt eine Schwarzweißentwicklung aller drei Schichten. Danach sorgt Nachbelichtung des bisher nicht belichteten Silberbromids und dessen Farbentwicklung für das farbrichtige Bild. Bei den Umkehrfilmen Kodachrom, Ilfod Color, Fujicolor befinden sich die Farbbildner nicht von vornherein in den Schichten, sondern werden erst mit dem chromogenen Entwickler zugeführt. Nach der Schwarzweißentwicklung und Zwischenwässerung wird mit rotem Licht diffus nachbelichtet. Die darauf folgende Blaugrünentwicklung färbt die untere Schicht. Danach wird mit blauem Licht nachbelichtet. Die darauf folgende Gelbentwicklung färbt die obere Schicht. Schließlich wird mit dem durch diese gelbe Schicht dringenden Licht nachbelichtet. Die darauf folgende Purpurentwicklung färbt die mittlere Schicht. Entfernung des Silbers und der Filterschicht, Fixierung und Wässerung lassen ein farbrichtiges Bild mit besonders satten Farben und scharfen Konturen erscheinen. Von allen Filmen werden zwei Varianten, die eine für Tageslicht und die andere für Kunstlicht angeboten. Der DIN-Grad oder die ASA-Zahl gibt hier an, welche Empfindlichkeit ein äquivalenter panchromatischer Schwarzweißfilm haben müßte. Bei der wissenschaftlichen Verwendung weicht das Spektrum der Lichtquelle oft so stark von dem hier angenommenen ab, und wirkt sich der Kurzzeiteffekt je nach dem Spektrum so unterschiedlich aus, daß man mit dieser Angabe wenig anfangen kann. Das Licht von Luftfunken wird fast nur blau wiedergegeben. Über die wissenschaftliche Verwendung von Farbfilm existiert zwar viel fabrikatgebundene, aber kaum vergleichende Literatur [570 - 571].

1.4.2 Photodetektoren

1.4.2.1 Photoelektrische Effekte

Die in Abschnitt 1.4.2.2 zu besprechenden Vakuumphotodetektoren benutzen den äußeren und die in Abschnitt 1.4.2.3 zu besprechenden Halbleiterphotodetektoren den inneren Photoeffekt.

Beim äußeren Photoeffekt dringen Photonen von der einen Seite in eine dünne Schicht ein und befreien dort Elektronen, die auf derselben oder auf der anderen Seite mit einem elektrischen Feld abgesaugt werden. Die Energie $h\nu$ muß dazu eine für die Schichtsubstanz charakteristische Schwelle, die sog. Austrittsarbeit A überschreiten. Ist $h\nu$ höher, so wird der Überschuß in kinetische Energie des befreiten Elektrons mit der Masse m_e und der Geschwindigkeit v umgesetzt:

$$h\nu = A + \frac{m_e v^2}{2} \tag{1}$$

Bei Lichtfrequenzen unter der Grenzfrequenz $\nu_G = A/h$ können die Elektronen die Schicht nicht verlassen. Bei Metallschichten liegen die ν_G über den Frequenzen des sichtbaren Spektrums. Bei den Alkalimetallen haben jedoch A, ν_G und die betreffenden Grenzwellenlängen $\lambda_G = c_0/\nu_G$ die folgenden Werte:

Alkali	Li	Na	K	Rb	Cs
	Lithium	Natrium	Kalium	Rubidium	Cäsium
A/eV	2,40	2,28	2,25	2,13	1,94
$\nu_G/10^{14}$Hz	5,80	5,52	5,44	5,15	4,69
$\lambda_G/10^{-9}$m	517	543	551	582	639

Tab. 1421-1:   Äußerer Photoeffekt

Einige Alkalilegierungen und Alkalioxyde haben noch kleinere A und sind damit auch für den Empfang von rotem und infrarotem Licht geeignet. Für häufig verwendete Schichten wurde die Bezeichnung S1 , S2 usw. vereinbart. In **Fig. 1421-1** sind Daten solcher Schichten zusammengestellt. In den schwarz eingezeichneten λ-Bereichen hat der Strom freigesetzter Elektronen pro Watt Strahlungsfluß die in µA/W notierten Größtwerte. Außerhalb der schraffierten λ-Bereiche betragen die µA/W nur noch weniger als 10% dieser Größtwerte. Die Hersteller pflegen statt dessen die Lichtstromempfindlichkeiten in mA/lm für den Fall der Bestrahlung mit der 2854

K-Hohlraumstrahlung anzugeben. Man erhält sie, wenn man die notierten mA/W durch die ebenfalls notierten lm/W dividiert. Auch die Quantenausbeuten η sind für die schwarzen λ-Bereiche angegeben. Als Quantenausbeute wird hier das Verhältnis der Zahl N_e befreiter Elektronen zur Zahl N_v der auftreffenden Photonen pro Fläche und pro Zeit bezeichnet. η hängt nicht nur von der Lichtfrequenz, sondern auch von der Einbettung in Schutzschichten ab. Die notierten Werte wurden in Siliziumeinbettung gemessen.

Typ	Substanz	$\lambda\,/\,10^{-7}\,m$ 2 3 4 5 6 7	$\dfrac{lm}{W}$	$\dfrac{\mu A}{W}$	$\dfrac{\mu}{\%}$
S 4	$Cs \cdot Sb$		1036	41	12
S 5	$Cs \cdot Sb$		1253	50	18
S 8	$Cs \cdot Bi$	$\leftarrow$ max	754	2,3	0,8
S 10	$Ag \cdot Bi \cdot O \cdot Cs$	>10%	508	20	5,6
S 11	$Cs_3 Sb \cdot O$	<10%	854	60	19
S 13	$Cs \cdot Sb$		794	48	13
S 14	$Cs \cdot Sb$		1593	64	25
S 20	$Na \cdot K \cdot Cs \cdot Sb$		429	64	18

1:    Photokathoden

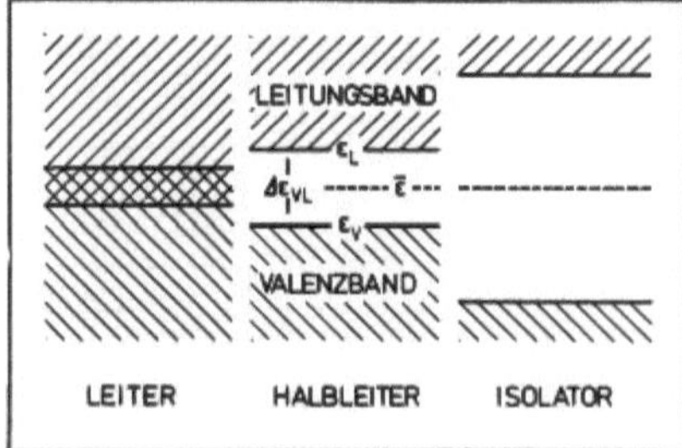

2:    Energiebänder

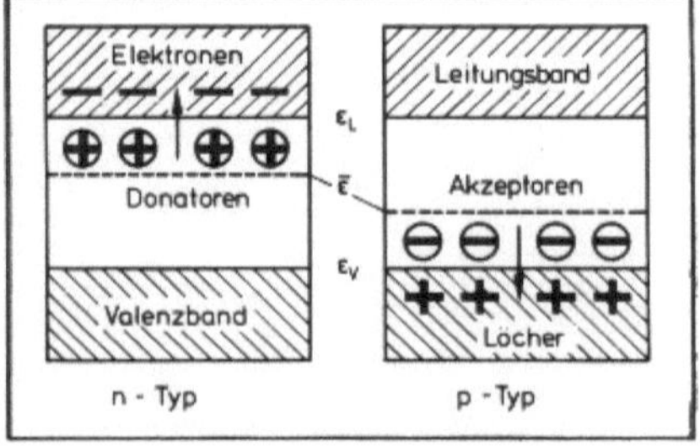

3:    Dotierte Halbleiter

Fig. 1421:   Photoelektrische Effekte

Die Schicht befindet sich als sog. Photokathode in einem Stromkreis. In diesem fließt auch ohne Bestrahlung ein Strom, weil hin und wieder thermisch freigesetzte Elektronen die Schicht verlassen. Dieser Strom wird der Dunkelstrom des Kathodendetektors genannt. Je höher die Temperatur T, umso größer wird die Zahl N_{eT} der so freigesetzten Elektronen pro Fläche

und Zeit. Bei Labortemperatur ist N_{eT}=300/cm^{2}s der Schicht S 20 besonders groß und N_{eT}+15/cm^{2}s einer nicht mit aufgeführten Bialkali
(K_2C_sSb)-Schicht besonders klein. Diese Schicht wurde für hohe η im
ganzen sichtbaren Spektralbereich auf Kosten der η im UV und IR entwickelt. Das η-Maximum liegt hier wie bei der Schicht S 20 bei λ=380
nm und beträgt etwa 27%. Die Schicht S 20 zeichnet sich durch hohe
Strombelastbarkeit aus. η nimmt ab und N_{eT} nimmt zu, wenn die Katho-
denstromdichte einen gewissen Wert überschreitet. Bei der Schicht S 20
ist dies erst ab einigen μA/cm^2 der Fall, bei anderen Schichten schon
ab etwa 0,02 μA/cm^2.

Auch beim inneren Photoeffekt werden Elektronen von Photonen aus ihrer
Bindung befreit. Aber diese verlassen die Substanz nicht, sondern können
sich dann lediglich frei in ihr bewegen. Aus Valenzelektronen werden Leitungselektronen, die positiv geladene Leerstellen hinterlassen. Auch
diese sog. Löcher bewegen sich, wenn sie von benachbarten Valenzelektronen aufgefüllt werden und so benachbarte Löcher aufmachen. Ohne ein
makroskopisches elektrisches Feld werden die Löcher schon bald wieder mit
Leitungselektronen gefüllt. Sie verschwinden durch Rekombination. In
einem hinreichend starken Feld werden die Elektronen jedoch so schnell so
weit von den Löchern getrennt und so stark beschleunigt, daß die Rekombination nur selten gelingt. Beide, die Leitungselektronen und die Löcher
tragen dann zur elektrischen Leitfähigkeit bei. Es hängt vom Energieab-
stand zwischen dem Leitungsband und Valenzband der Substanz ab, ob dieser
innere Photoeffekt merklich beitragen kann. Bei den Leitern überlappen
sich die beiden Bänder, wie in **Fig. 1421-2** links. Darum sind schon ohne Photonen so viele Leitungselektronen vorhanden, daß Photoelektronen ihre
Zahl nur unmerklich erhöhen. Bei den Isolatoren liegen die beiden Bänder
andererseits, wie in **Fig. 1421-2** rechts, so weit auseinander, daß die thermische Energie selten und die von sichtbaren Photonen nie ausreicht,
Elektronen aus dem Valenzband in das Leitungsband zu heben. Der Bandab-
stand eines guten Isolators beträgt $\Delta\varepsilon_{VL}=\varepsilon_L-\varepsilon_V$=5eV oder mehr. Bei den
Halbleitern ist der Bandabstand kleiner. Bei reinen Halbleitern hat er
z.B. die folgenden Werte:

Halbleiter	PbO	Si	Ge	InAs	InSb
	Bleioxyd	Silizium	Germanium	Indium Arsenit	Indium Antimonit
$\Delta\varepsilon_{VL}$/eV	1,90	1,12	0,68	0,33	0,18
$\nu_G/10^{14}$Hz	4,61	2,73	1,65	0,79	0,43
$\lambda_G/10^{-7}$m	6,5	11	18	38	69

Tab. 1421-2:   Innerer Photoeffekt reiner Halbleiter

122

Der innere Photoeffekt ist hier schon möglich, wenn die Lichtfrequenz die notierten infraroten Grenzfrequenzen ν_G überschreitet. Hier ist schon die Labortemperatur hoch genug, um viele Elektronen in das Leitungsband zu heben. Es stellt sich ein thermodynamisches Gleichgewicht ein, bei dem die mittlere Energie der Elektronen im Leitungs- und Valenzband pro Elektron $\varepsilon = (\varepsilon_L + \varepsilon_V)/2$ beträgt. Die Zahl n der Elektronen im Leitungsband ist gleich der Zahl p der Löcher im Valenzband pro Volumen und beträgt:

$$n = p = C \cdot T^{3/2} \exp\left(- \Delta\varepsilon_{VL}/2kT\right) \tag{2}$$

Die für den betreffenden Halbleiter charakteristische Konstante C hat z.B. bei Si und Ge ungefähr den gleichen Wert $C = 10^{-15} m^{-3} K^{-3/2}$. Wegen des größeren Bandabstandes $\Delta\varepsilon_{VL}$ ist jedoch das Leitungsband von Si schwächer besetzt.

Dringen Photonen in den Halbleiter ein, so kommen zu diesen thermischen Leitungselektronen und Löchern freigesetzte Photoelektronen und Löcher hinzu. Dabei kann die Quantenausbeute viel höher sein als beim äußeren Photoeffekt. Sie wird fast gleich 1, wenn man sie auf die im Halbleiter bleibenden Photonen bezieht, und wenn das elektrische Feld hoch genug ist, um die Rekombination zu verhindern.

Die Eigenschaften eines halbleitenden Kristalls lassen sich durch Einbau von Fremdatomen in das Kristallgitter verändern. Schon eine sog. Dotierung mit 1 Fremdatom pro 10^8 Kristallatomen kann genügen. Mit den Fremdatomen wird zwischen dem Valenzband und dem Leitungsband ein zusätzliches Energieniveau angeboten. Liegt dieses nahe beim Leitungsband, wie in **Fig. 1421-3** links, so bedarf es nur einer kleinen Energie, um ein Elektron des Fremdatoms in das Leitungsband zu heben. Das Fremdatom bleibt als ortsfestes positives Ion zurück. Die Zahl n der Elektronen im Leitungsband wird höher als die Zahl p der Löcher im Valenzband. Der Halbleiter wird in diesem Fall n-leitend, und die Fremdatome werden Donatoren genannt. Liegt das zusätzliche Energieniveau nahe beim Valenzband, wie in **Fig. 1421-3** rechts, so bedarf es andererseits nur einer kleinen Energie um ein Elektron aus dem Valenzband zu heben und an das Fremdatom zu binden. So entsteht ein ortsfestes negatives Ion und ein Loch im Valenzband. p wird höher als n. Der Halbleiter wird p-leitend, und die Fremdatome werden Akzeptoren genannt. Die uns interessierenden Fremdatome legen das zusätzliche Energieniveau so nahe an das Leitungs- oder Valenzband, daß bereits die thermische Energie ausreicht, um praktisch alle Fremdatome zu ionisieren. Die Zahl der aus dem Valenzband in das Leitungsband gehobenen Elektronen ist andererseits viel kleiner als die Zahl der Fremdatome. Dann ist im Falle der n-Dotierung n praktisch gleich der Zahl der Fremdatome und viel kleiner als p. Im Falle der p-Dotierung ist umgekehrt p praktisch gleich der Zahl der Fremdatome und viel kleiner als n. Die mittlere Energie aller Elektronen pro Elektron liegt im Falle der p-Dotierung näher bei ε_V. Beim Anlegen einer Spannung fließt dann ohne Photonen im

Falle der n-Dotierung praktisch nur ein Strom von Elektronen und im Falle der p-Dotierung nur ein Strom von Löchern. Mit Photonen kommt ein von gleich viel Elektronen wie Löchern getragener Photostrom hinzu. Sind schon alle Fremdatome ionisiert, so wird dieser Photostrom durch den Bandabstand $\Delta\varepsilon_{VL}$ des undotierten Halbleiters bestimmt. Der Anteil des Photostroms am Gesamtstrom bleibt vergleichsweise klein. Man kann durch Kühlung bewirken, daß nur ein Teil der Fremdatome thermisch ionisiert ist. Dann tragen auch Elektronen bzw. Löcher zum Photostrom bei, die durch Photoionisation der Fremdatome entstehen. Für diesen Anteil ist der kleine Abstand $\Delta\varepsilon_{Ln}$ bzw. $\Delta\varepsilon_{Vp}$ der zusätzlichen Energieniveaus zum benachbarten Band maßgebend. Die hierzu gehörende Grenzfrequenz ν_{Gn} bzw. ν_{Gp} ist viel kleiner als ν_G. Damit ist noch langwelligeres Licht als beim undotierten Halbleiter imstande, einen merklichen Photostrom auszulösen. $\Delta\varepsilon_{Ln}$ bzw. $\Delta\varepsilon_{Vp}$ und die zugehörigen Grenzfrequenzen ν_{Gn} bzw. ν_{Gp} und Grenzwellenlängen λ_{Gn} bzw. λ_{Gp} haben z.B. bei verschiedenen Dotierungen von Germanium und Silizium die folgenden Werte:

Halbleiter	Ge		Si		
Dotierung	In	As	In	As	P
$\Delta\varepsilon/eV$	0,011	0,013	0,16	0,053	0,045
$\nu_G/10^{12}Hz$	2,7	3,2	37	13	11
$\lambda_G/10^{-6}m$	113	95	8	23	28

Tab. 1421-3:   Innerer Photoeffekt dotierter Halbleiter

Die Dotierung muß nicht homogen, sondern kann auch schichtweise und mit Gradienten erfolgen. Je nach Vorzeichen und Betrag der angelegten Spannung treten dann unterschiedliche Raumladungen mit verschiedenen Rückwirkungen auf. Mit dotierten Halbleitern kann so eine Vielfalt von Photodetektoren mit verschiedenen Eigenschaften hergestellt werden.

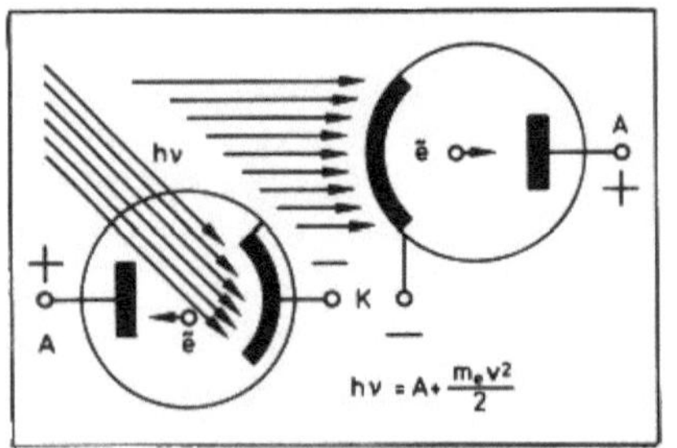

1: Vakuumphotodioden

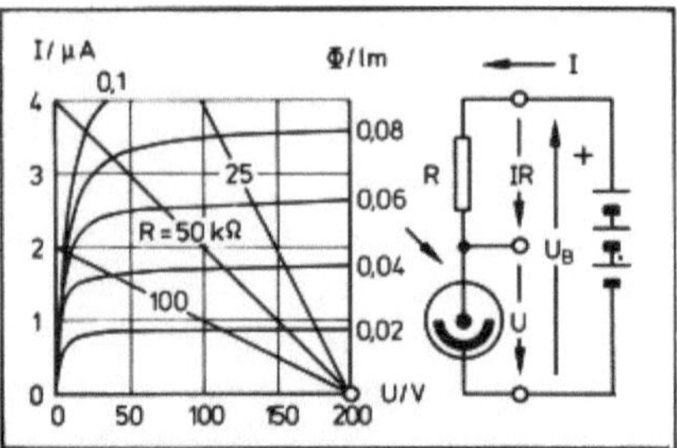

2: Kennlinien

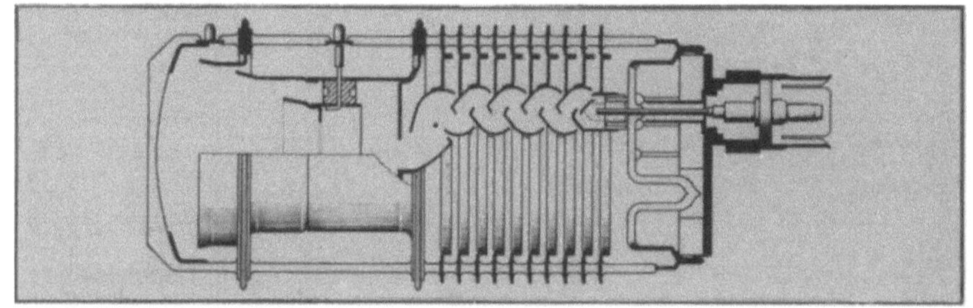

3: Photomultiplier

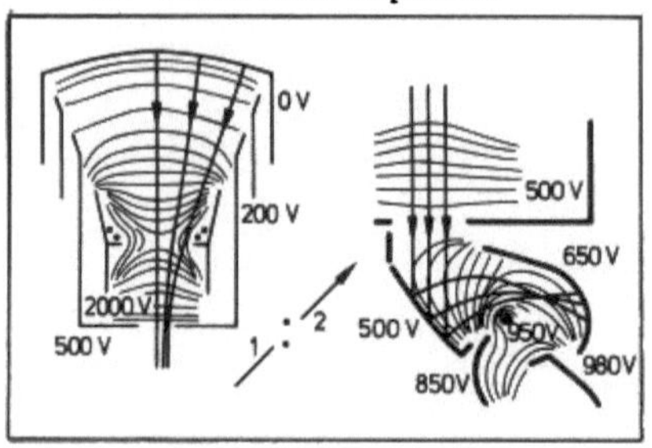

4: Äquipotentiallinien

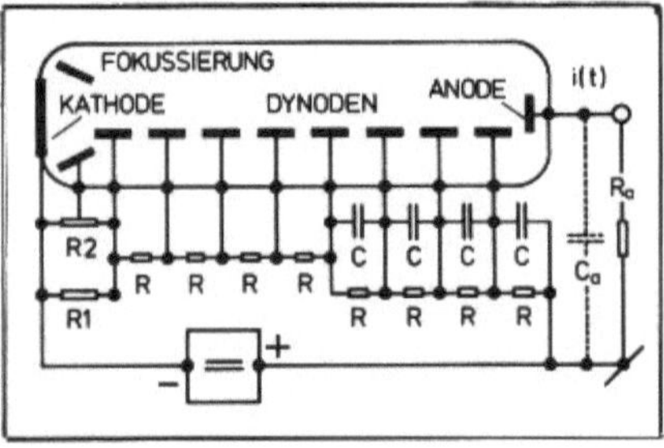

5: Multiplierschaltung

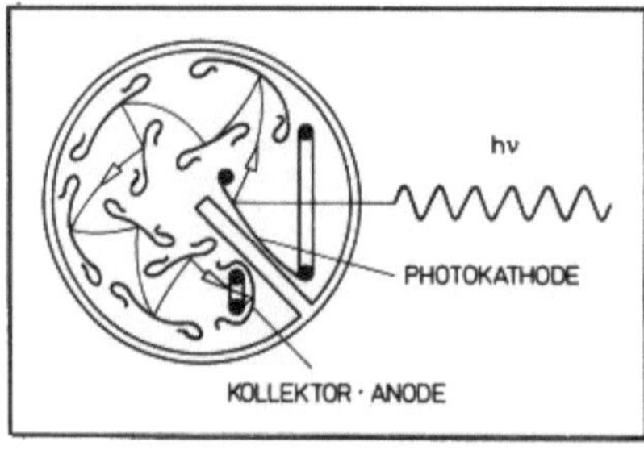

6: Kompaktmultiplier

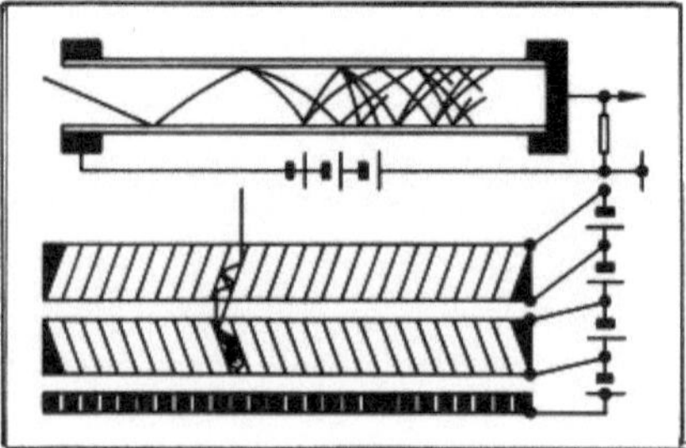

7: Kanalmultiplier

Fig.1422: Kathodendetektoren

1.4.2.2 Kathodendetektoren

Kathodendetektoren benutzen den äußeren Photoeffekt. Bei hohen von der Photokathode empfangenen Strahlungsleistungen $P=N_\nu h\nu$ kann es genügen, die Photoelektronen mit einer positiven Spannung in eine Anode vor oder hinter der Kathode abzusaugen, wie in Fig. 1422-1. Ist das Vakuum im umschließenden Glaskolben so gut, daß man die Zusammenstöße der Elektronen mit Gaspartikeln vernachlässigen kann, so wird die Anordnung eine Vakuumphotodiode genannt. Bei hinreichend hoher Spannung U fließt ein Strom $I=N_e q_e$ gleich dem Produkt der Zahl N_e der pro Zeit ausgelösten Elektronen mit der Elektronenladung q_e. Mit der Quantenausbeute $\mu=N_e/N_\nu$ gilt:

$$I = \frac{\mu q_e}{h\nu} \cdot P \tag{1}$$

Wegen der Frequenzabhängigkeit von μ ist die photoelektrische Empfindlichkeit $\mu q_e/h\nu$ der Photokathode nicht einfach umgekehrt proportional zur Frequenz ν, sondern hängt bei den verschiedenen Photokathoden verschieden von ν ab. Zeitabhängige $I(t)$ werden als Spannungsabfälle $I(t)R$ an einem Arbeitswiderstand R wie in Fig.1422-2 registriert. An der Diode liegt dann nicht die ganze Batteriespannung U_B, sondern nur die Spannung $U=U_B-IR$. Die Schnittpunkte der in Fig. 1422-2 als Beispiel gezeigten Diodenkennlinien und Widerstandsgeraden geben Auskunft über die I und U bei R und P. Oft kommt es darauf an, daß die $I(t)R$ sehr schnelle Änderungen von $P(t)$ einwandfrei wiedergeben. Der Elementarakt der Elektronenauslösung dauert nur typisch 10^{-12} s. Aber die Elektronenlaufzeiten von der Kathode zur Anode sind vergleichsweise lang und nicht alle gleich. Diese und die Kapazität des von der Anode und Kathode gebildeten Kondensators lassen die Registrierung von schwankenden $P(t)$ nur bei Schwankungsfrequenzen unter einer oberen Grenzfrequenz zu. Bei den meisten Vakuumphotodioden beträgt diese obere Grenzfrequenz einige MHz. Mit den sog. biplanaren Photodioden kann man Schwankungen mit Frequenzen bis 1000 MHz registrieren, wenn der Abstand der ebenen Elektroden nur wenige mm beträgt. Solche Photodioden gehen außerdem erst bei höheren Strömen in die Sättigung und vertragen höhere Ströme.

Oft ist das Spannungssignal $I(t)R$ so klein, daß es zur Registrierung verstärkt werden muß. Es gibt zwei Möglichkeiten, die Verstärkung schon innerhalb des Detektors vorzunehmen. Man kann mit einer Gasfüllung dafür sorgen, daß die Photoelektronen Gasatome ionisieren und so Elektronenlawinen auslösen. Solche gasgefüllten Photodioden rauschen sehr stark. Oder man kann die Photoelektronen in einen im selben Glaskolben untergebrachten Sekundärelektronenvervielfacher schicken. Photodetektoren solcher Art werden Photomultiplier (PM) genannt. Fig. 1422-3 zeigt den Längsschnitt eines typischen Photomultipliers. Die Photoelektronen werden auf dem Weg von der Photokathode zur Anode mit Hilfe eines fokussierenden und stark beschleunigenden elektrischen Feldes in eine Kette von sog. Dynoden geführt. Sie prallen auf die erste Dynode und schlagen aus dieser Sekundärelektronen heraus. Diese prallen auf die nächste Diode und befreien dort weitere Sekundärelektronen, und so fort. So bilden sich stufenweise wachsende Elektronenlawinen, die schließlich mit einer riesigen Zahl von Sekundärelektronen pro Photoelektron die Anode erreichen. Würden keine Elektronen verloren gehen, so würde ein Multiplier mit n Dynoden und der mittleren Sekundärelektronenausbeute ε die Zahl der Elektronen um den Faktor $V=\varepsilon^n$ verstärken. In Wirklichkeit gelangt jedoch nur ein Teil f der Photoelektronen zur ersten Dynode und nur ein Teil g der Sekundärelektronen von einer Dynode bis zur nächsten. Dies reduziert den Verstärkungsfaktor auf:

$$V = f(g\varepsilon)^n \tag{2}$$

$f=0,9$ und $g\varepsilon=4,5$ sind typische Werte, die z.B. bei $n=10$ den Verstärkungsfaktor $V=3\cdot10^6$ ergeben. Bei der Quantenausbeute $\mu=0,2$ der Photokathode kommen so $\mu V=6\cdot10^5$ Elektronen pro Photon zur Anode. ε hängt von der Spannung U_D zwischen aufeinanderfolgenden Dynoden ab. Für SbCs-Dynoden gilt ungefähr $\varepsilon=0,2(U_D/\text{Volt})^{0,7}$ und für AgMgO-Dynoden mit Cs ungefähr $\varepsilon=0,025$ U_D/Volt. Schwankungen der Spannung U_D haben mit der Zahl n der Dynoden wachsende Schwankungen von V zur Folge:

$$\frac{dV}{V}(\text{SbCs}) = 0,7n\,\frac{dU_D}{U_D} \; ; \qquad \frac{dV}{V}(\text{AgMgO-Cs}) = n\,\frac{dU_D}{U_D} \tag{3)(4}$$

Photomultiplier sind darum mit hochkonstanter Spannung an einem Spannungsteiler mit hochkonstanten Widerständen zu betreiben. Hochfrequente Spannungsschwankungen sind mit Kondensatoren zu glätten. Werden hochfrequente Schwankungen P(t) der Strahlungsleistung registriert, so ist es außerdem wichtig, daß die Laufzeiten der Elektronen von der Kathode bis zur Anode trotz unterschiedlicher Wege möglichst gleich sind. **Fig. 1422-4** zeigt Dynodenkonturen und Äquipotentiallinien der elektrischen Felder, die die sog. Laufzeitspreizung minimieren. So aufgebaute Multiplier werden mit 1000 V bis 2000 V Gleichspannung zwischen Anode und Kathode betrieben. Der Anodenstrom I ist dann zur Strahlungsleistung P proportional. Auch hier werden zeitabhängige I(t) als Spannungsabfälle $I(t)R_a$ an einem Arbeitswiderstand R_a in der Anodenzuleitung registriert. Man vermeidet Isolationsprobleme, wenn man den positiven Pol der Spannungsquelle erdet. **Fig. 1422-5** zeigt eine solche Schaltung. Die Laufzeitspreizung nimmt mit zunehmender Teilspannung zwischen der ersten Dynode und der Kathode ab. Kommt es auf möglichst kleine Laufzeitspreizung an, so ist es also günstig, diese Teilspannung möglichst hoch zu wählen. Man kann sie mit einer Zenerdiode an Stelle des Widerstandes R_1 konstant halten, wenn man die Empfindlichkeit des Multipliers durch Änderung der Spannung zwischen Anode und Kathode variiert. An den anodennahen Dynoden sorgen Kondensatoren C parallel zu den Widerständen R des Spannungsteilers dafür, daß die Dynodenspannungen auch bei starken P(t)-Impulsen nicht merklich abfallen Anders als bei der Vakuumphotodiode wählt man hier den Arbeitswiderstand R_a so klein, daß er keinen merklichen Einfluß auf die Anodenspannung hat. Bei der Registrierung hochfrequenter P(t) muß er ferner so klein sein, daß die Kabelkapazität C_a den Spannungsabfall an R_a nicht vermindert. R_a=50 Ω ist ein typischer Wert, bei dem man erforderlichenfalls auch ein langes Koaxialkabel mit der Impedanz 50 Ω anschließen kann. Die Widerstände des Spannungsteilers dürfen andererseits vergleichsweise hoch sein. Es genügt, wenn der Strom I_R durch den Spannungsteiler etwa 100 mal so hoch ist wie der Strom I durch den Multiplier. Ist z.B. I=100 µA bei V=2000 V, so ist I_e=10 mA hoch genug. Der Gesamtwiderstand des Spannungsteilers darf U/I_R=2•10^5 Ω betragen.

Bei kleiner Strahlungsleistung P macht sich die Tatsache störend bemerkbar, daß die Photokathode auch bei völliger Dunkelheit thermische Elektronen emittiert. Bei Labortemperatur werden z.B. in der K_2CsSb-Kathode 15, in der S 11-Kathode 70 und in der S 20-Kathode 300 Elektronen pro Sekunde und Quadratzentimeter freigesetzt. Der infolgedessen auftretende Dunkelstrom I_T kann bei Labortemperatur je nach Art und Fläche der Kathode zwischen 10^{-15} A und 10^{-12} A betragen. Die Abhängigkeit von der Kathodenfläche F, Austrittsarbeit A und Temperatur T kann mit der Richardsonschen Gleichung beschrieben werden:

$$I_T = KFT^2 \exp(-A/KT) \tag{5}$$

K ist eine substanzspezifische Konstante. I_T wächst mit F. Es ist also ratsam, die Kathodenfläche nicht größer als die bestrahlte Fläche zu machen. I_T nimmt mit zunehmendem A ab. Es ist also ratsam, blaues Licht nicht mit einer auch für rotes oder gar infrarotes Licht empfindlicher Fläche zu empfangen. Und I_T wächst mit T. Kühlung ist ein wirksames Mittel, um I_T klein zu halten. Bereits die Abkühlung auf T=273 K bringt bei der SbCs-Kathode eine Senkung von I_T auf 1/10 und bei der Trialkalikathode auf 1/16 des Wertes bei T=293 K. Darum werden für hochempfindliche Photomultiplier spezielle Kryostate angeboten.Sie vermeiden das Beschlagen des Fensters, indem sie die Frontscheibe eines Doppelfensters mit evakuiertem Zwischenraum heizen. Abkühlung unter etwa 233 K bringt allerdings kaum noch einen Gewinn, weil dann die Radioaktivität der Werkstoffe, die Höhenstrahlung und die Feldemission mehr Elektronen freisetzen als die thermische Bewegung vermag. Vorsicht: Zu schnelle und zu starke Abkühlung kann die Dynoden deformieren. Die Photokathode liefert einen stark überhöhten Dunkelstrom, wenn sie hellem Tageslicht ausgesetzt wurde, und sie braucht einen Tag oder mehr, um sich zu erholen, d.h. die gespeicherte Energie restlos abzugeben. Ein stark überhöhter Dunkelstrom kann außerdem von Kriechströmen am Sockel oder über die Außenwand vorgetäuscht werden. Sollte der Multiplier auf einen Prominentenbesuch im Labor mit stark überhöhtem I_T reagieren, so ist die Ursache bei der überhöhten Luftfeuchtigkeit infolge der Naßreinigung des Laborbodens zu suchen. Wird im selben Labor mit Lichtbögen oder Funken experimentiert, so lohnt es sich, den Multiplier mit einer passenden Mymetallabschirmung zu kaufen. Die Elektronen bewegen sich andernfalls in den Magnetfeldern der starken Ströme auf anderen als den vorgesehenen Bahnen. Die Verstärkung nimmt ab und die Laufzeitspreizung nimmt zu. Ohne Abschirmung kann sich sogar eine Änderung der Orientierung im Magnetfeld der Erde bemerkbar machen. Die Photokathode ist meist viel größer als bei den Anwendungen im Strömungslabor erforderlich wäre. Das ist einerseits ärgerlich, weil es den Dunkelstrom unnötig erhöht, gibt aber andererseits die Möglichkeit , mit aufgeweitetem Lichtbündel über die etwas unterschiedlichen Quantenausbeuten zu mitteln. Man kann die Laufzeitspreizung vermindern, indem man nicht aufweitet, sondern im Gegenteil auf die Mitte der Kathodenfläche fokussiert. Mehr Angaben über Photomultiplier wurden z.B. in [572-575] zusammengestellt.

Die Anordnung von Kathode, fokussierenden Elektroden, Dynoden und Anode läßt sich auf vielerlei Weise variieren. Neben der in **Fig.** 1422-3 gezeigten linearen Anordnung zwischen zwei tragenden Stäben hat sich die in **Fig.** 1422-6 skizzierte auf einer Platine bewährt. Sie ist kompakter und verkürzt die Elektronenlaufzeiten. Noch kompakter sind die sog. Kanalmultiplier, bei denen die Innenwand einer Halbleiterröhre die Funktion sowohl der Photokathode wie auch der Dynoden übernimmt. **Fig.** 1422-7 oben zeigt ein Beispiel. In der Röhre mit einem hohen z.B. 10^9 Ω betragenden Widerstand erzeugen einige Kilovolt Spannung zwischen einer Deckelanode und Ringkathode ein axiales elektrisches Feld. Wird von einem leicht schräg durch die Ringkathode einfallenden Photon am Anfang des Kanals ein Photoelektron befreit, so schlägt dieses aus der schräg gegenüberliegenden Kanalwand Sekundärelektronen heraus. Diese werden dann ihrerseits aus der jeweils schräg gegenüberliegenden Wand weitere Sekundärelektronen freisetzen. Der Vorgang wiederholt sich, bis schließlich eine typische 10^8 Elektronen zählende Lawine die Anode erreicht. Solche Kanalmultiplier werden mit wenigen mm Durchmesser und typisch 100 mm Länge für den Nachweis von UV-Strahlung, Röntgenstrahlung, Elektronen und Ionen angeboten. Wickelt man sie auf, so kommen sie mit mäßig gutem Vakuum aus, weil dann die im Gas erzeugten positiven Ionen nicht bis zur Kathode gelangen und dort mit der Freisetzung von Elektronen den Aufbau einer elektrischen Gasentladung einleiten können. Mit einer entsprechend sensilibisierten Photokathode kann man den Kanalmultiplier auch zum Nachweis sichtbaren Lichtes verwenden. Die Weiterentwicklung ist hier jedoch vorerst in eine andere in **Fig.** 1422-7 unten angedeutete Richtung gegangen, auf die wir bei der Besprechung der Bildwandler zurückkommen werden.

1.4.2.3 Halbleiterdetektoren

Halbleiterdetektoren benutzen den inneren Photoeffekt. Man kann die mit der Freisetzung von Elektron/Loch-Paaren verbundene Erhöhung der elektrischen Leitfähigkeit unmittelbar verwenden, um sich ein von der Strahlungsleistung abhängendes Stromsignal zu verschaffen. Dazu genügt es, eine Spannung an die Enden eines homogenen Halbleiterstreifens zu legen. Eigens für diesen Zweck gefertigte Halbleiterstreifen auf Trägern werden Photowiderstände genannt. Die handelsüblichen Photowiderstände reagieren jedoch so träge, daß damit nur vergleichsweise langsame Änderungen der Strahlungsleistung P(t) registriert werden können. Fig. 1423-1 zeigt, wie sich der Strom I(t) durch einen typischen Photowiderstand ändert, wenn ein Lichtstrom mit der Farbtemperatur 2854 K und den in lux angegebenen Beleuchtungsstärken plötzlich ein- oder ausgeschaltet wird. Beim Einschalten wird die Signalanstiegszeit überdies um so länger, je kürzer die Beleuchtungspause war. Für die P(t)-Registrierung im Strömungslabor kommen derart träge Photodetektoren nur ausnahmsweise in Frage. Wo sie in Frage kommen, haben sie den Vorteil, daß sie in den verschiedensten Formen angeboten werden. Man kann auf demselben Träger mehrere Photowiderstände so anordnen und schalten, daß sie den Ort eines Lichtflecks oder eine bestimmte Lichtverteilung melden. Dabei kann man die starke Temperaturabhängigkeit des Widerstandes mit wohlbekannten Kompensationsschaltungen eliminieren.

Soll der Halbleiterdetektor auch hochfrequente Schwankungen der empfangenen Strahlungsleistung P(t) einwandfrei in eine elektrische Meßgröße wandeln, so müssen die Photoelektronen viel kürzere Wege viel schneller durchlaufen. Das ist möglich, wenn ein sog. Sperrschichteffekt eine Schicht innerhalb einer Halbleiterscheibe so von Ladungsträgern entvölkert, daß man eine hohe Spannung an die beiden Oberflächen einer dünnen Scheibe legen kann. Die Photoelektronen haben dann nur noch die dünne Scheibe zu durchdringen. Wir begeben uns damit in das weitverzweigte und in stürmischer Entwicklung befindliche Gebiet der Halbleiterelektronik. Von der Vielzahl der hier für die verschiedensten Zwecke entwickelten Sperrschichtphotodetektoren sind für die im Strömungslabor vorkommenden P(t)-Registrierungen die pn-Photodioden und pin-Photodioden geeignet. Beide arbeiten mit verschieden dotierten Schichten innerhalb einer Halbleiterscheibe, deren Gesamtdicke nur typisch 10 µm beträgt.

Bei der pn-Diode ist die Halbleiterscheibe von der einen Seite her so mit Donatoren und von der anderen Seite her so mit Akzeptoren dotiert, daß sich praktisch ein homogener n-Leiter und ein homogener p-Leiter an einer Kontaktfläche berühren. Wir überlegen zunächst, was ohne den Empfang von Photonen geschieht. Die Leitungselektronen des n-Leiters diffundieren in den p-Leiter und hinterlassen im n-Leiter ortsfeste positive Ladungen. Ebenso diffundieren die Löcher des p-Leiters in den n-Leiter und hinterlassen im p-Leiter ortsfeste negative Ladungen. Die elektrischen Mikrofelder der ortsfesten Ladungen summieren sich zu einem Makrofeld,

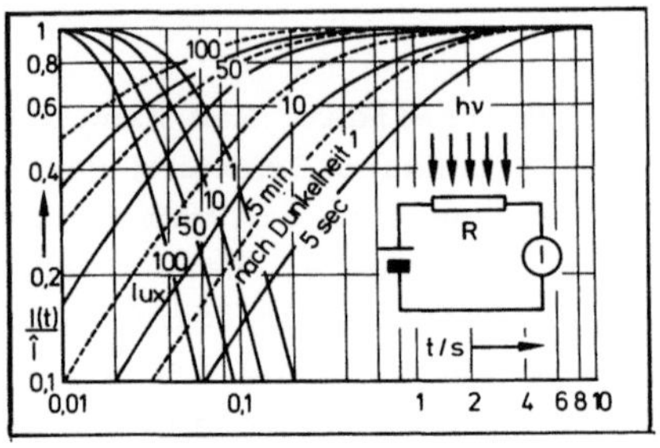

1: Photowiderstand

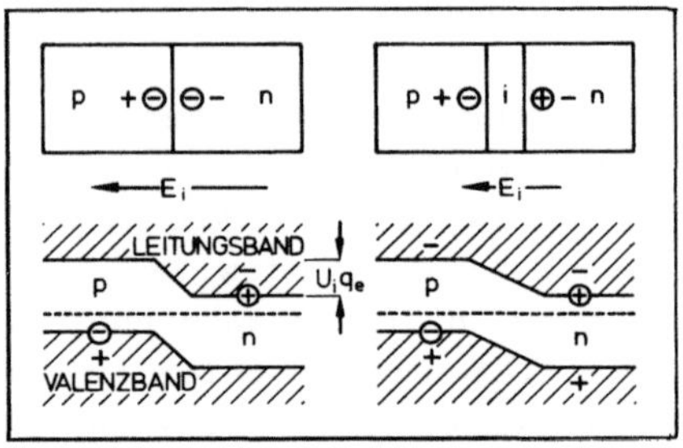

2: Photodioden

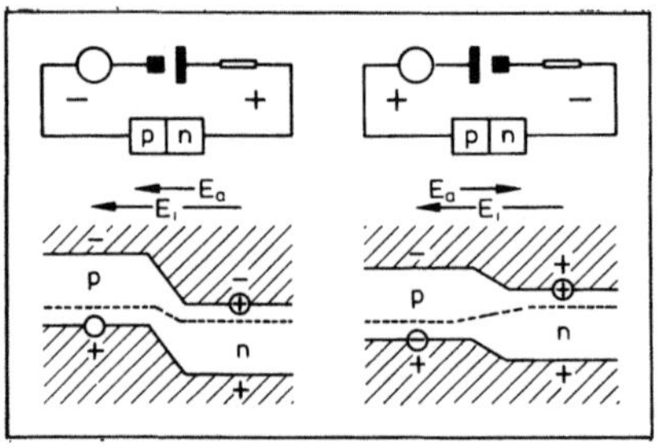

3: Spannungseffekte

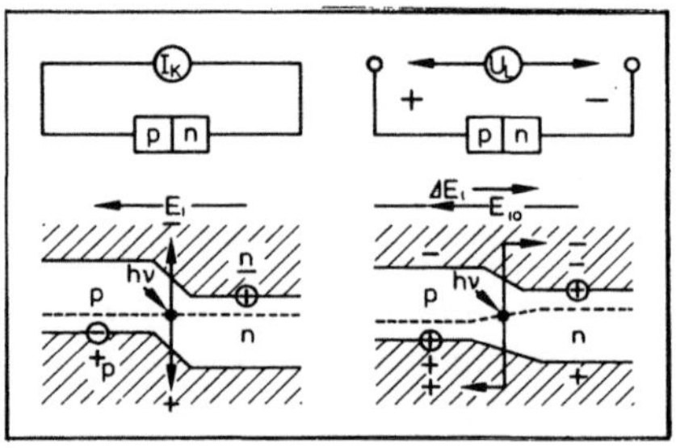

4: Kurzschluß ≠ Leerlauf

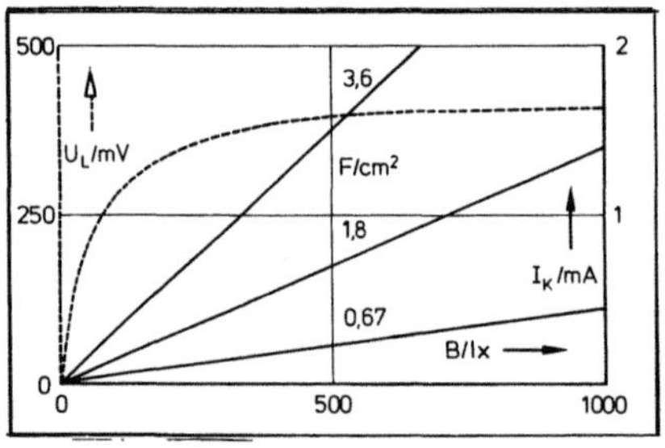

5: Kurzschluß ≠ Leerlauf

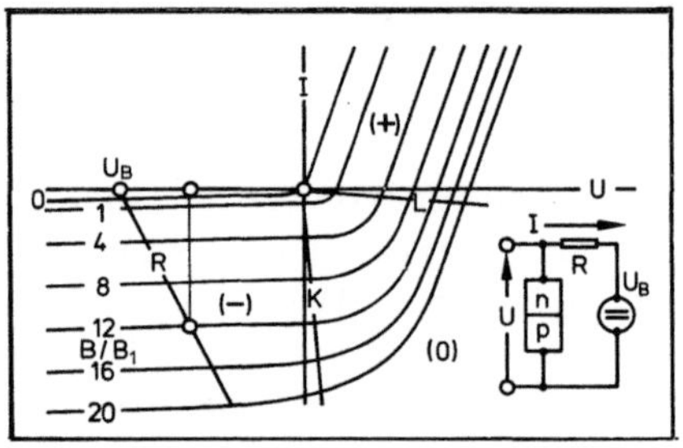

6: Kennlinien

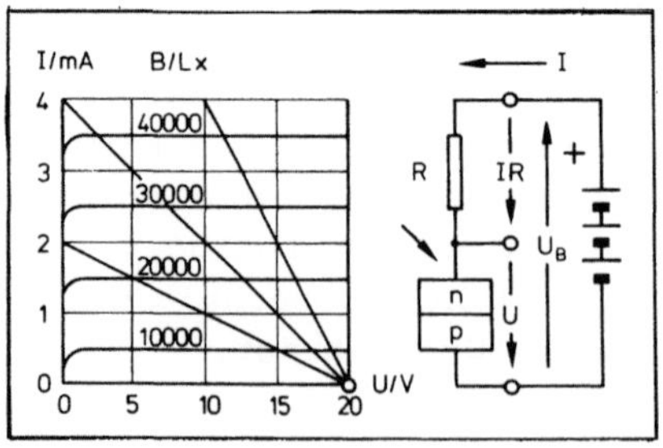

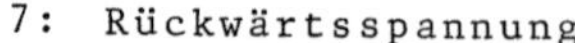

7: Rückwärtsspannung

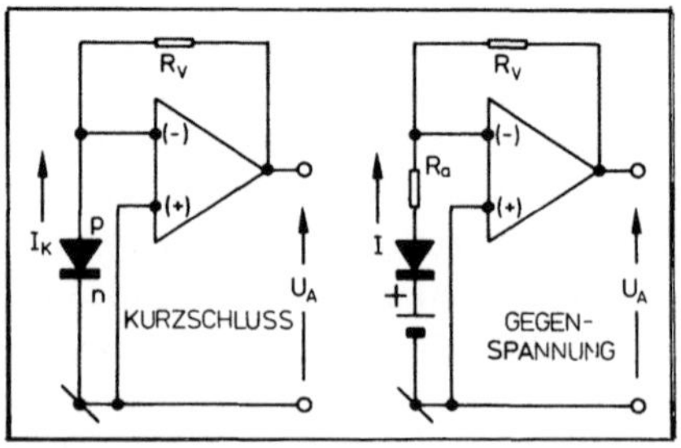

8: Operationsverstärker

Fig. 1423: Halbleiterdetektoren

das die diffundierenden Elektronen und Löcher umso mehr zurückzieht, je mehr Leitungselektronen im p-Leiter und Löcher im n-Leiter erscheinen. Außerdem findet Rekombination von Leitungselektronen und Löchern mit Häufigkeiten statt, die proportional zum Produkt der lokalen Zahlen n der Leitungselektronen und p der Löcher pro Volumen sind. So stellt sich ein Gleichgewicht ein, bei dem dieses Produkt überall den gleichen Wert hat. Weitab von der Diffusionszone ist pn trotz hoher n oder p klein, weil dort fast nur Leitungselektronen oder Löcher vorhanden sind. Irgendwo in der Diffusionszone werden n und p gleich. Hier bedeutet Kleinheit des Produktes pn Kleinheit sowohl von p wie auch von n. Ein Teil der Diffusionszone ist also eine ladungsträgerarme isolierende Schicht. Diese sog. Sperrschicht ist sehr dünn. Ihre Dicke beträgt nur typisch 1 μm. Entsprechend hoch ist in ihr jenes elektrische Feld E_i, in welchem die hinterlassenen ortsfesten Ladungen die diffundierenden Ladungen zurückholen möchten. Die an der Sperrschicht liegende Spannung wird ihre Sperrspannung U_i genannt. Sie hat ihren positiven Pol im n-Leiter und negativen Pol im p-Leiter. Die Elektronen im Valenzband des n-Leiters brauchen jetzt eine um $U_i q_e$ höhere Energie, um in das Leitungsband des p-Leiters zu gelangen. Die Energiebänder des p-Leiters werden von U_i wie in **Fig. 1423-2** um $U_i q_e$ gegen die des n-Leiters versetzt. U_i stellt sich so ein, daß das gestrichelt eingezeichnete sog. Ferminiveau im p-Leiter die gleiche Höhe wie im n-Leiter hat. Es gibt die mittlere Elektronenenergie pro Elektron an.

Die vorstehend beschriebene pn-Diode war zunächst nur ein Wechselstromgleichrichter. Wird über Metallkontakte eine äußere Spannung U angelegt, so hängt der Strom I durch die Diode vom U-Vorzeichen ab. Positive sog. Vorwärtsspannung am p-Leiter überlagert dem Eigenfeld E_i der Sperrschicht ein entgegengesetztes Feld E_a wie in **Fig. 1423-3** rechts. Die Versetzung der Energiebänder wird kleiner. Damit wird Elektronen und Löchern das Wandern durch die Sperrschicht erleichtert. Durch die Diode fließt ein mit U wachsender Strom I. Ist $U>U_i$, so wird die Versetzung der Bänder sogar überkompensiert. I wird dann nur noch durch die Widerstände des Halbleiters und des äußeren Stromkreises begrenzt. Negative sog. Rückwärtsspannung U am p-Leiter überlagert andererseits dem Eigenfeld E_i der Sperrschicht ein gleichgerichtetes Feld E_a wie in **Fig. 1423-3** links. Die Versetzung der Bänder wird größer. Der Stromdurchgang wird erschwert. Der dann fließende sog. Leckstrom kann um den Faktor 10^{-6} kleiner sein als der Strom bei Vorwärtsspannung mit gleichem Betrag. Damit ist es erst vorbei, wenn die Versetzung der Bänder den Bandabstand überschreitet. In diesem Fall können aus Valenzelektronen des p-Leiters ohne Energiezufuhr Leitungselektronen des n-Leiters werden. Die Diode wird dann durch den sog. Zenerdurchbruch zerstört.

Aus dieser pn-Diode wird eine pn-Photodiode, wenn Photonen bis zur Sperrschicht vordringen können. Ist hν größer als der Bandabstand, d.h. größer als die zur Hebung eines Elektrons aus dem Valenzband in das Leitungsband erforderliche Energie, so setzen die Photonen Elektron/Loch-Paare frei. Geschieht dies in der Sperrschicht, so werden sie von dem dort herrschenden starken elektrischen Feld sofort getrennt. Die Photoelektronen werden in den n-Leiter und die Löcher in den p-Leiter getrieben.

Wie sich das auswirkt, hängt von der Schaltung der Diode ab. Wird sie kurzgeschlossen wie in **Fig.** 1423-4 links, so fließen die Photoelektronen vom n-Leiter zum p-Leiter, um dort die Photolöcher zu neutralisieren. Es fließt also ein Kurzschlußstrom I_K, der der Zahl der pro Zeit einfallenden Photonen streng proportional ist. Im Leerlauf entstehen andererseits Überschüsse an Elektronen im n-Leiter und an Löchern im p-Leiter. Der n-Leiter wird negativ und der p-Leiter positiv aufgeladen. Die infolgedessen auftretende Leerlaufspannung U_L vermindert das Feld E_i, wie in **Fig.** 1423-4 rechts. Dies erhöht die Häufigkeit von Rekombinationen. Darum wächst U_L nicht proportional zur Zahl der pro Zeit einfallenden Photonen, sondern schwächer. In **Fig.** 1423-5 sind für ein Beispiel I_K und U_L als Funktion der empfangenen Strahlungsleistung aufgetragen. Kurzschluß und Leerlauf sind Sonderfälle. Wird das Photoelement mit einem äußeren Arbeitswiderstand R_a belastet, so wird der Strom I kleiner als I_K und die Spannung U am Element kleiner als U_L. Wächst die Strahlungsleistung, so bewegt sich der Arbeitspunkt IU längs einer von 0,0 ausgehenden Geraden (z.B. K oder L) im 4. Quadranten der U,I-Kennlinienschar in **Fig.** 1423-6.

Von dieser Betriebsart ohne angelegte Spannung (unbiased, photo voltaic) ist die mit angelegter Spannung (biased, photo conductive) zu unterscheiden. Auch hier gibt es zwei Möglichkeiten. Wird eine Rückwärtsspannung U angelegt, so wird das Feld in der Sperrschicht verstärkt. Rekombinationsverluste sind dann selten. Die Quantenausbeute wird hoch und unabhängig von U. Dies hat einen mit zunehmendem U immer weniger von U abhängenden und über viele Zehnerpotenzen proportional zur Strahlungsleistung P wachsenden Photostrom I_P zur Folge. Der dem Photostrom entgegengesetzte Leckstrom wird klein und durch einen in der gleichen Richtung wie der Photostrom fließenden Dunkelstrom mehr als kompensiert. Wir befinden uns im 3. Quadranten der **Fig.** 1423-6. Wird eine Vorwärtsspannung U angelegt, so wird andererseits zum Photostrom I_P ein in der gleichen Richtung fließender Strom addiert. Wir kommen damit aus dem 4. in den 1. Quadranten der **Fig.** 1423-6. Diese Betriebsweise ist nicht zu empfehlen, weil der Zusammenhang zwischen I_P und P nichtlinear wird.

Kleine und hochfrequente Strahlungsleistungen P(t) werden am besten mit angelegter Rückwärtsspannung U registriert. Die betreffende U,I-Kennlinienschar aus dem 3. Quadranten in **Fig.** 1423-6 wird vom Diodenhersteller wie in **Fig.** 1423-7 mitgeliefert. Wird U über einen Arbeitswiderstand R angelegt, so bedarf es einer Spannung $U_B=U+IR$ an der Serienschaltung von R und Diode. Bei gegebener Strahlungsleistung P stellt sich jenes Wertepaar U,I ein, bei welchem die Widerstandsgerade $I=(U_B-U)/R$ die zu P gehörende Kennlinie schneidet. Bei $U_B=20$ V könnte dies z.B. eine der eingezeichneten Widerstandsgeraden sein. Ändert sich P, so wandert der Schnittpunkt auf der betreffenden Widerstandsgeraden. Als Maß für P wird der Spannungsabfall $IR=U_B-U$ an R registriert. In **Fig.** 1423-7 ist I im interessierenden Bereich unabhängig von U und mit einer Proportionalitätskonstanten K proportional zu P. Hier kann darum einfach mit P=IR/K ausgewertet werden. Im allgemeinen muß jedoch mit Hilfe eines solchen Diagramms eine schwache U-Abhängigkeit von I berücksichtigt werden. Bei sehr kleinen P(t) muß man das Spannungssignal I(t)R verstärken.

Es kann Vorteile haben, die Verstärkung nicht mit dem Spannungsverstärker des Oszillographen, sondern mit einem Operationsverstärker wie in **Fig. 1423-8** rechts vorzunehmen. Es handelt sich um einen Verstärker, mit dem verschiedene Analogrechnungen durchgeführt werden können. Im vorliegenden Fall kommt es jedoch nur auf die Signalverstärkung, verbunden mit einer Impedanzwandlung, an. Der Operationsverstärker hat zwei Eingänge und einen Ausgang. Eine am (-)-Eingang auftretende Spannung gegen das Schaltungsnullpotential erscheint am Ausgang verstärkt und invertiert d.h. mit umgekehrtem Vorzeichen. Eine am (+)-Eingang auftretende Spannung erscheint am Ausgang ebenso verstärkt und nicht invertiert. Anders als beim Differenzverstärker des Oszillographen hängen die Betriebseigenschaften nur von Schaltelementen ab, die außen zugeschaltet werden. Ohne Zuschaltung würde schon eine verschwindend kleine Eingangsspannung U_E zwischen den beiden Eingängen eine große Ausgangsspannung $U_A=-V_0U_E$ mit einem Verstärkungsfaktor $V_0>>1$ erzeugen. Der (+)-Eingang wird an Masse gelegt, und der (-)-Eingang wird über einen Widerstand R_V mit dem Ausgang verbunden. R_V bewirkt eine Gegenkopplung. Bei der in **Fig. 1423-8** gezeigten Zuschaltung der Photodiode wird der durch den Arbeitswiderstand R_a fließende Diodenstrom I durch einen entgegengesetzt gleichen Strom durch R_V kompensiert. Die Ausgangsspannung U_A ist dann um den Faktor R_V/R_a höher als IR_a. Man kann den Ausgang mit einem viel kleineren Widerstand als R_a belasten, ohne U_A merklich zu ändern. Die Ausgangsimpedanz ist klein. Man kann also ein langes Kabel anschließen, ohne daß die Kabelkapazität die Registrierung hochfrequenter Schwankungen fälscht. Kommt es insbesondere hierauf an, so besteht ferner die Möglichkeit, mit etwas komplizierteren Zuschaltungen Verstärkung zu opfern, um die Ausgangsimpedanz noch weiter herabzusetzen. Zuschaltung eines Kondensators ermöglicht die Integration oder Differentiation des Signals oder einer Signaldifferenz. Mit einem solchen Operationsverstärker kann man auch wie in **Fig. 1423-8** links eine Ausgangsspannung U_A erzeugen, die zum Kurzschlußstrom I_K der Photodiode proportional ist.

Die pin-Photodiode unterscheidet sich von der pn-Photodiode nur insofern, als sich zwischen den dotierten eine undotierte, eigenleitende (intrinsic) sog. i-Schicht befindet. Diese vergrößert die Dicke der Sperrschicht wie in **Fig. 1423-2** rechts. Damit erhöht sie die Quantenausbeute und vermindert den Dunkelstrom und die Diodenkapazität. Der Dunkelstrom kann schon bei Labortemperatur weniger als 10^{-9} A betragen. Die kleinere Kapazität hat Ansprechzeiten unter 10^{-9} s bis herab zu 10^{-12} s möglich gemacht. Über Halbleiterdetektoren existiert überaus umfangreiche Literatur [575-601].

1.4.2.4 Rauschen

Jeder Photodetektor liefert auch dann einen schwankenden Strom, wenn er einen konstanten und so hohen Strahlungsfluß Φ empfängt, daß dessen Zusammensetzung aus einzelnen Photonen unmerklich bleibt. Handelt es sich um zufällige Schwankungen $i(t)$ um den Gleichstrom I, so werden sie Detektorrauschen genannt. Dieses Rauschen kann aus Anteilen verschiedener Art resultieren. Wir fragen nach dem Effektivwert $\tilde{i}$ der $i(t)$ mit Schwankungsfrequenzen zwischen $\nu-\Delta\nu/2$ und $\nu+\Delta\nu/2$ [602 - 606].

Beim Stromrauschen (shot noise) treten die $i_I(t)$ auf, weil die Zahl der pro Zeit durch eine Kontrollfläche gehenden Ladungsträger schwankt. Handelt es sich um Elektronen oder Löcher mit der Elementarladung q_e, so gilt:

$$\tilde{i}_I = \sqrt{2\,q_e\,I\,\Delta\nu} \tag{1}$$

ν kommt nicht vor, weil das Schwankungsspektrum weiß ist.

Beim Widerstandsrauschen (Johnson noise) sind die Schwankungen $i_R(t)$ um den Strom I durch den Widerstand R auf die thermische Zufallsbewegung der Ladungsträger zurückzuführen. Hier gilt:

$$\tilde{i}_R = \sqrt{4\,kT\,\Delta\nu/R} \tag{2}$$

An R treten infolgedessen schwankende Spannungen mit dem $\sqrt{R}$-proportionalen Effektivwert $\tilde{u}_R=\tilde{i}_R R$ auf. ν kommt auch hier nicht vor, weil das Schwankungsspektrum weiß ist.

Außerdem können thermisch verursachte Schwankungen der Freisetzung und Rekombination ein sog. Rekombinationsrauschen und ebenfalls thermisch oder auch anordnungsbedingte Schwankungen von Raumladungen ein sog. Raumladungsrauschen zur Folge haben. Auch das Freisetzungs- und Rekombinationsrauschen ist $\sqrt{\Delta\nu}$-proportional. Das Raumladungsrauschen ist jedoch $1/\Delta\nu$-proportional. Es ist niederfrequent, wird als Stromflackern wahrgenommen und wird auch flicker noise genannt. In den uns interessierenden Fällen kann das Rekombinationsrauschen und das Raumladungsrauschen vernachlässigt werden. Das Stromrauschen und das Widerstandsrauschen treten je nach Art des Detektors und seiner Schaltung verschieden kombiniert auf. Dabei sind die verschiedenen Rauschanteile statistisch unabhängig voneinander. Der resultierende Effektivwert $\tilde{i}$ kann also mit der folgenden Formel berechnet werden:

$$\tilde{i} = \sqrt{\Sigma\,\tilde{i}_i^{\,2}} \tag{3}$$

Wir sind letztlich nicht an diesem Effektivwert, sondern am kleinsten gerade noch meßbaren Strahlungsfluß interesssiert. Der Strahlungsfluß Φ

hängt folgendermaßen mit dem vor den Photonen erzeugten Anteil I_ν am Detektorstrom I zusammen:

$$\Phi = \frac{h\nu}{\kappa\eta q_e}\, I_\nu \tag{4}$$

$\Phi/h\nu$ ist die Zahl der pro Zeit empfangenen Photonen und $I_\nu/\kappa q_e$ die der freigesetzten Elektronen. Das Verhältnis η dieser beiden Zahlen pro Zeit ist die Quantenausbeute. Der Verstärkungsfaktor κ sagt, wieviel stromtragende Ladungsträger ein freigesetztes Elektron seinerseits freisetzt. Der Strahlungsfluß wird meßbar, wenn er den folgenden sog. rauschäquivalenten Strahlungsfluß Φ_r übersteigt:

$$\Phi_r = \frac{h\nu}{\kappa\eta q_e} \cdot \tilde{\imath} \tag{5}$$

Alle Anteile an Φ_r wachsen $\sqrt{\Delta\nu}$-proportional. Darum ist es üblich, $\Phi_r/\sqrt{\Delta\nu}$ anzugeben. Einige Hersteller nennen den Kehrwert $\sqrt{\Delta\nu}/\Phi_r$ die Detektivität.

Bei den Vakuumphotodioden und beim Photomultiplier setzt sich der Gesamtstrom I aus dem Photostrom I_ν und dem Dunkelstrom I_0 zusammen. Das Rauschen resultiert aus dem Stromrauschen des Gesamtstroms I und dem Widerstandsrauschen des Arbeitswiderstandes R. Hier gilt:

$$\tilde{\imath} = \sqrt{2\, q_e\, (I_\nu + I_R)\, \Delta\nu + 4\, kT\, \Delta\nu/R} \tag{6}$$

Mit $I_\nu = \tilde{\imath}$ kommt für $\Phi_r/\sqrt{\Delta\nu}$ der Ausdruck:

$$\frac{\Phi_r}{\sqrt{\Delta\nu}} = \frac{h\nu}{\kappa\eta}\sqrt{2\,\frac{I_0}{q_e}\cdot\frac{1+2kT/RI_0 q_e}{1-2h\nu\Delta\nu/\kappa\eta\Phi_r}} \tag{7}$$

Darin ist die Zahl $\eta\Phi_r/h\nu\Delta\nu$ der während der Zeit $1/\Delta\nu$ freigesetzten Elektronen so groß, daß $2h\nu\Delta\nu/\kappa\eta\Phi_r$ schon bei $\kappa=1$ und erst recht bei $\kappa>1$ vernachlässigt werden kann. $RI_0 q_e$ ist die Energie, die ein Elektron bei freier Beschleunigung mit der Spannung IR_0 aufnehmen würde. Bei der Vakuumphotodiode ist sie nicht unbedingt größer als die thermische Energie $2kT$. Hier ist $\kappa=1$ und kommt:

$$\frac{\Phi_r}{\sqrt{\Delta\nu}}\ \text{(Vakuumdiode)} = \frac{h\nu}{\eta}\sqrt{2\,\frac{I_0}{q_e}\,(1 + 2\,kT/RI_0 q_e)} \tag{8}$$

Beim Photomultiplier ist $\kappa\gg1$ und ist I_0 etwa um diesen Faktor κ größer als bei der Vakuumphotodiode mit gleicher Photokathode bei gleicher Temperatur. Hier kann $2kT/RI_0 q_e$ gegenüber 1 vernachlässigt werden. Damit kommt:

$$\frac{\Phi_r}{\sqrt{\Delta\nu}}\ \text{(Multiplier)} = \frac{h\nu}{\kappa\eta}\sqrt{2\,\frac{I_0}{q_e}} \tag{9}$$

Und selbst, wenn diese Vernachlässigung bei sehr kleinem R nicht zulässig wäre, so würde doch $\Phi_r/\sqrt{\Delta\nu}$ mindestens um den Faktor $1/\sqrt{\kappa}$ kleiner sein als bei der Vakuumphotodiode. Mit dem Photomultipler können also kleinere Strahlungsflüsse als mit der Vakuumphotodiode gemessen werden.

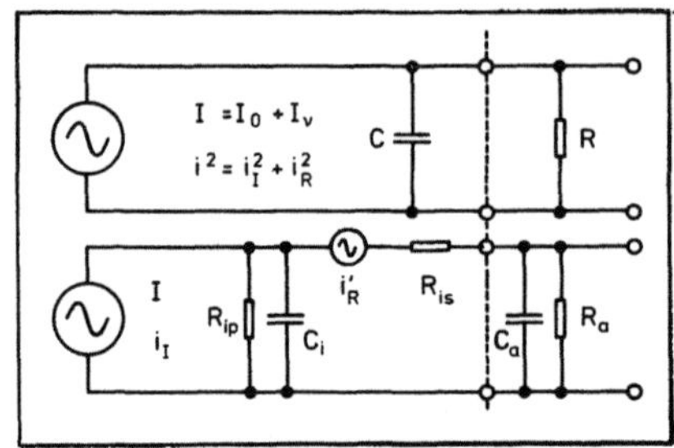
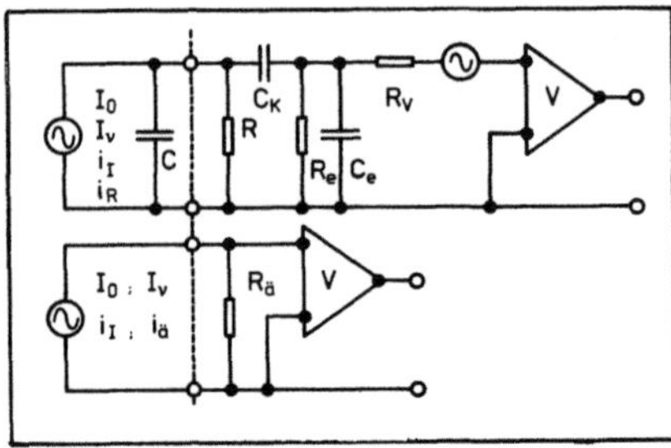

1: Ersatzschaltbild   2: Äquivalentwiderstand

Fig. 1424:   Rauschen des Photodetektors

Bei der Halbleiterphotodiode an Gegenspannung liegen komplizierte Verhältnisse vor, weil der Dunkelstrom I_0 vorwiegend aus einem spannungsabhängigen Leckstrom besteht, und weil nicht nur der Arbeitswiderstand R_a, sondern auch ein innerer Serienwiderstand R_{iS} und inneren Parallelwiderstand R_{iP} rauschen. **Fig. 1424-1** zeigt das beteffende Ersatzschaltbild. Für das Stromrauschen ist wiederum der Gesamtstrom I_0+I_ν maßgebend. Das Widerstandsrauschen kann mit dem Ersatzwiderstand

$$R = \frac{R_{iP}^2}{R_{iP}+R_{iS}+R_a} \tag{10}$$

berechnet werden. Damit gilt formal auch hier wie bei der Vakuumphotodiode die Gleichung (8). Aber I_ν/q_e ist jetzt die Zahl der pro Zeit von Photonen in der Sperrschicht freigesetzten Elektronen und Löcher. I_0/q_e ist nicht mehr eine Zahl thermisch freigesetzter Elektronen pro Zeit und I_0Rq_e nicht mehr eine pro Elektron in Wärme umgesetzte Energie. Es hängt von der Spannung ab, ob das Verhältnis $2kT/RI_0q_e$ kleiner oder größer als 1 ist. Bei kleiner Gegenspannung ist sowohl I_0 wie auch R_{iP} und ist damit R klein. Dann überwiegt das Widerstandsrauschen:

$$\frac{\Phi_r}{\sqrt{\Delta\nu}} \text{ (Halbleiterdiode, U klein)} = \frac{2h\nu}{\eta q_e} \sqrt{\frac{kT}{R}} \tag{11}$$

Bei großer Gegenspannung ist andererseits sowohl I_0 wie auch R_{iP} und damit R groß. Dann überwiegt das Leckstromrauschen:

$$\frac{\Phi_r}{\sqrt{\Delta\nu}} \text{ (Halbleiterdiode, U groß)} = \frac{h\nu}{\eta} \sqrt{\frac{I_0}{q_e}} \tag{12}$$

Bei einem Vergleich der verschiedenen $\Phi_r/\sqrt{\Delta\nu}$ ist zu beachten, daß zwar Φ_r ebensogut auf eine große wie kleine Detektorfläche F konzentriert werden kann, daß aber in allen Fällen I_0 mit F zunimmt. Es ist also sinnvoll $I_0=i_0 \cdot F$ einzusetzen und die $\Phi_r/\sqrt{F\Delta\nu}$ zu vergleichen. Einige Hersteller nennen den Kehrwert $\sqrt{F\Delta\nu}/\Phi_r$ die spezifische Detektivität. Bei dem Vergleich des Photomultipliers mit der Vakuumphotodiode war das nicht wichtig, weil beide mit gleichen F angeboten werden. Beim Vergleich des Photomultipliers mit der stark gesperrten Halbleiterphotodiode spielt jedoch F eine möglicherweise entscheidende Rolle, weil die letztere auch mit viel kleinerem F hergestellt werden kann. Der Vergleich der $\Phi_r/\sqrt{F\Delta\nu}$ fällt zugunsten des Multipliers aus. Die Halbleiterdiode hat zwar eine um den Faktor 4 bis 5 höhere Quantenausbeute η, aber ihr $\sqrt{i_0}$ ist bei hoher Gegenspannung erheblich größer als $\sqrt{i_0}/\kappa$ beim Multiplier, selbst wenn bei diesem i_0 um einen Faktor $\kappa \gg 1$ größer sein sollte. Hinzu kommt, daß zur Registrierung zeitabhängiger Strahlungsflüsse $\Phi(t)$ das Signal der Halbleiterdiode verstärkt werden muß, während der Multiplier mit seiner Sekundärelektronenvervielfachung ein hinreichend hohes Signal liefern kann. Auch der Verstärker rauscht. Der Vergleich der $\Phi_r/\sqrt{\Delta\nu}$ kann hingegen ganz anders ausfallen, wenn man eine winzige Halbleiterdiode mit einem großflächigen Multiplier vergleicht. Zur Zeit liegen die spezifischen Detektivitäten der Multiplier zwischen $10^{11}\mathrm{W}^{-1}\mathrm{cm}\sqrt{\mathrm{Hz}}$ bei T=293K, λ=800nm und $10^{16}\mathrm{W}^{-1}\mathrm{cm}\sqrt{\mathrm{Hz}}$ bei T=128K, λ=400nm. Kühlung und Vermeidung infraroter Fremdbestrahlung kann die spezifische Detektivität um Zehnerpotenzen erhöhen. Für einen Multiplier mit der empfindlichen Fläche $1\mathrm{cm}^2$ und der Übertragungsbandbreite $\Delta\nu$=1MHz folgt, daß ohne Kühlung $\Phi=10^{-11}\mathrm{W}$ und mit Kühlung $\Phi=10^{-16}\mathrm{W}$ gemessen werden können. Multiplier werden für Übertragungsbandbreiten bis $\Delta\nu$=300 MHz angeboten. Muß aus irgendwelchen Gründen mit einer Halbleiterdiode gearbeitet werden, und kommt es auf möglichst schwaches Rauschen an, so ist kleine Gegenspannung gut. Das Rauschen hängt dann praktisch nur von R ab. Allerdings ist die Gegenspannung Null nicht der günstigste Wert, weil der Parallelwiderstand R_{iP} mit abnehmender Gegenspannung abnimmt. Die Hersteller empfehlen den Betrieb mit einigen Zehntelvolt. Bei infrarotempfindlichen Detektoren kann Wärmestrahlung aus der Umgebung nicht nur den Dunkelstrom I_0 beträchtlich erhöhen, sondern können auch Schwankungen dieser Wärmestrahlung ein Rauschen vortäuschen.

Bei Verstärkung des Detektorsignals kommt am Verstärkerausgang zu dem verstärkten Rauschen des Detektors mit seinem Arbeitswiderstand das Verstärkerrauschen hinzu. Dieses Rauschen ist ungefähr gleich jenem, welches das Rauschen des in **Fig. 1424-2** in ein Ersatzschaltbild eingezeichneten Äquivalentwiderstandes $R_{\ddot{a}}$ verursachen würde. Der dort außerdem eingezeichnete Vorwiderstand R_V ist in der Regel so hoch, daß man ihn vernachlässigen kann. $R_{\ddot{a}}$ erzeugt einen Rauschstrom mit der effektiven Stromstärke:

$$\tilde{i}_{\ddot{a}} = \sqrt{\frac{4kT}{R_{\ddot{a}}}} \tag{13}$$

Der mit Gleichung (10) berechnete Widerstand R müßte um den Faktor $(R+R_{\ddot{a}})/R_{\ddot{a}}$ größer sein, um den gleichen Rauschstrom durch $R_{\ddot{a}}$ zu erzeugen. Will man das Rauschen des Verstärkers als ein aus dem Detektor kommendes in Rechnung setzen, so hat man $R_{\ddot{a}}$ mit diesem Faktor zu multiplizieren. Zu den bisher betrachteten Rauschströmen $\tilde{i}_I$ und $\tilde{i}_R$ kommt dann ein dritter $\tilde{i}_{\ddot{a}}$ hinzu:

$$\tilde{i}_{\ddot{a}} = \sqrt{\frac{4kT}{R+R_{\ddot{a}}}} \tag{14}$$

Beim Multiplier spielt er aus dem gleichen Grund wie $\tilde{i}_R$ keine Rolle. Bei den Halbleiter- und Vakuumdioden wird er oft nicht zu vernachlässigen sein. Dann gilt:

$$\frac{\Phi_r}{\sqrt{\Delta\nu}} = \sqrt{\frac{2h\nu}{\eta}\,\Phi_0 + \frac{4kT}{\eta^2}\left(\frac{h\nu}{q_e}\right)^2\left(\frac{1}{R} + \frac{1}{R+R_\text{ä}}\right)} \tag{15}$$

Der $\Phi_r/\sqrt{\Delta\nu}$-Vergleich verschiebt sich nochmehr zugunsten des Multipliers.

Fallen wenig Photonen pro Zeit auf den Detektor, so kann das sog. Photonenrauschen stärker als das Detektor- und Verstärkerrauschen werden. Wir betrachten die Zahlen der Photonen, die während sehr vieler, langer und gleicher Zeitintervalle eintreffen. Ist N die mittlere Zahl solcher Ereignisse im Zeitintervall, so stellen wir fest, daß bei den folgenden m(N) von $\Sigma m \to \infty$ Beobachtungen die Zahl der Ereignisse gleich N ist:

$$\frac{m(N)}{\Sigma m} = \frac{\bar{N}^N}{N!}\,\exp\,(-\,\bar{N}) \tag{16}$$

Dabei gilt:

$$\lim_{\Sigma m \to \infty} \frac{1}{\Sigma m} \sum_{N=0}^{\infty} m(N) = 1; \qquad \lim_{\Sigma m \to \infty} \frac{1}{\Sigma m} \sum_{N=0}^{\infty} Nm(N) = \bar{N} \tag{17}\,\tag{18}$$

$$\lim_{\Sigma m \to \infty} \frac{1}{\Sigma m} \sum_{N=0}^{\infty} (N-\bar{N})m(N) = 0; \qquad \lim_{\Sigma m \to \infty} \frac{1}{\Sigma m} \sum_{N=0}^{\infty} (N-\bar{N})^2 m(N) = \bar{N} \tag{19}\,\tag{20}$$

Der letztgenannte Mittelwert der Abweichungsquadrate ist die Valenz der Poissonverteilung (16). Die Wurzel aus der Valenz ist ihre Streuung. Eine Registrierung der Photonen während sehr langer Zeit kann als Aufeinanderfolge von sehr vielen Beobachtungen ihrer Zahlen N in langen und gleich großen Zeitintervallen aufgefaßt werden. Sie schwanken um N mit einer Standardabweichung σ, die sich nur vernachlässigbar von der Streuung $\sqrt{N}$ unterscheidet. Mittelt der Detektor über die N Photonen, so ist der Detektorstrom I zu den N pro Zeitintervall proportional. Der Effektivwert $\tilde{i}$ der Abweichungen $I-\bar{I}$ vom Mittelwert $\bar{I}$ der I ist zu σ pro Zeitintervall proportional. Dieser Effektivwert $\tilde{i}$ des Photonenrauschens erschwert die Bestimmung des Signals $\bar{I}$. Für das Signal/Rauschverhältnis $\bar{I}/\tilde{i}$ ergibt sich $\bar{I}/\tilde{i} = \bar{N}/\sqrt{\bar{N}} = \sqrt{\bar{N}}$. Am sternklaren Nachthimmel kann das dunkeladaptierte Auge einen Stern gerade noch sehen, wenn in einer Sekunde etwa $\bar{N}=8100$ Photonen mit Wellenlängen um 555 nm durch die Pupille gehen. Dann ist $\sqrt{\bar{N}}=90$. Selbst bei so schwachem Licht ist also $\sqrt{\bar{N}}$ noch hoch, wenn die Empfangsfläche einige mm^2 und die Beobachtungszeit Sekunden beträgt. Bei manchen der zu besprechenden Meßverfahren sind jedoch die Empfangszeiten viel kürzer. Dann kann es günstiger werden, nicht $\bar{I}$ zu messen, sondern die Zahlen ηN der von Photonen in Zeitintervallen ausgelösten Stromimpulse zu zählen.

1.4.3 Bildwandler

1.4.3.1 Bildverstärker

Eine großflächige Photokathode setzt das auf der Vorderseite erscheinende
Photonenbild in ein Elektronenbild auf der Rückseite um. Die Elektronenoptik macht es möglich, die dort austretenden Elektronen so zu beschleunigen und zu fokussieren, daß dieses Elektronenbild verstärkt auf einen
phosphoreszierenden Schirm projiziert wird. Die Elektronen kommen dort
mit hohen Geschwindigkeiten an, die bei der Spannung U zwischen Schirm und
Kathode $V=\sqrt{2q_e U/m_e}$ betragen, bei U=5000 V etwa v=4$\cdot$10^7 m/s. Auf der anderen Seite des Schirms kann darum ein Photonenbild mit viel größeren
Bestrahlungsstärken und mit höheren, d.h. photographisch wirksameren
Frequenzen erscheinen. Wird eine solche Anordnung verwendet , um Infra-
rotbilder sichtbar zu machen, so wird sie IR-Bildwandler genannt. Wir
sind an ihrer Verwendung als Bildverstärker interessiert. Selbst ohne
Frequenzumsetzung und bei einer nur 20 % betragenden Quantenausbeute der
Photokathode kann der einstufige Bildverstärker die Zahl der Photonen pro
Fläche und Zeit um den Faktor 40 verstärken. Man kann den Vorgang in auf-
einanderfolgenden Stufen wiederholen. Wegen großer Abbildungsfehler hat
der Bildverstärker jahrzehntelang wenig Freunde gefunden. In den letzten
Jahren ist es jedoch gelungen, die Bildqualität durch Vor- und Nachschal-
tung von Lichtfaserplatten und durch Verwendung von magnetischer statt
elektrostatischer Elektronenoptik zu verbessern. Mit einem dreistufigen
Bildverstärker wurde der Photonenverstärkungsfaktor 6000 erzielt. Beim
Einkauf eines Bildverstärkers ist die gewünschte Beschichtung des Schirms
anzugeben. Es handelt sich um Substanzen, die Elektronenenergie speichern , um sie nach einer gewissen Verweilzeit als Photonenenergie abzugeben . Weil sie phosphoreszieren, werden sie auch dann Phosphore genannt , wenn sie keinen Phosphor enthalten. Im französischen Sprachraum
wird von Luminophoren gesprochen. Die gebräuchlichsten werden mit P_1, P_2
usw. bezeichnet. Für Bildverstärker sind die nachstehend aufgeführten
Phosphore geeignet:

Typ	P_1	P_2	P_4	P_{11}	P_{31}	P_3q
Farbe	grüngelb	grünblau	weiß	blau	grün	grün
Persistenz	22 ms	100 µs	1 ms	35 µs	40 µs	120 ms

Tab. 1431-1: Phosphore

Am Anfang der Entwicklung des Bildverstärkers stand der Vorschlag [602],
die Registrierung des Elektronenbildes direkt auf Film vorzunehmen. Das
Verfahren setzte sich nicht durch, weil es zu mühsam war, den Film in das

Hochvakuum einzuschleusen, das Hochvakuum trotz des abgasenden Films aufrechtzuerhalten und hernach den ausgedörrten Film einwandfrei zu entwikkeln. 1960 wurde vorgeführt [609], daß das Einbringen in ein Vorvakuum genügt, wenn der Film gegen ein 4 μm dickes Glimmerfenster gepreßt wird. Mit einem so dünnen Fenster wurde trotz der Elektronenstreuung das Strichauflösungsvermögen 150 Linien/nm erzielt. Dieses Elektronographie genannte Verfahren hat den Vorteil praktisch linearen Zusammenhangs zwischen der Belichtung der Photokathode und der Schwärzung hinreichend feinkörnigen Films. Die Handhabung ist delikat geblieben.

Der elektronenoptisch abbildende Bildverstärker bietet verschiedene Eingriffsmöglichkeiten. Mit einer Steuerelektrode kann er als Kurzzeitverschluß, und mit Ablenkplatten oder Ablenkspulen kann er außerdem als Streakkamera oder Reihenbildkamera verwendet werden [82, 609-613]. Dabei bereiten jedoch die Unterschiede der ziemlich langen Laufzeiten der Elektronen Schwierigkeiten. In den letzten Jahren wurden darum verschiedene, möglichst kurze und nicht abbildende sondern parallel projizierende Bildverstärker entwickelt [614-621]. In der Bildverstärkerdiode durchfallen die Photoelektronen die hohe z.B. 10kV betragende Beschleunigungsspannung auf einem möglichst kurzen Weg von der Photokathode bis zum Lumineszenzschirm. Der austretende Strahlungsfluß kann z.B. um den Faktor 20 höher als der eintretende werden. Bei der Verwendung als Kurzzeitverschluß muß der von den beiden Elektroden gebildete Plattenkondensator schnell aufgeladen und wieder entladen werden. Seine Kapazität ist ziemlich groß. Sie beträgt z.B. 40μF. Trotzdem wurden Öffnungszeiten unter 10ns erzielt. Im MCP-Bildverstärker (Microchannel plate) befindet sich zwischen der Photokathode und dem Lumineszenzschirm eine Sekundärelektronen vervielfachende Mikrokanalplatte wie in **Fig. 1422-7 unten**. Hier kann der Verstärkungsfaktor mehr als 10^4 und mit einem Stapel von Mikrokanalplatten sogar mehr als 10^6 betragen. Bei der Verwendung als Kurzzeitverschluß muß nicht die ganze Beschleunigungsspannung, sondern nur die z.B. 50V betragende Spannung zwischen der Photokathode und der Mikrokanalplatte getastet werden. Dieser Vorteil wird mit dem Nachteil geringen Linienauflösungsvermögens erkauft. Beide Bildverstärker liefern sogar dann noch unverzerrte Bilder, wenn die Belichtungszeit nur 5ns beträgt. Beide zeichnen sich außßdem durch besonders starke Sperrwirkung aus. Abschaltung der Spannung kann den austretenden Strahlungsfluß bei der Diode um den Faktor 10^{-6} und beim MCP-Verstärker sogar um den Faktor 10^{-8} vermindern.

1.4.3.2 Bildabtaster

Die abtastenden Bildwandler übersetzen das Bild in eine zeitliche Aufein-
anderfolge von elektrischen Impulsen. Diese werden mit den Mitteln der
Fernsehtechnik gespeichert, übertragen und schließlich wieder in ein
Schirmbild umgesetzt. Bei dem in **Fig.** 1432-1 gezeigten Wandler werden hier-
zu die aus einer Photokathode austretenden Photoelektronen Pixel nach
Pixel einem Photomultiplier zugeführt. Dies kann ohne vorhergehende
Lichtverstärkung, nach einstufiger Verstärkung wie in **Fig.** 1432-1, oder
auch nach mehrstufiger Verstärkung geschehen.

In den letzten Jahren ist die Entwicklung der abtastenden Bildwandler in
eine andere Richtung gegangen. Das Bild wird zunächst auf einem sog. Target als eine photonenproportionale Ladungsverteilung gespeichert. Diese
Ladungsverteilung wird dann Pixel nach Pixel abgefragt. Beides, das Speichern und das Abfragen geht auf vielerlei verschiedene Weisen [622-628].
Die Erzeugung der Ladungsverteilung kann z.B. wie in **Fig.** 1432-2 mit
den beschleunigten Photoelektronen einer Photokathode in einer undotierten Halbleiterscheibe mit einer dünnen Metallbeschichtung auf der der
Photokathode zugewandten Seite erfolgen. Die hohe kinetische Energie der
beschleunigten Photoelektronen wird besser genutzt, wenn diese Sekundärelektronen auslösen. Dies geschieht in dem in **Fig.** 1432-3 links skizzierten
sog. SEC-Target (Secundary elektron conduction). Eine 0,7 µm dicke Alufolie zwischen einer ebenso dünnen Al_2O_3-Schicht auf der Vorderseite und
einer 20 µm dicken KCl-Schicht auf der Rückseite wird auf typisch +30 V
Spannung gehalten. Die KCl-Rückseite wird durch Abtasten mit einem Elektronenstrahl auf das Potential der geerdeten Elektronenstrahlquelle
gebracht. Damit wird die KCl-Schicht zum Dielektrikum eines geladenen
Kondensators. Die Photoelektronen mit ihren typisch 10000 eV Energie
dringen durch die Al_2O_3-Schicht und die Alufolie hindurch tief in die KCl-
Schicht ein und befreien dabei Sekundärelektronen. Dazu wird nur 30 eV
Energie je Sekundärelektron benötigt. Ein einziges Photoelektron kann
also einen Schauer von 300 Sekundärelektronen auslösen. Diese entladen
den Kondensator an der betreffenden Stelle. Die Restladungen haben beim
Abtasten die Modulation eines Stromes zur Folge. Bei diesem Target besteht die Gefahr, daß zuviel Sekundärelektronen den Kondensator lokal
umladen. Geschieht dies, so wird Rekombination im KCl und Austritt von
Sekundärelektronen auf der Rückseite der KCl-Schicht wahrscheinlich. Der
Zusammenhang zwischen den Ladungen und den Photoelektronen würde höchst
nichtlinear. Wird dies vermieden, so hat dieses SEC-Target den Vorteil,
daß der Dunkelstrom bei Labortemperatur etwa 100 mal kleiner als bei anderen sein kann. Das Abtasten wird mit einem Elektronenstrahl vorgenommen.
In älteren Videokameras wurde der nicht in das Target gehende Anteil des
Strahlstroms registriert. Heute wird der Registrierung der Änderungen des
Spannungsabfalls an einem Arbeitswiderstand in der Zuleitung zum Target
der Vorzug gegeben.

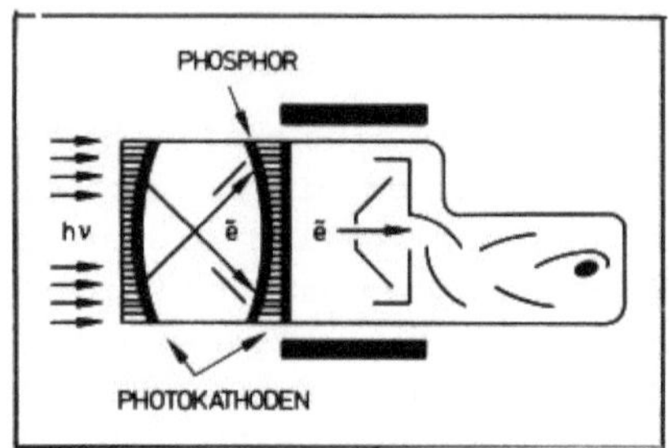

1: Photokathodenabtaster

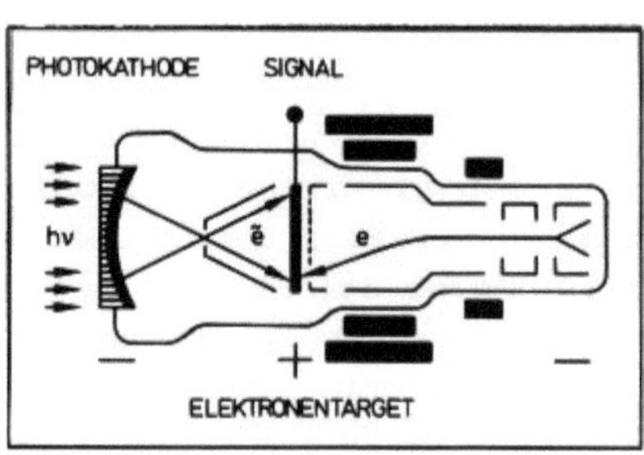

2: Elektronentargetabtaster

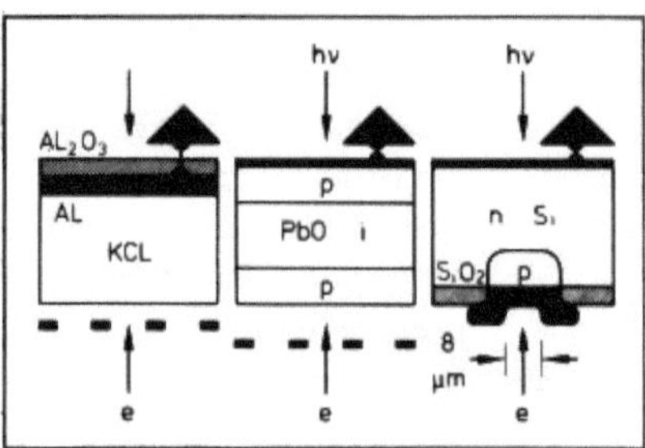

3: Target

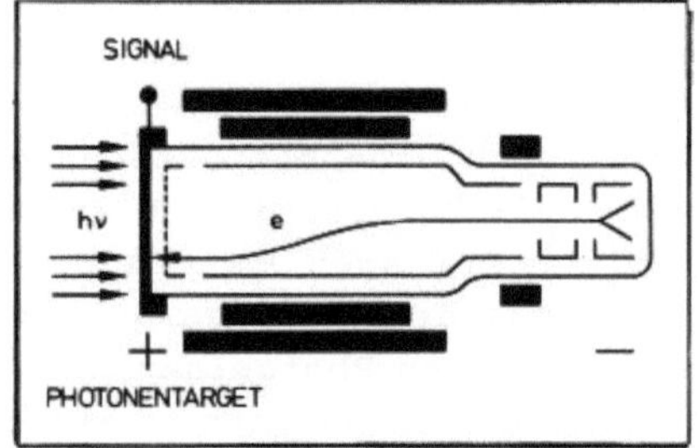

4: Photonentargetabtaster

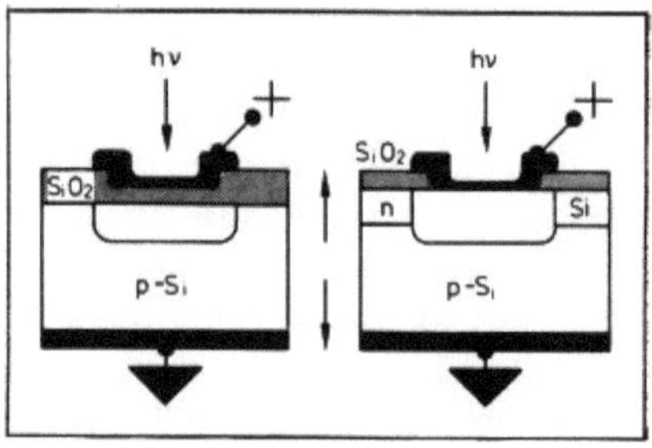

5: Bildchip-Insel

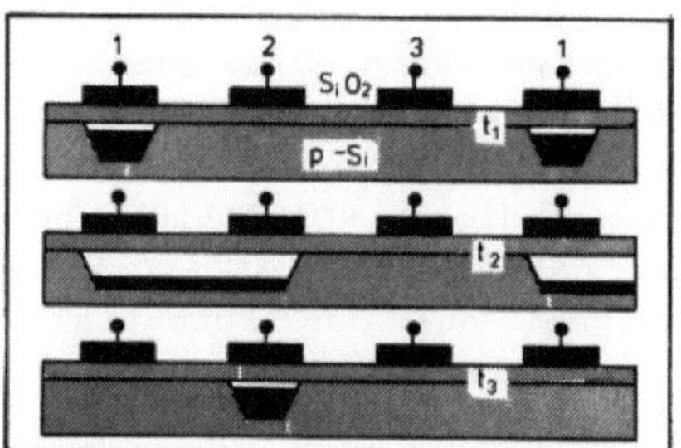

6: Ladungstransfer

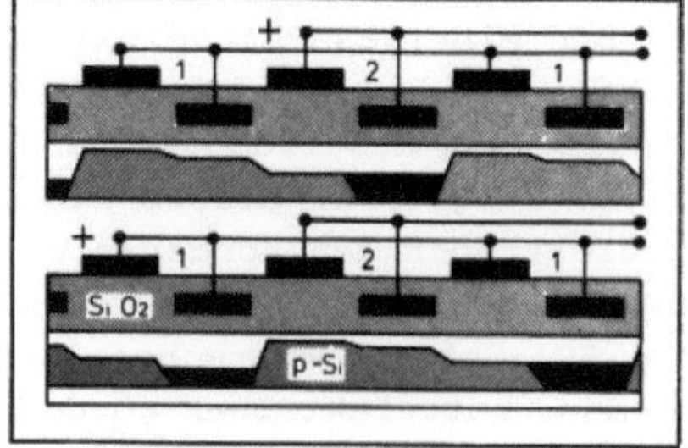

7: Ladungstransfer

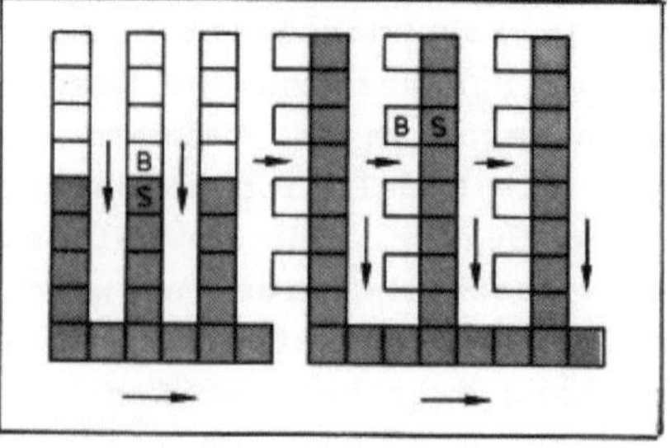

8: Ladungswege

Fig. 1432: Bildabtaster

Die Photoelektronen müssen nicht unbedingt in einer vom Target getrennten Photokathode, sondern können auch im Halbleitertarget selbst freigesetzt werden. In der sog. Vidicon-Kamera wurde hierfür ein photoleitendes Sb_2S_3-Target verwendet. Die Photonen drangen durch eine transparente Elektrode in das Sb_2S_3-Dielektrikum ein und erzeugten dort Elektron - Loch-Paare , die den Kondensator an den betreffenden Stellen entluden. Die geringe Quantenausbeute, das Fehlen eines Verstärkungsmechanismus und die relativ hohe elektrische Leitfähigkeit des Sb_2S_3 waren Mängel, die zu Verbesserungen dieser Kamera führten. Die photoleitende Sb_2S_3-Schicht wurde durch eine pin-dotierte und mit Gegenspannung betriebene PbO-Schicht, wie in der Mitte der **Fig. 1432-3**, ersetzt. Der Abstand der Energiebänder beträgt hier 1,9 eV. Also können Photonen mit Wellenlängen unter 650 nm in der Sperrschicht Elektron/Loch-Paare freisetzen. Wie die pin-Photodiode, so arbeitet auch dieses Target mit hoher Quantenausbeute, kleinem Dunkelstrom und vor allem gut linear. Als transparente Frontelektrode wird eine SnO_2-Schicht verwendet. Der Wunsch, die Kamera unempfindlich gegen optische Überlastung und empfindlich für längere Wellenlängen zu machen, wurde schließlich mit einem n-dotierten Siliziumtarget mit p-dotierten Inseln wie in **Fig. 1432-3** rechts erfüllt. Eine dünne isolierende SiO_2-Schicht zwischen den Inseln sorgt dafür, daß kein Ladungsfluß über die nur 20 μm betragenden Abstände zwischen den Inseln erfolgt. Leitende Hütchen auf den Inseln verhindern, daß sich die SiO_2-Schicht beim Abtasten negativ auflädt. Es handelt sich um ein Array von pn-Dioden, die mit +8 V Gegenspannung betrieben werden. Eine höhere p-Dotierung in einer dünnen Schicht auf der Frontseite erzeugt dort ein elektrisches Feld, das auch jene Elektron/Loch-Paare trennt, die zwischen den Inseln freigesetzt werden. Dieses Target arbeitet bis zum Empfang von 10^6 Photonen pro Pixel linear und verträgt volles Tageslicht. Es wird mit einem Elektronnenstrahl, wie in **Fig. 1432-4**, abgetastet.

Die gleiche Schicht läßt sich auch als ein Elektronentarget verwenden, das etwa 10 mal empfindlicher als das oben erwähnte SEC-Target ist. Eine Kamera mit einem solchen Target an Stelle des Schirms eines Bildverstärkers wird als sog. SIT-Kamera verkauft. Mit einem zweistufigen Bildverstärker ist sie als ISIT-Kamera erhältlich.

Mit zunehmender Verfeinerung der Technik des Dotierens dünner Halbleiterschichten ist seit etwa 1965 auch noch eine ganz andere Art des Abfragens des Ladungsmusters möglich geworden. Man kann die Ladungen oder Kopien der Ladungen von Insel zu Insel und schließlich in ein Register schieben. Die Kamera wird dadurch kompakter, weniger störanfällig und kommt ohne Hochspannung mit einer leichteren und billigeren Spannungsquelle aus. Dazu sind im richtigen Takt die richtigen Spannungen an die Metallhütchen einer Matrix von winzigen Inseln der in **Fig. 1432-5** skizzierten Art zu legen. Beim Anlegen positiver Spannung an das Hütchen wird aus einer solchen Insel ein sogenannter MOS-Kondensator (metal oxide semiconductor). Unter dem Gate genannten Hütchen werden die Löcher vom $Si-SiO_2$-Übergang weggedrückt. Es bildet sich ein Potentialtopf, der Elektronen speichert, die dort von Photonen freigesetzt oder über das Gate zugeführt werden. **Fig. 1432-6** zeigt, wie die Ladung von einem Topf 1 zu einem Topf 2 transportiert werden kann. Zur Zeit t_1 liegt die Spannung am Gate 1 und befindet sich die Ladung im Topf 1. Zur Zeit t_2 liegt die Spannung auch am Gate 2 und hat sich die Ladung im gemeinsamen Topf verteilt. Zur Zeit t_3 liegt die Spannung nur noch am Gate 2. Der Ladungstransfer in den Topf 2 ist vollzogen. Bei diesem Verfahren darf während der Belichtung nur eines von jeweils drei Gates an Spannung liegen. Nur die sogenannte Bildzelle darf Photoelektronen speichern. Die beiden anderen sogenannten Transferzellen stehen lediglich für den Ladungstransfer bereit. Dafür werden zwei und nicht nur eine benötigt, weil sonst in die falsche Richtung transportiert werden könnte. Man kann den Aufwand auf jeweils zwei Zellen reduzieren, indem man die Gates wie in **Fig. 1432-7** abwechselnd auf und in den Halbleiter setzt und paarweise leitend verbindet. Dann wird die Richtung des Ladungstransfers von der Unsymmetrie des gemeinsamen Potentialtopfes des Zellenpaares vorgeschrieben. Diese Anordnung hat außerdem den Vorteil geringeren Schaltungsaufwandes. Hier genügt ein einziger Impulsgenerator. Sie hat den Nachteil, daß besondere Maßnahmen zur Vermeidung ungewollten Ladungstransfers zwischen den Zellenpaaren benachbarter Reihen erforderlich sind. Mit Zellen der in **Fig. 1432-5 rechts** skizzierten Art ist es gelungen, den Ladungsverlust je Ladungstransfer bei Transferfrequenzen bis 100MHz unter 5/1000% zu drücken.

Es gibt verschiedene Möglichkeiten, die Ladungszüge zusammenzustellen und zu rangieren. Für den Frametransfer werden die Zellenpaare wie in **Fig. 1432-8 links** angeordnet. Die obere ist die Bildhälfte und die untere die abgedeckte Speicherhälfte des Arrays. Die während der Belichtung in der Bildhälfte erzeugten Photoelektronen werden nach der Belichtung in die Speicherhälfte geschoben. Vor dort gehen sie Reihe nach Reihe durch das Ausgangsregister zum Ausgang. Diese Anordnung hat den Nachteil, daß die Leerung aller Bildzellen viel Zeit braucht. Für den Inlinetransfer werden die Zellenpaare wie in **Fig. 1432-8 rechts** angeordnet. Hier werden alle Bildzellen gleichzeitig in Transferregister geleert. Die dort zusammen gestellten Ladungszüge werden dann einer nach dem anderen durch das Ausgangsregister zum Ausgang geschoben. Die Bildzellen stehen schon nach typisch 1µs für die nächste Belichtung bereit. Dieser Vorteil wird allerdings mit dem Nachteil erkauft, daß sich auf der belichteten Fläche nicht nur die Bildzellen befinden. Die Zahl der Pixel pro Fläche ist kleiner. In beiden Fällen wird das Ladungssignal schließlich mit der in **Fig. 1432-9** gezeigten Schaltung abgenommen. Die mit MOST bezeichneten Schaltelemente sind ebenfalls auf dem Chip untergebrachte oder extern zugeschaltete MOS-Transistoren. Bildchips der vorstehend beschriebenen Art werden CCD-Chips (charge coupled device) genannt. Auf diesen stehen die Bildzellen unterschiedlich lang für die nächste Belichtung bereit. Man kann sie alle gleichzeitig leeren, wenn man dafür sorgt, daß nicht ihre Ladungen selbst, sondern influenzierte Bildladungen in die Speicherzellen fließen.

Die Leerung der Bildzellen erfolgt dann nicht in Leitungen, sondern in das Substrat. Die ehemaligen Photoelektronen erscheinen dort als injizierte Leitungselektronen. Darum werden solche Bildchips CID-Chips (charge injection device) genannt. CCD-Chips und CID-Chips werden in großer Stückzahl für Videokameras hergestellt, seit es gelungen ist, die für ein Fernsehhalbbild erforderliche Bildzellenmenge auf einer weniger als 1 cm^2 betragenden Fläche unterzubringen.

Für besondere Zwecke werden außerdem auf Chips untergebrachte Reihenarrays oder Matrixarrays von pn-Dioden oder pin-Dioden angeboten, die mit einer externen Transistorschaltung abgefragt werden. Dafür kommen Schaltungen wie die in **Fig. 1432-10** gezeigte in Frage.

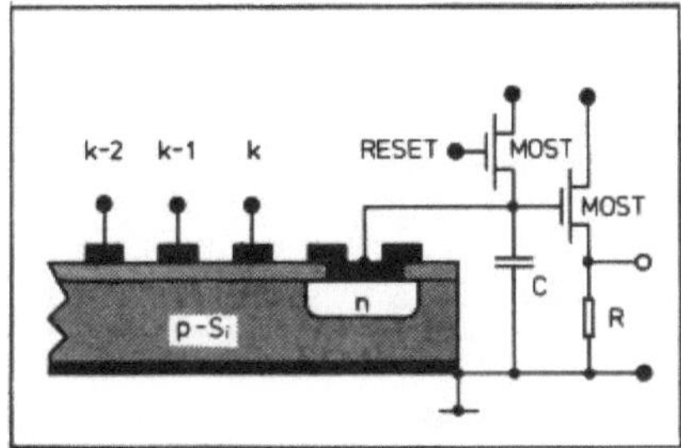

9: Ladungsabnahme

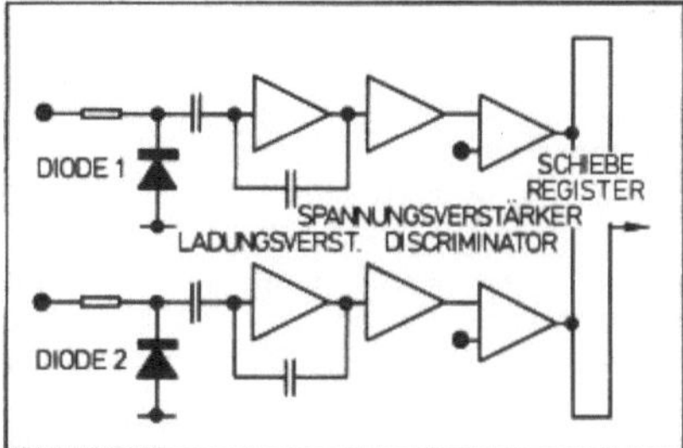

10: Diodenschaltung

Fig. 1432: Bildabtaster

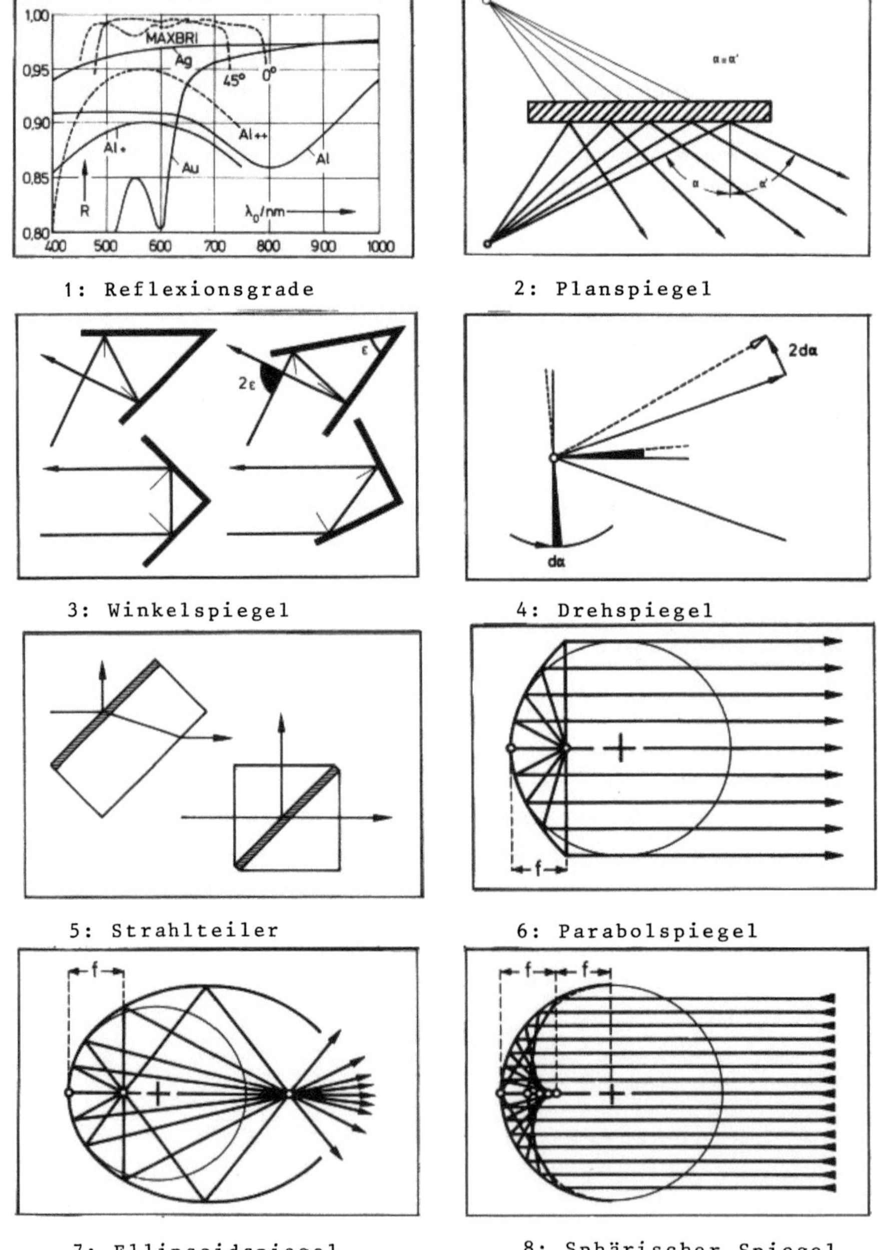

1: Reflexionsgrade

2: Planspiegel

3: Winkelspiegel

4: Drehspiegel

5: Strahlteiler

6: Parabolspiegel

7: Ellipsoidspiegel

8: Sphärischer Spiegel

Fig. 1511: Spiegel

1.5 GEOMETRISCHE OPTIK

1.5.1 Strahlenoptische Bauteile

1.5.1.1 Spiegel

Für unsere Zwecke kommen nur Oberflächenspiegel in Frage. Bei Verwendung rückseitig verspiegelter Glasscheiben würde die Brechung und multiple Reflexion in der Scheibe stören. Die dünne auf einem Glasträger aufgedampfte Metallschicht reflektiert und absorbiert nicht ganz genauso wie das kompakte und polierte Metall. Die Angaben in Abschnitt 1.2.1.3 können hier lediglich als Hinweise dienen. Die Hersteller von Oberflächenspiegeln geben z.B. für den Fall senkrecht auftreffenden Lichtes die in **Fig.** 1511-1 graphisch dargestellten Reflexionsgrade $R(\lambda_0)$ an. Im sichtbaren Spektralbereich hat von den ungeschützten Schichten die aus Silber (Ag) die höchsten R. Sie verliert diesen Vorteil aber schon nach kurzer Zeit und wird blind. Silber wird darum nur für Verspiegelungen zwischen Prismen verwendet. Fast ebenso hohe R werden im sichtbaren, nahen IR und nahen UV mit Aluminiumbeschichtung (Al) erzielt. Die Oxydation erfolgt hier langsam, verursacht nur wenig diffuse Reflexion und setzt R nur im UV erheblich herab. Die Oxydation kann sogar erwünscht sein, weil sie vor Abrieb und anderen chemischen Angriffen schützt. Die Goldschicht (Au) hat im Sichtbaren nur mäßig hohe und stark von λ_0 abhängende R. Mit R>0,99 im nahen, mittleren und fernen IR ist sie besonders gut für Anwendungen im IR geeignet. Reines Gold ist aber weich und darum sehr kratzempfindlich. Ohne besondere Auflagen bestellte Spiegel werden in der Regel mit Aluminium unter einer SiO-Schutzschicht (Al+) geliefert, deren Dicke 225 nm beträgt. R kommt in diesem Fall bei λ_0=550 nm ziemlich nah an den Wert der jungen ungeschützten Aluminiumschicht heran, ist aber bei anderen Wellenlängen erheblich kleiner. Für Anwendungen bis in's nahe UV wird statt SiO eine UV-durchlässige Substanz wie z.B. MgF aufgedampft. Spiegel, die im Sichtbaren mit R>0,99 reflektieren, werden nicht mit Metall, sondern mit mehreren aufeinander liegenden dielektrischen Schichten hergestellt. Man kann solche sog. dielektrischen Spiegel oder Interferenzspiegel als Breitbandspiegel für einen weiten Wellenlängen- und Winkelbereich oder als Schmalbandspiegel erhalten, die nur bei einer bestimmten Wellenlänge und einem bestimmten Einfallswinkel und hier besonders gut reflektieren. Die in **Fig.** 1511-1 mit Maxbri bezeichneten Kurven geben die $R(\lambda)$ eines Breitbandspiegels bei den Einfallswinkeln 0° und 45° wieder. Die mit Al++ bezeichnete Kurve zeigt die $R(\lambda_0)$ eines Aluminiumspiegels mit mehreren zur Erhöhung des Reflexionsgrades aufgebrachten dielektrischen Schichten [629].

Fig. 1511-2 demonstriert, wie der Planspiegel das virtuelle Spiegelbild eines strahlenden Punktes erzeugt. Mit Kombinationen von Planspiegeln kann man einseitige Bildumkehr, vollständige Bildumkehr, Bilddrehung um 90° oder andere Winkel und auch Unabhängigkeit vom Einfallswinkel erzielen. Stehen die Spiegel senkrecht auf derselben Ebene, so bilden sie eine komplanare Spiegelkombination. In einer solchen ist bei jeder geraden Anzahl von Spiegelungen eines komplanaren Strahls die Gesamtablenkung unabhängig von einer gemeinsamen komplanaren Drehung aller Spiegel. Eine nur aus zwei Spiegeln mit einem Winkel ε bestehende komplanare Kombination wird Winkelspiegel genannt. Der komplanar einfallende Strahl wird um 2ε geschwenkt. **Fig.** 1511-3 zeigt die Sonderfälle $2\varepsilon=90°$ bzw. 180°. Die bekannteste nichtkomplanare Kombination ist der Tripelspiegel, bestehend aus drei senkrecht aufeinanderstehenden Spiegeln. Hier wird jeder wie auch immer einfallende Strahl mit dreifacher Spiegelung um 180° umgelenkt. Diese Richtungsumkehr ist invariant gegen jede Drehung des Tripelspiegels um irgendeine Achse. Der Planspiegel wird gerne als Drehspiegel oder Schwingspiegel verwendet, um ein Lichtbündel mit konstanter oder oszillierender Winkelgeschwindigkeit zu schwenken. Die Drehung $\Delta\alpha$ des Spiegels um eine in der Spiegelebene liegende Achse wie in **Fig.** 1511-4 ändert sowohl den Einfallswinkel α wie auch den Reflexionswinkel α' um $\Delta\alpha$. Der Winkel $\alpha+\alpha'$ zwischen dem einfallenden und dem reflektierten Strahl wird also um $2\Delta\alpha$ geändert. Drehung des Spiegels mit der Winkelgeschwindigkeit $\dot{\alpha}=d\alpha/dt$ dreht den reflektierten Strahl mit der doppelten Winkelgeschwindigkeit $2\dot{\alpha}$. Teildurchlässige Planspiegel werden entweder auf der Oberfläche einer Glasplatte wie in **Fig.** 1511-5 links oder zwischen Glasprismen wie in **Fig.** 1511-5 rechts zur Strahlteilung verwendet. Dabei besteht zwischen dem Reflexionsgrad $R=\Phi_r/\Phi$, dem Transmissionsgrad $T=\Phi_t/\Phi$ und dem Absorptionsgrad $A=[\Phi-(\Phi_r+\Phi_t)]/\Phi$ der Zusammenhang $R+T+A=1$ [630].

Als Hohlspiegel werden Parabolspiegel wie in **Fig.** 1511-6, Ellipsoidspiegel wie in **Fig.** 1511-7 oder sphärische Spiegel wie in **Fig.** 1511-8 angeboten. Der Parabolspiegel vereinigt achsenparallel einfallende Strahlen im Brennpunkt. Vom Brennpunkt kommende Strahlen verlassen den Spiegel achsenparallel. Der Abstand $f=R/2$ des Brennpunktes vom Scheitelpunkt der Parabel ist halb so groß wie der Krümmungsradius R im Scheitelpunkt. Der Ellipsoidspiegel führt die von dem einen Brennpunkt kommenden Strahlen in dem anderen Brennpunkt zusammen. Hier besteht der folgende Zusammenhang zwischen dem Abstand f des Brennpunktes vom Scheitelpunkt, dem Krümmungsradius R im Scheitelpunkt der Ellipse und dem Abstand e der beiden Brennpunkte:

$$R = 2f\left(1-\frac{f}{e+2f}\right) \tag{1}$$

Der sphärische Spiegel schickt die vom Kugelmittelpunkt kommenden Strahlen zum Kugelmittelpunkt zurück. Von achsenparallel einfallenden Strahlen werden nur die achsennahen in einem Brennpunkt vereint, dessen Abstand $f=R/2$ vom Scheitelpunkt halb so groß wie der Kugelradius R ist. Die achsenfernen Strahlen schneiden die Achse in kleineren Abständen vom Scheitelpunkt. Die Gesamtheit der reflektierten Strahlen wird von einer sog. Brennfläche eingehüllt. Die Schnittlinie dieser Brennfläche mit einer die Achse enthaltenden Ebene heißt Katakaustik. Sie ist eine Epizykloide, die durch Abrollen eines Kreises mit dem Radius f/2 auf einem Kreis mit dem Radius f um den Kugelmittelpunkt konstruiert werden kann. Der Brennpunkt ist die Spitze dieser Katakaustik. [631 - 633].

In der Nähe der Achse unterscheiden sich die drei Hohlspiegel nur wenig, wenn sie auf der Achse den gleichen Krümmungsradius R haben. Achsennahe und parallel einfallende Strahlen werden zwar nur vom Parabolspiegel exakt, werden aber auch vom Ellipsoidspiegel und vom sphärischen Spiegel praktisch im Brennpunkt vereint. Vom Brennpunkt kommende Strahlen werden zwar nur vom Parabolspiegel exakt, werden aber auch vom Ellipsoidspiegel und vom sphärischen Spiegel praktisch als parallele Strahlen reflektiert, wenn sie nur kleine Winkel mit der Achse bilden. Achsennahe und exakt oder fast achsenparallele Strahlen werden paraxiale Strahlen genannt. Für sie gilt praktisch bei allen drei Hohlspiegeln in gleicher Weise, daß die Reflexion aus einem homozentrischen Strahlenbündel ein homozentrisches macht. Es gelten die in Abschnitt 1.5.2.1 zu besprechenden Abbildungsgesetze.

1.5.1.2 Planplatte und Prismen

Die Planplatte aus Glas kommt in den optischen Anordnungen als Fenster oder Träger von Blenden, Filtern, Halbspiegeln oder Markierungen vor. Gelegentlich wird sie mit großer Dicke b zur gewollten Versetzung von Strahlen eingesetzt. Ein schief einfallender Strahl wird wie in **Fig. 1512-1** so gebrochen, daß er die Platte parallel zum einfallenden Strahl mit der folgenden Versetzung a verläßt:

$$a = b \left(1 - \sqrt{\frac{1-\sin^2\alpha_1}{(n_2/n_1)^2 - \sin^2\alpha_1}}\right) \sin\alpha_1 \tag{1}$$

Schneidet er ein Lot auf die Platte im Abstand h von der Platte, so schneidet die rückwärtige Verlängerung des versetzten Strahls dieses Lot in einem kleineren Abstand h-Δh. Die Differenz $\Delta h = a/\sin\alpha_1$ hängt von α_1 ab. Kommt ein Strahlenbündel von einem Zentrum im Abstand h von der Platte, so ist es also nach dem Durchgang durch die Platte nicht mehr homozentrisch. Bei kleinen $\alpha_1 << \pi/2$ gilt aber näherungsweise:

$$\Delta h \simeq b\left(1 - \frac{n_1}{n_2}\right) \tag{2}$$

Das virtuelle Zentrum eines engen homozentrischen Bündels scheint um Δh in Richtung Platte verschoben. Im Falle $n_2/n_1 = 3/2$ beträgt diese Verschiebung z.B. $\Delta h = b/3$. Bei dicken Fenstern ist sie also keineswegs klein. Bei der Abbildung der Strömung hinter einem dicken Windkanalfenster muß Δh berücksichtigt werden. Bei $h = b(1-n_1/n_2)$ wird $h-\Delta h = 0$. Bei noch kleinerem h

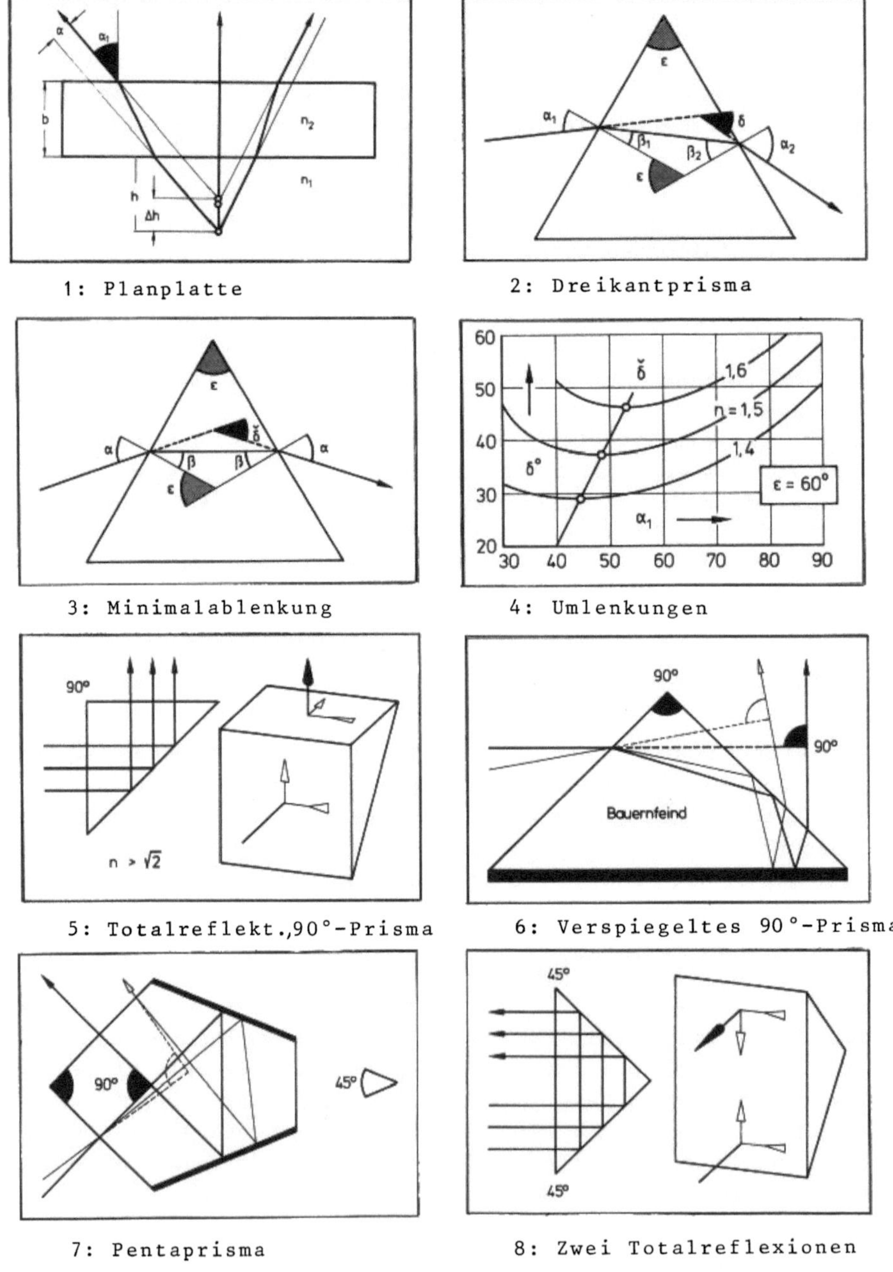

Fig. 1512: Planplatte und Prismen

wird h-Δh negativ. Das virtuelle Zentrum des gebrochenen Bündels liegt dann in der Platte. In den Abschnitten 2.3.3.8 und 3.4.7.2 wird der Sonderfall h=0 interessieren. Das Zentrum des einfallenden Bündels liegt dann auf der Eintrittsfläche und das virtuelle Zentrum des austretenden Bündels in der Platte mit dem Abstand bn_1/n_2 von der Austrittsfläche.

Glaskörper mit ebenen und nicht parallelen Oberflächen werden Prismen genannt. Das in **Fig. 1512-2** skizzierte Dreikantprisma mit dem Prismenwinkel ε wird zur Ablenkung von Strahlen verwendet. Ist die Brechzahl des Prismas gleich n und die des umgebenden Mediums praktisch gleich 1, so hängt die Ablenkung δ folgendermaßen mit ε, n und dem Einfallswinkel α_1 zusammen:

$$\sin(\delta+\varepsilon-\alpha_1) = \sin\varepsilon \sqrt{n^2-\sin^2\alpha_1} - \cos\varepsilon \sin\alpha_1 \tag{3}$$

δ wird bei dem in **Fig. 1512-3** skizzierten symmetrischen Strahlengang am kleinsten. In diesem Fall gilt:

$$\sin \frac{\overset{\vee}{\delta}+\varepsilon}{2} = n \sin \frac{\varepsilon}{2} \; ; \quad \alpha = \frac{\overset{\vee}{\delta}+\varepsilon}{2} \; ; \quad \beta = \frac{\varepsilon}{2} \tag{4} \tag{5} \tag{6}$$

Fig. 1512-4 zeigt die Umlenkungen δ bei $\varepsilon=60°$ und verschiedenen n als Funktion von α_1. Wesentlich größere Umlenkungen von Strahlen werden in den sog. Reflexionsprismen mit Hilfe von total reflektierenden oder verspiegelten Flächen erzielt. Das 90°-Prisma kann wie in **Fig. 1512-5** mit total reflektierender Hypothenusenfläche oder wie in Fig. 1512-6 mit einer total reflektierenden Kathetenfläche und mit verspiegelter Hypothenusenfläche zur Umlenkung um 90° verwendet werden. Auch nicht genau parallel zur Hypothenuse einfallende Strahlen werden um 90° umgelenkt. Auch bei dem in **Fig. 1512-7** gezeigten Pentaprisma (Pentagonprisma, Prandtlprisma, Goulierprisma) ist die Umlenkung unabhängig von der Richtung des einfallenden Strahls. Der Umlenkwinkel ist doppelt so groß wie der Winkel zwischen den beiden Spiegelflächen. Zur Umlenkung um 90° muß also der Winkel zwischen den Spiegelflächen 45° betragen. Zwei Totalreflexionen an den zwei Kathetenflächen des 90°-Prismas wie in **Fig. 1512-8** lenken den Strahl um 180° um. Bei der Reflexion von zwei parallelen Strahlen wird aus dem in Strahlrichtung linken ein in Strahlrichtung rechter. Dieser Sachverhalt wird in den sog. Wendeprismen benutzt, um bei einem durch das Prisma transportierten Bild links und rechts oder oben und unten zu vertauschen. Am bekanntesten ist das in **Fig. 1512-9** skizzierte abgeschnittene 90°-Prisma, das Doveprisma genannt wird. In der gezeichneten Lage vertauscht es oben und unten. Steht die Hypothenusenfläche senkrecht auf der Zeichenebene, so vertauscht es links und rechts. Wird das Doveprisma um eine zur Hypothenusenfläche und Zeichenfläche parallele Achse gedreht, so dreht sich das Bild um den doppelten Winkel wie in **Fig. 1512-10**. Man kann es also verwenden, um mit der Prismendrehung 45° das Bild um 90° zu kippen. Oder man kann es als sog. Turboprisma verwenden, um das Bild eines rotierenden Objektes durch entgegengesetzte Drehung mit der halben Winkelgeschwindigkeit zu immobili-

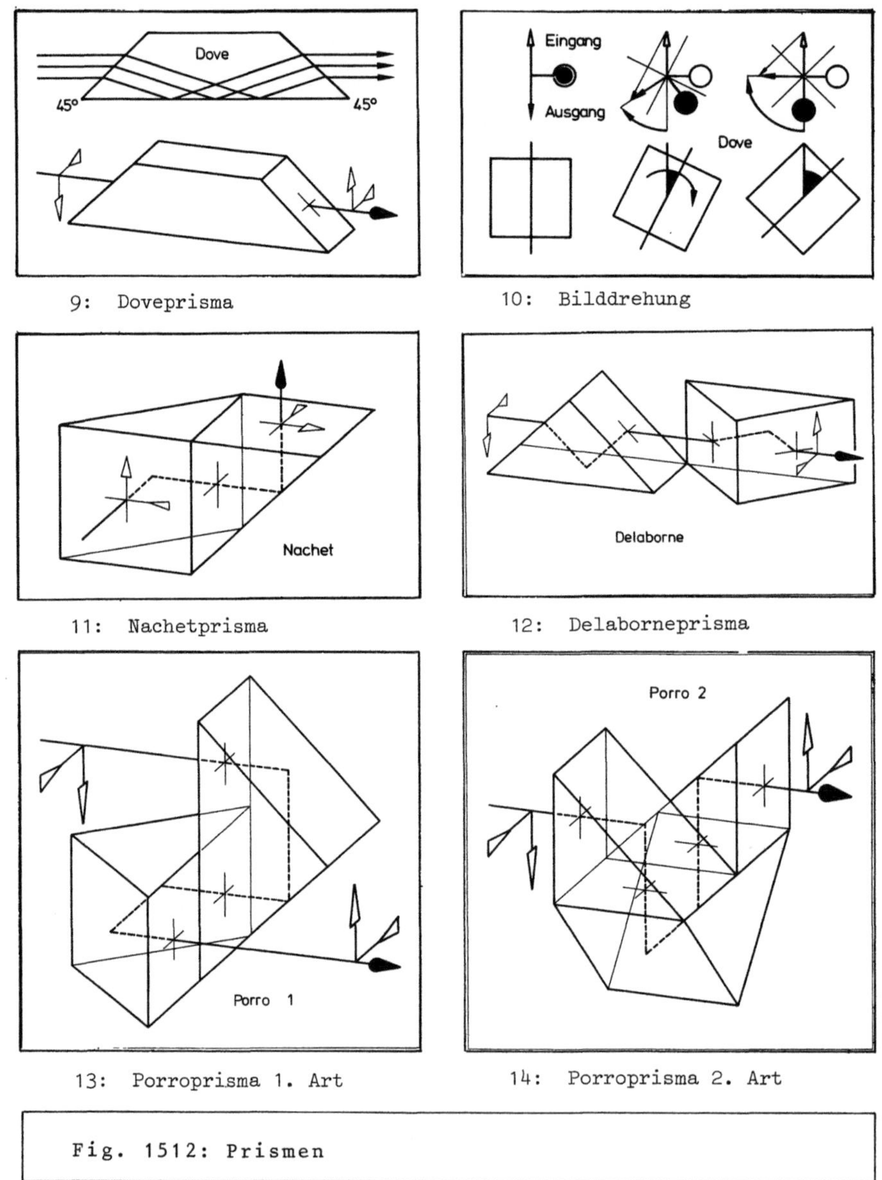

9: Doveprisma

10: Bilddrehung

11: Nachetprisma

12: Delaborneprisma

13: Porroprisma 1. Art

14: Porroprisma 2. Art

Fig. 1512: Prismen

sieren . Die Bilddrehung um 90° wird auch mit der in **Fig. 1512-11** skizzierten Kombination von zwei 90°-Prismen erzielt, die als Tetraederprisma
oder Nachetprisma bekannt ist. Manchmal ist vollständige Bildumkehr ,
d.h. Vertauschung sowohl von links und rechts als auch von oben und unten
erwünscht. Die Bildumkehr kann mit der in **Fig. 1512-12** gezeigten und Delaborneprisma genannten oder mit der in **Fig.1512-13** gezeigten und Porroprisma

1. Art genannten Kombination von zwei 90°-Prismen vorgenommen werden.
Kompakter ist das in **Fig. 151 2-14** gezeigte aus drei 90°-Prismen bestehende
Porroprisma 2. Art. Auch zwei Nachetprismen, d.h. vier geeignet kombi-
nierte 90°-Prismen kehren das Bild vollständig um.

Prismen mit halbdurchlässigen Verspiegelungen werden als Strahlteiler
gebraucht. Der in **Fig. 1512-15** gezeigte Lummerwürfel teilt bei senkrechtem
Eintritt in zwei orthogonale,beim Eintrittswinkel 45° in zwei parallele
Strahlen. Mit dem in **Fig. 1512-16** gezeigten Koesterprisma wird ein im Ab-

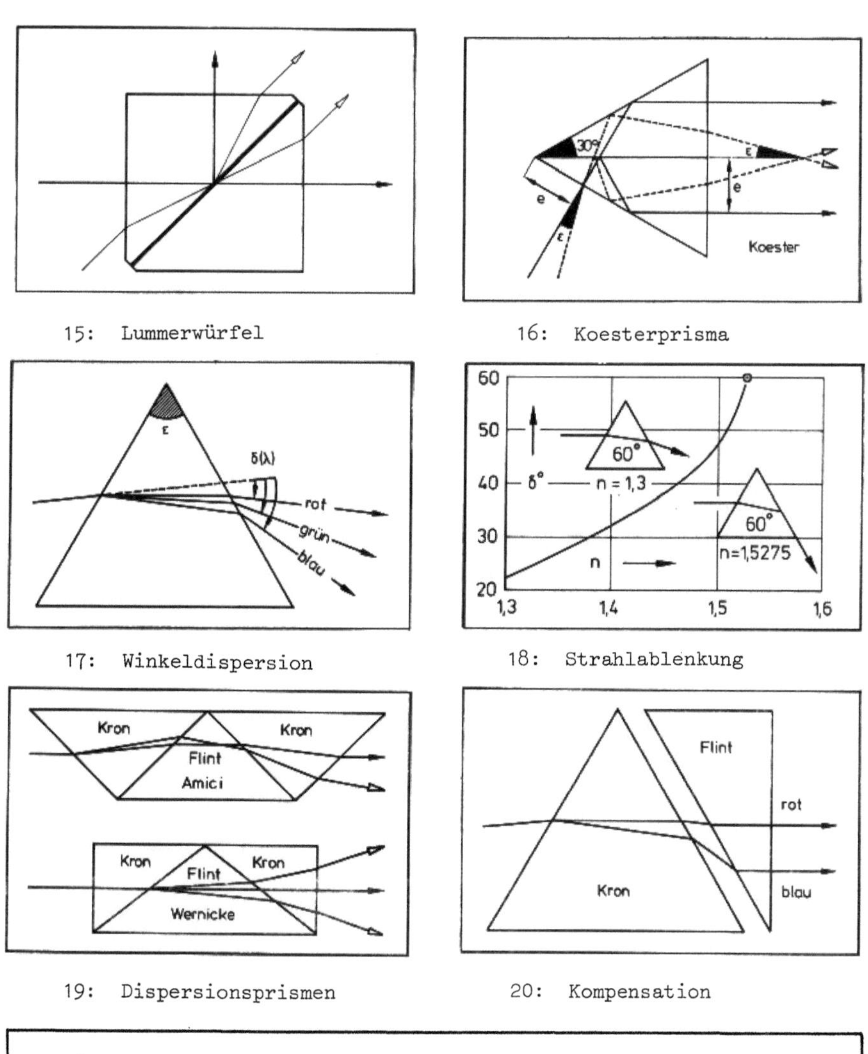

15: Lummerwürfel   16: Koesterprisma

17: Winkeldispersion   18: Strahlablenkung

19: Dispersionsprismen   20: Kompensation

Fig. 1512: Prismen

154

stand e von der Schneide senkrecht einfallender Strahl in zwei parallele
Strahlen mit dem Abstand e geteilt. Beim Einfallswinkel ε divergieren oder
konvergieren die beiden Teilstrahlen mit dem Winkel 2ε.

Wird polychromatisches Licht durch die Prismen geschickt, so macht sich
die in Abschnitt 1.2.1.1 besprochene Frequenzabhängigkeit der Brechzahl
bemerkbar. Ein blauer Strahl wird stärker als ein roter gebrochen. Ein
polychromatischer Strahl wird in einen Fächer monochromatischer Strahlen
zerlegt. Diese sog. Disperion kann sich einerseits störend auswirken,
läßt sich andererseits aber auch zur Spektralanalyse oder Beschneidung
des Spektrums benutzen. Für eine solche Verwendung kommt z.B. das eingangs erwähnte Dreikantprismain Betracht.Hier wird ein polychromatischer
Strahl wie in **Fig.** 1512-17 aufgefächert. Bei Durchstrahlung mit einem polychromatischen Parallelstrahlenbündel erscheint in der Brennebene einer
Linse ein bunter Strich. Die **Fig.** 1512-18 zeigt wie δ von n abhängt. n hängt
von λ ab. Die Änderung $d\delta/d\lambda$ des Ablenkwinkels δ mit der Wellenlänge λ
heißt Winkeldispersion:

$$\frac{d\delta}{d\lambda} = \frac{d\delta}{dn} \cdot \frac{dn}{d\lambda} \tag{7}$$

Bei Minimalablenkung $\delta=\check{\delta}$ ist $d\check{\delta}/dn$ gemäß Gleichung (4) einzusetzen.

$$\frac{d\check{\delta}}{dn} = \frac{2\sin(\varepsilon/2)}{\sqrt{1-n^2\sin^2(\varepsilon/2)}} \tag{8}$$

Für eine Abschätzung von $\Delta\delta$ bei $\Delta\lambda=\lambda_F-\lambda_C$ kann näherungsweise mit $n\approx n_D$ und
$dn/d\lambda\approx(n_F-n_C)/(\lambda_F-\lambda_C)=(n_D-1)/\nu_D(\lambda_F-\lambda_C)$ gerechnet werden. Für ein Flint-
glas(F3)prisma mit $\varepsilon=60°$, $n_D=1,6128$ bei $\lambda_D=5,892938\cdot10^{-7}$m und mit der Abbezahl $\nu_D=37,0$ ergibt sich z.B., daß ein Strahl mit Wellenlängen zwischen
$\lambda_F=486,1327$ nm und $\lambda_C=656,2725$ nm über den Winkelbereich $\Delta\delta=1,60°$ aufgefächert wird. Mit den höheren Abbezahlen von Krongläsern ergeben sich noch
kleinere $\Delta\delta$. Mit den kleineren Abbezahlen ν_D und höheren Brechzahlen n_D
von Schwerflintgläsern kann man zwei- bis dreimal so hohe $\Delta\delta$ erzielen. In
Prismenspektrometern werden noch vielerlei andere Dispersionsprismen
verwendet. Mit den in **Fig.** 1512-19 skizzierten Kombinationen von Kron- und
Flintglasprismen wird große Winkeldispersion ohne Ablenkung eines
Strahls mit einer mittleren Wellenlänge erreicht. Bei der in **Fig.** 1512-20
skizzierten Kombination kann man andererseits die Winkeldispersion im
Kronglasprisma mit der im Flintglasprisma kompensieren. Man erhält ein
sog. achromatisches Prisma, das einen Strahl mit zwei bestimmten Wellenlängen in zwei parallele Strahlen oder einen polychromatichen Strahl in
wenig aufgefächerte fast parallele Strahlen zerlegt. Außer den hier erwähnten sind noch vielerlei andere Prismen bekannt [631,634], die insbesondere zur Verkürzung der Baulänge optischer Geräte entwickelt wurden.

1.5.1.3 Linsen

Glaskörper mit Querschnitten wie in **Fig. 1513-1** werden Linsen genannt. Dabei ist zwischen sphärischen Linsen mit Kugelflächen, zylindrischen Linsen mit Zylinderflächen und asphärischen oder azylindrischen Linsen zu unterscheiden. Ist die Mittendicke größer als die Randdicke, so verlassen parallel eintretende Strahlen die Linse konvergierend. In solchen Fällen wird von Sammellinsen gesprochen. Sie können bikonvex, plankonvex oder konkavkonvex sein. Ist die Mittendicke kleiner als die Randdicke, so verlassen parallel eintretende Strahlen die Linse divergierend. Solche Linsen werden Zerstreuungslinsen genannt. Sie können bikonkav, plankonkav oder konkavkonvex sein. Konkavkonvexe Sammel- oder Zerstreuungslinsen heißen Menisken. Im Folgenden werden sphärische Sammellinsen betrachtet. Bei diesen treffen sich achsennah und achsenparallel eintretende Strahlen praktisch in einem Brennpunkt auf der Linsenachse. Achsenfern und achsenparallel eintretende Strahlen schneiden die Achse in näher bei der Linse liegenden Punkten wie in **Fig. 1513-2**. In einer die Achse enthaltenden Ebene schneiden sich benachbarte Strahlen auf einer Kurve, die Kaustik genannt wird. Bei gleichem Abstand des Brennpunktes von der Linse und gleichem Abstand eines einfallenden Strahls von der Achse ist der Abstand des Schnittpunktes mit der Achse vom Brennpunkt um so kleiner, je größer der Krümmungsradius der dem Brennpunkt zugewandten Linsenfläche

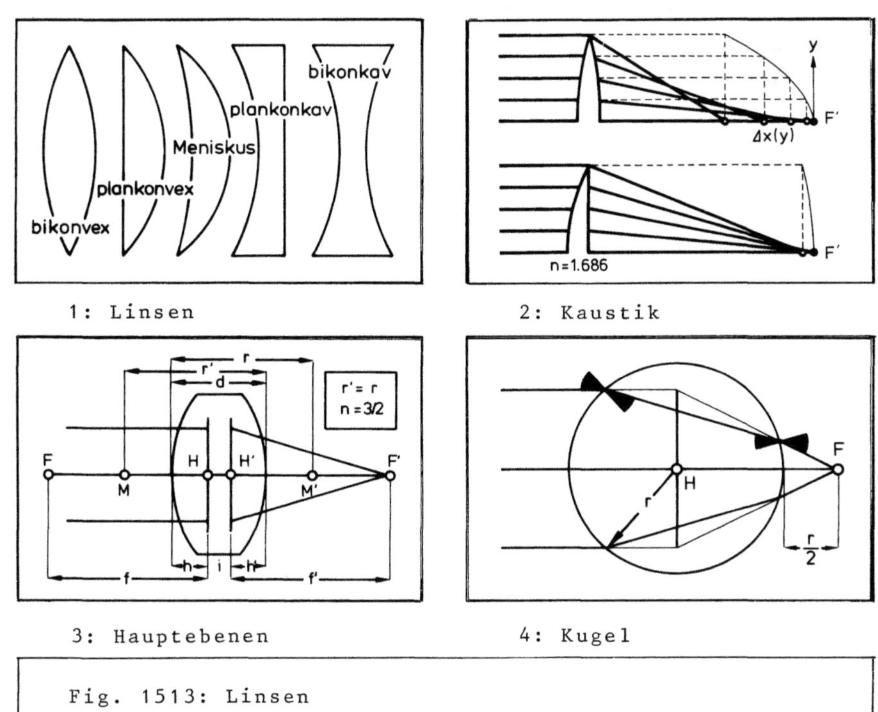

1: Linsen

2: Kaustik

3: Hauptebenen

4: Kugel

Fig. 1513: Linsen

ist. Will man, daß achsenparallel einfallende Strahlen die Achse möglichst nahe beim Brennpunkt schneiden, so ist also eine wie in **Fig. 1513-2**
unten eingesetzte Plankonvexlinse günstiger als eine Bikonvexlinse. Am
besten wird so mit einer Plankonvexlinse mit der Brechzahl n=1,686 fokussiert. Umgekehrt macht die Linse aus einem vom Brennpunkt kommenden
homozentrischen Strahlenbündel nur bei kleinen Winkeln mit der Achse ein
Parallelstrahlenbündel. Die bei größeren Winkeln auftretenden Abweichungen sind am kleinsten, wenn das Bündel in die ebene Linsenfläche einer
Plankonvexlinse eintritt. Bei paraxialen Strahlen kommt es darauf nicht
an. Für diese gilt praktisch, daß jede Linse aus jedem homozentrischen
Strahlenbündel ein homozentrisches macht. Rückt das Zentrum des eintretenden Bündels in den Brennpunkt, so wächst der Abstand des Zentrums des
austretenden Bündels von der Linse über alle Grenzen. Wie beim Hohlspiegel, so gelten auch hier sehr einfache in Abschnitt 1.5.2.1 zu
besprechende Abbildungsgesetze. Bei dicken Linsen sind die darin vorkommenden Abstände nicht ab Mittenebene der Linse, sondern ab zwei
parallelen Hauptebenen zu messen. Die Linsenachse schneidet diese Hauptebenen in den Hauptpunkten H und H'. **Fig. 1513-4** zeigt die Lage dieser
Hauptpunkte in einer bikonvexen Linse. H hat von der vorderen Linsenfläche einen Abstand h und H' von der hinteren einen Abstand h'. Der Abstand
zwischen H und H' heißt Interstitium i. Der Abstand des vorderen Brennpunktes F von H ist gleich dem des hinteren Brennpunktes F' von H' und wird
die Brennweite f der Linse genannt. Hat bei einer Bikonvexlinse mit der
Dicke d und Brechzahl n in einer Umgebung mit der Brechzahl 1 die vordere
Linsenfläche den Krümmungsradius r und die hintere den Krümmungsradius
r', so haben h, h', i, f die folgenden Beträge:

$$h = \frac{rd}{n(r+r')-(n-1)d} \quad ; \quad h' = \frac{r'd}{n(r+r')-(n-1)d} \qquad (1)\ (2)$$

$$i = \frac{(n-1)(r+r'-d)d}{n(r+r')-(n-1)d} \quad ; \quad f = \frac{nrr'}{(n-1)[n(r+r')+(n-1)d]} \qquad (3)\ (4)$$

Es gilt h'/h=r'/r. Die Hauptpunkte rücken also den betreffenden Linsen-
flächen umso näher, je stärker diese gekrümmt sind. Für eine Linse mit
r=r' und n=3/2 ergibt sich z.B. h=h'=d/3(1-d/6r), i=d(1-d/2r)/3(1-d/6r)
und f=r(1-d/6r). Für die Plankonvexlinse mit r'→∞ kommt h=0, h'=d/n,
i=d-d/n und f=r/(n-1). Hier ist also die Brennweite auf der konvexen Seite
der Linse ab Scheitelpunkt der konvexen Linsenfläche zu messen. Bei der
Kugel ist r=r'=d/2. Damit kommt h=h'=d/2, i=0 und f=nd/4(n-1). Im Falle
n=3/2 ist f=3r/2. Der Brennpunkt hat dann wie in **Fig. 1513-4** den Abstand r/2
von der Kugel. Kann d gegenüber r+r' vernachlässigt werden, so gilt:

$$h = \frac{rd}{n(r+r')}; \quad h' = \frac{r'd}{n(r+r')}; \quad i = \frac{n-1}{n}d; \quad f = \frac{rr'}{(n-1)(r+r')} \qquad (5)\ (6)\ (7)\ (8)$$

Für eine Linse mit r=r' und n=3/2 ergibt sich z.B. h=h'=i=d/3 und f=r. Kann d sowohl gegenüber r als auch gegenüber r' vernachlässigt werden, so ist f viel größer als d/2-h und d/2-h'. Die Brennweite f kann dann ab Linsenmitte gemessen werden. In diesem Fall wird von einer dünnen Linse gesprochen. In den meisten Zeichnungen optischer Anordnungen sind im vorliegenden Buch mit dick eingezeichneten Linsen dünne Linsen oder äquivalente dünne Linsen gemeint, die Linsenkombinationen repräsentieren . Die Längen h, h', i, f hängen mit der Brechzahl n von der Lichtfrequenz ab. Darum treten bei polychromatischem Licht Dispersionseffekte auf, die sich auch bei Verwendung dünner Linsen störend auswirken. Die Dicke einer Sammellinse kann durch stufenweises Zusammenstauchen der Kreisringzonen verkleinert werden. Die auf solche Weise entstehende gerillte Platte mit abbildender Eigenschaft wird Fresnellinse genannt. Sie kann auch mit den alternierenden Zonen von zwei Linsen mit verschiedenen Brennweiten hergestellt werden und ermöglicht so die Teilung eines Parallelstrahlenbündels in zwei verschieden   konvergierende koaxiale Bündel. Fresnellinsen aus Kunststoff sind auch bei großem Durchmesser billig und werden darum gerne bei Versuchen gebraucht, bei denen mit ihrer Zerstörung gerechnet werden muß. Von den nicht sphärischen Linsen werden gelegentlich die Zylinderlinsen verwendet, um ein Strahlenbündel aufzufächern oder zusammenzuziehen. Andere nicht sphärische Linsen aus geschliffenem Glas sind teuer. Sie werden gelegentlich eingesetzt, um Aberrationen zu korrigieren. In [631] wurden auch die Linsen ausführlich besprochen.

1.5.1.4 Lichtleiter

Auch ein leicht schräg in die Stirnfläche eines langen Glaszylinders eintretender Strahl tritt nicht aus der Zylinderfläche, sondern erst aus der Endfläche aus, wenn sich der Glaszylinder mit sauberer Oberfläche in einem transparenten Medium mit kleinerer Brechzahl befindet. Ein dünner Glasmantel mit kleinerer Brechzahl genügt. Der Strahl wird wie in **Fig. 1514-1** total reflektiert. Ist n_0=1 die Brechzahl vor der Stirnfläche, n_M die des Mantels und $n_K > n_M$ des Kerns so findet diese Lichtleitung statt, wenn der Sinus des Einfallswinkels α den folgenden Wert nicht überschreitet:

$$\sin \alpha = \sqrt{n_K^2 - n_M^2} \tag{1}$$

$\sin\alpha$ ist die numerische Apertur des geraden Lichtleiters. Die des gekrümmten ist kleiner. Ist der Krümmungsradius R viel größer als der Kernradius r_K, so beträgt sie:

$$\sin \alpha = \sqrt{n_K^2 - n_M^2 \left(1 + \frac{r_K}{R}\right)^2} \tag{2}$$

Diese Bedingungen gelten für meridionale d.h. in der Zeichenebene liegende Strahlen. Sagittale Strahlen treffen steiler auf die Kern/Mantelgrenzfläche . Sie dürften sogar mit größeren Einfallswinkel α eintreten.

Dieser Sachverhalt war schon lange bekannt. Schon 1841 führte J.D. Colladon die Lichtleitung in einem gekrümmten Wasserstrahl vor. Aber erst in den letzten zwei Jahrzehnten sind die Lichtleiter zu einem wichtigen optischen Bauteil geworden, als die Herstellung sehr dünner und sehr langer Glasfasern in Glasmänteln mit hohem Reintransmissionsgrad gelang. Die sog. Multimode-Stufenindexfasern werden z.B. mit Kerndurchmessern zwischen 100 μm und 400 μm und Mantelstärken um 50 μm in einem Kunststoffschlauch mit der Wandstärke 200 μm angeboten. Die Länge kann je nach den Anforderungen an die Apertur und den spektralen Reintransmissionsgrad einige Meter bis Kilometer betragen. Die für übliche Aperturen erforderlichen Brechzahlsprünge sind relativ klein. Mit n_K=1,6 und n_M=1,5 ergibt sich bereits α=34°. Für die Nachrichtenübertragung gefertigte Fasern haben z.B. α=10° bei n_K=1,527 und n_M=1,517. Der mit α eintretende Lichtstrahl erfährt auf einer Faserlänge l etwa die folgenden N Totalreflexionen

$$N = \frac{1}{2r_K} \sqrt{(n_K/n_M)^2 - 1} \tag{3}$$

Sein Weg L im Kern ist etwa um den Faktor $L/l = n_K/n_M$ größer als der eines auf der Achse laufenden Strahls. Bei n_K=1,6, n_M=1,5, r_K=100μm und l=1 m ist z.B. N=1291 und L=1,067 m. Die Laufzeitunterschiede machen kohärent eintretendes Licht inkohärent. Erheblich kleinere Laufzeitunterschiede werden in den sog. Multimode-Gradientenindexfasern erzielt. Bei diesen bewirkt eine kontinuierliche Brechzahlabnahme $n_K(r)$ von $n_K(0)$ auf der Achse bis $n_K(r_K)=n_M$ am Mantel, daß sich meridionale Strahlen sinusförmig durch den Kern schlängeln wie in **Fig. 1514-2** und sagittale Strahlen durch den Kern schrauben. Der erforderliche Brechzahlverlauf

$$n_K(r) = n_K(0)/\mathrm{ch}\,(\frac{r}{r_K}) \sqrt{2(1 - n_M/n_K(0))} \tag{4}$$

mit dem Hyperbelkosinus ch$x=(e^x+e^{-x})/2$ kann in der Nähe der Achse mit

$$\frac{n_K(0)-n_K(r)}{n_K(0)-n_M} = (\frac{r}{r_K})^2 \tag{5}$$

angenähert werden. Die numerische Apertur beträgt ungefähr:

$$\sin\alpha = \sqrt{2n_K(0)\,[n_K(0) - n_M]} \tag{6}$$

Achsenparallel eintretende Strahlen verlassen die Faser auf einen Brennpunkt konvergierend. Mit paraxialen Strahlen kann abgebildet werden. Dieser Sachverhalt ermöglicht die Endoskopie mit einer einzigen Gradientenindexfaser. Für die Nachrichtenübertragung werden solche Fasern mit Kerndurchmessern um 50 μm und Manteldurchmessern um 125 μm gefertigt. Bei $n_K(0)$=1,56 und n_M=1,54 ist z.B. α=14,5°. Für die interferometrische Verwendung sind die Laufzeitunterschiede auch in einer solchen Faser noch zu groß. Für sie wurden sog. Monomode-Stufenindexfasern entwickelt, deren Kerndurchmesser nur noch typisch 5 μm, deren Manteldurchmesser aber zwischen 40 μm und 125 μm beträgt. Die Lichtleitung erfolgt hier nicht nur im

Kern, sondern auch im Mantel. Sie muß wellenoptisch berechnet werden. Eine eben eintretende Welle tritt praktisch eben aus.

Die Fasern werden für die Strahlungsflußleitung zu einem ungeordneten und für die Informationsübertragung zu einem geordneten Faserbündel zusammengefaßt. Das geordnete ist bei hoher Packungsdichte auch für die Bildübertragung wie in **Fig. 1514-3** geeignet. Man kann es wie in **Fig. 1514-4** zur Querschnittswandlung verwenden. Für kurze Bildübertragungen werden auf der ganzen Länge verschmolzene und geordnete Faserbündel als Faserstäbe, Faserkegel oder Faserplatten angeboten. Eine einige mm dicke Faserplatte mit der Fläche 100 cm^2 kann 10^8 Fasern enthalten. Solche Platten werden z.B. benutzt, um das Schirmbild eines Kathodenstrahloszillographen von gewölbtem Glas auf eine ebene Frontscheibe zu übertragen.

Abschneiden mit der Schere genügt nicht. Die Enden einer Faser gleich welcher Art müssen mit einem Spezialwerkzeug bearbeitet werden. Die möglichst verlustfreie Kopplung von Fasern erfordert einigen Aufwand. Achsversatz, Winkelfehler der Achsen oder Endflächen und Unebenheiten der Endflächen bewirken Verluste die viel größer als die in der Faser sein können. Die Hersteller bieten die verschiedensten lösbaren Steckverbindungen oder unlösbaren Spleißverbindungen an. In [635-645] wurde ausführlich über die Berechnung, Fertigung, Handhabung und Anwendung von Lichtleitern berichtet.

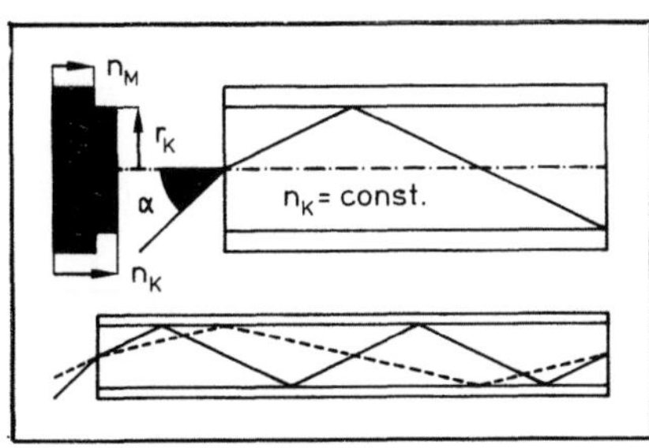

1: Stufenindex

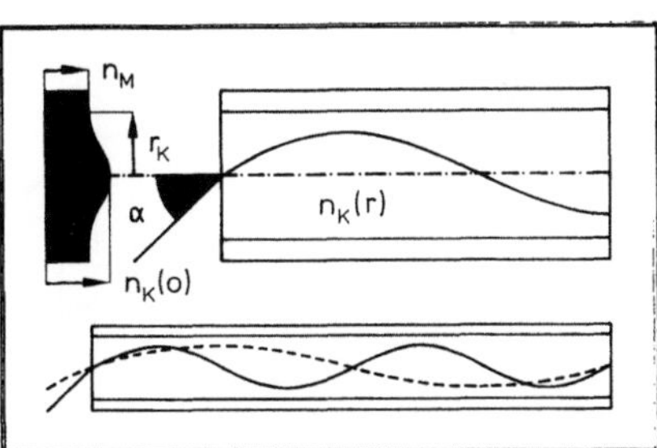

2: Gradientenindex

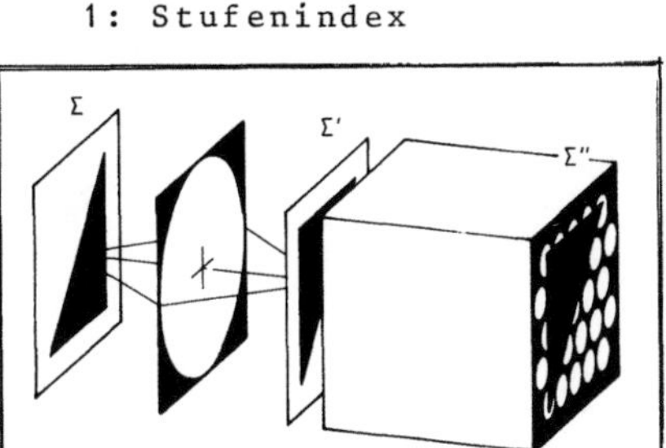

3: Bildübertragung

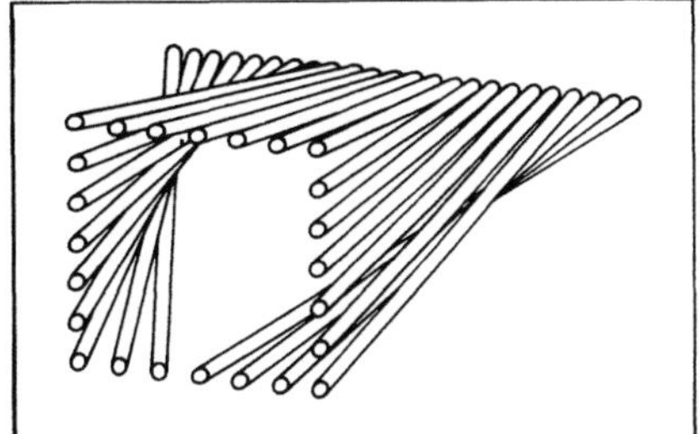

4: Umordnung

Fig. 1514: Lichtleiter

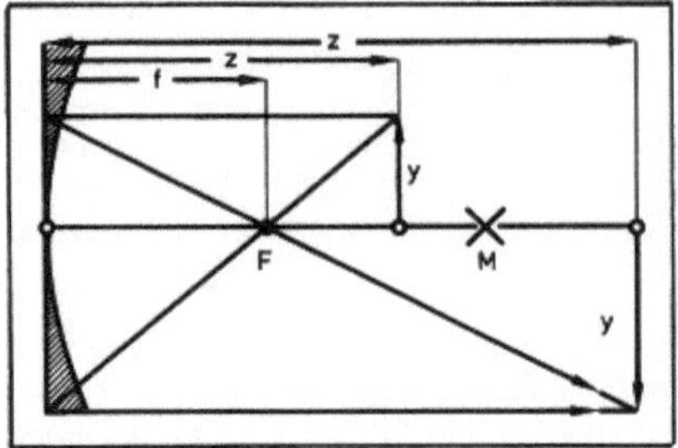

1: Reell mit Hohlspiegel

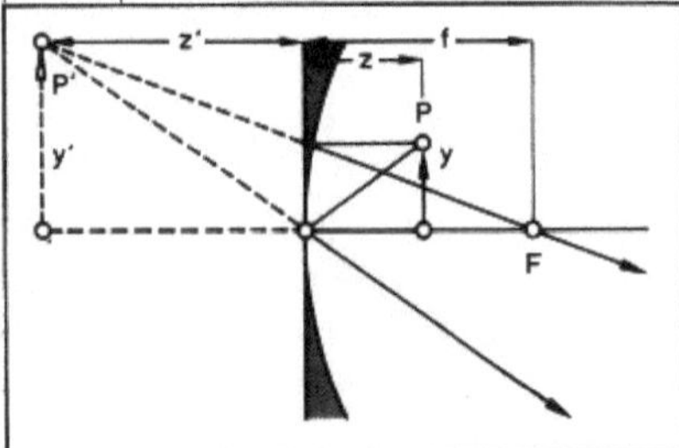

3: Virtuell mit Hohlspiegel

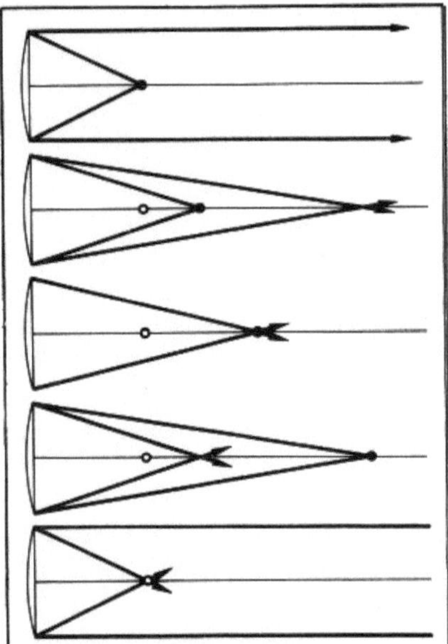

2: Auf der Spiegelachse

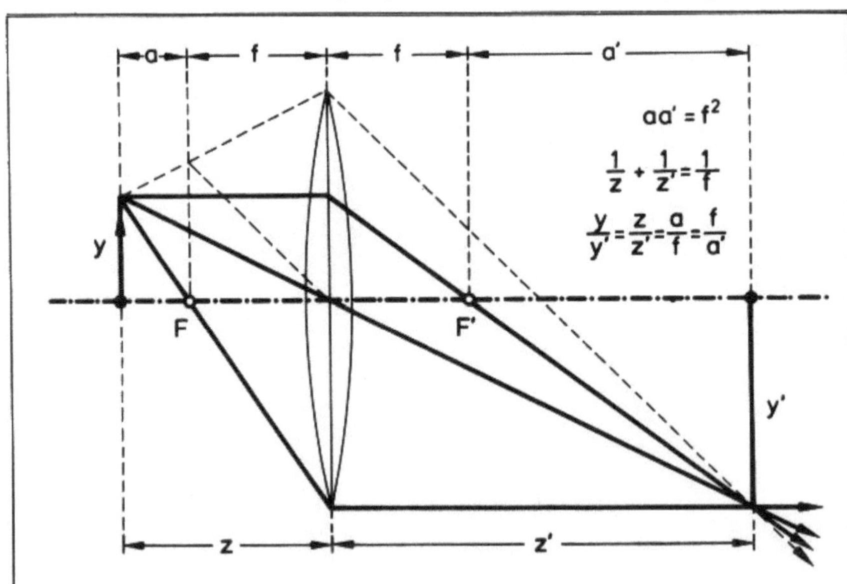

4: Reell mit dünner Sammellinse

Fig. 1521: Paraxiale Abbildung

1.5.2 Abbildung

1.5.2.1. Paraxiale Abbildung

In Abschnitt 1.5.1.1 wurde festgestellt, daß der Hohlspiegel mit dem Krümmungsradius r achsennahe parallele Strahlen zwar nicht exakt, aber praktisch im Brennpunkt F mit dem Abstand f=r/2 vom Spiegel vereint. Wenn er dies tut, so kommen die beiden in **Fig.** 1521-1 vom Punkt P ausgehenden Strahlen im Punkt P' zusammen. Auch jeder andere von P kommende achsennahe Strahl geht zum Punkt P'. Der Dingpunkt P in Abstand y von der Achse und z vom Spiegel wird als Bildpunkt P' im Abstand y' von der Achse und z' vom Spiegel abgebildet. Laut Zeichnung gelten dann die beiden folgenden Abbildungsgesetze:

$$\frac{1}{z} + \frac{1}{z'} = \frac{1}{f} \quad ; \quad \frac{y'}{y} = \frac{z'}{z} \qquad (1)\,(2)$$

Mit den Abständen a=z-f und a'=z'-f von der Brennebene können diese auch folgendermaßen geschrieben werden:

$$aa' = f^2 \quad ; \quad \frac{y'}{y} = \frac{f}{a} \qquad (3)\,(4)$$

Die Gleichung (1) gilt unabhängig von y und y'. Zu jedem achsennahen Dingpunkt mit gleichem z gehört also ein achsennaher Bildpunkt mit gleichem z'. Das achsennahe Gebiet einer Objektebene Σ bei z wird als achsennahes Gebiet der Bildebene Σ' bei z' abgebildet. f wird die Brennweite, z' die Bildweite und y'/y der Abbildungsmaßstab genannt. P' und P sind konjugierte Punkte. Solche Abbildung ist nur bei z>f möglich. Bei z=2f wird z'=2f und y'/y=1. Geht z nach f, so wachsen z' und y'/y über alle Grenzen. Fig. 1521-2 zeigt diesen Sachverhalt für Punkte auf der Achse. Bei z<f liegen die in Fig. 1521-3 skizzierten Verhältnisse vor. Die Strahlen entwerfen dann kein reelles und umgekehrtes Bild, sondern scheinen von einem virtuellen und aufrechten Bild zu kommen.

In die Gleichungen sind die Längen der Strecken einzusetzen. Optiker ziehen die Rechnung mit Vorzeichen vor (DIN 1335). Von einem Bezugspunkt in Lichtrichtung oder nach oben gemessene Strecken werden positiv und die gegen die Lichtrichtung bzw. nach unten gemessenen werden negativ in Rechnung gesetzt. Dann ist auch bei gleichen Brechzahlen beiderseits der Linse zwischen der objektseitigen Brennweite f und der bildseitigen f' zu unterscheiden. Die Abbildungsgesetze lauten:

$$\frac{1}{z'} - \frac{1}{z} = \frac{1}{f'} \quad ; \quad \frac{y'}{y} = \frac{z'}{z} \qquad (5)\,(6)$$

$$aa' = -\,f'^2 \quad ; \quad \frac{y'}{y} = \frac{f'}{a} \qquad (7)\,(8)$$

Auch die Winkel werden mit Vorzeichen angegeben. Ein Winkel ist positiv, wenn sich der freie Schenkel bei Linksdrehung vom vereinbarten Bezugs-

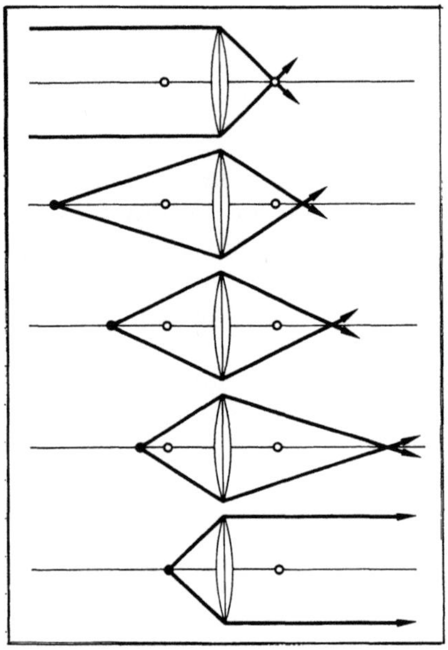

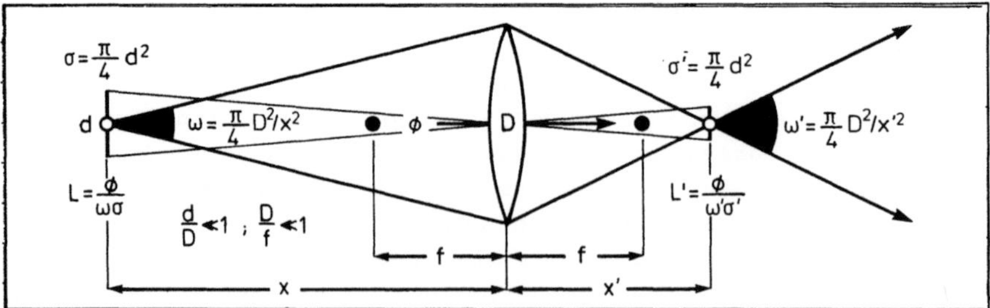

5: Auf der Linsenachse

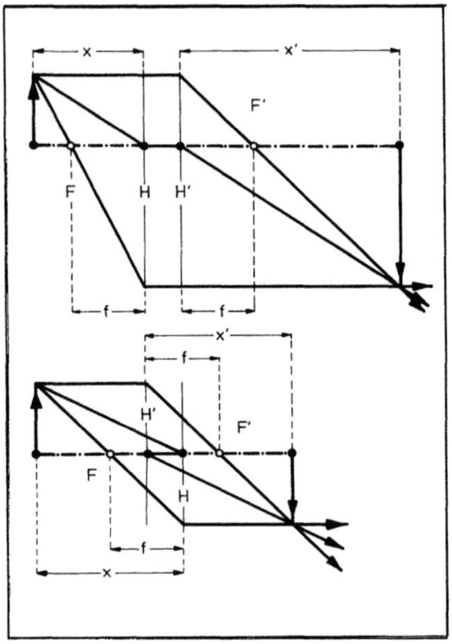

6: Reell mit dicker Linse

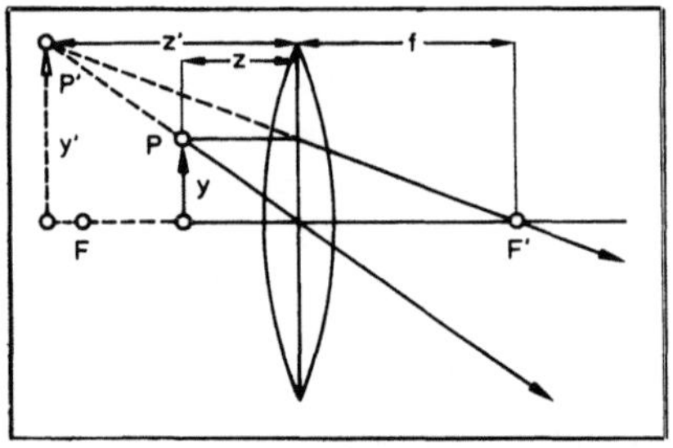

7: Virtuell mit dünner Linse

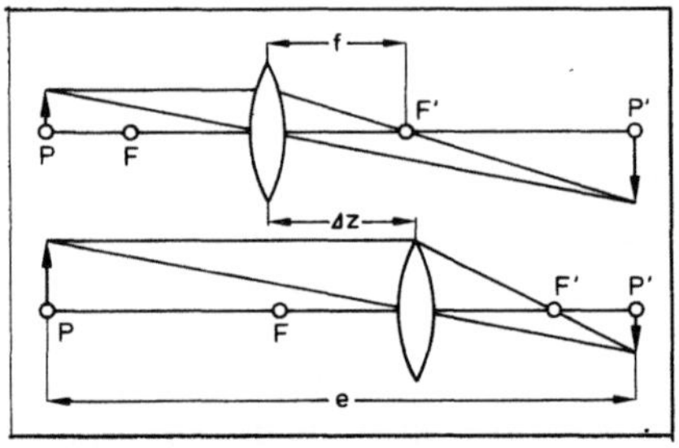

8: e vorgegeben

9: Strahlungsfluß durch die Linse

Fig. 1521: Paraxiale Abbildung

schenkel entfernt. Wer nur gelegentlich mit der Optik zu tun hat, rechnet
lieber mit den Beträgen und bestimmt die Richtungen anhand einer Zeichnung. Wir bleiben trotz der DIN-Empfehlung bei diesem Brauch.

Eine entsprechende Überlegung führt auch bei der Linse zu formal gleichen
Gesetzmäßigkeiten. In Abschnitt 1.5.1.3 wurde festgestellt, daß die Sammellinse mit der Brennweite f achsennahe parallele Strahlen zwar nicht
exakt, aber praktisch im hinteren Brennpunkt F' vereint und aus den vom
vorderen Brennpunkt F kommenden Strahlen parallele Strahlen macht. Wenn
sie dies tut, so kommen die beiden in **Fig. 1521-4** vom Dingpunkt P ausgehenden und durch die Brennpunkte gehenden Strahlen im Bildpunkt P' zusammen.
Bei der dünnen Sammellinse kann man P' auch noch mit einem dritten ungebrochen durch die Linsenmitte gehenden Strahl konstruieren. Wenn die
Linsenmitte in der Mitte der Öffnungsblende liegt, so ist dies der sogenannte Hauptstrahl des von P nach P' gehenden Strahlenbündels. Auch hier
können der Zeichnung die Gleichungen (1) bis (4) entnommen werden. Wieder
wird ein achsennahes Gebiet der Objektebene Σ als achsennahes Gebiet der
Bildebene Σ' abgebildet. Wieder wird $z'=2f$ und $y'/y=1$ bei $z=2f$, und wachsen z' und y'/y über alle Grenzen, wenn z nach f geht. Im Falle $z>f$ liegen
die in **Fig. 1521-5** und im Falle $z<f$ die in **Fig. 1521-7** skizzierten Verhältnisse vor. Bei $z>f$ wird auch hier nicht reell und umgekehrt, sondern virtuell
und aufrecht abgebildet.

Wenn die Sammellinse dick ist, dann fangen f,z,z' wie in **Fig. 1521-6** an den
betreffenden Hauptpunkten H bzw. H' an. Hier ist P' zu P ohne den ungebro-
chenen von P nach P' gezeichneten sogenannter Bezugsstrahl zu konstruieren. Dieser Bezugsstrahl schneidet die Achse im sogenannten optischen
Mittelpunkt M der Linse. Er ist nur dann der Hauptstrahl des von P nach P'
gehenden Strahlenbündels, wenn sich das Zentrum der Öffnungsblende im
Punkt M befindet. Die Punkte M,H,H',F,F' werden Kardinalpunkte genannt.

In der Laborpraxis genügt es meist, die Abbildung mit der Annahme einer
dünnen Linse abzuschätzen. Ein gewisses Spiel für die Justierung ist ohnehin vorzusehen. Dabei ist oft der Abstand e der Bildebene Σ' von der Objektebene Σ ungefähr vorgegeben. Ist e mehr als viermal so groß wie die
Brennweite f, so gibt es zwei Stellungen der Linse, mit denen eine reelle
Abbildung realisiert werden kann. Für die Dingweiten z_1, z_2 und Bildweiten
z_1, z_2 bei diesen in **Fig. 1521-8** gezeigten Stellungen gilt:

$$z_1 = z_2' = \frac{e}{2}\left(1 + \frac{\Delta z}{e}\right) \quad ; \quad z_2 = z_1' = \frac{e}{2}\left(1 - \frac{\Delta z}{e}\right) \qquad (9)\,(10)$$

mit der folgenden Verschiebung Δz der Linse von der einen in die andere
Stellung.

$$\Delta z/e = \sqrt{1 - 4f/e} \qquad (11)$$

Der eine Abbildungsmaßstab ist der Kehrwert des anderen:

$$\frac{z_1'}{z_1} = \frac{z_2}{z_2'} = \frac{1-\Delta z/e}{1+\Delta z/e} \tag{12}$$

Ist e nur wenig größer als 4f, so ist $\Delta z/e \ll 1$ und kann näherungsweise mit $z_1'/z_1 = 1-2\Delta z/e$ und $z_2/z_2' = 1+\Delta z/e$ gerechnet werden.

Zur Abschätzung der zu erwartenden Bestrahlungsstärke sei eine kleine gleichmäßig strahlende Oberfläche σ und die betreffende Bildfläche σ' betrachtet. In **Fig. 1521-9** liegen diese Flächen $\sigma = \pi d^2/4$ und $\sigma' = \pi d'^2/4$ auf der Achse einer dünnen Linse mit der Fläche $F = \pi D^2/4$ und der Brennweite f. Der Linsendurchmesser D sei viel größer als die Flächendurchmesser d und d' und viel kleiner als f. Dann können die Raumwinkel des von σ durch F nach σ' gehenden Strahlungsflusses ϕ mit Scheiteln in der Dingweite z bzw. Bildweite z' und mit der ebenen Fläche F an Stelle von Kugelflächen berechnet werden. Es muß sich nicht um die Abbildung auf einem Film, sondern kann sich auch um eine Zwischenabbildung handeln. Darum wird nicht nur nach der Bestrahlungsstärke B', sondern auch nach der Strahldichte L' in σ' gefragt. Der Strahlungsfluß ϕ verläßt σ in den Raumwinkel $\omega = F/z^2$ und σ' in den Raumwinkel $\omega' = F/z'^2$. Es gilt $\omega'/\omega = (z/z')^2$. Mit dem Flächenabbildungsmaßstab $\sigma'/\sigma = (z'/z)^2$ ergibt sich $\omega'\sigma' = \omega\sigma$. Die Oberfläche σ strahlt mit einer Strahldichte $L = \phi/\omega\sigma$ und ihr Bild Σ' mit der Strahldichte $L' = \phi/\omega'\sigma'$. Wegen der ϕ-Erhaltung gilt $L'\omega'\sigma' = L\omega\sigma$. Daraus folgt, daß die Strahldichte konstant bleibt. Änderung des Streckenabbildungsmaßstabs z'/z kann L' nicht verändern, ändert aber den Raumwinkel ω' und die Bestrahlungsstärke $B' = \phi/\sigma'$. Es gilt:

$$L' = L \quad ; \qquad \frac{B'}{\omega L} = \frac{\omega'}{\omega} = \left(\frac{z'}{z}\right)^2 \tag{13} \tag{14}$$

Verkleinerung mit z'/z<1 ist mit einer quadratischen Vergrößerung von ω' und B' verbunden. Dabei hängt B' nicht von der strahlenden Fläche σ ab, sondern ist lediglich zu deren Strahldichte L und zum Raumwinkel ω des eingefangenen Strahlungsflusses proportional.

1.5.2.2 Aberrationen

Die im vorstehenden Abschnitt besprochenen Abbildungsgesetze gelten näherungsweise für Abbildungen mit monochromatischen und paraxialen Strahlen. Ist eine der beiden Bedingungen nicht erfüllt, so treten merkliche Abweichungen auf. Sie werden Abbildungsfehler oder Aberrationen genannt. Bei monochromatischem Licht werden sog. geometrische Aberrationen merklich, sobald nicht mehr mit den Winkeln der Strahlen gegen die Achse des Hohlspiegels oder der Linse anstatt mit deren Sinus- oder Tangensfunktionen gerechnet werden kann. Dabei ist zwischen engen und weiten Strahlenbündeln zu unterscheiden. Bei den engen kommt er auf die Winkel der Hauptstrahlen an. Sind diese groß, so machen Astigmatismus und Bildfeldwöbung das Bild unscharf, und verdirbt Verzeichnung die Ähnlichkeit mit dem Objekt. Bei weiten Strahlenbündeln tritt zusätzliche von den Winkeln der Randstrahlen abhängende Unschärfe auf. Schon ein achsennaher Objektpunkt wird dann infolge der sphärischen Aberration nicht mit einem Bildpunkt, sondern mit einem unscharfen Bildfleck wiedergegeben. Bei einem achsenfernen Objektpunkt hat der Bildfleck eine verzogene, an den Kometenschweif erinnernde Form. Die symmetrische sphärische Aberration wird auch Öffnungsfehler und die unsymmetrische wird die Koma genannt. Bei der Abbildung mit der Linse kommen bei polychromatischem Licht wegen der Frequenzabhängigkeit der Brechzahl sog. chromatiche Aberrationen hinzu. Diese können sich auch schon beim paraxialen Strahlenbündel stark störend auswirken. Die Abbildung mit dem Hohlspiegel ist frei von chromatischen Aberrationen.

Der Astigmatismus und die Bildfeldwölbung treten auf, weil die Strahlen im Sagittalschnitt eines schief einfallenden Strahlenbündels anders als die im Meridionalschnitt reflektiert oder gebrochen werden. Dieser Sachverhalt ist in **Fig. 1522-1** für den Fall eines schief durch die Mitte einer Linse gehenden Strahlenbündels skizziert. Der Meridionalschnitt enthält den Hauptstrahl und die Linsenachse. Der Sagittalschnitt enthält den Hauptstrahl und steht senkrecht auf dem Meridionalschnitt. Die Krümmungsradien der brechenden Flächen sind im Sagittalschnitt größer als im Meridionalschnitt. Darum werden die Strahlen im Sagittalschnitt weniger als die im Meridionalschnitt gebrochen. Das gebrochene Bündel konvergiert und divergiert mit elliptischen Querschnitten. An der Stelle A entartet die Ellipse zu einem Strich im Sagittalschnitt, an der Stelle B zu einem Kreis und an der Stelle C zu einem Strich im Meridionalschnitt. Der Objektpunkt P wird also zweimal mit einem scharfen Strich und einmal mit einem Kreisfleck wiedergegeben. Objektpunkte P_i in verschiedenen Abständen von der Achse wie in **Fig. 1522-2** erscheinen nicht als Bildpunkte, sondern als Paare von Strichen, deren Mittelpunkte auf zwei sog. Bildschalen liegen. Auf der meridionalen Bildschale werden Meridionalebenen und auf der sagittalen Bildschale werden Sagittalebenen von Strichen durchstoßen. Die beiden Bildschalen berühren sich auf der Linsenachse in jener sog. Gaußbildebene, in welcher paraxiale Strahlen abbilden würden. Auf einem in diese Ebene gestellten Schirm erscheint ein von der Achse nach

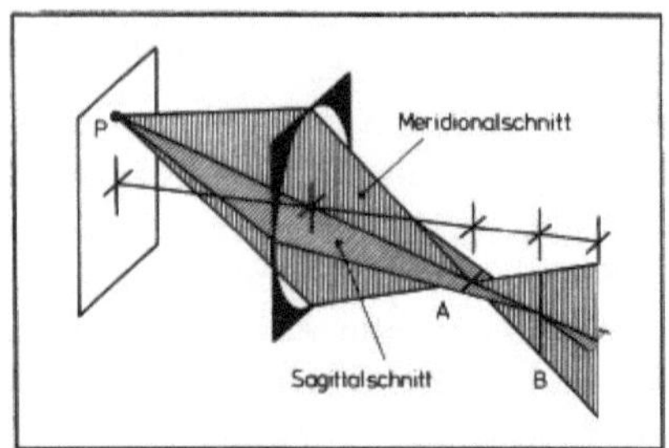

1: Astigmatismus

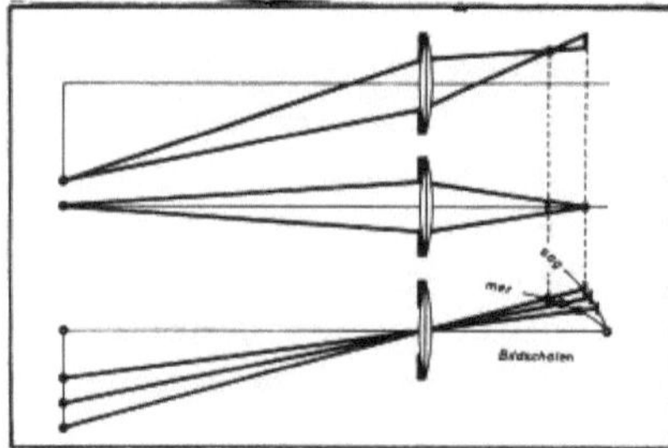

2: Bildschalen

3: Verzeichnungen

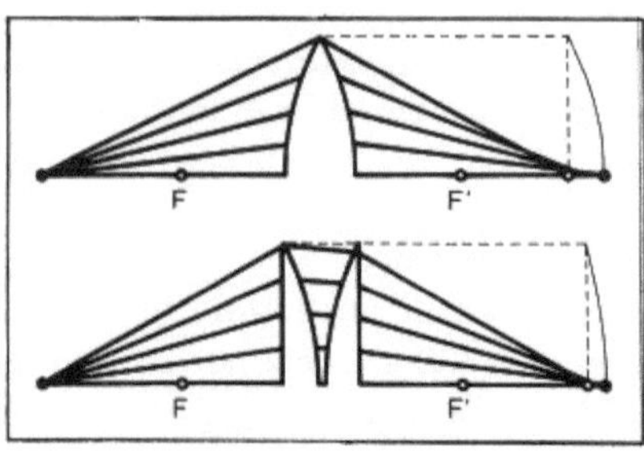

4: Öffnungsfehler

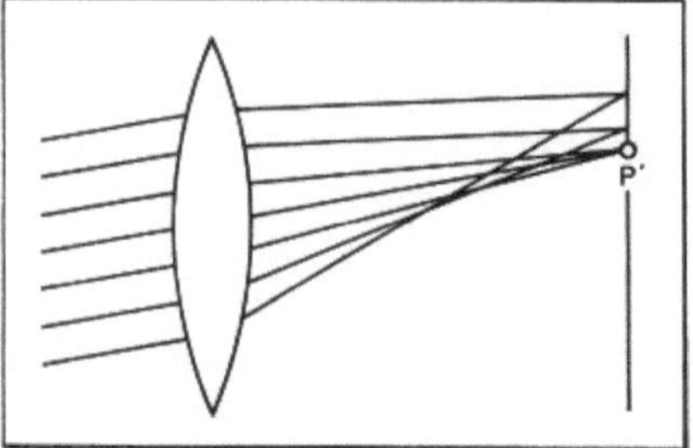

5: Positive Koma

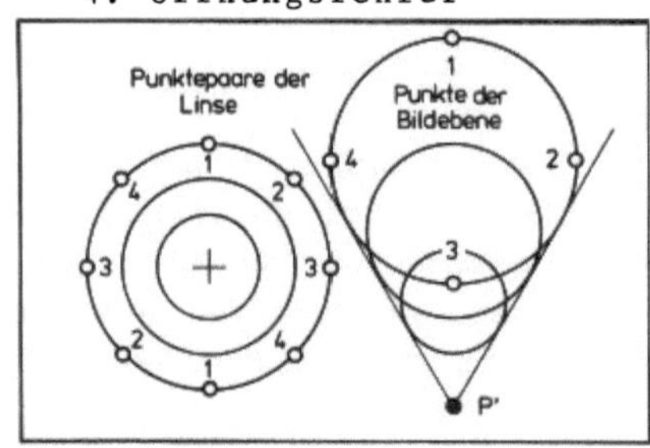

6: Komakreise

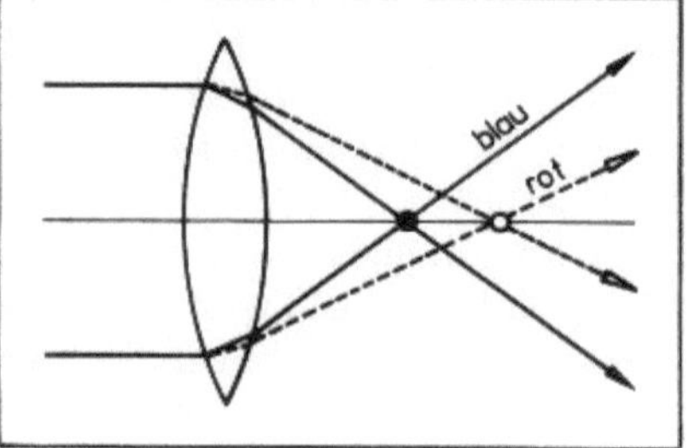

7: Chromatische Aberration

Fig. 1522: Aberrationen

außen zunehmend unscharfes Bild. Wird der Schirm in Richtung Linse verschoben, so wird das Bild auf einem konzentrischen Ring schärfer als im Zentrum. Die infolge des Astigmatismus auftretende Unschärfe läßt sich durch Einengung der abbildenden Bündel mit einer Lochblende vermindern. Damit wird jedoch auf die in **Fig. 1522-3** erläuterte Weise je nach dem Ort der Blende der Mittelpunkt des Bildflecks in der einen oder anderen Richtung von jenem Punkt entfernt, in welchem der Hauptstrahl die Schirmebene trifft. Ein Quadratgitter wird infolgedessen tonnenförmig oder kissenförmig verzeichnet wiedergegeben.

Die beim weiten Bündel mit achsennahem Hauptstrahl auftretende sphärische Aberration wurde bereits bei der Besprechung der Linse in Abschnitt 1.5.1.3 kurz erwähnt. Dort wurde nur der Sonderfall eines parallel zur Linsenachse eintretenden Parallelstrahlenbündels betrachtet. Kommt das Bündel von einem Objektpunkt P in endlichem Abstand von der Linse, so schneiden die Strahlen die Achse wie in **Fig. 1522-4**. Das Bündel hat infolgedessen in einer Ebene vor der Gaußbildebene einen engsten Querschnitt. Der Durchmesser des Kreisflecks wird hier am kleinsten, wenn die Strahlen gleichviel an der einen wie an der anderen Linsenfläche gebrochen werden. Bei 1:1-Abbildung ist also die Bikonvexlinse mit gleichen Krümmungsradien der beiden Flächen günstig. Ist jedoch ein Parallelstrahlenbündel im Brennpunkt zu vereinen oder ist aus einem vom Brennpunkt kommendes Bündel ein Parallelstrahlenbündel zu machen, so ist es günstiger, wenn das Parallelstrahlenbündel auf der konvexen Seite einer Plankonvexlinse ein- oder austritt. Bei der 1:1-Abbildung mit dem in **Fig. 1522-4** unten gezeigten zweilinsigen Kondensor wird dieser Sachverhalt benutzt, um den Öffnungsfehler zu vermindern.

Bei schiefem Hauptstrahl wird aus dem Öffnungsfehler die Koma, weil Strahlen, die auf konzentrischen Kreisen eintreten, die Gaußbildebene auf nicht mehr konzentrischen, sondern versetzten Kreisen erreichen. In der Meridionalebene sehen die Strahlengänge z.B. wie in **Fig. 1522-5** aus. Je größer der Abstand zwischen zwei beiderseits der Achse und mit gleichem Abstand P von der Achse eintretenden Strahlen, umso mehr entfernt sich ihr Schnittpunkt vom paraxialen Bildpunkt P'. Entfernt er sich von der Achse, so heißt die Koma positiv. Nähert er sich der Achse, so heißt sie negativ. Ob sie positiv oder negativ ist, hängt von der Form der Linse und vom Ort des Objektpunktes ab. Die **Fig. 1522-6** zeigt, wo bei positiver Koma die Schnittpunkte der auf konzentrischen Kreisen eintretenden Strahlen liegen. Die durch die ganze Linse eintretenden Strahlen erreichen die Bildebene in einem verzogenen Fleck, dessen Form an den Kometenschweif erinnert. Daher der Name dieser Aberration. Bei der Fokussierung direkten Sonnenlichtes mit einer schief hineingestellten Linse hat der Brennfleck diese Form. Auf dem Bild eines ausgedehnten Objektes macht sich die Koma schon dann mit einer unangenehmen, von innen nach außen zunehmenden Unschärfe bemerkbar, wenn der Sehwinkel klein war.

Alle fünf geometrischen Aberrationen treten auch bei den Hohlspiegeln auf. Der Öffnungsfehler ist kleiner als bei der bikonvexen sphärischen Sammellinse mit der gleichen Brennweite. Beim Parabolspiegel verschwindet er sogar, wenn ein Parallelstrahlenbündel eintritt. Die Koma, der Astigmatismus, die Bildfeldwölbung und die Verzeichnung sind hingegen größer

Die chromatische Aberration stört schon bei der paraxialen Abbildung mit polychromatischem Licht, weil die Brennweite von der Brechzahl und weil diese von der Frequenz des Lichtes abhängt. Mit den verschiedenen Farben werden verschiedene Bilder in verschiedenen Bildebenen mit verschiedenen Abbildungsmaßstäben erzeugt. Auf einem Schirm kann nur eines dieser Bilder scharf und können die anderen nur mit Flecken verschiedener Größe an Stelle eines Punktes erscheinen. Punkte werden mit bunten Flecken und Kanten mit bunten Säumen wiedergegeben. **Fig. 1522-7** zeigt, wie die Linse zwei parallel zur Achse einfallende blaurote Strahlen in je einen blauen und einen roten zerlegt. Die chromatiche Brennweitendifferenz bewirkt einen Farbvergrößerungsfehler und einen Farblängsfehler. Bei merklich schiefen Hauptstrahlen kommen weitere Farbfehler hinzu. Die Aberrationen werden in der Literatur über Objektive ausführlich besprochen.

1.5.2.3 Blenden

Zur scharfen Berandung des Bildes wird eine Feldblende und zur Begrenzung der Unschärfe infolge von Aberrationen und Objekttiefe wird eine Aperturblende (Öffnungsblende) benötigt. **Fig.** 1523-1 zeigt den Einsatz bei der Abbildung mit einer dünnen Sammellinse.

Die Feldblende (FB) begrenzt das Gesichtsfeld (Bildfeld, abgebildetes Objektfeld) ohne jeden Einfluß auf die von den Objektpunkten zu den Bildpunkten gehenden Strahlenbündel. Sie kann nur selten in der Objektebene Σ, sondern muß meist in der Bildebene Σ' angebracht werden. Im erstgenannten Fall wird ihr Bild in Σ' die Austrittsluke (AL) und im letztgenannten Fall ihr Bild in Σ die Eintrittsluke (EL) genannt. Ist auch in der Bildebene kein Platz für eine Blende, so bedarf es einer Zwischenabbildung.

Die Aperturblende (AB) begrenzt die Weiten aller von den Objektpunkten zu den Bildpunkten gehenden Strahlenbündel in gleicher Weise und ohne jeden Einfluß auf das Gesichtsfeld. Befindet sie sich in der Linsenebene, so kann man ihren Durchmesser unabhängig von dem der Feldblende wählen. Befindet sie sich vor oder hinter der Linse wie in **Fig.** 1523-2, so wird ihrem Durchmesser durch die Forderung gleicher Raumwinkel aller von Punkt zu Punkt gehenden Strahlenbündel eine obere Grenze gesetzt. Schaut man von der Objektseite in die Linse, so sieht man in **Fig.** 1523-2 oben die Aperturblende und unten ihr virtuelles Bild als sog. Eintrittspupille (EP). Schaut man von der Bildseite in die Linse, so sieht man unten die Aperturblende und oben ihr virtuelles Bild als sog. Austrittspupille (AP). Es kommt darauf an, daß nichts die Strahlenbündel in einer von den Richtungen der Hauptstrahlen abhängenden Weise vignettierend, d.h. den Bildrand abschattierend begrenzt. Bei einer in der Nähe der Linse angebrachten Aperturblende wird das Verhältnis D/f des Blendendurchmessers zur Linsenbrennweite die Apertur (Öffnung) genannt. Bei Kameraobjektiven wird der Kehrwert f/D als Blendenzahl (kurz Blende) angegeben. Je kleiner die Apertur, umso kleiner sind die Unschärfen infolge von Aberrationen. Das Bild kann also durch Abblenden Schärfe gewinnen. Andererseits wird aber durch Abblenden die Bestrahlungsstärke vermindert. Zwingt dies zur Photographie auf empfindlicherem Film mit gröberem Korn, so kann das Bild auch Schärfe verlieren. Zu starkes Abblenden bringt außerdem die Beugung in's Spiel.

Von einem Objekt mit einer gewissen Tiefe wird nur eine einzige Objektebene Σ scharf abgebildet. Punkte anderer Ebenen werden wie in **Fig.** 1523-3 mit Streuscheiben wiedergegeben. Der Durchmesser d' der Streuscheibe hängt folgendermaßen mit D, f und dem Abstand Δz des Objektpunktes von Σ ab:

$$\frac{d'}{D}\left(1+\frac{z}{f}\right) = \pm \frac{\Delta z/z}{1+\Delta z/z} \qquad (1)$$

Das positive Vorzeichen gilt für positive und das negative für negative Δz. Bei der Betrachtung der Bilder wird die Streuscheibe noch als Punkt

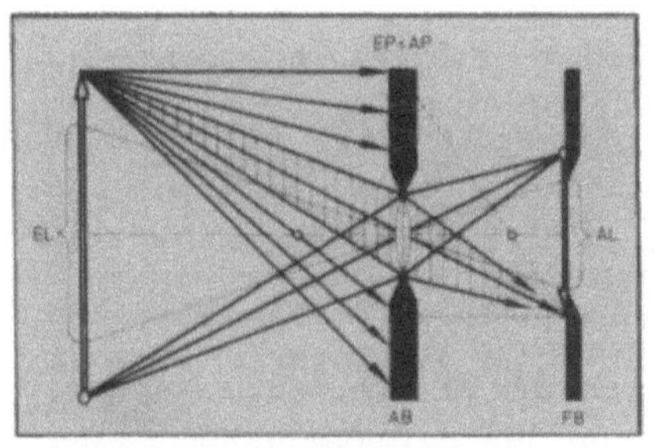

1: Feldblende≠Aperturblende

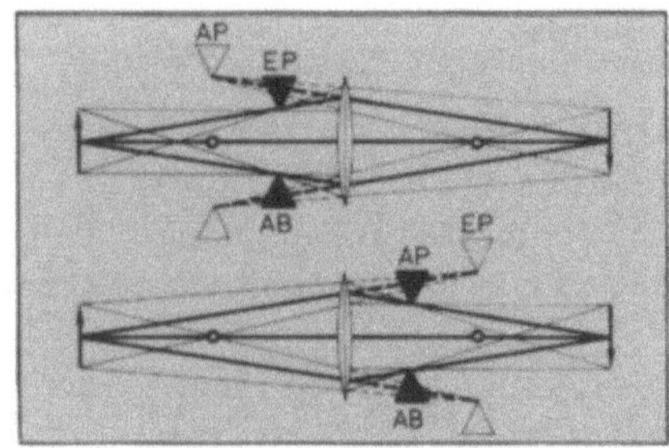

2: Pupillen

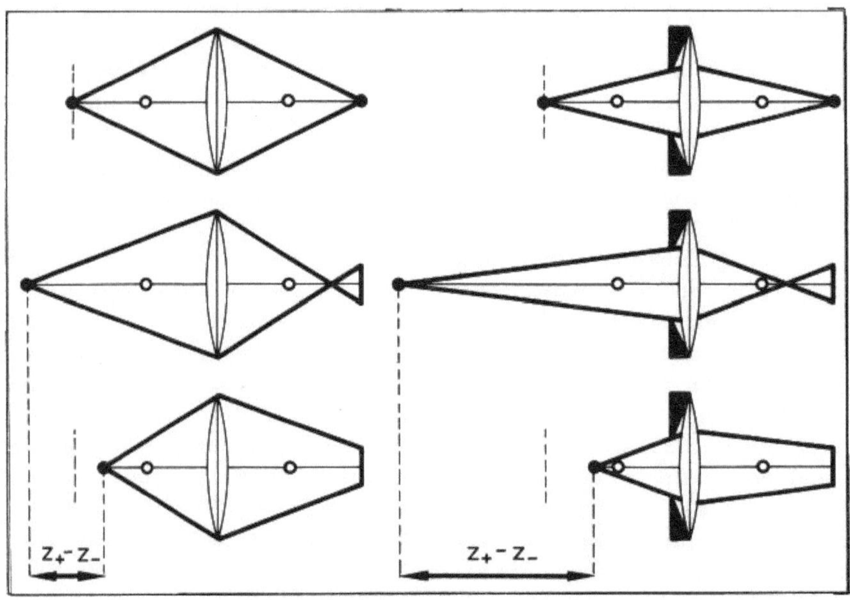

3: Schärfentiefe

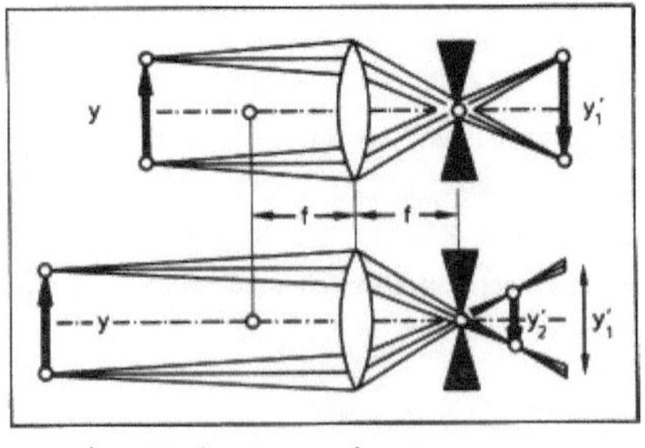

4: Telezentrisch

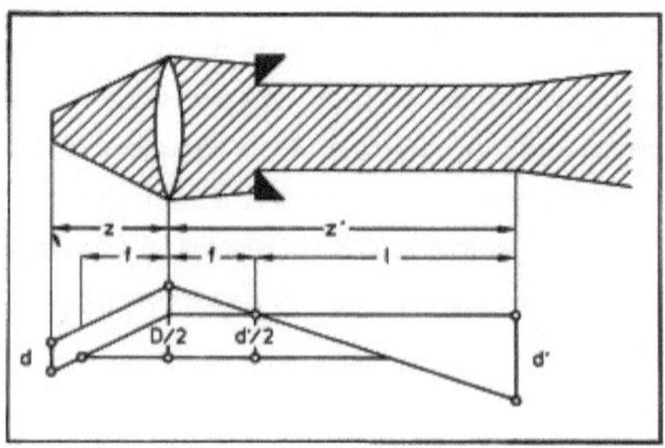

5: Parallelrand

Fig. 1523: Blenden

und nicht als verwaschener Fleck wahrgenommen, wenn d' einen gewissen Wert nicht überschreitet. Diese Bedingung ist erfüllt, wenn sich der Objektpunkt zwischen zwei Ebenen mit den folgenden Abständen z_+ und z_- von der dünnen Linse befindet:

$$\frac{z_+}{z} = \frac{1}{1-\frac{d'}{D}\left(1+\frac{z}{f}\right)} \quad ; \qquad \frac{z_-}{z} = \frac{1}{1+\frac{d'}{D}\left(1+\frac{z}{f}\right)} \qquad (2)\ (3)$$

Der Abstand $z_+ - z_-$ zwischen diesen Ebenen ist die sog. Schärfentiefe:

$$\frac{z_+ - z_-}{z} = \frac{2\frac{d'}{D}\left(1+\frac{z}{f}\right)}{1-\left(\frac{d'}{D}\right)^2\left(1+\frac{z}{f}\right)^2} \qquad (4)$$

Sie wächst bei gegebenem f und d' mit zunehmendem z und abnehmendem D. Man kann sie durch Abblenden vergrößern. Für ihre Angabe auf den Einstellringen der Kameraobjektive wurde vereinbart, die folgenden vom Bildformat abhängenden Werte von d' zu tolerieren:

Format/mm^2	3,6 x 4,8	7,5 x 10,5	24 x 36	60 x 60
d'/mm	0,010	0,015	0,033	0,060

Tab. 1523-1:   Tolerierte Streuscheibendurchmesser

Der für das Kleinbildformat 24 × 36 mm angegebene Wert entspricht dem Auflösungsvermögen des Auges. Bei den kleineren auf 8 mm- oder 16 mm- Film üblichen Formaten wurde berücksichtigt, daß das Auge die Unschärfe eines Laufbildes erst bei größerem d' wahrnimmt. Es handelt sich um Werte für die Amateurphotographie. Bei der wissenschaftlichen Photographie werden oft einerseits kleinere d', andererseits aber auch kleinere Schärfentiefen gefordert.

Wird bei der Abbildung einer diffus leuchtenden Fläche die Aperturblende in die bildseitige Brennebene gestellt, und läßt diese dort nur enge Bündel mit Hauptstrahlen durch, die sich im Brennpunkt schneiden, so liegen die in **Fig. 1523-4** skizzierten Verhältnisse vor. Die Abbildung wird dann nur mit engen Bündeln vorgenommen, deren Hauptstrahlen die Objektpunkte als parallele Strahlen verlassen. Wird jetzt das Objekt in eine andere Objektweite verschoben, so erscheint auf dem unverschobenen Film oder Schirm ein zwar unscharfes aber ansonsten unverändertes Bild. Der Abbildungsmaßstab bleibt so konstant. Sind die Bündel eng genug, so bleibt auch die Unschärfe hinreichend klein. Eine solche Abbildung wird objektseitig telezentrisch genannt. Sie wird gerne verwendet, wenn Objektverschiebungen die Bestimmung von Objektabmessungen nicht beeinträchtigen dürfen. Ebenso läßt sich mit einer engen Aperturblende in der objektseitigen Brennebene Unabhängigkeit von Filmverschiebungen erreichen. Diese bildseitig telezentrische Abbildung ermöglicht Objektvermessungen mit schwankender Kamera.

Der von Strahlen erfüllte Raum zwischen den zusammengehörenden Luken und Pupillen wird Lichtröhre genannt. Dabei ist die objektseitige zwischen EL und EP von der bildseitigen zwischen AP und AL zu unterscheiden. Ragen in die reelle Lichtröhre irgendwelche Bauteile (Fassungen, Halterungen, ungeschickt plazierte Blenden, Finger) hinein, so werden sie nicht nur unscharf abgebildet, sondern beeinträchtigen auch das übrige Bild durch Vignettierung. Die Möglichkeit eines solchen Fehlers ist insbesondere bei der in **Fig. 1523-6** skizzierten Abbildung eines durchleuchteten Objektes zu beachten. In diesem Fall wirkt die Berandung der Lichtquelle Q als Aperturblende, und ist die Beschneidung der von den Objektpunkten zu den Bildpunkten gehenden Strahlenbündel durch die Blende des Kameraobjektivs zu vermeiden. Gelegentlich kann aber auch eine vignettierende Blende erwünscht sein. **Fig. 1523-5** zeigt, wie man damit den Durchmesser einer von einer Flächenlichtquelle kommenden Lichtröhre von der Blende bis zur Bildebene konstant halten kann. Die Blende wird in die hintere Brennebene der Linse gestellt. Erfüllen die Durchmesser D der Linse, d der Lichtquelle und d' ihres Bildes und der Blende die Bedingung D=d'+2d, so bleibt der Bündeldurchmesser auf einer Strecke l=z'-f gleich d', die folgendermaßen von f, z und d'/d abhängt:

$$\frac{l}{f} = \frac{d'}{d} = \frac{f}{z+f} \qquad\qquad\qquad (5)\ (6)$$

Ist dabei $(d/2f)^2 << 1$, so haben alle in Punkten der Blendenebene zentrierten Strahlenbündel praktisch den gleichen Öffnungswinkel.

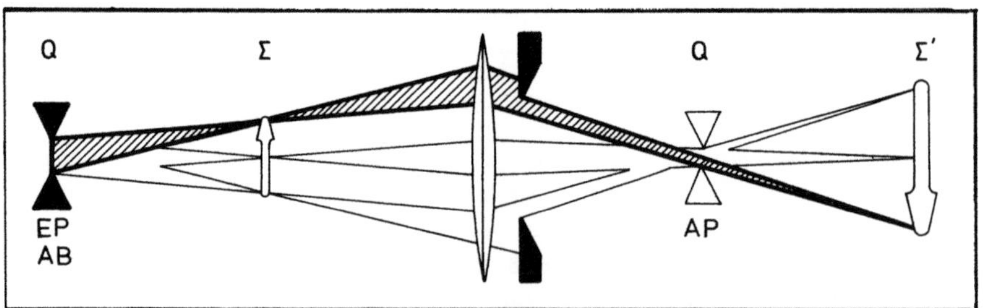

6: Bei der Abbildung eines durchleuchteten Objektes

Fig. 1523: Blenden

1.5.3 Linsensysteme

1.5.3.1 Zwei dünne Linsen

Zwei dünne Sammellinsen mit den Brennweiten f_1 und f_2 und einem Abstand $e < f_1 + f_2$ wie in **Fig.** 1531-1 wirken wie eine dicke Sammellinse mit der folgenden Brennweite f und den folgenden Abständen h_1 und h_2 der Hauptebenen von den Linsen:

$$f = \frac{f_1 f_2}{f_1 + f_2 - e} \tag{1}$$

$$h_1 = \frac{f}{f_2}\, e = \frac{f_1\, e}{f_1 + f_2 - e} \quad ; \quad h_2 = \frac{f}{f_1}\, e = \frac{f_2\, e}{f_1 + f_2 - e} \tag{2}\,(3)$$

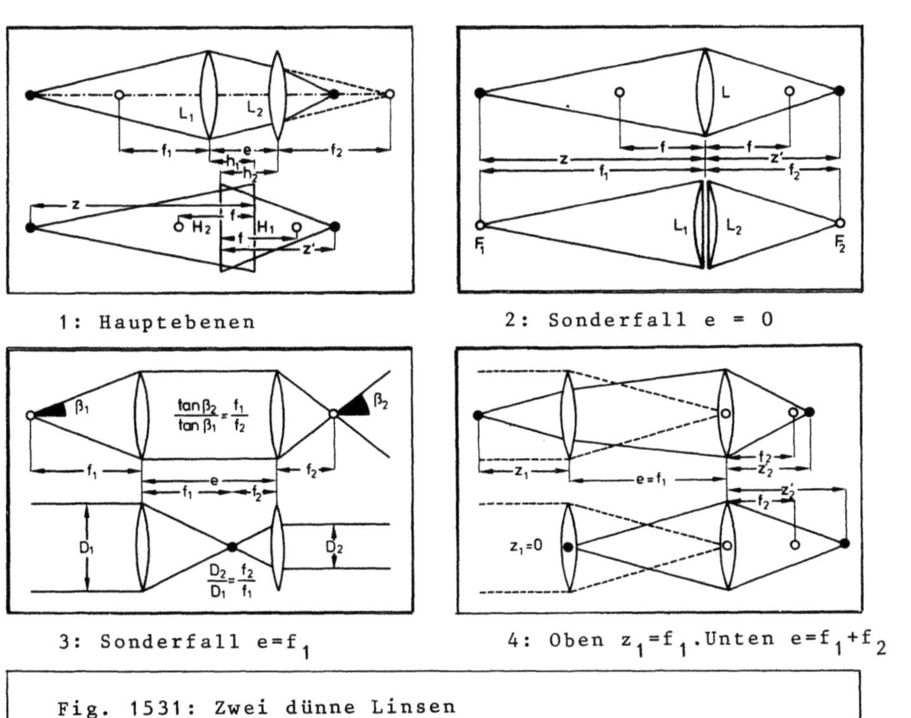

Fig. 1531: Zwei dünne Linsen

Die Brennpunkte haben folgende Abstände von den nächstgelegenen Linsen:

$$f - h_1 = f\left(1 - \frac{e}{f_2}\right) \quad ; \quad f - h_2 = f\left(1 - \frac{e}{f_1}\right) \tag{4}\,(5)$$

174

Im Sonderfall $f_1 = f_2$ gilt:

$$\frac{f}{f_1} = \frac{h}{e} = \frac{1}{2(1-e/2f_1)} \qquad (6)\,(7)$$

Ist der Linsenabstand e viel kleiner als f_1 und f_2, so kann näherungsweise mit e = 0 und h = 0 gerechnet werden. Dann gilt:

$$\frac{1}{f} = \frac{1}{f_1} + \frac{1}{f_2} \qquad (8)$$

Im Sonderfall $f_1=f_2$ ist dann $f=f_1/2$. Umgekehrt kann auch die Abbildung mit einer einzigen dünnen Linse mit der Brennweite f als eine solche mit zwei dünnen Linsen angesehen werden, die sich berühren und deren Brennweiten f_1 und f_2 die Bedingung (8) erfüllen. In Abschnitt 1.6.4.1 wird diese Zerlegung mit $f_1=z_1$ und $f_2=z_2$ wie in **Fig. 1531-2** interessieren. Objekt und Bild befinden sich dann in den äußeren Brennebenen der beiden äquivalenten Linsen. Zwischen den beiden äquivalenten Linsen laufen die von einem Objektpunkt zum betreffenden Bildpunkt gehenden Strahlen parallel.

Von den Fällen mit größeren e kommen die in den **Fig. 1531-3 und 1531-4** skizzierten häufig vor. In **Fig. 1531-3** ist $e=f_1$. Die Rechnung mit der äquivalenten Linse ergibt:

$$\frac{z_2}{f_2} = \frac{f_1}{f_2} \cdot \frac{y_2}{y_1} = \frac{1}{\dfrac{f_1}{f_2} + \dfrac{z_1}{f_1} - 1} \qquad (9)\,(10)$$

Im Falle $z_1/f_1 << f_1/f_2-1$ kann die Mitwirkung der Linse 1 an der Abbildung vernachlässigt und wie in dem unten skizzierten Fall $z_1=0$ gerechnet werden. Bei den in **Fig. 1531-4** skizzierten Sonderfällen bringt die Rechnung mit der äquivalenten Linse keinen Vorteil. Im Falle $z_1=f_1$ hängt die Abbildung nicht von e ab. Im Falle $e = f_1+f_2$ kommen parallel eintretende als parallel austretende Strahlen heraus. Eine solche Anordnung der beiden Linsen wird teleskopisch genannt.

1.5.3.2 Zwischenabbildung

Es kommt immer wieder vor, daß aus den verschiedensten Gründen zwei aufeinanderfolgende Abbildungen wie in **Fig.** 1532-1 erforderlich sind. Die Linse L_1 erzeugt in der Ebene Σ' ein sog. Zwischenbild (Luftbild) der Objektebene Σ. Die Linse L_2 bildet dieses Zwischenbild in der Ebene Σ'' ab. So gewinnt man die Möglichkeit, in der Zwischenbildebene Σ' die Feldblende oder/und eine Glasscheibe mit Beschriftung, einem Maßstab, einem Raster oder einem Vergleichsbild anzubringen, die zugleich mit dem Bild photographiert werden sollen. Manchmal geht es auch nur darum, das Bild mit vorhandenen Linsen über eine größere Strecke zu transportieren. Dabei stößt man auf die in **Fig.** 1532-1 skizzierte Schwierigkeit, daß nicht alle

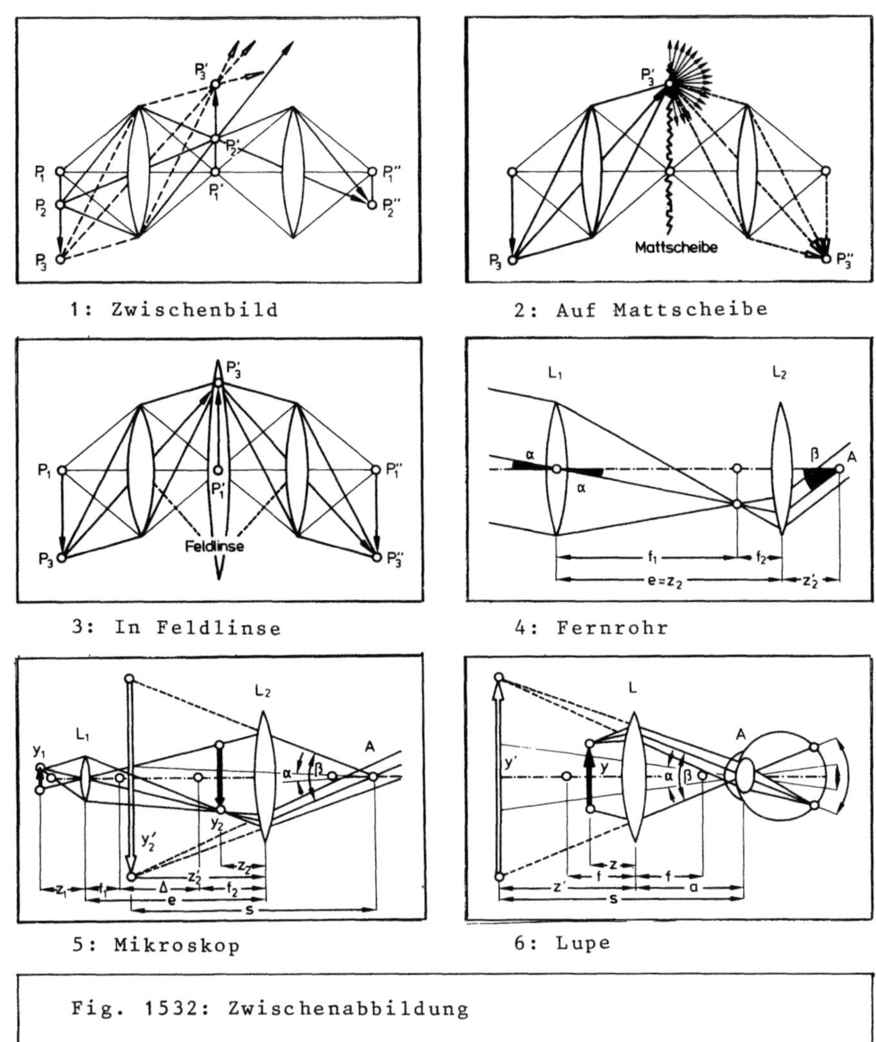

Fig. 1532: Zwischenabbildung

von den Objektpunkten durch L_1 gehenden Strahlenbündel auch ungeschoren oder überhaupt durch L_2 gehen. So wird z.B. das von P_1 kommende Bündel vom L_2-Rand halbiert und geht das von P_2 kommende an L_2 vorbei. Das Bild hätte einen abschattierten Rand und würde nur ein sehr begrenztes Gesichtsfeld wiedergeben. Dieser Mangel kann zur Not mit einer Mattscheibe in der Zwischenbildebene wie in **Fig. 1532-2** behoben werden. Das auf die Vorderseite projizierte Bild erscheint dann auf der Rückseite als diffus leuchtendes Objekt. Dabei geht jedoch viel Licht verloren , weil das meiste Licht an L_2 vorbeigeht. Es gibt einen besseren Ausweg. Wird in die Zwischenbildebene eine Sammellinse gestellt, die die Linse L_1 in der Linse L_2 abbildet wie in **Fig. 1532-3**, so gehen alle durch die Mitte von L_1 kommenden Hauptstrahlen auch durch die Mitte von L_2. Die so eingesetzte Linse wird Feldlinse genannt. Sie hat keinen Einfluß auf die Bündelweiten. Ihr Rand wirkt als Feldblende, wenn sonst keine Feldblende das Gesichtsfeld begrenzt. In den Zeichnungen von Strahlengängen wird die Feldlinse gerne weggelassen, in der Praxis ist sie aber immer dabei.

Das Zwischenbild darf kleiner oder größer als das Objekt oder Bild sein. Beim Fernrohr ist es viel kleiner und beim Mikroskop viel größer als das Objekt. Diese beiden Geräte arbeiten mit einem Objektiv und einem Okular. Das Wesentliche ihrer Wirkungsweisen läßt sich anhand von zwei dünnen Linsen erklären [646 - 656]:

Fig. 1532-4 zeigt den Strahlengang im Keplerfernrohr bei Betrachtung eines sehr weit entfernten Objektes. Die von dort kommenden Strahlen gehen praktisch parallel in die Linse L_1. Das Objekt wird also praktisch in der hinteren Brennebene von L_1 abgebildet. Dies ist zugleich die vordere Brennebene der Linse L_2. Die Strahlen verlassen L_2 parallel und gehen an der Stelle A in das auf große Sehweite akkomodierte Auge. L_2 bildet die Mitte von L_1 im Punkt A ab. Mit den eingetragenen Bezeichnungen gilt also:

$$\frac{1}{z'_2} = \frac{1}{f_2} - \frac{1}{e} \tag{1}$$

Strahlen, die mit dem Winkel α gegen die Achse eintreten, kommen mit einem Winkel β aus dem Fernrohr heraus, der folgendermaßen mit α zusammenhängt:

$$z'_2 \tan \beta = e \tan \alpha \tag{2}$$

Mit $e = f_1 + f_2$ folgt:

$$\tan \beta / \tan \alpha = f_1 / f_2 \tag{3}$$

Diese Winkelvergrößerung wird als subjektive Vergrößerung des in großer Sehweite betrachteten Objektes empfunden.

Fig. 5132-5 zeigt den Strahlengang im Mikroskop. Hier befindet sich das Objekt in möglichst kurzer Entfernung vor dem vorderen Brennpunkt der Linse L_1 Diese erzeugt ein stark vergrößertes umgekehrtes und reelles Zwischenbild zwischen der Linse L_2 und deren vorderem Brennpunkt. L_2 dient als Lupe. Von dem an die Stelle A zu bringenden und auf Lesesehweite s akkomodierten Auge wird das weiter vergrößerte und virtuelle Bild des

Zwischenbildes betrachtet. Mit den eingetragenen Bezeichnungen gilt:

$$\frac{y_2'}{y_1} = \frac{y_2'}{y_2} \cdot \frac{y_2}{y_1} = \frac{f_1}{z_1 - f_1} \cdot \frac{f_2}{f_2 - z_2} = \frac{f_2}{f_1 - \Delta(z_1/f_1 - 1)} \tag{4}$$

$$s = \frac{y_2'}{y_1} \cdot \frac{f_1 f_2}{\Delta} \cdot \frac{z_1/f_1}{1 + f_1/\Delta} \tag{5}$$

Anders als beim Fernrohr liegen jetzt die beiden inneren Brennpunkte weit auseinander. Ihr Abstand $\Delta = e - (f_1 + f_2)$ ist so viel größer als f_1, und der Objektabstand z_1 von L_1 ist so wenig größer als f_1, daß $z_1/f_1(1 + f_1/\Delta)$ praktisch gleich 1 ist. Praktisch kann also mit

$$y_2'/y_1 = s\Delta/f_1 f_2 \tag{6}$$

gerechnet werden. Die Sehweite $s = 250$ mm wird vorgegeben. Ohne das Mikroskop wäre das Objekt in dieser Sehweite unter dem Sehwinkel $\alpha = \arctan(y_1/s)$ zu sehen. Mit dem Mikroskop erscheint es virtuell in derselben Sehweite unter dem Winkel $\beta = \arctan(y_2/s)$. Die subjektive Vergrößerung beträgt:

$$\tan\beta/\tan\alpha = s\Delta/f_1 f_2 \tag{7}$$

Sie kann mit der optischen Tubuslänge Δ eingestellt werden.
Auch die Betrachtung mit der Lupe ist ein Beispiel für Zwischenabbildung. Hier bilden die Lupe und die Linse des Auges ein zweilinsiges Abbildungssystem. Die Lupe erzeugt ein virtuelles Zwischenbild, das von der Augenlinse reell auf der Netzhaut abgebildet wird. Ebenso kann die reelle Abbildung des virtuellen Zwischenbildes selbstverständlich auch mit dem Objektiv einer Kamera auf Film erfolgen. **Fig. 1532-5** zeigt den Strahlengang durch Lupe und Auge. Hier gilt:

$$\frac{y'}{y} = \frac{z'}{z} = \frac{f}{f-z} = \frac{z'+f}{f} \tag{8}$$

Dabei kann der Abstand s der Augenpupille vom virtuellen Bild frei gewählt werden. Das Auge ist daran gewöhnt, nahe Objekte aus der Lesesehweite $s = 250$ mm zu betrachten. Ohne die Lupe würde das Objekt in dieser Sehweite unter dem Sehwinkel $\alpha = \arctan(y/s)$ gesehen. Die Lupe vergrößert den Sehwinkel auf $\beta = \arctan(y'/s)$. Die Abmessungen der Bilder auf der Netzhaut verhalten sich wie diese Winkel. Ihr Verhältnis wird als die Vergrößerung des Bildes empfunden. Bei kleinen Winkeln ist $\beta/\alpha = \tan\beta/\tan\alpha$. Mit dem Augenabstand a von der Lupe gilt:

$$\frac{\tan\beta}{\tan\alpha} = \frac{y'}{y} = \frac{s}{f}\left(1 - \frac{a-f}{s}\right) \tag{9}$$

Im Falle $a = f$ gilt exakt und im Falle $(a-f)/s \ll 1$ gilt ungefähr $y'/y = s/f$. Mit $s = 250$ mm ergibt sich z.B., daß für die Vergrößerung $y'/y = 10$ die Brennweite $f = 25$ mm gebraucht wird. Die für wesentlich höhere y'/y erforderlichen sehr kleinen f, a, z wären unpraktikabel. Diese Erkenntnis hat vor langer Zeit zur Entwicklung des Mikroskopes geführt [646-656].

1.5.3.3 Verflochtene Abbildungen

Bei fast allen Verfahren zur Visualisierung transparenter Strömungen werden wir der in **Fig.** 1533-1 skizzierten Optik begegnen. Die Lichtquelle Q
wird von den Objektiven O_1 und O_2 als Lichtquellenbild Q' im Objektiv O_3
oder kurz davor abgebildet. Das Objektiv O_3 bildet seinerseits eine Objektebene Σ zwischen O_1 und O_2 in der Bildebene Σ' ab. Dabei befindet sich
Q in der vorderen Brennebene vor O_1 und ihr Bild Q' in der hinteren Brennebene von O_2. Von einem Punkt der Lichtquelle Q kommende Strahlen
durchsetzen also die Objektebene Σ als parallele Strahlen und kommen in
einem Punkt des Lichtquellenbildes Q' wieder zusammen, um dann divergierend zur Bildebene Σ' zu gehen. Von verschiedenen Punkten der Lichtquelle
Q kommende Strahlen durchsetzen die Objektebene mit verschiedenen Winkeln
gegen die Achse der Optik. Durch einen Objektpunkt P geht also ein Bündel
von Strahlen, die von allen Punkten der Lichtquelle kommen. Alle werden
von O_3 in dem zu P konjugierten Bildpunkt P' vereint. O_1 und O_2 haben in
der Regel den gleichen Durchmesser D und die gleiche Brennweite f. Der
Abstand zwischen O_1 und O_2 und die Brennweite f_3 von O_3 sind in der Regel
so viel kleiner als f, daß man bei Abschätzungen die Mitwirkung von O_2 an
der $\Sigma\Sigma'$-Abbildung vernachlässigen kann. In diesem Fall wird Q mit dem Abbildungsmaßstab 1 als Q' in O_3 und wird Σ praktisch mit dem
Abbildungsmaßstab s'/f in Σ' abgebildet, wenn sich Σ' im Abstand s' von O_3
befindet. Meist wird wegen einer gewissen Tiefe des Objektes fast paral-

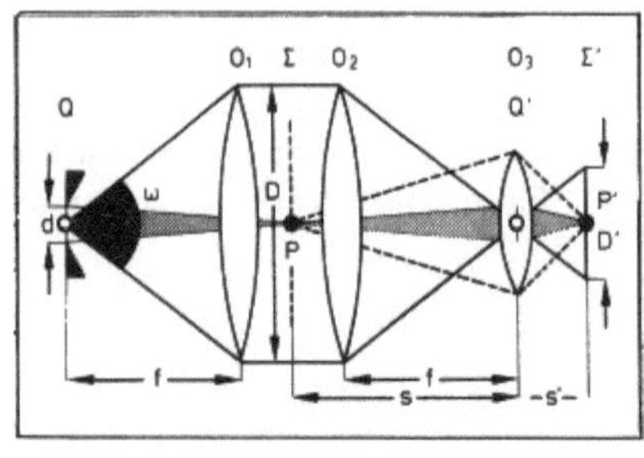

1: $Q \rightarrow Q'$ und $\Sigma \rightarrow \Sigma'$

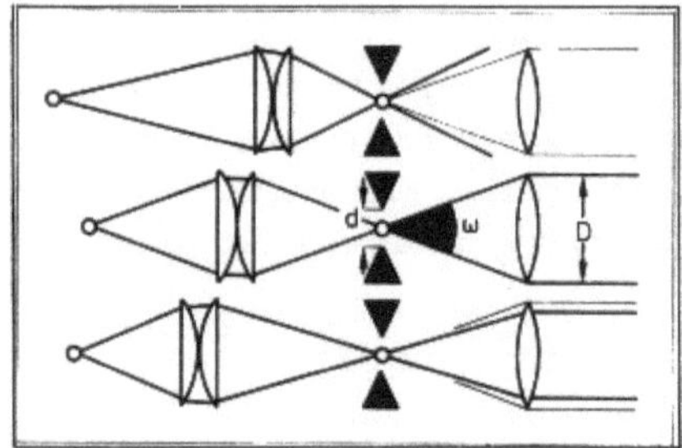

2: Lichtquellenblende

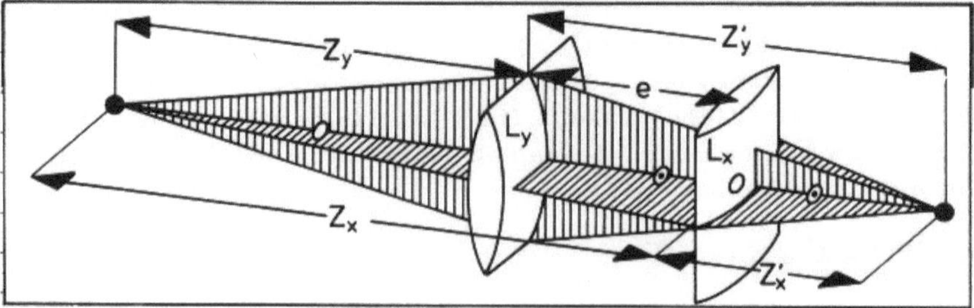

3: Anamorphotische Abbildung

Fig. 1533: Verflochtene Abildungen

leler Strahlengang aller Strahlen durch das Objekt gefordert. Dazu muß das Verhältnis d/f des Lichtquellendurchmessers d zur Brennweite f hinreichend klein sein. Wird keine besondere Blende eingesetzt, so ist die Berandung von O_1 und O_2 mit dem Durchmesser D zugleich Aperturblende für die QQ'-Abbildung und Feldblende für die $\Sigma\Sigma'$-Abbildung. Soll das gesamte durch O_1 und O_2 kommende Licht auch durch O_3 gehen, so muß der Durchmesser D_3 von O_3 größer als der Durchmesser d von Q sein. Die Berandung von Q ist dann zugleich Feldblende für die QQ'-Abbildung und Aperturblende für die $\Sigma\Sigma'$-Abbildung.

Wir fragen nach der Bestrahlungsstärke B' in Σ' bei vernachlässigbaren Strahlablenkungen in einem vollkommen transparenten Objekt. Strahlt die Q-Fläche $\sigma = \pi d^2/4$ mindestens in den Raumwinkel $\omega = \omega(1)\pi D^2/4f^2$ mit der konstanten Strahldichte L, so geht der Strahlungsfluß $\Phi = L\omega\sigma$ durch O_1, O_2 und O_3 nach Σ'. Damit wird die Fläche $\pi D'^2/4$ mit $D'/D = s'/f$ gleichmäßig ausgeleuchtet. Also gilt:

$$B' = \Phi / \frac{\pi D'^2}{4} = L\omega(1)\,\frac{\pi}{4}\,(\frac{d/f}{D'/D})^2 = L\omega(1)\,\frac{\pi}{4}\,(\frac{d}{s'})^2 \qquad (1)$$

Bei gegebenem Abbildungsmaßstab D'/D wächst B' proportional zur Strahldichte L und zum Quadrat der Öffnung d/f der von den Objektpunkten zu den Bildpunkten gehenden Strahlenbündel. Bei gegebenem L und d/f nimmt B' mit zunehmendem D'/D umgekehrt proportional zum Quadrat von D'/D ab. Bei den Anwendungen ist in der Regel der Vergrößerung von d/f durch die schon erwähnte Forderung möglichst paralleler Strahlengänge durch ein tiefes Objekt eine Grenze gesetzt. Außerdem läßt das Filmkorn nur eine begrenzte Verkleinerung des Abbildungsmaßstabes zu. Sind diese Grenzen erreicht, so bleibt nur noch die Möglichkeit B' mit L zu erhöhen. Auch hier erweist sich die Strahldichte L der Lichtquelle als die bestimmende Größe. Q ist hier in der Regel nicht die Lichtquelle selbst, sondern der von einer Lochblende durchgelassene Ausschnitt eines Zwischenbildes der Lichtquelle. Die Lochblende ist nötig, um Q scharf zu beranden. Manchmal ist dort ein Brennpunktverschluß einzusetzen. In Abschnitt 1.5.2.1 wurde festgestellt, daß ein Lichtquellenbild mit der gleichen Strahldichte L strahlt wie die Lichtquelle selbst. Dabei kommt es auf die Apertur gar nicht an. Im vorliegenden Fall ist jedoch zu beachten, daß der durch die Lochblende gehende Strahlungsfluß mindestens den Raumwinkel $\omega = \omega(1)\pi D^2/4f^2$ füllen muß Mit der Lichtquellenoptik in **Fig. 1533-2** unten würde nur ein Teil des Objektes durchleuchtet. Die oben gezeigte würde mehr Strahlungsfluß als nötig einfangen. Die in der Mitte ist angepaßt.

Eine Verflechtung ganz anderer Art wird bei der anamorphotischen Abbildung mit zwei gekreuzten Zylinderlinsen wie in **Fig. 1533-3** vorgenommen. Hier kommt es darauf an, die Brennweiten f_x, f_y und den Abstand e der beiden Linsen so zu wählen, daß sie in derselben Bildebene ein Bild mit einem vorgegebenen Verhältnis der Abbildungsmaßstäbe $y'_x/y_x = z'_x/z_x$ und $y'_y/y_y = z'_y/z_y$ in orthogonalen Richtungen erzeugen. Dabei gilt $z_y = z_x - e$ und $z'_y = z'_x + e$.

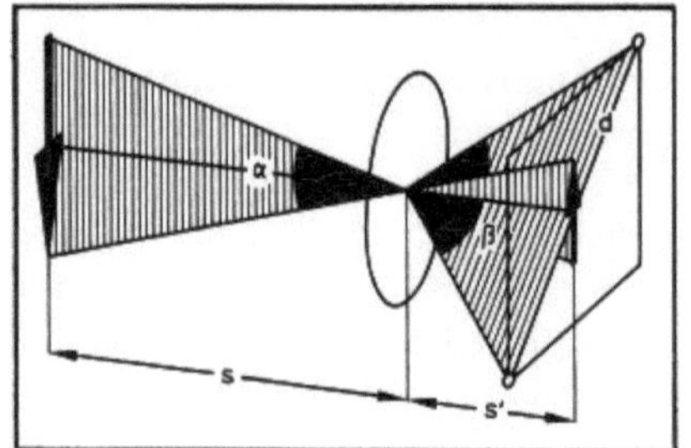 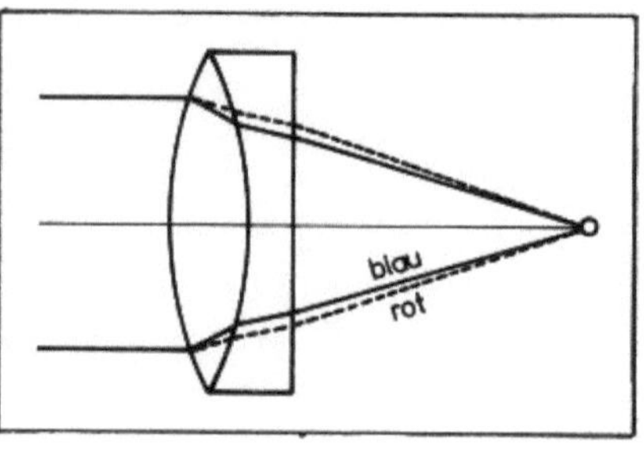

1: Bildwinkel β

2: Achromat

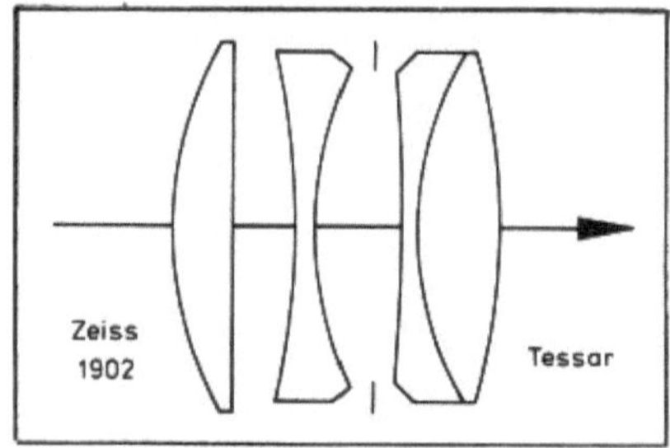 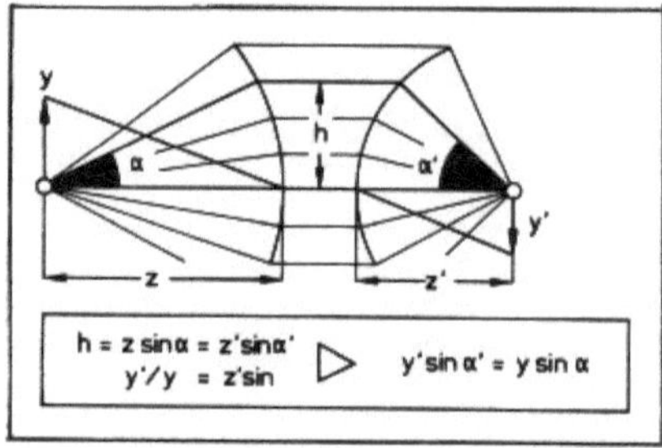

3: Anastigmat

4: Sinusbedingung

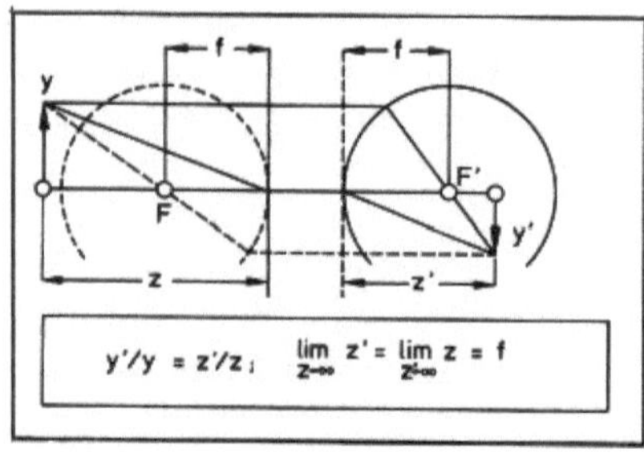 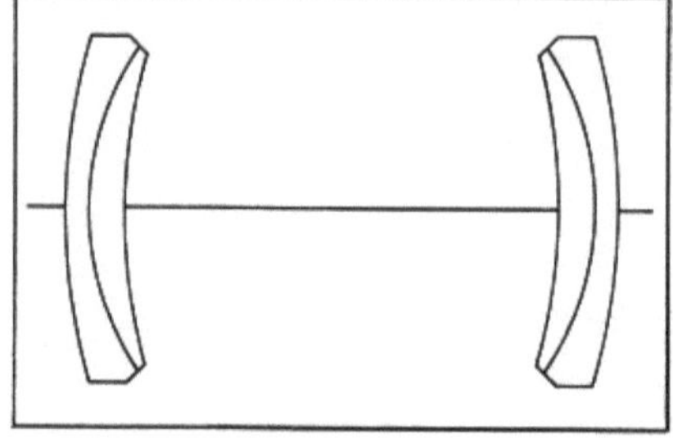

5: Bildpunktkonstruktion

6: Aplanat

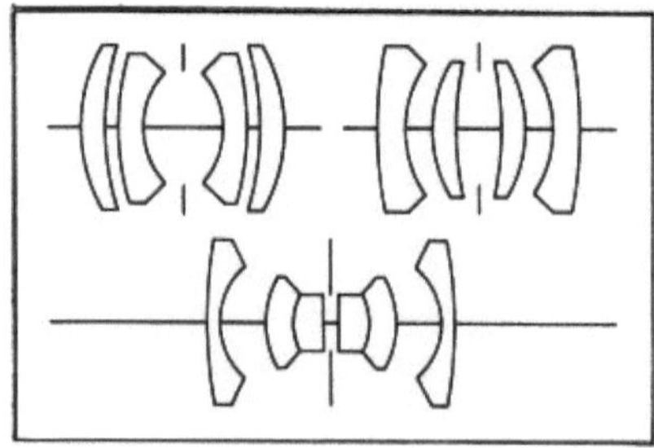 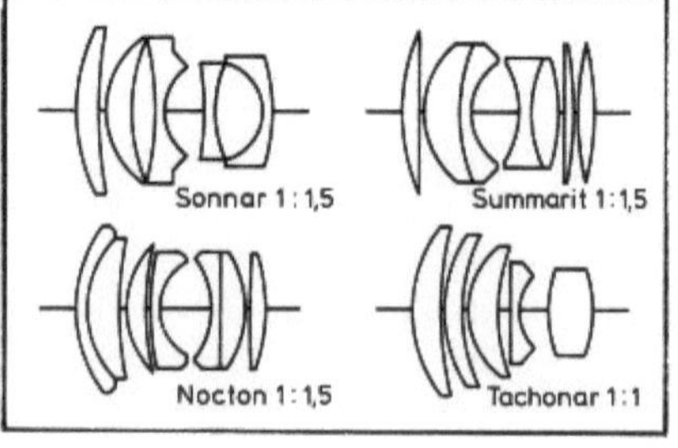

7: Weitwinkelobjektive

8: Lichtstarke Objektive

Fig. 1534: Objektive

1.5.3.4 Objektive

Früher wurde nur die objektseitige Linse eines Fernrohrs oder Mikroskops das Objektiv und die augenseitige Linse das Okular genannt. Daher stammt der Name. Heute wird er gelegentlich für jede reell abbildende Linse oder jeden reell abbildenden Hohlspiegel gebraucht. Meist sind damit jedoch jene reell abbildenden Linsensysteme gemeint, welche zur Korrektur der Aberrationen zusammengesetzt und als kompakte Einheiten angeboten werden. Dabei ist zwischen den Objektiven für Kameras, Projektoren, Fernrohre und Mikroskope zu unterscheiden. Im folgenden werden Kameraobjektive betrachtet. Diese werden für vorgegebene Bildformate, Feldwinkel und Öffnungen berechnet [657 – 661].
Meist sind große und weit entfernte Objekte stark verkleinert d.h. kurz hinter der hinteren Brennebene abzubilden. Das Bild gibt die Perspektive richtig wieder, wenn die Brennweite f ungefähr gleich der Bildiagonalen d ist. Es wird dann ungefähr mit dem in **Fig.** 1534-1 definierten Bildwinkel $\beta=2$ arctan(d/2f) aufgenommen. Ebenso groß ist der Feldwinkel. Bei f=d ist $\beta=53°$. Normalobjektive mit Brennweiten zwischen 1,37d und 0,87d bringen Objekte in Feldwinkeln zwischen 40° und 60° auf das Bild. Weitwinkelobjektive mit den kleineren Brennweiten zwischen 0,87d und 0,60d photographieren in Feldwinkeln zwischen 60° und 80°. Für Aufnahmen in noch größeren Feldwinkeln gibt es Superweitwinkelobjektive mit noch kleineren f/d. Schmalwinkelobjektive mit Brennweiten zwischen 2,84d und 1,37d und Feldwinkeln zwischen 20° und 40° werden als sog. Porträtobjektive, und solche mit noch größeren f/d und entsprechend kleineren Feldwinkeln werden als Fernobjektive verkauft. Teleobjektive sind Fernobjektive, die trotz großer Brennweite keine unhandlich große Baulänge haben. Beim Kleinbildformat 24 mm x 36 mm ist z.B. d=43,3 mm. Hier haben die Normalobjektive Brennweiten zwischen 37 mm und 59 mm, die Weitwinkelobjektive Brennweiten zwischen 26 mm und 37 mm und die Porträtobjektive Brennweiten zwischen 59 mm und 123 mm. Je größer der Feldwinkel, umso schwieriger wird die Korrektur des Astigmatismus und der Bildfeldwölbung. Darum ist ein Normalobjektiv wohl als Schmalwinkelobjektiv für ein kleineres Bildformat, aber nicht als Weitwinkelobjektiv für ein größeres Bildformat zu gebrauchen.
Als Öffnungsverhältnis oder kurz Öffnung des Objektivs wird das Verhältnis des größtmöglichen Durchmessers D der Aperturblende zur Brennweite f in der Form 1: f/D angegeben. Der Vermerk 1:4/50 mm im Katalog bedeutet, daß D/f=1/4 und f=50 mm ist. Je größer D/f, umso größer ist der größtmögliche Raumwinkel des von einem Objektpunkt zum Bildpunkt gehenden Strahlenbündels. Bei einem selbstleuchtenden oder diffus streuenden Objekt wachsen die Bestrahlungsstärken im Bild proportional zu $(D/f)^2$. Objektive für die Amateurphotographie werden mit Öffnungen bis D/f=1:2 angeboten. Für besondere Anwendungen werden Objektive mit Öffnungen bis D/f=1:0,6 hergestellt. Die theoretische Grenze liegt bei D/f=1:0,5. Das ist die Öffnung einer Kugel mit f=D/2 bei n=2. Zur Abbildung eines weit entfernten Objektes müßte diese den Film berühren. Ist das Objektiv mit einer Irisblende ausgerüstet, deren Durchmesser D variiert werden kann, so werden

am Einstellring die Kehrwerte f/D der Öffnungsverhältnisse als Blendenzahlen angegeben. Bei f/D=2-2,8-4-5,6-8-11-16 ist $(f/D)^2 \approx$ 4-8-16-32-64-128=256. Erhöhung der Blendenzahl um eine Stufe verdoppelt $(f/D)^2$, halbiert also $(D/f)^2$ und läßt so nur noch halb soviel Licht auf den Film. Mit der Öffnung wächst die Schwierigkeit, den Öffnungsfehler und die Koma in Grenzen zu halten.

Viele der im vorliegenden Buch zu besprechenden Meßverfahren arbeiten mit monochromatischem Licht. Es würde genügen, lediglich die geometrischen Aberrationen bei der einen Wellenlänge zu korrigieren. Nur so korrigierte Objektive werden mit sehr kleinen Brennweiten und Durchmessern für Mikroskope und für die Einschnürung von Laserlichtbündeln angeboten. Bei allen Kameraobjektiven wird die chromatische Aberration korrigiert. Für die Korrektur des Farblängsfehlers bei zwei Wellenlängen genügt die Hintereinanderschaltung einer Sammellinse und einer Zerstreuungslinse mit verschiedenen Brechzahlen wie in **Fig. 1534-2**. Für zwei Wellenlängen korrigierte Objektive werden Achromate genannt. Bei den Apochromaten sorgen weitere Linsen für das Verschwinden des Farblängsfehlers bei drei Wellenlängen. Der Restfehler bei anderen Wellenlängen wird dann kleiner.

Bei den Weitwinkelobjektiven mit kleiner Öffnung wird außerdem zumindest die astigmatische Differenz und bei den Schmalwinkelobjektiven mit großer Öffnung wird zumindest der Öffnungsfehler minimiert. Bei den Normalobjektiven und erst recht bei den Weitwinkelobjektiven mit größeren Öffnungen genügt das nicht. Die Behebung der astigmatischen Differenz bringt die beiden Bildschalen zur Deckung, beseitigt aber nicht ihre Wölbung. Diese kann zugelassen werden, wenn der Film wie z.B. bei der Minox-Kleinbildkamera entsprechend gewölbt wird. Bei der Landschaftsphotographie kann die mit der Wölbung verbundene Verschiebung der Schärfentiefe erwünscht sein. Für die wissenschaftliche Photographie sind jedoch nicht nur die beiden Bildschalen zu einer sog. Petzvalschale zu vereinen, sondern muß außerdem die Petzvalschale geebnet werden. Objektive mit beiden Korrekturen werden Anastigmate genannt. Das berühmte in **Fig. 1534-3** gezeigte Triplet Zeiss-Tessar mit verkitteter Hinterlinse ist ein Anastigmat. Die Behebung des Öffnungsfehlers allein garantiert nur die Punkt zu Punktabbildung eines einzigen auf der Achse liegenden Punktes. Außerdem ist zumindest die in **Fig. 1534-4** notierte Sinusbedingung zu erfüllen. Wenn sie erfüllt ist, dann werden alle Punkte eines kleinen achsennahen Objektfeldes mit dem gleichen Abbildungsmaßstab in derselben Ebene als Punkte abgebildet. Die Strahlengänge ab einem Punkt der Achse sind mit den skizzierten sphärischen Hauptflächen an Stelle der paraxialen Hauptebenen zu konstruieren. Den Ort des Bildpunktes bei gegebener Brennweite f findet man mit der in **Fig. 1534-5** gezeigten Konstruktion. Ist der Öffnungsfehler behoben und ist die Sinusbedingung erfüllt, so ist das Objektiv ein Aplanat. Zwei Linsen mit vier verschiedenen Krümmungsradien genügen für diese Korrektur. Bei zugleich großer Öffnung und großem Feldwinkel ist außerdem die Koma zu minimieren. Sie verschwindet bei der 1:1 Abbildung mit der in **Fig. 1534-6** gezeigten symmetrischen Anordnung von zwei Gliedern beiderseits einer Blende. Bei anderen Abbildungsmaßstäben wird sie so längst nicht so groß wie bei einem einfachen Aplanat. Die meisten Kameraobjektive sind nicht nur Achromate, Anastigmate oder Aplanate, sondern sind die Ergebnisse von Kompromissen mit dem Ziel, alle chromatischen und geometrischen Abbildungsfehler einschließlich dem der Verzeichnung in gewissen Bereichen der Feldwinkel und Öffnungen in gewissen Grenzen zu halten. Dabei spielen Nebenbedingungen eine entscheidende Rolle. Die Aufnahmeöffnung der Kamera darf nicht vignettieren. Das Objektiv muß Platz für die Aperturblende und möglicherweise auch für den Verschluß oder einen Kippspiegel bieten. Teleobjektive erfüllen die zusätzliche Forderung kleiner Baulänge trotz großer Brennweite. Bei den sogenannten Satzobjektiven wird die Brennweite durch Auswechslung eines objektseitigen Teils stufenweise geändert. In den Varioobjektiven werden Linsen so gegeneinander verschoben, daß nur die Objektivbrennweite und nicht der Abstand der Bildebene von der Objektebene variiert wird. Bei den Zoomobjektiven wird dasselbe hinreichend genau durch gemeinsame Verschiebung von Linsen erreicht. Exakt ist hier allerdings die Forderung der Abbildung in einer unverschobenen Bildebene nur für drei Brennweiten erfüllt. Bei den anderen Brennweiten bleibt die Unschärfe in der festgehaltenen Filmebene etwa eben so groß wie jene, mit welcher die Schärfentiefe berechnet wird.

Die **Fig. 1534-7 bis 13** zeigen die Anordnungen der Linsen einiger typischer Objektive. Auf Anforderung werden sie mit Diagrammen geliefert, die über die Restaberrationen informieren. Beste Korrektur eines Objektivs allein garantiert jedoch keineswegs, daß man damit auch die schärfsten und brillantesten Bilder erhält. Es kommt auch darauf an, daß die Entspiegelung von möglichst wenig Glasflächen möglichst wenig Restreflexion zuläßt. Kittungen mit Kanadabalsam (Brechzahl wie Kronglas) reduzieren die Zahl der Flächen, erkaufen diesen Vorteil aber mit einer größeren Temperaturempfindlichkeit. Die Feinmechanik muß stimmen. Spiel der Fassungen oder mangelhafte Planlage des Films bewirken Unschärfen. Außerdem kann die Korrektur grundsätzlich nur für einen bestimmten Bereich der Objektweiten optimal sein. Für Fernaufnahmen korrigierte Objektive sind nicht für Nahaufnahmen geeignet. Nur für stark vergrößerte Nahaufnahmen kann zur Not auch ein umgekehrtes Fernobjektiv verwendet werden.

Objektive mit zugleich großer Brennweite, großer Öffnung und großem Feldwinkel können handlicher und billiger mit Hohlspiegeln hergestellt werden. Bei der Abbildung mit einem einzigen sphärischen Hohlspiegel wie in **Fig. 1534-14** beseitigt eine in der doppelten Brennweite angebrachte Glasplatte mit geeignet modulierter Oberfläche (Schmidtplatte) den Öffnungsfehler und die Koma. Das Bild erscheint auf einer zur Spiegelfläche konzentrischen sphärischen Fokalfläche. **Fig. 1534-15** zeigt (nicht maßstäblich) ein mit mehreren sphärischen Glasoberflächen korrigierendes Spiegelobjektiv, das vor ein normales Kameragehäuse gesetzt werden kann.

Für besondere Anwendungen werden noch zahlreiche andere Objektive angeboten. Für die Strömungsforschung und hier insbesondere für Grenzschichtuntersuchungen sind die Anamorphote interessant. Sie bilden die Höhe und die Breite des Objektes mit verschiedenen Abbildungsmaßstäben ab und wurden für die Aufnahme und Projektion von Breitwandfilmen mit Maßstabsverhältnissen bis 2,55 entwickelt und korrigiert.

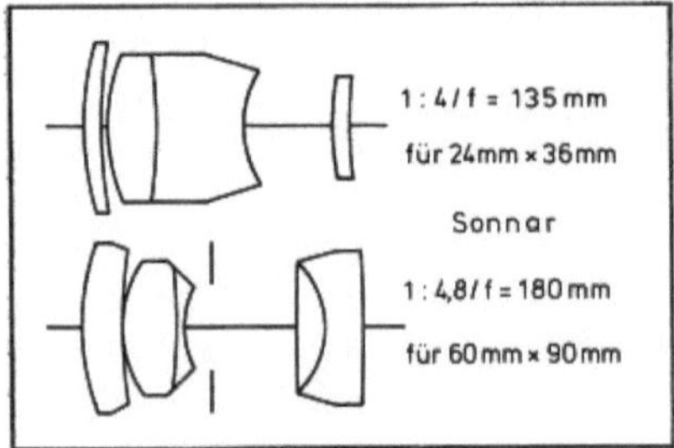

9: Schmalwinkelobjektive

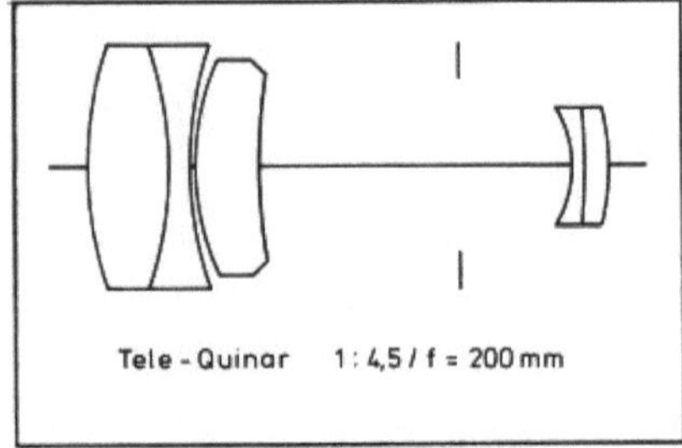

10: Teleobjektiv

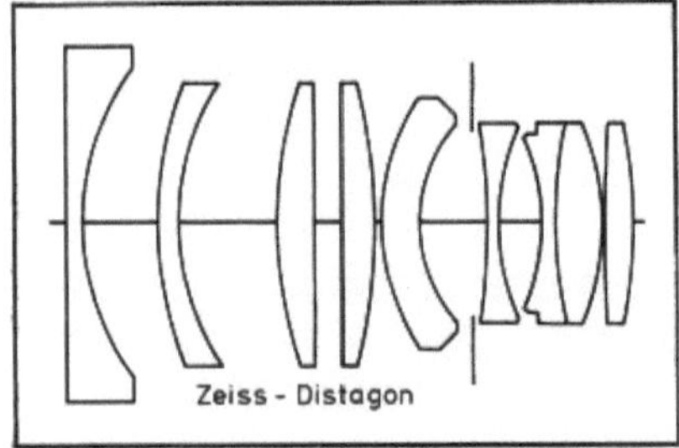

11: Lichtstark Weitwinkel

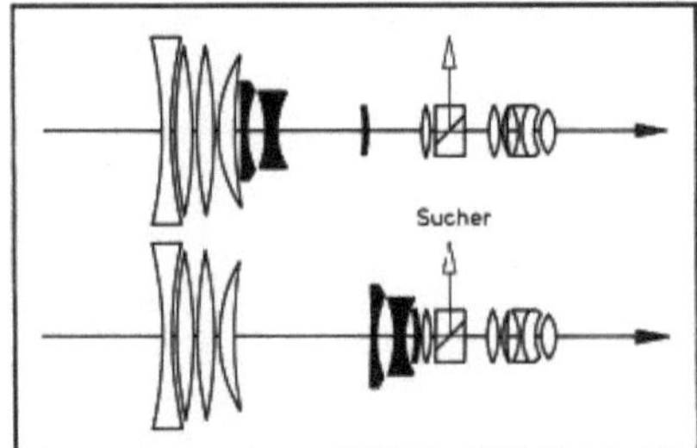

12: Varioobjektiv

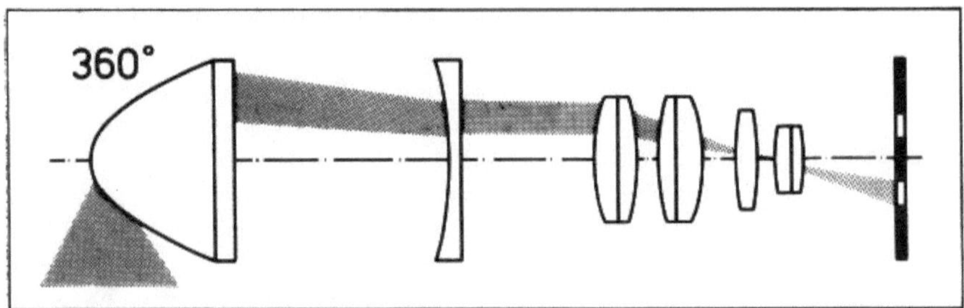

13: Rundblickobjektiv

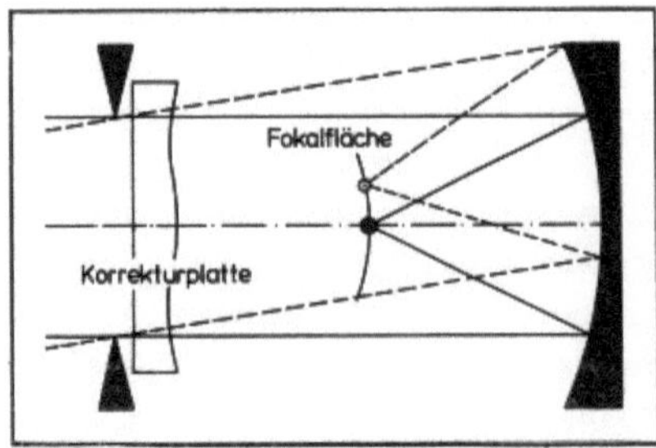

14: Spiegelobjektiv

15: Spiegelobjektiv

Fig. 1534: Objektive

1.6 WELLENOPTIK

1.6.1 Interferenz

1.6.1.1 Zweiwelleninterferenz

Erscheinen am gleichen Ort zwei zeitabhängige elektrische Feldstärken $E_1(t)$ und $E_2(t)$ mit gleichen Richtungen, so addieren sich die Momentanwerte. Als resultierende Feldstärken tritt die Summe $E(t)=E_1(t)+E_2(t)$ auf. Handelt es sich um endlose harmonische Schwingungen

$$E_1(t) = \hat{E}_1 \sin\omega t \; ; \qquad E_2(t) = \hat{E}_2 \sin(\omega t + \Delta\varphi_{21}) \qquad (1)\ (2)$$

mit der gleichen Kreisfrequenz $\omega=2\pi\nu$, mit verschiedenen Amplituden $\hat{E}_1 \neq \hat{E}_2$ und mit einer Phasenverschiebung $\Delta\varphi_{21}$ von $E_2(t)$ gegen $E_1(t)$, so hat die resultierende Schwingung

$$E(t) = E_1(t)+E_2(t) = \hat{E} \sin(\omega t + \Delta\varphi) \qquad (3)$$

die folgende Amplitude $\hat{E}$ und Phasenverschiebung $\Delta\varphi$:

$$\hat{E} = \sqrt{\hat{E}_1^2 + \hat{E}_2^2 + 2\hat{E}_1\hat{E}_2 \cos\Delta\varphi_{21}} \; ; \qquad \tan\Delta\varphi = \frac{\hat{E}_2 \sin\Delta\varphi_{21}}{\hat{E}_1 + \hat{E}_2 \cos\Delta\varphi_{21}} \qquad (4)\ (5)$$

Im Zeigerdiagramm findet man den $E(t)$ repräsentierenden Zeiger durch Vektoraddition der $E_1(t)$ und $E_2(t)$ repräsentierenden Zeiger wie in **Fig. 1611-1** oben. Für den Sonderfall $\hat{E}_1 = \hat{E}_2$ kommt:

$$\hat{E} = \hat{E}_1 \sqrt{2(1+\cos\Delta\varphi_{21})} = 2\hat{E}_1 \cos\frac{\Delta\varphi_{21}}{2} \; ; \qquad \Delta\varphi = \frac{\Delta\varphi_{21}}{2} \qquad (6)\ (7)$$

Die Zeigerdiagramme in **Fig. 1611-1** mitte und unten veranschaulichen, wie die Überlagerung in diesem Sonderfall die Amplitude bei $\Delta\varphi_{21}=0$, $\pm2\pi$ usw. verdoppelt und bei $\Delta\varphi_{21}=\pm\pi$, $\pm3\pi$ usw. vollkommen löscht. Uns wird insbesondere der arithmetische Mittelwert der Quadrate der Momentanwerte $E(t)$ während langer Zeit $\Delta t\to\infty$ interessieren :

$$<E^2(t)> \; = \; \lim_{\Delta t\to\infty} \frac{1}{\Delta t} \int_0^{\Delta t} E^2(t)dt = \hat{E}^2/2 \qquad (8)$$

Die Wurzel aus diesem Quadratmittelwert beträgt $\tilde{E}=\hat{E}/\sqrt{2}$ und wird Effektivwert der Schwingung genannt.

Handelt es sich um die Schwingungen von zwei Wellen, so findet die vorstehend beschriebene Überlagerung in jedem Punkt des Zweiwellenfeldes statt. Man sagt dann, daß die beiden Wellen in einem Interferenzfeld interferieren. Handelt es sich um exakt ebenen Wellen mit exakt gleicher Fortpflanzungsrichtung, so interferieren sie im ganzen Interferenzfeld in gleicher

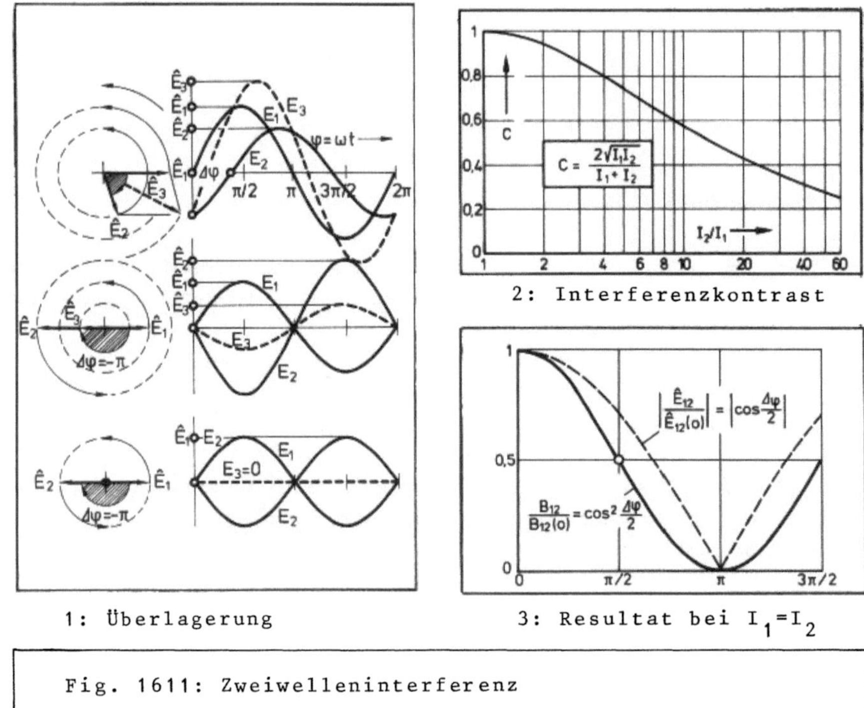

Fig. 1611: Zweiwelleninterferenz

Weise. Hätte die eine Welle alleine eine Strahlungsflußdichte I_1 proportional zu $\hat{E}_1^2$ und die andere alleine eine Strahlungsflußdichte I_2 proportional zu $\hat{E}_2^2$, so hat die resultierende Welle die folgende Strahlungsflußdichte I proportional zu $\hat{E}^2$:

$$I = I_1 + I_2 + 2\sqrt{I_1 I_2}\ \cos\Delta\varphi_{21} \tag{9}$$

Mit dem Größtwert $\hat{I} = I_1 + I_2 + 2\sqrt{I_1 I_2}$ bei $\Delta\varphi_{21} = 0$, $\pm 2\pi$ usw. und dem Kleinstwert $\check{I} = I_1 + I_2 - 2\sqrt{I_1 I_2}$ bei $\Delta\varphi_{21} = \pm\pi$, $\pm 3\pi$ usw. kann man schreiben:

$$I = \frac{\hat{I} + \check{I}}{2}\left(1 + \frac{\hat{I} - \check{I}}{\hat{I} + \check{I}}\cos\Delta\varphi_{21}\right) \tag{10}$$

In **Fig. 1611-2** ist der sog. Interferenzkontrast

$$C = \frac{\hat{I} - \check{I}}{\hat{I} + \check{I}} = \frac{2\sqrt{I_1 I_2}}{I_1 + I_2} \tag{11}$$

als Funktion des Verhältnisses I_2/I_1 aufgetragen. C ist bei $I_1 = I_2$ am größten, weil nur bei $\hat{E}_1 = \hat{E}_2$ vollkommene Momentanwertlöschung resultiert. Im Falle $I_1 = I_2$ ist $\check{I} = 0$, $\hat{I} = 4I_1$ und C=1. Hier gilt:

$$I = \frac{\hat{I}}{2}(1 + \cos\Delta\varphi_{21}) = \hat{I}\,\cos^2\frac{\Delta\varphi_{21}}{2} \tag{12}$$

Diese Abhängigkeit von $\Delta\varphi_{21}$ ist in **Fig. 1611-3** graphisch dargestellt. Wir werden ihr im vorliegenden Buch immer wieder begegnen. Im Falle $\Delta\varphi_{21}=\pm\pi$, $\pm3\pi$ usw. bleibt es im ganzen Interferenzfeld vollkommen dunkel.

Bilden die Fortpflanzungsrichtungen der beiden ebenen Wellen einen Winkel θ, so liegen die in **Fig.1611-4** skizzierten Verhältnisse vor. Die Phasenflächen der beiden Wellen kommen dann an den verschiedenen Orten des Interferenzfeldes mit verschiedenen Phasenverschiebungen $\Delta\varphi_{21}$ an. Es existieren parallele Ebenen, in denen $\Delta\varphi_{21}=0$, $\pm2\pi$ usw. ist, und darum fortwährend die resultierende Amplitude $\hat{E}$ ihren größtmöglichen Wert hat. Dazwischen existieren parallele Ebenen, in denen $\Delta\varphi_{21}=\pm\pi$, $\pm3\pi$ usw. ist und darum fortwährend $\hat{E}$ ihren kleinstmöglichen Wert hat. Im Falle gleicher Amplituden $\hat{E}_1=\hat{E}_2$ der beiden interferierenden Wellen bleibt dort fortwährend $\hat{E}=0$. Diese sog. Hell- und Dunkelebenen halbieren den Winkel θ und stehen senkrecht auf seiner Ebene. **Fig. 1611-5** zeigt einen θ-parallelen Schnitt durch dieses Interferenzfeld. Wir entnehmen dem in **Fig. 1611-6** skizzierten Ausschnitt, daß zwischen dem Abstand i der Dunkelebenen, der Wellenlänge λ und dem Winkel θ der folgende Zusammenhang besteht:

$$i = \frac{\lambda}{2\sin(\theta/2)} \qquad (13)$$

i nimmt mit abnehmendem Winkel θ zu und wächst mit verschwindendem θ über alle Grenzen. Die Moirés in **Fig. 1611-7** illustrieren diesen Sachverhalt. Auf einem normal zur Winkelhalbierenden gestellten Schirm erscheinen parallele und äquidistante, abwechselnd helle und dunkle Interferenzstreifen mit Bestrahlungsstärken B=I. Die Geraden größter Bestrahlungsstärke $B=\hat{B}$ wie auch verschwindender Bestrahlungsstärke B=0 haben den Abstand i, der hier Streifenbreite genannt wird. Schreitet man auf dem Schirm ausgehend von einer Geraden $B=\hat{B}$ in der hierzu normalen x-Richtung fort, so stellt man fest, daß sich $\Delta\varphi_{21}$ proportional zu x und auf der Strecke $\Delta x=i$ um 2π ändert. Es gilt also:

$$\frac{\Delta\varphi_{21}}{2\pi} = \frac{x}{i} \qquad (14)$$

Einsetzen in die Gleichung (12) ergibt für den Fall $\hat{E}_1=\hat{E}_2$ den folgenden in **Fig. 1611-8** graphisch dargestellten B(x)-Verlauf:

$$B = \frac{\hat{B}}{2}\left[1+\cos\left(2\pi\frac{x}{i}\right)\right] = \hat{B}\cos^2\left(\pi\frac{x}{i}\right) \qquad (15)$$

In komplizierteren Fällen wird am besten mit Radiusvektoren $\vec{r}$ ab Koordinatenursprung, mit den Fortpflanzungsvektoren $\vec{k}_1$, $\vec{k}_2$, der beiden Wellen und mit ihren Phasen δ_1, δ_2 zur Zeit t=0 an der Stelle r=0 gerechnet. Mit den symbolisch komplexen Erregungen

$$U_1(\vec{r}) = \hat{E}_1(\vec{r})e^{j(\vec{k}_1\vec{r}+\delta_1)} \; ; \qquad U_2(\vec{r}) = \hat{E}_2(\vec{r})e^{j(\vec{k}_2\vec{r}+\delta_2)} \qquad (16)\ (17)$$

hätten die beiden Wellen jede für sich allein die folgenden auf einen konstanten Faktor bezogenen Strahlungsflußdichten:

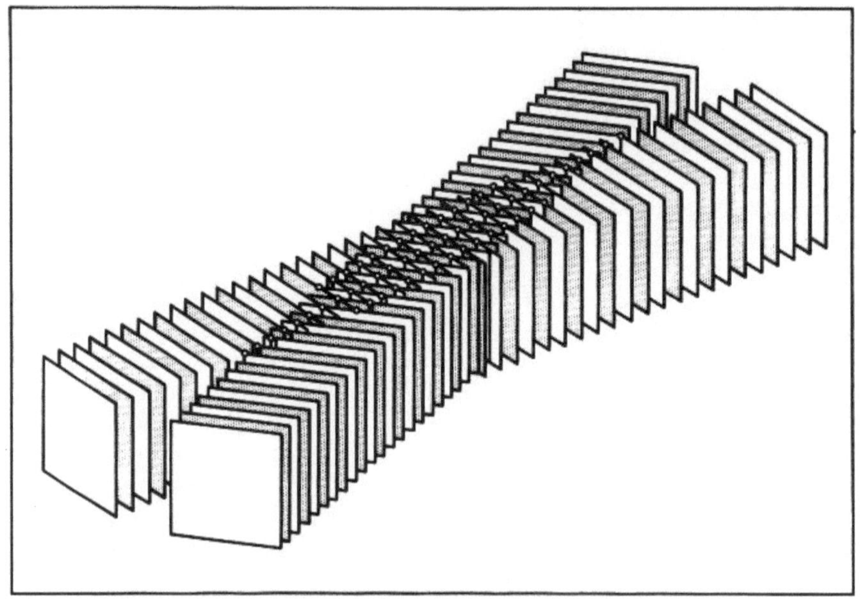

4: Phasenflächen der sich kreuzenden Wellen

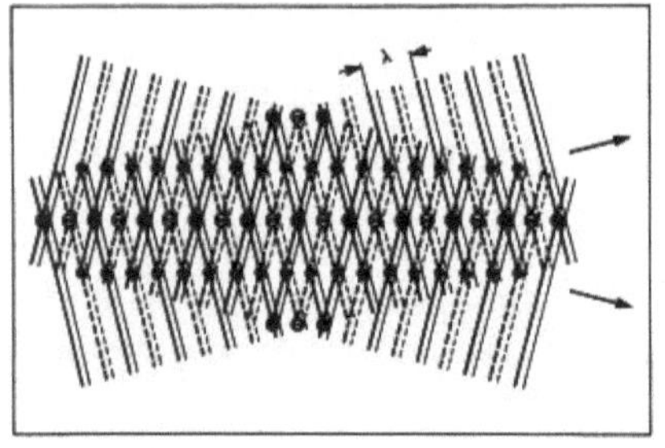

5: Hell- und Dunkelebenen

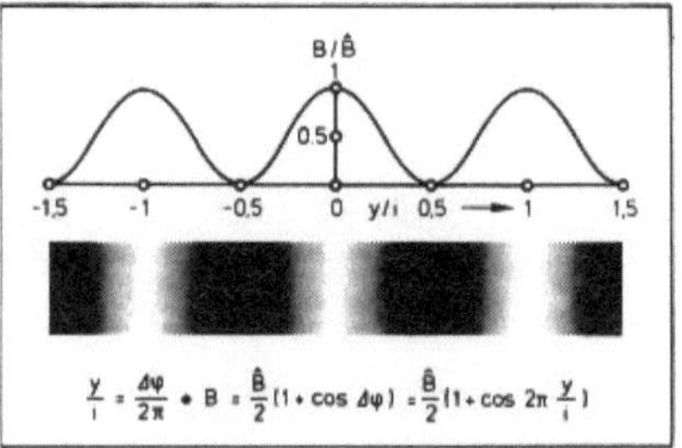

6: Abstand i

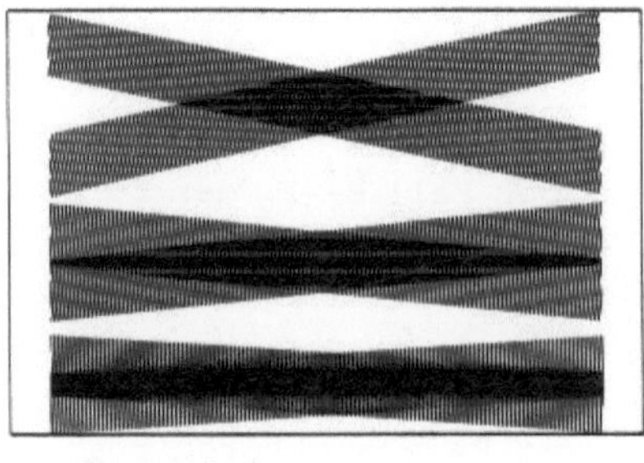

7: Moiré

8: Interferenzstreifen

Fig. 1611: Zweiwelleninterferenz

$$I'_1(\vec{r}) = U_1 U^*_1 = \hat{E}_1^2(\vec{r}) \; ; \qquad I'_2(\vec{r}) = U_2 U^*_2 = \hat{E}_2^2(\vec{r}) \qquad (18)\ (19)$$

Die resultierende Welle hat die folgenden Strahlungsflußdichten:

$$I' = (U_1+U_2)(U_1+U_2)^* = \hat{E}_1^2 + \hat{E}_2^2 + U^*_1 U_2 + U_1 U^*_2 \qquad (20)$$

$$I' = \hat{E}_1^2 + \hat{E}_2^2 + \hat{E}_1\hat{E}_2 (e^{j[(\vec{k}_1-\vec{k}_2)\vec{r}+(\delta_1-\delta_2)]} + e^{-j[(\vec{k}_1-\vec{k}_2)\vec{r}+(\delta_1-\delta_2)]}) \qquad (21)$$

Mit der Phasenverschiebung $\Delta\varphi_{21} = (\vec{k}_1-\vec{k}_2)\vec{r}-(\delta_1-\delta_2)$ ergibt sich auch so der Ausdruck (9) für I, wobei aber im allgemeinen nicht nur $\Delta\varphi_{21}$ von $\vec{r}$ abhängt, sondern auch $I_1(\vec{r})$ und $I_2(\vec{r})$.

Lichtwellen sind nicht endlos. Mit kurzen Wellenzügen kann die Interferenz nur sichtbar werden, wenn diese immer wieder paarweise mit der gleichen Frequenz, der gleichen Schwingungsrichtung und vor allem mit der gleichen Phasenverschiebung im Interferenzfeld erscheinen. Hinreichend gleiche Frequenz und Schwingungsrichtung kann man durch Filtern erzielen. Immer wieder die gleiche Phasenverschiebung ist jedoch nicht möglich, wenn spontan emittierte Wellenzüge zusammen kommen. Sie wird möglich, wenn man jeden von irgendeinem Atom der Lichtquelle zur irgendeiner Zeit emittierten Wellenzug in zwei Teilwellenzüge teilt, um diese Teilwellenzüge auf verschiedenen Wegen in's Interferenzfeld zu führen. Sie starten dann am Teiler immer wieder mit der gleichen Phasendifferenz und erfahren auf den verschiedenen Wegen immer wieder die gleiche zusätzliche Phasenverschiebung. Außerdem haben die beiden Teilwellenzüge eines Paares exakt die gleiche Frequenz. Jedes Paar interferiert in exakt gleicher Weise.
Die Teilung und Wiedervereinigung kann auf zwei grundverschiedene Weisen erfolgen. Man kann verschiedene Teile derselben Wellenfront zusammenführen. **Fig. 1611-9** zeigt die mit solcher Flächenteilung erzeugte Interferenz hinter einem Biprisma. Auch die Interferenz bei dem berühmten in **Fig. 1611-10** skizzierten Young-Experiment (Th. Young 1773-1829) mit zwei schmalen Schlitzen oder kleinen Löchern in einer Blende kommt auf solche Weise zustande. Wir kommen bei der Besprechung der Beugung darauf zurück. Man kann aber auch einen ganzen Ausschnitt einer ebenen Wellenfront in zwei ebene Wellenfronten zerlegen, die mit halber Amplitude in verschiedene Richtungen gehen. Am einfachsten gelingt diese sog. Amplitudenteilung mit einem halbdurchlässigen Spiegel. Beim Einfallswinkel 45° wird die eine Teilwelle um 90° geschwenkt und geht die andere im Idealfall ohne Ablenkung durch. So teilt das in **Fig. 1611-11** skizzierte Mach/Zehnder-Interferometer [662-665] und auch das in **Fig. 1611-12** skizzierte Michelson-Interferometer [666-668]. Beide schicken die Teilwellen auf weit getrennte Wege. Bei beiden werden Umlenkungen an Spiegeln und nochmalige Amplitudenteilung an einem halbdurchlässigen Spiegel verwendet, um Teilwellen der Teilwellen zusammenzuführen. Beim Mach/Zehnder-Interferometer wird dazu ein zweiter halbdurchlässiger Spiegel gebraucht. Beim Michelson-Interferometer wird derselbe halbdurchlässige Spiegel sowohl zur Teilung wie auch zur Wiedervereinigung der Wellen benutzt. Beide Interferometer haben zwei Ausgänge.

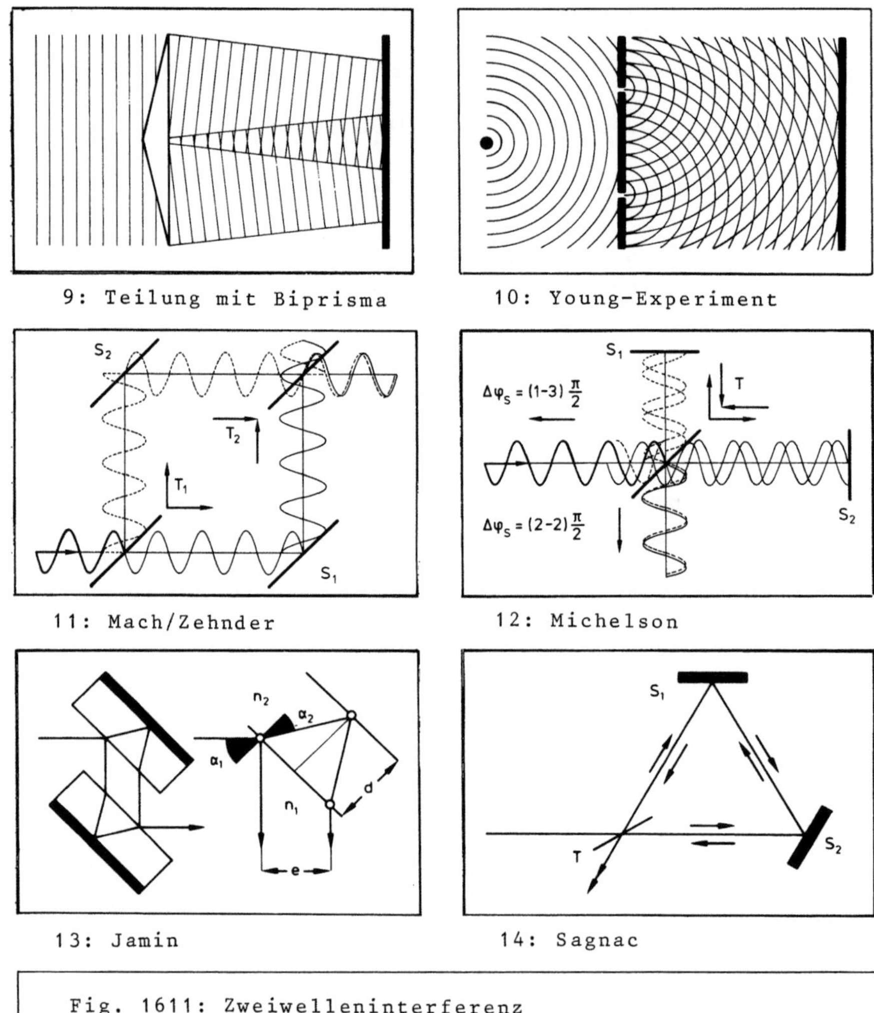

Fig. 1611: Zweiwelleninterferenz

Die eingezeichneten Teilwellen der Teilwellen haben je zwei, d.h. gleich viel Reflexionen erfahren. So bewirken nur die verschiedenen Weglängen und nicht die Phasensprünge bei den Reflexionen eine Phasendifferenz. Im anderen Ausgang haben drei Reflexionen der einen und nur eine Reflexion der anderen Teilwelle die zusätzliche Phasendifferenz π zur Folge. Daß sie bei idealen, d.h. nicht absorbierenden Spiegeln exakt π beträgt, folgt aus dem Energiesatz. Vollkommene Löschung in dem einen muß mit der größtmöglichen resultierenden Amplitude in dem anderen Ausgang verbunden sein. Bei beiden Interferometern besteht die Möglichkeit, die Teilwellen der Teilwellen entweder mit gleichen oder mit leicht verschiedenen Fortpflanzungsrichtungen austreten zu lassen. In Interferenzfeld kann so überall die gleiche resultierende Amplitude oder können die parallelen Hell- und Dunkelebenen auftreten. Schwenkung eines Spiegels genügt, um den Winkel zwischen den Fortpflanzungsrichtungen der austretenden Wellen zu variieren. Beide Interferometer gehören zum Arsenal der Strömungsmeßtechnik.

Kommt es nicht auf möglichst weite Trennung der Teilwellen an, so kann die Teilung noch auf vielerlei andere Weise erfolgen. **Fig.** **1611-13** zeigt als besonders einfaches Beispiel die Teilung durch Brechung und Reflexion beim Jamin-Interferometer [669]. Wir Entnehmen der Zeichnung, daß hier die Teilstrahlentrennung.

$$e = \frac{d\sqrt{2}}{\sqrt{2\,(n_2/n_1)^2-1}} \qquad (22)$$

beträgt. Die Doppelbrechung in Kristallen bietet eine ganze Reihe weiterer Möglichkeiten, Teilungen mit kleinen Strahltrennungen e und Wiedervereinigungen in einem Interferenzfeld vorzunehmen [27]. Interferenzanordnungen solcher Art werden Scherinterferometer oder bei sehr kleinen e Differentialinterferometer genannt. Auch sie werden auf vielerlei Weisen für Strömungsmessungen gebraucht. **Fig.** **1611-14** zeigt eine als Sagnac-Interferometer bekannte Interferenzanordnung, die bislang noch keine Anwendung im Strömungslabor fand. Darin durchlaufen die beiden Teilwellen mit entgegengesetzten Fortpflanzungsrichtungen die gleichen Wege. Die eingangs genannten Bücher über Optik enthalten auch Abhandlungen über die Zweiwelleninterferenz. Außerdem existieren Bücher über Interferometrie, die ausführlich über die Zweiwelleninterferometer informieren [3,7,8,21,22].

1.6.1.2 Vielwelleninterferenz

Auch das bunte Schillern der Seifenblase oder des Ölflecks auf nasser Straße ist ein Interferenzphänomen. Dabei wird die Lichtwelle jedoch nicht nur in zwei, sondern in viele Teilwellen geteilt, die vor der Wiedervereinigung im Interferenzfeld verschiedene Phasenverschiebungen δ_i erfahren . In einem Punkt des Interferenzfeldes werden viele Schwingungen $E_i(t)$ mit Erregungen U_i überlagert:

$$E_i(t) = \hat{E}_i \cos(\omega t - \delta_i) = \mathrm{Re}(\hat{E}_i\, e^{j(\omega t - \delta_i)}) = \mathrm{Re}(U_i\, e^{j\omega t}) \qquad (1)$$

Dabei ist oft $E_{i+1}=qE_i$ und $\delta_{i+1}=\delta_i=\delta$ Die Amplitude nimmt von Teilwelle zu Teilwelle um einen konstanten Faktor $q<1$ ab, und die Phasenverschiebung nimmt, beginnend mit $\delta_1=0$, um einen konstanten Betrag δ zu. Die Aufsummierung von insgesamt p solchen Schwingungen ergibt für die resultierende Schwingung den Ausdruck:

$$E(t) = \mathrm{Re}(\hat{E}_1\, \frac{1-q^p\, e^{-jp\delta}}{1-qe^{-j\delta}}\, e^{j\omega t}) \qquad (2)$$

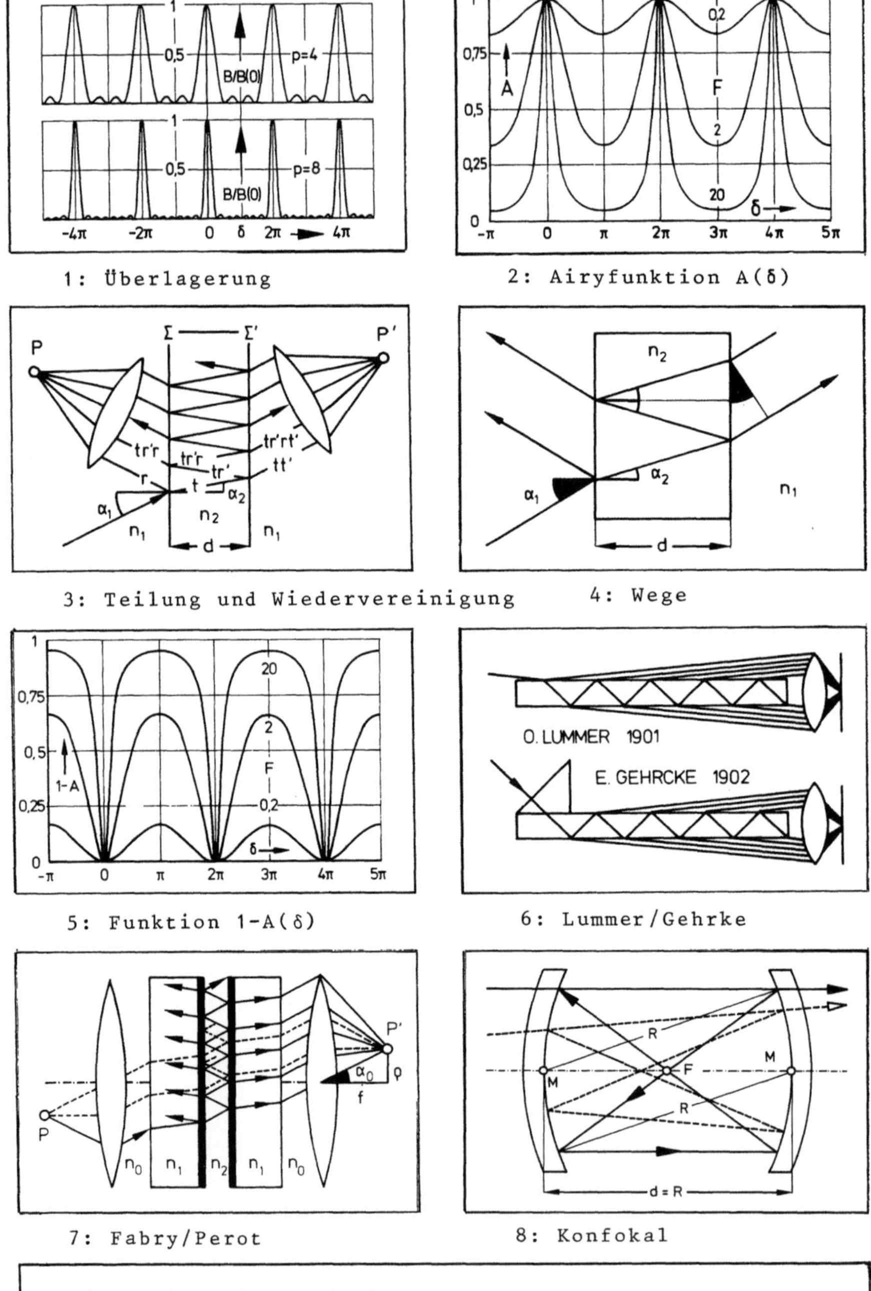

1: Überlagerung

2: Airyfunktion A(δ)

3: Teilung und Wiedervereinigung

4: Wege

5: Funktion 1-A(δ)

6: Lummer / Gehrke

7: Fabry / Perot

8: Konfokal

Fig. 1612: Vielwelleninterferenz

Für den Sonderfall q=1 kommt:

$$E(t) = \hat{E}_1 \frac{\sin(p\delta/2)}{\sin(\delta/2)} \cos(\omega t + \frac{(p-1)\delta}{2}) \tag{3}$$

$$\langle E^2(t)\rangle = \frac{\hat{E}_1^2}{2} \left(\frac{\sin(p\delta/2)}{\sin(\delta/2)}\right)^2 \tag{4}$$

Die $\langle E^2(t)\rangle$-proportionalen Bestrahlungsstärken B=I haben, bezogen auf
eine von p und δ unabhängige Konstante, z.B. die in **Fig. 1612-1** graphisch
dargestellten Verläufe. Diese haben dort Nullstellen, wo nur der Zähler
und nicht auch der Nenner gleich Null wird. Dies ist bei $\delta=2\pi m/p$ mit ganzzahligem m und nicht ganzzahligem m/p der Fall. Bei $\delta=0$ und bei $\delta=2\pi m/p$ mit
ganzzahligem m/p verschwindet auch der Nenner. Hier treten hohe mit p^2
wachsende sog. Hauptmaxima auf. Zwischen diesen Hauptmaxima liegen noch
p-2 Nebenmaxima, die jedoch mit zunehmendem p verglichen mit den Hauptmaxima an Bedeutung verlieren. Die Hauptmaxima haben von Nullstelle bis
Nullstelle gemessen die Breite $b=4\pi/p$. Diese wird mit zunehmender Zahl
p der überlagerten Schwingungen immer kleiner.

Für den Fall q<1 führt der Grenzübergang $p\to\infty$ zu einfacheren Ausdrücken:

$$E(t) = \text{Re} \left(\frac{\hat{E}_1}{1-qe^{-j\delta}} e^{j\omega t}\right) \tag{5}$$

$$\langle E^2(t)\rangle = \frac{\hat{E}_1^2/2}{1+q-2q\cos\delta} = \frac{\hat{E}_1^2/2}{(1-q)^2+4q\sin^2(\delta/2)} \tag{6}$$

Mit $I=K\langle E^2(t)\rangle$, $\hat{I}=K\hat{E}_1^2/2(1-q)^2$ und $F=4q/(1-q)^2$ kann man schreiben:

$$I/\hat{I} = \frac{1}{1+F\sin^2(\delta/2)} = A(F,\delta) \tag{7}$$

Die sog. Airyfunktion $A(F,\delta)$ ist in **Fig. 1612-2** für einige Werte des sog.
Feinheitskoeffizienten F als Funktion von δ aufgetragen. Sie durchläuft
$1/(1+F)$ bei $\delta=\pm\pi$, $\pm3\pi$ usw. und Maxima 1 bei $\delta=0$, $\pm2\pi$ usw. Die Verläufe in
der Umgebung der Maxima werden mit zunehmendem F immer schmaler. Bei hohem
$F\gg1$ haben sie ungefähr die Halbwertbreite $4/\sqrt{F}$. Diese ist dann viel kleiner als der Abstand 2π der Maxima. Die Minima sind dann viel kleiner als
die Maxima, und die $\hat{I}$ sind viel größer als $K\hat{E}_1^2/2$, weil $1-q\ll1$ ist. Bei
kleinen $F\ll1$ gilt andererseits näherungsweise :

$$I/\hat{I}(F\ll1) \approx 1 - \frac{F}{2} + \frac{F}{2}\cos\delta \tag{8}$$

Die Minima liegen dann knapp unter den Maxima, und die $\hat{I}$ sind praktisch
gleich $K\hat{E}_1^2/2$, weil $q\ll1$ ist. Hier ist $F\approx4q$. Für die Abweichung vom Minimum ergibt sich der gleiche Ausdruck $(I-\hat{I})/\hat{I}=2q(1+\cos\delta)$ wie bei der Interferenz von nur zwei Wellen mit $\hat{E}_2=q\hat{E}_1$ und δ. Bei kleinen q genügt es also,

194

die Interferenz der zwei stärksten Wellen zu betrachten. Aus dem Vielwellenfeld wird dann praktisch ein Zweiwellenfeld. Handelt es sich um exakt ebene Wellen mit exakt gleichen Fortpflanzungsrichtungen, so hat I auch im Vielwellenfeld wie im Zweiwellenfeld überall den gleichen Wert. Kreuzen sich die Wellen, so sind im Falle hoher F auf gewissen Flächen oder Linien sehr schmale und entsprechend hohe Maxima und sind dazwischen breite Minima zu erwarten. Auf einem in das Vielwellenfeld gestellten Schirm erscheinen dann sehr schmale und helle Interferenzstreifen.

Als besonders einfaches Beispiel für die Flächenteilung wird gerne die mit vielen schmalen Schlitzen oder kleinen Löchern einer Blende angeführt. Hinter der Blende kommen dann nicht nur zwei Zylinder- oder Kugelwellen wie in **Fig. 1611-10**, sondern viele Zylinder- oder Kugelwellen zur Interferenz. Bei gleichen Schlitz- oder Lochabständen treten auf gewissen Flächen die hohen Hauptmaxima auf. Sind die Schlitzbreiten oder Lochdurchmesser nicht verschwindend klein, so kommt Beugung ins Spiel. Wir kommen bei der Besprechung der Beugung darauf zurück.

Als besonders einfaches Beispiel für die Amplitudenteilung in viele Teilwellen mag die in **Fig. 1612-3** skizzierte an einer Glasplatte dienen. Der Vorgang läßt sich mit wenigen Worten beschreiben, wenn man nicht die ganze mit ebenen Phasenflächen einfallende Welle, sondern Strahlen, d.h. hier die Bahnen von ebenen Phasenflächenelementen betrachtet. Die Brechzahl n_2 der Platte sei größer als die auf beiden Seiten gleiche Brechzahl n_1. Der mit dem Einfallswinkel α_1 einfallende Strahl wird an der Vorderfläche Σ der Platte in einen reflektierten und einen gebrochenen Strahl zerlegt. Der gebrochene Strahl wird an der Rückfläche Σ' in einen reflektierten und einen gebrochenen Strahl zerlegt, und so fort. Innerhalb der Platte wird ein Strahl mit dem Winkel α_2 hin und her reflektiert. Beiderseits der Schicht erscheinen parallele Strahlen. Diese werden mit Sammellinsen auf der Vorderseite im Brennpunkt P und auf der Rückseite im Brennpunkt P' zusammengeführt. Die dort eintreffenden Wellenelemente interferieren. Wir entnehmen der **Fig. 1612-4**, daß die Differenz der optischen Wege auf benachbarten Strahlen $2dn_2\cos\alpha_2$ beträgt. Mit Ausnahme des ersten reflektierten Strahls erscheinen also benachbarte Strahlen sowohl in P wie auch in P' mit der Phasendifferenz $\delta=4\pi dn_2\cos\alpha_2/\lambda_0$. Beim ersten reflektierten Strahl kommt wegen der Reflexion am optisch dichteren Medium bei senkrechtem oder fast senkrechtem Einfall der Phasensprung π hinzu. Die Amplitudenteilung erfolgt hier mit kleinem Amplitudenreflexionskoeffizienten $r=r'$ und fast 1 betragenden Amplitudentransmissionskoeffizienten $t=t'$. Bei senkrechtem oder fast senkrechtem Einfall ist $r^2=R$ und $t^2=T$. Für den Reflexionsgrad R und den Transmissionsgrad T gilt $R+T=1$.

Im Brennpunkt P' kommen dann Wellenelemente mit den Amplituden $\hat{E}_{1t}=t^2\hat{E}$, $\hat{E}_{2t}=r^2t^2\hat{E}$, $\hat{E}_{3t}=r^4t^2\hat{E}$ usw. und mit den Phasenverschiebungen $\delta_{1t}=0$, $\delta_{2t}=\delta$, $\delta_{3t}=2\delta$ usw. zusammen. Einsetzen von $q=r^2=R$ und $\delta_t=\delta$ in die Gleichung (6) ergibt:

$$I_t/\hat{t}_t = A(F,\delta) \quad \text{mit } F = \frac{4R}{(1-R)^2}$$

(9) (10)

$$\check{I}_t/\hat{I}_t = \frac{1}{1+F} = (\frac{1-R}{1+R})^2$$

(11)

Das Verhältnis $I_t/\hat{I}_t$ ist gleich der in **Fig. 1612-2** graphisch dargestellten Airyfunktion. Die bei $\delta=m2\pi$, d.h. bei $d=m\lambda_0/2n_2\cos\alpha_2$ auftretenden Maxima $\hat{I}_t$ werden mit zunehmendem F immer schmaler. Die bei $\delta=(2m+1)\pi$ auftretenden Minima $\check{I}_t$ werden dabei immer tiefer.

Im Brennpunkt P kommen andererseits Wellenelemente mit den Amplituden $\hat{E}_{1r}=r\hat{E}$, $\hat{E}_{2r}=rt^2\hat{E}$, $\hat{E}_{3r}=r^3t^2\hat{E}$ usw. und mit den Phasenverschiebungen $\delta_{1r}=\pi$, $\delta_{2r}=\delta$, $\delta_{3r}=2\delta$ usw. zusammen. Hier führt eine entsprechende Rechnung zu folgendem Ergebnis:

$$I_r/\hat{I}_t = 1-A \quad ; \quad \check{I}_r/\hat{I}_t = \frac{F}{1+F} = \frac{4R}{(1+R)^2}$$

(12) (13)

Fig. 1612-5 zeigt die zur Airyfunktion komplementäre Funktion 1-A. Hier erscheinen die Minima $\check{I}_r=0$ bei $\delta=m2\pi$ und werden mit zunehmenden F immer schmaler. Die bei $\delta=(2m+1)\pi$ auftretenden Maxima $\hat{I}_r$ werden dabei immer höher. Insbesondere wird also von einer dünnen Schicht mit $n_2>n_1$ die senkrecht einfallende Welle vollkommen durchgelassen und überhaupt nicht reflektiert, wenn die Schichtdicke $d=\lambda_0/2n_2=\lambda_2/2$ beträgt. Eine entsprechende Rechnung mit $n_2<n_1$ führt zum gleichen Ergebnis. Handelt es sich um eine Glasscheibe mit $n_2=1,5$ in Luft mit $n_1=1$ oder um eine Luftscheibe mit $n_2=1$ zwischen Glas mit $n_1=1,5$, so ist R=0,04 so klein, daß $\hat{I}_r=\hat{I}_t-\check{I}_t$ nur etwa $0,148\,\hat{I}_t$ beträgt. Dieser Effekt macht sich bei Beleuchtung mit weißem Licht dadurch bemerkbar, daß dem reflektierten Licht die Wellenlängen um $\lambda_0=2n_2\cos\alpha_2/m$ fehlen.

Es gibt zwei Möglichkeiten, den Reflexionsgrad R zu erhöhen, um den Effekt zu verstärken. Beidemal ist dann allerdings auch die genaue Berechnung komplizierter. Bei dem in **Fig. 1612-6** oben skizzierten Lummer-Interferometer [670] bringt der fast streifende Einfall der Welle R in die Nähe von 1. Bei dem unten skizzierten Lummer/Gehrcke-Interferometer [671] sind die Interferenzen beiderseits des Glasstreifens nicht mehr komplementär, sondern gleich. Beidemal kann wegen der verschiedenen Winkel- und Polarisationsabhängigkeiten von r und t nicht mit den vorstehenden Gleichungen gerechnet werden. Noch höhere R werden mit teildurchlässigen Verspiegelungen der beiden Grenzflächen erzielt. Die in **Fig. 1612-7** gezeigte Anordnung mit einem evakuierten oder mit Luft gefüllten Zwischenraum zwischen zwei auf der Innenseite verspiegelten Glasplatten wird Fabry/Perot-Interferometer genannt [672]. Die Reflexionen an den Außenflächen können gegenüber den viel stärkeren an den teildurchlässigen Spiegeln vernachlässigt werden. Ihr Einfluß läßt sich durch leichte, nur wenige Winkelminuten betragende Abschrägung der Außenflächen noch weiter vermindern. Bei senkrechtem oder fast senkrechtem Einfall kann mit

196

R+T+A=1 gerechnet werden. Der Absorptionsgrad A kann z.B. bei einer Silberverspiegelung A=0,05 bei R=0,94 betragen. Wegen A hat der bei der Reflexion auftretende Phasensprung einen von π abweichenden Wert. Bei Vernachlässigung dieser Abweichung ergibt die Rechnung auch hier das Verhältnis $I_t/I_t=A(F,\delta)$. Der Feinheitskoeffizient beträgt auch hier $F=4R/(1-R)^2$. Aber $\hat{I}_t$ bei $\delta=m2\pi$ ist bei hohen R erheblich kleiner als die Intensität I der einfallenden Welle:

$$\hat{I}_t/I = (1- \frac{A}{1-R})^2 \tag{14}$$

Bei R=0,94 und A=0,05 wird z.B. $I_t/I=1/36$. Die Halbwertbreite des I_t/I_t-Verlaufes in der Nähe von I_t beträgt ungefähr $2\delta_{1/2}=4/\sqrt{F}$.

Das Fabry/Perot-Interferometer wird gerne mit vorgegebenem optischen Abstand dn_2 als hochselektives Frequenzfilter oder mit einstellbarem d oder n_2 als hochauflösendes Spektrometer verwendet. Bei dn_2 erfüllen die Lichtfrequenzen $\nu_m=mc_0/2dn_2$ die Bedingung $\delta=m 2\pi$ für maximale Transmission. Hiervon abweichende Frequenzen werden praktisch nur in schmalen Frequenzbändern mit diesen Mittenfrequenzen ν_m und mit der Halbweitsbreite $\Delta\nu_{1/2}=c_0/\pi dn_2\sqrt{F}$ durchgelassen. Der Frequenzabstand der ν_m beträgt $\Delta\nu_m=c_0/2dn_2$. Das Verhältnis $\Delta\nu_m/\Delta\nu_{1/2}$ wird die Finesse und das Verhältnis $\nu_m/\Delta\nu_{1/2}$ wird das Auflösungsvermögen des Spektrometers genannt. Mit $\sqrt{R}\approx1$ ergeben sich die folgenden Ausdrücke für diese Kennzahlen:

$$\frac{\Delta\nu_m}{\Delta\nu_{1/2}} \approx \frac{\pi}{1-R} \quad ; \quad \frac{\nu_m}{\Delta\nu_{1/2}} \approx \frac{m\pi}{1-R} \tag{15) (16}$$

Die Finesse hängt nur von R ab und beträgt z.B. $\Delta\nu_m/\Delta\nu_{1/2}\approx52$ bei R=0,94. Das Auflösungsvermögen wächst außerdem mit $m=2\nu_m dn_2/c_0$. In der Praxis werden dieser Zunahme von den Unebenheiten der Spiegel und von der Beugung am Bündelrand Grenzen gesetzt. Diese Störungen wirken sich viel weniger aus, wenn Hohlspiegel an Stelle der Planspiegel verwendet werden. Bei zwei gleichen sphärischen Spiegeln muß der Krümmungsradius mindestens R=d/2 betragen. Die größten Auflösungsvermögen wurden mit R=d wie in **Fig. 1612- 8** erzielt. Das Fabry/Perot-Interferometer mit R=d/2 wird ein konzentrisches und das mit R=d wird ein konfokales genannt. In [2] wurde allgemein über die Vielwelleninterferometer und in [673 - 678] speziell über die Fabry/Perot-Interferometer berichtet.

1.6.1.3 Gleiche Neigung oder Dicke

Beim Fabry/Perot-Interferometer werden alle jene Strahlen in einem Punkt P' der Brennebene zusmmengeführt, welche parallel in die Linse eintreten. Das sind alle jene Strahlen, welche den Zwischenraum zwischen den beiden Spiegeln mit dem gleichen Winkel α_2 gegen die Spiegelnormale durchliefen.

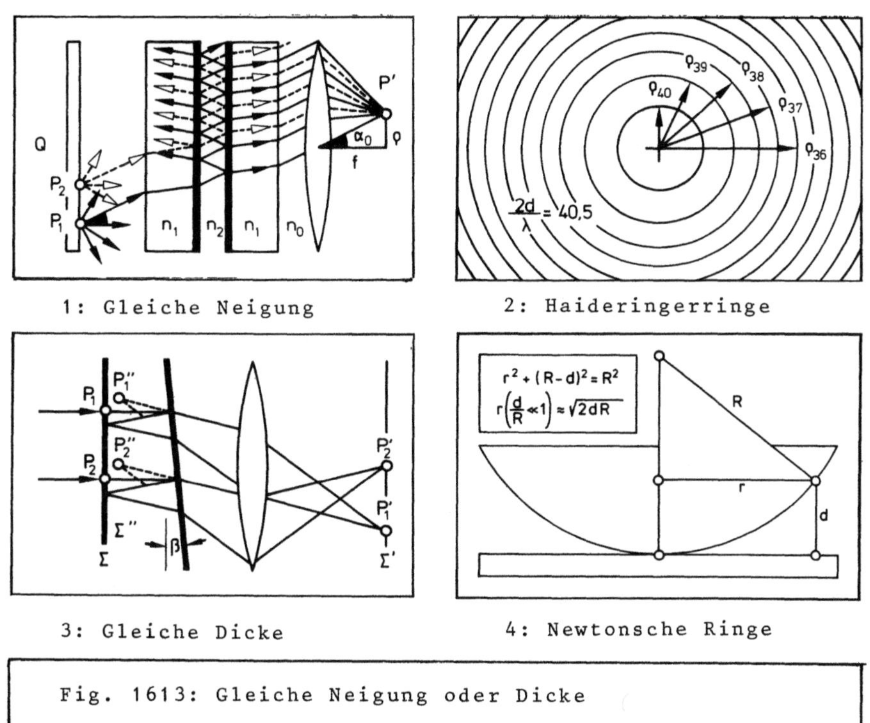

1: Gleiche Neigung   2: Haideringerringe

3: Gleiche Dicke   4: Newtonsche Ringe

Fig. 1613: Gleiche Neigung oder Dicke

Fig. 1613-1 erläutert, daß die Phasenverschiebungen $\delta = 4\pi d n_2 \cos\alpha_2 / \lambda_0$ der in P' interferierenden Wellenelemente nur von der Richtung und nicht vom Ort eines in das Interferometer eintretenden Strahles abhängen. Die Teilstrahlen aller mit dem Winkel α_0 eintretenden Strahlen werden mit der gleichen Phasenverschiebung δ zwischen benachbarten Teilstrahlen in demselben Punkt P' mit dem Abstand $\rho = f\tan\alpha_0$ von der Linsenachse zusammengeführt . Dies gilt auch für die Teilstrahlen von Strahlen, die von anderen Punkten einer Flächenlichtquelle kommen, sofern sie nur mit dem gleichen Winkel in das Interferometer eintreten. Dabei spielt es keine Rolle, ob es sich um eine phasenkohärent oder phaseninkohärent strahlende Lichtquelle handelt, sofern sie nur hinreichend monochromatisches Licht emittiert. Die Interferenz ist vor der Linse im Unendlichen, und hinter der Linse im Punkt P' der Brennebene lokalisiert. Die gleiche Interferenz tritt in allen Punkten eines Kreises mit dem Radius $\rho = f\tan\alpha_0$ um den Brennpunkt auf. Dort erscheinen also konzentrische Ringe mit Bestrahlungsstärken $B(\rho)$ proportional zu den $I_t(\delta)$. Sie werden Haidingerringe genannt. (W. Haidinger 1852). Es handelt sich um sog. Interferenzstreifen gleicher Neigung, die immer dann auftreten, wenn die Phasenverschiebungen der interferierenden Teilwellen bei gegebener Geometrie einer optischen Anordnung nur von der Richtung der einfallenden Strahlen abhängen. Sie können sowohl bei der Zweiwelleninterferenz wie auch bei der Vielwelleninterferenz und mit den unterschiedlichsten Formen erscheinen. Beim Fabry/Perot-Interferometer mit hohem R sind sie besonders schmal. Mit $\rho = f \tan \alpha_0$ und $2 d n_2 \cos \alpha_2 = m \lambda_0$ ergeben sich für den Fall $\alpha_2 = \alpha_0$ bei $n_2 = n_0$ die folgenden Radien ρ_m der Haidingerringe bei einer Vakuumwellenlänge λ_0 des in das Interferometer eintretenden Lichtes:

$$\frac{\rho_m}{f} = \sqrt{\left(\frac{2d}{m\lambda_0}\right)^2 - 1} \tag{1}$$

In **Fig.** 1613-2 sind die hell auf dunklem Grund erscheinenden Ringe für den Fall $2d/\lambda_0 = 40{,}5$ und $\delta_r = 0$ schwarz auf weiß gezeichnet. Wird mit zwei Wellenlängen λ_{01} und λ_{02} durchleuchtet, so erscheinen zwei solche Scharen konzentrischer Ringe. Man kann den Zusammenhang

$$\frac{\lambda_{02}}{\lambda_{01}} = \sqrt{\frac{\rho_{m1}^2 - f^2}{\rho_{m2}^2 - f^2}} \tag{2}$$

benutzen, um bei bekannter Wellenlänge λ_{01} die unbekannte Wellenlänge λ_{02} durch Messung der Radien ρ_{m1} und ρ_{m2} bei gleicher Ordnungszahl m zu bestimmen. Bei Durchleuchtung mit polychromatischem Licht geben die bunten Ringe Auskunft über das Spektrum.

Von solchen Interferenzstreifen gleicher Neigung sind die gleicher Dicke zu unterscheiden. Bei senkrechter Durchleuchtung des Fabry/Perot-Interferometers mit einem monochromatischem Parallelstrahlenbündel können sie als parallele und äquidistante sog. Fizeaustreifen (H. Fizeau 1862) beobachtet werden, wenn die beiden Spiegel nicht exakt parallel sind, sondern einen kleinen Winkel β bilden wie in **Fig.** 1613-3. Dazu muß die Linse eine Ebene Σ″ kurz hinter der Eintrittsebene Σ in der Bildebene Σ′ abbilden. Die Teilstrahlen des im Punkt P_1 eintretenden Strahls scheinen vom Punkt P_1'' in Σ″ zu kommen und werden im Punkt P_1' in Σ′ zusammengeführt. Ihre Wellenelemente interferieren dort mit einer Phasenverschiebung δ_1, die zur Dicke d_1 des Spiegelzwischenraums bei P_1 proportional ist. Ebenso scheinen die Teilstrahlen des im Punkt P_2 eintretenden Strahls vom Punkt P_2'' in Σ″ zu kommen und werden in Punkt P_2' in Σ′ zusammengeführt. Ihre Wellenelemente interferieren dort mit einer größeren Phasenverschiebung δ_2, die zur größeren Dicke d_2 bei P_2 proportional ist. Die Bestrahlungsstärken B_1 in P_1' und B_2 in P_2' informieren über die Dicken d_1 bei P_1 bzw. d_2 bei P_2. Weil d nur vom Abstand x von der Keilschneide abhängt, sind die Bestrahlungsstärken $B(x')$ in Σ′ auf β-normalen Geraden konstant. Weil d proportional zu x wächst, sind diese Geraden äquidistant. Die kontraststarken Interferenzstreifen treten nur in der Bildebene Σ′ auf. In allen Punkten anderer Ebenen hinter dem Interferometer kommen Wellenelemente mit den verschiedensten Phasenverschiebungen zusammen. Bei Augenbeobachtung ohne die Linse befindet sich die Bildebene Σ′ auf der Netzhaut. Die

Interferenzstreifen scheinen dann virtuell in der Ebene Σ'' aufzutreten. Sie sind reell in Σ' und virtuell in Σ'' lokalisiert. Auch solche Interferenzstreifen gleicher Dicke können sowohl bei der Zweiwelleninterferenz wie auch bei der Vielwelleninterferenz und mit den unterschiedlichsten Formen erscheinen. Wird beim Mach/Zehnder-Interferometer oder Michelsoninterferometer ein Spiegel geschwenkt, so sind sie gerade und äquidistant. Dem Amateurphotographen sind mehr oder weniger kreisförmige und konzentrische Interferenzstreifen gleicher Dicke als Newtonsche Ringe bekannt. Sie erscheinen, wenn sich zwischen einem Diapositiv und seinen Deckgläsern Luftpolster bilden. Besonders regelmäßige Newtonsche Ringe treten auf, wenn eine konvexe Linse auf einer ebenen Glasscheibe liegt. Die Dicke d der Luftschicht hängt in der in **Fig.** 1613-4 notierten Weise mit dem Krümmungsradius R der Linse und dem Abstand r von ihrer Achse zusammen. Bei Bestrahlung und Betrachtung von oben interferiert im Auge das an der Scheibe reflektierte mit dem an der konvexen Linsenfläche reflektierten Licht. Die Phasenverschiebung $\Delta\varphi/2\pi=1/2+2d/\lambda$ löscht bei $\Delta\varphi=\pi$, 3π usw. und verdoppelt bei $\Delta\varphi=0$, 2π, 4π usw.. In monochromatischem Licht erscheint ein zentraler dunkler Fleck umgeben von abwechselnd hellen und dunklen Ringen. Für die Mittenradien der dunklen ergibt sich $\check{r}=\sqrt{m\lambda R}$ mit $m=0,1,2$ usw.. Für die Mittenradien der hellen kommt $\hat{r}=\sqrt{(m+1/2)\lambda R}$. Man kann diesen Sachverhalt benutzen, um R zu bestimmen. In polychromatischem Licht macht die λ-Abhängigkeit die Ringe bunt.

Die Interferenzstreifen beider Art, sowohl die gleicher Neigung wie auch die gleicher Dicke, können reell lokalisiert d.h. nur an bestimmten Stellen und dort tatsächlich oder virtuell lokalisiert d.h. nur an bestimmten Stellen und dort nur scheinbar auftreten. Reelle Streifen erscheinen bei konvergierenden und virtuelle bei divergierenden Strahlen. Virtuelle lassen sich stets durch Abbildung in reelle umsetzen. Auch vollkommen unlokalisierte Streifen kommen vor. Sie können z.B. in jedem Querschnitt des Kreuzungsvolumens von zwei Teilbündeln eines Laserlichtbündels oder hinter zwei kohärent beleuchteten und sehr engen Schlitzen einer Blende beobachtet werden [679].

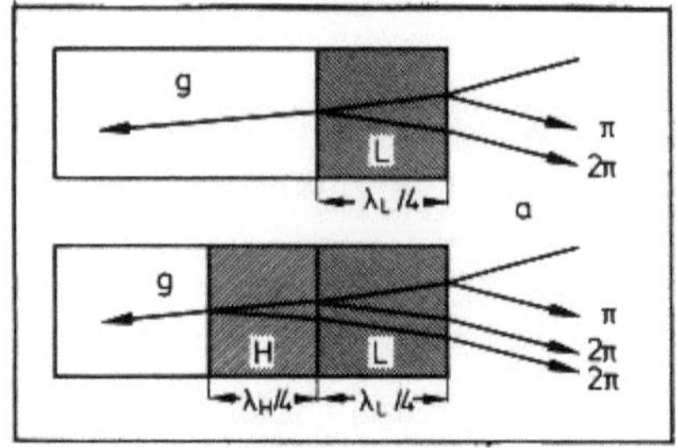

1: Antireflexbelag

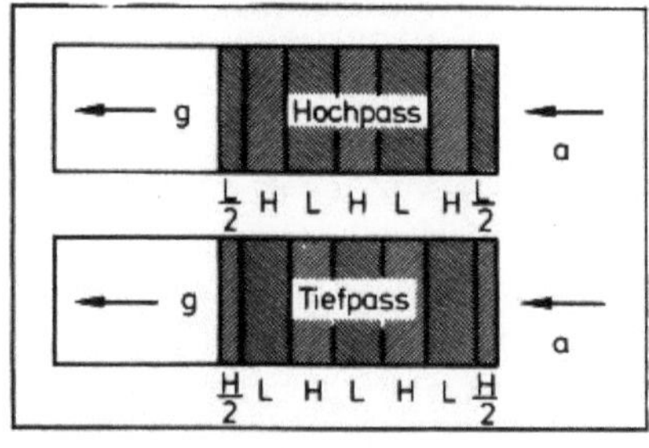

2: Interferenzspiegel

3: Interferenzfilter

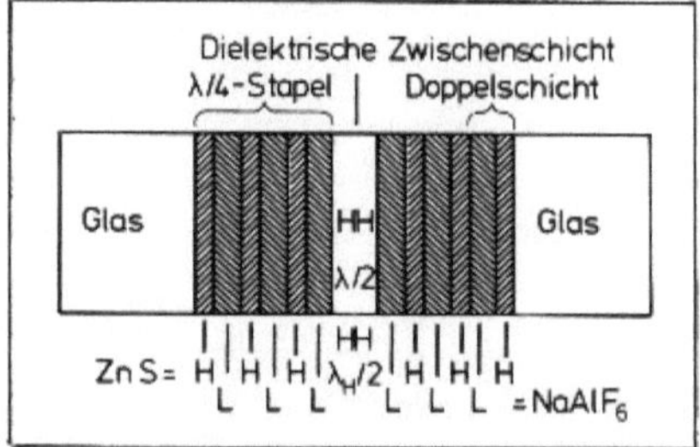

4: Fabry/Perot-Filter

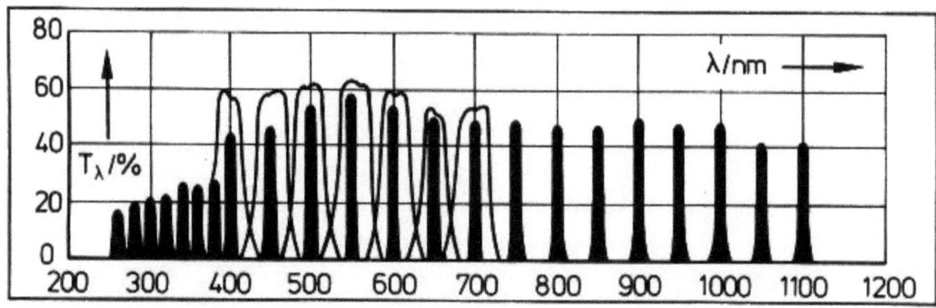

5: Transmissionsverläufe von Interferenzfiltern

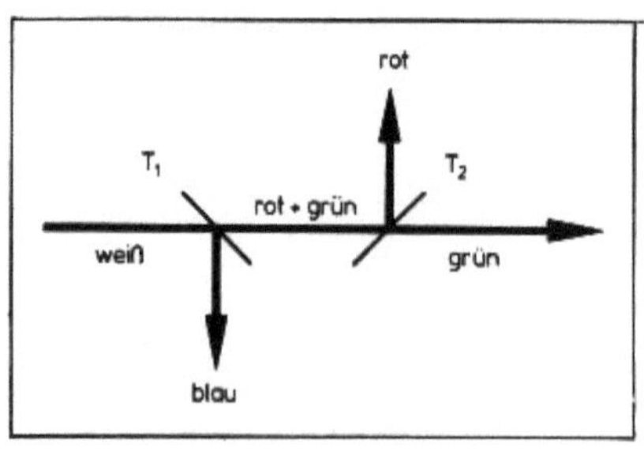

6: Farbteilung

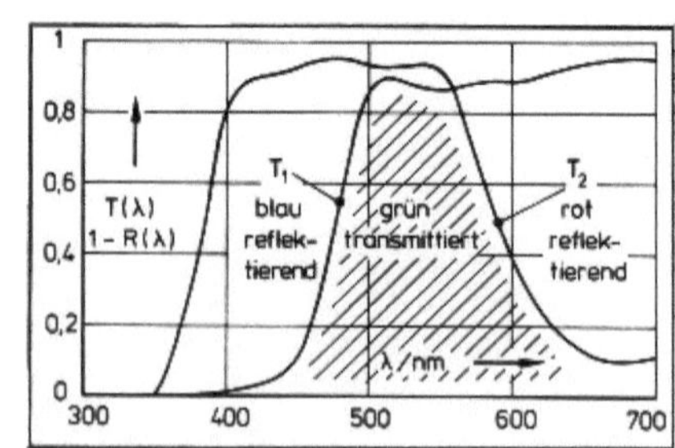

7: Teilertransmissionen

Fig. 1614: Interferenzoptische Bauteile

1.6.1.4 Interferenzoptische Bauteile

Die Interferenz der an einer dünnen transparenten Schicht geteilten Wellen kann zur Entspiegelung oder Verspiegelung von Glasoberflächen verwendet werden. Bei senkrecht oder fast senkrecht einfallender Welle genügt es zur Erklärung der Wirkungsweise die Interferenz der an der Vorderseite reflektierten mit der nur einmal an der Rückseite der Schicht reflektierten Teilwelle zu betrachten. Der Reflexionskoeffizient ist so klein, daß die mehrfach reflektierten Teilwellen nur wenig beitragen. Die Wirkung der Schicht hängt entscheidend davon ab, ob ihre Brechzahl kleiner oder größer als die Brechzahlen der angrenzenden Medien ist. Eine Schicht mit kleiner Brechzahl wird mit L (low), eine mit großer Brechzahl mit H (high), der Glaskörper mit g (glas) und die Luft mit a (air) bezeichnet. gLa bedeutet z.B., daß die Schicht zwischen dem Glastäger und der Luft eine kleinere Brechzahl als das Glas hat. gHLa bedeutet, daß sich zwischen der L-Schicht und dem Glasträger eine H-Schicht mit höherer Brechzahl befindet. $g(HL)^3Ha$ bezeichnet eine H-Schicht auf einem Stapel von drei HL-Schichtpaaren. Jede Schicht hat eine höhere Brechzahl als die Luft. Die Unterscheidung ist wichtig, weil die Reflexion am optisch dünneren Medium ohne Phasensprung, die am optisch dichteren jedoch mit dem Phasensprung π erfolgt.

Bei der Entspiegelung mit einer einzigen Schicht kommt es darauf an, die an der Rückseite reflektierte Welle in Gegenphase zu der an der Vorderseite reflektierten zu bringen. Diese Forderung wird mit einer L-Schicht mit der Dicke $d_L=\lambda_L/4=\lambda_0/4n_L$ wie in **Fig. 1614-1** oben erfüllt. Für die Intensität I_r der reflektierten bei einer Intensität I der senkrecht einfallenden Welle ergibt sich der Ausdruck:

$$\frac{I_r}{I} = \left(\frac{n_a n_g - n_L^2}{n_a n_g + n_L^2}\right)^2 \tag{1}$$

Bei Erfüllung der zusätzlichen Forderung $n_L=\sqrt{n_a n_g}$ löschen sich die beiden reflektierten Wellen vollkommen aus. Bei vorgegebenen Brechzahlen $n_a\approx1$ der Luft und n_g des Glasträgers haben nur wenige transparente Substanzen die passende Brechzahl n_L. Wird außerdem Korrosionsbeständigkeit und Wischfestigkeit gefordert, so muß man sich im allgemeinen mit der ungefähren Erfüllung der zweiten Forderung begnügen. So hat z.B. das gerne verwendeten Magnesiumfluorid (MgF_2) die Brechzahl $n=1,380$ statt der auf Glas mit $n_g=1,5$ zu fordernden Brechzahl $n_L=1,225$. Damit bleibt $I_r=1,41\%$. Zwei Schichten mit $d_L=\lambda_0 4n_L$ und $d_H=\lambda_0/4n_H$ in der Anordnung gHLa wie in **Fig. 1614-1** unten geben mehr Freiheit der Wahl von n_L und n_H. Hier gilt:

$$\frac{I_r}{I} = \left(\frac{n_H^2 n_a - n_g n_L^2}{n_H^2 n_a + n_g n_L^2}\right)^2 \tag{2}$$

Hier verschwindet als I_r bei $n_H/n_L=\sqrt{n_g n_a}$. Zwei Schichten geben außerdem die Möglichkeit, nicht nur für eine einzige Wellenlänge λ_0 zu entspiegeln. Macht man $d_H=\lambda_{01}/4n_H$ und $d_L=\lambda_{02}/4n_H$ für $\lambda_{01}\neq\lambda_{02}$, so wird zwar bei keiner

Wellenlänge exakt $I_r=0$, bleibt dafür aber in einem größeren Wellenlängenbereich I_r viel kleiner als ohne die Schichten. Bei leicht schrägem Lichteinfall ist damit eine geringere Zunahme von I_r mit wachsendem Einfallswinkel verbunden. Für die Außenschicht kommen Magnesiumfluorid (MgF_2) mit $n_L=1,38$ oder Cerfluorid (CeF_3) mit $n_L=1,63$ und für die Zwischenschicht Zirkoniumoxyd (ZrO_2) mit $n_H=2,1$ Titandioxyd (T_iO_2) mit $n_H=2,4$ oder Zinksulfid (ZnS) mit $n_H=2,32$ in Frage. Für besondere Ansprüche hinsichtlich der Abhängigkeit von Wellenlänge und Einfallswinkel werden die sog. Antireflexbeläge auch mit mehreren solcher HL-Schichtpaaren in der Anordnung $g(HL)^m a$ hergestellt. Ohne Entspiegelung treten bei den im vorliegenden Buch zu besprechenden Visualisierungsverfahren störende Reflexe und irreführende Geisterbilder auf. Passende und haltbare Entspiegelung kann aus einem Windkanalfenster ein ziemlich teures interferenzoptisches Bauteil machen. Für welche Wellenlänge die Entspiegelung vorgenommen wurde, kann man an der Komplementärfarbe des reflektierten Lichtes bei Beleuchtung mit weißem Licht erkennen. Der Antireflexbelag erscheint blaurot, wenn er die Reflexion von gelbgrünem Licht unterdrückt .

Bei der Verspiegelung kommt es andererseits darauf an, daß alle reflektierten Teilwellen in Phase sind. Der Effekt einer einzigen H-Schicht mit $d_H=\lambda_H/4n_H$ in der Anordnung gHa wie in **Fig. 1614-2** oben wäre wegen der kleinen Reflexionskoeffizienten nur gering. Mit vielen Schichten mit $d_H=\lambda_0/4n_H$ und $d_L=\lambda_0/4n_L$ in der Anordnung $g(HL)^m Ha$ wie in **Fig. 1614-2** unten kann jedoch der Reflexionsgrad höher als bei den besten Metallspiegeln werden. 15 bis 35 Schichten sind handelsüblich. Die dielektrischen Spiegel oder Interferenzspiegel sind extrem selektiv. Da sie außerdem sehr wenig absorbieren, sind sie die idealen Laserspiegel. Laserresonatoren werden mit dielektrischen Hohlspiegeln aufgebaut. Mit leichten Verstimmungen der HL-Schichtpaare kann man den dielektrischen Spiegel aber auch für einen weiten Spektralbereich achromatisch machen. Auch die Abhängigkeit vom Einfallswinkel wird dadurch schwächer. Strahlteilerwürfel werden mit halbdurchlässigen und achromatischen Spiegeln angeboten. Zwei zusätzliche sog. 0,5L-Schichten mit $d_{0,5L}=\lambda_0/n_{0,5L}$ auf beiden Seiten des $(HL)^m H$-Stapels wie in **Fig. 1614-3 oben** machen daraus ein Hochpaßfilter $g(0,5L)(HL)^m H(0,5L)a$. Die unten skizzierte Anordnung $g(0,5L)L(HL)^m (0,5H)a$ mit $d_{0,5H}=\lambda_0/8n_{0,5H}$ wirkt als Tiefpaßfilter. Solche Filter können mit viel steileren Flanken als die Absorptionsfilter hergestellt werden. Sie haben außerdem den Vorteil, daß sie nur sehr wenig absorbieren und darum viel höhere Strahlungsflüsse vertragen.

Die dielektrischen Spiegel haben die Herstellung wenig absorbierender und dennoch mit hohem Reflexionsgrad R hoch selektiver Fabry/Perot-Filter möglich gemacht. Dafür kommt z.B. die in **Fig. 1614-4** skizzierte Anordnung $g(HL)^3 HH(LH)^3 g$ in Frage. Die dielektrische Zwischenschicht HH ist mit $d_{HH}=\lambda_0/2n_4$ doppelt so dick wie die H-Schichten mit $d_H=\lambda_0/4n_H=\lambda_H/4$ der Stapel. Mit dieser Dicke hat sie keinen Einfluß auf die Reflexionsgrade R der dielektrischen Spiegel. Die Hersteller bieten z.B. Filtersätze mit Transmissionsverläufen wie in **Fig. 1614-5** an. Die Schmalbandfilter mit der Halbwertbreite 10 nm werden auch für die NaD-Doppelinie, für Hg-, Xe- und H-Linien und für Laserlinien hergestellt. Kommt es nicht darauf an, die Absorption zu vermeiden, so kann unter Umständen ein billigeres Fabry/Perot-Filter bestehend aus einer MgF_2-Schicht zwischen zwei halbdurchlässigen Metallverspiegelungen auf einem Glasträger genügen. Mit den dielektrischen Spiegeln ist außerdem eine fast verlustfreie Farbteilung wie in **Fig. 1614-6** möglich geworden. Die **Fig. 1614-7** zeigt Filterkurven, mit denen diese Teilung erzielt werden kann. In [680-686] wurde über die Herstellung, Eigenschaften und Anwendungen dünner dielektrischer Schichten berichtet.

1.6.1.5 Interferenzbedingungen

Paarweise oder scharweise gleiche Frequenz und Schwingungsrichtung der Teilwellenzüge allein garantieren noch nicht, daß ihre Interferenz auch sichtbar wird. Ihre Phasenverschiebung darf nicht so groß sein, daß sie nacheinander wie in Fig. 1615-1 **unten** und nicht miteinander wie **oben** zum Interferenzort kommen. Und die Phasenverschiebungen der von verschiedenen Lichtquellenpunkten stammenden Paare oder Scharen dürfen sich nur wenig unterscheiden.

Die Phasenverschiebung $\Delta\varphi$ hängt folgendermaßen mit der Differenz Δt der Phasenankunftszeiten am Interferenzort und diese mit der Differenz $\Delta\Phi$ der optischen Wege bis dorthin zusammen:

$$\frac{\Delta\varphi}{2\pi} = \frac{\Delta t}{\tau} = \frac{\Delta\Phi}{\lambda_0} \qquad (1)\,(2)$$

Ein Wellenzug mit N Wellenlängen λ hat die Länge $L = N\lambda$ und erscheint am Interferenzort als Schwingungszug mit N Perioden $\tau = \lambda/c$ und der Dauer $T = N\tau$:

$$L = N\lambda \;;\quad T = N\tau \;;\quad L = cT \qquad (3)\,(4)\,(5)$$

Δt darf nicht größer als T sein. Gut sichtbare Interferenz ist nur bei $\Delta t \ll T$, d.h. bei Erfüllung der folgenden ersten Bedingung zu erwarten:

$$\Delta\varphi \ll N2\pi \;;\quad \Delta\Phi \ll N\lambda_0 \qquad (6)\,(7)$$

Bei der Amplitudenteilung ist sie nicht erfüllt, wenn sich die optischen Wege vom Ort der Teilung bis zu dem der Wiedervereinigung zu stark unterscheiden. Dies kann wegen zu verschiedener geometrischer Wege oder wegen zu verschiedener Brechzahlen vorkommen. Bei der Flächenteilung können

204

schon die geometrischen Wegen vom Ursprungsort in der Lichtquelle bis zu
den beiden Ausstanzungsorten zu verschiedenen sein. Die **Fig. 1615-2 und 3**
zeigen, wie z.B. bei einer Interferenzordnung mit zwei Spiegeln wegen
der zu verschiedenen Spiegelabstände vom Ort der Zusammenführung oder
vom Ursprung in der Lichtquelle keine Interferenz stattfinden kann.

Zur Erfüllung der zweiten Forderung möglichst gleicher Phasenverschiebungen aller am Interferenzort eintreffenden Teilwellenpaare oder Teil-
wellenscharen muß die Lichtquelle hinreichend klein sein. Bei den Zweiwelleninterferometern scheinen die Teilwellen entweder von der Lichtquelle Q und einer virtuellen Lichtquelle Q' oder von zwei virtuellen
Lichtquellen Q' und Q'' zu kommen. Hat die Lichtquelle den Durchmesser d,
so liegen z.B. für die von gegenüberliegenden Randpunkten kommenden und
zu einem Interferenzpunkt P gehenden Strahlen die in **Fig. 1615-4** skizzierten Verhältnisse vor. Das eine Teilstrahlenpaar kommt von den Punkten Q_1'
und Q_1''. Das andere kommt von den Punkten Q_2' und Q_2''. Die Differenzen $r_1'-r_1''$
und $r_2'-r_2''$ der geometrischen Wege sind verschieden. Der von Q_1' und Q_1'' in P
erzeugte Bestrahlungsstärkenanteil ist der größtmögliche, wenn $r_1'=r_1''$
ist. In diesem Fall ergibt sich mit den in der Zeichnung notierten Strek-
ken $1,x',x''$ und $d=(x''-x')/2$ der folgende Ausdruck für $r_2''-r_2''$ bei $1\gg x',x''$:

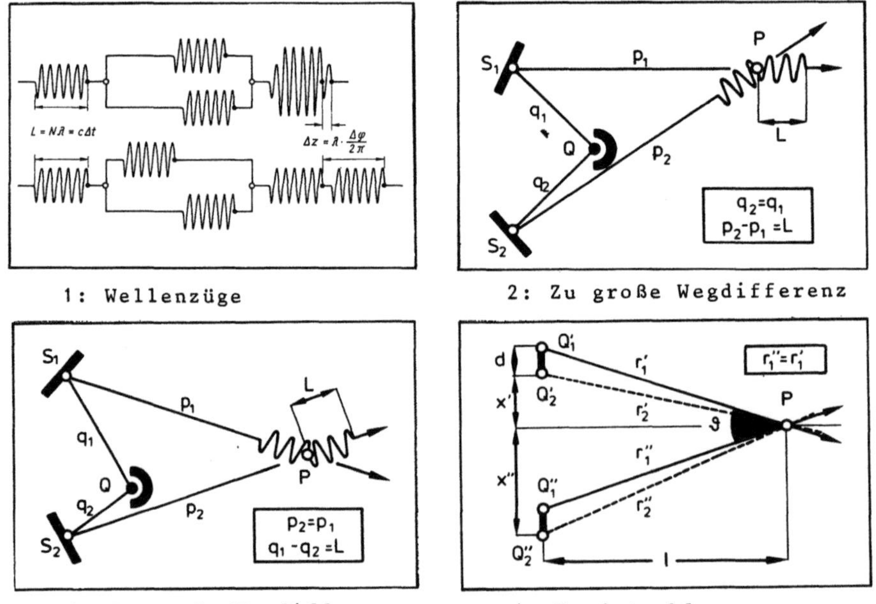

1: Wellenzüge	2: Zu große Wegdifferenz
3: Zu große Wegdifferenz	4: Randstrahlen

Fig. 1615: Interferenzbedingungen

$$r''_2 - r'_2 = \sqrt{x''^2 + 1^2} - \sqrt{x'^2 + 1^2} \approx \frac{(x''-x')(x''+x')}{21} \approx d \sin\vartheta \qquad (8)$$

ϑ ist der Winkel, unter dem die Mittelpunkte der virtuellen Lichtquellen Q' und Q' vom Interferenzpunkt P aus gesehen werden. Wäre $r''_2 - r'_2 = \lambda/2$, so würde der von Q'_2 und Q''_2 in P erzeugte Bestrahlungsstärkenanteil verschwinden. Die Interferenz wird trotz der Ausdehnung der Lichtquelle gut sichtbar, wenn deren Durchmesser d die folgende Bedingung erfüllt:

$$d \ll \frac{\lambda}{2 \sin\vartheta} \qquad (9)$$

Diese Begrenzung von d ist jedoch nicht unumgänglich. Die im Strömungslabor verwendeten Interferometer werden gerne so aufgebaut, daß die Bedingung gleicher Phasenverschiebungen in allen Bildpunkten noch bei viel größeren Lichtquellendurchmessern erfüllt werden kann. Man sagt dann, die Interferenz sei reell im Bild und virtuell im Objekt lokalisiert.

Bei den vorstehenden Überlegungen wurde vorausgesetzt, daß nur Wellenzüge mit der gleichen Länge und Grundfrequenz in die Optik gehen. Das ist sogar bei den langen Wellenzügen eines Lasers nicht der Fall. Die kurzen einer Spontanlichtquelle werden mit einem breiten Frequenzspektrum emittiert, das mit einem Farbfilter nicht beliebig eingeengt werden kann. Es gibt zwei Möglichkeiten der Betrachtung des Einflusses unterschiedlicher Frequenzen auf die Sichtbarkeit der Interferenz. Werden endlose Wellen betrachtet, so ist schon der einzelne Wellenzug als Überlagerung von unendlich vielen endlosen Wellen mit einem Frequenzspektrum anzusehen. Da die Phasenverschiebung $\Delta\varphi$ bei gegebener Differenz $\Delta\Phi$ der optischen Wege gemäß Gleichung (2) umgekehrt proportional zu λ_0 ist, kommen Paare oder Scharen endloser Teilwellen mit höheren Frequenzen auch mit größeren $\Delta\varphi$ zur Interferenz. $\bar{\nu}$ sei die mittlere Frequenz und $\Delta\nu$ die Halbwertbreite des Spektrums. Ferner betrage $\Delta\varphi$ bei $\bar{\nu}$ ein ganzzahliges Vielfaches von 2π. Dann ist der Anteil der spektralen Bestrahlungsstärke bei $\bar{\nu}$ an der gesamten Bestrahlungsstärke am Interferenzort am größten. Die Interferenz wird kaum noch sichtbar, wenn $\Delta\varphi$ bei $\bar{\nu}+\Delta\nu/2$ um π größer ist. Mit $\Delta\varphi(\bar{\nu}) = m2\pi$, $\Delta\varphi(\bar{\nu}+\Delta\nu/2) = (m+1/2)2\pi$ und $\Delta\varphi(\bar{\nu}+\Delta\nu/2)\Delta\varphi(\bar{\nu}) = (\bar{\nu}+\Delta\nu/2)/\bar{\nu}$ ergibt sich, daß die Phasenverschiebung $\Delta\varphi(\bar{\nu})/2\pi = \bar{\nu}/\Delta\nu$ viel zu groß ist. Gute Sichtbarkeit der Interferenz ist nur bei Erfüllung der folgenden dritten Bedingung zu erwarten:

$$\frac{\Delta\varphi(\bar{\nu})}{\pi} \ll \frac{\bar{\nu}}{\Delta\nu} \qquad (10)$$

Umgekehrt kann man aber auch das gesamte Frequenzspektrum als das eines äquivalenten Schwingungszuges auffassen. Damit kann dann auch die Frage nach dem Einfluß eines breiten Frequenzspektrums mit einer so einfachen und anschaulichen Überlegung wie der in **Fig. 1615-1** skizzierten beantwortet werden. In Abschnitt 1.1.1.1 ergab sich, daß der Abstand der ersten Nullstellen des Spektrums eines Schwingungszuges mit der Dauer T und mit konstanter Amplitude $\Delta\nu(0) = 2/T$ beträgt. Andere Schwingungszüge mit ab-

klingenden oder mit erst anschwellenden und dann abklingenden Amplituden
sind angemessener und haben andere Spektren. Für jeden hier interessierenden Fall ergibt sich jedoch, daß die mittlere Frequenz ν des Spektrums
ungefähr mit der Grundfrequenz des Schwingungszuges und die Halbwertbreite $\Delta\nu$ ungefähr mit dem Kehrwert seiner Dauer T übereinstimmt:

$$\Delta\nu \simeq 1/T \tag{11}$$

Hiermit und mit $T=N\bar{\tau}=N\bar{\nu}$ wird aus der ersten Forderung (6) die dritte Forderung (10). Die Dauer T des äquivalenten Schwingungszuges wird die Kohä-
renzzeit und die Länge L=cT des äquivalenten Wellenzuges wird die Kohärenzlänge genannt. Die folgende Tabelle informiert über typische Werte:

Lichtquelle	$\bar{\nu}/10^{14}$Hz	$\Delta\nu$/Hz	T/s	L/m	N
Sonne	5,400	$2,7\cdot10^{14}$	$3,7\cdot10^{-15}$	10^{-6}	2
Glasfilter	4,840	10^{13}	10^{-13}	$3\cdot10^{-5}$	48
Na(D)-Linie	5,081	$5,0\cdot10^{11}$	$2\cdot10^{-12}$	$6\cdot10^{-4}$	10^{3}
Hg-Bogenlinie	5,490	$2,8\cdot10^{10}$	$3,6\cdot10^{-11}$	10^{-2}	$2\cdot10^{4}$
Rubinlaser	4,318	10^{10}	10^{-10}	$3\cdot10^{-2}$	$4\cdot10^{4}$
HeNe-Laser	4,738	$1,5\cdot10^{9}$	$6,7\cdot10^{-10}$	0,2	$3\cdot10^{5}$
Kr^{86}-Linie	4,983	10^{9}	10^{-9}	0,3	$5\cdot10^{5}$
Hg^{198}-Linie	5,490	10^{9}	10^{-9}	0,3	$5\cdot10^{5}$
HeNe-Laser	4,738	10^{8}	10^{-8}	3	$5\cdot10^{6}$
Fabry-Perot	4,738	$4,3\cdot10^{7}$	$2,3\cdot10^{-8}$	7	10^{7}
Ar^{+}-Laser(Mono)	6,143	10^{6}	10^{-6}	300	$6\cdot10^{8}$

Tab. 1615-1: Kohärenzzeiten T und Kohärenzlängen L

Man erkennt an den Längen L, wie sehr die extreme Monochromasie guter Laser die Interferometrie erleichtert.

Bei der Verwendung des Begriffes Kohärenz ist zwischen der von wenigen Wellen und der von Licht zu unterscheiden. Wenige Wellen sind hohärent, wenn zwischen ihnen eine feste Phasenbeziehung besteht. Licht ist mehr oder weniger kohärent, wenn eine mehr oder weniger starke statistische Korrelation zwischen den Momentanwerten der elektrischen Feldstärken am gleichen Ort zu verschiedenen Zeiten oder zur gleichen Zeit an verschiedenen Orten besteht. Die Bedingungen (6) oder (10) fordern longitudinale und die Bedingung (9) fordert transversale räumliche Kohärenz. Manche Autoren nennen die longitudinale auch zeitliche oder chromatische Kohärenz. Genauere Berechnungen der Sichtbarkeit der Interferenz sind schwierig. Sie ergeben, daß auch im Falle $\Delta\varphi > N2\pi$ noch Interferenz möglich ist [687-689].

In polarisationsoptischen Interferenzanordnungen kommen Teilwellen mit orthogonalen Schwingungsebenen vor. Ein solches Teilwellenpaar kann nicht interferieren. Man kann es aber als resultierend aus zwei Paaren von parallel schwingenden Teilwellenkomponenten ansehen, wobei die Schwingungsebene des einen Paares senkrecht auf der des anderen steht. Jedes dieser beiden Paare interferiert. Die Interferenzen bleiben unsichtbar, weil sie wegen der Differenz π der beiden Phasenverschiebungen komplementär sind. Sie werden sichtbar, wenn man bei der Zusammenführung eines der beiden Paare unterdrückt.

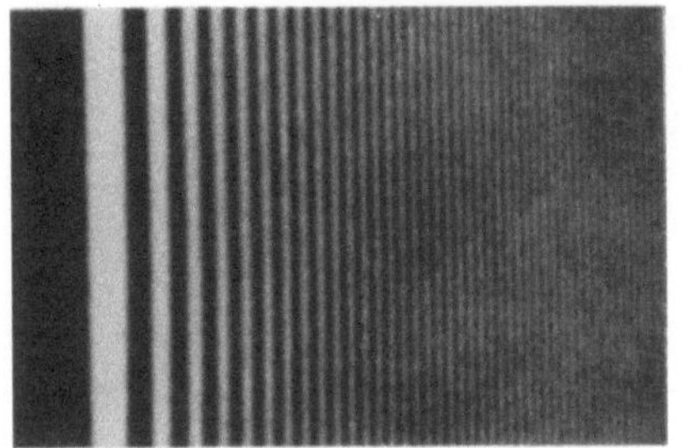

1: Beugungsmuster

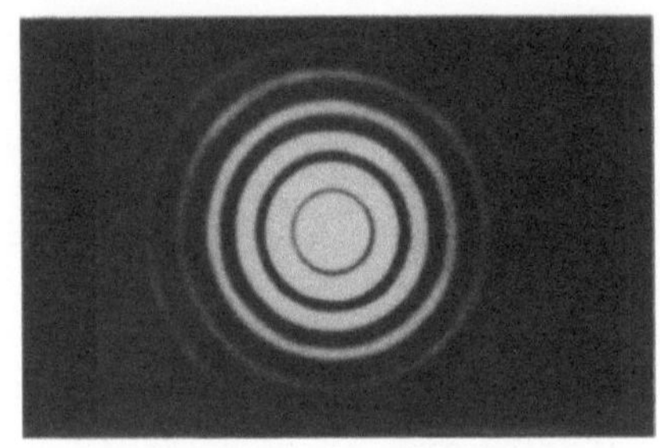

2: Beugungsmuster

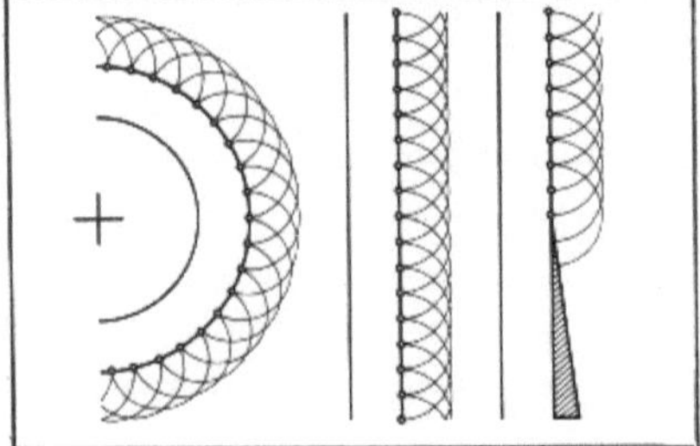

3: Huygensprinzip

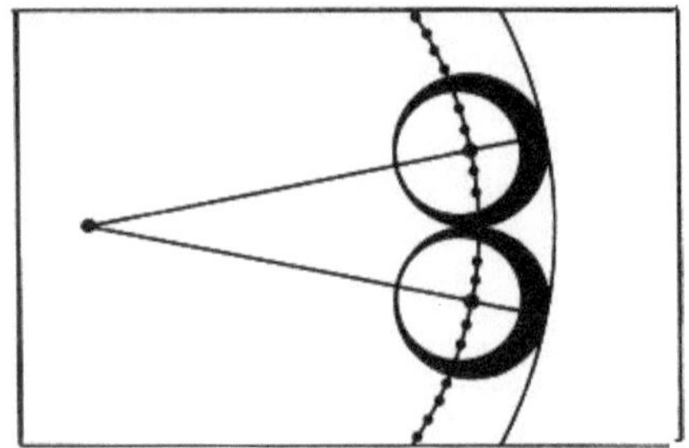

4: Kirchhoff Korrektur

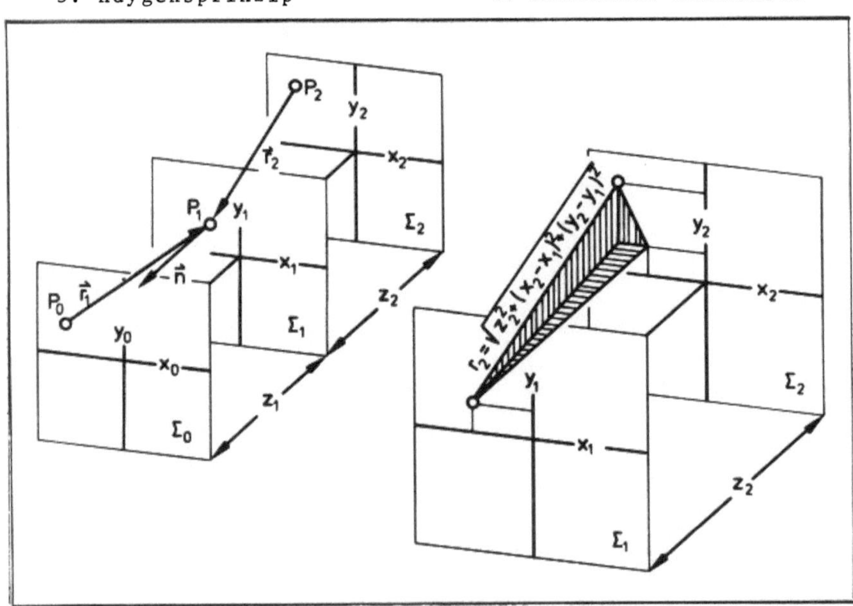

5: Bezeichnungen

Fig. 1621: Beugungstheorie

1.6.2 Beugung

1.6.2.1 Beugungstheorie

Wären die Überlegungen in den vorstehenden Abschnitten vollkommen
korrekt, so müßte hinter einem undurchsichtigen und in das Licht einer
idealen Punktlichtquelle gestellten Objekt ein scharf berandeter Schatten erscheinen. Schaut man genauer hin, so entdeckt man jedoch, daß ein
Film hinter einer geraden Blendenkante wie in **Fig.** 1621-1 und weit hinter
einer Kreislochblende wie in **Fig.** 1621-2 geschwärzt wird. Hier ist offensichtlich ein Teil des vorbeigelassenen Lichtes um die Ecke und hinter die
Blende gegangen. Die oszillierenden Schwärzungen zeigen, daß verschiedene Wellenanteile nach unterschiedlichen Wegen teils konstruktiv und teils
destruktiv interferierten. Das Abwandern der Wellenanteile vom geraden
Weg trotz gleichbleibenden Betrages der Phasengeschwindigkeit wird Beugung genannt. Bei den Radiowellen, Schallwellen und Oberflächenwellen
gehört sie zur Alltagserfahrung. Beim Licht wird die Beugung nur
sichtbar, wenn sich die Gangunterschiede der mit verschiedenen Wellenlängen und von verschiedenen Lichtquellenpunkten zum selben Ort kommenden
Wellenanteile hinreichend wenig unterscheiden. In den meisten im vorliegenden Buch zu betrachtenden optischen Anordnungen liegen die Extrema der
Beugungsmuster so eng beieinander, daß man sie selbst dann nur mit der
Lupe entdeckt. In solchen Fällen kann die Beugung bei der Beschreibung der
Sollwirkungsweise vernachlässigt werden. Auch in diesen Fällen wird aber
der Leistungsfähigkeit letztlich durch Abweichungen der Istwirkungsweise
von der Sollwirkungsweise infolge der Beugung eine Grenze gesetzt. Einige
Verfahren benutzen die Beugung. Im Folgenden werden Formeln zur Berech-
nung der Beugung bereitgestellt.

1678 hatte C. HUYGENS vorgeschlagen, die Front der Lichtwelle als Einhüllende der Fronten von unendlich vielen Kugelwellen zu konstruieren, die
sie zu allen Zeiten an all ihren Orten erzeugt. **Fig.** 1621-3 illustriert dieses sog. Huygensprinzip. 1822 hat A.J. FRESNEL mit zusätzlichen Annahmen
über die Erzeugung und Interferenz der Sekundärwellen eine erste Theorie
der Beugung formuliert. Erst 1882 gelang es schließlich G. KIRCHHOFF, die
Zulässigkeit der Sekundärwellenrechnung aus allgemeinen Eigenschaften
der Wellen skalarer Größen zu folgern. FRESNEL hatte wie HUYGENS an die
Emission der Sekundärwellen durch mitschwingende Oszillatoren geglaubt.
Mit KIRCHHOFFs Arbeit wurde die rein rechentechnische Bedeutung der Sekundärwellen klar. KIRCHHOFF fand, daß FRESNELs Annahmen korrigiert
werden müssen. Die Amplituden sind nicht nur proportional zur Amplitude
der Primärwelle, sondern auch umgekehrt proportional zur Wellenlänge und
mit einem Schiefefaktor in Rechnung zu setzen. Ohne die in **Fig.** 1621-4 skizzierte Abhängigkeit der Amplitude von der Ausbreitungsrichtung würde die
Rechnung außer der vorwärts auch eine rückwärts laufende Welle ergeben.
Außerdem ist anzunehmen, daß die Phasenflächen der Sekundärwellen an denen der Primärwelle mit der Phasenverschiebung $\pi/2$ starten. Auch

KIRCHHOFF ging noch von widersprüchlichen Annahmen aus. Dieser Mangel wurde 1894 von A. SOMMERFELD behoben. Für die uns interessierenden Fälle hat die Korrektur jedoch lediglich einen anderen Schiefefaktor ergeben. Die Fresnel/Kirchhoff/Sommerfeld-Theorie [320,322,334] rechnet skalar. Bei Anwendung auf die elektromagnetische Welle betrachtet sie also nur eine Feldkomponente und nimmt an, daß man die Maxwellkopplung mit den anderen Feldkomponenten außeracht lassen kann. Von S. SOMMERFELD [690], O. KOTT-LER [691] und anderen Autoren durchgeführte Vektorrechnungen haben nur in sehr kleinen, wenige Wellenlängen betragenden Abständen von Blenden merkliche Abweichungen von den Ergebnissen der Skalarrechnung ergeben. Wir betrachten nur große Abstände. Außerdem nehmen wir vereinfachend an, daß die Beugung in einer einzigen Objektebene Σ_1 und ihe Beobachtung in einer parallelen Schirmebene Σ_2 erfolgen. Wir rechnen mit den in **Fig. 1621-5** definierten Punkten, Abständen und Koordinaten.

Eine von einem Quellpunkt P_0 kommende Kugelwelle erreicht Punkte P_1 von Σ_1 mit den folgenden Erregungen $U_{01}(P_1)$:

$$U_{01}(P_1) = \frac{E_{00}}{r_1} \exp(j\frac{2\pi r_1}{\lambda}) \tag{1}$$

Befindet sich in Σ_1 eine Blende mit der offenen Fläche σ_1, so verschwinden die Erregungen außerhalb von σ_1 und bleiben die innerhalb von σ_1 unverändert. In einem Punkt P_2 von Σ_2 ist dann die folgende Erregung $U_2(P_2)$ zu erwarten:

$$U_2(P_2) = \frac{1}{j\lambda} \iint_{\sigma_1} S \frac{\mathbf{U}_{01}(P_1)}{r_2} \exp(j\frac{2\pi r_1}{\lambda}) d\sigma_1 \tag{2}$$

Als Schiefefaktor hatte KIRCHHOFF $S=[\cos(\vec{n},\vec{r}_1)-\cos(\vec{n},\vec{r}_2)]/2$ angenommen, und ist nach SOMMERFELD $S=\cos(\vec{n},\vec{r}_2)$ einzusetzen. Uns interessiert nur der Sonderfall der ebenen $(r_1 \rightarrow \infty)$ und mit konstanter Amplitude E_0 einfallenden Welle. Außerdem setzen wir so kleine Winkel zwischen $\vec{r}_2$ und der Σ_1-Normalen $\vec{n}$ voraus, daß wir mit $S=1$ rechnen und im Nenner z_2 statt r_2 einsetzen können. Wir lassen aber zusätzlich zu, daß in der Ebene Σ_1 nicht nur die Amplituden, sondern auch die Phasen geändert werden. Die Welle verläßt in diesem Fall die Ebene Σ_1 mit Erregungen:

$$U_1(x_1,y_1) = E_0 \cdot G(x_1,y_1) \tag{3}$$

Die sog. Objektfunktion $G(x_1,y_1)$ wäre ohne Phasenänderungen innerhalb von σ_1 gleich 1 und außerhalb von σ_1 gleich 0. Sie darf aber auch komplex sein:

$$G(x_1,y_1) = G(x_1,y_1) \exp[j 2\pi \gamma(x_1,y_1)] \tag{4}$$

Damit kommt der folgende Ausdruck für die Erregungen $U_2(x_2,y_2)$ in Σ_2:

$$U_2(x_2,y_2) = \frac{1}{j\lambda z_2} \iint_{-\infty}^{+\infty} U_1(x_1,y_1) \exp(j\frac{2\pi r_2}{\lambda}) dx_1 dy_1 \tag{5}$$

Wir entnehmen der **Fig.** 1621-5, daß r_2 folgendermaßen mit den Koordinaten der Punkte $P_1(x_1, y_1, 0)$ und $P_2(x_2, y_2, z_2)$ zusammenhängt:

$$r_2^2 = z_2^2 + (x_2 - x_1)^2 + (y_2 - y_1)^2 \tag{6}$$

Wir sprechen von Fresnelbeugung, wenn wir näherungsweise mit

$$r_2 = z_2 \left(1 + \frac{(x_2 - x_1)^2 + (y_2 - y_1)^2}{2z_2^2}\right) \tag{7}$$

rechnen dürfen. Dann kann ein von x_1, y_1 unabhängiger Phasenfaktor

$$K(x_2, y_2) = \exp\left[j\, 2\pi\left(\frac{z_2}{\lambda} + \frac{z_2^2 + y_2^2}{\lambda z_2}\right)\right] \tag{8}$$

vor das Integral gezogen werden. Wir erhalten:

$$U_2(x_2, y_2) =$$
$$\frac{K(x_2, y_2)}{j\lambda z_2} \int\!\!\int_{-\infty}^{+\infty} U_1(x_1, y_1) \exp\left[j\, 2\pi\, \frac{x_1^2 + y_2^2 - (x_1 x_2 + y_1 y_2)}{\lambda z_2}\right] dx_1 dy_1 \tag{9}$$

Wir sprechen von Fraunhoferbeugung, wenn außerdem wegen $z_2 \to \infty$ die größten x_1, y_1 viel kleiner als die interessierenden x_2, y_2 sind. Dann kann näherungsweise mit

$$r_2 = z_2 \left(1 + \frac{(x_2 - 2x_1 x_2) + (y_2 - 2y_1 y_2)}{\lambda z_2^2}\right) \tag{10}$$

gerechnet werden. Wir erhalten:

$$U_2(x_2, y_2) =$$
$$\frac{K(x_2, y_2)}{j\lambda z_2} \int\!\!\int_{-\infty}^{\infty} U_1(x_1, y_1) \exp\left[-j\, 2\pi\, \frac{x_1 x_2 + y_1 y_2}{\lambda z_2}\right] dx_1 dy_1 \tag{11}$$

In beiden Fällen können die Integrale als Fourierspektren mit Raumfrequenzen $\nu_x = x_2/\lambda z_2$, $\nu_y = y_2/\lambda z_2$ angesehen werden. Die Bestimmung der Fresnelbeugung wird damit wegen des von x_1, y_1 abhängigen Phasenfaktors $\exp[j2\pi(x_1^2 + y_1^2)/\lambda z_2]$ nur selten erleichtert. Zur Bestimmung der Fraunhoferbeugung kann so jedoch oft das Nachschlagen der Fouriertransformierten von $U_1(x_1, y_1)$ in einer Fourierpaartabelle genügen. Interessiert nur ein kleiner Bereich der x_2, y_2, so ist der Phasenfaktor $K(x_2, y_2)$ praktisch konstant. Dies wird in den folgenden Abschnitten vorausgesetzt. Ist außerdem $U_1(x_1, y_1)$ in einen vergleichsweise weiten Bereich unabhängig von x_1 oder y_1, so kann mit Zylinderwellen statt mit Kugelwellen gerechnet werden. Wir machen gelegentlich und insbesondere bei der Besprechung der Beugungsverfahren von dieser Möglichkeit Gebrauch, um das Wesentliche anhand von möglichst einfachen Beispielen aufzuzeigen.

Die genannten Annäherungen von r_2 sind nötig, wenn nach analytischen Lösungen gesucht wird. Bei numerischen Berechnungen kann man darauf verzichten. Hier ist es wichtiger, die Anzahl der betrachteten Punkte P_1 und P_2 passend zu wählen. Die Zylinderwellenrechnung kann z.B. mit der folgenden der Gleichung (5) entsprechenden Gleichung durchgeführt werden:

$$U_2(P_2) = K \sum_{i=1}^{n} U_{1i} \sqrt{\frac{z_2}{r_{2i}}} \exp[j(2\pi \frac{r_{2i}-z_2}{\lambda} + \gamma_{1i})] \qquad (12)$$

Übergang zur Normalform und trigonometrische Umformung ergeben:

$$U_2(P_2)/K =$$

$$\sum_{i=1}^{n} U_{1i} \sqrt{\frac{z_2}{r_{2i}}} (\cos 2\pi \frac{r_{2i}-z_2}{\lambda} \cos \gamma_i - \sin 2\pi \frac{r_{2i}-z_2}{\lambda} \sin \gamma_i) \qquad (13)$$

$$+ j \sum_{i=1}^{n} U_{1i} \sqrt{\frac{z_2}{r_{2i}}} (\sin 2\pi \frac{r_{2i}-z_2}{\lambda} \cos \gamma_i + \cos 2\pi \frac{r_{2i}-z_2}{\lambda} \sin \gamma_i)$$

Die für die Berechnung der $r_{2i}=\sqrt{z_2^2-(x_2-x_{2i})^2}$ benötigte Rechenzeit spielt dabei eine untergeordnete Rolle. Die Zahl n muß so hoch sein, daß sich benachbarte $r_{2i}-z_2$ und $r_{2(i+1)}-z_2$ nur um kleine Bruchteile von $\lambda/4$ unterscheiden, und benachbarte γ_i und γ_{i+1} nur um kleine Bruchteile von $\pi/2$. Die Zahl der betrachteten Punkte muß so groß sein, daß man die Nulldurchgänge und Extrema von $U_2(x_2)$ erkennt. Dabei können die analytischen Lösungen helfen, die in den folgenden Abschnitten besprochen werden. Wir beschränken uns hier zunächst auf die Betrachtung der Beugung an Blenden und verschieben die der Beugung wegen $\gamma(x,y)\neq0$ auf den Abschnitt 2.2.4.1. Von den Fresnelbeugungen wird uns insbesondere die einer geraden Blendenkante interessieren. Die Fraunhoferbeugung wäre nur als theoretischer Grenzfall interessant, wenn nicht eine Sammellinse hinter der Objektebene Σ_1 das Beugungsmuster aus dem Unendlichen in die hintere Brennebene Σ_f mit dem Abstand f von der Linse holen würde. Aus Punkten P_2 mit den Koordinaten x_2/y_2 werden dabei Punkte P_f mit den Koordinaten $x_f=x_2f/z_2$, $y_f=y_2f/z_2$. Dieser Sachverhalt macht insbesondere die Fraunhoferbeugung an der Kreislochblende zu einem Vorgang, dem wir in diesem Buch immer wieder begegnen.

Auch bei den Beugungsrechnungen interessieren wie bei allen Interferenzrechnungen am Ende nicht die Erregungen $U_2(x_2,y_2)$, sondern die Verhältnisse der Bestrahlungsstärken $B_2(x_2,y_2)=K|U_2(x_2,y_2)|^2$ zur größten oder mittleren in der Beobachtungsebene Σ_2. Die Verhältnisbildung eliminiert die Proportionalitätskonstante K. In den folgenden Abschnitten werden solche Verhältnisse als $B_2(x_2,y_2)$ angegeben. Wird ausnahmsweise einmal auch die Kenntnis der als Bezugsgröße gewählten Bestrahlungsstärke benötigt, so kann man diese nachträglich auf dem Wege einer Betrachtung des Gesamtstrahlungsflusses durch die Ebenen Σ_1 und Σ_2 bestimmen.

1.6.2.2 Fresnelbeugung

Befindet sich in der Objektebene Σ_1 die in **Fig. 1622-1** skizzierte Blende mit quadratischer Öffnung, so lautet die Objektfunktion:

$$G_1(x_1/y_1) = \begin{array}{ll} 1 & |x_1|<a/2, \ |y_1|<a/2 \\ \text{bei} & \\ 0 & |x_1|>a/2, \ |y_1|>a/2 \end{array} \tag{1}$$

Das Integral in Gleichung 1621-9 kann hier mit den Substitutionen

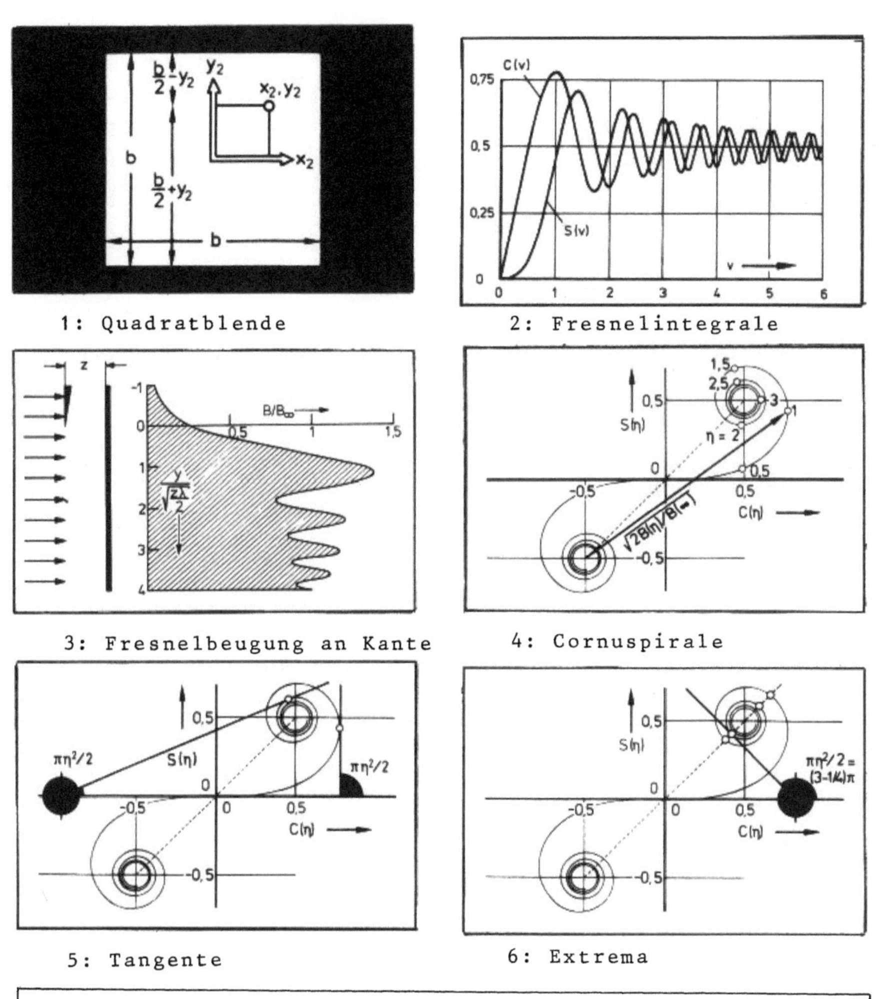

Fig. 1622: Fresnelbeugung

214

$$\xi = (x_1 - x_2) \sqrt{\frac{2}{\lambda z_2}} \quad ; \quad \mu = (y_1 - y_2) \sqrt{\frac{2}{\lambda z_2}} \qquad (2)\,(3)$$

als eine Kombination von Fresnelintegralen

$$C(v) = \int_0^v \cos \frac{\pi t^2}{2}\, dt \quad ; \quad S(v) = \int_0^v \sin \frac{\pi t^2}{2}\, dt \qquad (4)\,(5)$$

mit den folgenden oberen Grenzen $v = \xi_+, \xi_-, \eta_+, \eta_-$ geschrieben werden:

$$\xi_+ = - \left(\frac{a}{2} + x_2\right) \sqrt{\frac{2}{\lambda z_2}} \quad ; \quad \xi_- = \left(\frac{a}{2} - x_2\right) \sqrt{\frac{2}{\lambda z_2}} \qquad (6)\,(7)$$

$$\mu_+ = - \left(\frac{a}{2} + y_2\right) \sqrt{\frac{2}{\lambda z_2}} \quad ; \quad \mu_- = \left(\frac{a}{2} - y_2\right) \sqrt{\frac{2}{\lambda z_2}} \qquad (8)\,(9)$$

Damit kommen die folgenden Verhältnisse der Bestrahlungsstärken in der Schirmebene Σ_2:

$$\frac{B_2(x_2, y_2)}{B_2(0,0)} = \frac{\{[C(\xi_-) - C(\xi_+)]^2 + [S(\xi_-) - S(\xi_+)]^2\}\{[C(\eta_-) - C(\eta_+)]^2 [S(\eta_-) - S(\eta_+)]^2\}}{16\,[C^2(\frac{a}{2}\sqrt{\frac{2}{\lambda z_2}}) + S^2(\frac{a}{2}\sqrt{\frac{2}{\lambda z_2}})]^2} \qquad (10)$$

Die Fresnelintegrale haben bei positiven v die in **Fig. 1622-2** graphisch dargestellten Werte. Die Werte bei negativen v ergeben sich mit $C(-v) = -C(v)$ und $S(-v) = -S(v)$. Beide Fresnelintegrale verschwinden bei $v=0$ und nähern sich mit $v \to \infty$ dem Grenzwert $1/2$. Ist $a/\lambda \gg \sqrt{2z_2/\lambda}$, so kann näherungsweise mit

$$C\left(\frac{a}{2}\sqrt{\frac{2}{\lambda z_2}}\right) \approx S\left(\frac{a}{2}\sqrt{\frac{2}{\lambda z_2}}\right) \approx - C(\xi_+) \approx C(\eta_+) \approx \frac{1}{2} \qquad (11)$$

gerechnet werden. Damit kommt:

$$\frac{B_2(x_2, y_2)}{B_2(0,0)} =$$

$$\frac{1}{4}\{[C(\xi_-) + \frac{1}{2}]^2 + [S(\xi_-) + \frac{1}{2}]^2\}\{[C(\eta_-) + \frac{1}{2}]^2 + [S(\eta_-) + \frac{1}{2}]^2\} \qquad (12)$$

Am strahlenoptischen Schattenrand ist $\xi_- = 0$ und damit $C(\xi_-) = S(\xi_-) = 0$ bzw. $\eta_- = 0$ und damit $C(\eta_-) = S(\eta_-) = 0$. An der Projektion der x_2-parallelen Kante bei $y_2 = a/2$ d.h. $\eta_- = 0$ gilt z.B.:

$$\frac{B_2(x_2, y_2)}{B_2(0,0)} = \frac{1}{8}\{[C(\xi_-) + \frac{1}{2}]^2 + [S(\xi_-) + \frac{1}{2}]^2\} \qquad (13)$$

Bei $x_2 = 0$ ist hier $B_2(0, a/2) = B_2(0,0)/4$. An der Ecke bei $x_2 = a/2$ ist $B(a/2, a/2) = B(0,0)/16$. Am ganzen strahlenoptischen Schattenrand ist es also noch hell. Für die $B_2(0, y_2)$ bei $x_2 = 0$ ergibt sich:

$$\frac{B_2(0, y_2)}{B_2(0,0)} = \frac{1}{2}\{[C(\eta_-) + \frac{1}{2}]^2 + [S(\eta_-) + \frac{1}{2}]^2\} \qquad (14)$$

Diese Gleichung gibt auch Auskunft über die Beugung an der geraden x_1-parallelen Kante einer Blende, die die Hälfte der Objektebene Σ_1 abdeckt. Im

Falle $a/\lambda \gg \sqrt{2z_2/\lambda}$ ist die Stelle $x_2=a/2$ sehr weit von der Stelle $x_2=0$ entfernt. Die $B_2(0,y_2)$ bei $x_2=0$ können sich dann in der Umgebung von $y_2=a/2$ nur noch vernachlässigbar von den $B_2(y_2)$ an der endlosen x_1-parallelen Kante unterscheiden. Wir verschieben den Nullpunkt des Koordinatensystems an den strahlenoptischen Schattenrand. Mit $y=a/2-y_2$, $\eta=y\sqrt{2/\lambda z_2}$ und $B_2(y)$ statt $B_2(0,y_2)$, $B_2(\infty)$ statt $B_2(0,0)$ wird dann aus dem Ausdruck für $B_2(0,y_2)/B_2(0,0)$ der folgende Ausdruck für $B_2(\eta)/B_2(\infty)$:

$$\frac{B_2(\eta)}{B_2(\infty)} = \frac{1}{2} \left\{ [C(\eta) + \frac{1}{2}]^2 + [S(\eta) + \frac{1}{2}]^2 \right\} \tag{15}$$

Dieses Profil des Beugungsmusters ist in **Fig. 1622-3** graphisch dargestellt. Wir wissen schon, daß am strahlenoptischen Schattenrand die Bestrahlungsstärke $B_2(0)=B_2(\infty)/4$ beträgt. Im Schatten d.h. bei negativem η nimmt $B_2(\eta)$ monoton ab. Bei positiven η nimmt $B_2(\eta)$ bis zu einem $B_2(\infty)$ übersteigenden Maximum zu, um danach mit abnehmenden Amplituden um $B_2(\infty)$ zu oszillieren.

Die in **Fig. 1622-4 bis 6** gezeigte Auftragung der $S(\eta)$ über $C(\eta)$ hilft, die Lage und Höhe der Extrema zu bestimmen. Die Wertepaare bei η liegen auf der sog. Cornuspirale (N.A. Cornu 1841-1902). Es gilt: Die Bogenlänge ab Koordinatenursprung ist gleich η. Der Winkel des Tangenten in einem Punkt C,S an die Spirale mit der C-Achse ist gleich $\pi\eta^2/2$. Die Länge des Pfeils vom Punkt $C=-1/2$, $S=-1/2$ bis zum Punkt C,S ist gleich $\sqrt{2B(\eta)/B(\infty)}$. Dieser Pfeil hat seine größten und kleinsten Längen in Lagen nahe der Geraden durch die Punkte $C=-1/2$, $S=-1/2$ und $C=1/2$, $S=1/2$. Er trifft dann die Cornuspirale in Punkten, in denen die Tangenten diese Gerade ungefähr senkrecht schneiden. Der Winkel $\pi\eta^2/2$ ist dort ungefähr gleich $\pi-\pi/4$, $2\pi+\pi/4$, $3\pi-\pi/4$ usw.. Die Extrema werden also ungefähr bei $\eta=\sqrt{3/2}$, $\sqrt{7/2}$, $\sqrt{11/2}$ usw. durchlaufen. Die folgende Tabelle informiert über ihre genauen Lagen und Höhen. Das erste Maximum bei $\eta=1,2172$ d.h. bei $y = 0,8607 \sqrt{\lambda z_2}$ kann auf Film mit steiler Schwärzungskurve zu einer erheblichen Fehleinschätzung der Lage des Objektrandes führen.

Maxima

η	1,2172	2,3445	3,0820	3,6741	4,1822	4,6367
$B_2(\eta)/B_2(\infty)$	1,3704	1,1993	1,1457	1,1261	1,1104	1,0994

Minima

η	1,8725	2,7390	3,3913	3,39371	4,4159	4,8473
$B_2(\eta)/B_2(\infty)$	0,7781	0,8432	0,8718	0,8890	0,9006	0,9092

Tab. 1622-1:   Extrema an der Blendenkante

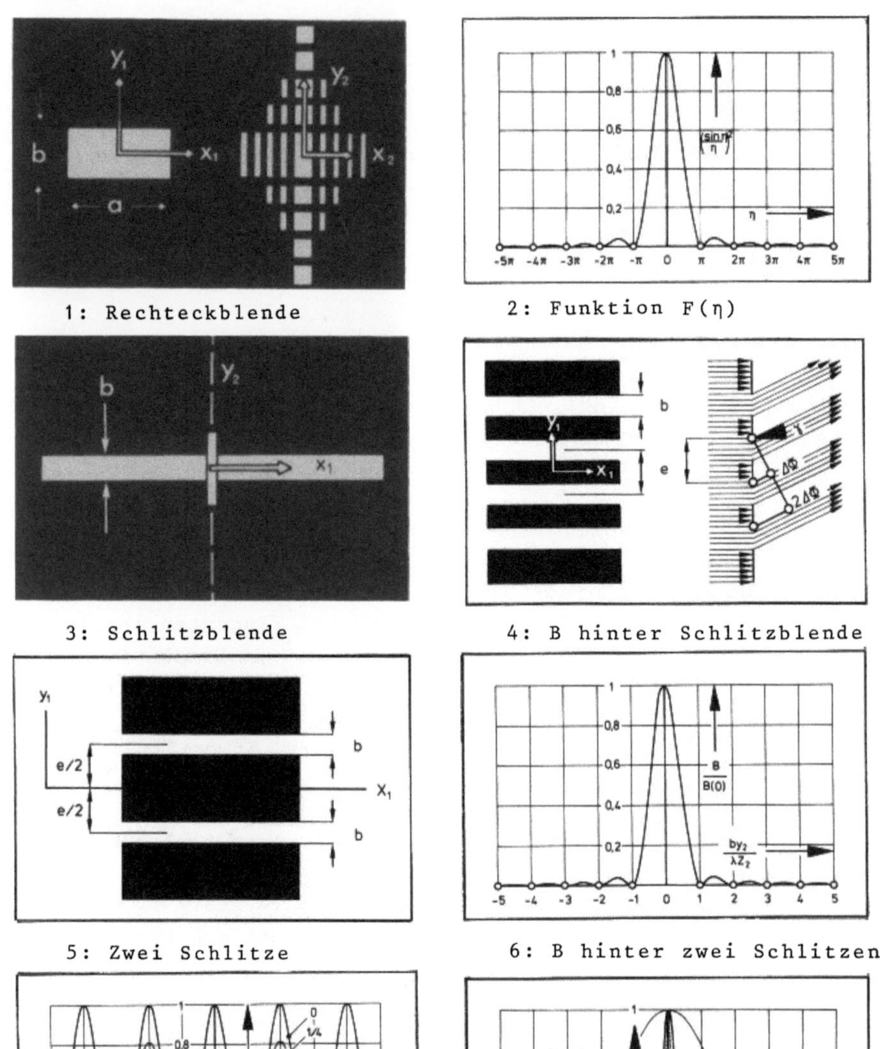

Fig. 1623: Fraunhoferbeugung

1.6.2.3 Fraunhoferbeugung

Zur Berechnung der Fraunhoferbeugung ist in die Gleichung 1621-11 die betreffende mit Gleichung 1621-3 definierte Objektfunktion $G(x_1,y_1)$ einzusetzen. Im vorliegenden Abschnitt werden Fraunhoferbeugungen an Blenden mit reellen Objektfunktionen $G(x_1,y_1)$ betrachtet. Die so berechneten Verhältnisse $B_2(x_2,y_2)/B_2(0,0)$ könnten auf einem Schirm in einer Ebene Σ_2 mit sehr großen Abstand $z_2 \to \infty$ von der Objektebene Σ_1 beobachtet werden. Steht kurz hinter Σ_1 eine Linse mit der Brennweite f, so treten die gleichen Verhältnisse in Punkten der hinteren Brennebene mit den Koordinaten $x_f=x_2 f/z_2$, $y_f=y_2 f/z_2$ auf.

Hat die Blende die in **Fig. 1623-1** skizzierte rechteckige Öffnung mit der x_1-parallelen Kante a und y_1-parallelen Kante b, so lautet die Objektfunktion:

$$G(x_1,y_1) = \begin{array}{cc} 1 \\ \\ 0 \end{array} \quad \text{bei} \quad \begin{array}{c} |x_1|<a/2; \ |y_1|<b/2 \\ \\ |x_1|>a/2; \ |y_1|>b/2 \end{array} \tag{1}$$

Die Rechnung mit den Variablen

$$\xi = \frac{\pi a x_2}{\lambda z_2} \quad ; \quad \eta = \frac{\pi b y_2}{\lambda z_2} \tag{2}\,(3)$$

ergibt:

$$\frac{B_2(x_2,y_2)}{B_2(0,0)} = \left(\frac{\sin \xi}{\xi} \cdot \frac{\sin\eta}{\eta}\right)^2 \tag{4}$$

Auf der x_2-Achse ist $\sin\eta/\eta=1$ und auf der y_2-Achse ist $\sin\zeta/\zeta=1$. Hier gilt also:

$$\frac{B_2(x_2,0)}{B_2(0,0)} = \left(\frac{\sin\xi}{\xi}\right)^2 \quad ; \quad \frac{B_2(0,y_2)}{B_2(0,0)} = \left(\frac{\sin\eta}{\eta}\right)^2 \tag{5}\,(6)$$

Die Funktion $F(\eta)=(\sin\eta/\eta)^2$ hat den in **Fig. 1623-2** graphisch dargestellten Verlauf. Sie hat ein Hauptmaximum $F(\eta)=1$ bei $\eta=0$, durchläuft Minima $F(\eta)=0$ bei $\eta=\pm\pi,\pm2\pi\pm2\pi$ usw. und dazwischen Nebenmaxima $F(\eta)=1/(1+\eta)^2$ bei $\eta=\tan\eta$. Die Nebenmaxima liegen nahe bei $\eta=\pm3\pi/2,\pm5\pi/2$ usw.. Die Tabelle 1623-1 informiert über diese Extrema. Abseits von den Achsen ist überall dort $B_2=0$, wo entweder $F(\zeta)$ oder $F(\eta)$ verschwindet. Dies geschieht auf zwei Scharen paralleler Geraden. Die ersten beiderseits der Achsen haben von diesen die Abstände:

$$\Delta x_2 = \frac{\lambda z_2}{a} \quad ; \quad \Delta y_2 = \frac{\lambda z_2}{b} \tag{7}\,(8)$$

Die darauf folgenden sind mit diesen Abständen äquidistant. Im Falle a=2b ist z.B. $\Delta x_2=\Delta y_2/2$. Damit ergibt sich ein Beugungsmuster der in **Fig. 1623-1** schematisch skizzierter Art. Je größer das Verhältnis a/b, um so kleiner wird das Verhältnis $\Delta x_2/\Delta y_2 = b/a$.

Maxima

$by_2/\lambda z_2$	0	1,430	2,459	3,470	4,479
$B(y_2)/B(0)$	1	0,047	0,017	0,008	0,005

Minima $B(y_2) = 0$

$by_2/\lambda z_2$	1	2	3	4	5

Tab. 1623-1: Fraunhoferbeugung am Spalt

Hinter einem sehr schmalen und langen Spalt zieht sich das Beugungsmuster auf einen spaltnormalen Strich wie in **Fig. 1623-3** zusammen, in dem man nur noch die in **Fig. 1623-4** gezeigte B_2-Modulation in Strichrichtung erkennt. Verkleinerung der Spaltbreite b vergrößert die Modulationsperiode Δy_2. Die gleiche Modulation

$$\frac{B_2(y_2)}{B_2(0)} = \left(\frac{\sin\eta}{\eta}\right)^2 \tag{9}$$

ergibt sich auch, wenn man wie bei den folgenden Beispielen von vorneherein nur mit $G(y_1)$ d.h. mit Zylinderwellen rechnet.

Die Wirkung von zwei x_1-parallelen und sehr langen Schlitzen mit gleicher Breite b und mit dem Mittenabstand e wie in **Fig. 1623-5** wird mit der Objektfunktion

$$G(y_1) = \begin{array}{ll} 1 & \frac{a-b}{2} < |y_1| < \frac{a+b}{2} \\ \text{bei} & \\ 0 & \text{sonst} \end{array} \tag{10}$$

beschrieben. Mit den Variablen

$$\xi = \frac{\pi e y_2}{\lambda z_2} \quad ; \quad \eta = \frac{\pi b y_2}{\lambda z_2} \tag{11) (12}$$

kommt:

$$\frac{B(y_2)}{B(0)} = \left(\frac{\sin\eta}{\eta} \cos\xi\right)^2 \tag{13}$$

Solche B-Profile sind in **Fig. 1623-6** graphisch dargestellt. Für den Grenzfall $b=e$ ergibt sich selbstverständlich mit $2\sin\eta\cos\eta=\sin2\eta$ das B-Profil hinter einem einzigen Spalt mit der Breite 2b. Für den Grenzfall $b/e \to 0$ kommt andererseits $B(y_2)/B(0)=\cos\xi$. Das B-Profil oszilliert dann zwischen Nullstellen $B(y_2)=0$ bei $\xi=\pm\pi/2,\pm3\pi/2$ usw. und gleich hohen Maxima $B(y_2)=B(0)$ bei $\xi=0,\pm\pi,\pm2\pi,\pm3\pi$ usw..

Für das Beugungsmuster hinter 2N symmetrisch zur x_1-Achse liegenden schmalen und sehr langen Schlitzen mit gleichen Breiten b und gleichen Mittenabständen e ergibt sich mit der Objektfunktion

$$G(y_1) = \begin{cases} 1 & \text{bei} \quad ne - \frac{e+b}{2} < |y_1| < ne - \frac{e-b}{2} \\ 0 & \text{sonst} \end{cases} \tag{14}$$

und mit n=1,2,3...N der folgende Ausdruck:

$$\frac{B(y_2)}{B(0)} = \left(\frac{\sin\eta}{\eta} \cdot \frac{\sin 2N\zeta}{\sin\zeta}\right)^2 \tag{15}$$

Für die in den **Fig. 1623-7 und 9** gezeigten Spaltgitter mit e=2b oder 4b ergeben sich bei N=2 oder 4 die in den **Fig. 1623-8 und 10** gezeigten B-Profile. Die B(0) nehmen proportional zu N^2 zu. Die $B(y_2)/B(0)$ durchlaufen hohe Hauptmaxima bei $\sin\zeta=0$ d.h. $\zeta=0,\pm\pi,\pm2\pi$ usw.. Die Höhen dieser Maxima sind mit jener Funktion $\sin\eta/\eta$ moduliert, welche das B-Profil im Falle eines einzigen Spaltes mit der Breite b beschreibt. Zwischen den Hauptmaxima liegen Minima $B(y_2)=0$ an jenen Stellen, an welchen nur der Zähler und nicht auch der Nenner verschwindet. Zwischen diesen Minima treten Nebenmaxima auf, die mit zunehmenden N zahlreicher und schwächer werden. Die Hauptmaxima werden mit zunehmenden N immer schmaler. Ihre Modulation wird unmerklich, wenn e wie in **Fig. 1623-11** viel größer als b ist. Das Beugungsmuster sieht dann praktisch wie in **Fig. 1623-12** aus. Werden nicht 2N Spalte symmetrisch zur Mitte des mittleren Steges, sondern 2N+1 Spalte symmetrisch zur Mitte des mittleren Spaltes betrachtet, so ergibt sich für hohe N>>1 praktisch das gleiche Beugungsmuster. Nur bei kleinen N macht sich das durch den mittleren Spalt gehende Licht B(0) erhöhend und den Verlauf von $B(y_2)/B(0)$ komplizierend bemerkbar.

Das Verhalten der B-Profile bei zunehmender Spaltzahl 2N erinnert an die Vielwelleninterferenz. Tatsächlich kann man die Lage der Hauptmaxima auch anhand der in den **Fig. 1623-7,9 und 11** skizzierten Gangunterschiede $\Delta\Phi$ ebener Wellenelemente erfahren, die sich längs Strahlen fortpflanzen und im Unendlichen bzw. in der Brennebene einer Linse interferieren. Im Falle b<<e kann das ganze Beugungsmuster hinreichend genau mit der Annahme berechnet werden, daß Zylinderwellen interferieren, die von Schlitzen mit verschwindender Breite ausgehen.

Außer solchen Beugungen an Schlitzen wird im vorliegenden Buch immer wieder die an einer Kreislochblende mit dem Radius R=D/2 wie in **Fig. 1623-13** interessieren. Die Objektfunktion lautet:

$$G(x_1,y_1) = \begin{cases} 1 & \text{bei} \quad \sqrt{x_1^2 + y_1^2} < R \\ 0 & \quad \sqrt{x_1^2 + y_1^2} > R \end{cases} \tag{16}$$

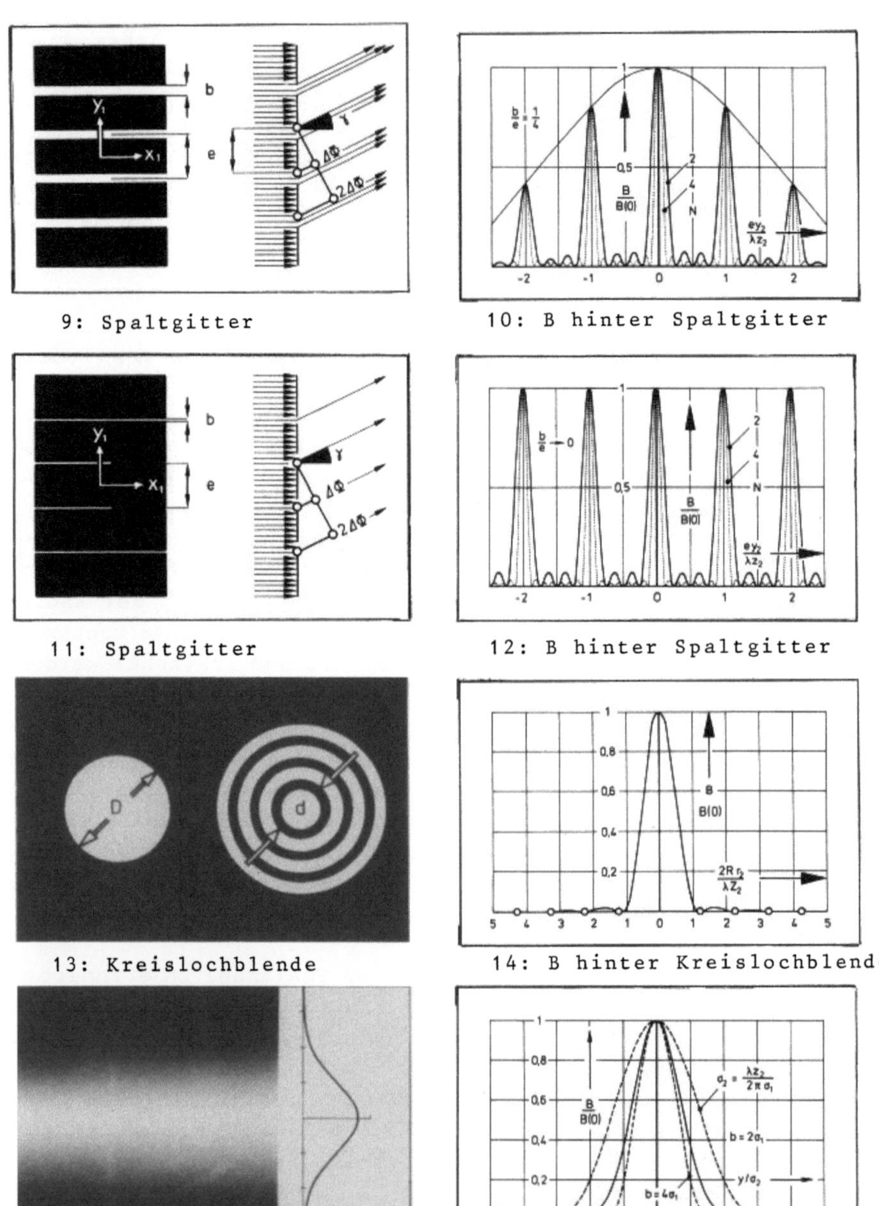

Fig. 1623: Fraunhoferbeugung

Die Zylindersymmetrie legt es nahe, die Fouriertransformation in eine Fourier-Bessel-Transformation umzuschreiben. Mit der Variablen

$$\rho = \frac{2\pi\,Rr_2}{\lambda\,z_2} = \frac{2\pi R}{\lambda z_2}\sqrt{x_2^2 + y_2^2} \tag{17}$$

kommt für die Erregung $U_2(x_2,y_2)$ der Ausdruck:

$$U_2(x_2,y_2) = \frac{2\pi R^2}{j\lambda z_2}\exp(j2\pi\frac{z_2}{\lambda})\exp(j\frac{\pi r_2^2}{\lambda z_2})\frac{J_1(\rho)}{\rho} \tag{18}$$

Die Bestrahlungsstärke $B(\rho)$ hat bei $\rho=0$ ein $(2\pi R^2/\lambda z_2)^2$-proportionales Maximum $B(0)$. Bezogen auf dieses Maximum kommt:

$$\frac{B(\rho)}{B(0)} = (2\,\frac{J_1(\rho)}{\rho})^2 \tag{19}$$

$J_1(\rho)$ bezeichnet die Besselfunktion 1. Art und 1. Ordnung. Dieses Verhältnis $B(\rho)/B(0)$ ist in **Fig. 1623-14** graphisch dargestellt. Neben dem Maximum $B(\rho)/B(0)=1$ bei $\rho=0$ treten die in der Tabelle 1623-2 notierten Minima und Nebenmaxima auf.

Maxima

$2Rr_2/\lambda z_2$	0	1,640	2,690	3,700
$B(r_2)/B(0)$	1	0,0175	0,0042	0,0016

Minima $B(r_2) = 0$

$2Rr_2/\lambda z_2$	1,220	2,233	3,238	4,250

Tab. 1623-2:   Fraunhoferbeugung am Kreisloch

Die Nebenmaxima bleiben unter denen der Spaltblende. Der helle Fleck innerhalb des ersten Kreises mit B=0 wird die Airyscheibe genannt (Sir George Biddell Airy 1801-1892). Sie hat ohne Linse den folgenden Durchmesser d_2 und in der Brennebene einer Sammellinse mit der Brennweite f den folgenden Durchmesser d:

$$d_2 = 1,22\cdot\frac{\lambda z_2}{R} \quad ; \quad d = 1,22\cdot\frac{\lambda f}{R} \tag{20}\tag{21}$$

Der Abstand aufeinanderfolgender Kreise mit B=0 nimmt zunächst ab und wird schließlich praktisch konstant gleich $\lambda f/D$. Die Bestrahlungsstärken lassen sich schließlich näherungsweise mit

$$\frac{B(\rho)}{B(0)} \approx 4\,(\frac{\sin\rho-\cos\rho}{\rho\sqrt{\pi\rho}})^2 \tag{22}$$

wiedergeben. Durch die Airyscheibe gehen 83,9% des gesamten Strahlungsflusses. Am ersten Kreis mit B=0 gehen also noch 16,1% vorbei. Jenseits
des zweiten Kreises erscheinen nur noch 9%, jenseits des dritten noch 6,2%
und jenseits des vierten noch 4,7% des Strahlungsflusses. Der Durchmesser
d der Airyscheibe ist um den Faktor 1,22 größer als der Abstand der beiden
ersten Nullstellen des Beugungsmusters hinter einem Spalt mit b=D.

Erfolgt die Abblendung im x_1-parallelen sehr langen Spalt nicht sprung-
haft, sondern mit einem Gaußprofil der Amplitudentransmission wie in **Fig.
1623-15**, so ist die folgende Objektfunktion in Rechnung zu setzen:

$$G_1(y_1) = \exp\left[-\frac{1}{2}\left(\frac{y_1}{\sigma_1}\right)^2\right] \tag{23}$$

Sie hat bei $y_1=\pm\sigma_1$ Wendepunkte mit $G_1(\sigma_1)=1/\sqrt{e}=0,6065$. Bei $y_1=\pm 2\sigma_1$ wird
$G_1(2\sigma_1)=1/e^2=0,1353$ und bei $y_1=\pm 3\sigma_1$ wird $G_1(3\sigma_1)=0,0111$ unterschritten.
Die Fouriertransformierte der Gaußfunktion ist wiederum eine Gaußfunk-
tion. Mit

$$\sigma_2 = \frac{\lambda z_2}{2\pi\sigma_1} \tag{24}$$

ergeben sich die folgenden Verhältnisse $E_2(y_2)/E_2(0)$ der Feldstärkeamplituden und $B_2(y_2)/B_2(0)$ der Bestrahlungsstärken:

$$\frac{\hat{E}_2(y_2)}{\hat{E}_2(0)} = \exp\left[-\frac{1}{2}\left(\frac{y_2}{\sigma_2}\right)^2\right] \quad ; \quad \frac{B_2(y_2)}{B_2(0)} = \exp\left[-\left(\frac{y_2}{\sigma_2}\right)^2\right] \tag{25}\ \tag{26}$$

Die Wendepunkte des $\hat{E}$-Verlaufes liegen bei $y_2=\pm\sigma_2$ und die des B-Verlaufes
bei $y_2=\pm\sigma_2/\sqrt{2}$. **Fig. 1623-16** vergleicht diesen B-Verlauf mit den B-Verläufen
hinter Spaltblenden mit $b=2\sigma_1$ und $b=4\sigma_1$.
Es existiert ein Album der Beugungsmuster [692]. Mit dem hinter einer bestimmten Blende ist im Wesentlichen auch das hinter der Blende mit ver-
tauschten offenen und abgedeckten Flächen bekannt. Es gilt das Babinet-
theorem (A. Babinet 1837), wonach sich die Beugungsmuster hinter komplementären Blenden nur im Zentrum unterscheiden.

1.6.2.4 Beugung bei Abbildung

Wie die ebene so wird auch die von einem weit entfernten Punkt divergierende Welle gebeugt. Mit der Fraunhoferbeugung wurde also auch der Einfluß einer Blende auf die Abbildung eines Punktes im Sonderfall der Dingweite $z \to \infty$ und Bildweite $z' \to f$ betrachtet. Wenn keine besondere Blende eingesetzt wird, so wirkt die Linsenfassung also Kreislochblende mit einem Durchmesser D. Die in Abschnitt 1.5.2.1 besprochene Punkt als Punkt-Abbildung setzt $D \to \infty$ voraus. In Wirklichkeit erscheint an Stelle des Bildpunktes das mit Gleichung 1623-19 beschriebene Beugungsmuster. Der Airyscheibe genannte zentrale Fleck dieses Beugungsmusters hat den mit Gleichung 1622-20 zu berechnenden Durchmesser d. Die Abbildung eines Punktes mit kleinerer Dingweite in größerer Bildweite $z'>f$ kann als eine solche mit zwei Linsen mit den Brennweiten $f_1=z$ und $f_2=z'$ wie in **Fig. 1624-1** angesehen werden. Punkte P_i der Objektebene Σ erscheinen in der Bildebene Σ' als Beugungsmuster mit dem folgenden Durchmesser d' ihrer Airyscheiben:

$$d' = 2,44 \, \frac{\lambda z'}{D} = 2,44 \, \frac{\lambda f}{D} \cdot \frac{z}{z-f} \tag{1}$$

Bei der 1:1-Abbildung mit $z=z'=2f$ ist d' doppelt so groß wie im Falle $z \to \infty$. Die Zentren der Airyscheiben befinden sich in jenen Bildpunkten P_i, in welchen die Objektpunkte P_i' im Falle $D \to \infty$ abgebildet würden. Wie sich dies auf die Qualität des Bildes auswirkt, hängt davon ab, ob die von den P_i kommenden Wellen kohärent oder inkohärent sind.

Bei einem leuchtenden oder diffus be- oder durchleuchteten Objekt sind die Wellen inkohärent. Dann addieren sich die Bestrahlungsstärken der Beugungsmuster. Bei nur zwei Objektpunkten gilt:

$$B'(x',y') = |U_1'(x',y')|^2 + |U_2'(x',y')|^2 \tag{2}$$

Zwei Objektpunkte werden gerade noch als solche erkannt, wenn das Zentrum der einen Airyscheibe wie in **Fig. 1624-2** auf den Rand der anderen fällt. Dazu muß der Abstand $\Delta x'$ der beiden geometrischen Bildpunkte mindestens d'/2 betragen. Mit $\Delta x'/\Delta x=z'/z$ ergibt sich der folgende Ausdruck für den kleinsten im Bild erkennbaren Abstand $\Delta \check{x}$ von zwei Objektpunkten:

$$\Delta \check{x} = 1,22 \cdot \frac{\lambda z}{D} \tag{3}$$

Wird das Objekt mit dem Licht eines Lasers be- oder durchleuchtet, so sind die Wellen kohärent. Dann addieren sich die Erregungen der Beugungsmuster. Die resultierende Bestrahlungsstärke ist mit der Gleichung

$$B'(x',y') = |U_1'(x',y') + U_2'(x',y')|^2 \tag{4}$$

zu berechnen. Das Ergebnis hängt von den Differenzen der Erregungsphasen ab. Ohne Phasenverschiebung hätten die resultierenden Bestrahlungsstärken z.B. den in **Fig. 1624-3** rechts oben, mit der Phasenverschiebung π hinge-

224

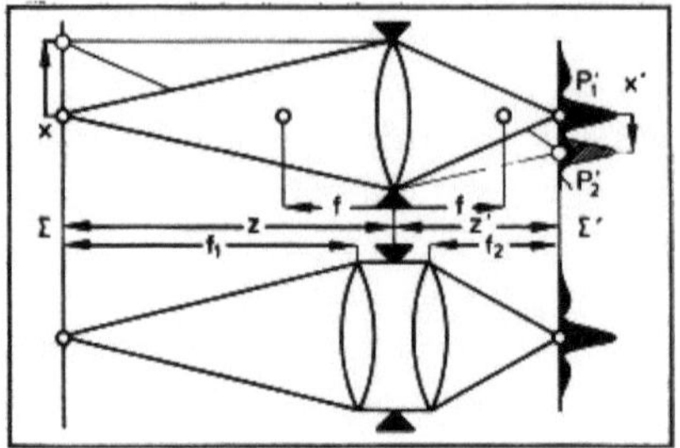

1: Beugung an Aperturblende

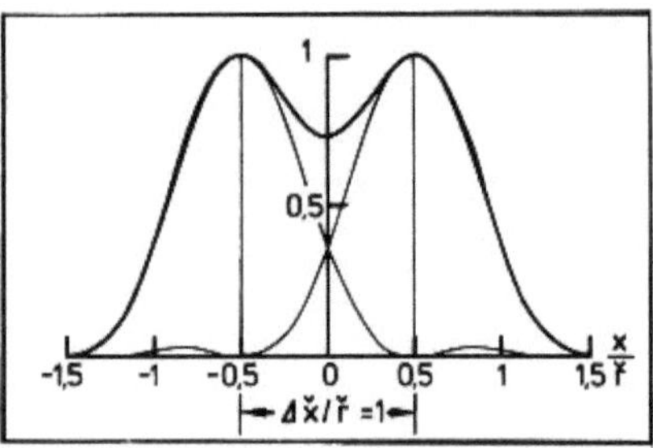

2: Inkohärente Airyscheiben

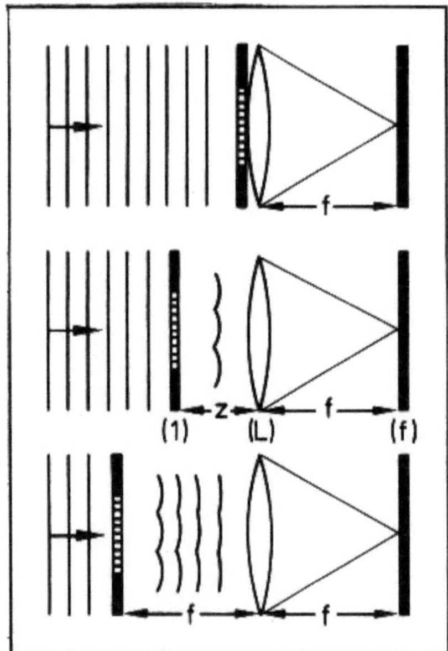

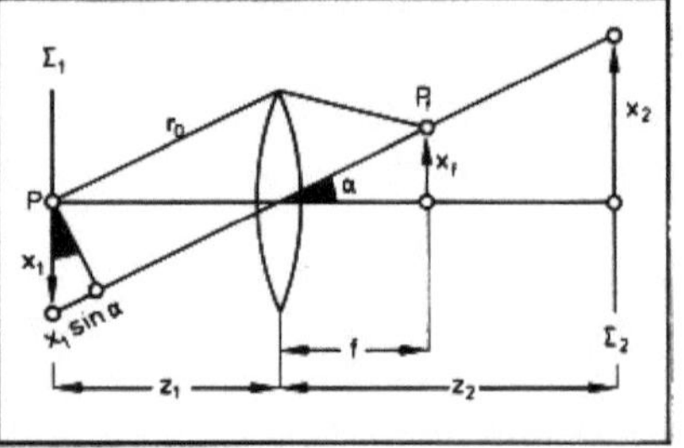

3: Kohärente Airyscheiben

4: Beugung an Objektstrukturen

5: Wege der Wellenelemente

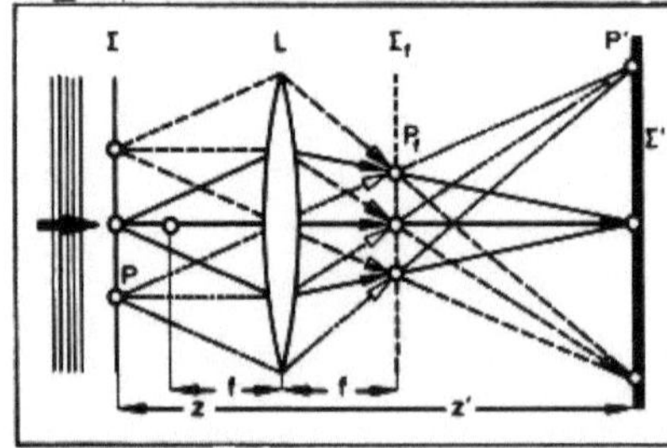

6: Kohärente Abbildung

7: Eingriff in Brennebene

Fig. 1624: Beugung bei Abbildung

gen den rechts unten gezeigten Verlauf. Die Angabe eines kleinsten auflösbaren Punktabstandes ist hier offensichtlich problematisch. Sie ist es
in jedem Fall, wenn es sich nicht um zwei helle Punkte in strukturloser
dunkler Umgebung, sondern inmitten von vielen mehr oder weniger hellen
Punkten handelt. Einerseits wird es dann wegen der Überlagerung vieler
Airyscheiben schwieriger, zwei Punkte als solche zu identifizieren. Andererseits werden zwei Striche leichter als zwei Punkte als solche
erkannt. Die interpretierende, den Kontext einbeziehende und mit der Er-
wartung vergleichende Wahrnehmung überbrückt in diesem Fall Unregelmäßigkeiten . Gleichung (3) ist also lediglich eine Abschätzungsformel, die
über die Größenordnung der Einflüsse der Beugung auf die Erkennbarkeit
von Objektabständen im Bild informiert. Ihre Herleitung setzt D/z<<1 und
gleiche Brechzahl beiderseits der Linse voraus. In der Literatur über
Mikroskope wir statt dessen für den Fall der Brechzahl n>1 zwischen Objekt
und Linse sowie n'=1 zwischen Linse und Bild die folgende auch bei größeren D/z geltende Formel angegeben:

$$\Delta \breve{x} = 1,22 \cdot \frac{f}{n\sin\alpha} \tag{5}$$

α ist der Winkel, unter dem der Objektpunkt die Aperturblende sieht. $n\sin\alpha$
ist die numerische Apertur. Im Falle n=1 und D/z<<1 d.h. $2\tan(\alpha/2)\approx\sin\alpha$
stimmen die Formeln (3) und (5) überein.

Ohne die Beugung an der Linsenfassung würde in der Bildebene kein Beugungsmuster erscheinen. In allen anderen Ebenen zwischen der Objektebene
Σ und der Bildebene Σ' können aber bei kohärenter Durchleuchtung des Objektes Beugungsmuster wegen der Beugung an den Strukturen des Objektes
beobachtet werden. Für einige Anwendungen ist insbesondere das Beugungsmuster in der Brennebene Σ_f interessant. Im Paraxialbereich kann mit den
folgenden Phasenverschiebungen $\Delta\varphi_L$ in einer dünnen Linse mit der Brechzahl n, Dicke e und Brennweite f gerechnet werden:

$$\frac{\Delta\varphi_L(x_L,y_L)}{2\pi} = n \cdot \frac{e}{\lambda} - \frac{x_L^2+y_L^2}{2\lambda f} \tag{6}$$

Mit der Fresnelformel 1.6.2.1-5 und dieser zusätzlichen Phasenverschie-
bung $\Delta\varphi_L$ ergibt sich : Hat die Welle die Objektebene Σ im Abstand z von der
Linse mit Erregungen U(x,y) verlassen, so kommt sie in der Brennebene Σ_f
mit den folgenden Erregungen $U_f(x_f,y_f)$ an:

$$U_f(x_f,y_f) = \frac{K}{j\lambda f} \exp\left[j\pi(1-\frac{z}{f})\frac{x_f^2+y_f^2}{\lambda f}\right] \mathfrak{F}\{U(x,y)\} \tag{7}$$

K ist eine hier nicht weiter interessierende Konstante. $\mathfrak{F}\{U(x,y)\}$ ist die
Fouriertransformierte von U(x,y)

$$\mathfrak{F}\{U(x,y)\} = \int\int_{-\infty}^{+\infty} U(x,y) \exp\left[-j2\pi\frac{xx_f+yy_f}{\lambda f}\right] dx\, dy \tag{8}$$

In dem in **Fig. 1624-4 unten** skizzierten Sonderfall z=f wird der Phasenfaktor
vor der Fouriertransformierten gleich 1. Dieser Sachverhalt ermöglicht

die in Abschnitt 2.5.1.1 zu besprechende optische Fouriertransformation.
Näherungsweise kann auch bei anderen z mit einem konstanten Faktor vor der
Fouriertransformierten gerechnet werden. Die Besprechung der Visualisierung von Phasenobjekten mit Beugungsverfahren in den Abschnitten 2.2.4.1
bis 2.2.4.7 geht von dieser Annahme aus. Dort werden Beispiele mit y-unab-
hängigen $U(x)$ und $\Delta\varphi_L(x_L)$ betrachtet. Für solche Lehrbeispiele kann man
sich den Ausdruck für $U(x_f)$ auch ohne die Rechnung mit der Fresnelformel
anhand der **Fig. 1624-5** überlegen. In einem Punkt $P_f(x_f)$ der Brennebene werden all jene Wellenelemente vereint, welche die Objektebene Σ mit gleicher
Fortpflanzungsrichtung verlassen haben. Diese gehen von der eingezeichneten Kontrollgeraden vor der Linse bis P_f den gleichen optischen Weg r_0.
Von einem Punkt $P(x)$ der Objektebene bis zu der Kontrollgeraden kommt der
geometrische Weg $x \sin \alpha$ hinzu, wenn die Fortpflanzungsrichtung den Winkel
α mit der z-Richtung bildet. Also liefert das von $P(x)$ kommende Wellenelement den folgenden Beitrag dU_f zur Erregung U_f:

$$dU_f(x_f) = K_1 U(x) \exp\left(- j\, 2\pi\, \frac{r_0 + x\sin\alpha}{\lambda}\right) dx \tag{9}$$

Bei kleinen Winkeln α kann mit konstanten r_0 und mit $\sin\alpha \approx \tan\alpha = x_f/f$ gerechnet werden. Damit kommt:

$$U_f(x_f) = K_2 \int_{-\infty}^{\infty} U(x) \exp\left(- j\, 2\pi\, \frac{xx_f}{\lambda f}\right) dx \tag{10}$$

Da es nur auf Verhältnisse von Erregungen ankommt, werden in den betreffenden Abschnitten an Stelle der dimensionsbehafteten Erregungen
$U(x)$ deren dimensionslose Verhältnisse $G(x)$ zu einer Vergleichserregung
eingesetzt. $G(x)$ wird die Objektfunktion genannt. Die Näherungsrechnung
läßt beträchtliche Fehler der U_f-Phasen, aber nur kleine Fehler der Bestrahlungsstärken B_f zu, weil diese nicht vom Phasenfaktor vor der
Fouriertransformierten abhängen:

$$B_f(x_f, y_f) = \left(\frac{K}{\lambda f}\right)^2 |\mathfrak{F}\{U(x,y)\}|^2 \tag{11}$$

Für den in **Fig. 1624-4 oben** skizzierten Sonderfall $z=0$ ergeben sich bei eben
und frontal einfallender Welle und ohne Phasenverschiebungen im Objekt
die Fraunhoferbeugungsmuster.

Die vorstehende Überlegung legt die in **Fig. 1624-6** skizzierte und 1883 von
E. Abbe vorgeschlagene Auffassung des Vorganges der kohärenten Abbildung
nah. Zunächst entsteht ein Beugungsmuster in der Brennebene Σ_f. Dort kommen all jene Wellenelemente konvergierend in einem Punkt $P_f(x_f, y_f)$ zusammen, welche Punkte $P(x,y)$ der Objektebene Σ mit gleicher Fortpflanzungsrichtung verlassen haben und von der Aperturblende durchgelassen wurden.
Danach laufen die Wellenelemente divergierend auseinander. Sie tun dies
gerade so, daß sich ohne die Beschneidung durch die Aperturblende all jene
Wellenelemente in einen Bildpunkt $P'(x',y')$ treffen würden, welche von
dem betreffenden Objektpunkt $P(x,y)$ mit allen möglichen Fortpflanzungs-

richtungen ausgegangen sind. Ohne die Beschneidung könnten die Erregungen des Beugungsmusters mit einer Fouriertransformation der Objekterregung und danach die Bilderregung mit einer Fourierrücktransformation der Erregungen des Beugungsmusters berechnet werden. Die Beschneidung ändert die Fouriertransformierte der Objekterregungen. Darum ergibt die Fourierrücktransformation ein vom geometrischen abweichendes Bild. Schon 1906 [693] wurde mit Experimenten wie dem in **Fig.** 1624-7 skizzierten vorgeführt, wie das Bild nicht nur mit der Aperturblende, sondern auch mit einen Eingriff in der Brennebene Σ_f verändert werden kann. Heute werden solche Eingriffe nicht nur zur Visualisierung von Phasenobjekten, sondern auch zur Bildkontrastierung, Bildkodierung, Bildanalyse, Mustererkennung und optischer Analogrechnung vorgenommen. Sie werden in der Literatur über Fourieroptik beschrieben [330,349,351].

Mit dem Faltungstheorem läßt sich die Rechnung mit den Raumfrequenzfunktionen in eine solche mit Ortsfunktionen transformieren. Mit einer Übertragungsfunktion $h(x'-x_0, y'-y_0)$ kann man schreiben:

$$U'(x',y') = \int\limits_{-N}^{\infty}\!\!\int h(x'-x_0', y'-y_0')\, U_0'(x',y')\, dx_0'\, dy_0' \tag{12}$$

x_0, y_0 sind die Koordinaten der geometrischen Bildpunkte und $U_0(x',y')$ sind die Erregungen, die ohne Eingriff in der Bildebene auftreten würden. Die inkohärente Abbildung unterscheidet sich von der kohärenten lediglich dadurch, daß nicht mehr die Erregungen, sondern nur noch die Bestrahlungsstärken zeitinvariant sind. Infolgedessen addieren sich nicht die Erregungen, sondern die Bestrahlungsstärken der Punktbilder. An die Stelle der Gleichung (12) tritt die folgende Gleichung:

$$B'(x',y') = \int\limits_{-\infty}^{\infty}\!\!\int H(x'-x_0', y'-y_0')\, B_0'(x',y')\, dx_0'\, dy_0' \tag{13}$$

h ist die kohärente und $H=K|h|^2$ die inkohärente optische Übertragungsfunktion. Optisch abbildende Systeme sind im Paraxialbereich lineare Übertragungssysteme. Die Gleichungen (12) und (13) ermöglichen ihre Berechnung in der seit langem von den Elektrotechnikern praktizierten Weise.

1.6.2.5 Speckle

Besteht das Objekt aus einer Blende mit zahlreichen winzigen und zufällig verteilten Löchern, so sind in der Bildebene infolge der Beugung an der Aperturblende zufällig verteilte helle Flecken mit Säumen zu erwarten, die sich mehr oder weniger überlappen. Dabei hängt der Fleckdurchmesser mit abnehmendem Lochdurchmesser immer weniger von diesem ab und strebt dem folgenden Grenzwert zu:

$$d' = 2{,}44 \cdot \frac{\lambda z'}{D} \tag{1}$$

Bei sehr kleinen Lochdurchmessern haben alle Flecken und bei unterschiedlichen Lochdurchmessern haben die kleinsten Flecken diesen mit abnehmendem Linsendurchmesser D zunehmenden Fleckdurchmesser d'. Dabei sehen die
Überlappungen bei der kohärenten Abbildung anders als bei der inkohärenten aus, weil sich bei der kohärenten die Erregung, bei der inkohärenten
hingegen die Bestrahlungsstärken addieren. Mit abnehmendem Abstand zwischen den Löchern wird das Bild schließlich bei der inkohärenten
Abbildung gleichmäßig hell, behält aber bei der kohärenten Abbildung eine
zufällige Modulation der resultierenden Bestrahlungsstärken, weil sich
in den Überlappungsgebieten Erregungen mit unterschiedlichen Phasen vereinen. Die so verursachte Modulation wird Speckle genannt. Auch hier kann
die kleinste vorkommende Fleckabmessung mit der Gleichung (1) abgeschätzt
werden. Das Speckle tritt auch auf, wenn sich in der Objektebene winzige
und zufällig verteilte Streuteilchen befinden. Es erscheint in der Bildebene wenn ein diffus reflektierendes oder transmittierendes Objekt mit
dem aufgeweiteten Lichtbündel eines Lasers be- oder durchleuchtet wird.
Bei Betrachtung der rauhen und mit einem Laser beleuchteten Laborwand
erscheint das Speckle auf der Netzhaut und wird infolge von Augenbewegun-
gen unangenehm tanzend gesehen. Auch ein vollkommen transparentes Objekt
wird mit einem Speckle abgebildet, wenn es die Phasen des hindurchgehenden Laserlichtes in winzigen und zufällig verteilten Bezirken
unterschiedlich verschiebt. Für die Strömungsforschung sind insbesondere
die Speckle von Strömungen interessant, die viel Staub, Tröpfchen oder
Bläschen mitführen.

Auch in allen anderen Ebenen zwischen der Objektebene und der Bildebene
können auf einer Mattscheibe Speckle beobachtet werden. Die zwischen der
Objektebene und der Linse entstehen durch Fresnelbeugung. Berandung des
Objektes durch eine Feldblende mit den Durchmesser D_0 hat zur Folge, daß
der kleinste im Abstand e auftretende Fleckdurchmesser

$$d_e = 2 \, \frac{\lambda e}{D_0} \tag{2}$$

beträgt. Das Speckle in der Brennebene moduliert jenes Fraunhoferbeugungsmuster, welches bei einer eben in die Linse gehenden Welle infolge
der Beugung an der Linsenfassung auftreten würde. Ein Fleck im Bild wird
vorwiegend von Wellenelementen aus einen kleinen Bezirk des Objekts erzeugt. An der Bildung eines Flecks in der Brennebene sind hingegen Wellenelemente aus dem gesamten Objekt beteiligt. Beidemal ist der
Linsendurchmesser D, aber im Bild ist die Bildweite z' und in der Brennebene ist die Brennweite f maßgebend. Wegen f<z' ist hier der kleinste
Speckledurchmesser d_f kleiner:

$$d_f = 2,44 \cdot \frac{\lambda f}{D} \tag{3}$$

In [694 - 699] wurde ausführlich über die verschiedenen Speckle und
zusammenfassend über ihre meßtechnischen Verwendungen berichtet.

1.6.2.6 Beugungsoptische Bauteile

Die in Abschnitt 1.6.2.3 besprochenen Spaltgitter schicken monochromatisches Licht vorwiegend in jene Richtungen, in welchen der Gangunterschied $\Delta\Phi$ entweder gleich Null ist, oder ein ganzzahliges Vielfaches der Wellenlänge beträgt. Bei senkrechtem Eintritt wie in **Fig. 1626-1** sind dies jene Richtungen, welche die Bedingung $\Delta\Phi=\Delta B=e\sin\beta_m=m\lambda$ mit $m=1,2,3$ usw. erfüllen. Bei schrägem Eintritt wie in **Fig. 1626-2** lautet die Bedingung:

$$\Delta\Phi = AB - CD = e(\sin\beta_m - \sin\alpha) = m\lambda \tag{1}$$

Für kleine Umlenkungen $\delta_m=\beta_m-\alpha$ lautet sie näherungsweise $\Delta\Phi\approx\delta_m\, e\cos\alpha=m\lambda$. Das Gitter wirkt dann so, als ob die Gitterkonstante nicht e, sondern $e\cos\alpha$ betragen würde. Die Bevorzugung wächst mit der Zahl $2N$ der Spalte. Ist diese groß, so geht das Licht praktisch nur noch in enge Winkelbereiche, deren Weite $\Delta\delta=\lambda/Ne\cos\alpha$ beträgt. Die Mitten δ_m dieser Bereiche liegen hingegen um $\Delta\delta_m=\delta_{m+1}-\delta_m=\lambda/e\cos\alpha$ auseinander. $\Delta\delta_m$ ist um den Faktor N größer als $\Delta\delta$. Bei hohen N ist also zwischen den δ_{m1} bei λ_1 viel Platz für die δ_m bei anderen λ. Außerdem wird die Wellenlängenempfindlichkeit $d\delta_m/d\lambda=m/e\sin\alpha$ bei kleinem $e\sin\alpha$ groß. Beide Sachverhalte zusammen machen das Beugungsgitter mit hohem N und kleinem e zu einem vorzüglichen Instrument zur Zerlegung polychromatischen Lichtes in sein Spektrum.

Ähnlich wirken auch Furchen in einer Glasplatte wie in **Fig. 1626-3** oder im Metall eines Spiegels wie in **Fig. 1626-4**. Das Spaltgitter ist ein Amplitudengitter. Die Glasplatte mit Furchen ist ein Phasengitter. Beide sind Transmissionsgitter. Der Spiegel mit Furchen ist ein Reflexionsgitter und ebenfalls ein Phasengitter. m ist die Beugungsordnung. Das Amplitudengitter hat den Nachteil, daß entweder bei kleiner Spaltbreite $b\ll e$ nur sehr wenig Licht hindurchgeht, oder bei großer Spaltbreite $b=e/2$ fast das gesamte hindurchgehende Licht in der nullten Ordnung erscheint. Bei den Phasengittern läßt sich mit passenden Furchenprofilen erreichen, daß fast das gesamte Licht in eine einzige höhere Ordnung gebeugt wird. Dies gelingt z.B. mit dem in **Fig. 1626-5** skizzierten Treppenprofil des sog. Echelettegitters. γ ist sein Glanzwinkel (blaze angle). Das mit dem Winkel α gegen die Gitternormale auftreffende Licht würde ohne die Beugung mit dem Winkel $\beta_r=2\gamma-\alpha$ reflektiert. Das gebeugte Licht nullter Ordnung geht jedoch in die Richtung $\beta_0=-\alpha$. Das gebeugte Licht m-ter Ordnung wird besonders intensiv, wenn es das Gitter mit dem Winkel β_r verläßt. Dies trifft bei $\alpha=\gamma=-\beta_m$ wie in **Fig. 1626-5** rechts oben oder bei $\alpha=0$, $\beta_m=-2\gamma$ wie rechts unten zu. Im erstgenannten Fall wird $\sin\beta_m=-m\lambda/2e$, $d\beta_m/d\lambda=m/2e\cos\alpha$. Im letztgenannten Fall wird $\sin\beta_m=m\lambda/e$, $d\beta_m/d\lambda=m/e$. Die λ-Empfindlichkeit ist hier größer. Sie erlaubt die Unterscheidung einer Wellenlänge $\lambda+\Delta\lambda$ von einer Wellenlänge λ, solange $\Delta\lambda$ eine Winkeländerung $\Delta\beta_m$ bewirkt, die größer als die Hälfte der Weite $\Delta\delta=\lambda/Ne\cos\alpha$ des oben erwähnten Winkelbereichs ist, hier also größer als $\Delta\beta(min)=\lambda/2Ne$. Dazu muß $\Delta\lambda$ den Mindestwert $\Delta\lambda(min)=\lambda/2Nm$ überschreiten. Das Verhältnis $\lambda/\Delta\lambda(min)=2Nm$ wird das Auflösungsvermögen des Gitters genannt. Es kann außerordentlich hoch sein. So

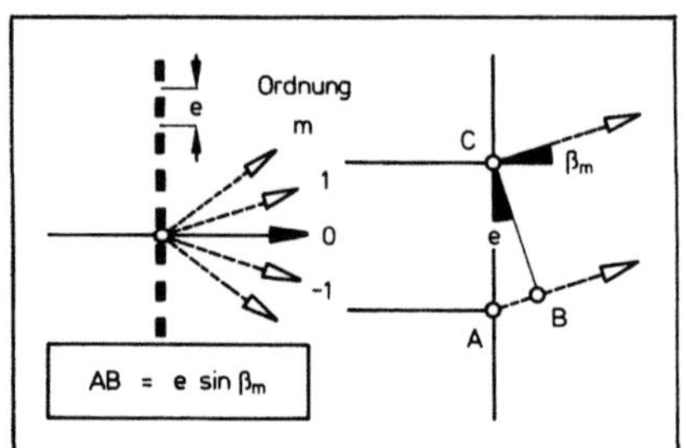

1: Spaltgitter·Senkrecht

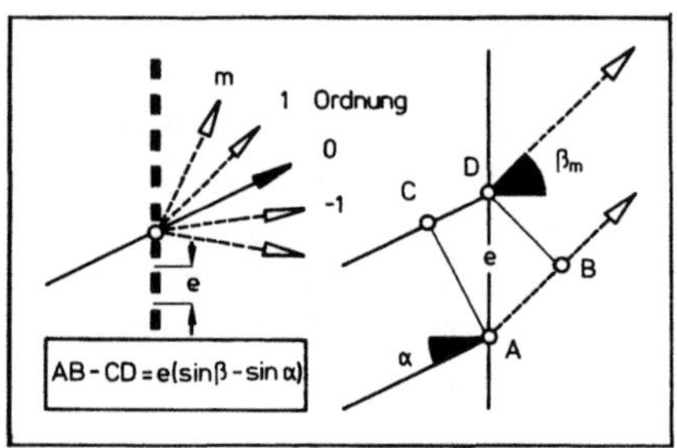

2: Spaltgitter·Schief

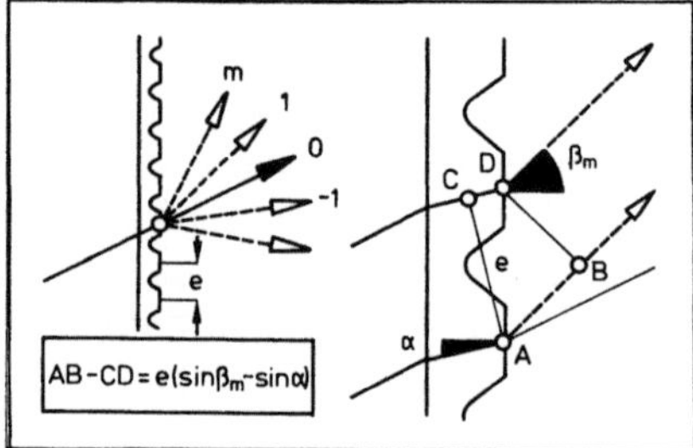

3: Furchen in Glasplatte

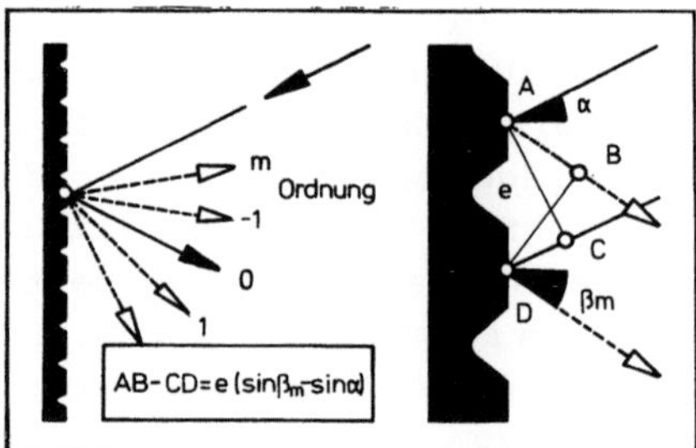

4: Furchen in Spiegel

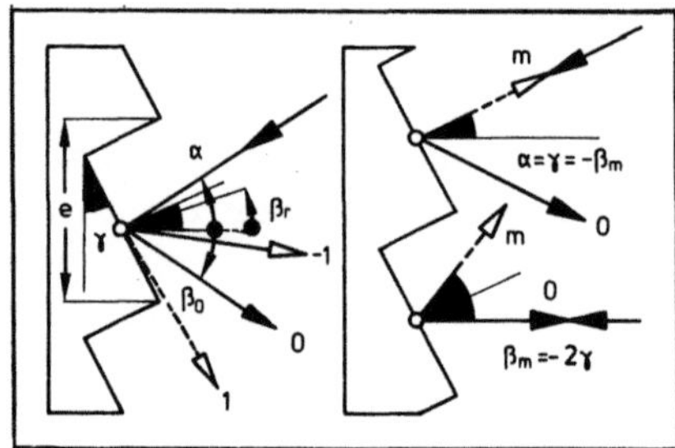

5: Echelettegitter

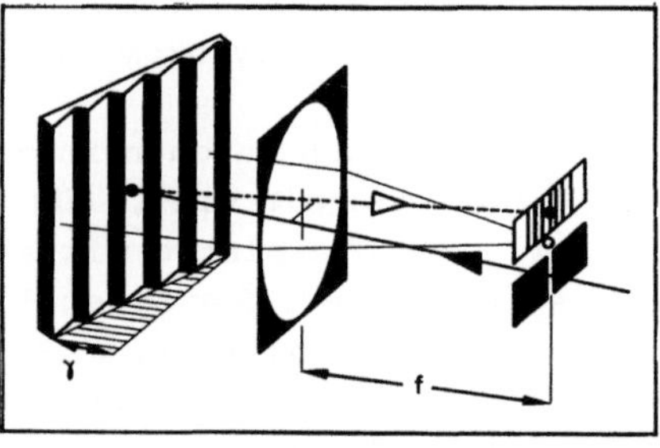

6: Aufnahme des Spektrums

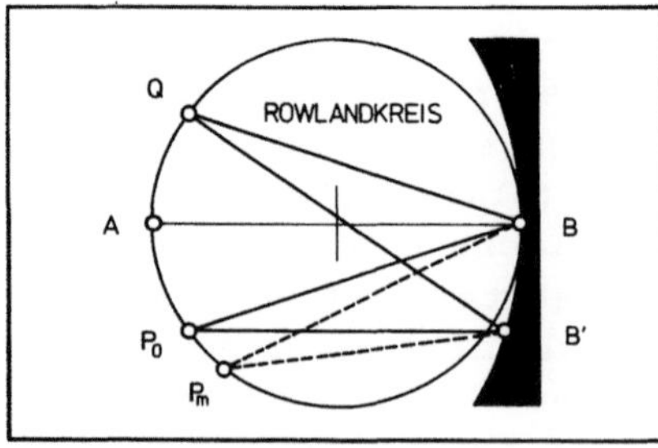

7: Rowlandkreis

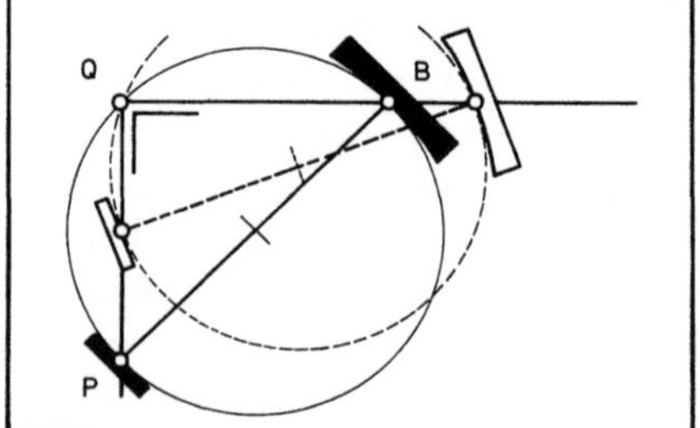

8: Verstellmechanik

Fig. 1626: Beugungsgitter

hat z.B. ein 167 mm breites Gitter mit 600 Furchen pro mm etwa $2N=10^5$ Furchen. Bei Profilierung für die 3. Beugungsordnung ist $\lambda/\Delta\lambda(min)=3\cdot10^5$. Die Wellenlängen der beiden NaD-Linien differieren um etwa $\Delta\lambda/\lambda=1/1000$. Mit dem Auflösungsvermögen $3\cdot10^5$ kann noch 1/300 dieses Unterschiedes aufgelöst werden. Das Auflösungsvermögen eines Flintglasprismas mit $dn/d\lambda=1730$ cm^{-1} bei $n(NaD)=1,7594$ beträgt selbst bei der großen Basislänge 10 cm nur 17300. Allerdings kann das hohe Auflösungsvermögen des Gitters nur in jenem λ-Bereich genutzt werden, in welchem sich aufeinanderfolgende Beugungsordnungen nicht überlappen. Die m-te Beugungsordnung bei der Wellenlänge $\lambda+\Delta\lambda$ koinzidiert mit der (m+1)ten Beugungsordnung bei der Wellenlänge λ, wenn $m(\lambda+\Delta\lambda)=(m+1)\lambda$ ist. Der Bereich der auflösbaren λ beträgt also $\Delta\lambda=\lambda/m$. Er nimmt mit zunehmender Ordnung m in dem gleichen Maße ab wie das Auflösungsvermögen zunimmt. Außerdem wird das erwartete Auflösungsvermögen nur mit extrem exakt gefurchten Gittern erreicht. Zufällige Teilungsfehler erzeugen einen Streulichtuntergrund. Periodische Teilungsfehler erzeugen sog. Gittergeister. Das sind falsche Linien, die beiderseits der richtigen und symmetrisch zu diesen erscheinen. Gute mit extrem präzisen Teilungsmaschinen hergestellte Gitter sind teuer. Darum wurde früher viel mit Plastikkopien der Originalgitter experimentiert. Seit der Erfindung der Laser werden billige und dennoch gute Gitter auf holographischem Wege hergestellt [700 - 703].

Zur Aufnahme eines Spektrums wird das Reflexionsgitter wie in **Fig. 1626-6** vor eine Sammellinse, und werden die Linienlichtquelle (Schlitzblende) und der Film in ihre hintere Brennebene gestellt (Littrow Autokollimation). Dabei können die Absorption und Dispersion der Linse, ihre begrenzte Öffnung und der Astigmatismus stören. Es bedarf keiner Linse, wenn sich die Gitterfurchen auf einem Hohlspiegel befinden. Die Linienlichtquelle und der Film sind in diesem Fall auf dem in **Fig. 1626-7** skizzierten Rowlandkreis anzuordnen. Dieser Kreis berührt den Scheitel B des Konkavgitters und geht durch seinen Krümmungsmittelpunkt A. Der in **Fig. 1626-8** skizzierte Verstellmechanismus macht es möglich, verschiedene schmale Abschnitte eines Spektrums nacheinander auf einer den Kreis bei A tangierenden Platte aufzunehmen, sie dort mit einem Photodetektor zu registrieren, oder sie dort durch eine Schlitzblende austreten zu lassen. Je nach Verwendung des dort erscheinenden Lichtes wird das Gerät ein Spektroskop, Spektrograph, Spektrometer oder Monochromator genannt. In [147, 149] wurde ausführlich über solche Geräte berichtet.

Auch die bereits in Abschnitt 1.3.2.4 erwähnte Braggzelle ist ein beugungsoptisches Bauteil. Ferner sind alle jene Bauteile mehr oder weniger beugungsoptisch wirksam, welche das Profil eines Laserlichtbündels verändern oder in der Brennebene einer Linse in die Abbildung eingreifen. Die letzteren werden in den Abschnitten 2.2.4.1 bis 2.2.4.7 und 2.5.1.2 besprochen.

1.6.3 Laseroptik

1.6.3.1 Aufweitung und Einschnürung

Bei den im vorliegenden Buch zu besprechenden Verfahren kommt es immer wieder vor, daß ein Laserlichtbündel aufgeweitet oder eingeschnürt werden muß. Für diesen Zweck wird zwei- oder mehrlinsige Optik angeboten. In manchen Fällen mag auch die Einschnürung mit einer einzigen Sammellinse genügen, wobei dann der Radius der zweiten Taille je nach Brennweite und Plazierung kleiner oder größer als der der ersten sein kann. Im Folgenden wird zunächst der Durchgang des idealen Laserlichtbündels durch eine einzige Sammellinse mit der Brennweite f betrachtet. Danach wird die Aufweitung nach Einschnürung und Einschnürung nach Aufweitung mit Sammellinsen besprochen. Dabei wird nicht mehr die Radialkoordinate r, sondern werden nur noch die Taillenradien und die Bündelradien an den Linsen benötigt. Von den Randwinkeln wird nur noch der Grenzrandwinkel gebraucht. Die Indizes e bzw. ∞ werden weggelassen. Wegen der nichtlinearen Abhängigkeit der Krümmungsradien ρ der Phasenflächen von z kann im allgemeinen nicht strahlenoptisch gerechnet werden.

Das Bündel habe vor der Linse eine Taille 1 mit dem Radius r_1 im Abstand z_1 vor der Linse. Ist die Brennweite f hinreichend klein, so hat es hinter der Linse eine Taille 2 mit dem Radius r_2 im Abstand z_2 von der Linse. An der Linse hat es den beiderseits gleichen Radius r_L. Seine Welle geht mit dem Krümmungsradius ρ_1 divergierend hinein und kommt mit dem Krümmungsradius ρ_2 konvergierend heraus. Es gilt:

$$(\frac{r_L}{r_1})^2 = 1 + (\frac{\lambda z_1}{\pi r_1^2})^2 \quad ; \quad (\frac{r_L}{r_2})^2 = 1 + (\frac{\lambda z_2}{\pi r_2^2})^2 \qquad (1)\,(2)$$

$$\frac{\rho_1}{z_1} = 1 + (\frac{\pi r_1^2}{\lambda z_1})^2 \quad ; \quad \frac{\rho_2}{z_2} = 1 + (\frac{\pi r_2^2}{\lambda z_2})^2 \qquad (3)\,(4)$$

Die Linse behandelt die mit ρ_1 eintretende wie eine aus der Gegenstandsweite ρ_1 kommende Kugelwelle und macht daraus eine zur Bildweite ρ_2 gehende Kugelwelle. Wegen $\rho_1 > z_1$ und $\rho_2 > z_2$ ist also in das Abbildungsgesetz als Gegenstandsweite nicht z_1 sondern ρ_1 und als Bildweite nicht z_2 sondern ρ_2 einzusetzen:

$$\frac{1}{\rho_1} + \frac{1}{\rho_2} = \frac{1}{f} \qquad (5)$$

Nur wenn $z_1/r_1 >> \pi r_1/\lambda$ und $z_2/r_2 >> \pi r_2/\lambda$ ist, kann näherungsweise mit dem Abbildungsgesetz $1/z_1 + 1/z_2 = 1/f$ gerechnet werden. Nur dann folgt ungefähr $r_2/r_1 = z_2/z_1$. Diese Voraussetzungen sind eher selten erfüllt. Die Kombination der o.a. Gleichungen ergibt:

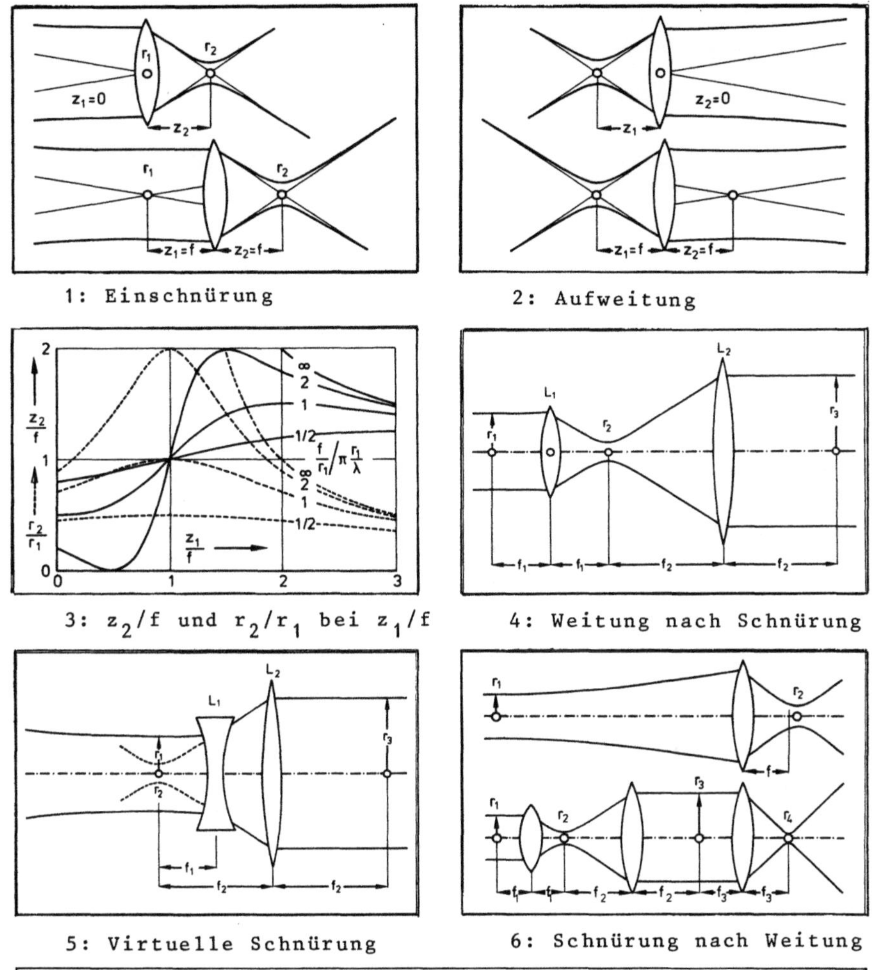

Fig. 1631: Aufweitung und Einschnürung

$$r_1^2\left[1 + \left(\frac{\lambda z_1}{\pi r_1^2}\right)^2\right] = r_2^2\left[1 + \left(\frac{\lambda z_2}{\pi r_2^2}\right)^2\right] \tag{6}$$

$$\frac{1}{z_1\left[1+\left(\frac{\pi r_1^2}{\lambda z_1}\right)^2\right]} + \frac{1}{z_2\left[1+\left(\frac{\pi r_1^2}{\lambda z_2}\right)^2\right]} = \frac{1}{f} \tag{7}$$

Daraus folgt, daß zwar wie bei der geometrischen Abbildung der Zusammenhang

$$\left(\frac{r_2}{r_1}\right)^2 = \frac{z_2 - f}{z_1 - f} \tag{8}$$

besteht, daß aber die folgende Gleichung an die Stelle des geometrischen Abbildungsgesetzes tritt:

$$\left(\frac{r_1}{r_2}\right)^2 = \left(\frac{z_1}{f} - 1\right)^2 + \left(\frac{\pi r_1^2}{\lambda f}\right)^2 \tag{9}$$

Sonderfälle demonstrieren, wie sich dieser Sachverhalt auswirkt:

Im Sonderfall $z_1=0$ befindet sich die Taille 1 an der Linse. Die Welle geht dann eben d.h. mit $1/\rho_1=0$ und $r_L=r_1$ in die Linse und kommt mit $\rho_2=f$ heraus. Damit kommt:

$$\left(\frac{r_1}{r_2}\right)^2 = 1 + \left(\frac{\pi r_1^2}{\lambda f}\right)^2 \quad ; \quad \frac{f}{z_2} = 1 + \left(\frac{\lambda f}{\pi r_1^2}\right)^2 \tag{10} \tag{11}$$

Bei $f/r_1=\pi r_1/\lambda$ wird $r_2=r_1\sqrt{2}$ an der Stelle $z_2=f/2$. Stärkere Einschnürung erfordert kleinere f/r_1. Bei sehr kleinen $f/r_1 \ll \pi r_1/\lambda$ wird schließlich $r_1 r_2=\lambda f/\pi$ an einer Stelle $z_2 \approx f$. Ein solcher Sonderfall ist in **Fig. 1631-1** oben skizziert.

Im Sonderfall $z_2=0$ befindet sich andererseits die Taille 2 an der Linse. Die divergierend eintretende Welle kommt eben d.h. mit $1/\rho_2=0$ und $r_2=r_2$ heraus. Dies ist nur bei $f/r_1 > 2\pi r_1/\lambda$ und dann mit gegebenen λ, r_1/f bei zwei verschiedenen z_1/f möglich. Es gilt:

$$2\left(\frac{r_1}{r_2}\right)^2 = 1 \pm \sqrt{1-\left(\frac{2\pi r_1^2}{\lambda f}\right)^2} \quad ; \quad 2\frac{z_1}{f} = 1 \mp \sqrt{1-\left(\frac{2\pi r_1^2}{\lambda f}\right)^2} \tag{12} \tag{13}$$

Für sehr große $f/r_1 \gg 2\pi r_1/\lambda$ ergibt sich mit dem oberen Vorzeichen der Wurzeln $r_1 r_2 \approx \lambda f/\pi$ bei $z_1 \approx f$. **Fig. 1631-2** oben zeigt diesen Sonderfall $z_2=0$.
Im Sonderfall $z_1=f$ wird $z_2=f$ und:

$$r_1 r_2 = \frac{\lambda f}{\pi} \tag{14}$$

Bei $\lambda f/\pi r_1^2 \lessgtr 1$ wird $r_2 \lessgtr 1$. Die **Fig. 1631-1** und 2 zeigen unten solche Fälle. Ist $f/r_1 > \pi r_1/\lambda$, so gibt es jeweils zwei $z_1/f < 2$, bei denen $r_2=r_1$ und $z_2=z_1$ wird:

$$\frac{z_1}{f} = 1 \pm \sqrt{1-\left(\frac{\pi r_1^2}{\lambda f}\right)^2} \tag{15}$$

Im Sonderfall $z_1=2f$ wird schließlich weder $z_2=z_1$ noch $r_2=r_1$, sondern:

$$\left(\frac{r_1}{r_2}\right)^2 = 1 + \left(\frac{\pi r_1^2}{\lambda f}\right)^2 \quad ; \quad \frac{z_2}{f} = 1 + \left(\frac{r_2}{r_1}\right)^2 \tag{16} \tag{17}$$

Erst bei sehr großen $f/r_1 \gg \pi r_1/\lambda$ wird dann praktisch auch $z_2=2f$ und $r_2=r_1$. In **Fig. 1631-3** sind für einige $\lambda f/\pi r_1^2$ die z_2/f und r_2/r_1 als Funktion von z_1/f aufgetragen. Die mit den Taillenradien $r_1=r_e(0)$ der üblichen Meßlaser gebildeten $\lambda f/\pi r_1^2$ haben erst bei ziemlich langen f die hier als Parameter gewählten Werte. Beim HeNe-Laser mit $\lambda=632,8$ nm und $r_e(0)=0,5$ mm wird z.B. erst bei $f=1,241$ m der Wert $\lambda f/\pi r_1^2=1$ erreicht. Wird hinter einen solchen Laser eine Linse mit viel kleinerer Brennweite gestellt, so hat man es also mit einer Kurve $r_2/r_1(z_1/f)$ näher bei $r_2/r_1=0$ und mit einer Kurve $z_2/f(z_1/f)$ näher bei $z_2/f=1$ zu tun. Ist aber r_1 der

Taillenradius eines aufgeweiteten Bündels, so sind die dargestellten Kurven typisch. Sie zeigen insbesondere, wie es im Bereich $0<z_1<2f$ von $\lambda f/\pi r_1^2$ abhängt, ob r_2 kleiner oder größer als r_1 wird. Sie zeigen ferner, daß r_2/r_1 bei $z_2=z_1=f$ ein Maximum durchläuft. $r_1r_2=\lambda f/\pi$ ist ein Größtwert! Bei kleinen $\lambda f/\pi r_1^2<<1$ ist dieses Maximum so flach und liegen die z_2 so nahe bei f, daß man praktisch im ganzen Bereich $0<z_1<2f$ mit $r_1r_2=2f/\pi$ rechnen kann. In jedem Fall bleibt das Produkt Taillenradius mal Grenzrandwinkel konstant:

$$r_2\tan\theta_2 = r_1\tan\theta_1 = \frac{\lambda}{\pi} \tag{18}$$

Für den Sonderfall $z_2=z_1=f$ folgt:

$$r_1 = f\tan\theta_2 \quad ; \quad r_2 = f\tan\theta_1 \tag{19} \tag{20}$$

Das Bündel wird hier bei $f\tan\theta_1<r_1$ verengt und bei $f\tan\theta_1>r_1$ erweitert. Starke Einschnürung auf $r_2<<r_1$ erfordert $f<<\pi r_1^2/\lambda$ d.h. entweder eine kurze Brennweite f oder einen großen Radius r_1 der Taille 1. Bei kurzer Brennweite erscheint die Taille 2 in ebenso kurzer und für viele Anwendungen viel zu kurzer Entfernung z_2 von der Linse. Starke Einschnürung wird darum in der Regel nach starker Aufweitung vorgenommen. Starke Aufweitung auf $r_2>>r_1$ erfordert andererseits $f>>\pi r_1^2/\lambda$ d.h. entweder eine lange Brennweite f oder einen kleinen Radius r_1 der Taille 1. Bei langer Brennweite muß sich die Linse in ebenso weiter und meist viel zu weiter Entfernung z_1 vom Laser befinden. Starke Aufweitung wird darum in der Regel nach starker Einschnürung wie in **Fig.** 1631-4 vorgenommen. Die Einschnürung kann auch virtuell mit einer Zerstreuungslinse wie in **Fig.** 1631- 5 erfolgen. Die reelle Einschnürung mit der Sammellinse hat den Vorteil, daß das Bündelprofil mit einer Lochblende in der Ebene des engsten Bündelquerschnitts korrigiert werden kann. Die Linse L1 mit der kurzen Brennweite f_1 macht aus dem Bündel mit dem Taillenradius $r_1=r_e(0)$ und Grenzrandwinkel $\theta_1=\arctan(\lambda/\pi r_1)$ ein Bündel mit einem Taillenradius $r_2\gg r_1$ und Grenzrandwinkel $\theta_2=\arctan(\lambda/\pi r_2)\gg\theta_1$. Die Linse L2 mit der viel längeren Brennweite $f_2\gg f_1$ vergrößert dann den Taillenradius auf $r_3\gg r_2$ und verkleinert den Grenzrandwinkel auf $\theta_3=\arctan(\lambda/\pi r_3)\gg\theta_2$. Es gilt:

$$r_3\tan\theta_3 = r_2\tan\theta_2 = r_1\tan\theta_1 = \frac{\lambda}{\pi} \tag{21}$$

Stellt man L1 in den Abstand f_1 von der Taille 1, so erscheint die Taille 2 mit $r_2=\lambda f_1/\pi r_1$ im gleichen Abstand f_1 von L1. Stellt man ebenso L2 in den Abstand f_2 von der Taille 2, so erscheint die Taille 3 mit $r_3=\lambda f_2/\pi r_2$ im gleichen Abstand f_2 von L2. Hier folgt:

$$\frac{r_1r_2}{f_1} = \frac{r_2r_3}{f} = \frac{\lambda}{\pi} \quad ; \quad \frac{r_3}{r_1} = \frac{f_2}{f_1} \tag{22} \tag{23}$$

Das gleiche Radienverhältnis r_3/r_1 würde sich auch bei der strahlenoptischen Aufweitung eines Parallelstrahlenbündels ergeben. Das Laserlichtbündel geht hier jedoch nicht eben, sondern divergierend in die Linse L1 und kommt auch nicht eben sondern konvergierend aus der Linse L2 heraus. Die Laserwelle ist nur in den Taillen eben.

Die Einschnürung nach der Aufweitung kann mit einer dritten Linse L3 wie in **Fig. 1631-6** erfolgen. Dann gilt:

$$r_4 \tan\theta_4 = r_3 \tan\theta_3 = r_2 \tan\theta_2 = r_1 \tan\theta_1 = \frac{\lambda}{\pi} \tag{24}$$

Sind die Abstände der Taillen von den Linsen gleich den Brennweiten, so gilt außerdem:

$$r_4 = f_3 \tan\theta_3 \quad ; \quad r_3 = f_2 \tan\theta_2 \quad ; \quad r_2 = f_2 \tan\theta_1 \tag{25}\,\,(26)\,\,(27)$$

Damit kommt:

$$\frac{r_4}{r_1} = \frac{f_3}{f_2}\frac{r_2}{r_1} \quad ; \quad \frac{f_3}{f_1} = \frac{r_4}{r_2}\frac{r_3}{r_1} \tag{28}\,\,(29)$$

Im Falle $f_3 = f_2$ wird z.B. $r_4 = r_2$. War $f_2 \gg f_1$, so wird $r_4 \ll r_1$. Zur Not kann auch ohne die dritte Linse gearbeitet werden. L2 ist dann in jenen Abstand $z_2 > f_2$ von der Taille 2 zu schieben, bei welchem die Taille 3 den gewünschten Radius $r_3 < r_1$ hat. Für die hier erforderliche Rechnung ist in den Formeln (1) bis (18) der Index 1 durch den Index 2 und der Index 2 durch den Index 3 zu ersetzen.

Manchmal kommt es nicht auf stärkstmögliche Einschnürung, sondern auf größtmögliche Entfernung z_2 der Taille 2 von der Linse L 1 an. Dann ist nach den Extrema der Funktion $z_2(z_1)$ bei gegebenen f und r_1 zu fragen:

$$\frac{z_2}{f} = 1 \pm \frac{\lambda f}{2\pi r_1^2} \text{ bei } \frac{z_1}{f} = 1 \pm \frac{\pi r_1^2}{\lambda f} \tag{30}\,\,(31)$$

Die größtmögliche Entfernung z_2 wächst mit $\lambda f/\pi r_1^2$. Im Falle $\lambda f/\pi r_1^2 = 1$ beträgt sie z.B. $z_2 = 3f/2$ bei $z_1 = 2f$. Dann ist $r_2 = r_1/\sqrt{2}$. Manchmal ist es wichtig, daß sich der Bündelradius von r_L an der Linse bis r_2 der Taille 2 möglichst wenig ändert. Bei gegebenem z_2 durchläuft die Funktion $r_2(r_2)$ ein Minimum $r_L = r_2/\sqrt{2}$ bei $r_2^2 = \lambda z_2/\pi$. In diesem Fall haben z_1/f und r_2/r_1 die folgenden Werte:

$$\frac{z_1}{f} - 1 = \frac{\frac{z_2}{f} - 1}{(\frac{z_2}{f})^2 + (\frac{z_2}{f} - 1)^2} \quad ; \quad \left(\frac{r_2}{r_1}\right)^2 = \left(\frac{z_2}{f}\right)^2 + \left(\frac{z_2}{f} - 1\right)^2 \tag{32}\,\,(33)$$

Der Sonderfall $z_2 = z_1 = f$ mit $r_2 = r_1$ bei $\lambda f/\pi r_1^2 = 1$ ist solch ein Fall. Über allgemeinere auch für Zerstreuungslinsen geltende Überlegungen zum Thema Aufweitung und Einschnürung des Laserlichtbündels wurde in [704 - 707] berichtet.

1.6.3.2 Laserlichtschnitt

Für einige Verfahren wird ein Lichtschnitt durch die Strömung mit einem
breiten und möglichst dünnen Laserlichtband benötigt. **Fig.** **1632-1** zeigt
eine Optik, mit der man die Aufweitung des Laserlichtbündels in der einen
und seine Einschnürung in der anderen Richtung vornehmen kann. Die Zylinderlinsen L1 und L2 spreizen das Bündel. Die sphärische Linse L3 beendet
diese Aufweitung und sorgt zugleich dafür, daß das Band dünn bleibt. Es
wird verlangt, daß das Band in einem vorgegebenen Abstand L von L3 eine
Bandtaille mit einer Dicke d_L hat, die sich möglichst wenig von der Dicke
d_3 unterscheidet. Außerdem wird eine vorgegebene und von L3 bis zur Bandtaille praktisch konstant bleibende Breite H des Bandes gefordert.

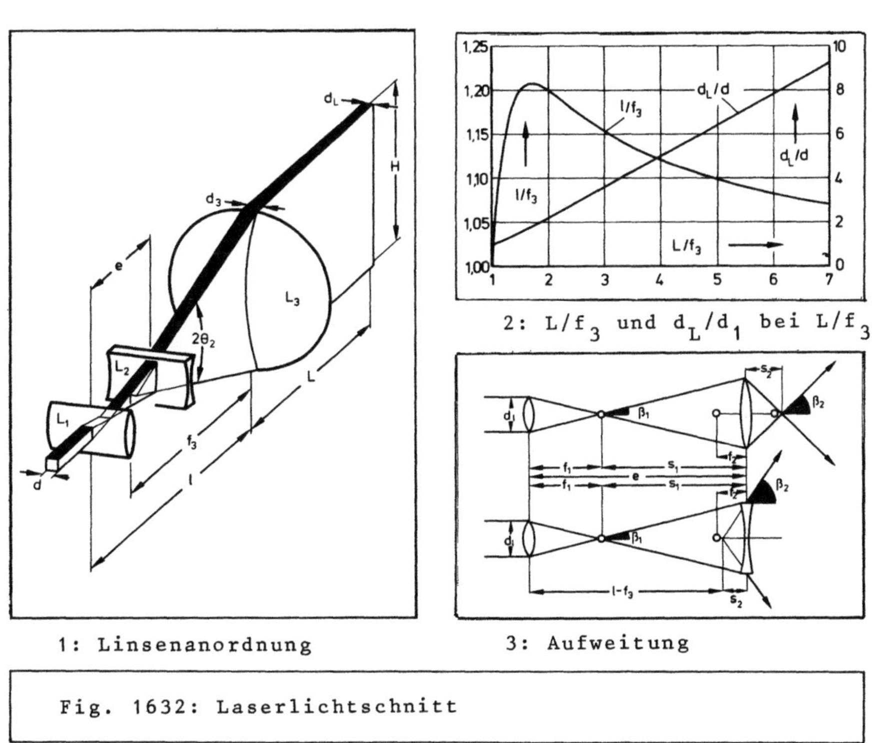

1: Linsenanordnung   2: L/f_3 und d_L/d_1 bei L/f_3

3: Aufweitung

Fig. 1632: Laserlichtschnitt

Sind die Zylinderlinsen dünn, so haben sie keinen merklichen Einfluß auf
die Einschnürung mit L3. Mit f_3 statt f, l statt z_1, L statt z_2 und d_1
statt $2r_1$, d_L statt $2r_2$ und d_3 statt $2r_L$ ergeben die in Abschnitt 1.6.3.1
bereitgetellten Formeln, daß sich d_3 dann am wenigsten von d_L unterscheidet, wenn l und f_3 bei L die folgende Bedingung erfüllen:

$$\frac{l}{f_3} - 1 = \frac{\dfrac{L}{f_3} - 1}{1 + 2\dfrac{L}{f_3}\left(\dfrac{L}{f_3} - 1\right)} \tag{1}$$

238

Dann ist $d_3 = d_L\sqrt{2}$ und:

$$\left(\frac{d_L}{d_1}\right)^2 = 1 + 2\,\frac{L}{f_3}\left(\frac{L}{f_3} - 1\right) \tag{2}$$

Die Einpassung der Zylinderoptik ist nur möglich, wenn $l > f_3$ ist. Dazu muß auch $L > f_3$ sein. Bei $L > f_3$ ist $d_L > d_1$. Die kleinstmögliche Änderung der Banddicke wird hier also mit einer kleinsten Banddicke d_L größer als d_1 erkauft. **Fig.** 1632-2 zeigt l/f_3 und d_L/d_1 als Funktion von L/f_3.

Die Berechnung der Aufweitung bis zur Bandbreite H muß nicht so genau, sondern kann näherungsweise strahlenoptisch erfolgen. Es kommt darauf an, die Zylinderlinsen so zu plazieren, daß sich der Scheitel des Winkels $2\beta_2$ im vorderen Brennpunkt der Linse L3 befindet. Ist dies der Fall, so gilt praktisch $H = 2f_3\tan\beta_2$. Außerdem sind ihre Brennweiten und Abstände so zu wählen, daß β_2 den für H bei f_3 erforderlichen Wert hat. Grundsätzlich käme für die Spreizung auch die in **Fig.** 1632-3 oben skizzierte Anordnung von zwei konvexen Zylinderlinsen in Frage. Mit $d_1 = 2f_1\tan\beta_1$, $s_2\tan\beta_2 = s_1\tan\beta_1$ und $1/s_2 + 1/s_1 = 1/f_2$ würde sich hier der folgende Ausdruck für $\tan\beta_2$ ergeben:

$$\tan\beta_2 = \frac{d_1}{2f_1}\left(\frac{s_1}{f_2} - 1\right) \tag{3}$$

Die in **Fig.** 1632-3 unten skizzierte Anordnung einer konvexen Linse L1 und einer konkaven Linse L2 hat den Vorteil, daß sie bei gleicher Baulänge $e = s_1 + f_1$ stärker spreizt oder für die gleiche Spreizung eine kürzere Baulänge benötigt. Hier ist $1/s_2 - 1/s_1 = 1/f_2$. Damit kommt:

$$\tan\beta_2 = \frac{d_1}{2f_1}\left(\frac{s_1}{f_2} + 1\right) \tag{4}$$

Einsetzen ergibt:

$$H = d_1 \cdot \frac{f_3}{f_1}\left(\frac{s_1}{f_2} + 1\right) \tag{5}$$

Bei richtiger Plazierung ist $l - f_3 = e - s_2$. Diese Kopplung verlangt den folgenden Zusammenhang zwischen f_3, f_1 und e bei vorgegebenem L und H/d_1:

$$\frac{e}{f_3} - \left(\frac{e}{f_1} - 1\right)\frac{d_1}{H} = \frac{\dfrac{L}{f_3} - 1}{1 + 2\dfrac{L}{f_3}\left(\dfrac{L}{f_3} - 1\right)} \tag{6}$$

Der freien Wahl der so verknüpften Größen werden durch die Bedingungen $L > f_3$ und $e > f_1$ Grenzen gesetzt [708].

1.7 POLARISATIONSOPTIK

1.7.1 Polarisationseffekte

1.7.1.1 Polarisationsarten

Die E-Vektoren spontan emittierten Lichtes schwingen gleich häufig mit gleichen Amplituden in allen Richtungen senkrecht zur Fortpflanzungsrichtung. Solches Licht ist unpolarisiert. Wie jeden Vektor, so kann man auch die E-Vektoren der Wellenzüge in je zwei orthogonale Komponenten zerlegen. Ein idealer Polarisator läßt wie in **Fig.** 1711-1 nur die in seiner Polarisationsrichtung schwingenden Komponenten durch und absorbiert die hierzu orthogonalen Komponenten oder lenkt sie in eine andere Richtung. Das durchgehende Licht ist dann linear polarisiert. Wird das übrige Licht nicht absorbiert, sondern in eine andere Fortpflanzungsrichtung reflektiert oder gebrochen, so ist auch dieses linear polarisiert. Seine Schwingungsrichtung steht senkrecht auf der des durchgehendes Lichtes. Die Strahlungsflußdichte des einfallenden Lichtes wird in zwei Hälften geteilt, von denen die eine entweder absorbiert oder in eine andere Richtung geschickt wird.

Ein Strahl linear polarisierten Lichtes liegt mit dem E-Vektor in der Schwingungsebene und mit dem senkrecht auf dem E-Vektor stehenden H-Vektor in der sog. Polarisationsebene. Die Richtung des E-Vektors wird seine Schwingungsrichtung oder Polarisationsrichtung genannt. Die Polarisationsrichtung parallel zur Zeichenebene wird mit dem Kennzeichen |, die senkrecht zur Zeichenebene mit ⊙ und die unter 45° zur Zeichenebene mit / angegeben. Auch die parallelen E-Vektoren der Wellenzüge des linear polarisierten Lichtes kann man selbstverständlich wie in **Fig.** 1711-2 in zwei orthgonale Komponenten zerlegen. Die Schwingungsamplitude $\hat{E}$ wird in die Komponenten $\hat{E}_x=\hat{E}\cos\beta$ und $\hat{E}_y=\hat{E}\sin\beta$ und die Strahlungsflußdichte Φ infolgedessen in die Anteile $\Phi_x=\Phi\cos^2\beta$ und $\Phi_y=\Phi\sin^2\beta$ geteilt. Fällt linear polarisiertes Licht mit Φ auf einen idealen Polarisator, dessen Polarisationsrichtung wie in **Fig.** 1711-3 den Winkel β mit der Schwingungsrichtung bildet, so wird also linear polarisiertes Licht mit der Strahlungsflußdichte

$$\Phi_\beta = \Phi \cos^2 \beta \qquad (1)$$

durchgelassen. Dies ist das sog. Malus'sche Gesetz (E.L. Malus 1775-1812). Der Polarisator wird in diesem Fall ein Analysator genannt.

Wird die zweite Komponente nicht absorbiert, reflektiert oder in eine andere Fortpflanzungsrichtung gebrochen, sondern lediglich phasenverschoben, so setzen sich die E-Vektoren beider Komponenten hinter

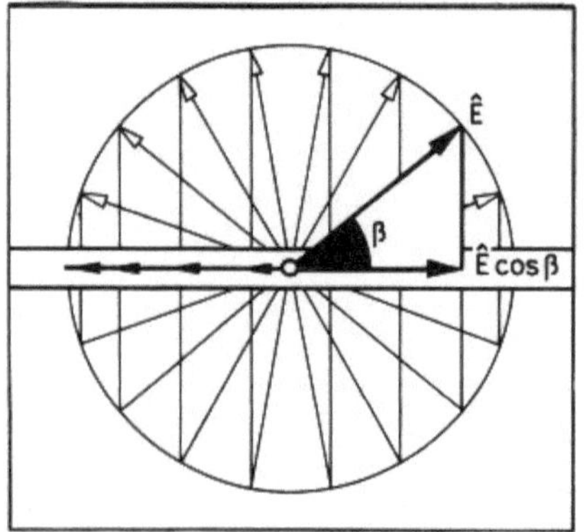

1: Lineare Polarisation

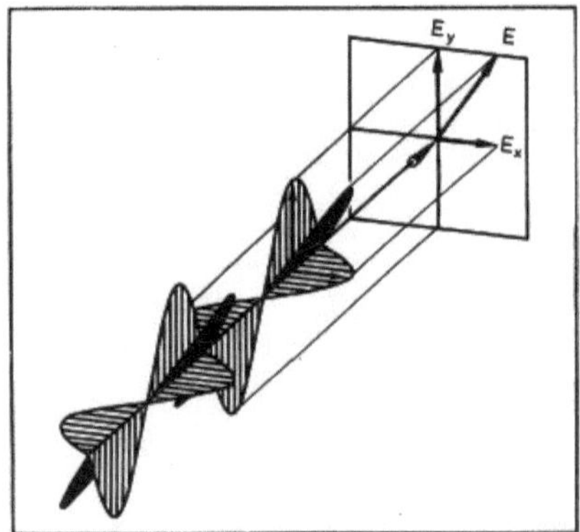

2: Orthogonale E-Komponenten

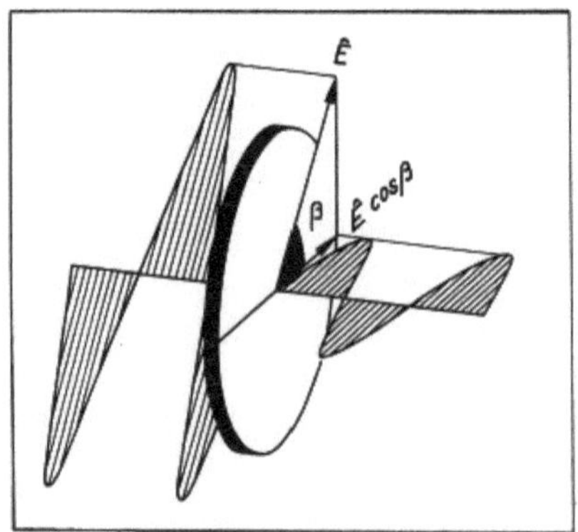

3: Durchgelassene E-Komponente

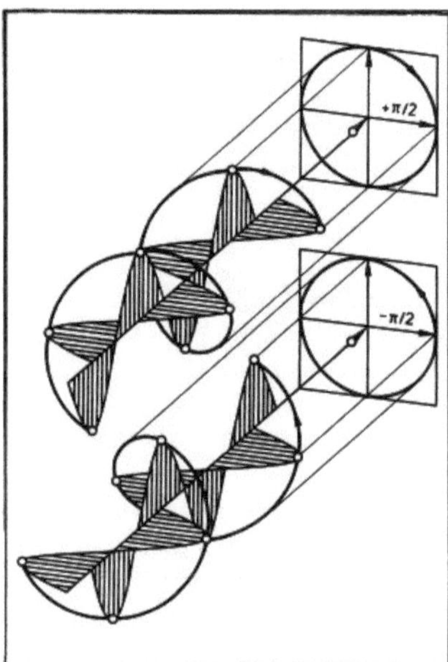

4: Zirkularpolarisiert

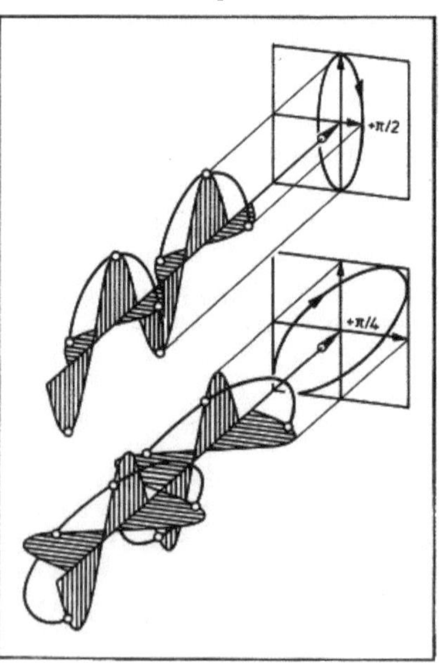

5: Elliptisch polarisiert

Fig. 1711: Polarisationsarten

dem Phasenschieber zu einem resultierenden E-Vektor zusammen, dessen Spitze sich wie in den **Fig. 1711-4 oder 1711-5** auf einer Schraubenlinie um den Strahl bewegt. Auf einem strahlnormalen Schirm erscheinen die Spitzen des resultierenden E-Vektors im allgemeine auf einer Ellipse. Man sagt dann, der Strahl sei elliptisch polarisiert. Die Komponenten E_x, E_y der Schwingung hängen folgendermaßen von den Amplituden $\hat{E}_x$, $\hat{E}_y$ und der Phasenverschiebung $\Delta\varphi$ ab:

$$\left(\frac{E_x}{\hat{E}_x}\right)^2 + \left(\frac{E_y}{\hat{E}_y}\right)^2 - 2\,\frac{E_x E_y}{\hat{E}_x \hat{E}_y}\,\cos\Delta\varphi = \sin^2\Delta\varphi \tag{2}$$

Bei $\Delta\varphi = 0, \pi, 2\pi$ usw. entartet die Ellipse zu einer Strecke:

$$\frac{E_y}{E_x}(\Delta\varphi=0, 2\pi\ldots) = \frac{\hat{E}_y}{\hat{E}_x} \;;\quad \frac{E_y}{E_x}(\Delta\varphi=\pi, 3\pi\ldots) = -\frac{\hat{E}_y}{\hat{E}_x} \tag{3}\,(4)$$

Der Strahl bleibt bei diesen $\Delta\varphi$ linear polarisiert. Bei $\hat{E}_y = \hat{E}_x$ drehen die $\Delta\varphi = \pi$, 3π usw. seine Schwingungsrichtung um 90°. Bei anderen $\Delta\varphi$ und $\hat{E}_y = \hat{E}_x$ hat die Ellipse x,y-diagonale Hauptachsen. Bei $\Delta\varphi = \pi/2$, $3\pi/2$ usw. werden die Hauptachsen x,y-parallel:

$$\left(\frac{E_x}{\hat{E}_x}\right)^2 + \left(\frac{E_y}{\hat{E}_y}\right)^2 = 1 \tag{5}$$

Bei diesen $\Delta\varphi$ und $\hat{E}_y = \hat{E}_x$ entartet die Ellipse zu einem Kreis. Bei $0 < \Delta\varphi < \pi$ wird die Ellipse oder der Kreis in anderem Drehsinn als bei $\pi < \Delta\varphi < 2\pi$ durchlaufen. Es ist üblich, den Drehsinn beim Blick gegen die Fortpflanzungsrichtung anzugeben. Bewegt sich die Spitze des E-Vektors auf einer Ellipse, so wird von links oder rechts elliptisch polarisiertem Licht gesprochen. Bewegt sie sich auf einem Kreis, so ist das Licht links oder rechts zirkular polarisiert. Zirkular polarisiertes Licht wird bei einer ganzen Reihe der zu besprechenden Meßverfahren gerne verwendet, weil es in zwei orthogonal polarisierte Komponenten zerlegt werden kann, deren Amplituden unabhängig von den Schwingungsrichtungen und gleich sind.

Trifft unpolarisiertes Licht auf einen realen Polarisator, der nicht nur die Komponenten mit einer einzigen Schwingungsrichtung durchläßt, so liegen kompliziertere Verhältnisse vor. Das durchgehende Licht kann dann als Gemisch von linear polarisiertem Licht mit einer Strahlungsflußdichte Φ_p und unpolarisiertem Licht mit einer Strahlungsflußdichte Φ_u betrachtet werden. Das Verhältnis $p = \Phi_p/(\Phi_p + \Phi_u)$ wird der Polarisationsgrad des teilpolarisierten Lichtes genannt.

1.7.1.2 Polarisation an Grenzflächen

Das in Abschnitt 1.2.1.2 besprochene unterschiedliche Verhalten von parallel und senkrecht zur Einfallsebene polarisierten Strahlen an Glasoberflächen bietet eine Möglichkeit, unpolarisiertes Licht linear zu polarisieren. Ist der Einfallswinkel α_1 gleich dem Brewsterwinkel $\alpha_B = \arctan(n_2/n_1)$, so werden nur die senkrecht zur Einfallsebene, d.h. parallel zur Oberfläche schwingenden Komponenten der Wellenzüge reflektiert. Das reflektierte Licht ist hier also streng linear polarisiert, während das gebrochene aus einem Gemisch von parallel und senkrecht zur Einfallsebene schwingenden Komponenten besteht. Allerdings beträgt der Reflexionsgrad bei $n_1=1$ und $n_2=1,5$ oder $n_1=1,5$ und $n_2=1$ nur $R_\ominus(\alpha_B)=0.148$. Bei unpolarisiert einfallendem Licht entfällt nur die Hälfte der Strahlungsflußdichte auf die senkrecht zur Einfallsebene schwingenden Komponenten der Wellenzüge. Nur 7,4 % der gesamten Strahlungsflußdichte werden reflektiert. Der Reflexionsgrad kann durch die in Abschnitt 1.6.1.2 besprochene Vielwelleninterferenz der in einem Stapel von Schichten mit abwechselnd hoher und niedriger Brechzahl reflektierten Teilwellen gesteigert werden. Dazu müssen die optischen Wege schräg durch die Schichten $\lambda/4$ betragen. Der Gesamtreflexionsgrad R_g eines Stapels von m Schichten mit dem Reflexionsgrad R der einzelnen Grenzfläche kann dann mit der folgenden Formel berechnet werden:

$$R_g = \tan h^2 \left[(m+1)\arc \tan h \sqrt{R_\ominus} \right] \tag{1}$$

Bei $n_1=1,52$ und $n_2=2,40$ ist z.B. $\alpha_1=57,67°$ mit $\sqrt{R_\ominus}=0,428$. Schon drei hoch und zwei niedrig brechende Schichten zwischen Glas mit n_1 erhöhen den Gesamtreflexionsgrad auf $R_g=0.983$. Mit solchen Schichtstapeln können also Interferenzspiegel hergestellt werden, die die senkrecht zur Einfallsebene schwingenden Komponenten praktisch vollständig reflektieren, während sie die parallel zur Einfallsebene schwingenden Komponenten vollständig durchlassen. Sowohl das reflektierte wie auch das durchgelassene Licht ist dann linear polarisiert. Spiegel solcher Art werden in Polarisationsstrahlteilerwürfeln verwendet.

Eine gewisse Polarisation unpolarisierten Lichtes tritt auch bei der schiefen Reflexion an Metallspiegeln auf. Auch hier wird die parallel zur Einfallsebene schwingende Komponente weniger als die andere reflektiert. Der in Abschnitt 1.2.1.3 betrachtete Amplitudenreflexionskoeffizient wird aber bei keinem Einfallswinkel gleich Null, sondern durchläuft lediglich bei einem relativ großen sog. Haupteinfallswinkel ein relativ hohes Minimum. Lineare Polarisation läßt sich damit nicht erzielen. Außerdem hängen die Verhältnisse stark und in schwer kontrollierbarer Weise von der Politur, Oxydation und Adsorption ab. Linear polarisiertes Licht wird bei der Reflexion elliptisch polarisiert. Dieser Sachverhalt macht die Verwendung von Metallspiegeln bei all jenen Meßverfahren problematisch, bei denen es auf möglichst gute lineare Polarisation ankommt.

1.7.1.3 Doppelbrechung

Im Kristall können die elektrischen Verschiebungen $\vec{D}$ andere Richtungen als die elektrischen Feldstärken $\vec{E}$ haben. An die Stelle der in amorphen Medien geltenden Proportionalität $\vec{D}=\varepsilon\vec{E}$ tritt der folgende Zusammenhang:

$$
\begin{aligned}
D_x &= \varepsilon_{11} E_x + \varepsilon_{12} E_y + \varepsilon_{13} E_z \\
D_y &= \varepsilon_{21} E_x + \varepsilon_{22} E_y + \varepsilon_{23} E_z \\
D_z &= \varepsilon_{31} E_x + \varepsilon_{32} E_y + \varepsilon_{33} E_z
\end{aligned}
$$

Die ε_{ik} sind die Koeffizienten des Tensors der Dielektrizitätskonstanten. Es handelt sich um einen symmetrischen Tensor mit $\varepsilon_{ik}=\varepsilon_{ki}$. Wenn der Kristall unmagnetisch und durchsichtig ist, so bleibt dabei wie im amorphen Medium $\vec{B}=\mu\vec{H}$. Für eine den Kristall durchlaufende elektromagnetische Welle ergibt sich, daß der $\vec{E}$-normale Poyntingvektor $\vec{S}$ eine andere Richtung als die $\vec{D}$-normale Phasenflächennormale $\vec{N}$ haben kann. All diese Vektoren stehen jedoch wie in **Fig.** 1713-1 senkrecht auf dem der magnetischen Feldstärke $\vec{H}$. Im Kristall hat man also zwischen dem Strahl in Richtung von $\vec{S}$ und der Wellennormalen in Richtung von $\vec{N}$ zu unterscheiden. Außerdem ergibt sich, daß nur linear polarisierte Strahlen möglich sind. Bei gegebener Richtung des Strahls kann $\vec{E}$ und bei gegebener Richtung der Wellennormalen kann $\vec{D}$ nur eine von zwei orthogonalen Richtungen haben. $\vec{D}$ pflanzt sich bei der einen Schwingungsrichtung mit einer anderen Phasengeschwindigkeit als bei der anderen fort. Dies hat zur Folge, daß ein unpolarisiert oder irgendwie polarisiert in den Kristall eintretender Strahl im allgemeinen in zwei orthogonal linear polarisierte Strahlen zerlegt wird. Dieser Vorgang wird Doppelbrechung genannt.

Die Berechnung der Doppelbrechung ist im allgemeinen mühsam. Man kann die beiden gebrochenen Strahlen aber leicht konstruieren, wenn die Strahlenfläche des Kristalls bekannt ist. Sie ist der geometrische Ort all jener Punkte, welche eine zur Zeit t=0 von einem Kristallpunkt ausgehende Wellenphasenfläche zu einer vorgegebnen Zeit t>0 erreicht. Sie ist zweischalig, weil sich orthogonal schwingende Wellen verschieden ausbreiten. Bei optisch 1-achsigen Kristallen haben die beiden Schalen z.B. die in **Fig.** 1713-2 skizzierte Form. Die Welle kommt bis zur Kugel, wenn $\vec{D}$ in jeder von der optischen Achse und den Wellennormalen aufgespannten Ebene senkrecht zu dieser schwingt. Sie kommt bis zum Rotationsellipsoid, wenn $\vec{D}$ in den betreffenden Ebenen bleibt. Ebenso sehen die Elementarwellen aus, die beim Eintritt einer Welle die in den Kristall hineinlaufenden Wellen bilden. **Fig.** 1713-3 zeigt den Vorgang beim frontalen Eintritt einer ebenen Welle durch eine ebene Oberfläche, die senkrecht auf der die optische Achse enthaltenden Zeichenebene steht. Der gebrochene Strahl geht vom Ursprung einer Elementarwelle durch jenen Punkt S, in welchem die resultierende Welle die Elementarwelle berührt. S bewegt sich in Richtung des Strahls mit der sogenannten Strahlgeschwindigkeit c_S und in Richtung der Wellennormalen mit der sogenannten Normalengeschwindigkeit (Phasenge-

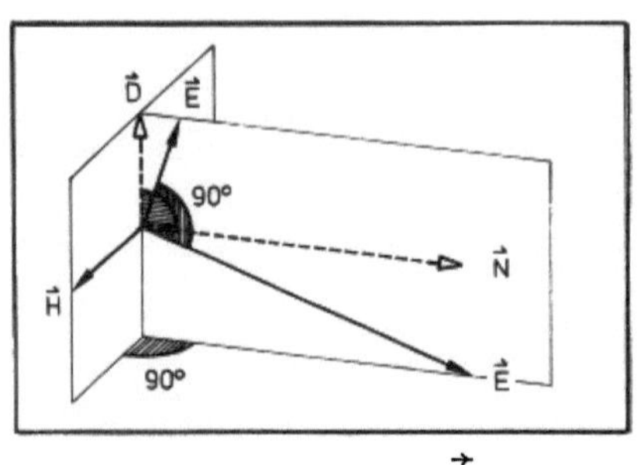

1: Wellennormale $\vec{N}$

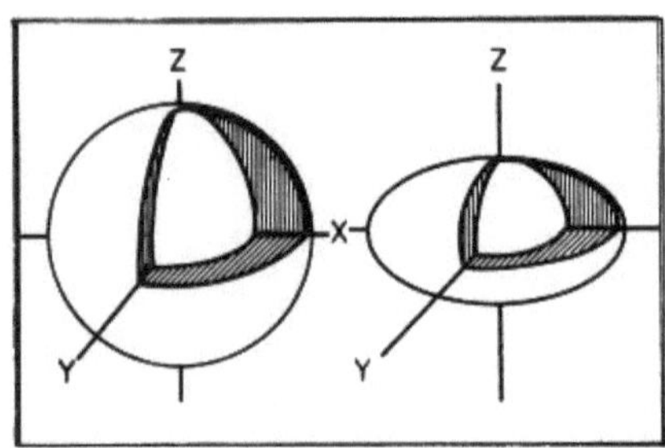

2: Strahlenfläche

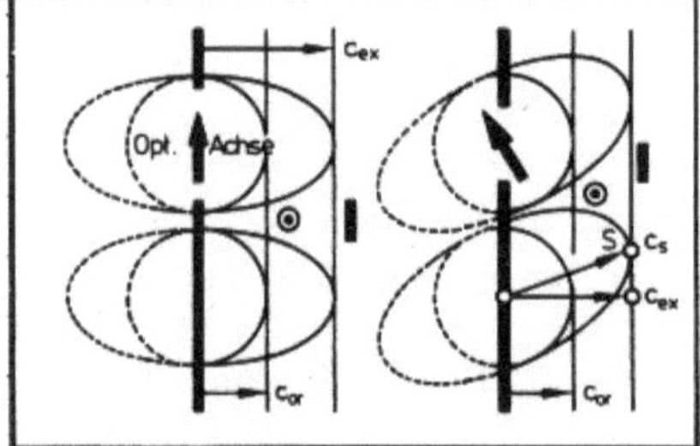

3: Elementarwellen

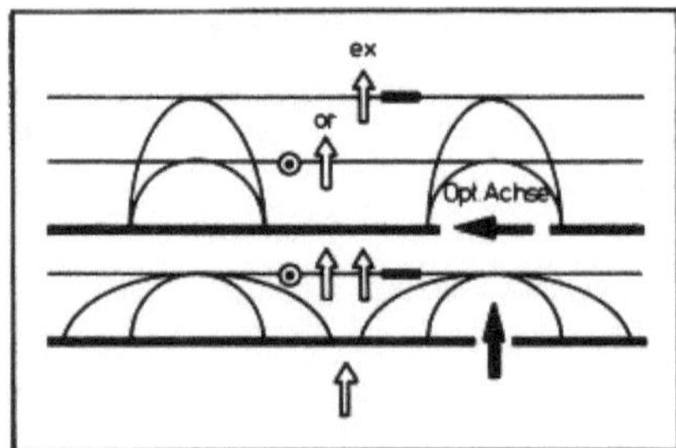

4: Elementarwellen

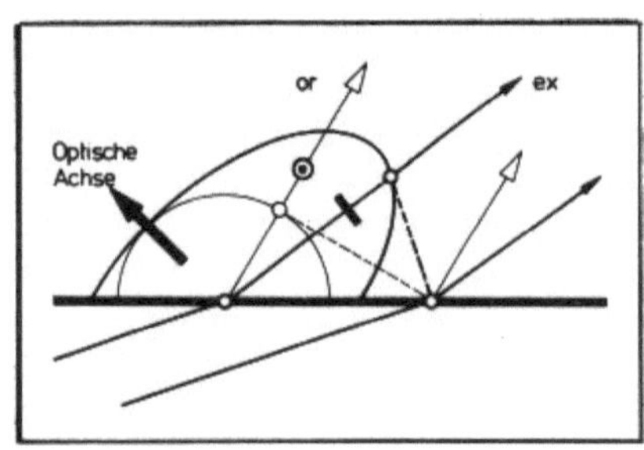

5: Strahlenkonstruktion

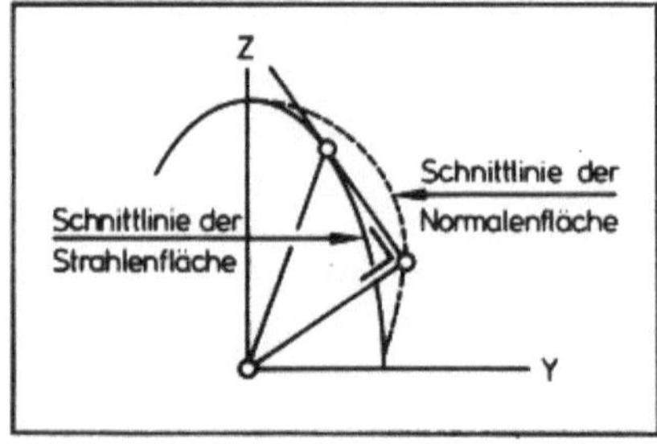

6: Normalenfläche

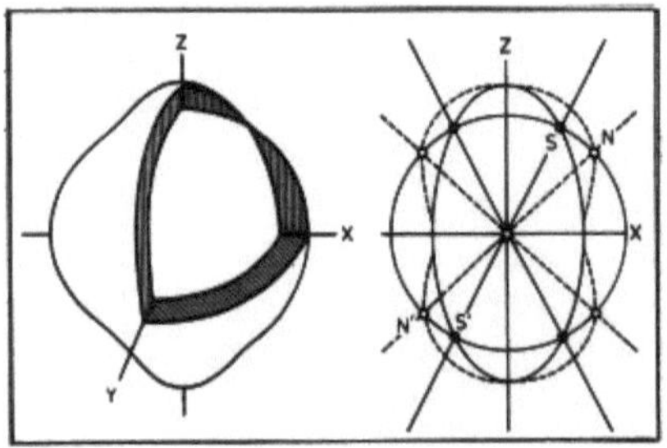

7: Zweiachsiger Kristall

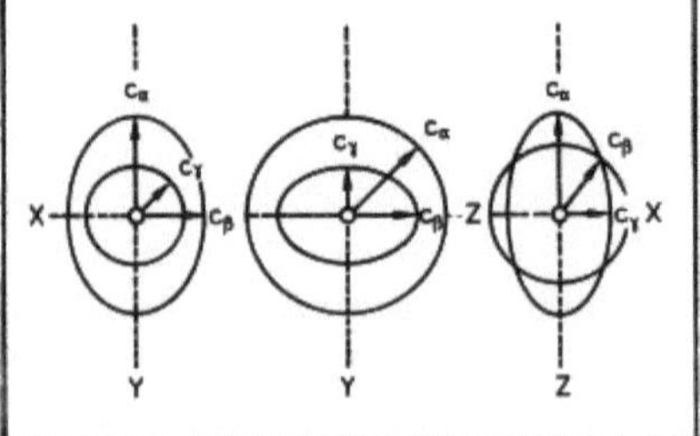

8: Strahlenfläche

Fig. 1713: Doppelbrechung

schwindigkeit) c. Schwingt $\vec{E}$ senkrecht zur Ebene der optischen Achse und der Wellennormalen, so hat der Strahl dieselbe Richtung wie die Wellennormale, und ist $c_S=c$. Ein solcher Strahl ist ein ordentlicher Strahl (or=ordinaire). Die Normalengeschwindigkeit wird in diesem Fall mit c_{or} und die Brechzahl wird mit $n_{or}=c_0/c_{or}$ bezeichnet. Schwingt $\vec{E}$ hingegen in der Ebene der optischen Achse und der Wellennormalen, so ist $c_S \neq c$. Ein solcher Strahl ist ein außerordentlicher Strahl (ex=extraordinaire). In **Fig. 1713-3** links hat er dennoch dieselbe Richtung wie die Wellennormale, weil E senkrecht zur optischen Achse schwingt. In diesem Fall ist der Unterschied zwischen c_S und c am größten. Die Normalengeschwindigkeit wird mit c_{ex} und die Brechzahl mit $n_{ex}=c_0/c_{ex}$ bezeichnet. Im allgemeinen hat der außerordentliche Strahl aber auch wie in **Fig. 1713-3** rechts eine andere Richtung als die Wellennormale. Ein unpolarisiert oder irgendwie polarisiert eintretender Strahl wird in einen ordentlichen und außerordentlichen zerlegt. Nur in den zwei in **Fig. 1713-4** skizzierten Sonderfällen laufen diese beiden Strahlen kollinear.

Fig. 1713-5 erklärt die Konstruktion der Strahlen und Wellennormalen bei schiefem Strahleintritt. Die Wellennormalen können mit dem Snelliusschen Brechungsgesetz berechnet werden. Für den ordentlichen Strahl bedeutet dies, daß auch er dieses Brechungsgesetz befolgt. Die **Fig. 1713-3** rechts zeigt, daß dies für den außerordentlichen Strahl nicht zutrifft.

Ein vom Mittelpunkt der Strahlenfläche bis zu dieser gezogener Vektor gibt die Strahlgeschwindigkeit c_S in der betreffenden Richtung an. Neben dieser graphischen Darstellung der Strahlgeschwindigkeiten wird gelegentlich die entsprechende der Normalengeschwindigkeiten gebraucht. Die Spitzen ihrer Vektoren liegen auf der sogenannten Normalenfläche. **Fig. 1713-6** erklärt, wie die Normalenfläche bei gegebener Strahlenfläche oder umgekehrt konstruiert werden kann. Auch die Normalenfläche hat zwei Schalen. Beim optisch 1-achsigen Kristall wird aus der Kugel die gleiche Kugel, wird aber aus dem Rotationselliposid der Strahlenfläche ein Ovaloid der Normalenfläche. Die Normalenfläche hilft insbesondere, die Doppelbrechung im optisch 2-achsigen Kristall zu beschreiben. Die Verhältnisse sind hier erheblich komplizierter. Die Strahlenfläche sieht z.B. wie in **Fig. 1713-7** links aus. Die Koordinatenachsen X,Y,Z sind in die Richtungen der Symmetrieachsen (kristallographischen Achsen) des Kristalls gelegt. Die Strahlenfläche ist keine Rotationsfläche. Die innere Schale berührt die äußere in zwei Paaren gegenüberliegender Nabelpunkte S_1,S_1' und S_2,S_2'. Die durch den Mittelpunkt gehenden Strecken S_1S_1' und S_2S_2' sind die Strahlenachsen oder Biradialen. In ihren Richtungen existiert nur eine Strahlgeschwindigkeit bei zwei möglichen Normalengeschwindigkeiten. Die in **Fig. 1713-8** gezeichneten Schnittlinien in den Ebenen X=0,Y=0,Z=0 zerfallen in Kreise und Ellipsen. Hier bestehen die der Zeichnung zu entnehmenden Zusammenhänge zwischen den Strahlgeschwindigkeiten $c_{S\alpha}>c_{S\beta}>c_{S\gamma}$ in den Richtungen der Achsen. Beim Übergang von der Strahlenfläche zur Normalenfläche bleiben die Kreise unverändert. An die

Stelle der Ellipsen treten Ovale. Diese berühren die Ellipsen in den End-
punkten ihrer Achsen. In Richtung dieser Achsen sind also die
Normalengeschwindigkeiten gleich den Strahlgeschwindigkeiten. Es gilt
$c_\alpha = c_{S\alpha}$, $c_\beta = c_{S\beta}$, $c_\gamma = c_{S\gamma}$. Diese Geschwindigkeiten spielen also eine besondere Rolle. Sie werden die Hauptlichtgeschwindigkeiten des Kristalls
genannt. In Tabellen werden die Brechzahlen $n_\alpha = c_0/c_\alpha$, $n_\beta = c_0/c_\beta$, $n_\gamma = c_0/c_\gamma$
als die Hauptbrechzahlen des Kristalls angegeben. In der Ebene Y=0 wird
der Kreis vom Oval wie in **Fig. 1713-7** rechts in zwei Paaren gegenüberliegender Punkte N_1, N_1' und N_2, N_2' geschnitten. Es handelt sich wiederum um
Nabelpunkte. Die durch den Mittelpunkt gehenden Strecken $N_1 N_1'$ und $N_2 N_2'$
sind die zwei optischen Achsen oder Binormalen. In ihren Richtungen existiert nur eine Normalengeschwindigkeit bei zwei möglichen Strahlgeschwindigkeiten . Die Z-Achse ist im gezeichneten Fall die sogenannte
spitze Bisektrix und die X-Achse die stumpfe Bisektrix. Die optischen
Achsen fallen nicht mit den Strahlenachsen zusammen. Das trifft erst zu,
wenn beim optisch 1-achsigen Kristall aus den beiden Achsen eine einzige
wird. Beim 2-achsigen gehören zu der Wellennormalen in Richtung einer
optischen Achse unendlich viele Strahlen und zu einem Strahl in Richtung
einer Strahlenachse unendlich viele Wellennormalen. Dieser Sachverhalt
erklärt konische Aufspaltungen von Strahlenbündeln, die in den betreffenden Richtungen eintreten. Bei den uns interessierenden
Anwendungen der Doppelbrechung sind solche konischen Refraktionen zu vermeiden. Bei geeignetem Schnitt und parallel einfallenden Strahlen werden
aus den im allgemeinen überaus komplizierten Zusammenhängen ebenso einfache wie beim 1-achsigen Kristall. Auch der 2-achsige kann dann z.B. wie
der 1-achsige als Strahlteiler oder Phasenschieber verwendet werden.

Ob ein Kristall 1-achsig oder 2-achsig ist, hängt von seinen Symmetrien ab
d.h. von den Drehungen, Spiegelungen und Drehspiegelungen, mit denen seine Struktur in nicht unterscheidbare Lagen gebracht werden kann. Die insgesamt 32 möglichen Symmetrieklassen der Kristalle werden in 6 Symmetrie-
systemen eingeordnet, die sich hinsichtlich der Orientierungen und Zählig-
keiten der Drehachsen unterscheiden [710-714]. Optisch machen sich die
unterschiedlichen Symmetrien jedoch nur auf 3 verschiedene Weisen bemerkbar. Die Kristalle des kubischen (regulären) Systems sind optisch
isotrop. Die Doppelbrechung tritt hier nicht auf. Die Kristalle des te-
tragonalen und des hexagonalen Systems einschließlich der trigonalen
Abteilung haben nur eine einzige optische Achse. Diese hat die Richtung
der längsten kristallographischen Achse. Von solchen Kristallen werden
für die zu besprechenden Meßverfahren insbesondere der Quarz SiO_2 und der
Kalkspat $CaCO_3$ gebraucht. In der folgenden Tabelle sind die ordentlichen
und außerordentlichen Brechzahlen dieser beiden Kristalle bei der Frequenz der Na(D)-Linie gegenübergestellt.

Quarz kommt in zwei spiegelbildlichen (enanthiomorphen) Modifikationen
wie in **Fig. 1713-9** vor. Die Brechzahlen n_{or} und n_{ex} dieser beiden Linksquarz und Rechtsquarz genannten Modifikationen sind gleich. Es besteht

Kristall	optisch	n_{or}	n_{ex}
Quarz	positiv	1,5442	1,5553
Kalkspat	negativ	1,6584	1,4864

Tab. 1713-1:   Brechzahlen einachsiger Kristalle (NaD)

jedoch ein im nächsten Abschnitt zu besprechender Unterschied der Fortpflanzung polarisierten Lichtes in Richtung der optischen Achse, der bei gewissen Kombinationen von Quarzprismen mit gekreuzten optischen Achsen beachtet werden muß. Quarz ist optisch positiv ($n_{ex}>n_{or}$). Kalkspat ist optisch negativ ($n_{ex}<n_{or}$). Seine Doppelbrechung ist stärker als die von Quarz. Der Rohkristall kann leicht in Rhomboeder mit der in **Fig. 1713-10** skizzierten Lage der optischen Achse gespalten werden. Die Kristalle des rhombischen, monoklinen und triklinen Systems sind optisch 2-achsig. Von solchen werden gelegentlich der Gips $CaSO_4$ und der Glimmer gebraucht, weil mit ihnen die Herstellung extrem dünner Kristallscheiben gelingt. Die folgende Tabelle informiert über ihre Hauptbrechzahlen:

Kristall	n_{α}	n_{β}	n_{γ}
Gips	1,5208	1,5228	1,5298
Glimmer	1,5612	1,5944	1,5993

Tab. 1713-2:   Hauptbrechzahlen zweiachsiger Kristalle (NaD)

Glimmer besteht aus zweidimensionalen Netzen von SiO_4-Tetraedern. Beim natürlich vorkommenden Kaliglimmer (Muskovit), Magnesiumglimmer, Lithionglimmer (Lepidolith) und Lithioneisenglimmer (Zinnwaldit) bewirken Verunreinigungen eine leichte Färbung. Glimmer wird aber auch reintransparent hergestellt. Die Netze liegen in der X,Z-Ebene. Bei senkrechter Durchstrahlung werden die Hauptbrechzahlen n_{α} und n_{γ}, wirksam. Der Strahl wird in kollineare und parallel zu den Achsen der X,Z-Ebene polarisierte Teilstrahlen zerlegt.

Auch die Brechzahlen der Kristalle hängen von der Lichtfrequenz ab. Quarz- und Kalkspat zeigen z.B. im Sichtbaren die in **Fig. 1713-11 und 12** graphisch dargestellte Dispersion. In absorbierenden Kristallen ist die Dispersion viel stärker. Dort kann es zum Schnitt der Brechzahlkurven kommen. Manchmal sind die beiden Teilstrahlen dann nicht linear, sondern im allgemeinen elliptisch und in 4 besonderen Richtungen 2-achsiger Kristal-

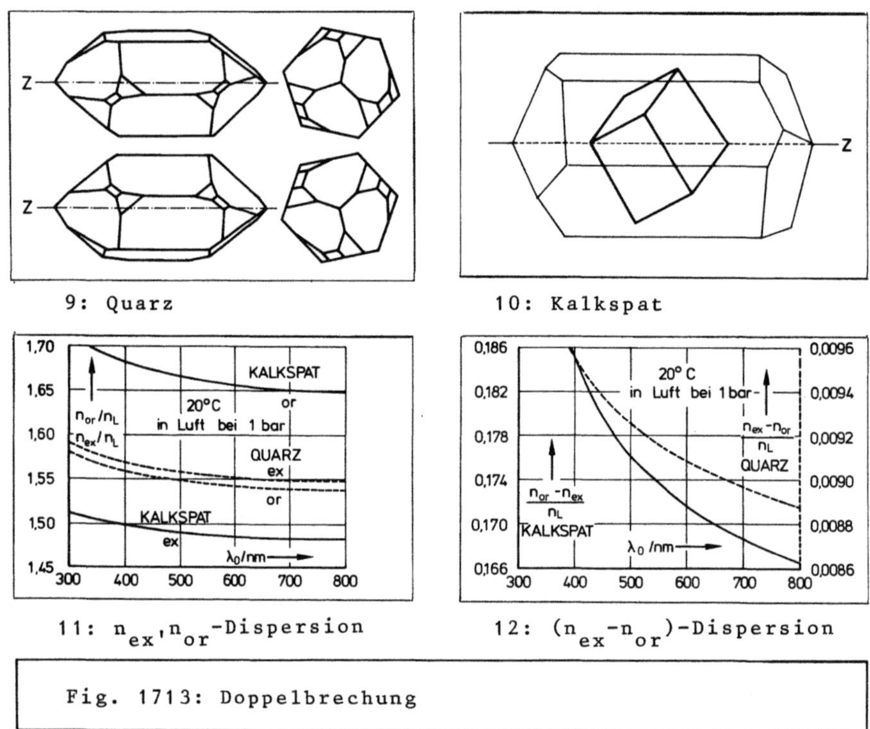

9: Quarz   10: Kalkspat

11: n_{ex}, n_{or}-Dispersion   12: $(n_{ex}-n_{or})$-Dispersion

Fig. 1713: Doppelbrechung

le sogar zirkular polarisiert. Die Absorption kann von der Schwingungsrichtung abhängen. So wird z.B. vom grünen Turmalin der ordentliche Strahl so stark absorbiert, daß schon nach 1 mm Weg praktisch nur noch der außerordentliche übrigbleibt. Dieser bei 1-achsigen Kristallen Dichroismus und bei 2-achsigen Trichroismus genannte Effekt ermöglicht die Herstellung von großflächigen Polarisationsfiltern.

Die Doppelbrechung kann mit einem elektrischen oder magnetischen Feld geändert werden. Ihre Änderung durch ein elektrisches Feld heißt Pockelseffekt [715]. Dieser ermöglicht den Bau elektrisch gesteuerter Phasenschieber und wird in Abschnitt 1.7.2.3 besprochen. Die Änderung durch ein magnetisches Feld heißt Voigteffekt [716]. Dieser hat noch keine Anwendung gefunden, weil zur Erzeugung des Magnetfeldes ein sehr hoher und schwer zu schaltender Strom erforderlich ist. Es handelt sich um zwei lineare Effekte, bei denen die Änderung der Differenz von Hauptbrechzahlen zur Feldstärke proportional ist. Außerdem gibt es zwei quadratische Effekte, mit denen in amorphen Substanzen eine mit dem Quadrat der Feldstärke wachsende Doppelbrechung induziert werden kann. Die Induzierung mit einem elektrischen Feld heißt Kerreffekt [717]. Sie wird ebenfalls in Abschnitt 1.7.2.3 besprochen. Die mit einem magnetischen Feld heißt Cotton/Mouton-Effekt [718]. Hier werden noch höhere Ströme als beim Voigteffekt benötigt. Auch mechanische Deformation kann Doppelbrechung ändern oder induzieren. Ein solcher Effekt ist bei den zu besprechenden Meßverfahren zu vermeiden. Ansonsten gehört aber die Spannungsoptik nicht zu den Themen des vorliegenden Buches.

Doppelbrechung kommt auch bei Flüssigkeiten vor. Insbesondere viele organische Substanzen zeigen in einem gewissen Temperaturbereich zwischen dem Schmelzpunkt und dem Klärpunkt ein kristallines Verhalten. Wir kommen in Abschnitt 2.3.4.2 darauf zurück.

1.7.1.4 Drehung der Schwingebene

In vielen Substanzen pflanzt sich die rechtszirkularpolarisierte Welle mit einer anderen Geschwindigkeit als die linkszirkularpolarisierte fort. Diese Erscheinung wird zirkulare Doppelbrechung genannt. Dabei kann die Geschwindigkeit der rechtszirkularen Welle die größere oder kleinere sein. Eine linearpolarisierte Welle kann wie in **Fig. 1714-1** als resultierend aus einer rechts- und einer linkszirkularen mit gleicher Frequenz, gleicher Amplitude und gleicher Fortpflanzungsrichtung aufgefaßt werden. Verzögerung der einen gegenüber der anderen zirkularen Komponente führt zu einer Drehung der Polarisationsrichtung der resultierenden Welle wie in **Fig. 1714-2**. Dabei hängt die Drehung α folgendermaßen mit den Fortpflanzungsgeschwindigkeiten c_R der rechts- und c_L der linkszirkularen Komponente oder den betreffenden Brechzahlen $n_R = c_0/c_R$ und $n_L = c_0/c_L$ sowie mit dem zurückgelegten Weg 1 zusammen:

$$\alpha = \pi\nu l\left(\frac{1}{c_L} - \frac{1}{c_R}\right) = \frac{\pi l}{\lambda_0}(n_L - n_R) \tag{1}$$

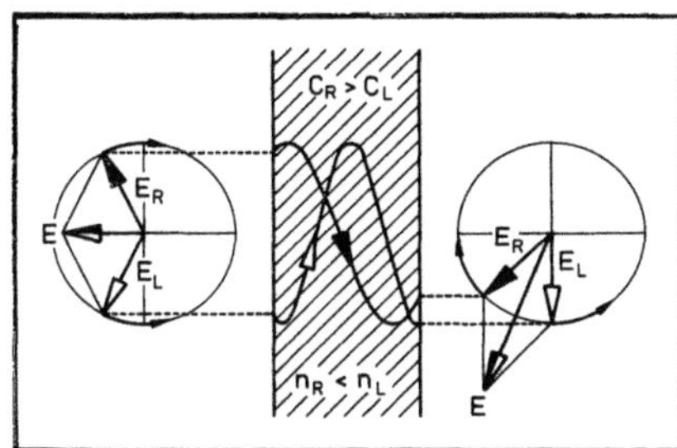

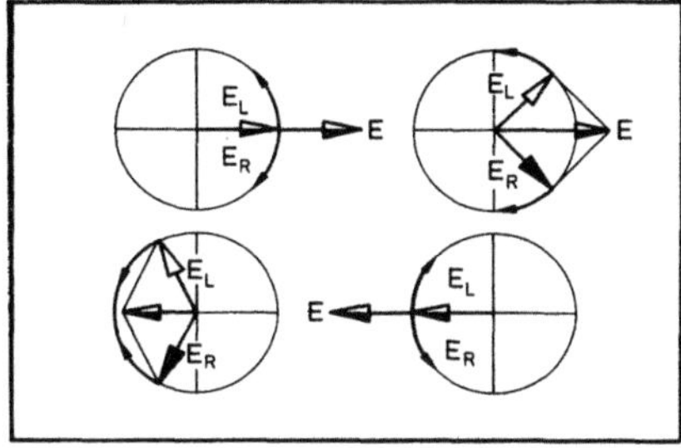

1: Zirkulare Komponenten   2: Resultierende Drehung

Fig. 1714: Drehung der Schwingebene

250

Substanzen, die so die Polarisationsrichtung linearpolarisierten Lichtes
drehen, werden optisch aktiv genannt. In Tabellen wird für reine Substanzen das Drehvermögen α/l und für gelöste Substanzen mit einer Konzentration γ das spezifische Drehvermögen $\alpha/\gamma l$ angegeben, wobei für γ unterschiedliche Einheiten verwendet werden. Man nennt die Substanz rechtsdre-
hend und das Drehvermögen positiv, wenn die Drehung bei Blick gegen die
Fortpflanzungsrichtung als eine im Uhrzeigersinn erfolgende gesehen
wird, wenn sich also der Feldvektor in Fortpflanzungsrichtung links-
schraubend fortpflanzt.

Die optische Aktivität tritt nicht nur in Kristallen, sondern auch in
amorphen festen Substanzen, auch in Flüssigkeiten bei allen Temperaturen
und sogar in Gasen auf. Sie ist hier auf eine Eigenschaft der Moleküle
zurückzuführen. Bei doppelbrechenden Kristallen kann sie nur in Richtung
der optischen Achsen beobachtet werden. Der für uns wichtigste Vertreter
der optisch aktiven Kristalle ist der Quarz. Die Namen Rechtsquarz und
Linksquarz der beiden enantiomorphen (entgegengesetzt gestalteten)
Quarzmodifikationen nennen den Drehsinn ihrer optischen Aktivitäten. Das
Drehvermögen $\alpha/l=21{,}7$ Grad/mm bei der Frequenz der $N_a(D)$-Linie ist ziem-
lich groß. Von den Drehvermögen der Flüssigkeiten sind die von
Zuckerlösungen wohlbekannt, weil sie zur Bestimmung von Zuckerkonzentra-
tionen mit dem Saccharimeter (Polarimeter) verwendet werden. Eine wäßrige
Lösung von γ Gramm Rohrzucker pro Gramm Wasser hat das spezifische Drehvermögen $\alpha/\gamma l=66{,}5°/10cm$. Dies bedeutet, daß z.B. 1g Rohrzucker in $100cm^3$
Wasser auf dem Weg $l=20cm$ um den Winkel $\alpha=66{,}5\cdot2\cdot0{,}01$Grad$=1{,}33$Grad dreht.
Auch amorphe Substanzen kommen als enantiomorphe Modifikationen vor. Im
1:1-Gemisch eines enantiomorphen Substanzpaares heben sich die entgegengesetzten Drehungen auf. Ein solches Gemisch heißt razemisch. Bei den zu
besprechenden Meßverfahren wurde die natürliche Drehung von optisch aktiven Substanzen bisher nicht verwendet, wohl aber die Tatsache, daß die
optische Aktivität in einigen Substanzen mit einem Magnetfeld induziert
werden kann. Dieser sogenannte Faradayeffekt wird in Abschnitt 1.7.2.4
und eine seiner Anwendungen wird in Abschnitt 2.4.1.2 besprochen.

1.7.2 Polarisationsoptische Bauteile

1.7.2.1 Polarisatoren

Früher wurde die Linearpolarisation unpolarisierten Lichtes gerne mit dem sog. Nicolprisma vorgenommen (W. Nicol 1828). Dieses Prisma wird folgendermaßen aus dem in **Fig.** 1721-1 skizzierten Kalkspatrhomboeder hergestellt. Zunächst werden die Endflächen so weit abgeschliffen, bis die neuen Endflächen mit den Längskanten des Hauptschnitts statt des Winkels 70°52' nur noch den Winkel 68° bilden. Dann wird der Kristall in jener Ebene zerschnitten, welche senkrecht auf den neuen Endflächen und auf dem Hauptschnitt steht. Die beiden Hälften werden schließlich mit Kanadabalsam in ihrer ursprünglichen Lage zusammengekittet. **Fig.** 1721-2 zeigt einen Strahlengang im Hauptschnitt. Der parallel zu den Längskanten einfallende Strahl wird in einen ordentlichen und außerordentlichen Strahl gespalten. Der E-Vektor des ordentlichen schwingt senkrecht und der des außerordentlichen parallel zur Zeichenebene. Wegen $n_{or} > n_{ex}$ wird der ordentliche stärker als der außerordentliche Strahl gebrochen. Der ordentliche trifft an der Schnittfläche auf den optisch dünneren Kitt, wird dort total reflektiert und wird schließlich von der Prismenfassung absorbiert. Der außerordentliche Strahl trifft an der Schnittfläche auf den optisch dickeren Kitt, geht hindurch und verläßt das Prisma mit einer kleinen seitlichen Versetzung. Das Prisma wird auf Wunsch eingekittet in eine

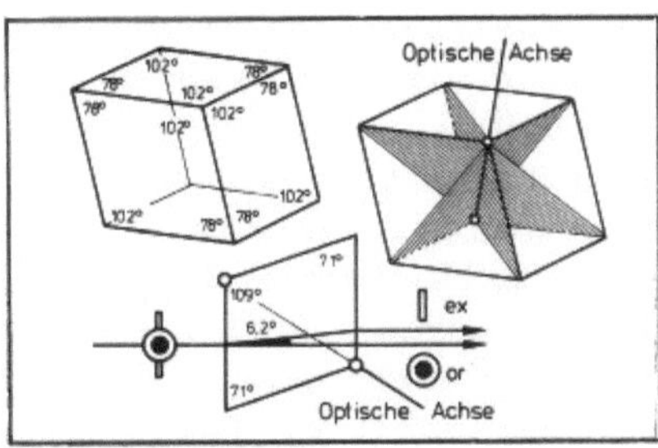

1: Kalkspatrhomboeder

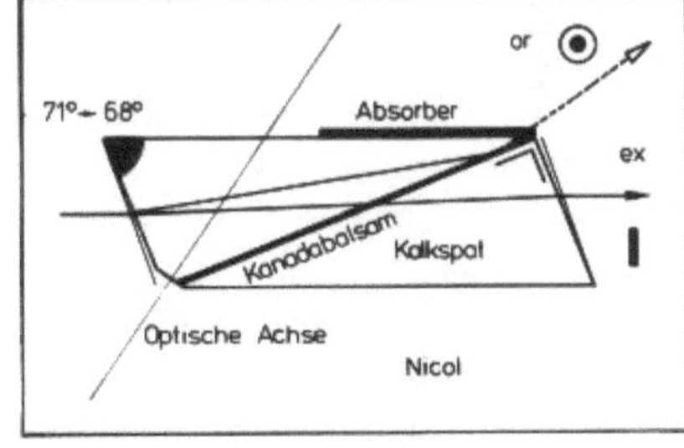

2: Nicolprisma

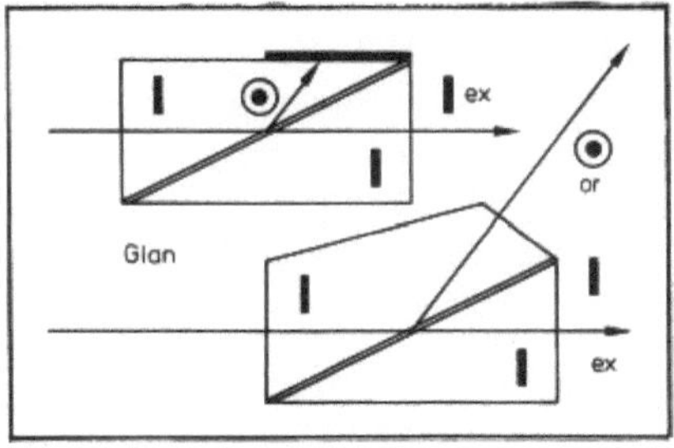

3: Glan/Thompson

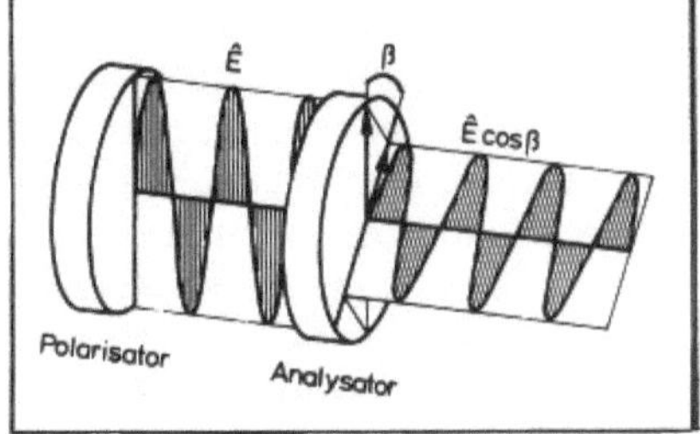

4: Zwei Polarisationsfilter

Fig. 1721: Polarisatoren

zylindrische Hülse geliefert. Der E-Vektor des austretenden Strahls schwingt in Richtung der kurzen Diagonalen des Rhombus, den man beim Blick in die Hülse sieht.

Drehung des Nicolprismas um den eintretenden schwenkt den austretenden Strahl. Außerdem erschweren der schiefe Strahleintritt, die große Länge und die unhandliche Form den Einsatz des Prismas. Der schiefe Strahleintritt wird bei dem in Fig. 1721-3 skizzierten Glan/Thompson-Prisma vermieden (P. Glan 1877, S.P.Thompson 1883). Seine beiden Hälften werden in ganz anderer Weise aus einem Kalkspatrhomboeder herausgeschnitten und mit Kanadabalsam zu einem Quader zusammengekittet. Beide Hälften haben endflächenparallele optische Achsen. Beim Glan/Foucault-Prisma (J.B.L. Foucault 1819-1868) verkleinert eine Luftschicht an Stelle der Kittschicht den Grenzwinkel der Totalreflexion. Dadurch wird eine steilere Schnittfläche, d.h. eine kürzere Prismenlänge möglich. Die Luftschicht hat noch zwei weitere Vorteile: Das Prisma wird so vom IR bis ins UV transparent. Außerdem verträgt es dauernde Strahlungsflußdichten bis etwa 100 W/cm^2 statt der etwa $1W/cm^2$, bei denen die Erwärmung anfängt, die Kittschicht zu trüben. Es sind noch zahlreiche andere Polarisationsprismen bekannt, die mit der Totalreflexion entweder den ordentlichen oder den außerordentlichen Strahl absondern [719].

Bei bescheidenen Ansprüchen hinsichtlich der Transparenz und des Polarisationsgrades können billigere Polarisationsfilter genügen. Diese benutzen den Dichroismus. So heißt die Eigenschaft doppelbrechender Medien, den außerordentlichen Strahl bei anderen Wellenlängen als den ordentlichen zu absorbieren. Bei einigen Kristallen wird im gesamten sichtbaren Spektralbereich der eine Strahl so stark und der andere so schwach absorbiert, daß schon eine dünne Einkristallscheibe oder daß winzige in eine Plastikfolie eingebettete und ausgerichtete Kristallnadeln genügen, um praktisch linear zu polarisieren. Einkristallscheiben oder Kristallnadeln des Herapathit genannten schwefelsauren Jodchinins sind gut geeignet.Die Scheiben werden zwischen Glasscheiben gekittet und als Bernotare (F. Bernauer) oder Herotare (W.B. Herapath) angeboten. Die ersten Folien mit ausgerichteten Mikrokristallen wurden 1928 von dem neunzehnjährigen Harvardstudenten E.H. Land hergestellt [720]. Damit begann die Entwicklung der Polaroidfolien unterschiedlicher Art. Von diesen hat die 1938 ebenfalls von E.H. Land entwickelte, mit Jod imprägnierte und mechanisch gereckte Polivinylfolie die weiteste Verbreitung gefunden. Hier werden nicht Kriställchen sondern Farbstoffmoleküle durch die Reckung ausgerichtet und dadurch zu sog. Dichromophoren. Die polarisierende Wirkung von ausgerichteten Farbstoffmolekülen wurde schon 1817 von D. Brewster bei einem Methylenblauanstrich einer Glasscheibe entdeckt. Heute wird sie vor allem zur Unterdrückung polarisierten Reflexlichtes bei der Photographie und zur Lichtschwächung mit Sonnenbrillen verwendet. Einige Polarisationsfilter solcher Art sind so gut, daß sie an Stelle von Polarisationsprismen eingesetzt werden können. Allerdings ist dabei zu beachten, daß sie auch für das durchgelassene und praktisch linear polarisierte Licht nicht vollkommen transparent sind. Mit den Transmissionsgraden T_P und T_S für die in Polarisationsrichtung und in Sperrichtung schwingenden Komponenten des unpolarisiert einfallenden Lichtes ergeben sich die folgenden Ausdrücke für den Gesamttransmissionsgrad T und Polarisationsgrad P:

$$T = \frac{T_P + T_S}{2} \quad ; \quad P = \frac{T_P - T_S}{T_P + T_S} \qquad (1)\,(2)$$

Werden zwei solche Polarisationsfilter wie in **Fig. 1721-4** mit einem Winkel β zwischen ihren Polarisationsrichtungen hintereinandergestellt, so ergibt sich bei Hellstellung mit $\beta=0$ ein Transmissionsgrad $T(0)$, bei Dunkelstellung mit $\beta=90°$ ein Transmissionsgrad $T(90°)$ und im allgemeinen der folgende Transmissionsgrad $T(\beta)$:

$$T(0) = \frac{T_P^2 + T_S^2}{2} \quad ; \quad T(90°) = T_P \cdot T_S \qquad (3)\,(4)$$

$$T(\beta) = T(90°) + [T(0) - T(90°)]\cos^2\beta \qquad (5)$$

Das Verhältnis $T(0)/T(90°)$ ist das sog. Löschungsvermögen der gekreuzten Polarisationsfilter (Polarisator und Analysator) für unpolarisiertes Licht. Fällt ideal linear polarisiertes Licht auf ein Polarisationsfilter, so ist hingegen beim Winkel β zwischen der Schwingungsrichtung und Polarisationsrichtung mit $T'(0)=T_P$, $T'(90°)=T_S$ und im allgemeinen mit dem folgenden $T'(\beta)$ zu rechnen:

$$T'(\beta) = T_S + (T_P - T_S)\cos^2\beta \qquad (6)$$

Dann ist T_P/T_S das Löschungsvermögen für linear polarisiertes Licht. Mit den typischen Werten $T_P=0,8$ und $T_S=0,008$ ergibt sich z.B. $T=0,404$, $P=0,980$, $T(0)=0,320$, $T(90°)=0,0064$, $T_P/T_S=100$, $T(0)/T(90°)=50$. Höhere T_P sind mit höheren T_S und darum mit kleineren P und höheren $T(90°)$ verbunden.

1.7.2.2 Polarisationsstrahlteiler

Die Polarisationsstrahlteiler zerlegen jeden mit der richtigen Fortpflanzungsrichtung eintretenden Wellenzug in zwei Teilwellenzüge mit orthogonalen Schwingungsrichtungen. Man kann sie als Polarisatoren benutzen, die unpolarisiertes Licht in zwei linear polarisierte Hälften spalten. Uns wird weniger diese Verwendung als vielmehr die zur Teilung linear polarisierter Strahlen in je zwei linear polarisierte Teilstrahlen mit orthogonalen Schwingungsrichtungen interessieren. Die Amplitudenverhältnisse kann man sich anhand der **Fig. 1711-2** überlegen. Bei einem Winkel $90°-\beta$ zwischen dem E-Vektor und der Zeichenebene wird die Amplitude

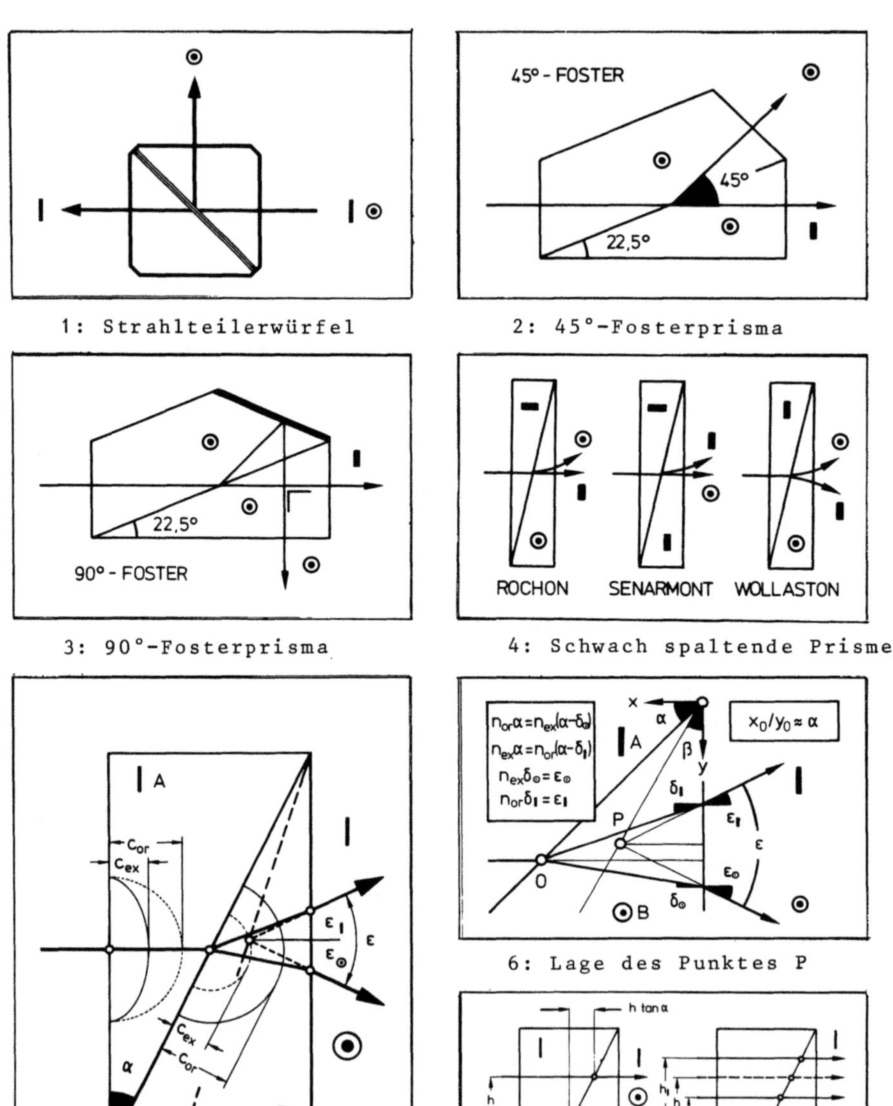

Fig. 1722: Polarisationsstrahlteiler

$\hat{E}$ in orthogonale Komponenten $\hat{E}_{\circ}=\hat{E}\cos\beta$ senkrecht zur Zeichenebene und $\hat{E}_{,}=\hat{E}\sin\beta$ in der Zeichenebene zerlegt. Die beiden Komponenten werden bei $\beta=45°$ gleich. Dann ist $\hat{E}_{\circ}=\hat{E}_{,}=\hat{E}/\sqrt{2}$. Polarisationsstrahlteiler können auf vielerlei verschiedene Weisen hergestellt werden. Welche für eine vorgesehene Verwendung geeignet ist, hängt vor allem von dem gewünschten Winkel ε zwischen den beiden Teilstrahlen ab. Soll dieser $\varepsilon=90°$ betragen, so ist der in **Fig. 1722-1** skizzierte Strahlteilerwürfel zu empfehlen. In ihm wird die Teilung mit dem in Abschnitt 1.6.1.4 besprochenen Interferenzspiegel vorgenommen. Der senkrecht in den Würfel eintretende und diagonal polarisierte Strahl wird in einen senkrecht und einen parallel zur Zeichenebene polarisierten Teilstrahl mit praktisch gleichen Amplituden geteilt. Die Spaltung in zwei orthogonal polarisierte und orthogonal austretende Teilstrahlen kann auch mit dem in **Fig. 1722-3** skizzierten Fosterprisma vorgenommen werden. Ohne den Spiegel treten die Teilstrahlen wie in **Fig. 1722-2** mit $\varepsilon=45°$ aus. Die Spaltung mit anderen großen Winkeln ε kann mit den in Abschnitt 1.7.2.1 besprochenen Polarisationsprismen erfolgen, indem der totalreflektierte Teilstrahl nicht absorbiert, sondern in die gewünschte Richtung gebrochen oder reflektiert wird.

Für die Spaltung in zwei Teilstrahlen mit kleinem Winkel ε kommen die in **Fig. 1722-4** skizzierten Polatisationsprismen in Betracht. Sie werden aus Quarz oder Kalkspat gefertigt. Alle drei bestehen aus zusammengekitteten Hälften mit gekreuzten optischen Achsen. Die unterschiedliche Orientierung der Achsen hat verschiedene Strahlengänge zur Folge. Durch das Rochonprisma (A.M. Rochon 1801) und das Sénarmontprisma (H. de Sénarmont 1857) geht der eine der beiden Teilstrahlen ungebrochen hindurch. Bei polychromatischem Licht hat dies den Vorteil, daß die Dispersion nur den gebrochenen Teilstrahl auffächert. Im Wollastonprisma (W.H. Wollaston 1820) werden beide Teilstrahlen gebrochen. Bei gleichem Prismenwinkel α verlassen sie das Prisma mit einem größeren Teilstrahlenwinkel ε. Die Winkelhalbierende hat praktisch die gleiche Richtung wie der einfallende Strahl. Wegen dieser Symmetrie wird bei den im vorliegenden Buch zu besprechenden Anwendungen dem Wollastonprisma der Vorzug gegeben.

Für einige Anwendungen muß der in **Fig. 1722-5** skizzierte Strahlengang im Wollastonprisma genau bekannt sein. Wir betrachten den bei Quarzprismen vorliegenden Fall $n_{ex}>n_{or}$ d.h. $c_{ex}<c_{or}$. Ein senkrecht eintretender und senkrecht zur Zeichenebene polarisierter Strahl durchsetzt das Prisma A als ordentlicher und das Prisma B als außerordentlicher Strahl. Er wird zum dickeren Ende des Prismas B hin gebrochen. Dabei gilt mit $r_L\approx1$:

$$n_{or}\sin\alpha = n_{ex}\sin(\alpha-\delta_{\circ}) \quad ; \quad n_{ex}\sin\delta_{\circ} = \sin\varepsilon_{\circ} \qquad (1)\,(2)$$

Ein senkrecht eintretender und parallel zur Zeichenebene polarisierter Strahl durchsetzt hingegen das Prisma A als außerordentlicher und das Prisma B als ordentlicher Strahl. Er wird zum dickeren Ende des Prismas A hin gebrochen. Dabei gilt:

$$n_{ex} \sin \alpha = n_{or} \sin(\alpha + \delta_1) \quad ; \quad n_{or} \sin \delta_1 = \sin \varepsilon_1 \qquad (3)\,(4)$$

Ein senkrecht eintretender und diagonal polarisierter Strahl wird also in zwei orthogonal polarisierte Teilstrahlen gespalten. Diese laufen bis zur Trennfläche kollinear, erfahren dort die Ablenkung δ_0 nach unten bzw. δ_1 nach oben, werden an der Austrittsfläche nochmals gebrochen und verlassen das Wollastonprisma mit den Winkeln ε_0 und ε_1 gegen die Flächennormale. Sie scheinen dann von einem Punkt P zwischen der Trennfläche und der Austrittsfläche zu kommen. Die Winkel δ_0 und δ_1 sind sehr klein. Mit $\cos\delta_0 \approx \cos\delta_1 \approx 1$ folgen aus den Gleichungen (1) bis (4) die Gleichungen:

$$\sin \varepsilon_0 = \sin \varepsilon_1 = (n_{ex} - n_{or}) \tan \alpha \qquad (5)\,(6)$$

Die Beträge ε_0 und ε_1 der Ablenkungen nach unten und oben sind gleich. Für den Winkel $\varepsilon = \varepsilon_0 + \varepsilon_1$ zwischen den beiden Teilstrahlen folgt:

$$\sin(\varepsilon/2) = (n_{ex} - n_{or}) \tan \alpha \qquad (7)$$

Bei kleinem Prismenwinkel α kann mit den Winkeln an Stelle der Winkelfunktionen gerechnet werden:

$$\varepsilon \approx 2(n_{ex} - n_{or})\,\alpha \qquad (8)$$

Die Lage des Punktes P kann dann mit den in **Fig. 1722-6** notierten Beziehungen abgeschätzt werden. Im dort eingezeichneten x,y-Koordinatensystem hat der Punkt P die folgenden Koordinaten x_P, y_P, wenn der Strahl im Punkt 0 mit den Koordinaten x_0, y_0 auf die Trennfläche trifft:

$$x_P = y_0 \frac{n_{ex} + n_{or}}{2 n_{ex} n_{or}} \cdot \alpha \quad ; \quad y_P = y_0 \left(1 + \frac{(n_{ex} - n_{or})^2}{2 n_{ex} n_{or}} \alpha^2\right) \qquad (9)\,(10)$$

Die seitliche Versetzung $y_P - y_0$ der Halbierenden des Winkels ε ist so klein, daß man sie meist vernachlässigen kann. Bei den Justierungen von optischen Anordnungen mit Wollastonprismen ist jedoch zu beachten, daß sich der Punkt P nicht in der Trennfläche mit dem Winkel α, sondern in einer Ebene mit dem folgenden Winkel β gegen die Austrittsfläche befindet:

$$\beta \approx \frac{x_P}{y_P} = \frac{n_{ex} + n_{or}}{2 n_{ex} n_{or}} \alpha \qquad (11)$$

Mit der Strahlspaltung ist im allgemeinen eine Phasenverschiebung $\Delta\varphi$ zwischen den Phasen der beiden Teilstrahlen verbunden. Bei senkrechtem oder fast senkrechtem Strahleintritt kann sie näherungsweise ohne Berücksichtigung der Strahlablenkungen anhand der **Fig. 1722-7** berechnet werden. Zielt der eintretende Strahl auf die Prismenmitte, so legen beide Teilstrahlen die eine Hälfte ihres Weges durch das Prisma als ordentliche und die andere Hälfte als außerordentliche Strahlen zurück. Dann ist $\Delta\varphi = 0$. Beim Abstand h des eintretenden Stahls von der Mitte des Prismas mit der Dicke d ist jedoch der $\circ$-Strahl auf dem langen Weg $d/2 + h\tan\alpha$ ein ordentlicher und auf dem kurzen Weg $d/2 - h\tan\alpha$ ein außerordentlicher Strahl, während der

I-Strahl auf dem langen Weg ein außerordentlicher und auf dem kurzen Weg ein ordentlicher Strahl ist. Die Laufzeiten durch das Prisma differieren:

$$t_I - t_\odot = 2(n_{ex} - n_{or})\,\frac{h}{c_0}\,\tan\alpha \qquad (12)$$

Mit $\lambda_0 = c_0\tau$ ergibt sich die Phasenverschiebung:

$$\frac{\Delta\varphi}{2\pi} = \frac{t_I - t_\odot}{\tau} = 2\,\frac{h}{\lambda_0}\,(n_{ex}-n_{or})\,\tan\alpha = \frac{h}{\lambda_0}\,\sin(\varepsilon/2) \qquad (13)$$

Bei kleinen ε ist die Rechnung mit $\Delta\varphi/2\pi = h\varepsilon/\lambda_0$ hinreichend genau. Bei verschiedenen $h_I \neq h_\odot$ der beiden Strahlen ist der Mittelwert $h=(h_I+h_\odot)/2$ einzusetzen.

Im Kalkspatprisma wird wegen $n_{ex} < n_{or}$, d.h. $c_{ex} > c_{or}$ nicht der $\odot$-Strahl, sondern der I-Strahl nach unten und nicht der I-Strahl, sondern der $\odot$-Strahl nach oben gebrochen. Hier ist darum in den Formeln (3),(11) und (13) n_{ex} und n_{or} zu vertauschen. In der folgenden Tabelle sind die ε/α, β/α und $h(\Delta\varphi=2\pi)$ von Prismen aus Quarz (SiO_2) und Kalkspat ($CaCO_3$) bei $\alpha=4°$ und bei zwei Vakuumwellenlängen λ_0 gegenübergestellt:

Prisma	λ_0/nm	$|n_{ex}-n_{or}|$	ε/α	β/α	$h(\Delta\varphi=2\pi)$/mm
SiO_2	632,8	0,009046	0,018	0,647	0,500
	514,5	0,009224	0,019	0,585	0,399
$CaCO_3$	632,8	0,170547	0,342	0,595	0,027
	514,5	0,175407	0,351	0,644	0,021

Tab. 1722-1: Wollastonprismen mit $\alpha = 4°$

Bei merklich schiefem Strahleintritt liegen erheblich komplizierte Verhältnisse vor, weil die Phasengeschwindigkeit c_{ex} von der Fortpflanzungsrichtung abhängt. In der Zeichenebene der **Fig. 1722-5** ändert sie sich nur im Prisma A in der mit der gestrichelten Ellipse angedeuteten Weise. Für Strahlen mit einem Winkel gegen die Zeichenebene ändert sie sich auch im Prisma B.

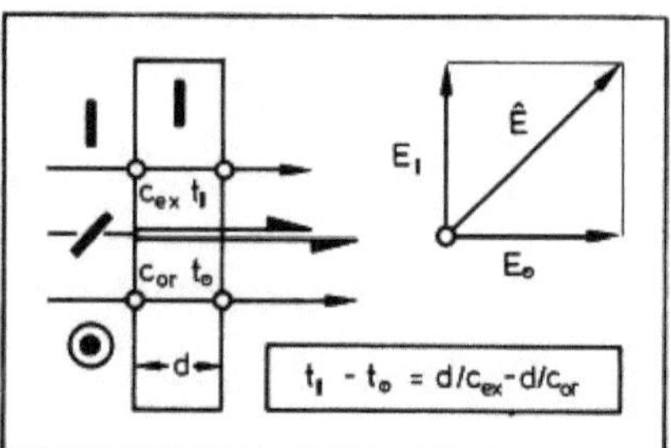

1: Kristallplatte

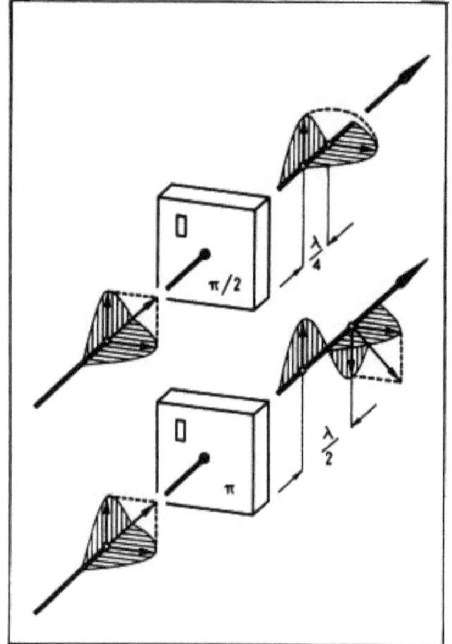

2: λ/4-Platte·λ/2-Platte

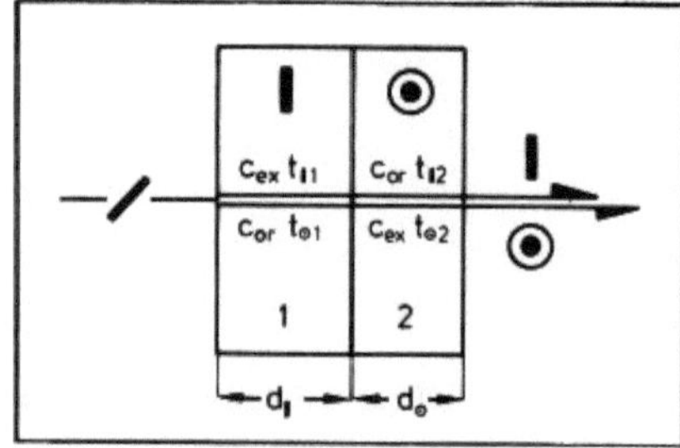

3: zwei Kristallplatten

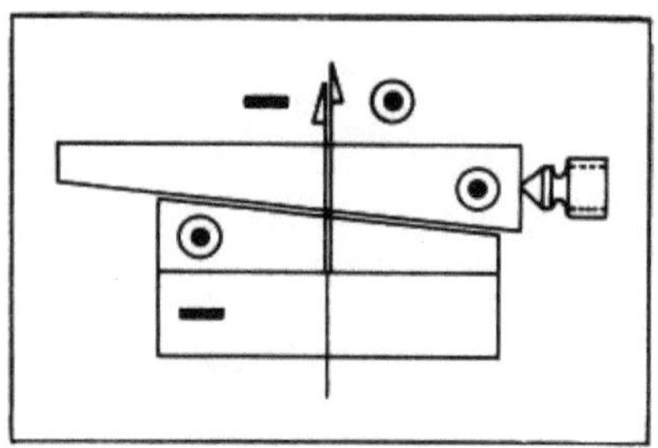

4: Babinetkompensator

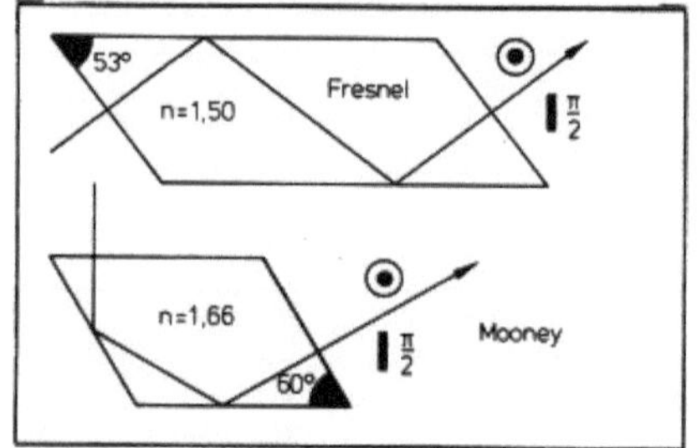

5: zwei Totalreflexionen

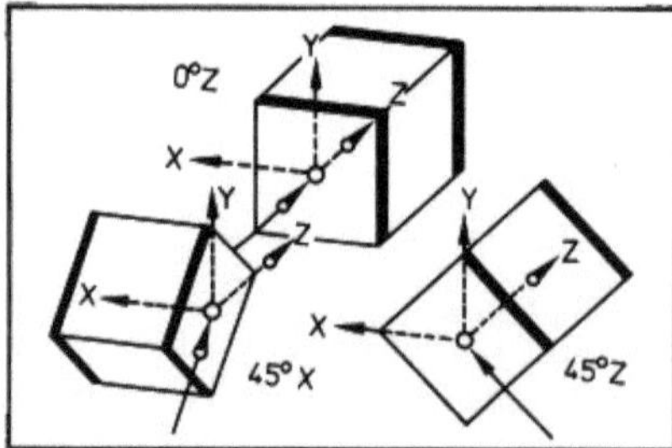

6: Pockelzellen

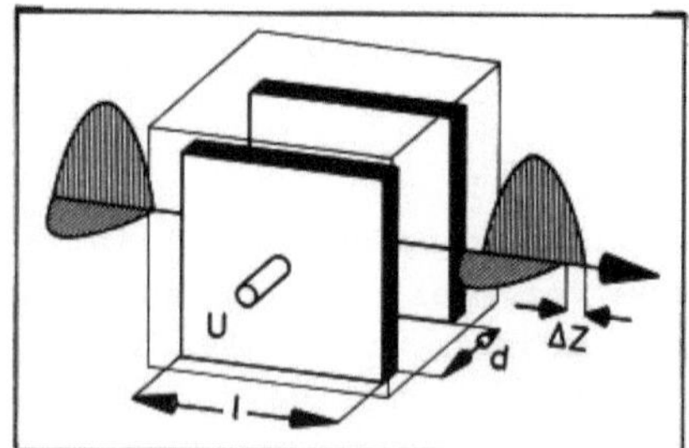

7: Kerrzelle

Fig. 1723: Phasenschieber

1.7.2.3 Phasenschieber

Eine Quarz- oder Kalkspatplatte mit dem in **Fig.** 1723-1 skizzierten Querschnitt und mit der eingezeichneten Orientierung der optischen Achse wird von einem senkrecht eintretenden $\circ$-Strahl in der Zeit $t_\circ = d/c_{or}$ und von einem ebenso eintretenden $|$-Strahl in der Zeit $t_| = d/c_{ex}$ durchlaufen. Ein diagonal polarisierter $\diagup$-Strahl wird in zwei orthogonal polarisierte und kollineare Teilstrahlen mit gleichen Amplituden zerlegt, die die Scheibe mit diesen Laufzeiten $t_\circ$ und $t_|$ durchqueren. Die treten mit gleicher Phase ein und kommen mit der folgenden Phasenverschiebung $\Delta\varphi$ heraus:

$$\frac{\Delta\varphi}{2\pi} = \frac{t_| - t_\circ}{\tau} = \frac{d}{\lambda_0}\,(n_{ex} - n_{or}) \tag{1}$$

Weil die Teilstrahlen kollinear bleiben, setzen sich ihre orthogonalen E-Vektoren wieder zu einem resultierenden E-Vektor zusammen. Bei $\Delta\varphi = 0, 2\pi, 4\pi$ usw. geschieht dies in der rechts skizzierten Weise. Der austretende Strahl ist dann wie der eintretende unverändert linear polarisiert. Im allgemeinen resultiert jedoch ein elliptisch polarisierter Strahl, der im Falle $\Delta\varphi = \pi/2, 3\pi/2$ usw. zu einem zirkular polarisierten und im Falle $\Delta\varphi = \pi, 3\pi$ usw. zu einem linear und orthogonal zum einfallenden polarisierten Strahl entartet. Die **Fig.** 1723-2 zeigt diese beiden Sonderfälle. Optikbauteile mit solcher Wirkung werden Phasenschieber genannt. Dabei ist zwischen solchen mit fest vorgegebenen Phasenverschiebung $\Delta\varphi$ und anderen zu unterscheiden, bei denen $\Delta\varphi$ mechanisch eingestellt oder mit einem elektrischen Feld variiert werden kann.

Bei der beschriebenen Kristallplatte ist $\Delta\varphi$ bei senkrechtem Strahleintritt fest vorgegeben. Die sog. $\lambda/4$-Platte mit $\Delta\varphi = (2m-1)\pi/2$ wird zur Umwandlung linear polarisierten Lichtes in zirkular polarisiertes gebraucht. Die sog. $\lambda/2$-Platte mit $\Delta\varphi = (2m-1)\pi$ dreht die Schwingungsebene linear polarisierten Lichtes um $90°$. Soll die Zahl $m = 1, 2, 3$ usw. klein, so muß die Kristallscheibe dünn sein. Für $\Delta\varphi = \pi/2$ bei $\lambda_0 = 589\,nm$ müßte die Dicke der Quarzscheibe $d = 13,3\,\mu m$ und die der Kalkspatscheibe $d = 0,86\,\mu m$ betragen. Derart dünne Scheiben aus Quarz oder Kalkspat sind schwer herzustellen und äußerst zerbrechlich. Darum werden hier höhere m zugelassen. Wohl aber kann man so dünne und dennoch haltbare Scheiben durch Spaltung von monoklinem Gips oder Glimmer erhalten. Beim Gips fällt die Y-Achse und beim Glimmer die X-Achse mit der Flächennormalen zusammen. Darum liegen trotz der zwei optischen Achsen dieser Kristalle für den senkrecht einfallenden Strahl ebenso zu berechnende Verhältnisse vor. Die folgende Tabelle informiert über die für $\Delta\varphi = \pi$ erforderlichen Dicken $d(\pi)$. Glimmer hat den Nachteil, daß er merklich absorbiert. Von intensivem Laserlicht wird er zu stark erwärmt. Dafür werden Phasenschieber wie in **Fig.** 1723-3 bestehend aus zwei Quarzscheiben mit gekreuzten optischen Achsen angeboten. Mit den Dicken $d_|$ und $d_\circ$ der zwei Scheiben ergibt sich der folgende Ausdruck für die Phasenverschiebung:

λ_0/nm		431	486	527	589	656
$\dfrac{d(\lambda/2)}{\mu m}$	Gips	22	24	27	30	33
	Glimmer	51	57	62	70	77

Tab. 1723-1: Dicken von $\lambda/2$-Platten

$$\frac{\Delta\varphi}{2\pi} = \frac{t_| - t_\odot}{\tau} = \frac{d_| - d_\odot}{\lambda_0} (n_{ex} - n_{or}) \tag{2}$$

Die große Phasenverschiebung in der einen Scheibe wird mit der fast ebenso
großen und entgegengesetzten in der anderen bis auf einen Rest kompen-
siert, dem man durch Abschleifen den Wert $\Delta\varphi=\pi/2$ oder π geben kann. Schiefer Strahleintritt verändert nicht nur die geometrischen Wege, sondern
führt auch zu einer Parallelversetzung der Teilstrahlen und bringt bei
größeren Einfallswinkeln die Richtungsabhängigkeit der n_{ex} in's Spiel.

Die Dicke $d_|$ oder $d_\odot$ kann mit einer mechanischen Querverschiebung einge-
stellt werden, wenn die betreffende Quarzscheibe aus zwei aufeinander
gleitenden Quarzkeilen mit parallelen optischen Achsen wie in **Fig. 1723-4**
besteht. Einstellbare Phasenschieber werden Kompensatoren genannt, weil
damit die Phasenverschiebung in einem zu untersuchenden Objekt durch eine
entgegengesetzt gleiche kompensiert werden kann. Im vorliegenden Fall
handelt es sich um den sog. Babinetkompensator (J. Babinet, 1794-1872).
Die zur Kompensation erforderlichen Keilverschiebung dient als Maß für
die Phasenverschiebung des eintretenden Lichtes.

Die Doppelbrechung ist nicht der einzige Effekt, mit dem eine Phasenverschiebung erzielt werden kann. Die in **Fig. 1723-5** skizzierten Glasprismen
benutzen dazu zwei Totalreflexionen. Beim Fresnelschen Parallelepiped
geschieht dies ohne resultierende Umlenkung. Beim Mooneyprisma beträgt
die Umlenkung genau 90°. Aus den in Abschnitt 1.2.1.2 besprochenen Fresnelformeln folgt der nachstehende Zusammenhang zwischen dem
Einfallswinkel α, dem Grenzwinkel $\alpha_G=\arcsin(1/n)$ und der Phasenverschiebung $\Delta\varphi$ bei der Totalreflexion:

$$\tan(\Delta\varphi) = \frac{\cos\alpha \sqrt{\sin^2\alpha - \sin^2\alpha_G}}{\sin^2\alpha} \tag{3}$$

Für $2\Delta\varphi=\pi/2$ wird beim Fresnelschen Parallelepiped mit $n=1{,}50$ der Einfallswinkel $\alpha=53°$ oder beim Mooneyprisma mit $\alpha=60°$ die Brechzahl $n=1{,}658$
gebraucht. Die Phasenverschiebung mit der Totalreflexion hat den Vorteil,
daß sie schwächer als die mit der Doppelbrechung von der Lichtfrequenz
abhängt.

Bei einigen der zu besprechenden Meßverfahren muß die Phasenverschiebung

$\Delta\varphi$ zwischen zwei kollinearen und orthogonal polarisierten Teilstrahlen sehr schnell erzeugt oder verändert werden. Dies kann mit Hilfe der in Abschnitt 1.7.1.3 erwähnten elektrooptischen Effekte geschehen. Der Pokkelseffekt ist in den sog. ADP-Kristallen (Amoniumdihydrogenphosphat $NH_4H_2PO_4$), KDP-Kristallen (Kaliumdihydrogenphosphat KH_2PO_4) und deuterierten KD^*P-Kristallen (Kaliumdideuteriumphosphat KD_2PO_4) besonders stark. Damit können auf drei verschiedene Weisen sog. Pockelszellen hergestellt werden [721].

In **Fig. 1723-6** bezeichnet Z die Richtung der optischen Achse. Die sog. Longitudinalzelle wird bei Z-parallelem Feld Z-parallel durchstrahlt wie in **Fig. 1723-6** oben. Als Elektroden dienen transparente Schichten aus SnO, InO, CdO, Drahtgitter oder Ringe. Die Phasenverschiebung $\Delta\varphi$ zwischen dem in Y-Richtung und dem in X-Richtung schwingenden Teilstrahl wächst mit der Feldstärke E und dem Lichtweg 1. Ist die Feldstärke E bei einer angelegten Spannung U auf dem ganzen Lichtweg konstant, so ist $U=E\cdot l$. Dann ist die Phasenverschiebung U-proportional:

$$\frac{\Delta\varphi}{2\pi} = K \cdot U \quad\text{mit}\quad K = \frac{n_0^3\, r_{63}}{\lambda_0} \tag{4}$$

n_0 ist die Brechzahl in Y-Richtung bei $U=0$, und r_{63} ist eine elektrooptische Konstante des betreffenden Kristalls. Die Hersteller geben die zur Erzeugung von $\Delta\varphi=\pi$ erforderliche sog. Halbwellenspannung $U_{\lambda/2}$ an:

$$\frac{\Delta\varphi}{\pi} = \frac{U}{U_{\lambda/2}} \quad\text{mit}\quad U_{\lambda/2} = \frac{\lambda_0}{2n_0^3\, r_{63}} \tag{5}$$

Für die in **Fig. 1723-6** unten skizzierten Transversalzellen wird der Kristall anders geschnitten. Die rechts mit dem sog. 45° Z-Schnitt wird bei ebenfalls Z-parallelem Feld Z-normal und X,Y-diagonal durchstrahlt. Auch in diesem Fall ist r_{63} maßgebend. Aber der Lichtweg 1 ist jetzt nicht mehr gleich dem Elektrodenabstand d. Die Phasenverschiebung wächst mit $E=U/d$ und 1. Hier gilt:

$$\frac{\Delta\varphi}{\pi} = \frac{U}{U_{\lambda/2}} \quad\text{mit}\quad U_{\lambda/2} = \frac{\lambda_0 d}{2n_0^3\, r_{63} l} \tag{6}$$

Die links skizzierte Pockelszelle mit dem sog. 45° X-Schnitt wird bei X-parallelem Feld X,Z-diagonal durchstrahlt. In diesem Fall wird ein Strahl schon bei $U=0$ in einen ordentlichen und einen außerordentlichen Teilstrahl zerlegt. Die Zelle wird aus zwei Kristallen beiderseits einer $\lambda/2$-Platte zusammengesetzt, um die wegen $n_{ex} \neq n_{or}$ bei $U=0$ auftretenden Phasenverschiebung in dem einen mit der in dem anderen zu kompensieren. Dann gilt:

$$\frac{\Delta \varphi}{\pi} = \frac{U}{U_{\lambda/2}} \quad \text{mit} \quad U_{\lambda/2} = \left(\frac{n_{or}^2 - n_{ex}^2}{2n_{ex}^2 n_{or}^2}\right)^{3/2} \frac{\lambda_0 d}{r_{41} l} \tag{7}$$

Die hier einzusetzende elektrooptische Konstante r_{41} ist beim ADP beträchtlich größer, beim KDP etwas kleiner und beim deuterierten KD*P beträchtlich kleiner als r_{63}. Mit zwei oder mehr passend orientierten Kristallen kann man außerdem die ziemlich starke Temperaturabhängigkeit kompensieren. Darum und zur Verlängerung des Lichtweges l werden auch Transversalzellen mit 45° Z-Schnitt mit zwei oder mehr Kristallen und in diesem Fall ohne die $\lambda/2$-Platte angeboten. Eine Transversalzelle kann außerdem mit zwei 37,5° Y-geschnittenen Kristallen und einer $\lambda/4$-Platte hergestellt werden. In der folgenden Tabelle sind die Werte von n_0, r_{63}, r_{41} und $U_{\lambda/2}$ (longitudinal) der Kristalle ADP, KDP und KD*P bei 20°C und $\lambda_0 = 546,1$nm zusammengestellt:

Kristall	n_{or}	$r_{63}/(10^{-12}\text{m/V})$	$r_{41}/(10^{-12}\text{m/V})$	$U_{\lambda/2}/\text{kV}$
ADP ($NH_4H_2PO_4$)	1,52	8,5	24,5	9,2
KDP (KH_2PO_4)	1,51	10,5	8,6	7,6
KD*P (KD_2PO_4)	1,52	6,4	8,8	3,4

Tab. 1723-2: Pockelszellen

Transversalzellen mit kleinen d/l kommen mit erheblich kleineren Halbwellenspannungen $U_{\lambda/2}$ aus, lassen dann aber auch nur engere Bündel durch. Die Schaltzeiten der Pockelszellen sind außerordentlich kurz. Sie können weniger als 10ns betragen. Zwischen einem Polarisator und einem Analysator können sie Amplitudenmodulationen des Lichtes mit Frequenzen bis 30GHz bewirken.

Auch der Kerreffekt kann so schnell schalten [82]. Er hat jedoch zwei Nachteile: Die Induzierung der Doppelbrechung in einer zuvor amorphen Substanz ist ein nichtlinearer Vorgang und erfordert höhere Feldstärken. In festen Substanzen sind diese so hoch, daß elektromechanische Effekte stören. In Flüssigkeiten gilt:

$$n_{ex} - n_{or} = K \ \lambda E^2 \tag{8}$$

In der in **Fig. 1723-7** skizzierten Kerrzelle hängt die Phasenverschiebung $\Delta \varphi$ auf dem Weg 1 zwischen den Elektroden mit dem Abstand d folgendermaßen von der Spannung U=Ed ab:

$$\frac{\Delta \varphi}{2\pi} = \frac{1}{\lambda}(n_{ex} - n_{or}) = K \, l \left(\frac{U}{d}\right)^2 \tag{9}$$

Bei der folgenden Halbwellenspannung $U_{\lambda/2}$ wird $\Delta\varphi=\pi$:

$$U_{\alpha/2} = d/\sqrt{2\,K\,l} \qquad\qquad (10)$$

Die Kerrkonstante K hängt ziemlich stark von der Lichtfrequenz und Temperatur ab. Außerdem wird sie schon von kleinsten Verunreinigungen beträchtlich verändert. In Wasser beträgt sie nur etwa $K=10^{-13}m/V^2$. Die größten Werte wurden in reinstem Nitrobenzol ($C_6H_5-NO_2$) gemessen. Nitrobenzol ist stark hygroskopisch. Darum hat handelsübliches Nitrobenzol nur etwa $K=24 \cdot 10^{-13}m/V^2$. Reinstes Nitrobenzol hat bei 20°C die in der folgenden Tabelle aufgeführten $K(\lambda)$.

λ_0/nm	436	546	577	620
$K/(10^{-13}m/V^2)$	58	40	38	35
$U_{\lambda/2}/kV$	73	88	90	95

Tab. 1723-3:   Nitrobenzol-Kerrzelle

Damit ergeben sich z.B. bei d=20mm und l=35mm die ebenfalls aufgeführten $U_{\lambda/2}$. Mit Wasser würde die Halbwellenspannung etwa $U_{\lambda/2}$=553 kV betragen. Nitrobenzol ist giftig und leicht entflammbar. Es greift organische Isolatoren an. Gemische von Nitrobenzoldampf und Luft sind explosibel Darum hat es nicht an Versuchen gefehlt, Kerrzellen mit weniger gefährlichen Flüssigkeiten zu füllen. Mit solchen bereiten jedoch die höheren $U_{\lambda/2}$ wegen der kleineren K große Isolationsschwierigkeiten. Über die Herstellung und Verwendung der mit Nitrobenzol gefüllten Kerrzelle wurde in [82,722] ausführlich berichtet.

1.7.2.4 Schwingungsdreher

Die Drehung der Polarisationsrichtung linear polarisierten Lichtes um 90° kann wie gesagt mit einer $\lambda/2$-Platte vorgenommen werden. Drehungen um andere feste Winkel α wären mit den in Abschnitt 1.7.1.4 besprochenen optisch aktiven Substanzen möglich, werden aber nicht benötigt. Oft gebraucht wird hingegen die schnelle zeitabhängige Drehung $\alpha(t)$ mit Hilfe des in Abschnitt 1.7.1.4 erwähnten magnetoptischen Faradayeffektes. (M. Faraday 1846). Die hierfür geeigneten amorphen und transparenten Substanzen sind optisch isotrop und nicht aktiv. Wird um eine solche Substanz eine Spule mit n Windungen pro Länge l gewickelt wie in **Fig. 1724-1**, so wird sie optisch aktiv, sobald ein Strom I durch die Spule das Magnetfeld mit der axialen Feldstärke H=n I/l erzeugt. Die Polarisationsrichtung eines linear polarisierten und axial laufenden Strahls wird um den folgenden Winkel α gedreht:

$$\alpha = K_V \cdot l \cdot H = K_V \cdot n \cdot I \tag{1}$$

K_V ist die Verdetkonstante (G. Wiedemann 1851, E. Verdet 1854). Bei Messung von l in m und H in A/m wird sie in Einheiten Winkelminuten/A angegeben. In der folgenden Tabelle sind die K_V einiger Substanzen bei der Frequenz der N_a(D)-Linie zusammengestellt:

Substanz	Glas		Monobrom-naphtalin	Wasser
	Bleisilikat	Quarz		
K_V/ (min/A)	0,0711	0,0209	0,1029	0,0163

Tab. 1724-1: Verdetkonstanten

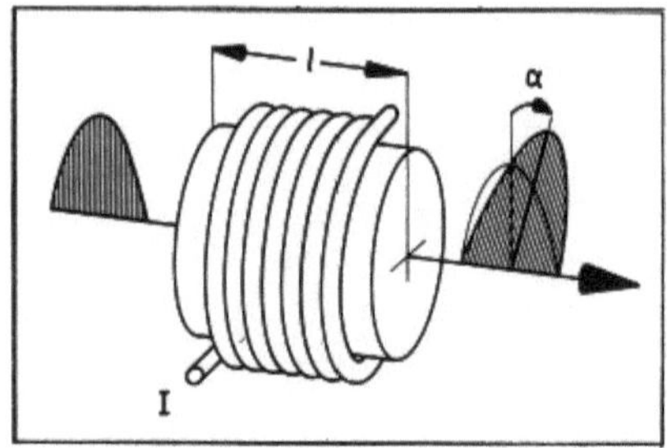

1: Faradayzelle

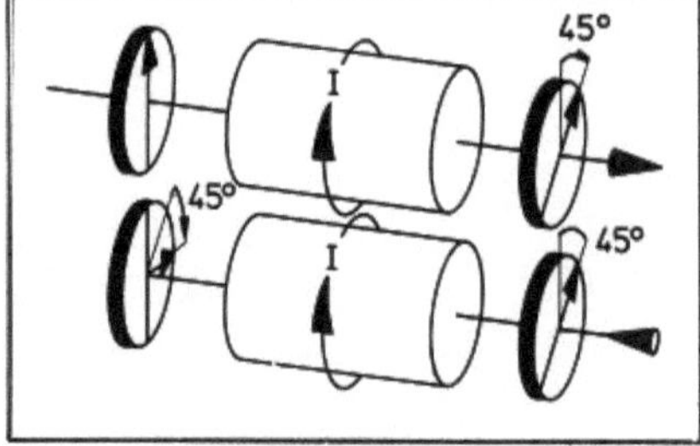

2: Lichtfalle

Fig. 1724: Schwingungsdreher

Die Drehung folgt dem positiven Strom in der Spule. Sie wird verdoppelt, wenn der Strahl nach Spiegelung die Spule noch einmal und in der entgegengesetzten Richtung durchläuft. Die Drehung läßt sich also durch mehrfaches Hin- und Herspiegeln vergrößern. Bei der natürlichen optischen Aktivität ist dies nicht der Fall. Hier heben sich die Drehungen auf dem Hin- und Rückweg auf. Mit der Faradayzelle zwischen einem Polarisator und einem Analysator kann man die Amplitude des durchgehenden Lichtes modulieren [723,724]. Außerdem kann man so eine sogenannte Rayleighsche Lichtfalle bauen, die in der einen Richtung Licht durchläßt und in der anderen nicht. Dazu braucht man lediglich die Durchlaßrichtung des Analysators um den Winkel 45° gegen die des Polarisators zu drehen, und mit dem Magnetfeld die Drehung 45° zu erzeugen. **Fig. 1724-2** erklärt den Effekt. Allerdings ist die für $\alpha=45°$ erforderliche Feldstärke ziemlich hoch. Bei der besonderes hohen Verdetkonstanten von Monobromnaphtalin würde sie bei der Länge $l=1cm$ der Zelle $2,6 \cdot 10^6$ A/m betragen.

1.8.1 Streuung ohne Frequenzänderung

1.8.1.1 Rayleighstreuung

Die Elektronen der Gasatome, Gasmoleküle und winzigsten Stäubchen oder Tröpfchen in Gasen schwingen im elektrischen Feld einer Lichtwelle mit. Sie emittieren dann ihrerseits Lichtwellen. Handelt es sich um Partikel ohne permanentes Dipolmoment in linearpolarisiertem Licht, so kommt es auf den in **Fig. 1811-1** definierten Winkel ϑ an. Die Partikel emittieren Dipolwellen, d.h. in Schwingungsrichtung ($\vartheta=0$) garnicht und senkrecht zur Schwingungsrichtung ($\vartheta=90°$) mit der größten und ringsum gleichen Amplitude. Die gestreuten sind wie die einfallenden Wellen linear polarisiert. Die **Fig. 1811-2 und 3** zeigen mit Polardiagrammen die Beträge der Amplituden E_α bei $\beta=0$ und E_β bei $\alpha=90°-\vartheta=0$. Bei zufälligen Phasen der einfallenden Wellen und in jedem Fall wegen der Zufallsbewegung der Partikel addieren sich die Amplitudenquadrate. Die Rechnung mit einer richtungsabhängigen Polarisierbarkeit α pro Partikel ergibt den folgenden Ausdruck für die Strahlungsflußdichte I in großem Abstand von NV streuenden Partikeln im Volumen V:

$$I = I_0 \ NV \ \left(\frac{\alpha}{r}\right)^2 \ \left(\frac{\omega}{c_0}\right)^4 \ \sin^2 \vartheta \tag{1}$$

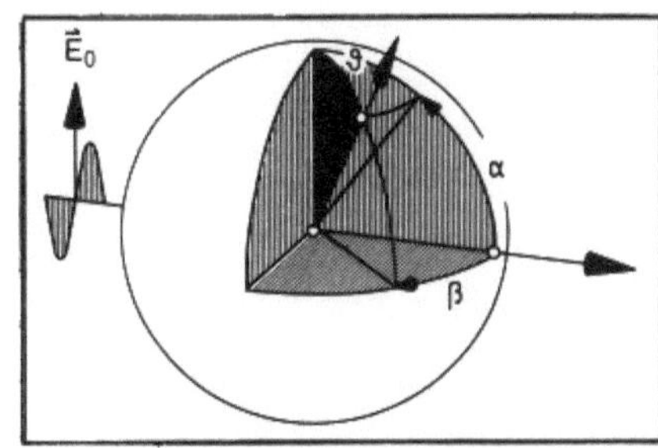

1: Winkel ϑ

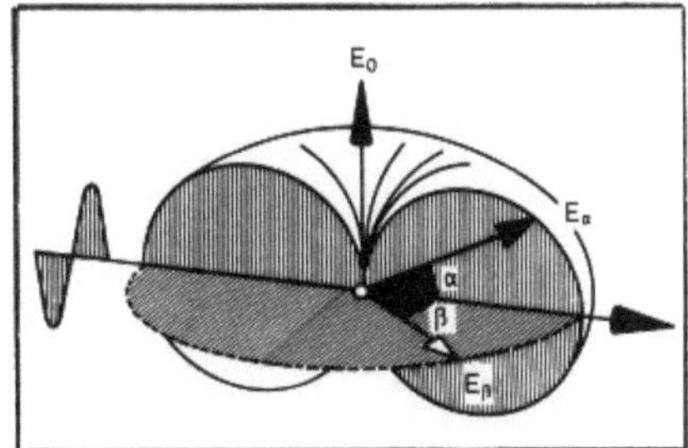

2: Dipolwelle

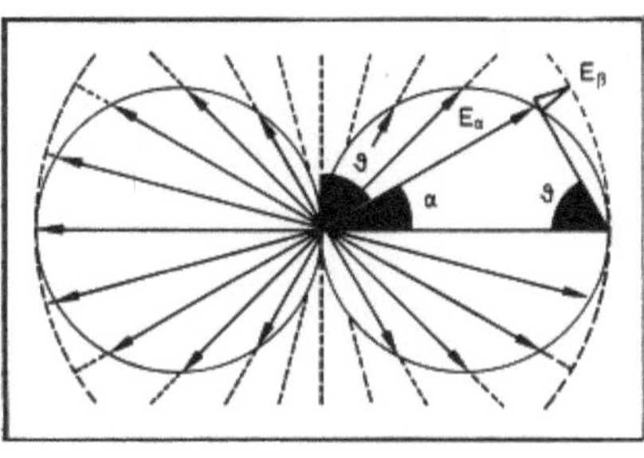

3: E-Polardiagramme

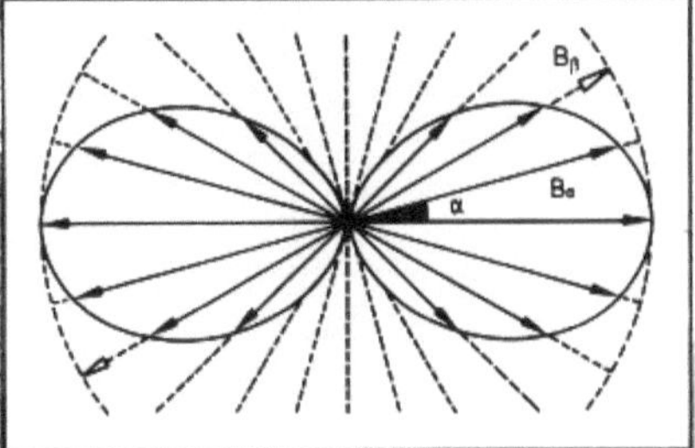

4: B-Polardiagramme

Fig. 1811: Rayleighstreuung

266

I_0 ist die Strahlungsflußdichte und ω die Kreisfrequenz des einfallenden Lichtes. **Fig. 1811-4** zeigt mit Polardiagrammen, wie die Bestrahlungsstärke $B_\alpha = I(\beta=0)$ vom Winkel α, und daß die Bestrahlungsstärke $B_\beta = I(\alpha=0)$ nicht vom Winkel β abhängt. Integration über alle in Raumwinkelelemente $d\Omega$ gehenden Strahlungsflußelemente $d\Phi = I r^2 d\Omega/\Omega(1)$ ergibt den folgenden Ausdruck für den gesamten Strahlungsfluß Φ des Streulichtes:

$$\Phi = I_0 \, NV \, \frac{8\pi}{3} \, \alpha^2 \, (\frac{\omega}{c_0})^4 \tag{2}$$

Handelt es sich um dielektrische Kügelchen mit gleichem Durchmesser $d \ll \lambda_0$ und mit der Brechzahl n, so ist

$$\alpha = (\frac{d}{2})^3 \, \frac{n^2-1}{n^2+2} \tag{3}$$

einzusetzen. Bei Gaspartikeln ohne permanentes Dipolmoment kann näherungsweise mit

$$\alpha = \frac{3}{4\pi N} \cdot \frac{n^2-1}{n^2+2} \simeq \frac{1}{2\pi} \, \frac{n-1}{N} \tag{4}$$

gerechnet werden. Hier ist n die Brechzahl des Gases bei der Dichte Nm.

Für den Vergleich mit anderem Streulicht wird gerne der totale Streuquerschnitt Q pro Partikel angegeben. Q verhält sich zum empfangenden Partikelquerschnitt $F=\pi d^2/4$ wie der Strahlungsfluß Φ/NV pro Partikel zum empfangenen Strahlungsfluß $\Phi_0 = I_0 F$. Damit kommt:

$$\Phi = Q I_0 NV \quad \text{mit} \quad Q = \frac{8\pi}{3} \, \alpha^2 \, (\frac{\omega}{c_0})^4 \tag{5} \tag{6}$$

Für meßtechnische Anwendungen ist der sog. differentielle Streuquerschnitt q gebildet mit den Anteilen $dQ = q(\vartheta)d\Omega$ an Q die interessierende Größe:

$$q = \frac{dQ}{d\Omega} = \frac{1}{I_0 NV} \cdot \frac{d\Phi}{d\Omega} = \frac{I r^2}{I_0 NV \Omega(1)} = \frac{\alpha^2}{\Omega(1)} \, (\frac{\omega}{c_0})^4 \, \sin^2 \vartheta \tag{7}$$

In der folgenden Tabelle sind berechnete q einiger Gase bei $\vartheta = \pi/2$ zusammengestellt.

Gas	He	Ne	H_2	Ar	N_2	CO_2	Xe
$q/(10^{-32} m^2/sr)$	0,0426	0,154	0,612	2,72	3,14	7,44	16,7

Tab. 1811-1: Diff. Streuquerschnitte $\vartheta = \pi/2$; $\lambda_0 = 638,2$ nm

Genauer besehen ist mit der Streuung an Molekülen eine leichte, einige Prozent betragende Depolarisation verbunden. Mehr und genauere Angaben über die Rayleighstreuung finden sich z.B. in [725-737]. Dort wird auch die an Molekülen mit permanentem Dipolmoment sowie die unpolarisierten und polychromatischen Lichtes behandelt. Q und q wachsen proportional zur vierten Potenz der Frequenz. Blaues Licht hat fast doppelt so hohe Frequenzen wie rotes, wird also fast 16 mal so stark gestreut. Darum ist der Himmel blau. Auf langem Weg wird durch die Streuung der blaue Anteil weißen Lichtes mehr als der rote geschwächt. Darum erscheint die aufgehende und untergehende Sonne rot. Dies ist insbesondere dann der Fall, wenn winzige Dichteinhomogenitäten und Dunst proportional zur sechsten Potenz von d zur Streuung beitragen.

1.8.1.2 Miestreuung

Die Rayleighstreuung geht mit wachsendem d/λ in die Miestreuung über [738]. Das Partikel befindet sich dann in einem merklich inhomogenen elektromagnetischen Feld, das sich nicht nur zeitlich, sondern auch räumlich ändert. Im Partikel bilden sich komplizierte Leitungsströme oder Verschiebungsströme bei Momentanfeldlinien wie in **Fig. 1812-1 und 2** aus. Die **Fig. 1812-3** und **1812-4** zeigen Polardiagramme der Miestreuung an transparenten Kugeln. Auch hier wächst die Strahlungsflußdichte I mit d/λ. Für die Kugel mit der Brechzahl n=1,25 wurden z.B. die in der folgenden Tabelle aufgeführten Verhältnisse von $I(0,d/\lambda)$ in Vorwärtsrichtung bei d/λ zu $I_0(0,1/\pi)$ in Vorwärtsrichtung bei $d/\lambda=1/\pi$ und zu $I(\pi,d/\lambda)$ in Rückwärtsrichtung bei d/λ berechnet.

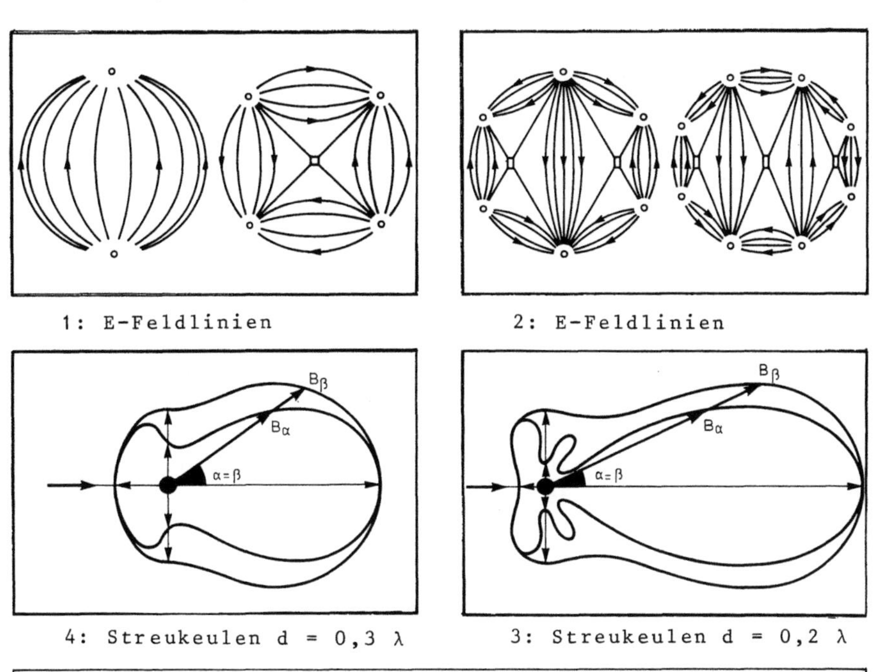

Fig. 1812: Miestreuung

d/λ	0,032	0,16	0,32	0,64	1,6
$I(0,d/\lambda)/I(0,1/\pi)$	$2,2\cdot10^{-5}$	0,021	1	4,7	170
$I(0,d/\lambda)/I(\pi,d/\lambda)$	1,02	1,54	120	213	769

Tab. 1812-1: Miestreuung

Bei $d/\lambda>2$ ist über 1000 mal mehr Vorwärts- als Rückwärtsstreuung zu erwarten. Die Seitwärtsstreuung hängt stark vom Streuwinkel ab. Hier kann zwischen engen Streukeulen fast keine Streuung erfolgen. Schon bei wenig anderen Brechzahlen, Leitfähigkeiten oder Formen der Partikel können ganz andere Streukeulen auftreten.

Streuung	Rayleigh	Mie		
d/λ	0,016	0,16	1,6	16
$d/\mu m$	0,01	0,1	1	10
$\pi(d/2)^2/m^2$	$7,9\cdot10^{-17}$	$7,9\cdot10^{-15}$	$7,9\cdot10^{-13}$	$7,9\cdot10^{-11}$
Q/m^2	$3,2\cdot10^{-23}$	10^{-17}	10^{-13}	10^{-11}
P/P_0	$4,0\cdot10^{-7}$	$1,3\cdot10^{-3}$	0,13	0,13

Tab. 1812-2: Totale Streuquerschnitte Q

Die vorstehende Tabelle informiert über die Größenordnungen der totalen Streuquerschnitte Q dielektrischer Kugeln mit $n=1,25$ bei der Wellenlänge $\lambda_0=632,8$ nm des HeNelasers. Schon der bei $d=0,1$ µm ist um mehr als 14 Zehnerpotenzen größer als der von Luftmolekülen. Die Miestreuung wurde in [739 - 745] ausführlich behandelt. Die in Abschnitt 3.4.1.2 zu zitierende Literatur über Laservelozimetrie enthält Hinweise auf Rechenprogramme, die für die Berechnung der Miestreuung an Tracerpartikeln geschrieben wurden.

1.8.2 Streuung mit Frequenzänderung

1.8.2.1 Dopplereffekt

Der akustische Dopplereffekt (C. Doppler 1803-1853) gehört zur Alltagserfahrung. Vom Motor oder von der Sirene eines vorbeifahrenden Wagens hören wir bei Annäherung hohe und bei Entfernung tiefe Töne. Die Weg(x)-Zeit(t)-Diagramme der **Fig. 1822-1 und 2** erläutern die Ursache dieses Effektes. Er hängt davon ab, ob sich der Sender S oder der Empfänger E bewegt. Bewegt sich S und ruht E in der umgebenden Luft, so wird die Wellenlänge λ der Schallwelle bei Annäherung gestaucht und bei Entfernung gedehnt. Wir entnehmen der **Fig. 1821-1**, daß dann die Empfangsfrequenz $\nu_E = a/\lambda$ folgendermaßen von der Sendefrequenz ν_S, der Geschwindigkeit v des Senders und der Schallgeschwindigkeit a abhängt:

$$\frac{\nu_E}{\nu_S} = \frac{1}{1 \mp v/a} \tag{1}$$

Bewegt sich aber E und ruht S in der umgebenden Luft, so wird die Dauer τ_E des Empfangs einer Schallschwingung bei Annäherung verkürzt und bei Entfernung verlängert. Wir entnehmen der **Fig. 1821-2**, daß dann bei der Wellenlänge $\lambda = a/\nu_S$ der folgende Zusammenhang zwischen der Empfangsfrequenz $\nu_E = 1/\tau_E$ und ν_S, v, a besteht:

$$\frac{\nu_E}{\nu_S} = 1 \pm \frac{v}{a} \tag{2}$$

In beiden Fällen wird ν_E bei Annäherung größer und bei Entfernung kleiner als ν_S. Bei kleinen $v/a \ll 1$ ist der Unterschied zwischen den Gleichungen (1) und (2) nur sehr klein. Dann kann beidemal mit der einen oder anderen gerechnet werden.

Der optische unterscheidet sich insofern von diesem akustischen Dopplereffekt, als das wellenschlagende Medium fehlt. Es kann nur auf die Relativbewegung ankommen. Wir erwarten, daß die Abweichung der Empfangsfrequenz ν_E gemessen vom Empfänger E von der Sendefrequenz ν_S gemessen vom Sender S unabhängig davon ist ob sich S von E aus gesehen oder E von S aus gesehen mit einer Geschwindigkeit v nähert oder entfernt. Aus den Gleichungen der Elektrodynamik und der Invarianz der Lichtgeschwindigkeit c_0 folgt:

$$\frac{\nu_E}{\nu_S} = \frac{\sqrt{1 - (v/c_0)^2}}{1 \mp v/c_0} = \frac{1 \pm v/c_0}{\sqrt{1 - (v/c_0)^2}} \tag{3}$$

Auch hier wird ν_E bei Annäherung größer und bei Entfernung kleiner als ν_S. Erfolgt die Bewegung nicht auf der durch E und S gehenden Geraden, so ist beim akustischen Dopplereffekt die Komponente der Geschwindigkeit in

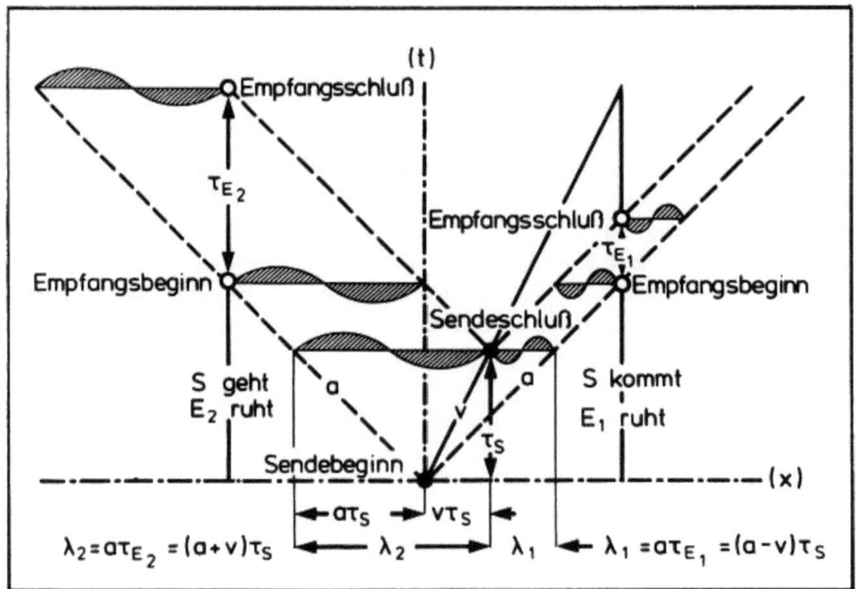

1: Empfänger ruht - Sender kommt oder geht

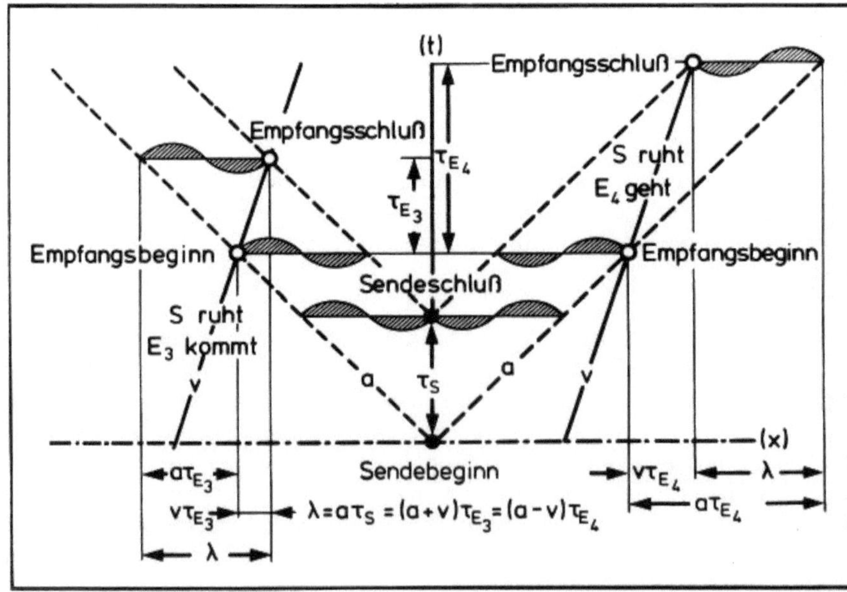

2: Sender ruht - Empfänger kommt oder geht

Fig. 1821: Akustischer Dopplereffekt

Richtung dieser Geraden maßgebend. Bei einem Winkel γ zwischen der Geschwindigkeit und dieser Geraden ist einfach $v \cos \gamma$ statt v in die Formel (1) oder (2) einzusetzen. Beim optischen Dopplereffekt ist zu beachten, daß auch die Richtung, unter der S von E oder E von S gesehen wird, von der Relativgeschwindigkeit abhängt. E sieht einen Winkel γ_E zwischen seiner Blickrichtung nach S und der Geschwindigkeit von S, während S einen Winkel γ_S zwischen seiner Blickrichtung nach E und der Geschwindigkeit von E sieht:

$$\nu_E \sin \gamma_E = \nu_S \sin \gamma_S \tag{4}$$

$$\frac{\nu_E}{\nu_S} = \frac{\sqrt{1-(v/c_0)^2}}{1 \mp (v/c_0)\cos\gamma_E} = \frac{1 \pm (v/c_0)\cos\gamma_S}{\sqrt{1-(v/c_0)^2}} \tag{5}$$

Während der akustische Dopplereffekt bei einer Bewegung senkrecht zu der durch E und S gehenden Geraden verschwindet, bleibt beim optischen in den Fällen $\gamma_E=\pi/2$ oder $\gamma_S=\pi/2$ der folgende sog. transversale Dopplereffekt:

$$\frac{\nu_E}{\nu_S} \left(\gamma_E = \frac{\pi}{2}\right) = \sqrt{1 - (v/a)^2} \quad ; \quad \frac{\nu_E}{\nu_S} \left(\gamma_S = \frac{\pi}{2}\right) = \frac{1}{\sqrt{1-(v/c_0)^2}} \tag{6}$$

Pflanzt sich die Welle nicht im Vakuum, sondern in Medien fort, deren Brechzahlen von 1 abweichen, so sind sog. Mitführungseffekte in Rechnung zu setzen. Es macht dann wie beim akustischen Dopplereffekt einen Unterschied, ob sich die Medien relativ zu S oder E oder relativ zu beiden bewegen. Im letztgenannten Fall sind ν_E und ν_S auch bei konstant bleibenden Abstand zwischen S und E verschieden.

In allen uns interessierenden Fällen sind die Geschwindigkeiten soviel kleiner als die Lichtgeschwindigkeit c_0, daß man in der Formel (5) $(v/c_0)^2 \ll 1$ vernachlässigen kann. Bei Bewegung in einem Medium mit der Brechzahl $n=c_0/c$ ist lediglich c statt c_0 einzusetzen. Die Rechnung mit

$$\frac{\nu_E}{\nu_S} = 1 \pm \frac{v}{c} \cos \gamma \tag{7}$$

reicht vollkommen aus. Darin ist mit γ der spitze Winkel zwischen dem Geschwindigkeitsvektor $\vec{v}$ und der durch S und E gehenden Geraden gemeint. Es vereinfacht die weiteren Betrachtungen, wenn wir von jetzt ab mit γ wie in **Fig. 1821-3** den Winkel zwischen $\vec{v}$ und dem von S nach E zeigenden Einheitsvektor $\vec{e}_{SE}$ bezeichnen und zur Vektorschreibweise übergehen:

$$\frac{\nu_E}{\nu_S} = 1 + \frac{\vec{v}\,\vec{e}_{SE}}{c} \tag{8}$$

Bei der Streuung einer Lichtwelle an einem Partikel haben wir es mit drei Beteiligten und darum mit zwei Dopplereffekten zu tun. Zunächst ist die Lichtquelle L der Sender und das Partikel P der Empfänger. Bewegt sich P mit $\vec{v}$, so bewegt sich L von P aus gesehen mit $-\vec{v}$ und sieht P in Richtung

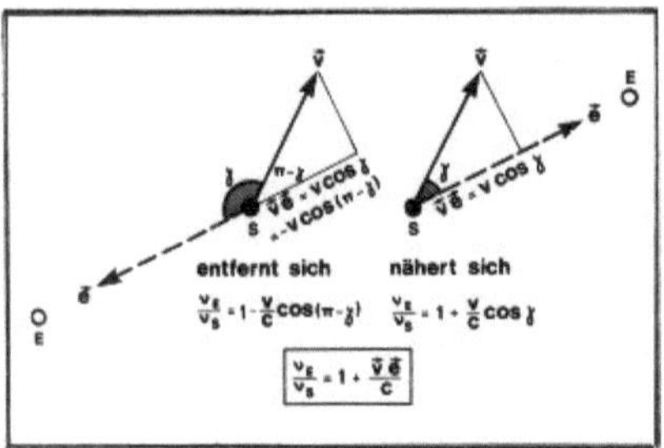

3: Vektorschreibweise

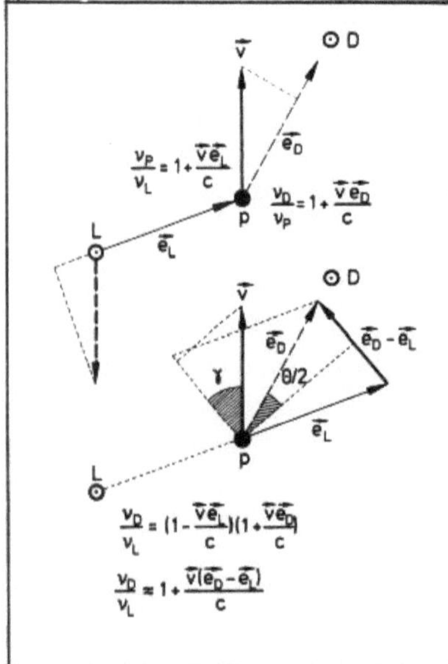

4: Zwei Dopplereffekte

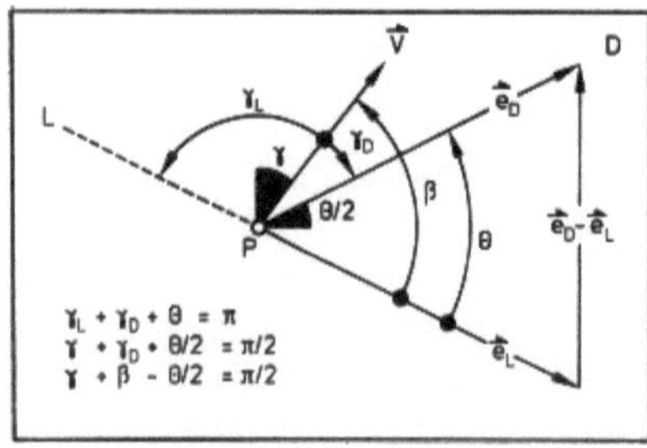

7: Winkel

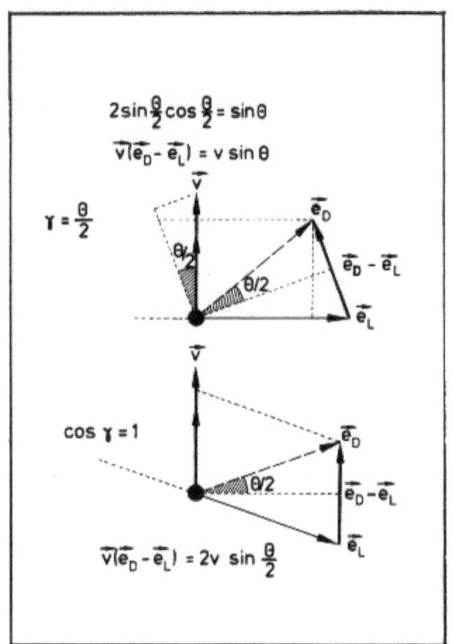

5: Sonderfälle

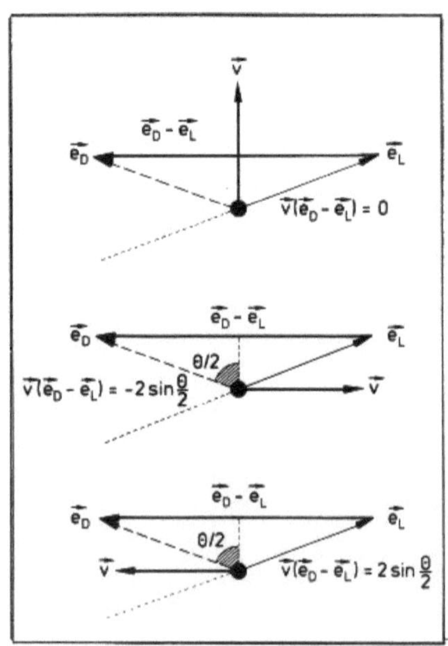

6: Sonderfälle

Fig. 1821: Optischer Dopplereffekt

des Einheitsvektor $\vec{e}_L$ wie in **Fig. 1821-4** oben. Sendet L die Frequenz ν_L, so empfängt P die folgende Frequenz ν_P:

$$\frac{\nu_P}{\nu_L} = 1 - \frac{\vec{v}\,\vec{e}_L}{c} \tag{9}$$

Danach wird P zum Sender, und ist der Photodetektor D der Empfänger. P bewegt sich von D aus gesehen mit $\vec{v}$ und sieht D in Richtung des Einheitsvektors $\vec{e}_D$ wie in **Fig. 1821-4** unten. D empfängt die folgende Frequenz ν_D:

$$\frac{\nu_D}{\nu_L} = 1 + \frac{\vec{v}\,\vec{e}_D}{c} \tag{10}$$

Damit ergibt sich der folgende Ausdruck für das Verhältnis ν_D/ν_L:

$$\frac{\nu_D}{\nu_L} = \frac{\nu_D}{\nu_P}\cdot\frac{\nu_P}{\nu_L} = (1+\frac{\vec{v}\vec{e}_D}{c})(1-\frac{\vec{v}\vec{e}_L}{c}) = 1+\frac{\vec{v}}{c}(\vec{e}_D-\vec{e}_L)-\frac{\vec{v}\vec{e}_D\vec{v}\vec{e}_L}{c^2} \tag{11}$$

Der dritte Term kann vernachlässigt werden. Wir rechnen mit

$$\frac{\nu_D-\nu_L}{\nu_L} = \frac{\vec{v}}{c}\,(\vec{e}_D - \vec{e}_L) \tag{12}$$

und entnehmen der Zeichnung, daß die Differenz der beiden Einheitsvektoren den Betrag $|e_D-e_L|=2\sin(\theta/2)$ hat. Bei komplanaren Vektoren $\vec{v}$ und $\vec{e}_D-\vec{e}_L$ ergibt sich für das skalare Produkt der Ausdruck:

$$\frac{\nu_D-\nu_L}{\nu_L} = \frac{\vec{v}}{c}\,|\vec{e}_D - \vec{e}_L|\cos\gamma = 2\,\frac{v}{c}\sin\frac{\theta}{2}\cos\gamma \tag{13}$$

$\nu_D-\nu_L$ ist proportional zur $\vec{v}$-Komponente in Richtung normal zur Winkelhalbierenden des Winkels θ zwischen $\vec{e}_D$ und $\vec{e}_L$. Vom Partikel aus gesehen ist dies die $\vec{v}$-Komponente in Richtung der Winkelhalbierenden des Winkels $\pi-\theta$ zwischen den Blickrichtungen von P nach L und nach D. In den **Fig. 1821-5 und 6** sind einige Sonderfälle skizziert. Bewegt sich das Partikel normal zum Lichtbündel, so ist $\gamma=\theta/2$. Mit $2\sin(\theta/2)\cos(\theta/2)=\sin\theta$ kommt:

$$\frac{\nu_D-\nu_L}{\nu_L}\,(\gamma = \frac{\theta}{2}) = \frac{v}{c}\sin\theta \tag{14}$$

Bewegt sich das Partikel normal zur Halbierenden des Winkels θ, so ist $\gamma=0$ oder π. In diesen Fällen wird mit $\nu_D>\nu_L$ bei $\gamma=0$ bzw. $\nu_D<\nu_L$ bei $\gamma=\pi$ der ganze Betrag v von $\vec{v}$ gemessen:

$$\frac{\nu_D-\nu_L}{\nu_L}\,(\gamma = 0) = -\,\frac{\nu_D-\nu_L}{\nu_L}\,(\gamma = \pi) = 2\,\frac{v}{c}\sin\frac{\theta}{2} \tag{15}$$

Bewegt sich das Partikel aber auf der Halbierenden des Winkels θ, so ist $\gamma=\pi/2$ oder $3\pi/2$ und damit $\nu_D=\nu_L$. Die beiden Dopplereffekte heben sich auf. In der Praxis der Dopplervelozimetrie wird gerne mit den in **Fig. 1821-7** definierten Winkeln γ_L und γ_D gerechnet. Die Richtung der $\vec{v}$-Komponente $v\cos\gamma$ halbiert den Winkel $\gamma_D+\gamma_L$. Mit den dort notierten Winkelbezeichnungen kommt:

$$\frac{\nu_D - \nu_L}{\nu_L} = \frac{v}{c}\,(\cos \gamma_D + \cos \gamma_L) \tag{16}$$

Mit den ab $\vec{e}_L$ gemessenen und linksdrehend positiven Winkeln θ bis $\vec{e}_D$ und β bis $\vec{v}$ kann man schreiben:

$$\frac{\nu_D - \nu_L}{\nu_L} = \frac{v}{c}\,[\cos (\beta - \theta) - \cos \beta] \tag{17}$$

In **Fig. 1821-8** ist das Verhältnis von $(\nu_D - \nu_L)/\nu_L$ zu v/c bei θ als Funktion von β aufgetragen. Der resultierende Dopplereffekt verschwindet bei $\theta = 0$, $\beta = \theta/2$, $\beta = \pi + \theta/2$ und ist bei $\beta = \pi/2 \pm \theta/2$ am größten. Bei den im vorliegenden Buch interessierenden $v \ll c$ ist die relative Dopplerverschiebung $(\nu_D - \nu_L)/\nu_L$ der Streulichtfrequenz außerordentlich klein. Im Sonderfall $\gamma = 0$ und $\theta = 60°$ beträgt sie z.B. nur:

$$\frac{\nu_D - \nu_L}{\nu_L}/v \; (\gamma = 0;\; \theta = 60°) = 3{,}33 \cdot 10^{-9}/\frac{m}{s} \tag{18}$$

Es bedarf eines besonderen Tricks, um derart winzige Frequenzverschiebungen so genau zu messen, daß damit $v\cos\gamma$ bestimmt werden kann.

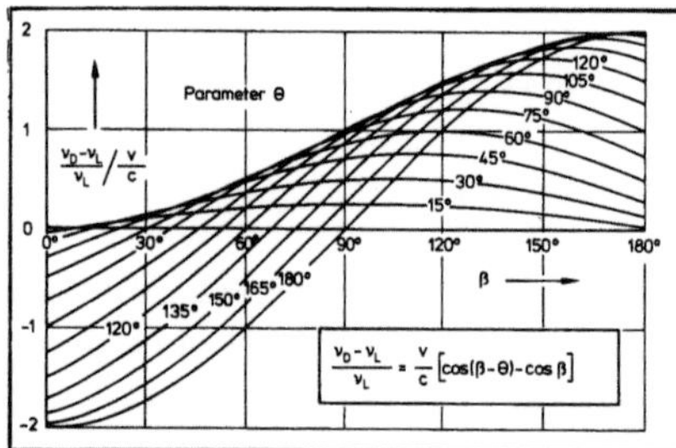

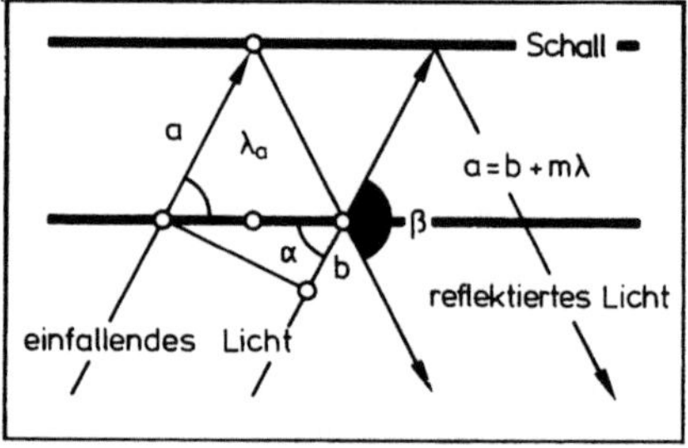

8: Frequenzverschiebungen   9: Reflexion am Schall

Fig. 1821: Optischer Dopplereffekt

Licht wird nicht nur an einzelnen Partikeln, sondern auch an Brechzahlinhomogenitäten in Gasen, Flüssigkeiten und Kristallen gestreut. Solche Inhomogenitäten treten infolge von thermischen Zufallsbewegungen auf. Sie können als das Resultat von Schallwellen beschrieben werden, die sich mit zufälligen Fortpflanzungsrichtungen, Wellenlängen und Phasen im Medium fortpflanzen. Der Betrag der Fortpflanzungsgeschwindigkeit ist dabei unabhängig von der Wellenlänge λ_a gleich a. Eine ebene Lichtwelle mit der Wellenlänge λ wird an den Maxima einer solchen Schallwelle wie in **Fig. 1821-9** teilreflektiert. Die Fortpflanzungsrichtung der reflektierten Welle bildet mit der einfallenden Welle den Winkel $\beta = 2\alpha$. Unter diesem Winkel β können nur die an jenen Schallwellen reflektierten Lichtwellen erscheinen, welche die gleiche Fortpflanzungsrichtung wie die eingezeichnete haben. Von diesen aber interferieren nur jene konstruktiv, welche die Braggbedingung erfüllen:

$$m \, \lambda = 2\lambda_a \sin \alpha \quad \text{mit} \quad m = 1,2,3,\ldots \tag{19}$$

In dieser Gleichung ist vernachlässigt, daß sich die Frequenz ν_b der reflektierten Welle infolge des Dopplereffektes von der Frequenz ν der einfallenden Welle unterscheidet:

$$\frac{\nu_b}{\nu} = 1 \pm 2 \, \frac{a}{c} \sin \alpha = 1 \pm 2 \, \frac{a}{c} \sin (\beta/2) \tag{20}$$

Mit $\nu_b = c/\lambda_b$, $\nu = c/\lambda$, $\nu_a = a/\lambda_a$ kommt:

$$\nu_b = \nu \pm m \, \nu_a \tag{21}$$

Die Frequenz ν_b des unter dem Streuwinkel β beobachteten Streulichtes erscheint um das m-fache der Frequenzen ν_a der passenden Schallwellen verschoben, und zwar um $+m\nu_a$ bei Annäherung und um $-m\nu_a$ bei Entfernung dieser Wellen. $m\nu_a$ hängt von β ab. Unter einem Streuwinkel β beobachtet man zwei nur von a/c und β abhängende relative Dopplerverschiebungen der Streulichtfrequenz. Sie sind bei $\beta=\pi$ d.h. bei der Rückwärtsstreuung am größten, sind aber auch dann noch sehr klein. Bei $a=10^3$m/s und $\beta=\pi$ ist z.B. $(\nu_b-\nu)/\nu=\pm a/c=\pm 10^{-5}$. Diese erstmals 1922 von L. Brillouin untersuchte Streuung wird Brillouinstreuung genannt.

1.8.2.2 Ramanstreuung

Die Elektronenhülle eines Atoms oder Moleküls kann nicht nur von einem passenden Photon stationär, sondern auch von einem nicht passenden Photon instationär angeregt werden. Meist fällt sie dann sofort und unter Freigabe desselben Photons in das Ausgangsniveau zurück. Die Rayleighstreuung an Atomen und Molekülen kann auch so verstanden werden. Bei den Molekülen wird durch das vorübergehende Auftreten eines induzierten elektrischen Dipolmomentes die Möglichkeit einer Umsetzung von Elektronenenergie in Schwingungs- und Rotationsenergie oder umgekehrt eröffnet. Klassisch betrachtet wird von einem schwingenden elektrischen Feld $E(t)$ die negativ geladene Elektronenhülle gegenüber dem positiv geladenen Rumpf um eine schwingende Strecke $s(t)$ verschoben, die von der Richtung und dem Betrag x des Kernabstandes abhängt. In **Fig. 1822-1** ist der Sonderfall $E\|x$ skizziert. Mit der E-proportionalen Verschiebung s der Ladung q wird ein Dipolmoment $p=qs=\alpha E$ erzeugt. Die Polarisierbarkeit α hängt von x ab. Schwingt das Molekül mit der Kreisfrequenz ω_0, so weicht $x(t)$ um $\Delta x \cos\omega_0 t$ vom mittleren Kernabstand $\bar{x}$ ab und ist $\alpha(t)=\alpha_0+(\partial\alpha/\partial x)_0 \Delta x(t)$. Im Wechselfeld $E=\hat{E}\sin\omega t$ wird:

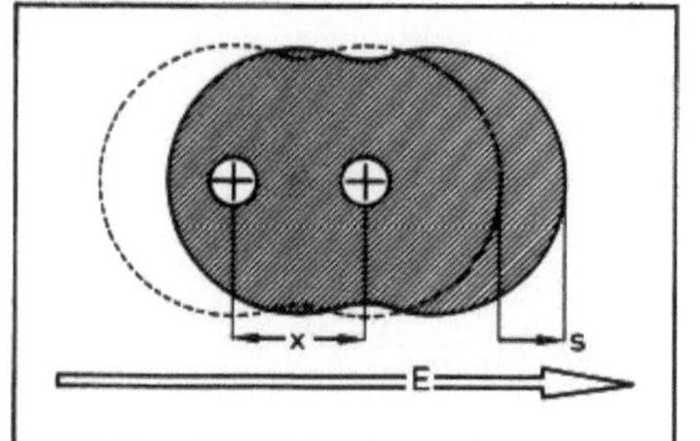

1: Mitschwingende Elektronenhülle

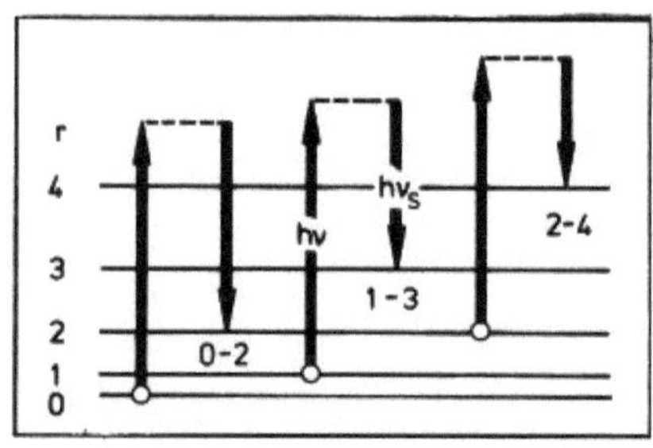

2: Stokesstreuung · Δr

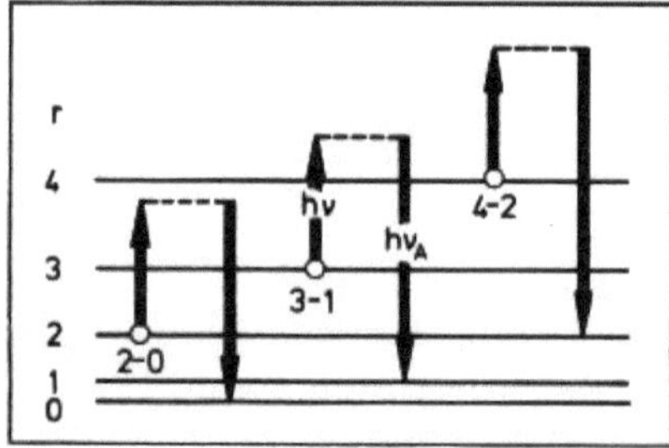

3: Antistokesstreuung · Δr

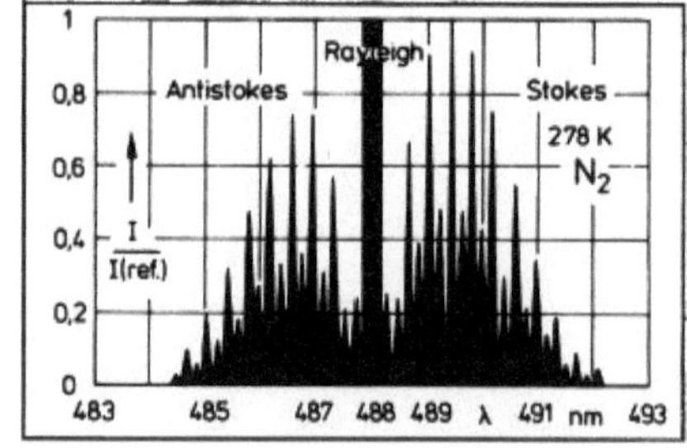

4: Rotations-Ramanspektrum

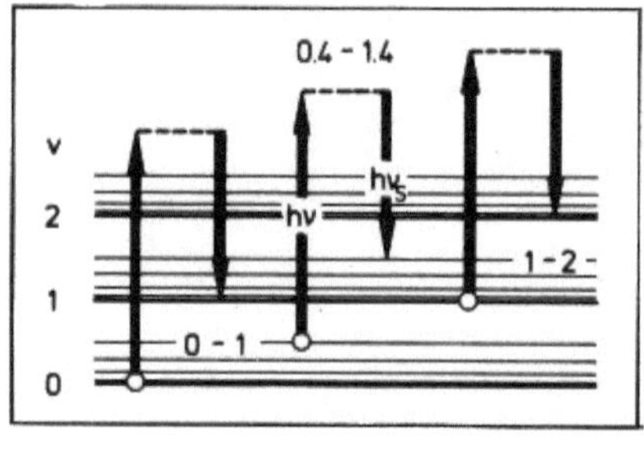

5: Stokesstreuung Δv

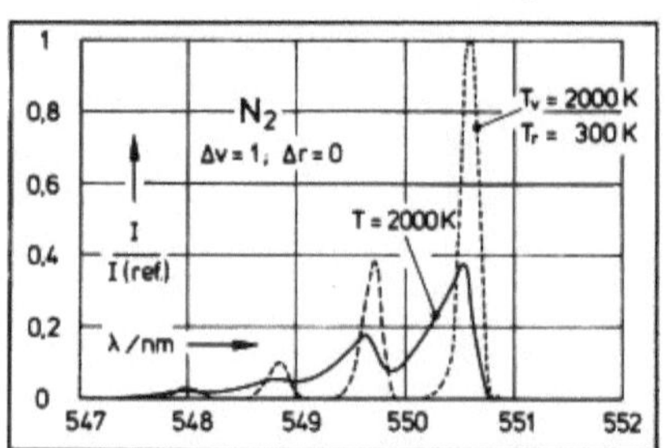

6: Schwingungs-Ramanspektrum

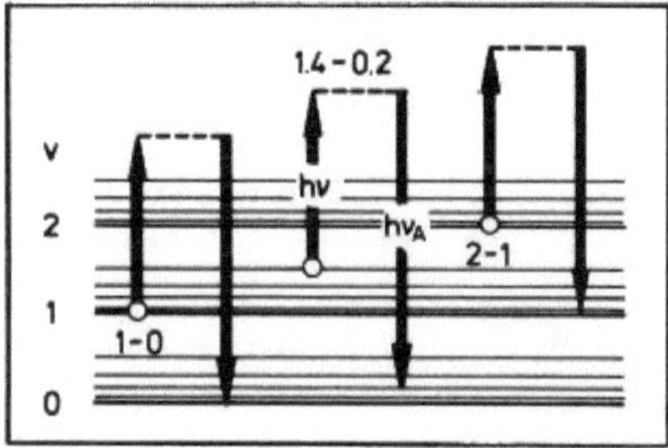

7: Antistokesstreuung · Δv

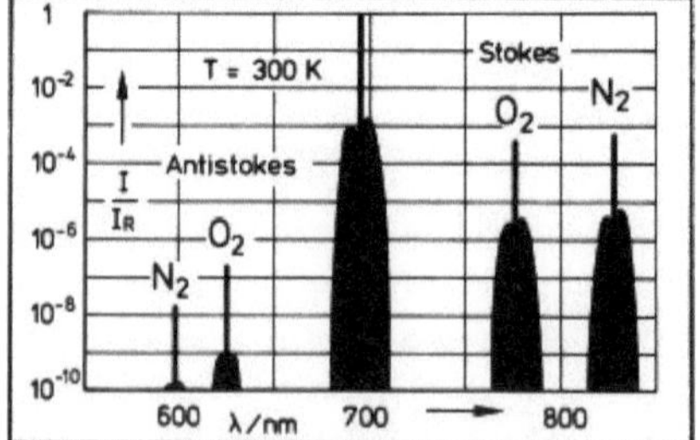

8: Rotationsflügel

Fig. 1822: Ramanstreuung

$$p(t) = [\alpha_0 + (\partial\alpha/\partial x)_0 \, \Delta\hat{x} \cos \omega t] \, \hat{E} \sin \omega t \tag{1}$$

Trigonometrische Umformung ergibt:

$$p(t) = \alpha_0 \hat{E} \sin\omega t + (\partial\alpha/\partial x)_0 \Delta\hat{x}\hat{E}[\sin(\omega-\omega_0)t + \sin(\omega+\omega_0)t] \tag{2}$$

Der so schwingende Dipol kann nicht nur die eingestrahlte Kreisfrequenz ω, sondern auch die Kreisfrequenzen $\omega-\omega_0$ und $\omega+\omega_0$ abstrahlen. Ebenso kann man zeigen, daß wegen der Abhängigkeit des Trägheitsmomentes vom Kernabstand noch viele andere Frequenzen auftreten können. Diese klassische Betrachtung ist insofern nicht korrekt, als sie die Quantenbedingungen außer Acht läßt. Sie macht aber verständlich, wieso die erwähnten Energieumsetzungen überhaupt und ebensogut bei Molekülen ohne wie mit permanentem Dipolmoment auftreten können. Das von einem nicht passenden Photon $h\nu$ instationär angeregte Molekül kann ein sog. Stokesphoton

$$h\nu_S = h\nu - \Delta E_{rv} \tag{3}$$

abgeben und dabei die Rotations- und Schwingungsenergie ΔE_{rv} gewinnen. Oder es kann ein sog. Antistokesphoton

$$h\nu_A = h\nu + \Delta E_{rv} \tag{4}$$

abgeben und dabei die Rotations- und Schwingungsenergie ΔE_{rv} verlieren. Diese Art der Streuung wird Ramanstreuung genannt. Sie wurde 1923 von A. Smekal vermutet und 1928 von C.V. Raman sowie G. Landsberg und L. Mandelstam entdeckt. Die Bezeichnungen Stokes und Antistokes beziehen sich auf die 1852 von G.G. Stokes geäußerte Vermutung, daß bei der Fluoreszenz die Frequenz des emittierten Lichtes niemals größer als die des absorbierten werden könne. ΔE_{rv} setzt sich im allgemeinen aus einer Änderung ΔE_r der Rotationsenergie und ΔE_v der Schwingungsenergie zusammen. Die Energien E_r und E_v können nur die in Abschnitt 1.2.2.1 besprochenen diskreten Werte annehmen. Im Idealfall starrer Rotation und harmonischer Schwingung sind dies die Werte $E_r=r(r+1)R$ mit $r=0,1,2$ usw. und $E_v=(v+1/2)h\nu_0$ mit $v=0,1,2$ usw. Für die Übergänge gelten im allgemeinen die Auswahlregeln $!\Delta r|=0$ oder 2 und $|\Delta v|=0$ oder 1. Die in **Fig. 1822-2 und 3** skizzierten Übergänge mit $|\Delta r|=2$ bei $|\Delta v|=0$ bewirken ein Rotationsspektrum mit zwei Flügeln wie in **Fig. 1822-4**. Die Linien im Stokesflügel mit $\nu_S<\nu$ und im Antistokesflügel mit $\nu_A>\nu$ sind mit dem Abstand $\Delta\nu_S=\Delta\nu_A=4R/h$ äquidistant. Bei den homonuklearen zweiatomigen Molekülen haben sie im allgemeinen alternierende Intensitäten. Beim Molekül O_2^{16} fällt jede zweite Linie aus. Beim Molekül NO sind auch die Übergänge mit $|\Delta r|=1$ erlaubt. Die in **Fig. 1822-5** skizzierten Übergänge mit $|\Delta v|=1$ bei $\Delta r=0$ würden bei exakt harmonischer Schwingung nur eine einzige Stokeslinie mit $\nu_S=\nu-h\nu_0$ und eine einzige Antistokeslinie mit $\nu_A=\nu+h\nu_0$ ergeben. Die Anharmonizität der Schwingung spaltet diese Linie auf. Ihr Profil hängt von der Rotation ab. **Fig. 1822-6** zeigt, wie sie bei $T=2000$ K aussieht, und wie sie bei der Rotationstemperatur $T_r=300$ K be –

trächtlich unter der Schwingungstemperatur T_r=2000 K aussehen würde. Infolge von Übergängen mit $|\Delta v|$=1 und zugleich $|\Delta r|$=2 wie z.B. in der Mitte von **Fig.** 1822-7 treten auch beiderseits der Schwingungslinien Rotationslinien auf. **Fig.** 1822-8 zeigt die Einhüllenden solcher Rotationsflügel der Luftmoleküle bei T=300 K.

Die Linienintensitäten sind zu den Besetzungszahlen des betroffenen Ausgangsniveaus proportional und hängen wie diese von der Temperatur T ab. Bei Labortemperatur befinden sich fast alle Moleküle im Schwingungsgrundniveau. Schon das erste Schwingungsniveau mit $\Delta E_v = h\nu_0$ über dem Grundniveau ist so schwach besetzt, daß der Antistokeszweig viel schwächer als der Stokeszweig des Rotationsschwingungsspektrums erscheint. Der Unterschied der beiden Flügel des Rotationsspektrums ist nicht so groß, weil sich die Besetzungszahlen benachbartes Rotationsniveaus nur wenig unterscheiden. Das gesamte Ramanstreulicht ist viel schwächer als das gleichzeitig auftretende Rayleighstreulicht. Der totale Streuquerschnitt Q ist etwa um den Faktor 1/1000 kleiner. Bei den differentiellen Streuquerschnitten q=dQ/dΩ ist zwischen solchen der einzelnen Linien und solchen von Linienscharen zu unterscheiden. Alle hängen wie der differentielle Streuquerschnitt der Rayleighstreuung vom Winkel ϑ ab. Für die verschiedenen Linien sind jedoch sehr verschiedene Besetzungszahlen und verschiedene Abweichungsn $\Delta\nu_{rv}$ von der Frequenz ν des einfallenden Lichtes maßgebend. Die dQ/dΩ wachsen mit der vierten Potenz von $\nu+\Delta\nu_{rv}$. Bei Labortemperatur erscheint die stärkste Stokesrotationslinie des Stickstoffs senkrecht zur Polarisationsrichtung und Fortpflanzungsrichtung des einfallenden Lichtes mit ungefähr $q(\hat{r})=6 \cdot 10^{-35} m^2/s\,r$. Alle Rotationslinien zusammen treten mit ungefähr $q(\hat{r})=10^{-33} m^2/s\,r$ auf. Die Stokesschwingungslinie erscheint mit:

$$q(v) = 5 \cdot 10^{-60} \left(\frac{\nu-\nu_0}{c_0}\right)^4 m^6/sr \tag{5}$$

Mit der Schwingungsfrequenz ν_0=7,07$\cdot 10^{13}$ Hz ergeben sich für die sichtbaren Frequenzen Werte zwischen $q(v)=6,4 \cdot 10^{-36} m^2/sr$ und $q(v)=1,5 \cdot 10^{-35} m^2/sr$, während die differentiellen Streuquerschnitte der Rayleighstreuung zwischen $q=1,5 \cdot 10^{-32} m^2/sr$ und $q=2,3 \cdot 10^{-31} m^2/sr$ betragen. In der folgenden Tabelle sind die Verhältnisse der entsprechenden q(v) anderer Gase zu dem mit Gleichung (5) berechneten q(v) von Stickstoff bei ν=6,14$\cdot 10^{14}$Hz zusammengestellt. Über die Ramanstreuung wurde z.B. in [747-758] ausführlich berichtet.

Gas	N_2	O_2	H_2	NO	CO	HC1	HJ
$(\nu_0/c_0)/(10^5/m)$	2,331	1,556	4,161	1,877	2,145	2,886	2,230
$q(v)/q(v,N_2)$	1	1,2	2,4	0,46	0,99	2,0	6,0

Tab. 1822-1: Relative differentielle Streuquerschnitte. (Δv=1, Δr=0, ϑ=$\pi/2$, ν=6,14$\cdot 10^{14}$Hz)

2 VISUALISIERUNG

2.1 VISUALISIERUNG DER STRAHLABLENKUNG

2.1.1 Strahlenablenkung in Strömungen

2.1.1.1 Schlieren

Der Begriff Schliere meint in der Umgangssprache eine strähnige Stelle,
wie sie z.B. bei schräg einfallendem Licht in billigem oder auf unsauberem
Glas sichtbar wird. Von dort wurde dieser Begriff zur Bezeichnung all jener Stellen in transparenten Medien übernommen, welche infolge von Ablenkungen der Lichtstrahlen sichtbar sind oder sichtbar gemacht werden können.

Die unterschiedlichen Ablenkungen können infolge von unterschiedlichen
Winkeln brechender Grenzflächen oder von Brechzahlgradienten auftreten.
Die erstgenannten sind gelegentlich so groß, daß Totalreflexion auftritt.
Große Ablenkungen werden ohne Visualisierungsoptik gesehen. Das in **Fig.
2111-1** gezeigte Bild eines stromauf schießenden Wasserstrahls innerhalb
eines Wasserhohlstrahls wurde ohne Visualisierungsoptik aufgenommen
[759]. Das gleiche gilt für das in **Fig. 2111-2** wiedergegebene Bild der Kavitation hinter einer Schiffschraube [760]. Wasserwellen wie in **Fig. 2111-3** sind
sichtbar, weil sie mit unterschiedlichen Reflexionsgraden in verschiedene Richtungen reflektieren [761]. In solchen Fällen ist es nicht üblich,
von Schlieren zu sprechen. Schlieren brechen wenig. Es gibt Grenzfälle.
So würden z.B. die in den **Fig. 2111-4 und 5** gezeigten Wasserwellen über einem gleichmäßig hellen Boden unsichtbar bleiben. Die Ablenkungen waren
aber immerhin so groß, daß Markierungen am Boden genügten, um sie ohne
Visualisierungsoptik sichtbar zu machen [762,763]. Im Folgenden sind mit
Schlieren immer solche gemeint, welche erst mit einer Visualisierungsoptik sichtbar werden. Das sind insbesondere jene, welche in Flüssigkeiten
und Gasen infolge der in Abschnitt 1.2.1.1 besprochenen Dichteabhängig-
keit der Brechzahl auftreten. Verfahren, die die Ablenkungen der
Lichtstrahlen in Änderungen der Bestrahlungsstärke umsetzen, werden
Schlierenverfahren genannt. Werden nicht die Ablenkungen selbst, sondern
deren Änderungen mit Bildschattierungen sichtbar gemacht, so wird von
Schattenverfahren gesprochen.

1: Wasserhohlstrahl

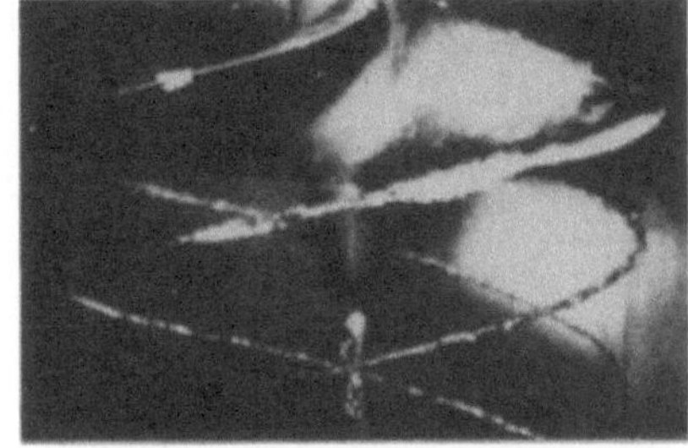

2: Kavitation

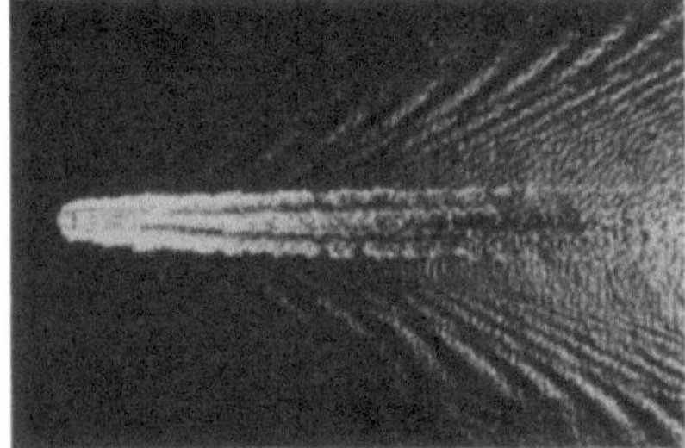

3: Kielwelle auf See

4: Bugwelle im Gerinne

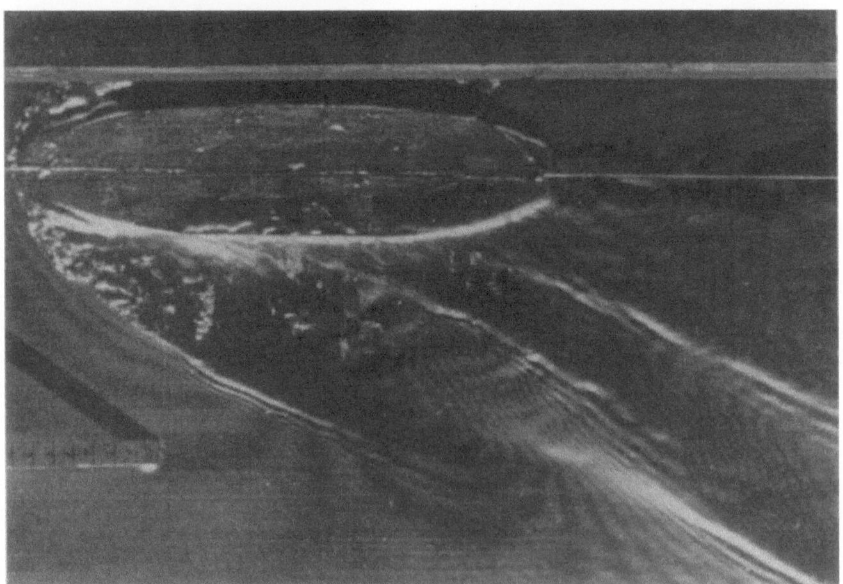

5: Bugwelle im Gerinne sichtbar durch Moiré

Fig. 2111: Schlieren

2.1.1.2 Ablenkung am Brechzahlsprung

Aus dem in Abschnitt 1.2.1.2 besprochenen Brechungsgesetz folgt für die
Winkel γ_1 und γ_2 zwischen dem Strahl und der brechenden Grenzfläche der
Zusammenhang:

$$n_2 \cos \gamma_2 = n_1 \cos \gamma_1 \tag{1}$$

n_2 sei größer als n_1. Wenn der Strahl wie in **Fig. 2112-1 oben** von der n_1-Seite einfällt, so wird er von der Grenzfläche weggebrochen. Für die Strahlablenkung $\varepsilon=\gamma_2-\gamma_1$ ergibt sich der folgende Ausdruck:

$$\sin \varepsilon = [\sqrt{1 - (\frac{n_1}{n})^2 \cos^2\gamma_1} - \frac{n_1}{n_2} \sin \gamma_1] \cos \gamma_1 \tag{2}$$

Bei streifendem Einfall und kleinem Brechzahlsprung $\Delta n=n_2-n_1$ kann näherungsweise mit

$$\varepsilon \approx \sqrt{2 \frac{\Delta n}{n_1} + \gamma_1^2} - \gamma_1 \tag{3}$$

gerechnet werden. Bei $\gamma_1=0$ wird schließlich:

$$\cos \varepsilon = \frac{n_1}{n_2} \quad ; \quad \varepsilon(\frac{\Delta n}{n_1} \ll 1) \approx \sqrt{2 \frac{\Delta n}{n_1}} \tag{4}\,(5)$$

Wird der einfallende Strahl so weiter gedreht, daß er wie in der Mitte von
Fig. 2112-1 von der n_2-Seite einfällt, so wird er zunächst total
reflektiert. Die Strahlablenkung springt bei $\gamma_1=0$ von dem mit Gleichung
(4) berechneten Wert auf $\varepsilon=0$. Bei $\gamma_2>0$ wird dann $\varepsilon=2\gamma_2$. Dies gilt solange,
bis γ_2 den Grenzwinkel γ_{2G} der Totalreflexion erreicht:

$$\cos \gamma_{2G} = \frac{n_1}{n_2} \quad ; \quad \gamma_{2G}(\frac{\Delta n}{n_1} \ll 1) \approx \sqrt{2 \frac{\Delta n}{n_1}} \tag{6}\,(7)$$

Hier springt die Strahlablenkung wie in **Fig. 2112 unten** von $\varepsilon=2\gamma_{2G}$ auf
$\varepsilon=\gamma_G$. Bei noch weiter gedrehtem einfallendem Strahl gilt schließlich:

$$\sin \varepsilon = [\frac{n_2}{n_1} \sin \gamma_2 - \sqrt{1 - (\frac{n_2}{n_1})^2 \cos^2 \gamma_2}] \cos \gamma_2 \tag{8}$$

Fällt ein divergierendes oder konvergierendes Strahlenbündel mit dem
Hauptstrahl in der brechenden Grenzfläche ein, so werden also drei Teilbündel auf verschiedene Weisen abgelenkt. Aber alle Ablenkungen erfolgen
in der gleichen Richtung.

Die **Fig. 2112-1** ist für das Brechzahlverhältnis $n_2/n_1=1,02$ gezeichnet. Der
Grenzwinkel der Totalreflexion beträgt in diesem Fall $\gamma_{2G}=11,3°$. Bei Verdichtungsstößen in Gasen liegen die n_2/n_1 meist viel näher bei 1. In einem
thermisch und kalorisch perfekten Gas kann die Stoßverdichtung ρ_2/ρ_1 den
Grenzwert 4 (1-atomig) oder 6 (2-atomig) nicht überschreiten. Mit der in
Abschnitt 1.2.1.1 besprochenen Beziehung $n-1=G\rho$ ergibt sich der folgende

282

Zusammenhang zwischen n_2/n_1 und ρ_2/ρ_1:

$$\frac{n_2}{n_1} - 1 = \frac{n_N - 1}{\rho_N/\rho_1 + (n_N-1)} \left(\frac{\rho_2}{\rho_1} - 1\right) \tag{9}$$

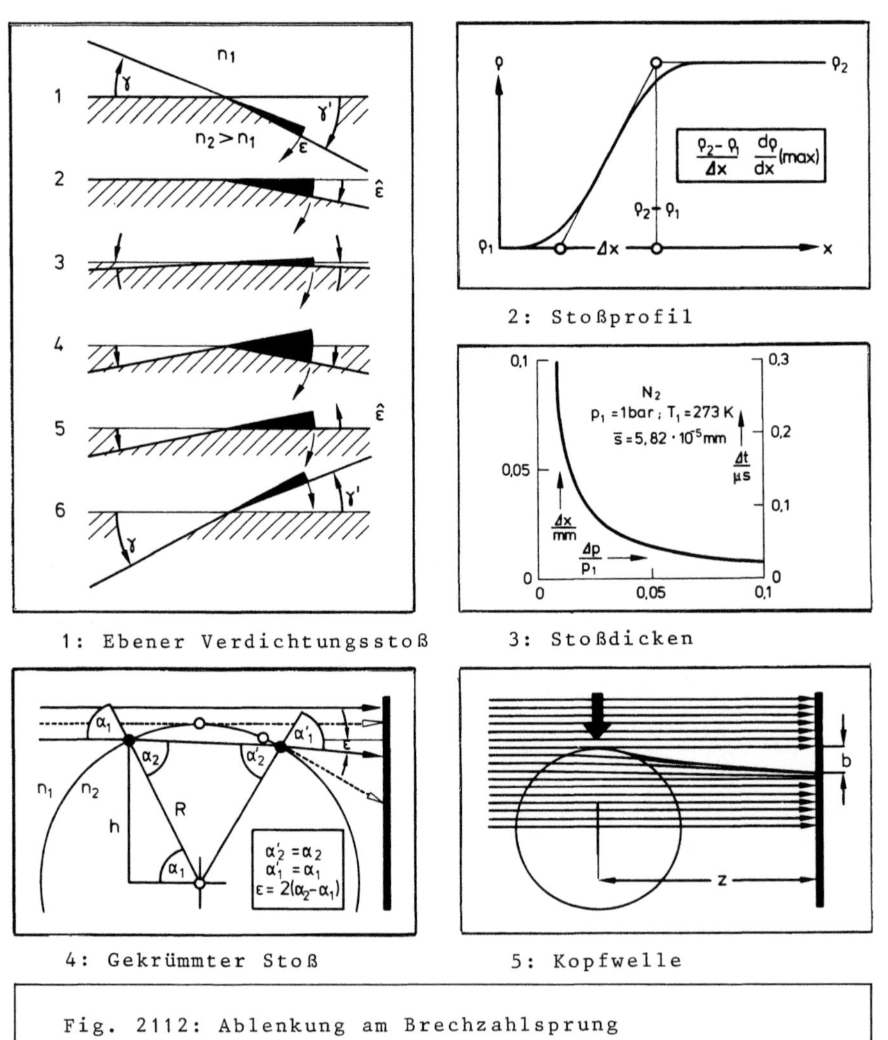

Fig. 2112: Ablenkung am Brechzahlsprung

Für Luft mit $\rho_1=\rho_N$ und $n_N-1=2,93\cdot10^{-4}$ bei der Vakuumwellenlänge $\lambda_0=5\cdot10^{-7}$m ergibt sich z.B. $n_2/n_1=1,00146$. Der Grenzwinkel der Totalreflexion beträgt $\gamma_{2G}=3,09°$. Bei streifendem Einfall wird es fraglich, ob mit einem Brechzahlsprung gerechnet werden darf. Die Dichtezunahme erfolgt mit einem Verlauf wie in **Fig. 2112-2**. Die dort definierte Stoßdicke Δx ist zwar meist viel kleiner als sonstige Abmessung der Strömung, sie kann aber ein Vielfaches von λ_0 betragen. In Stickstoff mit $p_N=1$bar und $T_N=273$K hat sie z.B. die in **Fig. 2112-3** graphisch dargestellten Werte. Wenn der Strahl den Stoß durchquert oder im Stoß reflektiert wird, und wenn es auf die kleine Versetzung nicht ankommt, so kann dennoch mit dem Brechzahlsprung gerechnet werden. Für exakt oder fast parallel zu einem ebenen Verdichtungsstoß laufende Strahlen liegen bei großen $\Delta x/\lambda_0$ die im nächsten Abschnitt zu besprechenden Verhältnisse vor, und kommt bei kleinen $\Delta x/\lambda_0$ Beugung ins Spiel. Solche Bedenken entfallen, wenn der gekrümmte Verdichtungsstoß einer Kopfwelle durchstrahlt wird. Für das in **Fig. 2112-4** skizzierte Lehrbeispiel eines Zylinders mit der konstanten Brechzahl n_2 in einer Umgebung mit der konstanten Brechzahl n_1 ergibt sich mit den dort notierten Winkelbeziehungen der folgende Ausdruck für die Strahlablenkung ε:

$$\sin \frac{\varepsilon}{2} = \frac{n_1}{n_2} \cdot \frac{h}{R} \left[\sqrt{\left(\frac{n_2}{n_1}\right)^2 - \left(\frac{h}{R}\right)^2} - \sqrt{1 - \left(\frac{h}{R}\right)^2} \right] \tag{10}$$

Darin ist R der Radius des Zylinders und h die Einfallshöhe des Strahls. Bei tangentialem Einfall mit h=R wird $\varepsilon=2\gamma_{2G}$. Mit abnehmenden h/R wird ε immer kleiner und verschwindet schließlich bei h=0. Infolgedessen existiert hinter dem Zylinder ein strahlenfreier Raum, dessen Querschnitt wie in **Fig. 2112-5** oben durch den tangierend am Zylinder vorbeigehenden Strahl und unten durch die Einhüllende der mit h≤R einfallenden Strahlen begrenzt wird. Die **Fig. 2112-4 und 5** wurden wie die **Fig. 2112-1** für das Beispiel n_2/n_1=1,02 gezeichnet. Hier beträgt die Strahlablenkung bei h/R=0,9 noch ε=4,46°. Ähnlich sieht auch der Strahlengang durch eine Zylinder- oder Kugelkopfwelle in einer Strömung mit der in **Fig. 2112-5** eingezeichneten Richtung aus. Aber hier beträgt die Ablenkung bei n_2/n_1=1,00146 und h/R=0,9 nur noch ε=0,34°. Meist weicht n_2/n_1 noch viel weniger von 1 ab, und ist darum ε bei h/R=0,9 noch viel kleiner. Die merklich abgelenkten Strahlen verlaufen dann so nahe beim tangierenden Strahl, daß ihre Berechnung ohne Berücksichtigung der n_2-Änderung in der Kopfwelle vorgenommen werden kann.

2.1.1.3 Ablenkung am Brechzahlgradienten

Die Ursache der Brechung kann mit einer Analogie veranschaulicht werden. Man stelle sich vor, daß in **Fig. 2113-1** die Parallelen die Glieder einer von links nach rechts marschierenden Marschkolonne repräsentieren. Oben marschieren sie links auf Beton und rechts auf einem Acker, der kürzere Schritte erzwingt. Der linke Flügelmann jeden Gliedes stolpert zuerst auf den Acker, während sich der rechte noch eine Weile über den Beton freuen kann. Das muß die Marschrichtung ändern. Sind die Marschgeschwindigkeiten auf dem Beton und dem Acker bekannt, so kann die Linksschwenkung aus den Wegen der beiden Flügelmänner während jener Zeit berechnet werden, welche zwischen ihren Ankünften am Rand des Ackers vergeht. Wie hier die Glieder der Marschkolonne, so verhalten sich auch die Phasenflächen einer ebenen

Welle, wenn sie aus einem Gebiet mit der Brechzahl n_1 kommend in ein Gebiet mit einer Brechzahl $n_2 > n_1$ geraten. Ebenso kann man sich auch ihr Verhalten bei stetiger Änderung der Brechungzahl überlegen.

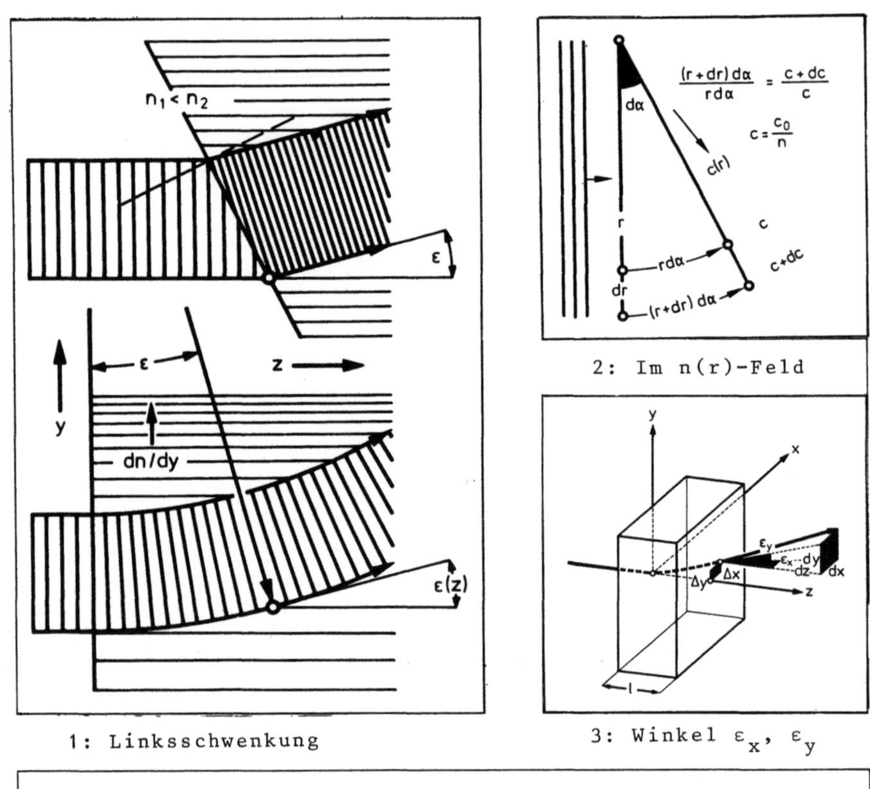

Fig. 2113: Ablenkung am Brechzahlgradienten

In der unteren Hälfte der **Fig. 2113-1** marschiert die Marschkolonne frontal auf ein Gelände, das dem linken Flügelmann den Marsch mehr als dem rechten erschwert. Auch dies hat eine Linksschwenkung zur Folge. Die Marschrichtung wird jetzt aber nicht mehr abrupt, sondern stetig geändert. Gerät eine ebene Welle in ein Gebiet mit einer von rechts nach links stetig wachsenden Brechzahl, so ist keine abrupte, sondern eine stetige Linksschwenkung der Phasenflächen zu erwarten.

Die **Fig. 2113-2** fragt, wie im Sonderfall eines zylindersymmetrischen n-Feldes die Lichtgeschwindigkeit c vom Radius r abhängen muß, damit eine eben einfallende Phasenfläche eben bleibt. Sie bleibt eben, wenn sich ihre Flächenelemente so auf konzentrischen Kreisen bewegen, daß die in **Fig.** 2113-2 notierte Bedingung erfüllt ist. Mit $c = c_0/n$ ergibt sich die Bedingung $dr/r = -dn/n$. Man kann zeigen, daß der gleiche Zusammenhang in jedem

Fall zwischen dem lokalen Krümmungsradius r eines Lichtstrahls, der lokalen Brechzahl n und ihrer lokalen Änderung dn/dr besteht:

$$\frac{1}{r} = - \frac{1}{n} \cdot \frac{dn}{dr} \tag{1}$$

Übergang zu kartesischen Koordinaten ergibt die folgenden Gleichungen zur Berechnung der Koordinaten x und y bei z eines in z-Richtung in das n-Feld eintretenden Strahls [764-766]:

$$\frac{d^2x}{dz^2} = [\, 1 + (\frac{dx}{dz})^2 + (\frac{dy}{dz})^2 \,] \; [\, \frac{1}{n} \cdot \frac{\partial n}{\partial x} - \frac{dx}{dz} \cdot \frac{1}{n} \cdot \frac{\partial n}{\partial z} \,] \tag{2}$$

$$\frac{d^2y}{dz^2} = [\, 1 + (\frac{dx}{dz})^2 + (\frac{dy}{dz})^2 \,] \; [\, \frac{1}{n} \cdot \frac{\partial n}{\partial y} - \frac{dy}{dz} \cdot \frac{1}{n} \cdot \frac{\partial n}{\partial z} \,] \tag{3}$$

Darin sind die $(dx/dz)^2$ und $(dy/dz)^2$ meist soviel kleiner als 1, die $(dx/dz)(\partial n/\partial z)$ soviel kleiner als $\partial n/\partial x$ und die $(dy/dz)(\partial n/\partial y)$ soviel kleiner als $\partial n/\partial y$, daß man nur einen vernachlässigbaren Fehler zuläßt, wenn man sie streicht. Ist dies der Fall, so verläßt der Strahl ein n-Feld mit der z-Tiefe 1 wie in **Fig. 2113-3** mit kleinen Versetzungen Δx, Δy und den folgenden kleinen Winkeln ε_x, ε_y zwischen ihm und der z-Richtung:

$$\varepsilon_x \approx \tan \varepsilon_x = (\frac{dx}{dz})_{z=1} = \int_0^1 \frac{d^2x}{dz^2} \, dz = \int_0^1 \frac{1}{n} \cdot \frac{\partial n}{\partial x} \, dz \tag{4}$$

$$\varepsilon_y \approx \tan \varepsilon_y = (\frac{dy}{dz})_{z=1} = \int_0^1 \frac{d^2y}{dz^2} \, dz = \int_0^1 \frac{1}{n} \cdot \frac{\partial n}{\partial y} \, dz \tag{5}$$

Die Versetzungen Δx, Δy spielen bei den in den folgenden Abschnitten zu besprechenden Visualisierungsverfahren nur dann eine Rolle, wenn sie den Strahl auf eine Wand fallen lassen. Sie setzen insbesondere den Visualisierungen von Grenzschichten an ebenen Wänden eine Grenze. [767]. Die Ablenkungen ε_x, ε_y machen es möglich, daß die Brechungsverfahren nicht nur Brechzahlsprünge, sondern auch Brechzahlgradienten sichtbar machen. Die Integranden sind im allgemeinen Funktionen von z. Bei manchen Strömungsuntersuchungen wird möglichst geringe Abhängigkeit von z angestrebt. Kann diese vernachlässigt werden, so gilt:

$$\varepsilon_x \approx \frac{1}{n} \cdot \frac{\partial n}{\partial x} \quad ; \quad \varepsilon_y \approx \frac{1}{n} \cdot \frac{\partial n}{\partial y} \tag{6}\;(7)$$

In einem Gas mit $n-1 = G\rho$ geben dann die Strahlablenkungen Auskunft über die betreffenden Komponenten des Dichtegradienten:

$$\varepsilon_x \approx \frac{1G}{1+G\rho} \cdot \frac{\partial \rho}{\partial x} \quad ; \quad \varepsilon_y \approx \frac{1G}{1+G\rho} \cdot \frac{\partial \rho}{\partial y} \tag{8}\;(9)$$

Meist kann dann $G\rho$ im Nenner vernachlässigt werden.

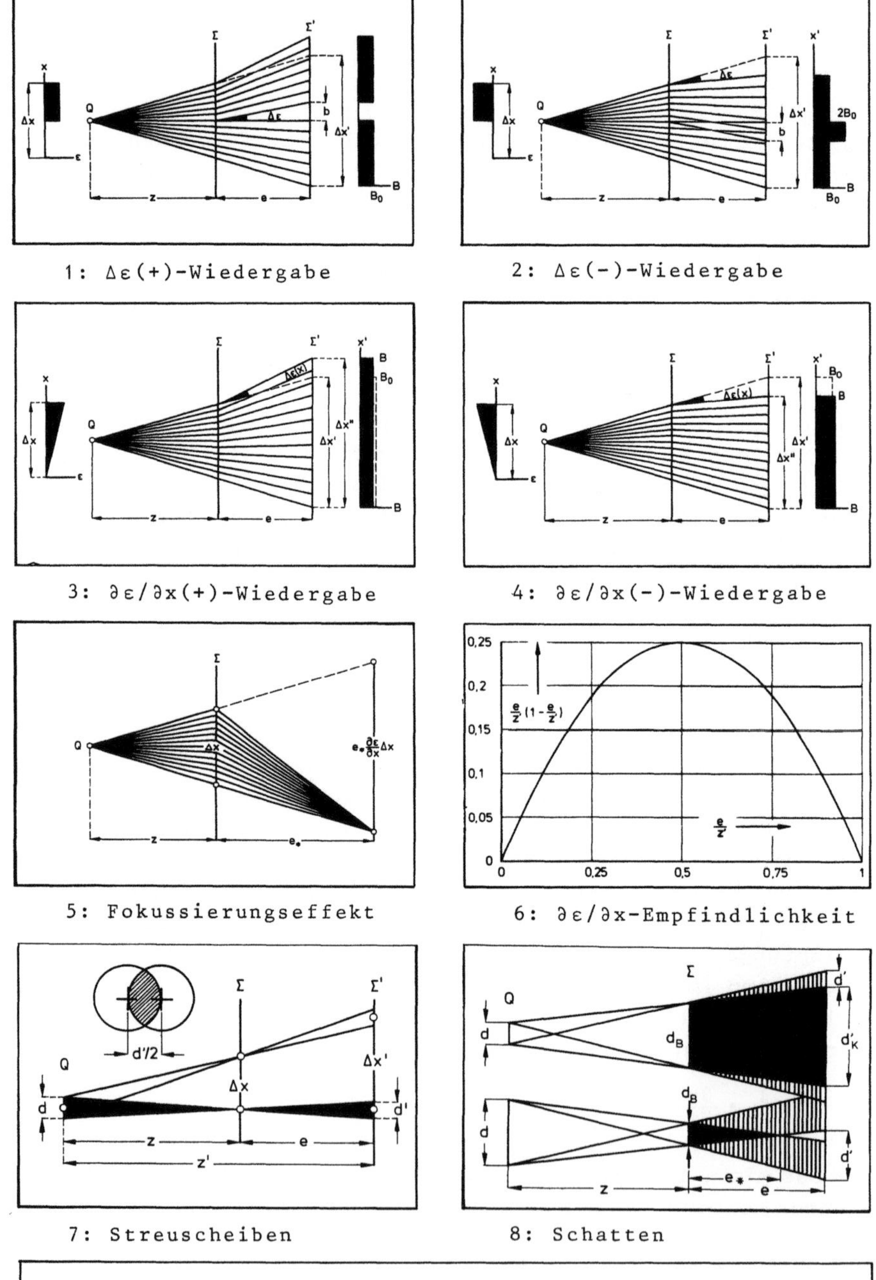

Fig. 2121: Zentral projizierendes Schattenverfahren

2.1.2 Schattenverfahren

2.1.2.1 Projizierende Verfahren

Eine Punktlichtquelle und ein Schirm können genügen, um Änderungen der Ablenkung ε in einer dazwischenliegenden Schliere sichtbar zu machen. **Fig.** 2121-1 erläutert die Wirkungsweise bei einem in der Objektebene Σ erzeugten und in positiver x-Richtung positiven Sprung $\Delta\varepsilon$. Die Winkel sind stark übertrieben gezeichnet. Ohne $\Delta\varepsilon$ würden die von der Lichtquelle Q im Abstand z von Σ kommenden Strahlen die Schirmebene Σ' im Abstand e von Σ gleichmäßig beleuchten. $\Delta\varepsilon$ hat zur Folge, daß dort ein unbeleuchtetes Band mit der Breite

$$b = e\Delta\varepsilon \tag{1}$$

erscheint. In **Fig.** 2121-2 ist der Strahlengang im Falle eines an derselben Stelle erzeugten, aber negativen Sprunges $\Delta\varepsilon$ skizziert. Hier wird die obere Hälfte des Strahlenbündels nicht weg von, sondern hin zu der unteren abgelenkt. $\Delta\varepsilon$ wird mit einem doppelt beleuchteten Band gleicher Breite wiedergegeben. Die Projektion des Sprungortes liegt jetzt nicht am unteren sondern oberen Bandrand. **Fig.** 2121-3 informiert über die Wirkung einer stetigen Zunahme der Ablenkung mit konstantem positiven $\delta\varepsilon/\delta x$. Das die Strecke Δx in Σ durchsetzende Strahlenbündel würde ohne diese Zunahme die Strecke $\Delta x'=\Delta x(1+e/z)$ in Σ' beleuchten. Mit dieser Zunahme wird jedoch die größere Strecke $\Delta x''=\Delta x'+e\Delta\varepsilon$ mit $\Delta\varepsilon=\Delta x(\delta\varepsilon/\delta x)$ beleuchtet. Die Bestrahlungsstärke wird von B_0 auf $B=B_0\Delta x''/\Delta x'$ gesenkt. Einsetzen ergibt für die Abnahme $\Delta B=B-B_0$ den folgenden Ausdruck:

$$\frac{\Delta B}{B_0} = -\frac{e\ \delta\varepsilon/\delta x}{1+e/z+e\ \delta\varepsilon/\delta x} \tag{2}$$

Mit dem gleichen Ausdruck kann man auch die Zunahme ΔB bei der in **Fig.** 2121-4 skizzierten Abnahme der Ablenkung mit konstantem negativen $\delta\varepsilon/\delta x$ berechnen. Bei kleinen $e|\delta\varepsilon/\delta x|\ll 1$ kann $e\delta\varepsilon/\delta x$ im Nenner vernachlässigt werden. Die $\delta\varepsilon/\delta x$-Empfindlichkeit E hängt dann bei gegebenem Abstand $z'=z+e$ des Schirms von der Lichtquelle in der folgenden Weise von z' und e/z' ab:

$$E = \frac{\Delta B}{B_0}\Big/\frac{\delta\varepsilon}{\delta x} = -z'\left(1-\frac{e}{z'}\right)\frac{e}{z'} \tag{3}$$

E wächst mit z' und ist bei gegebenem z' im Falle $e=z'/2$ d.h. $e=z$ am größten. Dann ist $E=-e/2$. **Fig.** 2121-6 zeigt $-E/z'$ als Funktion von e/z'. Bei negativem $\delta\varepsilon/\delta x$ sind diese Überlegungen jedoch nur bei Schirmabständen e unter jenem Abstand e_* richtig, in welchem sich die Strahlen schneiden. Wir entnehmen der **Fig.** 2121-5 den folgenden Zusammenhang:

$$e_*\ \frac{\delta\varepsilon}{\delta x} = -\left(1+\frac{e}{z}\right) \tag{4}$$

Die Forderung $e\leq e_*$ beim größten vorkommenden Wert $\delta\hat{\varepsilon}/\delta x$ der negativen $\delta\varepsilon/\delta x$ setzt den Empfindlichkeiten für kleine $\delta\varepsilon/\delta x$ eine obere Grenze $\hat{E}$:

$$\hat{E}\,\frac{\delta\hat{\varepsilon}}{\delta x} = 1 \tag{5}$$

Es kommt nicht nur auf die Empfindlichkeit, sondern auch auf die Δx-Auflösung und $\Delta\varepsilon$-Auflösung an. Beide hängen vom Durchmesser d der Lichtquelle ab. Dieser soll einerseits möglichst klein, muß aber andererseits so groß sein, daß bei gegebener Strahldichte L die Bestrahlungsstärke

$$B_0 = \frac{\pi}{4}\,L\left(\frac{d}{z'}\right)^2 \tag{6}$$

auf dem Schirm nicht zu klein ist. Wegen d>0 wird ein Objektpunkt nicht mit einem Schattenpunkt, sondern mit einer sog. Streuscheibe wiedergegeben. Zwei Objektpunkte werden infolgedessen nur solange als solche erkannt, wie der Abstand Δx' der Mittelpunkt der Streuscheiben größer als ihr Radius d'/2 ist. Mit Δx'/Δx=z'/z und dem **Fig.** 2121-7 zu entnehmenden Verhältnis d'/d=e/z ergibt sich der folgende Ausdruck für den kleinsten erkennbaren Objektpunktabstand:

$$\Delta\check{x} = \frac{ed}{2z'} \tag{7}$$

Ebenso wird man einen Sprung $\Delta\varepsilon$ der Ablenkung nur dann als solchen erkennen, wenn er die betreffende Streuscheibe um mehr als d'/2 verschiebt. Er verschiebt sie um e$\Delta\varepsilon$. Damit kommt für den kleinsten erkennbaren Ablenkungssprung:

$$\Delta\check{\varepsilon} = \frac{d}{2z} \tag{8}$$

Zwischen E, $\Delta\check{x}$ und $\Delta\check{\varepsilon}$ besteht der Zusammenhang:

$$E\,\frac{\Delta\check{\varepsilon}}{\Delta\check{x}} = -1 \tag{9}$$

Wird bei gegebener Strahldichte L der Lichtquelle eine bestimmte Bestrahlungsstärke B_0 auf dem Schirm gefordert, so ist $K=4B_0/\pi L$ eine vorgegebene Zahl. Mit dieser gilt:

$$\Delta\check{x} = \frac{e}{2}\sqrt{K} \quad ; \quad \Delta\check{\varepsilon} = \frac{z+e}{2z}\sqrt{K} \tag{10}\,(11)$$

Man kann dann $\Delta\check{x}$ nur durch Verkürzung von e vermindern. Auch $\Delta\check{\varepsilon}$ wird kleiner. $\Delta\check{\varepsilon}/\Delta\check{x}$ nimmt zu und E nimmt ab. Bessere Δx-Auflösung und $\Delta\varepsilon$-Auflösung wird also mit einer Verminderung der Empfindlichkeit erkauft.

Auf Strömungsbildern ist in der Regel nicht nur die Strömung sichtbar zu machen, sondern sind auch undurchsichtige umströmte Körper oder überströmte Wände zu sehen. Oft kommt es darauf an, die Abstände zwischen diesen und Strömungsstrukturen so genau wie nur irgend möglich zu messen. Auf dem Schattenbild wird ein großer Körper mit einem Kernschatten und Halbschattensaum, ein kleiner hingegen unter Umständen nur mit einem Halbschatten wiedergegeben. Befindet sich in der Objektebene Σ eine undurchsichtige Scheibe mit dem Durchmesser d_B, so liegen z.B. die in **Fig.**

2121-8 skizzierten Verhältnisse vor. Im Falle d=0 würde nur ein Kernschatten mit dem Durchmesser $d_B'=d_B z'/z$ erscheinen. d>0 verkleinert den Durchmesser des Kernschattens auf $d_K=d_B'-d'$ und umgibt ihn mit einem Halbschattensaum mit der Breite d', das heißt mit dem Außendurchmesser $d_H=d_B'+d'$. Bei $d_B'=d'$ d.h. bei $d/d_B=1+z/e$ wird $d_K=0$. Im Falle $d \geq d_B$ verschwindet also der Kernschatten, wenn e den Wert $e_H=z/(d/d_B-1)$ überschreitet. Es kann vorkommen, daß die Forderung $e<e_H$ der Empfindlichkeit E eine tiefere obere Grenze setzt als die Forderung $e<e_*$.

Das vorstehend besprochene zentralprojizierende Schattenverfahren wurde erstmals 1880 von V. DVORAK [768] beschrieben. Heute wird es nur noch gelegentlich auf Schießplätzen und in Schießkanälen verwendet, wo die Optik des parallel projizierenden Schattenverfahrens gefährdet wäre. Beim parallel projizierenden Schattenverfahren befindet sich die Lichtquelle im Brennpunkt einer Sammellinse oder eines Parabolspiegels. Die Objektebene wird dann von einem Parallelstrahlenbündel durchsetzt. Ein Ablenkungssprung $\Delta\varepsilon$ wird nach wie vor wie in den **Fig. 2121-9 oder 10** mit B=0 bzw. $2B_0$ in einem Band mit der Breite $b=e\Delta\varepsilon$ wiedergegeben. Wir finden jetzt jedoch mit $z\to\infty$ oder entnehmen den **Fig. 2121-11 und 12** den folgenden Ausdruck für $\Delta B/B_0$ bei konstantem $\delta\varepsilon/\delta x$:

$$\frac{\Delta B}{B_0} = - \frac{e\delta\varepsilon/\delta x}{1+e\delta\varepsilon/\delta x} \tag{12}$$

Bei kleinem $e|\delta\varepsilon/\delta x|<<1$ kann wiederum $e\,\delta\varepsilon/\delta x$ im Nenner vernachlässigt werden. Damit kommt:

$$E = \frac{\Delta B}{B_0} / \frac{\delta\varepsilon}{\delta x} = - e \tag{13}$$

Die $\delta\varepsilon/\delta x$-Empfindlichkeit E hängt dann nur noch vom Abstand e des Schirmes vom Objekt ab. Die Strahlen konvergieren jetzt bei jedem negativen $\delta\varepsilon/\delta x$. Sie schneiden sich in einem mit der folgenden Gleichung zu berechnenden Abstand e_* vom Objekt:

$$\varepsilon * \frac{\delta\varepsilon}{\delta x} = - 1 \tag{14}$$

Soll das Schattenbild eindeutig bleiben, so darf auch hier e den mit dem größten vorkommenden negativen $\hat{\delta\varepsilon}/\delta x$ berechneten Wert e_* nicht überschreiten. Beide Größen, sowohl E wie auch $e_*\,\delta\varepsilon/\delta x$ sind um gleiche Faktoren kleiner als bei der Zentralprojektion. Darum ergibt sich hier wieder die gleiche obere Grenze E der Empfindlichkeiten wie dort. Auch hier gilt:

$$\hat{E} \frac{\delta\hat{\varepsilon}}{\delta x} = 1 \tag{15}$$

Bei diesen Überlegungen wurde $\delta^2\varepsilon/\delta x^2=0$ angenommen. Ändert sich $\delta\varepsilon/\delta x$, so wird es schwieriger, die Bestrahlungsstärken B zu interpretieren. Bei einem Sägezahnverlauf der $\varepsilon(x)$ werden die Strahlen z.B. wie in **Fig. 2121-13** und bei einem Sinusverlauf wie in **Fig. 2121-14** abgelenkt.

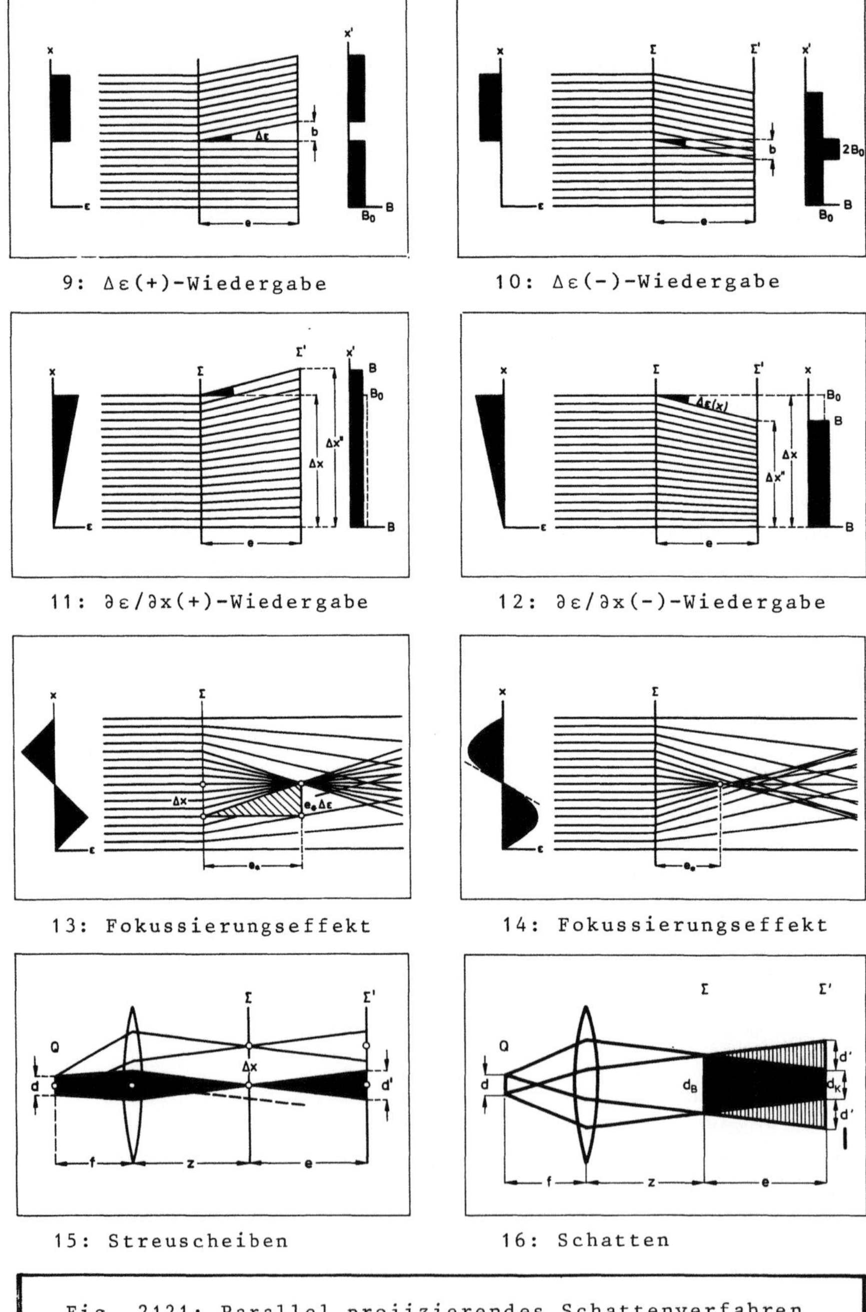

9: $\Delta\epsilon(+)$-Wiedergabe

10: $\Delta\epsilon(-)$-Wiedergabe

11: $\partial\epsilon/\partial x(+)$-Wiedergabe

12: $\partial\epsilon/\partial x(-)$-Wiedergabe

13: Fokussierungseffekt

14: Fokussierungseffekt

15: Streuscheiben

16: Schatten

Fig. 2121: Parallel projizierendes Schattenverfahren

Für den Durchmesser d' der Streuscheibe finden wir jetzt anhand der **Fig. 2121-15** den Zusammenhang d'/d=e/f. Jetzt ist $\Delta x'=\Delta x$. Damit kommt für den kleinsten gerade noch erkennbaren Objektpunktabstand $\Delta\check{x}=d'/2$:

$$\Delta\check{x} = \frac{ed}{2f} \tag{16}$$

Für den kleinsten gerade noch erkennbaren Ablenkungssprung kommt mit $e\Delta\check{\varepsilon}=d'/2$ der Ausdruck:

$$\Delta\check{\varepsilon} = \frac{d}{2f} \tag{17}$$

Wieder gilt:

$$E\,\frac{\Delta\check{\varepsilon}}{\Delta\check{x}} = -1 \tag{18}$$

Die Bestrahlungsstärke B_0 auf dem Schirm hängt jetzt von d/f ab:

$$B_0 = \frac{\pi}{2}\,L\,\left(\frac{d}{f}\right)^2 \tag{19}$$

Mit $K=2B_0/\pi L$ können wir schreiben:

$$\Delta\check{x} = \frac{e}{2}\,\sqrt{K} \quad ; \quad \Delta\check{\varepsilon} = \frac{1}{2}\,\sqrt{K} \tag{20}\tag{21}$$

Bei gleichem K ist $\Delta\check{x}$ ebenso groß wie bei der Zentralprojektion und läßt sich hier wie dort bei vorgegebenem K nur durch Verkürzung von e vermindern. $\Delta\check{\varepsilon}$ hängt jetzt nicht mehr von e ab, und E ist wie Δx proportional zu e. Auch hier ist also mit einem Gewinn an Δx-Auflösung ein Verlust an $\delta\varepsilon/\delta x$-Empfindlichkeit verbunden. Dabei ist jedoch $E/\Delta\check{x}$ größer:

$$\frac{(E/\Delta\check{x})\,\text{parallel}}{(E/\Delta\check{x})\,\text{zentral}} = 1 + \frac{e}{z} \tag{22}$$

Fig. 2121-16 informiert über den Schatten einer undurchsichtigen Scheibe mit dem Durchmesser d_B. Wieder hat der Kernschatten den Durchmesser $d_K=d_B'-d'$ und der Halbschatten den Durchmesser $d_H=d_B'-d'$, aber jetzt ist mit $d_B'=d_B$ und d'/d =e/f zu rechnen. Der Kernschatten verschwindet jetzt nicht nur im Falle $d\geq d_B$, sondern bei allen d/d_B jenseits des Abstandes $e_H=fd_B/d$ von der Objektebene. Bei kleinen $d<<d_B$ geschieht dies allerdings erst in großem Abstand $e_H>>f$. Wird versucht, das Auflösungsvermögen durch Verkleinerung des Lichtquellendurchmessers d zu verbessern, so wird nicht nur B_0 viel kleiner, sondern kommt schließlich auch die in Abschnitt 1.6.2.2 besprochene Fresnelbeugung in's Spiel. Dann werden die Konturen von Schlieren und undurchsichtigen Objekten mit Beugungssäumen wiedergegeben, die bei polychromatischem Licht bunt und bei monochromatischem mit stark oszillierendem B-Profil erscheinen. Solche Beugungssäume können noch mehr als die Halbschatten bei größeren d zu erheblichen Fehleinschätzungen von Konturabständen führen.

2.1.2.2 Abbildung der Schattenebene

Nur selten genügt es, den Schirm zu betrachten. Meist ist es nötig, das
Schattenbild zu photographieren. Bei der Untersuchung schneller Vorgänge
bleibt gar keine andere Wahl. Dann ist es ebenfalls nur selten möglich,
den Schirm mit Film zu belegen. Meist ist ein stark verkleinertes Bild des
Schattenbildes aufzunehmen. Geschieht dies wie in **Fig.** 2122-1 mit Hilfe
eines retrostreuenden Schirms, so wird viel Licht vergeudet. Meist hat
man zugleich ein Interesse, mit einer möglichst kleinen Lichtquelle und
einer möglichst kurzen Belichtungszeit d.h. mit wenig Licht auszukommen.

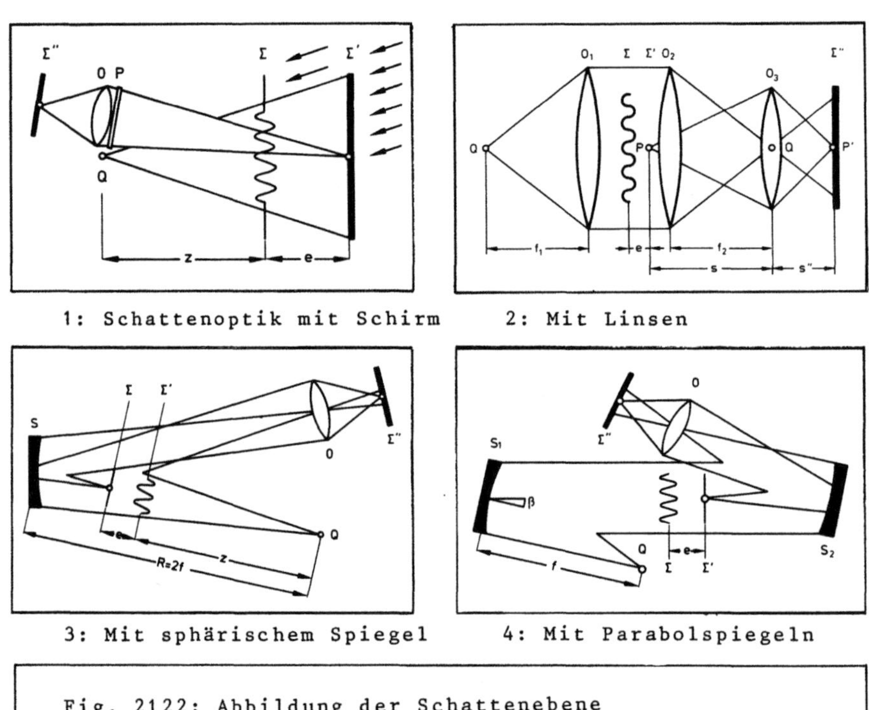

1: Schattenoptik mit Schirm   2: Mit Linsen

3: Mit sphärischem Spiegel   4: Mit Parabolspiegeln

Fig. 2122: Abbildung der Schattenebene

Dann bleibt die Möglichkeit den Schirm zu entfernen, die durch die Schattenebene gehenden Strahlen mit einer Sammellinse oder einem Hohlspiegel
durch das Kameraobjektiv zu führen, und mit diesem die in der Schattenebene auftretende Lichtverteilung abzubilden. Im Falle der Parallelprojektion erfüllt die in **Fig.** 2122-2 gezeigte Optik mit den Objektiven
O_1, O_2, O_3 (Linsen, Achromate) diesen Zweck. O_1 und O_2 bilden die Lichtquelle Q als Lichtquellenbild Q' in O_3 ab. O_3 bildet die Schattenebene Σ'
in der Bildebene Σ'' ab. Diese Optik unterscheidet sich von der in Abschnitt 1.5.3.3 besprochenen verflochtenen Abbildungsoptik nur insofern,
als sich die abgebildete Schattenebene Σ' im Abstand e von der Objektebene
Σ befindet. Liegt auch Σ' wie Σ zwischen O_1 und O_2 und ist der Abstand zwischen O_1 und O_2 viel kleiner als die Brennweite f_2 von O_2, so wird auch

hier nicht nur der gesamte von O_1 eingefangene Strahlungsfluß nach Σ' geführt, sondern auch das Bild bei Abwesenheit eines Objektes praktisch gleichmäßig ausgeleuchtet. Die Mitwirkung von O_2 an der $\Sigma'\Sigma''$-Abbildung kann vernachlässigt und die Bestrahlungsstärke B_0'' in Σ'' kann wie in Abschnitt 1.5.3.3 berechnet werden. Das Verhältnis von B_0'' zur Bestrahlungsstärke B_0' in Σ' nimmt mit abnehmendem Abbildungsmaßstab s''/s' quadratisch zu:

$$B_0''/B_0' = (s''/s')^2 \qquad\qquad (1)$$

Bei Verkleinerung wird man also mit viel kleinerem B_0' auskommen können. Das Verhältnis $E/\Delta\check{x}=-\sqrt{2\pi L/B_0'}$ wird größer.
Noch wichtiger als dieser Vorteil der Abbildung kann sein, daß jetzt beliebig kleine e möglich sind. Sogar mit e=0 oder mit negativem e kann gearbeitet werden. Wäre die idealisierende Annahme der Strahlablenkungen in einer einzigen Objektebene exakt erfüllt, so wäre bei e=0 überhaupt nichts zu sehen. Bei negativem e wird eine virtuelle, vor das Objekt extrapolierte Lichtverteilung photographiert. In Wirklichkeit haben Strömungen als Objekt stets eine gewisse Tiefe, und hat die Abbildung stets die in Abschnitt 1.5.2.3 besprochene Schärfentiefe in Richtung der Strahlen. Darum verschwindet der Schatteneffekt bei keinem e vollständig. In den **Fig.** 2122-38 **bis** 40 sind bei positivem e, bei e=0 und bei negativem e aufgenommene Schattenbilder der gleichen Strömung gegenübergestellt.

Bei monochromatischem Licht können in der vorstehend beschriebenen Optik einfache Sammellinsen O_1 und O_2 genügen. Mit dem polychromatischen Licht eines Bogens oder Funkens würden so jedoch wegen der Dispersion in den Linsen nur sehr verwaschene Schattenbilder aufgenommen. Genügen Durchmesser unter etwa 10 cm, so kommt der Einsatz von Achromaten als O_1 und O_2 in Frage. Größere und hinreichend blasenfreie Achromate sind teuer. Es ist dann nicht nur besser, sondern auch billiger, die Lichtquellenabbildung bei Zentralprojektion mit einem sphärischen Hohlspiegel wie in Fig. 2122-3 oder bei Parallelprojektion mit zwei parabolischen Hohlspiegeln wie in **Fig.** 2122-4 vorzunehmen. Die Z-Anordnung bewirkt eine teilweise Kompensation der infolge der Bündelschiefe auftretenden Aberrationen. Der Winkel zwischen den Hauptstrahlen der ein- und austretenden Strahlenbündel und das Verhältnis des Spiegeldurchmessers zur Brennweite sollten möglichst klein sein, um die Aberrationen in Grenzen zu halten. Bei großen Objekten werden dazu lange Brennweiten benötigt. Lange Brennweiten sind außerdem wegen der Punktauflösung und bei der in Abschnitt 2.4.2.3 zu besprechenden Kinematographie mit optischer Bildtrennung wegen der Parallaxe erwünscht. Die meisten der im nächsten Abschnitt gezeigten Schattenbilder wurden bei Winkeln unter 7° mit Brennweiten über 3m aufgenommen. Gute Visualisierungsoptik braucht also Platz. Steht nicht genug Platz zur Verfügung, so kommen zwei Notbehelfe in Frage. Man kann den Strahlengang mit Hilfe von Planspiegeln falten oder die Aberrationen der schiefen Bündel mit denen einer kleinen Linse in der Nähe der Lichtquelle kompensieren.

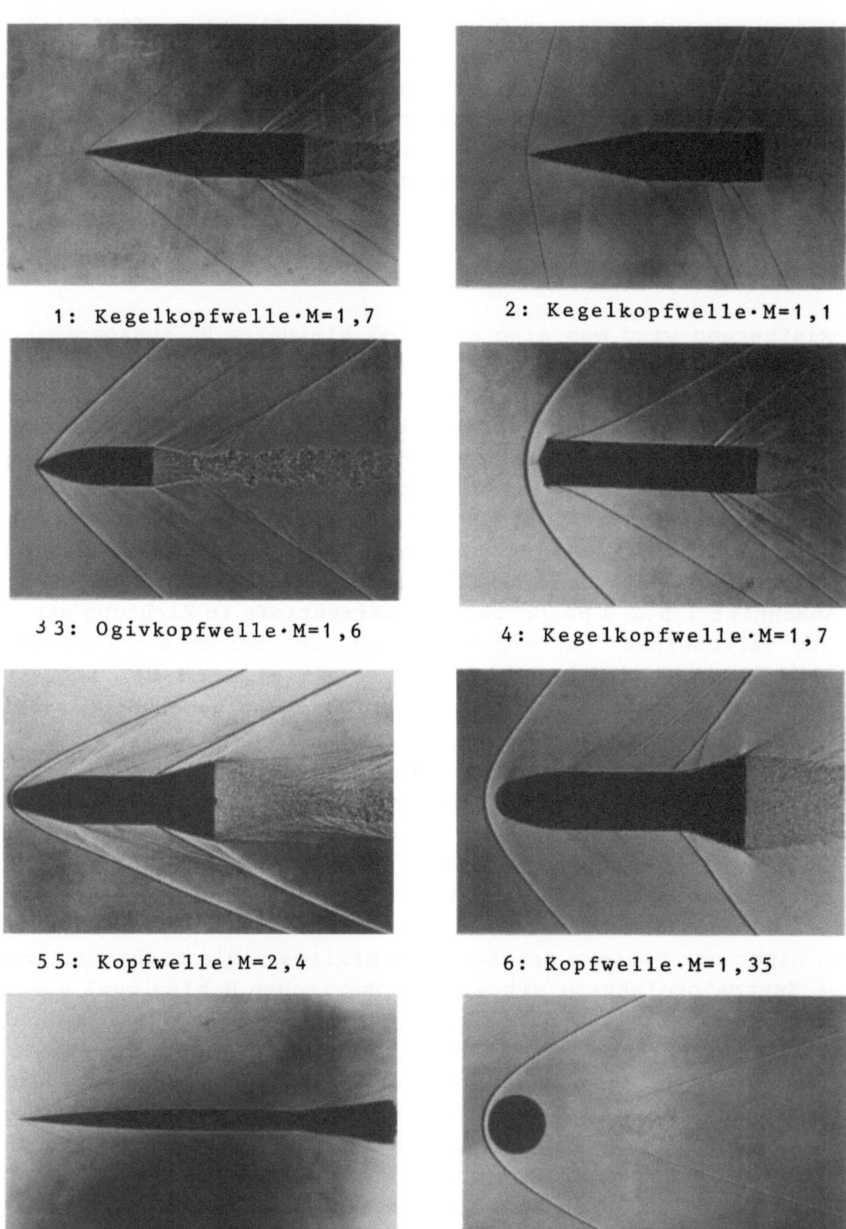

1: Kegelkopfwelle·M=1,7

2: Kegelkopfwelle·M=1,1

3 3: Ogivkopfwelle·M=1,6

4: Kegelkopfwelle·M=1,7

5 5: Kopfwelle·M=2,4

6: Kopfwelle·M=1,35

7 7: Pfeilgeschoß·M=3,0

8: Kugelkofwelle·M=2,9

Fig. 2123: Schattenbilder

2.1.2.3 Anwendungsbeispiele

Das Schattenverfahren ist vorzüglich geeignet, Verdichtungsstöße
sichtbar zu machen [769,770]. Besonders klar werden die Stöße der
Kopfwellen fliegender Geschosse wie in **Fig. 2123-1 bis 8** [759,771-774]
wiedergegeben. Die in **Fig. 2123-9 und 10** gezeigten Modulationen treten in
detonierenden Gasgemischen auf, wenn sich die Kugel mit einer Geschwindigkeit knapp unter der normalen Detonationsgeschwindigkeit durch
diese bewegt [775,776].

 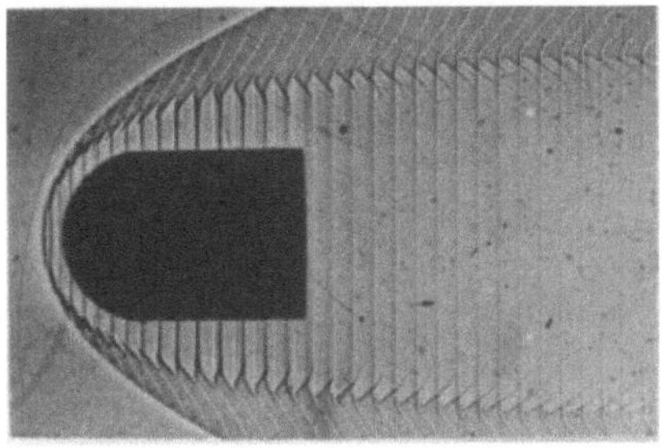

9: Schuß im H_2/Luft-Gemisch   10: 29% H_2·422Torr·1925m/s

Fig. 2123: Schattenbilder

Bei der Visualisierung von Verdichtungsstößen zwischen Fenstern können
Fensterschlieren und die turbulente Fenstergrenzschicht stören. Es
bedarf eines hinreichend großen Fensterabstandes, eines sehr großen
Verhältnisses der Brennweite zum Lichtquellendurchmesser und eines
kleinen Abstandes der Schattenebene von Objekt, um Schattenbilder wie
Fig. 2123-11 bis 40 aufzunehmen. Die **Fig. 2123-11 und 12** zeigen die re-
guläre Reflexion und die **Fig. 2123-13 und 14** die irreguläre sog. Mach-
reflexion eines ebenen Verdichtungsstoßes an einem Keil [777-780].
Ebenso scharf wie die Stöße wird auch die Gleitfläche wiedergegeben.
Am dunklen Band auf der Seite der kleineren und hellen Band auf der
Seite der größeren Dichte erkennt man, daß der Machstoß die Entropie
mehr erhöht als die beiden anderen Stöße. Mit Schattenbildern wie in
Fig. 2123-15 und 16 wurde der Übergang von der regulären zur irregulären
Reflexion am Zylinder untersucht [781-783]. **Fig. 2123-17** zeigt die Instabilität und das Einrollen der Gleitfläche bei einem stärkeren Stoß
[784]. An einer konkaven Wand sieht die Machreflexion wie in **Fig. 2123-18**
aus [784]. Bei Stoßbeugungen wie in den **Fig. 2123-19 bis 34** hilft die
Wiedergabe mit schwarzweißen Bändern, die Stöße und Gleitflächen zu
identifizieren [785-790].

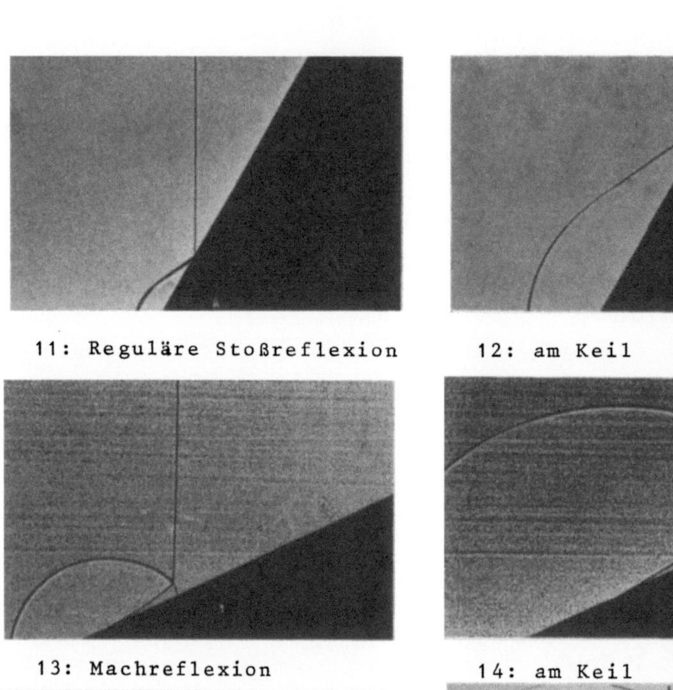

11: Reguläre Stoßreflexion

12: am Keil

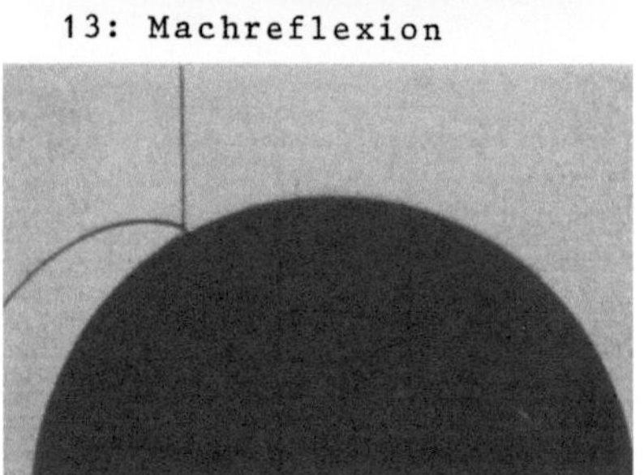
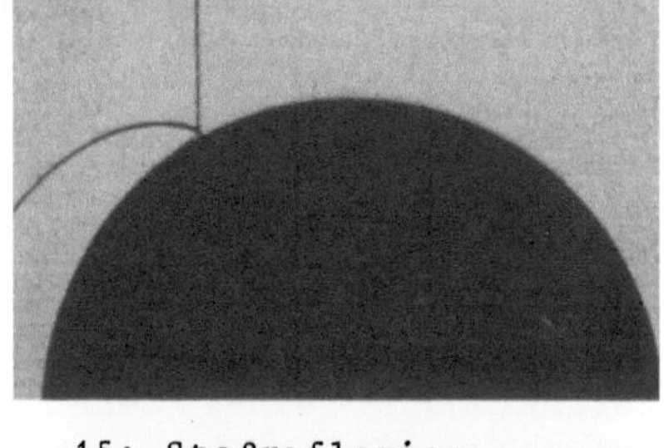

13: Machreflexion

14: am Keil

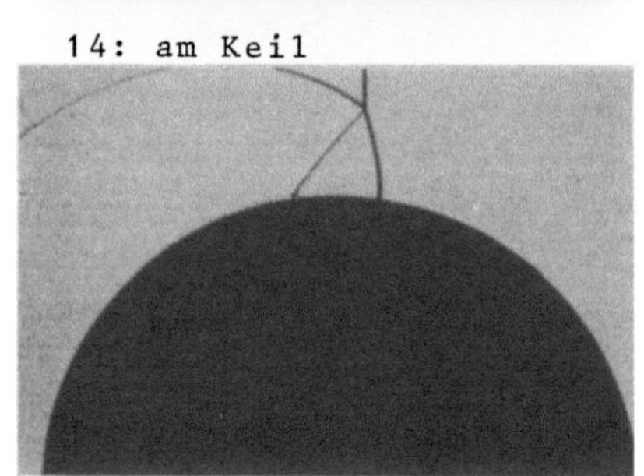

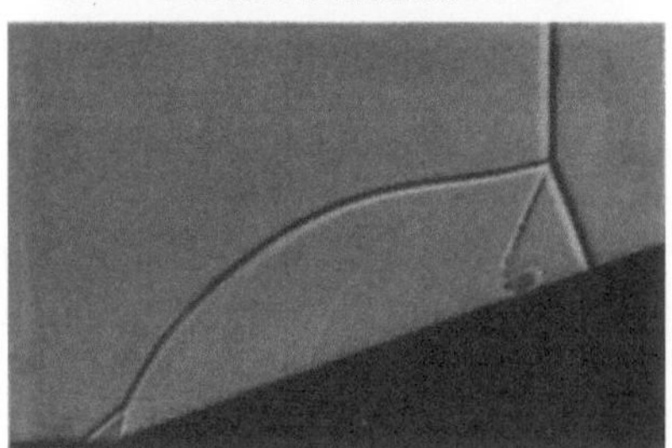
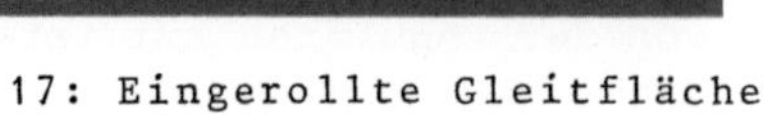

15: Stoßreflexion

16: am Halbzylinder

17: Eingerollte Gleitfläche

18: an konkaver Wand

Fig. 2123: Schattenbilder

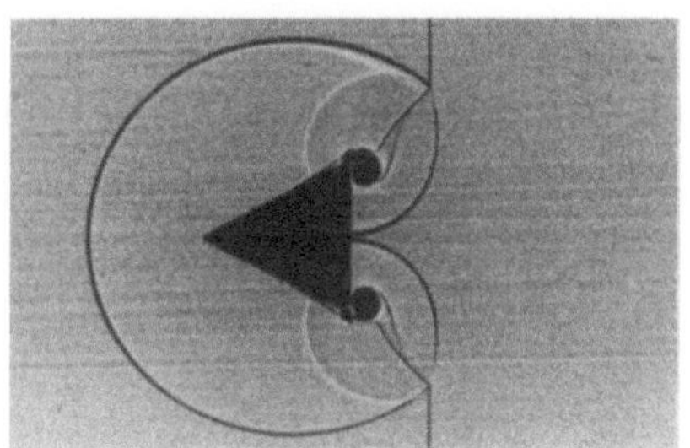

19: Stoßbeugung

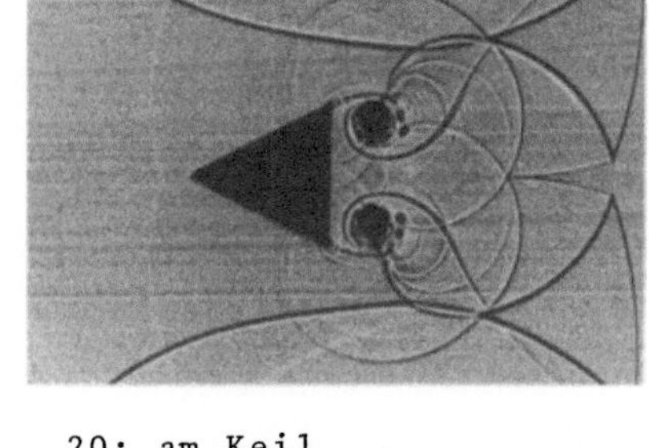

20: am Keil

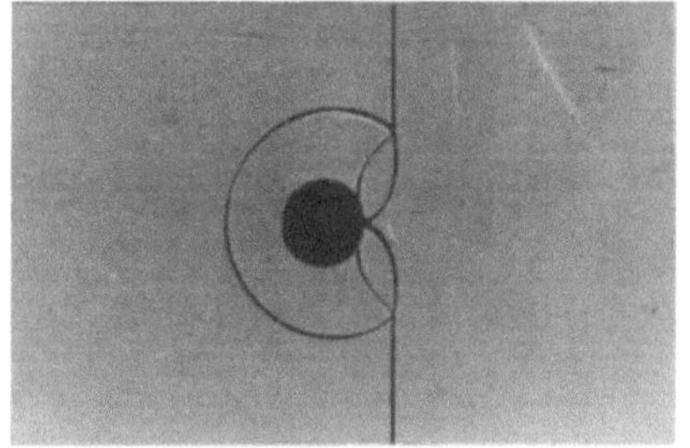

21: Stoßbeugung

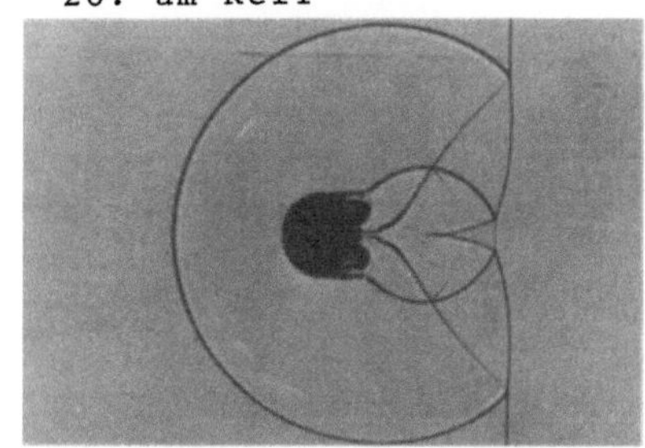

22: am Zylinder

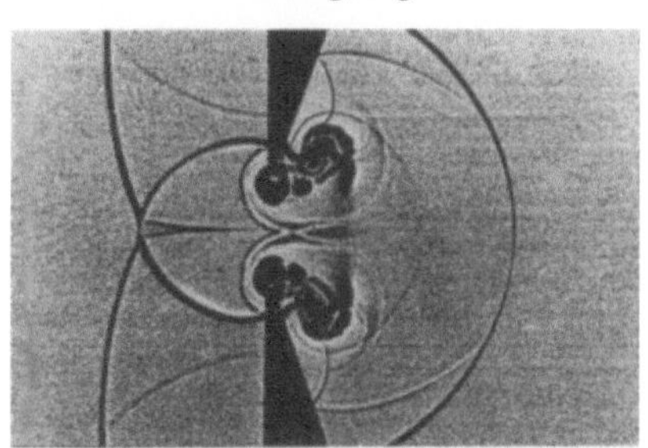

23: Stoßbeugung

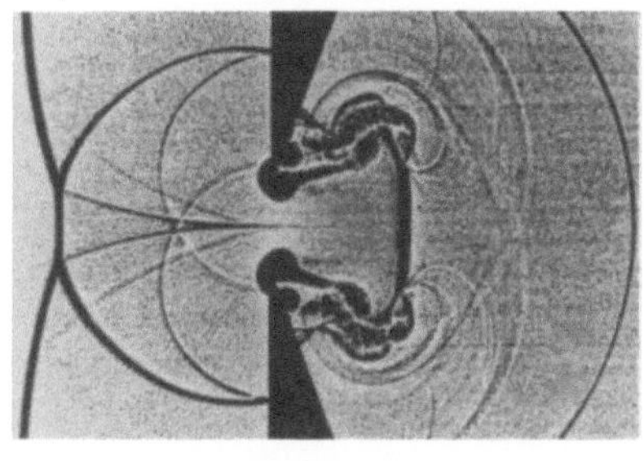

24: am Spalt

25: Stoßbeugung

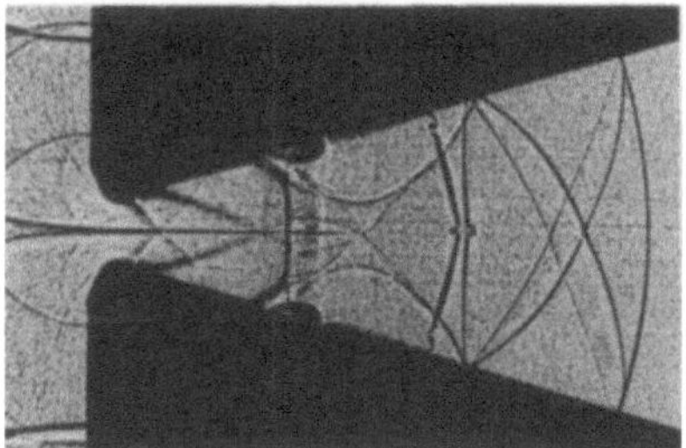

26: in Düse

Fig. 2123: Schattenbilder

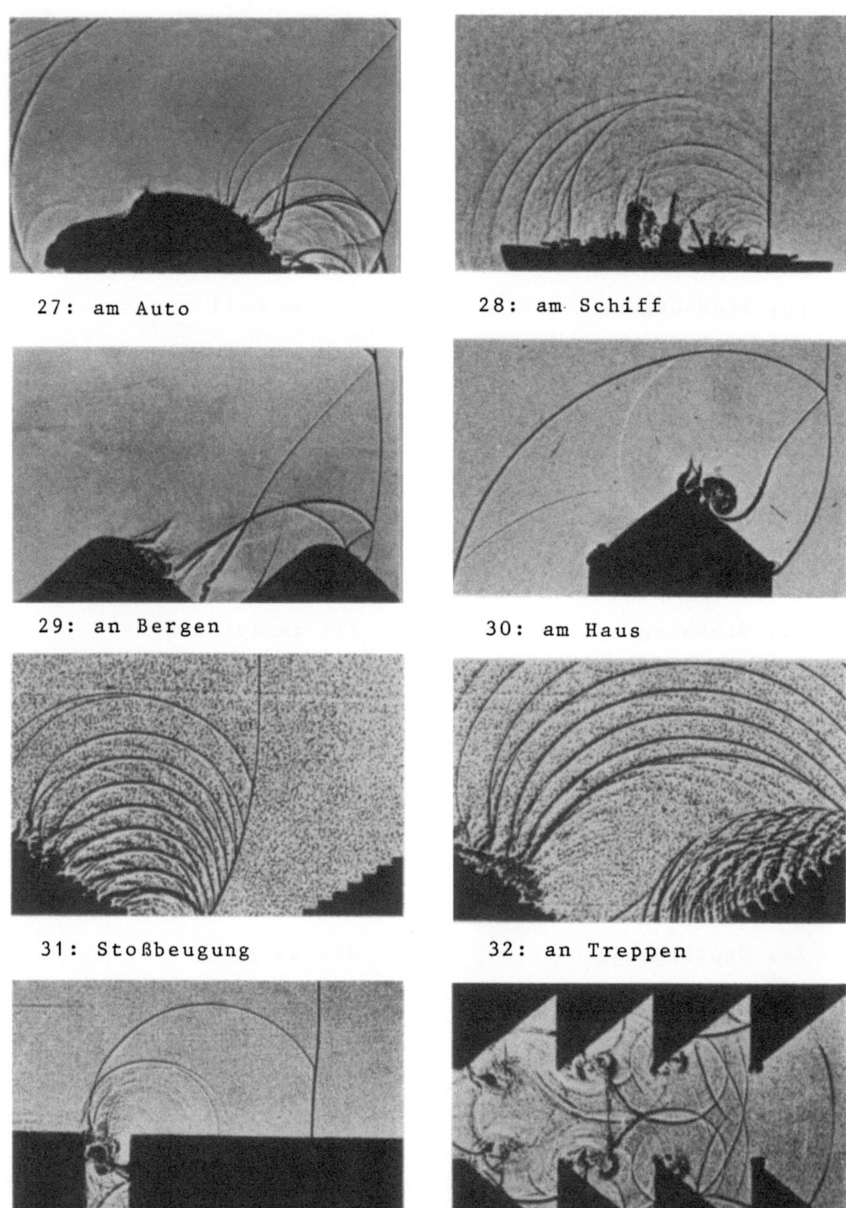

Fig. 2123: Schattenbilder

35: Stoßdämpfer

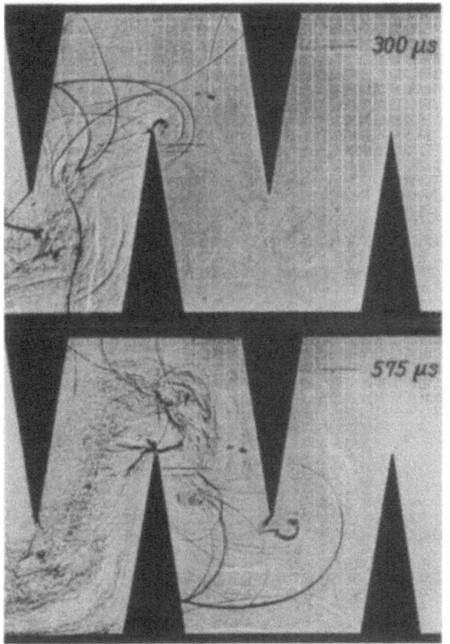

36: Stoßdämpfer

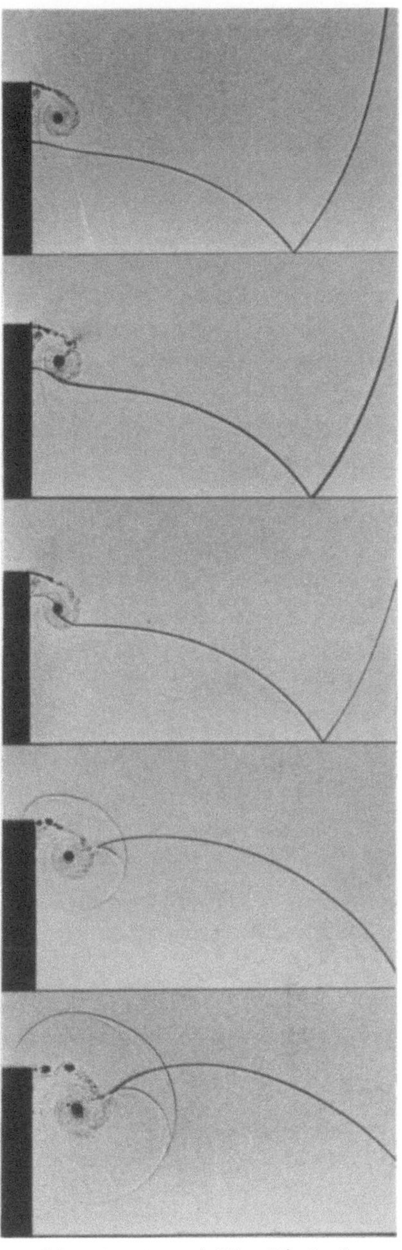

37: Stoß trifft Wirbel

Fig. 2123: Schattenbilder

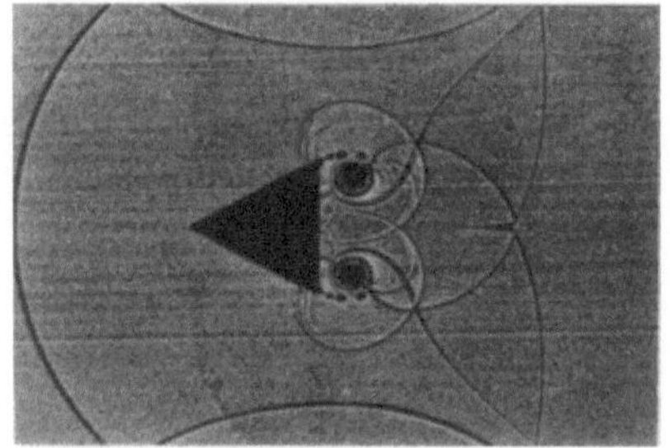

38: Schattenebene nach Objekt

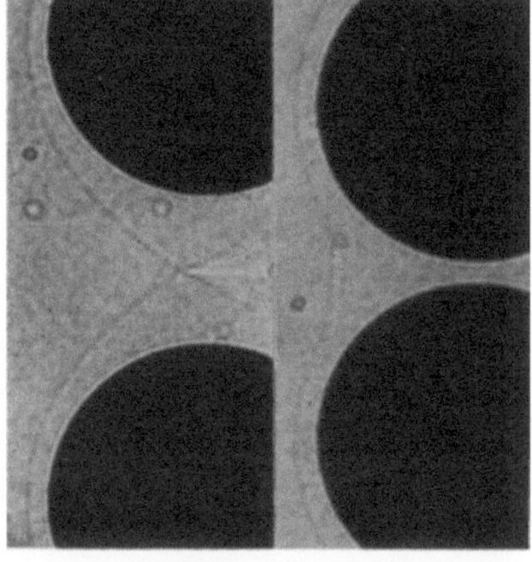

41: Kopfwellen bei $\rho_N/1000$

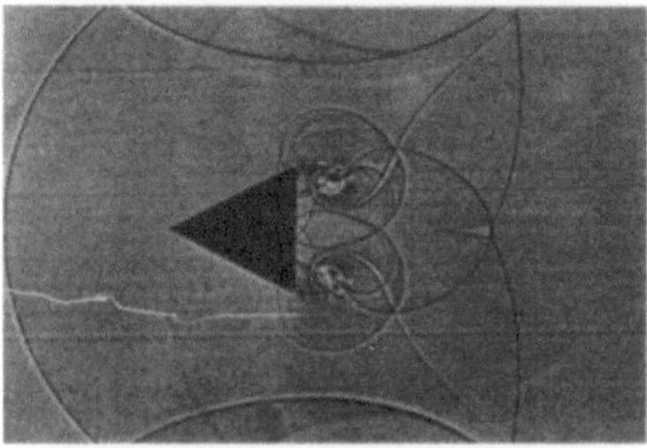

39: Schattenebene im Objekt

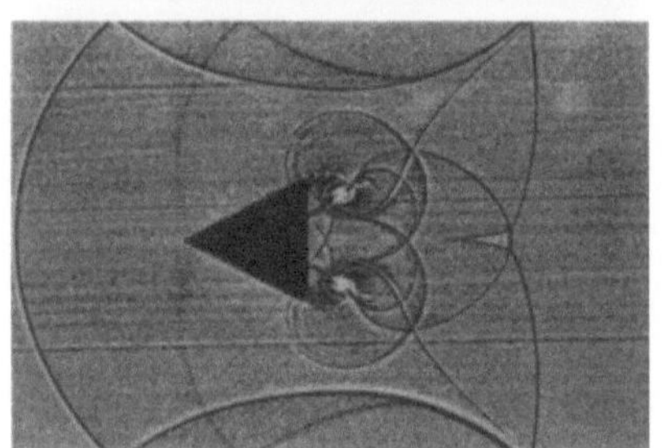

40: Schattenebene vor Objekt

42: Peitschenknall

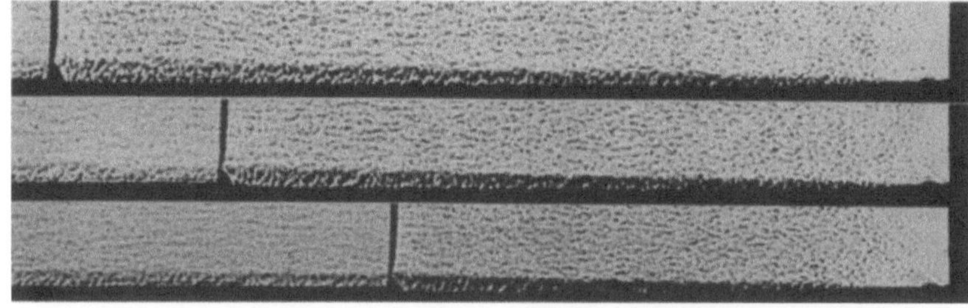

43: Turbulente Grenzschicht hinter reflektiertem Stoß

Fig. 2123: Schattenbilder

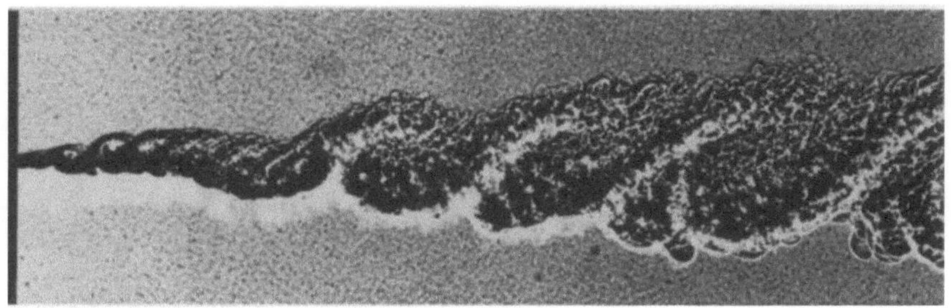

44: Instabile He/N$_2$- Mischungsschicht

Fig. 2123: Schattenbild

Das Schattenbild sieht je nach Lage der Schattenebene verschieden aus. Die **Fig.** 2123-38 bis **40** demonstrieren, wie Verschiebungen der Schattenebene ein Bild verändern. Bei der Aufnahme von **Fig.** 2123-39 befand sie sich in der Mitte des Objektes, bei **Fig.** 2123-40 davor und bei **Fig.** 2123-38 dahinter [786]. Die **Fig.** 2123-41. zeigt die Kopfwelle vor zwei Zylindern in einer Hyperschallströmung, deren Dichte nur etwa 1/1000 der Normaldichte betrug [791]. Mit Schattenbildern wie in **Fig.** 2123-42 wurde der Peitschenknall untersucht [792]. Bei noch kleineren Dichten oder noch kleineren Objekten versagt das Verfahren. Schattenbilder können auch über Turbulenz informieren. In **Fig.** 2123-43 sind drei zeitlich aufeinander folgende Schattenbilder der turbulenten Grenzschicht vor und hinter einem frontal reflektierten Verdichtungsstoß zusammengestellt [793]. Man erkennt die Stoßgabelung und die Verdickung der Grenzschicht. Mit Schattenbildern wie in **Fig.** 2123-44 wurden die kohärenten Strukturen turbulenter Mischungsschichten untersucht [796-798]. Schattenbilder wie in Fig. 2123-1 bis 8 gaben auch Auskunft über turbulente Geschoßnachläufe. In Sonderfällen gibt es sogar die Möglichkeit die Körnung des Turbulenzbildes hinsichtlich der Korrelationslängen auszuwerten [794,795]

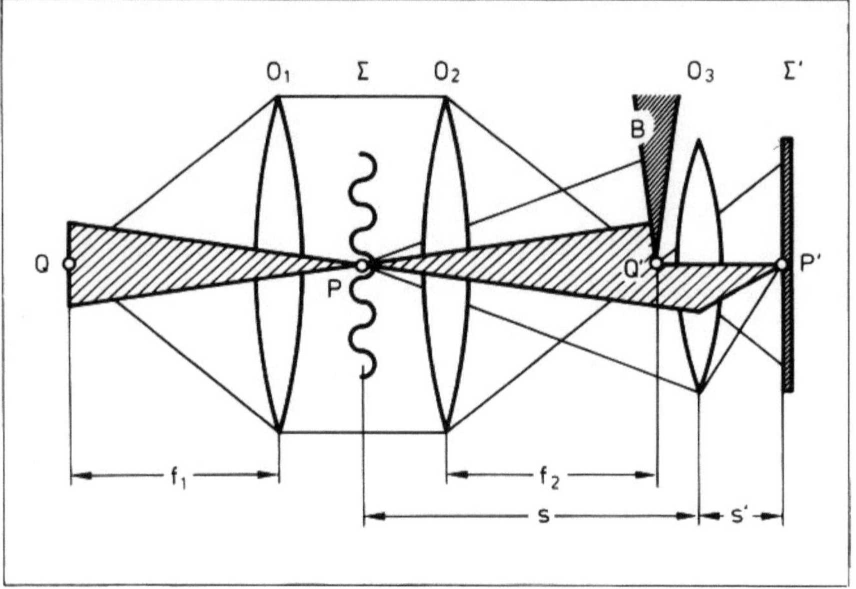

1: Schlierenoptik mit Linsen und Schneide

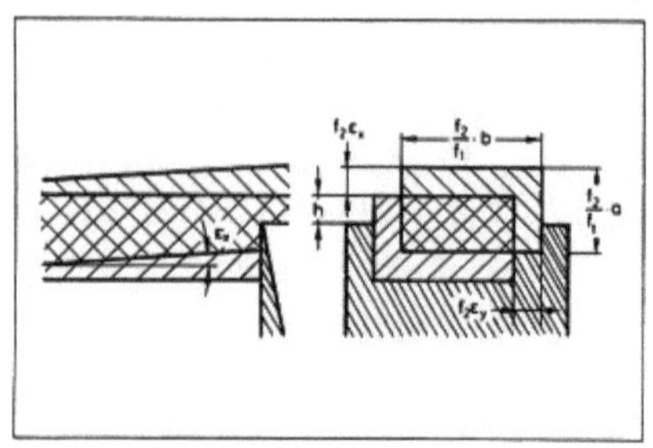

2: Bündelbeschneidung

3: Mit Parabolspiegeln

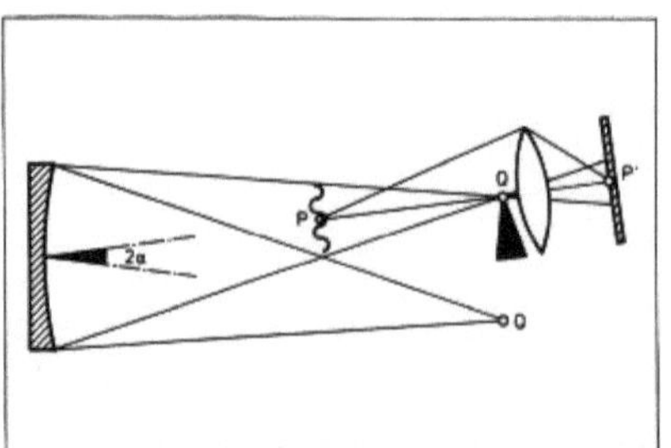

4: Mit sphärischem Spiegel

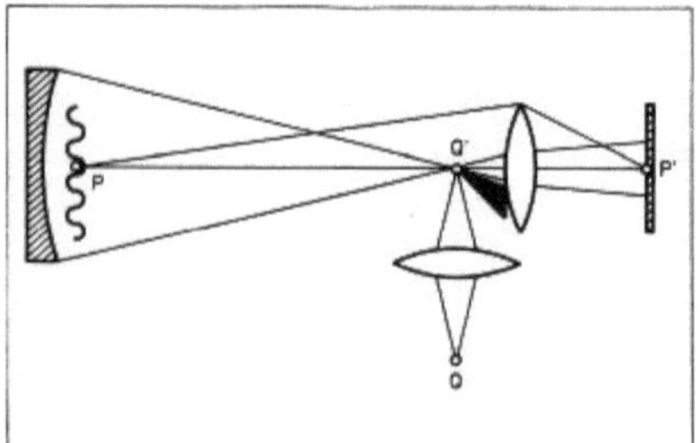

5: Koinzidenzanordnung

Fig. 2131: Schlierenverfahren

2.1.3 Schlierenverfahren

2.1.3.1 Schlierenverfahren mit Schneide

Es bedarf eines Eingriffs in den Strahlengang, um die Strahlablenkungen selbst sichtbar zu machen. Der Eingriff kann auf vielerlei Weisen geschehen. Der in **Fig. 2131-1** skizzierte mit einer Schneide wurde erstmals 1864 von A. TOEPLER [799] beschrieben und angewendet und war diesem aufgrund einer Beobachtung von J.B.L. FOUCAULT bekannt. Das Schlierenverfahren mit Schneide wird darum auch das Toeplersche mit Foucaultschneide genannt. Wie beim parallel projizierenden und abbildenden Schattenverfahren so befindet sich in **Fig. 2131-1** das Objekt zwischen zwei Objektiven O_1 und O_2. Wir nehmen vereinfachend an, daß der Abstand zwischen diesen Objektiven viel kleiner als deren Brennweiten sei, und daß die Strahlablenkungen $\varepsilon(x,y)$ in einer einzigen Objektebene Σ erfolgen. Jetzt ist aber Q in der vorderen Brennebene von O_1 nicht die Lichtquelle selbst, sondern ihr Zwischenbild auf einer nicht eingezeichneten Rechteckblende. Diese muß Q auf einer Seite möglichst scharf und gerade beranden. Q wird von O_1 und O_2 in der hinteren Brennebene von O_2 nicht in, sondern kurz vor dem Objektiv O_3 als Lichtquellenbild Q' abgebildet. In dieser sog. Eingriffsebene wird Q' mit einer scharfen und geraden Schneide B so beschnitten, daß nur ein schmales, scharf und möglichst parallel berandetes Lichtband daran vorbei und divergierend durch O_3 geht. O_3 bildet jetzt nicht eine Schattenebene, sondern die Objektebene Σ selbst in der Bildebene Σ' ab. Abgesehen von dem kleinen und vernachlässigbaren Abstand zwischen Q' und O_3 und von der Beschneidung von Q' liegt jetzt genau die in Abschnitt 1.5.3.3 besprochene verflochtene Abbildung vor. Lediglich ist jetzt die Bestrahlungsstärke B_0 in Σ' bei Abwesenheit des Objektes nicht zur ganzen Fläche σ' von Q' sondern zur beschnittenen Fläche $\Delta\sigma'$ proportional. Trotzdem kann B_0' viel höher werden als beim Schattenverfahren, weil die schneidenparallele Länge von $\Delta\sigma'$ viel länger als die schneidennormale Breite sein darf.

a sei die x-parallele und b die y-parallele Seite von Q. Die QQ'-Abbildung macht daraus die Seiten af_2/f_1 und bf_2/f_1 von Q'. Die Schneide der eingreifenden Blende sei y-parallel. Sie beschneidet af_2/f_1 und läßt bf_2/f_1 unverändert. Ohne Objekt fällt dann z.B. nur noch ein Streifen mit der x-parallelen Seite h und y-parallelen Seite bf_2/f_1 nicht auf die Blende wie in **Fig. 2131-2**. Alle von den Punkten des Objektfeldes zu den betreffenden Bildpunkten des Bildfeldes gehenden Strahlenbündel gehen durch diesen Streifen. Alle Bildpunkte werden mit Bündeln gleicher Weite bestrahlt. Das ändert sich, wenn eine Schliere im Objektfeld die Strahlen ablenkt. Wird z.B. der Hauptstrahl des von einem Objektpunkt P zum Bildpunkt P' gehende Strahlenbündel um ε_x und ε_y abgelenkt, so wird der Querschnitt dieses Strahlenbündels in der Eingriffsebene um $f_2\varepsilon_x$ in x-Richtung und $f_2\varepsilon_y$ in y-Richtung verschoben. Die schneidenparallele Verschiebung $f_2\varepsilon_y$ kann den Querschnitt des an der Schneide vorbeigehenden Teils des Strahlenbündels nicht ändern. Die schneidennormale Verschiebung hat jedoch zur Folge, daß die schneidennormale Seite nicht mehr h, sondern $h+f_2\varepsilon_x$ mit positivem ε_x bei Verschiebung von der Blende herunter oder negativem ε_x bei Verschiebung auf die Blende beträgt. Die Bestrahlungsstärke B im Bildpunkt P' ist dann nicht mehr gleich B_0, sondern wird im gleichen Verhältnis wie der Querschnitt des an der Schneide vorbeigehenden Teils des Strahlenbündels geändert. Es gilt:

$$\frac{B}{B_0} = \frac{h+f_2\varepsilon_x}{h} \tag{1}$$

Eine schneidenparallele Ablenkung wird garnicht und eine schneidennormale wird mit Änderungen $\Delta B = B - B_0$ der Bestrahlungsstärke wiedergegeben. Für die ε_x-Empfindlichkeit E bei y-paralleler Schneide ergibt sich der folgende Ausdruck:

$$E = \frac{\Delta B}{B_0} / \varepsilon_x = f_2/h \tag{2}$$

Wäre die strahlenoptische Betrachtung auch bei beliebig kleinen h noch korrekt, so könnte man E durch Verkleinerung von h beliebig steigern. Objektpunkte werden mit Bildpunkten und nicht wie beim Schattenverfahren mit Streuscheiben wiedergegeben. Mit einer Erhöhung von E ist hier also keine Verschlechterung einer strahlenoptisch zu berechnenden Δx-Auflösung verbunden. Der Empfindlichkeit werden jedoch auch hier Grenzen gesetzt, wenn gefordert wird, daß nicht nur kleinste, sondern auch größere ε_x bis hin zu einem vorgegebenen größten negativen $\hat{\varepsilon}_{x-}$ oder positiven $\hat{\varepsilon}_{x+}$ sichtbar werden. Das von P nach P' gehende Strahlenbündel wird mit $f_2\varepsilon_x = h$ ganz auf die Blende geschoben. Bei

$$\hat{\varepsilon}_{x-} = -\,h/f_2 \tag{3}$$

wird also B=0. Noch größere negative ε_x können daran nichts mehr ändern, werden also nicht mehr als solche erkannt. Es gilt:

$$E\,\hat{\varepsilon}_{x-} = -\,1 \tag{4}$$

Höhere E sind unvermeidbar mit kleineren $\hat{\varepsilon}_{x-}$ verbunden. Andererseits geht das Strahlenbündel bei $f_2\varepsilon_x = f_2 a/f_1 - h$ ganz an der Blende vorbei. Bei

$$\hat{\varepsilon}_{x+} = \frac{f_2 a/f_1 - h}{f_2} \tag{5}$$

wird also $B = B_0$. Hier gilt:

$$1/E + \hat{e}_{x+} = a/f_1 \tag{6}$$

Bei gegebenem a/f_1 sind also kleinere E mit kleineren $\hat{\varepsilon}_{x+}$ verbunden. Halbiert die Schneide das Lichtquellenbild, ist also $h = af_2/2f_1$, so ist $\hat{\varepsilon}_{x+} = -\hat{\varepsilon}_{x-} = a/2f_1$ und $E = 2f_1/a$.
Die Empfindlichkeit E wächst nicht nur mit abnehmendem h, sondern auch mit zunehmender Brennweite f_2 des Objektivs O_2. Es ist also ratsam, diese so lang wie in einem Labor möglich zu wählen. Die Brennweite f_1 sollte andererseits nicht länger sein, als zur Erfüllung der Forderung hinreichend parallelen Strahlenganges durch die Schliere nötig ist. Verlängerung von

f_1 setzt die Bestrahlungsstärke B_0' im Bild herab. Bei der Strahldichte L und Länge b von Q, dem Abbildungsmaßstab s'/s der $\Sigma\Sigma'$-Abbildung und der Empfindlichkeit E gilt:

$$E\,B_0' = \frac{L \cdot B}{f_1}\left(\frac{s}{s'}\right)^2 \tag{7}$$

Außerdem kommt bei kleinem a/f_1 die Fraunhoferbeugung an Schlierenkonturen, undurchsichtigen Objekten und an den Berandungen der Linsen oder Meßkammerfenster ins Spiel. Aus dem Schlierenverfahren wird dann das in Abschnitt 2.2.4.7 zu besprechende Beugungsverfahren mit Schneide.

Diese Überlegungen setzen monochromatisches Licht oder bei polychromatischem Licht bestmögliche Korrektur der chromatischen Aberrationen voraus. Andernfalls erscheint das Lichtquellenbild mit einem bunten Saum, der nur kleine Empfindlichkeiten zuläßt. Große Achromate oder gar Apochromate sind teuer und selten frei von Blasen. Schon bei Objektfelddurchmessern über 50 mm wird es billiger und besser, dem Problem der chromatischen Aberration durch Verwendung von Hohlspiegeln aus dem Wege zu gehen. Dies ist hier jedoch nicht ganz so einfach wie beim Schattenverfahren, weil es auch auf möglichst kleine geometrische Aberrationen der Lichtquellenabbildung ankommt. Bei der in **Fig. 2131-3** gezeigten Z-Anordnung mit zwei Parabolspiegeln wird der Astigmatismus mit einem möglichst kleinen Winkel 2α in Grenzen gehalten. Dazu muß die Brennweite bei gegebenem Durchmesser D des Objektfeldes mindestens $f=D/2\alpha$ betragen. Große Brennweite vermindert die sphärische Aberration und erhöht die Empfindlichkeit . Der Astigmatismus der Lichtquellenabbildung hat keinen Einfluß auf die Empfindlichkeit , wenn sowohl die Lichtquellenkante als auch die Schneide an die sagittale Brennlinie des betreffenden Spiegels gelegt wird. Für die Visualisierung von Strömungen mit geringer Tiefe kommen auch die in den **Fig. 2131-4** und **Fig. 2131-5** gezeigten Anordnungen mit nur einem einzigen sphärischem Spiegel und 1:1-Abbildung der Lichtquelle in Frage. Bei der in **Fig. 2131-4** gezeigten wird Astigmatismus der Lichtquellenabbildung zugelassen. Hier ist es wichtig, die Schneide an jenen Strich zu legen, mit welchem die Lichtquellenkante im Sagittalschnitt des Bündels erscheint. Bei der in **Fig. 2131-5** gezeigten sog. Koinzidenzanordnung wird die spiegelnde Schneide zugleich zur Berandung der Lichtquelle und als Schlierenblende benutzt. Hier tritt kein Astigmatismus und keine Koma auf, weil sich sowohl die Lichtquelle wie auch die Schneide im Krümmungsmittelpunkt des sphärischen Spiegels befinden. Die Koinzidenzanordnung wird gerne zur Visualisierung von Strömungen in großen Windkanälen benutzt, weil alle zu bedienenden Teile, Lichtquelle, Schneide und Kamera, im selben lärmisolierten Meßraum untergebracht werden können. Die Vor- und Nachteile der verschiedenen Anordnungen wurden in [800-803] ausführlich besprochen. Abbildungsfehler können mit einem korrigierenden Linsensystem behoben werden [804].

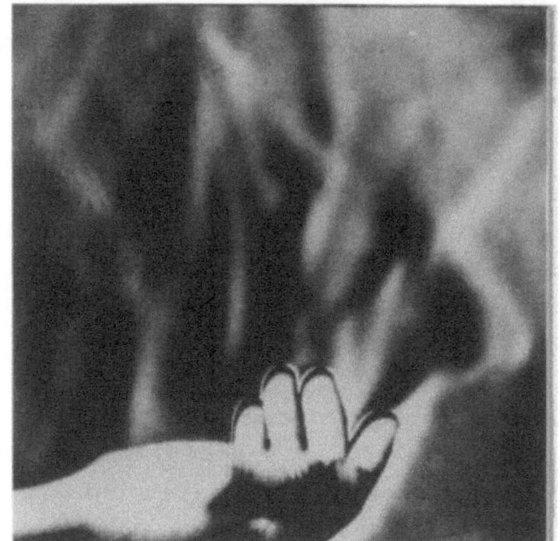

1: Wärmeschlieren

2: Keilkopfwelle

4: Horizontale Schneide

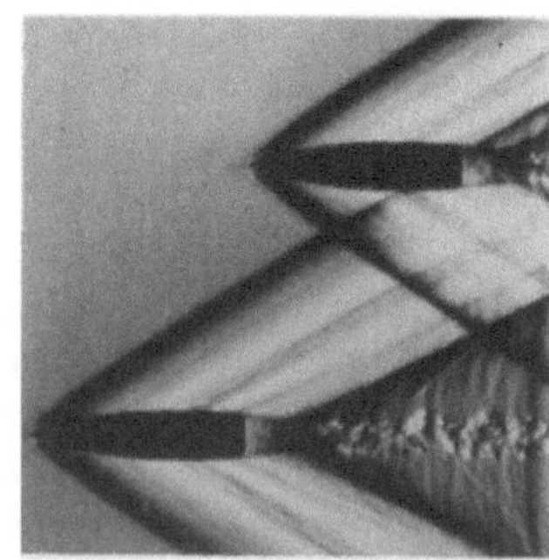

3: Wärmeschlieren und Kopfwelle   5: Vertikale Schneide

Fig. 2132: Schlierenbilder

2.1.3.2 Anwendungsbeispiele

Die Schlierenoptik kann so empfindlich eingestellt werden, daß sogar die von einer Hand aufsteigenden Wärmeschlieren wie in **Fig. 2132-1** sichtbar werden [802]. **Fig. 2132-2** zeigt die Kopfwellen von zwei Keilen in einer Hyperschallströmung, deren Dichte nur etwa 1/1000 der Normaldichte betrug [805]. In den **Fig. 2132-3 bis 5** sind Kopfwellen von Kleinkalibergeschossen wiedergegeben [806-808]. Wird nicht übersteuert, so vermittelt das Schlierenbild den Eindruck eines streifend beleuchteten Reliefs. Man kann dem Relief ansehen, daß **Fig. 2132-4** mit horizontaler und **Fig. 2132-5** mit vertikaler Schneide aufgenommen wurde. Mit Schlierenbildern wie in **Fig. 2132-6** wurden schon 1946 Lambdastöße in einem begrenzten Überschallgebiet eingebettet in eine schallnahe Unterschallströmung untersucht [809]. **Fig. 2132-7** zeigt mit einer Serie von fünf Schlierenbildern die Fokussierung einer Stoßwelle nach Reflexion an einer konkaven Wand [810]. Schlierenbilder wie in **Fig. 2132-8 bis 10** gaben Auskünfte über Strömungen durch Turbinengitter [811] und hinter solchen [812] **Fig. 2132-10** zeigt, wie stark die Wiedergabe der Wirbel von der Orientierung der Schneide abhängt. In [811,812] wurde beschrieben, wie man mit Hilfe von Verspiegelungen und besonderen sphärozylindrischen Linsensystemen Schlierenbilder der Strömungen in rotierenden Axial- oder Radialkompressoren aufnehmen kann. Die Wiedergabe von Überschallströmungen erfordert die in [813] angegebenen Empfindlichkeiten.

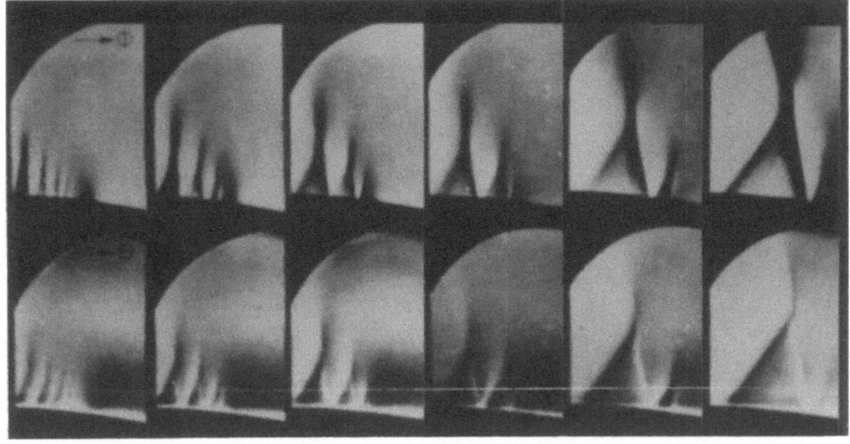

6: λ-Stöße über laminarer Grenzschicht

Fig. 2132: Schlierenbilder

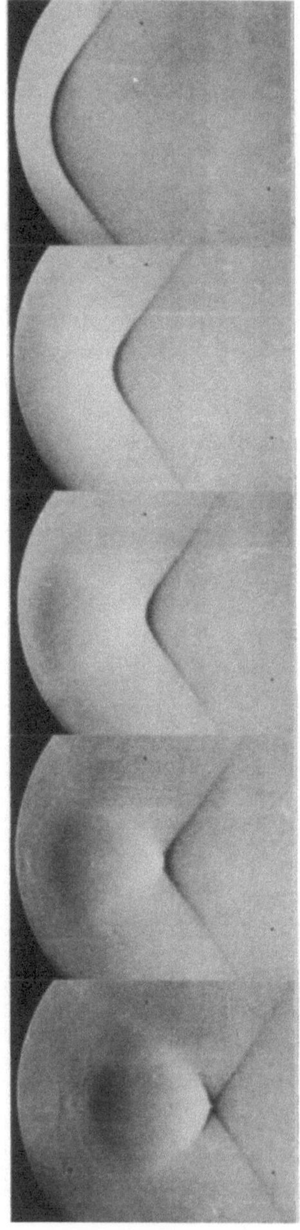

7: Stoßfokussierung

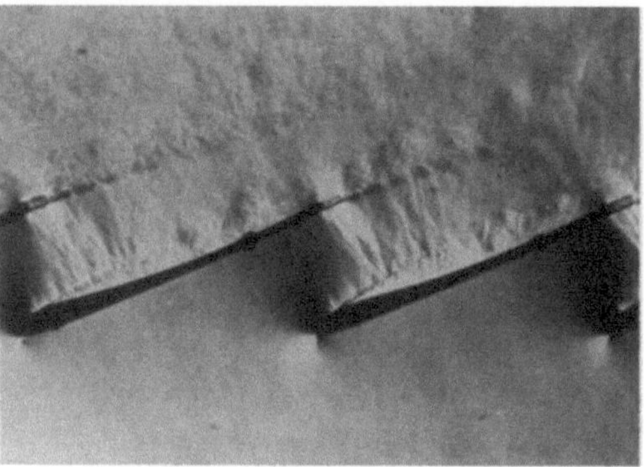

8: Turbinengitter · M=0,80

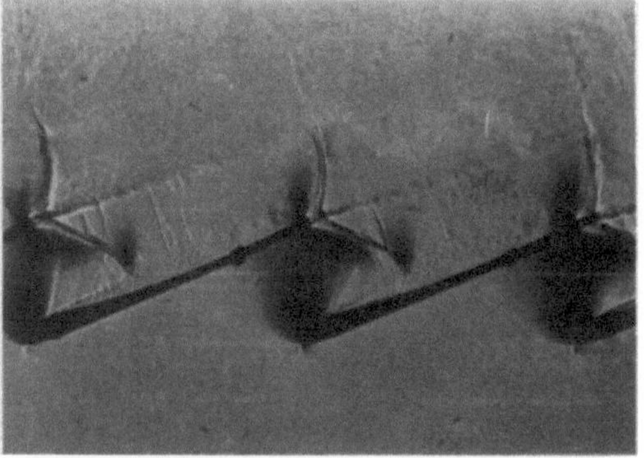

9: Turbinengitter · M=1,05

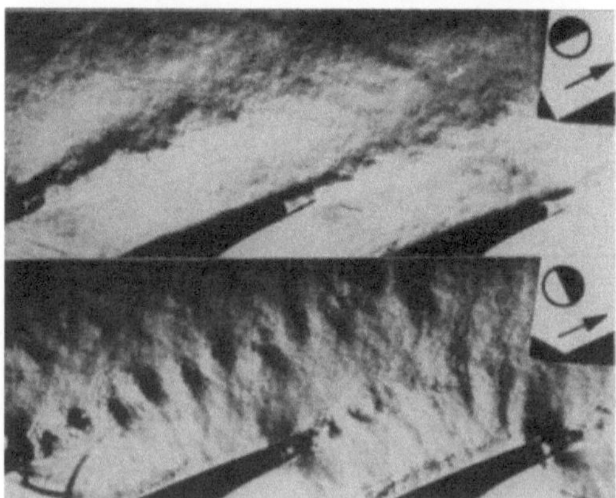

10: Zwei Orientierungen

Fig. 2132: Schlierenbilder

2.1.3.3 Schlierenbildauswertung

Auch die meisten Schlierenbilder wurden und werden wie die Schattenbilder lediglich zur Bestimmung der Strömungsgeometrie aufgenommen. In gewissen Fällen können die mit den Schwärzungen $D(x,y)$ wiedergegebenen Strahlablenkungen $\varepsilon_x(x,y)$ oder $\varepsilon_y(x,y)$ außerdem Auskunft über lokale Komponenten des Brechzahlgradienten geben. Dazu muß der Zusammenhang zwischen den $D(x,y)$ und den $\varepsilon_x(x,y)$ oder $\varepsilon_x(x,y)$ bekannt sein. Man kann ihn mit dem Schlierenbild einer Normalschliere auf demselben Film bestimmen. Als Normalschliere kommt eine Plankonvexlinse mit sehr großer Brennweite f in Frage. Fällt ein Strahl im Abstand r von der Achse senkrecht auf die Planfläche, so wird er um den Winkel $\varepsilon_r=r/f$ zur Achse hin gebrochen. Mit $x=r\cos\varphi$ und $\varepsilon_x=\varepsilon_r\cos\varphi$ ergibt sich $\varepsilon_x=x/f$. Die Ablenkung ε_x ist also auf y-parallelen Geraden konstant und wächst proportional zu x. Die Brennweite ist so zu wählen, daß ε_x am Rand der Linse etwas größer als die größte Ablenkung in der Strömung ist. Beide, das Strömungsbild und das Eichbild sind zu photometrieren. Der Vergleich der $D(x)$ des Strömungsbildes mit den $D(\varepsilon_x)$ des Eichbildes liefert die gesuchten Ablenkungen $\varepsilon_x(x,y)$ in der Strömung. Gelegentlich kann es auch genügen, die beiden Bilder auf Äquidensitenfilm zu kopieren. Sie erscheinen dann mit Kurven gleicher $D(x,y)$ überzogen, zwischen denen bei bescheidenem Genauigkeitsanspruch linear interpoliert werden kann.

Hat man so die $\varepsilon_x(x,y)$ oder $\varepsilon_y(x,y)$ ermittelt, so bleibt eine Rechenaufgabe. Bei stetiger Strömung mit bekannter Tiefe l und mit kleinen Abweichungen der Brechzahlen $n(x,y)$ von einer Brechzahl n_0 gilt ungefähr:

$$n_0\,\varepsilon_x(x,y) = \int_0^l \frac{\partial n}{\partial x}(x,y,z)\,dz \quad ; \quad n_0\,\varepsilon_y = \int_0^l \frac{\partial n}{\partial y}(x,y,z)\,dz \qquad (1)\,(2)$$

Bei ebener d.h. z-unabhängiger Strömung folgt:

$$\frac{\partial n}{\partial x}(x,y) = \frac{n_0}{l}\,\varepsilon_x(x,y) \quad ; \quad \frac{\partial n}{\partial y}(x,y) = \frac{n_0}{l}\,\varepsilon_y(x,y) \qquad (3)\,(4)$$

Existiert im Bild eine Stelle x_0, y_0 mit bekannter Brechzahl n_0, so werden per Integration nach Bestimmung der $(\partial n/\partial x)(x,y_0)$ auch die $n(x,y_0)-n_0$ oder nach Bestimmung der $(\partial n/\partial y)(x_0,y)$ auch die $n(x_0,y)-n_0$ ermittelt:

$$n(x,y_0) - n_0 = \int_{x_0}^x \frac{\partial n}{\partial x}(x,y_0)\,dx \quad ; \quad n(x_0,y) - n_0 = \int_{y_0}^y \frac{\partial n}{\partial y}(x_0,y)\,dy \quad (5)\,(6)$$

Brechzahlsprünge wie z.B. die in einer z-parallelen Stoßfront oder Gleitfläche werden zwar sichtbar, aber nicht mit auswertbaren Schwärzungsänderungen wiedergegeben.

Bei stetiger und rotationssymmetrischer Strömung mit der x-Achse als Symmetrieachse folgen aus den Gleichungen (1) und (2) für einen z-parallelen Strahl in einem Querschnitt bei x die Gleichungen:

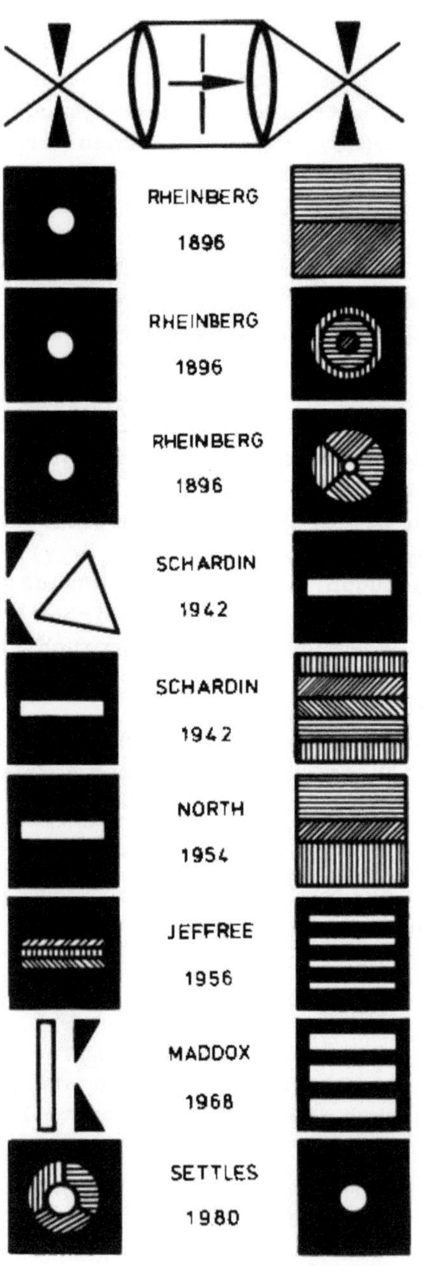

1: Farbschlierenblenden

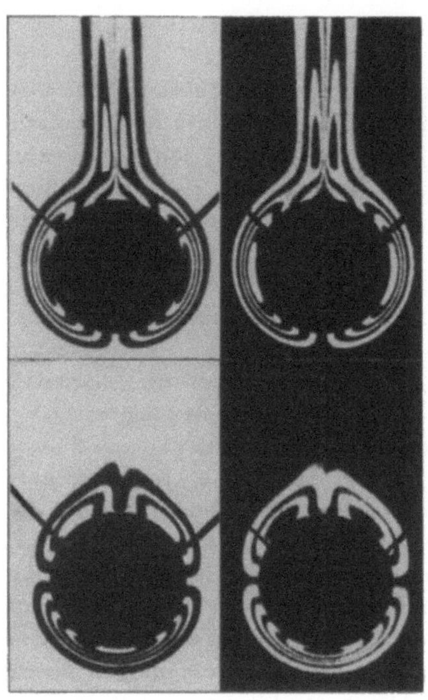

geheiztes Rohr
Durchmesser 40mm
Länge 300mm
Temperatur 140°C
oben:Blende vertikal
unten:Blende horizontal

2: Gitterblendenverfahren

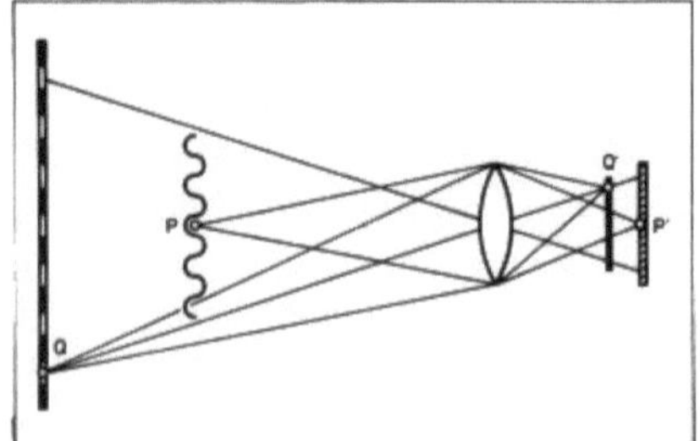

3: Zwei Gitterblenden

Fig. 2134: Andere Schlierenblenden

$$n_0 \, \varepsilon_x(y) = 2 \int_y^{r_0} \frac{\partial n}{\partial x}(r) \, \frac{r\,dr}{\sqrt{r^2-y^2}} \tag{7}$$

$$n_0 \, \varepsilon_y(y) = 2 \int_y^{r_0} \frac{\partial n}{\partial y}(r) \, \frac{r\,dr}{\sqrt{r^2-y^2}} = 2 \, y \int_y^{r_0} \frac{dn}{dr}(r) \, \frac{dr}{\sqrt{r^2-y^2}} \tag{8}$$

Darin ist r_0 jener Außenradius, bei welchen $n=n_0$ wird. Die Herleitung und Behandlung dieser Gleichungen wird in Abschnitt 2.5.1.1 besprochen. Handelt es sich um das Schlierenbild einer Gasströmung, so geben die $\partial n/\partial x, \partial n/\partial y$ oder dn/dr bei x wegen des Zusammenhanges $n-1=G\rho$ zwischen der Brechzahl n und der Dichte ρ Auskunft über die $\partial\rho/\partial x, \partial\rho/\partial y$ oder $d\rho/dr$ bei x. In Flüssigkeitsströmungen ändert sich meist der Druck nur sehr wenig. In solchen Fällen besteht ein eindeutiger Zusammenhang $n(T)$ mit der Temperatur T. Dann werden mit den $\partial n/\partial x, \partial n/\partial y$ oder dn/dr bei x die $\partial T/\partial x, \partial T/\partial y$ oder dT/dr bei x ermittelt.

2.1.3.4 Andere Schlierenblenden

Die Schneide ist nicht die einzig mögliche Schlierenblende. **Fig. 2134-1** gibt eine Übersicht über Kombinationen von Lichtquellen- und Schlierenblenden, die zur Aufnahme von bunten Schlierenbildern verwendet wurden [814]. Solche Bilder können nicht nur schön, eindrucksvoll und werbewirksam sein, sondern können unter Umständen auch ohne Photometrierung ausgewertet werden. Die ersten Farbschlierenbilder wurden schon 1896 mit einem Mikroskop aufgenommen [815]. Ihr besonderer Wert für die Strömungsforschung wurde jedoch erst 1941 erkannt [802]. Damals wurden drei Verfahren beschrieben. Mittlerweile wurden zahlreiche Varianten vorgeschlagen [816-829]. In [814] wurden etwa 140 Veröffentlichungen zitiert, in denen über Untersuchungen mit 12 verschiedenen Farbschlierenverfahren berichtet wurde. Man kann zwei grundsätzlich verschiedene Verfahrensweisen unterscheiden. Die eine sorgt dafür, daß die Ablenkung eines Strahlenbündels ein weißes Lichtquellenbild von einem Farbfilter auf ein anderes schiebt. Bei der anderen wird ein buntes Lichtquellenbild auf einer Blende verschoben. Das zu den letzteren gehörende Verfahren mit Dispersionsprisma und Spaltblende läßt sich besonders lichtstark machen. Wird ohne Ablenkung der grüne Spektralbereich durchgelassen, so vermindert jede Verbreiterung des Spaltes die Farbsättigung. Wird jedoch im blau-grünen oder grün-roten Spektralbereich gearbeitet, so hat eine symmetrische Verbreiterung des Spaltes keinen Einfluß auf die resultierende Farbe, weil die hinzukommenden Abschnitte des Spektrums symmetrisch zum Unbuntpunkt des Farbendreiecks liegen. Eine Verschiebung des Spektrums über den Spalt bewirkt hier eine Farbänderung, die in gewissen Grenzen unabhängig von der Spaltbreite ist. Der Spalt darf also ziemlich breit sein. Mit einem

312

Sektorfilter [816] oder einem Segmentfilter [827] kann man dafür sorgen,
daß die Farben des Bildes über die Beträge und die Richtungen der
Strahlablenkungen informieren. Die Schwarzweißreproduktion würde den
Informationsgehalt und die Schönheit von Farbschlierenbildern nicht
wiedergegeben.

Auch wenn nur ein Schwarzweißbild aufgenommen werden soll, können andere
Lichtquellen- und Schlierenblenden nützlich sein. So kann es z.B. die
Auswertung erleichtern, wenn als Lichtquellenblende ein schmaler Spalt
und als Schlierenblende ein periodisches Spaltgitter mit einer Gitter-
konstanten 2a verwendet wird [801]. Hat das Lichtquellenbild die Breite
a, und fällt es ohne Ablenkung auf einen Spalt des Gitters, so fällt
es bei der Verschiebung a auf einen Steg, bei der Verschiebung 2a wieder
auf einen Spalt und so fort. Im Schlierenbild erscheinen helle und
dunkle Streifen. Die **Fig. 2134-2** zeigt zwei solche Schlierenbilder der
Konvektion um ein geheiztes horizontales Rohr. [802] Oben werden mit
vertikalen Spalten die horizontalen Ablenkungen und unten mit horizontalen Spalten die vertikalen Ablenkungen der Strahlen sichtbar. Die
Linien gleicher Schwärzung im Bild geben solche gleicher Ablenkung im
Objekt wieder. Wenn sich die Ablenkungen nur stetig ändern konnten, und
wenn keine in sich geschlossenen Linien im Bild erscheinen, so kann
einfach mit einer Abzählung der Linien gleicher Schwärzung ausgewertet
werden. Geschlossene Linien können Zu- oder Abnahme der Ablenkung bedeuten. Auch Sprünge der Ablenkung können das Bild mehrdeutig machen.
Die Mehrdeutigkeit kann durch Abdeckung des betreffenden Spaltes bei
einer wiederholten Aufnahme behoben werden.

Werden zwei passende Spaltgitter, das eine als Lichtquellenblende und
das andere als Schlierenblende, eingesetzt, so kann mit einer großflächigen Lichtquelle gearbeitet werden, und kommt entsprechend mehr Licht
auf den Film. Bei großen Ablenkungen erscheinen die vorstehend beschriebenen Streifen. Bei kleinen Ablenkungen arbeitet das Verfahren
wie das mit Schneide, wenn ohne Ablenkung nur schmale Abschnitte der
hellen Streifen des Lichtquellenbildes durchgelassen werden [830-832].
Nach dem gleichen Prinzip arbeitet auch das in **Fig. 2134-3** skizzierte
Verfahren, bei dem eine einzige Linse sowohl die Spalte der Lichtquellenblende auf der Schlierenblende als auch die Schliere auf dem Film
abbildet [802,833]. Als Lichtquelle kann eine große von der Sonne
durchleuchtete Mattscheibe oder beleuchtete Projektionswand dienen.
Damit können im Freien bei Tageslicht Schlierenbilder der Strömungen
um fliegende Körper aufgenommen werden. In [834] wurde über die Verwendung eines Graustufenfilters als Schlierenblende berichtet.

2.1.3.5 Moiréverfahren

Hält man zwei aufeinanderliegende Spaltgitter mit etwas verschiedenen Abständen Δy_1 und Δy_2 der jeweils gleichbreiten Spalte und Stege gegen irgendwelches Licht, so sieht man in der Gitterebene abwechselnd helle und dunkle Streifen. Ein solches Streifenmuster wird wie verwandte Muster auf gewissen in besonderer Weise gewebten oder geprägten Stoffen Moiré genannt. Dieser Name hat in dem französischen Eigenschaftswort "moiré" seinen Ursprung, ein Wort das nur ungefähr mit dem deutschen "geädert" übersetzt werden kann. Liegen die beiden Gitter mit exakt parallelen Spalten und Stegen aufeinander, so erscheinen auch die Streifen des Moirés hierzu parallel. **Fig.** 2135-1 erklärt anhand von zwei nur teilweise aufeinander liegenden Gittern das Zustandekommen des Effektes in diesem besonderen Fall. Der Streifenabstand i des Moirés hängt folgendermaßen mit Δy_1 und Δy_2 zusammen:

$$\frac{1}{i} = \frac{1}{\Delta y_1} - \frac{1}{\Delta y_2} \tag{1}$$

Auch bei kleinen Abständen zwischen den beiden Gitterebenen ist das Moiré noch zu sehen. Aber sein Kontrast nimmt dann mit wachsendem Abstand zunehmend ab, und das Auge fühlt sich zunehmend unangenehm überfordert. Stellt man die beiden Gitter vor eine diffus leuchtende Fläche, so kann man jedoch dennoch bei bestimmten Abständen x_1 und x_2 der Gitterebenen von der leuchtenden Fläche ein Moiré photographieren, dessen Kontrast sich nicht von dem bei $x_1=x_2=0$ unterscheidet. Das Moiré scheint dann in der leuchtenden Fläche zu liegen. Die Bedingung hierfür lautet:

$$\frac{x_2}{x_1} = \frac{\Delta y_2}{\Delta y_1} \tag{2}$$

Fig. 2135-2 erklärt diesen Effekt und die Formeln. Das schraffierte Strahlenbündel wird von den beiden Gittern gestoppt. Das nur umrahmte Bündel wird ganz durchgelassen.

Die in **Fig. 2135-3** gezeigte Optik erzeugt auf solche Weise ein Moiré, das virtuell in der Objektebene Σ liegt und vom Objektiv O4 in der Bildebene Σ' reell abgebildet wird. Streifennormale Komponenten von Strahlablenkungen in der Objektebene verschieben die Streifen des Moirés. Es wäre möglich, das Gitter G1 in die hintere Brennebene des Objektivs O3 zu stellen, erleichtert aber die Justierung, wenn es in die Zwischenbildebene zwischen den Objektiven O_1 und O_2 gestellt wird. In der hinteren Brennebene von O_3 erscheint dann ein leuchtendes Gitter G_1' genau so, als ob sich dort ein Gitter G_1' unmittelbar hinter dem Bild Q' der Lichtquelle Q befinden würde. Bei gleichen Brennweiten f_2 von O_2 und f_3 von O_3 sind die Gitterabstände $\Delta y_1'$ von G_1' und Δy_1 von G_1 gleich. Man hat so aber auch die Möglichkeit, $\Delta y_1'/\Delta y_1=f_3/f_2$ durch Einsetzen von Objektiven mit verschiedenen Brennweiten zu variieren. Das Gitter G2 mit dem Gitterabstand Δy_2 steht in einigem Abstand hinter G_1' gerade so, daß die Abstände x_2 und x_1 von Σ die Bedingung

314

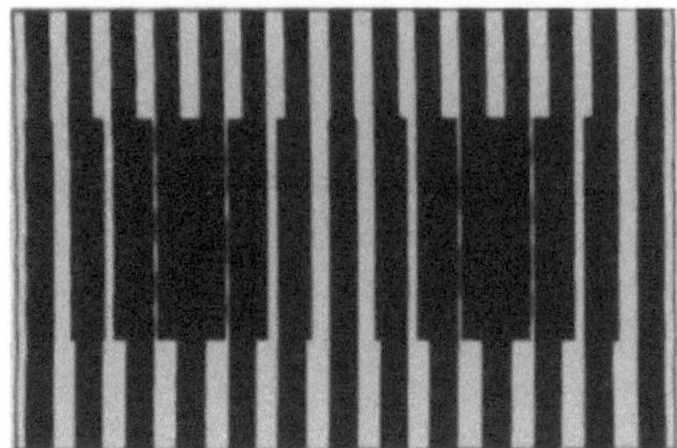 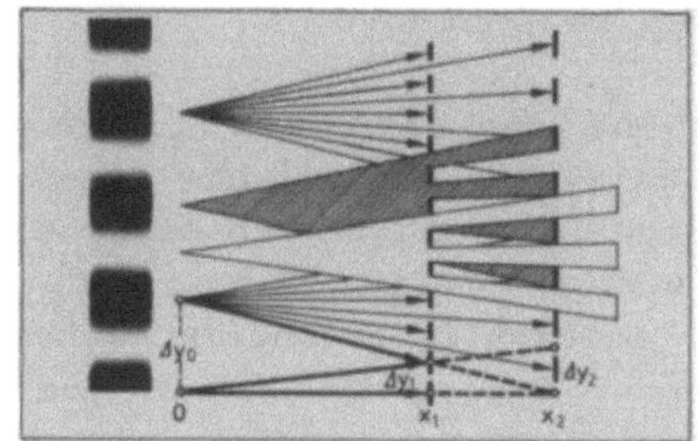

1: Aufeinanderliegende Gitter   2: Gitter mit Abstand x_2-x_1

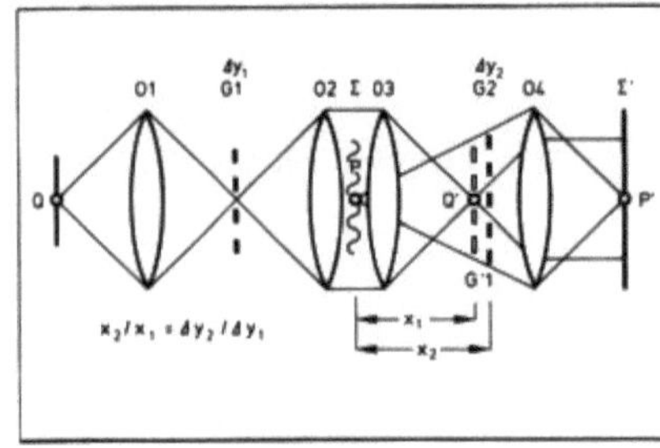 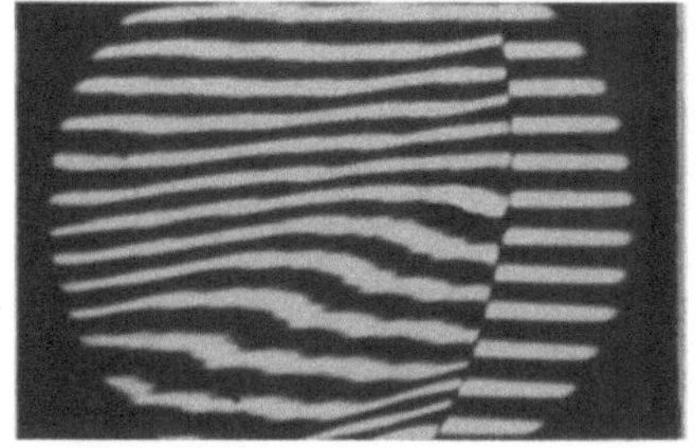

3: Visualisierungsoptik   4: Glasscherbe

Fig. 2135: Moiréverfahren

$\Delta y_2/\Delta y_1 = \Delta y_2'/\Delta y_1'$ erfüllen. Das in Σ lokalisierte Moiré hat dann den Streifenabstand $i = \Delta y_2 \Delta y_1'/(\Delta y_2 - \Delta y_1')$. Ist x_1 nur wenig größer als f_3, so werden in Σ erzeugte Strahlablenkungen ε_y mit Streifenverschiebungen wiedergegeben, die praktisch $\Delta i = x_1 \varepsilon_y$ betragen. Das Verfahren hat die folgende ε_y-Empfindlichkeit:

$$E = \frac{\Delta i}{i} \Big/ \varepsilon_y = \frac{x_2 - x_1}{\Delta y_2} \tag{3}$$

Verwandte Moiréverfahren werden seit 1954 zur Bestimmung von Oberflächendeformationen verwendet [835-838]. Die vorstehend beschriebene Optik für die Schlierenvisualisierung wurde 1955 vorgeschlagen und mit Bildern von Glasscherben wie in **Fig. 2135-4** getestet [839]. In [840-842] wurde über Strömungsuntersuchungen mit Moiréverfahren berichtet.

2.2 VISUALISIERUNG DER PHASENVERSCHIEBUNG

2.2.1 Phasenververschiebung in Strömungen

2.2.1.1 Phasenobjekte

Jede Schliere ist zugleich ein Phasenobjekt. Die Strahlen werden infolge von unterschiedlichen Fortpflanzungsgeschwindigkeiten $c=c_0/n$ der Phasenflächenelemente gebrochen. Diese unterschiedlichen Fortpflanzungsgeschwindigkeiten und gegebenenfalls auch unterschiedliche geometrische Wege Δz haben außerdem unterschiedliche Laufzeiten Δt durch die Schliere zur Folge:

$$\Delta t = \int_0^{\Delta z} \frac{dz}{c(z)} = \frac{1}{c_0} \int_0^{\Delta z} n(z)dz \tag{1}$$

Benachbarte Wellenelemente durchlaufen darin unterschiedliche optische Wege Φ:

$$\Phi = \int_0^{\Delta z} n(z)dz \tag{2}$$

Sie kommen in der gleichen Zeit nicht gleich weit und brauchen für den gleichen geometrischen Weg unterschiedliche Zeiten. Haben zwei Wellenelemente die Ebene $z=0$ zur Zeit $t=0$ gleichphasig durchsetzt wie in **Fig. 2211-1**, so kommen sie in einer parallelen Kontrollebene $z=s$ hinter dem Phasenobjekt nicht gleichphasig an. Die Phasenflächen erscheinen dort zu verschiedenen Zeiten:

$$t_1 = \frac{1}{c_0} \left[n_\infty (s - \Delta z_1) + \int_0^{\Delta z_1} n_1(z)dz \right] = \frac{\Phi_1}{c_0} \tag{3}$$

$$t_2 = \frac{1}{c_0} \left[n_\infty (s - \Delta z_2) + \int_0^{\Delta z_2} n_2(z)dz \right] = \frac{\Phi_2}{c_0} \tag{4}$$

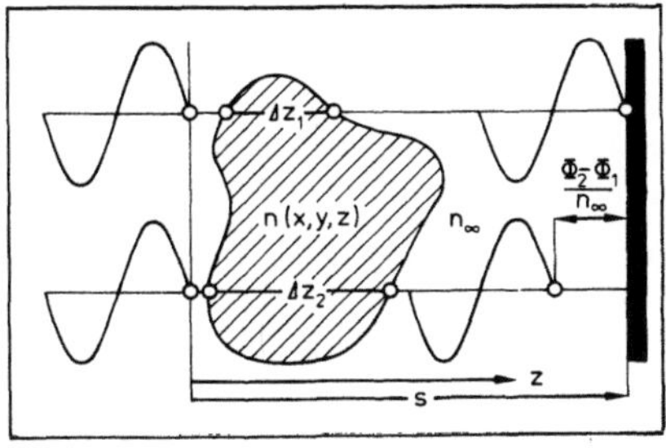

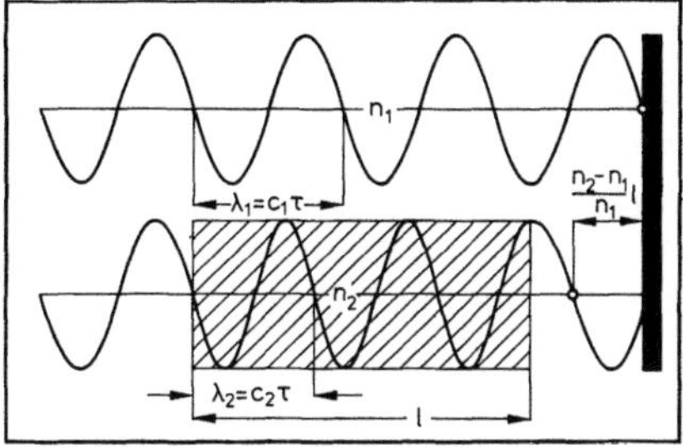

1: Optische Wege bei $n(x,y,z)$ 2: Sonderfall $n_2-n_1=$ const

Fig. 2211:   Phasenobjekte

316

Ist $t_2 > t_1$, so erscheint dort die Schwingung 1 zur Zeit t_1 mit einer Phase, mit der die Schwingung 2 erst zu einer späteren Zeit t_2 erscheint. Zu gleichen Zeiten läuft also die Phase der Schwingung 1 der Phase der Schwingung 2 voraus. Die Schwingung 2 erscheint mit einer negativen Phasenverschiebung $\Delta\varphi_{21}$. Bei einer Periode $\tau = \lambda_0/c_0$ der Schwingung gilt:

$$\frac{\Delta\varphi_{21}}{2\pi} = - \frac{t_2 - t_1}{\tau} = - \frac{\Phi_2 - \Phi_1}{\lambda_0} \tag{5}$$

Man beachte, daß hier die Differenz $\Phi_2 - \Phi_1$ der optischen Wege nicht durch die Wellenlänge $\lambda_\infty = c_\infty \tau$ vor der Kontrollebene, sondern durch die Vakuumwellenlänge $\lambda_0 = c_0 \tau$ dividiert werden muß. Die Brechzahlen haben keinen Einfluß auf die Frequenz $\nu = 1/\tau$. Ist insbesondere $\Delta z_2 = \Delta z_1 = 1$, so wird:

$$\frac{\Delta\varphi_{21}}{2\pi} = - \frac{1}{\lambda_0} \int_0^1 [n_2(z) - n_1(z)]dz \tag{6}$$

Ist das Phasenobjekt eben, so spielt also die Brechzahl n_∞ der Umgebung keine Rolle. Sind die Brechzahlen n_2 und n_1 auf dem Weg 1 konstant wie in **Fig. 2211-2**, so gilt:

$$\frac{\Delta\varphi_{21}}{2\pi} = - \frac{(n_2 - n_1)1}{\lambda_0} \tag{7}$$

Streng genommen müßten auch die Verlängerungen der geometrischen Wege durch Ablenkungen im Phasenobjekt und an seinen Grenzflächen berücksichtigt werden. Im Folgenden werden nur Phasenobjekte betrachtet, bei denen solche Verlängerungen vernachlässigt werden können.

2.2.1.2 Phasen am Brechzahlsprung

Der in **Fig. 2211-2** des vorstehenden Abschnitts skizzierte und mit Gleichung (7) beschriebenen Sonderfall liegt z.B. vor, wenn sich zwischen zwei Fenstern mit dem Abstand 1 ein Verdichtungsstoß mit fensternormaler Stoßfront befindet. Das kann ein in ruhendes Gas laufender Stoß oder ein senkrecht in strömendem Gas stehender Stoß sein, ein schiefer am Keil oder auch ein gekrümmter vor einem Zylinder wie in **Fig. 2212-1**. In jedem Fall springt die Dichte von einem Wert ρ_1 vor auf einen Wert ρ_2 hinter dem Stoß. Damit ist ein Sprung der Brechzahl von n_1 auf n_2 verbunden. Wegen der in Abschnitt 1.2.1.1 besprochenen Beziehung $n-1 = G\rho$ besteht der folgende Zusammenhang zwischen $n_2 - n_1$ und $\rho_2 - \rho_1$:

$$n_2 - n_1 = G(\rho_2 - \rho_1) \tag{1}$$

Mit der Gleichung (7) des vorstehenden Abschnitts ergibt sich, daß Wellenelemente auf stoßparallelen Strahlen hinter dem Stoß die folgende Phasenverschiebung $\Delta\varphi_{21}$ gegenüber solchen vor dem Stoß erfahren:

$$\frac{\Delta\varphi_{21}}{2\pi} = - G \cdot \frac{1}{\lambda_0}\, \rho_1 \left(\frac{\rho_2}{\rho_1} - 1\right) = - (n_N - 1)\, \frac{1}{\lambda_0} \cdot \frac{\rho_1}{\rho_N} \left(\frac{\rho_2}{\rho_1} - 1\right) \tag{2}$$

Für den Stoß in Luft mit $n_N-1=G\rho_n=2,93\cdot10^{-4}$ bei $p_N=1$atm, $T_N=273$ K ergeben sich z.B. die in **Fig.** 2212-2 graphisch dargestellten $|\Delta\varphi_{21}/2\pi|$ bei $\lambda_0=500$nm. $1=100$ mm und verschiedene ρ_1/ρ_N. Die Phasenverschiebung $\Delta\varphi_{21}=-2\pi$ wird bei $\rho_1=\rho_N$ schon mit $(\rho_2-\rho_1)/\rho_1=1,706\cdot10^{-2}$, bei $\rho_1=\rho_N/100$ aber erst mit $(\rho_2-\rho_1)/\rho_1=1,706$ erreicht. In Luft mit Normaldichte $\rho_1=\rho_N$ sind darum schon sehr schwache Stöße leicht sichtbar zu machen. In stark expandierenden Hyperschallwindkanälen gelingt dies nur bei starken Stößen. In einem thermisch und kalorisch perfekten einatomigen Gas kann die Verdichtung den Grenzwert $\lim\rho_2/\rho_1=4$ und in einem solchen zweiatomigen Gas den Grenzwert $\lim\rho_2/\rho_1=6$ nicht überschreiten. Würde Luft auch hinter einem starken Stoß ein perfektes zweiatomiges Gas bleiben, so könnte die Phasenverschiebung nicht größer werden als $|\Delta\varphi_{21}/2\pi|=2,930(1/\text{mm})(\rho_1/\rho_N).$, im Falle $1 = 100$mm also nicht größer als $|\Delta\varphi_{21}/2\pi|=293\ \rho_1/\rho_N$. In Wirklichkeit können infolge der Schwingungen und der Dissoziation der Luftmoleküle bei den hohen Temperaturen hinter starken Stößen höhere ρ_2/ρ_1 auftreten. Aus dem gleichen Grund kann dann aber auch nicht mehr mit einer Gladstone/Dale-Konstanten G gerechnet werden. Brechzahlsprünge treten außerdem an Gleitflächen auf. Dieser Sachverhalt wird gerne benutzt, um Gleitflächeninstabilitäten sichtbar zu machen. Bei Gasen ist mit $n_2-n_1=G_2\rho_2-G_1\rho_1$ zu rechnen. Handelt es sich um thermisch perfekte Gase, so gilt $p_1=R_1\rho_1T_1$ und $p_2=R_2\rho_2T_2$ mit $R_1= \mathbb{R}/\, \mathbb{M}_1$ und $R_2= \mathbb{R}/\, \mathbb{M}_2$. An der Gleitfläche ist $p_2=p_1=p$.

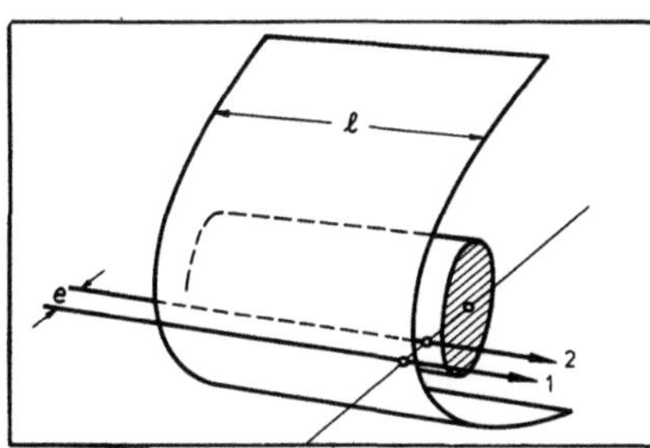

1: Zylinderkopfwelle

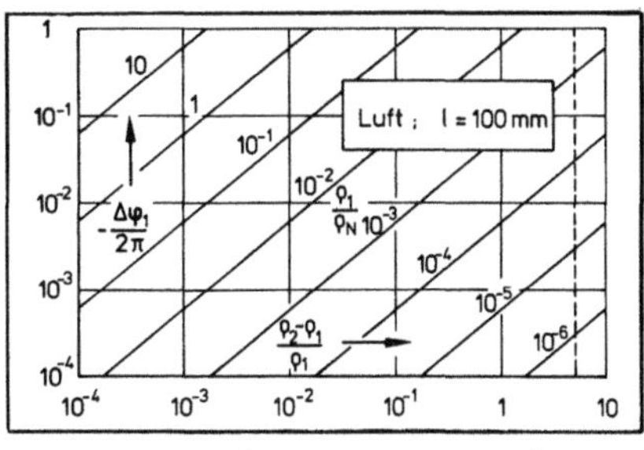

2: Verdichtungsstoß in Luft

Fig. 2212: Phasen am Brechzahlsprung

Ist außerdem auch $T_2=T_1=T$, so kommt für die Phasenverschiebung der Wellenelemente, die sich beiderseits der Gleitfläche auf gleitflächenparallelen Strahlen fortpflanzen, der folgende Ausdruck:

$$\frac{\Delta\varphi_{21}}{2\pi} = - \frac{1}{\lambda_0} \cdot \frac{p}{\mathbb{R}T} (G_2\,\mathbb{M}_2 - G_1\,\mathbb{M}_1) \tag{3}$$

Mit der Gaskonstanten $\mathbb{R}=8,3143$J/mol$\cdot$K und den in Tabelle 1211-1 notierten G und Molmassen $\mathbb{M}$ ergibt sich z.B. die Phasenverschiebung $\Delta\varphi_{21}/2\pi=-52,8$ an der N_2/He-Gleitfläche bei $p=p_N=1$atm, $T=T_N=273$ K, $1=100$ mm und $\lambda_0=500$ nm.

2.2.1.3 Phasen bei Brechzahlgradienten

Wenn die Brechzahl von allen Raumkoordinaten abhängt, dann gilt: Ein an der Stelle $x,y,z=0$ in das Objekt eintretendes Wellenelement pflanzt sich praktisch in z-Richtung fort und tritt an einer Stelle $x,y,z=l(x,y)$ aus. Während eines Zeitelementes dt legt es den Weg $dz=c(x,y.z)dt=c_0 dt/n(x,y,z)$ zurück. Für den Weg $l(x,y)$ braucht es also die folgende Zeit:

$$\Delta t(x,y) = \frac{1}{c_0} \int_0^{l(x,y)} n(x,y,z)\, dz \qquad (1)$$

Bei konstanter Brechzahl n_1 würde diese Zeit $\Delta t_1 = n_1 l/c_0$ betragen. Die Phase des austretenden Wellenelementes wird um $\Delta\varphi/2\pi = (\Delta t - \Delta t_1)/\tau$ gegenüber jener verschoben, mit welcher es bei n_1 austreten würde. Mit $\tau = \lambda_0/c_0$ kommt:

$$\frac{\Delta\varphi(x,y)}{2\pi} = \frac{1}{\lambda_0} \int_0^{l(x,y)} [n(x,y,z) - n_1]\, dz \qquad (2)$$

Das Integral in Gleichung (1) ist der optische Weg $\Phi(x,y)$ auf dem geometrischen Weg $l(x,y)$ in z-Richtung. Oft sind Strömungen zwischen ebenen Fenstern mit einem nicht von x,y abhängenden Abstand l zu untersuchen. Bei ebener Strömung hängt außerdem $n(x,y)$ nicht von z ab. Dann hängen die optischen Wege $\Phi(x,y)$ nur wegen $n(x,y)$ von x,y ab und gilt:

$$\frac{\Delta\varphi(x,y)}{2\pi} = \frac{1}{\lambda_0} [n(x,y) - n_1] \qquad (3)$$

Die Beträge $\partial n/\partial x$ und $\partial n/\partial y$ der Komponenten eines Brechzahlgradienten bewirken dann, daß benachbarte Wellenelemente mit den folgenden Abweichungen ihrer Phasen in der Ebene $z=l$ erscheinen:

$$\frac{\partial\varphi}{\partial x}(x,y) = 2\pi \frac{1}{\lambda_0} \frac{\partial n}{\partial x}(x,y) \quad ; \quad \frac{\partial\varphi}{\partial y}(x,y) = 2\pi \frac{1}{\lambda_0} \frac{\partial n}{\partial y}(x,y) \qquad (4)\,(5)$$

Die hier vernachlässigten Strahlablenkungen ε_x und ε_y sind zu diesen $\partial\varphi/\partial x$ bzw. $\partial\varphi/\partial y$ proportional. Sie dürfen vernachlässigt werden, wenn die Messungen sehr kleine $\lambda_0(\partial\varphi/\partial x)$ und $\lambda_0(\partial\varphi/\partial y)$ ergeben. Handelt es sich um die Strömung eines Gases mit $n-1=G\rho$, so besteht im allgemeinen der folgende Zusammenhang mit den lokalen Dichten $\rho(x,y,z)$:

$$\frac{\Delta\Phi(x,y)}{2\pi} = \frac{G}{\lambda_0} \int_0^{l(x,y)} [\rho(x,y,z) - \rho_1]\, dz \qquad (6)$$

Nur bei ebener Strömung kann man die lokalen $\rho-\rho_1$ allein durch Messungen von $\Delta\varphi(x,y)$ sowie die lokalen $\partial\rho/\partial x$ und $\partial\rho/\partial y$ allein durch Messung von $\partial\varphi/\partial x$ bzw. $\partial\varphi/\partial y$ bei den betreffenden x,y erfahren:

$$\frac{\Delta\varphi(x,y)}{2\pi} = \frac{lG}{\lambda_0} [\rho(x,y) - \rho_1] \qquad (7)$$

$$\frac{\partial\varphi}{\partial x}(x,y) = 2\pi \frac{lG}{\lambda_0} \frac{\partial\rho}{\partial x}(x,y) \quad ; \quad \frac{\partial\varphi}{\partial y}(x,y) = 2\pi \frac{lG}{\lambda_0} \frac{\partial\rho}{\partial y}(x,y) \qquad (8)\,(9)$$

2.2.2 Interferometrie

2.2.2.1 Mach/Zehnder-Interferometer

Die Interferenzverfahren benutzen die in Abschnitt 1.6.1.1 besprochene Teilung von Wellenzügen in Teilwellenzüge und deren Wiedervereinigung nach dem Durchlaufen verschiedener Wege, um die Laufzeitdifferenzen sichtbar zu machen. Dabei ist Teilung jedes Wellenzuges in zwei oder mehr Teilwellenzüge möglich. Das in **Fig. 2221-1** gezeigte Mach-Zehnder-Interferometer teilt in zwei Teilwellenzüge, schickt nur den einen durchs

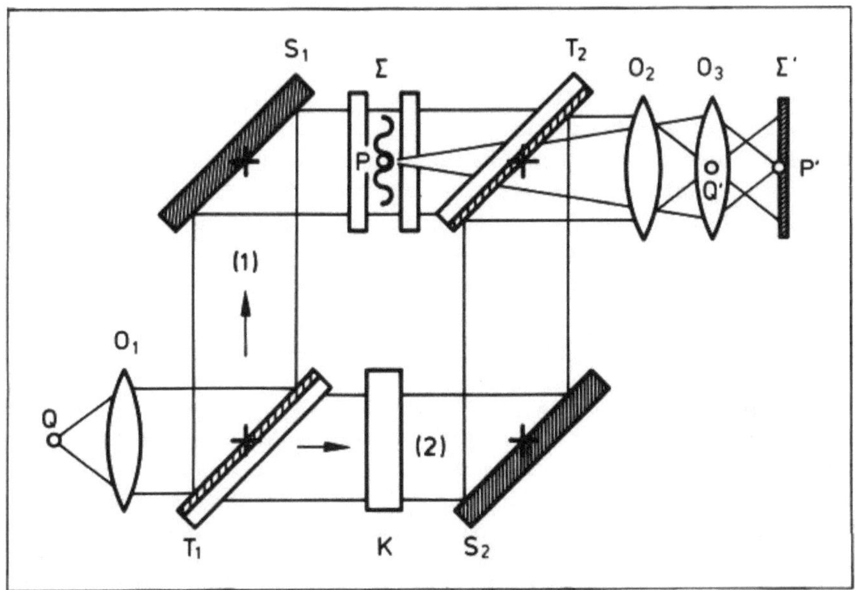

1: Optische Anordnung

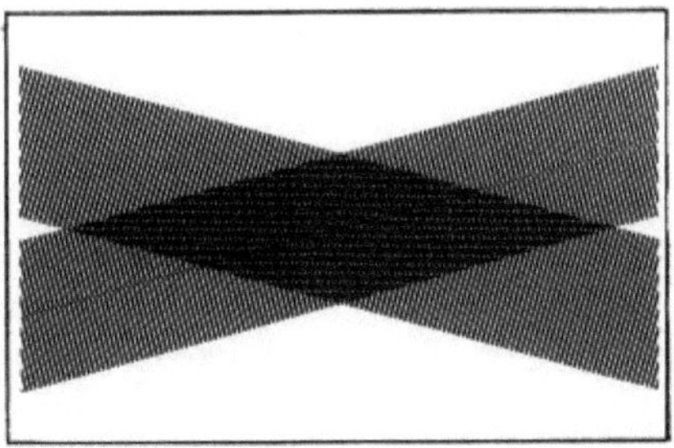

2: Interferenzfeld

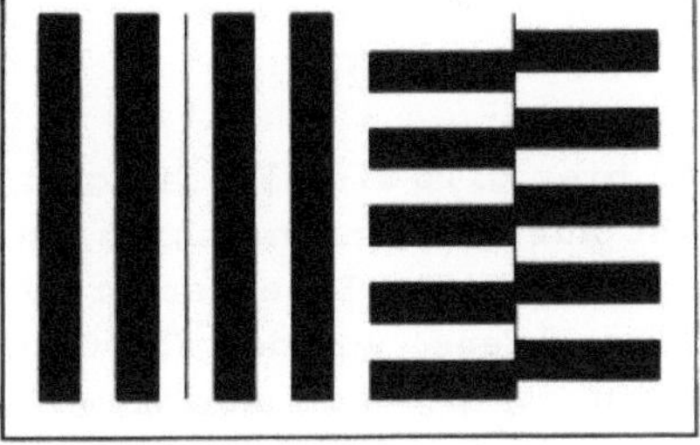

3: Interferenzstreifen

Fig. 2221: Mach7Zehnder-Interferometer

Phasenobjekt und führt den anderen weit daran vorbei. Dieses Interferometer wurde erstmals 1891 von Ludwig Mach [662], Sohn des Physikers und Philosophen Ernst Mach, und ebenfalls 1891 von Ludwig Zehnder [665] beschrieben.

Wir betrachten zunächst das Schicksal eines einzigen von einem einzigen Punkt der Lichtquelle kommenden und überdies endlosen Wellenzuges. Das Objektiv O_1 macht daraus eine ebene Welle. Diese wird vom halbspiegelnden Teiler T_1 in zwei Teilwellen geteilt. Die Spiegel S1 und S2 sorgen dafür, daß sich die beiden Teilwellen nach fast gleichlangen aber weit voneinander entfernten geometrischen Wegen am halbspiegelnden Teiler T_2 kreuzen. Dort wird jede der beiden nochmals geteilt. Zur Visualisierung werden nur die zwei zum Objektiv O_2 gehenden Teilteilwellen gebraucht. Die Funktion der Objektive O_2 und O_3 wird im nächsten Abschnitt besprochen. Wir betrachten zunächst nur die Zweiwelleninterferenz zwischen T_2 und O_2. Die Teilwelle 1 ist durch die Objektebene Σ gegangen. Die Teilwelle 2 ging daran vorbei. Die betreffenden Teilteilwellen werden Objektwelle und Referenzwelle genannt. Ohne Phasenobjekt verlassen beide T_2 als ebene Wellen. Bei exakt parallelen Spiegeln und Teilern geschieht dies kollinear. Die beiden Wellen interferieren dann mit einer im ganzen Interferenzfeld konstanten Phasenverschiebung $\Delta\varphi_0$. Auf einem fortpflanzungsnormalen Schirm treten die folgenden Bestrahlungsstärken B_0 auf:

$$B_0 = \frac{\hat{B}}{2}\,(1 + \cos\Delta\varphi_0) \tag{1}$$

Bei $\Delta\varphi_0=0$ ist $B_0=\hat{B}$ und bei $\Delta\varphi_0=\pi/2$ wird $B_0=\hat{B}/2$. Bei leichter Verdrehung der Spiegel oder/und Teiler um exakt parallele Achsen durchqueren sich die beiden Wellen mit einem kleinen Winkel θ. Der Gangunterschied ist dann nicht mehr konstant. Im Interferenzfeld erscheinen die in Abschnitt 1.6.1.1 besprochenen Ebenen vollständiger Löschung parallel zur Halbierenden des Winkels θ. Auf einem exakt normal zur Winkelhalbierenden gestellten Schirm erscheinen die dort besprochenen parallelen und äquidistanten Interferenzstreifen mit dem Interferenzstreifenabstand:

$$i = \frac{\lambda}{2\sin(\theta/2)} \tag{2}$$

Auch hier gilt die Gleichung (1). Hier ist aber die Phasenverschiebung $\Delta\varphi_0$ nicht auf dem ganzen Schirm, sondern nur noch auf streifenparallelen Geraden konstant. Es existiert eine Gerade in der Mitte eines sogenannten Nullstreifens, auf der $\Delta\varphi_0=0$ und damit $B_0=\hat{B}$ ist. Beiderseits dieser Geraden ist $\Delta\varphi_0$ proportional zum Abstand von dieser Geraden. Ist es gelungen, mit passenden Stellungen der Spiegel und Teiler der Winkelhalbierenden die Richtung der von der Σ-Mitte kommenden Σ-normalen z-Achse zu geben und die Mitte des Nullstreifens auf die z-Achse zu legen, so ist der genannte Abstand gleich x. Dann ist bei x=0, $\pm$ i; $\pm$ 2i usw. $\Delta\varphi_0=0$, $\pm$ 2π, $\pm$ 4π usw. und damit $B_0=\hat{B}$. Es gilt also $\Delta\varphi_0/2\pi=x/i$. Einsetzen in die Gleichung (1) ergibt das folgende Streifenprofil:

$$B_0 = \frac{\hat{B}}{2}[1 + \cos(\pi\frac{x}{i})] \tag{3}$$

Die Justierung auf kollinearen Austritt wird Kollinearjustierung oder wegen $i\to\infty$ bei $\theta\to 0$ auch Justierung auf Streifenbreite unendlich genannt. Im Falle $\theta\neq 0$ wird von Streifenjustierung gesprochen.

Mit Phasenobjekt kommen zu der Phasenverschiebung $\Delta\varphi_0$ bzw. zu den Phasenverschiebungen $\Delta\varphi_0(x)$ Phasenverschiebungen $\Delta\varphi(x,y)$ wegen der unterschiedlichen Laufzeiten durch das Objekt hinzu. Ein gegebenenfalls vorhandener konstanter Anteil wird mit dem Kompensator K kompensiert, um die Phasenverschiebungen $\Delta\varphi_0+\Delta\varphi$ in Grenzen zu halten. Bei Kollinearjustierung gilt mit den $\Delta\varphi(x,y)$ für die Bestrahlungsstärken $B(x,y)$ an den betreffenden Stellen des Schirms:

$$B = \frac{\hat{B}}{2}[1 + \cos(\Delta\varphi_0 + \Delta\varphi)] \tag{4}$$

Damit ergibt sich für die Änderungen $\Delta B(x,y)=B-B_0$ der folgende Ausdruck:

$$\frac{\Delta B}{B_0} = -(1 + \frac{\tan(\Delta\varphi/2)}{\tan\Delta\varphi_0})\ \tan\frac{\Delta\varphi_0}{2}\ \sin\Delta\varphi \tag{5}$$

Dieser Ausdruck wird bei $\Delta\varphi_0=\pi/2$ besonders einfach:

$$\frac{\Delta B}{B_0}\ (\Delta\varphi_0 = \frac{\pi}{2}) = -\sin\Delta\varphi \tag{6}$$

Wir befinden uns dann auf der Flanke der in **Fig. 1611-2** gezeigten B_0-Kurve an der Stelle $B_0=\hat{B}/2$. Dort sind die ΔB bei $\Delta\varphi$ am größten und bis zu ziemlich großen $\Delta\varphi$ praktisch $\Delta\varphi$-proportional. Bei sehr kleinen $|\Delta\varphi|\ll 1$ kann mit der Empfindlichkeit

$$E = \frac{\Delta B}{B_0}\ /\ \Delta\varphi = -\tan\frac{\Delta\varphi_0}{2} \tag{7}$$

gerechnet werden. Bei $\Delta\varphi_0=0$ ist $E=0$. Bei $\Delta\varphi_0=\pi/2$ ist $E=-1$. Mit Annäherung an $\Delta\varphi_0=\pi$ wird zwar ΔB bei $\Delta\varphi$ immer kleiner, wächst aber E über alle Grenzen, weil B_0 nach 0 geht. Formal ist ΔB stets mehrdeutig wegen der Periodizität der Winkelfunktionen. So wird z.B. $\Delta B=0$ bei $\Delta\varphi=0$, 2π, 4π usw. Auf Interferenzbildern von Strömungen kann man jedoch oft stetige Änderungen von $\Delta\varphi$ ab Stellen mit $\Delta\varphi=0$ verfolgen. Dann wird die Auswertung durch die Periodizität nicht erschwert, sondern sogar erleichtert. Die Gleichungen (3) und (4) gelten auch bei Streifenjustierung. Die ΔB werden dann als Verschiebungen und Deformationen der Interferenzstreifen gesehen. **Fig. 2221-2** erläutert anhand eines Moirés wie z.B. eine Verzögerung der halben Objektwelle die Lage der Ebenen vollständiger Löschung des Interferenzfeldes versetzt. Auf dem Schirm hätte diese Versetzung eine Parallelverschiebung der Streifen wie in **Fig. 2221-3 links** zur Folge. Ein Brechzahlsprung wird auffälliger wiedergegeben, wenn er einen Sprung der Streifen wie in **Fig. 2221-3 rechts** bewirkt. Bei der Visualisierung von Brechzahlsprüngen (Verdichtungsstoß, Gleitfläche) ist es darum ratsam, die Interferenzstreifen so zu orientieren, daß sie die Sprungkonturen schnei-

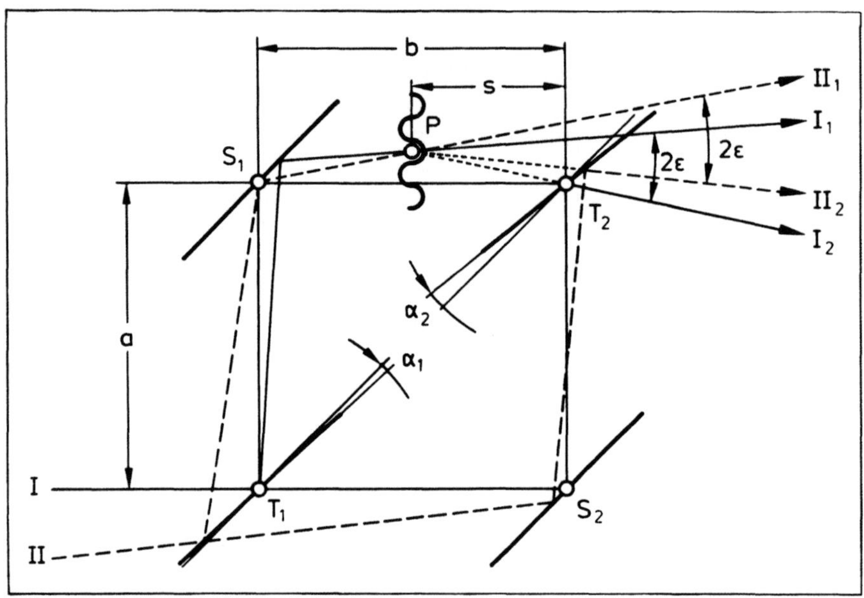

1: Strahlengänge

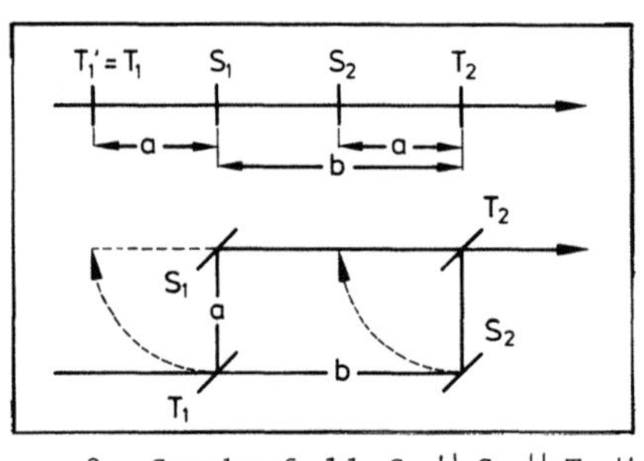

2: Sonderfall $S_2 \parallel S_1 \parallel T_2 \parallel T_1$

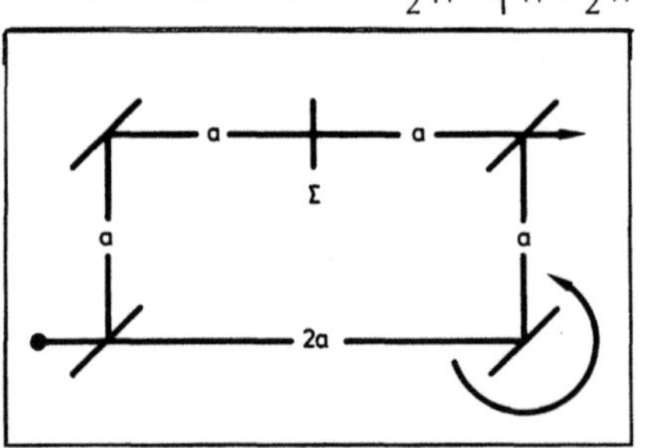

4: Lokalisierung im Objekt

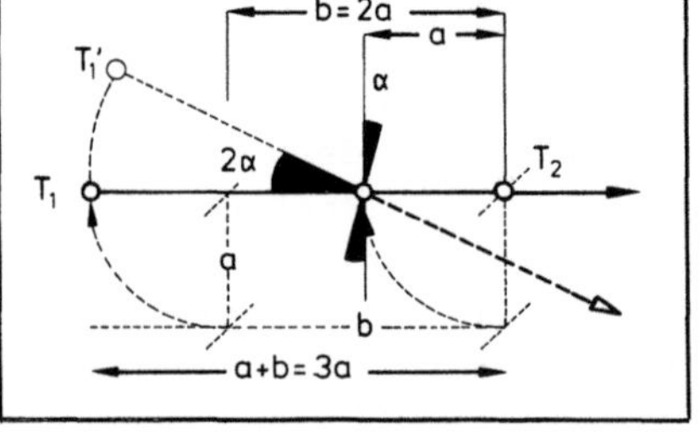

3: Gestreckte Strahlengänge

5: bei jeder S_2-Schwenkung

Fig. 2222: Lokalisierung

den. In jedem Fall besteht zwischen der liniennormalen Verschiebung Δi einer Linie gleicher B aus ihrer Lage bei $\Delta\varphi=0$ und der Phasenverschiebung $\Delta\varphi$ am Ort der verschobenen Linie der Zusammenhang:

$$\frac{\Delta i}{i} = \frac{\Delta\varphi}{2\pi} \tag{8}$$

2.2.2.2 Interferenzlokalisierung

Das Mach-Zehnder-Interferometer würde in der vorstehend beschriebenen Weise nur mit einer sehr kleinen Lichtquelle Q einigermaßen brauchbare Interferenzbilder liefern. Die von verschiedenen Punkten der Lichtquelle kommenden Wellen würden versetzte Interferenzstreifen erzeugen. Mit zunehmendem Durchmesser der Lichtquelle würden also immer kontrastschwächere und verwaschenere Interferenzstreifen erscheinen. Außerdem würden die von verschiedenen Punkten der Lichtquelle kommenden und durch denselben Objektpunkt gehenden Strahlen den Schirm wie beim Schattenverfahren in einer Streuscheibe treffen. Undurchsichtige Körper würden wie dort einen Kernschatten und Halbschatten werfen. Den letztgenannten Mangel kann man wie beim Schlierenverfahren durch Abbildung der Objektebene Σ mit dem Objektiv O_3 in der Bildebene Σ' beheben. Das Objektiv O_2 hat dann hier wie dort die Aufgabe, das Licht durch O_3 zu führen, O_1 und O_2 bilden Q als Q' in O_3 ab. Die so mit der Abbildung von Q verflochtene Abbildung von Σ ist nur insofern nicht genau die gleiche wie in Abschnitt 1.5.3.3, als man jetzt den Abstand zwischen Σ und O_2 schlecht viel kleiner als die Brennweite von O_2 machen kann. Ist auch die Brennweite von O_3 nicht viel kleiner, so kann die Mitwirkung von O_2 an der Abbildung von Σ nicht vernachlässigt werden.

Es bedarf einer nicht ganz so einfachen Überlegung, um den Weg zur Erzeugung kontraststarker Interferenzstreifen trotz größeren Lichtquellendurchmessers zu finden. Sie werden kontraststark, wenn zwei Bedingungen erfüllt sind: Erstens müssen alle durch denselben Objektpunkt P gehenden Teilstrahlen ganz unabhängig von ihrem Ursprungsort in der Lichtquelle Q ihren jeweiligen Partner im Bildpunkt P' treffen. Zweitens muß dies mit gleichen Differenzen der optischen Wege vom Ort der Teilung an T_1 bis P' geschehen. Die erste Bedingung ist erfüllt, wenn die Partner nach Reflexion an T_2 von P zu kommen scheinen wie in **Fig. 2221-1**. Für die Formulierung der zweiten Bedingung ist es nützlich zu wissen, daß die optischen Wege längs aller von P nach P' gehenden Strahlen gleich sind, gänzlich unabhängig von ihrer Richtung. Zu längeren geometrischen Wegen außerhalb gehören entsprechend kürzere innerhalb des Objektivs. Ist die erste Bedingung erfüllt, so genügt es also, die geometrischen Wege von T_1 über S1 bis P mit denen von T_1 über S2 bis T_2 und dann rückwärts bis P zu betrachten. Die Differenz dieser Wege muß bei all jenen Paaren von Teilstrahlen gleich sein, welche hinter T_2 vom selben Objektpunkt P kommen bzw. zu kommmen

324

scheinen. Damit ist die Aufgabe der Erzeugung kontraststarker Streifen im Bild auf eine Geometrieaufgabe reduziert, die anhand der **Fig. 2222-1** gelöst werden könnte.

Die Umlenkungen an exakt parallelen Spiegeln und Teilern fallen aus der Rechnung heraus. Es vereinfacht die Rechnung, wenn man sie von vorneherein außeracht läßt und gestreckte Strahlengänge wie in den **Fig. 2222-2 und 3** betrachtet. Stehen beide Spiegel und beide Teiler exakt parallel, so verlassen beide von einem Punkt des Teilers T_1 kommenden Teilstrahlen den Teiler T_2 so, als ob sie wie in **Fig. 2222-2** oben den ganzen Weg von $T_1'=T_1$ bis T_2 kollinear gelaufen wären. Drehung von T_1 um einen Winkel α_1 schwenkt den über S_1 nach T_2 gehenden Teilstrahl um $2\alpha_1$ wie in **Fig. 2222-3**. Drehung von T_2 um α_2 schwenkt den über S_2 nach T_2 gehenden Teilstrahl um $2\alpha_2$. Dieser scheint dann von einem geschwenkten Teiler T_1' zu kommen. Haben α_1 und α_2 das gleiche Vorzeichen, so schneiden sich die geschwenkten Strahlen wie in **Fig. 2222-3** oben jenseits T_2 in einen Punkt P mit folgendem Abstand s von T_2:

$$\frac{s}{a+b} = \frac{\tan 2|\alpha_1|}{\sin 2|\alpha_2|-\cos 2|\alpha_2|\tan 2|\alpha_1|} \approx \frac{|\alpha_1|}{|\alpha_2|-|\alpha_1|} \tag{1}$$

Bei kleinen Winkeln α_1 und α_2 ist die Interferenz in einer Ebene Σ mit diesem Abstand s von T_2 lokalisiert. Das Objekt befindet sich aber in einer anderen Ebene zwischen T_1 und T_2. Haben α_1 und α_2 verschiedene Vorzeichen wie in **Fig. 2222-3** unten, so schneidet die rückwärtige Verlängerung des über S_2 nach T_2 gehenden Teilstrahls den über S_1 nach T_2 gehenden Teilstrahl in einem Punkt P zwischen T_1 und T_2 mit folgendem Abstand s von T_2:

$$\frac{s}{a+b} = \frac{\tan 2|\alpha_1|}{\sin 2|\alpha_2|+\cos 2|\alpha_2|\tan 2|\alpha_1|} \approx \frac{|\alpha_1|}{|\alpha_2|+|\alpha_1|} \tag{2}$$

Jetzt ist die Interferenz in einer Ebene Σ mit diesem Abstand s von T_2 virtuell lokalisiert. Befindet sich das Objekt in dieser Ebene, so ist sie virtuell im Objekt lokalisiert. Beide, sowohl die Interferenzstreifen wie auch das Objekt werden dann gemeinsam in der Bildebene Σ' reell abgebildet . Meist ist s=b/2 erwünscht. Dann müssen $|\alpha_1'|$ und $|\alpha_2|$ im Falle b=a die Bedingung $\alpha_2=-3\alpha_1$ und im Falle b=2a die Bedingung $\alpha_2=-2\alpha_1$ erfüllen. Für den Interferenzstreifenabstand i im Objekt ist der Winkel $\varepsilon=2(|\alpha_1|+|\alpha_2|)$ zwischen den sich schneidenden Strahlen maßgebend:

$$i = \frac{\lambda}{2\sin(\varepsilon/2)} \approx \frac{\lambda}{2(|\alpha_2|+|\alpha_1|)} \tag{3}$$

Im Falle b=a ist $i=\lambda/8\alpha_1$ und im Falle b=2a ist $i=\lambda/6\alpha_1$. 1946 entdeckte W. Kinder [843], daß die Interferenz bei jeder Drehung α des Spiegels S_2 dann virtuell im Objekt lokalisiert bleibt, wenn der andere Spiegel und die beiden Teiler exakt parallel stehen, und wenn sich das Objekt wie in **Fig. 2222-4** zwischen T_1 und T_2 im Abstand s=a von T_2 befindet. **Fig. 2222-5** zeigt den betreffenden Strahlengang bei b=2a. Das Objekt muß sich in diesem Fall in der Mitte zwischen S_1 und T_2 befinden. Es bedeutet eine starke Erleich-

terung des Arbeitens mit dem Interferometer, daß so der Interferenzstreifenabstand i=λ/2α ohne Verletzung der Lokalisierungsbedingung durch
Drehung eines einzigen Spiegels variiert werden kann.

Die Justierung kann leicht durch Erschütterung oder Wärmedehnung verlo-
rengehen. Das Interferometer ist darum kompakt, erschütterungsunempfind-
lich und wärmeunempfindlich aufzubauen. Gute Mach-Zehnder-Interferometer
sind infolgedessen teuer. Bei dem in **Fig.** 2222-4 gezeigten Aufbau werden die
Kreisflächen der Spiegel und Teiler schlecht genutzt. Für den Bündeldurchmesser D wird der Durchmesser D$\sqrt{2}$ der Spiegel und Teiler benötigt.
Stehen diese an den Ecken eines 60°-Parallelogramms, so kommt man mit dem
kleineren Durchmesser D$\sqrt{3}$/2 aus. Über das Mach-Zehnder-Interferometer
existiert umfangreiche Literatur [844 - 876]. Seine Justierung erfordert systematisches Vorgehen und Geduld [877 - 880].

2.2.2.3 Anwendungsbeispiele

Das in **Fig.** 2223-1 gezeigte Interferenzbild eines ebenen Wirbels wurde
bei Kollinearjustierung des Interferometers aufgenommen [881]. Die
Kurven gleicher Schwärzung sind Kurven gleicher Gasdichte. Die Aufnahme
der in **Fig.**2223-2 **bis** 10 gezeigten Interferenzbilder erfolgte bei verschiedenen Streifenjustierungen. Hier werden Änderungen optischer Wege
mit Streifenverschiebungen wiedergegeben. **Fig.** 2223-2 zeigt solche Änderungen in der von einem heißen Blech aufsteigenden Luft bei links horizontalen und rechts vertikalen Streifen [882]. Kopfwellen werden wie
in **Fig.** 2223-3 wiedergegeben [883]. **Fig.**2223-4 zeigt eine Prandtl/Meier-
Expansion [884]. Luftfeuchtigkeit kann die Expansion mit einem Kondensationsstoß wie in **Fig.**2223-5 beenden [884]. Mit Bildern wie dem in
Fig.2223-6 wurden Strömungen um ebene Profile in schallnaher Unterschallströmung untersucht [885]. Die **Fig.** 2223-7 **und 8** demonstrieren, wie
polychromatisches an Stelle des monochromatischen Lichtes die Vieldeu-
tigkeit des Interferenzbildes des ebenen Verdichtungsstoßes aufhebt
[886]. Die Streifenverschiebungen hinter dem Stoß gaben Auskunft über
die stetige Dichtezunahme infolge der Dissoziationsrelaxation. Auch die
Interferenzbilder in **Fig.** 2223-9 **und 10** wurden mit polychromatiscchen
Licht aufgenommen. Das in **Fig.** 2223-9 zeigt Verdichtungsstöße in einer
stationären Transschallströmung zwischen welligen Wänden [887]. **Fig.**
2223-10 gibt Auskunft über die Dichteänderungen bei der Reflexion und
Beugung einer Stoßwelle an einem Halbzylinder [888]. Das Mach-Zehnder-
Interferometer hat sich insbesondere bei Untersuchungen solcher gasdynamischen Vorgänge bestens bewährt. Bei Grenzschichtuntersuchungen
können die Ablenkungen der Strahlen Schwierigkeiten bereiten [889-893].

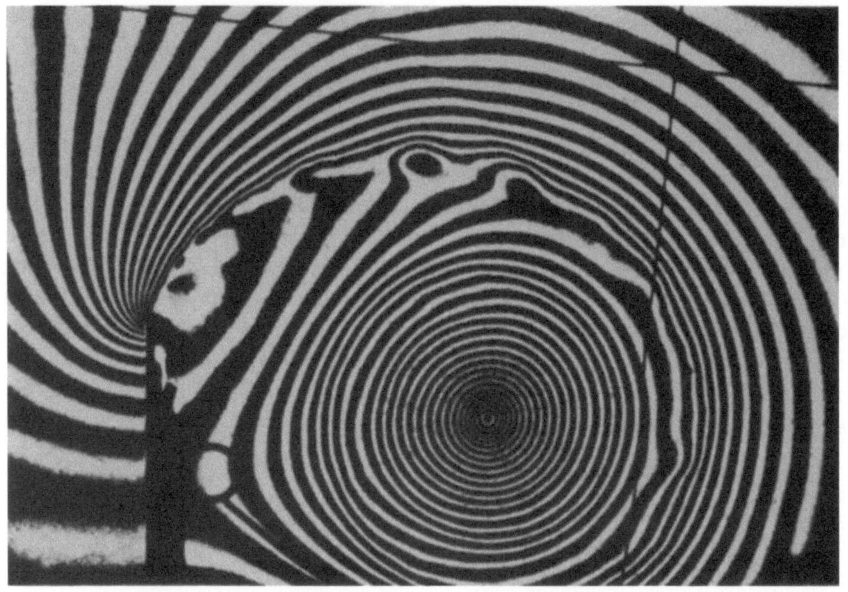

1: Kreise gleicher Dichte eines Wirbels

2: Konvektion

3: Geschoßkopfwelle

4: Expansion um Ecke

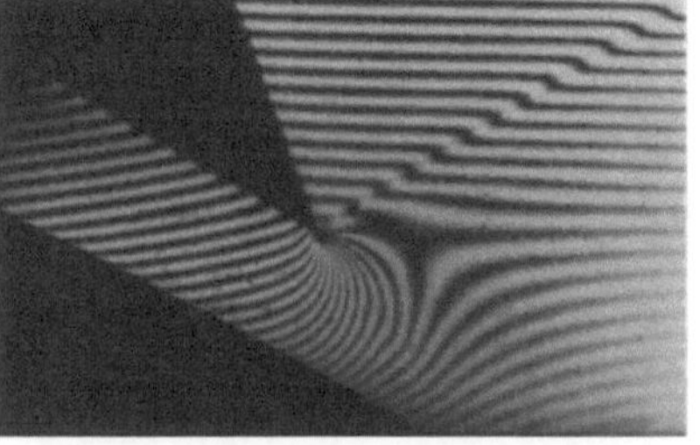

5: Kondensationsstoß

Fig. 2223: Interferenzbilder

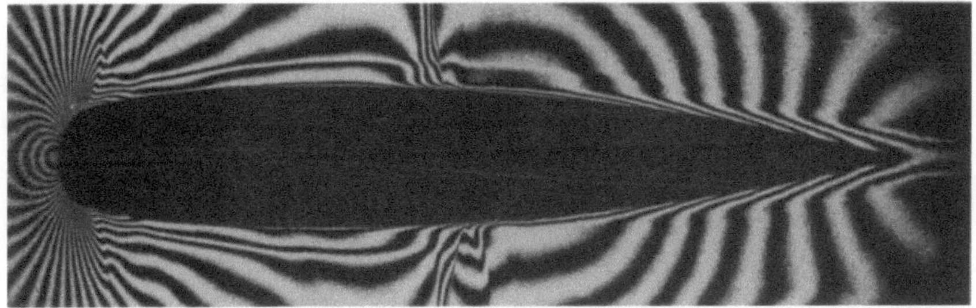

6: Modell in schallnaher Unterströmung

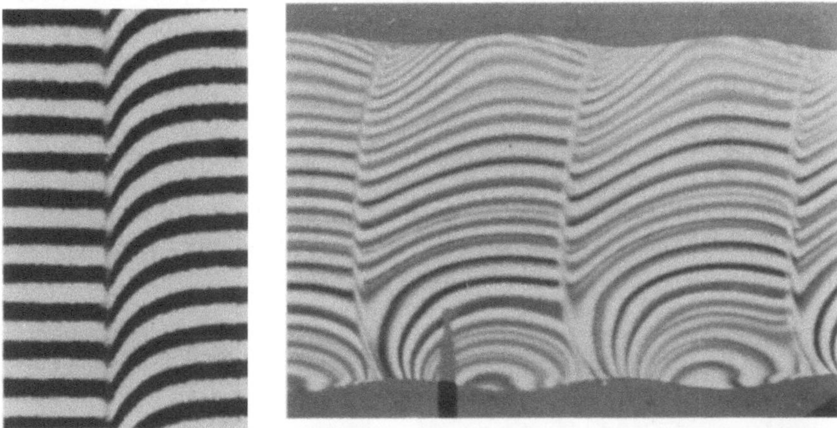

7: Stoß • Monochrom.9: Transschall zwischen welligen Wänden

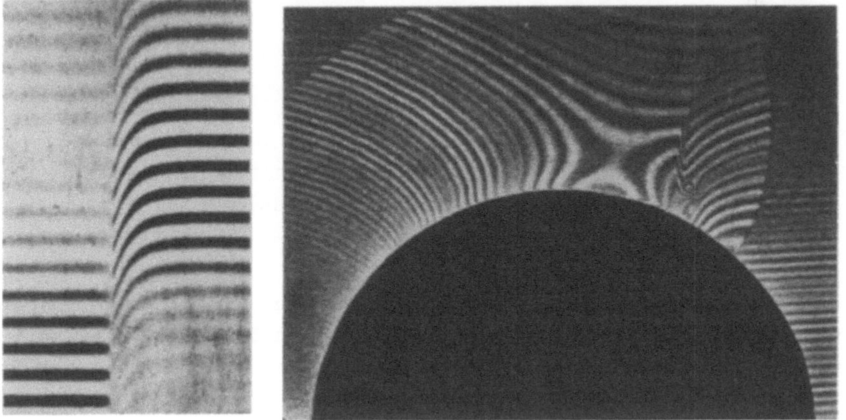

8: Stoß • Polychrom.10: Stoßbeugung am Zylinder • Polychrom.

Fig. 2223:   Interferenzbilder

2.2.2.4 Interferenzbildauswertung

Beim Interferenzbild informieren die Schwärzung $D(x,y)$ über jene Phasenverschiebungen $\Delta\varphi(x,y)$, welche z-parallele Meßstrahlen gegenüber ihren Referenzstrahlen erfahren. Die Ermittlung der $\Delta\varphi(x,y)$ erfolgt je nach Justierung des Interferometers auf verschiedene Weisen.

Bei Kollinearjustierung kommt es darauf an, ob die $\Delta\varphi(x,y)$ klein oder groß sind. Sind sie klein, so bedarf es auch hier wie beim Schlierenbild eines Eichbildes auf demselben Film, um den Zusammenhang zwischen den $D(x,y)$ und $\Delta\varphi(x,y)$ zu bestimmen. Dazu ist jedoch kein Eichobjekt erforderlich. Es genügt, wenn sich die Phasenverschiebungen $\Delta\varphi_0(x)$ oder $\Delta\varphi_0(y)$ bei irgend einer Streifenjustierung mindestens einmal um 2π ändert. Sind die $\Delta\varphi(x,y)$ groß, so erscheinen im Bild helle und dunkle Linien gleicher $\Delta\varphi$. Von einer hellsten bis zur nächsten dunkelsten ändert sich $\Delta\varphi$ um π. Gibt es auf dem Bild eine Stelle mit bekanntem $\Delta\varphi$, so kann es genügen, die ab dieser Stelle auftretenden hellsten und dunkelsten Linien abzuzählen und dazwischen linear zu interpolieren. Mehrdeutigkeiten bei $\Delta\varphi$-Sprüngen oder geschlossenen Linien gleicher $\Delta\varphi$ lassen sich oft aufgrund der Geometrie der Strömung und ihrer bekannten Anströmdaten beheben.

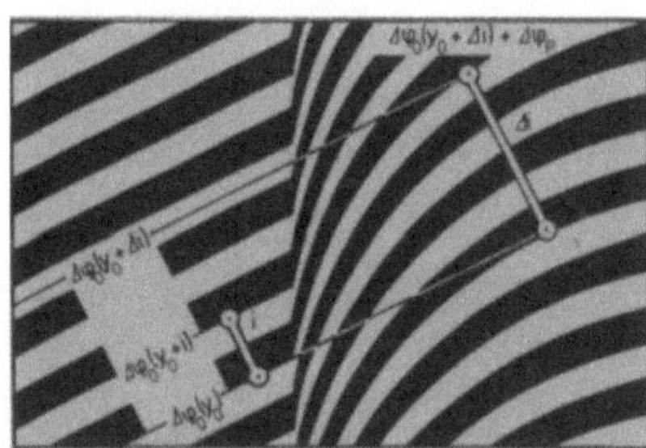

1: Streifenverschiebungen

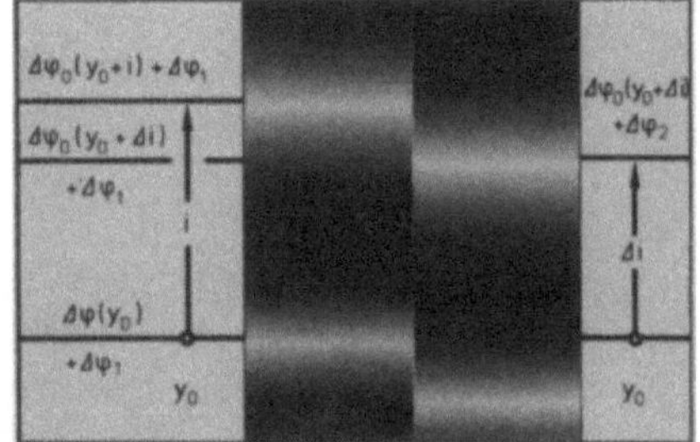

2: Streifensprung

Fig. 2224: Interferenzbildauswertung

Die Streifenjustierung ist nur sinnvoll, wenn in einem größeren Gebiet mit konstanter Brechzahl n_0 wegen der linearen Zunahme von $\Delta\varphi_0$ mit x oder y mehrere parallele und äquidistante Interferenzstreifen mit dem Streifenabstand i erscheinen. Dann kann man auf dem ganzen Bild ebenso parallele und äquidistante Geraden gleicher $\Delta\varphi_0$ einzeichnen. An Stellen mit $n(x,y,z)\neq n_0$ erscheinen die Kurven gleicher Schwärzung gegenüber diesen Geraden z.B. wie in **Fig. 2224-1** verschoben. Tritt in einem Punkt mit dem Abstand Δi von einer solchen Geraden die Schwärzung auf, die man bei $n(x,y,z)=n_0$ auf dieser Geraden haben würde, so bedeutet dies folgendes: Bei $n(x,y,z)=n_0$ würde dort die Phasenverschiebung

$$\Delta\varphi_0(y_0 + \Delta i) = \Delta\varphi_0(y_0) + \frac{\Delta i}{i}\, 2\pi \tag{1}$$

betragen. Wegen $n(x,y,z) \neq n_0$ beträgt sie dort jedoch nur:

$$\Delta \varphi_0 (y_0 + \Delta i) + \Delta \varphi = \Delta \varphi_0 (y_0) \tag{2}$$

Dort ist also die folgende Phasenverschiebung $\Delta \varphi$ hinzugekommen:

$$\frac{\Delta \varphi}{2\pi} = - \frac{\Delta i}{i} \tag{3}$$

Auf solche Weise kann man dem Interferenzbild die $\Delta \varphi(x,y)$ ohne Kenntnis des Zusammenhanges zwischen den $D(x,y)$ und $\Delta \varphi(x,y)$ durch Ausmessung der Streifenverschiebungen $\Delta i(x,y)/i$ entnehmen. Die Auswertung kann mehrdeutig werden, wenn an einem Verdichtungsstoß oder an einer Gleitfläche die zusätzliche Phasenverschiebung wie in **Fig. 2224-2** von $\Delta \varphi_1$ auf $\Delta \varphi_2$ springt. Wenn die eingezeichnete Verschiebung Δi die richtige ist, so würde die Phasenverschiebung am Ort der verschobenen Linie ohne den Sprung

$$\Delta \varphi_0 (y_0 + \Delta i) + \Delta \varphi_1 = \Delta \varphi_0 (y_0) + \frac{\Delta i}{i} 2\pi + \Delta \varphi_1 \tag{4}$$

betragen. Wegen des Sprunges ist sie dort aber eben so groß wie am Ort y_0 der unverschobenen Geraden gleicher Schwärzung:

$$\Delta \varphi_0 (y_0 + \Delta i) + \Delta \varphi_2 = \Delta \varphi_0 (y_0) \tag{5}$$

Also springt die Phasenverschiebung um:

$$\frac{\Delta \varphi_2 - \Delta \varphi_1}{2\pi} = - \frac{\Delta i}{i} \tag{6}$$

Aber ob die eingezeichnete Verschiebung die richtige ist, kann man hier dem Interferenzbild nicht ansehen. Diese Unsicherheit läßt sich entweder aus dem Kontext oder durch Aufnahme eines ergänzenden Interferenzbildes mit polychromatischem Licht beheben.

Hat man die $\Delta \varphi(x,y)$ auf die eine oder andere Weise ermittelt, so kennt man im allgemeinen nur Integrale. Bei einer Strömung zwischen z-normalen Fenstern mit dem Abstand l gilt:

$$\frac{\Delta \varphi(x,y)}{2\pi} = \frac{1}{\lambda_0} \int_0^l [n(x,y,z) - n_0] dz \tag{7}$$

Bei ebener d.h. z-unabhängiger Strömung sind damit auch die Abweichungen der Brechzahlen $n(x,y)$ von n_0 bekannt:

$$n(x,y) - n_0 = \frac{\lambda_0}{l} \cdot \frac{\Delta \varphi(x,y)}{2\pi} \tag{8}$$

Bei rotationssymmetrischer Strömung mit der x-Achse als Symmetrieachse gilt für einen z-parallelen Strahl in einem Querschnitt bei x:

$$\frac{\Delta \varphi(y)}{2\pi} = \frac{2}{\lambda_0} \int_y^{r_0} [n(r) - n_0] \frac{r\,dr}{\sqrt{r^2 - y^2}} \tag{9}$$

330

Solche Interferenzbildauswertungen setzen vernachlässigbare Ablenkungen der Strahlen voraus. Sie wurden in [894-911] ausführlich behandelt. Wie bei merklichen Ablenkungen zu verfahren sei, wurde in [912-920] überlegt. In Gasen werden mit den Abweichungen der Brechzahlen $n(x,y)$ oder $n(x,r)$ von n_0 und dem Zusammenhang $n-1=G\rho$ die Abweichungen der Dichten $\rho(x,y)$ oder $\rho(x,r)$ von ρ_0 bestimmt. In Flüssigkeiten werden bei konstantem Druck und bekanntem Zusammenhang $n(T)$ die Abweichungen der Temperaturen $T(x,y)$ oder $T(x,r)$ ermittelt.

$\Delta\Phi/nm$	F a r b e	$\Delta\Phi/nm$	F a r b e
0	lebhaftweiß	843	violettpurpur
40	weiß	866	violett
97	gelblichweiß	910	indigo
158	bräunlichweiß	948	dunkelblau
218	braungelb	998	grünlichblau
234	braun	1101	grün
259	hellrot	1128	gelblichgrün
267	karminrot *	1151	unreingelb
275	dunkelrotbraun	1258	fleischfarben
281	tiefviolett	1334	braunrot
306	indigo	1376	violett
332	blau	1426	graublau
430	graublau	1495	meergrün
505	bläulichgrün	1534	grün
536	blaßgrün	1621	mattmeergrün
551	gelblichgrün	1652	gelblichgrün
565	hellgrün	1682	grünlichgelb
575	grünlichgelb	1711	gelblichgrau
589	goldgelb	1744	malvengraurot
664	orange	1811	karmin
728	bräunlichorange	1927	graurot
747	hellkarminrot	2007	blaugrau
826	purpurrot	2048	grün

Tab. 2225: Interferenzfarben [921]

2.2.2.5 Betrieb mit Buntlicht

In den vorstehenden Abschnitten wurden Wellen mit einer einzigen Frequenz
ν betrachtet. Selbst das monochromatische Licht eines Lasers oder einer
Spektrallampe hat jedoch ein gewisses, wenn auch schmales Spektrum. Will
man das Interferometer mit dem ungefilterten polychromatischen Licht eines Bogens oder Funkens betreiben, so hat man mit einem breiten Spektrum
zu rechnen. Das würde keine große Rolle spielen, wenn es auf die Differenz
der optischen Wege selbst ankäme. Diese hängt insbesondere in Gasen nur
schwach von ν ab. Es kommt aber auf deren Verhältnis zur Vakuumwellenlänge
an. Das die Bestrahlungsstärke B bestimmende Verhältnis $(\Delta\varphi_0 + \Delta\varphi)/2\pi$ ist
gleich diesem Verhältnis und ist damit ν-proportional. Nur Wellenpaare
mit gleicher Frequenz ν erzeugen deckungsgleiche Interferenzfelder. Sol-
che mit verschiedenen ν haben zwar alle an denselben Orten mit $\Delta\varphi_0 + \Delta\varphi = 0$
ihre größte Helligkeit. An solchen Orten sind die Interferenzen trotz der
verschiedenen ν "im Tritt". An allen anderen Orten sind sie jedoch "außer
Tritt" und geraten dies umso mehr, je größer $\Delta\varphi_0 + \Delta\varphi$ ist. **Fig.** 2225-1 erläutert diesen Vorgang am Lehrbeispiel von nur drei Frequenzen. Im Falle der
Kollinearjustierung bewirkt er, daß die Interferenzen nur bei der Einstellung $\Delta\varphi_0 = 0$ im Tritt sind. Dann addieren sich im ganzen Interferenzfeld
alle Farben mit größter Helligkeit. Bei dieser Einstellung verschwindet
jedoch die Empfindlichkeit für kleine $\Delta\varphi$. Bei allen anderen Einstellungen
erscheinen Mischfarben, die mit zunehmendem $\Delta\varphi_0$ blasser werden und sich
schließlich kaum noch ändern.

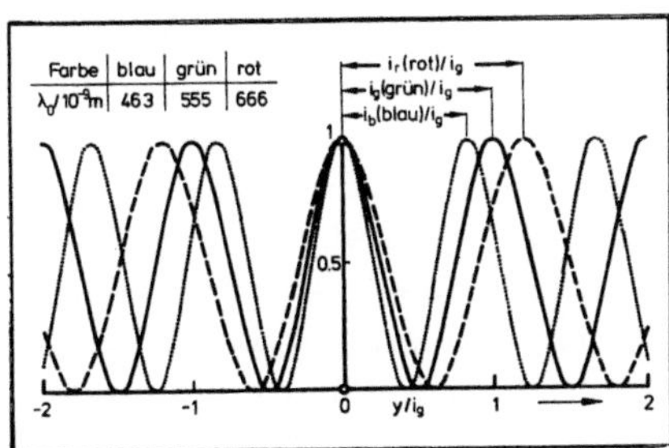

1:   Drei Frequenzen

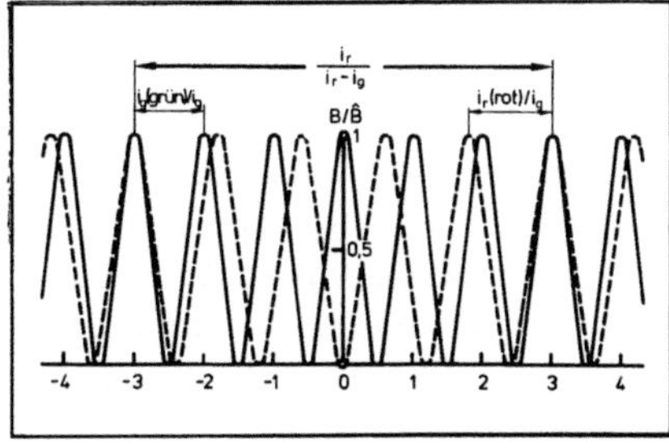

2:   Zwei Frequenzen

Fig. 2225:   Betrieb mit Buntlicht

Im Falle der Streifenjustierung erscheinen die gleichen Mischfarben beiderseits der Geraden $\Delta\varphi_0 = 0$. Bei weißem Licht ist diese Mitte des Nullstreifens weiß, und gehen die Mischfarben schließlich in ein schmutzig
erscheinendes Weiß über. Das Spektrum dieses sog. Weiß höherer Ordnung
weist zahlreiche schwarze Linien auf. Ist der Gangunterschied $\Delta\Phi$ allein
auf verschiedene geometrische Wege zurückzuführen, so werden die Mischfarben die normalen Interferenzfarben genannt. Diese haben die in der
Tabelle 2225-1 aufgeführten Namen. Die Interferenzfarbfolge zeigt eine
gewisse Periodizität, die man am besten an den in den Mitten der Perioden

wiederkehrenden rot-violetten Farben erkennt. Die bei $\Delta\Phi$=K$\cdot$ 551nm mit
K=1,2,3 ... auftretenden Farben werden die der K-ten Ordnung genannt.
Innerhalb einer Ordnung kann man anhand der Farben die $\Delta\Phi$ abschätzen. Am
sichersten gelingt dies in der Mitte der ersten Ordnung, weil hier ein
markanter Wechsel von gelb über rot nach blau erfolgt. Hier wird Karminrot
die empfindliche Farbe genannt. Bei anderem als weißem Licht oder bei frequenzabhängigen $\Delta\Phi$ treten mehr oder weniger abweichende Interferenzfarben
auf. Auch kann Farbfilm die Farben mehr oder weniger abweichend wiedergeben. Die Wiedergabe hängt hier von der Belichtungszeit ab. Mit dem Licht
des Luftfunkens erhält man blaustichige Bilder. Auf einem panchromatischen Schwarzweißfilm werden vielleicht zwei, und auf einem orthochromatischen drei Ordnungen normaler Interferenzfarben mit merklich verschiedenen Schwärzungen wiedergegeben.

Wo bei gegebener Halbwertbreite $\Delta\nu$ des Spektrums die Erkennbarkeit der
Streifen aufhört, läßt sich mit der in Abschnitt 1.6.1.5 besprochenen
Kohärenzlänge L=c/$\Delta\nu$ abschätzen. Die Interferenz wird praktisch unsichtbar, wenn der Gangunterschied $\Delta\Phi_0$ der Teilwellen L überschreitet. Mit
$\Delta\varphi_0/2\pi = \Delta\Phi_0/\lambda$ und c=$\lambda\nu$ bei einer mittleren Frequenz ν des Spektrums ergibt
sich die folgende obere Grenze $\Delta\hat\varphi_0$ der sichtbaren $\Delta\varphi_0$:

$$\frac{\Delta\hat\varphi_0}{2\pi} = \frac{L}{\lambda} = \frac{\nu}{\Delta\nu} \tag{1}$$

$\Delta\varphi_0$ ändert sich von Streifen zu Streifen um 2π. Ebenso groß wie $\Delta\varphi_0/2\pi$ ist
also auch die Zahl der sichtbaren Streifen. Das sichtbare Spektrum er-
streckt sich von ν (Rot/IR)=3,89 $\cdot$ 10^{14}Hz bis ν (Violet/UV)=7,69$\cdot10^{14}$Hz.
Wäre die Differenz $\Delta\nu$=3,8$\cdot10^{14}$Hz dieser beiden Frequenzen die Halbwertsbreite, und wäre ihr Mittelwert ν=5,79$\cdot10^{14}$Hz auch der eines Lichtquel-
lenspektrums, so wäre schon beim Überschreiten von $\Delta\varphi_0/2\pi$=1,52 d.h. im
Abstand 1,52i von der Mitte des Nullstreifens kein Streifen mehr zu sehen.
Die Kohärenzlänge würde dann nur L=0,79µm betragen. Glücklicherweise sind
die Halbwertsbreiten der Spektren von Bögen und Funken nicht ganz so groß.
Sonnenlicht hat die Kohärenzlänge L=3µm. Damit werden etwa je 6 Streifen
beiderseits des Nullstreifens sichtbar. Ein typisches Farbglasfilter
verlängert die Kohärenzlänge auf L=30µm. Damit kann man etwa je 50 Streifen erkennen. Für die Visualisierung von Strömungen werden selten noch
mehr benötigt, und die Auswertung der Interferenzbilder kann dann schon
hinreichend genau mit den in den vorstehenden Abschnitten genannten Formeln vorgenommen werden.

Trotz des Verwaschens der Streifen kann es sinnvoll sein, Interferenzbilder mit polychromatischem Licht aufzunehmen. Der helle Nullstreifen läßt
sich dann auch über starke Sprünge hinweg verfolgen. Die bei monochromatischem Licht auftretende Mehrdeutigkeit sprunghafter Streifenverschiebungen wird so vermieden. Manchmal ist es noch besser, mit zweifarbigem
Licht für ein periodisches Verschwinden und Wiederkehren des Streifenkon-
trastes zu sorgen. Mit zwei Lichtfrequenzen ν_1 und ν_2 legt man zwei Inter-

ferenzstreifenmuster aufeinander, deren Streifenabstände i_1 und i_2 umgekehrt proportional zu diesen Frequenzen sind. Die Interferenzen kommen dann in Streifen mit einem Abstand i_{12} in Tritt, der ähnlich wie beim Moiré in Abschnitt 2.1.3.5 in der folgenden Weise von i_1 und i_2 abhängt:

$$\frac{1}{i_{12}} = \frac{1}{i_1} - \frac{1}{i_2} \tag{2}$$

Fig. 2225-2 erläutert diesen Effekt.

Der Betrieb mit polychromatischem Licht ist nur sinnvoll, wenn der Nullstreifen im Bild erscheint. Ohne den in Abschnitt 2.2.2.1 erwähnten Kompensator würden Fenster beiderseits des Objektes so hohe $\Delta\varphi$ zur Folge haben, daß dies unmöglich wäre. Zwei zusammen $l=5cm$ dicke Fenster mit der Brechzahl $n=1,5$ würden z.B. bei $\lambda_0=5 \times 10^{-7}m$ die Phasenverschiebung $\Delta\varphi/2\pi = ln/\lambda_0 = 150\ 000$ bewirken, würden also den Nullstreifen um $150\ 000$ Streifenabstände aus der Bildmitte schieben. Hier könnte ein Glasblock mit gleichem l und n als Kompensator genügen. Wo Fenster nötig sind, wie z.B. beim Überschallwindkanal oder Stoßrohr, da ist jedoch meist auch die mittlere Dichte und damit die Brechzahl zwischen den Fenstern eine andere als außerhalb. Darum wird als Kompensator gerne ein Gefäß mit Fenstern verwendet, in dem der Gasdruck variiert werden kann.

Grundsätzlich besteht die Möglichkeit, die Frequenzabhängigkeit der Phasenverschiebung $\Delta\varphi_0$ mit einer passenden Frequenzabhängigkeit des Winkels Θ zwischen den Fortpflanzungsrichtungen der Meßwelle und Referenzwelle zu kompensieren. In [857] wurde nachgewiesen, daß das Mach-Zehnder-Interferometer mit zwei schwachbrechenden Dispersionsprismen achromatisiert werden kann.

2.2.2.6 Andere Zweiwelleninterferometer

Die Teilung in Meßwelle und Referenzwelle und deren Wiedervereinigung kann noch auf manch andere Weise vorgenommen werden. Allerdings verzichtet man dann auf die Lokalisierung der Interferenz im Objekt oder begnügt sich mit einer kleineren räumlichen Trennung der beiden Teilwellen. Die Lokalisierung ist nicht nötig, wenn mit dem Licht einer sehr kleinen Punktlichtquelle oder eines Monomodelasers durchleuchtet wird. In diesem Fall kann auch mit dem in Abschnitt 1.6.1.1 erwähnten Michelsoninterferometer gearbeitet werden [922]. Eine kleinere Trennung genügt, wenn das Objekt entweder klein ist oder ein Gebiet mit konstanter Brechzahl besitzt, durch das die Referenzwelle undeformiert hindurchgehen kann. In solchen Fällen kommt das ebenfalls in Abschnitt 1.6.1.1 erwähnte Jamininterferometer in Betracht. E.Mach hat damit schon 1878 Gasströmungen sichtbar gemacht, bevor sein Sohn L. Mach das Mach/Zehnderinterferometer erfand. 1950 wurde die in **Fig. 2226-1** skizzierte Anordnung mit zwei

334

Beugungsgittern G_1,G_2 und zwei Blenden B_1,B_2 vorgeschlagen [923,924]. Die
Beschneidung des Lichtbündels mit B_1 sorgt dafür, daß von dem an G_1 gebeugten Licht das erster Ordnung durch das Objekt und das nullter Ordnung
daran vorbei geht. Das an G_1 gebeugte Licht wird an G_2 nochmals gebeugt.
B_2 läßt nur das Teilbündel erster Ordnung des Teilbündels nullter Ordnung
und das Teilbündel nullter Ordnung des Teilbündels erster Ordnung durch.
Die beiden durchgehenden Teilbündel der Teilbündel werden zusammengeführt und interferieren.

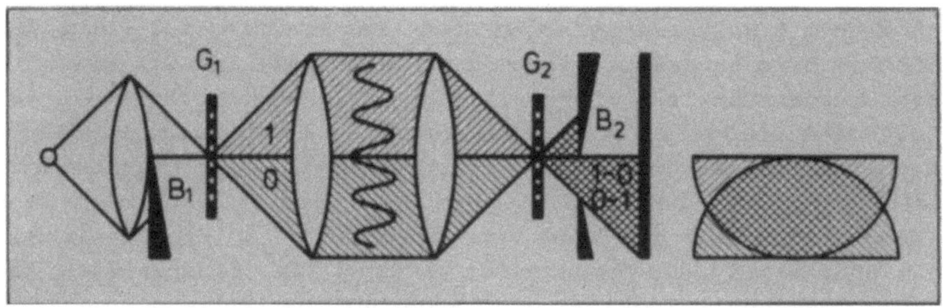

1:    Mit zwei Beugungsgittern

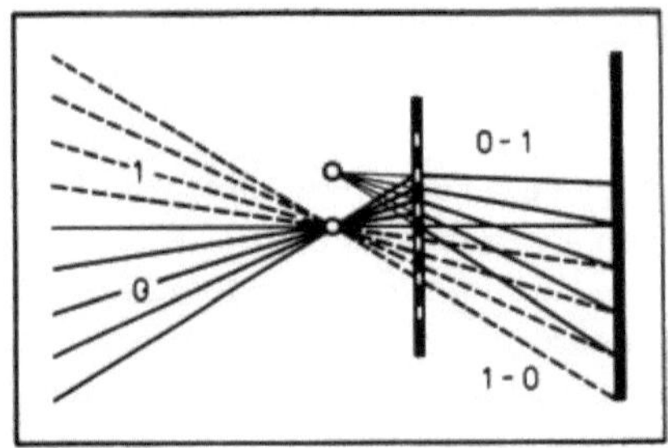
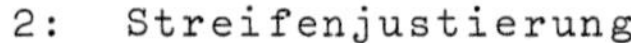

2:    Streifenjustierung

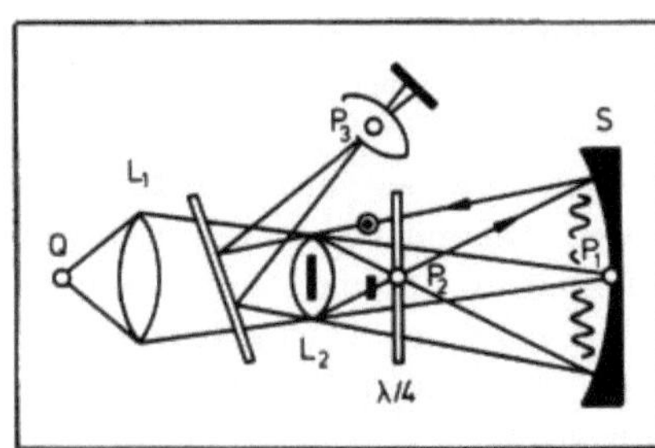

3: Doppelbrechende Linse

Fig. 2226:   Andere Zweiwelleninterferometer

Man kann so justieren, daß sie vom selben Punkt zu kommen scheinen. Bei
dieser Kollinearjustierung werden Phasenverschiebungen im Objekt mit
Änderungen der ansonsten konstanten Bestrahlungsstärke wiedergegeben.
Längsverschiebung von G_2 hat eine Querverschiebung des virtuellen Zentrums des Teilbündels erster Ordnung wie in **Fig. 2226-2** zur Folge. Im Interferenzfeld erscheinen parallele und äquidistante Interferenzstreifen,
die von Phasenverschiebungen im Objekt verschoben werden. Dieses Verfahren setzt die Existenz eines weiten Gebietes mit konstanter Brechzahl
voraus. Das in **Fig. 2226-3** skizzierte Verfahren kommt mit einem viel kleineren aus. Es benutzt eine doppelbrechende Zweifokuslinse, in der nur die
außerordentlichen Strahlen gebrochen werden. Der ordentliche Anteil des
von der Linse L_1 im Punkt P_1 des Hohlspiegels S fokussierten Strahlenbündels geht ungebrochen durch diese Linse L_2. Der außerordentliche Anteil
wird im Punkt P_2 fokussiert und geht von dort divergierend nach S. Ein
Objekt kurz vor S wird so von einem weiten außerordentlichen Meßbündel,

aber nur von einem engen ordentlichen Referenzbündel durchstrahlt. S fokussiert das außerordentliche Bündel in einem Punkt P_3. Die zweimal durchsetzte $\lambda/4$-Platte sorgt dafür, daß die reflektierten Strahlen mit Polarisationsrichtungen in L_2 eintreten, die um 90° gedreht worden sind. Jetzt geht also das ursprünglich außerordentliche Bündel als ordentliches ungebrochen hindurch. Das ursprünglich ordentliche wird als außerordentliches so gebrochen, daß es ebenfalls in P_3 fokussiert wird. Die beiden aus L_2 auftretenden Bündel zeigen so dennoch noch keine sichtbare Interferenz, weil sie orthogonal polarisiert sind. Eine polarisierende Beschichtung des teildurchlässigen Spiegels T bewirkt, daß dieser nur parallel schwingende Komponenten der beiden Bündel reflektiert. Diese interferieren. Wenn der Durchmesser der Lichtquelle Q und die Tiefe des Objektes hinreichend klein sind, so werden auch so Phasenverschiebungen im Objekt wie auf Mach/Zehnder-Bildern bei Kollinearjustierung sichtbar. Die vorstehend beschriebene Anordnung wurde 1954 vorgeschlagen [925,926]. Mit einer Linse und einem Planspiegel an Stelle des Hohlspiegels läßt sie sich leicht so modifizieren, daß das außerordentliche Bündel als Parallelstrahlenbündel durch das Objekt geht. Mit zwei Linsen zwischen L_2 und dem Hohlspiegel kann man dafür sorgen, daß außerdem die Lokalisierungsbedingungen erfüllt wird. Das Verfahren kann also auch zur Untersuchung von Strömungen in Windkanälen verwendet werden.

2.2.2.7 Fabry/Perot-Interferometer

Bei paralleler Durchstrahlung mit dem Licht einer sehr kleinen Punktlichtquelle oder eines Lasers können auch Vielwelleninterferometer zur Visualisierung von Phasenobjekten verwendet werden. Da die Interferenz nicht im Objekt lokalisiert werden muß, liefert bereits die in **Fig. 2227**

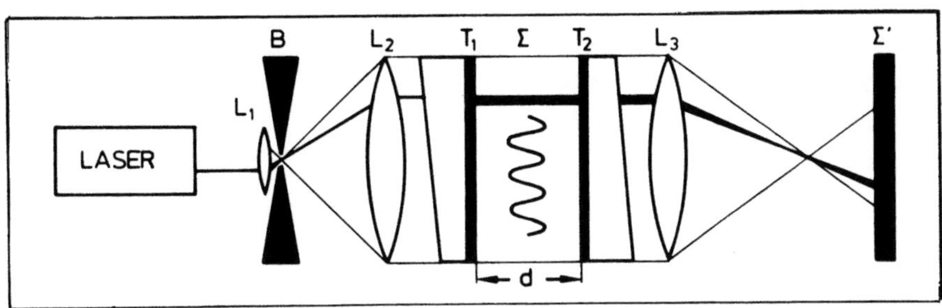

Fig. 2227: Fabry/Perot-Interferometer

skizzierte und besonders einfache Interferenzoptik brauchbare Bilder. Das Laserlichtbündel wird mit den Linsen L1 und L2 aufgeweitet. Die Blende B macht aus dem Gaußprofil ein Rechteckprofil. Das Phasenobjekt befindet sich irgendwo zwischen den teildurchlässigen Spiegeln T_1 und T_2 des in Abschnitt 1.6.1.2 besprochenen Fabry/Perot-Interferometers. Die stark übertrieben gezeichnete und in Wirklichkeit nur wenige Winkelminuten betragende Abschrägung der beiden Glasträger unterdrückt unerwünschte Interferenzen. Die Linse L3 sorgt dafür, daß die Objektebene Σ und das hinter T_2 auftretende Interferenzmuster verkleinert in der Bildebene Σ' erscheinen. Hinter exakt parallelen Spiegeln wird es bei normalem Strahlengang und ohne Phasenobjekt hell, wenn der Spiegelabstand die Bedingung $d=m\lambda/2$ erfüllt. Der optische Weg $\Phi_0=nd$ auf dem geometrischen Weg d muß dazu ein ganzzahliges Vielfaches $\Phi_0=m\lambda_0/2$ der halben Vakuumwellenlänge betragen. Mit Phasenverschiebungen $\Delta\varphi(x,y)$ im Objekt werden die optischen Wege an den betreffenden Stellen x,y um $\Delta\Phi/\lambda_0=\Delta\varphi/2\pi$ geändert. Dort wird es also im allgemeinen dunkel und nur dann wieder hell, wenn auch diese Änderung ein ganzzahliges Vielfaches $\Delta\Phi=\Delta m\cdot\lambda_0/2$ der halben Vakuumwellenlänge beträgt. Auf einem in der Bildebene Σ' belichteten Film erscheinen dünne Interferenzlinien, die über die Orte x,y mit $\Phi_0+\Delta\Phi(x,y)=(m+\Delta m)\lambda_0/2$ informieren. Werden die beiden Spiegel mit einem kleinen Winkel ε in der y,z-Ebene gegenübergestellt, so wächst d und damit Φ_0 proportional zu y. Ohne Phasenobjekt erscheinen dann dünne, x-parallele und äquidistante Interferenzstreifen an Orten y mit $\Phi_0(y)=m\lambda_0/2$. Ein Phasenobjekt deformiert diese Streifen. Es verschiebt sie an Orte mit $\Phi_0(x)+\Delta\Phi(x,y)=(m+\Delta m)\lambda_0/2$.

Bei hohen Reflexionsvermögen R der beiden Spiegel werden die Interferenzlinien bzw. Interferenzstreifen wegen der Beteiligung sehr vieler Teilwellen an der in Abschnitt 1.6.1.2 besprochenen Vielwelleninterferenz sehr dünn. Ihre Lage kann dann genauer als die der Linien gleicher Schwärzung bei der Zweiwelleninterferenz vermessen werden. Dieser Vorteil wird jedoch mit dem Nachteil erkauft, daß das Bild keine Auskunft über die dazwischen liegenden Gebiete des Phasenobjektes gibt. Vielwelleninterferometer eignen sich darum nur zur Visualisierung strukturarmer Phasenobjekte. In [927 - 929] wurde über Strömungsuntersuchungen mit dem Fabry/Perot-Interferometer berichtet.

2.2.3 Differentialinterferometrie

2.2.3.1 Mit Wollastonsprismen

Bei den Differentialinterferometern geht nicht nur das eine der beiden in
einem Bildpunkt interferierenden Teilwellenelemente, sondern gehen beide
mit einer kleinen seitlichen Versetzung durch das Objekt. Von mehreren
hierfür entwickelten optischen Anordnungen hat sich insbesondere die mit
zwei Wollastonprismen [930 - 960] bei zahlreichen Strömungsuntersuchungen bestens bewährt. Fig. 2231-1 zeigt die optische Anordnung bestehend
aus der Lichtquelle Q, zwei Objektiven O1 und O2 mit gleichen Brennweiten
f, der Kamera mit dem Objektiv O3, zwei Polarisationsfiltern P1 und P2 und
zwei gleichen Wollastonprismen W1 und W2. Q wird von O1 und O2 als Q' in
oder kurz vor O3 abgebildet. Die Objektebene Σ mitten zwischen O1 und O2
wird fast parallel durchstrahlt und von O3 in der Bildebene Σ' abgebildet.
P1 und P2 polarisieren diagonal zu den optischen Achsen von W1 und W2. Die
Wirkungsweise des Wollastonprismas wurde in Abschnitt 1.7.2.2 beschrieben. Befinden sich W1 und W2 in gleichen Abständen w von Q bzw. Q', so hat
ein auf der Achse der Anordnung eintretender Strahl das skizzierte
Schicksal. Er wird von P1 linear polarisiert und von W1 in zwei orthogonal
polarisierte Teilstrahlen gespalten. Diese verlassen W1 mit Winkeln $\pm\varepsilon$
und gehen hinter O1 im Falle w = 0 exakt und im Falle 0 < w << f fast parallel mit einem Abstand e durch die Objektebene Σ. Bei kleinem Prismenwinkel
α gilt:

$$\varepsilon = (n_{ex} - n_{or})\,\alpha \tag{1}$$

$$e = 2(f - w)\,\varepsilon \tag{2}$$

O2 bricht die beiden Teilstrahlen so, daß sie auf den Punkt P'' konvergieren. Sie erreichen diesen nicht, sondern werden von W2 so gebrochen, daß
sie vom Objektpunkt P zu kommen scheinen. Alle wirklich oder scheinbar von
P kommenden Strahlen, also auch diese beiden Teilstrahlen, werden von O3
im Bildpunkt P' zusammengeführt. Die betreffenden Teilwellen könnten dort
ohne P2 wegen ihrer orthogonalen Polarisation nicht interferieren. Mit P2
gelangen nur parallel polarisierte Komponenten der orthogonal polarisierten Teilwellen nach P' und interferieren. Sie tun dies mit einer
Phasenverschiebung $\Delta\varphi$, die sich im allgemeinen aus drei Anteilen zusammensetzt. In den beiden Prismen haben sie die in Abschnitt 1.7.2.2
besprochene Phasenverschiebung $\Delta\varphi_0$ erfahren. Haben die beiden Polarisationsfilter nicht parallele sondern orthogonale Polarisationsrichtungen,
so kommt die in Abschnitt 2.2.3.5 zu betrachtende Phasenverschiebung π
hinzu. Außerdem kann die Phase im Objekt um $\Delta\varphi_P$ verschoben werden. Die
Teilwellen sind mit Abständen $\pm e/2$ am Objektpunkt P vorbeigegangen. $\Delta\varphi_P$
informiert also über die Differenz ihrer optischen Wege mit Abständen
$\pm e/2$ von P durch das Objekt.

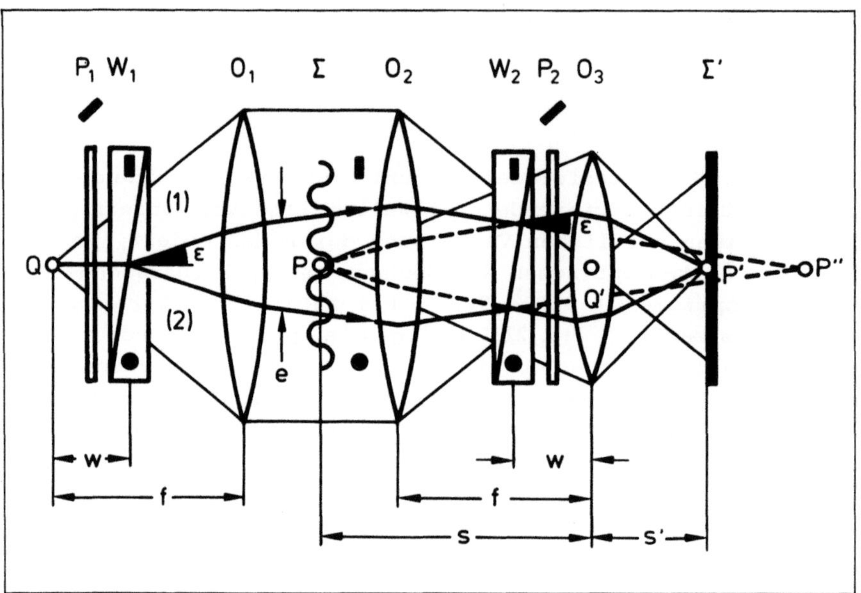

1: Mit zwei Wollastonprismen

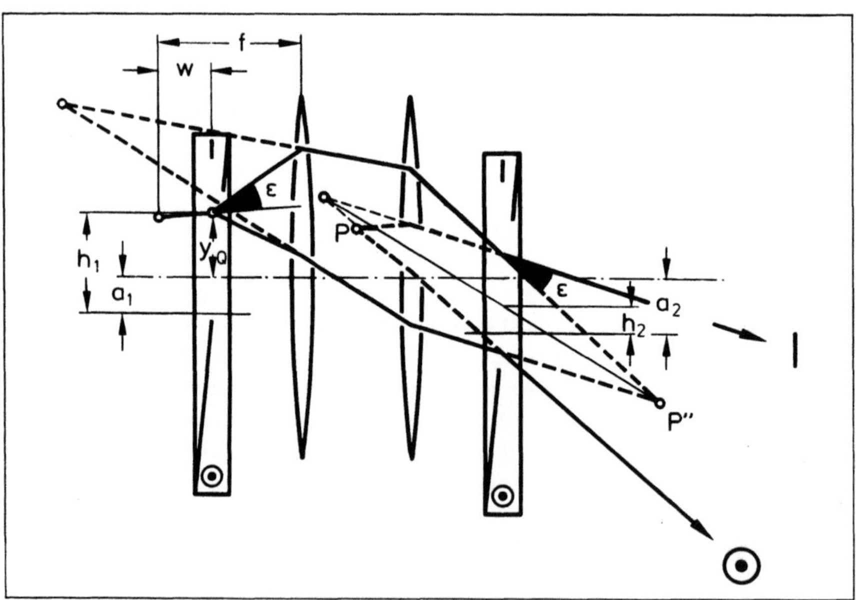

2: Teilstrahlengang

Fig. 2231: Differentialinterferometer

Kommt ein Strahl von einem abseits der Achse liegenden Lichtquellenpunkt, und scheinen seine beiden Teilstrahlen hinter W2 von einem abseits der Achse liegenden Objektpunkt P mit Abstand y von der Achse zu kommen, so liegen die in **Fig. 2231-2** skizzierten Verhältnisse vor. Bei paraxialem Strahlengang kann dann nach wie vor mit den Gleichungen (1) und (2) gerechnet werden. Mit den in Abschnitt 1.5.2.1 besprochenen Abbildungsgesetzen und den in Abschnitt 1.7.2.2 betrachteten Phasenverschiebungen im Wollastonprima ergibt sich der folgende Ausdruck für $\Delta\varphi_0$:

$$\frac{\Delta\varphi_0}{2\pi} = 2\,\frac{\varepsilon}{\lambda_0}\,(a_1 + a_2 + 2\,\frac{w}{f}\,y) \tag{3}$$

a_1 und a_2 bezeichnen die Abstände der beiden Prismenmitten von der Achse. Im Sonderfall w=0 hat $\Delta\varphi_0$ für alle Punkte P der Objektebene Σ d.h. in der ganzen Bildebene Σ' den gleichen Wert:

$$\frac{\Delta\varphi_0}{2\pi}\,(w = 0) = 2\,\frac{\varepsilon}{\lambda_0}\,(a_1 + a_2) \tag{4}$$

Das Interferometer läßt sich also durch Längsverschiebung der Prismen in die Brennebenen von O1 und O2 so justieren, daß ohne Objekt die Bestrahlungsstärke B_0 in Σ' konstant ist:

$$B_0 = \frac{\hat{B}}{2}\,(1 + \cos\Delta\varphi_0) \tag{5}$$

Diese läßt sich durch Querverschiebung der Prismen variieren. Die größtmögliche Bestrahlungsstärke $B_0=\hat{B}$ wird mit $\Delta\varphi_0=0$ bei $a_1=-a_2$ und die mittlere Bestrahlungsstärke $B_0=\hat{B}/2$ wird mit $\Delta\varphi_0=\pi/2$ bei $a_1+a_2=\lambda_0/8\varepsilon$ eingestellt. Im Falle $w\neq0$ ist $\Delta\varphi_0/2\pi$ eine lineare Funktion von y. Dies bedeutet, daß in der Bildebene y-normale, parallele und äquidistante Interferenzstreifen erscheinen. Bei 1:1-Abbildung hat der Interferenzstreifenabstand i den folgenden Wert:

$$i = \Delta y\,[\Delta(\frac{\Delta\varphi_0}{2\pi}) = 1\,] = \frac{\lambda_0\cdot f}{4\varepsilon w} \tag{6}$$

An der folgenden Stelle y_0 wird $\Delta\varphi_0=0$:

$$y_0 = y\,(\Delta\varphi_0 = 0) = -\frac{f}{2w}\,(a_1 + a_2) \tag{7}$$

Einsetzen ergibt den folgenden Ausdruck für $\Delta\varphi_0$ bei $w\neq0$:

$$\frac{\Delta\varphi_0}{2\pi}\,(w \neq 0) = \frac{y-y_0}{i} \tag{8}$$

Für die Bestrahlungsstärke kommt:

$$B_0 = \frac{\hat{B}}{2}\,(1 + \cos\frac{y-y_0}{i}) \tag{9}$$

Die Interferenzstreifen haben die gleichen B-Profile wie beim Mach-Zehnder-Interferometer. Der Ort y_0 der Mitte des sog. Nullstreifens kann durch Querverschiebung der beiden Prismen verschoben werden und befindet

340

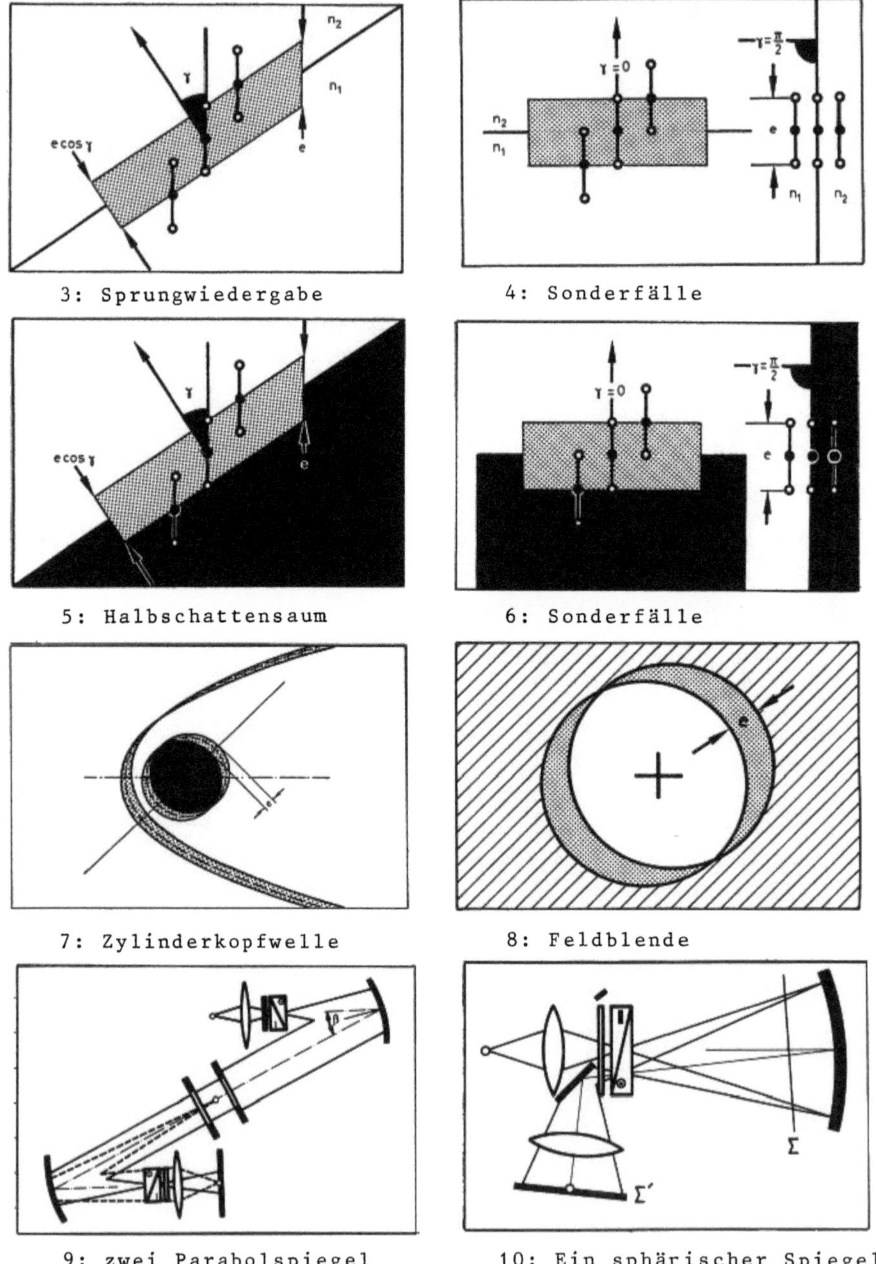

3: Sprungwiedergabe

4: Sonderfälle

5: Halbschattensaum

6: Sonderfälle

7: Zylinderkopfwelle

8: Feldblende

9: zwei Parabolspiegel

10: Ein sphärischer Spiegel

Fig. 2231: Differentialinterferometer

sich z.B. bei $a_1=-a_2$ an der Stelle $y_0=0$ in der Bildmitte. Der Streifenabstand i wird durch Längsverschiebung der beiden Prismen variiert. Bei w=0 geht i nach Unendlich.

Es ist wichtig, die Längsverschiebung so vorzunehmen, daß die Bedingung gleicher Abstände w der beiden Prismen von Q bzw. Q' erfüllt bleibt. Nur dann gilt Gleichung (3). Nur dann kommt in dem Ausdruck für $\Delta\varphi_0$ der Abstand des Lichtquellenpunktes von der Achse nicht vor. Sein Fehlen in diesem Ausdruck bedeutet, daß alle scheinbar vom Objektpunkt P kommenden Teilstrahlenpaare unabhängig vom Ort ihres Ursprungs in der Lichtquelle den Bildpunkt P' mit der gleichen Phasenverschiebung $\Delta\varphi_0$ erreichen. Wie beim richtig justierten Mach-Zehnder-Interferometer ist also beim symmetrisch aufgebauten Differentialinterferometer die Interferenz reell im Bild und virtuell im Objekt lokalisiert. Es muß nicht mit einer Punktlichtquelle, sondern kann mit einer Flächenlichtquelle gearbeitet werden. Dem sind hier jedoch nicht nur mit der Forderung praktisch parallelen Strahlenganges durch ein Objekt mit einer gewissen Tiefe, sondern auch wegen kristalloptischer Effekte bei schiefem Strahlengang durch die Prismen Grenzen gesetzt.

Wird zu einer Phasenverschiebung $\Delta\varphi_0$ in der Optik eine Phasenverschiebung $\Delta\varphi_P$ im Objekt addiert, so ändert dies die Bestrahlungsstärke im betreffenden Bildpunkt in der bereits bei der Betrachtung des Mach-Zehnder-Interferometers besprochenen Weise. Hier wie dort gilt:

$$B = \frac{\hat{B}}{2} \left[1 + \cos\left(\Delta\varphi_0 + \Delta\varphi_P\right) \right] \tag{10}$$

Aber Phasenobjekte werden damit nicht nur je nach Wahl von w und e, sondern auch je nach den Richtungen der Sprünge und Gradienten sehr verschieden und in allen Fällen anders als in Abschnitt 2.2.2.3 wiedergegeben. Am auffälligsten ist der Unterschied der Wiedergabe eines Sprunges der optischen Wege. Auf dem Interferenzbild bewirkt er einen Sprung der Bestrahlungsstärke auf einen bleibenden Wert. Bei Streifenjustierung werden die Interferenzstreifen an der Sprungkontur bleibend verschoben. Auf dem Differentialinterferenzbild wird die Bestrahlungsstärke bzw. die Lage der Interferenzstreifen jedoch nur innerhalb eines Bandes geändert. Der Sprung kann hier die Phasen von zwei Teilstrahlen nur solange verschieben, wie der eine vor und der andere hinter dem Sprung durch das Objekt geht. Wir entnehmen der **Fig. 2231-3**, daß bei einem Winkel γ zwischen e und der Sprungkonturnormalen die Breite des Bandes $e \cos\gamma$ beträgt. Bei e=0 läge das Bild der Sprungkontur in der Mitte dieses Bandes. **Fig. 2231-4** zeigt die Sonderfälle $\gamma=0$ und $\pi/2$. Man kann das Differentialinterferenzbild auch daran vom Interferenzbild unterscheiden, daß Amplitudenobjekte mit Halbschattensäumen erscheinen. Fällt nur der eine von zwei Teilstrahlen auf das Amplitudenobjekt, so ist die Bestrahlungsstärke in dem betreffenden Bildpunkt nicht gleich 0 sondern gleich $\hat{B}/2$. Die Breite des Halbschattensaumes beträgt ebenfalls $e \cos\gamma$ wie in **Fig. 2231-5**. Bei e=0 läge das Bild der Objektkontur in der Mitte dieses Saumes. Hier zeigt **Fig.**

2231-6 die Sonderfälle $\gamma=0$ und $\pi/2$. Eine Zylinderkopfwelle wird infolgedessen mit Streifenverschiebungen in dem in **Fig. 2231-7** skizzierten Band wiedergegeben. Der Zylinder erscheint mit dem skizzierten Kernschatten und Halbschattensaum. Auch ohne Phasen- oder Amplitudensprünge im Gesichtsfeld kann man in jedem Fall den Betrag und die Richtung von e am Halbschattensaum der Feldblende erkennen wie in **Fig. 2231-8.** Wenn mit polychromatischem Licht gearbeitet wird, so sind wie bei den Schatten-, Schlieren- und Interferenzverfahren Achromate oder Hohlspiegel an Stelle der Linsen einzusetzen. Bei dem in **Fig. 2231-9** skizzierten Z-Aufbau mit zwei Parabolspiegeln ist wie beim Schlierenverfahren mit Schneide zu beachten,

$\Delta\Phi$/nm	Farbe	$\Delta\Phi$/nm	Farbe
0	schwarz	747	grün
40	eisengrau	826	helleres grün
97	lavendelgrau	843	gelblichgrün
158	graublau	866	grünlichgelb
218	klargrau	910	reingelb
334	grünlichweiß	948	orange
259	fast reinweiß	998	lebhaftorangerot
267	gelblichweiß	1101	dunkelviolettrot
275	blaßstrohgelb	1128	hellbläulichviol.
281	strohgelb	1151	indigo
306	hellgelb	1258	grünlichblau
332	lebhaftgelb	1334	meergrün
430	braungelb	1376	glänzendgrün
505	rotorange	1426	grünlichgelb
536	rot	1495	fleischfarben
551	tiefrot	1534	karminrot
565	purpur	1621	mattpurpur
575	violett	1652	violettgrau
589	indigo	1682	graublau
664	himmelblau	1711	mattmeergrün
728	grünlichblau	1744	bläulichgrün

Tab. 2231-1: Interferenzfarben [921]

daß diese ein schiefes Parallelstrahlenbündel nicht in einem Brennpunkt, sondern in einem sagittalen und einem meridonalen Strich fokussieren. Wenn die Tiefe des Phasenobjektes hinreichend klein ist, so kommt auch die in **Fig.** 2231-10 gezeigte Anordnung mit einem einzigen sphärischen Spiegel in Frage. Dann wird auch nur ein einziges Wollastonprisma und nur ein Polarisationsfilter gebraucht. Beide und das Phasenobjekt werden so zweimal durchstrahlt. Die ersten Differentialinterferenzbilder von Strömungen wurden so aufgenommen [938]. In [935] wurde erklärt, welchen Einfluß die Dispersion der Doppelbrechung im Wollastonprisma auf die Interferenzstreifen hat. Ohne Dispersion würden bei parallelen Polarisationsrichttungen von P1 und P2 bei gleichen Gangunterschieden die gleichen Interferenzfarben wie beim Mach/Zehnder-Interferometer erscheinen. Bei orthogonalen Polarisationsrichtungen wird der Nullstreifen schwarz. Dann würden ohne die Dispersion die in Tabelle 2231-1 aufgeführten Interferenzfarben auftreten. Die Dispersion bewirkt Abweichungen, die aber bei Quarzprismen erst ab der dritten Ordnung der Farbfolge merklich werden.

2.2.3.2 Anwendungsbeispiele

Die **Fig.** 2232-1 **bis** 8 zeigen Differentialinterferenzbilder von Hyperschallströmungen um verschiedene Körper, die mit Streifenjustierung und kleiner Strahltrennung e aufgenommen wurden [961] . Die Mach - zahl lag zwischen 8 und 9, die Strömungsgeschwindigkeit zwischen 2500m/s und 3500m/s und die Luftdichte zwischen 1/1000 und 5/1000 der Normaldichte. Die Bilder sind Bildserien entnommen, die in Abschnitt 2.4.2.4 besprochen werden. Sie demonstrieren wie wichtig die Orientierung der Strahltrennung ist. In **Fig.** 2232-2 ist die Grenzschicht auf der tangential überströmten Seite des 10°-Keils nicht sichtbar geworden. In den **Fig.** 2232-**3 und 4** hat die Drehung von e und damit auch der e-normalen Steifen um 45° auch diese Grenzschicht gut sichtbar gemacht. In der **Fig.** 2232-5 wären die Kopfwellen vor dem Staupunkt **links** einer Kugel, in der Mitte eines Zylinders mit gleichem Durchmesser und **rechts** einer Kugel mit doppeltem Durchmesser bei horizontalen Streifen überhaupt nicht zu sehen. Bei vertikalen Streifen wären sie nur vielleicht sichtbar geworden. Das gleiche gilt für die Kopfwelle eines im linken Bild von **Fig.** 2232-6 axial umströmten und in den beiden anderen Bildern schwach angestellten Zylinders. Andererseits wäre bei diagonalen Streifen die in **Fig.** 2232-7 gezeigte Keilkopfwelle unsichtbar geblieben. **Fig.** 2232-8 zeigt die gemeinsame Kopfwelle von zwei Zylindern bei verschiedenen Abständen.

Bei großer Strahltrennung e ergeben sich Doppelbilder wie in den **Fig.** 2232-9 **bis 16**, die teilweise wie die in Abschnitt 2.2.2.3 gezeigten Interferenzbilder ausgewertet werden können [961] . **Fig.** 2232-9 vergleicht Kegelkopfwellen oben mit Keilkopfwellen unten bei zwei verschiedenen e. **Fig.** 2232-10 zeigt eine Keilkopfwelle. Mit Bildern wie in **Fig.** 2232-11 **und 12** wurde

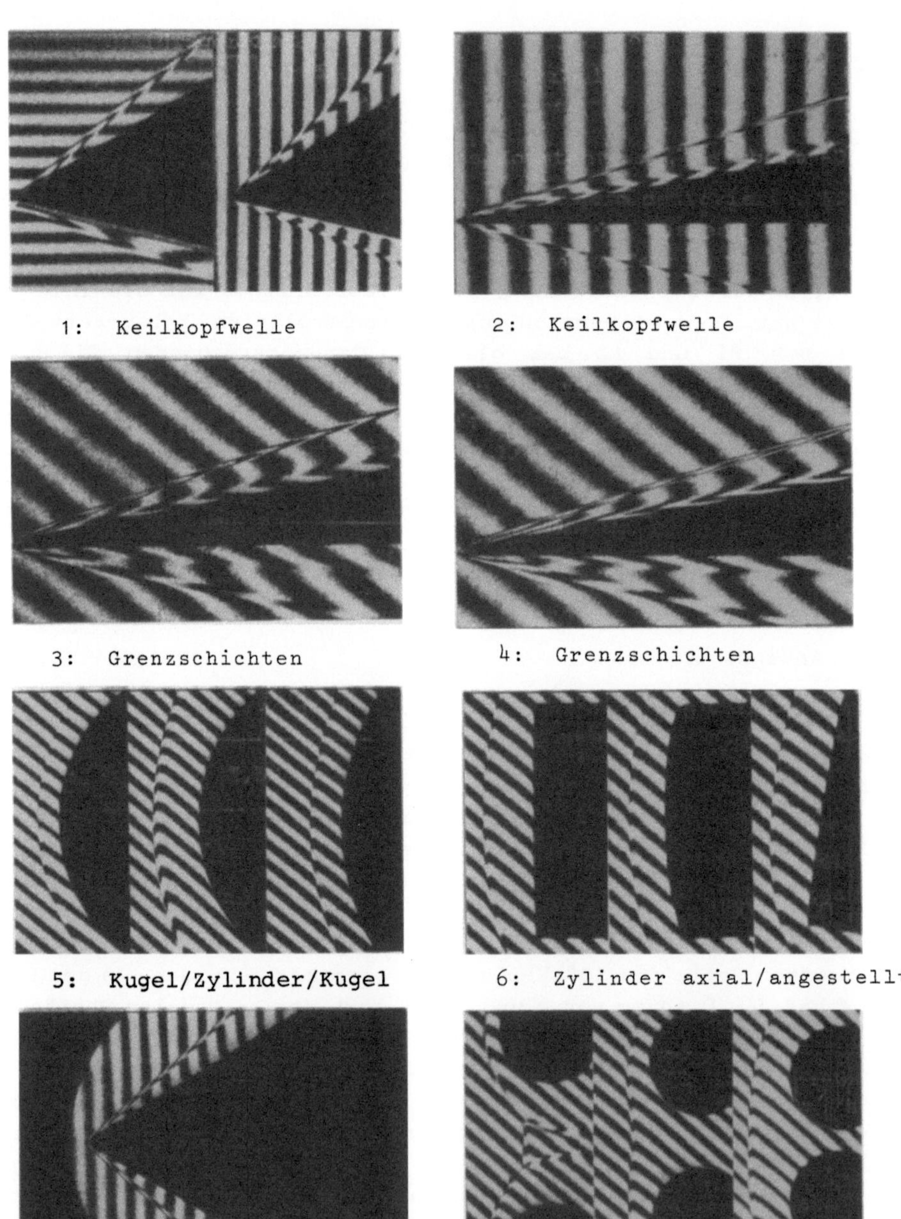

Fig. 2232:   Differentialinterferenzbilder

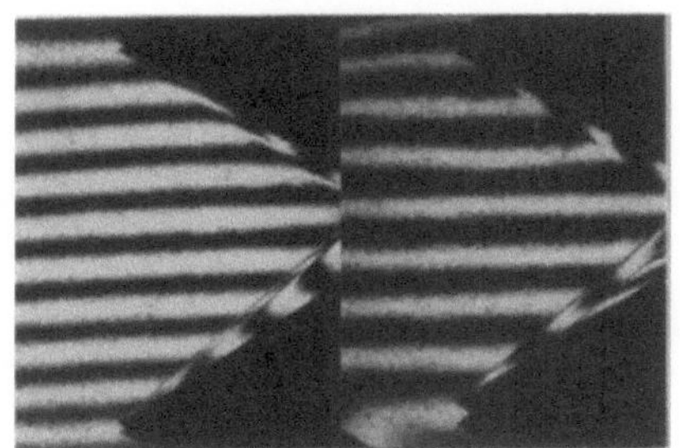

9:   oben Kegel • unten Keil

10:   Keilkopfwelle

11:   anliegender Stoß

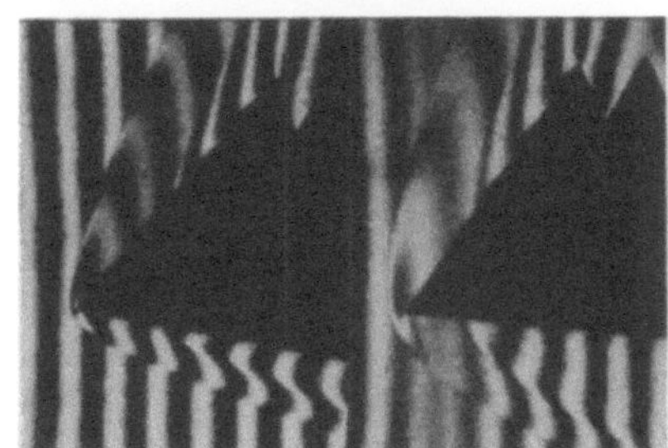

12:   abgelöster Stoß

13:   Kegelkopfwellen

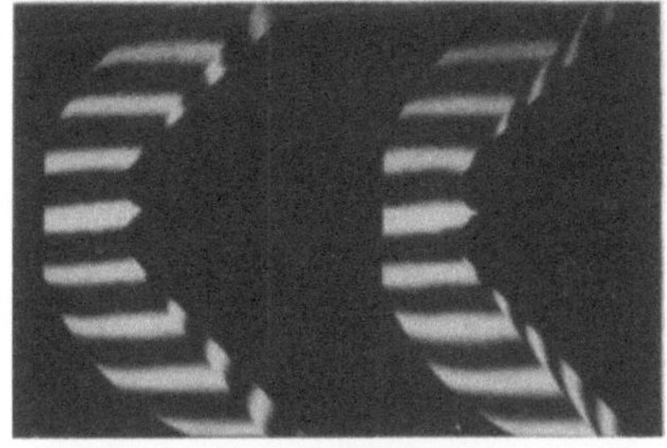

14:   Kegelkopfwellen

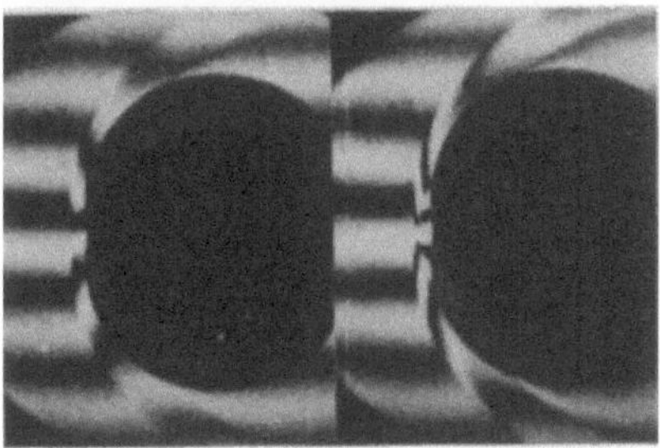

15:   Kugelkopfwellen

16:   Kegel mit Kugelnase

Fig. 2232:   Differentialinterferenzbilder

17: Zylinderkopfwelle und
     Grenzschicht bei
     $\rho = \rho_N/3000$

18: Kegelkopfwellen bei
     $\rho = \rho_N/5000$

19: Überschallstrahlen mit dem Austrittsdurchmesser 1 mm

Fig. 2232: Differentialinterferenzbilder

die Stoßablösung vom Keil untersucht. In den **Fig. 2232-13 und 14** sind Bilder von verschiedenen Kegelkopfwellen gegenübergestellt.**Fig. 2232-15** zeigt Kugelkopfwellen bei zwei verschiedenen Luftdichten, und **Fig. 2232-16** die Kopfwelle eines Kegels mit Kugelnase. Große e nehmen dem Differentialinterferometer den Vorteil der Unterdrückung von Fensterschlieren. Darum sind die Streifen vor der Kopfwelle nicht so gerade wie bei kleinen e. Die Streifenjustierung ist günstig,solange die interessierenden Streifenverschiebungen mehr als 1/10 des Streifenabstands betragen. Das in **Fig. 2232-17** gezeigte Bild der Kopfwelle und Staugrenzschicht eines Zylinders wurde bei einer Luftdichte aufgenommen, die nur noch 1/3000 der Normaldichte betrug [961].Bei noch kleinerer Dichte wäre die Kopfwelle und bei kleinerem Durchmesser wäre auch die Grenzschicht nicht mehr sichtbar geworden. Mit der Kollinearjustierung ist die Visualisierung noch bei etwas kleineren Differenzen optischer Wege möglich.**Fig. 2232-18** zeigt Kopfwellen eines axial umströmten und eines angestellten Kegels mit Kugelnase bei der Strömungsmachzahl 9,der Strömungsgeschwindigkeit 5000m/s und einer etwa 1/5000 der Normaldichte betragenden Luftdichte [962].Die **Fig. 2232-19** zeigt Überschallstrahlen mit dem Austrittsdurchmesser 1mm [963].Bei kleiner Strahltrennung sehen Differentialinterferenzbilder wie Schlierenbilder aus. So kann man z.B. den in **Fig. 2232-20 bis 29** gezeigten Bildern nicht ansehen, daß sie nicht mit einer Schlierenoptik, sondern mit einem Differentialinterferometer aufgenommen wurden.Mit den Bildern in **Fig. 2232-20 und 21** wurden die Knotenstrukturen von Überschallstrahlen bei verschiedenen Austrittsdrücken untersucht [964 bis 968].Die **Fig. 2232-22 und 23** beweisen die Stabilisierung eines O_2-Schneidbrennerstrahls durch die Propanflamme [969].Die **Fig. 2232-24** zeigt Überschallströmungen in engen Kanälen, deren Eintrittshöhe nur 1mm betrug. [970].Es handelt sich um lang belichtete Bilder.In **Fig. 2232-25** sind kurz belichtete Bilder von Unter- und Überschallstrahlen solchen lang belichteten gegenübergestellt [964,971]. Bei der Belichtungszeit 0,2µs sehen Unterschallstrahlen wie in **Fig. 2232-26 bis 29** aus [964,967,971].Je nach der Orientierung der Strahlentrennung e sind hier verschiedene kohärente Strukturen der Mischungsschicht sichtbar geworden. Die Möglichkeit, die Empfindlichkeit durch Änderung der Strahltrennung e von Null bis zu der des Mach/Zehnder-Interferometers zu variieren, macht das Verfahren auch für ganz andere Gebiete der Strömungsforschung interessant. So kann man z.B. mit demselben Gerät in derselben Versuchsanordnung die Zellularkonvektion sowohl in Flüssigkeiten wie auch in Gasen untersuchen [973-980].Die **Fig. 2232-30 bis 36** zeigen Differentialinterferenzbilder der Zellularkonvektion in Öl, das sich in einem rechtwinkligen Kasten mit geheiztem Boden und gekühltem Deckel befand.Hier wurde so justiert, daß die Linien gleicher Schwärzung solche gleicher horizontaler oder vertikaler Brechzahländerungen waren.Die großen Brechzahländerungen hätten ein Mach-Zehnder-Interferometer hoffnungslos übersteuert.In [981] wurde über Erfahrungen mit dem Differentialinterferometer und dem Mach/Zehnder-Interferometer bei Untersuchungen der gleichen Strömungen berichtet.

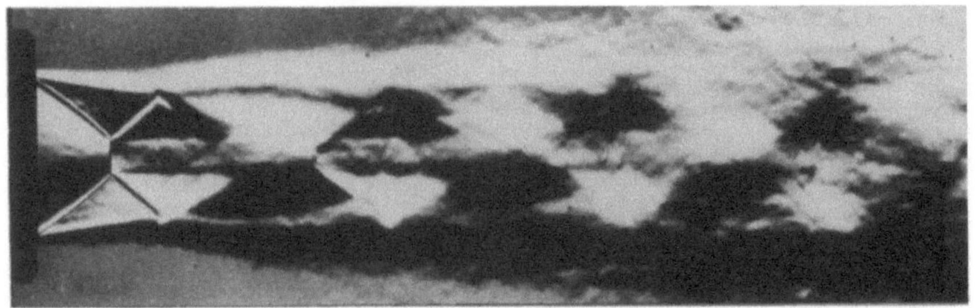

20: Überschallstrahl mit dem Austrittsdurchmesser 20 mm

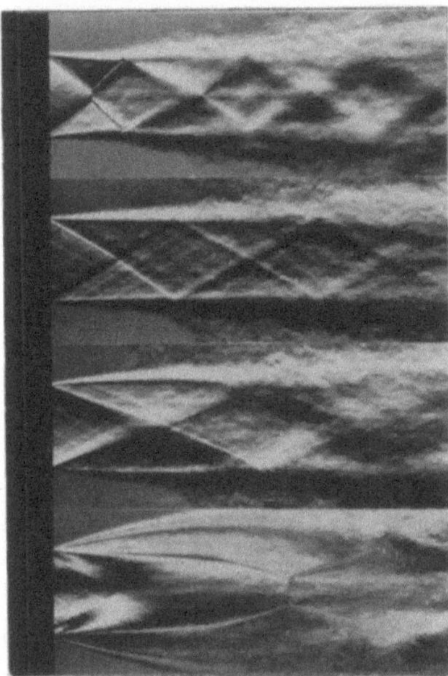

22: Schneidbrenner

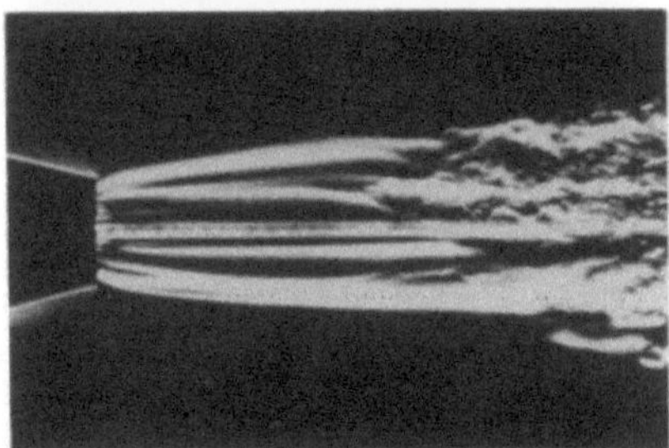

21: Austrittsdruck variiert

23: Schneidbrenner

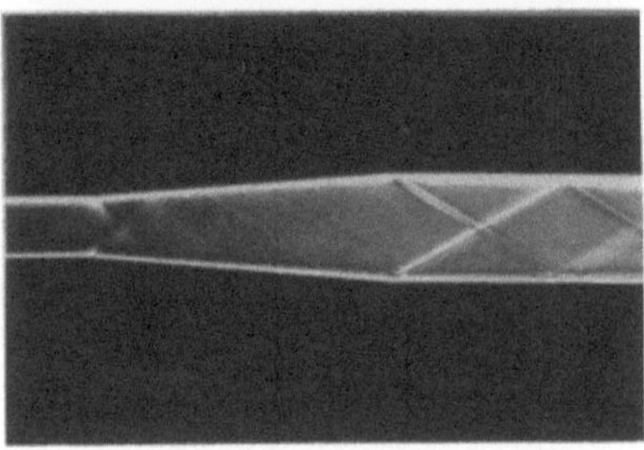

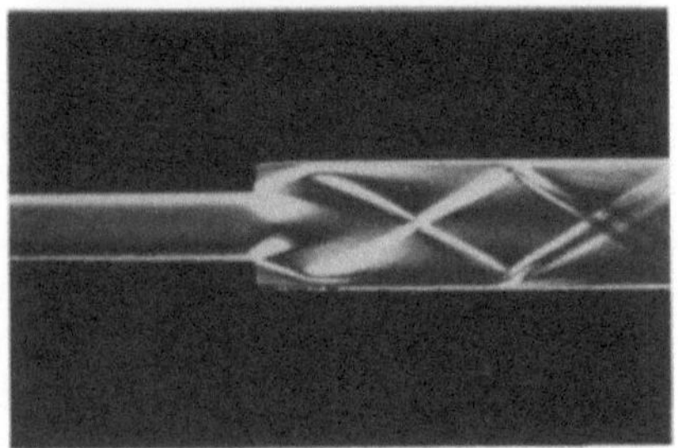

24: Überschallströmungen in engen Kanälen

Fig. 2232: Differentialinterferenzbilder

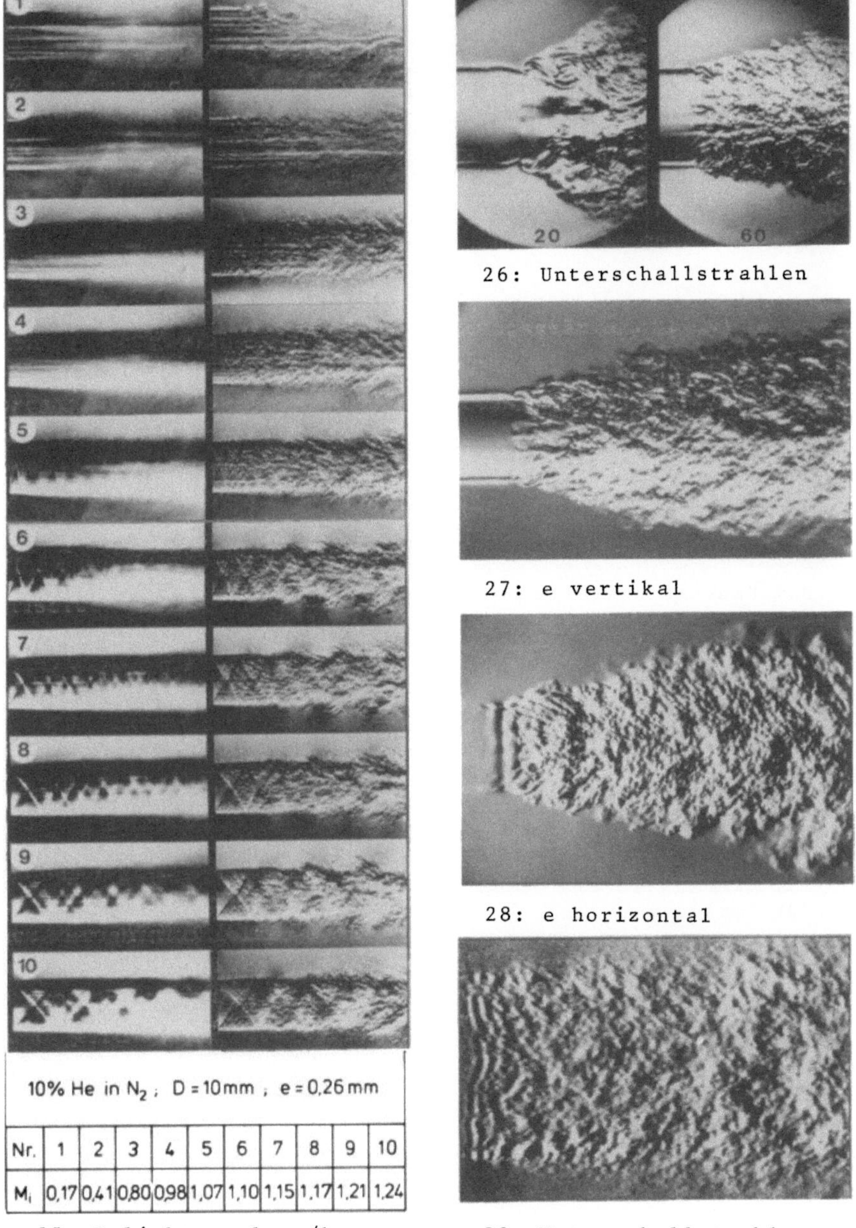

Nr.	1	2	3	4	5	6	7	8	9	10
M_i	0,17	0,41	0,80	0,98	1,07	1,10	1,15	1,17	1,21	1,24

25: Belichtung lang/kurz

Fig. 2232: Differentialinterferenzbilder

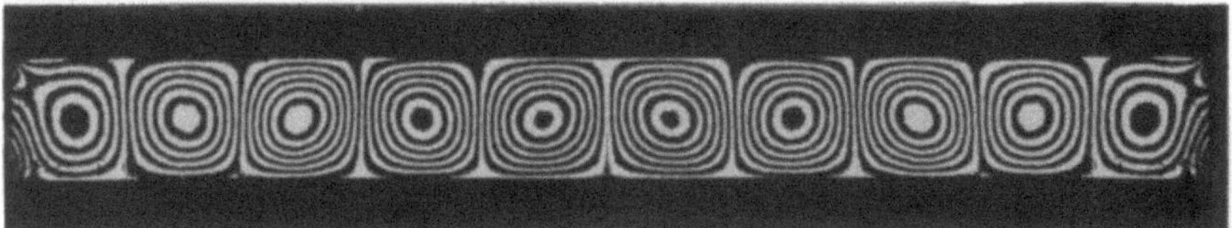

30: Zellularkonvektion • Öl • horizontale Strahltrennung

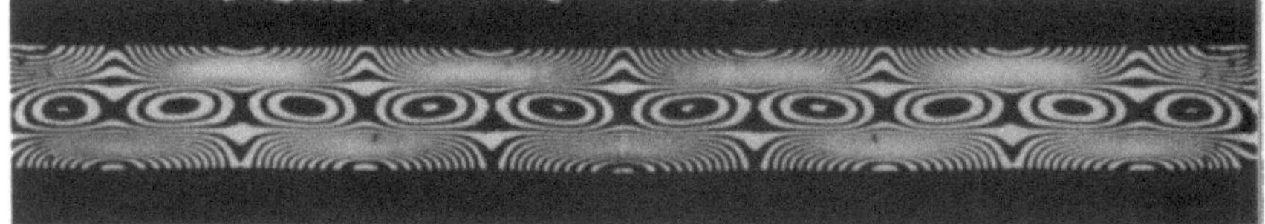

31: Zellularkonvektion • Öl • vertikale Strahltrennung

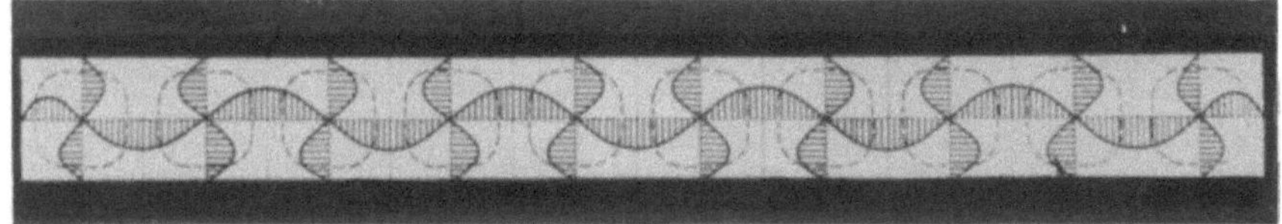

32: Konvektionsrollen • Prinzipskizze

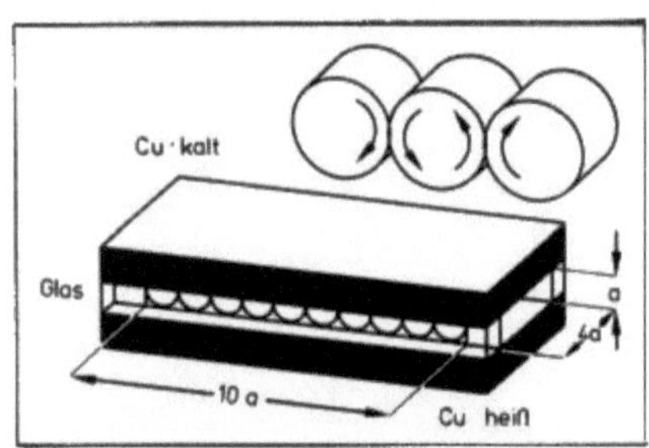

33: Versuchsordnung

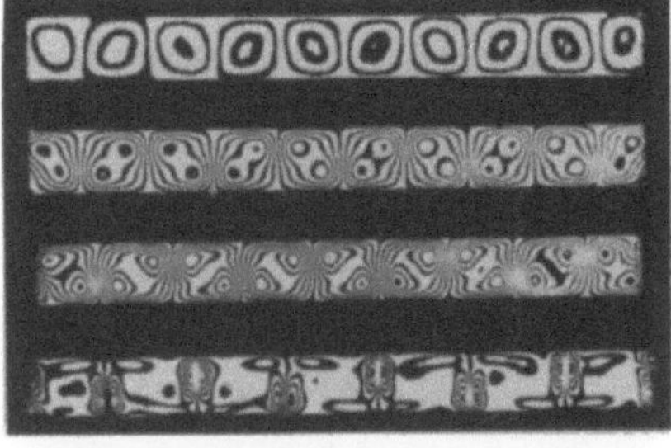

34: Konstante Heizungen

35: Zeitabhängige Heizung

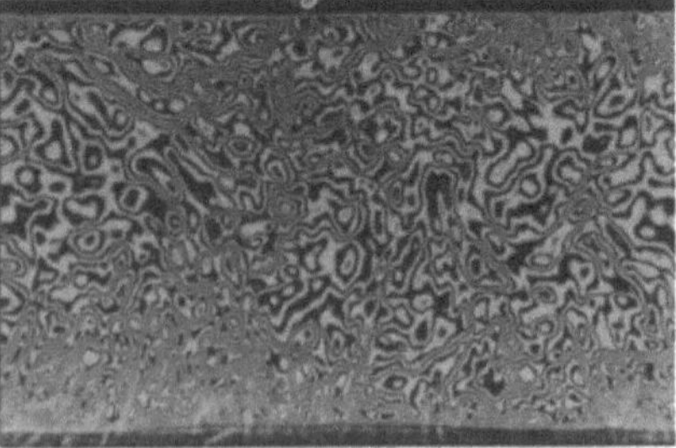

36: Turbulente Konvektion

Fig. 2232: Differentialinterferenzbilder

2.2.3.3 Interferenzbildauswertung

Wie bei den Interferenzbildern, so kann auch bei den Differentialinterferenzbildern die Ermittlung der Phasenverschiebungen $\Delta\varphi(x,y)$ aus den Schwärzungen $D(x,y)$ bei Kollinearjustierung durch Photometrieren oder Abzählen von Linien gleicher Schwärzung und bei Streifenjustierung durch Ausmessen der Streifenverschiebungen $\Delta i(x,y)/i$ erfolgen. Lediglich haben jetzt die $\Delta\varphi(x,y)$ eine andere Bedeutung. Da es sich nicht mehr um die Phasenverschiebungen zwischen Meß- und Referenzstrahlen handelt, sondern um die zwischen z-parallelen Strahlen mit dem Abstand e, sehen die Differentialinterferenzbilder anders als die Interferenzbilder aus. Ein Verdichtungsstoß wird z.B. nicht wie in **Fig. 2224-2** mit einer dauernden, sondern wie in **Fig. 2233-1** mit einer vorübergehenden Streifenversetzung $\Delta i/i$ in einem Band wiedergegeben. Sind die Brechzahlen n_1 vor und n_2 hinter dem Stoß konstant, so hat der Teilstrahlenabstand e keinen Einfluß auf $\Delta i/i$, sondern lediglich auf die Breite $e \cos \gamma$ des Bandes. Der Ort des Stoßes befindet sich in der Mitte des Bandes. Auch hier kann die Streifenverschiebung mehrdeutig werden. Wenn die eingezeichnete Verschiebung Δi die richtige ist, so würde die Phasenverschiebung am Ort $y_0 + \Delta i$ der verschobenen Geraden gleicher Schwärzung

$$\Delta\varphi_0(y_0 + \Delta i) = \Delta\varphi_0(y_0) + \frac{\Delta i}{i} 2\pi \tag{1}$$

betragen. Wegen des Brechzahlsprunges ist sie dort aber eben so groß wie am Ort y_0 der unverschobenen Geraden gleicher Schwärzung:

$$\Delta\varphi_0(y_0 + \Delta i) + \Delta\varphi_S = \Delta\varphi_0(y_0) \tag{2}$$

Damit kommt für die Phasenverschiebung $\Delta\varphi_S$ zwischen einem Teilstrahl hinter und seinem Partner vor dem Stoß die Auswerteformel:

$$\frac{\Delta\varphi_S}{2\pi} = -\frac{\Delta i}{i} \tag{3}$$

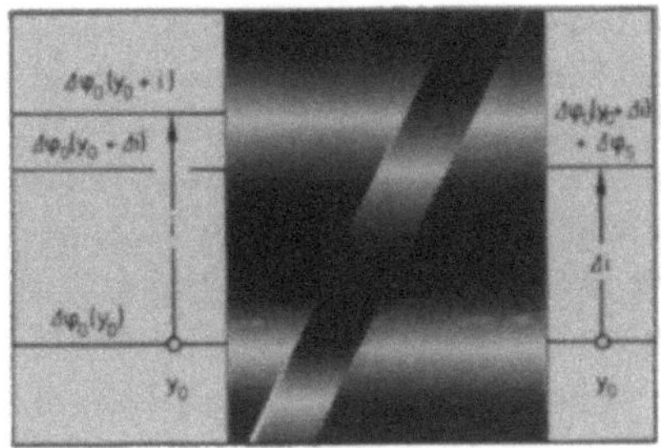
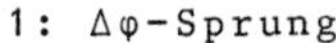

1: $\Delta\varphi$-Sprung

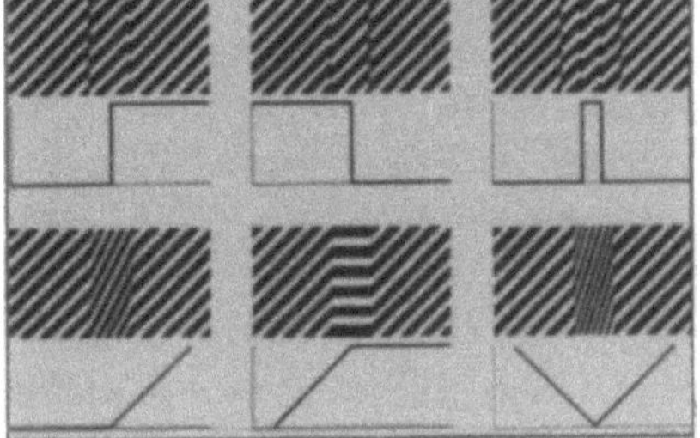

2: Verschiedene $\Delta\varphi(x)$

Fig. 2233: Interferenzbildauswertung

Aber man kann auch hier den Interferenzstreifen nicht ansehen, ob die eingezeichnete Verschiebung die richtige ist. Wieder läßt sich diese Unsicherheit manchmal aus dem Kontext und in jedem Fall durch die Aufnahme eines ergänzenden Bildes mit polychromatischen Licht beheben. Die Bestimmung der $\Delta\varphi(x,y)$ macht meist weniger Arbeit als beim Interferenzbild, weil diese nicht erst bei konstanter Brechzahl, sondern schon bei konstantem Brechzahlgradienten verschwinden. Wenn sich die $\Delta i(x,y)$ stetig ändern, dann hängt die Auswertung vom Abstand e der Teilstrahlen ab. Bei einer Strömung zwischen z-normalen Fenstern mit dem Abstand 1 und bei dem Winkel β zwischen e und der x-Achse gilt:

$$\frac{\Delta\varphi(x,y)}{2\pi} = \frac{1}{\lambda_0} \int_0^1 [n(x+\tfrac{e}{2}\cos\beta, y+\tfrac{e}{2}\sin\beta, z) - n(x-\tfrac{e}{2}\cos\beta, y-\tfrac{e}{2}\sin\beta, z)]\,dz \qquad (4)$$

Bei kleinen e und stetiger Strömung gilt praktisch:

$$\frac{\Delta\varphi(x,y)}{2\pi} = \frac{e\cos\beta}{\lambda_0} \int_0^1 \frac{\partial n}{\partial x}(x,y,z)\,dz + \frac{e\sin\beta}{\lambda_0} \int_0^1 \frac{\partial n}{\partial y}(x,y,z)\,dz \qquad (5)$$

Für die ebene, z-unabhängige Strömung kommt:

$$\frac{\Delta\varphi(x,y)}{2\pi} = \frac{1e\cos\beta}{\lambda_0} \cdot \frac{\partial n}{\partial x}(x,y) + \frac{1e\sin\beta}{\lambda_0} \cdot \frac{\partial n}{\partial y}(x,y) \qquad (6)$$

Bei y-parallelem e wird z.B. wie beim Schlierenverfahren mit x-paralleler Schneide nur $\partial n/\partial y$ gemessen:

$$\frac{\partial n}{\partial y}(x,y) = \frac{\lambda_0}{1e}\,\frac{\Delta\varphi(x,y)}{2\pi} \qquad \text{wenn } \beta = \pi/2 \qquad (7)$$

Für die rotationssymmetrische Strömung mit der x-Achse als Symmetrieachse gilt in diesem besonderen Fall für einen z-parallelen Strahl im Querschnitt bei x:

$$\frac{\lambda_0}{ey} \cdot \frac{\Delta\varphi(y)}{2\pi} = 2 \int_y^{r0} \frac{dn}{dr}(r)\,\frac{dr}{\sqrt{r^2-y^2}} \qquad (8)$$

In Abschnitt 2.5.1.1 wird gezeigt, daß hier die Ermittlung der $n(r)$ weniger Rechenaufwand als beim Mach/Zehnder-Bild verlangt.

Bei größerem e ist es ratsam, zunächst mit den Phasenverschiebungen $\Delta\varphi(x,y)$ zwischen den Teilstrahlen jene Phasenverschiebungen $\Delta\varphi^*(x,y)$ zu ermitteln, welche die bei x,y durch die Strömung gehenden Strahlen gegenüber einen Vergleichssstrahl hatten, der die Strömung bei x_0,y_0 in einem Gebiet mit konstanter und bekannter Brechzahl n_0 durchlief. Dazu sind z.B. die $\Delta\varphi(y)$ bei $x=x_0$ aneinanderzureihen. Die weitere Auswertung kann dann mit den $\Delta\varphi^*(x,y)$ wie beim Interferenzbild erfolgen. Bei ebener, z-unabhängiger Strömung gilt:

$$n(x,y) - n_0 = \frac{\lambda_0}{1} \cdot \frac{\Delta\varphi^*(x,y)}{2\pi} \qquad (9)$$

Bei rotationssymmetrischer Strömung mit der x-Achse als Symmetrieachse kann in einem Querschnitt bei x mit der folgenden Formel gerechnet werden:

$$\frac{\Delta\phi^*(y)}{2\pi} = \frac{2}{\lambda_0} \int_y^{r0} [n(r) - n_0] \frac{r\,dr}{\sqrt{r^2-y^2}} \tag{10}$$

Bei stetiger rotationssymmetrischer Strömung kann es aber auch Rechenvorteile bringen, wenn man durch Differentiation der $\Delta\varphi^*(y)$ bei x nach y jene $\Delta\varphi(y)/e$ bestimmt, die man im Falle verschwindenden Abstandes $e\to 0$ der Teilstrahlen beobachtet hätte. Diese werden dann in die Gleichung (8) eingesetzt. In Abschnitt 2.5.1.1 wird besprochen, wie man dann auf dem Wege der Abelinversion und Integration eine nach $n(0)-n_0$ aufgelöste Gleichung erhält.

Neben einmaligen Sprüngen der $\Delta\varphi(x,y)$ kommen auch zwei oder mehr mit Abständen unter e vor. Außerdem können Sprünge von $\partial(\Delta\varphi)/\partial x$ und $\partial(\Delta\varphi)/\partial y$ auftreten. Die Streifen sehen in solchen Fällen wie in **Fig. 2233-2** aus. Die Auswertung erfaßt auch solche Unstetigkeiten, wenn sie für Bildpunkte mit entsprechend kleinen Abständen unter e vorgenommen wird. Abseits von Unstetigkeiten kann unter Umständen die Auswertung von wenigen Bildpunkten mit großen Abständen und graphische Interpolation genügen. Bei der Visualisierung dünner Grenzschichten oder Mischungsschichten, eng anliegender Kopfwellen oder abgelöster Kopfwellen mit kleinem Stoßabstand vom Staupunkt kann man es so einrichten, daß von allen Teilstrahlenpaaren jeweils nur der eine Teilstrahl durch das Gebiet mit $n(x,y,z)\neq n_0$ und der andere durch das Gebiet mit n_0 geht. In einem solchen Fall ist das Differentialinterferenzbild wie ein Interferenzbild auszuwerten. Selbstverständlich werden schließlich wiederum mit den $\partial n/\partial x, \partial n/\partial y$ oder $n-n_0$ in Gasen wegen $n-1=G\rho$ die $\partial\rho/\partial x, \partial\rho/\partial y$ oder $\rho-\rho_0$ und in Flüssigkeiten bei konstantem Druck wegen $n(T)$ die $\partial T/\partial x, \partial T/\partial y$ oder $T-T_0$ ermittelt. Die Auswertung von Differentialinterferenzbildern wurde in [982 - 988] beschrieben.

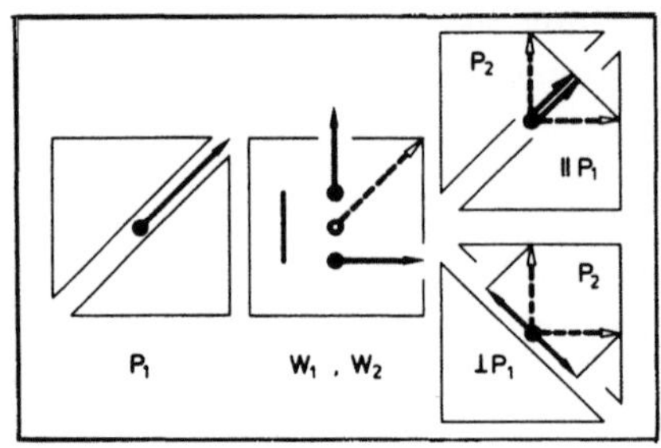

1:   90°-Drehung von P2

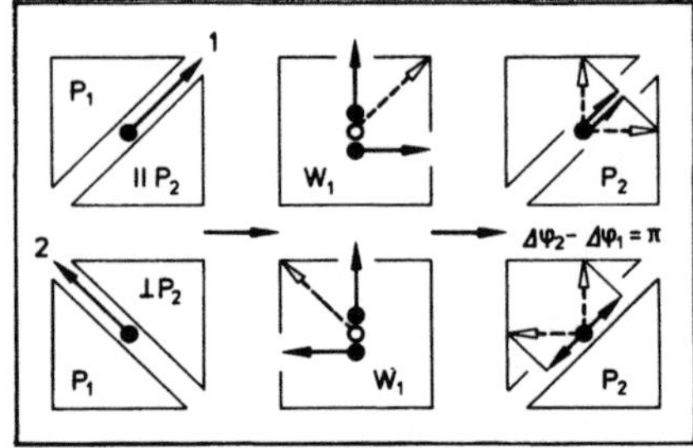

2:   90°-Drehung von P1

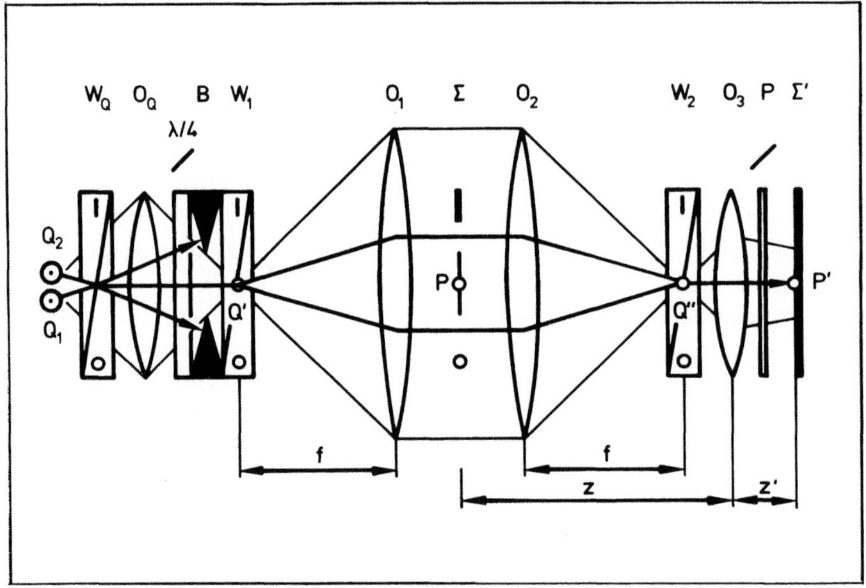

3:   Differentialinterferometer mit Doppelbelichtungsvorsatz

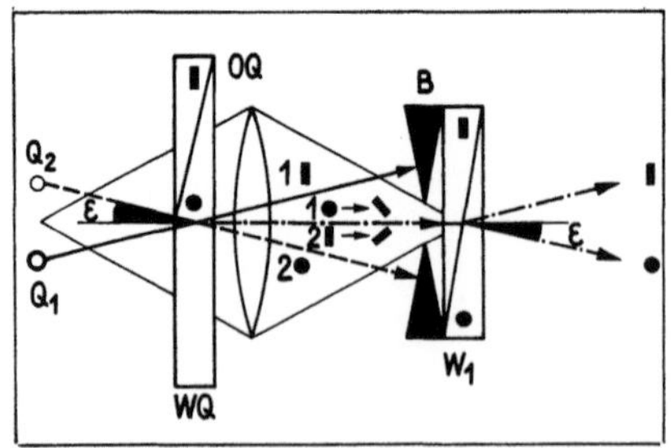

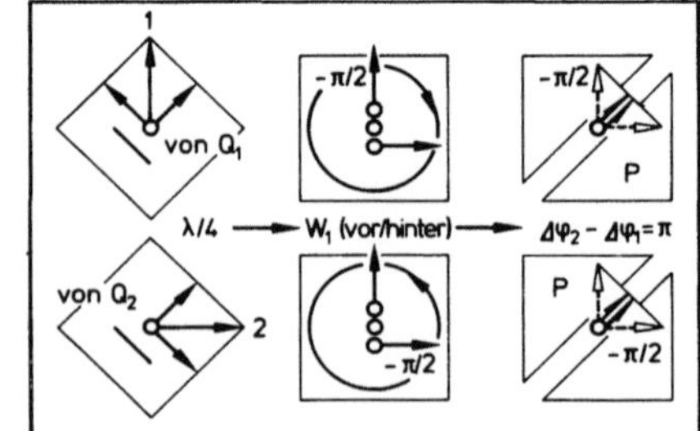

4:   Doppelbelichtungsvorsatz   5:   Wirkung der λ/4-Platte

Fig. 2234:   Komplementäre Doppelbelichtung

2.2.3.4 Komplementäre Doppelbelichtung

Dreht man in dem in Abschnitt 2.2.3.1 besprochenen Differentialinterferometer bei gleichbleibender Phasenverschiebung $\Delta\varphi_0 + \Delta\varphi$ das Polarisationsfilter P1 oder P2 um 90°, so erhält man in den Bildpunkten Phasenverschiebungen, die sich von denen vor der Drehung um π unterscheiden. Die **Fig. 2234-1 und 2** erklären diesen Sachverhalt am Beispiel $\Delta\varphi_0 + \Delta\varphi = 0$. Bei parallelen Durchlaßrichtungen addieren und bei orthogonalen subtrahieren sich die von P2 durchgelassenen Teilstrahlkomponenten. Die resultierende Amplitude ist hier doppelt so groß wie die einer Komponente oder gleich Null. Allgemein gilt für die Bestrahlungsstärken $B_\parallel$ bei parallelen und $B_\perp$ bei orthogonalen Durchlaßrichtungen:

$$B_\parallel = \frac{\hat{B}}{2} \left[1 + \cos (\Delta\varphi_0 + \Delta\varphi) \right] \tag{1}$$

$$B_\perp = \frac{\hat{B}}{2} \left[1 + \cos (\Delta\varphi_0 + \Delta\varphi + \pi) \right] = \frac{\hat{B}}{2} \left[1 - \cos (\Delta\varphi_0 + \Delta\varphi) \right] \tag{2}$$

$$B_\parallel + B_\perp = \hat{B} \tag{3}$$

Die Bestrahlungsstärke sind komplementär. Wird der Film bei gleichbleibendem Strahlungsfluß und während gleicher Belichtungszeiten erst mit $B_1 = B_\parallel$ und dann mit $B_2 = B_\perp$ belichtet, so ergibt sich in allen Bildpunkten die gleiche Gesamtbelichtung. Die gleich gebliebene Phasenverschiebung $\Delta\varphi_0 + \Delta\varphi$ wird nicht sichtbar. Ändert sich $\Delta\varphi$, so gilt für die Bestrahlungsstärken B_1 bei der ersten und B_2 bei der zweiten Belichtung:

$$B_1 = \frac{\hat{B}}{2} \left[1 + \cos (\Delta\varphi_0 + \Delta\varphi_1) \right] \tag{4}$$

$$B_2 = \frac{\hat{B}}{2} \left[1 + \cos (\Delta\varphi_0 + \Delta\varphi_2 + \pi) \right] = \frac{\hat{B}}{2} \left[1 - \cos(\Delta\varphi_0 + \Delta\varphi_2) \right] \tag{5}$$

$$B_1 + B_2 = \hat{B} \left[1 + \sin(\Delta\varphi_0 + \frac{\Delta\varphi_2 + \Delta\varphi_1}{2}) \sin \frac{\Delta\varphi_2 - \Delta\varphi_1}{2} \right. \tag{6}$$

Die Gesamtbelichtung $H = (B_1 + B_2)\delta t$ weicht jetzt folgendermaßen von der Gesamtbelichtung $\hat{H} = \hat{B}\,\delta t$ bei $\Delta\varphi_2 = \Delta\varphi_1$ ab:

$$\Delta H = \hat{H} \sin (\Delta\varphi_0 + \frac{\Delta\varphi_2 + \Delta\varphi_1}{2}) \sin \frac{\Delta\varphi_2 + \Delta\varphi_1}{2} \tag{7}$$

In Bildpunkten mit $\Delta\varphi_2 = \Delta\varphi_1$ wird $\Delta H = 0$. Hier bleibt also nach wie vor die gleichbleibende Phasenverschiebung unsichtbar. In Bildpunkten mit $\Delta\varphi_2 \neq \Delta\varphi_1$ wird der gleichbleibende Anteil $\Delta\varphi_0$ zwar nicht ganz unterdrückt, beeinflußt aber die Wiedergabe von $\sin[(\Delta\varphi_2 - \Delta\varphi_1)/2]$ nur mit einer kleinen Änderung eines Faktors. Bei Kollinearjustierung auf $\Delta\varphi_0 = \pi/2$ gilt:

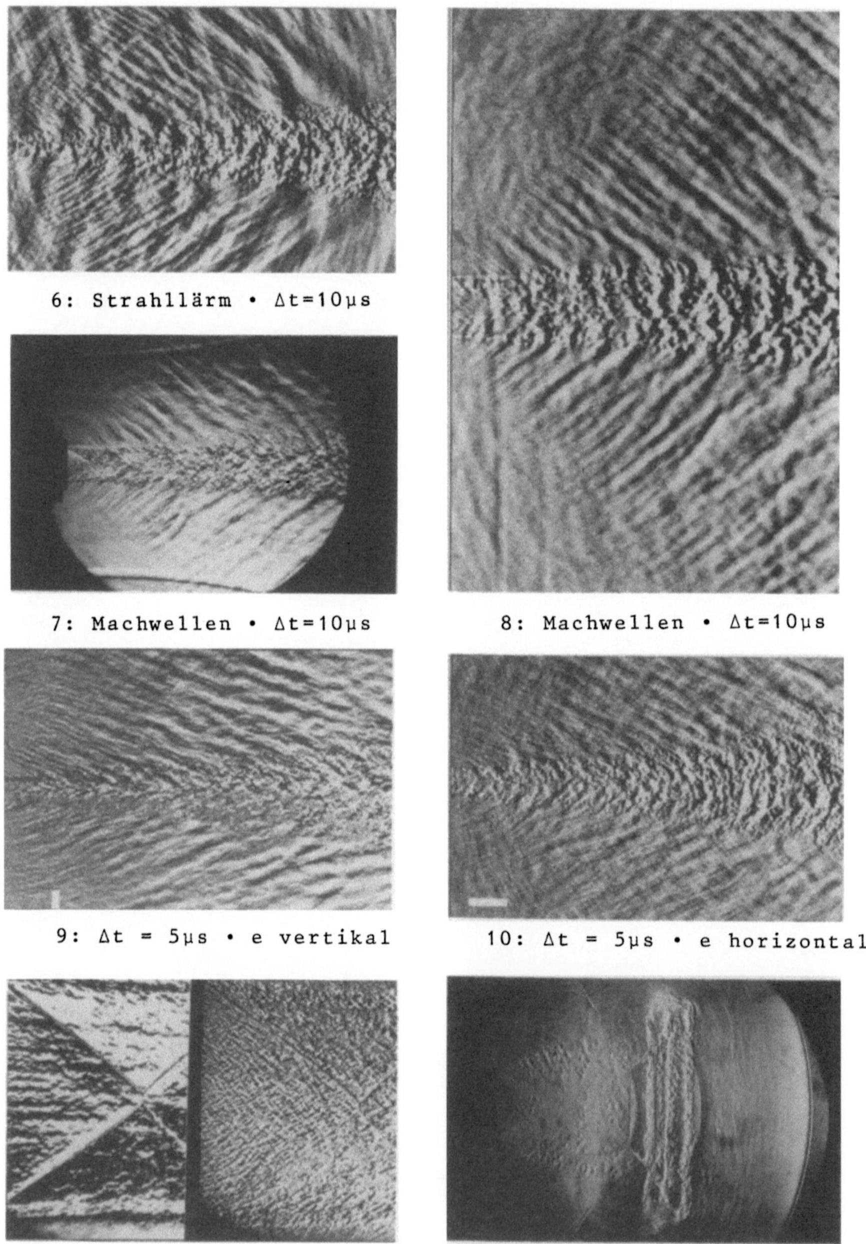

6: Strahllärm • Δt=10µs

7: Machwellen • Δt=10µs

8: Machwellen • Δt=10µs

9: Δt = 5µs • e vertikal

10: Δt = 5µs • e horizontal

11: einmal/zweimal belichtet

12: Mündungsknall • Δt = 1µs

Fig. 2234: Doppelt belichtete Diff.interferenzbilder

$$\frac{\Delta H}{\hat{H}} \left(\Delta\varphi_0 = \frac{\pi}{2} \right) = \cos \frac{\Delta\varphi_2 + \Delta\varphi_1}{2} \, \sin \frac{\Delta\varphi_2 - \Delta\varphi_1}{2} = \frac{1}{2} \left(\sin \Delta\varphi_2 - \sin \Delta\varphi_1 \right) \qquad (8)$$

$\Delta\varphi_1$ und $\Delta\varphi_2$ können sich z.B. wegen einer Fensterschliere aus einem konstant bleibenden Anteil $\Delta\varphi_K$ und veränderlichen Anteilen zusammensetzen, die zu Zeiten der Belichtungen die Werte $\delta\varphi_1$ und $\delta\varphi_2$ haben. Mit $\Delta\varphi_1 = \Delta\varphi_K + \delta\varphi_1$ und $\Delta\varphi_2 = \Delta\varphi_K + \delta\varphi_2$ kommt:

$$\frac{\Delta H}{\hat{H}} \left(\Delta\varphi_0 = \frac{\pi}{2} \right) = \cos \left(\Delta\varphi_K + \frac{\delta\varphi_2 + \delta\varphi_1}{2} \right) \, \sin \frac{\delta\varphi_2 - \delta\varphi_1}{2} \qquad (9)$$

Bei kleinen $\Delta\varphi_K$ und $(\delta\varphi_2 + \delta\varphi_1)/2$ ist der Kosinus praktisch gleich 1. Die Wiedergabe der Fensterschliere wird unterdrückt.

Man kann diesen Sachverhalt benutzen, um Strömungen zwischen billigen Fenstern sauber sichtbar zu machen. Dazu ist die eine der beiden Belichtungen ohne und die andere mit der Strömung vorzunehmen . Handelt es sich um eine instationäre Strömung, die in sehr kurzer Belichtungszeit δt photographiert werden muß, so tritt die Schwierigkeit auf, daß bei Blitzlichtquellen der Strahlungsfluß während δt nicht konstant ist und möglicherweise auch nicht genau reproduziert wird. Die $\Delta H/\hat{H}$ haben auch dann noch die genannten Werte, wenn die folgende Bedingung erfüllt ist:

$$\hat{H} = \int_0^{\delta t} \hat{B}_1(t)\,dt = \int_0^{\delta t} \hat{B}_2(t)\,dt \qquad (10)$$

Will man den gleichen Trick der komplementären Doppelbelichtung verwenden, um im Bild laufende Strukturen durch Löschung der stehenden bevorzugt sichtbar zu machen, so muß das Zeitintervall Δt zwischen den beiden Kurzzeitbelichtungen kurz sein. Zeitintervalle bis herab zu $\Delta t = 1\mu s$ sind gefragt. Die Drehung der Polarisationsrichtungen in so kurzer Zeit kann nicht mechanisch, könnte aber elektrooptisch vorgenommen werden. Einfacher ist es jedoch, einen Doppelbelichtungsvorsatz wie den in **Fig.** 2234-3 oder 4 gezeigten vor das Differentialinterferometer zu setzen. Es kommt darauf an, dem Licht bei der zweiten Belichtung eine Polarisationsrichtung orthogonal zu der bei der ersten und beidemal diagonal zu den optischen Achsen der Prismen W1 und W2 zu geben. Das Bild wird mit zwei Funken in getrennten Funkenstrecken Q1 und Q2 belichtet. Die von diesen durch das Objektiv OQ gehenden Lichtbündel werden mit dem Wollastonprisma WQ in zwei orthogonal polarisierte Teilbündel geteilt. Jeweils eines der beiden fällt auf die Blende B. Die durchgelassenen Teilbündel sind in **Fig.** 2234-4 linear, orthogonal und wegen der Diagonalstellung von WQ wie gewünscht diagonal zu den optischen Achsen von W1 und W2 polarisiert. Es vereinfacht den mechanischen Aufbau, wenn wie in **Fig.** 2234-3 nicht das Prisma WQ gekippt, sondern eine $\lambda/4$-Platte eingesetzt wird. Das von Q1 kommende Bündel geht dann rechts- und das von Q2 kommende linksdrehend zirkular polarisiert   in das Prisma W1. Der Effekt ist der gleiche.
Fig. 2235-5 erklärt, daß sich auch so die in den Prismen erzeugten Phasenverschiebungen bei den beiden Belichtungen um π unterscheiden. Die Verfahren wurden in [989-991] beschrieben.

358

Die **Fig. 2234-6 bis 12** zeigen Differentialinterferenzbilder, die zweimal mit
Funkenlicht belichtet wurden. Die Belichtungszeit betrug etwa $\delta t=0,2\mu s$.
Das Belichtungsintervall Δt wurde variiert. Mit den Bildern 6 bis 10 wurde
der Lärm von Überschallstrahlen untersucht[960,964-971,2044-2047].Dieser
Lärm wird in Form von Machwellen abgestrahlt, deren Regelmäßigkeit je
nach den Versuchsbedingungen bei Intervallen zwischen $\Delta t=3\mu s$ und $\Delta t=10\mu s$
besonders gut sichtbar wurde. **Fig. 2234-11** vergleicht ein komplementär doppelt belichtetes mit dem einmal belichteten Bild des Anfangs eines
Überschallstrahls. Hier war $\delta t=0,2\mu s$ und $\Delta t=2\mu s$. In **Fig.2234-12** ist das
mit $\delta t=0,2\mu s$ und $\Delta t=1\mu s$ komplementär doppelt belichtete Bild des Ringwirbels in einem Mündungsknall wiedergegeben. Die **Fig.2234-13 bis 16** zeigen
Bilder eines Schneidbrennerstrahls mit oder ohne Flamme und lang oder
zweimal kurz belichtet mit $\delta t=0,2\mu s$ und $\Delta t=3\mu s$. Die Propanflamme sta-
bilisiert den O_2-Strahl und unterdrückt die Machwellen [966,969].

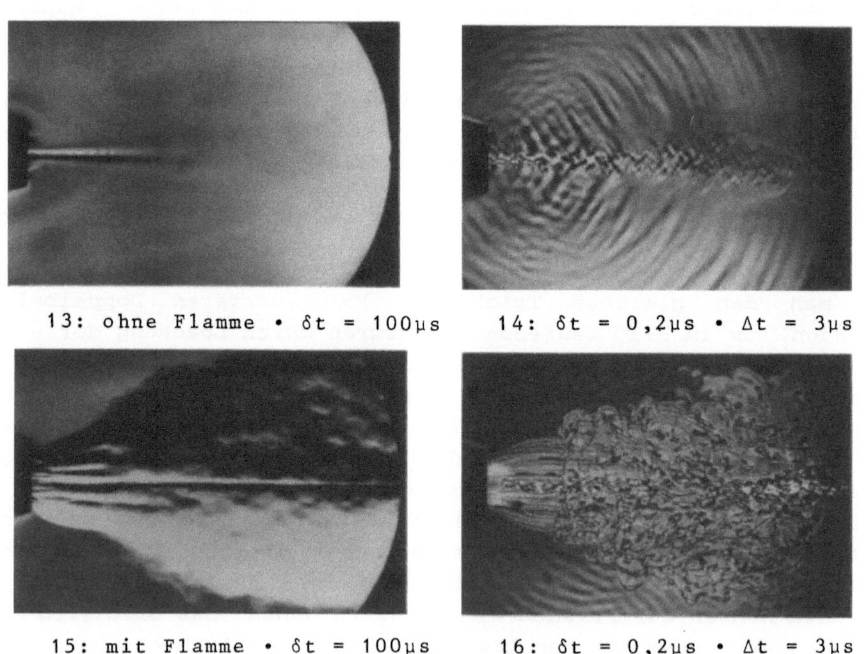

13: ohne Flamme • $\delta t = 100\mu s$ 14: $\delta t = 0,2\mu s$ • $\Delta t = 3\mu s$

15: mit Flamme • $\delta t = 100\mu s$ 16: $\delta t = 0,2\mu s$ • $\Delta t = 3\mu s$

Fig. 2234: Bilder eines Schneidbrennerstrahls

2.2.3.5 Komplementärbildspaltung

Wird der Polarisationsfilter P2 des Differentialinterferometers durch ein drittes Wollastonprisma W3 mit vorgeschalteter $\lambda/4$-Platte ersetzt wie in **Fig. 2235-1**, so wird jeder der beiden Teilstrahlen in zwei orthogonal schwingende und in verschiedenen Richtungen gehende Komponenten gespalten. Von diesen interferieren die in die eine Richtung gehenden in einem Bildpunkt P' und die in die andere Richtung gehenden in einem Bildpunkt P''. Diese beiden Bildpunkte haben Abstände $\pm e'/2$ von jenem Bildpunkt, in welchem die Teilstrahlen ohne die nochmalige Spaltung interferieren würden. Weil die $\lambda/4$-Platte die Phasen um $\pm\pi/2$ verschiebt, unterscheiden sich die Phasenverschiebungen in P' und P'' um π. Konstruktive Interferenz in P' ist mit destruktiver in P'' verbunden. Die Bestrahlungsstärken B' in P' und B'' in P'' sind komplementär:

$$B' = \frac{\hat{B}}{2}[1 + \cos(\Delta\varphi_0 + \Delta\varphi - \frac{\pi}{2})] = \frac{\hat{B}}{2}[1 + \sin(\Delta\varphi_0 + \Delta\varphi)] \tag{1}$$

$$B'' + \frac{\hat{B}}{2}[1 + \cos(\Delta\varphi_0 + \Delta\varphi + \frac{\pi}{2})] = \frac{\hat{B}}{2}[1 - \sin(\Delta\varphi_0 + \Delta\varphi)] \tag{2}$$

$$B' + B'' = \hat{B} \tag{3}$$

Wird ein Zwischenbild vor der Spaltung bis auf einen schmalen e'-normalen Streifen abgedeckt, so erscheinen nach der Spaltung zwei komplementäre Bilder dieses Streifens mit dem Abstand e' [992].Wir kommen in Abschnitt 2.4.4.1 darauf zurück. Ohne solche Abdeckung [991] kommen in einen Bildpunkt P' zwei Komponentenpaare zusammen wie in **Fig. 2235-2** oder 3. Das eine hat das Objekt in Abständen $\pm e/2$ von P1 durchlaufen, erscheint mit einer Phasenverschiebung $\Delta\varphi_{01}+\Delta\varphi_1+\pi/2$ und macht eine Bestrahlungsstärke B_1''. Das andere Paar hat das Objekt in Abständen $\pm e/2$ von P2 durchlaufen, erscheint mit einer Phasenverschiebung $\Delta\varphi_{02}+\Delta\varphi_2-\pi/2$ und macht eine Bestrahlungsstärke B_2'. Die Schwingungsrichtung des einen steht senkrecht auf der des anderen Paares. Darum addieren sich nicht vier Momentanwerte, sondern die zwei Bestrahlungsstärken B_1'' und B_2'. Mit

$$B_1'' = \frac{\hat{B}}{2}[1 - \sin(\Delta\varphi_{01} + \Delta\varphi_1)] \;\; ; \;\; B_2 = \frac{\hat{B}}{2}[1 + \sin(\Delta\varphi_{02} + \Delta\varphi_2)] \tag{4}$$

kommt für den Fall $\Delta\varphi_{01}=\Delta\varphi_{02}=\pi/2$ der folgende Ausdruck für $B=B_1''+B_2'$:

$$B = \hat{B}[1 + \frac{1}{2}(\cos\Delta\varphi_2 - \cos\Delta\varphi_1)] \tag{5}$$

Im Falle $\Delta\varphi_2=\Delta\varphi_1$ wird $B=\hat{B}$. Im Falle $\Delta\varphi_2\neq\Delta\varphi_1$ wird die Differenz $\Delta\varphi_2-\Delta\varphi_1$ mit einer Empfindlichkeit wiedergegeben, die mit $\Delta\varphi_2+\Delta\varphi_1$ zunimmt.

$$\frac{B-\hat{B}}{\hat{B}} = -\sin\frac{\Delta\varphi_2+\Delta\varphi_1}{2}\sin\frac{\Delta\varphi_2-\Delta\varphi_1}{2} \tag{6}$$

Macht man $\Delta\varphi_{01}=\Delta\varphi_{02}=\pi$, so kommt:

$$B = \hat{B}[1 - \frac{1}{2}(\sin\Delta\varphi_2 - \sin\Delta\varphi_1)] \tag{7}$$

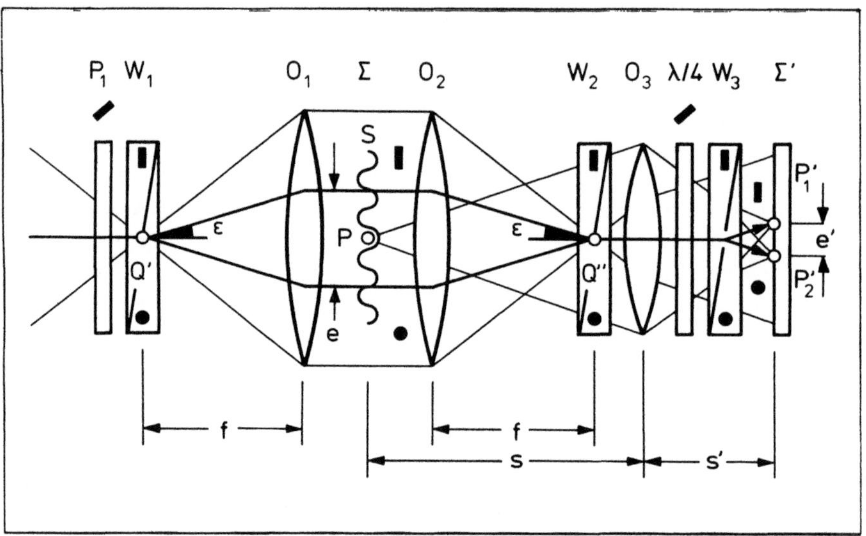

1: Differentialinterferometer mit Bildspaltungszusatz

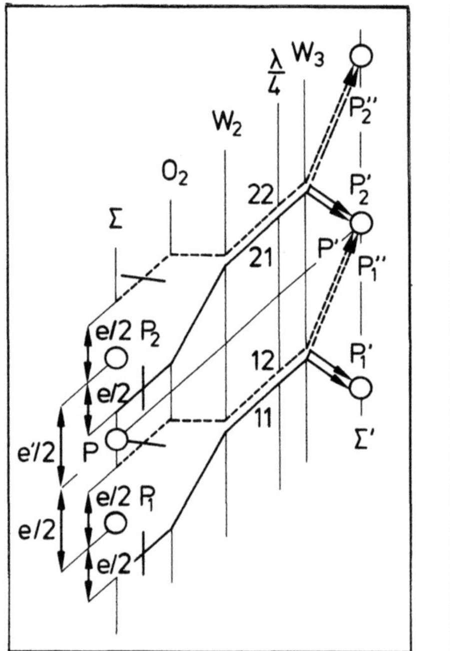

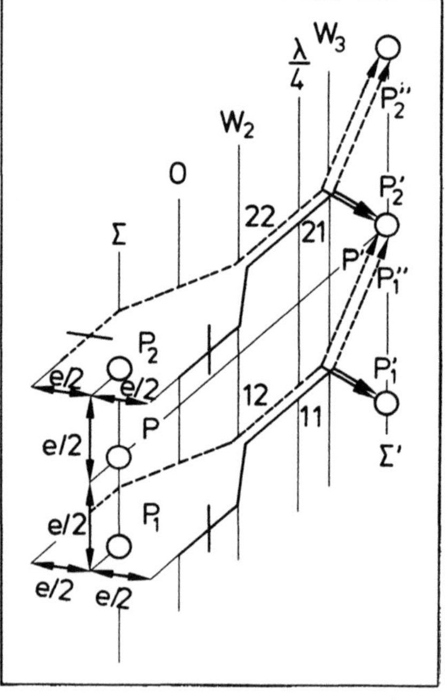

2: Strahlengang bei e'∥ e   3: Strahlengang bei e'⊥ e

Fig. 2235: Komplementärbildspaltung

Im Falle $\Delta\varphi_2=\Delta\varphi_1$ wird wieder $B=\hat{B}$. Im Falle $\Delta\varphi_2\neq\Delta\varphi_1$ wird die Differenz $\Delta\varphi_2-\Delta\varphi_1$ mit einer Empfindlichkeit wiedergegeben, die bei kleinen $\Delta\varphi_2+\Delta\varphi_1$ praktisch konstant ist:

$$\frac{B-\hat{B}}{\hat{B}} = - \cos\frac{\Delta\varphi_2+\Delta\varphi_1}{2} \sin\frac{\Delta\varphi_2-\Delta\varphi_1}{2} \tag{8}$$

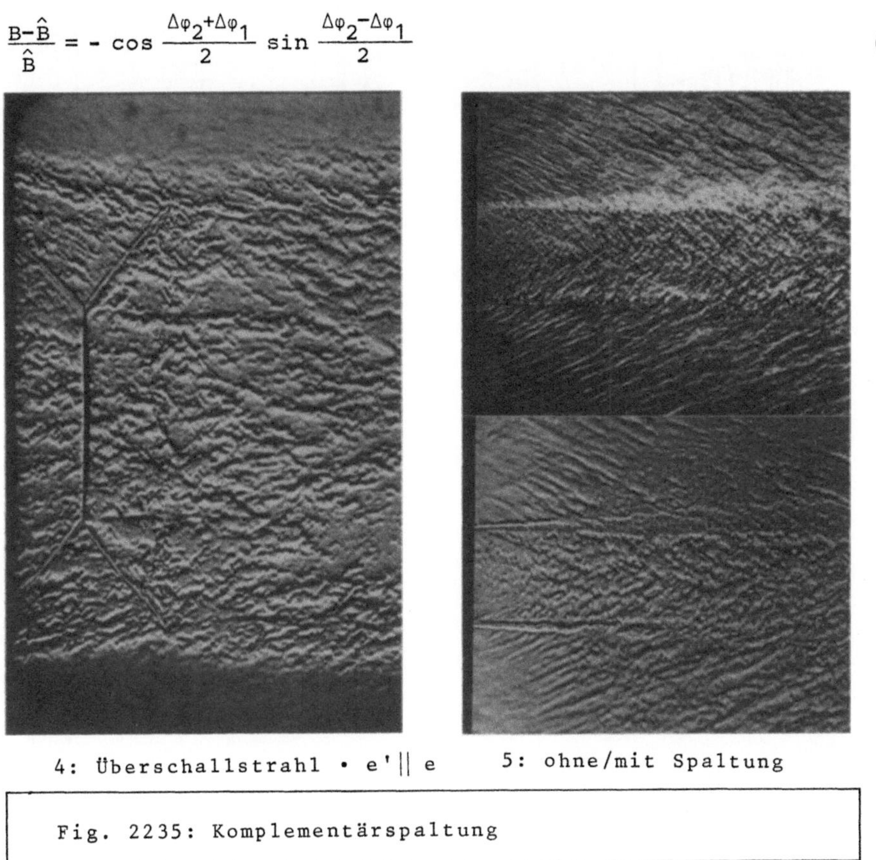

4: Überschallstrahl · e' $\|$ e   5: ohne/mit Spaltung

Fig. 2235: Komplementärspaltung

Bei sehr kleinen und wie in **Fig. 2235-2** x-parallelen Strahltrennungen e und e' gilt praktisch:

$$\Delta\varphi_1 = \left(\frac{\partial(\Delta\varphi)}{\partial x}\right)_1 e; \quad \Delta\varphi_2 = \left(\frac{\partial(\Delta\varphi)}{\partial x}\right)_2 e; \tag{9}(10)$$

$$\left(\frac{\partial(\Delta\varphi)}{\partial x}\right)_2 = \left(\frac{\partial(\Delta\varphi)}{\partial x}\right)_1 + \frac{\partial}{\partial x}\left(\frac{\partial(\Delta\varphi)}{\partial x}\right)\cdot\frac{s}{s'}\,e' \tag{11}$$

$$\Delta\varphi_2 - \Delta\varphi_1 = ee'\,\frac{s}{s'}\cdot\frac{\partial^2(\Delta\varphi)}{\partial x^2} \tag{12}$$

So wird also die zweite Ableitung von $\Delta\varphi$ nach x in Richtung von e und e' sichtbar gemacht. s'/s ist der Abbildungsmaßstab. Bei orthogonalen Strahltrennungen e und e' wie in **Fig. 2235-3** gilt praktisch:

$$\Delta\varphi_1 = \left(\frac{\partial(\Delta\varphi)}{\partial y}\right)_1 e; \quad \Delta\varphi_2 = \left(\frac{\partial(\Delta\varphi)}{\partial y}\right) e; \tag{13}(14)$$

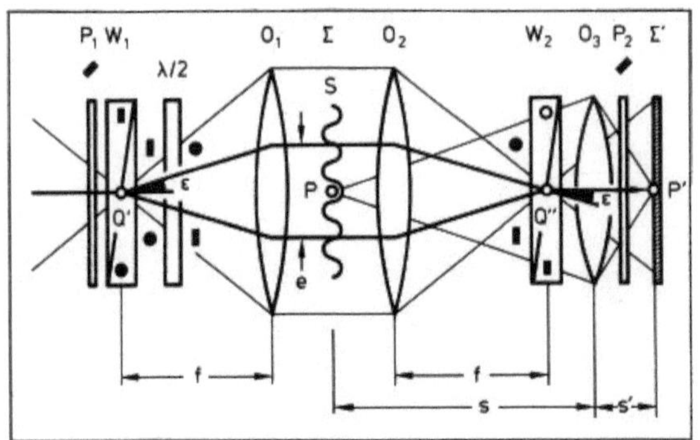
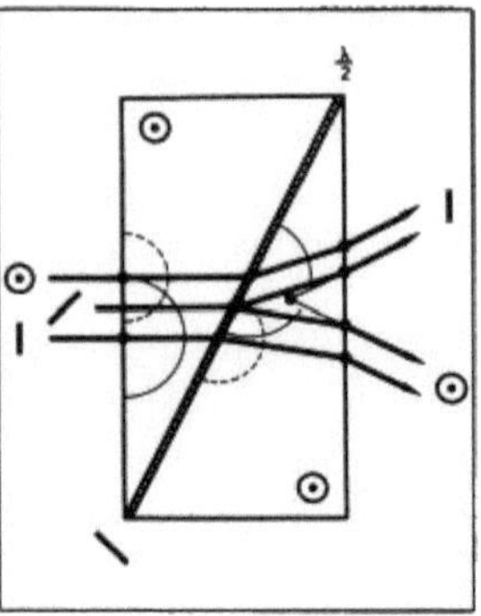

1: 90°-Drehung der Pol. mit λ/2-Platte   2: im Prisma

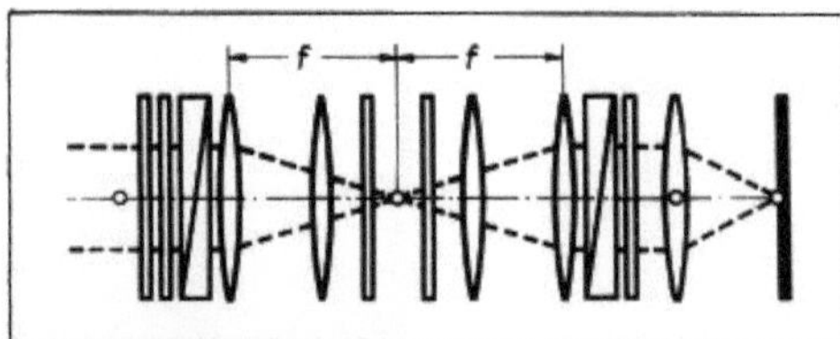

3: Feldlinsen bei den Prismen

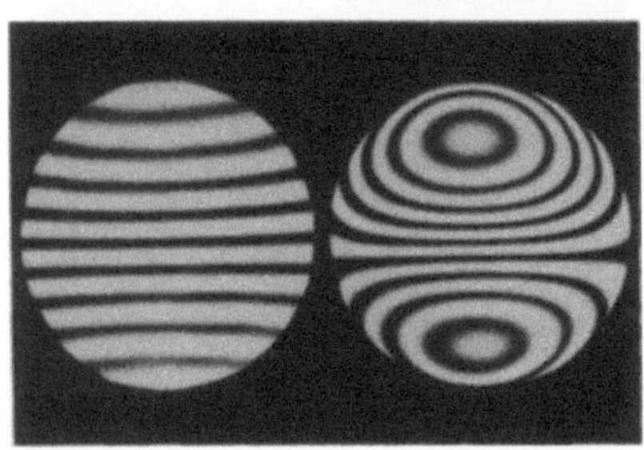
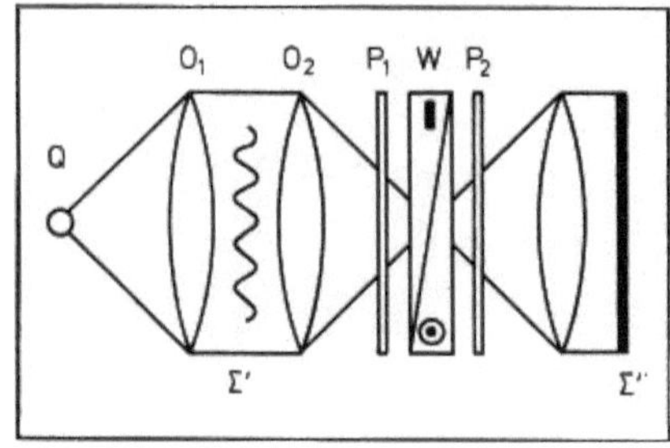

4: Gekrümmte Interf.streifen   5: Punktlicht•Ein Prisma

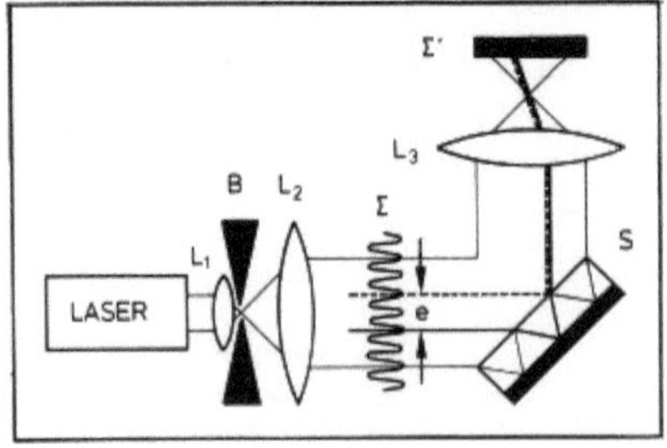
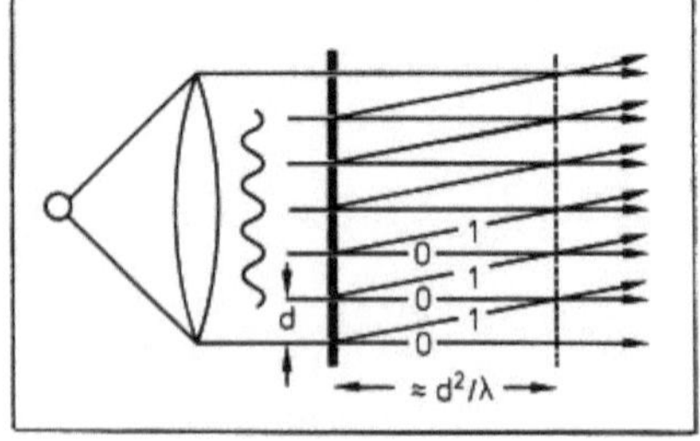

6: Strahltrennung mit Platte   7: mit Beugungsgitter

Fig. 2236: Andere Differentialinterferometer

$$\left(\frac{\partial(\Delta\varphi)}{\partial y}\right)_2 = \left(\frac{\partial(\Delta\varphi)}{\partial y}\right)_1 + \frac{\partial}{\partial x}\left(\frac{\partial(\Delta\varphi)}{\partial y}\right)\frac{s}{s^,}e^, \quad (11) \tag{15}$$

$$\Delta\varphi_2 - \Delta\varphi_1 = ee^, \frac{s}{s^,}\frac{\partial^2(\Delta\varphi)}{\partial x\,\partial y} \tag{16}$$

Auch die Visualisierung dieser gemischten Ableitung ist möglich, weil die
λ/4-Platte die Richtungen von e und e' entkoppelt. Die Komplementärbildspaltung kann auch ohne die λ/4-Platte mit diagonal gestelltem Prisma W3 erfolgen. Damit würde jedoch der Winkel 45° zwischen e und e' vorgegeben.
Fig. 2235-4 zeigt ein mit e' parallel e aufgenommenes Bild des Anfangs eines
Überschallstrahls. In **Fig. 2235-5** ist ein so aufgenommenes Bild des Strahls
und seines Lärms (unten) dem ohne die Komplementärbildspaltung aufgenommenen (oben) gegenübergestellt [964,966].

2.2.3.6 Andere Differentialinterferometer

Das mit Wollastonprismen arbeitende Differentialinterferometer kann noch
auf vielerlei andere Weisen besonderen Meßaufgaben angepaßt werden. So
ist es z.B. möglich, mit Hilfe eines dritten in die Bildebene gestellten
Wollastonprismas [993, 994] oder mit Hilfe des Astigmatismus eines
sphärischen Spiegels [995,996] die Orientierung der Interferenzstreifen
von der Orientierung der Strahltrennung zu entkoppeln. Bei größeren
Strahlspaltungen ε gehen die Teilstrahlen so schief durch die Prismen, daß
sich die in Abschnitt 1.7.1.3 erwähnte Richtungsabhängigkeit der Brechzahlen n_{ex} bemerkbar macht. Die Interferenzstreifen sind dann nicht mehr
gerade, sondern gekrümmt wie in **Fig. 2236-4**. Sie werden dennoch fast gerade,
wenn man irgendwo zwischen W_1 und W_2 eine λ/2-Platte einsetzt und das
Prisma W_2 wendet wie in **Fig. 2236-1** [997]. Die λ/2-Platte dreht die Polarisationsrichtungen der Teilstrahlen um 90°. Damit sorgt sie dafür, daß
jeder der beiden Teilstrahlen fast gleich lange Wege mit fast gleichen
Richtungen als außerordentlicher Strahl zurücklegt. Die Richtungsabhängigkeit von n_{ex} hat so weniger Einfluß auf die Phasenverschiebung $\Delta\varphi_0$. Den
gleichen Effekt hat der Ersatz der beiden Wollastonprismen durch Prismen
der in **Fig. 2236-2** gezeigten Art. Die 90°-Drehung der Polarisationsrichtungen wird hier von der λ/2-Platte zwischen Prismenhälften mit parallelen
statt der orthogonalen optischen Achsen besorgt [989,999]. Beim Arbeiten mit
polychromatischem Licht ist in beiden Fällen zu beachten, daß eine achro-
matische λ/2-Platte erforderlich ist. Auch bei zu großem Verhältnis des
Lichtquellendurchmessers zur Brennweite der Objektive O_1 und O_2 laufen
Strahlen zu schief durch die Prismen, und überdies mit verschiedenen Winkeln. Die Interferenzstreifen werden infolgedessen nicht nur gekrümmt,
sondern auch verwaschen. Das Verwaschen kann man dadurch vermeiden, daß

man mit Feldlinsen bei W_1 und W_2 wie in **Fig.** 2236-3 dafür sorgt, daß alle durch denselben Objektpunkt gehenden Strahlen die Prismen als parallele Strahlen durchsetzen . Die Krümmung läßt sich auch hier mit der $\lambda/2$-Platte vermindern.

Bei Durchleuchtung des Objektes mit dem Licht einer sehr kleinen Punktlichtquelle oder eines Lasers kann auf die Lokalisierung der Interferenz im Objekt verzichtet werden. Dann genügt es, das Objekt mit einem einzigen Parallelstrahlenbündel zu durchstrahlen und hinter dem Objekt Strahlenpaare mit dem Strahlenabstand e zusammenzuführen. Dies kann wie in **Fig.** 2236-5 mit einem einzigen Wollastonprisma zwischen zwei Polarisationsfiltern P_1 und P_2 geschehen [1000-1001]. Aber auch ganz andere Strahlvereiner kommen hier in Frage. Außer den verschiedensten Polarisationsstrahlteilern [1002,1004] kann auch einfach eine rückseitig verspiegelte oder total reflektierende Glasplatte wie in **Fig.** 2236-6 [1005,1006] oder ein Beugungsgitter wie in **Fig.** 2236-7 [1007,1014] eingesetzt werden. Genau genommen werden dann nicht nur je zwei, sondern viele Strahlen vereint. Man kann es aber so einrichten, daß nur je zwei Strahlen merklich beitragen. Bei der Glasplatte sind dies jene Strahlen, welche nur ein- oder zweimal reflektiert worden sind. Beim Gitter kann man durch Formgebung bewirken, daß der Strahlungsfluß fast nur in zwei Beugungsordnungen geht. Interferenzanordnungen solcher Art werden gelegentlich Schliereninterferometer und im englischen Sprachraum Shearinginterferometer genannt. In [1015-1024] wurde über den jeweiligen Stand der Entwicklung und in [1025] über das gemeinsame Prinzip solcher Interferometer berichtet.
Kommt es nicht auf die Aufnahme eines möglichst objekttreuen Bildes, sondern lediglich auf die Messung eines Brechzahlgradienten an, so kann die Beobachtung des Beugungsmusters hinter einer Blende mit zwei Schlitzen genügen. Ohne den Gradienten und in großer Entfernung von der Blende bzw. in der Brennebene einer Zylinderlinse hat es den in Abschnitt 1.6.2.3 besprochenen Verlauf der Bestrahlungsstärke. Eine Phasenverschiebung der aus den zwei Schlitzen kommenden Wellenelemente verändert dieses Beugungsmuster. Diesen Sachverhalt nutzende und gelegentlich Rayleighinterferometer genannte Doppelschlitzinterferometer werden seit 1945 zur Untersuchung von Diffusionen, Sedimentationen und Elektrophoresen verwendet. In [1026] wurde vorgeführt, wie damit Stoßwellen untersucht werden können.

2.2.4 Beugungsverfahren

2.2.4.1 Beugung an Phasenobjekten

Die Lichtwelle wird nicht nur an den in Kapitel 1.6.2 betrachteten Amplitudenobjekten, sondern auch an Phasenobjekten gebeugt. Wird z.B. in einer Objektebene Σ_1 die Phase einer normal einfallenden und ebenen Welle auf der einen Seite der x_1-Achse um γ gegenüber der auf der anderen Seite verschoben, so lautet die Objektfunktion:

$$G_1(y_1) = \begin{array}{ll} \exp(j\gamma) & y_1 > 0 \\ \text{bei} \\ 1 & y_1 < 0 \end{array} \tag{1}$$

Eine für die Fälle $\gamma=\pi$ bzw. $\pi/2$ durchgeführte Rechnung [1027] ergab die in den **Fig. 2241-1** und **2** über $y_2/\sqrt{z_2\lambda}/2$ aufgetragenen $B_2(y_2)/B_2(\infty)$/Verläufe in einer Beobachtungsebene Σ_2 im Abstand z_2 von Σ_1. Die Rechnung ergibt auch hier wie hinter einer Blendenkante einen oszillierenden Verlauf. Im Falle $\gamma=\pi$ ist dieser Verlauf symmetrisch mit $B_2(0)/B_2(\infty)=0$. Die ersten Maxima sind höher als das erste Maximum hinter einer Blendenkante. Im Falle $\gamma=\pi/2$ ist der Verlauf unsymmetrisch mit $B_2(0)/B_2(\infty)=1/2$. Die Oszillationen um $B_2(\infty)$ sind schwächer als im Falle $\gamma=\pi$. Ein solches Beugungsmuster kann z.B. hinter der Kante einer dünnen transparenten Teilbeschichtung einer Glasplatte beobachtet werden. Beugungsmuster ähnlicher Art sind auch bei geraden Verdichtungsstößen zwischen Fenstern zu erwarten, wenn die Stoßdicke kleiner als die Lichtwellenlänge ist. Es handelt sich um Fresnelbeugungsmuster.

Bei den in den folgenden Abschnitten zu besprechenden Verfahren befindet sich kurz hinter der Objektebene eine Sammellinse. Ihr Abstand von der Objektebene ist so klein, daß man ihn vernachlässigen kann. Wir sind am Fraunhoferbeugungsmuster in der hinteren Brennebene interessiert und betrachten das in **Fig. 2241-3** skizzierte Beispiel eines sog. Phasenstreifens mit der Breite b in der Mitte eines x_1-parallelen Spaltes mit der Breite a. Wird die Phase im Streifen um γ gegenüber der beiderseits des Streifens verschoben, so lautet die Objektfunktion:

$$G_1(y_1) = \begin{array}{ll} 0 & |y_1| > a/2 \\ \exp(j\gamma) \quad \text{bei} & |y_1| < b/2 \\ 1 & \frac{b}{2} < |y_1| < a/2 \end{array} \tag{2}$$

Die in Abschnitt 1.6.2.1 besprochene Rechnung ergibt das folgende Verhältnis der Bestrahlungsstärken $B(y_f)$ zur Bestrahlungsstärke B_0 bei $\gamma=0$:

$$\frac{B(y_f)}{B_0} = \left(\frac{\sin\alpha}{\alpha}\right)^2 - 4\frac{b}{a} \cdot \frac{\sin\alpha}{\alpha} \cdot \frac{\sin\beta}{\beta} \cdot \sin^2\frac{\alpha}{2} + 4\left(\frac{b}{a}\right)^2 \left(\frac{\sin\beta}{\beta}\right)^2 \sin^2\frac{\gamma}{2} \tag{3}$$

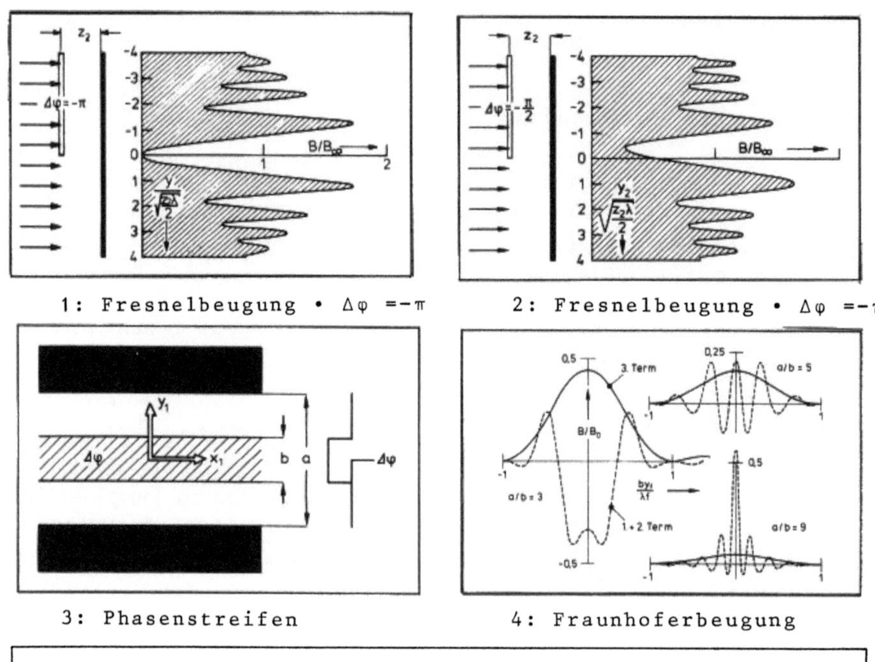

1: Fresnelbeugung · $\Delta\varphi = -\pi$ 2: Fresnelbeugung · $\Delta\varphi = -\pi$

3: Phasenstreifen   4: Fraunhoferbeugung

Fig. 2241: Beugung an Phasenobjekten

mit
$$\alpha = \frac{\pi a y_f}{\lambda f} \quad ; \quad \beta = \frac{\pi b y_f}{\lambda f} \qquad\qquad (4)\,(5)$$

Der erste Term beschreibt den Anteil der Beugung am Spalt und der dritte
den der Beugung am Phasenstreifen. Der zweite Term tritt infolge der Beugung an den nicht verschiebenden Streifen beiderseits des verschiebenden
auf. Der zweite und dritte Term verschwinden bei $\gamma=0$, 2π usw. und außerdem
selbstverständlich im Falle a=b bei allen γ. In **Fig.** 2251-4 sind für die
Fälle a=3b,5b,9b jeweils die Summe des ersten und zweiten Terms sowie der
dritte Term bei $|\gamma|=\pi$ graphisch dargestellt. Je höher das Verhältnis a/b,
umso geringer wird der Einfluß der Blende. Bei hohen a/b→∞ kann man
schließlich klar zwischen einer ungebeugten und sphärisch nach $y_f=0$ konvergierenden Teilwelle und einer deformierten, durch die ganze Brennebene
gehenden Teilwelle unterscheiden. Die erstere wird die direkte und die
letztere die gebeugte genannt. Die gebeugte Teilwelle kommt in der Brennebene mit Bestrahlungsstärken an, die sich von den in Abschnitt 1.6.2.3
betrachteten hinter einem Spalt lediglich durch die Faktoren $4(b/a)^2$ und
$\sin^2(\gamma/2)$ unterscheiden. Der erstgenannte Faktor tritt lediglich wegen
des Bezugs auf B_0 auf und interessiert hier nicht weiter. Der letztgenann-
te hat bei $|\gamma|=\pi$, 3π usw. seinen Größtwert 1, wird bei $|\gamma|=\pi/2$, $3\pi/2$ usw.
gleich 1/2 und verschwindet bei kleinen $\gamma\ll1$ wie $(\gamma/2)^2$. Die ersten Null-
stellen des Beugungsmusters erscheinen bei $|\beta|=\pi$ d.h. bei $|y_f/f|=\lambda/b$. Je
schmaler der Phasenstreifen, umso breiter wird jener Bereich der Brennebenen, durch welchen merkliche Anteile der gebeugten Welle gehen.

2.2.4.2 Eingriff in die kohärente Abbildung

Die Fraunhoferbeugung teilt die eben einfallende Welle in zwei Teilwellen, die verschiedene Wege gehen. Im Idealfall vernachlässigbarer Begrenzung durch die Öffnung der Sammellinse läuft die sog. direkte Welle sphärisch konvergierend zum Brennpunkt. Die sog. gebeugte Welle durchsetzt mehr oder weniger deformiert die Brennpunktumgebung. Wird die Objektebene Σ in einer Bildebene Σ' abgebildet, so werden in den Bildpunkten die von den Objektpunkten kommenden Paare von Teilwellenelementen wieder vereint und interferieren. Sie treffen dort mit denselben Phasenverschiebungen und Amplitudenverhältnissen ein, mit denen sie die Objektpunkte verließen. Kommen sie aus einem reinen Phasenobjekt, so haben die resultierenden Wellenelemente in den Bildpunkten wie in den Objektpunkten alle die gleiche Amplitude. Die Phasenstrukturen bleiben nach wie vor unsichtbar. Es bedarf eines die Amplituden der resultierenden Wellenelemente ändernden Eingriffs, um ihre im Objekt entstandenen Phasenverschiebungen sichtbar zu machen. Dieser Eingriff wird am besten in der Brennebene der Sammellinse vorgenommen, weil dort und nur dort die gebeugte und die direkte Teilwelle ganz getrennt auftreten. Wir werden sie von jetzt an die Eingriffsebene nennen. Dabei wäre es möglich, die eine Sammellinse auch für die Abbildung zu verwenden. Für die Visualisierungen von Strömungen wird jedoch wie beim Schlierenverfahren die in **Fig. 2242-1** gezeigte Optik vorgezogen. Hier wie dort sorgt die Verflechtung der Objektabbildung mit der Lichtquellenabbildung für gleichmäßige Ausleuchtung des Bildfeldes ohne Vignettierung. Im Folgenden wird wieder angenommen, daß die Abstände zwischen der Objektebene Σ und dem Objektiv O_2 sowie zwischen der Eingriffsebene Σ_f und dem Objektiv O_3 soviel kleiner als die Brennweite f_2 von O_2 sind, daß man sie vernachlässigen kann. Mit $z=f_2$ ergibt sich dann der Abbildungsmaßstab $z'/z=f_3/(f_2-f_3)$. Wir nehmen vereinfachend an, daß auch $z'=f_2$ d.h. $f_2=2f_3$ und damit $z'/z=1$ sei, und wir vereinbaren positive Vorzeichen der Koordinaten x', y' in der Bildebene Σ' bei positiven Vorzeichen der Koordinaten x, y in der Objektebene Σ.

Wie bei den Schlierenverfahren, so sind auch hier verschiedene Eingriffe möglich. In den folgenden Abschnitten werden die in **Fig. 2242-2** skizzierten Eingriffe der folgenden Beugungsverfahren besprochen: Dunkelfeldverfahren (D), Feldabsorptionsverfahren (F), Phasenkontrastverfahren (P), Gegenfeldverfahren (G) und Schneidenverfahren (S). Bei den Schlierenverfahren handelt es sich um Eingriffe in die inkohärente Abbildung des Objektes. Sie werden am strahlenoptischen Bild einer vergleichsweise großen und scharf zu berandenden Lichtquelle vorgenommen. Die Beugungsverfahren greifen hingegen in die in Abschnitt 1.6.2.4 besprochene kohärente Abbildung ein. Die Lichtquelle muß so klein sein, daß ihre Abmessungen keinen merklichen Einfluß auf das in der Eingriffsebene auftretende Fraunhoferbeugungsmuster haben. Mit Schlierenverfahren werden Strahlablenkungen, mit den Beugungsverfahren aber Phasenverschiebungen sichtbar gemacht. Erfüllt die Lichtquelle weder die eine noch die andere

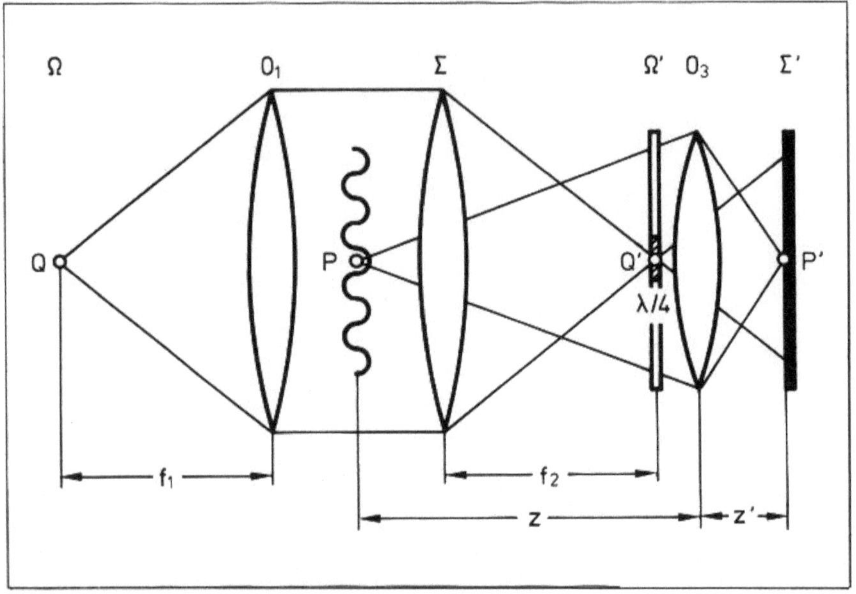

1: Eingriffsebene Σ_f

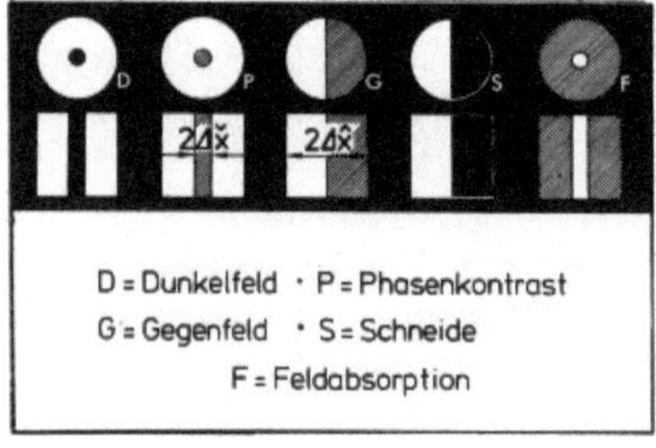

2: Eingriffe

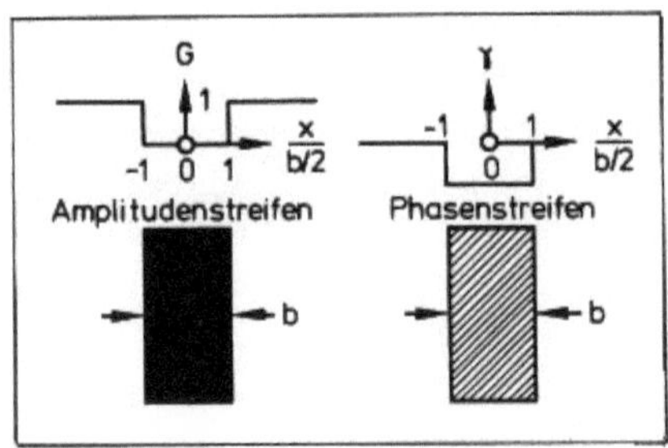

3: Objektbeispiele

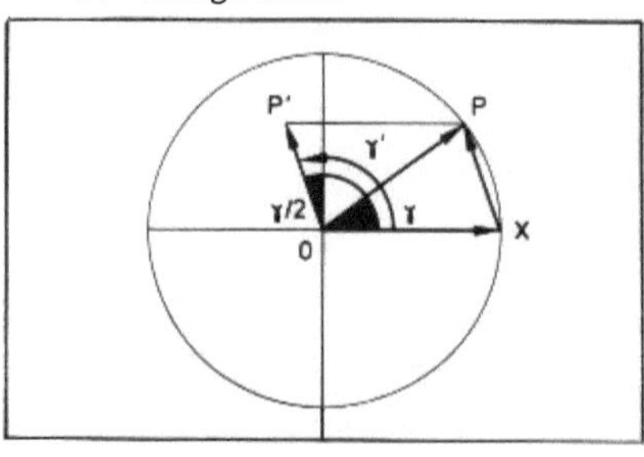

4: Zerlegung des Zeigers $\overrightarrow{OP}$

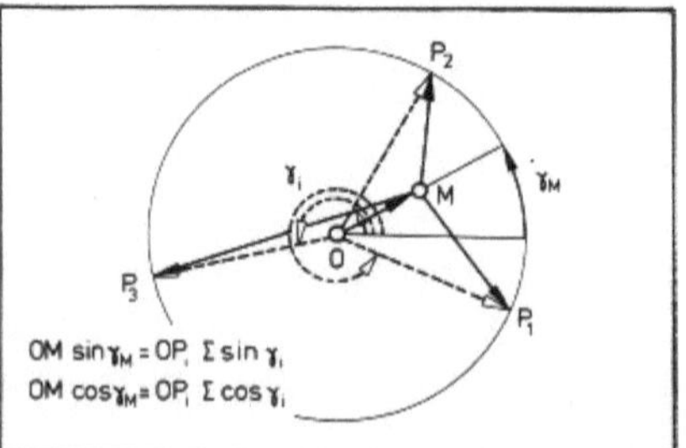

5: der mittlere Zeiger $\overrightarrow{OM}$

Fig. 2242: Eingriff in die kohärente Abbildung

Bedingung hinreichend gut, so kann man zwar auch interessant aussehende Bilder erhalten, kann diese aber nicht sicher interpretieren.

Die Wirkung der verschiedenen Eingriffe in die kohärente Abbildung kann mit den in Abschnitt 1.6.2.4 angeschriebenen Gleichungen berechnet werden. Als besonders einfache Lehrbeispiele werden wie in [9] die Wiedergaben des in **Fig.** 2242-3 links skizzierten vollkommen undurchsichtigen Amplitudenstreifens und rechts skizzierten vollkommen durchsichtigen Phasenstreifens betrachtet. Die Erregungen unmittelbar hinter dem Amplitudenstreifen werden mit der Objektfunktion

$$G_1(x) = 1/2 \quad \text{bei} \quad \begin{array}{l} |x| < b/2 \\ |x| = b/2 \\ b/2 < |x| < |\hat{x}| \end{array} \tag{1}$$

und die hinter dem Phasenstreifen mit der Objektfunktion

$$G_2(x) = \begin{array}{l} \exp(j\gamma) \\ 1/2\,[1 + \exp(j\gamma)] \\ 1 \end{array} \quad \text{bei} \quad \begin{array}{l} |x| < b/2 \\ |x| = b/2 \\ b/2 < |x| < |\hat{x}| \end{array} \tag{2}$$

beschrieben. In den folgenden Abschnitten wird mit $|\hat{x}| \to \infty$ gerechnet. Damit wird angenommen, daß man die Begrenzung durch die Öffnung von O_2 vernachlässigen kann.

Die Objektfunktion $G(x)$ hat ein Raumfrequenzspektrum $F(\nu_x)$. Es gilt:

$$G(x) = K \int_{-\infty}^{\infty} F(\nu_x)\, e^{j2\pi\nu_x x}\, d\nu_x \quad ; \quad KF(\nu_x) = \int_{-\infty}^{\infty} G(x)\, e^{-j2\pi\nu_x x}\, dx \tag{3}\,(4)$$

In der Eingriffsebene Σ_f treten Erregungen auf, die an Orten $x_f - f\lambda\nu_x$ zu den $F(\nu_x)$ proportional sind. Der Eingriff multipliziert dort die $F(\nu_x)$ mit einer Eingriffsfunktion $E(\nu_x)$, von der wir annehmen, daß sie wie die Erregungen nicht von y_f abhängt. Die Begrenzung durch die Öffnung von O_3 hat zur Folge, daß $E(\nu_x)$ jenseits einer gewissen Raumfrequenz ν_x verschwindet In den folgenden Abschnitten wird auch mit $|\hat{\nu}_x| \to \infty$ gerechnet. Der Einfluß der Berandungen von O_2 und O_3 wird vernachlässigt. Wegen der Multiplikation von $F(\nu_x)$ mit $E(\nu_x)$ treten in der Bildebene Σ' Erregungen auf, die nicht mehr zur Objektfunktion $G(x)$, sondern zu der folgenden Bildfunktion $G'(x')$ proportional sind:

$$G'(x') = K \int_{-\infty}^{\infty} E(\nu_x)\, F(\nu_x) e^{j2\pi\nu_x x'}\, d\nu_x \tag{5}$$

Zwischen $G'(x')$ und $G(x)$ besteht jetzt der Zusammenhang:

$$G'(x') = \iint_{-\infty}^{\infty} E(\nu_x)\, G(x)\, e^{j2\pi(x'-x)\nu_x}\, d\nu_x\, dx \tag{6}$$

Für die Helligkeitsempfindung des Auges oder die Schwärzung des Films sind die Bestrahlungsstärken maßgebend. Diese sind zu den Quadraten der Beträge der im allgemeinen komplexen $G'(x')$ proportional. Als Ergebnisse der Rechnungen werden die auf die Proportionalitätskonstante bezogenen Bestrahlungsstärken B(x') angegeben:

$$B(x') = |G'(x')|^2 \tag{7}$$

Mit solchen Rechnungen wird nur die Wiedergabe kleiner und besonders einfacher Objekte in einem weiten und von weiteren Objekten freien Objektfeld betrachtet. Bei der Visualisierung von Strömungen hat man es jedoch meist mit einer Vielzahl verschiedenster Phasenstrukturen zu tun, die das gesamte Objektfeld erfüllen. Wie sich dies auswirkt, könnte man so nur noch mit großem Rechenaufwand erfahren. Es gibt einen zweiten Weg zum Verständnis der Wirkungsweisen der Beugungsverfahren, der auch in solchen Fällen der bei weitem kürzere ist. Die Wirkung des Eingriffs auf die Erregung im Bildpunkt P' bei einer Phasenverschiebung γ der Erregung in einem Objektpunkt P kann in einem Zeigerdiagramm der in Abschnitt 1.1.1.2 besprochenen Art graphisch dargestellt werden. Wir betrachten zunächst den Fall, daß gar kein Eingriff erfolgt, und hier zunächst den Fall eines einzigen kleinen Phasenobjektes in einem weiten Objektfeld. In **Fig. 2242-4** wird die Erregung in einem Punkt P dieses Phasenobjektes durch den Zeiger $\overrightarrow{OP}$ repräsentiert. Dieser Zeiger kann als der resultierende von vielerlei Paaren von Zeigern aufgefaßt werden. Uns interessiert jenes eine Paar von Zeigern, welches die Teilung der Erregung in P in die des zum Brennpunkt gehenden direkten Wellenelementes und die des irgendwo durch die Brennpunktumgebung gehenden gebeugten Wellenelementes wiedergibt. Ein Wellenelement geht zum Brennpunkt, wenn es sich weder in der Amplitude noch in der Phase von dem praktisch unverändert aus der Objektebene austretenden Teil der einfallenden Welle unterscheidet. Die Erregung des direkten Wellenelementes wird durch den Zeiger $\overrightarrow{OX}$ repräsentiert. Damit ergibt sich für die Erregung des gebeugten Wellenelementes der Zeiger $\overrightarrow{XP}$. Das Diagramm informiert über ihre Phasenverschiebung $\gamma'=(\pi+\gamma)/2$ und mit PX/OP=2sin(γ/2) über ihre Amplitude. Ohne Eingriff kommen die beiden Wellenelemente mit unveränderter Phasenverschiebung und unverändertem Amplitudenverhältnis zum Bildpunkt P'. Dann wird mit demselben Zeigerdiagramm auch die Vereinigung der beiden Teilerregungen zur resultierenden Erregung in P' dargestellt. Man erkennt schon hier, daß dies bei einer Änderung der Länge oder des Winkels von $\overrightarrow{XP}$ oder $\overrightarrow{OX}$ nicht mehr der Fall ist. Ein solcher Eingriff wird im allgemeinen eine andere, nicht durch den Zeiger $\overrightarrow{OP}$, sondern durch einen anderen Zeiger $\overrightarrow{OP}'$ repräsentierte Erregung im Bildpunkt P' ergeben.

Viele Phasenobjekte im begrenzten Objektfeld bewirken, daß dahinter kaum noch Erregungen ohne Phasenverschiebung gegenüber der davor existieren. Dann sind es auch nicht mehr die unverschobenen Wellenelemente, die zum Brennpunkt gehen. In jedem Fall existiert hinter der Objektebene eine mittlere Erregung mit einer mittleren Amplitude bei mittlerer Phasenverschiebung gegenüber der Erregung der einfallenden Welle. Im Zeigerdiagramm wird sie durch einen Zeiger $\overrightarrow{OM}$ repräsentiert, dessen Länge

OM und Phasenverschiebung γ_M die beiden folgenden Bedingungen erfüllen:

$$OM = \frac{\Sigma OP_i \cos(\gamma_i - \gamma_M) F_i}{\Sigma F_i} \quad ; \quad \Sigma \sin(\gamma_i - \gamma_M) F_i = 0 \qquad (8)\,(9)$$

Darin sind die F_i jene Flächen der Objektebene, in welchen die Erregungen von Zeigern $\overrightarrow{OP}_i$ mit Längen OP_i und Winkeln γ_i repräsentiert werden können. Der Zeigerendpunkt P_M ist der Schwerpunkt der mit den F_i gewichteten Zeigerendpunkte P_i. In Fig. 2242-5 ist seine Lage für den Modellfall von nur drei Zeigern $\overrightarrow{OP}_i$ bei gleichen F_i skizziert. Man kann jeden dieser Zeiger als resultierend aus einem Zeiger $\overrightarrow{OM}$ und einem Zeiger $\overrightarrow{MP}_i$ ansehen. Die von den $\overrightarrow{OM}$ repräsentierten Komponenten der Erregung haben im ganzen Objektfeld die gleiche Amplitude und Phase. Jetzt sind die mit diesen Teilerregungen startenden Wellenelemente die direkten und gehen zum Brennpunkt. Die anderen von den $\overrightarrow{MP}_i$ repräsentierten gehen am Brennpunkt vorbei. In der Bildebene ist jetzt die Zusammensetzung der Zeiger $\overrightarrow{OM}$ und $\overrightarrow{MP}_i$ zu betrachten. Ohne Eingriff resultieren wieder die Zeiger $\overrightarrow{OP}_i$. Ein Eingriff ändert $\overrightarrow{OM}$ oder die $\overrightarrow{MP}_i$ oder beide, und hat so andere resultierende Zeiger $\overrightarrow{OP}_i$, d.h. andere von den γ_i abhängende Amplituden der Erregung in den Bildpunkten P_i' zur Folge.

In jedem Fall ist das Verhältnis der Bestrahlungsstärke in einem Bildpunkt P' zu jener, welche man dort ohne den Eingriff haben würde, gleich dem Quadrat des Längenverhältnisses OP'/OP. Ist der Eingriff bekannt, so kann man mit dem Zeigerdiagramm Punkt für Punkt $(OP_i'/OP_i)^2$ bei gegebenem γ_i oder γ_i bei gemessenen $(OP_i'/OP_i)^2$ konstruieren. Bei einem einzigen kleinen Phasenobjekt in einem weiten und ansonsten strukturlosen Objektfeld ist dies eine einfache Aufgabe. Bei stark strukturiertem Objektfeld muß dazu zunächst der Zeiger $\overrightarrow{OM}$ ermittelt werden.

Alle Beugungsverfahren wurden bisher nur selten verwendet, um Strömungen sichtbar zu machen. Sie können aber oft sehr wohl mit den anderen Visualisierungsverfahren konkurrieren und sind in gewissen Fällen sogar besser geeignet. Ihre Entwicklung hat außerdem zum Verständnis unerwünschter Beugungseffekte beigetragen, die bei den anderen Visualisierungsverfahren dann auftreten können, wenn die Lichtquelle zu klein ist, oder wenn mit dem Licht eines Lasers gearbeitet wird.

2.2.4.3 Dunkelfeldverfahren

Am leichtesten ist der Eingriff des Dunkelfeldverfahrens zu realisieren. Hier wird einfach mit einem winzigen schwarzen und im Brennpunkt des Objektivs O_2 zentrierten Fleck auf einer Glasplatte das gesamte direkte Licht absorbiert. Das gebeugte geht daran vorbei. Befindet sich nur ein kleines Phasenobjekt im Objektfeld, so wird im Zeigerdiagramm wie in Fig. 2243-1 der Zeiger $\overrightarrow{OX}$ weggenommen. Im Bildpunkt erscheint nur noch die vom Zeiger $\overrightarrow{OP}'$ mit der Länge und Richtung von $\overrightarrow{XP}$ repräsentierte Erregung.

Die relative Bestrahlungsstärke B ist gleich dem Quadrat des Längenverhältnisses OP'/OP. Wir entnehmen dem Diagramm, daß sie B=2 (1-cosγ) beträgt. Sie verschwindet bei γ=0. Die Umgebung eines Phasenobjektes erscheint also vollkommen dunkel. Daher der Name dieses Verfahrens. Im Bild des Phasenobjektes kann B zwischen 0 und 4 betragen. Bei Beugungen im ganzen Objektfeld liegen die in **Fig. 2243-2** für unser Dreizeigerbeispiel skizzierten Verhältnisse vor. Wegen der Wegnahme des Zeigers $\overrightarrow{OM}$ werden die resultierenden Erregungen im Bild nicht mehr durch die Zeiger $\overrightarrow{OP}_i$, sondern durch die Zeiger $\overrightarrow{MP}_i$ repräsentiert.

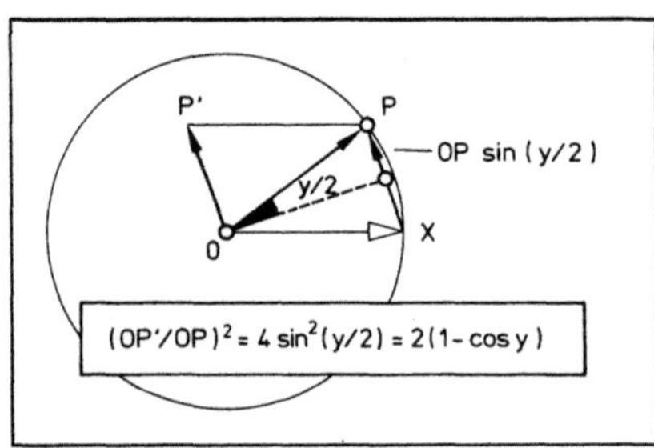

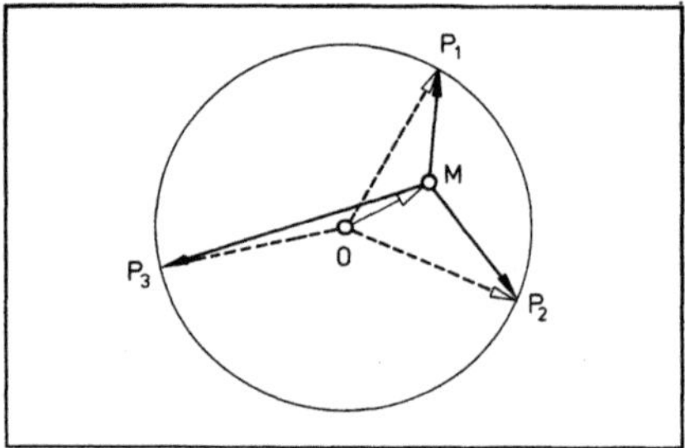

1: Wegnahme des Zeigers $\overrightarrow{OX}$ 2: Wegnahme des Zeigers $\overrightarrow{OM}$

Fig. 2243: Dunkelfeldverfahren

In die Rechnung mit den Objektfunktionen $G_1(x)$ des Amplitudenstreifens und $G_2(x)$ des Phasenstreifens ist die Eingriffsfunktion

$$E(\nu_x) = \begin{cases} 0 & |\nu_x| < |\check{\nu}_x| \\ 1 & \text{bei } |\check{\nu}_x| < |\nu_x| < |\hat{\nu}_x| \\ 0 & |\nu_x| > |\hat{\nu}_x| \end{cases} \tag{1}$$

einzusetzen. Im Idealfall $\check{\nu}_x \to 0$ und $\hat{\nu}_x \to \infty$ ergeben sich die folgenden Ausdrücke für die relativen Bestrahlungsstärken:

$$B_1(x') = \begin{cases} 1 & |x'| < b/2 \\ \text{bei} \\ 0 & |x'| > b/2 \end{cases} \tag{2}$$

$$B_2(x') = \begin{cases} 2(1-\cos\gamma) & |x'| < b/2 \\ \text{bei} \\ 0 & |x'| > b/2 \end{cases} \tag{3}$$

Beide Streifen werden gleichmäßig hell in vollkommen dunkler Umgebung wiedergegeben. Dabei kann der Phasenstreifen je nach seiner Phasenverschiebung heller oder dunkler als der Amplitudenstreifen erscheinen. Im Falle cos γ=1/2 kann man ihn nicht vom Amplitudenstreifen unterscheiden.

Bei kleinen $\gamma \ll 1$ gilt näherungsweise:

$$B_2^!(\gamma \ll 1, |x'| < b/2) = \gamma^2 \tag{4}$$

Das Dunkelfeldverfahren wurde schon lange vor Erfindung der anderen Beugungsverfahren in Mikroskopen verwendet, um transparente Mikroorganismen sichtbar zu machen. Die γ^2-proportionale d.h. sehr schwache Wiedergabe von kleinen γ gab den Anlaß, nach empfindlicheren Verfahren zu suchen.

2.2.4.4 Feldabsorptionsverfahren

Der Eingriff des Feldabsorptionsverfahrens läßt das direkte Licht durch und schwächt das gebeugte. Die Schwächung kann mit einer geschwärzten Glasplatte erfolgen, in deren Mitte sich ein winziger, vollkommen durchlässiger und im Brennpunkt zu zentrierender Fleck befindet. Das Zeigerdiagramm wird hier übersichtlicher, wenn man statt der Schwächung des gebeugten eine äquivalente Verstärkung des direkten Lichtes betrachtet. Bei einem kleinen Phasenobjekt im ansonsten strukturlosen Objektfeld liegen dann die in **Fig. 2244-1** gezeigten Verhältnisse vor. Die äquivalente Verstärkung macht aus dem Zeiger $\overrightarrow{OX}$ einen längeren Zeiger $\overrightarrow{O'X}$. Die resultierende Erregung in einem Bildpunkt P' ist dann nicht mehr gleich der im Objektpunkt P. Sie wird nicht mehr durch den Zeiger $\overrightarrow{OP}$, sondern durch den Zeiger $\overrightarrow{O'P}$ repräsentiert. Wir erfahren das Verhältnis ihrer Amplitude zu der in P, indem wir das Längenverhältnis O'P|OP mit dem Amplitudenschwächungsfaktor e des Eingriffs multiplizieren. Wir finden anhand des Zeigerdiagramms, daß jetzt die relative Bestrahlungsstärke $B=(eO'P|OP)^2$ in der folgenden Weise von γ abhängt:

$$B(\gamma) = 1 - 2e(1-e)(1-\cos \gamma) \tag{1}$$

Bei $\gamma=0$ ist jetzt B(0)=1. Die Abweichungen B(γ)-B(0) bei anderem γ sind im Falle e=1/2 am größten. Hier gilt B(γ)-B(0)=-(1-cos γ)/2. Selbst hier sind sie beim Dunkelfeldverfahren viermal so groß. Bei einem kleinen Phasenobjekt ist also das Dunkelfeldverfahren besser.

Das Feldabsorptionsverfahren wurde 1951 [1028] für die Visualisierung von Strömungen vorgeschlagen, die das Licht im ganzen Objektfeld beugen. **Fig. 2244-2** demonstriert am Dreizeigerbeispiel, daß dann ganz andere Verhältnisse vorliegen können. Der Zeiger $\overrightarrow{OM}$ kann dann viel kürzer sein als die Zeiger $\overrightarrow{OP}_i$ Seine Verkürzung um einen Faktor e hätte eine kleinere Wirkung als jene Verlängerung um den Faktor 1/e, welche der Verkürzung aller Zeiger $\overrightarrow{OP}_i$ um den Faktor e äquivalent ist. Es ist günstig, den Faktor 1/e so zu wählen, daß O' auf dem Kreis mit OP_i um O liegt wie in **Fig. 2244-2**. Das Beispiel zeigt, daß sich tatsächlich beträchtliche Unterschiede der Zeigerlängen $O'P_i$ ergeben.

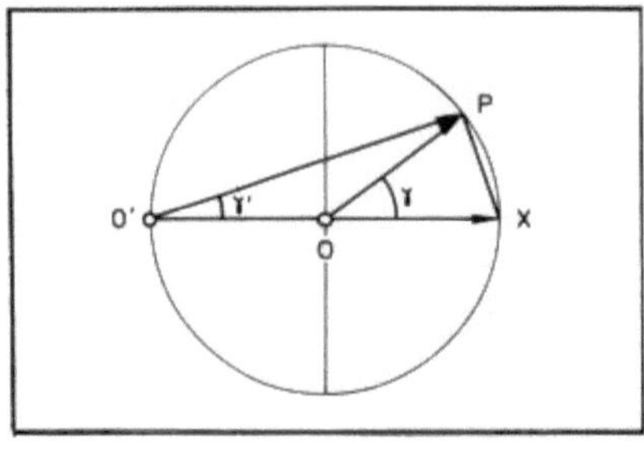

1: Äquiv. $\overrightarrow{OX}$-Verlängerung

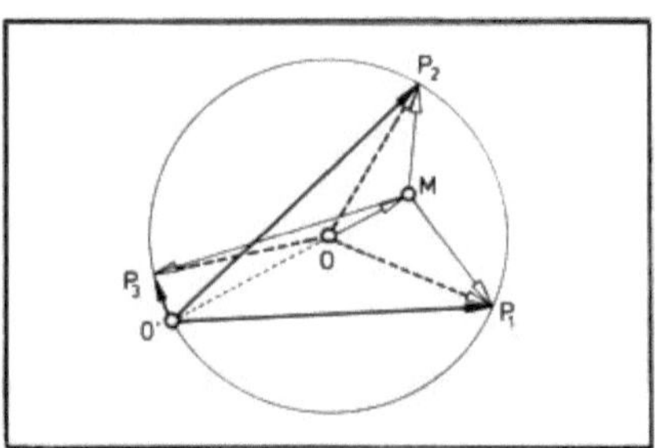

2: Aquiv. $\overrightarrow{OM}$-Verlängerung

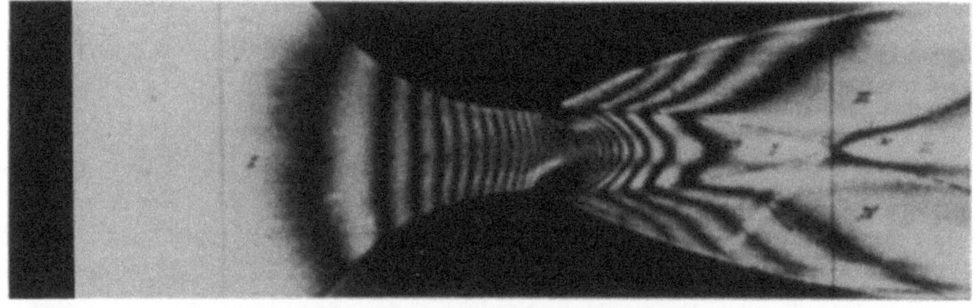

3: zentraler-vertikaler-Spalt • Expansion in M3-Düse

4: horizontal versetzter vertikaler Spalt • M3-Düse

Fig. 2244: Feldabsorptionsverfahren

Bei der Visualisierung von Strömungen hat man es selbstverständlich nicht nur mit drei sondern mit sehr vielen Zeigern $\overrightarrow{OP_i}$ zu tun. Sind die Phasenverschiebungen γ_i groß, so erscheint das Bild wegen der 2π-Periodizität mit Streifen durchzogen, an denen man die γ_i ablesen kann. Sind die γ_i klein, so kann es sich lohnen, zu den γ_i im Phasenobjekt linear wachsende $\gamma_0(x)$ in einem Glaskeil zu addieren. Die γ_i werden dann als kleine Verschiebungen ansonsten paralleler und äquidistanter Interferenzstreifen sichtbar. Anstatt mit einer Punktlichtquelle und einem durchsichtigen Fleck kann auch mit einer Linienlichtquelle und einem durchsichtigen Spalt gearbeitet werden. Wird dieser Spalt nicht auf die Brennlinie, sondern mit einem kleinen Abstand daneben gesetzt, so treten ebenfalls

Interferenzstreifen auf. Die **Fig. 2244-3 und 4** zeigen Beispiele [1028]. Die γ_i-Auswertung ist nicht so einfach wie beim Mach/Zehnder-Interferometer, weil die Bestrahlungsstärke B in einem Bildpunkt P' nicht nur von γ im Objektpunkt P abhängt, sondern auch von den anderen γ_i im ganzen Objektfeld.

2.2.4.5 Phasenkontrastverfahren

Das Phasenkontrastverfahren wurde 1932 von F. ZERNIKE für die Prüfung der Bauteile astronomischer Fernrohre entwickelt [1029] Kurz danach wurde erkannt, daß es gut geeignet ist, transparente Mikroorganismen sichtbar zu machen [1030-1033]. Wegen bedeutender Fortschritte, die mit Hilfe des Phasenkontrastmikroskops auf dem Gebiet der Medizin erzielt werden konnten, wurde F. ZERNIKE 1953 der Nobelpreis verliehen. Der Eingriff erfolgt mit einem Phasenschieber, der die Phase des direkten Lichtes gegen die des gebeugten verschiebt. Es kann vorteilhaft sein, außerdem die Amplitude des direkten Lichtes zu schwächen.
Wir betrachten zunächst wieder anhand von Zeigerdiagrammen den Fall eines kleinen Phasenobjektes in einem ansonsten strukturlosen und weiten Objektfeld. Wir nehmen dabei an, daß der Eingriff das direkte Licht nicht schwächt und seine Phase um $\varepsilon=+\pi/2$ oder $-\pi/2$ verschiebt. Wieder wird in den **Fig. 2245-1 bis 4** die Erregung in einem Objektpunkt P durch den Zeiger $\overrightarrow{OP}$ repräsentiert, ihre direkte Komponente durch den Zeiger $\overrightarrow{OX}$ und ihre gebeugte Komponente durch den Zeiger $\overrightarrow{XP}$. Der Eingriff dreht den Zeiger $\overrightarrow{OX}$ um den Winkel $\varepsilon=+\pi/2$ bzw. $-\pi/2$ in die Lage $\overrightarrow{OX'}$. Die Zusammensetzung mit dem Zeiger $\overrightarrow{XP}$ ergibt dann den resultierenden Zeiger $\overrightarrow{OP'}$. Dieser repräsentiert die Erregung im Bildpunkt P'. Wir entnehmen den Diagrammen, daß die relative Bestrahlungsstärke $B=(OP'/OP)^2$ folgendermaßen von γ abhängt:

$$B = 3-2(\cos \gamma \pm \sin \gamma) \quad \text{bei} \quad \varepsilon = \pm \pi/2 \tag{1}$$

Sie wird bei $\gamma=0$ und außerdem im Falle $\varepsilon=+\pi/2$ bei $\tan(\gamma/2)=1$ sowie im Falle $\varepsilon=-\pi/2$ bei $\tan(\gamma/2)=-1$ gleich 1 und kann nicht kleiner werden als $3-2\sqrt{2}$ sowie nicht größer als $3+2\sqrt{2}$. **Fig. 2245-5** zeigt, daß es einer anderen Drehung ε und einer passenden Verkürzung $e=OX'/OX$ des Zeigers $\overrightarrow{OX}$ bedarf, um den resultierenden Zeiger $\overrightarrow{OP'}$ zu löschen, d.h. vollständige Dunkelheit in einem Bildpunkt P' zu erzielen. Wir entnehmen dem Zeigerdiagramm, daß dazu ε und e bei γ die folgenden Bedingungen erfüllen müssen:

$$e^2 = 2(1 - \cos \gamma) \quad ; \quad \tan \varepsilon = - \frac{\sin \gamma}{1-\cos\gamma} \tag{2} \tag{3}$$

Eine Übersicht über die Zusammenhänge bei allen möglichen ε und e und auch über die Wiedergabe von Amplitudenobjekten kann man sich wieder mit der Berechnung der Bildfunktionen zu den Objektfunktionen $O_1(x)$ des Amplitudenstreifens und $O_2(x)$ des Phasenstreifens beschaffen. Die Eingriffsfunktion lautet:

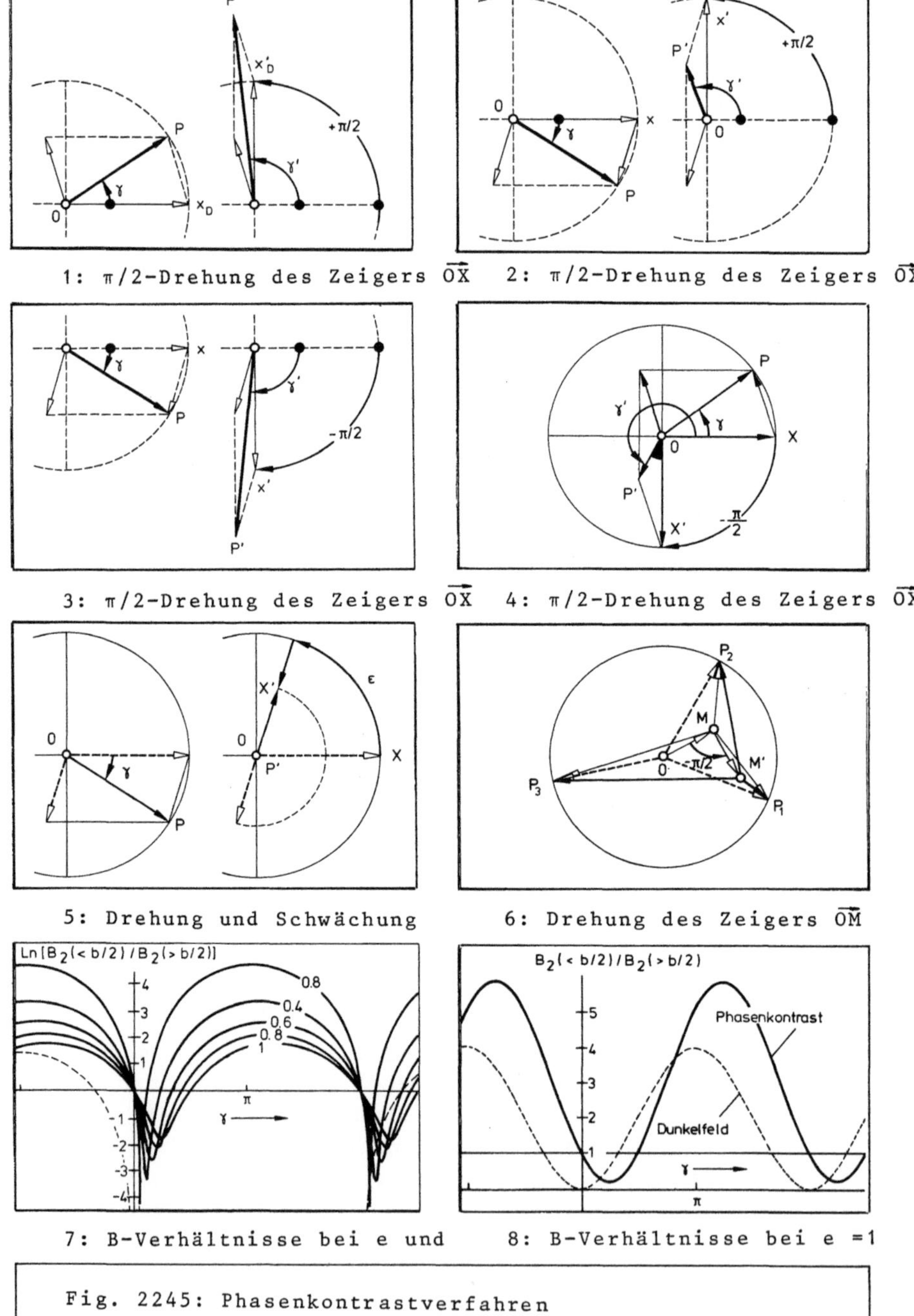

1: $\pi/2$-Drehung des Zeigers $\overrightarrow{OX}$ 2: $\pi/2$-Drehung des Zeigers $\overrightarrow{OX}$

3: $\pi/2$-Drehung des Zeigers $\overrightarrow{OX}$ 4: $\pi/2$-Drehung des Zeigers $\overrightarrow{OX}$

5: Drehung und Schwächung 6: Drehung des Zeigers $\overrightarrow{OM}$

7: B-Verhältnisse bei e und 8: B-Verhältnisse bei e =1

Fig. 2245: Phasenkontrastverfahren

$$E(\nu_x) = \begin{cases} e \cdot \exp(j\varepsilon) & |\nu_x| < |\check{\nu}_x| \\ 1 & \text{bei} \quad |\check{\nu}_x| < |\nu_x| < |\hat{\nu}_x| \\ 0 & |\nu_x| > |\hat{\nu}_x| \end{cases} \tag{4}$$

Der Phasenschieber hat eine Breite $2\check{x}_f$ und erfaßt damit Raumfrequenzen $\nu_x = x_f\lambda/f$ unter $\check{\nu}_x = x_f\lambda/f$. Das Spektrum der am Bildaufbau beteiligten Raumfrequenzen wird außerdem im allgemeinen von einer in der Eingriffsebene befindlichen Blende mit der Breite $2\hat{x}_{f1}$ bei $\hat{\nu}_x = x_f\lambda/f$ abgeschnitten. Wir betrachten den Idealfall $\check{\nu}_x \to 0$ und $\hat{\nu}_x \to \infty$. Die Rechnung ergibt unter diesen Voraussetzungen den folgenden Ausdruck für die relativen Bestrahlungsstärken $B_1(x')$ im Bild des Amplitudenstreifens:

$$B_1(x') = \begin{cases} 1 + e^2 & |x'| < b/2 \\ & \text{bei} \\ e^2 & |x'| > b/2 \end{cases} \tag{5}$$

Bei allen e ist es im Streifen heller als außen. Wird das direkte Licht nicht geschwächt, so ist e=1 und wird $B_1(|x'|<b/2)=1$. Wird andererseits das direkte Licht ganz absorbiert, so ist e=0 und wird $B_1(|x'|<b/2)=1$ und $B_1(|x'|>b/2)=0$. Für die relative Bestrahlungsstärke $B_2(x')$ des Phasenstreifens kommt:

$$B_2(x') = \begin{cases} (1-\cos\gamma+e\cos\varepsilon)^2+(\sin\gamma-e\sin\varepsilon)^2 & |x'| < b/2 \\ & \text{bei} \\ e^2 & |x'| > b/2 \end{cases} \tag{6}$$

Außerhalb des Streifens ist $B_2(x')$ ebenso groß wie $B_1(x')$. Insbesondere wird es hier im Falle e=0 ebenfalls vollkommen dunkel. Das Phasenkontrastverfahren wird dann zum Dunkelfeldverfahren mit

$$B_2'(|x'|<b/2, e=0) = 2(1-\cos\gamma) \tag{7}$$

wie in Abschnitt 2.2.4.3. Wie das Zeigerdiagramm in **Fig. 2245-5**, so ergibt selbstverständlich die Rechnung, daß $B_2(|x'|<b/2)=0$ wird, wenn ε und e die Bedingungen (2) und (3) erfüllen. In diesem Fall wird:

$$B_2(|x'|>b/2, e = -2\sin\gamma/2) = 2(1 - \cos\gamma) \tag{8}$$

Die Wiedergabe des Streifens und seiner Umgebung ist dann zu der mit dem Dunkelfeldverfahren komplementär. Besteht zwischen ε, e und γ der Zusammenhang

$$\frac{1-e\cos\varepsilon}{e\sin\varepsilon}\tan(\gamma/2) = -1 \;, \tag{9}$$

so werden die Bestrahlungsstärken innerhalb und außerhalb des Streifens gleich. Der Streifen bleibt unsichtbar. Ist e=1, so ist dies z.B. bei $\tan(\varepsilon/2)\,\tan(\gamma/2)=-1$, d.h. bei $\varepsilon=\gamma\pm\pi$ der Fall. Für diesen Sonderfall e=1 folgt aus der Gleichung (6) außerdem:

$$\frac{\partial}{\partial\varepsilon}\left(\frac{\partial B_2}{\partial\gamma}\right) = 0 \quad \text{bei} \quad \varepsilon = \gamma \pm \pi/2 \tag{10}$$

$\partial B_2/\partial\gamma$ durchläuft bei $\varepsilon=\gamma\pm\pi/2$ ein Maximum. Will man kleine Änderungen von γ sichtbar machen, so ist es also günstig, die Phase des direkten Lichtes um $\varepsilon=\gamma\pm\pi/2$ zu verschieben. Sehr kleine $\gamma\ll1$ werden bei $\varepsilon=\pm\pi/2$ am besten sichtbar. Aus diesem Grund befaßt sich die Literatur über das Phasenkontrastverfahren vorwiegend mit diesen beiden Fällen. Für diese gilt:

$$B_2(x') = \begin{cases} (1-\cos\gamma)^2+(\sin\gamma\pm e)^2 & |x'| < b/2 \\[2mm] e^2 & |x'| > b/2 \end{cases} \tag{11}$$

$B_2(|x'|<b/2)$ hat bei $\varepsilon=-\pi/2$ und $-\gamma$ den gleichen Wert wie bei $\varepsilon=+\pi/2$ und $+\gamma$. Es kann also genügen, die B_2 bei e und γ für einen der beiden Fälle graphisch darzustellen. In **Fig. 2245-7** sind die Logarithmen der Verhältnisse. $B_2(|x'|<b/2)/B_2(|x'|>b/2)$ bei einigen e als Funktion von γ für den Fall $\varepsilon=-\pi/2$ aufgetragen. Die Verhältnisse werden bei $\gamma=0$, 2π usw. und bei $\tan(\gamma/2)=e$ gleich 1. Die Extrema werden bei $\tan\gamma=e$ durchlaufen und betragen:

$$\frac{B_2\,(|x'|<b/2)}{B_2\,(|x'|>b/2)}\,(\text{extrem}) = \frac{2+e^2}{e^2} \pm \frac{2}{e^2}\sqrt{1+e^2} \tag{12}$$

Mit e=1 ergeben sich die schon erwähnten Werte $3-2\sqrt{2}=1/5,828$ und $3+2\sqrt{2}=5,828$. Schon die mäßige Schwächung e=1/2 der Amplitude des direkten Lichtes bringt mit den Werten $5-4\sqrt{5}=1/17,94$ und $5+4\sqrt{5}=17,94$ eine beträchtlich kontraststärkere Wiedergabe der γ in der Umgebung der Extrema. Im Falle e=1 kann man die Gleichung (11) folgendermaßen schreiben:

$$B_2(x') = \begin{cases} 3-2(\cos\gamma\pm\sin\gamma) & |x'| < b/2 \\[2mm] 1 & |x'| > b/2 \end{cases} \tag{13}$$

Dies ist jener Zusammenhang, den wir schon eingangs den Zeigerdiagrammen entnehmen konnten. **Fig. 2245-8** vergleicht ihn mit den $B_2=2(1-\cos\gamma)$ beim Dunkelfeldverfahren. Dort war es außerhalb des Streifens vollkommen dunkel, und konnte B_2 im Streifen Werte zwischen 0 und 4 annehmen. Jetzt ist außerhalb des Streifens $B_2=1$ und kann B_2 im Streifen zwischen $1/5,828$ und $5,828$ betragen. Auch wenn das direkte Licht nicht geschwächt wird, kann die Differenz der B_2 innerhalb und außerhalb des Streifens beim Phasenkontrastverfahren etwas größer als beim Dunkelfeldverfahren sein. Dieser kleine Vorteil würde jedoch den Aufwand des Phasenschiebens nicht lohnen. Der entscheidende Vorteil des Phasenkontrastverfahrens zeigt sich bei kleinen $\gamma\ll1$. Hier gilt für die Differenz $\Delta B_2=B_2(|x'|<b/2)-B_2(|x'|>b/2)$ im Falle $\varepsilon=\pm\pi/2$ und e=1 näherungsweise:

$$\frac{\Delta B_2}{B_2} \; (\gamma << 1) \approx \pm 2 \, \gamma \tag{14}$$

Die ΔB_2 sind viel größer als die $\Delta B_2 (\gamma<<1)\approx\gamma^2$ beim Dunkelfeldverfahren. Die $\Delta B_2/B_2$ sind sogar doppelt so hoch wie beim Mach/Zehnder-Interferometer bei $\Delta\varphi_0=\pi/2$. Sie lassen sich durch Schwächung des direkten Lichtes noch weiter steigern. Ist $\gamma/2<<1$, so gilt näherungsweise:

$$\frac{\Delta B_2}{B_2} \; (\gamma << e) \approx \pm 2 \, \frac{\gamma}{e} \tag{15}$$

Dieser Sachverhalt macht das Phasenkontrastverfahren für die Forschung auf dem Gebiet der Strömungen verdünnter Gase mit kleinen Abmessungen interessant.

Das Phasenobjekt darf jedoch nicht nur, sondern sollte auch klein und eingebettet in ein weites und strukturloses Objektfeld sein. Ist das ganze Objektfeld strukturiert, so liegen die in **Fig. 2245-6** am Dreizeigerbeispiel demonstrierten Verhältnisse vor. Wir haben dann wieder die Zeiger $\overline{OM}$ und $\overrightarrow{MP_i}$ statt der Zeiger $\overline{OX}$ und $\overline{XP}$ zu betrachten. Der Eingriff dreht den Zeiger $\overline{OM}$ in eine Lage $\overline{OM}'$. Jetzt ergibt die Zusammensetzung der Zeiger $\overrightarrow{MP_i}$ mit dem Zeiger $\overline{OM}'$ jene resultierenden Zeiger $\overrightarrow{M'P_i}$, welche die Erregungen in den betreffenden Bildpunkten P_i' repräsentieren. Wir sehen, daß die Drehung auch hier erhebliche Abweichungen der resultierenden Zeigerlängen zur Folge haben kann. Wir erkennen aber auch, daß die Abweichungen kleiner werden, wenn die Länge des Zeigers $\overline{OM}$ abnimmt. Es kann Strukturierungen des Objektfeldes geben, bei denen der Zeiger $\overline{OM}$ so kurz ist, daß seine Drehung kaum noch Längenunterschiede der Zeiger $\overrightarrow{M'P_i}$ bewirkt.
In solchen Fällen ist das Feldabsorptionsverfahren dem Phasenkontrastverfahren überlegen.

Fig. 2245-9 zeigt ein Phasenkontrastbild, das zum Vergleich mit den Feldabsorptionsbildern in Abschnitt 2.2.4.4 aufgenommen wurde [1028]. Bei sehr viel kleineren Phasenverschiebungen sehen Phasenkontrastbilder z.B. wie in **Fig. 2245-10 und 11** aus [1034, 1035]. Zum Vergleich mit Bild 11 zeigt die **Fig. 2245-12** ein Schlierenbild der gleichen Kopfwelle eines parabolischen Stiftes bei Anströmung mit der Machzahl M=9 und der Dichte $\rho=7\cdot10^{-3}\rho_N$. Das Phasenkontrastbild konnte hier das Amplitudenobjekt nicht objekttreu, dafür aber die Stoßkontur besser als das Schlierenbild wiedergeben. Das Phasenkontrastverfahren wurde in [9, 1035 -1037] ausführlich beschrieben. In [1034,1035,1038-1043] wurde über Anwendungen in der Strömungsforschung berichtet.

Bleibt noch die Frage nach der Herstellung des Phasenschiebers. Für positive ε kann man eine kleine Vertiefung in eine Glasplatte ätzen und polieren. Für negative ε wurde in der Literatur [9] das folgende Rezept angegeben: Man löse Zaponlack in Amylacetat und lasse die Lösung zwei Tage stehen. Dann gieße man davon so viel in einen Glasbecher, daß die Füllhöhe etwa 1 cm beträgt, begieße mit dem Rest eine Glasscheibe, stelle sie aufrecht in den Becher und verschließe diesen. Nach 10 Minuten nehme man die

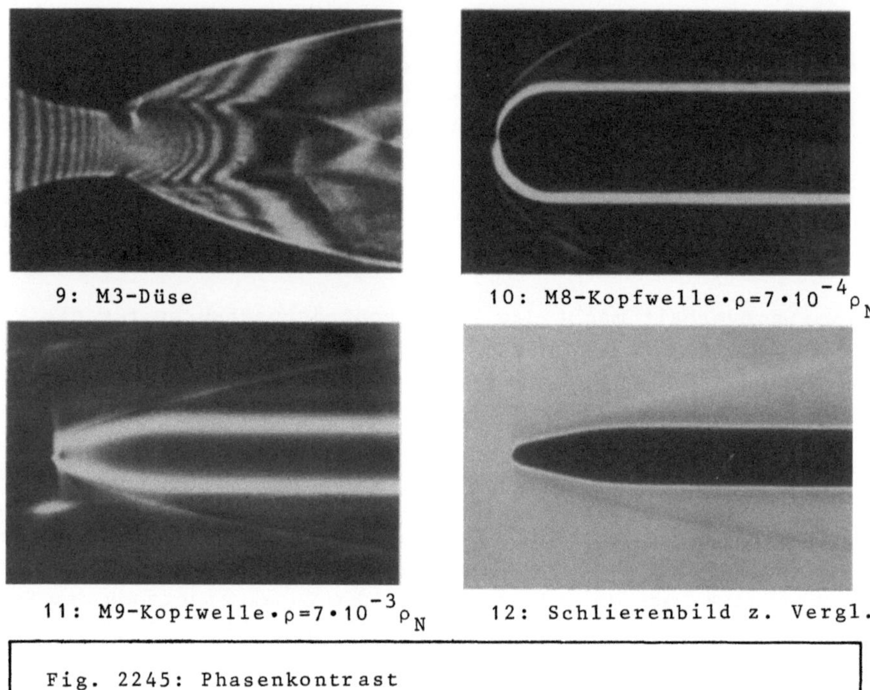

9: M3-Düse

10: M8-Kopfwelle $\cdot\rho=7\cdot10^{-4}\rho_N$

11: M9-Kopfwelle $\cdot\rho=7\cdot10^{-3}\rho_N$

12: Schlierenbild z. Vergl.

Fig. 2245: Phasenkontrast

Scheibe heraus und stelle sie auf Filterpapier und mit der Lackschicht zur
Wand schräg gegen eine Wand. Sofort nach dem Erstarren ist schließlich das
Gel bis auf den als Phasenschieber benötigten Fleck mit der Teilmaschine
abzuheben. Dies muß schnell geschehen, weil das Gel schnell trocknet und
dann zu fest haftet. Wird stattdessen mit einer Feder auf die Glasscheibe
ein Lösungsfleck gesetzt oder Lösungsstrich gezogen, so wird die Geldicke
nicht konstant. Mit dem beschriebenen Verfahren wird sie ungefähr proportional zur Lackonzentration der Lösung und kann z.B. 50µm betragen. Mischt
man etwas Tusche in die Lösung, so wird das Gel teilabsorbierend. Selbstverständlich besteht auch die Möglichkeit, den Phasenschieber auf dem Wege
des Aufdampfens einer Schicht im Vakuum herzustellen.

2.2.4.6 Gegenfeldverfahren

Der Eingriff des Gegenfeldverfahrens verschiebt die Phase in der einen Hälfte der Eingriffsebene um π gegenüber der in der anderen. Bei der Herstellung des Phasenschiebers auf dem Wege der Beschichtung ist zu beachten, daß die Schicht in Brennpunktnähe eine sehr scharfe Kante haben muß. Auch der in **Fig. 2246-1** skizzierte Phasenschieber kommt in Frage. Er besteht aus zwei Glasplatten, die mit geschliffenen Kanten fast parallel aneinanderstoßen und gemeinsam gedreht werden können. Mit der Dicke d und Brechzahl n des Glases und mit den kleinen Winkeln α und ε ergibt sich ungefähr die folgende Phasenverschiebung:

$$\frac{\gamma}{2\pi} = \frac{3}{2} \cdot \frac{n-1}{n^2} \cdot \frac{d}{\lambda} \cdot \varepsilon(\varepsilon - 2\alpha) \tag{1}$$

Es wird angestrebt, daß nicht nur das gebeugte, sondern auch das direkte Licht exakt zur Hälfe phasenverschoben wird. Das für diesen Idealfall gezeichnete Zeigerdiagramm würde für jede Phasenverschiebung in einem Objektpunkt P vollkommene Löschung der Erregung im Bildpunkt P' ergeben. Danach wäre es innerhalb wie außerhalb des Bildes eines kleinen Phasenobjektes vollkommen dunkel. Das Zeigerdiagramm kann hier keine korrekte Auskunft mehr geben, wenn es nur einen einzigen Objektpunkt berücksichtigt.

In die Rechnung mit den Objektfunktionen $G_1(x)$ des Amplitudenstreifens und $G_2(x)$ des Phasenstreifens ist jetzt die folgende Eingriffsfunktion $E(\nu_x)$ einzusetzen:

$$E(\nu_x) = \begin{array}{ll} 1 & |\nu_x| < |\check{\nu}_x| \\ 0 \text{ bei} & |\check{\nu}_x| < |\nu_x| < |\hat{\nu}_x| \\ -1 & |\nu_x| > |\hat{\nu}_x| \end{array} \tag{2}$$

Für den Idealfall $\check{\nu}_x \to 0$ und $\hat{\nu}_x \to \infty$ ergeben sich die folgenden Ausdrücke für die relativen Bestrahlungsstärken $B_1(x')$ im Bild des Amplitudenstreifens und $B_2(x')$ des Phasenstreifens:

$$B_1(x') = \left(\frac{1}{\pi} \ln\left|\frac{x'+b/2}{x'-b/2}\right|\right)^2 \tag{3}$$

$$B_2(x') = 2(1-\cos\gamma)\left(\frac{1}{\pi} \ln\left|\frac{x'+b/2}{x'-b/2}\right|\right)^2 \tag{4}$$

Sie gelten hier sowohl innerhalb wie auch außerhalb der Streifen. In **Fig. 2246-2** sind die B_1 über $x'/(b/2)$ aufgetragen. An den beiden Rändern des Streifens geht $B_1(\pm b/2)$ nach Unendlich. Der Abfall von dort erfolgt nach innen wie außen monoton. In den folgenden Entfernungen vom Rand wird der Wert $B_1 = 1$ unterschritten:

$$\left|x'-\frac{b}{2}\right| = \frac{b}{e^\pi - 1} = 0{,}0903\,\frac{b}{2} \quad ; \quad \left|\frac{b}{2}-x'\right| = \frac{b}{e^\pi + 1} = 0{,}0828\,\frac{b}{2} \tag{5}\tag{6}$$

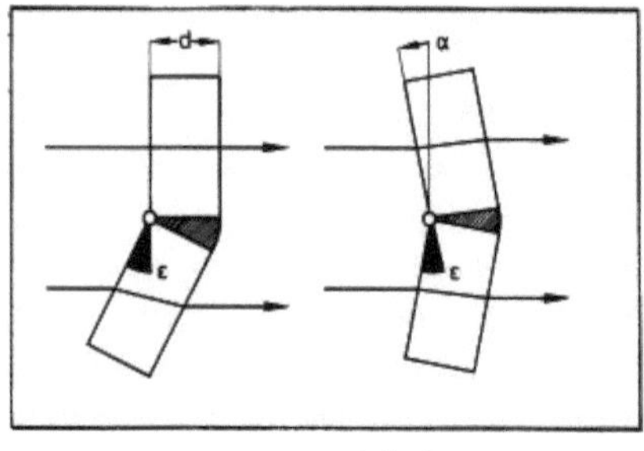

1: Phasenschieber

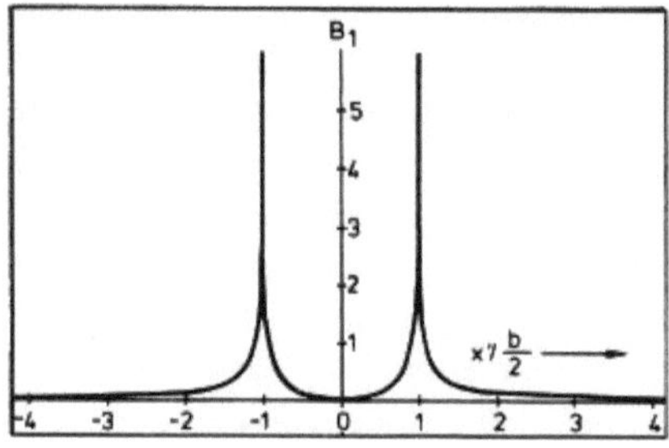

2: Wiedergabe Ampl.streifen

Fig. 2246: Gegenfeldverfahren

In der Streifenmitte wird $B_1(0)=0$. Außen verschwindet $B_1(x')$ asymptotisch. Die $B_2(x')$ unterscheiden sich von diesen $B_1(x')$ nur durch den Faktor $2(1-\cos\gamma)$. Dieser Faktor wird bei $\gamma=60°$ gleich 1 und bei $\gamma=\pm\pi/2$, $\pm 3\pi/2$ usw. gleich 4. Das Verfahren bietet sich an, wenn nur die Konturen von Phasenobjekten, und diese möglichst hell auf dunklem Grund sichtbar gemacht werden sollen. Es wird auch Minimalstrahlverfahren genannt [1044]. In [1045] wurde über Visualisierung mit einem Gitter berichtet, das die Phase ortsperiodisch um π verschoben.

2.2.4.7 Schneidenverfahren

Der in diesem Abschnitt besprochene Eingriff ist nicht zu empfehlen, wurde aber schon oft ungewollt vorgenommen. Wird beim Schlierenverfahren mit Schneide das Bild der Lichtquelle zu stark beschnitten, so ist an der Abbildung des Objektes nur noch Licht beteiligt, das aus einem sehr schmalen Streifen der Lichtquelle kommt. In der Eingriffsebene erscheint dann ohne Phasenobjekt kein strahlenoptisches Bild dieses Streifens, sondern ein vor der Objektfeldberandung erzeugtes Fraunhoferbeugungsmuster. Mit Phasenobjekt werden nicht Strahlenbündel auf die oder von der Schneide heruntergeschwenkt , sondern wird das Beugungsmuster verändert. Die Abbildung erfolgt nicht mehr inkohärent, sondern kohärent. Die Bestrahlungsstärken im Bild können nicht mehr als Folge von Strahlablenkungen, sondern müssen als Folge von Phasenverschiebungen berechnet werden. Die Eingriffsfunktion lautet:

$$E(\nu_x) = \begin{array}{ll} 0 & -\hat{\nu}_x < \nu_x < 0 \\ 1/2 \quad \text{bei} & \nu_x = 0 \\ 1 & 0 < \hat{\nu}_x < \hat{\nu}_x \end{array} \tag{1}$$

Das nur einen einzigen Zeiger $\vec{OP}$ in $\vec{OX}$ und $\vec{XP}$ zerlegende Zeigerdiagramm kann auch hier keine korrekte Auskunft geben. Es würde annehmen, daß die Schneide $\vec{OX}$ wie $\vec{XP}$ halbiert. Der resultierende Zeiger $\vec{OP}'$ wäre unabhängig von γ halb solang wie der Zeiger $\vec{OP}$. Die Erregung wäre im ganzen Bildfeld konstant. Die Rechnung mit $\hat{v}_x \to \infty$ ergibt:

$$4B_1(x') = \begin{cases} \left(\frac{1}{\pi}\ln\left|\frac{x'+b/2}{x'-b/2}\right|\right)^2 & |x'|<b/2 \\ & \text{bei} \\ 1+\left(\frac{1}{\pi}\ln\left|\frac{x'+b/2}{x'-b/2}\right|\right)^2 & |x'|>b/2 \end{cases} \tag{2}$$

$$4B_2(x') = \begin{cases} \left(\cos\gamma + \frac{\sin\gamma}{\pi}\ln\left|\frac{x'+b/2}{x'-b/2}\right|\right)^2 + \left(\sin\gamma+\frac{1-\cos\gamma}{\pi}\ln\left|\frac{x'+b/2}{x'-b/2}\right|\right)^2 & |x'|<b/2 \\ & \text{bei} \\ \left(1+\frac{\sin\gamma}{\pi}\ln\left|\frac{x'+b/2}{x'-b/2}\right|\right)^2 + \left(\frac{1-\cos\gamma}{\pi}\ln\left|\frac{x'+b/2}{x'-b/2}\right|\right)^2 & |x'|>b/2 \end{cases} \tag{2}$$

Diese Verläufe sind in den **Fig. 2247-1 und 2247-2** graphisch dargestellt. Der Amplitudenstreifen wird ähnlich wie beim Gegenfeldverfahren wiedergegeben. Die Umgebung ist jetzt lediglich nicht dunkel, sondern hell. Beim Phasenstreifen macht sich die Unsymmetrie des Eingriffs bemerkbar. Es mag gelegentlich erwünscht sein, mit dieser Unsymmetrie die Identifizierung von Phasenkonturen zu erleichtern. Sie birgt jedoch die Gefahr, daß die Filmschwärzungen das Phasenobjekt nicht nur mit falschen Abmessungen, sondern auch verschoben wiedergeben. Nicht nur Amplitudenobjekte, sondern auch Phasenobjekte erscheinen nicht mehr objekttreu. Werden auf Schlierenbildern Amplitudenobjekte mit Säumen wiedergegeben, so verraten diese, daß das Schlierenverfahren zum Beugungsverfahren entartet war.

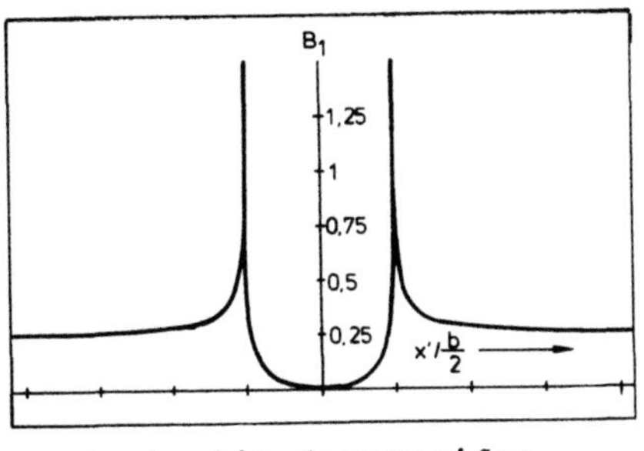

1: Amplitudenstreifen

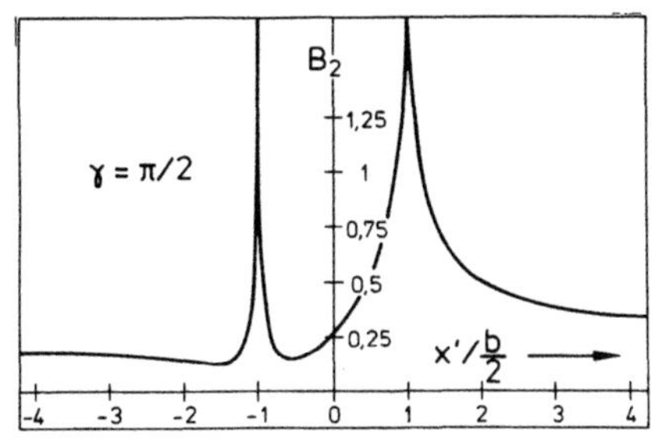

2: Phasenstreifen

Fig. 2247: Schneidenverfahren

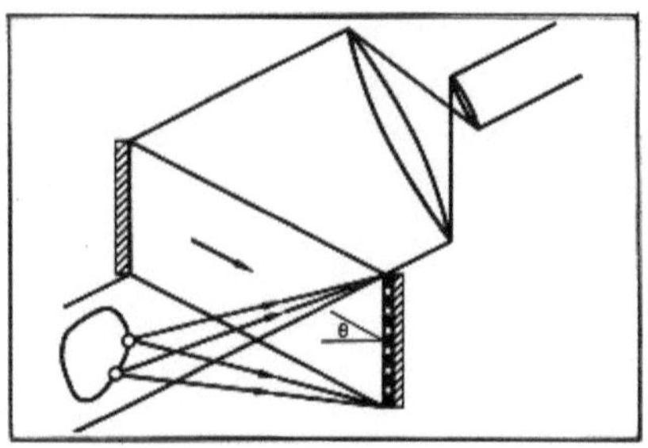

1: Streulichtholographie

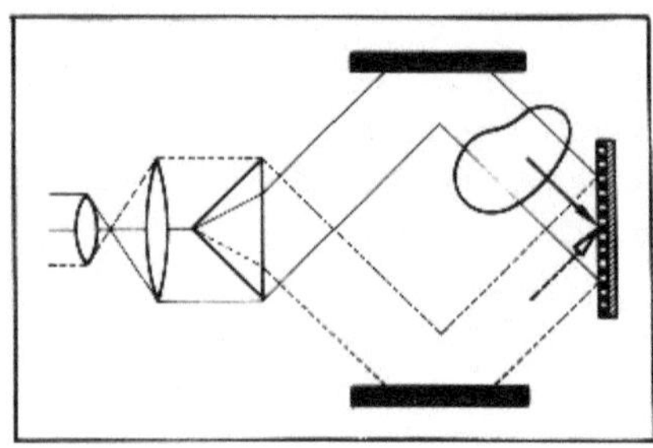

2: Durchlichtholographie

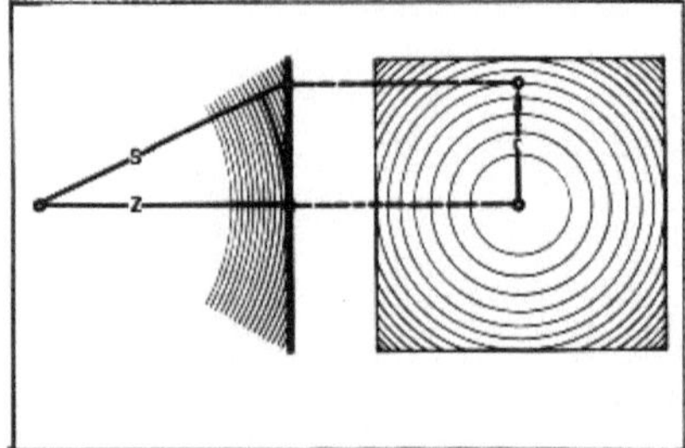

3: Kugelwelle trifft Film

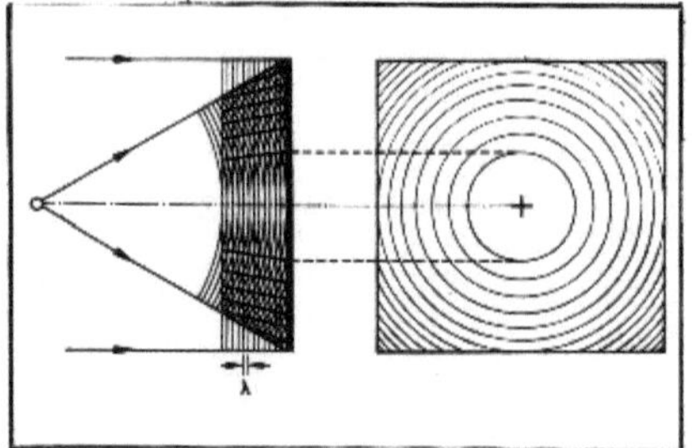

4: Kugelwelle+Referenzwelle

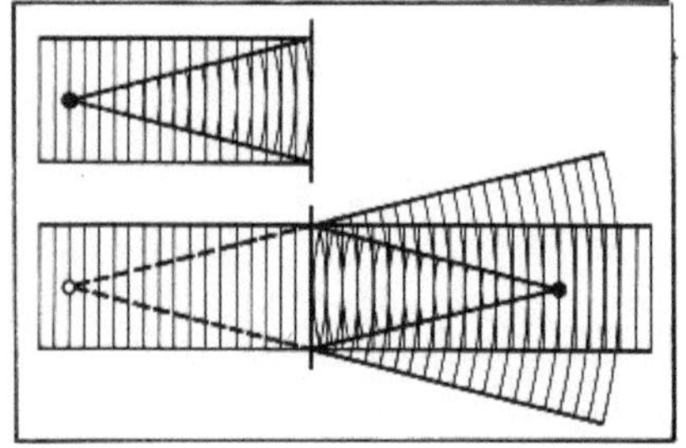

5: Holographie eines Punktes

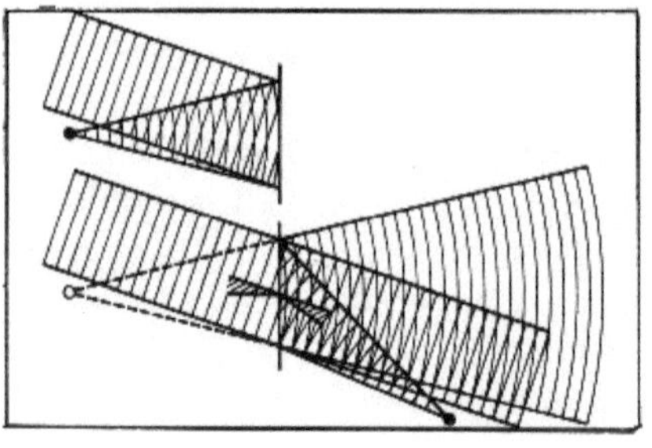

6: Schiefe Referenzwelle

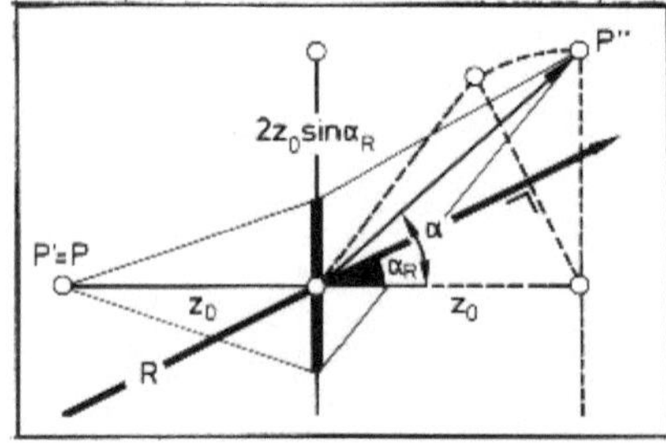

7: Bildpunktkonstruktion

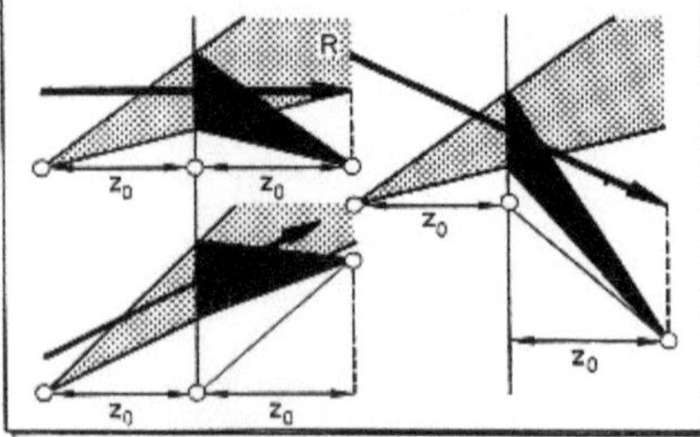

8: Bildpunktlagen

Fig. 2251: Holographie

2.2.5 Holographische Verfahren

2.2.5.1 Holographie

Die Photographie speichert lediglich Information über die Quadrate der Amplituden der von einen Objekt kommenden Welle. Die Information über die Phasen geht verloren. Ein Interferogramm speichert auch die Information über die Phasen. 1948 entdeckte D. Gabor [1046], daß mit Hilfe eines Interferogramms die Objektwelle nicht nur in einfachen Fällen und rechnend, sondern auch in beliebig komplizierten Fällen optisch rekonstruiert werden kann. Ein zu diesem Zweck aufgenommenes Interferogramm heißt Hologramm, weil es die gesamte (griechisch holo) Information über die Amplituden und Phasen enthält. Zur Aufnahme wird ein aufgeweitetes Laserlichtbündel in zwei Teilbündel geteilt. Mit dem einen wird das Objekt beleuchtet oder durchleuchtet. Mit dem anderen wird der vom Objekt ausgehenden Objektwelle eine Referenzwelle überlagert. Beide zusammen belichten den Film. Das kann z.B. wie in **Fig.** 2251-1 oder **2** geschehen. Auf dem entwickelten Film erscheint ein Interferenzmuster. Zur Wiedergabe wird dieses Interferenzmuster mit einem aufgeweiteten Laserlichtbündel durchleuchtet. Wurde richtig belichtet und entwickelt, so kommt dann aus der Rückseite des Hologramms eine Welle heraus, die in drei Anteile, die geschwächte Wiedergabewelle, die Bildwelle und die konjugierte Bildwelle zerlegt werden kann. Ist die Wiedergabewelle ein Duplikat der Referenzwelle , so ist die Bildwelle ein Duplikat der Objektwelle. Schaut man hinein, so meint man das Objekt selbst räumlich und in dem Abstand vom Hologramm vor sich zu sehen, in dem es sich bei der Aufnahme befand. Auch der Einäugige gewinnt diesen Eindruck, weil sich das Aussehen des Bildes wie das des Objektes mit der Blickrichtung ändert. Es handelt sich um ein virtuelles Bild im Raum, das aus verschiedenen Richtungen photographiert werden kann. Gabor konnte diese Holographie nur sehr lichtschwach vorführen, weil damals nur Spektrallampen hinreichend monochromatisches Licht emittierten. Mit dem Laser sind die verschiedensten Anwendungen des Verfahrens auch in der Strömungsforschung möglich geworden. Sie werden verständlich, wenn wir zunächst die Holographie eines einzigen Objektspunktes P mit ebener Referenzwelle und Wiedergabewelle betrachten.

Die von P im Abstand z_0 von Film ausgehende Kugelwelle erreicht den Film mit Amplituden und Phasen, die auf konzentrischen Kreisen mit Radien r um den Fußpunkt des Lotes von P auf den Film konstant sind. Bei kleinen r/z_0 kann die Abnahme der Amplitude mit zunehmendem r vernachlässigt werden. Wir entnehmen der **Fig.** 2251-3, daß der Weg von P bis zum Film $s=\sqrt{(z_0^2+r^2)}$ beträgt. Die Welle kommt bei r>0 um die Zeitdifferenz $(s-z_0)/c$ später an als bei r=0. Sie erscheint dort also mit der folgenden Phasenverzögerung $\Delta\varphi_0/2\pi=(s-z_0)/c\tau=(s-z_0)/\lambda$:

$$\frac{\Delta\varphi_0}{2\pi} = -(\sqrt{z_0^2+r^2}-z_0)/\lambda \tag{1}$$

Auf dem Film wird der Schwingung

$$E_0(r_1,t) = \hat{E}_0 \sin[\omega t + \Delta\varphi_0(r)] \tag{2}$$

dieser Objektwelle die einer eben und frontal einfallenden Referenzwelle

$$E_R(t) = \hat{E}_R \sin[\omega t + \Delta\varphi_R] \tag{3}$$

mit konstanter Amplitude und konstanter Phasenverschiebung gegenüber $E_0(0.t)$ wie in **Fig. 2251-4** überlagert. Die in Abschnitt 1.6.1.1 besprochene Rechnung ergibt hier den folgenden Ausdruck für die Belichtung H während der Belichtungszeit Δt:

$$H(r) = \alpha \int_0^{\Delta t} [\hat{E}_0(r,t) + \hat{E}_R(t)]^2 \, dt =$$

$$= \frac{\alpha\Delta t}{2} \{\hat{E}_0^2 + \hat{E}_R^2 + 2\hat{E}_0\,\hat{E}_R \cos[\Delta\varphi_0(r,t) - \Delta\varphi_R]\} \tag{4}$$

Das Hologramm wird möglichst so belichtet und entwickelt, daß sich der folgende lineare Zusammenhang zwischen der Amplitudentransparenz τ und der Belichtung H ergibt:

$$\tau(r) = \tau_0 - \beta H(r) \tag{5}$$

Zur Wiedergabe wird das Hologramm wie in **Fig. 2251-5** unten mit einer ebenfalls ebenen und frontal einfallenden Wiedergabewelle durchleuchtet. Vor dem Hologramm erscheint die Schwingung

$$E_W(t) = \hat{E}_W \sin(\omega t + \Delta\varphi_W) \tag{6}$$

Das Hologramm macht daraus die Schwingung

$$E(r,t) = \tau(r) \cdot E_W(t) = E_W'(t) + E_B(r,t) + E_B'(r,t) \tag{7}$$

Mit den drei Anteilen:

$$E_W'(r,t) = [\tau_0 - \frac{\alpha\beta\Delta t}{2} (\hat{E}_0^2 + \hat{E}_R^2)] \, \hat{E}_W \sin(\omega t + \Delta\varphi_W) \tag{8}$$

$$E_B(r,t) = -\frac{\alpha\beta\Delta t}{2} \hat{E}_0 \, \hat{E}_R \, \hat{E}_W \sin[\omega t + \Delta\varphi_0(r) - \Delta\varphi_R + \Delta\varphi_W] \tag{9}$$

$$E_B'(r,t) = -\frac{\alpha\beta\Delta t}{2} \hat{E}_0 \, \hat{E}_R \, \hat{E}_W \sin[\omega t - \Delta\varphi_0(r) - \Delta\varphi_R + \Delta\varphi_W] \tag{10}$$

Der erste Anteil $E_W'(t)$ hängt nicht von r ab. Mit ihm schwingt der lediglich geschwächte und nicht deformierte Teil der Wiedergabewelle. Der zweite Anteil $E_B(r,t)$ erscheint mit den gleichen r-abhängigen Phasenverschiebungen $\Delta\varphi_0(r)$, mit denen die Objektwelle den Film erreicht. Außerdem hat er eine Amplitude, die zu der Amplitude $\hat{E}_0$ der Objektwelle proportional ist. Mit diesem zweiten Anteil schwingt die Bildwelle. Sie verläßt das Hologramm genau so divergierend, als ob sie vom Objektpunkt P kommen würde. Damit wird also die Objektwelle bis auf einen Amplitudenfaktor und eine konstante und darum nicht wahrnehmbare Phasenverschiebung rekonstruiert. Der dritte Anteil $E_B'(r,t)$ unterscheidet sich vom zweiten durch das Vorzeichen von $\Delta\varphi_0(r)$. Wo die Phase von $E_B(r,t)$ zurückbleibt, eilt die von $E_B'(r,t)$ ebensoviel voraus. Mit solchen Phasenverschiebungen schwingt eine Welle, die nicht divergierend vom Punkt P vor dem Hologramm zu kommen scheint, sondern auf einen Punkt P' hinter dem Hologramm konvergiert, der ebensoweit wie P vom Hologramm entfernt ist. Diese Welle wird die konjugierte Bildwelle genannt.

Schaut man mit bloßem Auge in diese Wellen hinein, so fällt es dem Auge schwer, entweder P oder P' als leuchtenden Punkt in heller Umgebung zu erkennen. Es bedarf eines Systems von Linsen und Blenden, um zwei der drei Wellen so zu unterdrücken, daß fast nur noch die dritte in's Auge gelangt. 1961 haben E.N. Leith und J.Upatnieks[1047] vorgeschlagen, die Aufnahme und Wiedergabe wie in **Fig. 2251-6** vorzunehmen. Die schief einfallende Referenzwelle und die ebenso schief einfallende Wiedergabewelle sorgen dafür, daß die geschwächte Wiedergabewelle, die Bildwelle und die konjugierte Bildwelle in verschiedene Richtungen gehen. Hat der Objektpunkt P die Koordinaten x_0, y_0, z_0 und bildet die Fortpflanzungsrichtung der Wiedergabewelle wie Referenzwelle mit dem Lot von P auf die Hologrammebene den Winkel α, so ist mit $r^2 = (x-x_0)^2 + (y-y_0)^2$ und

$$\frac{\Delta\varphi_W}{2\pi} = \frac{\Delta\varphi_R}{2\pi} = \frac{x-x_0}{\lambda}\sin\alpha \qquad (11)$$

zu rechnen. Der virtuelle Bildpunkt hat dann wie P die Koordinaten x_0, y_0, z_0. Der reelle konjugierte Bildpunkt P' hat jedoch die Koordinaten $x_B' = x_0 - 2z_0\sin\alpha$; $y_B' = y_0$; $z_B' = -z_0$. Die Gerade durch P' und den Fußpunkt des Lotes bildet mit dem Lot einen Winkel α', der bei kleinem Winkel α praktisch 2α beträgt:

$$\tan\alpha' = \frac{x_0' - x_B'}{z_0} = 2\sin\alpha \qquad (12)$$

Fig. 2251-7 zeigt mit den gestrichelten Linien wie der reelle Bildpunkt P' geometrisch konstruiert werden kann. **Fig. 2251-8** informiert über seine Lage bei verschiedenen x_0 und α.

Die Referenzwelle und die Wiedergabewelle müssen nicht unbedingt eben und gleich sein. Handelt es sich um Kugelwellen, die sich von verschiedenen Zentren $Q_R(x_R, y_R, z_R)$ und $Q_W(x_W, y_W, z_W)$ abseits vom Objektpunkt P (x_0, y_0, z_0) ausbreiten, so wird die genaue Rechnung mit

$$\frac{\Delta\varphi_i}{2\pi} = \frac{1}{\lambda}\left[\sqrt{(x-x_i)^2 + (y-y_i)^2 + z_i^2} - \sqrt{x_i^2 + y_i^2 + z_i^2}\right] \qquad (13)$$

ziemlich kompliziert. Der Index i steht für 0,R oder W. Bei kleinen $x_i/z_i \ll 1$ und $y_i/z_i \ll 1$ kann näherungsweise mit

$$\frac{\Delta\varphi_i}{2\pi} \simeq \frac{x^2+y^2-2xx_i-2yy_i}{2\lambda z_i} \tag{14}$$

gerechnet werden. Damit ergeben sich folgende Koordinaten x_B, y_B, z_B des virtuellen und x_B', y_B', z_B' des reellen Bildpunktes:

$$x_B = \frac{x_w z_0 z_R + x_0 z_w z_R - x_R z_w z_0}{z_0(z_R - z_w) + z_w z_R} \quad ; \quad y_B = \frac{y_w z_0 z_R + y_0 z_w z_R - y_R z_w z_0}{z_0(z_R - z_w) + z_w z_R} \tag{15}\,(16)$$

$$z_B = \frac{z_0 z_w z_R}{z_0(z_R - z_w) + z_w z_R} \tag{17}$$

$$x_B' = \frac{x_w z_0 z_R - x_0 z_w z_R + x_R z_w z_0}{z_0 z_R - z_w z_R + z_w z_0} \quad ; \quad y_B' = \frac{y_w z_0 z_R - y_0 z_w z_R + y_R z_w z_0}{z_0 z_R - z_w z_R + z_w z_0} \tag{18}\,(19)$$

$$z_B' = \frac{z_0 z_w z_R}{z_0 z_R - z_w z_R + z_w z_0} \tag{20}$$

Bei gleichem Zentrum der Wiedergabewelle und Referenzwelle, d.h. bei $x_W=x_R$, $y_W=y_R$, $z_W=z_R$ wird $x_B=x_0$, $y_B=y_0$, $z_B=z_0$ und:

$$x_B' = \frac{2x_w z_0 - x_0 z_w}{2 z_0 - z_w} \quad ; \quad y_B' = \frac{2y_w z_0 - y_0 z_w}{2 z_0 - z_w} \quad ; \quad z_B' = \frac{z_0 z_w}{2z_0 - z_w} \tag{21}\,(22)\,(23)$$

Der virtuelle Bildpunkt P_B liegt auch hier am Ort des Objektpunktes P. Der reelle Bildpunkt P_B' existiert hier nur im Falle $z_W>2z_0$. Im Falle $z_W<2z_0$ verläßt auch die konjugierte Bildwelle das Hologramm divergierend. Die Wiedergabewelle muß auch nicht unbedingt die gleiche Wellenlänge wie die Referenzwelle haben. Wird das Hologramm mit der Wellenlänge $\lambda_R=\lambda_0$ aufgenommen und mit der Wellenlänge $\lambda_W=\mu\lambda_R$ wiedergegeben, so ist in die Formeln (15) bis (20) μz_W statt z_W einzusetzen.

Die Holographie eines ausgedehnten Objektes unterscheidet sich von der bis hier besprochenen eines einzigen Punktes lediglich dadurch, daß die Objektwelle keine Kugelwelle ist. Das ist schon so, wenn das Objekt nur aus zwei Objektpunkten besteht, die bei Beleuchtung kohärente Kugelwellen emittieren. Am Film kommt in diesem Fall eine aus den zwei Kugelwellen resultierende Objektwelle an und interferiert mit der Referenzwelle. Bei der Wiedergabe mit gleicher Wiedergabewelle kommt als Bildwelle eine rekonstruierte Objektwelle aus dem Hologramm, die in zwei rekonstruierte Kugelwellen zerlegt werden kann. Die beiden virtuellen Bildpunkte haben die gleichen Koordinaten, wie sie die Objektpunkte bei der Aufnahme hatten. Bei der Wiedergabe mit abweichender Wiedergabewelle liegen insofern kompliziertere Verhältnisse vor, als die Bildwelle im allgemeinen aus mehr als nur zwei Kugelwellen resultiert. Neben den virtuellen Bildpunkten nullter Ordnung sind solche höherer Ordnung zu erwarten. Das gleiche gilt in jedem Fall für die konjugierte Bildwelle. Neben den reellen Bildpunkten nullter Ordnung treten solche höherer Ordnung auf. Die nullter Ordnung sind am hellsten. Ihre Koordinaten können wie bei der Holographie eines einzigen Punktes berechnet werden. Die Rechnung ergibt, daß die Differenzen der Objektpunktkoordinaten vergrößert oder verkleinert wiedergegeben werden können. Für den lateralen Abbildungsmaßstab $\partial x_B/\partial x_0$ und den longitudinalen Abbildungsmaßstab $\partial z_B/\partial z_0$ des virtuellen Bildes gilt:

$$\frac{\partial x_B}{\partial x_0} = [\frac{z_0}{\mu z_W} - \frac{z_0}{z_R} + 1]^{-1} \quad ; \quad \frac{\partial z_B}{\partial z_0} = -\frac{1}{\mu}(\frac{\partial x_B}{\partial x_0})^2 \qquad (24)\,(25)$$

Für die Abbildungsmaßstäbe des reellen Bildes kommt:

$$\frac{\partial x_B'}{\partial x_0} = [\frac{z_0}{\mu z_W} + \frac{z_0}{z_R} - 1]^{-1} \quad ; \quad \frac{\partial z_B'}{\partial z_0} = -\frac{1}{\mu}(\frac{\partial x_B'}{\partial x_0})^2 \qquad (26)\,(27)$$

Das reelle Bild ist pseudoskopisch. Hier wird ein näher beim Hologramm liegender Objektpunkt mit einen näher beim Hologramm liegenden Bildpunkt auf dessen anderer Seite wiedergegeben. Der Betrachter des reellen Bildes sieht einen nahen Objektpunkt als fernen Bildpunkt und einen fernen Objektpunkt als nahen Bildpunkt.

Die Objektwelle darf überaus kompliziert deformierte Phasenflächen haben. Auch die Ortsabhängigkeit der Amplituden darf eine überaus komplizierte sein. Das Prinzip bleibt allemal dasselbe. Symbolisch komplex geschrieben gilt, daß sich auf dem Film die folgenden Erregungen $G_0(x,y)$ der Objektwelle und $G_R(x,y)$ der Referenzwelle addieren:

$$G_0(x,y) = \hat{E}_0(x,y)e^{j\Delta\varphi_0(x,y)} \quad ; \quad G_R(x,y) = \hat{E}_R(x,y)e^{j\Delta\varphi_R(x,y)} \qquad (28)\,(29)$$

Wenn die Belichtung

$$H(x,y) = K \cdot (G_0 + G_R)(G_0 + G_R)^* \qquad (30)$$

Amplitudentransmissionen $\tau(x,y)=\tau_0-\beta H$ des entwickelten Hologramms zur Folge hat, so kommt:

$$\tau(x,y) = \tau_0 - \beta'\hat{E}_0^2 - \beta'G_R^*G_0 - \beta'G_RG_0^* \qquad (31)$$

Bei der Wiedergabe läßt das Hologramm von der Erregung

$$G_W(x,y) = \hat{E}_W(x,y)e^{j\Delta\varphi_W(x,y)} \qquad (32)$$

der Wiedergabewelle die folgende Erregung $G_W(x,y)=\tau(x,y)G_W(x,y)$ durch:

$$G_W(x,y) = (\tau_0 - \beta'\hat{E}_0^2)G_W - \beta'G_R^*G_0G_W - \beta'G_RG_0^*G_W \qquad (33)$$

Der erste Term beschreibt die Erregung der geschwächten Wiedergabewelle. Die beiden anderen Terme werden besonders einfach, wenn G_W und G_R gleiche und konstante Amplituden und gleiche Phasen haben. Mit $\hat{E}_W=\hat{E}_R=$const. und $\Delta\varphi_W(x,y)=\Delta\varphi_R(x,y)$ kommt für den zweiten Term der Ausdruck:

$$G_B(x,y) = -\beta'G_R^*G_0G_W = -\beta'G_R^2G_0 = \beta'\hat{E}_R^2e^{j\pi}G_0 \qquad (34)$$

Er beschreibt die Erregung einer Bildwelle, die sich lediglich durch die konstante Phasenverschiebung π und den konstanten Amplitudenfaktor $\beta'\hat{E}_R^2$ von der Objektwelle unterscheidet. Im dritten Term

$$G_B(x,y) = \beta'G_R G_O^* G_W = -\beta'G_R^2 G_O^* = \beta'\hat{E}_R^2 e^{j2\Delta\varphi} e^{j\pi} G_O^* \tag{35}$$

kommt statt der Erregung G_O der Objektwelle deren konjugiert komplexe Erregung G_O^* vor. Er beschreibt die Erregung der konjugierten Bildwelle.

Bei den vorstehenden Überlegungen wurde vorausgesetzt, daß die Objektwelle den Weg zum Film ohne zusätzliche Deformation zurücklegt. Von allen denkbaren Deformationen ist die mit einer Sammellinse besonders interessant. Wenn sich das Objekt in der vorderen und der Film in der hinteren Brennebene befindet, so kommen die von den Objektpunkten ausgehenden Kugelwellen als ebene Wellen an. Die resultierenden Erregungen der Objektwelle auf dem Film sind proportional zur Fouriertransformierten der Erregungen der Objektwelle beim Verlassen der Objektebene. Ein so aufgenommenes Hologramm wird zur Unterscheidung von den zuvor besprochenen Fresnelhologrammen ein Fraunhofer- oder Fourierhologramm genannt. Bei der Wiedergabe scheint die rekonstruierte Objektwelle von einem unendlich fernen Objekt zu kommen. In der hinteren Brennebene einer hinter das Hologramm gestellten Sammellinse erscheint neben dem konjugierten ein ebenfalls reelles und nach Maßgabe des Brennweitenverhältnisses verkleinertes oder vergrößertes Bild des Objektes.

Abweichungen vom linearen Zusammenhang zwischen τ und H bewirken, daß auch im Falle $G_W = G_R$ neben der Bildwelle nullter Ordnung solche höherer Ordnung auftreten. Die Bildqualität hängt außerdem in hohem Maße von der Qualität des Laserlichtbündels und vom Strichauflösungsvermögen des Filmes ab. Das auf dem Film erscheinende Interferenzmuster ist im allgemeinen extrem feinstrukturiert. Bei der Interferenz einer ebenen und frontal einfallenden Objektwelle mit einer ebenen und schief mit dem Winkel α einfallenden Referenzwelle würde der Interferenzstreifenabstand z.B. $\Delta x = \lambda/\sin\alpha$ betragen, bei $\alpha = 10°$ und $\lambda = 500$ nm also nur $2,9 \cdot 10^{-3}$ mm. Schon allein hierfür müßte das Strichauflösungsvermögen etwa 350 Linien/mm betragen. Brauchbare Hologramme komplizierterer Objekte sind erst bei Strichauflösungsvermögen über 1000 Linien/mm zu erwarten. So hoch auflösende Filme sind unempfindlich. Die folgende Tabelle informiert über jene Bestrahlungen H mit dem Licht eines Argon- bzw. Rubinlasers, welche bei einigen der zur Zeit für die Holographie angebotenen Filme die Amplitudentransmission $\tau = 0,4$ ergeben. Zum Vergleich: Bei einem panchromatischen 100ASA-Film genügen etwa $10^{-6} J/m^2$ für eine merkliche Schwärzung.
Erstaunlich gering ist hingegen der Einfluß von Verschmutzungen und Verletzungen des Hologramms. Die Information über den von einem Volumelement des Objektes kommenden Anteil an der Objektwelle wird nicht in einem einzigen Flächenelement des Hologramms, sondern verteilt über das ganze Hologramm gespeichert. Nur die Strichauflösung des Bildes leidet, wenn bei

Film	Hersteller	Eastman Kodak			Agfa - Gevaert		
	Typ	649F	SP120	SO253	8E75	10E75	14C75
$H/\frac{J}{m^2}$	488,0 nm	0,9	4	0,02	0,6	0,2	0,03
	694,3 nm	3	0,3	0,1	0,09	0,03	0,03

Tab. 2251-1: Hologrammfilm • H für $\tau = 0,4$

der Wiedergabe nur ein Teil des Hologramms durchleuchtet wird. Zur Not
kann man die Objektwelle auch mit einer kleinen Scherbe des zerbrochenen
Hologramms rekonstruieren. Aus dem gleichen Grund ist es auch möglich,
dasselbe Hologramm nacheinander mit verschiedenen Objektwellen und verschiedenen oder gleichen Referenzwellen zu belichten, um diese nacheinander oder miteinander zu rekonstruieren. Dieser Sachverhalt ermöglicht
unter anderem die in den nächsten Abschnitten zu besprechende Hologramminterferometrie. Bei den vorstehenden Betrachtungen wurde angenommen,
daß das Hologramm nur die Amplituden und nicht die Phasen der Wiedergabewelle ändert. Bei einem solchen Amplitudenhologramm gehen nur wenige
Prozente der Energie in die Bildwelle. Der Wirkungsgrad wird erheblich
höher, wenn das Hologramm vollkommen transparent bleibt und mit einer
Dickenmodulation nur die Phasen der Wiedergabewelle ändert. Bei einem
solchen Phasenhologramm tritt an die Stelle der Amplitudentransmission
$\tau=\tau_0-\beta H$ die Phasentransmission $\tau=\exp(j\beta H)$. Das Amplitudenhologramm kann
durch Bleichen in ein Phasenhologramm verwandelt werden. Dabei wird das
schwärzende Silber gelöst und ausgewaschen. die zurückbleibenden Vertie-
fungen sind zu den Mengen des entfernten Silbers proportional. Bislang
hat die hierfür erforderliche ziemlich delikate und zeitraubende chemische Behandlung den Einzug des Phasenhologramms in die Strömungslabors
verhindert. Das kann sich demnächst ändern. In den letzten Jahren sind
verschiedene Aufzeichnungsverfahren entwickelt worden, mit denen Phasen-
hologramme ohne chemische Behandlung hergestellt werden können. Die
Aufzeichnung kann z.B. mit drei Schichten vorgenommen werden, von denen
die untere elektrisch leitet, die mittlere bei Belichtung elektrisch leitend wird und die obere thermoplastisch ist. Vor der Belichtung wird die
Oberfläche der thermoplastischen Schicht mit Hilfe einer Koronaentladung
elektrisch geladen. Die Belichtung bewirkt lokale Entladungen durch die
mittlere Schicht und erzeugt so eine belichtungsproportionale Ladungsverteilung. Ein kurzer Stromstoß durch die untere Schicht erwärmt die
drei Schichten gerade so weit und so lang, daß die ladungsproportionalen
elektrostatischen Kräfte die thermoplastische Schicht bleibend verformen . Längere elektrische Heizung genügt, um diesen Dreischichtempfänger
zu regenerieren.

Verschiedene weitere Varianten der Holographie benutzen die Möglichkeit, durch Belichtung von beiden Seiten räumliche Schwärzungsverteilungen in einem dicken Film zu erzeugen. Im sog. Reflexionshologramm entsteht so ein Gitter von winzigen und mehr oder weniger geneigten Spiegeln. Ein solches Hologramm kann mit kohärentem Licht aufgenommen und mit inkohärentem wiedergeben werden. Die frequenzselektierende Wirkung ermöglicht verschiedene Verfahren der Farbholographie. Über die Holographie wurden mehrere ausführliche Monographien geschrieben [1047-1053]. In [1054-1062] wurde über die in Betracht kommenden lichtempfindlichen Schichten und in 1069-1067 über Hologrammkameras berichtet.

2.2.5.2 Nachträgliche Visualisierung

Mit dem Hologramm kann man ebensogut die von einem durchsichtigen Objekt deformierte wie die von einem undurchsichtigen Objekt gestreute oder reflektierte Objektwelle speichern und rekonstruieren. Das virtuelle wie das reelle und pseudoskopische Bild des durchsichtigen Objektes würden allerdings ohne besondere Maßnahmen ebenso unsichtbar wie das Objekt selber bleiben. Als besondere Maßnahme kommt jedes der in den Abschnitten 2.1.1.1 bis 2.2.4.7 besprochene Visualisierungsverfahren in Frage. Die **Fig. 2252-1 und 2** zeigen, wie bei der Wiedergabe das Schatten-, Schlieren-, oder Differentialinterferenzverfahren angewendet werden kann. Die nachträgliche Visualisierung kann aus verschiedenen Gründen erwünscht sein. Manchmal ist es teuer oder gefährlich, eine Strömung zu reproduzieren. Dann bietet die holographische Rekonstruktion die Möglichkeit, die Strömung ohne Reproduktion mit verschiedenen Verfahren bei verschiedenen Emfindlichkeiten zu untersuchen. Manchmal kommt es darauf an, eine Strömung gleichzeitig aus verschiedenen Blickrichtungen zu photographieren. Die Tomographie instationärer oder nur kurzzeitig stationärer und nicht exakt reproduzierbarer Strömungen verlangt ein solches Vorgehen. Ohne Holographie würde dies den großen Aufwand von viel gleichzeitig arbeitender Visualisierungsoptik auf sicheren Stativen mit mehreren Lichtquellen und Kameras erfordern. Bei der nachträglichen Visualisierung muß man lediglich das Hologramm in einer einzigen Visualisierungsoptik schwenken. Allerdings sind diesem letztgenannten Verfahren Grenzen gesetzt. Wurde das Objekt wie in **Fig. 2252-3** mit einer ebenen Welle durchleuchtet, so speichert das Hologramm nur die Information über die Phasenverschiebungen in der einen Fortpflanzungsrichtung. Will man auch die Phasenverschiebungen in anderen Richtungen erfahren, so muß man dafür sorgen, daß bei der Aufnahme des Hologramms auch Licht in diese Richtungen geht. Das kann mit Hilfe einer Mattscheibe oder eines Phasengitters wie in **Fig. 2252-4** geschehen.Man muß ferner dafür sorgen, daß auch das schräg durch das Objekt gehende Licht den Film belichtet. Die Größe und der Abstand des Hologramms vom Objekt begrenzen den Winkelbereich, in dem dies möglich ist. Bei kurzzeitiger diffuser Durchleuchtung vermindert das Mattscheibenspeckle die

Bildqualität. Über nachträgliche Visualisierungen wurde in [1068-1077] berichtet.

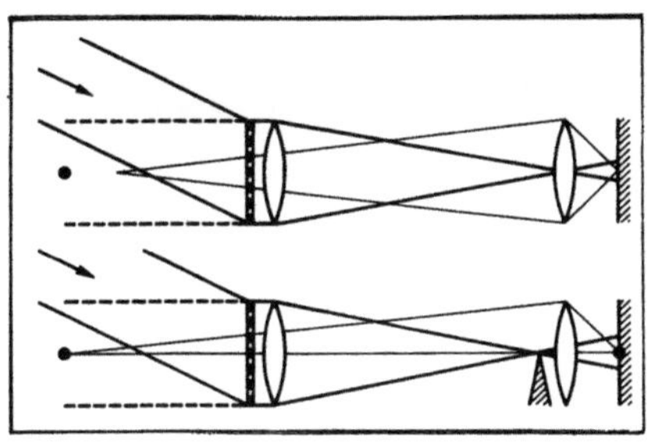

1: Schatten oder Schlieren

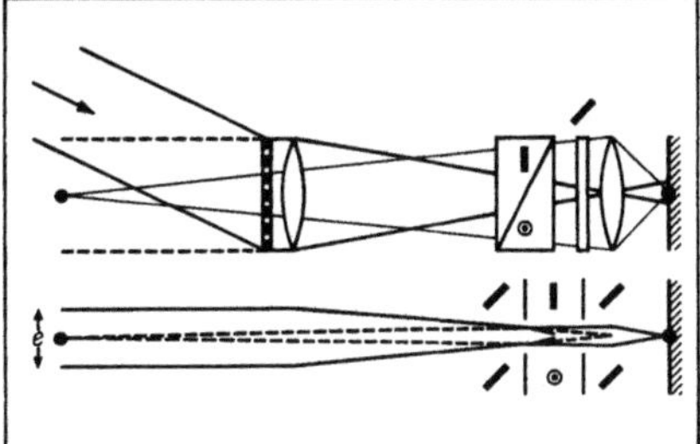
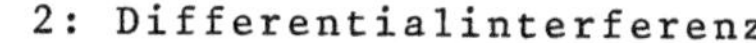

2: Differentialinterferenz

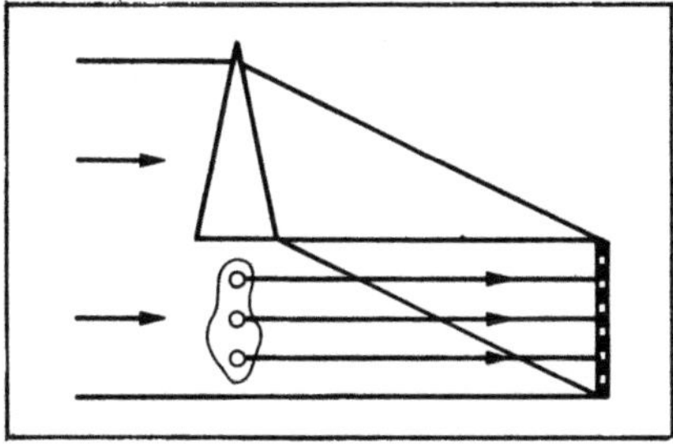

3: paralleles Durchlicht

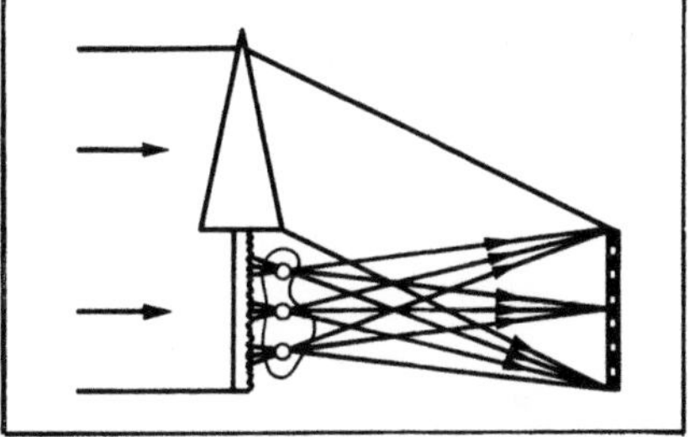

4: diffuses Durchlicht

Fig. 2252:   Nachträgliche Visualisierung

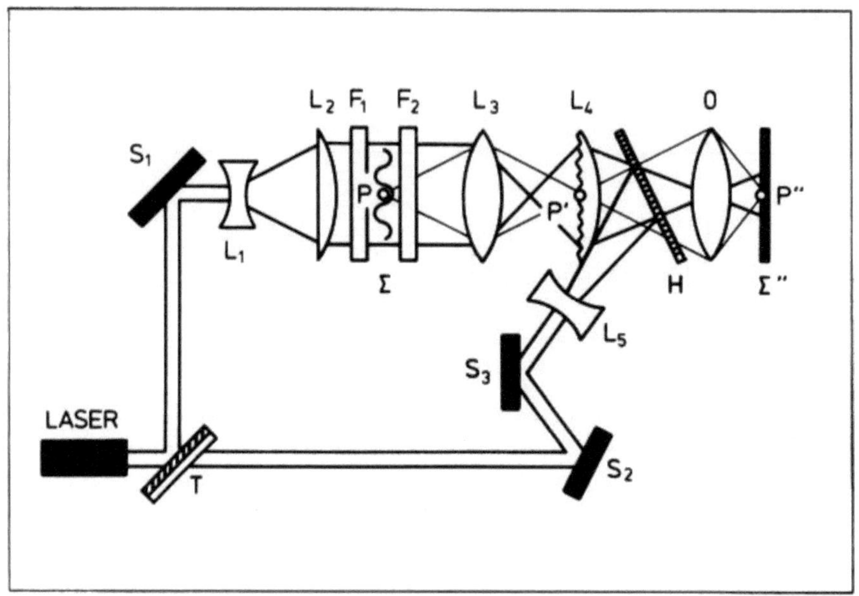

1: Hologramminterferometer

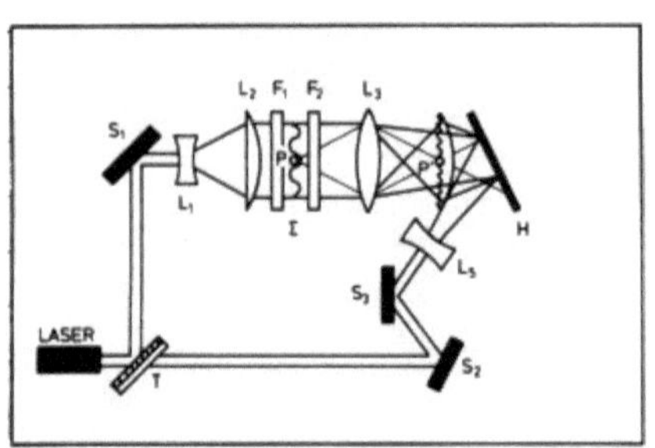

2: Aufnahme

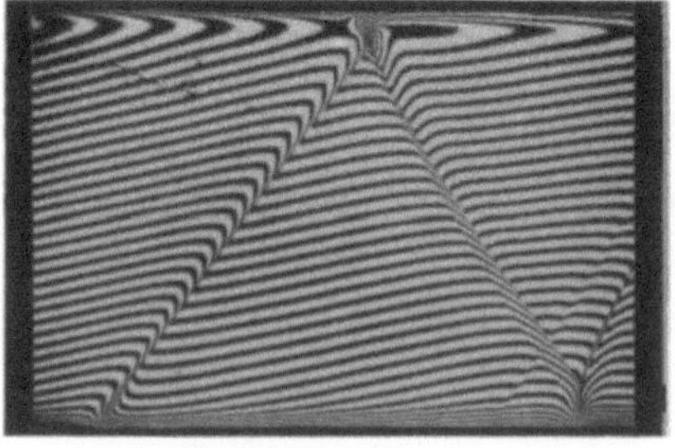

3: Wiedergabe

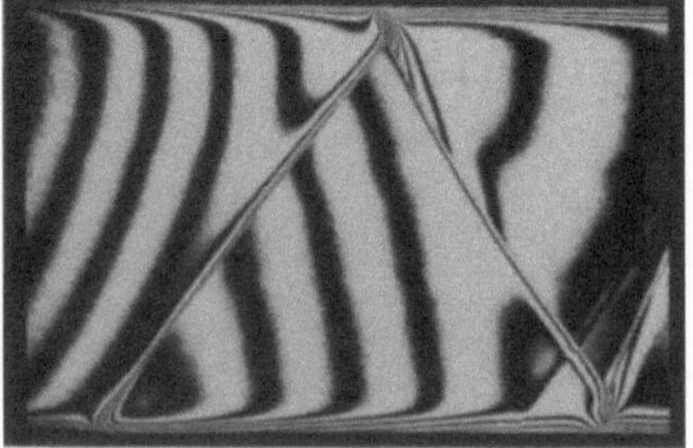

4: Anwendungsbeispiel

5: Stoß/Grenzsch.-Wechselw.

Fig. 2253: Doppelbelichtungsverfahren

2.2.5.3 Doppelbelichtungsverfahren

Schon D. Gabor erkannte, daß mit der Holographie die Möglichkeit gegeben ist, die Bildwellen von zwei Objektwellen zur Interferenz zu bringen, die zu verschiedenen Zeiten existierten. Von dieser Möglichkeit wird seit 1965 in zunehmendem Maße Gebrauch gemacht, um kleine Verschiebungen oder Deformationen von Oberflächen während des Zeitintervalls zwischen der ersten und zweiten Belichtung zu visualisieren [1078-1088]. Insbesondere sind damit verschiedene äußerst empfindliche Verfahren der berührungslosen Werkstoffprüfung an schwingenden Bauteilen möglich geworden. Mit den gleichen Verfahren kann man Oberflächenwellen strömender Flüssigkeiten untersuchen. Für die Strömungsforschung wurde wichtig, daß damit auch die Änderungen der optischen Wege durch Strömungen transparenter Medien zwischen schlechten Fenstern oder in Glasgefäßen mit gekrümmten Wänden sichtbar werden.

Die Verfahren werden in der Literatur über holographische Interferometrie beschrieben [1089-1148]. Dabei ist zwischen Langbelichtungsverfahren, Doppelbelichtungsverfahren und Echtzeitverfahren zu unterscheiden. Mit den erstgenannten kann man nur periodische Wellen untersuchen. Die letztgenannten erfordern eine äußerst stabile Versuchsanlage und eine extrem stabile und präzise optische Bank. Für die Strömungsforschung ist vor allem die Doppelbelichtung interessant. Dabei kann wie bei der in Abschnitt 2.2.3.4 besprochenen komplementären Doppelbelichtung einmal vor dem Start und einmal während der Strömung oder zweimal während der Strömung belichtet werden. Im Folgenden wird zunächst der erstgenannte Fall besprochen. Wird die eine Belichtung ohne und die andere mit der Strömung und werden beide mit gleicher Referenzwelle vorgenommen, so kommen bei der Wiedergabe zwei Bildwellen zur Interferenz, die sich nur durch die Phasenverschiebungen in der Strömung unterscheiden. Nur diese und nicht die gleichgebliebenen Phasenverschiebungen in den Fenstern ändern die Bestrahlungsstärken im reellen Bild des virtuellen Bildes. **Fig. 2253-1** zeigt die optische Anordnung. Für die beiden Belichtungen wird sie wie in **Fig. 2253-2** und für die Wiedergabe wie in **Fig. 2253-3** gebraucht. Bei den ersten Erprobungen des Verfahrens waren die Bilder mit Interferenzkringeln übersät, die von Feinstrukturen des Laserlichtbündels verursacht wurden. Die stark übertrieben eingezeichnete und in Wirklichkeit nur schwache Aufrauhung der Linse L4 beseitigt diese Störung. Symbolisch komplex angeschrieben geschieht bei der Aufnahme des Hologramms das Folgende: Der Erregung $G_R(x,y)$ der Referenzwelle wird bei der ersten Belichtung die Erregung $G_{01}(x,y)$ der Objektwelle 1 und bei der zweiten Belichtung die Erregung $G_{02}(x,y)$ der Objektwelle 2 überlagert. Bei gleichen Belichtungszeiten addieren sich die folgenden Belichtungen:

$$H_1(x,y) = K(G_{01}+G_R)(G_{01}+G_R)^* = K(\hat{E}_0^2+\hat{E}_R^2+G_{01}G_R^*+G_{01}^*G_R) \qquad (1)$$

$$H_2(x,y) = K(G_{02}+G_R)(G_{02}+G_R)^* = K(\hat{E}_0^2+\hat{E}_R^2+G_{02}G_R^*+G_{02}^*G_R) \qquad (2)$$

Die Addition ergibt:

$$H(x,y) = H_1 + H_2 = 2K(\hat{E}_0^2 + \hat{E}_R^2) + K(G_{01}+G_{02})G_R^* + K(G_{01}+G_{02})^* G_R \tag{3}$$

Nach Entwicklung hat das Hologramm die Amplitudentransmissionen $\tau = T_0 - \beta H$.
Bei der Wiedergabe ist für die Bildwelle der Term $-\beta K(G_{01}+G_{02})G_R^2$ maßgebend. Ist die Erregung $G_W(x,y)$ der Wiedergabewelle gleich $G_R(x,y)$, so ergibt sich der folgende Ausdruck für die Erregung $G_3(x,y)$ der Bildwelle:

$$G_B = -\beta K(G_{01}+G_{02})G_R^* G_R = \beta K\hat{E}_R^2(G_{01}+G_{02}) \tag{4}$$

Der von der Objektwelle 1 verursachte G_{01}-proportionale Anteil und der von der Objektwelle 2 verursachte G_{01}-proportionale Anteil interferieren. Hatten G_{01} und G_{02} gleiche Amplituden $\hat{E}_0$ und verschiedene Phasen $\Delta\varphi_{01} \neq \Delta\varphi_{02}$, so kommt:

$$G_B = \beta K\hat{E}_R^2\hat{E}_0(e^{j\Delta\varphi_{01}} + e^{j\Delta\varphi_{02}}) \tag{5}$$

Die Bestrahlungsstärken $B(x',y')$ im reellen Bild des virtuellen Bildes sind zu den $G_B G_B^*$ proportional:

$$G_B G_B^* = 2\beta^2 K^2 \hat{E}_R^4 \hat{E}_0^2 [1 + \cos(\Delta\varphi_{01} - \Delta\varphi_{02})] \tag{6}$$

Es kommt nur auf die Differenz $\Delta\varphi_0 = \Delta\varphi_{01} - \Delta\varphi_{02}$ der Phasenverschiebungen an, mit denen die beiden Objektwellen das Hologramm erreichten. Gleiche Anteile an $\Delta\varphi_{02}$ haben keinen Einfluß auf $B(x,y)$. Mit $\hat{B} = B(\Delta\varphi_0 = 0)$ kommt:

$$B(x',y') = \frac{\hat{B}}{2}(1 + \cos\Delta\varphi_0) \tag{7}$$

Die Eliminierung der Fensterschlieren gelingt nur bei konstant bleibender Lage der Fenster und des Films. Ist diese Bedingung erfüllt, so gelingt sie besser als mit der in Abschnitt 2.2.3.4 besprochenen komplementären Doppelbelichtung. Die Phasenverschiebungen werden in diesem Fall wie mit einem kollinearjustierten Mach/Zehnder-Interferometer wiedergegeben. Durch Einbringen eines Glaskeils oder Querverschiebung des Films vor der zweiten Belichtung kann man parallele und äquidistante Interferenzstreifen erzeugen, die von den Phasenverschiebungen im Objekt verschoben werden. Die **Fig. 2253-4 und 5** demonstrieren, welch gute Qualität des Interferenzbildes erzielt werden kann [200].

Das Objekt muß nicht unbedingt mit einer ebenen Welle, sondern darf auch mit diffusem Licht durchleuchtet werden. Von mehreren hierfür geeigneten Anordnungen hat die in **Fig. 2253-6 und 7** skizzierte den Vorteil, daß sie vergleichsweise geringe Anforderungen an die Kohärenzlänge stellt. Die Holographie mit dieser Anordnung wurde in [1093,1094] vorgeschlagen. Ihre interferometrische Verwendung wurde mit Rechnungen in [1104] vorbereitet. Das Laserlichtbündel wird an einer Streuschleibe S gestreut, die sich in

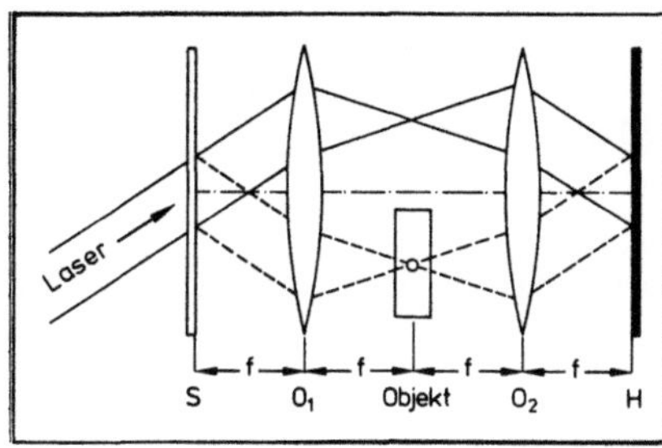

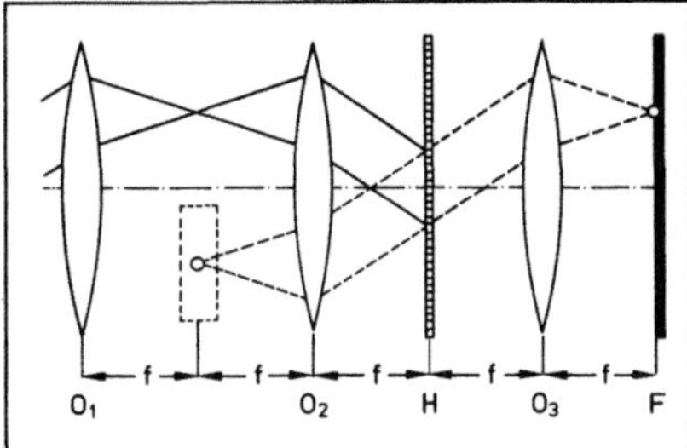

Fig. 2253: Doppelbelichtungsverfahren

der vorderen Brennebene des Objektivs O1 befindet. Das Hologramm H wird in der hinteren Brennebene des Objektivs O2 belichtet. Die beiden Objektive haben die gleiche Brennweite f und den Abstand 2f. Das Objekt befindet sich in ihrer gemeinsamen Brennebene unterhalb ihrer Achse. Jede von irgendeinem Punkt ausgehende Kugelwelle durchsetzt die Objektebene als ebene Welle und wird schließlich in einem Punkt von H fokussiert. Ein Teil der ebenen Welle geht durch das Objekt. Der andere Teil geht als Anteil der Referenzwelle daran vorbei. Jede von irgendeinem Punkt des Objektes ausgehende Kugelwelle kommt auf H als ebener Anteil der Objektwelle an. So wird ein Fourierhologramm aufgenommen. Würde es einmal mit und einmal ohne das Objekt belichtet, so ist bei der Wiedergabe die Interferenz der beiden rekonstruieren Objektwellen virtuell im unendlichfern erscheinenden Objekt und reell in dessen Bild in der hinteren Brennebene einer hinter H zu stellenden Sammellinse lokalisiert. Sie bleibt dort lokalisiert, wenn der Film zur Erzeugung von Interferenzstreifen verschoben wird. Diese Eigenschaft erinnert an jenes in Abschnitt 2.2.2.2 besprochene besondere Mach/Zehnderinterferometer, bei welchem der Interferenzstreifenabstand ohne Verletzung der Lokalisierungsedingung durch Drehung eines einzigen Spiegels variiert werden kann. Die Lokalisierung sorgt für gute Bildqualität. Diese wird noch besser, wenn eine selektiv nur in Richtung zum Objekt streuende Streuscheibe eingesetzt wird [1093]. Als eine solche kann ein ohne das Objekt aufgenommenes Hologramm eingesetzt werden.

Die diffuse Durchleuchtung des Objektes hat den Vorteil, daß Licht von jedem winzigen Objektfleck über das ganze Hologramm verteilt wird. Sie gibt außerdem die Möglichkeit, das rekonstruierte Phasenobjekt aus verschiedenen Blickrichtungen zu betrachten. Dann sieht man jedoch Interferenzstreifen, die außerhalb des Objektes lokalisiert sind. Die Auswertung wird zwar nicht unmöglich, aber kompliziert und problematisch . In der Regel wird man sich darum mit einem so engen Streulichtbündel begnügen, daß man auch mit diesem wie bei dem zu zuvor beschriebenen Verfahren nur die Unterschiede fast paralleler optischer Wege in einer einzigen Richtung erfährt.

Bei instationären Strömungen oder mitgeführten stationären Strömungen um bewegte Objekte kann es günstiger sein, mit zwei kurz aufeinanderfolgenden Belichtungen ein Hologramm aufzunehmen, das bei der Wiedergabe mit Interferenzstreifenverschiebungen über die zeitlichen Änderungen der optischen Wege auf ortsfesten Wegen informiert. So ist es z.B. möglich, die Fortpflanzungsgeschwindigkeiten gekrümmter Verdichtungsstöße in Gasen oder die Fortpflanzungs- und Mitführungsgeschwindigkeiten von Ultraschallwellen in strömenden Flüssigkeiten zu bestimmen. In [1149-1183] wurde über Anwendungen der Doppelbelichtungsverfahren berichtet.

2.2.5.4 Echtzeitverfahren

Die Doppelbelichtungsverfahren geben nur Auskunft über die Strömung in einem einzigen Zeitpunkt oder ihre Änderung während eines einzigen Zeitintervalls. Mit dem sog. Echtzeitverfahren ist auch die fortwährende hologramminterferometrische Beobachtung der zeitlichen Änderungen möglich geworden. Dabei wird das Hologramm nur einmal, und zwar ohne die zu untersuchende Strömung belichtet. Nach Entwicklung wird es exakt an denselben Ort und in dieselbe Lage gebracht, in der es belichtet wurde. Das Hologramm wird dort zugleich mit der Wiedergabewelle und der aus der Strömung kommenden Objektwelle durchleuchtet. Auf der Rückseite kommen zugleich diese Objektwelle und die Bildwelle heraus und interferieren. Bei der Aufnahme hatten die Erregung $G_{01}(x,y)$ der Objektwelle 1 und die Erregung $G_R(x,y)$ der Referenzwelle die Belichtung

$$H_1(x,y)= K(G_{01}+G_R)(G_{01}+G_R)^* = K(\hat{E}_{01}^2+\hat{E}_R^2+G_{01}G_R^*+G_{01}^*G_R) \tag{1}$$

zur Folge. Für die Bildwelle ist der Term $\beta K G_{01} G_R^*$ der Amplitudentransmission $\tau=\tau_0-\beta H_1$ maßgebend. Sind die Erregungen G_W der Wiedergabewelle und G_R der Referenzwelle gleich, so erscheint die Bildwelle mit den Erregungen:

$$G_{B1}(x,y) = -\,\beta K G_{01} G_R^* G_W = -\,\beta K \hat{E}_R^2 \hat{E}_{01}\, e^{j\Delta\varphi_{01}} \tag{2}$$

Das Hologramm schwächt die Objektwelle 2. Man kann näherungsweise damit rechnen, daß es die Amplitude von $\hat{E}_{02}=\hat{E}_{01}$ mit einem ortsunabhängigen Faktor $\gamma<1$ auf $\hat{E}_{02}=\gamma\hat{E}_{01}$ vermindert. Hinter dem Hologramm erscheint dann die Erregung:

$$G'_{02}(x,y) = \gamma G_{02} = \gamma \hat{E}_{01}\, e^{j\Delta\varphi_{02}} \tag{3}$$

Die Interferenz der Bildwelle mit der geschwächten Objektwelle ergibt die Erregung:

$$G_B(x,y) = G_{B1} + G'_{02} = \hat{E}_{01}(\gamma\hat{E}_{01}\, e^{j\Delta\varphi_{02}} - \beta K\hat{E}_R^2\, e^{j\Delta\varphi_{01}}) \tag{4}$$

Wiederum sind die Bestrahlungsstärken $B(x',y')$ im reellen Bild des virtuellen Bildes zu den $G_B G_B^*$ proportional:

$$G_B G_B^* = E_0^2(\beta K\hat{E}_R^2 - \gamma)^2 + 2\beta K\gamma\hat{E}_{01}^2\hat{E}_R^2[1 - \cos(\Delta\varphi_{01} - \Delta\varphi_{02})] \tag{5}$$

Mit $\Delta\varphi_0 = \Delta\varphi_{01} - \Delta\varphi_{02}$, $\hat{B} = B(\Delta\varphi_0 = \pi)$ und $\check{B} = B(\Delta\varphi_0 = 0)$ kommt:

$$B(x',y') = \check{B} + \frac{\hat{B} - \check{B}}{2}(1 - \cos\Delta\varphi_0) \tag{6}$$

Diese Bestrahlungsstärken unterscheiden sich von denen bei der Bildwelleninterferenz durch eine Phasenverschiebung π und einen geringeren Kontrast wegen $\check{B} \neq 0$:

$$\frac{\hat{B} - \check{B}}{\hat{B} + \check{B}} = \left[1 + (\beta K\hat{E}_R^2 - \gamma)^2 / 2\beta\gamma K\hat{E}_R^2\right]^{-1} \tag{7}$$

Auf die konstante Phasenverschiebung kommt es nicht an. Den Kontrast kann man erhöhen, indem man das Objekt bei der Beobachtung durch das Hologramm stärker d.h. mit $\hat{E}_{02} > \hat{E}_{01}$ durchleuchtet. Die Eliminierung der Fensterschlieren gelingt bei diesem Verfahren nur dann, wenn sich das Hologramm nicht verformt, wenn eine spielfreie und extrem stabile Verstellmechanik seine präzise Plazierung ermöglicht, und wenn sich weder das Hologramm noch die Fenster merklich bewegen. An großen und stets stark vibrierenden Windkanälen wird es nicht mit diesem Ziel, sondern wegen der vergleichsweise geringen Kosten eingesetzt. Ein Mach/Zehnder-Interferometer wäre hier erheblich teurer. Wie beim Mach/Zehnder-Interferometer und anders als bei der Interferenz von zwei Bildwellen muß nicht unbedingt photographiert, sondern kann auch unmittelbar beobachtet werden. In diesem Fall übernimmt die Augenlinse die Aufgabe des Objektivs O in **Fig. 2253-1**. Die schon erwähnte Literatur über die holographische Interferometrie enthält auch ausführliche Beschreibungen des Echtzeitverfahrens. In [1184-1186] wurde über Strömungsuntersuchungen mit diesem Verfahren berichtet.

2.2.5.5 Variierte Referenzphase

Auf Film photographierte Interferenzstreifenbilder können oft nur mit der Annahme ausgewertet werden, daß die Mittellinien der hellen und dunklen Streifen die Linien größter bzw. kleinster Bestrahlungsstärke waren. Das ist eine fragwürdige Annahme, wo sich die Streifenbreiten und Abstände ihrer Mitten ändern. Außerdem geben die Verschiebungen diese Linien nur Auskunft über die Phasenverschiebungen auf diesen Linien. Für die dazwischen liegenden Punkte ist man auf ebenfalls fragwürdige Interpolationen angewiesen. Die Auswertung wird entsprechend ungenau. Die Unsicherheit kann $\pi/5$ überschreiten. Die Auswertung wird genauer, wenn mit einen Diodenarray oder Bildchip registriert und mit einem Computer nach den Linien gleicher Bestrahlungsstärken gesucht wird[1187-1193]. Aber der Gewinn an Genauigkeit ist nicht so groß, wie man meinnen möchte, weil die Bestrahlungsstärken in der Nähe ihrer Extrema nur sehr schwach von der Phasenverschiebung abhängen. Aus diesem Grund wurden schon lange vor der Erfindung der Hologramminterferometrie mit dem Mach/Zehnder-Interferometer zwei oder drei Bilder derselben Strömung mit versetzten Interferenzstreifen aufgenommen. Dazu war die Phase der Referenzwelle durch Verschiebung eines Spiegels oder Änderung des Gasdrucks im Kompensator stufenweise zu verschieden. Bei der Hologramminterferometrie kann diese Phasenverschiebung $\Delta\varphi_R$ einfach mit einem Glaskeil oder sehr schnell mit einem Spiegel auf einem Piezotranslator an einer Stelle vorgenommen werden, an der das Referenzlichtbündel eng ist. Beim Doppelbelichtungsverfahren werden dazu zwei Referenzlichtbündel mit verschiedenen Richtungen wie in **Fig. 2255-1 oder 2** gebraucht. Die erste Belichtung wird mit dem einen, die zweite Belichtung mit den anderen, und die Wiedergabe wird mit beiden Referenzlichtbündel bei variierten Phasenverschiebungen zwischen diesen vorgenommen. [1194-1196].

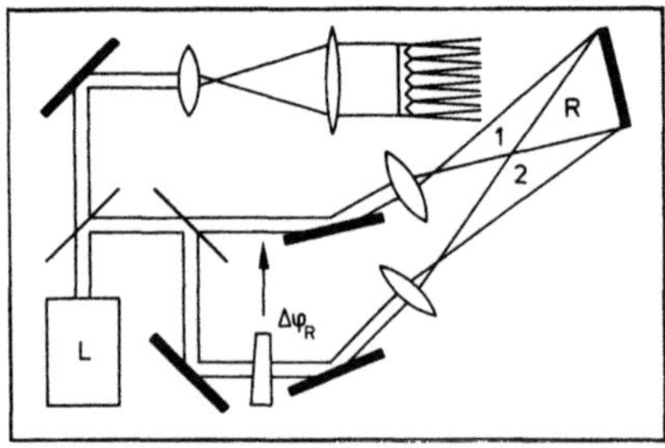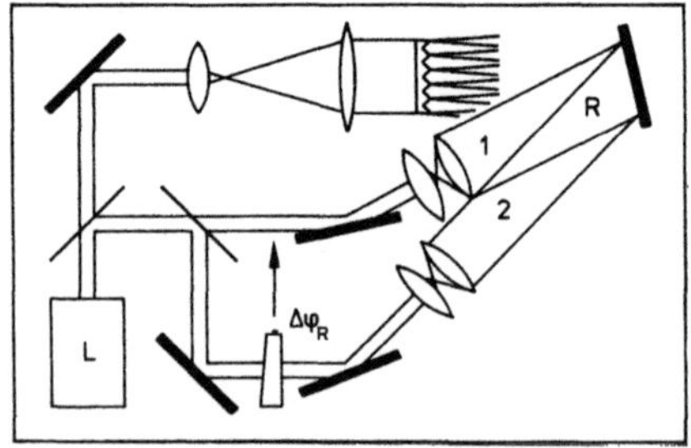

1: Diverg. Referenzwellen   2: Ebene Referenzwellen

Fig. 2255: Variierte Referenzphase

Beim Echtzeitverfahren wird mit einen einzigen Referenzlichtbündel belichtet und wiedergegeben. In diesem Fall wird die Phasenverschiebung zwischen der Referenzwelle und der in's Objekt gehenden Welle bei der Betrachtung des Objektes durch das entwickelte Hologramm variiert. In [1197] wurde beschrieben, wie es mit Hilfe eines Piezotranslators und einer TV-Kamera möglich war, hinter einem thermoplastischen Referenzhologramm drei Interferenzbilder mit den Phasenverschiebungen 0 und $\pm 2\pi/3$ in nur 60ms abzutasten. Bei diesen Phasenverschiebungen der Referenzwelle und einer Phasenverschiebung $\Delta\varphi$ im Objekt wurden in einem Bildpixel jeweils drei Signale mit den folgenden Höhen registriert:

$$V_1 = K[B_B + B_O + 2\sqrt{B_B\,B_O}\,\cos\Delta\varphi] \tag{1}$$

$$V_2 = K[B_B + B_O - \sqrt{B_B\,B_O}\,(\cos\Delta\varphi + \sqrt{3}\,\sin\Delta\varphi)] \tag{2}$$

$$V_3 = K[B_B + B_O - \sqrt{B_B\,B_O}\,(\cos\Delta\varphi - \sqrt{3})\,\sin\Delta\varphi)] \tag{3}$$

Die rekonstruierte Objektwelle allein hätte die Bestrahlungsstärke B_B, und die direkte und lediglich vom Hologramm geschwächte Objektwelle hätte die Bestrahlungsstärke B_O verursacht. Aus diesen drei Gleichungen folgt:

$$\tan\Delta\varphi = \sqrt{3}\,\frac{V_3 - V_2}{2V_1 - V_2 - V_3} \tag{4}$$

Der Computer brauchte 10s, um die $\Delta\varphi$ in 100x100 Pixeln zu berechnen.
Die Doppelbelichtung mit zwei verschiedenen Referenzlichtbündeln ist nicht nur wegen der Möglichkeit der gleichzeitigen Rekonstruktion von zwei Objektwellen mit variierter Phasenverschiebung interessant. Sie ermöglicht auch die Rekonstruktion der einzelnen Wellen. Jede der beiden kann dann allein mit einer durch das Hologramm hindurchgehenden Testobjektwelle interferieren. Das kann die Justierung oder absichtliche Dejustierung zur Erzeugung von Interferenzstreifen mit variierten Abständen und Orientierungen erleichtern. Das Doppelbelichtungsverfahren wird so flexibler. Wie sich Dejustierungen auswirken, hängt sehr von der Divergenz der Referenzwellen und davon ab, ob das Objekt parallel oder diffus durchleuchtet wird. Die Vorteile verschiedener Referenzlichtbündel werden mit dem Nachteil erkauft, daß zusätzliche und mehr oder weniger stark störende Wellen auftreten. Die zwei Referenzlichtrichtungen wollen wohl überlegt sein [1198-1208].
Die Phasenverschiebung muß nicht unbedingt stufenweise, sondern kann auch stetig oszillierend erfolgen. Sie oszilliert mit der Schwebungsfrequenz, wenn die Frequenzen der beiden interferierenden Wellen nicht exakt gleich sind. In diesem Fall sind in ortsfesten Bildpixeln Sinusschwingungen der Bestrahlungsstärken zu registrieren, die über die Differenzen der Phasenverschiebungen im Objekt informieren. Die so arbeitende sogenannte Heterodyninterferometrie ist auf optoelektrische Registrierung und Vergleich der Signalphasen angewiesen, während die Interferometrie mit stufenweiser Phasenverschiebung zur Not auch den Umweg über den Film gehen kann. Die Heterodyninterferometrie wird bei den optoelektrischen Verfahren in Abschnitt 3.2.1.2 besprochen.

1: Aufwärts strömendes Wasser über abwärts strömender Sole

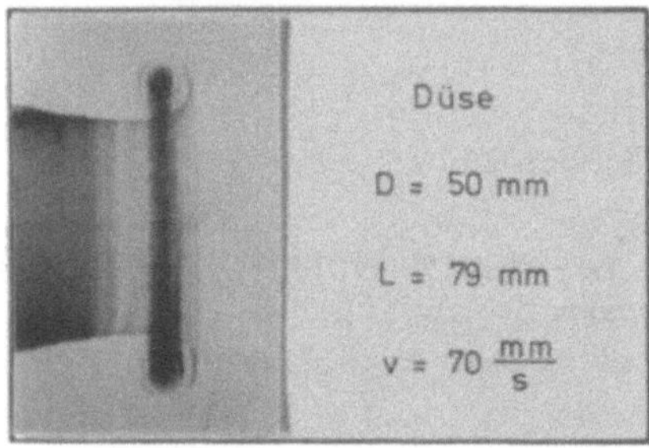

2: Ringwirbel in Wasser

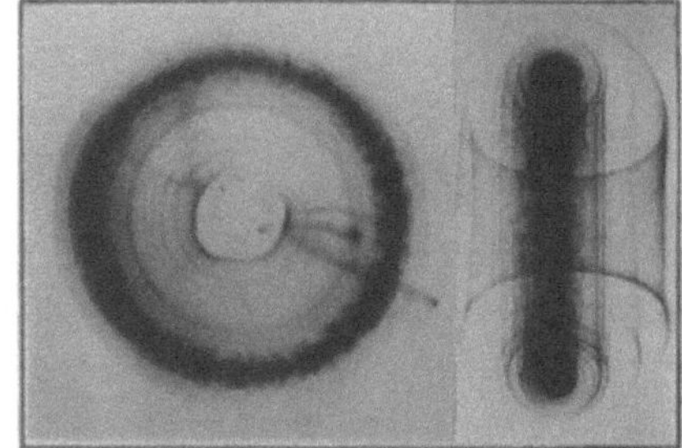

3: x/D = 3,0

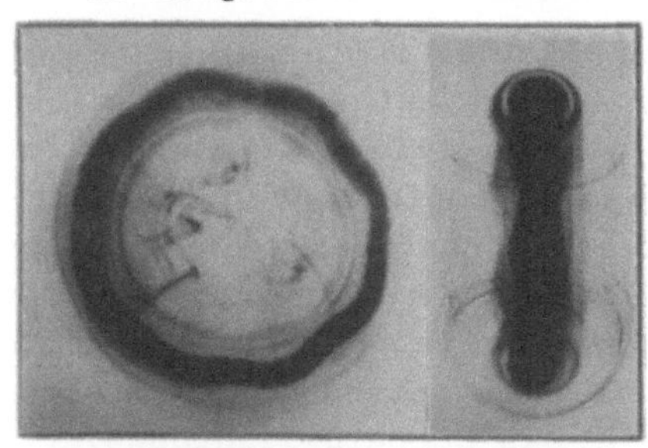

4: x/D = 10,0

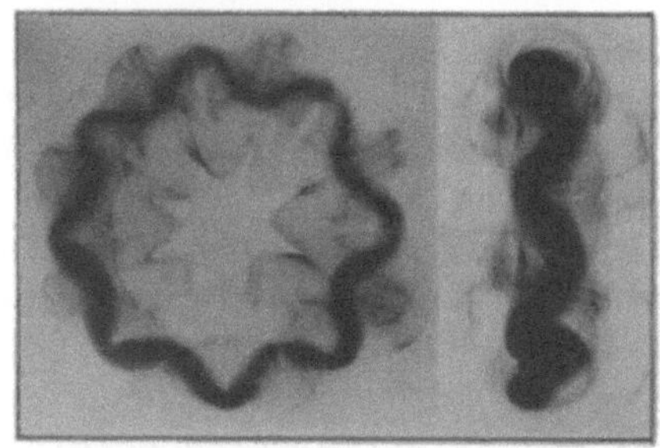

5: x/D = 11,5

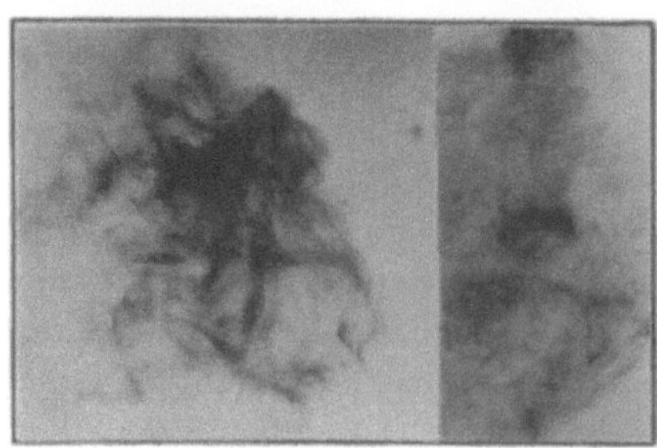

6: x/D = 16,5

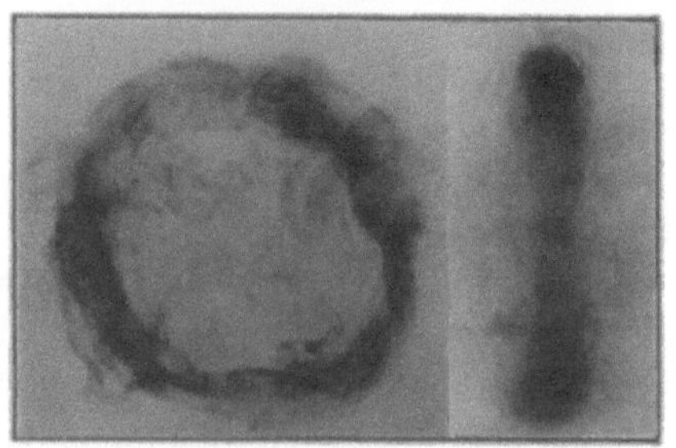

7: x/D = 23,5

Fig. 2311: Absorptionsbilder

2.3 VISUALISIERUNG MIT BEIGABEN

2.3.1 Visualisierung durch Färbung

2.3.1.1 Absorptionsbilder

Wir sprechen von einer Visualisierung durch Färbung, wenn die Strömung infolge von unterschiedlichen Farben oder Konzentrationen absorbierender oder emittierender Atome oder Moleküle sichtbar wird. Diese werden als Indikatoren beigemischt, in der Strömung erzeugt oder lokal zuführt. Im vorliegenden Abschnitt wird zunächst die Visualisierung mit absorbierenden Indikatoren besprochen. Sie kann mit Durchlicht auf einem Extinktionsbild oder mit Auflicht auf einem Reflexionsbild erfolgen. Strömt eine Flüssigkeit über eine andere, so genügt homogene Färbung der einen, um die Vorgänge an der Grenzfläche sichtbar zu machen. Ist insbesondere die eine Flüssigkeit vollkommen und die andere überhaupt nicht transparent, so liefert die Durchleuchtung ein Extinktionsbild wie in **Fig. 2311-1** [1209]. Die Färbung der Mischungsschicht allein läßt sich mit Lösungen erzielen, die jede für sich allein transparent sind, die aber bei Mischung färbend reagieren. Wäßrige Lösungen von Phenolphthalein auf der einen und Natronlauge auf der anderen Seite der Mischungsschicht haben sich bewährt [1210]. In den **Fig. 2311-2 bis 7** ist eine Reihe von Absorptionsbildern wiedergegeben, auf denen ein besonders interessanter Vorgang in Wasser durch lokale Zufuhr von Tinte sichtbar wurde. Sie zeigen einen Ringwirbel, der am Austritt einer Düse entstand, instabil wurde, sich turbulent auflöste, der sich dann aber wieder bildete und mit turbulentem Zentrum weiterlief. Die ausgestoßene Wassersäule mit dem Durchmesser 50mm und der Länge 78,5mm nahm die Tinte von der Innenwand der Düse mit. Der Wirbel entfernte sich mit der Geschwindigkeit 70mm/s [1211]. Die Färbung der Flüssigkeit an der Wand kann auch mit einem beigemischten p_H-Indikator durch elektrolytische Änderung des p_H-Wertes erfolgen. In Wasser gelöstes Thymolblau färbt bei $p_H<8$ hellgelb und bei $p_H>8$ dunkelblau. Je Liter Wasser sind etwa 10g Thymol (Thymolsulfonphthalein) aufgelöst in 5ml NaOH beizumischen. Die wäßrige Lösung wird mit HCl auf einen p_H-Wert knapp unter 8 titriert. Dann genügt eine weniger als 10V betragende Spannung zwischen einer Kathode in der Wand und einer Anode irgendwo in der Strömung, um den Farbumschlag in der über die Kathode strömenden Lösung herbeizuführen [1212,1213]. So wurde z.B. die Konvektion über einer geheizten Kathode sichtbar gemacht [1214].
Auf Extinktionsbildern von Gasströmungen können unter Umständen nicht nur Gleitfächen zwischen absorbierenden und transparenten Gasen sondern auch Dichteänderungen sichtbar werden. Allerdings hat es die Strömungsforschung meist mit Gasen zu tun, die im sichtbaren Spektralbereich vollkommen transparent sind. Man muß dann entweder mit unsichtbarem

Licht durchleuchten oder mit einem Gas impfen, das sichtbares Licht absorbiert. Alle Gase absorbieren UV. Hier liegen einige Bilder von Luftströmungen vor, in denen die O_2-Moleküle bei Wellenlängen zwischen 130nm und 175nm besonders stark absorbieren [1215-1218]. Ist die Temperatur nicht zu hoch, so sind die spektralen Absorptionskoeffizienten $\alpha(\lambda)$ temperaturunabhängig und dichteproportional. **Fig. 2311-8** zeigt, wie dann die spektrale Strahlungsflußdichte

$$I_\lambda(\lambda,\rho,1) = I_\lambda(\lambda,\rho,0) \exp [- \alpha(\lambda,\rho,)1]$$

hinter einer Luftschicht mit der Dicke l=10cm bei verschiedenen Wellenlängen λ von der Luftdichte abhängt. Das kurzwellige UV erfordert eine Kalzium- oder Lithiumfluoridoptik im Vakuum oder in einem nicht absorbierenden Gas (He,H_2) sowie einen Bildwandler oder besonderen Film. In dieser Hinsicht ist Ozon der günstigere Indikator, weil die O_3-Moleküle schon bei Wellenlängen zwischen 230nm und 290nm absorbieren [1215,1219,1220]. Für dieses UV ist die Luft und ist Quarzglas transparent. **Fig. 2311-9** zeigt, wie Ozon in Luft bei verschiedenen Konzentrationen die Hg-Linie mit λ=253,7nm absorbiert. Ozon kann allerdings nicht gespeichert werden. Handelsübliche Ozonerzeuger wandeln mit einer Koronaentladung nur etwa 1% des Luftsauerstoffs in Ozon um. Sie brauchen etwa 30 Wattstunden elektrische Energie für 1g Ozon. Damit ist es schwerlich möglich, in der ganzen in einem Windkanal zirkulierenden Luft eine hinreichend hohe Ozonkonzentration aufrecht zu erhalten. Es ist aber leicht möglich, Ozonwolken in die Strömung zu blasen, die dann bei UV-Durchleuchtung als Schatten auf einem fluoreszierenden Schirm sichtbar werden [1221]. Heteronukleare Moleküle absorbieren IR. Wegen der starken Temperaturabhängigkeit der spektralen Absorptionskoeffizienten könnten hier zwei hinter Filtern aufgenommene Absorptionsbilder nicht nur über die Dichten, sondern auch über die Temperaturen der Strömung informieren. Mit einem IR-Laser und einem IR-Bildwandler wäre ihre Aufnahme auch nicht besonders schwierig. Bisher liegen jedoch noch keine IR-Absorptionsbilder von Strömungen mit beigemischten oder lokal zugeführten Indikatorgasen vor. Als sichtbare Indikatoren wurden gelegentlich J_2-Moleküle, Na-Atome oder Hg-Atome verwendet [1215].

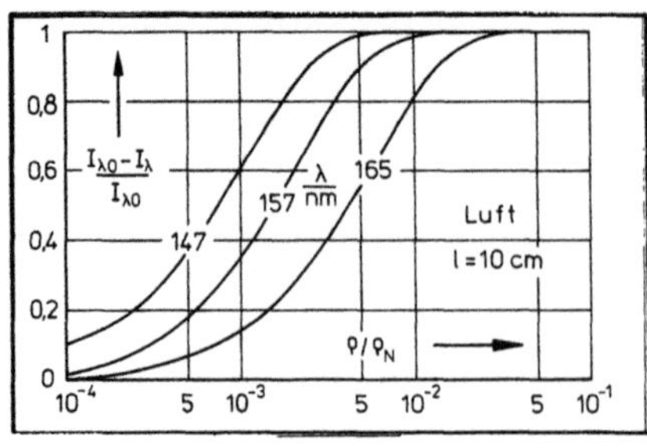

8: UV in Luft

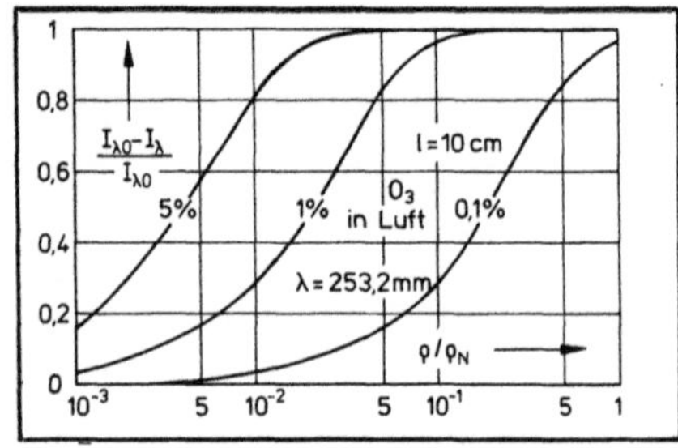

9: UV in O_3/Luft-Gemisch

Fig. 2311: Absorptionsbilder

2.3.1.2 Emissionsbilder

Absorptionsbilder haben wie alle Durchlichtbilder den Nachteil, daß sie über integrierte Effekte und damit nur in Sonderfällen über lokale Eigenschaften der Strömung informieren. Das ist auch bei Emissionsbildern so, wenn ein ausgedehntes Strömungsvolumen leuchtet. Die Auswertung ist dann im allgemeinen sogar noch problematischer, weil das emittierte Licht auch absorbiert wird. Dieses Thema wurde in der Literatur über Flammen, elektrische Gasentladungen, Plasmaströmungen, extrem heiße Hyperschallströmungen und Strömungen von heißen Ablationsprodukten ausgiebig behandelt. Im Folgenden werden nur Strömungen betrachtet, die ohne Fremdanregung der Atome oder Moleküle nicht leuchten würden. Hier gibt es außer der Möglichkeit der großräumigen Anregung auch die der lokalen in einer Ebene. Durch Betrachtung verschiedener Ebenen kann man ohne Tomographie unmittelbare Auskunft über lokale Eigenschaften dreidimensionaler Strömungen erhalten . Aus diesem Grund wird heute wo möglich der Aufnahme von Emissionsbildern mit dem Licht aus einer Ebene der Vorzug gegeben.

Die großräumige Anregung kann mit einer elektrischen Gasentladung vor oder hinter der Düse eines Windkanals vorgenommen werden. Die vor der Düse ist sinnvoll, wenn die Partikel erst leuchten, wenn sie nach der Expansion in die Kopfwelle eines Modells geraten. Metastabile Anregungen oder Anregungen bei der Rekombination dissoziierte Moleküle können solches stark druckabhängige Nachleuchten bewirken. Die charakteristische goldgelbe Chemilumineszenz aktivierten d.h. teilweise dissoziierten Stickstoffs ist das bekannteste Beispiel. Die Rekombination $N+N \rightarrow N_2^* \rightarrow N_2 + h\nu$ erzeugt bei [N] Stickstoffatome pro Volumen die folgende Zahl [hν] Photonen der $N_2(1+)$-Banden pro Volumen [1222,1223]:

$$[h\nu] = 6 \cdot 10^{-18} \left(\frac{T}{300K}\right)^{-0,9} [N]^2 \tag{1}$$

Über Visualisierungen mit diesem oder anderem Nachleuchten wurde in [1224 - 1229] berichtet. Das Leuchten einer Gasentladung hinter der Düse hat ein komplizierteres Spektrum, dessen Linienstärken mit zunehmender Dichte teils zu- und teils abnehmen können. Das von verschiedenen Gleichstrom-, Wechselstrom- oder Hochfrequenzentladungen zwischen dem Modell und der Kanalwand [1227,1230-1237] lieferte Bilder von Kopfwellen in stark expandierten Gasen wie in **Fig. 2312-1** [25].

Diese Versuche mit ausgedehnten Gasentladungen wurden von solchen, mit einem dünnen und langen Elektronenstrahl abgelöst [1238-1243]. Die Atome oder Moleküle leuchten praktisch nur während der Durchquerung des Strahls. Dieser Vorgang wird in Abschnitt 3.3.1.2 besprochen. Wird mit dem Elektronenstrahl bei offenem Kameraverschluß eine Ebene der Strömung abgetastet, so entsteht ein Schnittbild wie z.B. das einer Zylinderkopfwelle in **Fig. 2312-2** [1241]. Wird dabei das Licht geeignet gefiltert, so besteht die Möglichkeit, die Filmschwärzungen hinsichtlich der Gasdichte

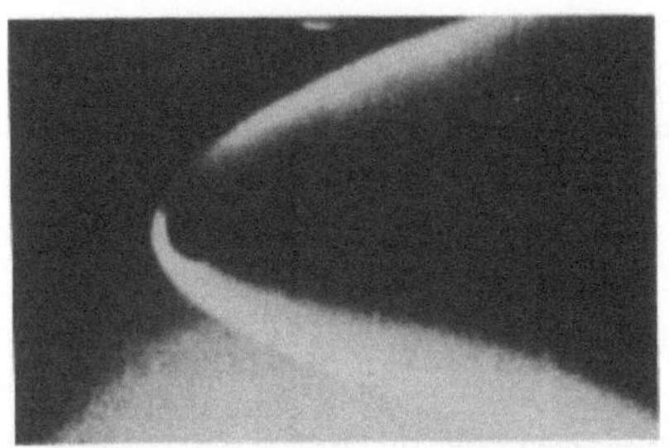

1: Glimmentladungsbild

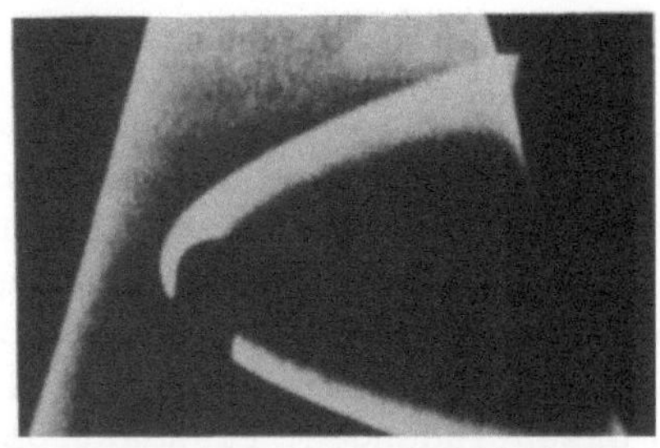

2: Elektronenschnittbild

3: Wasser über fluoreszierendem Wasser•Lichtschnitt

4: Wasserwirbel im Rohr

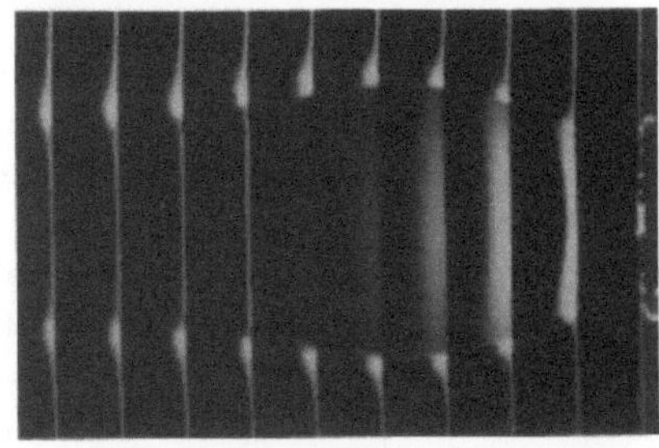

5: J_2 in He-Strahl•Ar-Laser

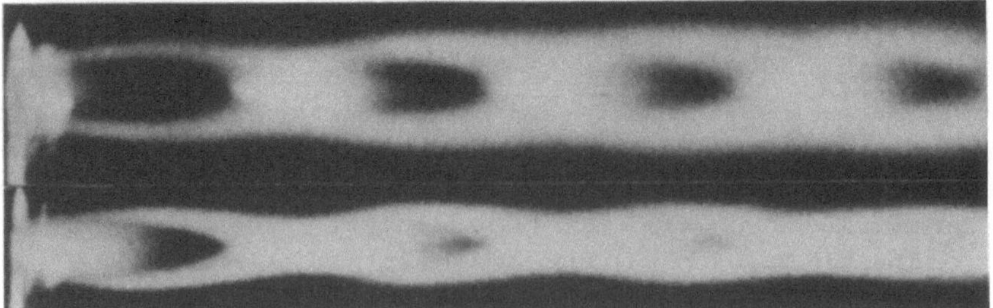

6: Na in N_2 - Strahl•Abgestimmter DyeLaser•Lichtschnitt

Fig. 2312: Emmisionsbilder

auszuwerten. Man kann es sogar so einrichten, daß nur die Strömung eines Gases umgeben von der eines anderen sichtbar wird . Das Verfahren setzt stationäre Strömung während der Dauer des Abtastens voraus. Es wäre möglich, damit dreidimensionale Strömungen zu untersuchen. Allerdings darf die Gasdichte eine von der Gasart und Gastemperatur abhängende obere Grenze nicht überschreiten. Bei Labortemperatur muß der Gasdruck unter etwa 10^{-3} bar bleiben. Bei höheren Dichten macht die strahlungsfreie Abregung der angeregten Gaspartikel bei Zusammenstößen mit anderen Gaspartikeln den Zusammenhang mit der Gasdichte in einer von der Temperatur abhängenden Weise nichtlinear.

Starkes Leuchten in einer Ebene der Strömung kann man auch durch Fluoreszenz beigemischter Atome oder Moleküle in einem Laserlichtschnitt erzielen. In Flüssigkeiten kommen hierfür viele Substanzen in Frage [1244-1246]. **Fig. 2312-3** demonstriert, wie die Deformationen einer Grenzfläche zwischen zwei verschieden strömenden Flüssigkeiten sichtbar werden, wenn nur die eine der beiden fluoresziert [1247]. Für die Beimischung zu Gasen ist Jod gut geeignet, weil der Dampfdruck schon bei Labortemperatur hinreichend hoch ist, und weil das Licht eines Argonlasers oder eines frequenzverdoppelten Nd/NAG-Lasers genügt, um die J_2-Moleküle anzuregen [1248-1253]. Die zu untersuchende Strömungsebene kann gleichmäßig wie in **Fig. 2312-4** [1254] oder auf parallelen Geraden wie in **Fig. 2312-5** [1250] beleuchtet werden. Die Strahldichte L des Fluoreszenzlichtes ist zur Zahl N_i der Indikatormoleküle pro Volumen proportional. Sie kann außerdem in komplizierter Weise von der Gesamtzahl N der Partikel pro Volumen und von der Temperatur T abhängen. Ist die Laserlinie schmaler als die Absorptionslinie, so kommt eine Abhängigkeit von der Differenz $\Delta\nu$ der Frequenzen der Linienscheitel hinzu. Bei hohen Strömungsgeschwindigkeiten u kommt die zusätzliche Frequenzverstimmung durch die u-abhängige Dopplerverschiebung in's Spiel. Im allgemeinen ist also ein Zusammenhang $L=K\cdot F(N,T,\Delta\nu,u)N_i$ zu erwarten. Dabei ist das Verhältnis N_i/N konstant. Bei kleinen u und N und fast konstanter Temperatur ist L praktisch zur Gasdichte $\rho=Nm$ proportional. Mit einem abstimmbaren Laser kann man die Frequenzverstimmung $\Delta\nu$ so wählen, daß $F(N,T,\Delta\nu)$ auch bei starken Temperaturänderungen praktisch konstant bleibt. Man kann also Emissionsbilder aufnehmen, deren Schwärzungen Auskunft über die Dichten geben. Bei gewissen Linien dominiert andererseits die Temperaturabhängigkeit.

Wenn die Laserlinie schmaler als die Absorptionslinie ist, und die Dopplerverschiebung der Absorptionslinie groß genug, dann informieren zwei geeignet aufgenommene Emissionsbilder über die Strömungsgeschwindigkeiten. Die Bilder werden mit einem abstimmbaren Farbstofflaser entweder bei entgegengesetzten Richtungen des Laserlichtbündels oder bei zwei verschiedenen Laserfrequenzen aufgenommen [1255-1261]. Im erstgenannten Fall sind es die unterschiedlichen Dopplerverschiebungen der Absorptionslinie und in letztgenannten die unterschiedlichen Plazierungen der Laserlinie auf der Flanke der Absorptionslinie, die Änderungen der

408

Strahldichten zur Folge haben. Wenn die Verhältnisse der Bestrahlungsstärken betrachtet werden, so kommt es nicht auf konstantes und bekanntes
Partialdichteverhältnis des Indikatorgases an. Darum kann diese sog. Re-
sonanz-Dopplervelozimetrie auch mit Natrium in Helium oder Stickstoff
vorgenommen werden. Na-Atome haben verglichen mit den J_2-Molekülen den
Vorteil, daß sie bei Resonanzanregung viel mehr Fluoreszenzlicht emittieren. Sie haben aber den Nachteil, daß sie wegen des viel zu kleinen Dampf-
drucks nur lokal durch Abdampfen von einer heißen Oberfläche zugeführt
werden können. Mit Na in N_2 wurden die zwei in **Fig.** 2312-6 gezeigten ge-
schwindigkeitsselektiven Bilder desselben Überschallstrahls aufgenommen
[1261]. Die Laserlinie wurde so gesetzt, daß beim oberen Bild die größte
der vorkommenden Dopplerverschiebungen und beim unteren eine kleinere das
Maximum der Absorptionslinie auf die Laserlinie schob. Das obere Bild
macht Gebiete mit den größten Geschwindigkeiten und das untere solche mit
kleineren Geschwindigkeiten sichtbar. Na und J_2 sind nicht die einzig
möglichen Indikatoren. In [1262] wurde über die Aufnahme von Emissionsbildern mit beigemischtem Biacetyl berichtet.

2.3.2 Visualisierung mit Fäden

2.3.2.1 Textilfadenbilder

Wie eine Fahne im Wind, so kann auch ein in die Strömung gehaltener Tex-
tilfaden über die Strömungsrichtung informieren. Der Faden darf nicht zu
schwer und weder zu lang noch zu kurz sein. In Luftströmungen haben sich
bis zu 40mm lange Woll-, Seiden- oder Nylonfäden bewährt. Die Halterung
darf die Strömung nicht merklich stören. Manchmal kann es schon genügen,
die Strömung mit einem einzigen Faden am Ende einer dünnen Stange abzutasten. Zur Aufnahme eines Fadenbildes werden viele Fäden entweder an
gespannten Drähten oder am Modell befestigt. Mit Fäden an der Oberfläche
eines Modells erhält man Bilder wie in **Fig.** 2321-1 bis 4. Die **Fig. 2321-1 und 2**
zeigen die Strömungen über ein Leitwerk bei zwei Anstellwinkeln [1263].
Die **Fig.** 2321-3 informiert über die Strömung um einen Flügel und Trieb-
werkseinlauf [1264]. In **Fig.** 2321-4 sind Textilfadenbilder der Strömung um
ein mit 160km/h fahrendes Auto wiedergegeben [1265]. Bei der Interpretation solcher Bilder ist Vorsicht geboten. Die Richtungen der Strömungen
innerhalb und außerhalb der Grenzschicht stimmen nicht unbedingt überein.
In der Grenzschicht können schräg laufende Wellen und schräg gestellte
Wirbel existieren. In hochturbulenter Strömung flattern die Fäden. Man
kann diesen Sachverhalt benutzen, um mit Langzeitbildern den Ort des Um-
schlags von laminarer in turbulente Strömung sichtbar zu machen [1266]. Ein
gewisses periodisches Flattern tritt aber unter Umständen auch in laminaren Strömungen auf [1267]. Die Selbsterregung solchen Flatterns kann man

1: Leitwerk•Wollfäden

2: Leitwerk•Wollfäden

3: Fluoresz. Nylonfäden

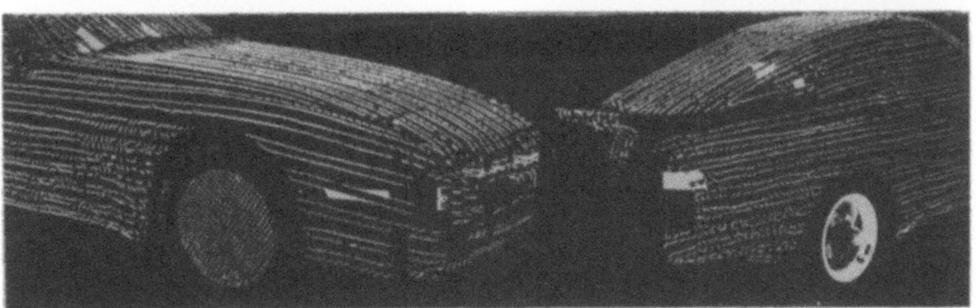

4: Fahrendes Auto•160 km/h•Fluoreszierende Nylonfäden

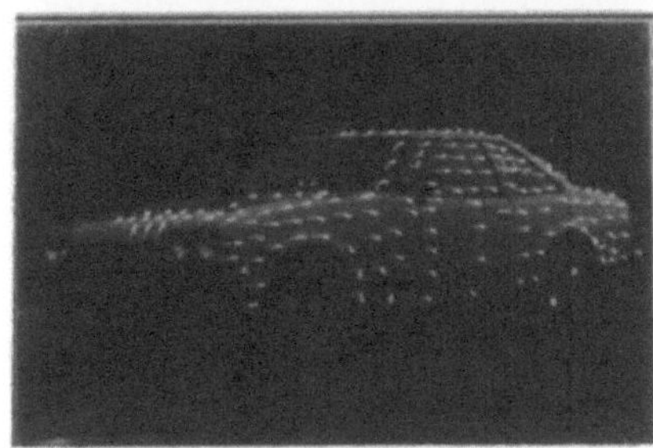

5: Hohlkegel an Fäden

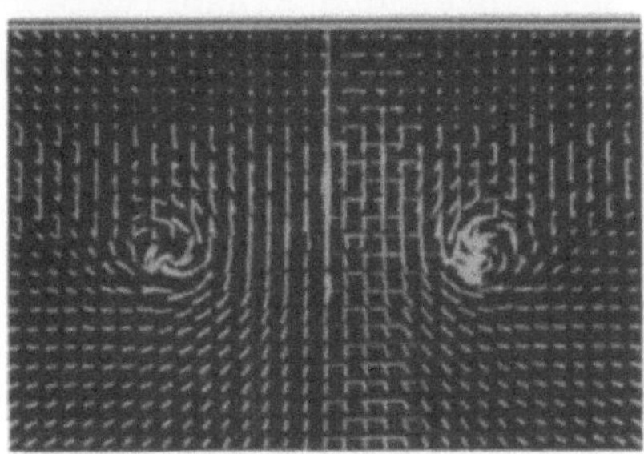

6: Fadengitter hinter Flügel

Fig. 2321: Textilfadenbilder

mit Hohlkegeln an den Enden kurzer Fäden wie in **Fig. 2321-5** vermeiden [1268].
Auch dieses Bild zeigt die Strömung um ein fahrendes Auto. Es wurde mit
dem Licht einer Flashlampe am Tag von einen fahrenden Auto aus
aufgenommen. Mit Fäden an quer durch einen Windkanal gespannten Fäden
kann man je nach Blickrichtung die Richtungen der Geschwindigkeitskomponenten in einem Längsschnitt oder Querschnitt ermitteln. **Fig. 2321-6** zeigt
ein Fadengitterbild, das bei Blickrichtung gegen die Strömung über die
Lage der Wirbelkerne in einem Querschnitt hinter einem Deltaflügel informierte [53,1269,1270]. Die Sichtbarkeit der Fäden kann mit einer Farbe
verbessert werden, die bei UV-Bestrahlung fluoresziert. Die Frequenzumsetzung erleichtert das Wegfiltern des an Wänden reflektierten Lichtes.
Die Bilder **3** und **4** demonstrieren, wie gut auf diese Weise selbst Nylonfäden mit dem nur 50 µm betragenden Durchmesser sichtbar wurden. Über
Visualisierungen von Luftströmungen mit fluoreszierenden Fäden wurde in
[1271, 1272] und über solche von Wasserströmungen in [1273,1274] berichtet.

2.3.2.2 Flüssigfadenbilder

1883 kam Osborne Reynolds auf die Idee der Wasserströmung in einem Glasrohr durch ein Röhrchen auf der Achse gefärbtes Wasser zuzuführen. Bei
kleinen Strömungsgeschwindigkeiten erschien ein langer dünner Faden. Bei
hohen Strömungsgeschwindigkeiten verriet ein kurzer, verschlungener und
sich auflösender Faden den Umschlag der laminaren in die turbulente Strömung. Damit wurde nicht nur dieser Umschlag entdeckt, sondern zugleich
auch ein ebenso simples wie effektives Visualisierungsverfahren
erfunden. Seither wurde dieses Verfahren immer wieder mit den verschiedensten Tinten und Einspritztechniken und mit mehr oder weniger Erfolg
verwendet, um Stromlinien stationärer Strömungen oder Gleitlinien instationärer Strömungen sichtbar zu machen. Fäden wasserlöslicher Tinten
lösen sich schnell auf. Oft erhält man dann nur Absorptionsbilder wie in
Abschnitt 2.3.1.1. Durch Beimischung diffusionshemmender und adhäsions-
fördernder Substanzen wird erreicht, daß die Fäden länger zusammenhalten.
Am besten hat sich die Beimischung von Milch bewährt. Vermutlich hat 1911
C.G. Eden [1275] als erster Kondensmilchfäden eingespritzt. In den fünfziger Jahren wurde erkannt, daß es wichtig ist, dem Flüssigfaden die Dichte
und Zähigkeit des Wassers zu geben. Seither werden Mixturen von homogeni-
sierter Milch, Alkohol, Farbstoff und Wasser verwendet [1276 - 1288]. Die
starke Adhäsion ist einerseits erwünscht, macht es andererseits aber
fraglich, ob der Faden bei stationärer Strömung alle Krümmungen einer
Stromlinie mitmacht, und ob er bei instationärer Strömung eine Streichlinie bleibt. Flüssigfadenbilder sind darum nur bedingt den in Abschnitt
2.3.4.7 zu besprechenden Streichlinienbildern zuzuordnen. Das Einspritzen kann durch Röhrchen in der Anströmung vor einem Modell oder durch
Bohrungen in der Modellwand erfolgen. Sowohl bei zu kleinem als auch bei

zu großem Einspritzdruck können Pulsationen auftreten. Beim Einspritzen aus der Modellwand muß zunächst aus einem Strahl quer zur Strömungsrichtung ein Faden in Strömungsrichtung werden. In den **Fig. 2322-1 bis 5** sind Stromlinienbilder wiedergegeben, die mit Fäden aus einem Röhrchenrechen aufgenommen wurden, der sich weit vor dem Modell befand. Die Zeitmarken in **Fig. 2322-2** wurden durch Modulation des Einspritzdrucks erzeugt [696,1276]. Die **Fig.2322-3 und 4** zeigen den Einfluß eines am Modellende austretenden Strahls auf die Strömung [1276]. Die **Fig. 2322-5** zeigt Wirbel hinter einen Propeller, der sich mit einer Umdrehung pro Sekunde in einer Wasserströmung mit der Geschwindigkeit 0,15m/s drehte [1287]. In **Fig. 2322-6** genügte ein einziger auf der Achse des Modells einer Arterie zugeführter Flüssigfaden, um die Wirbel hinter einer Abzweigung sichtbar zu machen [1288]. Die Fäden auf den Bildern in **Fig. 2322-7 bis 14** wurden durch Bohrungen der Mo-

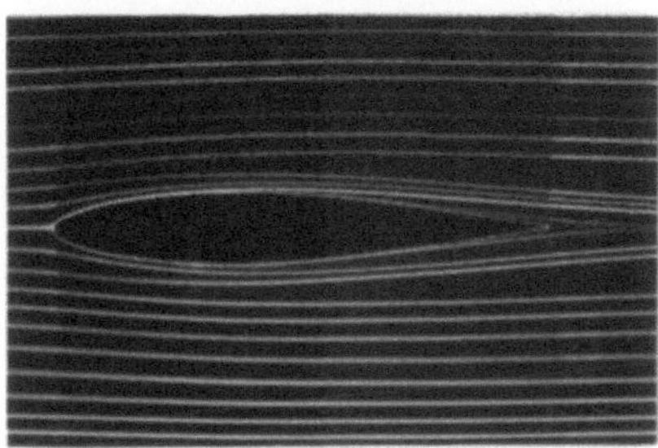

1: Milchfäden in Wasser

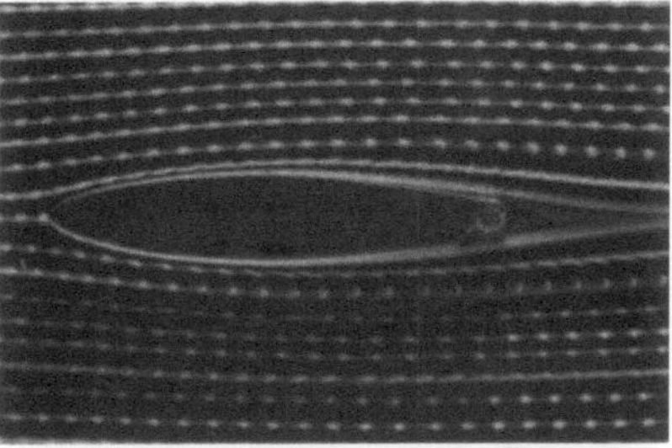

2: Modulierte Milchfäden

3: Simulierter Treibstrahl

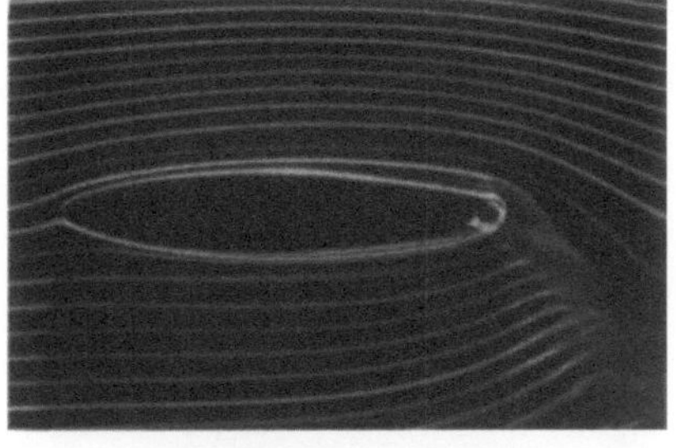

4: Strahlneigung 45°

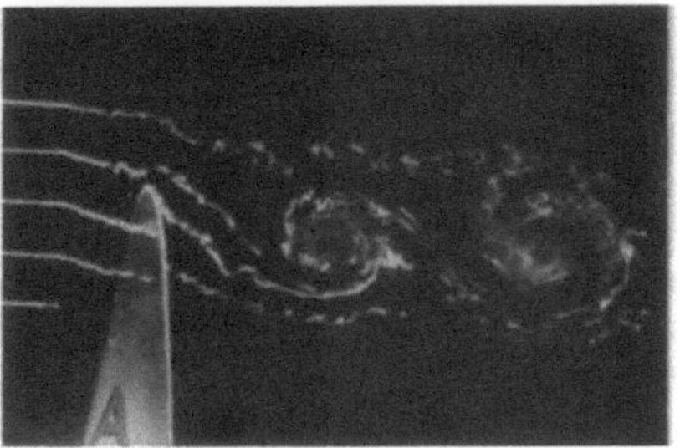

5: Schiffpropeller

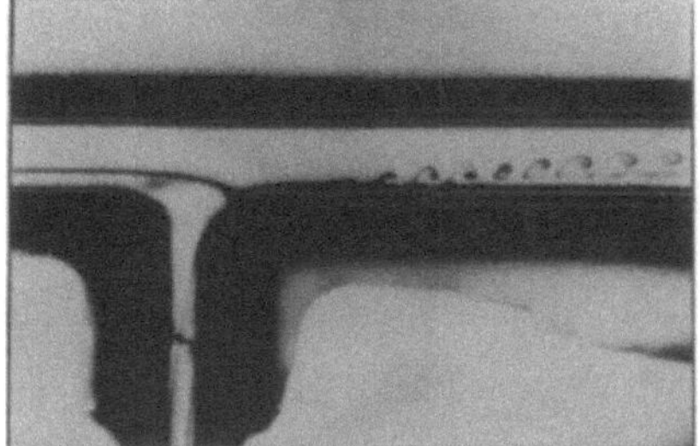

6: Arterienmodell

Fig. 2322: Flüssigfäden

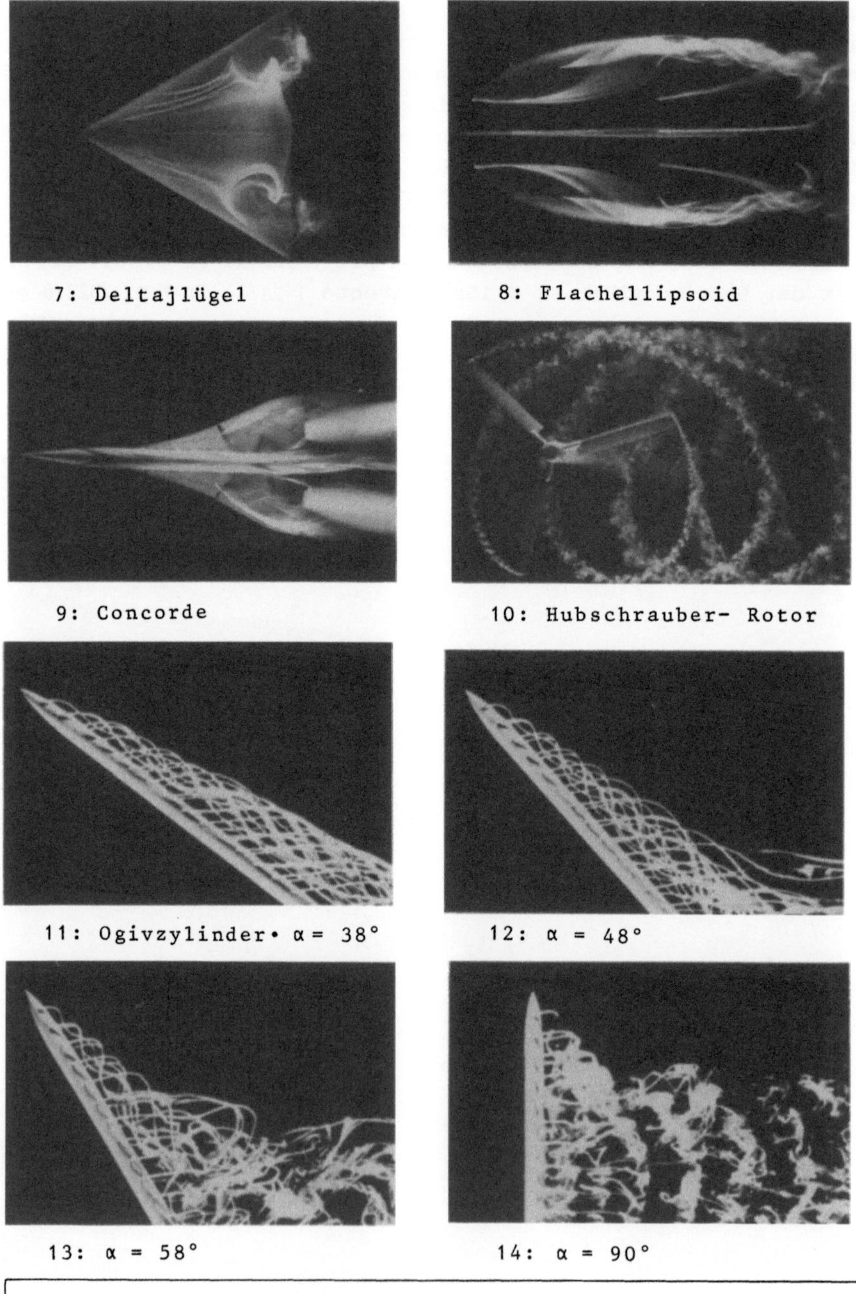

Fig. 2322: Milchfäden in Wasser

dellwand in die Strömung gespritzt. **Fig. 2322-7** zeigt die Strömung auf der Saugseite eines angestellten Deltaflügels [1284], **Fig. 2322-8** die um ein Flachellipsoids und **Fig.2322-9** die um ein Concordemodell mit simulierten Triebwerkstrahlen [1284]. Mit **Fig. 2322-10** wurden die vom Hubschrauberrotor erzeugten Wirbel untersucht [1284]. In den **Fig.2322-11 bis 14** sind vier Bilder eines Farbfilms wiedergegeben, der den Übergang von Längswirbeln in eine Querwirbelstraße bei Änderung der Anstellung eines Zylinders mit Ogivenspitze demonstriert [1279]. Bei all diesen Experimenten hatten die Fäden verschiedene Farben und konnten aus verschiedenen Richtungen betrachtet werden.

2.3.3 Visualisierung mit Tracern

2.3.3.1 Tracer in Flüssigkeiten

Die in den Abschnitten 2.3.3.4 bis 2.3.3.9 zu besprechenden Visualisierungsverfahren und die in den Abschnitten 3.4.1.1 bis 3.4.8.2 zu besprechende Laservelozimeter arbeiten mit Tracerpartikeln, die dem strömenden Medium beigemischt, in der Strömung erzeugt oder der Strömung lokal zugeführt werden. Sie sollen mit ihrer Zahl pro Volumen, Orientierung oder Bewegung Auskunft über die Strömung geben. In Flüssigkeiten oder auf Flüssigkeitsoberflächen sind schon vergleichsweise große Polystyrolkügelchen oder vergleichsweise schwere Metallflitter als beigemischte oder aufgestreute Tracer geeignet. Polystryrolkügelchen werden mit Durchmessern über 0,5mm angeboten. Ihr Gewicht kann durch Behandlung mit Aceton [1289] dem des verdrängten Wassers angepaßt werden. Man kann sie also sowohl schwimmend in Schleppkanälen und Gerinnen als auch schwebend in Umlauf- oder Fallkanälen gebrauchen. Metallflitter können infolge der Oberflächenspannung schwimmen. L. Prandtl und seine Mitarbeiter haben mit Eisenfeilspänen auf Wasseroberflächen experimentiert[382,383]. Heute werden gerne mit Spiritus oder Sodalösung entfettete Aluminiumflitter verwendet, um Wasserströmungen in transparenten Rohren und Gefäßen sichtbar zu machen. Mit Abmessungen unter 0,5mm setzen sie sich nur sehr langsam ab. Kurzes Umrühren genügt, um sie wieder gleichmäßig zu verteilen. Sie reflektieren das auf ihre Breitseite fallende Licht. In Strömungen mit schwachen Gradienten kann dies ein Nachteil sein, weil sich die Flitter fortwährend zufällig drehen und so das Bild mit zufälligen Reflexen belichten. Stärkere Geschwindigkeitsgradienten haben eine ausrichtende Wirkung, die die Aufnahme der in Abschnitt 2.3.3.5 zu besprechenden Flitterbilder ermöglicht [1290]. Als kleinere beigemischte Tracerpartikel kommen Lykopodiumsporen, Bimssteinpulver, Zaponlackkügelchen, Latexkügelchen, Glaskügelchen oder Gasbläschen in Frage. Lykopodium ist eine Farnpflanzengattung. Die Sporen mit Abmessungen zwischen 10µm und 100µm

414

werden als sog. Bärlappsamen für die verschiedensten technischen Verwendungen gesammelt. **Fig. 2331-1** zeigt ein mittels Rasterelektronenmikroskop
aufgenommenes Bild einer solchen Spore mit dem Durchmesser 30µm
[1291,1292].

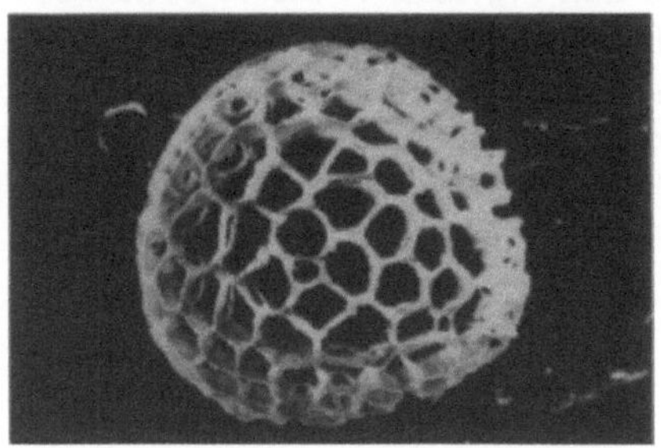

1: Lykopodiumspore

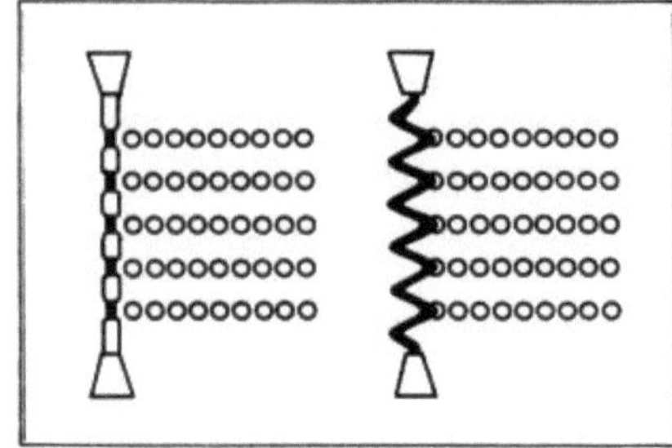

2: Bläschenketten

Fig. 2331: Tracer in Flüssigkeiten

Infolge ihrer eigenartigen Form zeigen sie nur wenig Neigung zusammenzu-
backen. Sie schwimmen auf Wasser und werden darum gerne zur Visualisierung von Wasserströmungen in Schleppkanälen und Gerinnen verwendet. Zaponlackkügelchen können gut selbst hergestellt werden[1293,1294].Sie bilden sich, wenn eine Emulsion von zwei Teilen Zaponlack und einem Teil Amylacetat in drei Teilen Wasser in ein Gefäß tropft, in dem ein scharfer
Wasserstrahl Tropfen nach Tropfen zerlegt. Latexkügelchen und Glaskügelchen werden mit Durchmessern zwischen 0,2µm und 10µm angeboten. Sie werden
für die Herstellung retrostreuender Projektionswände und Schilder gebraucht und sind darum in großen Mengen und preiswert zu haben. Die
Beimischung von Gasbläschen kann mit bläschenbildenden Chemikalien
oder auf dem Wege des Aufschäumens mit Hilfe von Gasstrahlen erfolgen. Zu
den beigemischten Tracern sind auch die Dampfbläschen zu rechnen, die
sich in siedendem Wasser bilden und nach Durchgang durch ein feinporigen
Filter in einem vertikalen Wasserstoßrohr aufsteigen [1295].Solche Bläschen waren aber bisher nicht Mittel, sondern Gegenstand der Untersuchung.

Oft sind nicht zufällig verteilte, sondern zu bestimmten Zeiten an bestimmten Orten zugeführte Tracer erwünscht. Am bekanntesten ist die Erzeugung von Wasserstoffbläschen durch Elektrolyse an einem quer durch die
Strömung gespannten Platin- oder Platiniridiumdraht. Hartem Wasser
braucht man dazu keinen Elektrolyten beizugeben. In weichem Wasser hat
sich die Beigabe von 0,15g/1NaSO$_4$ bewährt. An den Draht wird negative typisch 100V betragende Spannung gegen irgend ein anderes blankes Metall in
der Strömung gelegt. An allen blanken Stellen des Drahtes bilden sich
Bläschen, die von der Strömung mitgerissen werden, sobald ihr Durchmesser
halb bis doppelt so groß wie der Drahtdurchmesser wird. Drahtdurchmesser
zwischen 30µm und 60µm haben sich bewährt. Die Bläschen bilden sich dann
in etwa 10ms. Es ist also möglich, ihre Erzeugung mit einer Rechteckspan-

nung zu tasten. Die Tastfrequenz kann bis etwa 100 Hz betragen. Man kann auf die in **Fig. 2331-2** skizzierten zwei verschiedenen Weisen dafür sorgen, daß sich die Bläschen nur von bestimmten Stellen des Drahtes ablösen. Am einfachsten ist es, den Draht zwischen zwei Zahnrädern in der skizzierten Weise zu verformen. Die Bläschen laufen dann zu den stromabwärts liegenden Knickstellen und werden nur dort abgerissen. Oder man kann die Erzeugung der Bläschen stellenweise durch Lackierung verhindern. Man könnte erwarten, daß die Bläschen mit den Strömungsgeschwindigkeiten des laminaren Drahtnachlaufs mitgeführt werden. Dann würde die Bläschengeschwindigkeit 200 Drahtdurchmesser stromab vom Draht erst 91% der Strömungsgeschwindigkeit der Anströmung betragen. Kinematographische Untersuchungen haben ergeben, daß sich die Bläschen schon nach einem etwa 70 Drahtdurchmesser betragenden Weg praktisch mit der Strömungsgeschwindigkeit der Anströmung bewegen. Aus bislang ungeklärtem Grund wird die Bläschenerzeugung erst nach einigen Minuten regelmäßig. Auch können Verunreinigungen des Wassers Unregelmäßigkeiten zur Folge haben. Polt man um, so werden nicht Wasserstoffbläschen, sondern Sauerstoffbläschen gebildet. Sie erscheinen weniger regelmäßig. Die H_2-Bläschentechnik wurde mehrfach ausführlich beschrieben [60,1296-1312].

Auch feste und tiefschwarze Schwebteilchen kann man in Wasser durch Elektrolyse erzeugen. Dazu wird soviel Kalilauge KOH im Wasser gelöst, daß der P_H-Wert etwa 10 beträgt. Quer durch die strömende Lösung wird ein Tellurdraht oder ein mit Tellur überzogener Draht aus Stahl oder Messing gespannt. Beim Anlegen einer negativen Spannung gegen wiederum irgendeine Metallanode entstehen an der Tellurkathode positive Tellurionen. Diese werden durch eine Sekundärreaktion in Flöckchen neutralen kollidalen Tellurs umgewandelt. Wie bei den H_2-Bläschen, so besteht auch hier die Möglichkeit, den Draht bis auf kurze, blank und aktiv bleibende Stellen zu lackieren. Zur Herstellung des Tellurdrahtes wird ein mit Tellur gefülltes Glasröhrchen bis auf Rotglut erhitzt, langgezogen und nach Abkühlung mit Flußsäure abgeätzt. Messingdraht überzieht sich mit Tellur, wenn man ihn durch eine Tellurschmelze zieht. Stahldraht kann man mit einer etwa 20µm dicken Tellurschicht bedampfen. Über Tellurflöckchen wurde erstmals in [1313] berichtet.

Seit es möglich ist, mit einem Impulslaser Dampfblasen zu erzeugen, liegt der Gedanke nahe, so ohne materiellen Eingriff einzelne und geschickt plazierte Blasen als Tracer in die Strömung zu bringen. Bislang wurden jedoch immer nur mit Hochleistungsimpulsen heftig pulsierenden Blasen erzeugt [1314,1315]. Hier müßte zunächst ein behutsameres Verfahren der Blasenerzeugung im Laserfokus entwickelt werden.

416

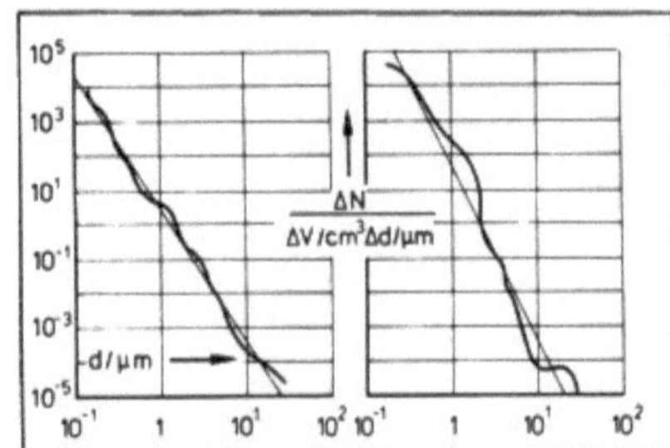

1: Staub in Stadtluft

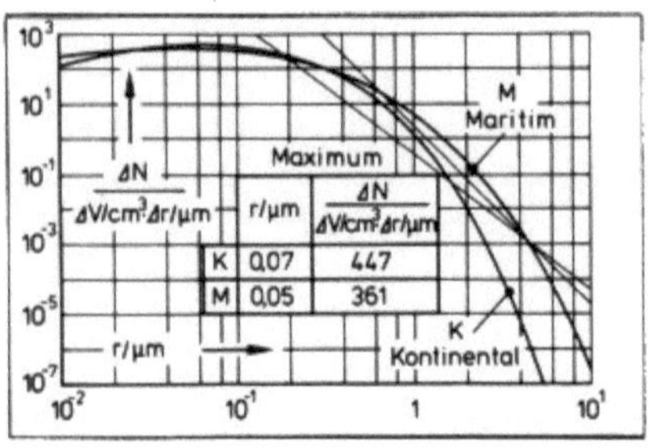

2: Modif. Gammaverteilungen

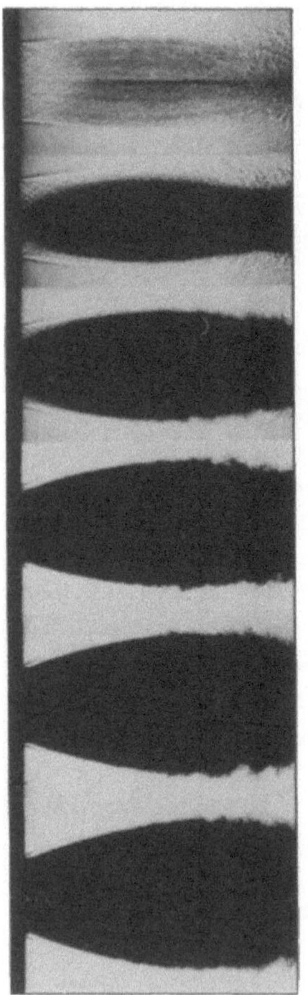

3: CO_2-Strahl

4: Wassertropfen in Stoßwelle

Fig. 2332: Tracer in Gasen

2.3.3.2 Tracer in Gasen

Luft enthält bereits ohne absichtliche Beimischung eine für manche Tracermessungen ausreichende Menge von Schwebteilchen passender Größe. Allerdings bestehen diese aus den verschiedensten Substanzen, haben die verschiedensten Formen und erscheinen mit Größenverteilungen, die stark vom Standort und vom Wetter abhängen. In Mitteleuropa spielt der aus Wüsten und anderen Trockengebieten stammende Mineralstaub eine wechselnde Rolle. Die meisten Aerosolpartikel sind wasserlöslich. Sie enthalten SiO_2 NH_3 und NO_x sowie Salze aus der Gicht der Meere. In der Stadtluft (urban) kommen meist höhere Anteile an Rauch verschiedenster Herkunft als in Landluft (rural) oder Küstenluft (maritim) hinzu. Die mittlere Größe der Aerosolpartikel wächst im allgemeinen mit der Luftfeuchtigkeit. Andererseits können aber auch Niederschläge besonders saubere Luft hinterlassen. Mit verschiedenen Meßverfahren wurden sehr verschiedene effektive Durchmesser d der Aerosolpartikel bestimmt. In der Literatur finden sich an die 20 verschiedene Definitionen. Außerdem wurden die Meßwerte der Partikelzahlen $\Delta N(d)$ pro Volumen und mit Durchmessern zwischen $d-\Delta d/2$ und $d+\Delta d/2$ über verschiedene Zeiten gemittelt. Die Zeitmittelwerte wurden mit verschiedenen Verteilungen $N_d(d)=d(N)/d(d)$ angenähert [1316-1321]. **Fig. 2332-1** zeigt als Beispiel zwei Verteilungen die am 14. und 22. Dezember 1978 in Tübingen [1320] mit HeNe-Streulichtmessungen ermittelt wurden. Am 14. war die maritim erwärmte Subpolarlust sehr klar. Die Normsichtweite betrug 50km und die relative Luftfeuchtigkeit 74%. Am 22. war die Mischung aus kontinentaler subtropischer Luft und Luft aus mittleren Breiten trüb und feucht. Die Normsichtweite betrug 5km und die relative Luftfeuchtigkeit 97%. Am 14. wurde über 4 Stunden und am 22. über etwas mehr als 7 Stunden gemittelt. Die Meßwerte wurden mit einem Tschebyscheffpolynom der Ordnung 8 angenähert. Die vom 14. kann man im Bereich $0,2<d/\mu m<1$ recht gut mit der eingezeichneten Geraden $N_d(d)=Ad^{-B}$ wiedergeben. Am 22. war die Verteilung komplizierter, und lagen die N_d in einem weiten d-Bereich um ein bis zwei Größenordnungen darüber. In [1321] wurden für Abschätzungen die modifizierten Gammaverteilungen

$$N_r(r) = A(\frac{r}{\mu m})^\alpha \exp\left[-B\left(\frac{r}{\mu m}\right)^{1/2}\right] \tag{1}$$

mit $A=4,976\cdot10^6 cm^{-3}\mu m^{-1}$, $\alpha=2$, $B=15,12$ für die kontinentale Atmosphäre und mit $A=5,333\cdot10^4 cm^{-3}\mu m^{-1}$, $\alpha=1$, $B=8,944$ für die maritime vorgeschlagen. Diese Verteilungen sind in **Fig. 2332-2** graphisch dargestellt. Sie durchlaufen bei den dort notierten Partikelradien $r=d/2$ die angegebenen Maxima.

Solche N_d genügen unter Umständen für die im Abschnitt 3.4.1.1 bis 3.4.8.8 zu besprechende Laservelozimetrie. Für die Visualisierung einer Windkanalströmung sind sie bei weitem nicht hoch genug. Als absichtliche beigemischte Tracerpartikel kommen vielerlei winzige Tröpfchen oder Stäubchen in Frage. Öltröpfchen kann man kalt durch Versprühen oder heiß durch Verdampfen und Rekondensieren des Dampfes im kälteren Gas erzeugen. In

418

[1322-1324] wurde über Erfahrungen mit verschiedenen Ölvernebelungsgeräten berichtet. Auch der auf dem Wege des Verschwelens entstehende Qualm
besteht größerenteils aus Tropfen von Rekondensaten. In Qualmerzeugern
für Windkanäle wurde Heizöl, Teer, verrottetes Holz, Stroh und Papier
verschwelt [1325-1330]. Für kleinere Versuchsanlagen hat die Verschwelung von Tabak den gelegentlich entscheidenden Vorteil, daß die
Partikeldurchmesser nur zwischen $0,1\mu m$ und $1\mu m$ betragen [1331]. In [1332]
wurde die Herstellung gleichmäßiger Tröpfchen mit wählbarem Durchmesser
zwischen $10\mu m$ und $300\mu m$ beschrieben. Durch Versprühen von wäßrigen Salzlösungen [1333] kann man feinste Kriställchen herstellen. Sie bilden
sich, wenn das Wasser der Tröpfchen verdunstet. Feste Schwebteilchen aus
Metalloxyden entstehen, wenn man Titan- oder Zinntetrachloriddampf in
feuchte Luft bläst [1334]. Da sie sich unter Abscheidung von Salzsäure
bilden, kommt dieses Verfahren allerdings nur für wenige Versuchsanlagen
in Frage. Dichter weißer Rauch bildet sich ferner in der Luft, wenn man
diese erst durch eine Flasche voll Salzsäure und dann durch eine Flasche
voll Ammoniak pumpt [1335,1336]. Große Mengen dichten weißen oder auch
farbigen Rauchs werden mit den handelsüblichen Rauchpatronen erzeugt.
Will man feinste handelsübliche Pulver in der Luft verteilen, so steht man
vor der Aufgabe, zunächst einmal die zusammengebackenen Agglomerate aufzubrechen. Latexstaub kann man als Dispersion in Wasser versprühen [1337].
In heißem Gas muß der Staub einen hohen Schmelzpunkt haben. Hier ist handelsübliches TiO_2, Al_2O_3, SiC oder ZrO_2-Pulver geeignet [1338]. Die
folgende Tabelle informiert über die Schmelztemperaturen T_S, Dichten ρ
und Brechzahlen n. Für diese Pulver werden strömungsmechanische Zerstäuber und Sortierer angeboten [1339-1342]. Sie backen weniger zusammen,
wenn man feinste Glasfädchen (Aerosil) zumischt.

Substanz	TiO_2	Al_2O_3	SiC	ZrO_2
T_S/K	1750	2015	2700	2980
$\rho/(g/cm^3)$	4,26	3,96	3,2	5,6
n	2,6-2,9	1,76	2,6	2,2

Tab. 2332-1: Partikel mit hohem Schmelzpunkt

Leider sind die Dichten ziemlich hoch. Polystyren-Latex-Kügelchen mit der
Dichte $\rho=1,05g/cm^3$ oder Dioctylphthalat-Tröpfchen mit der Dichte
$\rho=0,98g/cm^3$ können Änderungen der Strömung besser folgen und streuen mit
den Brechzahlen n=1,59 bzw. 1,49 fast ebensogut. Solche Tracer sind aber
nur für kalte Strömungen gut. Bei Temperaturen bis etwa 500K kann man auch
Talkum (Magnesia, Magnesiumsilikat) als Tracer verwenden.
Gut gleichmäßige Verteilung der bis hier genannten Tracerpartikel läßt
sich nur durch Beimischung vor Beginn der zu untersuchenden Strömung er-

zielen. Das Einspritzen oder Einblasen in die Strömung ist mit Störungen der Strömung und Inhomogenitäten der Verteilung verbunden. Schonendere Erzeugungen gleichmäßig verteilter Tracer in der Strömung sind möglich, wenn diese das Gas stark expandiert oder komprimiert. Im Überschallwindkanal kann man mit hinreichend hoher Luftfeuchtigkeit die Bildung von Nebel infolge der Abkühlung bei der Expansion in der Düse erzielen. Allerdings kann dabei die freigesetzte Kondensationswärme die Strömung merklich verändern. Darum besteht ein Interesse, einen Dampf mit weniger Kondensationswärme zu verwenden. Hier kommen organische Dämpfe mit höheren Molmassen und tieferen Siedepunkten in Frage. Der erforderliche Dampfpartialdruck vor der Düse darf den Sättigungsdruck bei der Temperatur vor der Düse nicht überschreiten. Außerdem ist zu fordern, daß der Dampf chemisch stabil, nicht korrosiv, nicht brennbar und nicht giftig sei. Von den Dämpfen, die diese Forderungen erfüllen sind Tetrachlorkohlenstoff CCl_4, Tetrachloräthylen C_2Cl_4, Tetrachloräthan $C_2H_2Cl_2$ und Pentrachloräthan C_2HCl_5 handelsüblich. Mit Tetrachlorkohlenstoff liegen gute Erfahrungen vor [1345]. Auch Kohlendioxyd CO_2 und Acetylen C_2H_2 sind zur Erzeugung von Tracerpartikeln auf dem Wege der Kondensation in expandierender Strömung verwendet worden [1347]. Ein CO_2-Überschallstrahl wird undurchsichtig wie in **Fig. 2332-3**. Zuviel Kondensationswärme erzeugt Verdichtungsstöße. Wenn im Windkanal das Verhältnis des engsten Diffusorquerschnitts zum engsten Düsenquerschnitts zu klein ist, dann kann sie sogar bewirken, daß sich ein senkrechter Verdichtungsstoß in die Düse stellt und die Expansion abbricht. Wenn die Dampfkonzentration zu klein ist, dann kann andererseits der Kondensationsverzug die rechtzeitige Nebelbildung verhindern. Diese Vorgänge wurden im Zusammenhang mit der Entwicklung von Überschallwindkanälen untersucht [1348-1351]. Hyperschallwindkanäle expandieren so stark, daß vor der Düse geheizt werden muß, um die Kondensation der Luft selbst bei der Abkühlung in der Düse zu verhindern [387,391,1352]. Hier könnte eine gewisse Kondensation zugelassen und die Trübung zur Visualisierung verwendet werden. In [1353,1354] wurde über Visualisierungen von Unterschallströmungen mit Naßdampf berichtet. Im Stoßrohr kann man andererseits durch Pyrolyse von kohlenstoffhaltigen anorganischen oder organischen Gasen in der heißen Strömung hinter dem Verdichtungsstoß Ruß erzeugen und als Tracer verwenden [1355]. Hier besteht ferner die Möglichkeit Tropfen zu verdampfen. Erfaßt der laufende Verdichtungsstoß einen Wassertropfen, so zerstäubt und verdampft er ihn wie in **Fig. 2332-3** [1356]. Wenige winzige Tröpfchen genügen, um die Strömung hinter dem Stoß undurchsichtig zu machen. In Stoßwindkanälen mit ihrer starken Expansion nach starker Kompression gibt es viele weitere Möglichkeiten der Tracererzeugung durch Kondensation nach Pyrolyse oder Verdampfung. In [240-250].

Viele der genannten Tracerpartikel kann man auch durch ein axial umströmtes und möglichst dünnes Röhrchen in die Strömung blasen. Einige Unterschallwindkanäle wurden für diese lokale Zuführung von Qualm mit Röhrchenrechen ausgerüstet [1357-1370]. Die **Fig. 2332-5 und 6** demonstrieren, wie das Aussehen so erzeugter Qualmfäden von der Belichtungszeit abhängt.

5: Qualmfäden • δt=10ms

6: δt=0,3ms

		0,01	0,1	1	10	100	1000	10000
Messung	Sieb							
	Lichtmikroskop							
	Elektronenmikroskop							
Organische Pulver	Blütenstaub							
	Sporen							
	Mehl							
	Puder							
	Trockenmilch							
Anorgan. Pulver	Küstensand							
	Zement							
	Farbpulver							
	Ruß							
	Atmosph. Staub							
	Flugasche							
Rauch	Tabak Harz							
	Ölrauch							
Tropfen in Luft	hydraul. Düse							
	pneum. Düse							
	Zerstäuber							
Kugeln	Glas							
	Latex							
Dampf	Ammoniumchlorid							
	Zinkoxyd							
Tropfen in Flüssigkeit	Öl in Wasser							
	Fett in Milch							
Blasen	Luft in Wasser							
	H_2 in Wasser							

$d\ /\ \mu m$

7: Partikeldurchmesser

8: Tröpfchen auf Whiskern

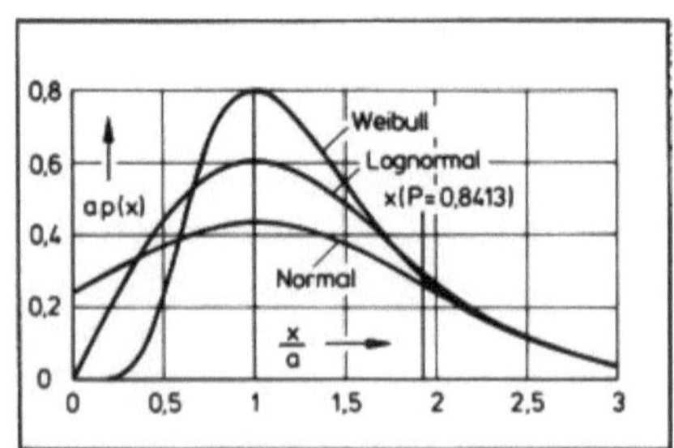

9: Verteilungen

Fig. 2332 Tracer in Gasen

[1363]. Die Strömungsgeschwindigkeit betrug 15m/s. Bild 5 wurde während δt=10ms und Bild 6 nur während δt=0,3ms belichtet. Die Tracerfäden werden dünner, und die Strömung wird weniger gestört, wenn man Öl auf einen quer durch die Strömung gespannten Heizdraht verdampft [1371-1383]. Der Draht muß einerseits möglichst dünn, muß aber andererseits so stark sein, daß eine Vorspannung das Durchhängen infolge der Erwärmung verhindern kann. Drähte aus Chromnickelstahl oder Wolfram mit Durchmessern zwischen 25µm und 150µm haben sich bewährt. Man kann an einigen Stellen des Drahtes Tröpfchen Paraffinöl oder Anisöl auftragen oder den ganzen Draht mit einem Gemisch von Paraffinöl und Mineralöl benetzen. In Luftströmungen mit Geschwindigkeiten zwischen 1m/s und 20m/s wurden Rauchfäden mit Durchmessern unter 1mm oder Rauchfahnen mit Dicken unter 1mm erzeugt. Die mit dem Drahtdurchmesser gebildete Reynoldszahl muß weniger als 20 betragen. Auch dann werden die Fäden oder wird die Fahne nur in extrem turbulenzarmer Strömung hinreichend lang. In der zitierten Literatur wurden verschiedene Schaltungen zur Tastung des Heizstroms und rechtzeitigen Betätigung des Kameraverschlusses angegeben. In großräumigen Strömungen kann man Seifenbläschen als lokal zugeführte Tracer verwenden [1384-1387]. Man kann sie mit Durchmessern bis herab zu etwa 1mm herstellen und der Strömung periodisch durch ein axial umströmtes Röhrchen zuführen. Füllung mit einem Luft/Helium-Gemisch macht es möglich, das Gewicht der Bläschen dem der verdrängten Luft anzugleichen. Ihre Sichtbarkeit kann durch Beimischung einer fluoreszierenden Substanz zur Seifenlösung verbessert werden.

Der Umgang mit Nebel oder Staub ist auch dann nicht ungefährlich, wenn die Substanz nicht auf der Liste der toxischen Substanzen erscheint. Nicht nur das Einatmen von Säuren oder Laugen, sondern auch das von Ölnebel oder Mineralstaub schädigt die Lunge. Bei der Verwendung von Tracerpartikeln ist darum stets für ausreichende Lüftung und bei größeren Mengen für das Auffangen zu sorgen.

Die **Fig. 2332-7** informiert über die Größenordnungen der Durchmesser einiger Tracer. Bei den meisten Anwendungen genügt es zu wissen, daß die Partikel einerseits klein genug sind um der Strömung zu folgen, andererseits aber auch groß genug um mit ihrem Streulicht den Film zu schwärzen. Bei einigen Anwendungen kommt es jedoch auf genauere Kenntnis der Durchmesser kugelförmiger Partikel an. Der Durchmesser schwankt. Die Häufigkeitsverteilung kann mit den verschiedensten Verfahren gemessen werden [1390-1415]. Bei den meist benötigten Durchmessern zwischen 0,1µm und 10µm hat das Auffangen mit Whiskernetzen und Ausmessen unter dem Elektronenmikroskop den Vorteil, daß zugleich die Form der Partikel kontrolliert wird. Aber ein einziges Phosphorbronzenetz mit Kupferoxyd-Nadelkristallen und typisch 150µm Maschenweite genügt nicht, weil der Abscheidungsgrad von der Teilchengröße abhängt. Man muß mit mehreren hintereinandergeschalteten Netzen auffangen und extrapolieren [1415]. **Fig. 2332-9** zeigt ein mit dem Rasterelektronenmikroskop aufgenommenes Bild aufgefangener Mikrotröpfchen [1395]. Wenn alle Partikel auf gleiche Weise hergestellt wurden, so handelt es sich um ein monodisperses Gemisch. Man könnte erwarten, daß man die Häufigkeitsverteilung mit der Normalverteilung annähern kann. In der Praxis sind jedoch erhebliche Abweichungen von der Normalverteilung beobachtet worden. Meist kann man besser mit der Lognormalverteilung und manchmal noch besser mit der Weibullverteilung annähern. Bei Normalverteilung einer Größe x hängt die Wahrscheinlichkeit $dP(x)=p(x)dx$, einen Wert zwischen $x-dx/2$ und $x+dx/2$ zu finden, folgendermaßen von x ab:

$$dP(x) = p(x)dx = \frac{1}{\sigma\sqrt{2\pi}} \exp\left[-\frac{1}{2}\left(\frac{x-m}{\sigma}\right)^2\right] dx \tag{2}$$

m ist der arithmetische Mittelwert (das 1. statistische Moment), und σ^2 ist die Varianz (das 2. zentrale statistische Moment) der Wahrscheinlichkeitsdichte $p(x)$:

$$m = \int_{-\infty}^{\infty} xp(x)dx \quad ; \quad \sigma^2 = \int_{-\infty}^{\infty} (x-m)^2\, p(x)dx \tag{3}\,(4)$$

Die Funktion $p(x)$ durchläuft bei $x=m$ ein Maximum $p(m)=1/\sigma\sqrt{2\pi}$, verläuft beiderseits dieses Maximums symmetrisch und hat bei $x-m=\pm\sigma$ Wendepunkte. Für die Wahrscheinlichkeit, einen Wert zwischen - und x zu finden, kommt:

$$P(x) = \int_{-\infty}^{x} p(x)dx = \frac{1}{\sigma\sqrt{2\pi}} \int_{-\infty}^{x} \exp\left[-\frac{1}{2}\left(\frac{x-m}{\sigma}\right)^2\right] dx \tag{5}$$

$P(x)$ wird Wahrscheinlichkeitsverteilungsfunktion genannt. $p(x)$ erfüllt die Bedingung $P(\infty)=1$. Bei $x=m$ wird $P(m)=0,5$. Bei Normalverteilung ist also m nicht nur zugleich Mittelwert und wahrscheinlichster Wert, sondern auch Median. In Tabellen werden die mit $z=(x-m)/\sigma$ standardisierten Funktionen $p(z)$ und $P(z)$ angegeben. Mit $p(x)dx=p(z)dz$ kommt:

$$p(z) = \frac{1}{\sqrt{2\pi}} \exp\left(-\frac{z^2}{2}\right) \quad ; \quad P(z) = \frac{1}{\sqrt{2\pi}} \int_{-\infty}^{z} \exp\left(-\frac{z^2}{2}\right) dz \tag{6}\,(7)$$

$p(z)$ ist symmetrisch zu $z=0$, durchläuft dort das Maximum. $p(0)=1/\sqrt{2\pi}$ und bei $z=\pm1$ die Wendepunkte $p(1)=1/\sqrt{2\pi e}$. $P(z)$ hängt folgendermaßen mit der Fehlerfunktion (errorfunction) $erf(z)$ zusammen:

$$erf(z) = \frac{2}{\sqrt{\pi}} \int_{0}^{z} e^{-z^2}\, dz \tag{8}$$

$$P(z) = \frac{1}{2}\left[1 + erf\left(\frac{z}{\sqrt{\pi}}\right)\right] \tag{9}$$

Die Partikeldurchmesser können schon allein darum nicht exakt normal verteilt sein, weil sie nur positive Werte haben. Dies führt zu der Annahme, daß die natürlichen Logarithmen ihrer Verhältnisse zur Längeneinheit normal verteilt sein könnten:

$$p(\ln x) = \frac{1}{\sqrt{2\pi}} \exp\left[-\frac{1}{2}\left(\frac{\ln x - \ln a}{}\right)^2\right] \tag{10}$$

Mit $p(\ln x)d(\ln x)=p(x)dx$ und $d(\ln x)/dx$ kommen für die Wahrscheinlichkeitsdichten p(x) und die Wahrscheinlichkeitsverteilung P(x) der logarithmischen Normalverteilung die Ausdrücke:

$$p(x) = \frac{1}{bx\sqrt{2\pi}} \exp\left[-\frac{1}{2}\left(\frac{\ln x - \ln a}{b}\right)^2\right] \tag{11}$$

$$P(x) = \int_0^x p(x)dx = \frac{1}{\sqrt{2\pi}} \int_{-\infty}^{\frac{\ln x - \ln a}{b}} \exp\left[-\frac{1}{2}\left(\frac{\ln x - \ln a}{b}\right)^2\right] d\left(\frac{\ln x - \ln a}{b}\right) \tag{12}$$

Jetzt ist a zwar der wahrscheinlichste Wert und der Median $x(P=0,5)$ der x, aber nicht der Mittelwert m der x. $\ln a$ ist der Mittelwert der $\ln x$. b^2 ist nicht die Varianz σ^2 der x-m, sondern die Varianz der $\ln x - \ln a$. Bei $\ln x - \ln a = b$ wird $P=0,84134$. Es ist also:

$$b = \ln \frac{x(P=0,84134)}{x(P=0,5)} \tag{13}$$

Für die Annäherung mit der Lognormalverteilung P(x) kann das für die Annäherung mit der Normalverteilung eingeteilte Wahrscheinlichkeitspapier verwendet werden. Bei der Weibullverteilung geht dies nicht. Sie kommt in Betracht, wenn größere Partikel auf Kosten von kleineren entstehen könnten. Auch bei ihr sind zwei Parameter anzupassen. Bei dem wahrscheinlichsten Wert a von x haben ihre p(x) und P(x) die folgenden Werte [1416,1417]:

$$p(x) = \frac{\alpha-1}{a}\left(\frac{x}{a}\right)^{\alpha-1} \exp\left[-\frac{\alpha-1}{a}\left(\frac{x}{a}\right)^{\alpha}\right] \tag{14}$$

$$P(x) = \int_0^x p(x)dx = 1 - \exp\left[-\frac{\alpha-1}{\alpha}\left(\frac{x}{a}\right)^{\alpha}\right] \tag{15}$$

Für den arithmetischen Mittelwert m, den Median $x(P=0,5)$ und für die Varianz σ^2 der x-m ergeben sich die Ausdrücke:

$$m = a\left(\frac{\alpha}{\alpha-1}\right)^{\frac{1}{\alpha}} \Gamma\left(\frac{1}{\alpha}+1\right) \quad ; \quad x(P=0,5) = (\ln 2)^{1/\alpha} \cdot m \tag{16}\tag{17}$$

$$\sigma^2 = a^2 \frac{\alpha-1}{\alpha}\left\{\Gamma\left(\frac{2}{\alpha}+1\right) - \left[\Gamma\left(\frac{1}{\beta}+1\right)\right]^2\right\} \tag{18}$$

Γ bezeichnet die Gammafunktion. Die **Fig. 2332-9** vergleicht die Wahrscheinlichkeitsdichten der Weibullverteilung mit $\alpha=2$, der Lognormalverteilung und der Normalverteilung bei gleichen a und gleichen $x(P=0,8413)$. m und σ^2 sind Erwartungswerte. Die Stichprobe mit einer begrenzten Zahl N von Werten x kann hierfür nur Schätzwerte liefern, und zwar den arithmetischen Mittelwert $\bar{x}$ für m und den Mittelwert Δx^2 der Abweichungsquadrate oder das Quadrat $(\tilde{x})^2$ der Standardabweichung für σ^2:

$$\bar{x} = \frac{1}{N} \sum_{i=1}^{N} x_i \tag{19}$$

$$\overline{\Delta x^2} = \frac{1}{N} \sum_{i=1}^{N} (x_i - \bar{x})^2 \quad ; \quad (\tilde{x})^2 = \frac{1}{N-1} \sum_{i=1}^{N} (x_i - \bar{x})^2 \tag{20}\tag{21}$$

Über Annäherungen gemessener Häufigkeitsverteilungen von Tracerdurchmessern wurde z.B. in [1418,1419] berichtet.

424

2.3.3.3 Tracerbewegung

Bei allen im vorliegenden Buch zu besprechenden Anwendungen von Tracerpartikeln kommt es sehr darauf an, daß sich die Partikelgeschwindigkeiten nicht merklich von den Strömungsgeschwindigkeiten unterscheiden.
Dazu müssen die Partikel klein genug sein. Da sie aber andererseits auch
einen genügend großen Streuquerschnitt haben sollen, ist es wichtig, die
Partikel aufgrund einer Abschätzung ihres Schlupfes in der zu untersuchenden Strömung passend zu wählen. Die Mitführung starrer Kugeln kann
mit der sog. Basset/Boussinesq/Oseen Gleichung berechnet werden. Für den
eindimensionalen Fall gilt [1420]:

$$m_p \frac{du_p}{dt} = G - W + m_F \frac{du_F}{dt} - \chi\, m_F \frac{d(u_p - u_F)}{dt}$$

$$- \frac{3}{2}\, d\, \sqrt{\pi\, \rho_F\, \mu_F} \int_{t_0}^{t} \frac{d(u_p - u_F)/dt'}{\sqrt{t - t'}}\, dt' \tag{1}$$

u_p ist die Geschwindigkeit und $m_p \pi d^3/6$ die Masse des Partikels. u_F ist die
Strömungsgeschwindigkeit, $\nu_F = \mu_F/\rho_F$ die kinematische Zähigkeit und
$m_F = \rho_F \pi d^3/6$ die vom Partikel verdrängte Masse des Fluids. G bezeichnet die
Summe der am Partikel angreifenden äußeren Kräfte. In den hier interessierenden Fällen ist G die Differenz der Gewichte der Massen m_p und m_F:

$$G = g(m_p - m_F) \quad \text{mit} \quad g = 9,80665 \text{ m/s}^2 \tag{2}$$

W bezeichnet den Luftwiderstand bei konstanter Strömungsgeschwindigkeit
u_F. Bei den meisten der uns interesssierenden Versuchsbedingungen kann
mit dem Stokesschen Widerstand gerechnet werden:

$$W = 3\pi\, d\, \mu_F (u_p - u_F) \tag{3}$$

Ändert sich u_F, so kommen zu der am Partikel angreifenden Kraft G-W drei
weitere Kräfte hinzu. Die mit dem dritten und vierten Term beschriebenen
treten wegen der Trägheit der verdrängten Masse m_F auf. Im vierten kann
man für Abschätzungen $\chi = 1/2$ einsetzen. Der fünfte Term beschreibt eine
Kraft, die infolge jener Scherungen auftritt, welche die Reibung am Partikel seit Beginn der Partikelbewegung mit $u_p \neq u_F$ zur Zeit t_0 in der
Strömung verursacht hat. Die Konstante vor dem Integral hat den angegebenen Wert, wenn Gleichung (3) den Reibungswiderstand beschreibt. Dieser
fünfte Term kann bei festen Partikeln oder Tröpfchen in Gasen wegen $\rho_p \gg \rho_F$
vernachlässigt werden, kann sich aber bei Bläschen in Flüssigkeiten wegen
$\rho_p \ll \rho_F$ schon bei mäßig hohen $d(u_p - u_F)/dt$ bemerkbar machen. Im Folgenden
wird er auch im Falle $\rho_p \ll \rho_F$ mit der Annahme weggelassen, daß das Integral
entsprechend klein sei. Ohne den fünften Term, mit den Gleichungen (2) und
(3), mit $\chi = 1/2$ und $u' = u_p - u_F$ kann die Gleichung (1) in der folgenden Form
geschrieben werden:

$$\frac{du'}{dt} + \frac{u'}{\tau} = \frac{\rho_p - \rho_F}{\rho_p + \rho_F/2}\ (g - \frac{du_F}{dt}\ , \quad mit \quad \tau = \frac{d^2(\rho_p + \rho_F/2)}{18\mu_F} \qquad (4)\ (5)$$

τ ist eine charakteristische Zeit. Die Annahmen bedeuten, daß die Abgabe kinetischer Energie an das Medium mit einer Erhöhung der Partikelmasse um die halbe Masse des verdrängten Mediums in Rechnung gesetzt wird. In ruhenden Medium mit $u_F=0$ und $du_F/dt=0$ gilt:

$$\frac{du_p}{dt} + \frac{u_p}{\tau} = \frac{\rho_p - \rho_F}{\rho_p + \rho_F/2}\ g \qquad (6)$$

$|du_p/dt|$ wird mit zunehmendem $|u_p|$ immer kleiner. u_p strebt dem folgenden Grenzwert $u_{p\infty}$ zu:

$$u_{p\infty} = \frac{\rho_p - \rho_F}{\rho_p + \rho_F/2}\ g\tau = \frac{d^2(\rho_p - \rho_F)}{18\mu_F} \qquad (7)$$

Der Ansatz W=G führt zum gleichen Ergebnis. Im Falle $\rho_p > \rho_F$ ergeben sich positive Fallgeschwindigkeiten in Richtung der Schwerkraft und im Falle $\rho_p < \rho_F$ negative Steiggeschwindigkeiten in Richtung des Auftriebs. Mit den Dichten $\rho(SiO_2)=2200Kg/m^3$, $\rho(H_2O)=998,2Kg/m^3$, $\rho(Luft)=1,205Kg/m^3$, $\rho(H_2)=8,379 \cdot 10^{-2}Kg/m^3$ und mit den Zähigkeiten $\mu(H_2O)=1,005 \cdot 10^{-3}Kg/ms$, $\mu(Luft)=1,810 \cdot 10^{-5}Kg/ms$ ergeben sich z.B. die folgenden Beträge von $u_{p\infty}$:

Medium	H_2O			Luft	
Tracer	S_iO_2	Luft	H_2	S_iO_2	H_2O
$(u_{p\infty}/d^2)/(1/ms)$	$6,52 \cdot 10^5$	$5,26 \cdot 10^5$	$5,41 \cdot 10^5$	$6,62 \cdot 10^7$	$3,00 \cdot 10^7$
$u_{p\infty}(d=10\mu m)/(m/s)$	0,0652	0,0526	0,0541	6,62	3,00

Tab. 2333-1: Fall- oder Steiggeschwindigkeiten $u_{p\infty}$

In **Fig. 2333-1** sind diese Endgeschwindigkeiten $u_{p\infty}$ bei d graphisch dargestellt. Mit $u_{p\infty}$ kann die Gleichung (6) folgendermaßen geschrieben werden:

$$\frac{d(u_{p\infty} - u_p)}{u_{p\infty} - u_p} = - \frac{dt}{\tau} \qquad (8)$$

Integration mit der Anfangsbedingung $u_p(t=0)=0$ ergibt:

$$u_p = u_{p\infty}(1 - e^{-t/\tau}) = 0,6321 u_{p\infty}\ bei\ t = \tau \qquad (9)$$

τ ist die Zeitkonstante, mit der $u_p(t)$ wächst. Im Falle $\rho_p \gg \rho_F$ gilt praktisch $\tau=d^2\rho_p/18\mu_F$ und $u_{p\infty}=d^2\rho_p g/18\mu_F$. Damit ist $u_{p\infty}=g\tau$. Im Falle $\rho_p \ll \rho_F$ gilt hingegen $\tau=d^2\rho_F/36\mu_F$ und $u_{p\infty}=-d^2\rho_F g/18\mu_F$. Damit ist $u_{p\infty}=2g\tau$. In der folgenden Tabelle sind für die in der vorstehenden Tabelle betrachteten

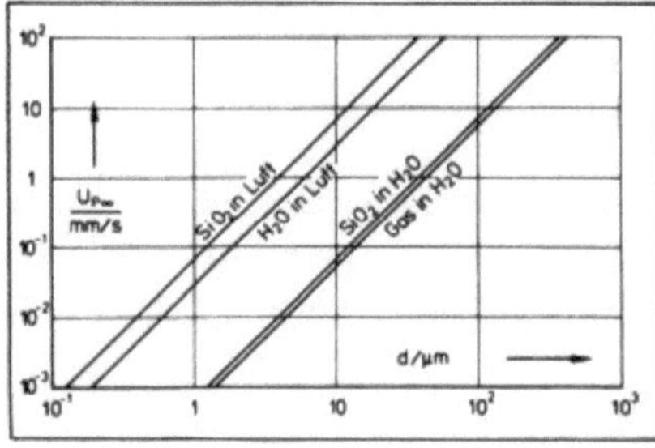

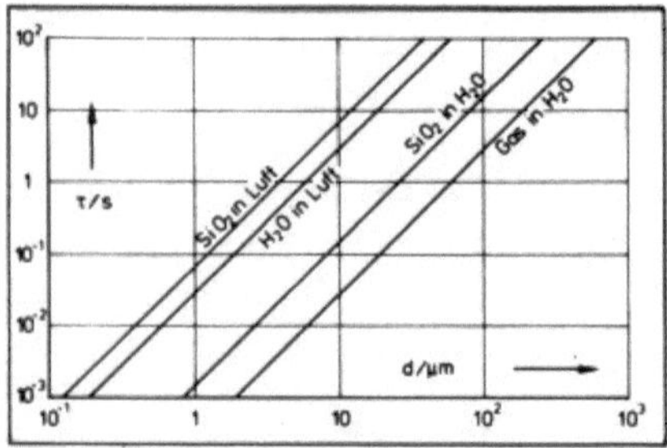

1: Endgeschwindigkeiten   2: Zeitkonstanten

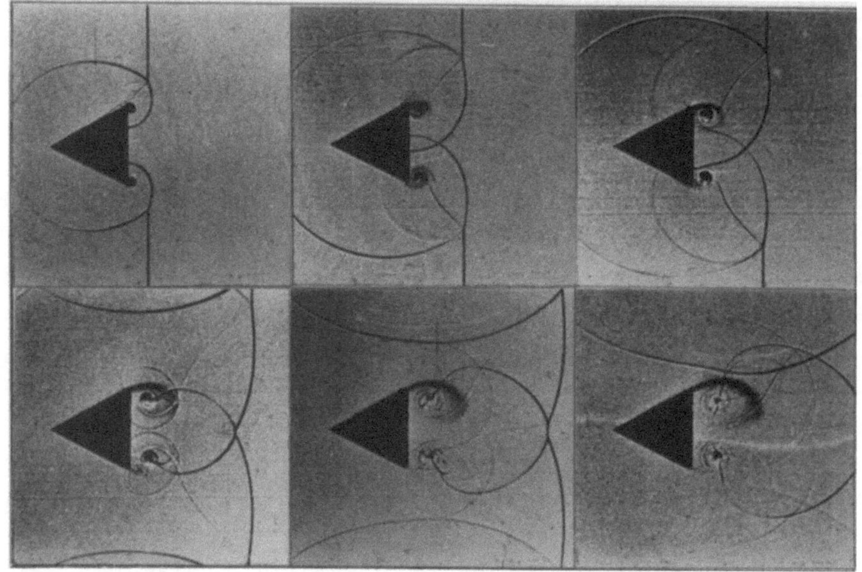

3: Staubmitführung in einem Wirbel • Schattenbilder

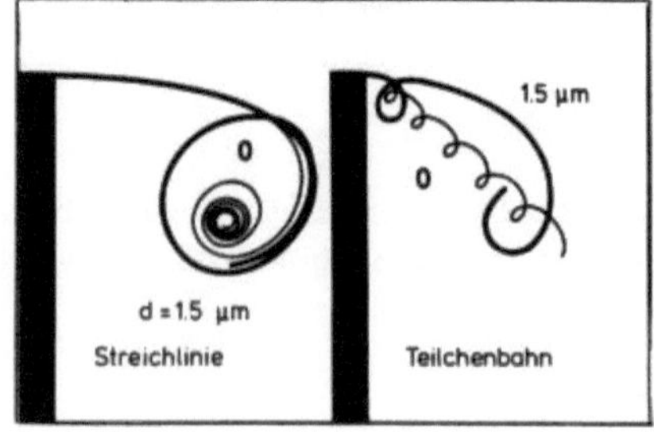

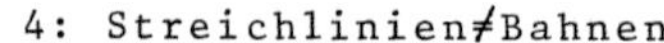

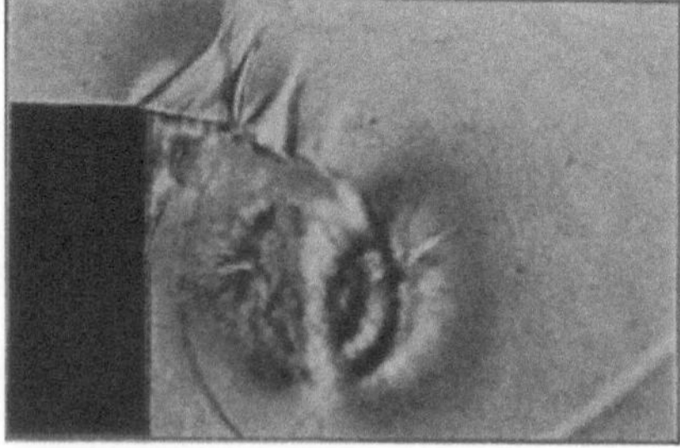

4: Streichlinien≠Bahnen   5: Differentialinterferenzbild

Fig. 2333: Tracerbewegung

Fälle die τ aufgeführt. **Fig. 2333-2** zeigt diese τ bei d.

Medium	H_2O			Luft	
Tracer	S_iO_2	Luft	H_2	S_iO_2	H_2O
$(\tau/d^2)/(s/m^2)$	$1,49 \cdot 10^5$	$2,77 \cdot 10^4$	$2,26 \cdot 10^4$	$6,75 \cdot 10^6$	$3,07 \cdot 10^6$
τ (d=10µm)/ µs	14,9	2,77	2,26	675	307

Tab. 2333-2: Zeitkonstanten τ

Die Partikel sind so zu wählen, daß $u_{p\infty}$ viel kleiner als alle in der zu untersuchenden Strömung vorkommenden Strömungsgeschwindigkeiten ist. Dann ist auch $G/W = u_{p\infty}/(u_p - u_F) << 1$. Die Mitführung kann mit der Gleichung

$$\frac{du'}{dt} + \frac{u'}{\tau} = - \frac{\rho_p - \rho_F}{\rho_p + \rho_F/2} \cdot \frac{du_F}{dt} \tag{10}$$

berechnet werden. Wir beschränken die weiteren Betrachtungen auf Partikel mit $\rho_P >> \rho_F$ in Gasen. Der Faktor bei du_F/dt ist dann praktisch gleich 1.

Ein besonders einfaches Beispiel ist die Mitführung hinter dem laufenden Verdichtungsstoß. Das vorher ruhende Partikel wird zur Zeit t=0 vom Stoß erfaßt und befindet sich danach in einer Strömung mit konstanter Strömungsgeschwindigkeit u_F. Integration der Differentialgleichung

$$\frac{d(u_p - u_F)}{u_p - u_F} = - \frac{dt}{\tau} \tag{11}$$

mit der Anfangsbedingung $u_p(t=0)=0$ ergibt:

$$u_P = u_F(1 - e^{-t/\tau}) = 0,6321\ u_F \text{ bei } t = \tau \tag{12}$$

Wieder ist τ die Zeitkonstante, mit der $u_p(t)$ wächst. Die Geschwindigkeit $u_P = 0,99 u_F$ wird erst zur Zeit $t = \tau \ln 100 = 4,605\ \tau$ erreicht.

Beim entsprechenden Vorgang hinter einem stehenden Stoß ist nach den Partikelgeschwindigkeiten u_p in Abständen x vom Stoß zu fragen. Das Partikel hat vor dem Stoß die Geschwindigkeit $u_{P1} = u_{F1}$ des in den Stoß strömenden Gases angenommen, kommt mit u_{P1} aus ihm heraus und wird dann auf Geschwindigkeiten u_{P2} gebremst, die der Strömungsgeschwindigkeit $u_{F2} < u_{F1}$ hinter dem Stoß zustreben. Wieder ist $du_F/dt=0$. Mit $dx = u_{P2}dt$ kommt für $u' = u_{P2} - u_{F2}$ die Differentialgleichung:

$$(u' + u_{F2})\frac{du'}{u'} = - \frac{dx}{\tau} \tag{13}$$

Integration mit der Anfangsbedingung $u'(x=0) = u_{F1} - u_{F2}$ ergibt:

$$\frac{u_{p2}-u_{F2}}{u_{F1}-u_{F2}} + \frac{u_{F2}}{u_{F1}-u_{F2}} \ln \frac{u_{p2}-u_{F2}}{u_{F1}-u_{F2}} = 1 - \frac{x}{(u_{F1}-u_{F2})\tau} \tag{14}$$

Im Falle $u_{F1}=500\,m/s$, $u_{F2}=400\,m/s$ und $\tau=10^{-5}s$ wird z.B. $(u_{p2}-u_{F2})/(u_{F1}-u_{F2})=1/e$ bei $x=4,63$ mm. Das Verhältnis $(u_{p2}-u_{F2})/(u_{F1}-u_{F2})=1/100$ wird erst bei $x=19,41mm$ erreicht. Entsprechende Rechnungen wurden auch für schiefstehende Verdichtungsstöße vorgenommen [1421]. Laufende und stehende Verdichtungsstöße bieten ausgezeichnete Möglichkeiten, die Zeitkonstante τ und damit die für die Mitführung maßgebende Größe $d^2\rho_P$ zu bestimmen, weil der Geschwindigkeitssprung im Stoß mit einfachen Messungen ermittelt werden kann. Beim starken laufenden Stoß ist dazu lediglich die Kenntnis des Gaszustandes vor dem Stoß und eine Laufzeitmessung erforderlich [1422,1423].

Bei Windkanalversuchen erhebt sich die Frage, ob vor der Düse beigemischte Tracerpartikel hinter der Düse mit der Strömungsgeschwindigkeit erscheinen. Nimmt in der Düse die Strömungsgeschwindigkeit beginnend mit $u_F(x=0)=0$ proportional zum Weg x zu, so gilt mit $u_F=Ax$:

$$\frac{du'}{dx} + \frac{u'/\tau}{u'+Ax} + A = 0 \tag{15}$$

Bei den uns interessierenden Partikeln bleibt $u_F-u_P<<u_F$ d.h. $|u'|<<Ax$. Wird im zweiten Term u' gegenüber Ax vernachlässigt, so ergibt die Integration mit der Anfangsbedingung $u_P(x=0)=0$ den folgenden Ausdruck:

$$\frac{u_F-u_p}{u_F} = \frac{A\tau}{1+A\tau} \tag{16}$$

Der auf u_F bezogene relative Schlupf des Partikels bleibt auf dem ganzen Weg durch die Düse gleich. Wächst z.B. u_F auf dem Weg $x=0,6m$ von 0 bis $u_F=300m/s$, so beträgt der relative Schlupf bei $\tau=10^{-5}s$ nur knapp 0,5%.

Es existiert umfangreiche Literatur über die Berechnung der Mitführung von Partikeln in Strömungen. In [215] wurde eine Übersicht über den derzeitigen Stand gegeben. Von mehreren Autoren ist genauer und von einigen auch ohne Vernachlässigung des fünften Terms in Gleichung (1) gerechnet werden. Außer Beispielen der vorstehend betrachteten Art wurde insbesondere auch mehrfach das Verhalten der Partikel in periodisch oder aleatorisch oszillierenden Strömungen behandelt [1424-1426]. In [1427-1429] wurde über Berechnungen der Mitführung in Wirbeln und Grenzschichten berichtet. Die in **Fig. 2333-3** wiedergegebenen Schattenbilder demonstrieren, wie ein Wirbel die Tracerpartikel an den Wirbelrand zentrifugiert. Die **Fig.2333-4** zeigt Ergebnisse der Abschätzung von Partikelbahnen und Streichlinien in einem selbst ähnlichen Wirbel, der sich bei der Beugung einer Stoßwelle um eine zurückspringende Kante gebildet hat [1428]. Partikel mit $d=1,5\mu m$ bewegen sich hier auf ganz anderen Bahnen und erscheinen auf ganz anderen Streichlinien als die Luftmoleküle mit $d\to0$. Auf einem Differentialinterferenzbild sah dieser Wirbel zur gleichen

Zeit wie in **Fig.2333-5** aus. In Grenzschichten sind Querbewegungen der Partikel zu erwarten [1430,1431].

Die Rechnung mit dem Stokesschen Strömungswiderstand setzt voraus, daß die Reynoldszahl $Re=\rho_F u'd/\mu_F$ kleiner als 1 ist, die Machzahl $Ma=u'/a$ viel kleiner als 1 und auch die mit der mittleren freien Weglänge $\bar{s}$ der Gaspartikel und dem Durchmesser d des Tracerpartikels gebildete Knudsenzahl $Kn=\bar{s}/d$ viel kleiner als 1. Wenn nur Re diese Bedingung nicht erfüllt, dann kann mit

$$W = C_W \, \frac{\pi d^2}{4} \cdot \frac{\rho_F u_F^2}{2} \tag{17}$$

und dem folgenden Widerstandswert C_W gerechnet werden [1433]:

$$C_W = \frac{28}{Re^{0,85}} + 0,48 \tag{18}$$

Der Stokessche Widerstandsbeiwert beträgt $C_W=24/Re$. Für den Fall daß Kn zu groß ist, aber noch unter 1 liegt, wird die Rechnung mit der sog. Cunninghamkorrektur empfohlen [1433]:

$$C_W = \frac{24}{CRe} \quad \text{mit} \quad C = 1 + Kn[2,5 + 0,88 \exp(-\frac{0,54}{Kn})] \tag{19}$$

Diese Korrektur vermindert W bei $Kn=0,1$ um den Faktor 0,8. In Luft mit $p=1atm$ und $T=293K$ beträgt die mittlere freie Weglänge etwa $\bar{s}+6\cdot10^{-5}$mm. Der Wert $Kn=0,1$ wird hier schon bei Partikeldurchmessern über $d=0,6\mu m$ überschritten. Diese Korrektur wird also oft nötig sein. Bei Machzahlen über $Ma=0,1$ macht sich der Kompressibilitätseinfluß auf C_W bemerkbar. C_W hängt dann je nach Re und Kn ganz verschieden von Ma ab. Wenn mit u' verschiedene Bereiche durchlaufen werden, so wird die Rechnung überaus kompliziert. Aber Ma ist hier wohlgemerkt nicht mit u_F, sondern mit $u'=u_P-u_F$ zu bilden. Den Vorgang der Annäherung von u_P an u_F wird man während seines zeitlich längsten und darum maßgebenden Teils meist ohne Berücksichtigung des Ma-Einflusses abschätzen dürfen.

Bei kleinen Partikeldurchmessern d, hohen Temperaturen T und kleinen Partikelgeschwindigkeiten kann die Brownsche Molekularbewegung merklich andere als die vorstehend berechneten Partikelbahnen zur Folge haben. Das Partikel erfährt zufällige Impulse der mit ihm zusammenstoßenden Moleküle, die ihm zufällige Geschwindigkeiten erteilen. Mit diesen wird es während einer Zeit t um zufällige Wege verschoben. Für den Effektivwert $\tilde{x}$ der Verschiebungen x in einer Richtung gilt:

$$\tilde{x} = \sqrt{\frac{2kT}{3\pi d\mu_F}\, t} \tag{20}$$

Diese Verschiebungen machen sich insbesondere bei der Sedimentation d.h. beim Absetzen von Partikeln in ruhendem Medium bemerkbar. Hier ist die Rechnung mit der Gleichung (6) sicher nicht mehr korrekt, wenn $\tilde{x}(t)$ während t nicht viel kleiner als der mit Gleichung (7) berechnete Weg $u_{P\infty}t$

ist. Sie ist viel kleiner, wenn die folgende Bedingung erfüllt ist:

$$d^5 t \gg 216 \frac{\mu_F \, kT}{\pi g^2 (\rho_p - \rho_F)^2}$$

(21)

Für SiO$_2$-Partikel in Luft mit T=293K kommt die Bedingung $d^5 t \gg 1,081 \cdot 10^{34} m^5 s$, und bei der Beobachtungszeit t=1s die Bedingung $d \gg 0,16 \mu m$.

Bei zu hohen Partikelkonzentrationen kann die Rückwirkung auf die Strömung nicht mehr vernachlässigt werden. Das Partikel/Gasgemisch verhält sich dann wie ein Fluid mit zeitabhängiger Eigenschaften [1434-1444]. In einem solchen Fall wären die Partikel keine Tracer, sondern Gegenstand der Untersuchung, die dann ihrerseits wieder mit anderen Partikeln als Tracer durchgeführt werden könnte.

2.3.3.4 Konzentrationsbilder

Es gehört zur Alltagserfahrung, daß Luftströmungen durch mitgeführten Staub, Rauch oder Nebel sichtbar werden. Der Rauch der Zigarette führt die wie in **Fig. 2334-1** vor [1445]. Wolkenformationen wie die in **Fig. 2334-2** verraten Wirbelrollen in der Atmosphäre [1446]. Vom Flugzeug aus sind gelegentlich Wolkenformationen wie in den **Fig. 2334-3** [1447] und 4[1448] zu sehen, die Wirbel hinter Gipfeln sichtbar machen. Allabendlich informieren Satellitenbilder wie in **Fig.2334-5**[1449] auf dem Fernsehschirm über großräumige Wirbel der Atmosphäre. Von gleicher Art sind auch Bilder wie das in **Fig. 2334-6** gezeigte eines Staub mitführenden Unterschallstrahls [1450] oder das in **Fig. 2234-7** wiedergegebene der Rauch mitführenden Grenzschicht eines rotierenden Geschosses im Windkanal [1451] Solche Bilder geben Auskunft über Strömungsstrukturen , weil diese die Verteilung von Tracerpartikeln verändern. Sie geben jedoch nur Auskunft über die Geometrie. Werden nicht alle Partikel, sondern nur die in einem Laserlichtschnitt beleuchtet, und werden die Verhältnisse nicht durch Entmischung von Partikeln unterschiedlicher Größe kompliziert, so sind die Bestrahlungsstärken im Bild zu den lokalen Parikelkonzentrationen proportional. In einem solchen Fall erhält man ein Konzentrationsbild in unserem Sinne des Wortes, das nicht nur über die Geometrie, sondern auch über die Konzentrationen der Tracerpartikel in der betreffenden Ebene informiert. Bei konstant bleibendem Verhältnis der Zahl der Tracerpartikel zur Zahl der Gaspartikel pro Volumen könnte man so auch die lokalen Gasdichten erfahren. Konzentrationsbilder werden aber insbesondere zur Untersuchung von Wirbeln und turbulenten Mischungsschichten aufgenommen. Hier spielt der entkoppelnde Tracerschlupf eine maßgebende Rolle.

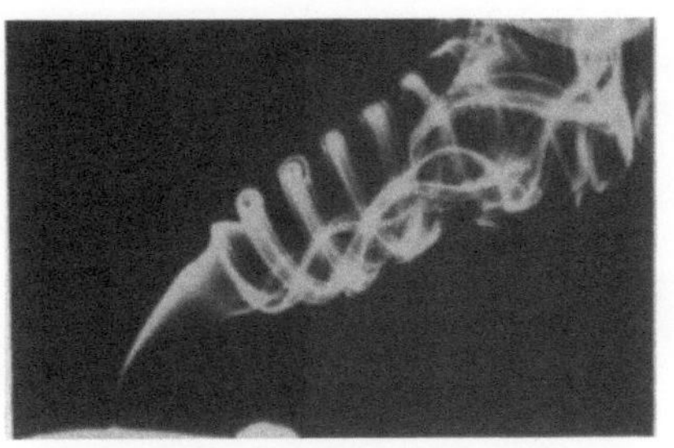

1: Zigarettenrauch

2: Wolkenformation

3: Wirbel hinter Insel

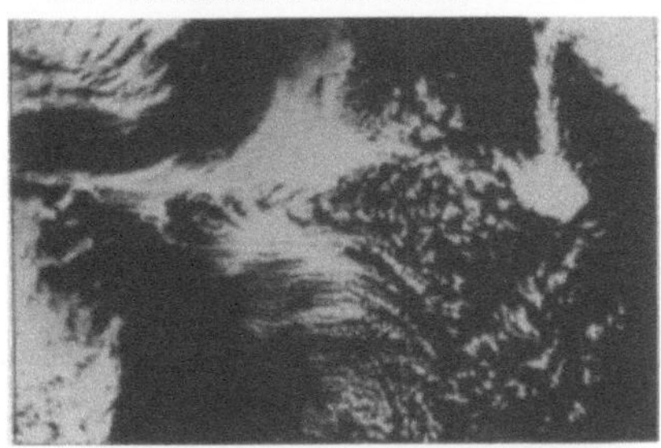

4: Wirbel hinter Gipfel

5: METEOSAT - Aufnahme

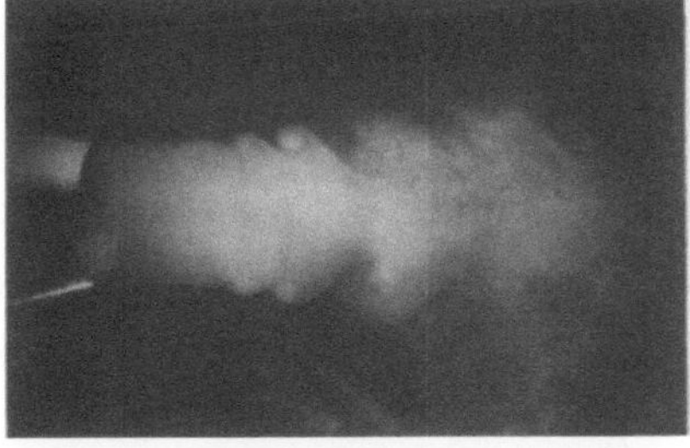

6: Tabakrauch im Freistrahl

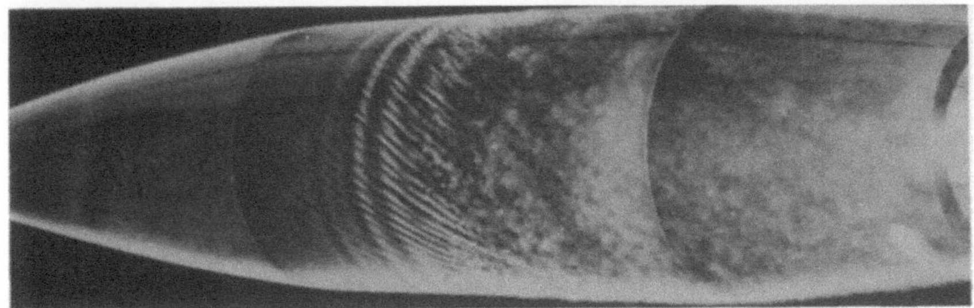

7: Rauch in Grenzschicht eines rotierenden Geschosses

Fig. 2334: Konzentrationsbilder

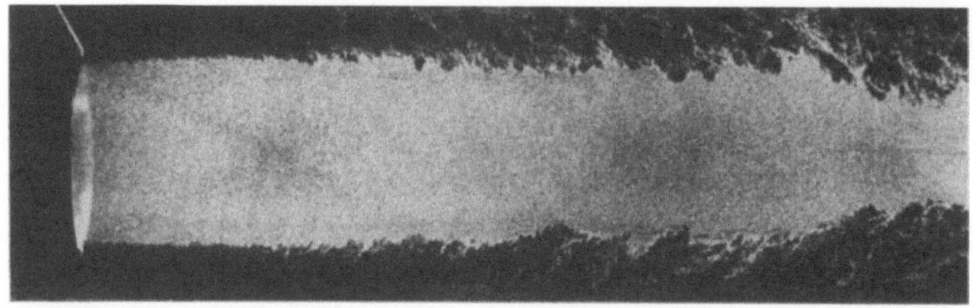

8: Überschallstrahl·Rauch innen

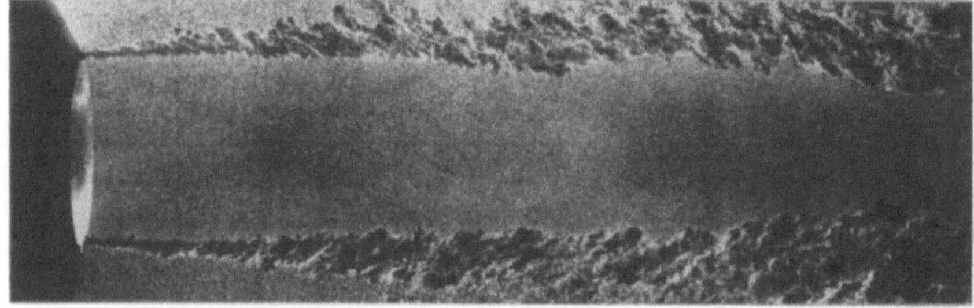

9: Überschallstrahl·Rauch innen und außen

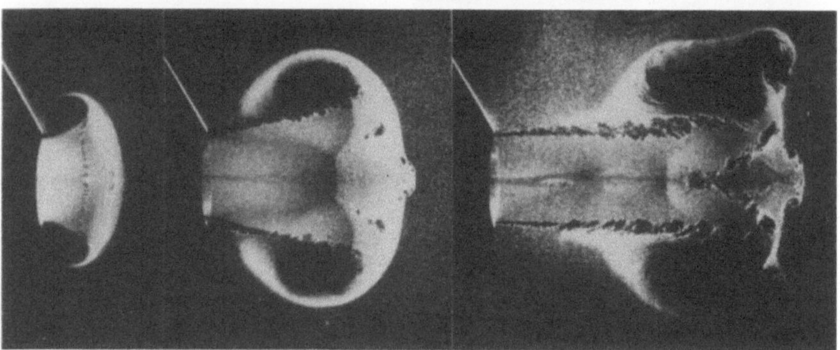

10: Ringwirbel hinter Mündungsknall

Fig. 2334: Konzentrationsbilder

In den **Fig.2334-8 und 9** sind zwei Konzentrationsbilder eines Überschallstrahls wiedergeben. Der Strahl wurde mit dem Stoßrohr erzeugt, bildete
sich hinter einem Mündungsknall und dem in **Fig. 2334-10** gezeigten Ringwirbel und existierte nur während etwa 1 ms. Als Tracer dienten Tabakrauch-
partikel, die der Luft vor dem Start der Strömung beigemischt wurden, und
zwar für Bild 8 nur im Stoßrohr und für Bild 9 auch in der Umgebung. Bild
10 wurde bei der gleichen Tracerkonzentration innen und einer kleineren

außen aufgenommen. Die **Fig. 2334-11 und 12** demonstrieren, wie sich die Beimischung nur innen oder nur außen auf die Wiedergabe des Ringwirbels auswirkte [1452]. Die Dicke des Laserlichtschnitts betrug nur 0,2 mm und die Belichtungszeit nur 20 ns. So wurden Feinheiten sichtbar, die sonst wegen der Integration über Raum und Zeit verborgen bleiben. Insbesondere fällt auf, daß die Wirbelkerne, auch die der kleinsten Wirbel in der Mischungsschicht, keine Tracer enthalten. Die Tracer versammeln sich an Grenzflächen. Es handelt sich um Längsschnittvisualisierungen. In Windkanälen wird beigemischter Rauch gerne zur Querschnittvisualisierung der Wirbel hinter Modellen verwendet. **Fig.2334-13** zeigt solche Wirbel auf der Saugseite eines um 20° angestellten Zylinders in zwei Abständen x=7,75 D und 10,25 D von der Ogivspitze bei der Machzahl 0,6 und der mit dem Zylinderdurchmesser D gebildeten Reynoldszahl 550 000 [1453]. Das in **Fig. 2334-14** wiedergegebene Rauchbild informierte über die Wirbel hinter einem Flugzeug mit Dreieckflügel [1454]. Im Überschallwindkanal können solche Bilder auch mit Nebel an Stelle von Rauch aufgenommen werden. Die **Fig.2334-15** zeigt ein Beispiel [1455]. Der Nebel bildet sich hinter einem Kondensationsstoß in der Düse, wenn zwei Bedingungen erfüllt sind; Die Luftfeuchtigkeit muß so groß sein, daß die Temperaturen bei der Expansion den Taupunkt unterschreitet. Kondensationskeime müssen dafür sorgen, daß der Kondensationsverzug nicht zu lang wird. Unter Umständen genügt dazu der Verzicht auf die Trocknung der Laborluft. Meist ist ihr jedoch eine bestimmte Menge Wasserdampf beizumischen. Die Praxis ist hier nicht ganz so einfach wie das Prinzip. Die Nebelkonzentration darf weder zu klein noch zu groß sein. Ist sie zu klein, so wird das Bild infolge von Schwankungen während der langen Belichtungszeit kontrastarm. Bei zu großer Nebelkonzentration mindert andererseits Streuung des Streulichtes den Kontrast. Die erforderliche Luftfeuchtigkeit ist also wohl zu überlegen. Bei der Expansion auf Machzahlen über 1,5 wird der Kondensationsstoß so stark, daß ein Interesse an der Verwendung eines anderen Dampfes besteht, dessen Kondensation weniger latente Wärme freisetzt. Hier kommen die in Abschnitt 2.3.3.2 erwähnten organischen Dämpfe mit höheren Molmassen und tieferen Siedetemperaturen wie z.B. CCl_4, C_2Cl_4, $D_2H_2Cl_2$ und C_2HCl_5 in Betracht. Versuche mit Tetrachlorkohlenstoff CCl_4 haben gezeigt, daß damit ebenso gute Bilder wie mit Wasserdampf aufgenommen werden können. Die Machzahlabsenkung im Kondensationsstoß war tatsächlich geringer [1455]. Man muß nicht unbedingt in einem Lichtschnitt, sondern kann auch frontal beleuchten, wenn man die Tracerpartikel nicht der ganzen Strömung beigemischt , sondern nur am Anfang eines Längsschnitts zuführt. Zur Aufnahme der in **Fig. 2334-16** gezeigten Bilder wurde dort Rauch durch Verschwelen von Öl auf einem elektrisch geheizten Draht erzeugt [1456]. Sie zeigen das immer wieder faszinierende Spiel von zwei kurz nacheinander erzeugten Ringwirbeln, bei dem der jeweils nachfolgende den vorangehenden überholend durchdringt.

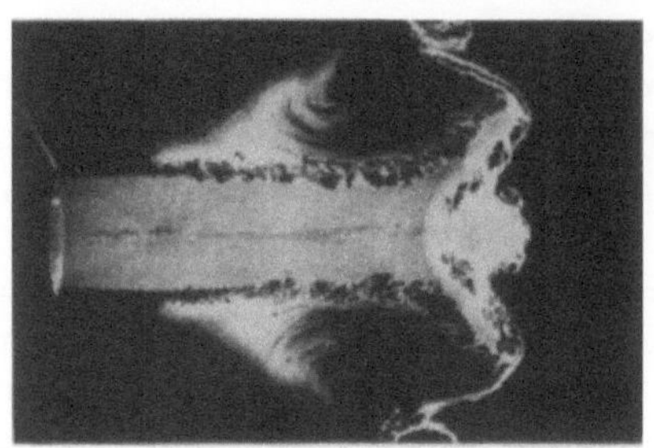

11: Rauch innen

12: Rauch außen

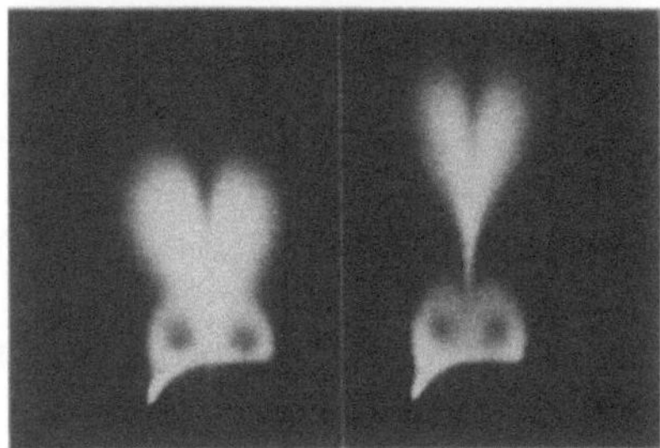

13: Ogivzylinder • Rauch

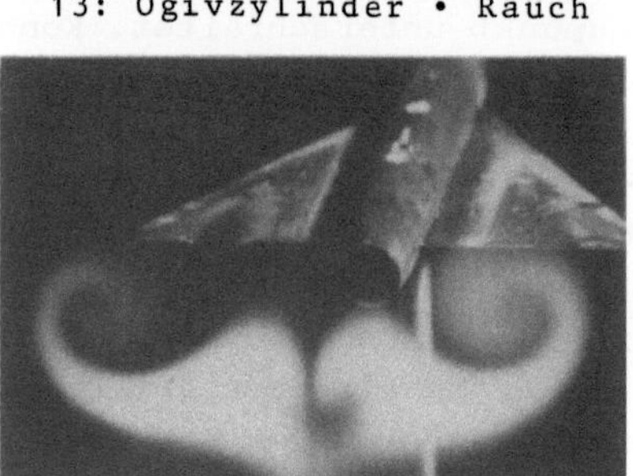

14: Dreieckflügel • Rauch

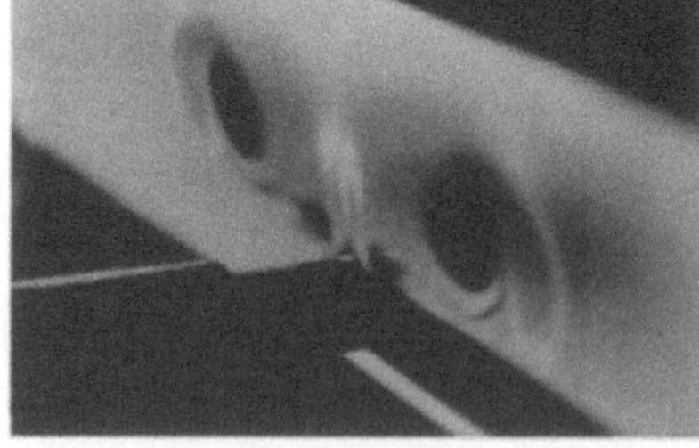

15: Dreieckflügel • Nebel

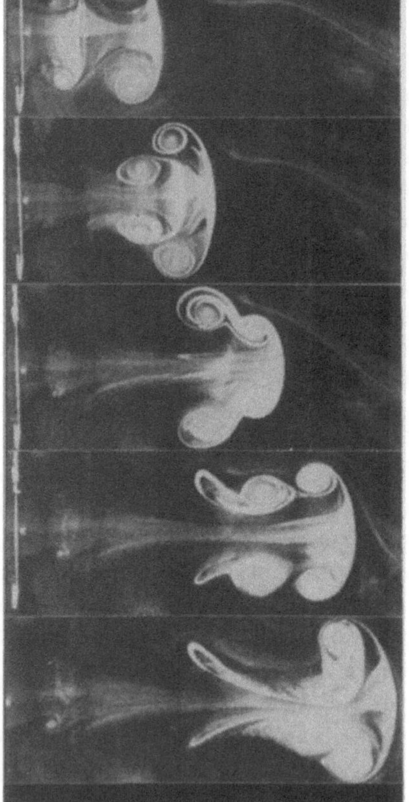
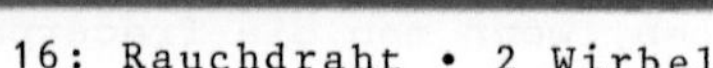

16: Rauchdraht • 2 Wirbel

Fig. 2334: Konzentrationsbilder

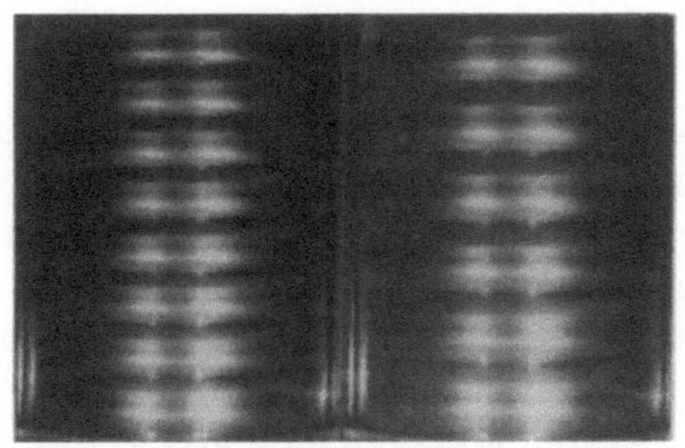

1: Wirbel im Hohlzylinder

2: Wirbel im Zylinderspalt

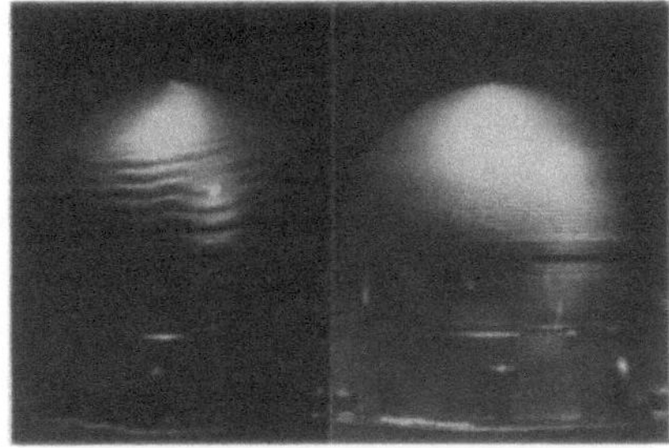

3: Wirbel im Kugelspalt

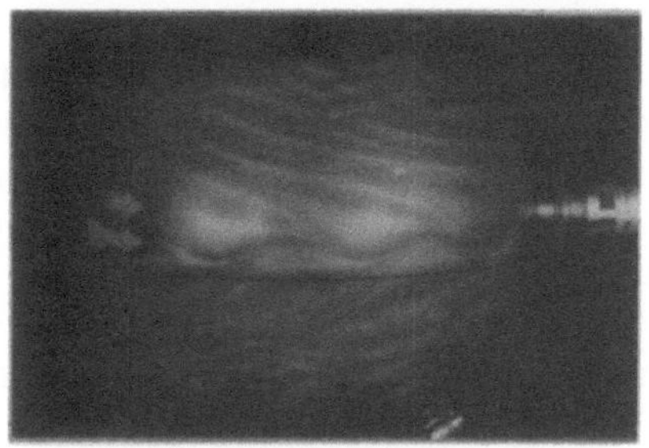

4: Wellen im Kugelspalt

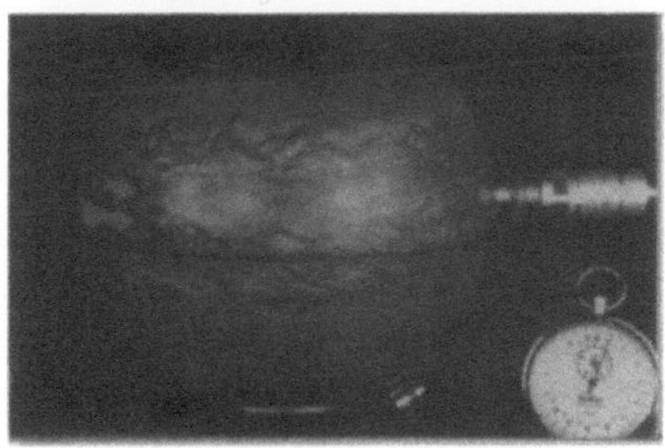

5: Turbulenz im Kugelspalt

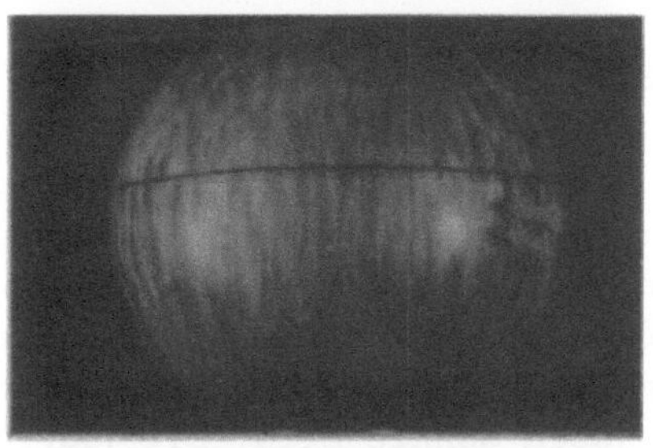

6: Durchströmte Hohlkugel

7: Konvektion in Schale

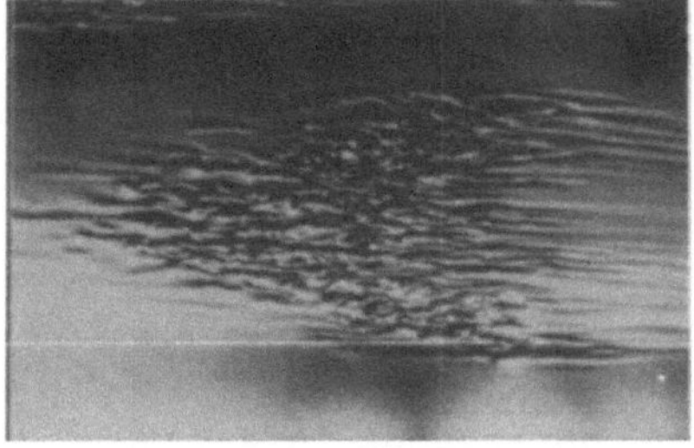

8: Turbulenzspot

Fig. 2335: Flitterbilder

2.3.3.5 Flitterbilder

Längliche Aluminiumflitter mit Längen unter 50µm stellen sich in strömenden Flüssigkeiten strömungsparallel. Infolgedessen wird von ihnen in Strömungsrichtung viel weniger Licht als senkrecht zur Strömungsrichtung reflektiert [1290]. Dieser Effekt wurde und wird gerne benutzt, um Wirbel und Wellen in Scherschichten oder die Wirbel bei der Zellularkonvektion sichtbar zu machen. In den **Fig. 2335-1** bis **2335-6** sind Flitterbilder von Wirbeln oder/und Wellen in einem nach Rotation gestoppten Hohlzylinder [1290, 1457], zwischen einem rotierenden Zylinder und ruhenden Hohlzylinder [1457, 1458], in einer druchströmten Hohlkugel und zwischen einer rotierenden Kugel und ruhenden Hohlkugel [1454-1462] wiedergegeben. An den dunklen Stellen strömte Öl auf den Betrachter zu oder von diesem weg, an den hellen Stellen jedoch quer zur Blickrichtung an ihm vorbei. **Fig. 2335-7** zeigt ein Flitterbild der Konvektionszellen in einer Schale mit heißem Boden [1463]. Mit Flitterbildern wie in **Fig. 2335-8** wurde in einem Wassergerinne die Bildung der Turbulenzspots untersucht, mit denen der Umschlag der laminaren in die turbulente Grenzschichtströmung beginnt [1464-1466].

2.3.3.6 Tracerwegbilder

Zur Aufnahme eines Tracerwegbildes werden die Partikel in einem Lichtschnitt entweder einmal lang während einer genau bekannten Belichtungszeit Δt oder mindestens zweimal sehr kurz mit einen genau bekannten Zeitabstand Δt beleuchtet. Dann schreibt jedes Partikel bei Langbelichtung einen Strich bzw. bei Kurzbelichtung mindestens zwei helle Punkte auf das ansonsten dunkle Bild. Die **Fig. 2336-1** zeigt ein lang belichtetes Tracerwegbild [1467]. Damit wurden die Anfahrwirbel hinter einem durch Wasser geschleppten Zylinder untersucht. Der Zylinderdurchmesser betrug 30,5 mm, die Schleppgeschwindigkeit 7,25 mm/s und die Belichtungszeit $\Delta t=0,95s$. Als Tracer dienten zufällig verteilte Aluminiumflitter mit Längen unter 7µm, die in einem 5 mm dicken Lichtschnitt beleuchtet wurden. Die Kamera wurde mitgeschleppt. Zur Auswertung der Bilder wurde zeilenweise abgetastet. Der Computer rechnete mit den in **Fig. 2336-2** wiedergegebenen Partikelwegen. Die **Fig. 2336-3** zeigt ein zweimal kurz belichtetes Tracerwegbild [1468] Damit wurde die Wasserströmung vor einer oszillierenden PLatte untersucht. Als Tracer dienten H_2-Bläschen, die sich periodisch von äquidistanten Stellen eines die Strömung durchquerenden Drahtes ablösten. Das Belichtungsintervall Δt war etwa halb so groß wie das der Bläschenzufuhr. So war es möglich, auf demselben Bild zugleich und klar unterscheidbar sowohl die kurzen Tracerwege während Δt wie auch Punkte der in Abschnitt 2.3.3.9 zu besprechenden Streichlinien und Zeitlinien sichtbar zu machen. Hier konnte frontal beleuchtet werden, weil der Draht den untersuchten Strömungsquerschnitt vorgab. In **Fig. 2336-4** sind die Momentanstromlinien eingezeichnet, die anhand der Tracerwege während Δt mit

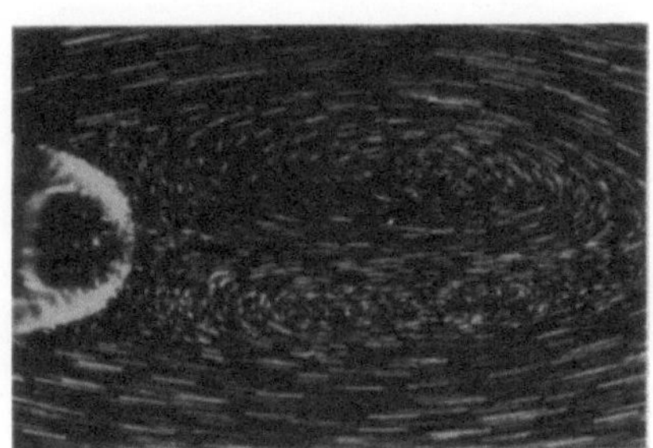

1: Alupulver in Wasser

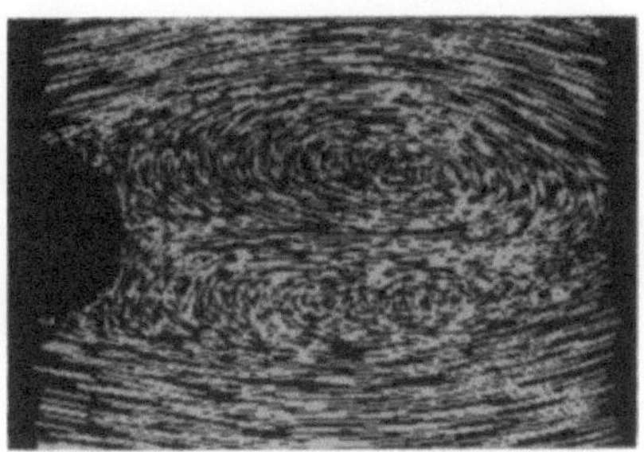

2: Computereingabe

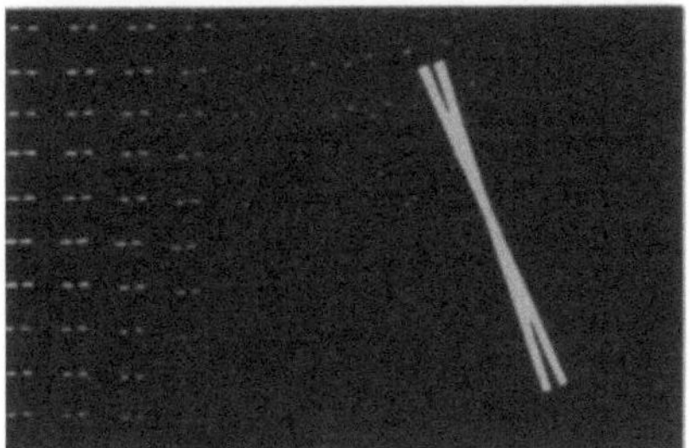

3: H_2-Bläschen vor osz. Platte

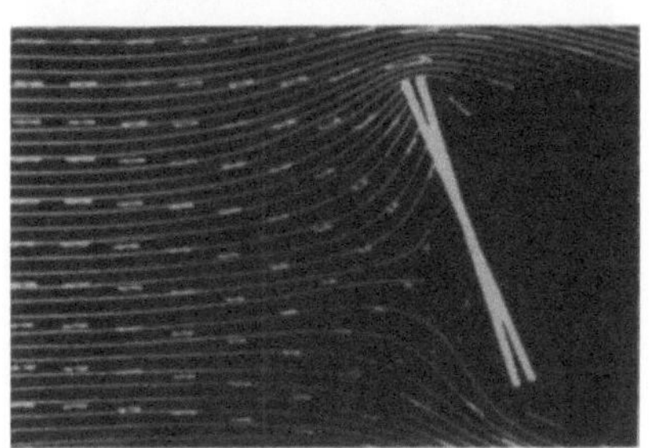

4: Momentanstromlinien

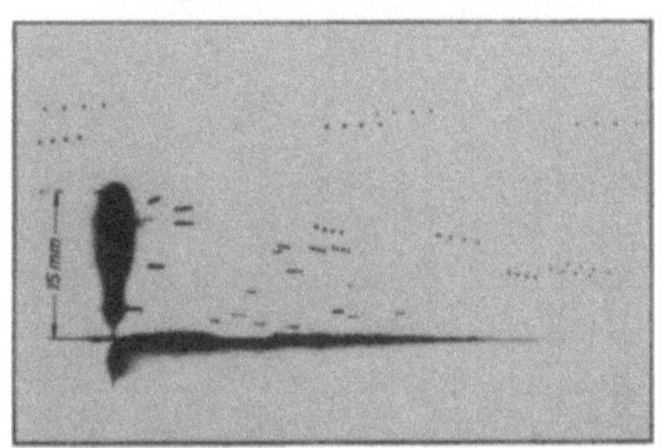

5: Viermal belichtet

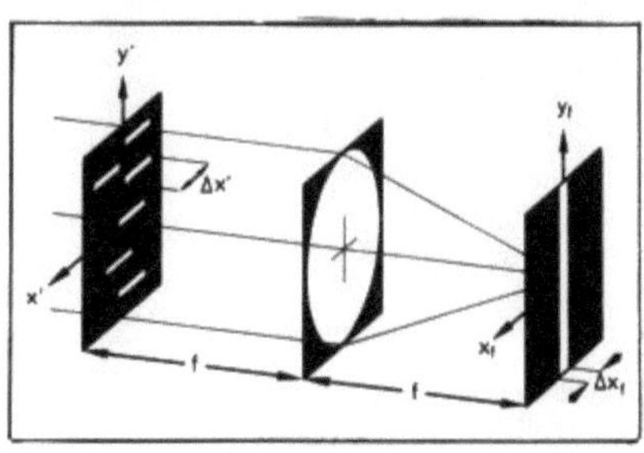

6: Opt. Fouriertransform.

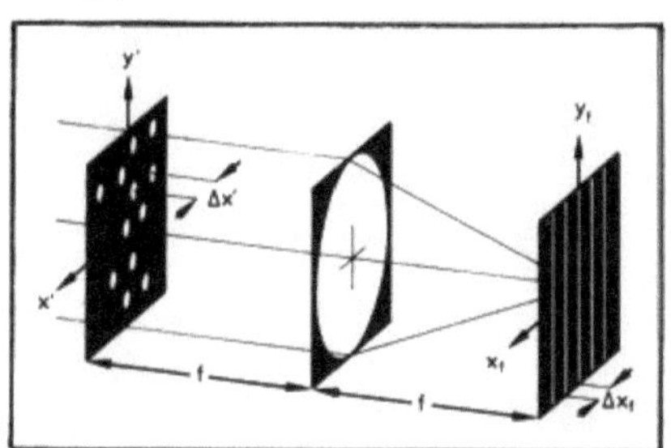

7: Opt. Fouriertransform.

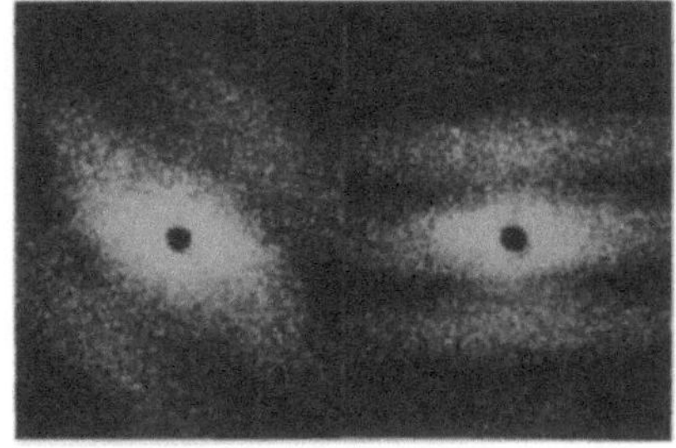

8: Specklestreifen

Fig. 2336: Tracerwegbilder

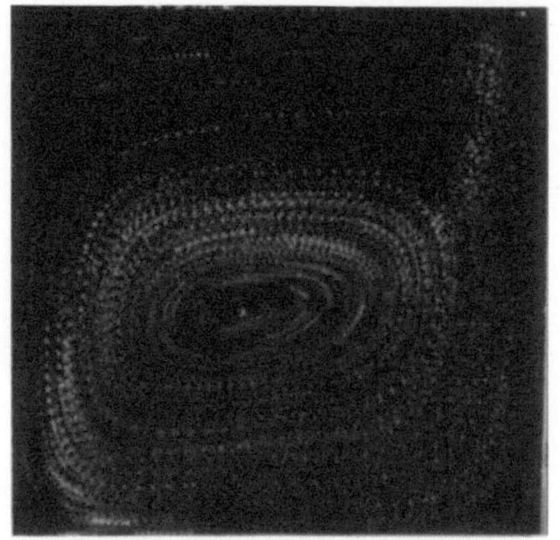

9: Konvektion im Kubus

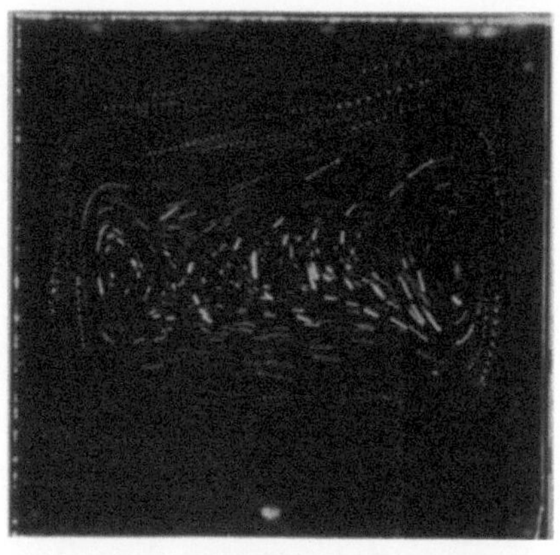

10: Flüssigkristall-Tröpfchen

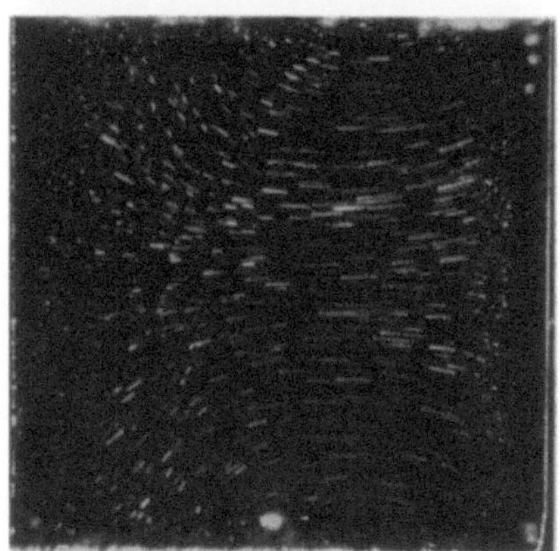

11: Zehnmal belichtet

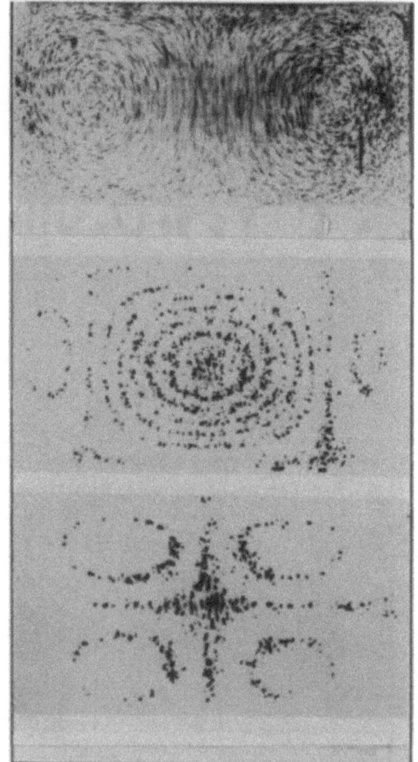

13: Fourieropt. Auswertung

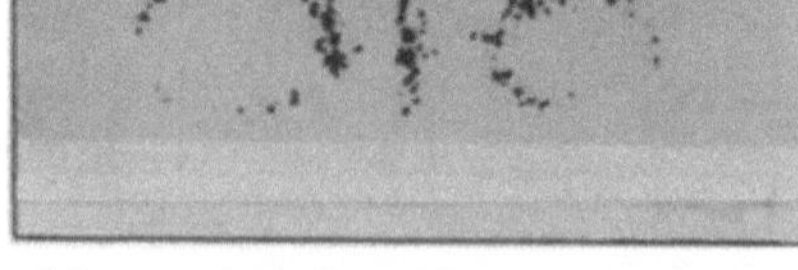

12: Specklewegbild

Fig. 2336: Tracerwegbilder

einem Isoklinenverfahren ermittelt wurden. Diese weichen hier besonders stark von den Streichlinien ab. Die **Fig.** 2336-5 zeigt ein viermal kurz
belichtetes Tracerwegbild [1469]. Hier war die Zahl der im 2 mm dicken Lichtschnitt erscheinden Tracerpartikel nicht groß genug, um alle Strömungsgeschwindigkeiten des Windschattens einer 15 mm-Stufe in einer Überschallströmung mit der Machzahl 3 zu ermitteln. Das Bild demonstrierte,
daß Bärlappsamen genug Licht der Laserimpulse mit $\delta t=10$ ns reflektierte,
daß aber die Impulspause $\Delta t=4$ µs nur am Windschattenrand die angemessene
war. In den **Fig.2336-9 bis 11** sind zehnmal kurz belichtet Tracerwegbilder
wiedergegeben [1470]. Damit wurde die Konvektion in einem mit Glycerol
gefüllten kubischen Gefäß mit der Seitenlänge 38 mm untersucht. Zwei ge-
genüberliegende Seitenwände waren aus Metall und wurden so geheizt, daß
die Temperatur der einen 24°C und die der anderen 32°C betrug. Die anderen
Wände waren aus Plexiglas und erlaubten die Beleuchtung und Beobachtung
der Tracer in vertikalen und horizontalen Lichtschnitten mit der Dicke
2 mm. Als Tracer dienten Flüssigkristalltröpfchen mit Durchmessern zwischen 10 µm und 50 µm, deren spektrale Reflexionsgrade so stark von der
Temperatur abhingen , daß die in Wirklichkeit bunten Bilder nicht nur
über die Geschwindigkeiten, sondern auch über die Temperaturen informierten. Das Belichtungsintervall betrug achtmal 10 s und danach einmal 5 s,
um die Richtung zu dokumentieren.

Sollen die Tracerwege Δs während des Zeitintervalls Δt einzeln vermessen
werden, so muß dieses die folgenden Bedingungen erfüllen: Δt muß viel länger sein als die Belichtungszeit δt. Andernfalls verursacht die Bewegungsunschärfe zu große Unsicherheit. Δt darf aber anderseits nicht so
lang sein, daß sich die Δs überschneiden. Andernfalls wird es schwierig,
die Anfänge und Enden der Δs zu identifizieren. Außerdem besteht bei zu langem Δt die Gefahr, daß sich die Geschwindigkeiten $\dot{s}$ während Δt zu stark
ändern. Wenn sich $\dot{s}$ linear ändert, dann wird mit $\Delta s/\Delta t$ die Geschwindigkeit
$\dot{s}_0$ zur Zeit t_0 in der Mitte von Δt berechnet:

$$\Delta s = \int_{t_0-\Delta t/2}^{t_0+\Delta t/2} \dot{s}(t)\, dt = \int_{t_0-\Delta t/2}^{t_0+\Delta t/2} \dot{s}_0\, [1+\varepsilon(t-t_0)]\, dt = \dot{s}_0\, \Delta t \qquad (1)$$

Dies bedeutet aber keineswegs, daß dies die Geschwindigkeit in der Mitte
von Δs war. Bei zu langem Δt kann man also nicht genau angeben, wo die Geschwindigkeit $\Delta s/\Delta t$ zur Zeit t_0 auftrat. Die mehrfache Kurzbelichtung hat
unter anderem den Vorteil, daß die Änderung der Δs während aufeinanderfolgender Δt ermittelt und zur Behebung dieser Unsicherheit benutzt werden
kann. Ist die Strömung eben, und kann der Tracerschlupf vernachlässigt
werden, so werden mit den $\Delta s/\Delta t$ bei hinreichend kleinen Δt praktisch die
Richtungen und Beträge der Strömungsgeschwindigkeit $v(x,y,t)$ zu Zeiten t
in den Mitten der Δt und an Orten x,y in den Mitten der Δs bestimmt. Ist die
Strömung nicht eben, so gibt das Tracerwegbild lediglich Auskunft über
zwei Komponenten $v_x(x,y,t)$ und $v_y(x,y,t)$ der Strömungsgeschwindigkeiten
$\vec{v}(x,y,t)$. Man kann versuchen, sich einige Auskunft über die dritte Kompo-

nente $v_z(x,y,t)$ durch Beleuchtung in zwei parallelen Lichtschnitten mit verschiedenen Farben zu verschaffen. Zuverlässigere Auskunft ist dann jedoch von zwei stereoskopischen Bildern zu erwarten [1471]. Die Aufnahme von Tracerwegbildern wurde in [95,1472] ausführlich besprochen. Die Auswertung der einzelnen Tracerwege ist zeitraubend oder teuer. Gibt es Bildbezirke, in denen sich die Richtungen und Längen vieler Tracerwege nur wenig ändern, so ermöglicht die Fourieroptik eine schnellere und billigere Auswertung in diesen Bezirken. Eine transparente Positiv- oder Negativkopie des Bildes wird wie in **Fig. 2336-6 und 7** in die vordere Brennebene einer Linse gestellt. Der zu analysierende Bezirk wird mit dem parallelisierten Lichtbündel einer monochromatischen Punktlichtquelle oder eines Lasers durchleuchtet. In der hinteren Brennebene erscheint dann ein Beugungsmuster mit Interferenzstreifen , die über die Richtung und den Betrag des Tracerweges informieren. Bei völlig zufällig verteilten Bildpunkten würde außerhalb des Brennflecks lediglich ein Speckle der in Abschnitt 1.6.2.5 besprochenen Art erscheinen. Bei x'-parallelen Strichen mit der Länge $\Delta x'=\Delta s'$ im Bild werden die Bestrahlungsstärken $B(x_f,y_f)$ des Speckles jedoch folgendermaßen moduliert:

$$B(x_f,y_f) = \tilde{B}(x_f,y_f) \; \left(\frac{\sin\pi\Delta x' x_f/\lambda f}{\pi\Delta x' x_f/\lambda f}\right)^2 \tag{2}$$

Die Interferenzstreifen stehen senkrecht auf $\Delta x'$. Der mittlere Streifen hat die folgende Streifenbreite:

$$\Delta x_f = \frac{2\lambda f}{\Delta x'} \tag{3}$$

Bei Punktepaaren mit dem x'-parallelen Abstand $\Delta x'=\Delta s'$ im Bild erfährt das Speckle die folgende Modulation:

$$B(x_f,y_f) = \tilde{B}(x_f,y_f) \; \cos^2\left(\frac{\pi\Delta x' x_f}{2\lambda f}\right) \tag{4}$$

Die Interferenzstreifen stehen ebenfalls senkrecht auf $\Delta x'$. Sie sind jetzt äquidistant. Der Streifenabstand ist gleich der ebenfalls mit Gleichung (3) zu berechnenden Streifenbreite. Es handelt sich um die in Abschnitt 1.6.2.4 erwähnte optische Fouriertransformation. Wir kommen in Abschnitt 2.5.2.1 darauf zurück. Bei abgedecktem Brennfleck sieht das modulierte Speckle z.B. wie in **Fig. 2336-8** aus [1473]. Auch die Ausmessung solcher Muster kann noch mühsam sein, wenn das Bild viele Bezirke mit verschiedenen $\Delta s'$ aufweist. In [1473 -1484] wurden verschiedene Automatisierungen der Auswertung mit einem das Bild abtastenden Laserlichtbündel, mit Photodetektoren in der Brennebene und mit einem Rechner vorgeschlagen . Der Auswerteaufwand läßt sich ferner mit einem Eingriff in eine Abbildung des Tracerwegbildes reduzieren. Mit einer passend versetzten Lochblende in der hinteren Brennebene der abbildenden Linse kann man bewirken, daß im Bild des Bildes Flecken auf Linien gleicher Geschwindigkeitskomponente erscheinen. Allerdings müssen dazu die Interferenzstreifen in der Brennebene kontraststärker als die in **Fig. 2336-8** wiedergegeben sein. Die Streifen werden schmaler und ihr Kontrast wird stärker, wenn das Objekt nicht nur zweimal, sondern öfter mit gleich kurzer Belichtungszeit δt und mit gleicher Belichtungspause Δt belichtet wird. **Fig. 2336-13** zeigt oben ein zehnmal mit δt=20ms und Δt=3s belichtetes Tracerwegbild von Wirbeln einer Rayleigh/Bénard-Konvektion [1481]. Je nach Orientierung der Lochversetzung ergab die Abbildung dieses Bildes das in der Mitte wiedergegebene Bild mit Linien gleicher vertikaler oder das unten mit Linien gleicher horizontaler Geschwindigkeitskomponenten. Dabei betrug die größte Geschwindigkeitskomponente vertikal 15,5µm/s und horizontal 18,8µm/s. Auch dieses Verfahren wird in Abschnitt 2.5.2.1 im Rahmen einer allgemeineren Betrachtung optischer Bildauswertungen ausführlicher besprochen. Solche Bildauswertungen sind auch dann noch möglich, wenn die Anfänge und Enden der Tracerwege wegen einer zu hohen Tracerkonzentration nicht mehr identifiziert werden können. Sie sind sogar dann noch möglich, wenn das Tracerwegbild bei zu hohe Konzentration, zu kleiner Kameraöffnung und bei kohärenter Beleuchtung der Tracer zu einem Specklewegbild mit zwei versetzten Specklen wie z.B. in **Fig. 2336-12** entartet. [1482]. Die Versetzung Δs' muß dazu größer als der in Abschnitt 1.6.2.5 besprochene kleinste Speckledurchmesser d' sein. Dort ergab sich für d' beim Durchmesser D der Aperturblende und bei der Bildweite z' der folgende Schätzwert:

$$d' = 2,44 \frac{\lambda z'}{D} \tag{6}$$

Δs' darf andererseits auch nicht zu groß sein. Wie groß, das hängt von den Zufallsbewegungen der Partikel ab. Die beiden versetzt aufeinander gesetzten Speckle dürfen sich nicht zu stark unterscheiden. Die Bestimmung des Geschwindigkeitsfeldes in einem Lichtschnitt mit einem Specklewegbild wird Specklevelozimetrie genannt. Einige Autoren verwenden diesen Namen auch für die mit einem Tracerwegbild, auf dem die Anfänge und Enden der Tracerwege nicht identifiziert werden können. In beiden Fällen wird die Modulation eines Speckles in der Brennebene ausgewertet. Bei geschickt gewählter Belichtungszeit kann auch ein nur einmal belichtetes Specklebild über die Tracergeschwindigkeiten informieren. Schnell bewegte Speckle werden mit weniger Kontrast als langsam bewegte wiedergegeben. Die Änderungen des Kontrastes werden mit einem Raumfilter in solche der Bestrahlungsstärke umgesetzt. So wurde z.B. die Verteilung der Blutgeschwindigkeiten in einer Retina sichtbar gemacht [1486].

2.3.3.7 Tracerholographie

Die Bestimmung der Tracerwege mit einem Tracerwegbild ist nur möglich,
wenn die Tracer entweder in einem Lichtschnitt bleiben oder mehr als einen
Lichtschnitt durchqueren. In Wirbeln und turbulenten Strömungen kann sich
die Richtung der Tracerbewegung auf so kurzen Weg so stark ändern, daß man
dem Bild nicht mehr ansieht, ob diese Bedingung erfüllt war. In solchen
Fällen hilft die Aufnahme eines doppelt belichteten Mikrohologramms. Das
Prinzip unterscheidet sich nicht von dem der in Abschnitt 2.2.5.1 besprochenen Makroholographie. Die Praxis sieht jedoch insofern anders aus, als
ein winziges Meßvolumen sehr intensiv beleuchtet werden muß, um von jedem
einzelnen Tracerpartikel genug Streulicht für die Belichtung des Hologramms zu erhalten. **Fig. 2337-1** zeigt eine hierfür geeignete Optik.

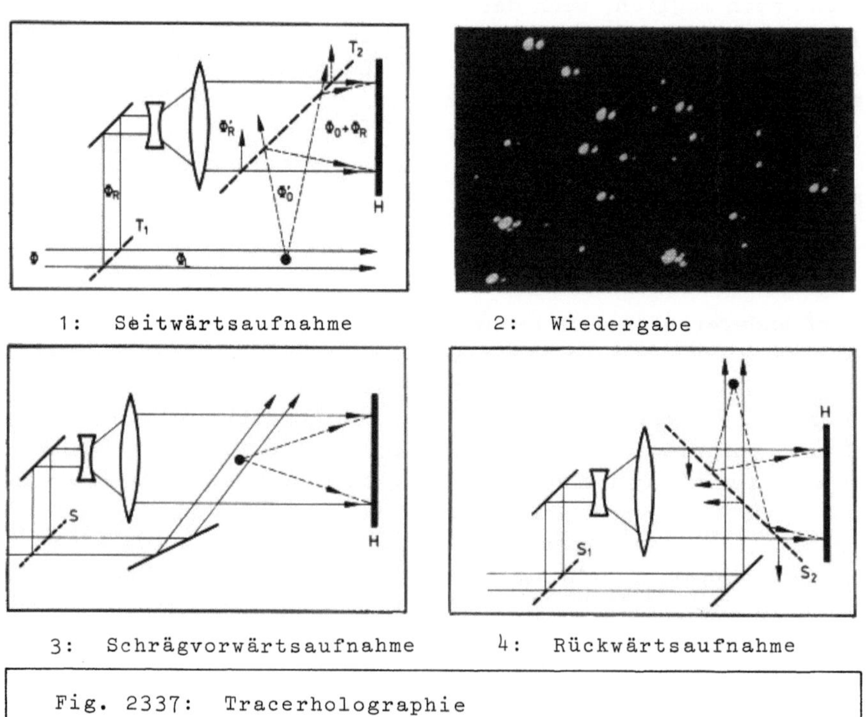

Fig. 2337: Tracerholographie

Das Laserlichtbündel mit dem Strahlungsfluß Φ wird mit einem teildurchlässigen Spiegel T_1 in ein Beleuchtungsbündel mit den Strahlungsfluß Φ_L
und ein Referenzbündel mit dem Strahlungsfluß Φ_R' geteilt. Das Beleuchtungsbündel hat im Meßvolumen den Querschnitt F_L. Von einem Tracerpartikel im Meßvolumen geht ein Φ_L/F_L-proportionaler Streustrahlungsfluß Φ_0'
zum teildurchlässigen Spiegel T_2. Auf der anderen Seite von T_2 erscheint
das reflektierte und aufgeweitete Referenzbündel mit Φ_R'. Von dort geht
ein Teil Φ_0 von Φ_0' und ein Teil Φ_R von Φ_R' zum Hologramm mit der Fläche F_H.
Es kommt darauf an, die Teilungsverhältnisse $A_1 = \Phi_R'/\Phi = 1 - \Phi_L/\Phi$ an T_1 und

$A_2 = \Phi_K/\Phi_R' = 1 - \Phi_O/\Phi_O'$ an T_2 so zu wählen, daß bei gegebenen Werten Φ, F_H, Φ_R/F_H; Φ_O'/F_H und $\Phi_O'/(\Phi_L/F_L)$ das Flächenverhältnis F_L/F_H möglichst groß wird. Φ ist mit dem Laser vorgegeben. Mit einem vorgegebenen Film wird nur ab einer gewissen Mindestfläche F_H hinreichend hohes Strichauflösungsvermögen des Bildes erzielt. Es bedarf gewisser Mindestbestrahlungsstärken Φ_R/F_H und Φ_O/F_H, um den Film genügend zu schwärzen. Und es hängt vom Tracerpartikel ab, wie hoch $\Phi_O'/(\Phi_L/F_L)$ ist. Für $\alpha = \Phi_R/\Phi$, $\beta = \Phi_O/\Phi_R$ und $\gamma = (\Phi_O'/F_H)/(\Phi_L/F_L)$ gilt:

$$\alpha = A_1 A_2 \quad ; \quad \frac{\alpha\beta}{\gamma} = \frac{F_H}{F_L}(1-A_1)(1-A_2) \qquad\qquad (1)\,(2)$$

Damit kommt:

$$\frac{F_L}{F_H} = \frac{\gamma}{\alpha\beta}(1 - A_1)(1 - \frac{\alpha}{A_1}) \qquad\qquad (3)$$

$F_L/F_H(A_1)$ durchläuft ein Maximum:

$$\frac{F_L}{F_H} = \frac{\gamma}{\alpha\beta}(1 - \sqrt{\alpha})^2 \quad \text{bei} \quad A_1 = \sqrt{\alpha} \qquad\qquad (4)$$

Bei diesem Wert von A_1 ist $A_2 = A_1$. Am besten ist es also, wenn T_1 und T_2 im gleichen Verhältnis $\sqrt{\alpha}/(1-\sqrt{\alpha})$ teilen. $F_L/F_H = 4\cdot10^{-4}$ bei $\alpha = 0.04$, $\sqrt{\alpha}/(1-\sqrt{\alpha}) = 1/4$, $\beta = 0.2$ und $\gamma = 5\cdot10^{-6}$ ist ein typischer Wert. Dabei ist $\Phi = 25\Phi_R = 125\,\Phi_O$. Beim Durchmesser $D_H = 50$ mm des Hologramms hat das Beleuchtungsbündel den Durchmesser $D_L = 1$ mm. **Fig. 2337-2** zeigt ein reelles Bild des auf solche Weise und mit etwa diesen Daten erzeugten virtuellen und räumlichen Bildes der Tröpfchen eines Sprays [1487]. Die Aufnahme erfolgte mit zwei etwa $\delta t = 30$ms dauernden 15mJ-Impulsen eines Rubinimpulslasers. Soll mit einem solchen Laser ein wesentlich größerer Strömungsquerschnitt F_2 durchleuchtet werden, so muß γ entsprechend größer sein. γ wächst mit dem Tracerdurchmesser. Mit diesem wächst aber auch die Gefahr, daß die Tracer der Strömung nicht folgen. Zur Wiedergabe wurde das Hologramm mit einem Argonlaser durchleuchtet. Bei direkter Beobachtung des virtuellen Bildes besteht die Gefahr der Netzhautverletzung. Die Auswertung kann also nicht unmittelbar mit einem Meßmikroskop, sondern muß auf dem Umweg über mehrere reelle Bilder auf Papier oder einem Videobildschirm erfolgen. Statt mit seitwärts gestreutem Licht, wie in **Fig. 2337-1** kann auch mit schräg vorwärts gestreutem, wie in **Fig. 2337-3** oder rückwärts gestreutem wie in **Fig. 2337-4** gearbeitet werden. Die Mikroholographie hat sich bei Untersuchungen von Nebelkammerspuren, Hydrosolen, Aerosolen und Sprays bewährt [1487,1488]. Das Verfahren kann gewiß auch zur Untersuchung von kleinräumigen Strömungen z.B. in Bohrungen, Spalten, Grenzschichten oder Mischungsschichten verwendet werden. Hier liegen jedoch noch keine Erfahrungen vor. Neben der Mikroholographie einzelner Tracerpartikel ist gelegentlich auch die Makroholographie von viel Staub oder Nebel in Strömungen interessant. Das in **2334-6** gezeigte Konzentrationsbild wurde hinter einem Hologramm aufgenommen.

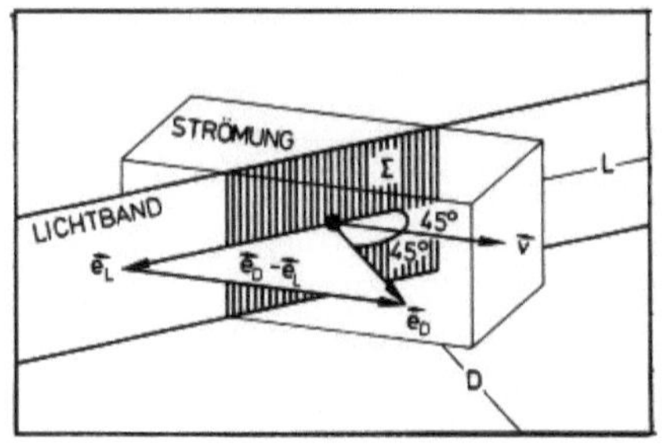

1: Lichtlängsschnitt

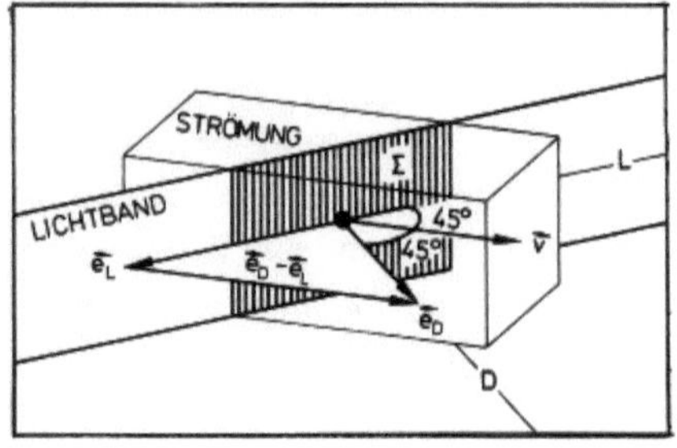

2: Lichtschrägschnitt

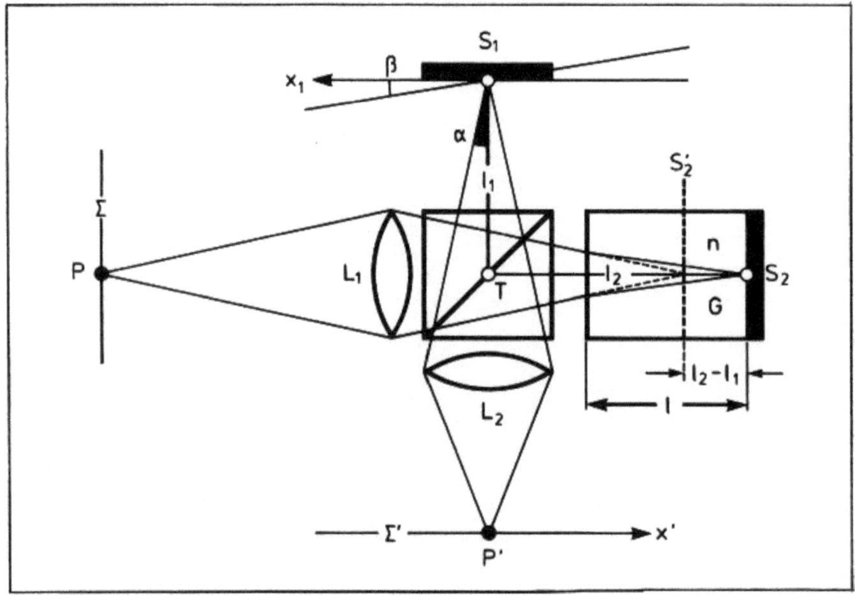

3: Michelsonspektrometer

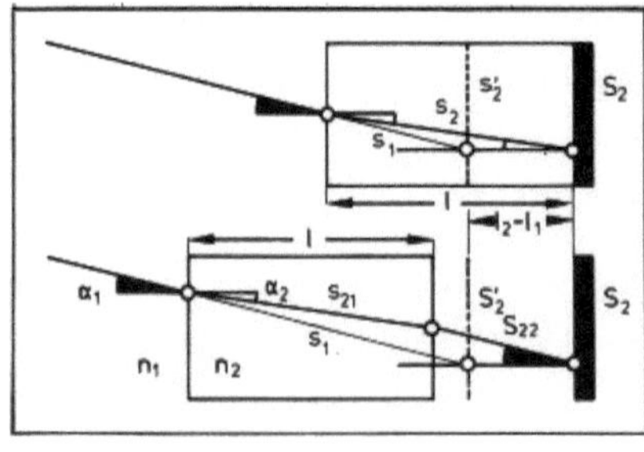

4: Glasblock

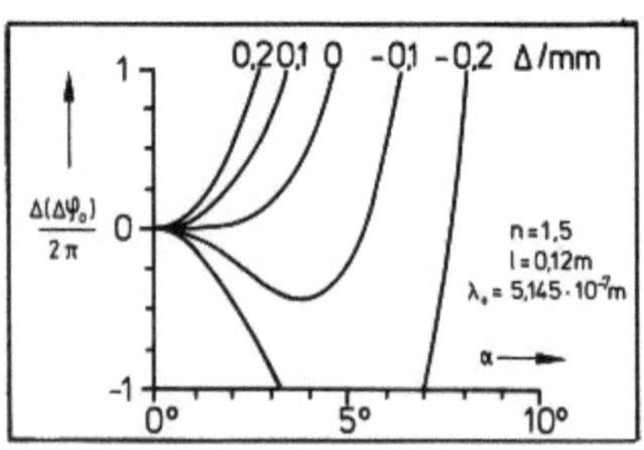

5: α-Einfluß

Fig. 2338: Dopplerbilder

2.3.3.8 Dopplerbilder

Es wäre mit jedem der in den Abschnitten 3.4.3.1 bis 3.4.8.2 zu beschreibenden Dopplervelozimeter möglich, die Tracergeschwindigkeiten in einem
Strömungsquerschnitt Punkt für Punkt zu messen, um sie in Helligkeiten
der betreffenden Punkte auf dem Schirm eines Oszillographen zu wandeln
und so ihre Verteilung sichtbar zu machen. Der Aufwand wäre groß. Bei instationärer Strömung müßte der Querschnitt schnell abgetastet und müßten
die Signale sehr schnell verarbeitet werden. Bei merklichen Änderungen
der Geschwindigkeit in Mikrosekunden wären die bekannten Verfahren des
Abtastens und bei allen Stichprobenvelozimetern auch die der Signalverarbeitung überfordert. Insbesondere für Strömungen mit solch schnellen
Änderungen der Strömungsgeschwindigkeit wurde 1981 das im folgenden besprochenen Dopplerbildverfahren entwickelt und erprobt [960,1508 - 1511].
Die Strömung muß dazu möglichst viele, feine und gleichmäßig verteilte Tracer mitführen. In den interessierenden Querschnitt wird wie in
Fig. 2338-1 oder **2** ein dünnes Laserlichtband mit einer Frequenz ν_L gelegt.
Das aus diesem Lichtband kommende Streulicht informiert mit Dopplerverschiebungen ν_D-ν_L seiner Frequenz ν_D über die lokalen Tracergeschwindigkeiten . In Abschnitt 1.8.2.1 wurde dargelegt, daß zwischen $(\nu_D$-$\nu_L)/\nu_L$,
dem Geschwindigkeitsvektor $\vec{v}$ und den Richtungsvektoren $\vec{e}_L$ vom Laser zum
streuenden Tracerpartikel P und $\vec{e}_D$ von P zum Streulichtdetektor der folgende Zusammenhang besteht:

$$\frac{\nu_D - \nu_L}{\nu_L} = \frac{\vec{v}(\vec{e}_D - \vec{e}_L)}{c} \tag{1}$$

Das in $\vec{e}_D$-Richtung gehende Streulicht informiert so über die $\vec{v}$-Komponente
in jener Richtung, welche die Blickrichtungen vom Partikel zum Laser und
zum Detektor halbiert. Als Detektor wird ein Film hinter dem in **Fig. 2338-3**
gezeigten Michelsonspektrometer eingesetzt. Es handelt sich um ein besonderes Michelsoninterferometer das sich von dem in Abschnitt 1.6.1.1 erwähnten durch eine große Differenz der optischen Wege in seinen beiden
Armen und die Erfüllung einer Abbildungsbedingung trotz dieser großen
Differenz unterscheidet. Die Linse L1 bildet die Objektebene Σ des Licht-
bandes auf den beiden Spiegeln S1 und S2 des Interferometers ab. Die
beiden dort erscheinenden Zwischenbilder werden von der Linse L2 auf dem
Film in der Bildebene Σ' abgebildet. Wir betrachten zunächst das Schicksal
eines einzigen auf der Achse von L1 in das Interferometer eintretende
Streulichtstrahls und nehmen exakt orthogonale Spiegel S1 und S2 an. Der
Strahlteiler T teilt den vom Objektpunkt P kommenden Strahl in zwei Teilstrahlen. Der eine geht nach S1, kommt von dort nach T zurück und wird
nochmals geteilt. Der andere geht nach S2, kommt von dort nach T zurück
und wird ebenfalls nochmals geteilt. Uns interessieren jene Teilstrahlen
der Teilstrahlen, welche kollinear von T zum Bildpunkt P' laufen. Die
Teilwellenelemente kommen dort mit einer Phasenverschiebung Δφ an. Sie
wurden auf beiden Wegen zweimal reflektiert. Δφ ist also allein auf den
Unterschied ΔΦ der beiden optischen Wege zurückzuführen:

$$\frac{\Delta\varphi}{2\pi} = \frac{\Delta\Phi}{\lambda_D} = \frac{\Delta\Phi}{\lambda_L} \cdot \frac{\lambda_L}{\lambda_D} = \frac{\Delta\Phi}{\lambda_L} \cdot \frac{\nu_D}{\nu_L} \tag{2}$$

Ist im Objektpunkt $\nu_D = \nu_L$, so interferieren sie im Bildpunkt mit $\Delta\varphi_0/2\pi = \Delta\Phi/\lambda_L$. Ist im Objektpunkt $\nu_D \neq \nu_L$, so interferieren sie jedoch mit einer abweichenden Phasenverschiebung $\Delta\varphi \neq \Delta\varphi_0$:

$$\frac{\Delta\varphi - \Delta\varphi_0}{2\pi} = \frac{\nu_D - \nu_L}{\nu_L} \cdot \frac{\Delta\varphi_0}{2\pi} \tag{3}$$

Auf solche Weise wird also die Dopplerverschiebung $\nu_D - \nu_L$ der Streulichtfrequenz ν_D in P in eine Abweichung $\Delta\varphi - \Delta\varphi_0$ der Phasenverschiebung $\Delta\varphi$ in P' von der Phasenverschiebung $\Delta\varphi_0$ bei $\nu_D = \nu_L$ gewandelt. $\Delta\varphi_0/2\pi$ muß sehr groß sein, wenn die winzigen in Luftströmungen möglichen $(\nu_D - \nu_L)/\nu_L$ merkliche $(\Delta\varphi - \Delta\varphi_0)/2\pi$ zur Folge haben sollen. Sind die Verhältnisse der Durchmesser sowohl des abgebildeten Objektfeldes wie auch der abbildenden Linse L1 zum Abstand zwischen L1 und Σ hinreichend klein, so kann auch bei allen anderen von Objektpunkten nach ihren Bildpunkten gehenden Strahlen mit praktisch gleichen $\Delta\varphi_0/2\pi$ gerechnet werden. Wie bei jedem kollinear justierten Zweiwelleninterferometer werden dann die Abweichungen der $\Delta\varphi$ von den $\Delta\varphi_0$ als Abweichungen der Bestrahlungsstärken $B = \hat{B}(1+\cos\Delta\varphi)/2$ von den $B_0 = \hat{B}(1+\cos\Delta\varphi_0)/2$ sichtbar. Wird insbesondere $\Delta\varphi_0 = \pi/2$, $\pi/2 + 2\pi$ usw. d.h. $B_0 = \hat{B}/2$ eingestellt, so gilt:

$$\frac{B - B_0}{B_0} = \cos\Delta\varphi = \sin(\Delta\varphi - \Delta\varphi_0) \tag{4}$$

Bei kleinen $\Delta\varphi - \Delta\varphi_0 \ll 1$ sind dann die $B - B_0$ praktisch proportional zu den $\Delta\varphi - \Delta\varphi_0$ und damit in den Bildpunkten proportional zu den Tracergeschwindigkeiten in den betreffenden Objektpunkten. Allerdings sind sie mit den B_0 auch proportional zu den $\hat{B}$ d.h. zu den Streustrahlungsflüssen, die von den Objektpunkten zu den Bildpunkten fließen. Die $B - B_0$ geben darum nur dann Auskunft über die Tracergeschwindigkeiten, wenn von allen Objektpunkten praktisch gleiche Streustrahlungsflüsse zu den Bildpunkten kommen. Dies ist im allgemeinen nicht der Fall. Es bedarf noch eines Tricks, um die Bildauswertung unabhängig von Änderungen der $\hat{B}$ zu machen. Eine Schwenkung des Spiegels S1 um einen kleinen Winkel β hat zur Folge, daß die $\Delta\varphi_0$ in der Bildebene Σ' linear von x' abhängen. Wenn die Tracer ruhen und die $\hat{B}$ konstant sind, dann treten dort parallele und äquidistante Interferenzstreifen mit einem Streifenabstand i auf, der mit zunehmendem Winkel β abnimmt. Bewegen sich die Tracer, und sind die $\hat{B}$ konstant, so erscheinen die Linien gleicher B an Stellen mit $\Delta\varphi \neq 0$ um $\Delta x'/i = \Delta\varphi/2\pi$ verschoben. Sind die $\hat{B}$ nicht konstant, so werden die Linien gleicher B im allgemeinen auch durch die Änderungen der $\hat{B}$ deformiert. Mit einer entscheidenden Ausnahme: Vollkommene Dunkelheit kann bei hinreichend hohen Tracerdichten nur die Folge einer Phasenverschiebung $\Delta\varphi + \Delta\varphi_0 = \pm\pi, \pm 3\pi$ usw. sein. An Orten vollständiger Löschung der interferierenden Wellenelemente kommt es auf $\hat{B}$ nicht an. Verschiebungen $\Delta x'$ der Linien B=0 informieren also unabhängig von $\hat{B}$ über die $\Delta\varphi$ in allen auf diesen liegenden Punkten. Für diese und im allgemeinen nur für diese gilt:

$$\frac{\Delta x'}{i} = \frac{\Delta \varphi}{2\pi} \tag{5}$$

In der Praxis hat sich gezeigt, daß man bei subjektiver Bildauswertung anhand der Verläufe der Linien B=0 und der damit gewonnenen Kenntnis der Strömung auch bei den anderen Linien gleicher B zwischen Streifenverschiebungen wegen $\Delta \varphi$ und solchen wegen ΔB unterscheiden kann. Ganz zweifelsfrei kann das Dopplerbild aber nur auf den Linien B=0 ausgewertet werden. Es besteht also ein Interesse, mindestens soviele solcher Linien so in das Bild zu legen, daß keine wesentlichen Änderungen von $\Delta \varphi$ der Beobachtung entgehen.

Die Erfüllung der Abbildungsbedingung erfordert eine genauere Betrachtung des Michelsonspektrometers. Der Glasblock zwischen dem Strahlteiler T und dem Spiegel S2 hat zwei Aufgaben: Er verlängert den optischen Weg im Arm 2 des Interferometers. Ohne ihn würde dieser für einen senkrecht auf den Spiegel S2 treffenden Teilstrahl $2l_2$ betragen. Mit ihm beträgt er $2[l_2+(n-1)l]$. Damit ergibt sich der folgende Ausdruck für die Phasenverschiebung, $\Delta \varphi_0$ bei exakt orthogonalen Spiegeln S1 und S2:

$$\frac{\Delta \phi_0}{2\pi} = 2 \frac{l_2-l_1}{\lambda_L}(1 + \frac{(n-1)l}{l_2-l_1}) \tag{6}$$

Die erforderliche hohe Phasenverschiebung $\Delta \varphi_0$ wird so mit einer kleineren Differenz l_2-l_1 der beiden Armlängen erreicht. Außerdem ermöglicht der Glasblock die Zwischenabbildungen auf den beiden Spiegeln S1 und S2 und die gemeinsame Abbildung der beiden Zwischenbilder in der Bildebene Σ' trotz $l_2>l_1$. Dazu muß seine Länge l eine Bedingung erfüllen. Es kommt darauf an, daß jeder mit irgend einem Einfallswinkel α schief in den Glasblock eintretende Strahl so gebrochen wird, daß die im Auftreffpunkt auf S2 errichtete Senkrechte seine Verlängerung im Abstand l_2-l_1 von S2 schneidet. Der reflektierte Strahl scheint dann von diesem Schnittpunkt d.h. von einen virtuellen Spiegel S2' zu kommen, der den gleichen Abstand l_1 wie S1 von T hat. Die der **Fig. 2338-4** zu entnehmende Forderung $l(\tan\alpha-\tan\alpha')=(l_2-l_1)\tan\alpha$ ergibt mit dem Brechungsgesetz $n\sin\alpha'=\sin\alpha$ die Bedingung:

$$\frac{l_2-l_1}{l} = 1 - \frac{\sqrt{(1/n)^2-(\sin\alpha/n)^2}}{1-(\sin\alpha/n)^2} \quad ; \quad \frac{l_2-l_1}{l} (\alpha << 1) = \frac{n-1}{n} \tag{7} \tag{8}$$

Erfüllen l, l_2-l_1 und n die Forderung (8), so haben die Phasenverschiebungen $\Delta \varphi_0(\alpha)$ bei $\alpha \neq 0$ und $\Delta \varphi_0(0)$ bei $\alpha=0$ die folgenden Werte:

$$\frac{\Delta \varphi_0(\alpha)}{2\pi} = 2 \frac{l}{\lambda_L} (\frac{n^2}{\sqrt{n^2-\sin^2\alpha}} - \frac{1}{n\cos\alpha}) \tag{9}$$

$$\frac{\Delta \varphi_0(0)}{2\pi} = 2 \frac{l}{\lambda_L} \cdot (n - \frac{1}{n}) \tag{10}$$

Eine positive Abweichung $\Delta=(n-1)l/n-(l_2-l_1)$ von der Bedingung (8) vermindert $\Delta \varphi_0(\alpha)/2\pi$ um $-2\Delta/\lambda_L\cos\alpha$ und $\Delta \varphi_0(0)/2\pi$ um $-2\Delta/\lambda_L$. Damit ergeben sich

448

z.B. die in **Fig.** 2338-5 graphisch dargestellten Abweichungen $\Delta(\Delta\varphi_0)=\Delta\varphi_0(\alpha)-\Delta\varphi_0(0)$. Reihenentwicklung und Abbrechen nach dem Glied mit α^2 ergibt:

$$\frac{\Delta\varphi_0(\alpha)-\Delta\varphi_0(0)}{2\pi} = \frac{\Delta}{\lambda_L}\,\alpha^2 \tag{11}$$

Im Falle $\Delta=0$ kann also die Abweichung der $\Delta\varphi_0(\alpha)$ schon bei größeren α als im Falle $\Delta\neq0$ vernachlässigt werden. Es kommt darauf an, die Forderung (8) möglichst genau zu erfüllen. Ob sie erfüllt ist, kann man bei geschwenktem Spiegel S1 am Kontrast der parallelen und äquidistanten Fizeaustreifen in der Bildebene Σ' erkennen. Leichter und noch genauer gelingt die Justierung mit Hilfe der Haidingerringe, die bei orthogonalen Spiegel S1 und S2 in der Brennebene der Linse L2 erscheinen, wenn das in das Interferometer gehende Licht von einer kohärent durchleuchteten Mattscheibe kommt. In einem Punkt der Brennebene kommen dann alle jene Teilstrahlerpaare mit der gleichen Phasenverschiebung zusammen, welche von Strahlen stammen, die parallel und in derselben die L1-Achse enthaltenden Ebene in die Linse L1 eintraten. Ihre Phasenverschiebung wächst mit dem Eintrittswinkel. Darum erscheinen konzentrische und abwechselnd helle und dunkle Interferenzringe gleicher Neigung. Wird S1 oder S2 spiegelnormal verschoben, so wachsen die Ringdurchmesser, wenn man sich jener Spiegelstellung nähert, welche die Forderung (8) erfüllt. Man hat den Eindruck immer neuer aus dem Zentrum hervorquellender und sich weitender Ringe. Schließlich erscheint im Zentrum ein sich weitender Fleck mit praktisch konstanter Bestrahlungsstärke. Die Justierung ist vollendet, wenn dieser Fleck seinen größten Durchmesser erreicht. Nach dieser Justierung muß man nur noch darauf achten, daß man bei der Schwenkung des Spiegels S1 nicht die Schwenkachse verschiebt. Werden die Winkel α der an der Abbildung beteiligten Strahlen mit einer Blende in der Brennebene von L2 begrenzt, so hängt der Kontrast in der Bildebene Σ' folgendermaßen mit der größten in der Brennebene von L 2 beobachteten Differenz $\Delta(\Delta\varphi)$ der Phasenverschiebung zusammen [1512-1514].

$$\frac{\hat{B}-\check{B}}{\hat{B}} = \frac{2/\sin\frac{\Delta(\Delta\varphi)}{2}}{\frac{\Delta(\Delta\varphi)}{2}+|\sin\frac{\Delta(\Delta\varphi)}{2}|} \tag{12}$$

War dort z.B. bei hellsten Zentrum am Rand der Blende die Mitte des ersten dunklen Haidingerringes zu sehen, so war $\Delta(\Delta\varphi)=\pi$. Die Formel ergibt für diesen Fall $(\hat{B}-\check{B})/\hat{B}=0,78$. Dieser Kontrast kann genügen. Besserer Kontrast wird mit stärkerer Begrenzung der von den Objektpunkten zu den Bildpunkten gehenden Streulichtbündel erkauft. Dies erfordert stärkere Laserleistung, stärkere Streuung d.h. größere Tracer, längere Belichtungszeit oder empfindlicheren Film. Jeder dieser Auswege hat Nachteile. Die vorstehenden Überlegungen setzen voraus, daß man die Brechungen am Strahlteiler nicht zu berücksichtigen braucht. Der in **Fig.** 2338-3 eingesetzte Strahlteilerwürfel erfüllt diese Bedingung mit gleichen Brechungen in beiden Armen des Interferometers.

Das Verfahren wurde mit der Aufnahme von Dopplerbildern einer rotierenden Trommel und eines bekannten knotenfreien Überschallstrahls getestet. **Fig.** **2338-6** zeigt wie zugleich eine rotierende und eine stehende Trommel mit einem NeHe-Laser beleuchtet wurden. In **Fig.** **2338-7** sind zwei mit verschiedenen Streifenabständen bei der Umfangsgeschwindigkeit v=140 m/s aufgenommene Dopplerbilder wiedergegeben. Die Interferenzstreifen auf der rotierenden Trommel sind den Geschwindigkeitskomponenten v entsprechend gegenüber den am Speckle erkennbaren Interferenzstreifen auf der stehenden Trommel verschoben. **Fig.** **2338-8** informiert über die Daten des Überschallstrahls und die Richtungen des Lichtschnitts und des Streulichtempfanges. **Fig.** **2338-9** zeigt ein mit dem Licht eines Argonlasers aufgenommenes Dopplerbild dieses Strahls. Die mit den Interferenzstreifenverschiebungen ermittelte Tracergeschwindigkeit v=506 m/s war nur um -2,8% kleiner als die aus den Kesseldaten berechnete Strömungsgeschwindigkeit u=521 m/s. Diese Abweichung lag innerhalb der etwa ±4% betragenden Summe der Unsicherheiten. Dopplerbilder von anderen Überschallstrahlen mit Knotenstruktur sahen wie in **Fig.** **2338-10** aus. Die Geschwindigkeitsabnahme in der Machscheibe wurde korrekt wiedergegeben. Die **Fig.** **2338-11** zeigt zwei Dopplerbilder eines startenden Überschallstrahls. Die in den **Fig.** **2346-12** und **13** gezeigten Dopplerbilder eines stoßinduzierten Wirbels wurden bei zwei aufeinanderfolgenden Versuchen mit dem Riesenimpuls eines Impulslasers zu Zeiten t=20µs, 40µs nach Eintreffen des Verdichtungsstoßes an der Kante photographiert. Hier trat die in Abschnitt 2.3.3.4 besprochene Schwierigkeit auf, daß die Tracerdichte im Wirbelkern viel kleiner als am Wirbelrand ist. Auf dem Negativ waren die deformierten Interferenzstreifen auch im Wirbelkern noch schwach zu sehen. Die Kopie gibt sie dort nicht mehr wieder. Als Tracerpartikel wurden in all diesen Fällen die trockenen Zigarettenrauchs verwendet.

Eine ganz andere Möglichkeit der Herstellung von Dopplerbildern ist mit dem in Abschnitt 2.3.1.2 besprochenen laserinduzierten Fluoreszenzlicht z.B. von Na in N_2 gegeben. Dazu bedarf es eines abstimmbaren Lasers mit kleiner Linienbreite. Die Laserlinie muß so schmal sein, daß sie auf die Flanke einer Na-Absorptionslinie gesetzt werden kann. Die Dopplerverschiebung der Absorptionslinie ändert dann die Intensität des Fluoreszenzlichtes. Diese hängt allerdings außerdem vom Druck, von der Temperatur und von der Zahl der Na-Atome pro Volumen ab. Werden zwei Bilder mit entgegengesetzten Fortpflanzungsrichtungen oder verschiedenen Frequenzen des Laserlichtes aufgenommen, so besteht die Möglichkeit, solche Einflüsse nachträglich rechnend zu eliminieren. Das Verfahren hat den Vorteil, daß die Bedenken bezüglich der Tracerträgheit entfallen. Dieser Vorteil wird jedoch beim gegenwärtigen Stand der abstimmbaren Laser Videokameras und Bildauswertegeräte mit hohem Aufwand erkauft.

450

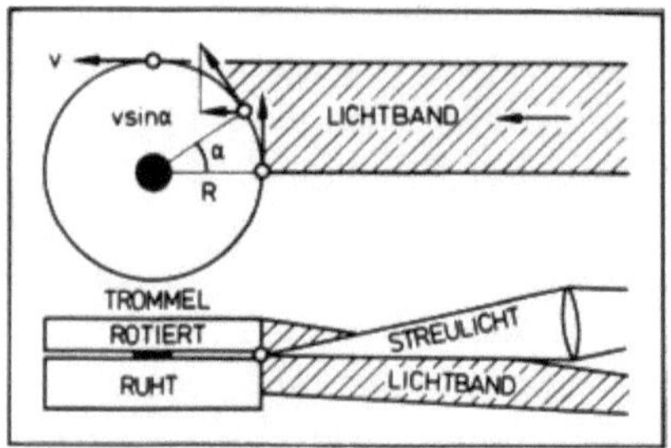
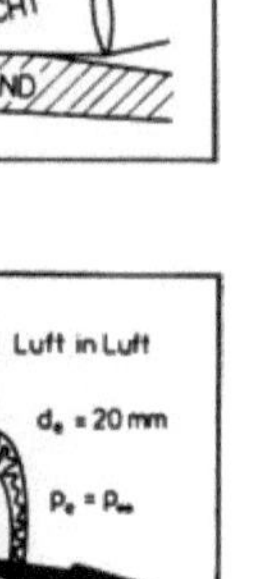

6: Testanordnung

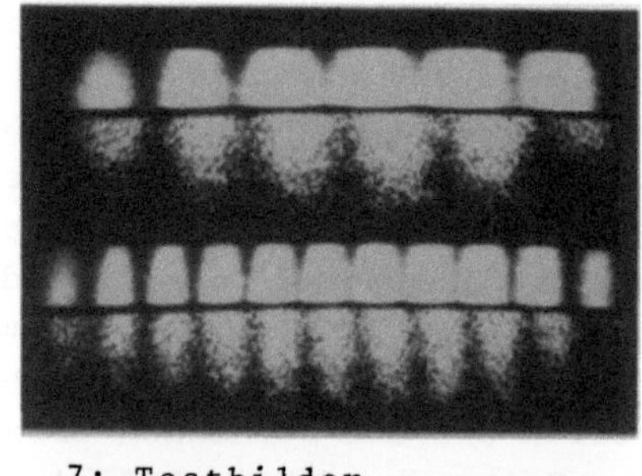

7: Testbilder

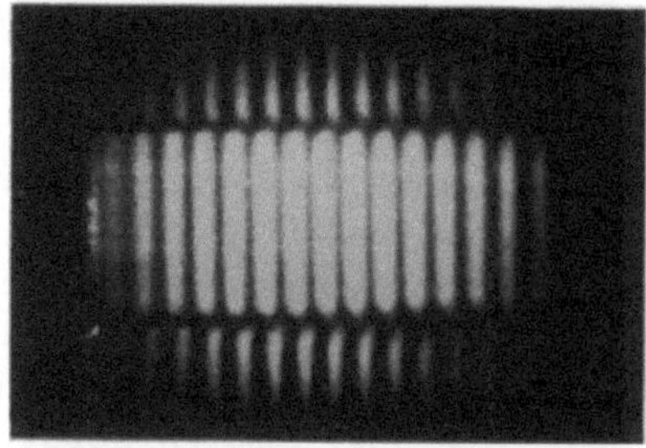

8: Daten zu Bild 9

9: Überschallstrahl $\cdot p_e = p_\infty$

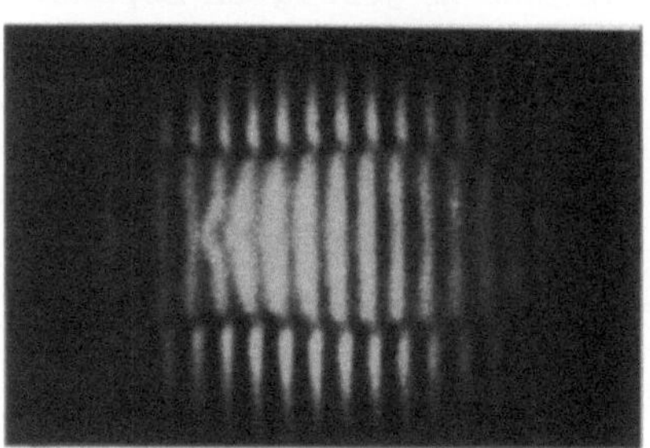

10: Überschallstrahl $\cdot p_e < p_\infty$

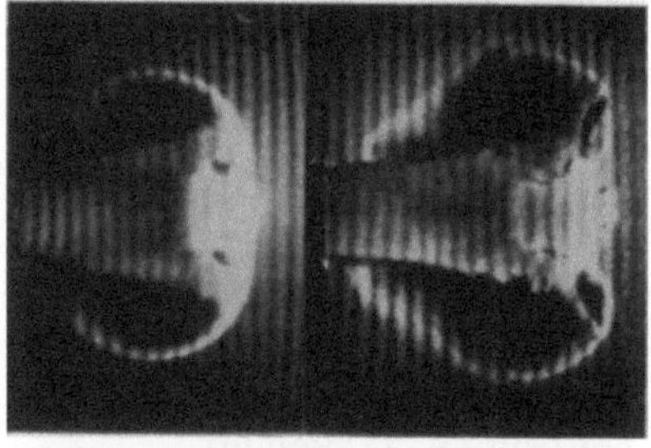

11: Startender Strahl

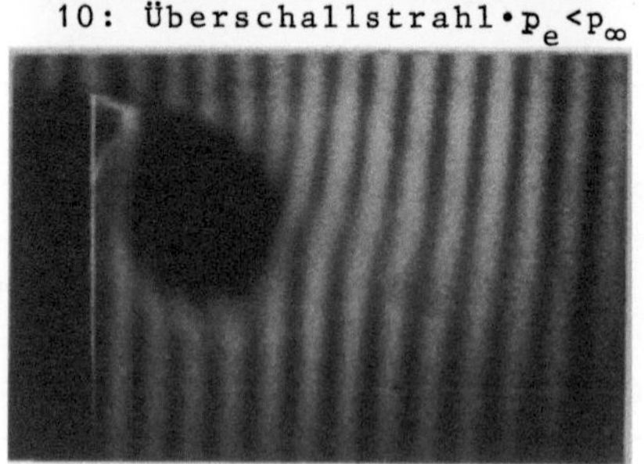

12: Wirbel $\cdot t = 20\ \mu s$

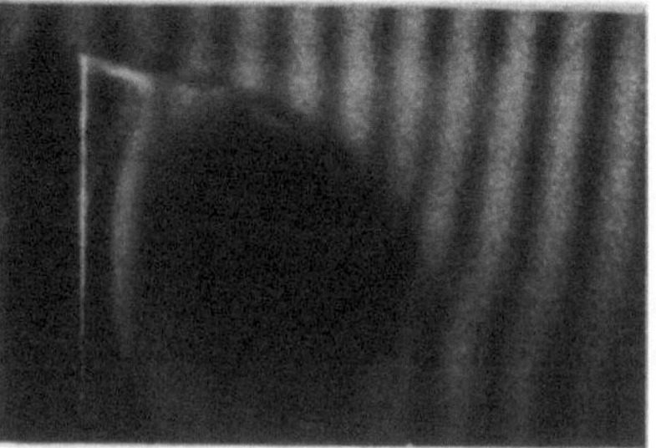

13: Wirbel $\cdot t = 40\ \mu s$

Fig. 2338: Dopplerbilder

2.3.3.9 Tracerlinienbilder

Die Tracerpartikel können der Strömung so beigemischt oder zugeführt werden, daß auf dem Bild Tracerlinien erscheinen. Dabei ist zwischen Bahnlinien, Streichlinien, Stromlinien und Zeitlinien zu unterscheiden. Auf
einer Bahnlinie liegen alle von einem Partikel durchlaufenen Punkte. Sie
gibt keine Auskunft über die Zeiten, zu denen diese Punkte durchlaufen
wurden. Auf einer Streichlinie befinden sich alle Partikel, die zu irgendwelchen früheren Zeiten denselben Punkt durchlaufen haben. Sie gibt
im allgemeinen keine Auskunft über die Wege, auf denen sie die Streichlinie erreichten. Eine Stromlinie hat in all ihren Punkten die gleiche
Richtung wie die Strömungsgeschwindigkeit. Auf einer Zeitlinie befinden
sich alle Partikel, die zu derselben früheren und bekannten Zeit eine bekannte Linie durchquerten. Bei stationärer Strömung und vernachlässig-
barem Tracerschlupf ist die Stromlinie zugleich Streichlinie und
Bahnlinie. Handelt es sich um eine ebene Potentialströmung, und wird als
Basislinie der Zeitlinien eine Orthogonaltrajektorie der Stromlinien
gewählt, so sind alle Zeitlinien solche Orthogonaltrajektorien. Bei instationärer Strömung weichen die Momentanstromlinien, Steichlinien und
Bahnlinien voneinander ab. Besonders starke Abweichungen sind in Wirbeln
zu erwarten. Wie groß die Abweichungen sein können, hat 1962 F.R. Hama
[1915] am folgenden Beispiel aufgezeigt: In einer Scherströmung mit dem in
Fig. 2339-1 links graphisch dargestellten Profil

$$\bar{u}/u_0 = 1 + \tanh(y/\lambda) \tag{1}$$

der mittleren Strömungsgeschwindigkeiten $\bar{u}$ werde eine ebene Wirbelkette
mitgeführt. Sie sei in dem mit u_0 bewegten Bezugsystem stationär und über-
lagere im ruhenden Bezugsystem Schwankungen u'(x,y,t) und v'(x,yt):

$$\frac{u'}{u-u_0} = \frac{0,04}{\cosh(y/\lambda)} \sin\left(2\pi \frac{x-u_0 t}{\lambda}\right) \tag{2}$$

$$\frac{v'}{u_0} = \frac{0,04}{\cosh(y/\lambda)} \cos\left(2\pi \frac{x-u_0 t}{\lambda}\right) \tag{3}$$

In **Fig. 2339-1** rechts sind die Amplituden dieser Schwankungen aufgetragen.
Fig. 2339-2 zeigt die Stromlinien im mitbewegten Bezugsystem. λ ist der Abstand der Wirbelkerne. Die bei x=0, y=0 zu verschiedenen Zeiten t und bei
x=0 zur Zeit t=0 in verschiedenen Höhen y beginnenden Bahnlinien sehen wie
in **Fig. 2339-3** aus. Man kann ihnen nicht unmittelbar ansehen, daß es sich um
Wirbel handelt. In **Fig. 2339-4** sind einige bei x=0 in verschiedenen Höhen y
beginnende Streichlinien wiedergegeben. Die bei x=0, y=0 beginnende vermittelt den Eindruck, daß sich ein Wirbel entwickelt, obwohl doch mit
einer stationären Wirbelkette gerechnet wurde. Schon die bei y=±0,05 λ
beginnenden Streichlinien lassen kaum noch die Existenz von Wirbeln erkennen. Wenn Partikel zu Zeiten t_m=t-mΔt die Stelle x=0 in allen Höhen y
verlassen haben, so kommen sie zur Zeit t an den in **Fig. 2339-5** fett einge-

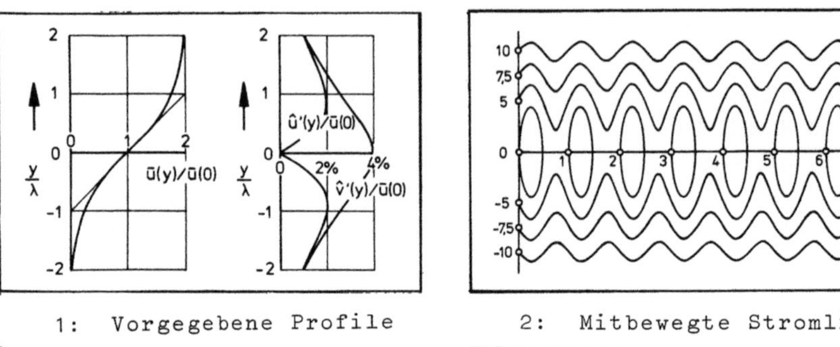

1: Vorgegebene Profile   2: Mitbewegte Stromlinien

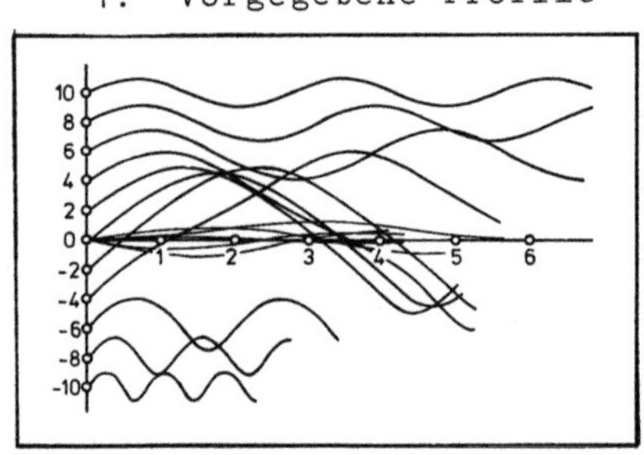

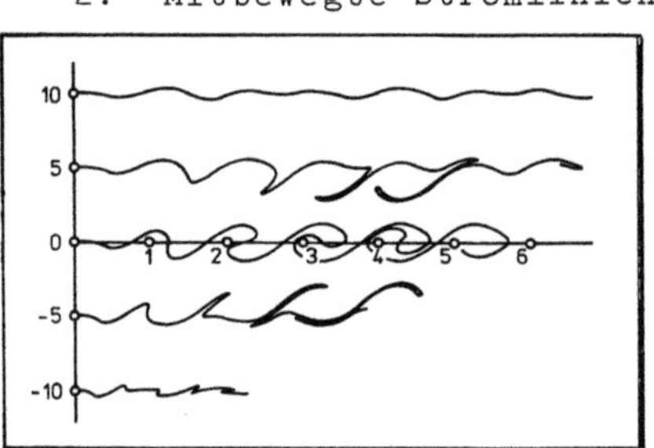

3: Bahnlinien   4: Streichlinien

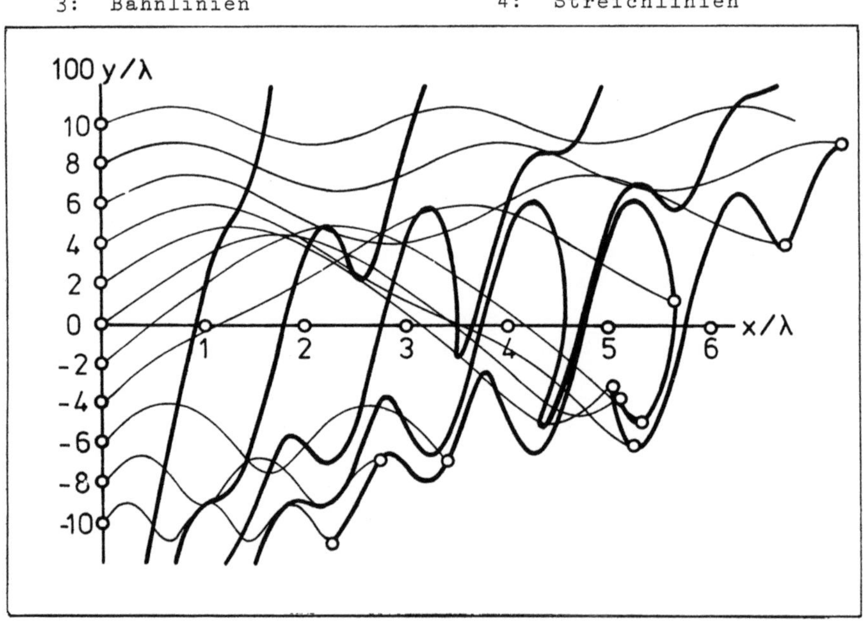

5: Zeitlinien

Fig. 2339: Tracerlinien

zeichneten Zeitlinien an. Hier werden die Wirbel erst mit Zeitlinien sichtbar, die einen Weg über etwa 4λ zurückgelegt haben. Die Figur zeigt außerdem auf welchen Bahnen die Partikel zu den Zeitlinien kommen. Für die Visualisierungspraxis folgt, daß ein Tracerlinienbild allein nur dann brauchbare Auskunft über eine instationäre Strömung geben kann, wenn schon einiges über diese bekannt ist. Bei der Aufnahme eines Streichlinienbildes ist es wichtig, die Tracerpartikel an der rechten Stelle zuzuführen. Ein Zeitlinienbild muß man zur rechten Zeit nach Zufuhr der Partikel photographieren.

Bei stationärer Strömung entfallen solche Bedenken. Man kann die Bahnen einzelner Partikel oder Ketten vieler Partikel betrachten. Entsprechend vielfältig sind hier die Möglichkeiten, die Stromlinien sichtbar zu machen. Es kann schon genügen, die Bahnen zufällig verteilter Partikel während hinreichend langer Belichtungszeit zu photographieren. So sind schon L. Prandtl und seine Schüler vorgegangen, wenn sie Metallflitter auf die Oberfläche eines Wassergerinnes streuten, um die Stromlinien der Strömungen um Modelle wie in **Fig. 2339-6 und 7** aufzuzeichnen [1516]. Auch mit beigemischten Partikeln kann man brauchbare Stromlinienbilder photographieren. Zur Aufnahme des Stromlinienbildes in **Fig. 2339-8** genügten die Luftbläschen, die beim Füllen des Tanks eines vertikalen Wasserkanals gebildet wurden [1517]. Das in **Fig. 2339-9** wiedergegebene Bild der Stromlinien innerhalb eines in Rizinusöl fallenden Wassertropfens [1518] beweist, daß mit beigemischten Partikeln unter Umständen sogar Stromlinien dreidimensionaler Strömungen visualisiert werden können. Das Stromlinienbild wird klarer, wenn die Partikel nur in einem Lichtschnitt beleuchtet werden. So wurden die in **Fig. 2339-10** gezeigten Bilder vom Wasser Strömungen um zwei Zylinder aufgenommen. Der Zylinderdurchmesser betrug 5mm und die Anströmgeschwindigkeit 3,42mm/s. Als Tracer dienten Glaskügelchen mit dem Durchmesser 10μm [1519]. Noch besser ist es, der Strömung an gut gewählten Stellen Tracerketten zuzuführen. In Wasser ist hierfür insbesondere die in Abschnitt 2.3.3.1 besprochene elektrolytische Erzeugung von Wasserstoffbläschen an Drähten geeignet. **Fig. 2339-23** zeigt, wie scharf damit die Stromlinien in einem konvergierenden Wasserkanal sichtbar wurden [1520]. In stationärer Strömung machen auch die in Abschnitt 2.3.2.2 besprochenen Flüssigfäden Stromlinien sichtbar. In Luft wurde früher gerne mit Rauchfäden experimentiert, die aus Röhrchen in die Strömung geblasen wurden [1521]. Manchmal waren diese Fäden ziemlich dick und wie in **Fig. 2339-11** strukturiert [1522]. Mit der in Abschnitt 2.3.3.2 besprochenen Ölverdampfung an Drähten kann man erheblich dünnere Rauchfäden wie in **Fig. 2339-12 und 13** erzeugen [1523] Die hier untersuchten Strömungen waren nur außerhalb eines gewissen Gebietes stationär. Innerhalb des Gebietes instationärer Strömung wurden mit den Rauchfäden nicht mehr Stromlinien, sondern Sreichlinien sichtbar gemacht, bis sie sich schließlich in der Turbulenz auflösten.

Instationäre Strömungen können in mitbewegten Bezugsystemen ganz oder

6: Metallflitter auf Wasser

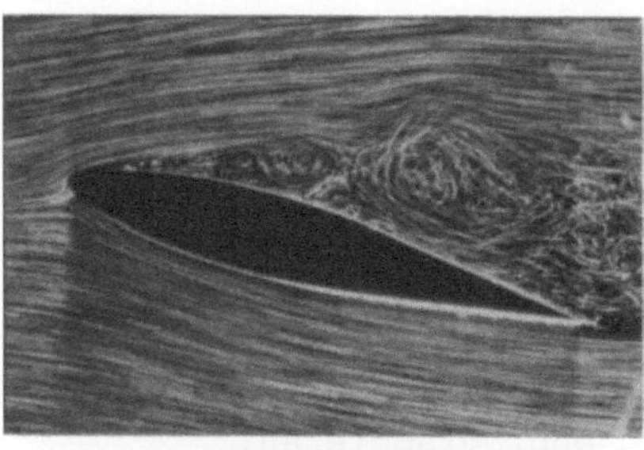

8: Luftbläschen in Wasser

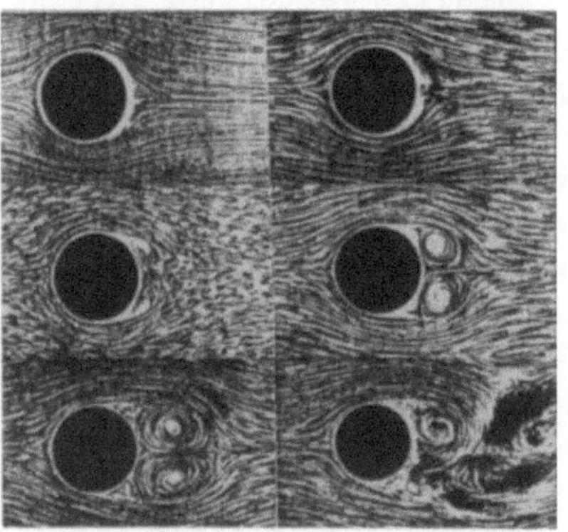

7: Metallflitter auf Wasser

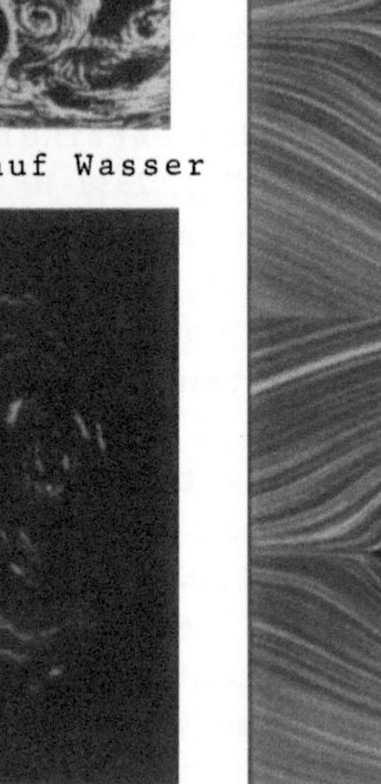

9: In Öl fallender Wassertropfen 10: Glaskügelchen in Wasser

Fig. 2339: Stromlinien

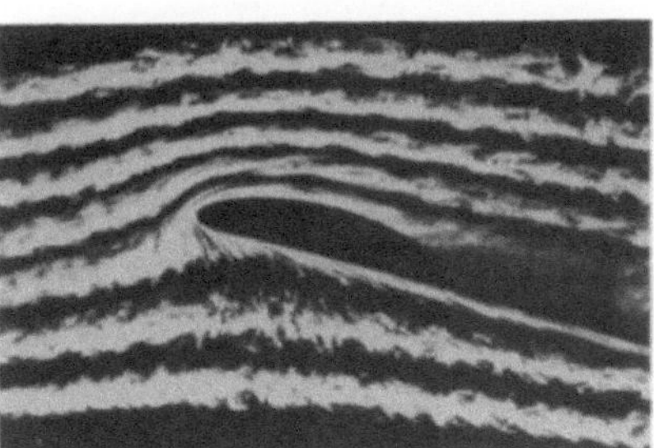

11: Rauch aus Röhrchen

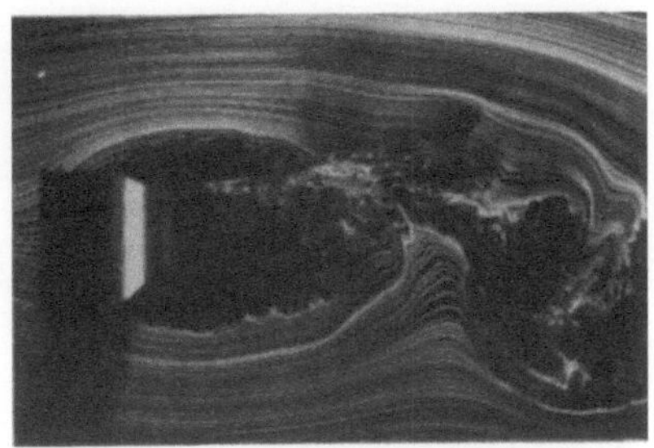

12: Rauch vom Heißdraht

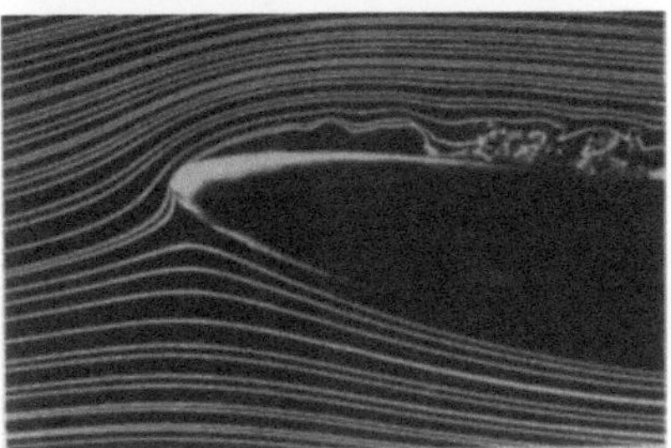

13: Rauch vom Heißdraht

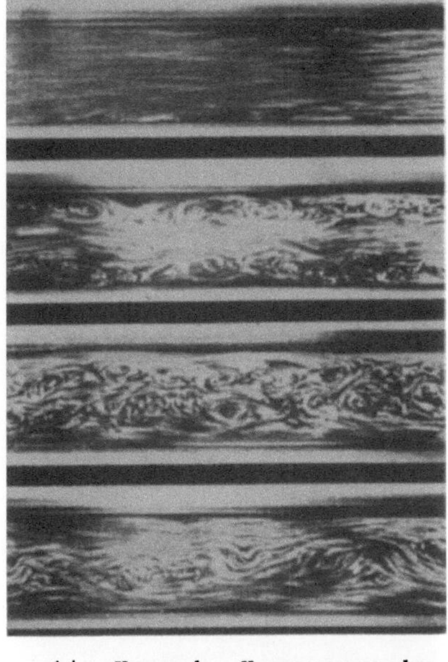

14: Versch. Kamerageschw.

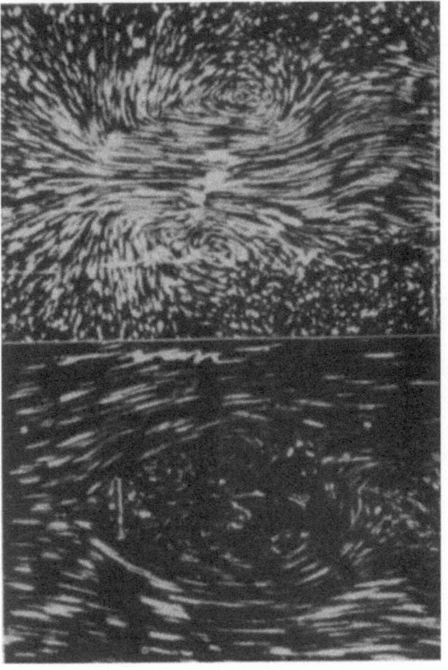

15: Ruhende ≠ bewegte Kamera

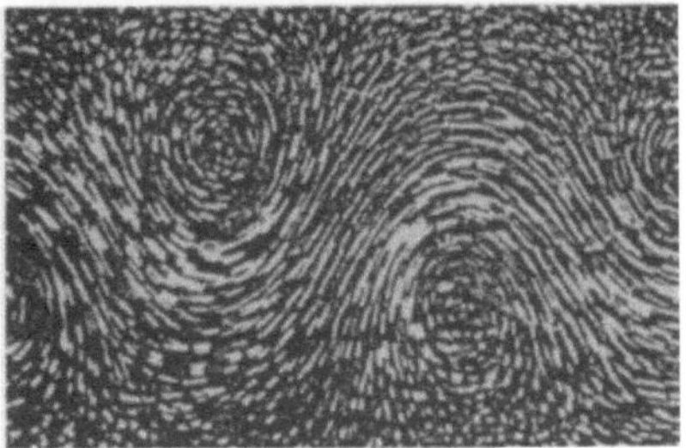

16: Mitbewegte Kamera

Fig. 2339: Stromlinien

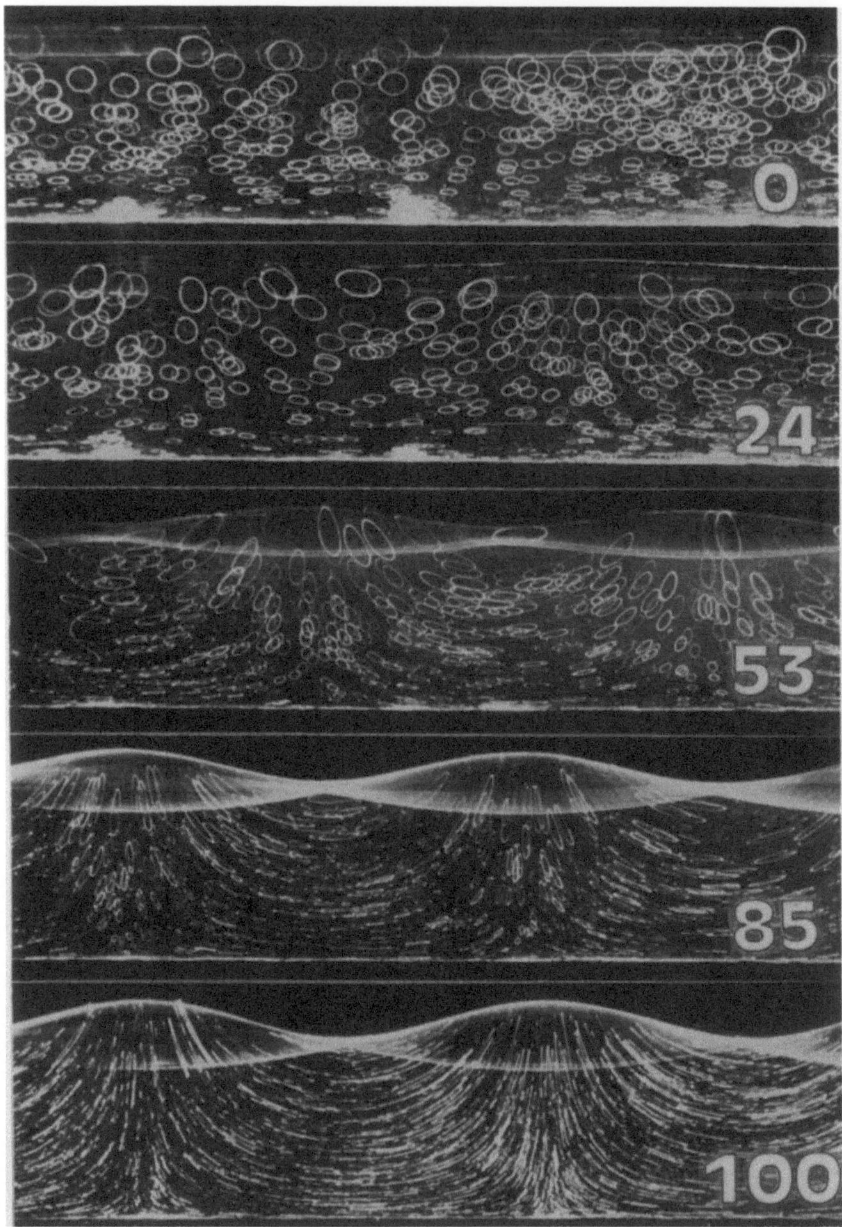

17:   Wasserwelle zwischen Paddel und x% reflektierender Wand

Fig. 2339: Bahnlinien

gebietsweise stationär sein. In solchen Fällen lohnt es, sich die Kamera mitzubewegen. Die **Fig.** 2339-14 zeigt Bilder der turbulenten Strömung in einer Wassergerinne [1524]. Mit verschiedenen Geschwindigkeiten der Kamera wurden hier die Turbulenzballen in verschiedenen Abständen von der Wand sichtbar gemacht. In der **Fig.** 2339-15 ist das mit der mitbewegten Kamera photographierte Bild der Wirbel hinter einer geschleppten Platte dem mit der ruhenden Kamera photographierten gegenübergestellt. [1525]. Nur bei mitbewegter Kamera sieht das Bild einer Karmanschen Wirbelstraße wie in **Fig.** 2339-16 aus [1526]. Die Tracerpartikel wurden auf die Wasseroberfläche gestreut und so beleuchtet, daß kurze Abschnitte ihrer Bahnen aufgezeichnet wurden. Die **Fig.** 2339-17 demonstriert, daß unter Umständen auch die Bahnen von beigemischten und langbeleuchteten Partikeln klare Auskunft über eine instationäre Strömung geben können. Die Bilder zeigen eine rein fortschreitende, eine teilweise reflektierte und eine stehende Wasserwelle [1517].

18: Wirbel auf Flugplatz

19: Wirbel hinter Ventilator

20: Hinter Zylinder in Wasser

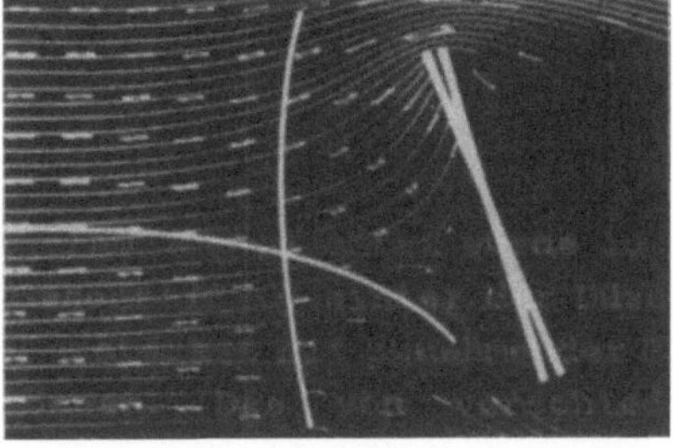

21: Streichlinie $\neq$ Zeitlinie

Fig. 2339: Streichlinien

Zur Visualisierung einer Streichlinie muß der instationären Strömung an einem einzigen Punkt eine einzige Kette von Tracern zugeführt werden. Hydrosolfäden in Flüssigkeit oder Aerosolfäden in Gas fächern auf, weil sie aus vielen nebeneinander zugeführten Ketten bestehen. Dabei können die Diffusion, Feinturbulenz und unterschiedlicher Tracerschlupf die Fäden auflösen. Manche der in der Literatur Streichlinienbilder genannten Bilder

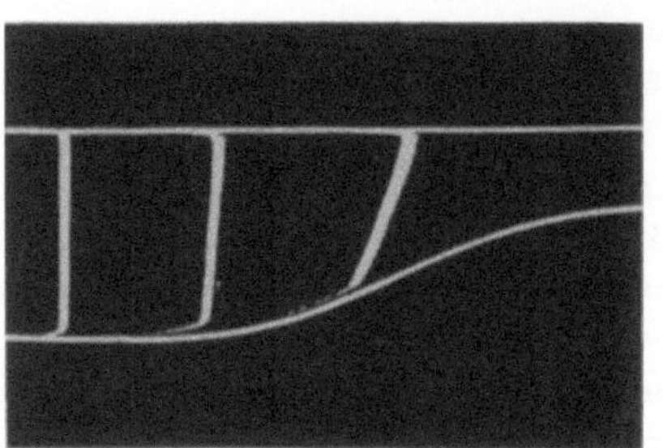

22: Periodisch kurz getastet

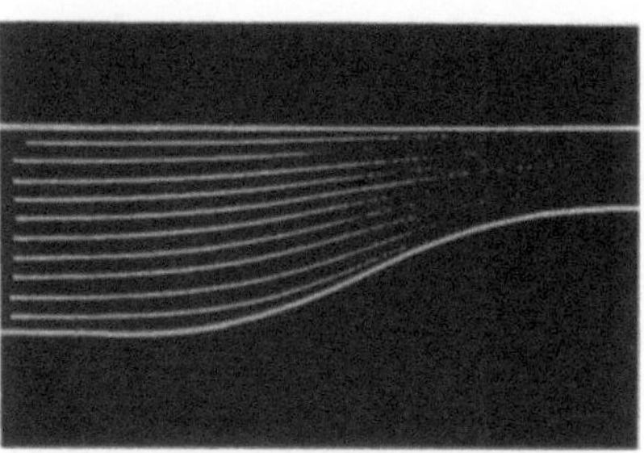

23: H_2-Bläschen in Wasser

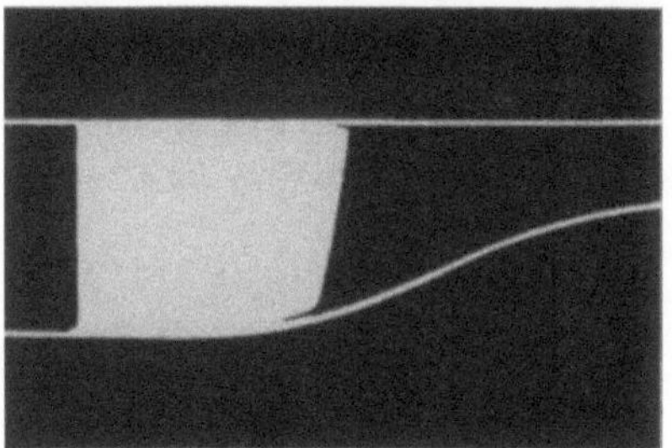

24: Einmal lang getastet

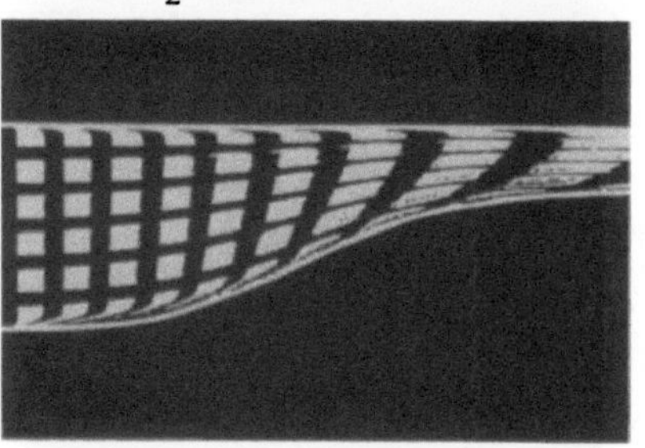

25: Periodisch lang getastet

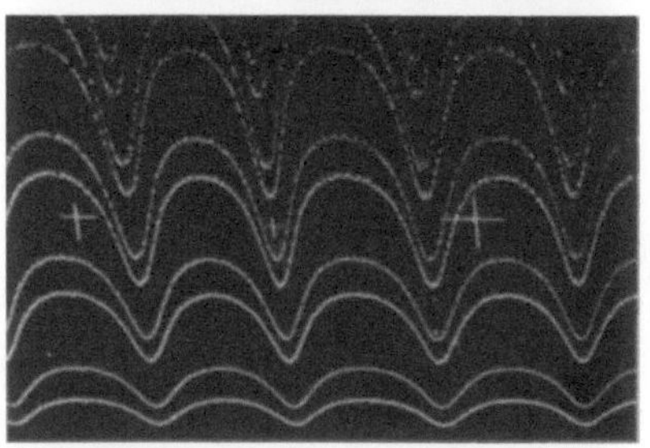

26: Bläschen in Grenzschicht

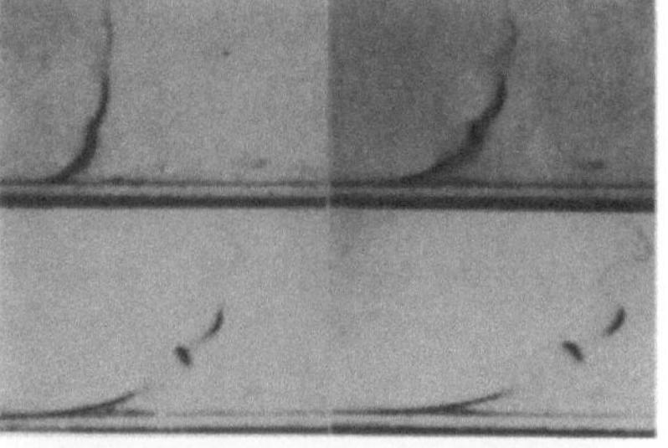

27: Photochrome Tracer

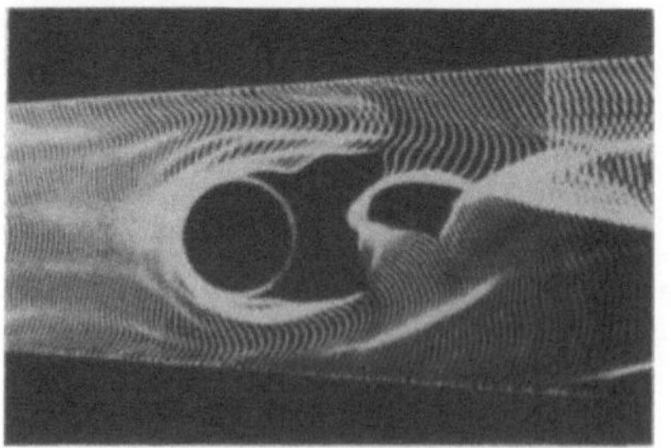

28: Funken im Windkanal

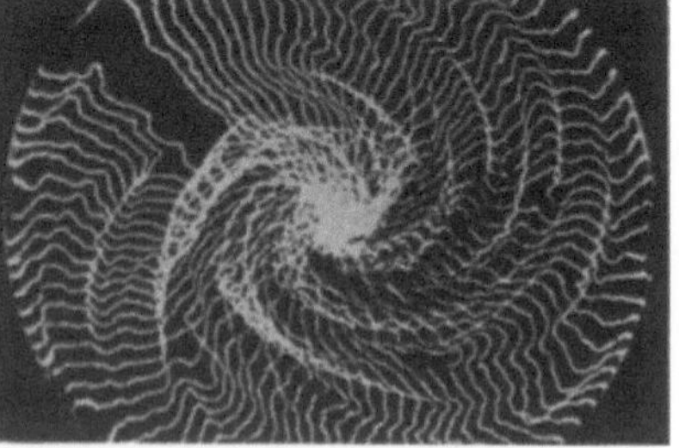

29: Funken in Strahlmühle

Fig. 2339: Zeitlinien

sind darum eher als Konzentrationsbilder einzustufen. **Fig.** 2339-18 zeigt als Beispiel die Auflösung der Rauchfäden in einem Wirbel auf einem Flugplatz[1528]. Es gibt aber Strömungen, in denen benachbarte Streichlinien benachbarte bleiben oder immer wieder zusammengeführt werden. In solchen Strömungen können solche Fäden tatsächlich Auskunft über die Streichlinien geben. Die in **Fig.** 2339-19 gezeigten Rauchfäden hinter einem Ventilator blieben hinreichend lange getrennt [1529] Die **Fig.** 2339-20 zeigt zwei Streichlinien in der Wirbelstraße hinter einem Zylinder, die sich immer wieder vereinten. Sie wurden mit elektrolytisch erzeugtem kolloidalen Rauch in Wasser sichtbar gemacht [1530].

Die Forderung einer einzigen Tracerkette läßt sich in Wasser mit den Wasserstoffbläschen erfüllen. Hier gibt schnelles Tasten der elektrischen Spannung die Möglichkeit, mit denselben Bläschen auf demselben Bild zugleich Tracerwege, Streichlinien und Zeitlinien sichtbar zu machen. In **Fig.** 2339-21 ist als besonders instruktives Beispiel nochmehr das in Abschnitt 2.3.3.6 als Tracerwegbild besprochene Bild der Strömung von einer oszillierenden Platte wiedergeben. Zusätzlich zu den eingepaßten Momentanstromlinien sind jetzt auch eine Streichlinie und eine Zeitlinie eingezeichnet. Die Streichlinie verbindet die am selben Ort und die Zeitlinie die zur selben Zeit erzeugten Bläschen. Das Bild demonstriert, wie stark die Streichlinien von den Momentanstromlinien abweichen können. Von den Tracerbahnen zeigt es nur die Anfangs- und Endpunkte kurzer Teilstrecken.
Zur Aufnahme von Zeitlinien genügt das periodische kurze Tasten der Bläschenerzeugung an einem einzigen, auf seiner ganzen Länge blanken und quer durch die Strömung gespannten Draht und eine einzige kurze Beleuchtung. Die **Fig.** 2339-22 zeigt wie auf solche Weise die Zeitlinien einer stationären Wasserströmung mit den in **Fig.** 2339-23 gezeigten Stromlinien sichtbar wurden [1531]. Wenn nicht periodisch kurz, sondern nur einmal lang getastet wurde, dann ergab die kurze Beleuchtung zu einer wohlüberlegten Zeit nach dem Tasten das in **Fig.** 2339-24 wiedergegebene Bild mit zwei Zeitlinien. Mit teilweise lackiertem Draht kann man zugleich Stromlinien und Zeitlinien und damit die Deformationen von Strömungsvolumen wie in **Fig.** 2339-25 sichtbar machen. **Fig.** 2339-26 zeigt wie mit H_2-Bläschen in der instabilen laminaren Grenzschicht eines Wasserschleppkanals die Deformation der Zeitlinien bei der Bildung von Längswirbeln visualisiert werden konnte [1532,1533]. Ebenso präzises Tasten der Tracererzeugung im Wasser ist auch mit dem in Abschnitt 2.3.3.1 erwähnten Tellurdraht möglich. Eine so erzeugte Zeitlinie wurde zur Bestimmung des Geschwindigkeitsprofils einer Grenzschicht verwendet[1534-1537]. Gewisse photochrome Substanzen sind im Wasser farblos, werden aber durch kurzzeitige UV-Bestrahlung bleibend blau. Damit besteht die Möglichkeit, eine Linie der Wasserströmung mit Hilfe eines UV-Laserlichtbündels zu markieren. Die **Fig.** 2339-24 zeigt, wie sich eine so markierte Zeitlinie in einer Grenzschicht verformte [1538]. In [1539] wurde über Messungen innerhalb eines Petroleumtropfens in Wasser mit Hilfe dieses Verfahrens berichtet. Dabei wurden mit mehreren Teil-

lichtbündeln mehrere Zeitlinien zugleich markiert. In strömendem Gas kann die Tracererzeugung mit dem ölbenetzten Heizdraht getastet werden [1540, 1541]. Die hier möglichen Tastfrequenzen bis etwa 100 Hz sind aber nur selten hoch genug. Hier gibt es noch eine ganz andere Möglichkeit, Zeitlinien sichtbar zu machen. Hochfrequenzfunken haben die Tendenz, auch dann immer wieder im alten Funkenkanal zu springen, wenn dieser im strömenden Gas mitgeführt wird. Zwischen zwei strömungsparallelen Drähten oder zwischen einem strömungsparallelen Draht und einem Modell kann man also mit dem Licht periodischer Hochfrequenzfunken in einem mitgeführten Funkenkanal Zeitlinienbilder wie in den **Fig. 2339-28 und 29** aufnehmen [1542]. Allerdings meidet der Funken hin und wieder den alten und ionisiert einen neuen Kanal. Außerdem hat der Funkenkanal wegen seiner höheren Temperatur eine viel kleinere Dichte als das umgebende Gas und läuft darum möglicherweise einer stark beschleunigten Strömung merklich voraus [1543]. Dennoch hat sich dieses als Tracerfunkentechnik bekannte Verfahren bei Strömungsgeschwindigkeiten bis 6000m/s bewährt [1544 - 1553]. Es versagt erst bei Luftdrücken unter 30 Torr. Seine Entwicklung begann 1932 [1554] mit dem Versuch, mit einem winzigen repetierten Fünkchen das Geschwindigkeitsprofil eines Windschattens sichtbar zu machen. Heute werden bis zu 50cm lange Funken verwendet. In [1560] wurde vorgeschlagen, zur Markierung einer Zeitlinie mit Bleizinnoxyd ein · Tröpfchen flüssigen Lötzinns durch die Luftströmung zu schießen. Auch die Markierung durch kurzzeitige Bestrahlung phosphoreszierender Tracerpartikel mit dem dünnen Bündel eines UV-Lasers kommt in Betracht [1561]. Mit empfindlicher Visualisierungsoptik können Dichtemarkierungen mit Hilfe eines Hitzdrahtes [1555] oder eines Lasers [1556-1559] gut sichtbar werden.

2.3.4 Spuren an Oberflächen

2.3.4.1 Bewegungsspuren

Man kann auf vielerlei Weisen bewirken, daß die Strömung Spuren auf der
Oberfläche eines Modells hinterläßt. Dabei ist zwischen Bewegungsspuren
und den im nächsten Abschnitt zu besprechenden Wärmespuren zu unterscheiden. Bewegungsspuren informieren über die Richtungen und gegebenenfalls
auch Beträge der Wandschubspannungen, über den Ort des Grenzschichtumschlags oder über den Ort der Strömungsablösung.

Zur Visualisierung der Wandstromlinien kann es genügen, kleine Tupfer
gefärbten Öls oder Glyzerins auf die Modellwand zu setzen [1562 - 1566].
Die Wandschubspannung verformt und verschiebt den Tupfer. Dieser hinterläßt eine farbige und haftende Spur, bis seine Masse verbraucht ist. Die
Spuren auf dem in **Fig.** 2341-1 gezeigten Ellipsoid sind auf solche Weise entstanden, während sich dieser mit dem Anstellwinkel 10° in einer Luftströmung mit der Machzahl 0,74 befand [1562]. Auf der Saugseite und Druck-
seite eines Propellers sehen solche Spuren z.B. wie in **Fig.** 2341-2 aus
[1564]. Haben die Tupfer gleiche Anfangsabmessungen und wird die Strömung
rechtzeitig abgeschaltet, so geben die Spuren nicht nur Auskunft über die
Richtungen der Schubspannungen, sondern mit ihren Längen auch Auskunft
über deren Beträge [1566]. Bleibende Spuren in Richtung der Schubspannungen kann man auch durch chemische Reaktionen von Modellbeschichtungen mit
Dampffäden erhalten, die aus Bohrungen in die Grenzschicht eintreten. So
erzeugt z.B. ein Ammoniakfaden auf einer Quecksilberjodidschicht eine
tiefschwarze Spur [1567]. Unter Umständen werden die Wandstromlinien auch
von strähnigen Strukturen wiedergegeben, die in flüssigen Filmen auf der
Modellwand erscheinen. In Wassergerinnen sind solche Spuren schon seit
langem in Ölfarbanstrichen beobachtet worden [1568]. **Fig.** 2341-3 zeigt ein
Beispiel. Bemerkenswerterweise haben sich im turbulenten Windschatten
der umströmten Platte besonders kräftige Spuren ausgebildet. In Luftströmungen erfüllt ein mit Ruß geschwärzter oder mit Titandioxyd geweißter
Petroleumfilm den gleichen Zweck [1569 - 1571]. Ähnliche Spuren werden
auch in einem Frigilenfilm mit beigemengten Kaolin sichtbar, wenn dieser
vor der Trocknung überströmt wird. [1572,1573]. Lange wurde vermutet, daß
das Pulver irgendwie die Bildung der strähnigen Strukturen auslöse. Solche Strukturen treten aber auch in einem reinen und transparenten Ölfilm
auf vollkommen glatter Oberfläche in Form einer strähnigen Modulation der
Filmdicke auf. Sie werden auf Schatten-, Schlieren- oder Interferenzbildern sichtbar. **Fig.** 2341-4 zeigt mit Schattenbildern, wie die Strähnen
eines 11μm dicken Ölfilm in einer Wasserströmung mit der Geschwindigkeit
3,5m/s entstehen [1574]. Der photographierte Abschnitt begann im Abstand
50mm von der Ogivspitze eines axialumströmten Zylinders mit dem Durchmesser 10mm und war 5mm lang. Ähnliche Strähnen sind auch in kompressiblen
turbulenten Grenzschichten und Mischungsschichten ohne Ölfilm beobachtet

1: Ölspuren auf Modell

2: Ölspuren auf Propeller

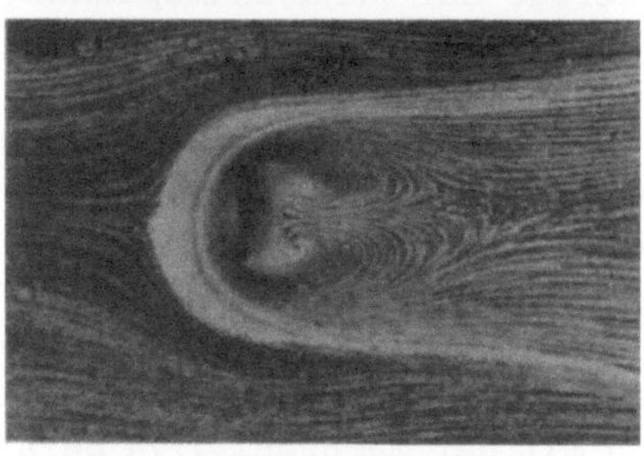

3: Gerinne - Anstrich

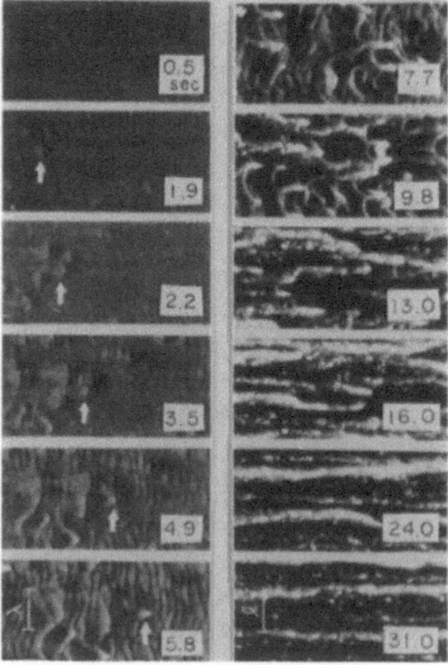

4: Spurbildung im Ölfilm

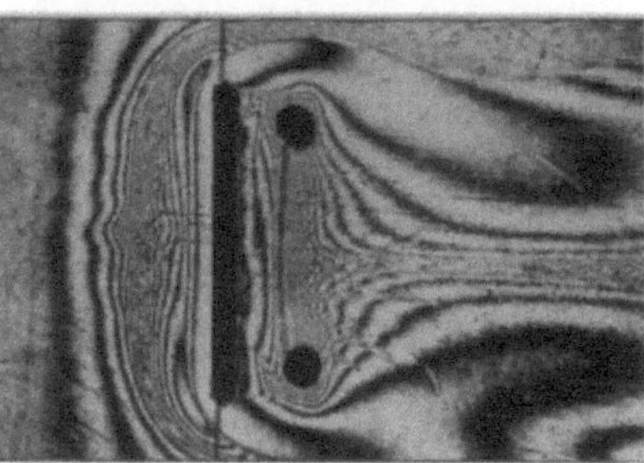

5: Ölfilm - Interferenz

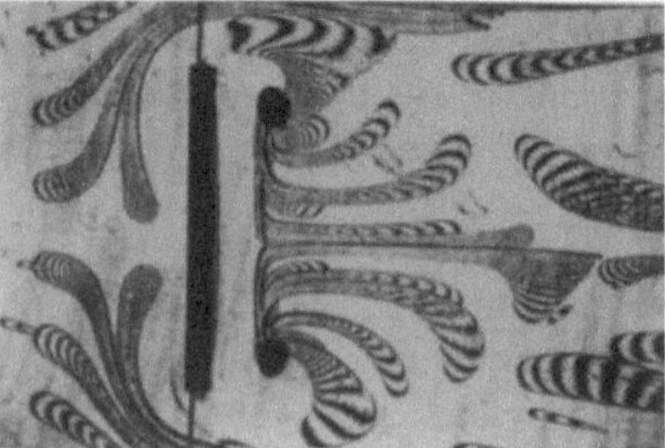

6: Ölspuren - Interferenz

Fig. 2341: Bewegungsspuren

worden [1575,1576]. Im Ölfilm kann es sich also um Wirkungen von Längswirbeln oder Instabilitätswellen der Grenzschicht, um Oberflächenwellen des Ölfilms oder um Wechselwirkungen derselben handeln. Beobachtungen der Rautenschraffur (cross hatching) von fließenden Ölfilmen auf Kegeln in Überschallströmungen sprechen für die Annahme, daß die Instabilität der Luft/Öl-Grenzfläche unter dem Einfluß der Schubspannungen und der Oberflächenspannung maßgebend ist [1577]. Bei der Interpretation von Anstrichbildern ist also Vorsicht geboten. Die Richtungen der Strähnen könnten ganz andere als die der Wandstromlinien sein. Vor der Ausbildung der Strähnen kann die interferenzoptische Vermessung der Dicken eines Ölfilms Auskunft über die Beträge der Schubspannungen geben, die ihn deformieren. Die **Fig. 2341-5 und 6** zeigen Interferenzbilder, die zu diesem Zweck von Ölfilmen auf einer spiegelnden Oberfläche unter einer Luftströmung aufgenommen wurde [1578]. In den **Fig.2341-7 bis 12** sind die Ölanstrich bilder von Pfeilflügeln wiedergegeben [1579,1580]. Die Photomontage eines Ölanstrichbildes und eines Schlierenbildes in **Fig.2341-13** zeigt, wie die Spuren am Heck eines Schubdüsenmodells den Ort des stehenden Verdichtungsstoßes sichtbar machten [1581]. Die in den **Fig. 2341-14 und 15** wiedergegebenen Bilder eines Raumfährenmodells wurden bei der Machzahl 0,8 mit TiO_2 im Ölanstrich aufgenommen [1582].

Der Grenzschichtumschlag wird besser mit Belägen sichtbar gemacht, die den Unterschied der Gastransporte in der laminaren und turbulenten Grenzschicht merken. So wird z.B. ein Stärkejodidbelag von einer Chlorbeigabe zur Luftströmung unter der turbulenten Grenzschicht mehr verfärbt, weil die Turbulenz mehr Chlor als die Diffusion auf den Belag bringt.
Wird das Modell mit einer gesättigten Lösung von Naphthalin in Benzin überzogen, so verdunstet zunächst das Benzin. Danach verdunstet das weiße Naphthalin unter der turbulenten Grenzschicht viel schneller als unter der laminaren. Das in **Fig. 2341-16** wiedergegebene Bild eines Propellers wurde so hergestellt. [1584]. Am beliebtesten ist das Kaolin - oder Chinaclayverfahren [1585-1587], weil der Belag mehrfach verwendet werden kann. Dabei wird eine Suspension von Kaolin in Wasserglas und Wasser oder in Frigilen auf das Modell gesprüht. Nach Trocknung bleiben transparente Mikrokriställchen auf der Oberfläche. Diese sind so winzig und zahlreich, daß sie weiß erscheinen. Eine danach aufgesprühte Flüssigkeit mit gleicher Brechzahl wie Methylsalicytat, Äthylsalicytat oder Isosafrol macht den Belag transparent. Die starke Verdunstung dieser Flüssigkeit unter der turbulenten Grenzschicht macht ihn dort wieder weiß. Der Belag muß unmittelbar nach dem rechtzeitig beendeten Versuch betrachtet werden. Für die bleibende Markierung des Gebietes abgelöster Strömung wurde das folgende Verfahren vorgeschlagen [1588-1590]. Das Modell wird mit Papier beklebt, das mit einer Suspension von Congorotpulver in wasserlöslicher Latexfarbe getränkt ist. Congorot ist ein bei $p_H > 5$ tiefroter und bei $p_H < 3$ blauer p_H-Indikator. Das Papier wird vor dem Versuch mit Salzsäure $HCl+H_2O$ besprüht und wird blau. Während des Versuchs wird am Heck des Modells Ammoniakgas NH_3 in die Luftströmung geblasen. Dieses Gas dringt bis zur

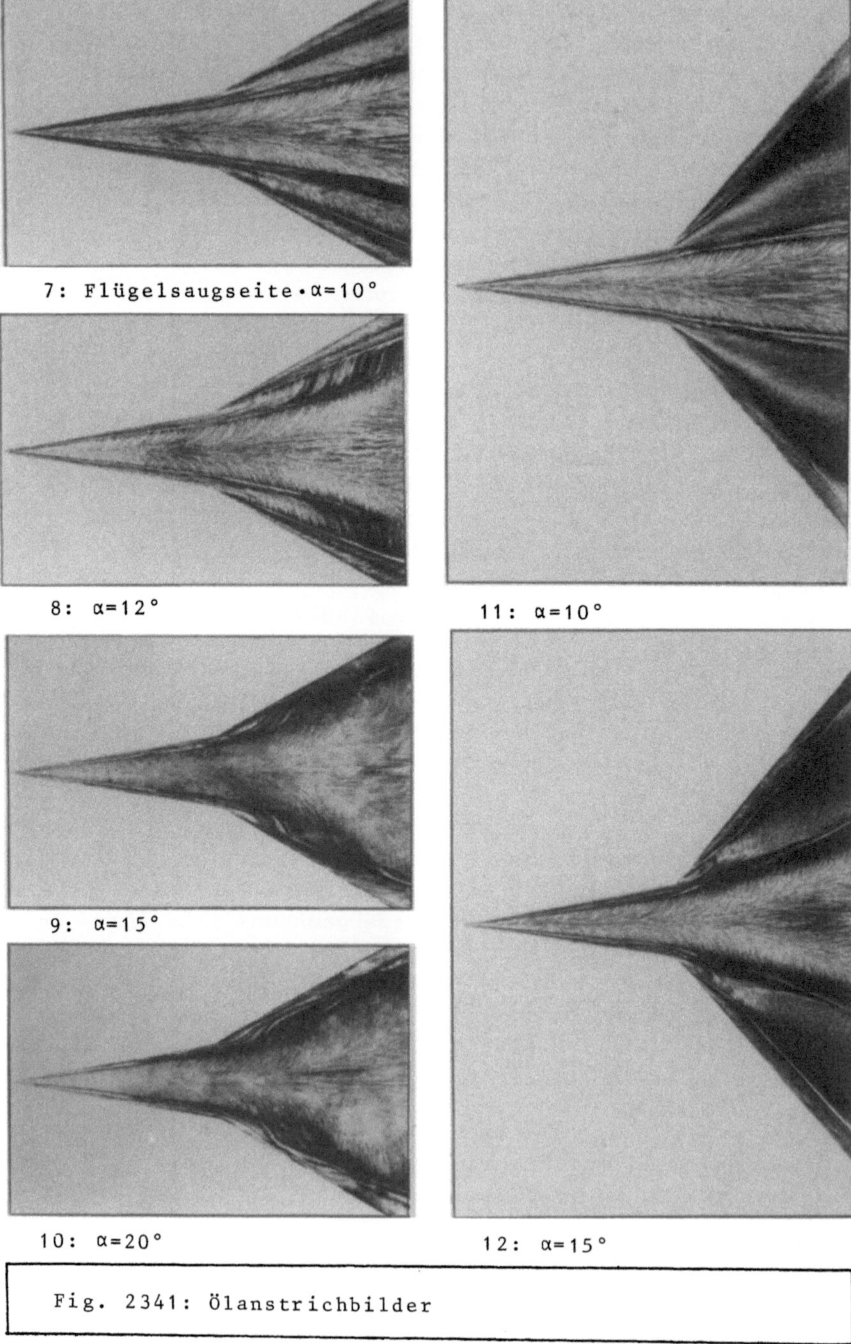

Fig. 2341: Ölanstrichbilder

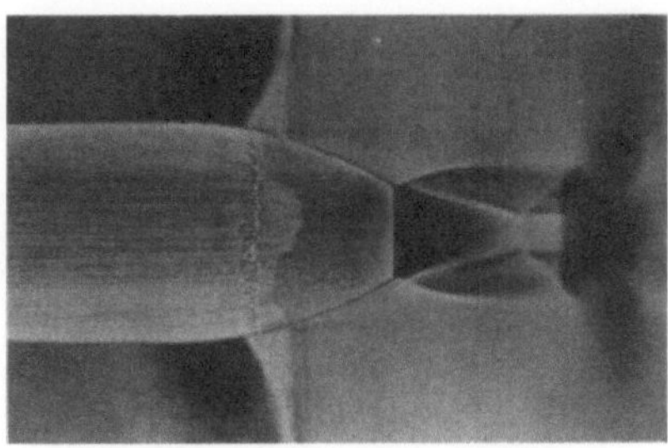

13: Ölanstrich + Schlieren

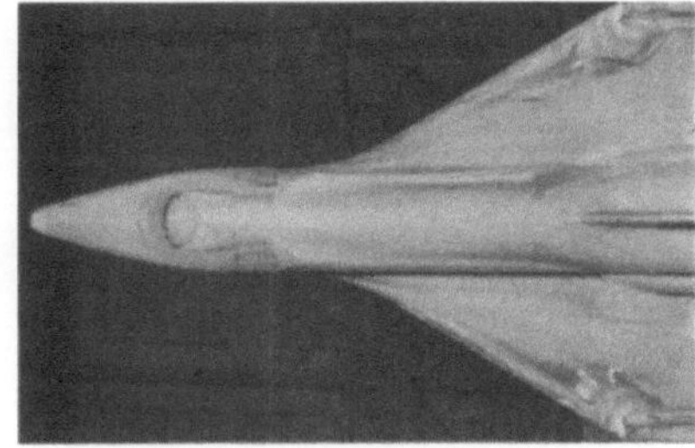

14: Ölanstrich

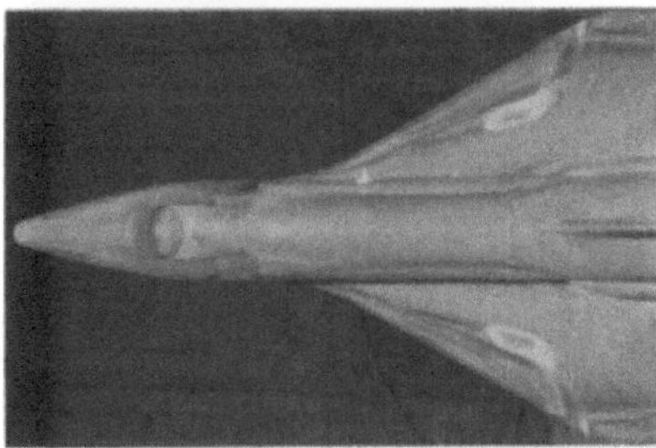

15: Ölanstrich

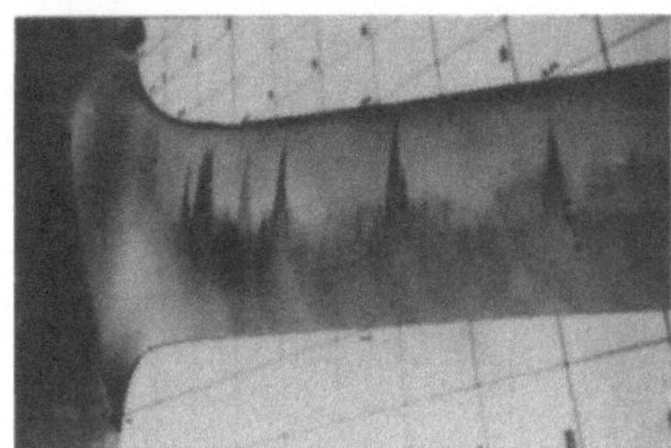

16: Acenaphten

Fig. 2341: Bewegungsspuren

Ablösegrenze und bildet mit dem Wasser auf der Oberfläche des Papiers die Lauge Ammoniumhydroxyd NH_4OH mit etwa p_H=11. Das Papier wird bis zu dieser Grenze rot. Dieses Verfahren vermeidet den Fehler, der bei Flüssigfilmen durch Fließen auftreten kann. Ebenfalls mit Ammoniak in Luft, aber mit einer wäßrigen Lösung von Mangan(II)chlorid $MnCl_2$ mit Wasserstoffsuperoxyd H_2O_2 in einem aufgesprühten und feucht bleibenden Gel arbeitet ein in [1591] beschriebenes Verfahren. Die chemische Reaktion bildet festes und je nach Menge braunes bis schwarzes Mangandioxyd MnO_2. In Flüssigkeiten gibt es verschiedene Möglichkeiten, Wandstromlinien auf elektrochemischem Weg sichtbar zu machen [1592-1594]. Die in **Fig. 2341-17 und 18** gezeigten Spuren auf einer rotierenden Metallscheibe entstanden durch elektrolytische Abscheidungen von Zink aus einer $ZnCl_2$-Lösung [1592].

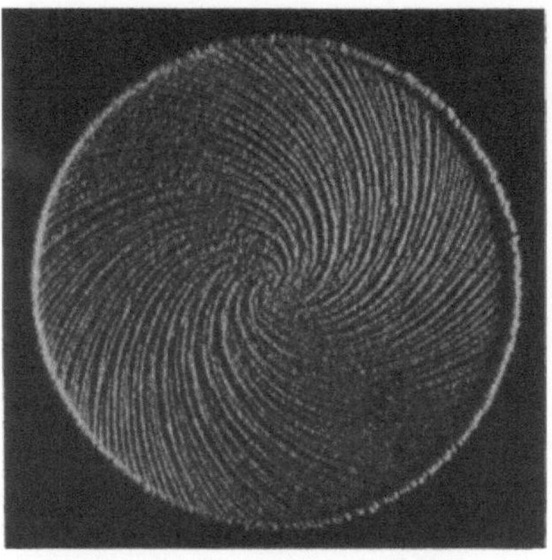
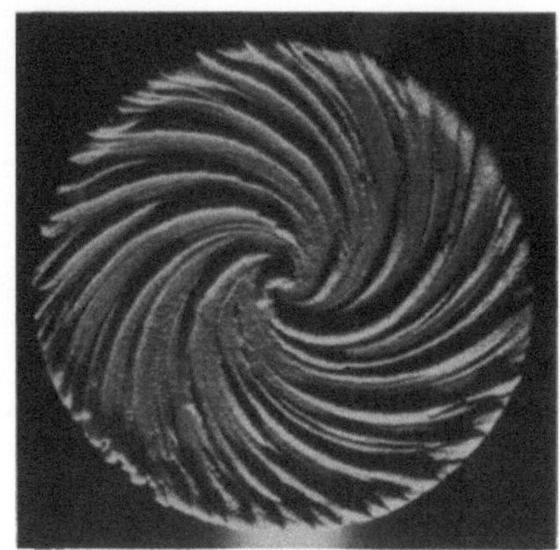

17: Elektrom. Abscheidung   18: aufrotierender Scheibe

Fig. 2341: Bewegungsspuren

2.3.4.2 Wärmespuren

Auch die Wärmeströme in ein Modell geben Auskunft über seine Umströmung. Insbesondere kann man auch durch Messung der Verteilung der Wärmestromdichten den Ort des Grenzschichtumschlags erfahren. Oft ist sogar die Bestimmung des Wärmestromdichten das Ziel der Untersuchung. Der Wärmeübergang gehört z.B. zu den wichtigsten Problemen der Rückkehr von Raumflugkörpern in die Erdatmosphäre. Wärmestromdichten können durch Messungen des zeitlichen Anstiegs entweder der Oberflächentemperatur einer dicken Modellwand oder der mittleren Temperatur einer dünnen Modellwand ermittelt werden. Die betreffenden Lösungen der Wärmeleitungsgleichung wurden in der Literatur über Oberflächenthermometer auf und Kalorimeter in Wänden diskutiert [1595 - 1598]. Bei komplizierten Flugkörpermodellen wird die punktweise Registrierung der Temperaturen als Funktion der Zeit sehr aufwendig. Darum wurde seit Beginn der Hyperschallforschung in den fünfziger Jahren nach Möglichkeiten gesucht die Verteilung der Oberflächentemperatur sichtbar zu machen. Dafür kommen Beschichtungen mit temperaturabhängigen Farben, Phosphoren oder Flüssigkristalle in Frage.

Temperaturabhängige Farben werden als Thermocolore angerührt in der alkoholischen Lösung eines Harzes oder als Thermochrome in Form von Farbstiften angeboten. Ihre Farbe schlägt irreversibel um, sobald die Temperatur einen bestimmten Wert überschreitet. Mit Farbgemischen kann man mehrere

Farbumschläge bei zunehmender Temperatur erhalten. **Fig.** 2342-1 zeigt mit Schwarzweißwiedergaben von Farbbildern, wie mit einem solchen Gemisch die Oberflächentemperaturen einer Silastenkugel zu verschiedenen Zeiten nach dem Start einer Hyperschallströmung sichtbar wurden [1599]. Die eines Raumgleitermodells aus dem gleichen Werkstoff und in der gleichen Anströmung wurden 10 s nach dem Start wie in **Fig.** 2342-2 wiedergegeben [1600]. Solche Farben reagieren ziemlich träge. Es dauert Sekunden bis der Farbumschlag erfolgt [1601].   Auch einige Phosphore wie z.B. Zinksulfid, Zinkkadmiumsulfid und Zinkkadmiumselenid können als Temperaturindikatoren verwendet werden. Bei Bestrahlung mit ultraviolettem Licht ändert sich ihre Leuchtkraft mit der Temperatur.   Die Änderung ist reversibel . Die Ansprechzeit ist kürzer. Die kleinste meßbare Temperaturänderung hängt jedoch stark von der Konstanz der Lichtquelle ab. Außerdem altert der Phosphor im Kontakt mit der Luft. In [1595,1602-1604] wurde über Messungen von Oberflächentemperaturen mit Phosphoren berichtet.

Am zuverlässigsten, empfindlichsten und schnellsten können heute dünne Schichten cholesterischer Flüssigkristalle über die Verteilung der Oberflächentemperatur informieren. Es gibt vielerlei organische Substanzen, bei denen die längliche Form und leichte Polarisierbarkeit der Moleküle dafür sorgt, daß der Übergang aus der festen und vollkommen kristallinen in die flüssige und vollkommen amorphe Phase nicht abrupt, sondern über zwei flüssig kristalline sogenannte mesomorphe Phasen erfolgt. In der smektischen Phase (smega=Schmiere, Seife) ordnen sich die Moleküle mit parallelen Achsen in parallen Ebenen an. Der Übergang in die nematische Phase (nema=Faden) löst die Ordnung teilweise auf. Bei einigen Substanzen verlassen die Moleküle die parallelen Ebenen, behalten aber parallele Achsen. Bei anderen bleiben die Moleküle in parallelen Ebenen, ändern aber ihre Richtung von Ebene zu Ebene mit gleichem Drehsinn um einen bestimmten kleinen Winkel. Diese schraubende Struktur ist insbesondere bei Cholesterinverbindungen beobachtet worden. Die nematische Phase wird in diesem Fall die cholesterische genannt. Auch die flüssigen Kristalle sind doppelbrechend. In der smektischen Phase können sie optisch einachsig oder zweiachsig und positiv oder negativ sein. In der nematischen Pase sind sie einachsig und im allgemeinen positiv, in der cholesterischen aber negativ und optisch aktiv. Die optischen Eigenschaften hängen vom Druck und von der Temperatur ab. Außerdem können sie mit elektrischen oder magnetischen Feldern geändert werden. Für die Verwendung als Temperaturindikator sind aus zwei Gründen Substanzen in der cholesterischen Phase besonders gut geeignet. Der Temperatureinfluß ist hier stärker als in der smektischen Phase. Die **Fig.** 2342-3 zeigt, wie z.B. beim Cholesterindecanoat die Brechzahlen n_{ex} und n_{or} von der Temperatur T abhängen. Außerdem hat die Drehung der Molekülachsen die periodische Wiederholung paralleler Richtungen in parallelen Ebenen mit einem Abstand L zur Folge, der mit zunehmender Temperatur abnimmt. Dies bewirkt ähnlich wie bei den in Abschnitt 1.6.1.4 besprochenen Stapeln dünner Schichten Verstärkungen der spektralen Reflexionsgrade durch Vielwelleninterferenz. Im Idealfall würde

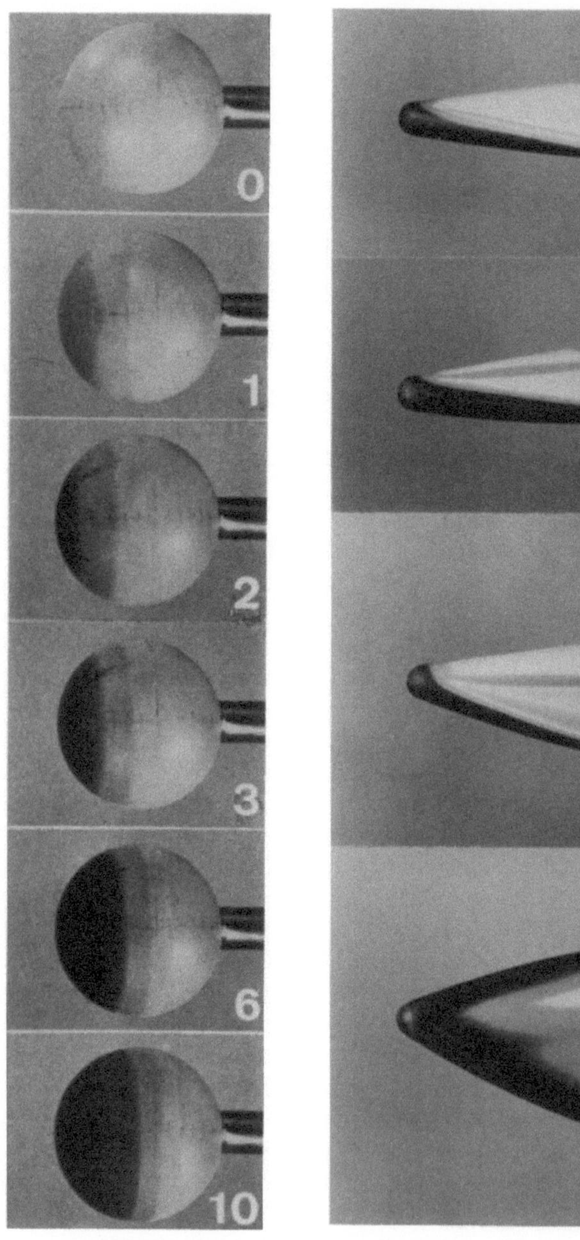

1: Thermochrom   2: auf Sylastenmodell

Fig. 2342: Wärmespuren

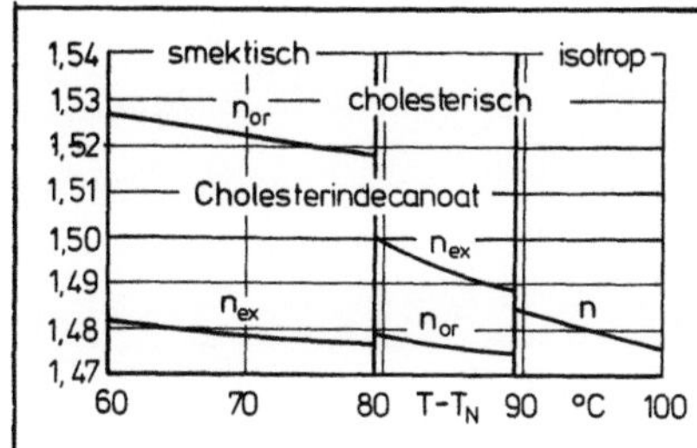

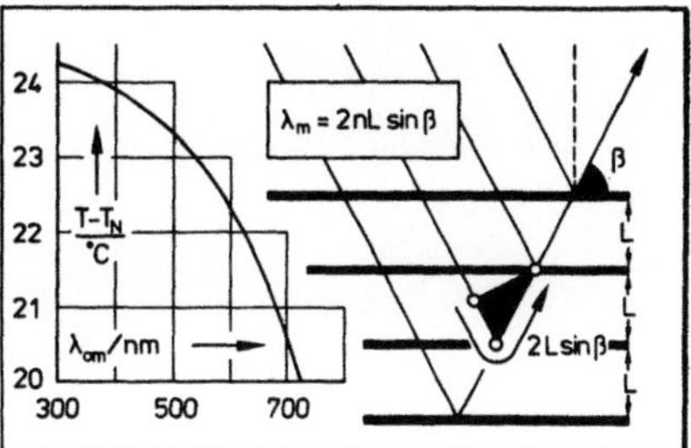

3: Brechzahlen   4: Braggbedingung

Fig. 2342: Wärmespuren

Licht mit dem Einfallswinkel α=90°-β dann am stärksten refektiert, wenn der optische Weg 2nLsinβ auf dem in **Fig. 2342-4** skizzierten geometrischen Weg 2Lsinβ gleich der Wellenlänge λ in der Substanz mit der Brechzahl n ist. λ, L und β müßten die Braggbedingung λ=2nLsinβ erfüllen. In Wirklichkeit ist die Ordnung im Flüssigkristall nicht so streng, und kann wegen der Doppelbrechung nicht mit einer einzigen Brechzahl gerechnet werden [1605-1609]. Die bevorzugt reflektierte Vakuumenwellenlänge λ_{Om} hängt viel schwächer vom Einfallswinkel ab [1609,1610]. Aber λ_{Om} existiert, liegt im sichtbaren Spektralbereich und nimmt wie L ab, wenn die Temperatur T zunimmt. Die **Fig. 2342-4** zeigt ein Beispiel [1611]. Wenn eine cholesterische Schicht mit weißen Licht beleuchtet wird, dann reflektiert sie je nach ihrer Temperatur rot, grün oder blau. Die T-Abhängigkeit kann so stark sein, daß schon die Temperaturzunahme um 0,5°C die Änderung der Farbe von rot bis blau bewirkt. Lage und Weite des Temperaturbereichs der cholesterischen Phase lassen sich durch Mischung verschiedener Substanzen variieren. Bei Mischungen von Cholesterincaprylat und Cholesterinoleat beträgt der Bereich 1°C. Bei Mischungen von Cholesteryl-Oreilcarbonat, Cholesterylchlorid und Cholesterylnonanoat beträgt er etwa 5°C und läßt sich von -20°C bis +250°C verlagern. Der Flüssigkristall wird verdünnt mit einem Lösungsmittel auf das geschwärzte Modell gespritzt und nach Verdunstung des Lösungsmittels mit einem schützenden Lack überzogen. Unvollständige Verdunstung kann schnelle Alterung und eine irreversible Druckabhängigkeit in Niederdruckströmungen zur Folge haben. Außerdem hängen die spektralen Reflexionsvermögen von der Schichtdicke ab. Darum reicht ein Vergleich mit den Farben auf einem anderem Modell bei bekannten Wärmestromdichten nur für eine qualitative Beurteilung aus. Quantitative Aussagen erfordern eine Eichung. In [1610] wurde nachgewiesen, daß dann einige Übereinstimmung mit den Ergebnissen von Thermoelementmessungen erzielt werden kann. Die Farbskala ist klarer als bei den Thermocoloren. Schwarzweißreproduktionen von Farbdiapositiven wie in **Fig. 2342-5** [1612] oder **Fig. 2342-6 und 7** [1613] vermitteln keinen angemessenen Eindruck der Farbübergänge. Bei unmittelbarer Beobachtung der empfindlichsten Schichten kann man schon die Temperaturdifferenz $\Delta T=10^{-3}$°C erkennen. Bilder wie

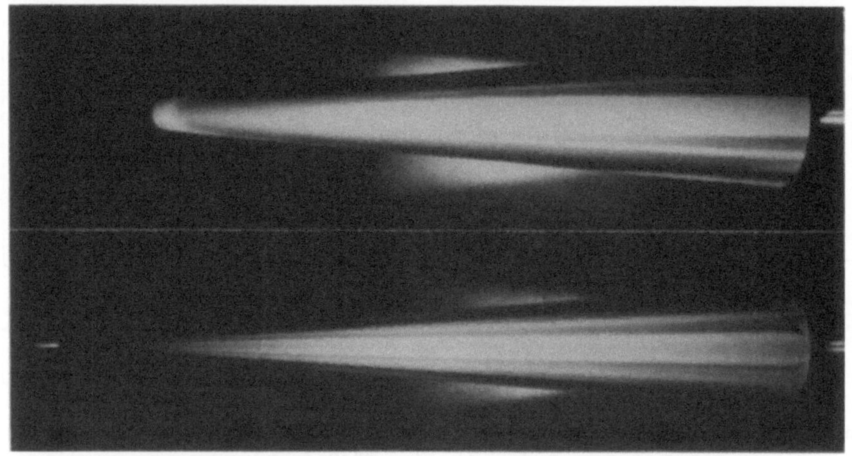

5: Flüssigkristall auf schwarz verchromter Nickelhaut

6: Fk. auf Plexiglas

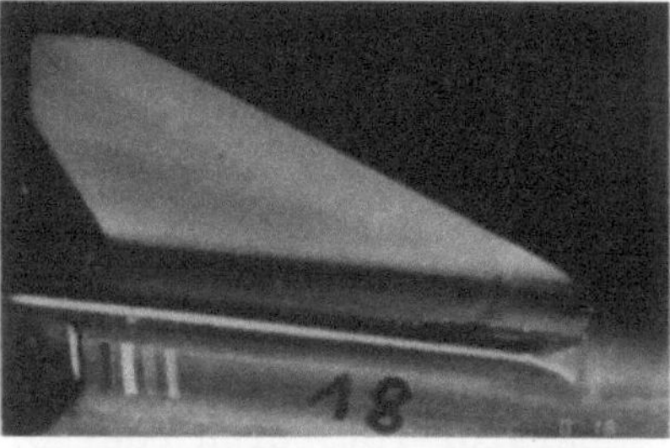

7: nach 0,35s Blaszeit

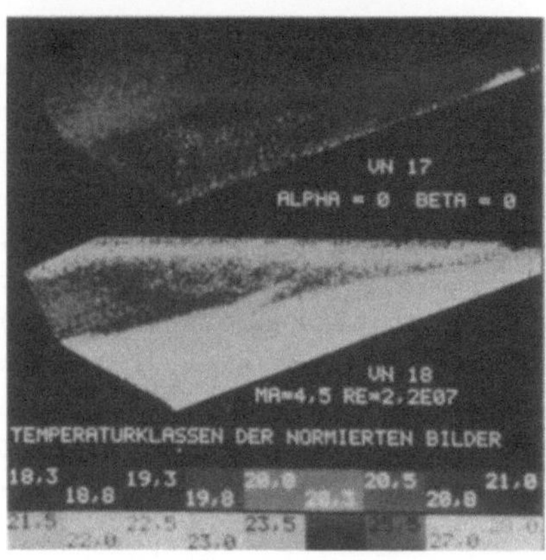

8: T-Bild

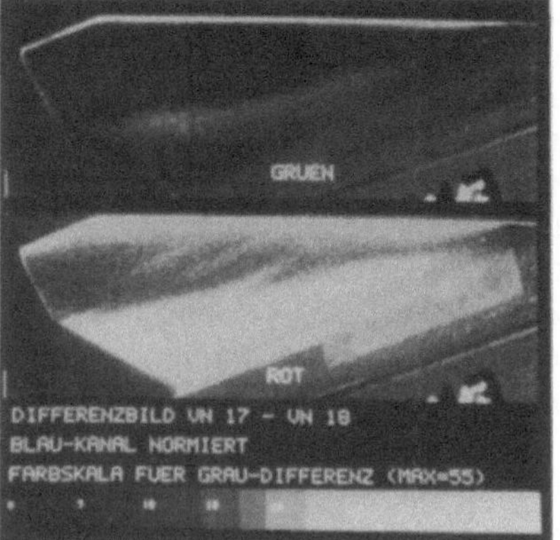

9: ΔT-Bild

Fig. 2342: Wärmespuren

die in **Fig. 2342-6 und 7** informierten über die Oberflächentemperaturen einer Geschoßleitfläche in einem 0,35s blasenden Rohrwindkanal. Die Auswertung von 18 Farbstufen ergab unter anderem Temperaturbilder wie in **Fig.2342-8** oder Temperaturdifferenzbilder wie in **Fig.2342-9** [1613,1614]. 1973 wurde über die An Bord-Verwendung des Verfahrens bei den Apolloflügen 14 und 17 vorgetragen [1615]. In Strömungen mit niedriger Stautemperatur kann an Stelle der aerodynamischen Aufheizung auch die Abkühlung nach lokaler Aufheizung mit einem Laser beobachtet werden [1616].

Grundsätzlich besteht auch die Möglichkeit, die Verteilung der Oberflächentemperatur mit Hilfe der Infrarotphotographie zu bestimmen [1595,1617-1622]. Unter Umständen können ·auch Formänderungen eines abschmelzenden oder abbrennenden Modells über die Strömung informieren. Die Formänderungen können jedoch ihrerseits so starke Änderungen der Strömung zur Folge haben, daß die Auswertung selbst dann überaus kompliziert wird, wenn entweder mit kurzer Wärmeeindringtiefe oder mit sofortigem Temperaturausgleich im Modell gerechnet werden kann. Die **Fig. 2342-10** zeigt, wie Modelle aus Eis in einer Wasserströmung abgetragen wurden [1623]. Abtragungen in Gasströmungen wurden vor allem zur Aufklärung der Ablation von Raumflugkörpern bei der Rückkehr in die Erdatmosphäre oder beim Eintritt in die Atmosphären anderer Planeten untersucht [1624]. Bisher war dabei jedoch die Kenntnis der Modellumströmung nicht das Ziel, sondern die Voraussetzung der Experimente.

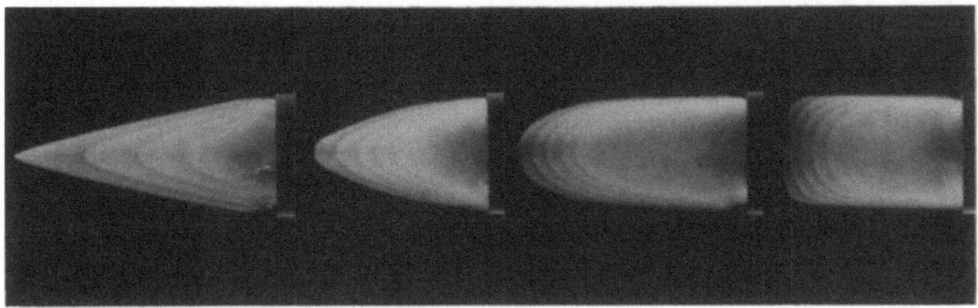

10: Eis schmilzt in Wasserströmung   t=0-20-40-60-80s

Fig. 2342: Wärmespuren

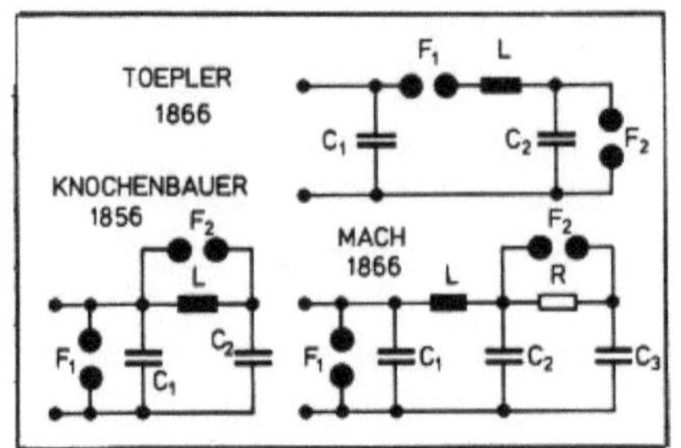

1:   Funkenschaltungen

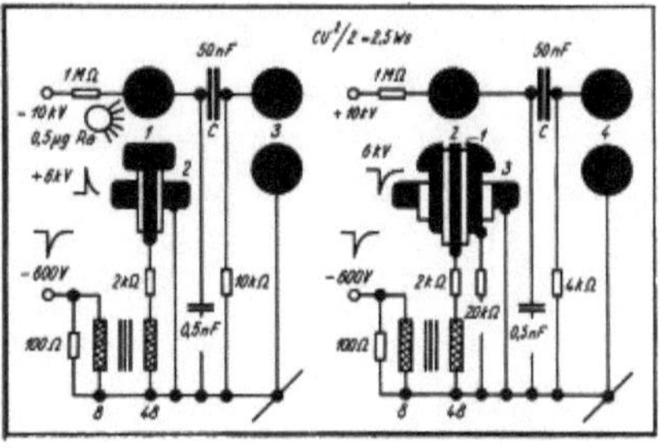

2:   Funkenschaltungen.

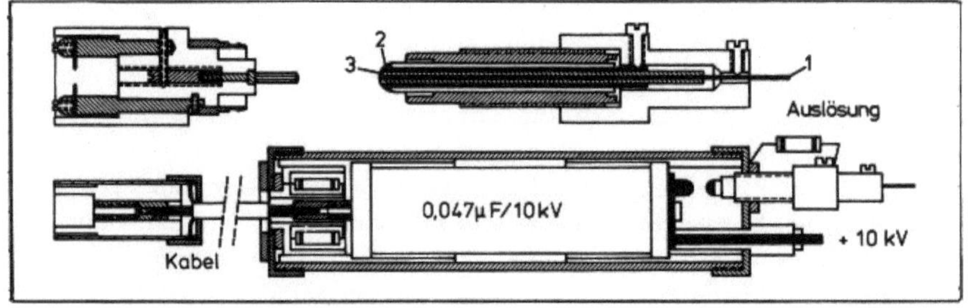

3:   Abschirmung des Kondensators und der Zündfunkenstrecke

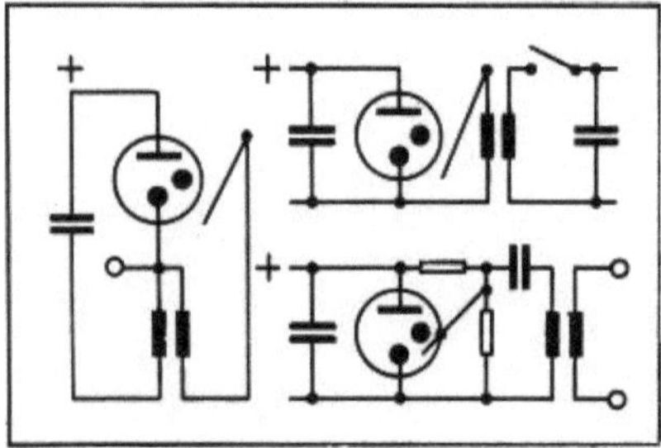

4:   Flashlampenschaltungen

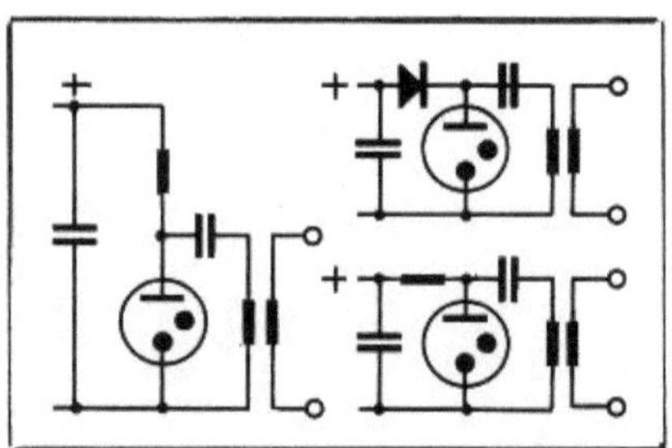

5:   Flashlampenschaltungen

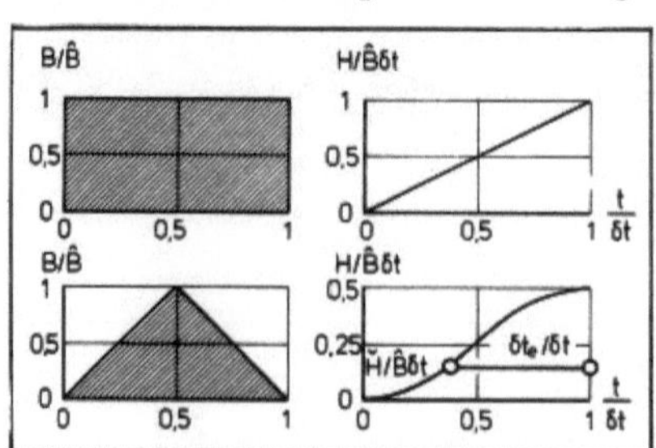

6:   Belichtungen

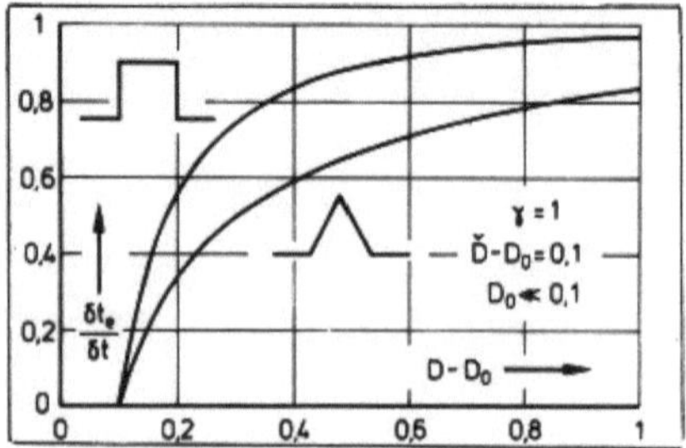

7:   Effektive Bel.zeiten

Fig. 2411:   Blitzbelichtung

2.4 Aufnahmetechnik

2.4.1 Kurzzeitphotographie

2.4.1.1 Blitzbelichtung

Die Visualisierung instationärer Gasströmungen, mit Durchlicht erfordert
eine möglichst kleine Blitzlichtquelle mit möglichst hoher Leuchtdichte
während möglichst kurzer Leuchtdauer. Oft kommt es außerdem auf möglichst
präzise Auslösung an. Monochromasie wird bei einigen Verfahren garnicht
und bei anderen nur gerade soviel verlangt, wie mit einem billigen Farbglasfilter erzielt werden kann. Von den in Abschnitt 1.3.1.4 besprochenen
Blitzlichtquellen kommen in solchen Fällen praktisch nur die Funken in
Frage. Die Photographie mit Funkenlicht begann 1851 in London mit einen
Bild der Times auf einer rotierenden Scheibe, das W.H.F. Talbot auf einer
Albuminplatte aufnahm. Es erregte damals Aufsehen, daß die Times lesbar
wurde. Zur Verwendung im Strömungslabor mußte zunächst eine Auslöseschal-
tung entwickelt werden. 1958 führte Knochenbauer mit der in **Fig. 2411-1**
links gezeigten Schaltung vor, daß das Überschwingen der Spannung in einen Schwingkreis den Funken zündet. Bei Entladung des Kondensators C_1
über die Funkenstrecke F_1 beginnt die Entladung des Kondensators C_2 über
die Funkenstrecke F_2. Ab 1866 hat daraufhin A. Toepler mit der rechts oben
gezeigten Schaltung zwei mit vorgegebenem Zeitabstand aufeinanderfolgende Funken gezündet. 1884 hat E. Mach diese Schaltung in der rechts unten
skizzierten Weise modifiziert. Seine damit aufgenommenen ersten Bilder
der Kopfwellen fliegender Geschosse [1627] machten das Verfahren
bekannt. Etwa sechs Jahrzehnte lang wurden daraufhin Strömungen mit dem
Licht von Luftfunken in der Machschen Schaltung photographiert. Auf Leydener Flaschen wurden bis zu 1 Joule Energie gespeichert. Es stellte sich
heraus, daß damit Belichtungszeiten unter 1µs erzielt und Bilder mit dem
Format 130mm x 180mm geschwärzt werden konnten. Das war mehr als genug.
Unangenehm waren nur die großen Abmessungen der Apparatur. 1929 unternahm
dann C. Cranz mit dem Ersatz der Leydener Flaschen durch Wickelkondensa-
toren einen ersten Versuch, die Abmessungen drastisch zu reduzieren. Ab
1946 führte schließlich der Übergang von der LC-Schaltung zur RC-Schaltung
und die Entwicklung immer kleinerer Hochspannungskondensatoren zu immer
kleineren und tragbaren Apparaturen.

Heute werden Funkenschaltungen wie die in **Fig. 2411-2** verwendet [1628-
1633]. In beiden Schaltungen ist die Beleuchtungsfunkenstrecke F_2 zunächst
spannungsfrei. Die rechte an F_2 liegende Seite des Kondensators C ist über
den Widerstand R=10kΩ geerdet. Die linke Seite wird über einen hohen Vorwiderstand R=1MΩ an die Spannung U=-10kV bzw. +10kV gelegt. Diese Spannung
liegt etwa 30% über der Durchschlagspannung der Beleuchtungsfunkenstrek-
ke F_2. Es kommt dann darauf an, die linke Seite von C so schnell zu erden,

daß die Spannung -U auf der rechten Seite d.h. an F_2 erscheint. Die Erdung erfolgt mit Funken in der Schaltfunkenstrecke F_1. Ihre Zündung mit einem kurzzeitigen Zündimpuls kann nur dann zuverlässig gelingen, wenn sich in ihr zur Zeit des Impulsscheitels freie Elektronen befinden. Die von der Höhenstrahlung und der natürlichen Radioaktivität freigesetzten Elektronen erscheinen dort zu selten. Die links gezeigte Schaltung ist auf die Erzeugung der freien Elektronen mit etwa 0.5µg Radium in der Nähe von F_1 angewiesen. Dann genügt eine Dreielektrodenfunkenstrecke F_1, deren Mittelelektrode an der Sekundärwicklung eines Stoßtrafos liegt. Bei einem -600 V-Impuls an der Primärwicklung erscheint ein +6000 V-Impuls an der Sekundärwicklung. So liegen plötzlich 16 kV an der Teilstrecke 1. Der damit gezündete Funken in dieser Teilstrecke legt 10kV an die Teilstrecke 2. Der damit gezündete Funken in der Teilstrecke 2 vollendet die Erdung der linken Seite von C. Auf der rechten Seite erscheint die Spannung -U und zündet den C entladenden Beleuchtungsfunken in F_2. Es ist nicht ganz unmöglich, daß vom Radiumpräparat abplatzender Staub bei unvorsichtiger Handhabung inkorporiert wird. Darum wurde die Vierelektrodenfunkenstrecke F_1 in der rechts gezeigten Schaltung entwickelt. Hier werden die freien Elektronen mit einen Fünkchen erzeugt, das vom 6000 V-Impuls mit hoher Überspannung in der sehr kurzen Zündstrecke 1 gezündet wird. Erst danach erscheinen die 16kV an der Strecke 2 und schließlich die 10kV an der Strecke 3. Mit beiden Schaltungen kann die Auslöseverzögerung etwa 0.2µs betragen, wenn der Auslöseimpuls hinreichend steil und das Kabel zwischen C und F_2 hinreichend kurz ist. Je kompakter der Aufbau der Schaltung, umso geringer ist die Gefahr, daß störende hochfrequente Schwingungen infolge von Induktivitäten und Kapazitäten der Verbindungen auftreten. Umso schwieriger wird es aber auch, Fehlzündungen infolge von Kriechströmen und Koronaentladungen zu vermeiden. Muß mit einem langen Koaxialkabel zwischen F_2 und der übrigen Schaltung gearbeitet werden, so ist es ratsam, den Kupferdraht durch einen Eisendraht zu ersetzen, dessen Widerstand Schwingungen dämpft. Durch F_2 fließen sehr hohe Ströme. So muß z.B. zur Speicherung der Energie $CU^2/2=2.5J$ die Kapazität des Kondensators C=50nF betragen. Die Ladung Q=CU=500µCb fließt in typisch δt=500ms durch F_2. Der mittlere Strom beträgt dann I=Q/δt=1000A. Die Stromspitze ist 5 bis 10mal höher. Darum ist nicht nur Abschirmung, sondern auch sorgfältige Erdung wichtig, wenn im gleichen Labor mit empfindlichen elektronischen Geräten gearbeitet wird. Die gemeinsame Unterbringung des Kondensators und der Auslösefunkenstrecke in einem abschirmenden Metallrohr wie in **Fig. 2411-3** hat sich bewährt [1633]. Mit solchen Schaltungen werden Belichtungszeiten bis herab zu etwa 200ns und Auslöseverzögerungen bis herab zu etwa 100ns erzielt. In Abschnitt 1.3.1.4 wurde bereits besprochen, wie die Belichtungszeit mit besonderen Kondensatoren bis herab zu etwa 10ms gesenkt werden kann. Allerdings gelingt dies nur auf Kosten der gespeicherten Energie. Die untere Grenze der Belichtungszeiten δt liegt bei:

$$\delta t / \frac{CU^2}{2} = 10^{-7} \text{ s/J} \tag{1}$$

Für Belichtungen mit $\delta t < 100ns$ sind die in Abschnitt 1.3.2.3 besprochen Riesenimpulse von Impulslasern besser geeignet. Die mit einem solchen Riesenimpuls während einiger Nanosekunden in einen winzigen Raumwinkel abgestrahlte Energie ist etwa so groß wie jene, welche von einem kurzen Luftfunken während der hundertfachen Zeit in den vollen Raumwinkel geht. Das Laserlicht kommt nach Fokussierung, Aufweitung und Wiederfokussierung praktisch vollständig auf den Film. Vom Funkenlicht wird nur der in einer gewissen und meist kleinen Raumwinkel gehende Teil genutzt. Die Belichtung mit dem Riesenimpuls ist unumgänglich, wenn eine instationäre Strömung mit Hologrammen, Specklewegbildern oder Dopplerbildern untersucht werden soll. Nur bei ihm ist die Kohärenzlänge hinreichend lang und zugleich die während hinreichend kurzer Belichtungszeit abgestrahlte Lichtenergie hinreichend groß. Wenn es nicht auf die Blitzenergie, sondern nur auf hohe Scheitelleistung bei möglichst kurzer Blitzdauer ankommt, dann kommen noch vielerlei andere Laserblitze in Betracht [1634]. Der Rekord liegt bei $\delta t = 3 \cdot 10^{-14}s$. Impulslaser können auch zur extrem genauen Auslösung von Funken verwendet werden [1635,1636].

Bei den meisten in Kapitel 2.3 besprochenen Visualisierungen mit Streulicht entfällt die Forderung möglichst kleiner Lichtquelle mit möglichst großer Leuchtdichte. Auch große Kohärenzlänge wird hier nicht verlangt. Sind außerdem die Anforderungen hinsichtlich der Kürze der Belichtungszeit und Präzision der Auslösung nicht besonders hoch, so kommen als Blitzlichtquellen auch die in Abschnitt 1.3.1.4 besprochenen großflächigen Vakublitzlampen, Flashlampen und getasteten Bogenlampen in Frage. Sie haben den Vorteil, daß die pro Blitz freigesetzte Lichtenergie durch Vergrößerung der Leuchtfläche und der bereitgestellten elektrischen Energie mehr als im Strömungslabor nötig gesteigert werden kann. Die Zündung kann bei einigen Flashlampen mit einer äußeren oder inneren Zündelektrode wie in **Fig. 2411-4** und bei anderen ohne Zündelektrode wie in **Fig. 2411-5** erfolgen [1637,1638]. Bei Untersuchungen von Flammen, Triebwerkstrahlen oder Detonationsschwaden kann die Beleuchtung mit dem monochromatischen Riesenimpuls eines Lasers günstiger sein, weil sein Licht leichter vom Eigenlicht des Gases getrennt wird.

Bei der Abschätzung der zu erwartenden Schwärzung ist zu beachten, daß nur bei Belichtungszeiten über etwa 10ms mit der vom Herstellen angegebenen Schwärzungskurve gerechnet werden kann. Schon bei üblichen Funkenbelichtungszeiten zwischen $0,2\mu s$ und $1\mu s$ werden die Schwärzungen bei gegebenen Belichtungen infolge des in Abschnitt 1.4.1.2 erwähnten Kurzzeiteffekts viel kleiner. Dieses Reziprozitätsversagen bei hohen Bestrahlungsstärken in kurzen Zeiten verflacht die Schwärzungskurve und verschiebt sie nach höheren Belichtungen [1639-1648]. Glücklicherweise bleibt die Verschiebung bei Belichtungszeiten unter $10~\mu s$ praktisch konstant. Die Verflachung läßt sich zum Teil durch forcierte Entwicklung beheben, wobei dann allerdings der Filmschleier zu, und das Strichauflösungsvermögen abnimmt. Der Kurzzeiteffekt hängt nicht nur von der Chemie des Films, sondern auch von seinem Alter und vom Lichtspektrum ab. Bei Rotbelichtung panchromatischen und höchstempfindlichen Films ist er stärker als bei Blaubelichtung orthochromatischen und unempfindlichen Films. Bei Funkenbelichtung kommt es von, daß ein Film mit der höheren DIN-Zahl weniger als einer mit der kleineren geschwärzt wird. Außerdem verträgt der Film mit der kleineren DIN-Zahl eine kräftigere Entwicklung. Bei Farbfilmen kommt hinzu, daß sich der Kurzzeiteffekt in den verschiedenen Schichten verschieden auswirken kann. Vom Luftfunkenlicht wird hier der ohnehin überwiegende Blauanteil des Spektrums auch noch bevorzugt wiedergeben. Es bedarf eines Xenonfunkens, um ein farbkorrigiebares Bild aufzunehmen. Die Hersteller der Filme machen keine unmittelbar brauchbaren Angaben über den Kurzzeiteffekt. Darum ist es gängige Praxis, auf die Vorhersage zu verzichten und stattdessen Probebilder auf verschiedenen Filmen aufzunehmen. Bei der Abschätzung von Bewegungsunschärfen ist ferner zu beachten, daß wegen des Filmschleiers zwischen der tatsächlichen und der effektiven Belichtungszeit unterschieden werden muß. Wenn unterbelichtet wird, dann kann Vernachlässigung dieses Unterschieds schon bei Belichtungszeiten über 1ms zu erheblicher Fehleinschätzung führen. Ein gewisser Anteil des auf den Film fallenden Lichtes wird verbraucht, um die Schwärzung D des Films aus dem Schleier D_0 auf jenen Mindestwert $\check{D}$ zu heben, bei welchem das Auge erstmals die Abweichung von D_0 erkennt. Die Definition der DIN-Empfindlichkeit geht von der Annahme aus, daß Anhebung auf $\check{D}-D_0=0,1$ erforderlich ist. Die hierfür aufzuwendende Belichtung $\check{H}$ kann einen erheblichen Bruchteil der Gesamtbelichtung H betragen. Mit der in Abschnitt 1.4.1.2 besprochenen Näherung $D-D_1=\gamma\log(H/H_1)$ ergibt sich bei Anwendung ab D_0 das folgende Verhältnis der verlorenen zur gesamten Belichtung:

$$\frac{\check{H}-H_0}{H-H_0} = \frac{\exp\left(\dfrac{\check{D}-D_0}{0,434\gamma}\right)-1}{\exp\left(\dfrac{D-D_0}{0,434\gamma}\right)-1} \tag{2}$$

Im Falle $\check{D}-D_0=0,1$ und $D-D_0=0,5$ ergibt sich zwar nur $(\check{H}-H_0)/(H-H_0)=12,0\%$ bei $\gamma=1$ und $6,9\%$ bei $\gamma=2$. Im Falle $\check{D}-D_0=0,1$ und $D-D_0=0,2$ werden aber $(\check{H}-H_0)/(H-H_0)=44,3\%$ für das Anheben von D_0 auf $\check{D}$ verbraucht. Die effektive für Schwärzungen zur Verfügung stehende Belichtungszeit δt_e kann also insbesondere bei schwacher Belichtung merklich kürzer als die mit einem photoelektrischen Belichtungsmesser gemessene Belichtungszeit δt sein. Das Verhältnis $\delta t_e/\delta t$ hängt vom Verlauf B(t) der Bestrahlungsstärken während δt ab. Bei dem in **Fig. 2411-6** oben skizzierten Rechteckverlauf wächst die Belichtung H proportional zur Zeit t. Damit gilt:

$$\frac{\delta t_e}{\delta t} = 1 - \frac{\check{H}-H_0}{H-H_0} \tag{3}$$

Bei dem unten skizzierten Sägezahnverlauf ist $B/\hat{B}=2t/\delta t$ bei $t\leq\delta t/2$ und $B/\hat{B}=2(1-t/\delta t)$ bei $\delta t/2<t<\delta t$. Integration der B(t) ergibt $\check{H}-H_0=\hat{B}(\delta t-\delta t_e)^2/\delta t$ und $H-H_0=\hat{B}\delta t/2$. Damit kommt:

$$\frac{\delta t_e}{\delta t} = 1 - \sqrt{\frac{\check{H}-H_0}{H-H_0}} \tag{4}$$

Diese Verhältnisse $\delta t_e/\delta t$ sind in **Fig.** 2411-7 für den Fall $D-\check{D}_0=0,1$ und $\gamma=1$ als Funktion von $D-D_0$ aufgetragen. Die wirklichen B(t)-Verläufe sind komplizierter. Nur hinter sehr schnell öffnenden und schließenden Kurzzeitverschlüssen unterscheiden sie sich wenig vom Rechteckverlauf. Beim Funken liegen ungefähr die mit dem Sägezahnverlauf abgeschätzten Verhältnisse vor. Die Auftragung lehrt, daß bei gleichen $H-H_0$ und δt das Licht von Funken während einer kürzeren Zeit δt_e Schwärzungen über $\check{D}$ erzeugt. Das Verhältnis $\delta t_e/\delta t$ wird klein, wenn $H-H_0$ nur für eine wenig über $\check{D}$ liegende Schwärzung ausreicht. Man kann also δt_e bei gegebenen δt durch Verzicht auf Schwärzungsumfang verkürzen. Man beachte, daß bei unterschiedlichen B(t) in einem Bild die Stellen mit den kleineren B(t) überdies auch noch mit kürzeren δt_e belichtet werden. Verkürzung von δt_e verkleinert die Bewegungsunschärfe. Ohne die Verkürzung würde ein mit v bewegter Bildpunkt als Strich mit der Länge v δt wiedergeben. Wegen der Verkürzung beträgt die Länge nur v δt_e. Dabei hängt $\delta t_e/\delta t$ von der Umgebung des Bildpunktes ab. Die Verschmierung eines winzigen hellen Bildflecks in dunkler Umgebung vermindert die Schwärzung und senkt damit $\delta t_e/\delta t$ unter den Wert, der bei v=0 auftreten würde. Bei Verschmierung eines dunklen Bildflecks in heller Umgebung wird andererseits seine Schwärzung und damit das für die Verschmierung maßgebende Verhältnis $\delta t_e/\delta t$ erhöht. In einem Bild können schon bei v=0 und erst recht bei v>0 die unterschiedlichsten $\delta t_e/\delta t$ auftreten. Bewegungsunschärfen werden darum gerne ohne Berücksichtigung der Verkürzung angegeben.

2.4.1.2 Verschlüsse

Handelsübliche Kameras sind entweder mit einem Zentralverschluß oder mit einem Schlitzverschluß ausgerüstet. Mit beiden werden heute Belichtungszeiten bis herab zu 1ms erreicht. Beide arbeiten gleich zuverlässig und lassen sich gleich gut elektrisch auslösen und steuern. Darum geht der Hersteller bei der Wahl nur noch von konstruktiven und kommerziellen Gesichtspunkten aus. Bei manchen meßtechnischen Anwendungen ist der Unterschied der Wirkungsweisen zu beachten [1650, 1651]. Dem Zentralverschluß wird bei Kameras mit unlösbar eingesetztem Objektiv der Vorzug gegeben. In einer Ebene möglichst nahe bei der Aperturblende werden drei bis fünf Lamellen von einer gespannten Feder so um feste Achsen gedreht, daß die ganze Objektöffnung freigegeben und wieder abgedeckt wird. Die zur Einstellung der Belichtungszeit erforderliche Hemmung wurde früher beim Compoundverschluß pneumatisch und beim Compurverschluß von einem Uhrwerk besorgt. In modernen Kameras mit elektronischer Belichtungsautomatik wird elektromagnetisch gehemmt. Bei Kameras mit Wechselobjektiven ist der Schlitzverschluß kurz vor dem Film billiger. Einäugige Spiegelreflexkameras wären ohne ihn garnicht möglich. Zwei Rollvorhänge werden von einer

gespannten Feder bewegt. Vor der Belichtung deckt der eine und nach ihr
der andere den Film vollkommen ab. Die Belichtungszeit wird vom Abstand
zwischen dem Ende des einen und Anfang des anderen Vorhangs bestimmt. Bei
langen Belichtungszeiten ist dieser Abstand größer als die Bildfenster-
breite. Bei kurzen Zeiten wird durch einen schmalen Schlitz streifenweise
nacheinander belichtet. Bewegte Objekte werden so zwar scharf aber ver-
zerrt wiedergegeben. Bei der Blitzbelichtung wird der Verschluß nur zum
Schutz des Films vor Fremdlicht gebraucht. Die Öffnungszeit wird dann so
eingestellt, daß der Verschluß einerseits möglichst wenig Fremdlicht und
andererseits möglichst das gesamte Blitzlicht durchläßt. Zu kurze Öffnungszeit hat beim Zentralverschluß Unterbelichtung des ganzen Bildes und
beim Schlitzverschluß Begrenzung der Belichtung auf einen Teil des Bildes
zur Folge. Existiert ein selbstleuchtendes oder dauernd beleuchtetes Objekt nur während einer Zeit unter 1/25s, so ist der Schlitzverschluß
ungeeignet, weil er nur einen Teil des Bildes belichten würde. Existiert
es nur während einer Zeit unter 1/1000s, so kommt auch der Zentralverschluß nicht mehr in Frage.

Kürzere Belichtungszeiten bei Dauerlicht werden mit elektrooptischen
oder magnetooptischen Verschlüssen erzielt. Sie versperren den Lichtweg
mit Hilfe eines Polarisators und gekreuzten Analysators und geben ihn
dadurch frei, daß sie die Polarisationsrichtung zwischen beiden um 90°
drehen wie in **Fig. 2412-1 bis 3** Ist das Licht vor dem Polarisator vollkommen
unpolarisiert, so geht im Idealfall die Hälfte durch den vollkommen ge-
öffneten Verschluß. Die Drehung um 90° kann wie in Abschnitt 1723
besprochen durch Phasenverschiebung der diagonalen Komponenten des linear polarisierten Lichtes um $\Delta\varphi=\pi$ erfolgen. Als Phasenschieber kommt die
Pockelszelle oder die Kerrzelle in Betracht Der lineare elektrooptische
Effekt der Pockelszelle ist so stark, daß schon eine vergleichsweise mäßige Hochspannung zur vollständigen Öffnung des Verschlusses genügt. Sie
wird jedoch nur mit kleinen Abmessungen angeboten. Der quadratische elektrooptische Effekt der Kerrzelle wird erst bei einer höheren Spannung
stark genug. Sie muß mit einer den Funkenschaltungen verwandten Hochspan-
nungsschaltung betrieben werden. Sie hat aber den Vorteil, daß sie mit
erheblich größeren Abmessungen und leicht selbst hergestellt werden kann.
Die ebenfalls mögliche Drehung der Polarisationsrichtung mit Hilfe der in
Abschnitt 1724 besprochenen Faradayzelle wurde bisher selten angewendet,
weil der hohe für ihren linearen magnetooptischen Effekt erforderliche
Strom nicht so leicht schnell genug geschaltet werden kann. Die in **Fig.
2412-4** skizzierte Schaltung mit zwei Schaltfunkenstrecken hat sich bewährt
[1652]. In [721, 1653-1659] wurde über Pockelsverschlüsse, in [82, 1661-1666]
über Kerrverschlüsse und in [82, 1660-1665] über Faradayverschlüsse berichtet. Käme es nur auf die Trägheit der Effekte an, so könnte die
Öffnungszeit weniger als 1ns betragen. In der Praxis ist es wegen der
Kapazitäten und Induktivitäten der Schaltung schwierig, den Verschluß in
weniger als 100ns zu öffnen und zu schließen. Das gelingt leichter, wenn
ein Bildwandler als Verschluß verwendet wird [1667 - 1670] . Die Dun-
kelsteuerung kann durch Unterdrückung des Elektronenstroms oder seine

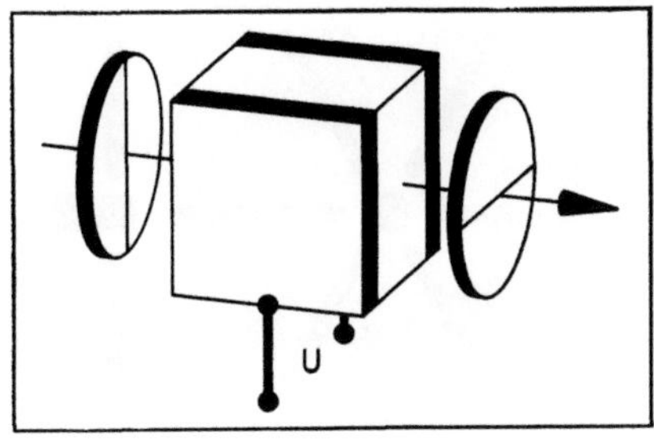

1:   Pockels oder Kerr

2:   Pockels Longitudinal

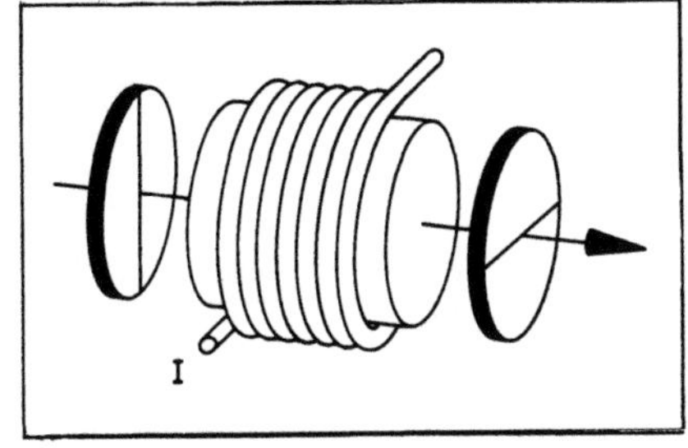

3:   Faradayverschluß

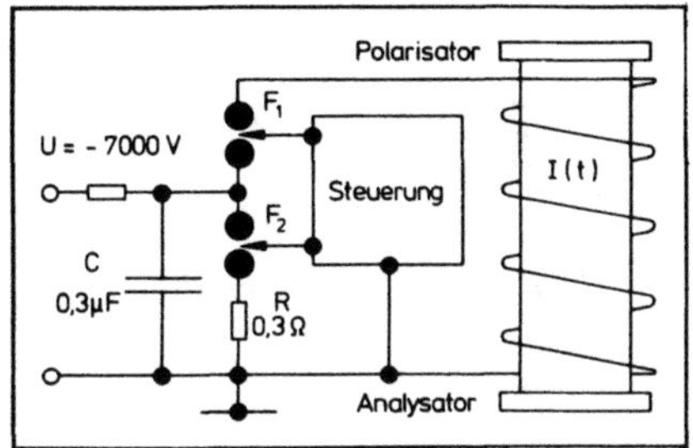

4:   Zwei Schaltfunken

Fig. 2412:   Verschlüsse

Ablenkung auf eine Blende geschehen. Mit herkömmlichen Bildwandlern wurden Bildbelichtungszeiten bis herab zu 100ps erzielt. Allerdings geht hier die Verkürzung der Belichtungszeit auf Kosten des Strichauflösungsvermögens. Bei 5ns sind schon 5 Linien/mm gut. Mit den in den letzten Jahren entwickelten Kurzbildwandlern mit Mikrokanalplatten sind bessere Auflösungen bei Belichtungszeiten bis herab zu 1ps möglich geworden.

Bei Visualisierungen mit Durchlicht ist manchmal lediglich der Lichtweg durch einen Brennpunkt kurzzeitig und einmal oder periodisch zu öffnen. Für solche Zwecke wurden die verschiedensten Brennpunktverschlüsse gebastelt. Darf die Öffnungszeit mehr als 100µs betragen, so leistet hier ein altes Telegraphenrelais gute Dienste. Manchmal kommt es nur darauf an, die offene Kamera möglischst schnell zu schließen. Durch Einblasen von Ruß mit Hilfe von drei detonierenden Zündpillen in dem Raum zwischen zwei Fenstern konnte eine Öffnung mit dem Durchmesser 70mm in 17µs geschlossen werden [1671]. Bei kleineren Öffnungen erfüllen Ruß einblasende Drahtexplosionen oder Funken den gleichen Zweck [1672-1675].

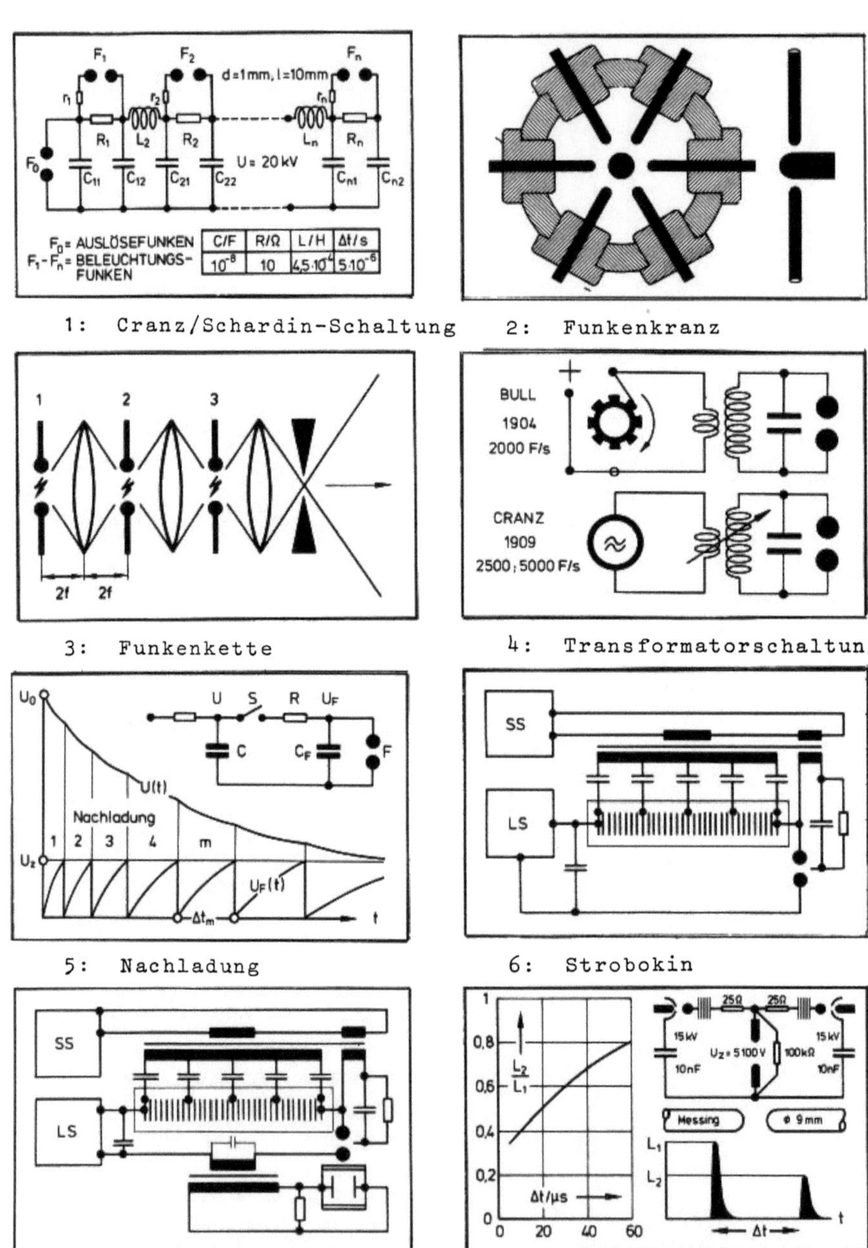

1: Cranz/Schardin-Schaltung 2: Funkenkranz

3: Funkenkette 4: Transformatorschaltung

5: Nachladung 6: Strobokin

7: Strobokerr 8: Δt zu kurz

Fig. 2421: Periodische Belichtung

2.4.2 Kinematographie ohne optischen Ausgleich

2.4.2.1 Periodische Belichtung

Bei Untersuchungen stationärer Strömungen sind Bildserien aufzunehmen.
Es kommt vor, daß man die bei wiederholten Versuchen aufgenommene Ein-
zelbilder zu einer Bildserie aneinanderreihen kann. Meist ist jedoch
die Aufnahme der ganzen Bildserie beim selben Versuch erforderlich
Dazu bedarf es besonderer Schaltungen, die die Belichtung mit Blitzlicht
oder durch einen Schnellverschluß mit gleich kurzen Belichtungszeiten
δt und mit wählbaren Belichtungspausen Δt repetieren.

Bei der Belichtung mit Funken ist zwischen solchen in getrennten Funkenstrecken oder in derselben Funkenstrecke zu unterscheiden. Für die
in getrennten Funkenstrecken wurde in den dreißiger Jahren von C. Cranz
und H. Schardin die in **Fig. 2421-1** skizzierte Schaltung entwickelt
[65,1676-1679]. Sie basiert auf der in Abschnitt 2.4.1.1 erwähnten
Machschen Schaltung, benutzt die Spannungsumkehr in Schwingkreisen,
wurde für 24 Funken ausgelegt und blieb bis 1950 das zuverlässig
schlagende Herz der in Abschnitt 2.4.2.3 besprechenden Funkenzeitlupe.
Das Funkintervall Δt betrug etwa $\Delta t = 2,3 \cdot 10^{-4} s \sqrt{L/\text{Henry}}$ und wurde durch
Auswechseln der Spulen variiert. Bei zu kleinen Induktivitäten L oder
zu großen Kapazitäten C störte das Nachleuchten der Funken. Das kleinste
so erzeugte Intervall betrug etwa $2\mu s$. Heute wird 24 Einzelfunkenschaltungen der in **Fig. 2411-2** gezeigten Art der Vorzug gegeben, weil sie
kompakter aufgebaut, zu einem tragbaren Gerät vereint, bei Bedarf aber
auch getrennt eingesetzt werden können. Für die Erzeugung der Zündim-
pulse mit gleichen oder programmierten Intervallen wurden besondere
Impulsgeneratoren entwickelt [81,1680-1688] Getrennte Funkenstrecken
haben den bei manchen Untersuchungen nicht tolerierbaren Nachteil, daß
die Lichtblitze an verschiedenen Stellen auftreten. Wenige Funkenstrecken kann man wie in **Fig. 2421-2** anordnen. Mit Abbildungen wie in **Fig.**
2421-3 kann man sogar dafür sorgen, daß einige Lichtblitze exakt am
selben Ort erscheinen. Für manche Untersuchungen wird aber eine viel
größere Zahl von Lichtblitzen gebraucht. Die Erzeugung schnell aufeinanderfolgender Funken in derselben Funkenstrecke bereitet gewisse
Schwierigkeiten. Bei den ersten 1903 von Kranzfelder und Schwinning [65]
aufgenommenen Strömungsbildserien wurden dazu mehrere Kondensatoren mit
einem rotierenden Schalter nacheinander an die Funkenstrecke gelegt.
In den darauf folgenden Jahren wurde mit Funkeninduktoren oder mit
Resonanztransformatoren wie in **Fig. 2421-4** experimentiert. 1912 wurde
erkannt [1689], daß man in den in **Fig. 2411-1** gezeigten Schaltungen lediglich C_1 viel größer als C_2 machen muß, um in F_2 periodisch aufeinanderfolgende Funken mit Pausen bis herab zu $\Delta t = 20\mu s$ zu erzeugen. Damit
war das Prinzip des Nachladens gefunden. Wird der Funkenkondensator mit
der Kapazität C_F über einen Widerstand R aus einem Vorratskondensator

mit der Kapazität C nachgeladen, so nimmt U an C wie in **Fig. 2421-5** ab, während U_F an C_F zunimmt. Die Zeitkonstante τ des Vorganges hängt von C, C_F und R ab:

$$\tau = R\,\frac{C\,C_F}{C+C_F} \tag{1}$$

Bei einer Anfangsspannung U_0 an C gilt für die m-te Nachladung [1690]:

$$\frac{U_F}{U_0} = \frac{1-(m-1)\,(C_F/C)\,(U_Z/U_0)}{1 + C_F/C}\,(1 - e^{-t/\tau}) \tag{2}$$

Damit wird die zur Wiederzündung erforderliche Spannung $U_F = U_Z$ zu der folgenden Zeit Δt_m nach dem m-ten Funken erreicht:

$$\frac{\Delta t_m}{\tau} = \ln\frac{U_0/U_Z-(m-1)C_F/C}{U_0/U_Z-1-mC_F/C} \tag{3}$$

Auf diese Weise kann man höchstens

$$m(max) = 1 + \frac{C}{C_F}\,(\frac{U_0}{U_Z} - 1) \tag{4}$$

Funken speisen. Das Verfahren hat zwei Mängel. Die Funken springen ohne Überspannung, und Δt_m wird immer länger. Heute werden Schaltungen mit Löschfunkenstrecken wie in **Fig. 2421-6** verwendet. Die Löschfunkenstrecke besteht aus einem Stapel von ebenen und isolierten Metallscheiben mit sehr kleinen Abständen. Bei z.B. 0,1mm Abstand genügen schon 800V Spannung zwischen zwei benachbarten Scheiben, um den Durchschlag zu zünden. Mit Zündimpulsen eines Impulstransformators wird schon nach etwa 10ns die gut leitende Verbindung zwischen dem Kondensator und der Beleuchtungsfunkenstrecke hergestellt. Die Gasentladungen zwischen den Scheiben verhungern , sobald der Entladestrom z.B. 500A unterschreitet. Die Entladung des Kondensators wird dann abrupt unterbrochen. Mit Wasserstoff zwischen Kupferscheiben dauert die Wiederherstellung des Anfangszustandes etwa 10µs. Mit diesem Schaltelement ist es möglich, eine begrenzte Anzahl von Funken bei wenig abnehmender Spannung aus einem nicht nachgeladenen Kondensator zu speisen. Wird nachgeladen, so ist der Anzahl der Funken lediglich durch die Erosion der Elektroden der Beleuchtungsfunkenstrecke eine Grenze gesetzt. Die Ladeschaltung LS, Steuerschaltung SS, Löschfunkenstrecke und Funkenblitzlampe eines handelsüblichen Gerätes werden für maximal 50000 Funken mit der Energie 1J oder 5000 Funken mit der Energie 10J in der Gesamtzeit 1s angeboten [1691]. Die Funkendauer kann 1µs betragen. Mit Hilfe eines zugeschalteten Hochspannungstransformators wie in **Fig. 2421-7** kann für die Dauer jedes Funkens ein Kerrverschluß geöffnet werden. Damit kann man erforderlichenfalls das Tageslicht und das Eigenleuchten des zu unterscheidenden Objektes unterdrücken . Noch höhere Funkenfrequenzen als die damit möglichen $5 \cdot 10^4$ Funken/s sind weniger wegen der Speiseschaltung als wegen der Restleitfähigkeit der Beleuchtungsfunkenstrecke nur schwer zu erzielen. Ohne besondere Maßnahmen klingt die Ionendichte zwischen den Elektroden viel langsamer ab als die Leuchtdichte ab. Wird die Spannung für den nächsten Funken zu früh ange-

legt, so liefert dieser weniger Licht. Bei den üblichen 2 Joule-Luft-
funken macht sich dieser Effekt schon bei Funkenfrequenzen über $2 \cdot 10^4$
Funken/s bemerkbar. Bei Versuchen mit zwei aufeinanderfolgenden Luftfunken zwischen Halbkugeln wurden z.B. die in **Fig. 2421-8** über den
Funkenintervallen Δt aufgetragenen Verhältnisse L_2/L_1 der Scheitelwerte
der Leuchtdichten gemessen [1692]. Die Verfestigung der Funkenstrecke kann
mit hohem Gasdruck, mit einer schnellen Gasströmung oder durch magneti-
sche Deformation des Funkens beschleunigt werden [81]. Auch mit solchen
Verfahren ist es jedoch bisher nur selten gelungen, die Funken mit kürzeren Pausen als folgenden zu repetieren:

$$\Delta t / \frac{CU^2}{2} = 10^{-4} \text{ s/J} \tag{5}$$

Flashlampen erholen sich noch langsamer. Darum ist es schwierig, den Riesenimpuls des Rubinlasers oder Nd/YAG-Lasers durch Wiederzünden der pum-
penden Flashlampe mit Pausen unter 200μs zu repetieren. Laser können aber
noch auf vielerlei andere Weisen zur Erzeugung von Blitzserien verwendet
werden. Die größten Blitzenergien werden mit periodischer Güteschaltung
erzielt. Sie kann aktiv z.B. mit einem Drehspiegelpolygon wie in **Fig. 2421-9
oben** oder mit einem Piezotranslator wie in **Fig. 2421-9 unten** erfolgen. Der
Drehspiegel begrenzt die Dauer der Selbsterregung auf jene kurze Zeit,
während welcher der Winkel zwischen seiner Normalen und der Resonatorach-
se typisch 3 Winkelminuten unterschreitet. Der Piezotranslator sorgt
durch Variation des Luftspaltes zwischen zwei Glasflächen für das wieder-
holte kurzzeitige Auftreten der für die Selbsterregung erforderlichen
Totalreflexion. Ebenfalls aktiv und noch schneller wird die Resonatorgüte
mit Hilfe einer Pockelszelle oder Kerrzelle wie in **Fig. 2421-10 links** moduliert. Auch die periodische passive Güteschaltung mit ausbleichbaren und
sich schnell erholenden Absorbern hat sich bewährt. Dieses Verfahren
vermeidet Synchronisierungsprobleme, hat aber den Nachteil, daß die
Blitzpause schwankt und nur ungefähr vorhergesagt werden kann. Bei einigen ns Blitzdauer kann die Blitzpause einige 10ns betragen. Noch kürzere
Blitze mit noch kürzeren Pausen werden gerne mit Hilfe der sogenannten
Modenkopplung (mode locking) erzeugt. Dabei ist es günstig, wenn die Zahl
der selbsterregten longitudinalen Schwingungsmoden groß ist. Diese werden mit einem aktiven oder passiven Eingriff so beeinflußt, daß sie
periodisch in Phase kommen. Bei der Resonatorlänge L haben sie den Frequenzabstand $\Delta v = c/2L$. Die Überlagerung von N Moden mit gleicher Amplitude
E_0 und gleicher Phase zur Zeit $t=0$ ergibt zu anderen Zeiten die folgenden
resultierenden Feldstärken $E(t)$:

$$E(t) = E_0 \frac{\sin(N\pi t\Delta v)}{\sin(\pi t\Delta v)} \sin[2\pi v_0 t + (N-1)\pi t\Delta v] \tag{6}$$

Quadierung und Zeitmittelung über die Oszillationen mit den Frequenzen
$v_0 + (N-1)\Delta v/2$ ergibt den folgenden Ausdruck für die Leistung $P(t)$:

$$P(t) = P_0 \left(\frac{\sin(N\pi t\Delta v)}{\sin(\pi t\Delta v)}\right)^2 \tag{7}$$

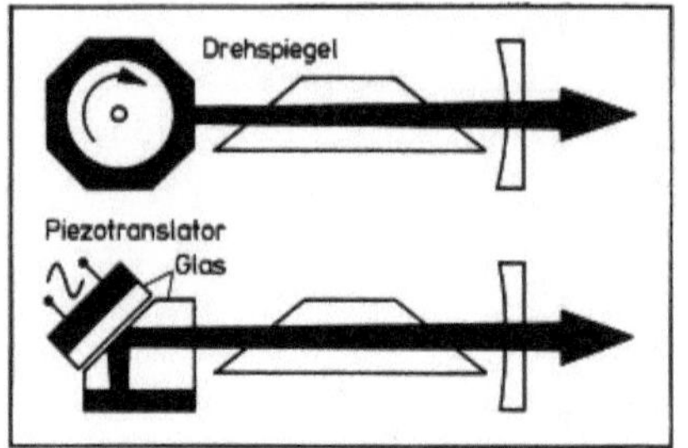

9: Period.Güteschaltungen

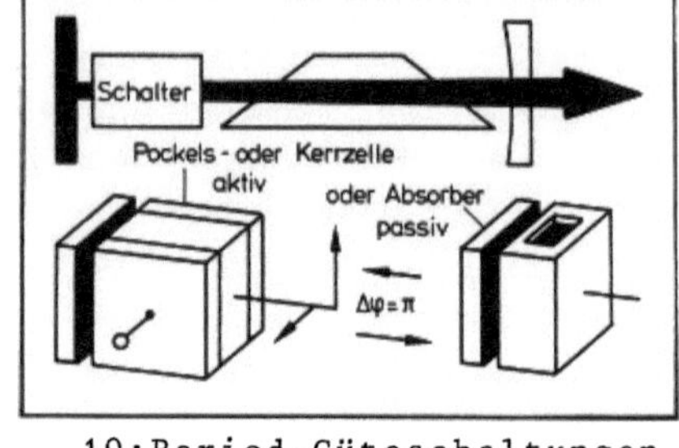

10:Period.Güteschaltungen

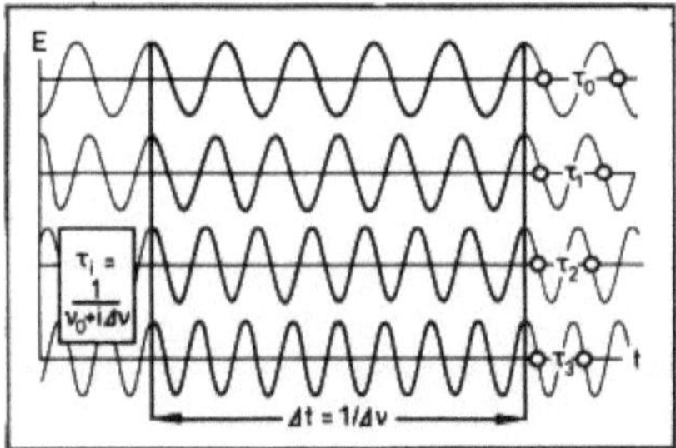

11: Modenkopplung

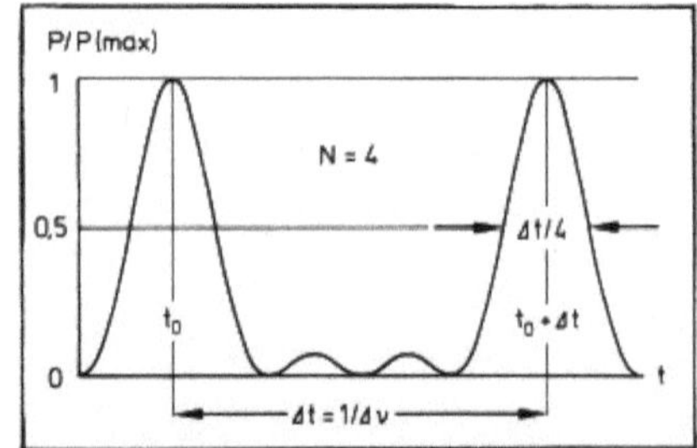

12: Leistungsüberhöhung

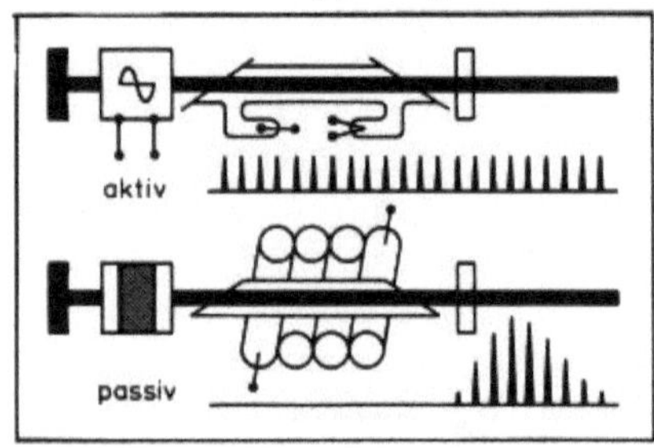

13: Modenkoppler

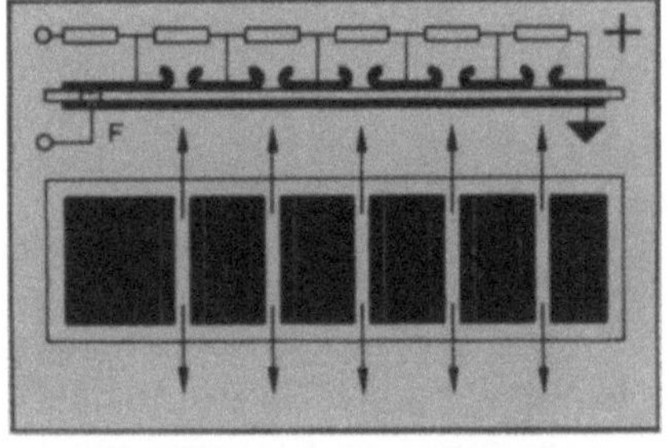

14: N_2-Laser • 5 Kanäle

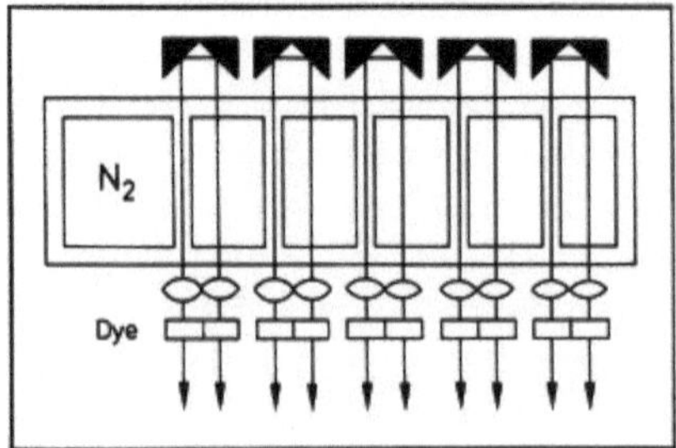

15: Blitzverdopplung

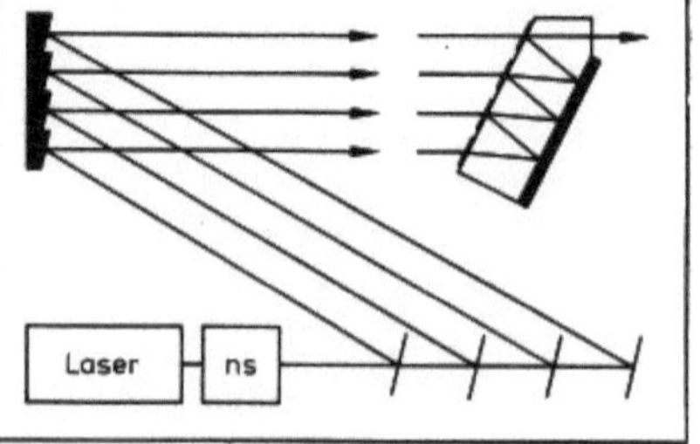

16: Laufzeitteilung

Fig. 2421: Periodische Belichtung

Die **Fig. 2421-11 und 12** zeigen wie schon 4 Moden zu starken Überhöhungen zu Zeiten mit dem Abstand $\Delta t = 1/\Delta\nu$ führen. Für die Scheitelleistung $\hat{P}$ und die Halbwertbreite δt der Impulse kommt:

$$\hat{P} = N^2 P_0 \quad ; \quad \delta t \approx 1/N\Delta\nu \qquad\qquad (8)\,(9)$$

Die Zahl N kann bei einer Frequenzbreite $\Delta\nu_0$ des Laserüberganges höchstens $N = \Delta\nu_0/\Delta\nu$ betragen. Damit ergibt sich als kleinstmögliche Impulsdauer $\delta t \approx 1/\Delta\nu_0$. Bei typisch $\Delta\nu_0 = 10^{12}$ Hz ergibt sich $\delta t \approx 1$ps. Die periodische Phasengleichheit kann aktiv durch schwache Modulation der Resonatorgüte mit Hilfe einer Pockelszelle oder Kerrzelle wie in **Fig. 2421-13 oben** erzwungen werden. Auch die periodische Modulation der Länge des Resonators oder einer Brechzahl im Resonator kann dieser Zweck erfüllen. Bei den Impulslasern können solche aktiven Verfahren versagen, weil thermische Effekte den Frequenzabstand der Moden verändern. In [1693] wurde nachgewiesen, daß auch der passive Eingriff mit einem ausbleichbaren Absorber wie in **Fig. 2421-13 unten** die Moden koppelt. Die stärkste Mode erzeugt darin ein Transmissionsgitter, das nur passende schwächere Moden zuläßt. Bei der Modenkopplung gehen die Verkürzungen der Blitzdauer und der Blitzpause auf Kosten der Blitzenergie. Der Wunsch, die Energie pro Blitz zu steigern, oder Serien noch kürzerer Blitze mit ausreichender Energie zu erzeugen, hat zur Entwicklung zahlreicher weiterer Verfahren geführt. In [1694 - 1704] wurde über den jeweiligen Stand der Entwicklung berichtet.

Für Untersuchungen extrem kurzzeitiger Strömungen (Funkenknall, Laserdurchbruch, Kavitation) werden gelegentlich wenige möglichst kurze und mit einigen ns aufeinanderfolgende Blitze mit möglichst hohen und gleichen Scheitelwerten gebraucht. Wenn außerdem ein möglichst hohes Strichauflösungsvermögen der damit aufzunehmenden Bilder erwünscht ist, dann ist die optische Bildtrennung mit den Blitzen eines superstrahlenden Vielkanallasers das angemessene Verfahren. Superstrahlend heißen Laser, in denen die Selbsterregungsbedingung ohne Resonator bei einem einzigen Durchgang erfüllt wird. Besonders gute Erfahrungen liegen mit N_2-Lasern vor. Sie emittieren Superstrahlung mit der Wellenlänge $\lambda = 337,1$nm. Diese kann ihrerseits sichtbar superstrahlende Farbstofflaser pumpen. **Fig. 2421-14** zeigt einen Fünfkanallaser, bei dem die Zündung der Funkenstrecke F einen von Kanal zu Kanal fortschreitenden Entladungsvorgang auslöst. Zwischen den Metallbelägen eines Dielektrikums läuft eine Wanderwelle. An den Kanälen des oberen Belages treten nacheinander hohe Spannungen auf und zünden dort extrem schnell und intensiv pumpende transversale Gasentladungen. Die Superstrahlung tritt an beiden Enden der Kanäle aus. Mit der vorwärts austretenden allein wurden 100µJ-Blitze mit der Dauer 1ns und Pause 10ns erzeugt [1705-1710]. Durch Umlenkung und Laufzeitverzögerung der rückwärts austretenden wie in **Fig. 2421-15** kann man die Zahl der Blitze verdoppeln und ihre Pause halbieren. Licht legt in 1ns den Weg 30cm zurück. Unterschiedliche Wege können auch zur Laufzeitteilung eines Riesenimpulses z.B. wie in **Fig. 2421-16** verwendet werden [1709]. Allerdings bedarf es einer sorgfältigen Abstimmung der teildurchlässigen Spiegel, um auf solche Weise eine größere Zahl gleicher Blitze zu erzeugen. Ohne Absorption wäre dann ihre Energie umgekehrt proportional zu ihrer Zahl.

Es hat nicht an Versuchen gefehlt, Lumineszenzdioden (LED) als Blitzlichtquellen zu verwenden. Diese können mit viel kleineren Spannungen getastet werden. Mit der LED-USBR 5501 wurden Serien von zweihundert $25\mu J$-Blitzen mit der Blitzdauer $1\mu s$ und der Blitzpause $100\mu s$ erzeugt [1711]. Die Blitzenergie genügte für die Aufnahme von Interferogrammen mit den Abmessungen 8mm x 10,5mm. Es ist fraglich, ob mit Lumineszenzdioden auch weniger bescheidene Ansprüche befriedigt werden können. Eine mehr versprechende Entwicklung neuer Blitzlichtquellen wurde 1970 mit der Erzeugung von Superstrahlung durch Beschuß dünner Schichten aus ZnS, ZnO, CaTe, ZnTe oder CdTe mit Feldemissioseletronen eingeleitet[1712].

Gelegentlich kann auch im Strömungslabor das Repetieren eines Kurzzeitverschlusses Vorteile haben.In[1713-1716]wurde über das periodische Öffnen und Schließen von elektrooptischen Verschlüssen berichtet. Sie werden gebraucht, wenn eine stark selbstleuchtende und instationäre Strömung untersucht werden soll (Funken, Pinch, Drahtexplosion, Detonation). Gerade in solchen Fällen kommt es allerdings auf möglichst kurze Belichtungszeit δt und Belichtungspause Δt an. Genügen wenige Bilder, so ist zur Aufnahme mit getrennten Kameras und Verschlüssen zu raten, weil kürzere δt und Δt erzielt werden können. Schon 1940 wurden mit Kerrzellen 4 mit $\Delta t=1\mu s$ aufeinanderfolgende stereoskopische Bildpaare aufgenommen [1717]. Heute liegt der Rekord bei $\delta t=1ns$ und $\Delta t=10ns$ [1718].

2.4.2.2 Chronophotographie

Gelegentlich kann es genügen, zwei oder mehr zeitlich aufeinanderfolgende und am selben Ort erscheinende Bilder ohne Trennung auf ruhendem Film zu photographieren. Diese sog. Chronophotographie ist sinnvoll, wenn sich leicht erkennbare Bildstrukturen von Bild zu Bild in leicht erkennbarer Weise verschieben. Die in Abschnitt 2.2.3.4 besprochene komplementäre Doppelbelichtung wird zur Chronophotographie, wenn das Belichtungsintervall groß genug ist. Soll der Film mehr als zweimal belichtet werden, so kommen allerdings von den Visualisierungsverfahren praktisch nur noch jene Beugungsverfahren in Frage, welche feine helle Konturen auf dunklem Grund ergeben. Bei den anderen geht durch die Mehrfachbelichtung zu viel Kontrast verloren. Hauptanwendungsgebiet der Chronophotographie ist die in Abschnitt 2.3.3.6 besprochene Bestimmung der Wege von Tracerpartikeln. Auch hier ist es besser, helle Partikel in dunkler Umgebung als dunkle in heller zu photographieren. Die Anforderungen an die Beleuchtung, die Kamera und den Film sind weitgehend die gleichen wie bei der Photographie von Spuren in Nebel und Blasenkammern und wurden in diesem Zusammenhang

mehrfach ausführlich besprochen [1719-1722]. Bei Partikeln in schnellen Gasströmungen kommen Schwierigkeiten infolge der Bewegungsunschärfe hinzu.
Über die Chronophotographie von Partikeln in Strömungen wurde in [95,
1723, 1724] berichtet . Für die Beleuchtung kommen je nach den gewünschten Belichtungszeiten und Belichtungsintervallen Elektronenblit-
ze , Funken oder Laserimpulse in Betracht. Sollen die Partikelbahnen
nicht als Punktketten, sondern als Strichketten ercheinen, so kann man
unter Umständen auch eine mit Stromstößen hochgetastete Quecksilberbo-
genlampe verwenden. Sollen die Strichlängen und Strichpausen die
Partikelwege während genau bekannter Zeiten wiedergeben, so ist Rechteck-
modulation des Lichtes gefordert. Die handelsüblichen Kameraverschlüsse
öffnen und schließen zu langsam. Für Rechteckperioden der Größenordnung
1s kommen Pendel, und für kürzere bis herab zu etwa 100µs kommen Stimmga-
beln, schwingende Federn oder rotierende Schlitzblenden als Brennpunktverschlüsse in Frage. Bei großen Partikeln ist die periodische Unterbrechung von Dauerlicht am bequemsten. Bei kleinen Partikeln reicht das so
erzeugte Streulicht vielleicht nicht aus, um den Film genügend zu schwärzen. Man kann dann mit einem schwingenden Brennpunktverschluß entweder
hinreichend langes Blitzlicht periodisch unterbrechen oder hinreichend
schnell repetiertes Blitzlicht beschneiden. Gelegentlich kann es auch
erwünscht sein, daß die Lichtblitze steil anfangen und allmählich enden.
So kann man z.B. in Rückströmungen die Richtungen der Partikelwege markieren. Da die Partikel mehr vorwärts als seitwärts oder gar rückwärts
streuen, wäre es sinnvoll, von hinten zu beleuchten. Wegen der Schwierigkeit, das ungestreute Licht abzufangen, wurde bisher jedoch fast immer
die Beleuchtung von der Seite vorgezogen. Die Abbildung muß oft stark ver-
größernd erfolgen. Geschieht das mit einem einzigen Objektiv, so hat dieses bei der Brennweite f und Vergrößerung m den Arbeitsabstand $z = f(1+m)/m$
von den Partikeln, bei hohem m also einen Arbeitsabstand, der kaum größer
als f ist. Bei der Berechnung der Bewegungsunschärfe ist zu beachten, daß
das Partikelbild während der Belichtungszeit δt einen um den Faktor m längeren Weg zurücklegt als das Partikel. Da es außerdem mit einem um den
Faktor m größeren Durchmesser erscheint, wird von ihm während δt eine mit
m^2 zunehmende Fläche bestrichen. Das senkt die Bestrahlungsstärke im Partikelbild und kann bewirken, daß nur Partikel mit Geschwindigkeiten unter
einer gewissen Grenzgeschwindigkeit sichtbar werden. Zu starke Vergrößerung kann so eine Fehlbestimmung der Geschwindigkeitsverteilung
einer Strömung zur Folge haben. Bei hohem m ist außerdem zu beachten, daß
Kameraobjektive für sehr kleine m korrigiert sind, man kann sie umdrehen,
um von dieser Korrektur zu profitieren. Es erfordert sehr sorgfältige
Eichungen, wenn mit den Partikelwegen auf einer Chronophotographie die
Partikelgeschwindigkeiten mit wenigen Prozent Unsicherheit bestimmt werden sollen.

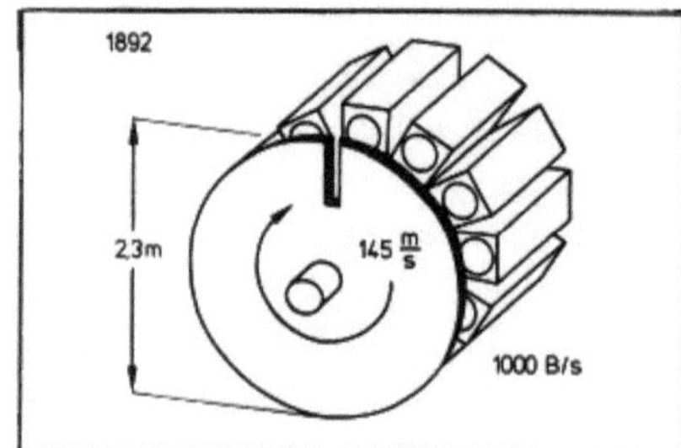

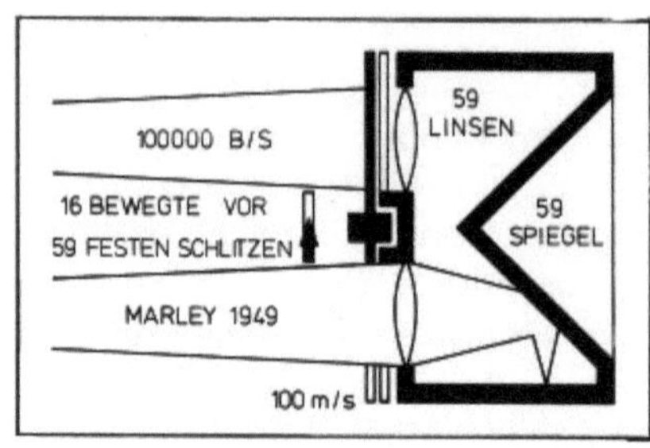

1: 12 Kameras•Schlitz

2: 59 Objektive • Schlitz

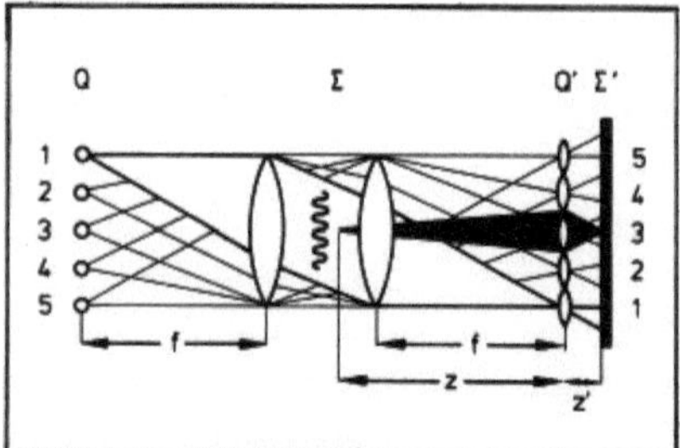

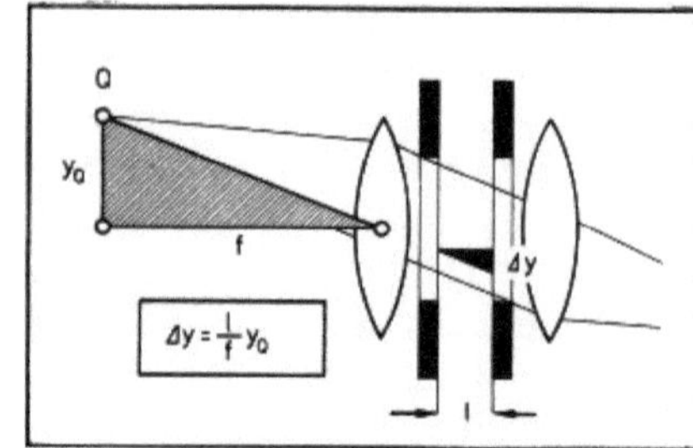

3: Cranz/Schardin-Zeitlupe

4: Parallaxe

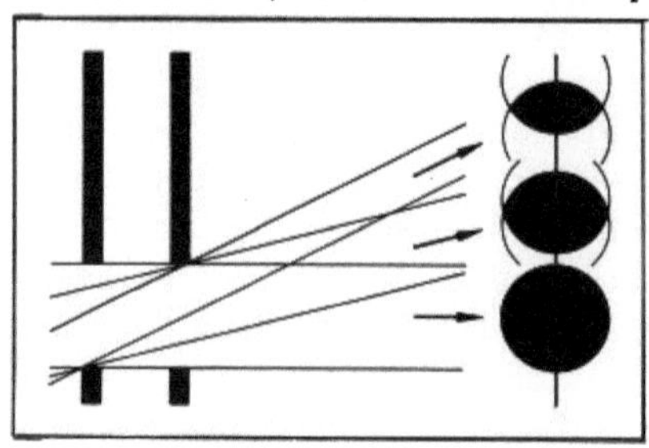

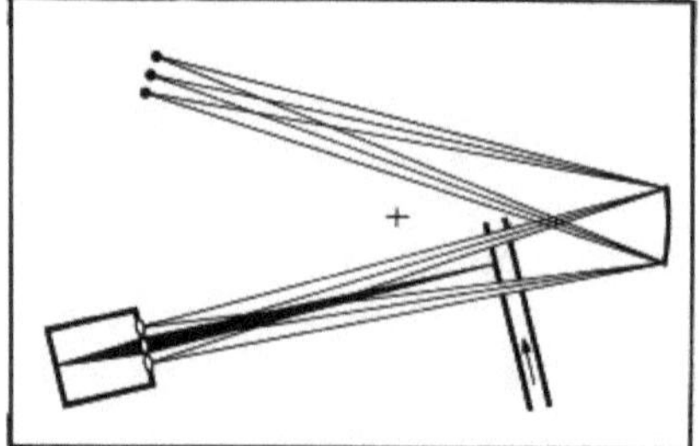

5: Sehfeld

6: Schardin's Optik

Fig. 2423: Optische Bildtrennung

2.4.2.3 Optische Bildtrennung

Enstehen die Bilder einer Bildserie nacheinander am selben Ort, sollen sie aber nebeneinander auf dem Film erscheinen, so steht man vor dem Problem, die Bilder zu trennen. Dieses Problem tritt garnicht erst auf, wenn man das Objekt mit getrennten Objektiven aus leicht verschiedenen Richtungen photographiert. Die Idee ist naheliegend und alt. Schon 1885 wurden so von dem französischen Physiologen E.J. Marey Körperbewegungen mit dem Bildintervall $\Delta t = 10ms$ untersucht. 1892 wurden von der Preußischen Artillerieprüfungskommission 12 Kameras wie in **Fig. 2423-1** auf einem Kreis angeordnet. Ein Schlitz in einer rotierenden Scheibe mit dem Durchmesser 2,3m und der Umfangsgeschwindigkeit 145m/s diente als Kurzzeitverschluß. Die Belichtungszeit betrug $\delta t = 0,1ms$ und das Belichtungsintervall $\Delta t = 1ms$. Es lag nahe, die vielen Kameras zu einer einzigen mit vielen Objektiven zu vereinen. Nach mehreren Entwicklungen solcher Art wurden 1949 mit der in **Fig. 2423-2** skizzierten Kamera [1725] 59 Bilder mit dem Belichtungsintervall $\Delta t = 10\mu s$ photographiert. Die kürzeren Zeiten wurden trotz der kleineren Umfangsgeschwindigkeit 100m/s mit 16 bewegten vor 59 stehenden Schlitzen erzielt. Die Scheibe brauchte sich während Δt nur um den Winkel 22,5° zu drehen.

Noch viel kürzere δt und Δt sind möglich, wenn das Objekt nicht leuchtet, sondern durchleuchtet wird. Man kann dann das Licht aus getrennten Funkenstrecken so führen, daß es wie in **Fig. 2423-3** nur durch jeweils eines der getrennten Objektive zum Film geht. Dies ist das Prinzip der 1929 von C. Cranz und H.Schardin [1726-1728] entwickelten Funkenzeitlupe. Seither wird dieses hervorragende Instrument der Hochfrequenzkinematographie in Verbindung mit einer Schatten-, Schlieren-, Interferenz- oder Differentialinterferenzoptik insbesondere zur Aufklärung gasdynamischer Vorgänge verwendet. Meist sind hierfür die etwa $\delta t = 0,2\mu s$ betragenden Belichtungszeiten simpler Luftfunken kurz genug. Dem Belichtungsintervall Δt ist lediglich durch die Unsicherheit der Funkenzündung eine untere Grenze gesetzt. Die erste Funkenzeitlupe wurde mit 24 Objektiven und 24 Funkenstrecken aufgebaut. Zur Speisung der Funken wurde die in Fig. 2421-1 gezeigte Schaltung verwendet. Ihr Gehäuse hatte die Abmessungen eines Kleiderschrankes. Bei den 24 Funken ist es bis heute geblieben. Die Funkenschaltung ist hingegen im Laufe der Jahrzehnte immer kleiner geworden. Seit 1950 werden Einzelfunkenschaltungen wie in Fig. 2411-2 verwendet. Sie haben den Vorteil, daß man sie nicht nur periodisch, sondern auch mit unterschiedlichen Δt programmiert auslösen kann. Außerdem ist so die Zerlegung der Funkenzeitlupe in solche mit weniger Funken und die Verwendung einzelner Funkenstrecken für andere Zwecke möglich geworden. Die Cranz/Schardin-Zeitlupe kann selbstverständlich auch mit Laserblitzen betrieben werden, wenn man diese so erzeugt oder ablenkt, daß sie mit verschiedenen Richtungen in die Visualisierungsoptik eintreten . Sogar ein einziger Riesenimpuls kann genügen, wenn man dafür sorgt, daß mehrere Teilimpulse nacheinander in den nebeneinander angeordneten Objektiven erscheinen.

490

Die Winkel zwischen den Hauptstrahlen der schief in die Objektive gehenden Strahlenbündel und den Objektivachsen sind in gewissen vom Objekt und vom Ziel der Untersuchung abhängenden Grenzen zu halten. Ist z.B. wie in **Fig. 2423-4** ein ebener Verdichtungsstoß zwischen zwei Fenstern mit dem Abstand l zu photographieren, so wird diese bei 1:1-Abbildung mit einen Band der Breite

$$\Delta y = \frac{y_Q}{f}\, l \tag{1}$$

wiedergegeben, wenn sich die Funkenstrecke im Abstand y_Q von der Linsenachse befindet. Darf z.B. Δy bei l=10cm und f=3m den Wert Δy=1mm nicht überschreiten, so muß y_Q unter 3cm bleiben. Auf der Funkenseite ist diese Forderung leicht zu erfüllen. Auf der Kameraseite zwingt bereits diese bescheidene Forderung zur Verwendung sehr kleiner Objektive oder aber kleiner Spiegel, die die Lichtbündel in Objektive mit größeren Abständen reflektieren. Bei zu kleinen Objektiven oder Spiegeln verschlechtert die Beugung die Bildqualität und besteht die Gefahr eines unerwünschten Schliereneffektes. Garnicht mehr erfüllbar ist die Forderung, daß sich bei der Aufnahme von Interferenzbildern die Lichtwege zwischen den Fenstern nur um einen kleinen Bruchteil einer Wellenlänge λ unterscheiden. Der Unterschied Δl der Wege hängt folgendermaßen von y_Q, f und l ab:

$$\frac{\Delta l}{l} = \sqrt{1 + \left(\frac{y_0}{f}\right)^2} - 1 \approx \frac{1}{2}\left(\frac{y_0}{f}\right)^2 \tag{2}$$

Soll z.B. Δl bei l=10cm, f=3m und λ=500mm höchstens Δl=λ/10 betragen, so muß y_Q unter 3mm bleiben. Wird diese Forderung nicht erfüllt, so kann man die Interferenzbilder der Serie nicht mehr unmittelbar miteinander vergleichen. Manchmal wird den y_Q auch dadurch eine Grenze gesetzt, daß zu kleine Fenster das Gesichtsfeld wie in **Fig.2423-5** in Form eines Kreiszweiecks beschneiden. Es kommt auf das Verhältnis y_Q/f an. Je größer die Brennweite f ist, um so größer sind also auch die zulässigen Abstände der Funken und Objektivachsen von der Fensterachse.

H. Schardin und sein Assistent H. Nasdala haben etwa 2000 Serien von je 24 Schattenbildern gasdynamischer Vorgänge im Stoßrohr mit der in **Fig. 2423-6** skizzierten Optik aufgenommen [1729 - 1733]. Die Brennweite des Hohlspiegels betrug f=3,5m. In den **Fig. 2423-7 bis 18** sind einige solcher Serien oder Ausschnitte wiedergegeben. Sie wurden zu vorführbaren Zeitlupenfilmen aneinander gereiht [780]. Mit derselben Optik wurden auch die in **Fig.2423-20** wiedergegebenen Bilder der Machwellen [1737] aufgenommen, die von der transversalen Schallwelle eines angeschlagenen Stahlstabes in Wasser gezogen wurden. In [1738 - 1745] wurde über Maßnahmen zur Reduzierung der Parallaxe berichtet.

Fig. 2423: Optisch getrennte Schattenbilder

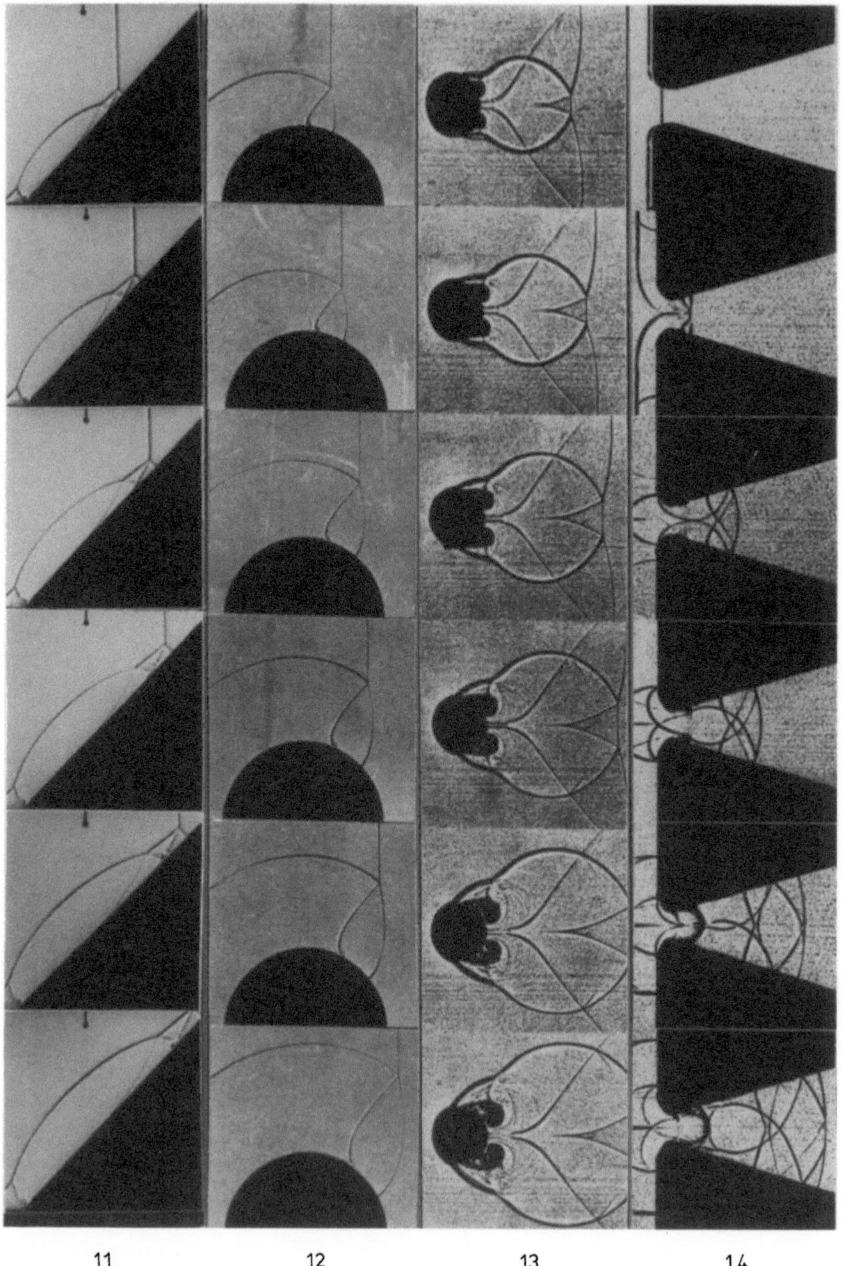

Fig. 2423: Optisch getrennte Schattenbilder

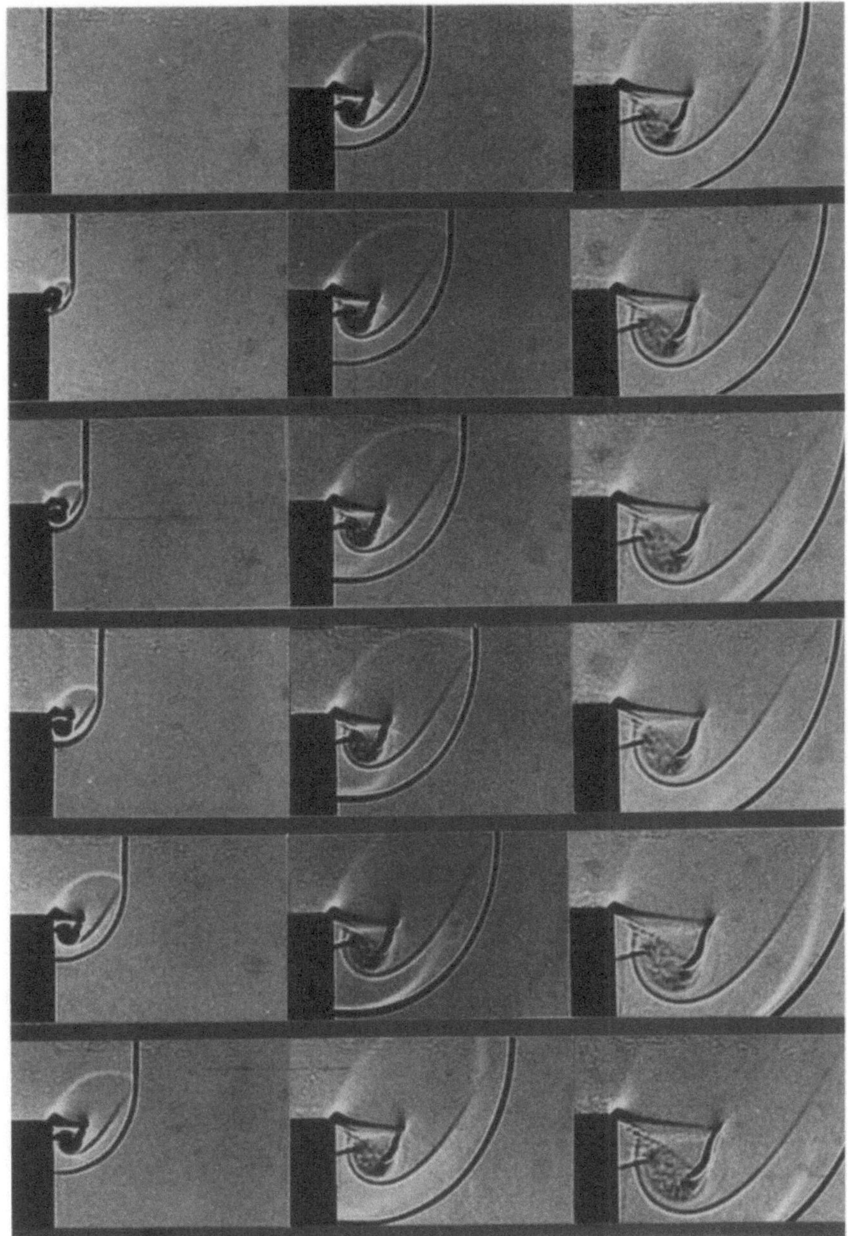

15: Stoßbeugung an zurückspringender Ecke • Ms=5 • Δt=5µs

Fig. 2423: Optisch getrennte Schattenbilder

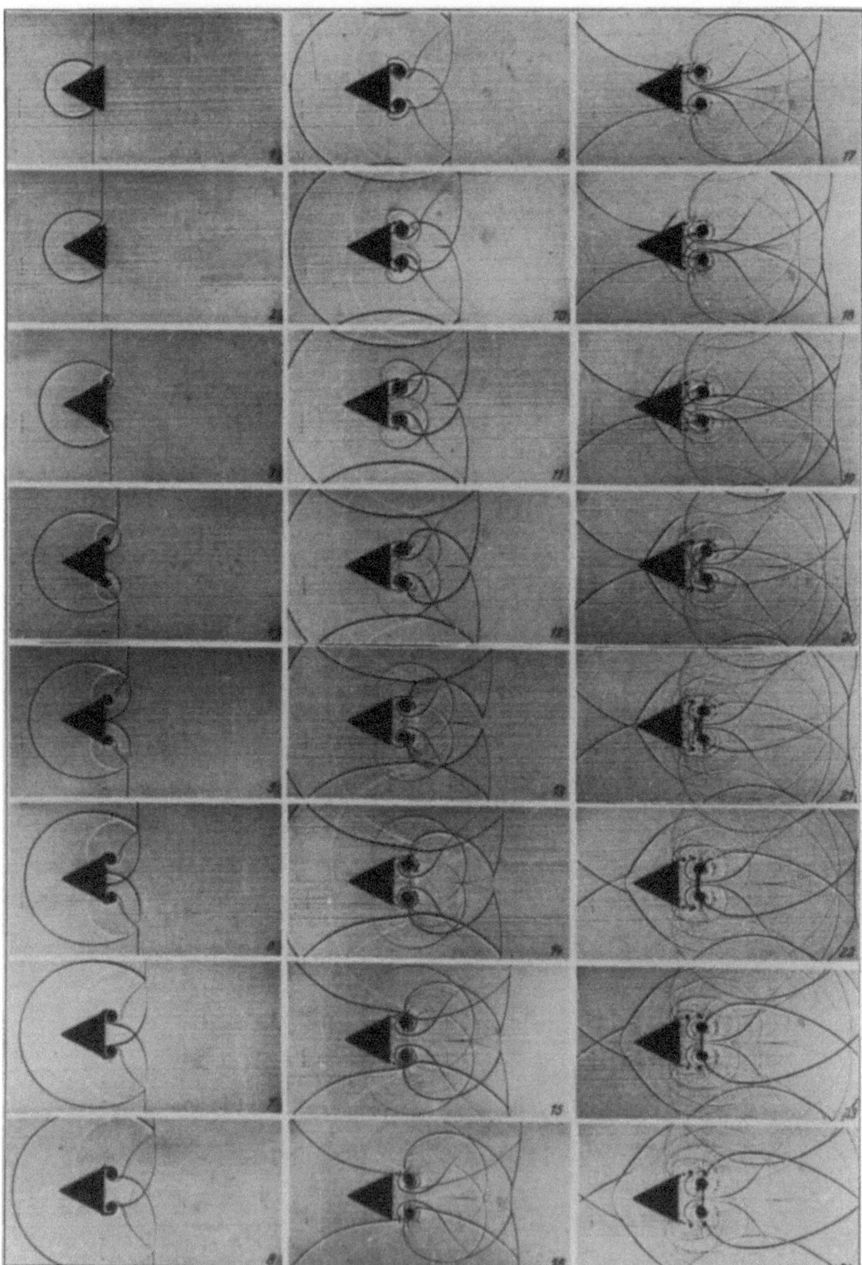

16: Stoßbeugung am Keil • $M_S=1,3$ • $\Delta t=2,7\ \mu s$

Fig. 2423: Optisch getrennte Schattenbilder

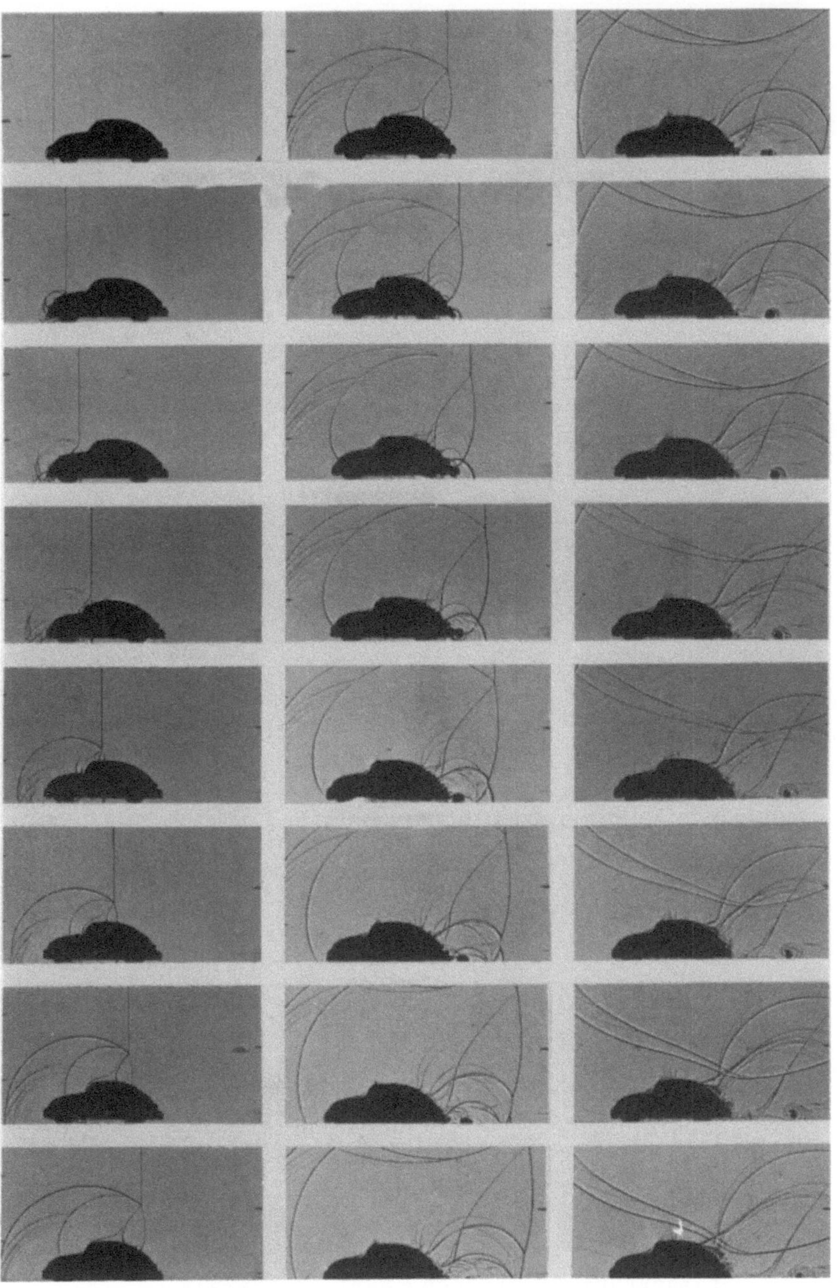

Fig. 2423: Optisch getrennte Schattenbilder   17

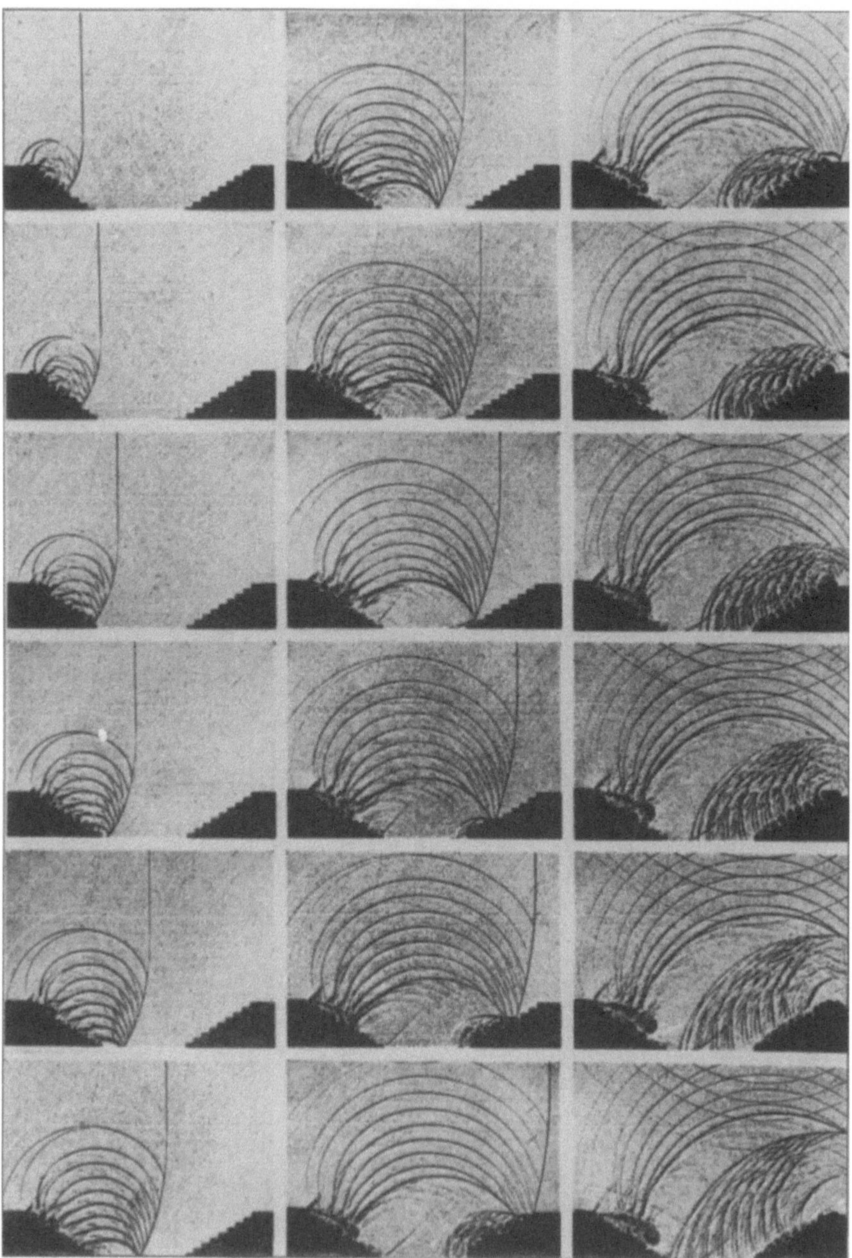

18: Stoßbeugung an Treppen • $M_s=1,5$ • $\Delta t=25\mu s$

Fig. 2423: Optisch getrennte Schattenbilder

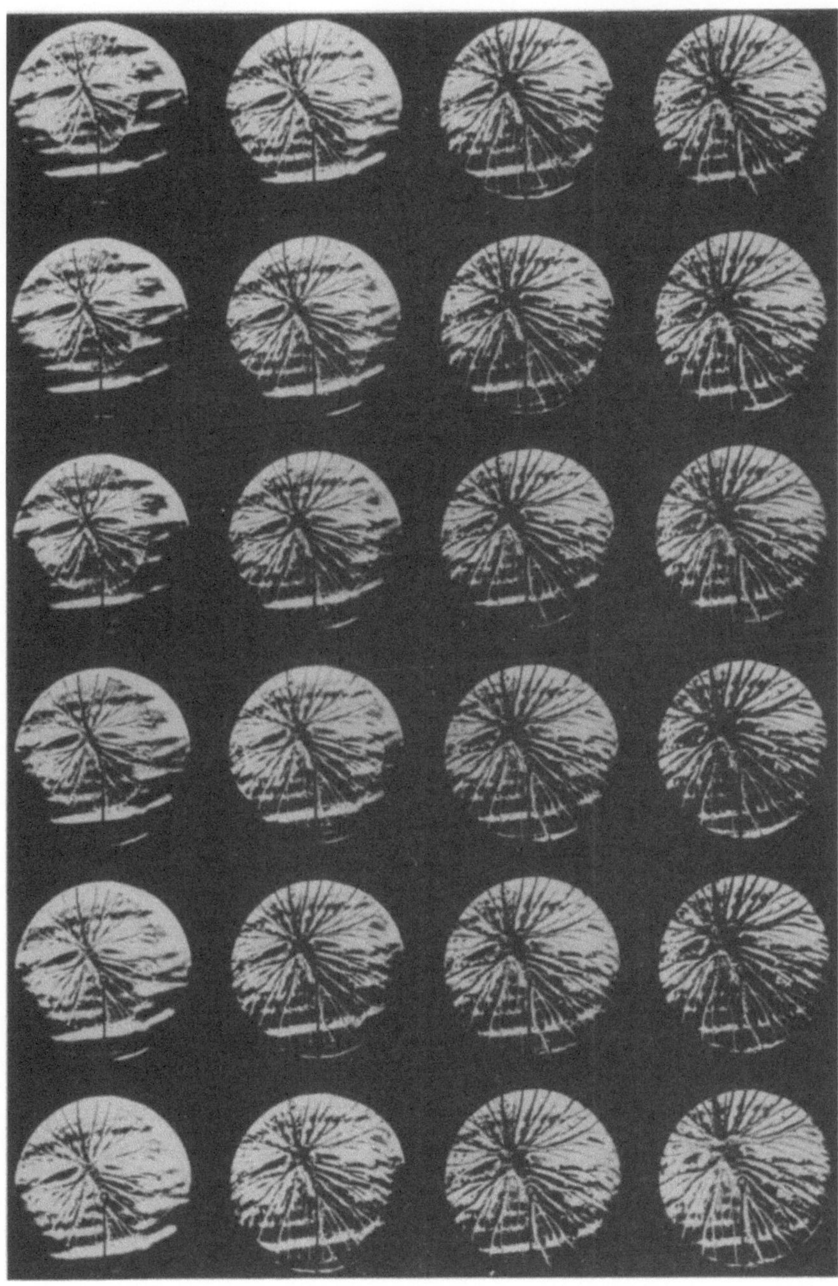

Fig. 2423:   Optisch getrennte Schattenbilder   19

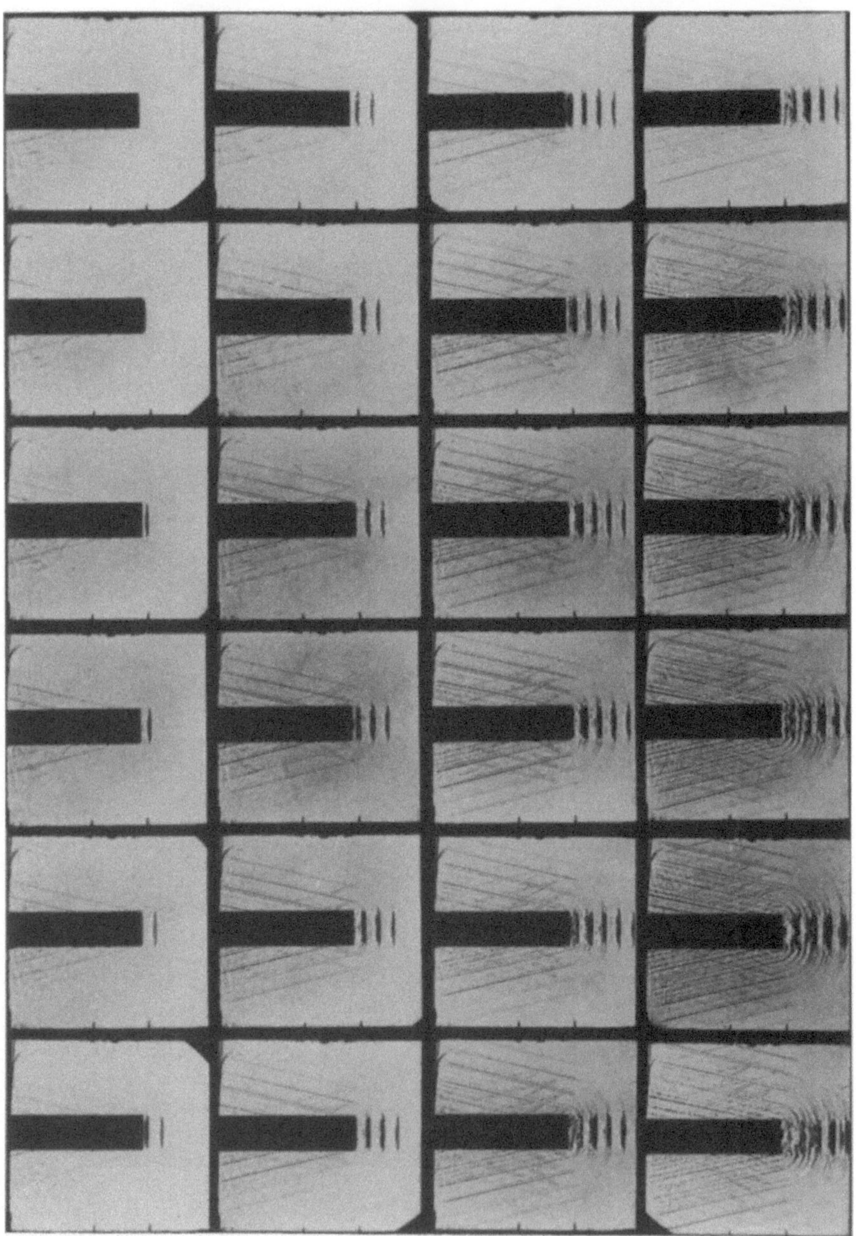

20: Wellen im Stahlstab ziehen Kopfwellen im Wasser

Fig. 2423: Optisch getrennte Schattenbilder

2.4.2.4 Mechanische Bildtrennung

Die Trennung von vielen nacheinander am selben Ort erscheinenden Bildern kann mechanisch entweder durch Bewegung des Films oder durch Bewegung von Bildern der Bilder erfolgen. Die Bewegung kann eine schrittweise oder kontinuierliche sein.

Die schrittweise Filmbewegung ist das in Ablaufkameras zur Herstellung vorführfertiger Filme übliche Verfahren. Ein ruckweise arbeitender Transportmechanismus sorgt dafür, daß sich alle 1/16 oder 1/24 Sekunde ein neuer und ruhender Abschnitt des Films am Ort des Bildes befindet. Eine rotierende Segmentblende unterbricht die Belichtung während der Bewegung des Films. Die Bildfrequenz 16 B/s oder 24 B/s wurde aus physiologischen Gründen gewählt. Bei der Filmvorführung könnten 16 B/s genügen, um dem Auge kontinuierliche Bewegungen oder Änderungen von Bildstrukturen vorzutäuschen. Bis etwa 48 B/s wird jedoch der schrittweise Bildwechsel als unangenehmes Flimmern wahrgenommen. Darum wird die Vorführung jedes Bildes mit Hilfe einer rotierenden Segmentblende bei 16 B/s dreimal und bei 24 B/s zweimal unterbrochen. Das Auge empfindet dann kein Flimmern mehr und merkt auch nicht, daß ihm dreimal oder zweimal dasselbe Bild präsentiert wird. Der schrittweise Filmtransport von einer gebenden auf eine empfangende Spule kann mit Zähnen erfolgen, die sich auf einer ruckweise gedrehten Rolle befinden und in eine Perforation des Filmes eingreifen. **Fig. 2424-1** erläutert, wie die kontinuierliche Drehung des Antriebsrades A in die ruckweise eines sog. Maltheserkreuzes auf der Achse der Transportrolle umgesetzt wird. Der Stift S des Antriebsrades gleitet tangential in einen Schlitz des Kreuzes K, dreht K und gleitet schließlich tangential aus dem Schlitz heraus. Dann wird das Kreuz vom Zylinder Z festgehalten, bis der Stift S nach einer Drehung von A in den nächsten Schlitz gleitet. Heute wird diesem klassischen meist der Filmtransport mit einem Greifer vorgezogen. Eine Exzenterscheibe steuert ihn so, daß er die Abwärtsbewegung mit und die Aufwärtsbewegung ohne Eingriff in die Perforation vollzieht. Die Bildstandsfehler sind so kleiner, und sie werden noch kleiner, wenn ein Sperrgreifer den Film während der Aufwärtsbewegung des Transportgreifers festhält.

Bei Strömungsuntersuchungen kommt es selten vor, daß die Bildfrequenz 16 B/s die passende ist. Für Untersuchungen schleichender Strömungen hochviskose Flüssigkeiten werden kleinere und für Untersuchungen von Gasströmungen werden viel höhere Bildfrequenzen gebraucht. Für kleinere sog. zeitraffende Bildfrequenzen sind die Filmkameras mit untersetzenden Getrieben ausgerüstet. Für höhere sog. zeitdehnende Bildfrequenzen werden Spezialkameras angeboten. Bei hoher Frequenz wird viel Film für den Anlauf vergeudet. Mit beiden, mit der Aufnahmefrequenz und mit der Länge des umzuspulenden Films wächst die Belastung der Perforation. Die Festigkeit der Perforation setzt den mit schrittweisem Filmtransport erreichbaren Bildfrequenzen eine obere Grenze. In handelsüblichen Kameras werden heute mit 120m langem Film bei 35mm Filmbreite bis 300 B/s und bei 16mm bis zu

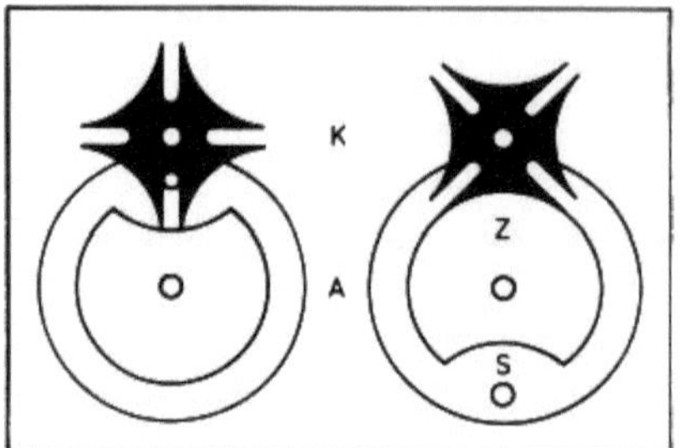

1: Maltheserkreuz

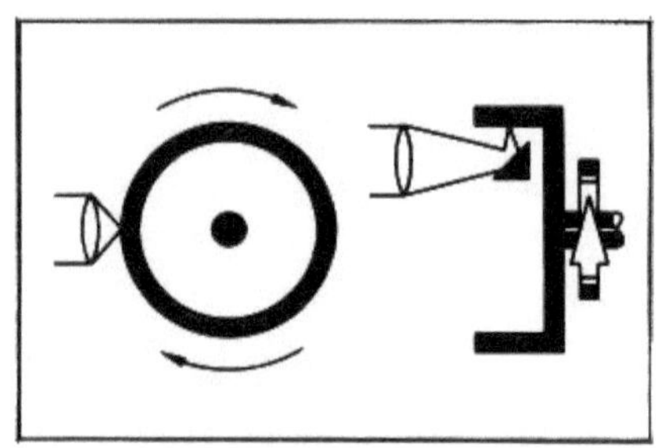

2: Trommelkameras

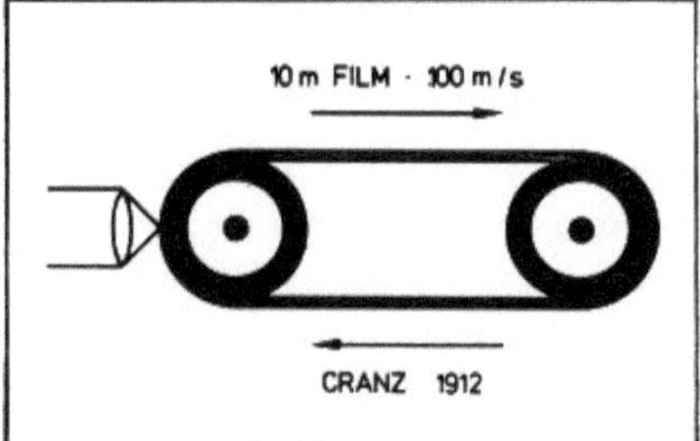

3: Zwei Trommeln

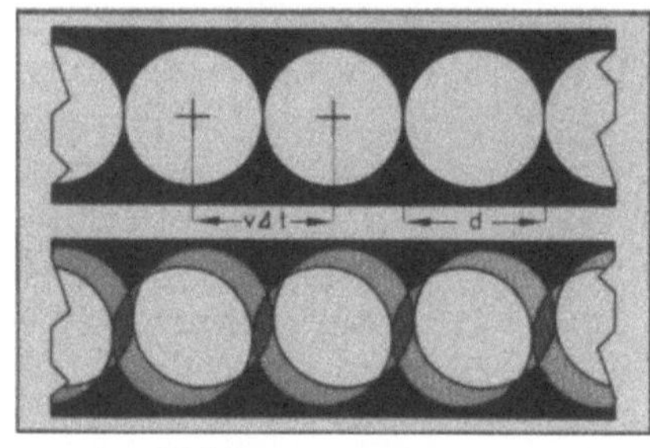

4: Bildtrennung

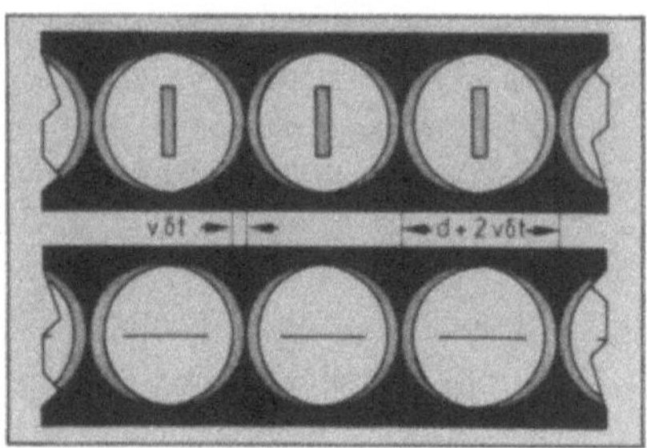

5: Bewegungsunschärfe

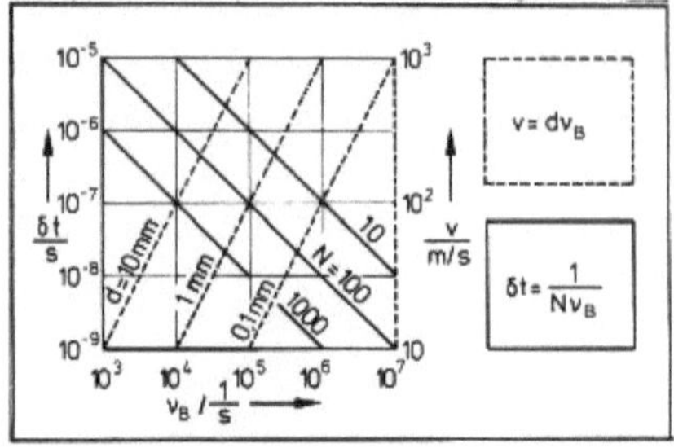

6: δt und v bei ν_B, d, N

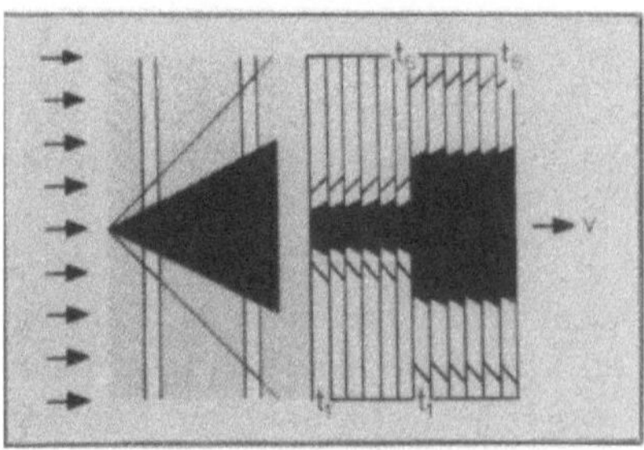

7: Streifenschachtelung

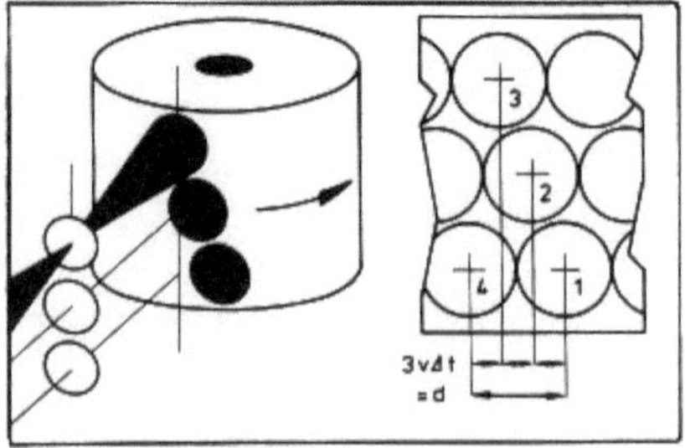

8: Kombinierte Trennung

Fig. 2424: Bewegter Film

600 B/s erzielt. Der 35mm-Normalfilm hat heute noch die 1893 von T.A. Edison eingeführte Breite und beidseitige Perforation. Damit aufgenommene Kinofilme wurden erstmals 1895 von den Brüdern Skladanowski in Berlin und von den Brüdern Lumiere in Paris vor Publikum projiziert. 16mm-Schmalfilm wird beidseitig oder einseitig perforiert hergestellt. Für Amateurfilmer wird einseitig perforierter 8mm-Film angeboten. Die nachstehende Tabelle informiert über die Bildformate und Bildzahlen pro Filmlänge:

Typ	Normalfilm	Schmalfilm	Super-8	Doppel-8
Breite/mm	35	16	8	8
Format/mm^2	17x22	7,0x9,6	4,0x5,4	3,3x4,5
Bilder /m	52,6	131	237	262

Tab. 2424-1: Kinofilm

Soll die Filmbewegung mehr als 600 B/s trennen, so muß sie eine kontinuierliche sein. Bei kontinuierlich leuchtenden oder beleuchteten Objekten steht man dann vor der Aufgabe, die mit der Filmbewegung verbundene Bewegungsunschärfe durch Beschneiden der Belichtungszeit und zeitweise Mitbewegung des Bildes zu vermeiden. Dafür wurden die in den Abschnitten 2.4.3.1 bis 2.4.3.4 zu besprechenden Verfahren des sog. optischen Ausgleichs entwickelt. Muß eine transparente Strömung mit einem Parallelstrahlenbündel durchleuchtet werden, so wird die Bewegungsunschärfe billiger und meist auch besser mit einer Blitzbelichtung in Grenzen gehalten. Oft genügt bei solchen Untersuchungen die Aufnahme einer vergleichsweise kleinen Anzahl von Bildern. Der lange Anlauf einer schnellen Ablaufkamera würde unverhältnismäßig viel Film vergeuden. Oft ist ihr Einsatz auch garnicht möglich, weil der zu untersuchende Vorgang nicht hinreichend schnell ausgelöst werden kann, sondern seinerseits die Aufnahme der Bilder auslösen muß. Genügt eine Bildfrequenz unter 10^5 B/s, so photographiert man in solchen Fällen am besten auf einem auf oder in einer Trommel umlaufenden Film. Zur Not kann man auch Film auf einer rotierenden Scheibe verwenden. Damit wurde schon vor der Erfindung der Trommelkamera experimentiert. Die heute handelsüblichen Trommelkameras haben den Vorteil, daß sie mit wenigen Handgriffen und bei Tageslicht aus einer handelsüblichen Rollfilmpatrone geladen werden können.

Als erster hat 1904 L. Bull [65] den Film wie in **Fig. 2424-2** links um eine Trommel gespannt. Die Umfangsgeschwindigkeit betrug schon damals bis zu v=100m/s. Bei höheren v wird der Film zu stark gedehnt, abgehoben und darum besser wie in **Fig. 2424-2** rechts in die Trommel gelegt. 1912 gelang C. Cranz [1674] das Kunststück, einen 10m langen Film wie in **Fig. 2424-3** um zwei angetriebene Trommeln zu legen und mit v=100m/s zu bewegen. Nach ihm hat dies jedoch niemand wieder versucht.

Der Umfangsgeschwindigkeit der Trommel wird durch die Festigkeit des Werkstoffs eine obere Grenze gesetzt. Die Fliehkraft zerreißt die Trommel, wenn die radiale Zugspannung σ_r oder tangentiale Zugspannung σ_t an irgendeiner Stelle die Zugfestigkeit (Zerreißzugspannung) σ überschreitet . Wo dies geschieht, hängt von der Formgebung ab. Beim dünner freitragenden Ring hat ein Ringelement mit der Länge $rd\varphi$ und dem Querschnitt f die Masse $dm=\rho frd\varphi$. Diese Masse wird bei einer Winkelgeschwindigkeit ω von der Fliehkraft $dmr\omega^2$ radial nach außen gezogen. An den beiden Endflächen des Ringelementes treten infolgedessen tangentiale Zugspannungen σ_t mit gleichen Beträgen und fast, aber nicht exakt entgegengesetzten Richtungen auf. Die resultierende radiale Kraft $\sigma_t fd\varphi$ hält der Fliehkraft die Waage. Gleichsetzen ergibt mit der Umfangsgeschwindigkeit $v=r\omega$ im Abstand r vom Zentrum den Zusammenhang $\sigma_t=\rho v^2$. Wäre nur der Trommelmantel maßgebend, so wäre also das Aufreißen des Mantels bei der Umfangsgeschwindigkeit $\hat{v}=\sqrt{\hat{\sigma}/\rho}$ zu erwarten. Die radialen Zugspannungen σ_r in einer dünnen Speiche sind kleiner. Ihr Längenelement dr mit dem Querschnitt f hat die Masse $dm=\rho fdr$. An einem Querschnitt im Abstand r vom Schwenkzentrum halten sich die Fliehkraft $\rho f\omega^2(R^2-r^2)/2$ und der entgegengesetzte Zug $f\sigma_r$ die Waage. Gleichsetzen ergibt $\sigma_r=\rho\omega^2(R^2-r^2)/2$. Außer bei $r=R$ ist $\sigma_r(R)=0$. Am Schwenkzentrum bei $r=0$ ist $\sigma_r(0)=\rho R^2\omega^2/2$. Mit $v=R\omega$ kommt $\sigma_r(0)=\rho v^2/2$. Hier ist also das Abreißen erst bei $v=\sqrt{2\hat{\sigma}/\rho}$ zu erwarten. Wird der Mantel von einer Scheibe gehalten, so liegen erheblich kompliziertere Verhältnisse vor, die in der Literatur über Turbomaschinen [1746] besprochen werden. Sie sind schon bei der dünnen rotierenden Scheibe ohne den Mantel und ohne Bohrung komplizierter. Hier nehmen beide Zugspannungen vom Außenrand bis zum Zentrum monoton zu. Am Außenrand ist $\sigma_r(R)=0$ und $\sigma_t(R)=(1-\nu)\rho v^2/4$. Im Zentrum kann man nicht mehr zwischen σ_r und σ_t unterscheiden. Dort wird $\sigma_r(0)=\sigma_t(0)=(3+\nu)\rho v^2/8$. Die Querkontraktionskonstante hat bei Metallen etwa den Wert $\nu=0,3$. Damit kommt $\sigma_t(R)=\rho v^2/5,71$ und $\sigma_r(0)=\sigma_t(0)=\rho v^2/2,43$. Hier ist zu erwarten, daß die Scheibe erst bei $\hat{v}=\sqrt{2,43\hat{\sigma}/\rho}$ zerstört wird. In jedem Fall ist $\hat{\sigma}/\rho$ die maßgebende Größe. Mit der Zerstörung der Trommel ist bei Umfangsgeschwindigkeiten im Bereich

$$\sqrt{\hat{\sigma}/\rho} < \hat{v} < \sqrt{2\hat{\sigma}/\rho} \tag{1}$$

zu rechnen. Es wurden Trommelkameras für Umfangsgeschwindigkeiten bis $\hat{v}=500\text{m/s}$ gebaut. Das Arbeiten mit solchen Kameras ist jedoch nicht nur gefährlich, sondern auch mühsam, weil der Wärmeübergang auf den Film durch Evakuierung oder Füllung des Gehäuses mit Helium gesenkt werden muß. Auch ist es immer wieder fraglich, ob hohe Filmgeschwindigkeit überhaupt Vorteile bringt. Meist wird eine der handelsüblichen für Filmgeschwindigkeiten bis $v=80\text{m/s}$ konstruierten Trommelkameras genügen.

Sollen sich Bilder mit dem Durchmesser d und Zeitintervall Δt nicht überlappen, so muß v mindestens $d/\Delta t$ betragen. Will man zugleich möglichst viele Bilder auf dem Film unterbringen, so ist wie in **Fig.** 2424-4 oben die Bedingung

$$v\Delta t = d \tag{2}$$

zu erfüllen. Bei gegebenem Δt hat man die Wahl zwischen großen oder kleinen v und d. Sind v und d klein, so wird die Schärfe des Bildes durch das Filmkorn bestimmt. Bei einem Strichauflösungsvermögen von n Linien/mm erkennt man $N_1 = nd = nv\Delta t$ Linienpaare im Bild. Man kann dann N_1 durch Vergrößerung von v erhöhen. Sind v und d groß, so werden andererseits v-normale Striche während der Belichtungszeit δt wie in **Fig.** 2424-5 oben zu Bändern verschmiert, deren Breite $v\delta t$ größer als $1/n$ ist. Man kann dann etwa $N_2 = d/v\delta t = \Delta t/\delta t$ Linienpaare erkennen. Diese Zahl N_2 ist unabhängig von v. Vergrößerung von v kann dann nicht mehr den Informationsgehalt des Bildes erhöhen, sondern nur noch die Auswertung erleichtern. Es ist also nur bedingt sinnvoll, v größer als $v(N_2 = N_1) = 1/n\delta t$ zu machen. Bei $v = 1/n\delta t = d/\Delta t$ besteht zwischen $N = N_1 = N_2$, δt und der Bildfrequenz $\nu_B = 1/\Delta t$ die Beziehung:

$$N \cdot \nu_B \cdot \delta t = 1 \tag{3}$$

Diese Zusammenhänge sind in **Fig.** 2424-6 graphisch dargestellt. Bei n=100Linien/mm und $\delta t = 0{,}1\mu s$ ist z.B. $v(N_2 = N_1) = 100$m/s. Bei $\Delta t = 100\mu s$ d.h. $\nu_B = 10^4$B/s ist dann d=10mm und N=100. Bei $\Delta t = 10\mu s$ d.h. $\nu_B = 10^5$B/s wird d=1mm und N=100. Vergrößerung von v würde zwar entsprechend größere d ermöglichen, würde aber N nicht erhöhen, wenn nicht zugleich δt verkürzt würde. v=500m/s wäre im Falle n=100 Linien/mm erst bei $\delta t = 20$ns sinnvoll.

Es gibt Fälle, in denen man eine gewisse Überlappung der Bilder zulassen kann. Bei Differentialinterferenzbildern würde z.B. die in **Fig.** 2424-4 unten skizzierte Überlappung der Halbschattensäume nicht schaden, mit denen die Bildränder erscheinen. Manchmal enthält schon ein schmaler Bildstreifen die gesuchte Information. Es ist dann ratsam, das Bild bis auf diesen Streifen abzudecken und den Streifen mit Hilfe eines Doveprismas in die v-normale Richtung zu drehen. Manchmal genügen zwei schmale, parallele und weit auseinanderliegende Bildstreifen zur Bestimmung der Lage einer geraden Bildkontur. Dann kann die Bildserie wie in **Fig.** 2424-7 geschachtelt werden, um mit kleinerem v auszukommen. Allerdings wird bei solchen Schachtelungen der Zahl der Bilder durch das Verhältnis des Streifenabstandes zur Streifenbreite eine Grenze gesetzt. Zu einer passenden Drehung des Bildes ist auch dann zu raten, wenn es auf die möglichst scharfe Wiedergabe einer geraden Kontur ankommt. In **Fig.** 2424-5 unten wird der v-parallele Strich ohne Bewegungsunschärfe wiedergegeben. Hat man immer wieder Bildserien von Strömungen gleicher Art aufzunehmen, so ist es wegen dieser Richtungsabhängigkeit der Konturwiedergabe nicht ganz gleichgültig, ob man eine Trommelkamera mit horizontaler oder vertikaler Achse kauft. Es kommt vor, daß mehr Bilder erwünscht sind, als auf dem

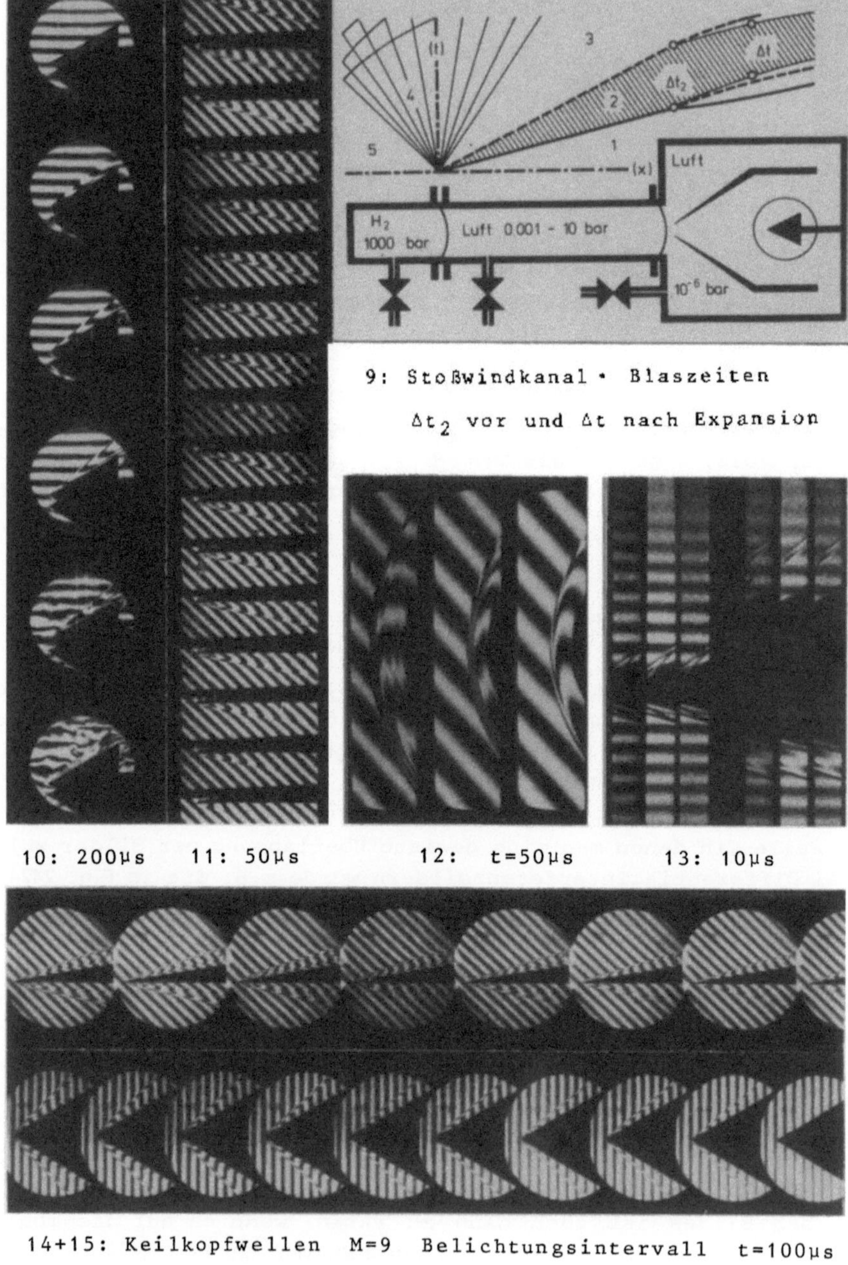

9: Stoßwindkanal · Blaszeiten

Δt_2 vor und Δt nach Expansion

10: 200µs   11: 50µs   12:   t=50µs   13: 10µs

14+15: Keilkopfwellen   M=9   Belichtungsintervall   t=100µs

Fig. 2424: Bewegter Film

Trommelumfang nebeneinander untergebracht werden können. Man kann mehr unterbringen, wenn man die mechanische mit der optischen Bildtrennung wie in **Fig. 2424-8** kombiniert [1747]. Hat der Film die Breite B=md, so kann mit m Objektiven gearbeitet werden. Von den mit dem Zeitintervall Δt erzeugten Bildern erscheinen nur die mit dem Zeitabstand $m\Delta t$ in derselben Zeile. Sie berühren sich dort, wenn $mv\Delta t=d$ ist. Zur Trennung der Bilder muß sich also der Film nicht mit $v=d/\Delta t$, sondern nur noch mit $v/m\Delta t$ bewegen. Die auf d bezogene Bewegungsunschärfe wird dadurch von $\delta t/\Delta t$ auf $\delta t/m\Delta t$ reduziert. Der Zeitabstand der Funken in derselben Funkenstrecke beträgt $m\Delta t$. Bei großen m kann man die Kondensatoren periodisch nachladen.

In den **Fig. 2424-10 bis 15** sind einige Ausschnitte von Differentialinterferenzbildserien wiedergegeben. Sie wurden mit der in [1759] beschriebenen Trommelkamera bei $v=80m/s$ aufgenommen [1748]. Damit wurde das Verhalten von Kopfwellen und Grenzschichten während der drei Strömungsphasen des in **Fig. 2424-9** skizzierten Hyperschallstoßrohres untersucht. Es zeigte sich, daß die Dauer stationärer Hyperschallströmung mit einer Machzahl zwischen 8 und 9 je nach der Strömungsgeschwindigkeit zwischen 2000m/s und 4000m/s nur zwischen 200µs und 400 µs betrug, daß sie aber in jedem Fall hinreichend lang für die Ausbildung kurzzeitig stationärer Kopfwellen und Grenzschichten war. In **Fig. 2424-11 und 12** wurde bis auf einen Streifen abgedeckt. In **Fig. 2424-13** wurde die erwähnte Streifenschachtelung verwendet, um drei Bilder einer Keilkopfwelle mit dem Zeitabstand 10^{-5}s aufzunehmen.

Wie die zwei Bildstreifen, so können auch regelmäßig über das ganze Bild verteilte Bildflecken geschachtelt werden. Auch so wird Bildinformation geopfert, um die erforderliche Filmgeschwindigkeit v zu reduzieren, denn die Zahl der Bilder ist zur abgedeckten Bildfläche proportional. Dasselbe Ziel läßt sich auch ohne Informationsverlust und Begrenzung der Bildzahl durch Umordnung der Bildflecken und Registrierung in einem schmalen v-normalen Streifen erreichen. Die Umordnung kann z.B. mit dem in Abschnitt 1.5.1.4 besprochenen Lichtleiterbündel vorgenommen werden. Die zahlreichen und sehr verschiedenen Verfahren solcher Art werden in der Literatur über Rasterkinematographie beschrieben [1749-1752].

Nicht nur Bilder, sondern auch Hologramme können auf bewegtem Film aufgenommen werden [1753-1758]. Wenige Belichtungen können auf derselben Filmfläche erfolgen. Der Film ist dann lediglich um eine filmnormale Achse zu drehen. Die Drehung $\Delta\alpha=\omega\Delta t$ während des Belichtungsintervalls Δt sollte dabei mehr als 30° betragen. Bei kleineren Winkeln wird es schwierig, die Objektwellen getrennt wiederzugeben. Die Drehung $N\Delta\alpha$ während der insgesamt N Belichtungen muß weniger als 360° betragen. Also kann höchstens die Information über 11 Objektwellen gespeichert werden. Schon ab N=6 nimmt das Auflösungsvermögen merklich ab. Diese Begrenzungen entfallen, wenn getrennte Hologramme nebeneinander aufgenommen werden. In [1758] wurde über die Registrierung von 400 Hologrammen mit $\Delta t=10µs$ auf einer rotierenden

506

Scheibe und von 4000 Hologrammen mit $\Delta t=3\mu s$ auf einer rotierenden Trommel berichtet. Die Blitzenergie betrug 1µJ. Die in Abschnitt 2.2.5.1 zitierten Bücher über Holographie geben auch Auskunft über den jeweiligen Stand der Hologrammkinematographie.

Es kommt nur auf die Relativbewegung von Bild und Film an. Die Bildtrennung kann also auch auf ruhenden Film durch Schwenken des abbildenden Lichtbündels mit Hilfe eines rotierenden Spiegels erfolgen. Die erste Drehspiegelkamera wurde 1922 [1760] mit einem Spiegel gebaut, der sich wie in **Fig.2424-16** um die Objektivachse drehte. Der Winkel zwischen dem einfallenden und reflektierten Hauptstrahl bleibt so konstant. Die Winkelgeschwindigkeit ω des reflektierten Hauptstrahles ist gleich die Winkelgeschwindigkeit ω_s des Spiegels. Heute wird der in **Fig.2424-17** skizzierten Anordnung der Vorzug gegeben. Die Drehung des Spiegels um die in der Spiegelebene und orthogonal zur Objektivachse liegende Achse hat zwei Vorteile. Dreht sich der Spiegel um einen Winkel $d\alpha$, so wird sowohl der Winkel des einfallenden wie auch der des reflektierten Strahls um $d\alpha$ geändert. Der reflektierte wird also auf diese schon in Abschnitt 1.5.1.1 erwähnte Weise um $2d\alpha$ geschwenkt. Die Winkelgeschwindigkeit ω des reflektierten Hauptstrahls wird doppelt so hoch wie die Winkelgeschwindigkeit ω_s des Spiegels. Außerdem wird so die bei der anderen Anordnung auftretende Drehung der Bilder auf dem Film vermieden.

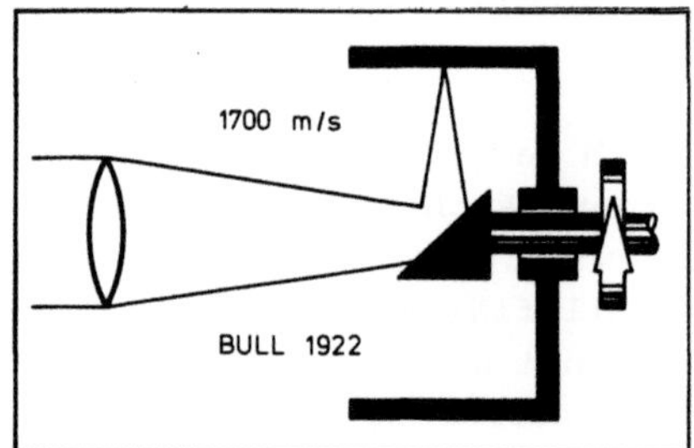

16: Drehachse in Blickrichtung   17: Drehachse im Spiegel

Fig. 2424: Bewegtes Bild

In beiden Fällen gibt es die Möglichkeit, den Abstand r des Films von der Drehachse viel größer als den Radius r_s des Spiegels zu machen. Die Bildgeschwindigkeit $v=\omega r$ ist im erstgenannten Fall um den Faktor r/r_s und im letztgenannten sogar um den Faktor $2r/r_s$ größer als die Umfangsgeschwindigkeit $v_s=\omega_s r_s$ des Spiegels. Wie bei der rotierenden Trommel, so wird auch hier der Umfangsgeschwindigkeit durch die Festigkeit eine obere Grenze gesetzt. Die Rechnung mit der Formel $v_s=\sqrt{2\hat{\sigma}/\rho}$ ergibt für Quarzglas nur $v_s=283$ m/s als höchstzulässigen Wert von v_s. Da es sich um ein vergleichsweise kleines Bauteil handelt, kann aber mit besseren Werkstoffen gearbeitet werden [1761]. Ein Berylliumspiegel in Heliumatmosphäre und gedreht von einer Heliumturbine mit 23 000 U/s hat Umfangsgeschwindigkeiten bis etwa v_s=800 m/s ausgehalten. Damit kann die Bildgeschwindigkeit schon bei r/r_s=10 etwa $v=2v_sr/r_s$=16 km/s betragen. Man kann sie durch Mehrfachreflexion im Keilspalt zwischen zwei gegenläufig rotierenden Spiegeln noch weiter steigern [1762]. Der reflektierte Strahl bestreicht dann einen Kegel. Ist α der Einfallswinkel des einfallenden Strahls so muß der Neigungswinkel der beiden Spiegel gegen ihre parallelen Drehachsen bei m Reflexionen je $\beta=\alpha/n$ betragen. Drehen sich die Spiegel mit der Winkelgeschwindigkeit ω_s, so wird der austretende Strahl mit der Winkelgeschwindigkeit ω=2000 ω_s geschwenkt.

Hinsichtlich der Relativgeschwindigkeit zwischen Bild und Film ist also die Drehspiegelkamera gleich welcher Art der Trommelkamera weit überlegen. Dieser Vorteil wird mit Nachteilen erkauft. Bei der in Fig.2424-16 skizzierten Lage der Drehachse dreht sich das Bild. Kompensation dieser Drehung mit der in einem rotierenden Doveprisma vermindert die Bildqualität. Mit der in Fig.2424-17 skizzierten Anordnung ist die Kamera nur während einer kleinen Spiegeldrehung aufnahmebereit. Mit einem Spiegelpolygon statt eines einzigen Spiegels kann man für fortwährende Aufnahmebereitschaft sorgen, läßt so aber komplizierte Bildbewegungen infolge der außerhalb der Spiegel liegenden Drehachse und damit Abbildungsfehler zu. Ansonsten gilt auch hier wie bei der Trommelkamera die Gleichung (3). Die höheren Geschwindigkeiten v ermöglichen zwar bei gegebener Bildfrequenz v_B größere Bilddurchmesser d, haben aber keinen Einfluß auf die Zahl N der im Bild erkennbaren Linienpaare, sobald hierfür nicht das Linienauflösungsverögen n des Films, sondern die Bewegungsschärfe maßgebend ist. Wie bei der Trommelkamera, so ist auch hier zur Erhöhung von N oder v_B eine Verkürzung der Belichtungszeit δt erforderlich. Die Gleichung (3) gilt unter der Voraussetzung vernachlässigbarer Beugung. Beim Vergleich des letztlich mit den verschiedenen Verfahren Erzielbaren muß die Beugung an der Aperturblende berücksichtig werden [1763-1765].

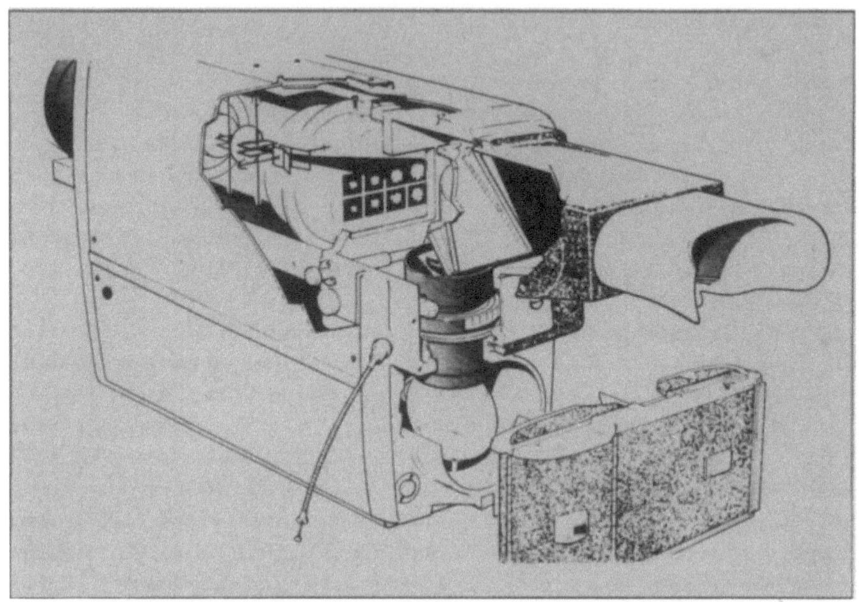

1: Imacon – Bildwandlerkamera

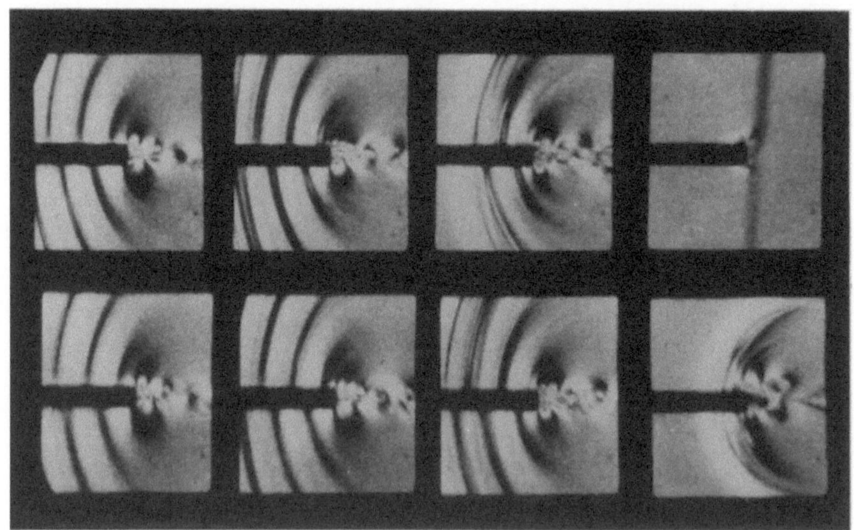

2: Imacon-Bilder • Δt=20µs • Hinterkante • Wirbel• Wellen

Fig. 2425: Elektrische Bildtrennung

2.4.2.5 Elektrische Bildtrennung

Die in Abschnitt 1.4.3.1 besprochenen Elektronenbildwandler bieten außer
der in Abschnitt 2.4.1.2 erwähnten Möglichkeit der Bildunterdrückung
auch die der Bildversetzung mit Ablenkplatten oder -spulen[1766,1767]. Die Versetzung des unterdrückten und die Freigabe des versetzten Bildes können
während sehr kurzer Zeiten erfolgen. **Fig.** 2425-1 zeigt eine Bildwandlerkamera, die auf solche Weise 8 Bilder trennt [1768]. Die Kamera kann für
Aufnahmen mit Blitzlicht oder für Kurzzeitaufnahmen von dauernd beleuchteten oder leuchtenden Objekten verwendet werden. Die kürzeste Filmbe-
lichtungszeit beträgt typisch 5ns, und die kürzeste Auslöseverzögerung
typisch 20 ns, wenn der Auslöseimpuls steil genug ist. Kameras solcher Art
werden für stufenweise wählbare oder kontinuierlich variierbare Bildpau-
sen zwischen 50 ns und 500 μs angeboten. Einige besorgen nicht nur die
Bildtrennung, sondern auch eine erhebliche Lichtverstärkung. Bei schwacher Belichtung und nach Abzug des Lichtverlustes durch die Zwischenabbildung kann der Verstärkungsfaktor z.B. 3000 betragen. Als rauschäqui-
valente Beleuchtungsstärke auf der Kathode wird in diesem Fall z.B. $2 \cdot 4^{-7}$
lux angegeben. Das Strichauflösungsvermögen hängt von der Belichtungszeit ab. Bei Belichtungszeiten über 50 ns kann es zwischen 16 und 32
Linien/mm betragen. Das sind Werte, die auch bei grobkörnigen oder
schlecht behandelten Filmen vorkommen. Bei der kürzesten Belichtungszeit
beträgt das Strichauflösungsvermögen nur noch typisch 8 Linien/mm. Die
Bildverzerrung hängt von der Bildgröße ab. Bei kleinen Bildern mit Durchmessern unter 10 mm bleibt sie unter 1%. Beim Bilddurchmesser 30 mm kann
sie jedoch mehr als 10% betragen. Wo die mangelhafte Bildqualität tole-
riert werden kann und die kleine Zahl der Bilder genügt, hat die
Bildwandlerkamera den oft entscheidenden Vorteil, daß mit vergleichswei-
sen wenig Bedienungsaufwand sehr schnell ablaufende Vorgänge untersucht
werden können. Die in **Fig.2425-2** wiedergegebene Bildserie wurde mit der in
Fig.2425-1 gezeigten Kamera aufgenommen. Es handelt sich um Differentialinterferenzbilder der Schallwellen, die bei der Wirbelbildung an der
Hinterkante einer umströmten Platte entstehen und stromauf laufen, wenn
die Machzahl kleiner als 1 ist Als Lichtquelle dienten Funken mit
δt=0,2μs und Δt=20μs [1769].

Sind weniger als 200 Bilder pro Sekunde aufzunehmen, und genügt die bescheidene Bildqualität des Fernsehens, dann kommen als elektrische Bild-
trenner auch die in Abschnitt 1.4.3.2 besprochenen Bildabtaster in Frage.
Für bescheidenere und fest vorgegebene Bildfrequenzen werden sie als Videokameras angeboten. Die folgende Tabelle informiert über die von der
CCIR-Norm (Comite Consultatif International des Radiocommunications)
vorgeschriebenen Zeilenzahlen und Bildfrequenzen.

Norm	I	II	III	IV
Staat	England	USA	BRD/DDR	Frankreich
Zeilenzahl	425	525	625	819
Bilder/s	25	30	25	25

Tab. 2425-1:   Fernsehnorm

Das Verhältnis Bildhöhe zu Bildbreite beträgt 3:4. Auf dem Bildschirm erscheinen etwas mehr als $5 \cdot 10^5$ Pixel. Das ist wenig verglichen mit den etwa 10^7 Pixel des 24mm x 36 mm-Bildes auf Amateurfilm, reicht aber für viele Untersuchungen aus. Dabei wird die Targetabtastung mit dem Elektronenstrahl zunehmend von der Schiebetastng des CCD-Chips verdrängt. Damit aufgebaute Videokameras sind weniger störanfällig, kompakter, und kommen mit einer leichteren und billigeren Spannungsquelle aus. Abtastende Kameras der einen oder anderen Art werden auch mit anderen Zeilenzahlen und Abtastzeiten für ganz andere Zwecke hergestellt. So wird z.B. eine hochauflösende Videokamera für das Lesen von 4500 Zeilen angeboten. Spezialkameras mit CCD-Chips werden zunehmend für industrielle und militärische Anwendungen entwickelt. Z. Zt. werden auf einem Chip je nach Fabrikat zwischen 65000 und 350000 Pixel mit Abmessungen zwischen 13 µm und 22 µm gespeichert. Die Abtastzeit pro Pixel beträgt bestenfalls 20ns. Für die Abtastung von 65000 Pixel werden also mindestens 1,3 ms gebraucht. Als Mindestbelichtungszeit werden Werte zwischen 20 µs und 100 µs angegeben. Mit solchen Daten kann die CCD-Kamera noch bei weitem nicht mit der Trommel- oder Drehspiegelkamera konkurrieren. Aber sie hat den oft entscheidenden Vorteil, daß die Bildinformation ohne die mühsame Filmentwicklung und Filmablesung einem Rechner zugeführt werden kann. Wenn sich das Bild nur langsam ändert, so kann man es noch während des Versuchs auf einem Monitor betrachten, transformiert, mit Markierungen versehen oder zusammen mit vorausberechneten Bildern. Außerdem sind Entwicklungen mit dem Ziel immer größerer Speicherkapazität mit immer kürzerer Zugriffszeit im Gange [1770-1774].

2.4.3 Kinematographie mit optischem Ausgleich

2.4.3.1 Ablaufkamera

Der sog. optische Ausgleich sorgt für eine vorübergehende Immobilisierung des Bildes auf dem Film. Bei der Ablaufkamera geschieht dies mit bewegten Linsen wie in **Fig. 2431-1**, mit einem Drehspiegelpolygon wie in **Fig. 2431-2** oder mit einem Drehsprisma wie in **Fig. 2431-3**.

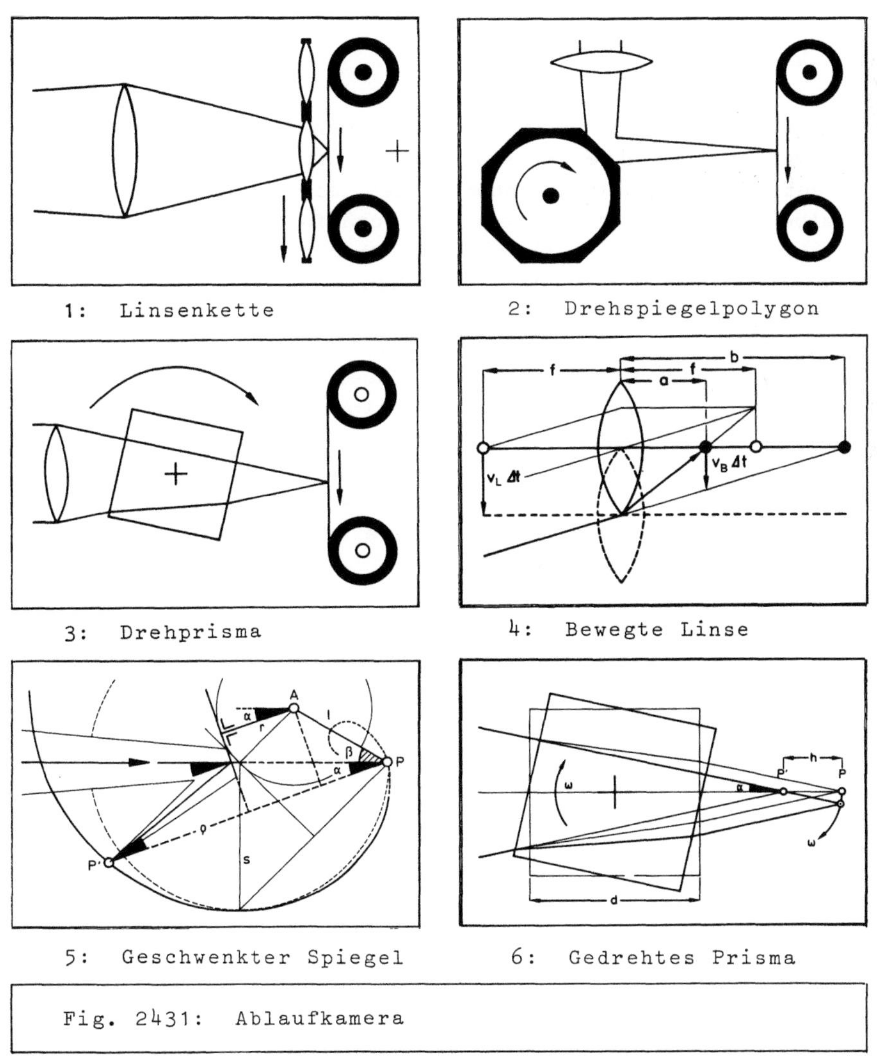

Fig. 2431:   Ablaufkamera

Der Film wird dabei kontinuierlich von einer gebenden auf eine empfangende Spule umgespult. Mit heute handelsüblichen Filmen kann man Filmge-

512

schwindigkeiten bis etwa v=60m/s erzielen. Für das Anfahren auf noch höhere v würde der Filmvorrat auf der gebenden Spule selbst dann nicht ausreichen, wenn mit der höchst zulässigen Kraft am Film gezogen würde. Der optische Ausgleich mit bewegten Linsen wurde schon 1910 [72] angewendet. Die Linsen müssen sich parallel zum Film mit einer Linsengeschwindigkeit v_L bewegen, die größer als die Filmgeschwindigkeit v ist. In **Fig.** 2431-4 bezeichnet f die Brennweite der Linse, a ihren Abstand vom Film und b ihren Abstand von jenem Bild, welches das Hauptobjektiv allein erzeugen würde. Es gilt 1/a-1/b=1/f. Verschiebung der Linse um $v_L\Delta t$ verschiebt einen Bildpunkt um $v_B\Delta t=v_L b/(b-a)$. Für $v_B=v$ wird also das folgende Verhältnis v_L/v benötigt;

$$\frac{v_L}{v} = \frac{f}{a} = 1+ \frac{f}{b} \tag{1}$$

Befinden sich die Linsen in einer rotierenden Scheibe, so bewegen sich die verschiedenen Bildpunkte genauer besehen mit verschiedenen Geschwindigkeiten auf verschieden gekrümmten Bahnen, die nicht in der Ebene des Filmes bleiben. Die Bilder verlieren so Schärfe. Einige Jahre später, 1916 [72], kam die erst Ablaufkamera mit Drehspiegelpolygon auf den Markt. Ab 1928 wurden die mit diesem optischen Ausgleich ausgerüsteten Zeiss-Ikon-Kameras marktbeherrschend [1775,1776]. In der leistungsfähigsten wurde 16mm-Film mit v=30m/s umgespult. Mit einem 60-flächigen Spiegelpolygon wurden bis zu 6000 B/s aufgenommen. Dabei bestand die Möglichkeit, die Punktbelichtungszeit mit einer verstellbaren Schlitzfeldblende bis auf 10 μs bei 0,3 mm Schlitzbreite zu verkürzen. Das Schwenken des Spiegels um eine außerhalb des Spiegels liegende Achse hat den Nachteil, daß sich ein Bildpunkt nicht auf einem Kreis, sondern auf einer Pascal'schen Schnecke bewegt. Wir entnehmen der **Fig.** 2431-5 die folgende Gleichung dieser Ortskurve 4. Ordnung in Polarkoordinaten:

$$\rho = 2r + 2l \cos(\alpha + \beta) \tag{2}$$

Der Spiegel hat den Abstand r von der Achse. Ohne den Spiegel hätte der Bildpunkt P den Abstand l von der Achse. Der reflektierte Bildpunkt P' hat den Abstand ρ von P. Die Verlängerung des einfallenden Strahls bildet mit l den Winkel β und mit ρ den gleichen Winkel α wie die Spiegelnormale. α ist auch der Winkel, um den sich r aus der zum einfallenden Strahl parallelen Lage gedreht hat. Die Ortskurve der Bildpunkte ist für den Sonderfall gezeichnet, daß der Strahl bei $\alpha=45°$ in jenem Punkt auf den Spiegel trifft, in welchem der Spiegel den Kreis mit r um die Achse berührt. In diesem Fall ist $l\sin\beta=r/\sqrt{2}$, und hat der reflektierte Strahl die Länge $s=l(\sin\beta+\cos\beta)=l\sqrt{1+\sin^2\beta}$. Würde sich der Spiegel um diesen Berührungspunkt drehen, so lägen die Bildpunkte auf dem punktiert eingezeichneten Kreis mit s um diesen Berührungspunkt. Bei der Winkelgeschwindigkeit ω_s des Spiegels würde die Gechwindigkeit des Bildpunktes $\omega=2s\omega_s$ betragen. Die stark eingezeichnete tatsächliche Ortskurve berührt diesen Kreis bei $\alpha=45°$. Differentiation ihrer Bogenlänge nach dem Drehwinkel α ergibt den folgenden Ausdruck für die Gechwindigkeit v_B des Bildpunktes:

$$v_B = 2\omega_s l \sqrt{1 + 2\,\frac{r}{l}\cos(\alpha + \beta) + \left(\frac{r}{l}\right)^2} \qquad (3)$$

Für $\alpha=45°+\varepsilon$ ergibt sich ein Ausdruck, den man bei kleinen $\varepsilon<<45°$ mit dem folgenden annähern kann:

$$v_B(\varepsilon << 45°) \simeq 2 \cdot s\,\omega_s \left(1 - \frac{\tan\beta}{1+\tan\beta}\,\varepsilon\right) \qquad (4)$$

Im gezeichneten Fall $\beta=30°$ ist dann z.B. $v_B=2s\omega_s(1-0,366\varepsilon)$. Die Geschwindigkeit des Bildpunktes ist bei $\alpha>45°$ kleiner und bei $\alpha<45°$ größer als $2s\omega_s$. Andere Bildpunkte haben andere α und β. Sie bewegen sich also auf anderen Bahnen. Dabei bleibt das Bild eben. Man kann also auch mit einer Krümmung des Films nicht erreichen, daß sich alle Bildpunkte mit exakt gleicher Gechwindigkeit exakt auf dem Film bewegen [1777] Heute wird in handelsüblichen Ablaufkameras dem optischen Ausgleich mit dem Drehprisma der Vorzug gegeben. **Fig. 2431-6** zeigt, wie die Brechung an zwei parallelen und geschwenkten Prismenflächen einen Bildpunkt P verschiebt. P läuft auf einem Kreis mit einem Radius h um jenen Punkt P', an welchem er ohne das Prisma erscheinen würde. h dreht sich mit der gleichen Winkelgeschwindigkeit ω_P wie das Prisma. P bewegt sich also mit der Umfangsgeschwindigkeit $v_P=\omega_P h$. Bei kleinen Winkeln hängt h folgendermaßen von der Brechzahl n des Prismas und vom Abstand d seiner Flächen ab.

$$h = \frac{n-1}{n}\,d \qquad (5)$$

Das abbildende Bündel muß so eng, und die Drehung während der Belichtungszeit muß so klein sein, daß $v_P=\omega_P h$ praktisch gleich der Filmgeschwindigkeit v ist. Hierzu hat das Prisma zwei oder mehr Paare paralleler Flächen und befindet sich in einem Käfig, der das Bündel beschneidet. Bei gleicher Bündelweite und gleicher Drehung sind die Abbildungsfehler noch größer als beim geschwenkten Spiegel. Bei polychromatischem Licht kommen Abbildungsfehler wegen der Dispersion $n(\lambda)$ hinzu. Kameras mit Drehprisma brauchen aber weniger Präzisionsmechanik und werden darum billiger hergestellt. Die Filmgeschwindigkeit kann z.B. v=60m/s und die Bildfrequenz kann 16 000 B/s betragen. Selbstverständlich beseitigt der optische Ausgleich nur die Filmbewegungsunschärfe. Die Objektbewegungsschärfe wird besonders groß, weil die Belichtungzeit nicht viel kürzer als das Belichtungsintervall ist. Einige Kameras sind darum mit einer zweiten Optik ausgerüstet, die Aufnahmen mit Blitzlicht ohne den optischen Ausgleich ermöglicht.

514

2.4.3.2 Trommelkamera

Wie bei der Ablaufkamera, so kann man selbstverständlich auch bei der
Trommelkamera bewegte Linsen oder Spiegel verwenden, um Bild nach Bild
auf dem bewegten Film zu immobilisieren. Linsen werden wie in **Fig. 2432-1**
starr mit der Trommel verbunden. Eine erste Trommelkamera solcher Art
wurde 1930 in Japan gebaut . Die Geschwindigkeit des innen anlie-
genden und 4m langen Films konnte v=300m/s betragen. 1952 wurden mit einer
in Frankreich hergestellten Trommelkamera [1779] mit einem Kranz von 250 Linsen auf 1,9m langem und mit v=250m/s umlaufendem Film 250 Bilder mit dem
Durchmesser 6,5mm und der Bildfrequenz ν_B=33 000B/s aufgenommen. Die
Bildpunkte bewegen sich hier anders als in **Fig. 2431-4**. Wenn sich der Film
und die Linse auf konzentrischen Kreisen um jenen Bildpunkt P bewegen, in
welchem das Hauptobjektiv allein den auf seiner Achse liegenden Objektpunkt abbilden würde, so liegen die in **Fig. 2432-2** skizzierten Verhältnisse
vor. Ohne die Ausgleichslinse würde das Bild in einer P enthaltenden und
zur Achse des Hauptobjektivs senkrechten Ebene erscheinen. Liegt die Achse der Ausgleichslinse auf dieser Achse, so wird das Bild lediglich in
eine hierzu parallele Ebene mit dem Abstand a statt b von der Linse verschoben. Wird die Achse der Ausgleichslinse um den Winkel β geschwenkt, so
hat diese jedoch ein virtuelles Bild reell abzubilden, daß sich in einer
gegenüber seiner Achse um den Winkel β geneigten Ebene befindet. Die

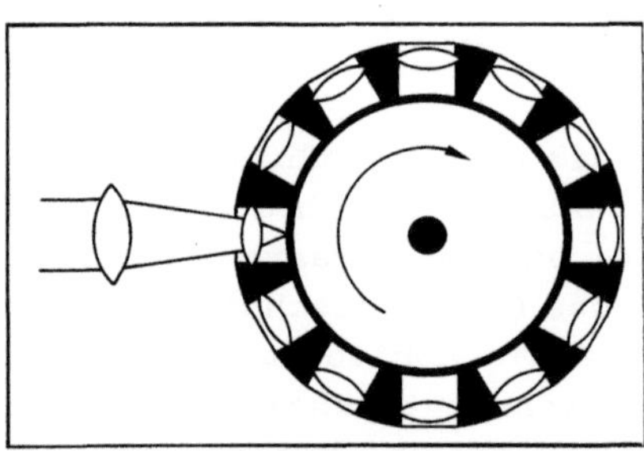

1: Linsenkranz

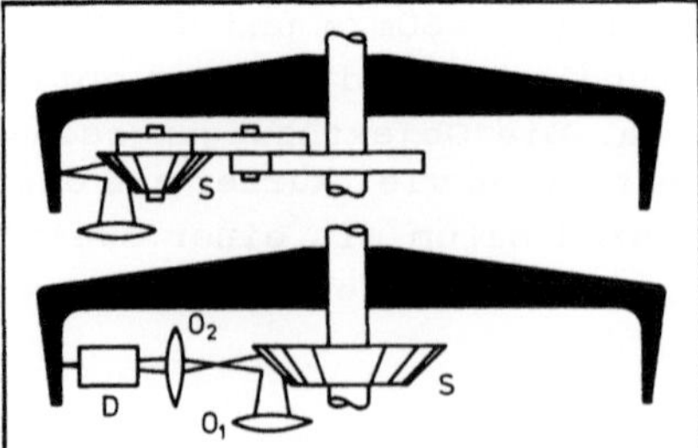

2: Bildpunktbewegung

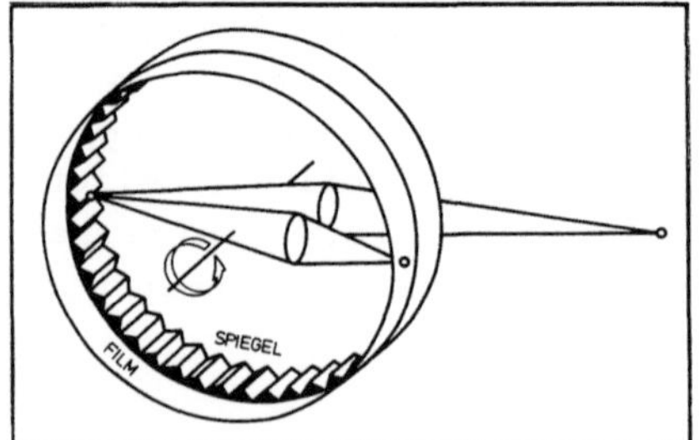

3: Schwenkspiegelkrone

4: Winkelspiegelkranz

Fig. 2432: Trommelkamera

Zeichnung lehrt, daß dann der Bildpunkt P' ebenfalls auf der Achse der Linse im Abstand a von dieser erscheint, daß aber die Bildebene um einen Winkel α gegen diese geneigt ist. Es gilt:

$$\tan \alpha = \frac{f}{b+f} \tan \beta \tag{1}$$

Abseits von der Linsenachse liegenden Bildpunkte werden darum auf dem Film mit Streukreisen wiedergegeben, deren Mittelpunkte sich anders als der auf der Linsenachse liegende Bildpunkt P' bewegen. Ist h der Abstand eines Bildpunktes von P', so hat er bei kleinen Winkel β ungefähr den Abstand e=αh vom Film.

Fig. 2432-3 zeigt Schnitte durch zwei Trommelkameras mit 180-flächiger Schwenkspiegelkrone. Die obere wurde 1929 und die untere ab 1957 in Japan gebaut [1780,1781]. In der oberen besorgte ein Getriebe die passende Drehung der Krone. Die Trommel hatte den Durchmesser 1,4m und wog drei Tonnen. Bei v=300 m/s wurden bis zu 900 Bilder mit dem Format 5mm x 24mm und mit der Bildfrequenz v_B=60 000 B/s aufgenommen. In der unten skizzierten Kamera drehte sich die Krone mit der und um die Trommelachse. Hier sorgten eine Zwischenabbildung kurz nach der Reflexion und die verkleinerte Abbildung auf dem Film für den passenden Betrag, und sorgte die Bildumkehr mit einem Doveprisma D für die passende Richtung der Bildgeschwindigkeit. Die Kamera war transportabel. Es gelang, die Filmgeschwindigkeit in einem evakuierten Gehäuse bis v=530m/s zu steigern und damit bis zu 70 000B/s mit dem Format 1mmx7,5mm aufzunehmen. Beide Kameras haben den bereits in Abschnitt 2.4.2.4 erwähnten Nachteil, daß mit der Spiegelschwenkung eine Bildrehung verbunden ist. Wegen dieses Nachteils wurde diese vielversprechende Entwicklungsrichtung wieder verlassen. Auch der in **Fig. 2432-4** skizzierte optische Ausgleich mit 90°-Winkelspiegeln hat sich nicht durchgesetzt. Ein Kranz von 500 über den Umfang verteilten Winkelspiegeln befand sich neben dem Film und bewegte sich wie dieser. Zwischenabbildung auf dem Spiegel und 1:2-Abbildung auf dem schräg gegenüberliegenden Film sorgte dafür, daß sich das Bild ebenso schnell wie der Film bewegte. Damit wurden auf 8mm-Film 500 Bilder mit der Bildfrequenz v_B=100 000 B/s aufgenommen [1782]. Besonders bemerkenswert war außerdem eine Kombination mit der optischen Bildtrennung [1783]. Von einer rotierenden Schlitzscheibe wurden nacheinander 10 in einer Reihe angeordnete Objektive freigegeben. Die hiermit erzeugten Zwischenbilder wurden mit einem Hauptobjektiv über einen 20-flächigen Spiegelkranz 5-fach vergrößert auf dem Film abgebildet . So wurde der Film während seiner Bewegung um eine Bildhöhe quer nebeneinander mit 10 nacheinander erscheinenden Bildern belichtet. Auf etwa 1m langem Film mit v=150m/s wurden bis zu 1300 Bilder mit dem Format 7,5mm x 7,5mm und mit der ungewöhnlich hohen Bildfrequenz v_B=200 000B/s aufgenommen. Allerdings war die Optik mit der Öffnung f:30 ziemlich lichtschwach und die nur 30 Linien/mm beitragende Strichauflösung bescheiden.

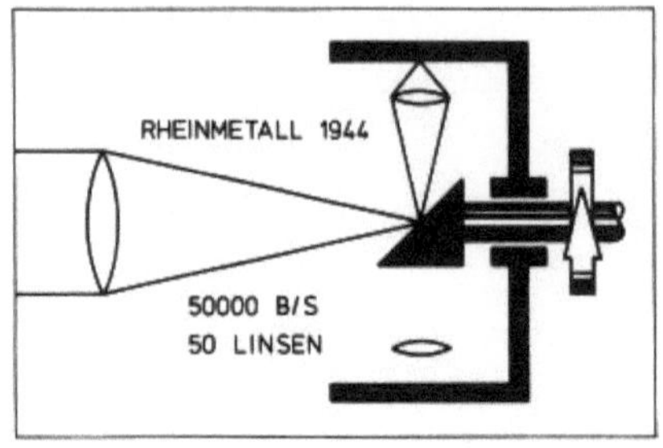

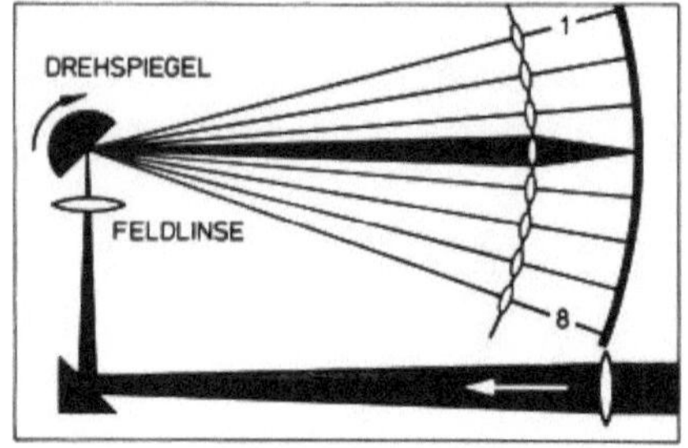

1: Drehachse in Blickrichtung

2: Drehachse im Spiegel

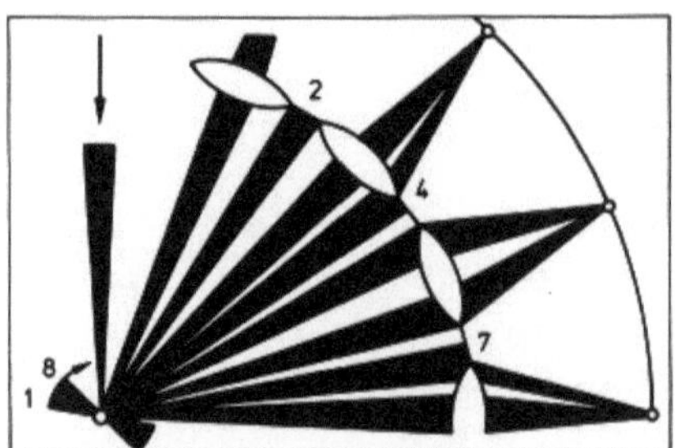

3: Zwischenabbildung

4: Acht Lichtbündellagen

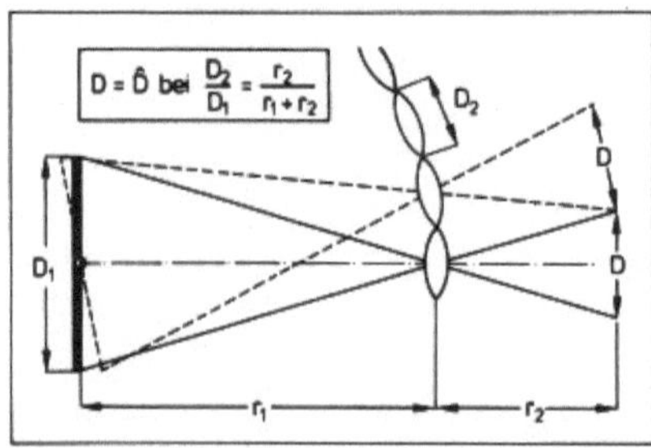

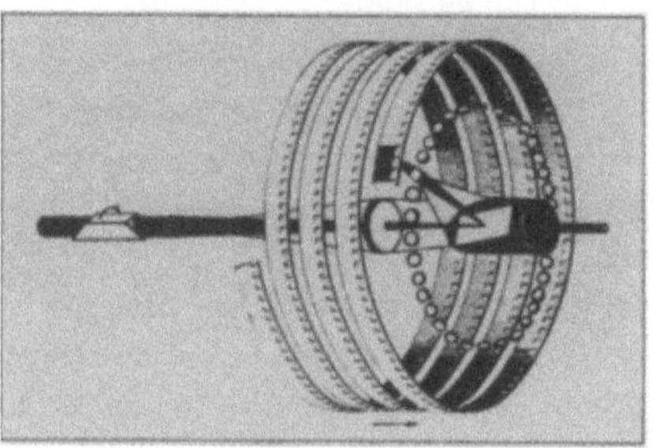

5: Abschätzung Unschärfe

6: Schraubung

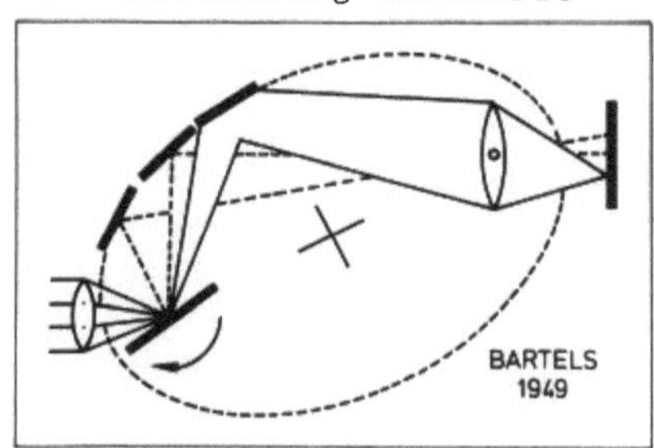

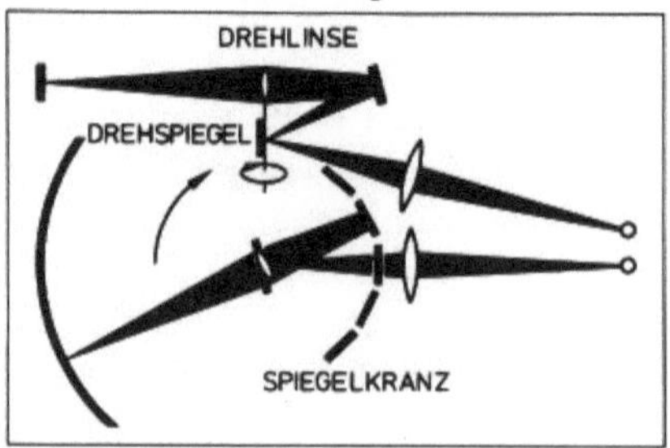

7: Spiegel statt Linsenkranz

8: Spiegel statt Linsenkranz

Fig. 2433: Drehspiegelkamera

2.4.3.3 Drehspiegelkamera

Es hat vergleichsweise lange gedauert, bis der optische Ausgleich auch in die Drehspiegelkamera eingebaut wurde, obwohl er hier besonders leicht mit einem ruhenden Linsenkranz realisiert werden kann. Eine ab 1944 bei der Firma Rheinmetall [72] entwickelte Kamera solcher Art wurde nicht fertig. Die ersten funktionstüchtigen Drehspiegelkameras mit Linsenkranz wurden ab 1948 in den USA von J.S. Bowen [1784] und C.D. Miller [1785] gebaut. Bei der in **Fig. 2433-1** skizzierten Rheinmetallkamera sollte sich der Spiegel noch mit der 45°-Neigung drehen. Bowen und Miller zogen bei der in **Fig. 2433-2** skizzierten Kamera die spiegelparallele Drehachse vor. Dieser Bauart hat sich durchgesetzt. Das Objekt wird jetzt nicht mehr wie in **Fig. 2424-17** über den Spiegel auf dem Film, sondern zunächst auf dem Spiegel abgebildet. Das wie in **Fig. 2433-3** teils relle und teils virtuelle Zwischenbild wird dann von jeweils jener Linse des Linsenkranzes auf dem Film abgebildet, durch welche das vom Spiegel geschwenkte Lichtbündel geht. Eine Feldlinse in der Nähe des Spiegels sorgt dafür, daß dies ohne Beschneidung des Lichtbündels geschieht. Das Bild steht auf dem Film, verschwindet , sobald das Lichtbündel eine Linse verläßt und erscheint hinter der nächsten Linse, sobald das Lichtbündel bei dieser ankommt. **Fig. 2433-4** erläutert anhand von acht aufeinanderfolgenden Lagen des von einem Zwischenbildpunkt zum Bildpunkt gehenden Lichtbündels, wie der Wechsel von der Abbildung hinter einer Linse zu der hinter der nächsten erfolgt.

Auch hier kann das Produkt der Bildfrequenz ν_B mit der Zahl N der im Bild erkennbaren Linienpaare einen gewissen Wert nicht überschreiten. Der Höchstwert wird jetzt aber nicht wie in Abschnitt 2.4.2.4 durch Bildbewegungsunschärfe, sondern durch Beugung bestimmt. Wir betrachten den in **Fig. 2433-5** skizzierten Modellfall. Die Drehachse befindet sich in der Ebene des Spiegels mit dem Durchmesser D_1. Der Linsenkranz hat von der Drehachse den Abstand r_1 und vom Film den Abstand r_2. Die Linsen mit dem Durchmesser D_2 sind ohne Zwischenraum aneinandergereiht. Dann wird ein Punkt des Zwischenbildes auf dem Film mit einer Airyscheibe mit dem Durchmesser $d=2,22\lambda r_2/D_2$ wiedergegeben. Hat das Zwischenbild den Durchmesser D_1 des Spiegels, so hat das Bild auf dem Film den Durchmesser $D=D_1 r_2/r_1$. Damit ergibt sich die Zahl $N=2D/d=D_1 D_2/1,22 r_1\lambda$ der erkennbaren Linienpaare. Die Drehung des Spiegels mit der Winkelgeschwindigkeit ω_S schwenkt den Hauptstrahl des von einem Zwischenbildpunkt zum Bildpunkt gehenden Bündels mit der Winkelgeschwindigkeit $\omega=2\omega_S$. Damit ergibt sich das Verhältnis $v_B/v_S=4r_1/D_1$ der Umfangsgeschwindigkeiten $v_S=\omega_S D_1/2$ des Spiegels und $v_B=\omega r_1=2\omega_S r_1$ des Hauptstrahls am Linsenkranz. Die Bilder werden mit der Bildfrequenz $\nu_B=v_B/D_2$ aufgenommen. Kommt:

$$N\,\nu_B = 3,28\cdot\frac{v_S}{\lambda} \tag{1}$$

Angenommen die Drehspiegelfestigkeit lasse die Umfangsgeschwindigkeit $\hat{v}_S=1000$ m/s zu, dann ergibt sich mit der Wellenlänge $\lambda=547$ nm grünen Lichtes $N\nu_B$–$6\cdot10^9$ /s als größtmöglicher Wert. Will man im Bild N=1000 Linien-paare erkennen, so darf die Bildfrequenz den Wert ν_B=$6\cdot10^6$B/s nicht über-steigen. Der gleiche Wert $N\nu_B$=$6\cdot10^9$ /s würde ohne den optischen Ausgleich gemäß Gleichung 2424-(3) erst bei der Belichtungszeit δt=$1,67\cdot10^{-10}$s er-reicht. So kurzzeitige und dennoch hinreichend starke Belichtung ist erst mit dem Laser möglich geworden. Die Produkte $N\nu_B$ mit und ohne den opti-schen Ausgleich werden bei $v_S\delta$=$0,305$ λ gleich. Bei λ=547 nm würde mit Aus-gleich schon v_S=$0,83$m/s genügen, um ebenso scharfe Bilder wie ohne Ausgleich bei δt=$0,2$ µs aufzunehmen. Käme es nur auf $N\nu_B$ an, so wäre also die Drehspiegelkamera mit optischem Ausgleich der ohne klar überlegen. Der Vergleich sieht jedoch anders aus, wenn man den Zweck der Kinematogra-phie nicht aus den Augen verliert. Bildserien werden aufgenommen, um Bewegungen und Änderungen von Bildstrukturen zu untersuchen. Mit opti-schem Ausgleich wird eine v-normale und mit der Geschwindigkeit $\dot{x}$ laufende Kontur bei D=vΔt und δt=Δt mit der Bewegungsunschärfe $\dot{x}\delta t/D$=$\dot{x}/v$ wiedergegeben. Hier ist $\dot{x}$<<v zu fordern. Ohne den optischen Ausgleich würde die Kontur bei D=vΔt mit der Bewegungsunschärfe $(v-\dot{x})\delta t/D$=$(1-\dot{x}/v)\delta t/\Delta t$ erscheinen. Man kann sie mit δt<<Δt in zulässigen Grenzen halten und mit v=$\dot{x}$ sogar vollkommen vermeiden. Der optische Aus-gleich hat den Nachteil, daß er die Beseitigung der Bildbewegungsun-schärfe mit einer starken Objektbewegungsunschärfe wegen δt=Δt erkauft. Macht man darum Δt hinreichend kurz, so geschieht von Bild zu Bild nur sehr wenig. Ein Großteil der Bilder wird dann nur noch zur Bestätigung und nicht zur Entdeckung von Informationen aufgenommen. Man braucht hier N Bilder nach dem ersten, um einen Konturweg über das ganze Bild mit der Umsicherheit der Bewegungsunschärfe auszumessen. Ohne Ausgleich kann dazu in der gleichen Zeit ein einziges Bild nach dem ersten genügen. Die höhere mit dem optischen Ausgleich erzielbare Bildfrequenz ist nicht nur möglich, sondern auch nötig. Bei begrenzter Gesamtzahl der Bilder bringt sie keinen Gewinn, sondern einen Verlust an Information, weil nur ein viel kürzerer Zeitabschnitt eines Vorganges als mit δt<<Δt untersucht werden kann. Bleibt der Ausweg, auch bei optischem Ausgleich mit δt<<Δt zu be-lichten. Moderne Drehspiegelkameras sind mit einem Kontakt ausgerüstet, der die Synchronisation der Blitzbelichtung mit der Spiegeldrehung ermög-licht. Dieses Vorgehen hat nur dann einen Sinn, wenn sich die Strukturen im Bild viel langsamer bewegen, als sich das ganze Bild ohne den optischen Ausgleich bewegen würde. Moderne Drehspiegelkameras sind darum und aus einem in Abschnitt 2.4.6.1 zu besprechenden Grund so konstruiert, daß sie leicht auf Betrieb ohne optischen Ausgleich umgestellt werden können. Die vorstehenden Überlegungen setzen voraus, daß sich die Bilder nicht über-lappen. Wenn sich die Linsen mit dem Druckmesser D_2 berühren, dann muß zur Erfüllung dieser Forderung D/D_2<$(r_1+r_2)/r_1$ sein. Mit dem Zweitabbil-dungsmaßstab D/D_1=r_2/r_1 ergibt sich die Forderung :

$$\frac{D_2}{D_1} \ge \frac{r_2}{r_1+r_2} \tag{2}$$

Die Bilder berühren sich, wenn $D_2(r_1+r_2)$=D_1r_2 ist. Für den größtmöglichen Bilddurchmesser $\hat{D}$ kommt:

$$\hat{D} = D_1 \frac{r_2}{r_1} = D_2 (1 + \frac{r_2}{r_1}) = \frac{D_1\,D_2}{D_1 - D_2} \tag{3}$$

Die vorstehenden Überlegungen setzen außerdem voraus, daß N/D kleiner als das Strichauflösungsvermögen des Films ist. Bei handelsüblichen Kameras ist mit D_1, D_2, r_1, r_2 auch $\hat{D}$ vorgegeben. Damit ist auch festgelegt, welche größte Zahl N der Liniepaare im Bild auf einem gegebenem Film erkannt werden kann [1794].

Zu Beginn der Entwicklung der Drehspiegelkamera mit optischem Augleich spielten solche Überlegungen eine untergeordnete Rolle. Es wurde angestrebt, mit möglichst hoher Bildfrequenz möglichst viele Bilder selbstleuchtender Vorgänge (Detonationen, Explosionen) aufzunehmen [1786-1788]. Mit einem dreiflächigen Berylliumspiegel in Heliumatmosphäre mit 23000 U/s gedreht von einer Heliumturbine wurde mit 85 beschnittenen 3,25mm breiten Achromaten die Bildfrequenz $v_B = 1,5 \cdot 10^7$ B/s erreicht [1788] Die Umfangsgeschwindigkeit des Spiegels betrug $v_S = 820$ m/s, das Bildformat 5 mm × 13 mm und die Strichauflösung 30 Linien/mm. Diese Kamera kam mit $Nv_B = 2,25 \cdot 10^9$ /s der Grenze des Machbaren nah [1989]. In einigen Kameras wurde durch Teilung des Lichtbündels die Registrierung auf einem Vollkreis und so eine höhere Gesamtbildzahl ermöglicht [1790]. 1954 wurden in der UDSSR [1791] mit der in **Fig. 2433-6** skizzierten Kamera auf 30 m langem 8mm-Film 7500 vorführfertige Bilder mit $v_B = 10^5$ B/s aufgenommen. Dabei wurde wieder zu dem um 45° geneigten Spiegel übergegangen. Ein mit der halben Drehzahl rotierendes Doveprisma kompensierte die Bilddrehung, und ein mit der Spiegeldrehung gekoppelter Vorschub sorgte dafür, daß mehrere Spiegelumdrehungen genutzt werden konnten.

Solche Drehspiegelkameras sind teuer. Darum hat es auch nicht an Versuchen gefehlt, den Aufwand zu reduzieren. In der in **Fig. 2433-7** skizzierten Kamera [1792] wurde der Linsenkranz durch eine einzige Linse und einen Kranz von Planspiegeln ersetzt, die eine Ellipse berührten. Der Drehspiegel befand sich in dem einen und die Linse in dem anderen Brennpunkt der Ellipse. Die Aufnahme konnte mit einer billigen Kamera auf Planfilm erfolgen. Auch die in **Fig. 2433-8** skizzierte Anordnung [1793] kam mit einer einzigen Linse und mit Planspiegeln aus. Die Linse drehte sich mit der doppelten Winkelgeschwindigkeit um dieselbe Achse wie der Drehspiegel. Die Planspiegel berührten einen Halbkreis um diese Achse und waren so gekippt, daß das am Drehspiegel reflektierte Lichtbündel durch die Drehlinse ging. Mit 100 Planspiegeln wurden auf einem gegenüberliegenden Halbkreis mit größerem Radius 100 Bilder mit $v_B = 140000$ B/s aufgenommen.

Rechnungen ergaben, daß auf solche Weise die Bildfrequenz $v_B = 10^6$ B/s erzielt werden könnte. Die Drehspiegelkameras und ihre Anwendungen waren jahrzehntelang ein bevorzugtes Thema der im Vorwort erwähnten Tagungen über Hochfrequenzkinematographie. Wir verweisen auf die in den Tagungsberichten sowie die in den Büchern und Übersichtsartikeln über Hochfrequenzkinematatographie zitierte Literatur [1795 - 1803].

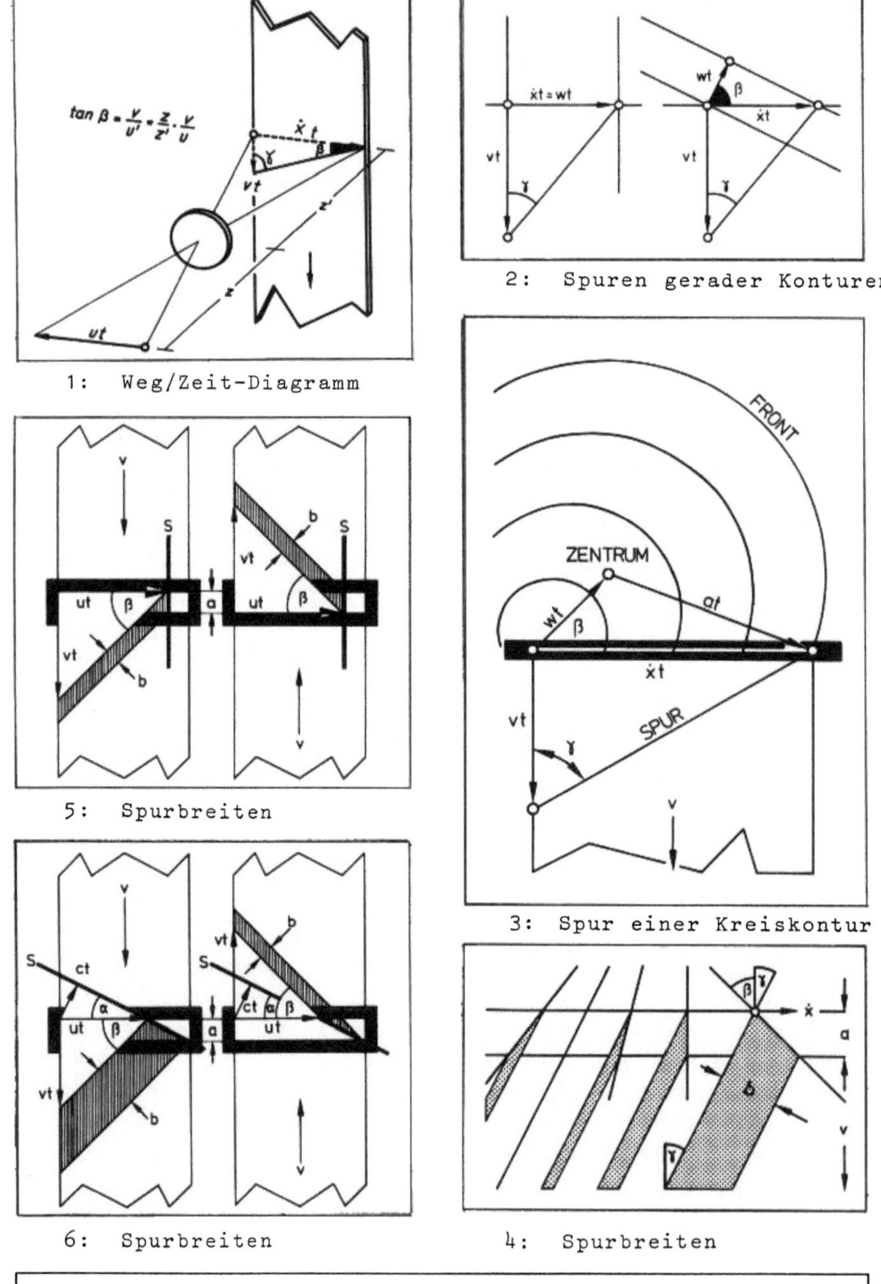

Fig. 2441: Streakregistrierung

2.4.4 Streakregistrierung

2.4.4.1 Weg/Zeit-Diagramme

Bildserien geben nur unterbrochene Information über Bewegungen und Änderungen von Strömungsstrukturen. Oft ist es darum nicht nur einfacher, sondern auch besser, das Bild bis auf einen möglichst schmalen Streifen abzudecken, um die Bewegungen und Änderungen in diesem Streifen kontinuierlich als Funktion der Zeit zu registrieren. Die Registrierung kann auf bewegtem Film oder auf ruhendem Film mit mechanischer oder elektrischer Bewegung des Bildstreifens erfolgen. Die Trommelkamera hat hier den Vorteil, daß die große Trommelträgheit für eine konstante Filmgeschwindigkeit sorgt. Mit Drehspiegelkameras werden höhere und mit Bildwandlerkameras noch höhere Schreibgeschwindigkeiten erreicht [1804-1808]. In den letzten Jahren wurden elekrooptisch ablenkende Kameras entwickelt [1809]. Handelsübliche Kameras mit optischem Ausgleich sind so gebaut, daß entweder der optische Ausgleich ausgebaut, oder zugleich eine Bildserie aufgenommen und ein Bildstreifen kontinuierlich registriert werden kann. Handelsübliche Bildwandlerkameras können von schrittweiser auf kontinuierliche und zeitproportionale Ablenkung umgeschaltet werden. Die Bildstreifenregistrierung wird im englischen Sprachraum streakrecord genannt. Dort wird zwischen dem Betrieb der Kamera in der streak mode oder framing mode unterschieden. Im folgenden wird Registrierung mit einer Trommelkamera angenommen. Die Schlitzblende kann sich unmittelbar vor dem Film oder in einer Zwischenbildebene befinden. In **Fig. 2441-1** bewegt sich ein identifizierbarer Bildpunkt im Schlitz mit der konstanten Geschwindigkeit $\dot{x}$ von links nach rechts. Der Film wird mit der konstanten Geschwindigkeit v von oben nach unten gezogen. Auf ihn wird dann als Spur des Bildpunktes eine von links unten nach rechts oben laufenden Gerade geschrieben. So wird ein Weg(x)/Zeit(t)-Diagramm der Bewegung des Bildpunktes aufgezeichnet mit den zeitproportionalen Ordinaten y=-vt über den Abszissen x=$\dot{x}$t. Der Winkel γ der Spur mit dem Filmrand informiert bei bekannter Filmgeschwindigkeit v über die Bildpunktgeschwindigkeit $\dot{x}$:

$$\dot{x} = v \tan \gamma \tag{1}$$

Ändert sich $\dot{x}$, so gilt diese Beziehung momentan und lokal. Durchquert ein Bildpunkt den Schlitz, so schreibt er bei verschwindender Schlitzbreite lediglich einen Punkt auf den Film. Eine den Schlitz durchquernde Bildkontur hinterläßt eine Spur, die aus solchen Punkten besteht. Sie wird von den nacheinander im Schlitz erscheinenden Konturpunkten geschrieben. Bei einer geraden Kontur liegen die in **Fig. 2441-2** skizzierten besonders einfachen Verhältnisse vor. Links ist die Kontur schlitznormal und läuft mit der schlitzparallelen Geschwindigkeit w. Hier ist $\dot{x}$=w. Rechts bildet w mit dem Schlitz den Winkel β. Die Spur wird hier mit der Geschwindigkeit

$$\dot{x} = w/\cos\beta \tag{2}$$

ihres Schnittpunktes mit dem Schlitz geschrieben. Konturen mit verschiedenen w können bei passend verschiedenen β den Schlitz mit den gleichen Schnittgeschwindigkeiten $\dot{x}$ schneiden und so die gleichen Spuren schreiben. Es bedarf also einiger Vorkenntnis des zu untersuchenden Objektes, um die Spuren der Streakregistrierung deuten zu können. Weiß man zunächst gar nichts über das Objekt, so kann man noch nicht einmal sicher sein, daß eine gerade Spur die konstante Fortpflanzungsgeschwindigkeit einer Geraden verrät. Auch die in **Fig.** 2461-3 skizzierte Front einer sphärischen Knallwelle in einem strömenden Medium mit der konstanten Strömungsgeschwindigkeit w und konstanten Schallgeschwindigkeit a schreibt z.B. eine gerade Spur. Hier hat die Schnittgeschwindigkeit $\dot{x}$ bei einem Winkel β zwischen w und dem Schlitz den folgenden Wert:

$$\dot{x} = w \cos\beta \ (1 + \sqrt{\frac{(a/w)^2 - \sin^2\beta}{1 - \sin^2\beta}} \ ) \tag{3}$$

Es kommt vor, daß eine Versuchsanordnung nur bestimmte Strömungsstrukturen zuläßt, deren Geschwindigkeiten bestimmt werden sollen. Dann ist die Interpretation der Streakregistrierung unproblematisch. Im allgemeinen muß man sich aber zuvor anhand eines Bildes überlegen, welche Information eine Streakregistrierung liefern kann, und welche Schlitzorientierung die günstigste ist. In Sonderfällen können anstatt eines Bildes auch zwei simultane Streakregistrierungen mit orthogonalen Schlitzen genügen. Ein solcher Sonderfall liegt z.B. vor, wenn es sich nur um eine gerade Kontur handeln kann, wenn aber nicht nur der Betrag, sondern auch die Richtung ihrer konturnormalen Fortpflanzungsgeschwindigkeit w unbekannt ist. Wir entnehmen der **Fig.** 2441-2 die folgenden Beziehungen zwischen $\dot{x}$, $\dot{y}$, w und dem Winkel β zwischen $\vec{w}$ und $\dot{x}$:

$$\tan\beta = \dot{x}/\dot{y} \ ; \qquad \frac{1}{w^2} = \frac{1}{\dot{x}^2} + \frac{1}{\dot{y}^2} \tag{4}\,(5)$$

Die Drehung der Bilder kann mit einem der in Abschnitt 1.5.1.2 erwähnten Turboprismen erfolgen. In [1810] wurde über Registrierungen mit gekrümmtem Schlitz berichtet.

Es ist nicht ganz gleichgültig, wie groß die Filmgeschwindigkeit v ist. Ein kleiner Fehler dγ der Messung des Spurwinkels γ pflanzt sich folgendermaßen in das Meßergebnis $\dot{x}$ fort:

$$\frac{d\dot{x}}{\dot{x}} = \frac{2}{\sin^2\gamma} \ d\gamma \tag{6}$$

Der relative Fehler $d\dot{x}/\dot{x}$ wird bei γ=45°, d.h. bei v=$\dot{x}$ am kleinsten. Zur Erzielung dieses günstigsten Spurwinkels muß man nicht unbedingt v, sondern kann auch $\dot{x}$ mit dem Abbildungsmaßstab anpassen. Überhaupt spielt der Abbildungsmaßstab eine wichtige Rolle. Verkleinernde Abbildung verkleinert auch $\dot{x}$ und macht so, daß man mit kleineren v auskommen kann. Bei stark vergrößernder Abbildung kann schon eine kleine Strukturgeschwindigkeit im Objekt als so hohe Strukturgeschwindigkeit $\dot{x}$ im Bild erscheinen, daß die mit einer Trommelkamera möglichen v nicht hoch genug sind. Das macht die Untersuchung von Strömungen um und in Mikroorganismen so schwierig. Auch die Breite a des Schlitzes will wohl überlegt sein. Eine Filmzeile wird mit der Belichtungszeit $\delta t = a/v$ belichtet. Je größer v ist, um so größer muß auch a sein, um einen vorgegebenen Film bei vorgegebener Bestrahlungsstärke genügend zu schwärzen. Die für eine gewünschte Schwärzung erforderliche Breite a wird am schnellsten mit Hilfe einer Proberegistrierung mit keilförmigem Schlitz gefunden. Je breiter der Schlitz, umso breiter wird aber auch die von einer Bildkontur geschriebene Spur. **Fig.** 2441-4 informiert über die Spurbreiten b bei einer Schlitzbreite a im Falle gerader Konturen, die den Schlitz bei verschiedenen Winkeln β gegen die schlitznormale und der gleichen Schnittgeschwindigkeit $\dot{x}$ schneiden:

$$b = a \sin \gamma \, (1 + \frac{\tan\beta}{\tan\gamma}) \qquad\qquad (7)$$

Bei $\gamma = -\beta$ wird $b=0$. Die hiermit gegebene Möglichkeit ist insbesondere dann interessant, wenn sich bei anderen γ die Spuren eng aufeinanderfolgender Konturen überlappen würden. Bei allen anderen γ gibt es jeweils zwei Winkel β, bei denen die Spuren gleich breit sind. So ist z.B. nicht nur bei $\beta=0$, sondern auch bei $\tan\beta=-2\tan\gamma$ der Betrag von b gleich a $\sin\gamma$. Bei dem anzustrebenden Spurwinkel $\gamma=45°$ ist nicht nur bei $\beta=0$, sondern auch bei $\tan\beta=-2$, d.h. bei $\beta=-63,4°$ der Betrag von b gleich $a/\sqrt{2}$. Streifender Schnitt, d.h. β nahe bei $90°$ hat nicht nur den Nachteil unnötig hoher Schnittgeschwindigkeit $\dot{x}$, sondern auch den großer Spurbreite b. Bei schlitznormaler Kontur wie in **Fig.2441-5** kommt es nicht auf die Richtung der Filmbewegung an. Bei schiefer Kontur wie in **Fig.2441-6** hat auch diese erheblichen Einfluß.

2.4.4.2 Anwendungsbeispiele

Die **Fig. 2442-1 bis 8** zeigen einige Anwendungsbeispiele. Die Streakregistrierung in **Fig. 2442-1** gibt Auskunft über die Vorgänge beiderseits einer berstenden Stoßrohrmembrane [1811]. **Fig. 2442-2** zeigt wie sich in der Überschallströmung hinter einem starken laufenden Verdichtungsstoß die Kopfwelle einer Kugel ausbildet [1812-1815]. Wurde eine Hostaformkugel mit dem Durchmesser 2mm nicht festgehalten, sondern vor den Stoß geworfen, so wurde sie von der Strömung hinter dem Stoß wie in **Fig. 2442-3** mitgenommen. Die Visualisierung erfolgte mit dem Schattenverfahren. In **Fig. 2442-4** ist die Bahn eines starken Verdichtungsstoßes in einem mit Argon gefüllten Stoßrohr nach Reflexion an der Endplatte, an der Mediengrenze und wieder an der Endplatte durch das Leuchten des heißen Argons sichtbar geworden [387, 1816, 1817]. Die **Fig.2442-5 und 6** erläutern, wie bei Visualisierung mit dem Differentialinterferometer die Verschiebung der Interferenzstreifen auf zweierlei Weisen entweder mit streifennormalem oder mit streifenparallelem Schlitz registriert werden kann [1818]. Mit solchen Streakregistrierungen der Kopfwellen von Kugeln oder Zylindern wurde untersucht,

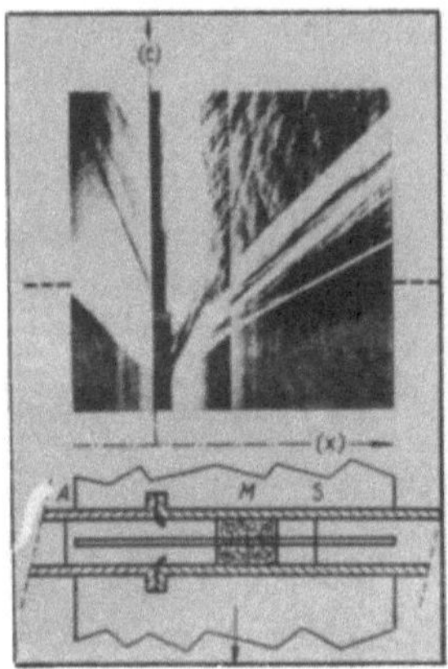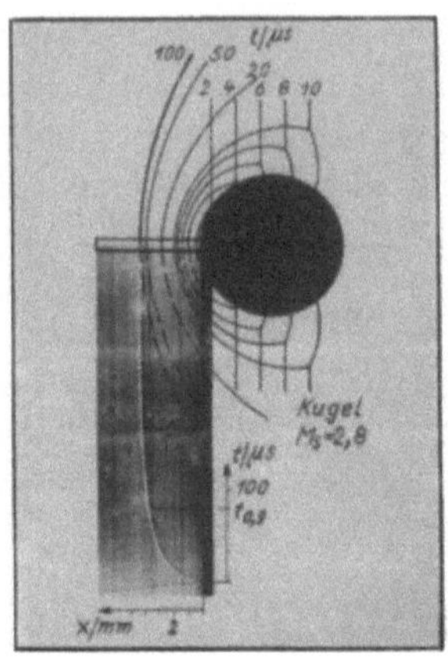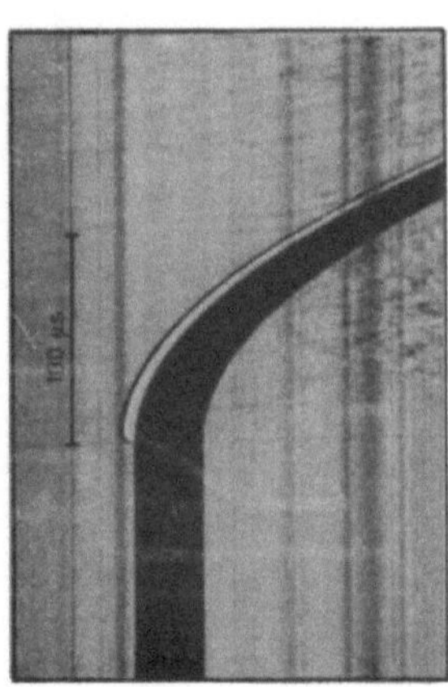

1: Stoßerzeugung   2: Instat.Kopfwelle 3: Mitgef. Kugel

Fig. 2442: Streakregistrierungen

wie lang und wie gut die Überschallströmungen hinter starken Verdichtungsstößen in einem Stoßrohr stationär sind [1819,1820]. Über Registrierungen von Interferenzstreifenverschiebungen wurde auch in [1811-1823] berichtet. Für die Registrierungen der **Fig. 2442-7 bis 10** wurde das Differentialinterferometer kollinear justiert. **Fig. 2442-7** zeigt Vorgänge an der Hinterkante einer Platte in schallnaher Unterschallstömung [1824]. Mit einem Schlitz parallel zur Hinterkante wurde die Geometrie der Wirbel, und mit einem Schlitz parallel zu den Seitenkanten wurde die Bewegung dieser Wirbel und der stromauflaufenden Wellen untersucht. Beide Registrierungen gaben außerdem Auskunft über die Frequenz. In **Fig. 2442-8** sind Bahnen der kohärenten Strukturen in der turbulenten Mischungsschicht eines Überschallstrahls und der begleitenden Machwellen im Lärmnahfeld wiedergegeben [1825-1832]. Die Lärmreflexion an der Düse kann ein Flattern des Strahles bewirken. Solches Flattern wurde bei strahlparallelem Schlitz wie in **Fig. 2442-9** oder strahlnormalem Schlitz wie in **Fig. 2442-10** sichtbar [1830,1831]. Die in Abschnitt 2.2.3.5 besprochene Komplementärbildspaltung macht es möglich, die Spuren stehender Strömungsstrukturen besonders kontraststark zu schreiben. Dazu wird die in **Fig. 2442-11** gezeigte Differentialinterferenzoptik verwendet. Das dritte Wollastonprisma WB hinter einer $\lambda/4$-Platte macht aus dem Zwischenbild im Schlitz der Blende B zwei versetzte und komplementäre Schlitzbilder mit einem Abstand a. Bei einer Schlitzbildbreite b wird so jede Filmzeile zweimal mit gleicher Belichtungszeit $\delta t = b/v$ und mit einem Zeitabstand $\Delta t = a/v$ belichtet. Die **Fig. 2442-12** erläutert, wie die beiden komplementären Belichtungen die Spur einer stehenden Struktur unsichtbar, die einer laufenden hingegen besonders gut sichtbar machen. Sie zeigt so registrierte Bahnen der kohärenten Strukturen in der turbulenten Mischungsschicht eines Überschallstrahls [1830,1831].

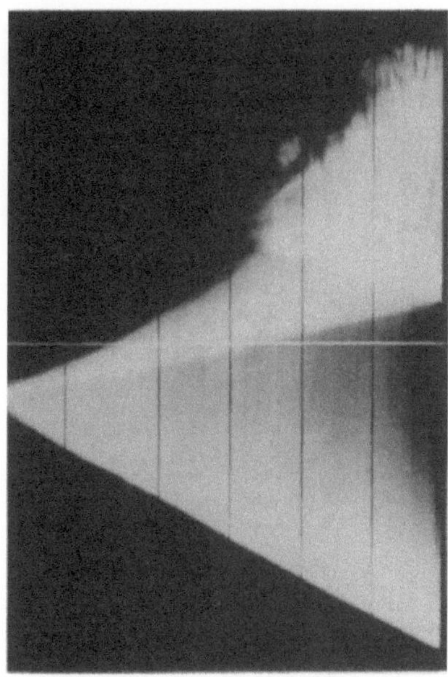

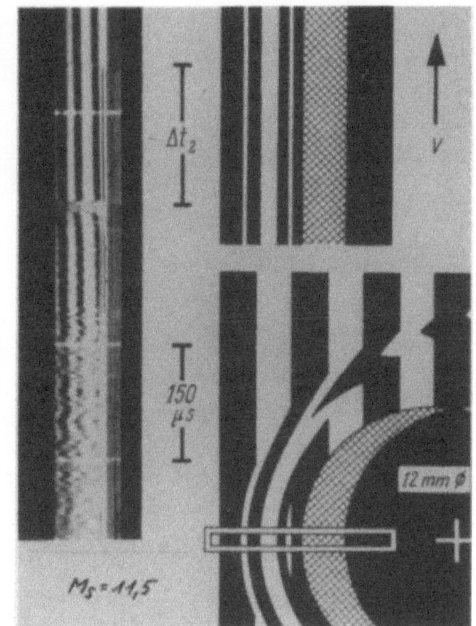

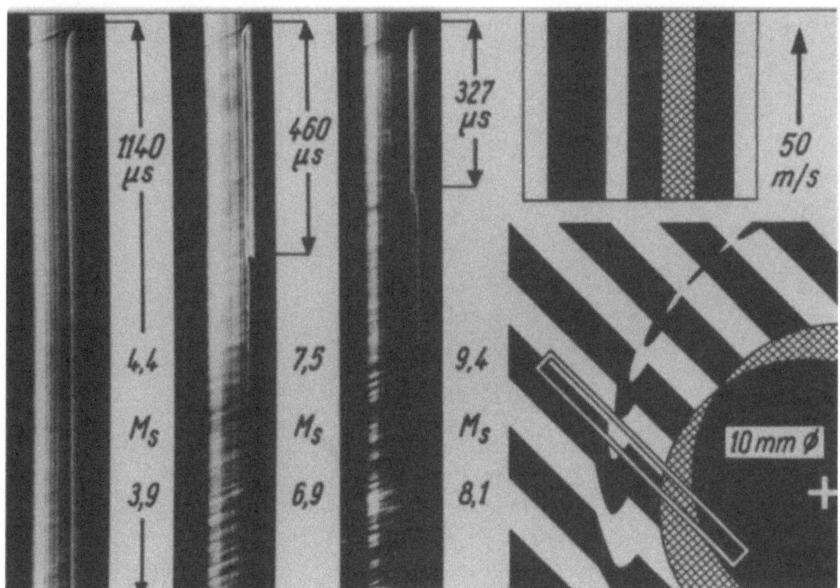

4: Refl. Stoß in Argon

5: Schlitz streifennormal

6: Schlitz streifenparallel

Fig. 2442: Streakregistrierungen

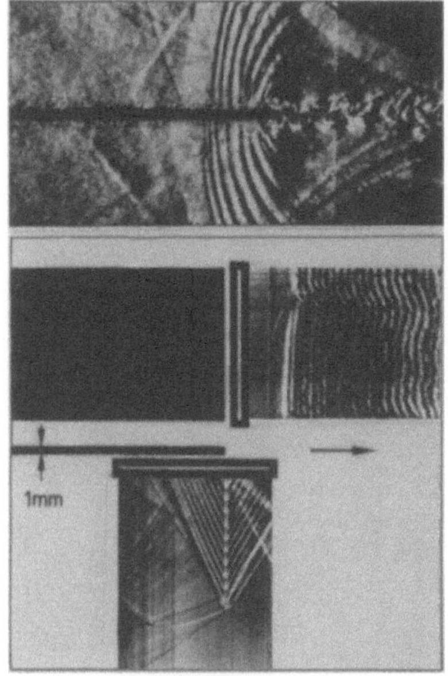

7: Vorgänge am Plattenheck

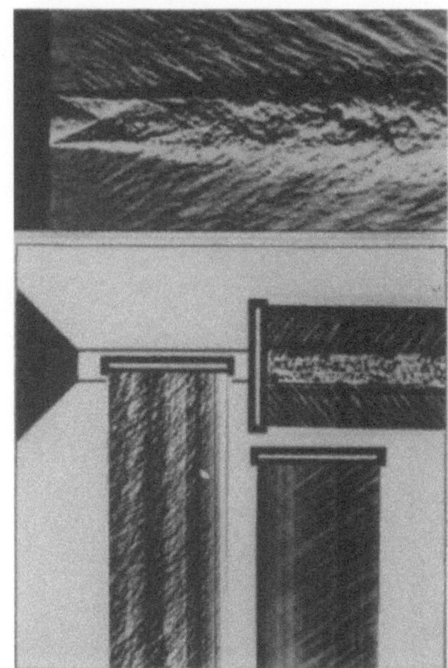

8: Überschallstrahl

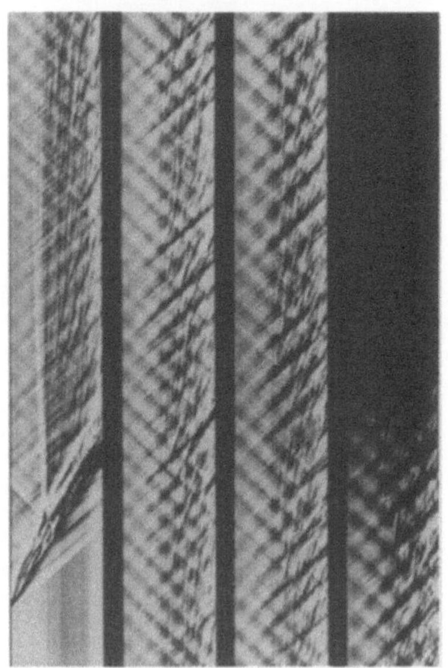

9: Schlitz horizontal

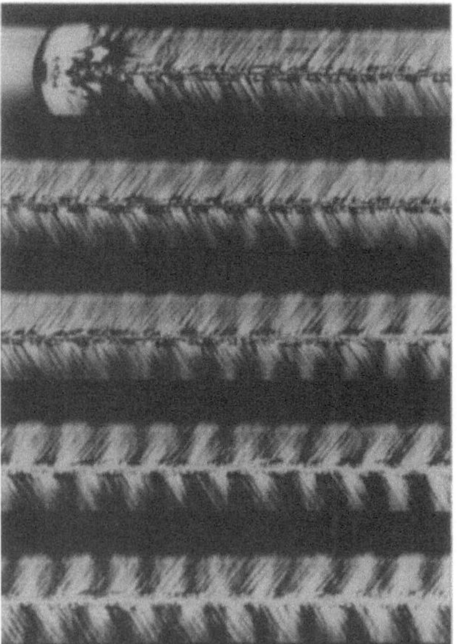

10: Schlitz vertikal

Fig. 2442: Streakregistrierungen

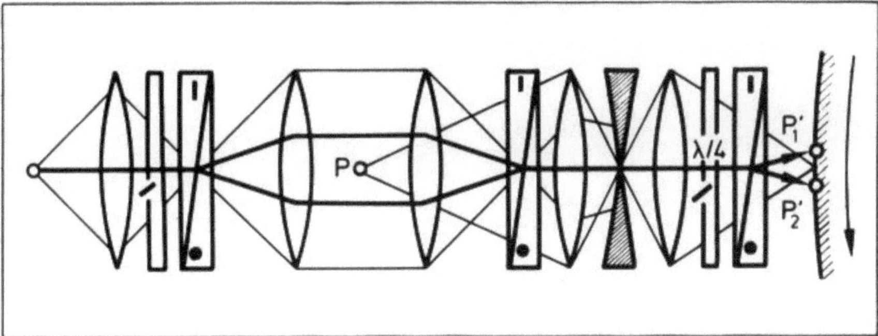

11 : Spaltung des Schlitzbildes

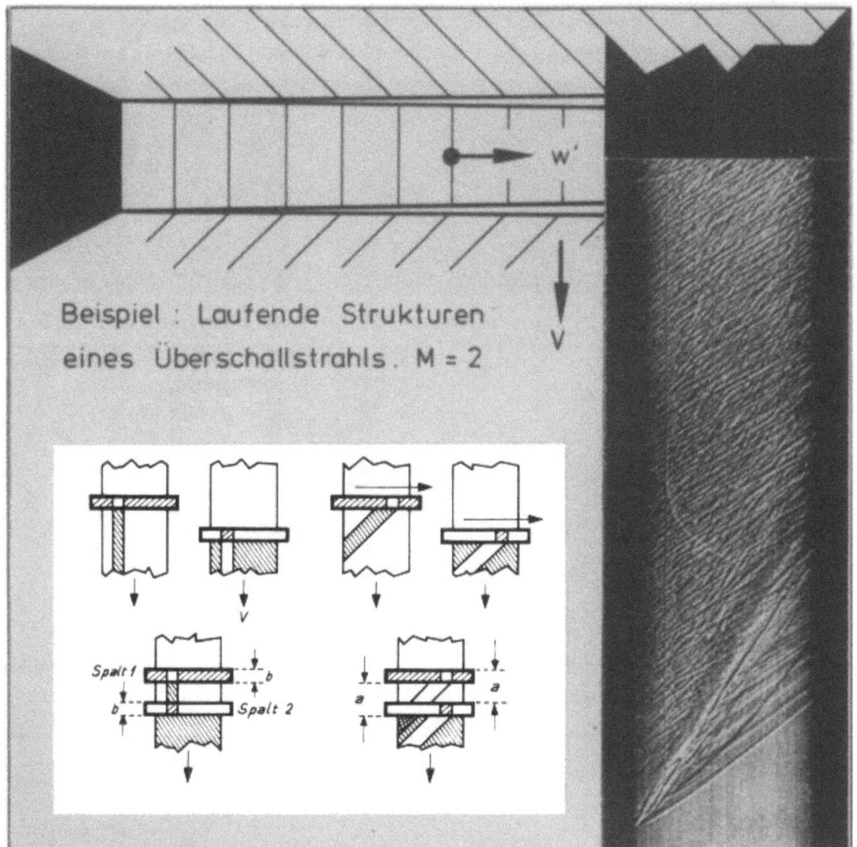

12 : Unterdrückung der Spuren stehender Strukturen

Fig. 2442: Streakregistrierung

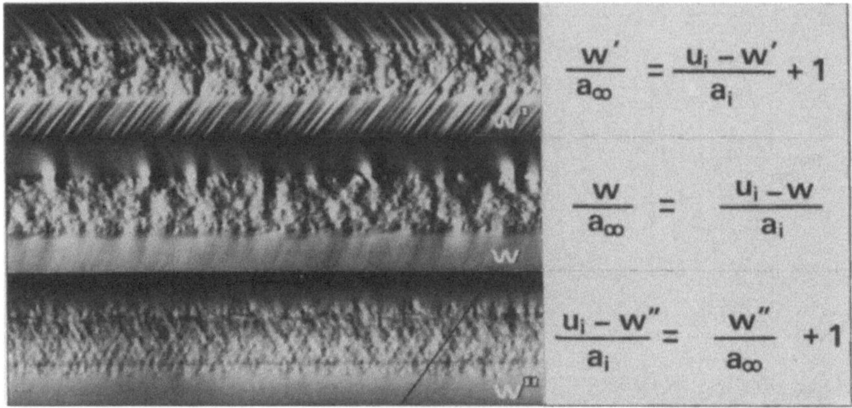

$$\frac{w'}{a_\infty} = \frac{u_i - w'}{a_i} + 1$$

$$\frac{w}{a_\infty} = \frac{u_i - w}{a_i}$$

$$\frac{u_i - w''}{a_i} = \frac{w''}{a_\infty} + 1$$

1: Immobilisierungen von Machwellen und kohärenten Strukturen

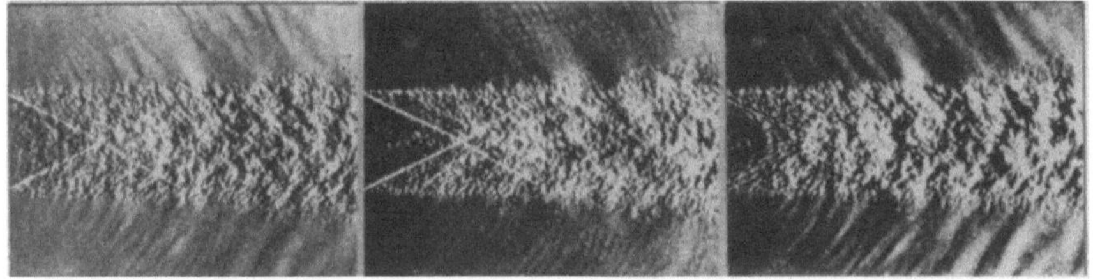

2: Ein Bild/zwei unversetzte Bilder/vier versetzte Bilder

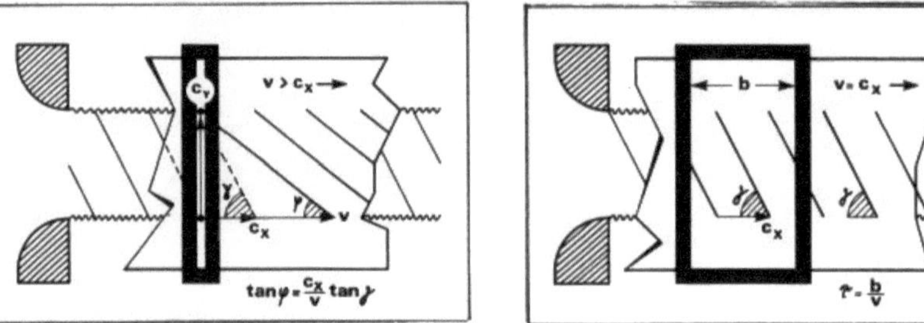

3: Spuren

4: Immob. Konturen

Fig. 2451: Mitbewegter Film

2.4.5 Immobilisierung

2.4.5.1 Mitbewegter Film

Der Photoamateur weiß, daß bei der Photographie bewegter Objekte die Bewegungsunschärfe durch Mitschwenken der Kamera reduziert werden kann. Allerdings werden dann ruhende Objekte mit Bewegungsunschärfe wiedergegeben. Das Bild des bewegten Objektes wird auf dem Film immobilisiert. Mit der gleichen Absicht wurden schon vor Jahrzehnten die Wirbel hinter geschleppten Modellen in Wasser mit einer mitbewegten Kamera photographiert. Die Trommelkamera macht es möglich, die Immobilisierung ohne Bewegung des Objektivs auf bewegtem Film vorzunehmen. Bei einer Objektgeschwindigkeit $\dot{x}$ und einem Abbildungsmaßstab z'/z wird vollkommene Immobilisierung mit der Filmgeschwindigkeit $v=(z'/z)\dot{x}$ erzielt. Mit kleinem z'/z kann die Immobilisierung auch dann noch gelingen, wenn $\dot{x}$ die zulässigen v weit überschreitet. So wurden z.B. die regelmäßigen Machwellen innerhalb und außerhalb von Überschallstrahlen sichtbar gemacht. Sie begleiten kohärente Strukturen der turbulenten Mischungsschicht, die sich beim knotenfreien Strahl mit drei bevorzugten Geschwindigkeiten $w''< w < w'$ stromab bewegen [1834]. Diese hängen wie in **Fig. 2451-1** angegeben nur von der Strömungsgeschwindigkeit u_i des Strahls und von den Schallgeschwindigkeiten a_i innen und a_∞ außen ab. Die Figur zeigt oben die Immobilisierung mit $v=(z'/z)w'$, in der Mitte die mit $v=(z'/z)w$ und unten die mit $v=(z'/z)w''$. Die w'-und w-Machwellen außerhalb des Strahls waren auch auf Bildern sichtbar. Die w''-und w-Machwellen innerhalb des Strahls wurden jedoch auf Bildern von der Turbulenz zugedeckt. Ihre Existenz konnte erst mit der Immobilisierung nachgewiesen werden. Eine gewisse Hervorhebung persistenter Strukturen läßt sich auch durch versetztes Aufeinanderlegen von nacheinander aufgenommenen Bildern erzielen.
Die **Fig. 2451-2** zeigt links ein einzelnes Differentialinterferenzbild eines Überschallstrahls. Für das mittlere Bild wurden transparente Kopien von zwei Bildern ohne Versetzung aufeinandergelegt. Das rechte Bild ergab sich bei der Durchleuchtung passend versetzter Kopien von vier Bildern. Die kohärenten Strukturen der turbulenten Mischungsschicht und die begleitenden Machwellen sind so etwas deutlicher sichtbar geworden. Dieses Verfahren versagte jedoch bei den Strukturen mit w und w''. Die **Fig. 2451-3 und 4** erläutern den Unterschied zwischen einer Streakregistrierung und einer Immobilisierung der hier betrachteten Strömung. Die erstere schreibt Spuren. Von der letzteren werden hingegen Konturen wiedergegeben.

In gewissen Fällen kann der mitbewegte Film auch auf ganz andere Weise zur Aufnahme eines breiten Bildes durch ein schmales Fenster verwendet werden. Das Verfahren hat sich bei Untersuchungen der instationären Grenzschichten hinter einem laufenden Verdichtungsstoß oder einem Flug-

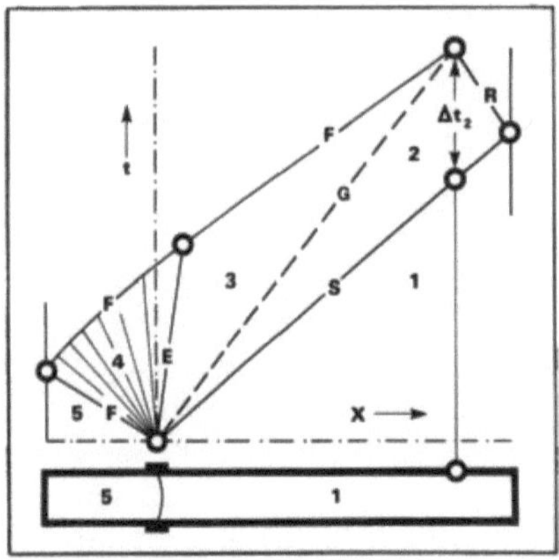
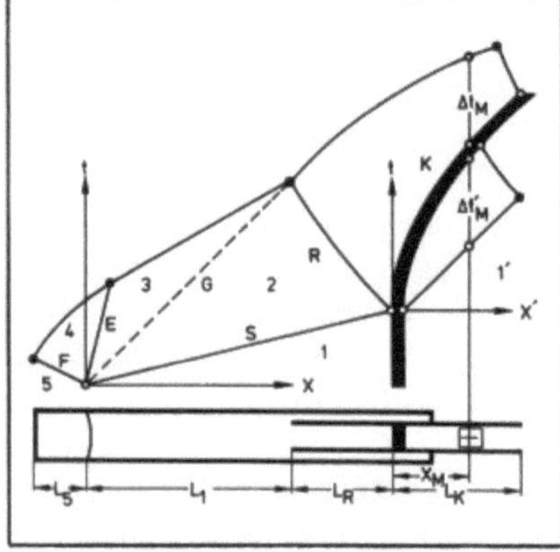

5: Wellen im Stoßrohr   6: vor und hinter Kolben

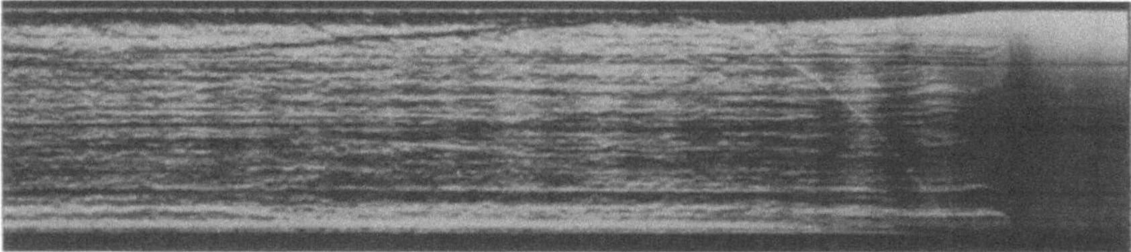

7: Streakbild der Stoßrohrgrenzschicht

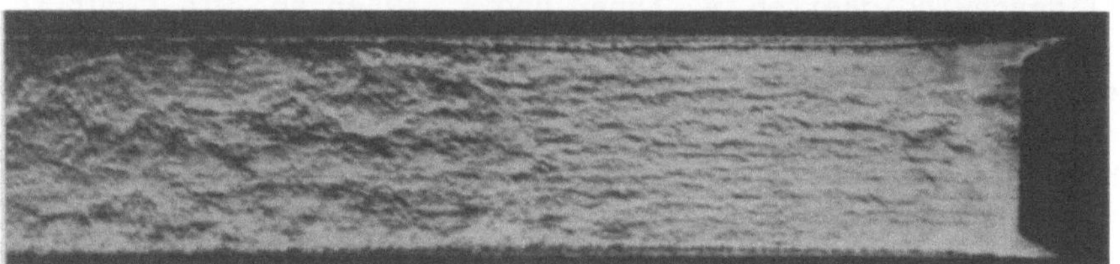

8: Streakbild der Grenzschicht hinter einem Flugkolben

Fig. 2451: Mitbewegter Film

kolben in einem langen Rohr mit quadratischem Querschnitt bewährt. Diese
sind im mitbewegten Bezugssystem zwar nicht exakt, aber doch bis zu einem
gewissen Abstand vom Stoß oder Kolben fast stationär. Das Bild wurde mit
einer Schlitzblende bis auf einen schmalen strömungsnormalen Streifen
abgedeckt. So wurden auf dem Film nacheinander erscheinende Bildstreifen
nebeneinandergesetzt. Im Falle $v=(z'/z)\dot{x}$ entstand so ein Bild, das sich
nur wenig von einem Momentbild der Strömung unterschied. Es wurde Streakbild genannt, weil es auf dem Wege der Streakregistrierung mit
strömungsnormalem Schlitz und passender Filmgeschwindigkeit aufgenommen
wurde. Die **Fig. 2451-7 und 8** zeigen solche Streakbilder der genannten Grenzschichten[1835-1838] Darüber sind in den **Fig.2451-5 und 6** Weg/Zeit-Dia-
gramme der betreffenden Strömungen wiedergegeben. Auf diese Weise sind
Untersuchungen in Hochdruckrohren möglich, in deren Wände keine weiten
Fenster, sondern nur schmale Schlitzfenster eingesetzt werden können.

2.4.5.2 Stroboskopie

Wird eine laufende und periodisch repetierte Strömungsstruktur mit periodisch repetiertem Blitzlicht visualisert, so erscheint in der Bildebene je nach dem Unterschied der zwei Perioden ein als stehend oder langsam laufend wahrgenommenes Bild. Es wird als stehend wahrgenommen, wenn die Blitzperiode Δt gleich der Strömungsperiode τ ist oder ein ganzzahliges Vielfaches $\Delta t=m\tau$ von dieser beträgt. Die Strömungsstruktur erscheint dann inmobilisiert. Die Wiedergabe bei abweichenden $\Delta t=(m+\Delta m)\tau$ kann man sich anhand des Wegzeitdiagramms in **Fig. 2452-1** überlegen. Dieses Diagramm ist für den Sonderfall $m=1$ gezeichnet, und zwar in der Mitte für $\Delta m=0$, links für negative und rechts für positive Abweichung Δm. Die von links unten nach rechts oben gehenden Geraden sind die Bahnen der gleichen periodisch repetierten und mit der Geschwindigkeit v laufenden Strukturen. Die Blitze beleuchten zu den mit horizontalen Strichen angegebenen Zeiten. Eine Struktur scheint sich auf der gestrichelt eingezeichneten Bahn zu bewegen. In der Mitte ist $\Delta t=\tau$. Die Struktur scheint zu stehen. Links ist $\Delta t_1=(1-|\Delta m|)\tau$. Der nächste Blitz beleuchtet zu früh. Darum scheint sich die Struktur mit einer Geschwindigkeit $|v_1|<|v|$ rückwärts zu bewegen. Rechts ist $\Delta t_2=(1+|\Delta m|)\tau$. Der nächste Blitz beleuchtet zu spät. Die Struktur bewegt sich scheinbar mit einer Geschwindigkeit $|v_2|<|v|$ vorwärts. Mit den Verhältnissen der in der Zeichnung notierten Strecken ergeben sich die folgenden Ausdrücke für v_1 und v_2:

$$|v_1| = |v|\ \frac{|\Delta m|}{1-|\Delta m|} \quad ; \quad |v_2| = |v|\ \frac{|\Delta m|}{1+|\Delta m|} \qquad (1)\ (2)$$

Allgemein gilt mit $m=1,2,3$ usw. und positivem oder negativem $\Delta m<1$:

$$v_{\Delta m} = v\ \frac{\Delta m}{m+\Delta m} \qquad (3)$$

Wegen dieses Effektes gibt der Kinofilm die Drehung von Radspeichen nicht richtig wieder. Der Effekt wird außerdem seit langem zur Bestimmung von Drehzahlen mit Hilfe einer periodisch beleuchteten stroboskopischen Scheibe benutzt [1839,1841]. Für die Strömungsforschung sind zwei mit der stroboskopischen Beleuchtung gegebene Möglichkeiten interessant: Man kann so das stehende Bild schnell vorbeilaufender periodischer Strömungsstrukturen in aller Ruhe betrachten. Oder man kann deren schnelle Bewegung so verlangsamt wiedergeben, daß eine Ablaufkamera oder eine Videokamera genügt, um einen Zeitlupenfilm aufzunehmen. Für die stroboskopische Beleuchtung werden Flashlampen mit periodisch speisenden Schaltungen angeboten, deren Periode in weiten Bereichen variiert werden kann. Die in **Fig. 2452-2 bis 5** gezeigten Bilder wurde einem so hergestellten Zeitlupenfilm entnommen [1842,1843]. Es handelt sich um Wirbel in der Mischungsschicht eines Überschallstrahls, deren periodische Bildung durch periodische Störung am Düsenausgang mit Funkenknallwellen ausgelöst wurde. Die Bilder wurden so beschnitten und zusammengestellt, daß sie die Entwicklung der Wirbel und die Bewegung eines Symmetriepunktes mit der in Abschnitt 2.4.5.1 erwähnten Geschwindigkeit w dokumentieren [1844].

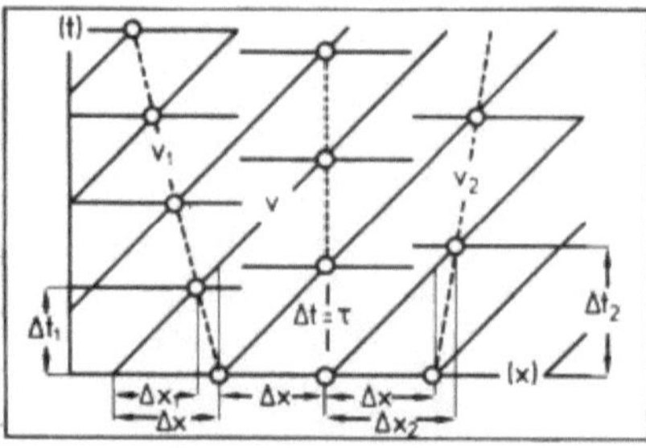

1: Wegzeitdiagramm

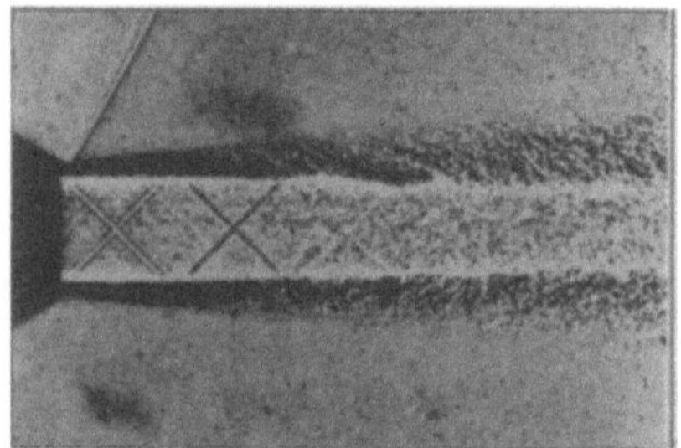

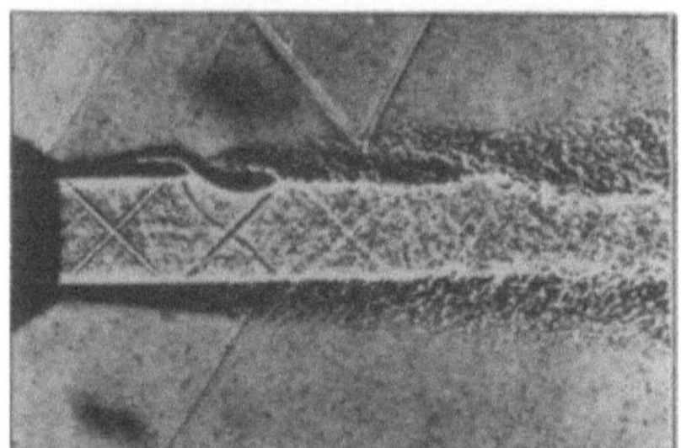

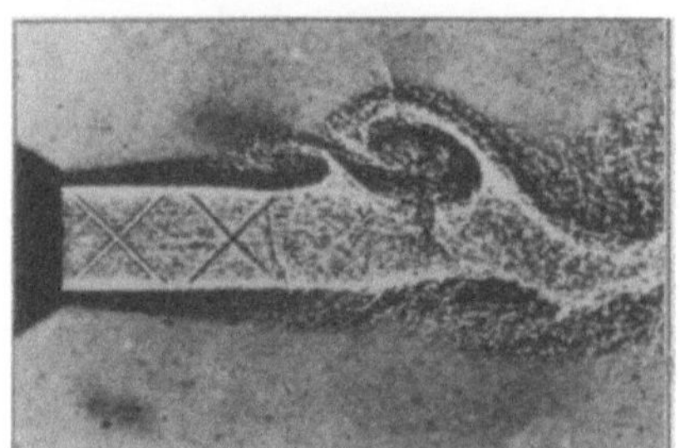

4: erzeugt wachsende und

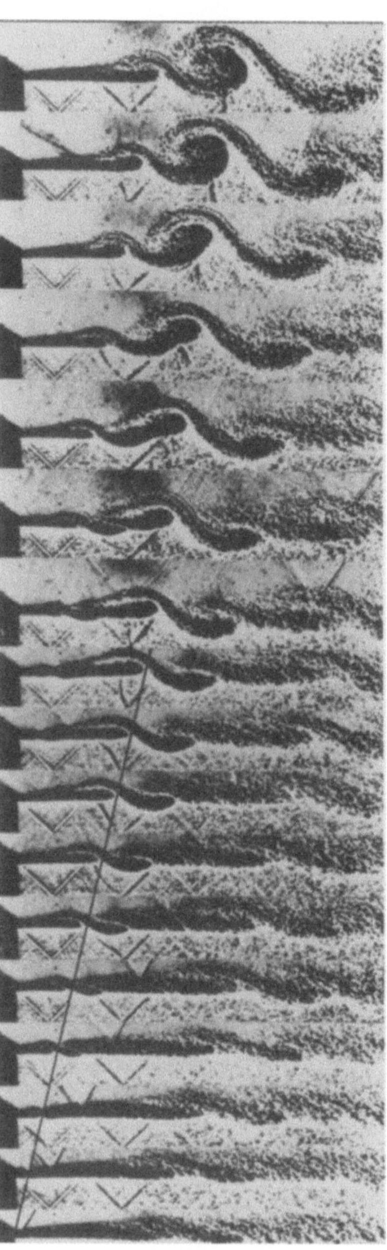

5: stromablaufende Wirbel

Fig. 2452: Stroboskopie

2.5 BILDAUSWERTUNG

2.5.1 Lokale aus integralen Größen

2.5.1.1 Bei Rotationssymmetrie

Schlierenbilder, Interferenzbilder, Differentialinterferenzbilder, Beugungsbilder und Absorptionsbilder geben Auskunft über die Integrale jener Ablenkungen, Verzögerungen oder Schwächungen, welche Lichtwellenelemente bei ihrer Fortpflanzung längs fast parallelen Strahlen durch die Strömung erfahren. Es erhebt sich die Frage, wie von den integrierten Wirkungen bei Ankunft auf dem Film auf die lokalen Ursachen in der Strömung geschlossen werden kann. Bei ebener d.h. z-unabhängiger Strömung geht das selbstverständlich, weil die Ursachen auf jedem Wegelement eines Strahls die gleichen sind, und die Wege aller Strahlen durch die Strömung gleich lang. Die betreffenden Bildauswertungen wurden in den Abschnitten 2.1.3.5, 2.2.2.5, 2.2.3.4 und 2.3.1.1 besprochen. Bei z-abhängiger Strömung kann jedoch die in einem einzigen Bild enthaltene Information nur dann zur Ermittlung der lokalen Größen genügen, wenn bekannt ist, daß diese auf bekannten und eine Strömungsachse umschließenden Flächen konstant sind. Diese Bedingung ist insbesondere bei der streng rotationssymmetrischen Strömung erfüllt. Ist die x-Achse die Symmetrieachse, so sind die Strömungsgrößen in einen Strömungsquerschnitt bei x auf Kreisen mit Radien $r=\sqrt{y^2+z^2}$ wie in **Fig. 2511-1** konstant. Uns interesssieren Größen $f(r)$ und $(df/dr)(r)$. Wir setzen voraus, daß sie außerhalb eines Radius r_0 gleich 0 sind. Ein z-paralleler Strahl mit dem Abstand y von der z-Achse tritt an der Stelle $z=-z_0=-\sqrt{r_0^2-y^2}$ in die Strömung ein und verläßt sie an der Stelle $z=+z_0=+\sqrt{r_0^2-y^2}$. Er durchquert dabei Ringzonen mit der infinitesimalen radialen Breite dr, in denen die Größen $f(r)$ und $(df/dr)(r)$ konstant sind.

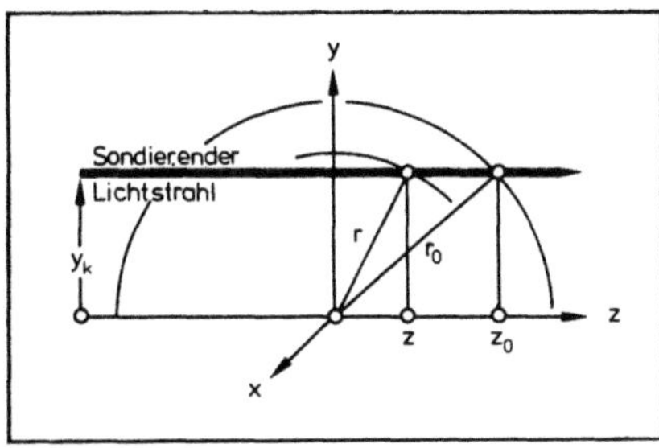

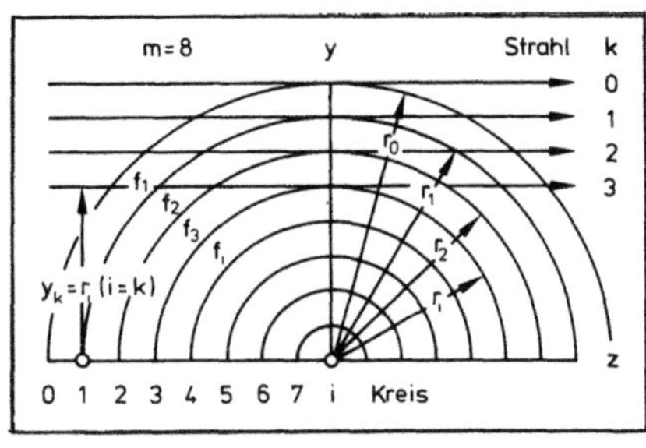

1:   Auf Kreisen konstant   2:   Ringzonen

Fig. 2511:   Bei Rotationssymmetrie

Sein Weg durch eine solcher Ringzonen beträgt $dz=rdr/z=rdr/\sqrt{r^2-y^2}$. Die bei Ankunft auf dem Film interessierende Größe $F(y_K)$ ist gleich der Summe der Anteile $dF(y_K)=f[r(y,z)]dz$ oder $(\partial f/\partial y)[r(y,z)]dz$. Man erhält die gleiche Summe, wenn man nicht in z-Richtung von $-z_0$ bis $+z_0$, sondern in r-Richtung von y bis r_0 und zurück integriert. Mit $\partial f/\partial y=(df/dr)\partial r/\partial y$ und $\partial r/\partial y=y/r$ wegen $rdr=ydy+zdz$ kommt:

$$F(y_K) = \int_{-z_0}^{+z_0} f[r(y_K,z)]dz = 2 \int_{y_K}^{r_0} f(r) \frac{rdr}{\sqrt{r^2-y_K^2}} \tag{1}$$

$$F(y_K) = \int_{-z_0}^{+z_0} \frac{\partial f}{\partial y}[r(y_K,z)]dy = 2 y_K \int_{y}^{r_0} \frac{df}{dr}(r) \frac{dr}{\sqrt{r^2-y_K^2}} \tag{2}$$

Mit $2rdr=d(r^2)$, $(df/dr)dr=(df/dr^2)dr^2$, $f(r>r_0)=(df/dr)(r>r_0)=0$ und bei variiertem $y=y_K$ sind dies Abelsche Integralgleichungen (Volterra erster Art) mit den folgenden Abelinversionen:

$$\pi f(r) = 2 \frac{d}{d(r^2)} \int_{r}^{r_0} F(y) \frac{ydy}{\sqrt{y^2-r^2}} \tag{3}$$

$$\pi \frac{df}{dr}(r) = \frac{d}{dr} \int_{r}^{r_0} F(y) \frac{dy}{\sqrt{y^2-r^2}} \tag{4}$$

Zur Bestimmung der $f(r)$ aus gemessenen $F(y)$ wird besser von der Gleichung (1) als von der Gleichung (2) ausgegangen, weil die Differentiation die Unsicherheit infolge von zufälligen Fehlern der $F(y)$ erheblich vergrö-ßert Bei der Bestimmung der $(df/dr)(r)$ kommt es darauf an, ob nur diese Größe oder letztlich auch $f(r)$ gesucht ist. Geht man von der Gleichung (2) aus, so muß man zum Schluß die $(df/dr)(r)$ zur Bestimmung der $f(r)$ inte-grieren. Mit der Gleichung (4) kann man die $f(r)$ ohne den Umweg über die $(df/dr)(r)$ und nur mit Integrationen ermitteln.

$$\pi \; f(r_K) = [\int_{r}^{r_0} F(y) \frac{dy}{\sqrt{y^2-r^2}}]_{r=r_0}^{r=r_K} \tag{5}$$

In jedem Fall muß $F(y)$ nur im Bereich $y_K<y<r_0$ bekannt sein, um $f(r)$ oder $(df/dr)(r)$ im Bereich $y_K<r<r_0$ zu bestimmen.

Bei den ersten Bildauswertungen solcher Art wurde von der Gleichung (1) oder(2) ausgegangen. Es wurde mit konstanten Werten f_i oder $(df/dr)_i$ zwi-schen konzentrischen Kreisen mit Radien r_i und r_{i-1} gerechnet. Die Kreise wurden wie in **Fig. 2511-2** von $i-1=0$ bis $i=k$ numeriert. Mit den Integralen

$$\int \frac{rdr}{\sqrt{r^2-y_K^2}} = \sqrt{r^2-y_K^2} + C_1 \quad ; \quad \int \frac{dr}{\sqrt{r^2-y_K^2}} = \text{arc cosh} \frac{r}{y_K} + C_2 \tag{6}\,(7)$$

und mit den Abkürzungen

$$a_{iK} = \sqrt{\frac{r_{i-1}^2-r_K^2}{r_K^2}} - \sqrt{\frac{r_i^2-r_K^2}{r_K^2}} \quad ; \quad b_{iK} = \text{arc cosh} \frac{r_{i-1}}{r_K} - \text{arc cosh} \frac{r_i}{r_K} \tag{8}\,(9)$$

kam für den Strahl bei $y_K=r_K$:

$$\frac{F(y_K)}{2y_K} = \sum_{i=1}^{k} a_{iK}f_i \quad ; \quad \frac{F(y_K)}{2y_K} = \sum_{i=1}^{k} b_{iK} \left(\frac{\partial f}{\partial r}\right)_i \qquad (10)\,(11)$$

Bei äquidistanten Kreisen mit $r_{i-1}-r_i=r_0/m$ ist $r_i=r_0(1-i/m)$, $r_{i-1}=r_0[1-(i-1)/m]$. Für m=9 ergaben sich z.B. die in [801] aufgeführten Gleichungen. Mit der jeweils ersten konnte man f_1 bzw. $(df/dr)_1$ bei $y_K=r_1$ berechnen. Nach Einsetzen in die jeweils zweite Gleichung konnte man mit dieser f_2 bzw. $(df/dr)_2$ bei $y_K=r_2$ berechnen, und so fort. Dazu brauchte es keinen Computer. Seither ist das Verfahren mit den verschiedensten Ansätzen für die Änderungen der f(r) oder (df/dr)(r) zwischen den Kreisen mit r_i verbessert worden . Werden von den $F(y_K)$ die Integrale über die $(\partial f/\partial y)(y_K,z)dz$ wiedergegeben, so wird heute die Rechnung mit der Gleichung (5) vorgezogen . Die vorstehenden Überlegungen setzen eine stetige Funktion f(r) voraus. Diese Bedingung ist z.B. bei der Grenzschicht eines axial umströmten Zylinders oder bei einem stoßfreien Überschallstrahl erfüllt. Bei einem Überschallstrahl mit Stößen oder bei einer Kopfwelle muß ein $f(y_K)$-Sprung infolge eines f(r)-Sprunges in die die Rechnung mit den vorstehenden Gleichungen eingepaßt werden. In der Tabelle 2511-1 sind die bei den verschiedenen Visualisierungsverfahren auftretenden Meßgrößen F(y) und gesuchten Größen (df/dr)(r) oder f(r) zusammengestellt. Beim Schlierenverfahren ist zwischen $F(y)=n_0\varepsilon_x(y)$ bei y-paralleler Schneide wegen $f(r)=(\partial n/\partial x)(r)$ und $F(y)=n_0\varepsilon_y(y)$ bei x-paralleler Schneide wegen $(df/dr)(r)=(dn/dr)(r)$ zu unterscheiden. Die radialen Änderungen der Brechzahl n werden mit den Strahlablenkungen ε_y von der x-parallelen Schneide bestimmt. Beim Interferenzverfahren ist mit $F(y)=\lambda_0\Delta\varphi(y)/2\pi$ die Phasenverschiebung des Meßstrahls bei y gegenüber dem Referenzstrahl gemeint, und werden als $f(r)=n(r)-n_0$ die Abweichungen der Brechzahlen von einer bekannten Brechzahl n_0 bestimmt. Beim Differentialinterferenzverfahren kommt es auf die Größe und Orientierung der Strahltrennung e an. Bei kleinem und x-parallelem e wird praktisch mit den Phasenverschiebungen $F(y)=\lambda_0\Delta\varphi_x(y)/2\pi e$ wie beim Schlierenverfahren $f(r)=(\partial n/\partial x)(r)$ gemessen. Bei kleinem und y-parallelem e wird mit $F(y)=\lambda_0\Delta\varphi_y(y)/2\pi e$ wie beim Schlierenverfahren $(df/dr)(r)=(dn/dr)(r)$ bestimmt. Dabei ist mit der Phasenverschiebung $\Delta\varphi_x(y)$ oder $\Delta\varphi_y(y)$ die zwischen zwei Teilstrahlen mit dem Abstand e gemeint. Bei größerem e hat man die Wahl zwischen zwei verschiedenen Auswertungen. Zunächst sind durch Aneinanderreihung der $\Delta\varphi(y)$ jene Phasenverschiebungen $\Delta\varphi_y^*(y)$ zu bestimmen, welche Strahlen bei y gegenüber einem Strahl an einer Stelle mit bekannter Brechzahl n_0 hatten. Diese $\Delta\varphi_y^*(y)$ können wie beim Interferenzverfahren mit $F(y)=\lambda_0\cdot\Delta\varphi^*(y)/2\pi$ zur Bestimmung der $f(r)=n(r)-n_0$ eingesetzt werden. Oder man kann damit jene $(\Delta\varphi_y/e)(y)$ ermitteln, die man bei verschwindendem e gemessen hätte. Mit den $F(y)=\lambda_0(\Delta\varphi_y/e)/2\pi$ kann man dann wiederum wie beim Schlierenverfahren die $(df/dr)(r)=(dn/dr)(r)$ bestimmen. Andere Rechenverfahren, die unmittelbar die bei großem e gemessenen $\Delta\varphi(y)$ in Rechnung setzen, verschenken die mit der Bestimmung der $\Delta\varphi^*(y)$ gegebene Möglichkeit der Kontrolle und Glättung. War e so groß,

536

Bild	$F(y)$	$\dfrac{df}{dr}(r)$	$f(r)$
Schlieren	$n_0 \varepsilon_x(y)$		$\dfrac{\partial n}{\partial x}(r)$
	$n_0 \varepsilon_y(y)$	$\dfrac{dn}{dr}(r)$	$n(r)-n_0$
Interferenz	$\lambda_0 \cdot \dfrac{\Delta\varphi(y)}{2\pi}$		$n(r)-n_0$
Differential-Interferenz e klein	$\dfrac{\lambda_0}{e} \cdot \dfrac{\Delta\varphi_x(y)}{2\pi}$		$\dfrac{\partial n}{\partial x}(r)$
	$\dfrac{\lambda_0}{e} \cdot \dfrac{\Delta\varphi_y(y)}{2\pi}$	$\dfrac{dn}{dr}(r)$	$n(r)-n_0$
Differential-interferenz e groß	$\lambda_0 \cdot \dfrac{\Delta\varphi_y^*(y)}{2\pi}$		$n(r)-n_0$
	$\lambda_0 \lim_{e\to 0} \dfrac{\Delta\varphi_y^*(y)}{2\pi e}$	$\dfrac{dn}{dr}(r)$	$n(r)-n_0$
Absorption	$\Delta B/B_0$		$\alpha(r)$

Tab. 2511-1: Gemessene $F(y)$ und gesuchte $\dfrac{df}{dr}(r)$ oder $f(r)$

daß von allen beteiligten Teilstrahlenpaaren nur jeweils ein Strahl durch die Strömung und der andere außen vorbei ging, so wird unmittelbar mit den gemessenen $F(y)=\lambda_0\Delta\varphi(y)/2\pi$ wie beim Interferenzverfahren $f(r)=n(r)-n_0$ bestimmt. Beim Absorptionsverfahren ist die Verminderung $F(y)=\Delta B/B_0$ der Bestrahlungsstärke die gemessene und der Absorptionskoeffizient $f(r)=\alpha(r)$ die zu bestimmende Größe. Die Auswertung setzt kleine $\Delta B/B_0$ voraus. Bei größeren $\Delta B/B_0$ müßte die exponentielle Abnahme der Strahlungsflußdichte auf dem Weg durch die Strömung berücksichtigt werden. In [1845-1865] wurde über Auswertungen der hier besprochenen Art berichtet.

2.5.1.2 Tomographie

Bei dreidimensionalen Strömungen bietet die Tomographie die Möglichkeit, integrierende Visualisierungen hinsichtlich der lokalen Größen auszuwerten. Dazu wird die Strömung aus möglichst vielen und verschiedenen Richtungen photographiert. Jedes der vielen Bilder zeigt eine andere Projektion. Anhand dieser Projektionen wird das Feld der lokalen Größen rekonstruiert. Die Bilder werden z.B. wie in **Fig. 2512-1** mit x-parallelem Film und mit Winkeln θ zwischen dem Film und der z-Achse aufgenommen. Zur Rekonstruktion in einem x-normalen Querschnitt werden diesen Bildern die Meßgrößen $F(\eta)$ bei θ entnommen. Diese hängen folgendermaßen von den maßgebenden lokalen Größen $f(\eta,\zeta)$ bei θ ab:

$$F(\eta) = \int_{\zeta_1(\eta)}^{\zeta_2(\eta)} f(\eta,\zeta)\, d\zeta \qquad \text{bei x und } \theta \tag{1}$$

Handelt es sich um Interferenzbilder, so ist z.B. $\lambda_0 f(\eta,\zeta)=n(\eta,\zeta)-n_0$ und $2\pi F(\eta)=\Delta\varphi(\eta)$. Zwischen den in **Fig. 2512-2** definierten Koordinaten in der y,z-Ebene bestehen die Beziehungen:

$$y = \zeta \sin\theta + \eta \cos\theta \tag{2}$$
$$z = -\zeta \cos\theta + \eta \sin\theta \tag{3}$$

Die $F(\eta)$ bei θ sind gegeben und die $f(y,z)$ gesucht. Für den Fall stetiger und bei allen η und θ bekannter $F(\eta,\theta)$ wurde die damit gestellte Mathematikaufgabe schon 1917 von J. Radon gelöst [1866]. Mit den Polarkoordinaten r,α definiert durch

$$y = r \sin\alpha \quad ; \quad z = r \cos\alpha \tag{4}\,(5)$$

ergab sich:

$$f(r,\alpha) = -\frac{1}{2\pi^2} \int_{-\pi/2}^{\pi/2} d\theta \int_{-\infty}^{\infty} \frac{\partial F(\eta,\theta)/\partial\eta}{r\sin(\alpha-\theta)-\eta}\, d\eta \tag{6}$$

Allerdings war mit dieser sog. Radontransformation nur eine theoretische Lösung des Problems gefunden. Die numerische Realisierung scheiterte zunächst nicht nur am hohen Meß- und Rechenaufwand, sondern auch und vor allem an der Singularität des Integranden bei $\eta=r\sin(\alpha-\theta)$. Ihretwegen kann so ausgerechnet der Hauptbeitrag zum Doppelintegral nur ungefähr berechnet werden. Erst in den siebziger Jahren wurden Formulierungen der analytischen Lösung angegeben, die diese Singularität vermeiden und darum für die Diskretisierung und numerische Rechnung geeigneter sind:

$$f(r,\alpha) = -\frac{1}{2\pi^2} \int_{-\pi/2}^{\pi/2} d\theta \int_{-\infty}^{\infty} \frac{F(\eta_0+\eta,\theta)+F(\eta_0-\eta,\theta)-2F(\eta_0,\theta)}{\eta^2}\, d\eta \tag{7}$$

$$f(y,z) = \mathfrak{F}_2^{-1}\{\mathfrak{F}_1\{F(\eta,\theta)\}\} \tag{8}$$

$$f(r,\alpha) = \int_{-\pi/2}^{\pi/2} \mathfrak{F}^{-1}\{|R|\,\mathfrak{F}_1\{F(r\sin(\alpha-\theta),\theta)\}\}\, d\theta \tag{9}$$

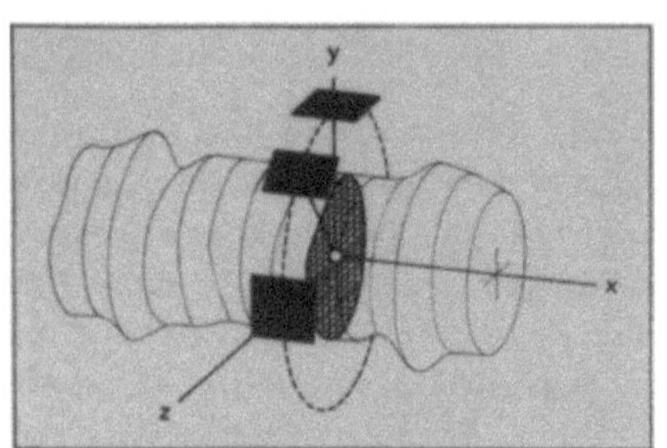

1: Projektionen

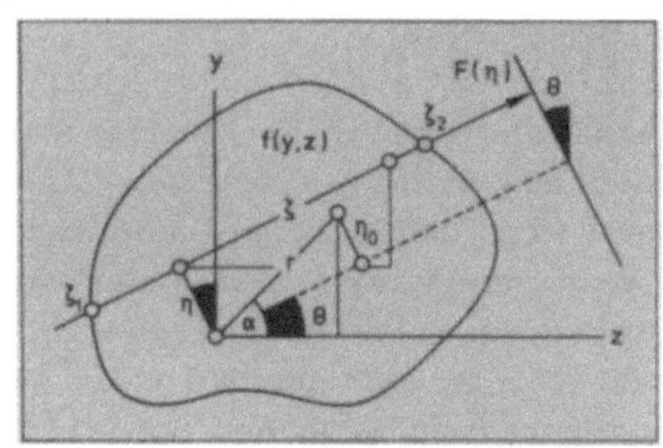

2: Koordinaten

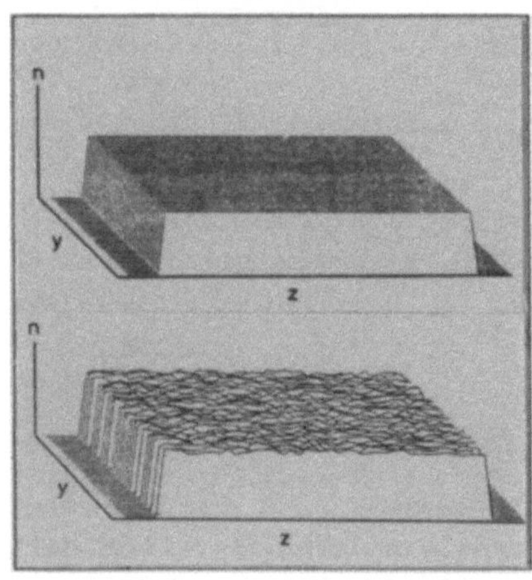

3: Gegebene und rekonstr. $n(y,z)$ 4: Berechnete $\Delta\varphi(\eta,\Theta)$

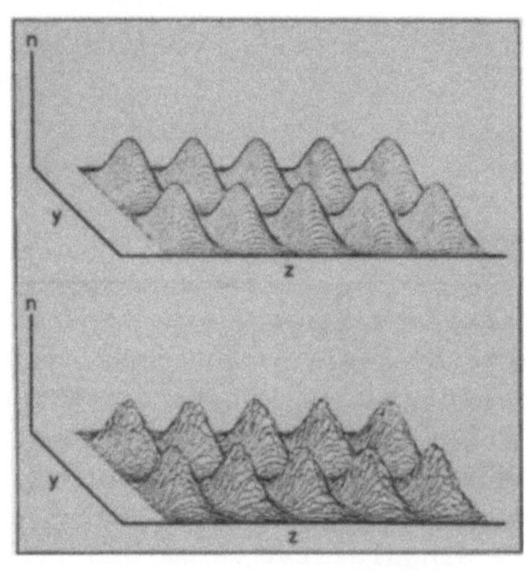

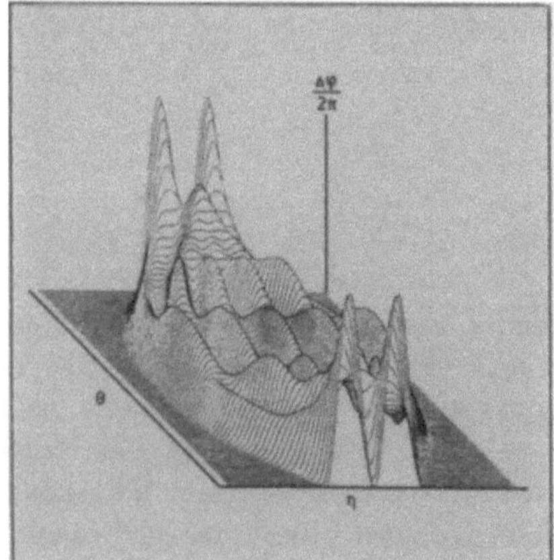

5: Gegebene und rekonstr. $n(y,z)$ 6: Berechnete $\Delta\varphi(\eta,\Theta)$

Fig. 2512: Tomographie

Darin ist $\mathfrak{F}_1\{F(\eta,\theta)\}$ die eindimensionale Fouriertransformierte von $F(\eta,\theta)$ und $\mathfrak{F}_2\{f(y,z)\}$ die zweidimensionale Fouriertransformierte von $f(y,z)$:

$$\mathfrak{F}_1\{F(\eta,\theta)\} = \int_{-\infty}^{\infty} F(\eta,\theta)\, e^{j\,2\pi R\eta}\, d\eta \tag{10}$$

$$\mathfrak{F}_2\{f(y,z)\} = \int_{-\infty}^{\infty}\int_{-\infty}^{\infty} f(y,z)e^{j\,2\pi(Y_y+Z_z)}\, dy\, dz \tag{11}$$

$\mathfrak{F}_1^{-1}$ und $\mathfrak{F}_2^{-1}$ bezeichnen die betreffenden Fourierrücktransformationen. Zwischen den Polarkoordinaten R,Φ und kartesischen Koordinaten Y,Z in der Raumfrequenzebene bestehen die Beziehungen:

$$Y = R \sin\Phi \quad , \quad Z = R \cos\Phi \tag{12}\,\tag{13}$$

Es gilt:

$$\cos\Phi = -\sin\theta \quad ; \quad \sin\Phi = \cos\theta \tag{14}\,\tag{15}$$

Mit den Gleichungen (6),(7),(8) oder (9) rechnende Rekonstruktionsverfahren werden Fourierverfahren genannt, weil zur Herleitung aus den Ausgangsgleichungen (1) bei θ Fouriertransformationen verwendet wurden. Die direkten Integralinversionsverfahren rechnen mit der Gleichung (6) oder (7). Das direkte Fourierverfahren rechnet mit der Gleichung (8). Hier bereiten die unendlichen Integrationsgrenzen und die Koordinatentransformation zur Anpassung an vorhandene Fast-Fouriertransformprogramme numerische Schwierigkeiten. Das mit Gleichung (9) rechnende Faltungs- und Filterverfahren vermeidet einen Teil dieser Schwierigkeiten. Hier sind nur noch eindimensionale Fouriertransformationen durchzuführen. Außerdem besteht hier die Möglichkeit, durch Multiplikation von $|R|\mathfrak{F}_1$ mit einer geschickt gewählten Filter- oder Fensterfunktion Inkonsistenzen zu beheben, die infolge von Meßfehlern auftreten können. Alle Fourierverfahren haben den Nachteil, daß sie Projektionen mit möglichst vielen Winkeln θ im gesamten Bereich von $-\pi/2$ bis $+\pi/2$ und von jeder dieser Projektionen Meßwerte bei möglichst vielen Werten der Koordinaten η im gesamten Bereich von $-\infty$ bis $+\infty$ erfordern. Diese Forderung läßt sich bei der häufigsten Anwendung der Tomographie, bei der Röntgendiagnostik, oft durch Drehung des zu untersuchenden Körpers vor einem einzigen Bildschirm erfüllen. Bei Strömungsuntersuchungen gelingt dies nur selten. Meist kann man die Strömung nur mit begrenzten Blickrichtungen sehen. Bei instationären Strömungen müssen entweder mehrere Bilder simultan oder muß ein Hologramm aufgenommen werden. Im erstgenannten Fall ist die Zahl und im letztgenannten der Bereich der Winkel θ begrenzt. In solchen Fällen ist zunächst zwischen den Meßwerten zu interpolieren und jenseits der Meßwerte zu extrapolieren. Das ist schwierig, weil schon einfachste $f(y,z)$ überaus komplizierte $F(\eta,\theta)$ ergeben. Die **Fig. 2512-4** zeigt, wie bei der in **Fig. 2512-3 oben** dargestellten konstanten Abweichung der Brechzahl n in einem rechteckigen Kasten von der Brechzahl $n_0=1$ in seiner Umgebung die Phasenverschiebungen $\Delta\varphi/2\pi$ bei η und θ aussehen würden. Der Verlauf ist kompliziert, obwohl er ohne Berücksichtigung der Strahlablenkungen an den Grenzflächen berechnet wurde. Die Rekonstruktion mit der Gleichung (7) ergab bei Verwendung von je 101 Werten $\Delta(\eta)$ bei 101 Winkeln θ die in **Fig. 2512-3 unten** dargestellten n(y,z) [1894]. Bei der Zellularkonvektion in einem rechteckigen Kasten kommen Brechzahlverläufe wie in **Fig. 2512-5 oben** vor. Damit wurden die in **Fig. 2512-6** dargestellten Phasenverschiebungen $\Delta\varphi/2\pi$ bei η und θ berechnet. Hier ergab die Rekonstruktion mit der Gleichung (7) die in **Fig. 2512-5 unten** dargestellten n(y,z), wenn je 301 Werte $\Delta\varphi(\eta)$ bei 401 Winkeln θ verwendet wurden. Selbst bei dieser großen Zahl eingegebener Daten betrug der mittlere Rekonstruktionsfehler noch etwa 10%. In solchen Fällen ist es praktisch unmöglich, die Informationslücken zu überbrücken, wenn nur bei wenigen Winkeln θ gemessen wurde. Darum wurden ebenfalls in den siebziger Jahren zahlreiche andere Rekonstruktionsverfahren entwickelt. Dabei kann man zwischen Reihenverfahren und Iterationsverfahren unterscheiden.

Die Reihenverfahren approximieren die gesuchte Funktion f(y,z) mit einer Funktion $\tilde{f}(y,z)$, die als Reihe mit einer endlichen Anzahl von Gliedern geschrieben werden kann:

$$\tilde{f}(y,z) = \sum_{m=1}^{M} \sum_{n=1}^{N} a_{mn} H_{mr}(y,z) \tag{16}$$

Die Koeffizienten a_{mn} sind die gesuchten Größen. Einsetzen in die Ausgangsgleichungen (1) bei θ, Vertauschung der Integration und Summation und Berechnung der Linienintegrale auf den projizierenden Strahlen liefert ein System algebraischer Gleichungen für die a_{mn}. Die Linienintegrale bereiten keine Schwierigkeiten, wenn mit einer Fourierreihe gerechnet wird. In vielen Fällen kann jedoch die Rechnung mit anderen Reihen günstiger sein. Wo bekannt war, daß die Funktion f(y,z) nur eine nach oben begrenzte Anzahl von Raumfrequenzkomponenten besitzen konnte, da hat sich der folgende Ansatz bewährt:

$$\tilde{f}(y,z) = \sum_{m=1}^{M} \sum_{n=1}^{N} \tilde{f}(ml_y,nl_z) \frac{\sin\frac{y-ml_y}{l_y} \sin\frac{z-l_z}{l_z}}{\frac{y-ml_y}{l_y} \cdot \frac{z-nl_z}{l_z}} \tag{17}$$

Die Iterationsverfahren wurden als Verbesserungen des naheliegenden und mathematisch einfachsten Gitterverfahrens entwickelt. Bei diesem wird das zu rekonstruierende Gebiet der y, z-Ebene in $M \cdot N$ gleich quadratische Flächenelemente zerlegt. Jedem dieser Elemente wird ein zunächst unbekannter Wert f(i,j) von f(y,z) zugeordnet. Dann ist der Projektionswert F(k) am Ende eines k-ten projizierenden Strahls mit Winkel θ gleich der Summe der Beiträge w(i,j) f(i,j) der von ihm durchquerten Flächenelemente.

$$F(k) = \sum_{i=1}^{M} \sum_{j=1}^{N} w(i,j) f(i,j) \tag{18}$$

w(i,j) ist ein durch die Geometrie vorgegebener Gewichtsfaktor proportional zur Länge des Strahlabschnitts im betreffenden Flächenelement. Mit je P Projektionswerten F(k) bei Q Projektionen ergibt sich ein System von P•Q Gleichungen zur Berechnung der M•N Unbekannten f(i,j). Bei wenigen Projektionen wird es schwierig, ihre Richtungen und das Gitter so zu wählen, daß einerseits das Gleichungssystem nicht unterbestimmt und andererseits das Gitter hinreichend feinmaschig ist. Außerdem können schon kleine Meßfehler zu unverträglichen Gleichungen führen. Darum wird dieses Verfahren heute nicht mehr verwendet. Auch die Iterationsverfahren arbeiten mit dem vorgegebenen Gitter. Dabei werden jedoch die Werte f(i,j) nicht mit einer einmaligen Rechnung gesucht, sondern mit wiederholten Rechnungen ausgehend von angenommenen Anfangswerten $f^0(i,j)$ solange korrigiert, bis sich die damit berechneten Projektionswerte R(k) nur noch vernachlässigbar von den gemessenen F(k) unterscheiden. Zur Ermittlung der jeweils nächsten Korrektur in einem Flächenelement kann entweder die Abweichung des letzten Wertes R(k) von F(k) auf einem einzigen Strahl oder können die Abweichungen auf mehreren oder allen Strahlen verwendet werden. Außerdem kann die Korrektur entweder additiv mit Korrektursummanden oder multiplikativ mit Korrekturfaktoren erfolgen. Die ART-Verfahren (Algebraic Reconstruction Technique) korrigieren Strahl nach Strahl. Das multiplikative ART-Verfahren korrigiert mit:

$$f_k^{q+1}(i,j) = f_k^q(i,j) \cdot \frac{F(k)}{R(k)} \tag{19}$$

Das additive ART-Verfahren korrigiert mit

$$f_k^{q+1}(i,j) = f_k^q(i,j) \cdot \frac{F(k) - R(k)}{n_k} \tag{20}$$

Darin ist

$$R(k) = \sum_{i,j} = f_k^q(i,j) \tag{21}$$

und bezeichnet n_k die Zahl der aufsummierten $f_k^q(i,j)$. Diese ist gleich der Zahl der vom k-ten Strahl durchquerten Flächenelemente. Die Division durch n_k entspricht der Annahme mangels besseren Wissens, daß jedes dieser Flächenelemente gleich viel zur Abweichung beiträgt. Die SIRT-Verfahren (Simultaneous Iterative Reconstruction Technique) berücksichtigen bei jedem Iterationsschritt simultan die Abweichungen auf allen durch das betreffende Flächenelement gehenden Strahlen. Die ART-Verfahren scheinen im allgemeinen schneller zu konvergieren. Die SIRT-Verfahren reagieren weniger empfindlich auf Meßfehler und das Fehlen von Randstrahlen, erfordern aber im allgemeinen erheblich größeren Rechenaufwand.

Die **Fig. 2512-10 u. 11** zeigt Beispiele der Rekonstruktion von Dichteverteilungen in der Mittelebene eines zylindrischen Konvektionsbehälters, der von unten beheizt und oben gekühlt wurde. Die Konvektionszelle

542

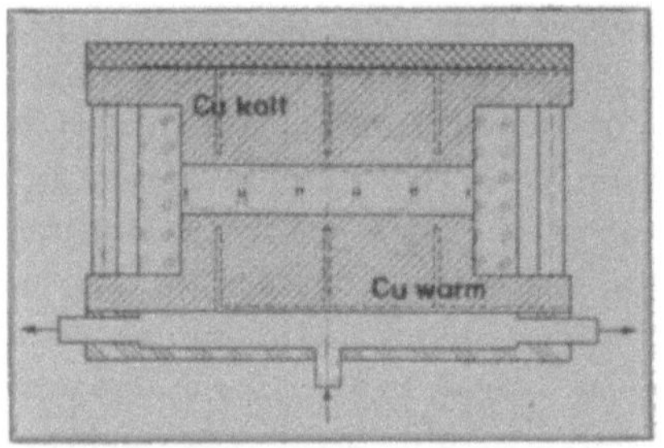

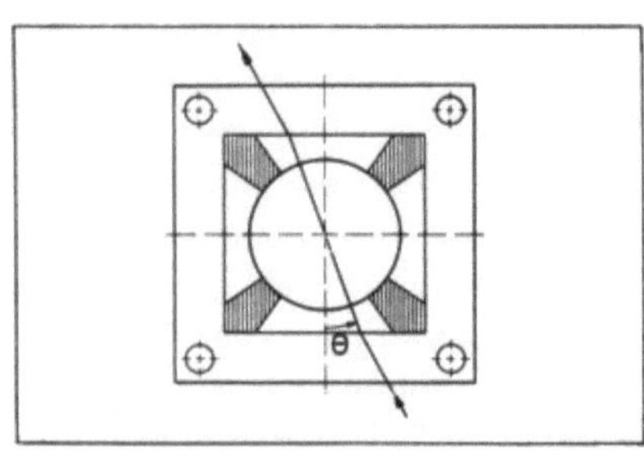

7: Konvektionsbehälter   8: Blickwinkel

9: Differentialinterferogramme θ = 0°,20°,30°,80°,90°

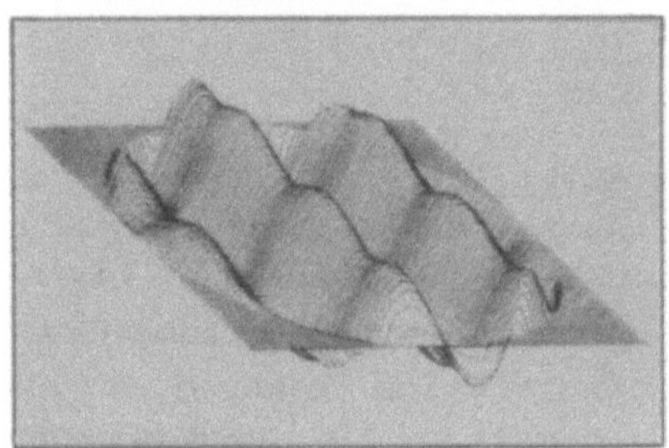

10: Konvektionsrollen   11: Ringzellen

Fig. 2512: Tomographie

bestand aus dem in **Fig. 2512-7** skizzierten quadratischen Quarzglasblock mit einer zylindrischen Bohrung. Das Medium war Immersionsöl mit dem gleichen Brechungsindex wie Quarzglas. In der thermisch instabil geschichteten Flüssigkeit bildeten sich in Abhängigkeit des Aufheizvorganges unterschiedliche Konvektionsrollen aus. Die Differentialinterferogramme der **Fig. 2512-9** wurden in maximal 15 Richtungen θ aufgenommen und mit dem additiven ART-Verfahren ausgewertet. Bei quasistatischer Aufheizung traten fünf Konvektionsrollen entlang $\theta=0°$ auf. In den Auftriebszonen erschienen Dichteminima und in den Abtriebszonen Dichtemaxima. Das rekonstruierte Dichtefeld ist durch den Einfluß der vertikalen Glasberandung des Konvektionsbehälters dreidimensional. Bei instationärer Aufheizung der unteren horizontalen Kupferberandung wurden aufgrund der thermischen Störungen an der vertikalen Glasberandung während eines zeitlichen Übergangsstadiums Ringzellen induziert. Die Differentialinterferogramme waren bei dieser rotationssymmetrischen Konvektionsströmung in unterschiedlichen Richtungen identisch.

Die erwähnten Fourierverfahren, Reihenverfahren und Iterationsverfahren wurden auf vielerlei Weisen modifiziert mit den Absichten, inkonsistente Meßdaten zu erkennen und verwerfen, fehlende Meßdaten zu überbrücken, Vorkenntnisse zu nutzen, den Rechenaufwand zu reduzieren oder vorhandene Rechenprogramme zu verwenden. In [1867-1869] wurden Übersichten über die verschiedenen Verfahren mit Blick auf die Anwendungen der Tomographie in der medizinischen Diagnostik gegeben. In [1870-1881] wurde über ausgewählte Verfahren berichtet. Anwendungen in der Strömungsforschung wurden z.B. in [1887-1904] besprochen. Hier ist die Entwicklung noch längst nicht abgeschlossen und konzentriert sich zur Zeit mehr auf die Tomographie mit abtastenden Laserlichtbündeln oder Hologrammen als auf die mit Bildern. Hier kann mit Hilfe der Heterodyninterferometrie viel genauer gemessen werden. Alle erwähnten Rekonstruktionsverfahren gehen von der Voraussetzung gerader Meßstrahlen aus. Wie vorgegangen werden soll, wenn hohe Brechzahlgradienten die Strahlen merklich krümmen, ist eine offene Frage.

2.5.2 Bildtransformation

2.5.2.1 Optische Fouriertransformation

Wenn sich bei der Fraunhoferbeugung das beugende Objekt in der vorderen Brennebene einer weiten Sammellinse befindet, so sind die Erregungen $U_f(x_f,y_f)$ des Beugungsmusters an Orten $x_f=\lambda f/x$, $y_f=\lambda f/y$ der hinteren Brennebene Σ_f zur Fouriertransformierten der Erregungen $U(x,y)$ an Orten x,y der Objektebene Σ proportional:

544

$$U_f(x_f, y_f) = K_U \, \mathfrak{F}\{U(x,y)\} \tag{1}$$

Die Bestrahlungsstärken $B_f(x_f, y_f)$ des Beugungsmusters sind zum Quadrat des Betrages von $U_f(x_f, y_f)$ proportional:

$$B_f(x_f, y_f) = K_B \, |U_f(x_f, y_f)|^2 \tag{2}$$

Dieser Sachverhalt kann zur Suche nach und Quantifizierung von Regelmä-ßigkeiten im Bild einer Strömung verwendet werden. Zu diesem Zweck wird eine transparente Positiv- oder Negativkopie des Bildes als beugendes Objekt in die vordere Brennebene Σ einer Sammellinse gestellt und mit dem parallel gerichteten Lichtbündel einer monochromatischen Punktlichtquelle oder dem aufgeweiteten Lichtbündel eines Lasers durchleuchtet. Das in der hinteren Brennebene Σ_f erscheinende Beugungsmuster wird photographiert oder auf einer Mattscheibe betrachtet. Ein endloses Gitter heller x-paralleler und äquidistanter Streifen in der Objektebene würde z.B. in der Brennebene die in **Fig. 2521-1** skizzierten hellen Flecken auf der y_f-Achse ergeben. Bei einem Streifenabstand Δy würde der Fleckenabstand $\Delta y_f = \lambda f / \Delta y$ betragen. Hier wäre nichts gewonnen. Wenn aber die Streifen wie in **Fig. 2521-2** nur ungefähr parallel sind, so erscheint in der Brennebene eine B_f-Verteilung mit einer Symmetrieachse, die senkrecht auf der mittleren Streifenrichtung steht. Diese mittlere Streifenrichtung kann so ohne die mühsame Vermessung aller Streifen ermittelt werden. Die in **Fig. 2442-11** gezeigte Streakregistrierung wurde so ausgewertet [1905].

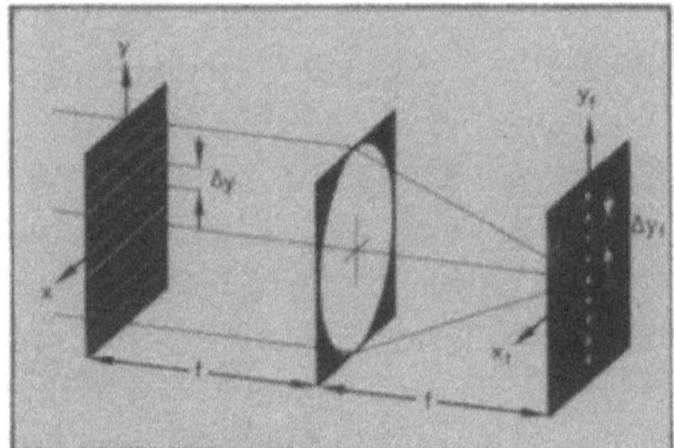
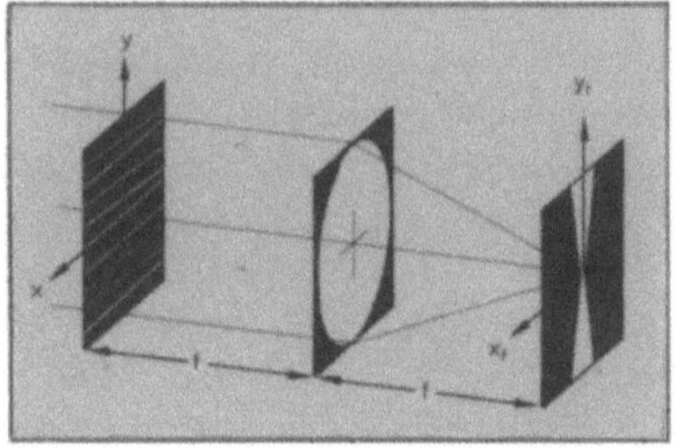
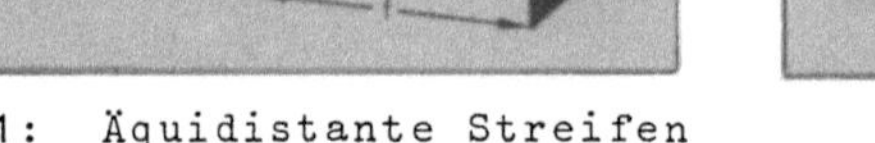

1: Äquidistante Streifen   2: Fast parallele Streifen

Fig. 2521: Optische Fouriertransformation

Die optische Fourieranalyse kann insbesondere verwendet werden, um auf den in Abschnitt 2.3.3.6 besprochenen Tracerwegbildern oder Specklewegbildern die Wege $\Delta s(x,y) = v(x,y)\Delta t$ der Bildpunkte während des Belichtungsintervalls Δt und damit ihre Geschwindigkeiten $v(x,y)$ zu bestimmen. Dazu wird die Durchleuchtung auf einen Bildbezirk begrenzt, in dem Δs praktisch konstant ist. Bei x-paralleler Verschiebung $\Delta s = \Delta x$ und zwei gleich kurzen Belichtungszeiten hat der Bildbezirk z.B. die Belichtungen $H(x,y)$ und $H(x-\Delta x, y)$ erfahren. Bei praktisch linearem Zusammenhang von Amplituden-transparenz und Belichtung treten dann hinter dem durchleuchteten Bildbezirk die folgenden Erregungen auf:

$$U(x,y) = U_1(x,y) + U_1(x-\Delta x,y) \tag{3}$$

$$U(x,y) = U_1(x,y) \otimes [\delta(x,y) + \delta(x-\Delta x,y)] \tag{4}$$

Einsetzen in die Gleichung (1) und Fouriertransformation der Faltung ergibt die Gleichung:

$$U_f(x_f,y_f) = K_U \left[1 + \exp\left(j\,\frac{\pi x_f \Delta x}{\lambda f}\right)\right] \mathfrak{F}\{U_1(x,y)\} \tag{5}$$

Damit kommt für die Bestrahlungsstärken der folgende bereits in Abschnitt 2.3.3.6 notierte Ausdruck:

$$B_f(x_f,y_f) = \tilde{B}_f(x_f,y_f) \cos^2\left(\frac{\pi x_f \Delta x}{\lambda f}\right) \tag{6}$$

Im Falle $\Delta x=0$ würde in der Brennebene das Speckle

$$\tilde{B}_f(x_f,y_f) = K_B\,\mathfrak{F}\{U_1(x,y)\} \tag{7}$$

erscheinen. Wegen $\Delta x \neq 0$ ist dieses Speckle mit y_f-parallelen Interferenzstreifen moduliert. Der Streifenabstand Δx_f beträgt:

$$\Delta x_f = \frac{\lambda f}{\Delta x} \tag{8}$$

So kann also die Aufgabe der Δx-Ermittlung auf die der Messung eines Interferenzstreifenabstandes zurückgeführt werden. Dies ist auch möglich, wenn z.B. mit zwei Funken verschieden stark belichtet wurde. Anstatt

$$U(x,y) = U_1(x,y) + \beta U_1(x-\Delta x,y) \tag{9}$$

kann man schreiben:

$$U(x,y) = U_1(x,y) \otimes [\delta(x,y) + \beta\delta(x-\Delta x,y)] \tag{10}$$

Damit kommt:

$$B_f(x_f,y_f) = \frac{\tilde{B}_f(x_f,y_f)}{2}\left[1 + \beta^2 + 2\beta \cos\left(\frac{2\pi x_f \Delta x}{\lambda f}\right)\right] \tag{11}$$

Der Streifenabstand bleibt der gleiche wie im Falle $\beta=1$, aber der Streifenkontrast wird kleiner:

$$\frac{B_f(\max)-B_f(\min)}{B_f(\max)+B_f(\min)} = \frac{2\beta}{1+\beta^2} \tag{12}$$

Mehr Belichtungen mit gleich kurzen Belichtungszeiten und mit gleichen Belichtungsintervallen Δt haben bei gleichbleibenden Wegen $\Delta x=v\Delta t$ eine Verminderung der Streifenbreite bei gleichbleibendem Streifenabstand Δx_f zur Folge. Bei N Belichtungen tritt dann die folgende Gleichung an die Stelle der Gleichung (4):

$$U(x,y) = U_1(x,y) \otimes \sum_{i=0}^{N} \delta(x-i\Delta x, y) \tag{13}$$

Damit kommt:

$$B_f(x_f, y_f) = \tilde{B}_f(x_f, y_f) \left(\frac{\sin[(N+1)\pi x_f \Delta x/\lambda f]}{\sin(\pi x_f \Delta x/\lambda f)} \right)^2 \tag{14}$$

In [699] wurden auch die Fälle der kontinuierlichen Belichtung während der ganzen Zeit Δt sowie der zweimaligen Belichtung während gleicher Belichtungszeiten δt betrachtet, die nicht viel kleiner als das Belichtungsintervall Δt sind.

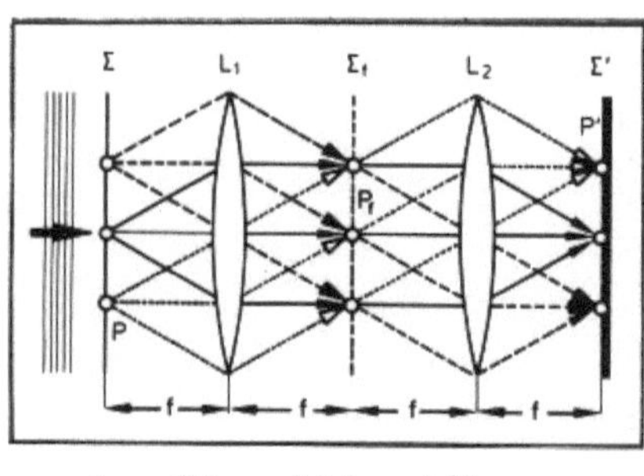

1: Eingriffsoptik

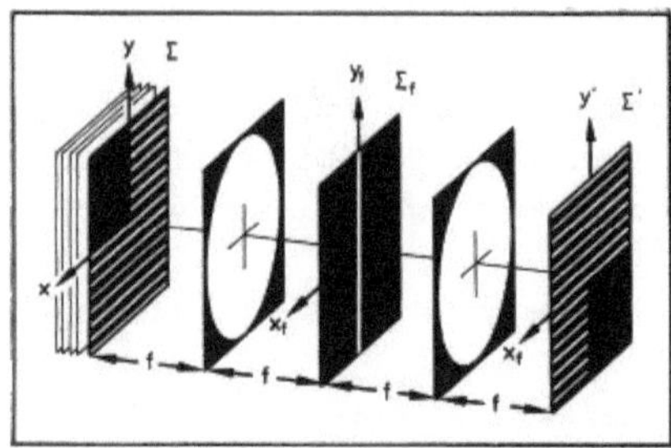

2: Lochblende

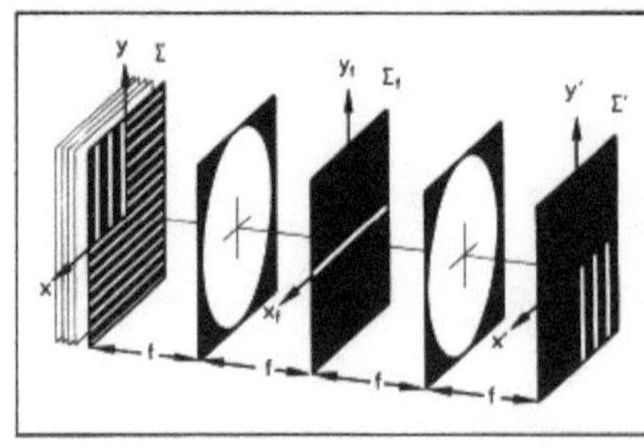

3: Schlitzblende

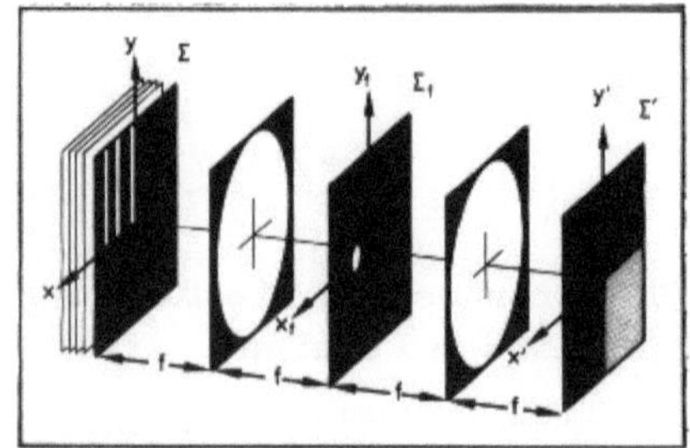

4: Schlitzblende

5: Schlitzblende

6: Lochblende

Fig. 2522: Eingriff in die Bildabbildung

2.5.2.2 Eingriff in die Bildabbildung

Wenn die im vorstehenden Abschnitt besprochene optische Fourieranalyse in sehr vielen Bildbezirken durchgeführt werden muß, so kann auch sie recht aufwendig werden. Bei mehrfach belichteten Tracerwegbildern oder Specklewegbildern führt ein geschickt gewählter Eingriff in die Abbildung einer transparenten Kopie des Bildes schneller zum Ziel. Die Kopie wird als beugendes Objekt in die Objektebene Σ der in **Fig. 2522-1** skizzierten Anordnung mit zwei Linsen L_1 und L_2 gestellt und nicht bezirksweise, sondern insgesamt kohärent durchleuchtet. In der gemeinsamen Brennebene Σ_f (Fourierebene) der Linsen L_1 und L_2 treten dann als Erregungen $U_f(x_f, y_f)$ des Beugungsmusters die Summen all jener Erregungen auf, die dort bei aufeinanderfolgenden bezirksweisen Durchleuchtungen erscheinen würden. Die in einem Punkt P_f von Σ_f zusammenkommenden Wellenelemente haben die verschiedenen Punkte P von Σ mit der gleichen Fortpflanzungsrichtung verlassen und gehen mit verschiedenen Fortpflanzungsrichtungen durch P_f. In der Bildebene Σ' kommen sie wieder mit der gleichen Fortpflanzungsrichtung in den verschiedenen Punkten P' von Σ' an. In einem Punkt P' von Σ' werden die Wellenelemente zusammengeführt, die von dem einen konjugierten Punkt P von Σ mit verschiedenen Fortpflanzungsrichtungen ausgegangen sind. Sie haben die verschiedenen Punkte P_f von Σ_f mit der gleichen Fortpflanzungsrichtung durchsetzt. Ohne Eingriff entsteht in Σ' das strahlenoptische Bild des Objektes in Σ. Die Erregungen $U_f(x,y)$ in Σ_f können auf dem Wege der Fouriertransformation der Erregungen $U(x,y)$ in Σ, und die Erregungen $U'(x',y')$ in Σ' können auf dem Wege der Fourierrücktransformation der $U_f(x_f, y_f)$ unter Beachtung von $x'=-x$ und $y'=-y$ berechnet werden:

$$U_f(x_f, y_f) = K_1 \mathfrak{F} \{U(x,y)\} \tag{1}$$

$$U'(-x', -y') = \frac{1}{K_1} \mathfrak{F}^{-1} \{U_f(x_f, y_f)\} \tag{2}$$

$$U'(x', -y') = \mathfrak{F}^{-1} \{\mathfrak{F}\{U(x,y)\}\} = U(x,y) \tag{3}$$

Es handelt sich um einen besonders einfachen Sonderfall der in Abschnitt 1.6.2.4 erwähnten Abbeschen Abbildungstheorie. Ein Eingriff mit einer Blende in der Brennebene Σ_f multipliziert $U_f(x_f, y_f)$ mit einer reellen Eingriffsfunktion $A(x_f, y_f)$, die auf der Blende verschwindet und in der Blendenöffnung gleich 1 ist. Die Fourierrücktransformation des Produktes liefert dann andere Erregungen in der Bildebene:

$$U'(-x', -y') = \frac{1}{K_U} \mathfrak{F}^{-1} \{A(x_f, y_f)\, U_f(x_f, y_f)\} \tag{4}$$

Die mit

$$B'(x', y') = K_B |U'(x', y')|^2 \tag{5}$$

zu berechnende Verteilung der Bestrahlungsstärken in der Bildebene kann sich erheblich von der ohne Eingriff unterscheiden.

Der Eingriff wird so gewählt, daß ein Bezirk der Ebene Σ' nur dann belichtet wird, wenn die x- oder y-Komponente des Tracer- oder Speckleweges $\Delta\vec{s}(x,y)=\vec{v}(x,y)\Delta t$ im betreffenden Bezirk der Ebene Σ einen vorgegebenen Wert hat. Den dazu nötigen Eingriff kann man anhand der **Fig. 2522-2** überlegen. Ein Σ-Bezirk mit $\Delta\vec{s}$ erzeugt in der Brennebene parallele und äquidistante Interferenzstreifen der im vorstehenden Abschnitt mit Gleichung (14) beschriebenen Art. Sie stehen senkrecht auf $\Delta\vec{s}$, haben den Streifenabstand $\Delta s_f=\lambda f/\Delta s$ und sind umso schmaler, je größer die Zahl N der Belichtungen war. Bei einem Winkel γ zwischen der Streifennormalen und der x_f-Achse schneiden sie die x_f-Achse an den Stellen $x_f=m\Delta s_f/\cos\gamma$ und die y_f-Achse an den Stellen $y_f=m\Delta s_f/\sin\gamma$. Wenn eine Lochblende die Brennebene bis auf ein kleines Loch auf der x_f-Achse abdeckt, dann gelangt dennoch Licht aus diesem Σ-Bezirk bis zu dem betreffenden Σ'-Bezirk, falls der Lochabstand x_{f0} die Bedingung $x_{f0}=m\Delta s_f/\cos\gamma$ erfüllt. Von anderen Σ-Bezirken mit anderen Δs treten in der Brennebene zugleich Interferenzstreifen mit anderen $\Delta\vec{s}$ und γ auf. Bei vorgegebenen x_{f0} wird nur Licht aus jenen Σ-Bezirken zu den betreffenden Σ'-Bezirken durchgelassen, in welchen $\Delta s\cos\gamma=\lambda f\cos\gamma/\Delta s_f$ die Bedingung $\Delta s\,\cos\gamma=m\lambda f/x_{f0}$ erfüllt. Entsprechend ergibt sich, daß ein Loch auf der y_f-Achse nur Licht aus Bezirken mit $\Delta s\,\sin\gamma=m\lambda f/y_{f0}$ zu den betreffenden Σ'-Bezirken läßt. Die in **Fig. 2336-13** gezeigten Δs-Komponentenbilder eines zehnmal belichteten Tracerwegbildes wurden so hergestellt . Zur Berechnung des Δs-Komponentenbildes mit den Gleichungen (1), (4) und (5) ist der folgende Ausdruck für $U(x,y)$ einzusetzen:

$$U(\vec{r}) = \sum_{i=1}^{M} U_i(\vec{r}) \oplus \sum_{k=0}^{N-1} \delta[\vec{r} - (\vec{r}_i + k\,\Delta\vec{s})] \tag{6}$$

$\vec{r}$ ist der Ortsvektor von der Linsenachse zum betrachteten Punkt von Σ. Das i-te Tracerpartikel befand sich bei der ersten Belichtung an der Stelle $\vec{r}_i$ und hätte im Falle $\Delta\vec{s}=0$ bei jeder Belichtung $U_i(\vec{r})$ zur Erregung $U(\vec{r})$ beigetragen. Insgesamt wurden M Partikel photographiert und wurde N mal belichtet. Wenn sich das Blendenloch an der Stelle $\vec{r}_{f0}$ befindet und den Durchmesser d hat, dann ergibt die Rechnung den folgenden Ausdruck für die Bestrahlungsstärken $B'(\vec{r}')$ in der Bildebene Σ' [1481]:

$$B'(\vec{r}') = K_B\Big|U(-\vec{r}') + \frac{d_1(2\pi\vec{r}'d/\lambda f}{2\pi\vec{r}d/\lambda f}\,\exp\left(-j\,\frac{2\pi\vec{r}'\vec{J}_0}{\lambda f}\right)\Big|^2 \tag{7}$$

Die oben betrachteten und von $\Delta\vec{s}$ und $\vec{r}_{f0}$ abhängenden Belichtungen modulieren ein Speckle, das vom Durchmesser d des Blendenloches abhängt.

Gelegentlich können auch andere Eingriffe in die kohärente Abbildung der transparenten Kopie eines Strömungsbildes nützlich sein. Enthält das Strömungsbild Strichgitter mit unterschiedlichen Orientierungen, so kann man z.B. mit einer Schlitzblende wie in **Fig. 2522-3 bis 5** dafür sorgen, daß im Bild nur die mit einer vorgegebenen Orientierung erscheinen. Mit der in Abschnitt 1.6.2.4 erwähnten Vorführung dieser Blendenwirkung wurde schon

1906 nachgewiesen, daß die Abbesche Vorstellung von der Bildentstehung
richtig ist. Wird auch der Schlitz bis auf ein kleines Loch abgedeckt wie
in **Fig. 2522-6**, so geht durch dieses Loch nur Licht aus jenen Bezirken hindurch, in welchen die Gitter sowohl die passende Orientierung als auch die
passende Periode haben. Dann informieren die Bestrahlungsstärken in der
Bildebene über die Lage solcher Bezirke in der Objektebene. In der Literatur über Fourieroptik [1906]   werden außerdem Eingriffe besprochen,
die zufällige Schwärzungsschwankungen unterdrücken oder den Kontrast von
Schwärzungskonturen erhöhen.

2.5.2.3 Optische Bildsubtraktion

Oft besteht der Wunsch, auf einem Strömungsbild nur die Abweichung der
Strömung zu einer Zeit t_2 von der zu einer früheren Zeit t_1 sichtbar zu
machen. In den Abschnitten 2.2.3.4 und 2.2.5.3 wurde besprochen, wie dieser Wunsch bei interferometrischen Visualisierungen durch Doppelbelichtung erfüllt werden kann. Bei allen Visualisierungsverfahren gibt es verschiedene Möglichkeiten, auf einer gemeinsamen Kopie von zwei Bildern die
Wiedergabe der gleich gebliebenen Strukturen zu unterdrücken. In [1907]
wurden zahlreiche Verfahren besprochen, mit denen dieser Effekt erzielt
werden kann. Dabei ist zwischen solchen der Amplitudensubtraktion und der
Leistungssubtraktion zu unterscheiden. Die zwei Bilder haben Leistungs-
transmissionsgrade $T_1(x,y)$ und $T_2(x,y)$. Durch Amplitudensubtraktion
entsteht im Idealfall ein Bild mit Leistungstransmissionsgraden
$T_3(x,y)=K_3|\sqrt{T_2}-\sqrt{T_1}|^2$. Durch Leistungssubtraktion entsteht jedoch im Ide-
alfall ein Bild mit Leistungstransmissionsgraden $T_4(x,y)=K_4|T_2-T_1|$. Das
Verhältnis T_4/T_3 wird bei kleinen T_2-T_1 viel größer als 1.

$$\frac{T_4}{T_3} = \frac{K_4}{K_3}\frac{|T_4-T_1|}{|\sqrt{T_2}-\sqrt{T_1}|} = \frac{K_4}{K_3}\frac{|\sqrt{T_2}-\sqrt{T_1}||\sqrt{T_2}+\sqrt{T_1}|}{|\sqrt{T_2}-\sqrt{T_1}|} = \frac{K_4}{K_3}\cdot\frac{|\sqrt{T_2}+\sqrt{T_1}|}{|\sqrt{T_2}-\sqrt{T_1}|} \tag{1}$$

Kleine Transmissionsunterschiede werden also leichter mit dem Leistungs-
subtraktionverfahren   entdeckt. Außerdem bedarf es bei diesem keine besonderen Maßnahmen, um Fehler durch störende Phasenverschiebungen zu vermeiden. Wir beschränken die Betrachtung auf zwei besonders einfache Lei-
stungssubtraktionsverfahren.

Am naheliegendsten ist es, eine transparente Positivkopie des einen Bildes auf eine transparente Negativkopie des anderen zu legen und beide inkohärent zu durchleuchten. Wurde so belichtet und entwickelt daß zwischen
den Transmissionsgraden T_1 und T_2 der Kopien und den Belichtungen H_1 bzw.
H_2 bei der Aufnahme der Bilder die Zusammenhänge

$$T_1 = K_1 H_1^{\gamma} \;;\; T_2 = K_2 H_2^{-\gamma} \tag{2}\tag{3}$$

550

bestehen, so ist der gemeinsame Transmissionsgrad

$$T_1 \, T_2 = K_1 \, K_2 (H_2/H_1)^{-\gamma} \tag{4}$$

in Bezirken mit $H_2(x,y)=H_1(x,y)$ konstant. In den anderen Bezirken zeigen Abweichungen von dem konstanten Transmissionsgrad $T_1 T_2 = K_1 K_2$ an, daß $H_2(x,y) \neq H_1(x,y)$ war. Allerdings wird hier im allgemeinen der Quotient H_2/H_1, und wird nur bei kleinen Unterschieden ungefähr die Differenz $H_2 - H_1$ wiedergegeben:

$$T_1 \, T_2 \simeq K_1 \, K_2 (1 - \gamma \, \frac{H_2 - H_1}{H_1}) \tag{5}$$

Elektrooptische oder raumfilternden Verfahren sind genauer. Raumfilter können die Wiedergabe von Bildbezirken mit bestimmten Eigenschaften unterdrücken, wenn diese mit Periodizitäten kodiert worden sind. Die Kodierung kann z.B. auf die in [1907,1908] vorgeschlagene Weise mit versetzten Speckeln erfolgen. Die transparenten Negative der zwei zu vergleichenden Bilder werden nacheinander wie in **Fig. 2523-1 links** an denselben Ort vor eine diffus transmittierende und kohärent durchleuchtete Mattglasscheibe gestellt. Vor den Negativen erscheint beidemal das gleiche Fresnelspeckle.

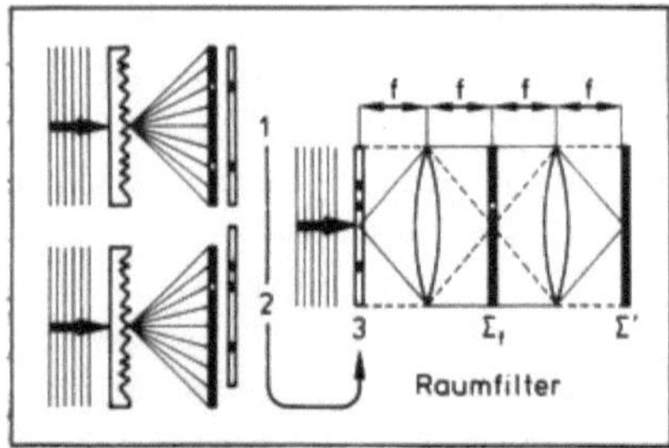

1: Kodierung

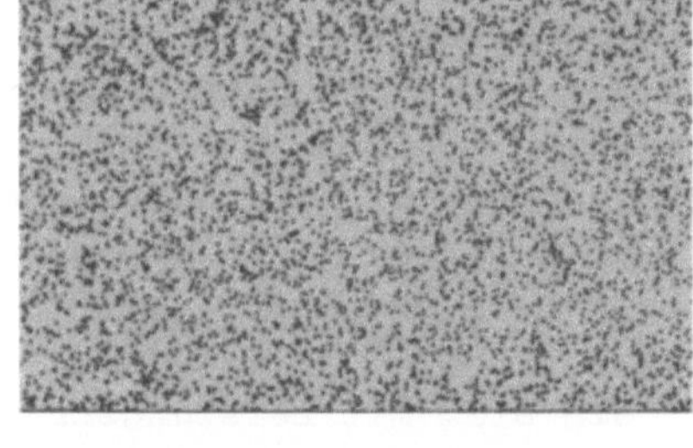

2: zufällige Flecken

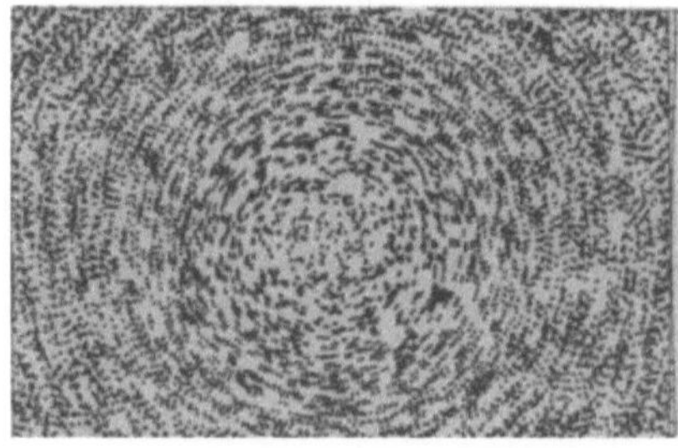

3: unter verkanteter Kopie

4: unter verschobener Kopie

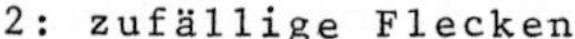

Fig. 2523: Optische Bildsubtraktion

Die zwei Negative modulieren dieses Speckle in verschiedener Weise. Eine kleine transversale Verschiebung des hinter die Negative gestellten Films sorgt dafür, daß auf ihm Paare versetzter Flecken erscheinen. Wo die zwei Bilder gleich sind, da werden die beiden Flecken jedes Paares mit gleichen Schwärzungen wiedergegeben. Wo sich die zwei Bilder unterscheiden, da hat die verschiedene Modulation verschiedene Schwärzungen zur Folge. Wo z.B. das eine Bild durchsichtig und das andere Bild vollkommen undurchsichtig ist, da erscheinen auf dem Film garkeine Fleckenpaare, sondern nur einzelne Flecken. Es kommt dann darauf an, die Wiedergabe der Bezirke mit Paaren gleich geschwärzter Flecken zu unterdrücken. Dazu wird der entwickelte Film wie in **Fig. 2523-1 rechts** in die Objektebene der im vorstehenden Abschnitt beschriebenen 4f-Anordnung gestellt. In der Fourierebene erscheinen die Youngschen Interferenzstreifen. Da die Fleckversetzungen aller Fleckenpaare gleich sind, haben die Anteile der verschiedenen Filmbezirke an diesen Streifen ihre Extrema an denselben Stellen der Fourierebene Σ_f . Aber nur die Anteile der Bezirke mit Paaren gleich geschwärzter Flecken haben die größtmöglichen Maxima und die Minima Null. Eine Schlitzblende am Ort eines Streifenminimums sorgt dafür, daß von solchen Bezirken kein Licht bis zur Bildebene Σ' gelangt. Von anderen Bezirken geht jedoch je nach dem Kontrast der betreffenden Anteile an den Streifen mehr oder weniger Licht durch den Schlitz hindurch. Bei linearem Zusammenhang der Amplitudentransparenz mit der Belichtung erscheint in der Bildebene Σ' ein Speckle mit Erregungen, die zu den Differenzen H_2-H_1 der Belichtungen der zwei untersuchten Strömungsbilder proportional sind. Das Speckle kann dabei so fein sein, daß es die Wiedergabe dieser Differenz nicht merklich stört.

Bei diesem Verfahren kommt es sehr darauf an, daß der Film nur verschoben und nicht verkantet wird. Die **Fig. 2523-3 und 4** demonstrieren, wie die in **Fig. 2523-2** gezeigten zufällig verteilten Flecken (idealisiertes Speckle) ohne die Modulation durch die zwei Negative bei Verkantung oder Verschiebung auf dem Film erscheinen würden. Die Beugungsmuster in der Fourierebene würden sehr verschieden aussehen. Nur das von **Fig. 2523-4** würde praktisch ganz auf die Schlitzblende fallen.

Dieselben **Fig. 2523-3 und 4** demonstrieren übrigens auch eine optische Täuschung, die zu Fehlinterpretationen von doppelt belichteten Bildern führen kann. Die Erwartungen weckende und mit den geweckten Erwartungen vergleichende Wahrnehmung verführt dazu, auch bei zufällig verteilten Paaren gleich versetzter Flecken durchgehende Linien zu sehen. Man sieht Kreise oder Geraden, wo in Wirklichkeit nur Fleckenpaare existieren [1909].

2.5.2.4 Äquidensiten

Das Bild kann selbstverständlich auch durch Umkopieren verändert werden. Für die Auswertung von Strömungsbildern ist neben dem kontrastverstärkendem Kopieren mit mehrfach transmittiertem Licht [1910] oder extrahartem Film insbesondere das Kopieren auf Äquidensitenfilm [1911] interessant. Die photographische Aufzeichnung der Aquidensiten d.h. Linien gleicher Schwärzung vereinfacht die Auswertung von Schlierenbildern, Interferenzbildern, Absorptionsbildern und Emissionsbildern. Ihre Aufzeichnung kann auch durch gemeinsames Kopieren eines paßgenau aufeinandergelegten Negativs (N) und Positivs (P) erfolgen [1912]. Bei den in **Fig. 2524-1** angenommen idealen Schwärzungskurven mit den Steigungen γ_N und $-\gamma_P$ hätte die resultierende Schwärzungsdichte die folgenden Werte:

$$D_R = \hat{D}_P - (\gamma_P - 1)\, D_N \quad \text{bei } D_P > 0 \tag{1}$$

$$D_R = D_N \quad \text{bei } D_P = 0 \tag{2}$$

Bei $\gamma_P{=}1$ (Fall a) wäre $D_R{=}\hat{D}_P$ unabhängig von den Belichtungen des Negativs. Das Bild würde gelöscht. Bei $\gamma_P{>}1$ hat der Verlauf $D_R(H)$ eine Einsattelung mit einem Minimum an jener Stelle, an welcher $D_P{=}0$ d.h. $D_N{=}\hat{D}_P/\gamma_P$ wird. Die Einsattelung ist symmetrisch, wenn $\gamma_P{=}2$ (Fall b) ist. Man kann mit $\hat{D}_P$ und γ_P die Schwärzungsdichte D_N wählen, die so markiert wird. γ_P und γ_N bestimmen, ob die Flanken der Einsattelung steil (Fall c) oder flach (Fall d) sind. Bei realen Schwärzungskurven sieht der Verlauf $D_R(H)$ z.B. wie in **Fig. 2524-2 links** aus. Wiederholung der Prozedur mit einer Positivkopie RP des durch N und P belichteten Negativs RN ergibt Äquidensiten zweiter Stufe wie in **Fig. 2524-2 rechts**, und sofort. Auf solche Weise kann man das Bild auch ohne Spezialfilm in ein solches mit eng nebeneinanderliegenden Äquidensiten transformieren. In der Emulsion des Äquidensitenfilms werden beide, das Negativ und das Positiv entwickelt. Es gibt noch andere Verfahren [92,99,1913]. In [1914] wurde über Anwendungen bei Strömungsuntersuchungen berichtet.

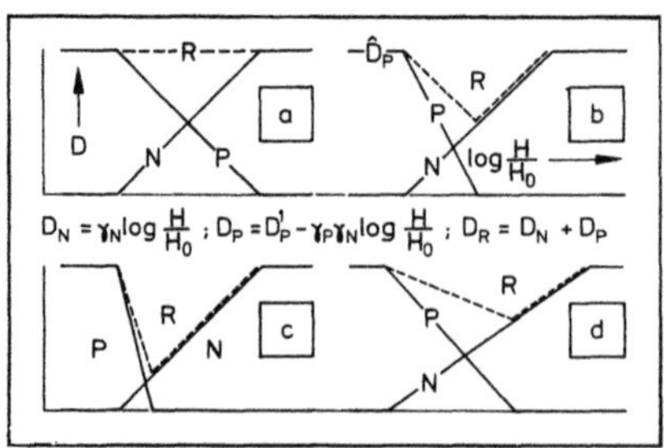

1: NP-Verfahren • Ideal

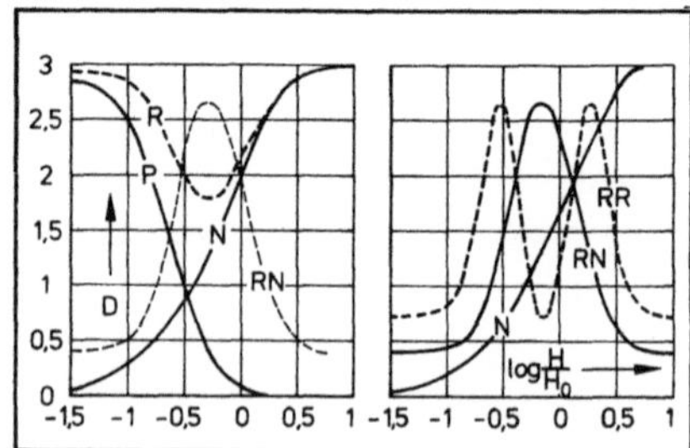

2: NRP-Verfahren •Real

Fig. 2524: Äquidensiten

2.5.2.5. Bildumsetzung in Signale

Manche Bildauswertungen erfordern die Bestimmung, Speicherung und Verarbeitung einer riesigen Datenmenge. Das gilt insbesondere für die Tomographie, für die mehreren Bildern in möglichst vielen Pixeln möglichst fein abgestufte Schwärzungswerte entnommen werden müssen. Gelegentlich kann auch schon die manuelle Ausmessung der Strecken auf einen Tracerwegbild, der Streifenverschiebungen auf einem Interferenzbild oder der Schwärzungen auf einem Schlierenbild eine überaus mühsame Arbeit sein. Für solche Auswertungen werden verschiedene Registrierphotometer angeboten, die das Bild mit einem fokussierten Durchlicht- oder Auflichtbündel zeilenweise oder kreisbogenweise abtasten und die Information über die Koordinaten und Schwärzung der Pixel in Form von analogen oder digitalen Signalen in einen Rechner geben. Moderne Geräte solcher Art werden mit dem Ziel größtmöglicher Präzision gebaut. Mit 5mm/s Vorschub in 5µm-Schritten werden z.B. 100 Pixel/s abgefragt [1915]. Oft sind solche Geräte jedoch viel zu genau. Oft kann billiger und viel schneller mit dem Schreibfleck eines Kathodenstrahloszillographen abgetastet werden [1916].
Wenn das Auflösungsvermögen einer Videokamera genügt, dann besteht die Möglichkeit, die Bildinformation mit einer solchen in Signale umzusetzen. Für die Verarbeitung der Signale werden Bildauswertegeräte mit Analog/Digitalwandler, Rechner, Speicher und Monitor angeboten. Mit diesen werden z.B. 256x256 Pixel in 20ms abgetastet und die Pixelinformationen mit (16+1)bit-Worten in den Rechner gegeben. Wird auf einer Floppy disk gespeichert, so dauert es etwa 40s, bis das Kontrollbild auf dem Monitor erscheint [1917]. Dieses kann mit einem Koordinatennetz versehen, in vielerlei Weise transformiert, mit Falschfarben charakterisiert und beschriftet werden. Wird mit der Videokamera nicht ein Bild vom Bild, sondern unmittelbar ein Bild der Strömung aufgenommen, so sind die Signale zu den Bestrahlungsstärken proportional. Unter Umständen können so die Unsicherheiten des Films vermieden werden. Die Zahl der Berichte über die Aufnahme von direkten oder holographisch rekonstruierten Strömungsbildern mit Hilfe von Videokameras hat in den letzten Jahren stark zugenommen. Es ist zu erwarten, daß für solche Zwecke besondere und nicht an die Fernsehnormen gebundene Videokameras mit immer besser auflösenden und immer schneller ablesbaren CCD- oder CID-Bildsensoren entwickelt werden. Kameras mit mehreren Bildsensoren hinter mehreren Objektiven oder einem ablenkenden Bildwandlerr werden die Hochfrequenzkinematographie mit markierenden, vergleichenden oder auswertenden Eingriffen möglich machen. In [1918-1955] wurde über digitale Bildverarbeitungen berichtet.

3 OPTOELEKTRISCHE MESSUNGEN

3.1 REGISTRIERUNG DER STRAHLABLENKUNG

3.1.1 Laserrefraktometer

3.1.1.1 Mit einem Lichtbündel

Die drei Mängel des Films - starke Nichtlinearität, begrenzter Schwär-
zungsumfang und Korn - machen es schwierig, Schlieren-, Interferenz- oder
Differentialinterferenzbilder quantitativ auszuwerten. Außerdem geben
Bilder zwar viel räumliche, aber nur unterbrochene zeitliche Information.
Darum hat es schon lange vor Erfindung des Lasers Versuche gegeben, die
Änderungen der Bestrahlungsstärke im Bild optoelektrisch zu registrieren
[1956 - 1958]. Dabei war entweder der empfangene Strahlungsfluß oder
die Ortauflösung gering. Mit dem Laser ist es möglich geworden, die zu
untersuchende Strömung mit einem so dünnen Lichtbündel so intensiv zu
durchleuchten , daß alle Vorzüge der optoelektrischen Registrierung -
Linearität, großer Meßbereich, wenig Rauschen und kontinuierliche Messung - ohne Verlust an Ortsauflösung genutzt werden können. Die Umsetzung
der Strahlablenkungen, Phasenverschiebungen oder Differenzen derselben
in Änderungen des Strahlungsflusses kann wie bei der Aufnahme von Bildern
erfolgen. Oft genügen weniger Optikbauteile. Die wenigsten Bauteile
werden für die Registrierung der Ablenkungen des Laserlichtbündels
benötigt. Dazu genügt ein Detektor hinter einer Schneide wie in **Fig.
3111-1 oben** [1959], ein Differentialdetektor wie in der Mitte von **Fig.
3111-1** [1960] oder nach Aufweitung des Bündels ein Detektor hinter einer
Schlitz- oder Lochblende wie in **Fig. 3111-1 unten** [1961]. Bei den zwei
erstgenannten Anordnungen kann auf die Aufweitung verzichtet werden.

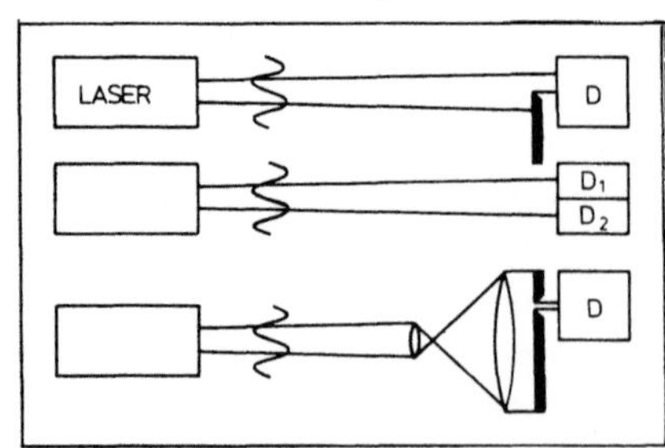

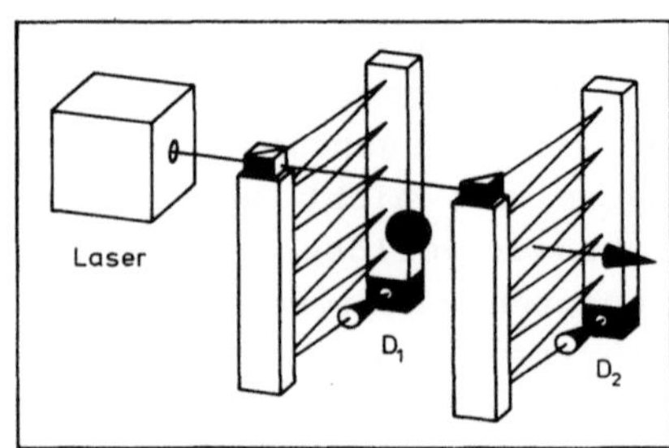

1: Verschiedene Anordnungen   2: Lichtschranken

Fig. 3111: Laserrefraktometer

Hier kommt es lediglich darauf an, den Bündelquerschnitt im Abstand z
vom Objekt mit der Schneide bzw. mit der Schnittlinie des Differenti-

aldetektors zu halbieren. Bei x-parallelem Schnitt wird von einem hinreichend großen Detektor hinter der Schneide das Integral

$$S_1 = \int\limits_0^\infty \left[\int\limits_{+\infty}^{-\infty} B(x,y)dx \right] dy \tag{1}$$

und von dem Differentialdetektor das Integral

$$S_2 = \int\limits_{+\infty}^{+\infty} \left[\int\limits_{-\infty}^{+\infty} B(x,y)dx \right] \mathrm{sgn}\,(y)\, dy \tag{2}$$

über die Strahlungsflußanteile $B(x,y)dx\,dy$ gemessen. Eine Bündelablen-
kung ε_y in der y,z-Ebene verschiebt das Zentrum des Bündelquerschnitts um
$\Delta y=\varepsilon_y\cdot z$ und ändert damit diese Integrale. Bei der in **Fig. 3111-1 unten** skizzierten Anordnung wird durch ein kleines exzentrisches Loch im Abstand y
von der Achse des nicht abgelenkten Bündels nur ein kleiner Anteil
$B(x,y)dx\,dy$ des Strahlungsflusses durchgelassen. Der Detektor hinter diesem Loch registriert im Falle $\Delta y=0$ die Bestrahlungsstärke $B(r=y)$ und im
Falle $\Delta y\neq 0$ die Bestrahlungsstärke $B(r=y-\Delta y)$. Bei kleiner Verschiebung Δy
ändert sich die registrierte Bestrahlungsstärke um ungefähr $\Delta B\approx(dB/dr)\Delta y$.
Hat das Bündel Gaußprofil, so ist die Ableitung $dB/dr(r)$ bei $r=R/2$ am
größten. Sind kleine Verschiebungen $\Delta y\ll R$ zu registrieren, so ist es also
ratsam, das Loch an die Stelle $y=R/2$ oder $y=-R/2$ zu setzen. Bei $r=R/2$ ist
$dB/dr=2B/R$. Dort gilt also:

$$\frac{\Delta B}{B}(y = \pm R/2) \approx \pm 2\,\frac{\Delta y}{R} \tag{3}$$

Merkliche Abweichungen von diesem linearen Zusammenhang sind erst dann zu
erwarten, wenn $4(\Delta y/R)^2/3$ nicht mehr viel kleiner als 1 ist.
Wie schon die Schlierenvisualisierungsoptik so kann auch die Laserschlie-
renoptik mit besonderen Schlierenblenden besonderen Meßaufgaben angepaßt
werden. So kann z.B. ein Graukeil an Stelle der Schneide gewisse Vorteile
haben [1962]. In jedem Fall ist eine Eichung erforderlich, weil merkliche
Abweichungen vom Gaußprofil vorkommen können. In [1959 - 1983] wurde
über Messungen mit den verschiedenen Laserschlierenverfahren berichtet.
Bei hohen Brechzahlgradienten wird das Laserlichtbündel nicht nur abgelenkt, sondern auch merklich deformiert. In [1983] wurde untersucht, wie
sich dies auf die Ermittlung der Brechzahlprofile der Wärmeleitungs-
schicht an der Endplatte eines Stoßrohres auswirken konnte. Bei Messungen
der Brechzahlgradienten in Relaxationszonen hinter laufenden Stößen traten Schwierigkeiten infolge der Beugung am Stoß und infolge der
Stoßkrümmung auf. Diese wurden in [1977] analysiert. Laserrefraktometer werden auch gerne als Lichtschranken zur Auslösung von anderen
Messungen beim Eintreffen eines Verdichtungsstoßes verwendet. Mit zwei
Lichtschranken wie in **Fig. 3111-2** kann die Fortpflanzungsgeschwindigkeit
des Verdichtungsstoßes ermittelt werden. Solche Lichtschranken wurden
ursprünglich für die Messung von Geschoßgeschwindigkeiten entwickelt
[1984]. Die zwischen ihnen eingezeichnete Kugel verweist auf diese
Verwendung. Lochblenden vor den Detektoren genügen, um sie ablenkungs-
empfindlich zu machen.

556

3.1.1.2 Mit gekreuzten Lichtbündeln

In Strömungen mit stationär aleatorischer und homogener Turbulenz können
zwei Laserschlierenanordnungen mit gekreuzten Lichtbündeln zur Messung
statistischer Größen der Dichteschwankungen im Kreuzungsvolumen verwendet werden. Die wie in **Fig. 3112-1** durch die Turbulenz gehenden Bündel A und
B erfahren resultierende Ablenkungen, von denen die Komponenten

$$\varepsilon_A(t) = \frac{1}{n} \int_0^{L_x} \frac{\partial n}{\partial y}(x,t)dx \quad ; \quad \varepsilon_B(t) = \frac{1}{n} \int_0^{L_y} \frac{\partial n}{\partial x}(y,t)dy \tag{1}$$

gemessen werden. Bei der Bildung der Kovarianz $\overline{\varepsilon_A(t)\varepsilon_B(t)}$ verschwindet
der Beitrag unkorrelierte Schwankungen außerhalb des Kreuzungsvolumens.
Für den Sonderfall isotroper Turbulenz ergibt sich mit $n-1=G\rho$ der folgende
Zusammenhang zwischen dem Quadratmittelwert $\overline{\rho'2}$ der Dichteschwankungen
$\rho'(t)=\rho(t)-\bar{\rho}$ im Kreuzungsvolumen und $\overline{\varepsilon_A(t)\varepsilon_B(t)}$ [1985]:

$$\overline{\rho'^2} = \frac{\bar{n}^2}{2\pi G^2} \overline{\varepsilon_A(t)\,\varepsilon_B(t)} \tag{2}$$

Bei zwar homogener, aber anisotroper Turbulenz ist die rechte Seite dieser Beziehung mit einem konstanten Faktor zu multiplizieren, der durch
Messungen bei verschiedenen Orientierungen der gekreuzten Bündel bestimmt werden muß. Unter gewissen zusätzlichen Voraussetzungen kann man
durch Bildung der Kovarianzen $\overline{\varepsilon_A(t)\varepsilon_B(t-\tau)}$ bei variierten Zeitverschiebungen τ auch die Korrelationslänge in Strömungsrichtung bestimmen.
Weitere statistische Größen kann man durch Messungen mit versetzten Bündeln wie in **Fig. 3112-2** erfahren . Wo die Voraussetzungen der Theorie
erfüllt waren, stimmten die Ergebnisse solcher Messungen gut mit den Ergebnissen von anderen Messungen überein [1985 - 1993]. Zuverlässige
Ergebnisse sind jedoch nur dann zu erwarten, wenn sicher ist, daß in der
Turbulenz keine kohärenten Strukturen existieren. Großräumige kohärente
Strukturen machen sich durch ungewöhnliche hohe Korrelationen bemerkbar
[1994,1995].

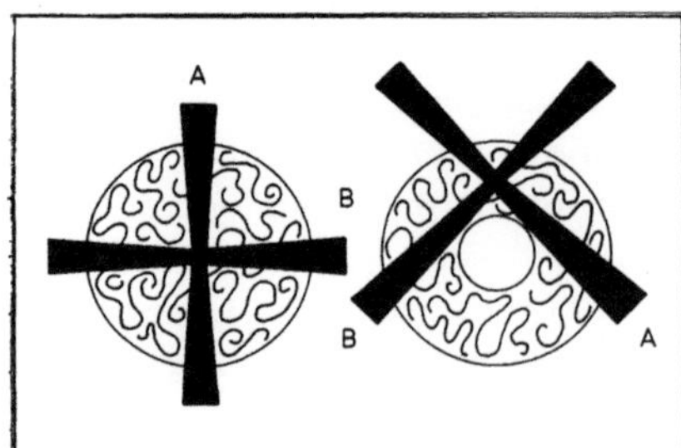

1:   Unversetzt

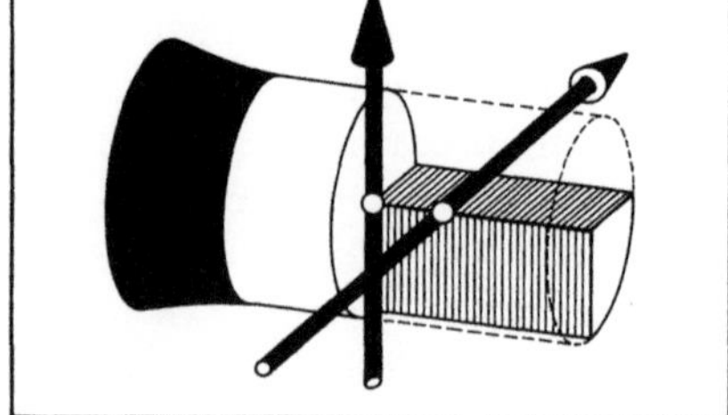

2:   Versetzt

Fig. 3112:   Mit gekreuzten Lichtbündeln

3.1.2 Laserreflektometer

3.1.2.1 Reflexion am Fenster

Bei den in **Fig.** 3121-1 skizzierten Reflexionen eines Laserlichtbündels an den beiden Flächen des Fensters in der Wand eines mit Gas gefüllten Gefäßes hängt der Amplitudenreflexionskoeffizient r_i an der Innenfläche von der Brechzahl n_i des Gases ab. Ändert sich n_i, so ändert sich der Strahlungsfluß des an der Innenfläche reflektierten Teilbündels, während der Strahlungsfluß des an der Außenfläche reflektierten Teilbündels konstant bleibt. Man kann diesen Sachverhalt benutzen, um durch Messung der Änderung der Differenz der zwei Strahlungsflüsse die Änderung der Gasdichte $\rho_i=(n_i-1)/G$ zu bestimmen [1996]. Dabei kann wegen $n_i-1\ll1$ mit

$$r_{i1}^2 = r_{i0}^2\,[1 + S(n_{i1}-n_{i0})] \quad \text{mit}\quad S = \frac{2}{r_{i0}}\left(\frac{dr_i}{dn_i}\right)_0 \qquad (1)\,(2)$$

gerechnet werden. S hängt von der Polarisation parallel ($\parallel$) oder senkrecht ($\perp$) zur Einfallsebene ab. Mit den in Abschnitt 1.2.1.2 besprochenen Beziehungen kommt:

$$S(\parallel) = -\frac{4n_{i0}n_F^2(2\theta^2 - n_{i0}^2)}{(n_F^2-n_{i0}^2)\,(\theta^2 n_F^2+\theta^2 n_{i0}^2-n_F^2 n_{i0}^2)}\sqrt{\frac{n_F^2-\theta^2}{n_{i0}^2-\theta^2}} \qquad (3)$$

$$S(\perp) = -\frac{4n_{i0}}{n_F^2-n_{i0}^2}\sqrt{\frac{n_F^2-\theta^2}{n_{i0}^2-\theta^2}}\,. \qquad (4)$$

n_F ist die Brechzahl des Fensters und $\theta=n\,\sin\alpha$ die Snelliusinvariante. Die Linearisierung (1) setzt einen Wert θ weit ab von $n_{i0}/\sqrt{2}$ voraus. Bei Polarisation parallel zur Einfallsebene versagen die Formeln bei streifendem Einfall und beim Brewsterwinkel. Wo sie gelten, ist wegen $S(\parallel)>S(\perp)$ bei Polarisation parallel zur Einfallsebene der größere Meßeffekt zu erwarten. Strömt das Gas in dem Gefäß, so wird das Lichtbündel nicht nur an der Grenzfläche, sondern auch in der Grenzschicht reflektiert. In [1997] wurde abgeschätzt, daß diese Reflexion vernachlässigt werden kann, sobald die Grenzschichtdicke δ größer als $5\lambda/2\pi\cos\alpha_{i0}$ ist. Ist δ erheblich kleiner, so kann nicht mehr mit r_i, sondern muß mit einem Amplitudenreflexionskoeffizienten

$$r = \frac{r_i + r_\delta}{1+r_i r_\delta} \qquad (5)$$

gerechnet werden, der aus den Beiträgen r_i bei $r_\delta=0$ und r_δ bei $r_i=0$ resultiert. Die Reflexion an einer dünnen Schicht mit kontinuierlichem Brechzahlprofil wurde in [1998,1999] berechnet. Sie hängt vom Profil ab. Grundsätzlich besteht also auch die Möglichkeit, Annahmen über die zeitlichen Änderungen des Grenzschichtprofils durch Messung der zeitlichen Änderungen der Differenz der beiden reflektierten Strahlungsflüsse zu prüfen. Als Testobjekt ist jene wohlbekannte, instationäre und praktisch isobare Wärmeleitungsschicht gut geeignet, welche sich bei der frontalen Reflexion eines Verdichtungsstoßes bildet. Hier ergaben Messungen an der Endplatte eines Stoßrohres die in **Fig. 3112-2** graphisch dargestellten Änderungen des Reflexionsgrades $R=|r|^2$ in den ersten Mikrosekunden nach der Stoßreflexion in Argon bei Stoßmachzahlen M_s und Einfallswinkeln α_a des Laserlichtbündels. Der Druck vor dem Verdichtungsstoß betrug $p_1=53mb$. Die nach 200µs gemessenen R stimmten gut mit den berechneten überein [1997].

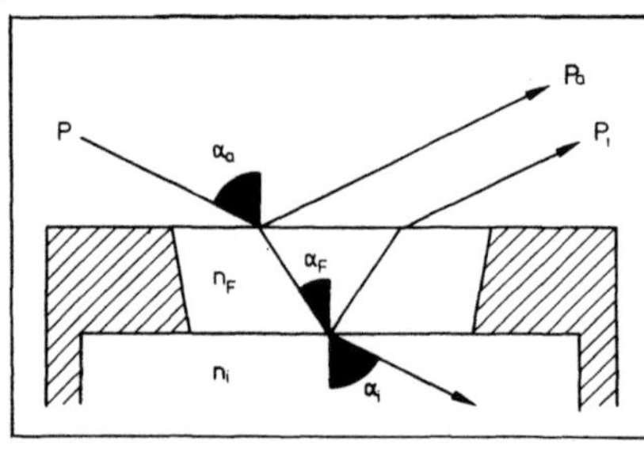

1: Z w e i   R e f l e x i o n e n

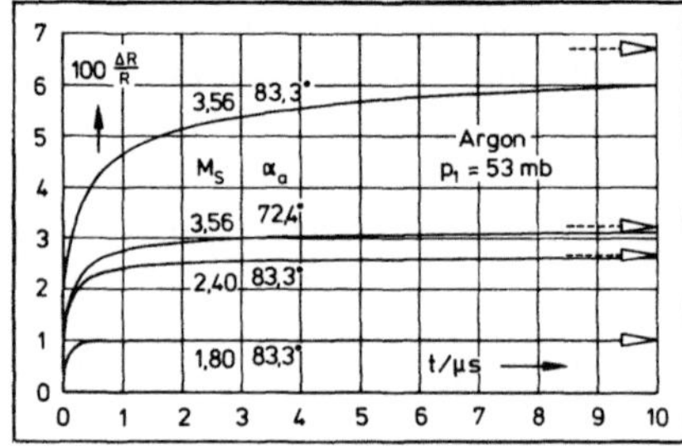

2: G r e n z s c h i c h t e f f e k t

Fig. 3121: Reflexion am Fenster

3.1.2.2 Reflexion am Verdichtungsstoß

Auch der an einem Verdichtungsstoß auftretende Brechzahlsprung $\Delta n=n_2-n_1$ kann einen merklichen Teil des eingestrahlten Lichtes reflektieren. In Gasen sind die möglichen Δn sehr klein. Entsprechend klein sind die Reflexionsgrade r^2. Ist die Stoßdicke δ viel kleiner als die Lichtwellenlänge λ, so kann beim Einfallswinkel $\alpha_1<\pi/2$ mit

$$r^2 = \frac{1+\tan^4\alpha_1}{4}\,(\Delta n)^2 \tag{1}$$

gerechnet werden. Kommt δ in die Größenordnung von λ, so gilt hingegen:

$$r^2 = \frac{1+\tan^4\alpha_1}{4}\,|F(\eta)|^2(\Delta n)^2 \tag{2}$$

mit der folgenden vom n-Profil abhängenden komplexen Funktion von $\eta=2\cos\alpha_1\delta/\lambda$:

$$F(\eta) = \int_{-\infty}^{+\infty} \frac{dn/dx'}{(dn/dx')\text{max}} \cdot e^{-j2\pi\eta x'}\,dx' \tag{3}$$

Darin ist $x'=x/\delta$ die auf $\delta=\Delta n/(dn/dx)_{max}$ bezogene Ortkoordinate in Richtung der Stoßnormalen. Dieser Zusammenhang wurde trotz der Kleinheit von r^2 schon vor der Erfindung des Lasers zur Bestimmung des n-Profils durch Messung von r^2 bei variierten α_1 verwendet [2000-2006]. Mit einem Laserlichtbündel kann nicht nur der Reflexionsgrad, sondern auch die Dopplerverschiebung der Frequenz des reflektierten Lichtes gemessen und damit die Fortpflanzungsgeschwindigkeit des Verdichtungsstoßes ermittelt werden [2007-2009].

3.2 REGISTRIERUNG DER PHASENVERSCHIEBUNG

3.2.1 Laserinterferometer

3.2.1.1 Mach/Zehnder-Interferometer

Alle in Abschnitt 1.6.1.1 erwähnten Zweiwelleninterferometer können selbstverständlich nicht nur mit einem weiten Lichtbündel und Film, sondern auch mit einem engen Laserlichtbündel und einem optoelektrischen Detektor betrieben werden. Wegen der Kohärenz des Laserlichtes kommt es dabei auf die Lokalisierung der Interferenz nicht mehr an. Man kann mit allen gleich gut einen optischen Weg durch die Strömung als Funktion der Zeit registrieren. In [2010 - 2043] wurde über die verschiedensten hierfür verwendeten Laserinterferometer berichtet. Bei allen wird die Beschränkung auf die Registrierung eines einzigen optischen Weges damit belohnt, daß ununterbrochen und mit einem viel besseren Signal/Rauschverhältnis als auf Film registriert werden kann. Bei dem in **Fig. 3211-1** gezeigten Laser-Mach/Zehnder-Interferometer kommt als weiterer Vorteil hinzu, daß mit einer sog. Phasenrückführung Schwankungen des Laserlichtes eliminiert oder/und Dejustierungen des Interferometers kompensiert werden können. Dazu wird der eine der beiden Spiegel mit Hilfe eines Piezotranslators und einer Regelschaltung wie in **Fig. 3211-2** passend verschoben [2020]. Außerdem kann man hier die beiden Teilbündel leicht bis auf eine kurze und weit von den Bauteilen des Interferometers entfernte Meßstrecke abdecken. Damit ist die Verwendung als Mikrophon möglich geworden [2022]. Die Phasenrückführung hat aus dem teuren, schwer zu justierenden und störanfälligen Mach/Zehnder-Interferometer ein vergleichsweise billiges und sich selbst justierendes und stabilisierendes Instrument der Strömungsforschung gemacht. Mit der Abdeckung ist es insbesondere für die Forschung auf dem Gebiet der Bildung, Ausbreitung und Wechselwirkung von Stoßwellen in ruhenden Gasen interessant.

Zur Phasenrückführung werden die Stromsignale $i_1(t)$ und $i_2(t)$ von je einem Photodetektor in den zwei Ausgängen des Interferometers benötigt. Die Bestrahlungsstärken auf diesen zwei Detektoren sind komplementär. Konstruktive Interferenz auf dem einen kann wegen der Energieerhaltung nur mit entsprechend destruktiver Interferenz auf dem anderen verbunden sein. Erscheinen die beiden Teilbündel auf dem einen mit der Phasenverschiebung $\Delta\varphi$, so erscheinen sie auf dem anderen mit $\Delta\varphi + \pi$. Es gilt:

$$i_1 = K_i \, \frac{\hat{B}}{2} \, (1 + \cos \Delta\varphi) \quad ; \quad i_2 = K_i \, \frac{\hat{B}}{2} \, (1 - \cos \Delta\varphi) \qquad (1)\,(2)$$

$$i_1 + i_2 = K_i \, \hat{B} \quad ; \quad i_1 - i_2 = K_i \, \hat{B} \cos \Delta\varphi \qquad (3)\,(4)$$

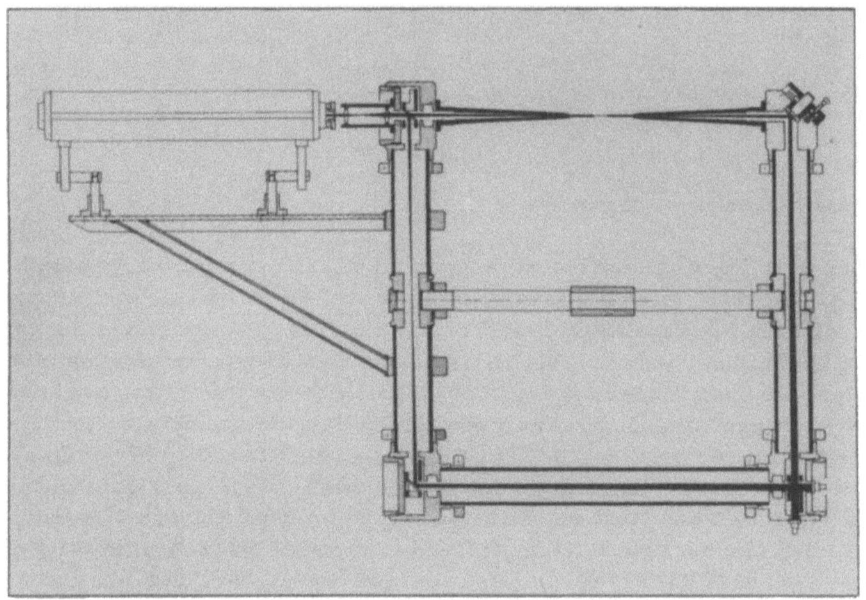

1: Aufbau mit Piezotranslator und Abdeckung

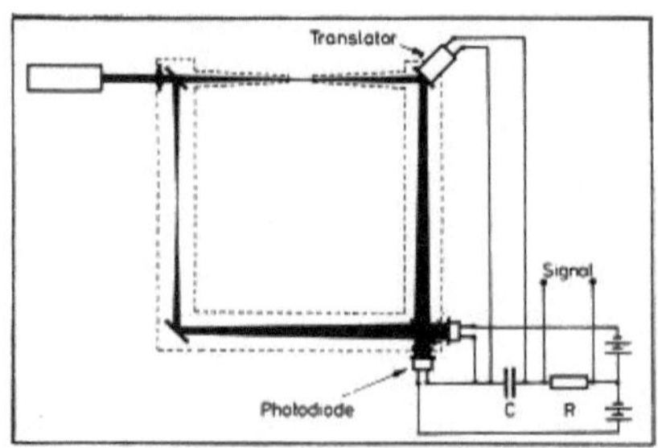

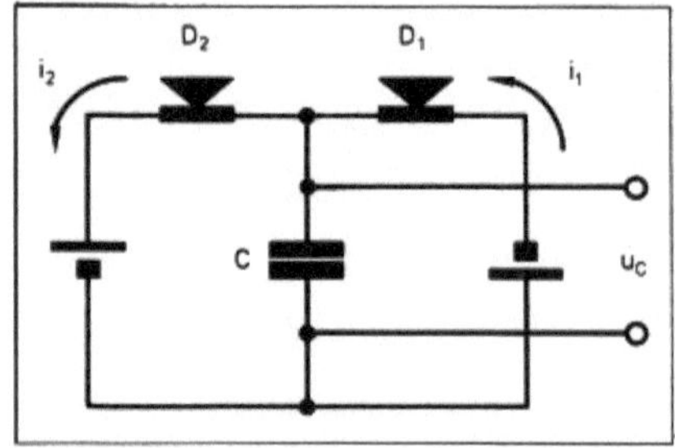

2: Phasenrückführung

3: Regelschaltung

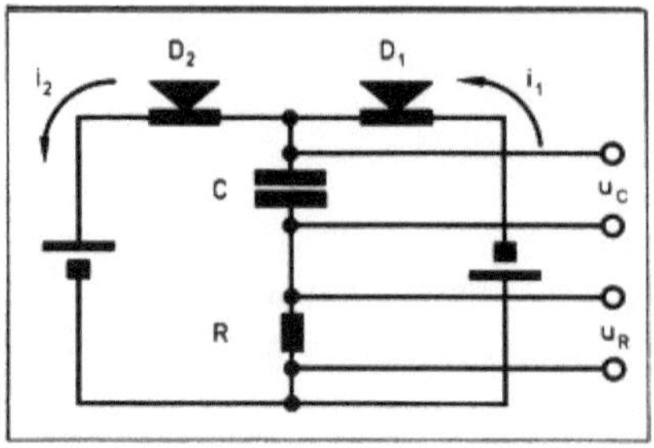

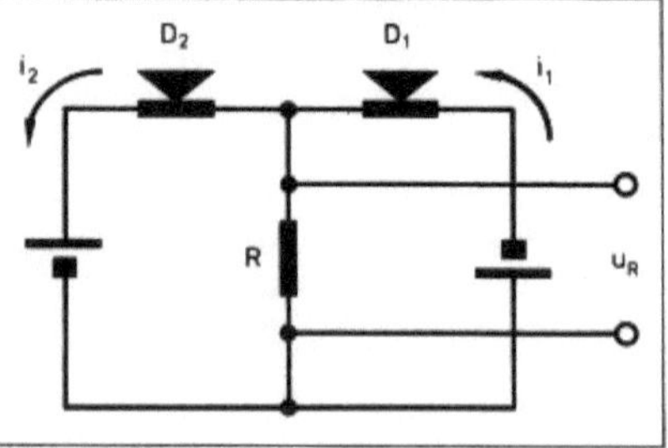

4: Meß- und Regelschaltung

5: Meßschaltung

Fig. 3211: Mach/Zehnder-Interferometer

Uns interessiert die Differenz i_1-i_2. Sie verschwindet bei $\Delta\varphi=\pi/2$. $\Delta\varphi$ setzt sich im allgemeinen aus einem konstant bleibenden Anteil $\Delta\varphi_O$, einem schwankenden Dejustieranteil $\Delta\varphi_D(t)$, einem zeitabhängigen Meßanteil $\Delta\varphi_M(t)$ und einem Kompensationsanteil $\Delta\varphi_C(t)$ zusammen, der mit der Verschiebung des Spiegels auf dem Piezotranslator erzeugt wird:

$$\Delta\varphi = \Delta\varphi_O + \Delta\varphi_D(t) + \Delta\varphi_M(t) + \Delta\varphi_C(t) \tag{5}$$

$\Delta\varphi_C$ ist zu der an den Piezotranslator gelegten Spannung u_C proportional:

$$\Delta\varphi_C(t) = K_u \cdot u_C(t) \tag{6}$$

Diese Spannung u_C wird am Kondensator C der Regelschaltung abgegriffen. Die Regelschaltung kann ohne oder mit Widerstand R verwendet werden.

Wir betrachten zunächst die in **Fig. 3211-3** gezeigte Regelschaltung ohne R. In diesem Fall ändert sich u_C solange, bis $i_1-i_2=0$ d.h. $\Delta\varphi=\pi/2$ wird. Dann ist $\Delta\varphi_C=\pi/2-\Delta\varphi_O-\Delta\varphi_D-\Delta\varphi_M$. Vor Beginn eines Versuchs ist $\Delta\varphi_D=\Delta\varphi_M=0$ und damit:

$$K_u\, u_{CO} = \Delta\varphi_{CO} = \frac{\pi}{2} - \Delta\varphi_O \tag{7}$$

Während des Versuchs wird hingegen:

$$K_u\, u_C = \Delta\varphi_C = \frac{\pi}{2} - (\Delta\varphi_O + \Delta\varphi_D + \Delta\varphi_M) \tag{8}$$

Registrierung der Abweichung der $u_C(t)$ von u_{CO} informiert über die Summe der $\Delta\varphi_D(t)$ und $\Delta\varphi_M(t)$:

$$u_C(t) - u_{CO} = - \frac{\Delta\varphi_D(t)+\Delta\varphi_M(t)}{K_u} \tag{9}$$

Im Falle $\Delta\varphi_D<<\Delta\varphi_M$ informiert sie über die $\Delta\varphi_M(t)$. Dies geschieht ganz unabhängig von Schwankungen der Laserintensität. $\hat{B}$-Schwankungen werden so eliminiert. Und die $u_C(t)-u_{CO}$ sind solange und so gut zu den $\Delta\varphi_M(t)$ proportional, wie die $\Delta\varphi_C(t)$ zu den $u_C(t)$ proportional sind. Vorausgesetzt allerdings, daß sich $u_C(t)$ hinreichend schnell ändert, sobald $\Delta\varphi$ von $\pi/2$ abweicht. Dazu muß die Differenz i_1-i_2 der beiden Detektorströme schon bei kleinen $\pi/2-\Delta\varphi$ groß, und darf die Kapazität des Kondensators C nicht zu groß sein.

Oft kann allerdings nicht mit $\Delta\varphi_D<<\Delta\varphi_M$ gerechnet werden, sondern sind es gerade die $\Delta\varphi_D(t)$ infolge von Wärmedehnungen oder Erschütterungen und weniger die $\hat{B}$-Schwankungen, die die Registrierung kleiner $\Delta\varphi_M(t)$ stören würden. Oft ändern sich dann die $\Delta\varphi_D(t)$ längst nicht so schnell wie die $\Delta\varphi_M(t)$. Die $\Delta\varphi_D(t)$ haben ein niederfrequentes und die $\Delta\varphi_M(t)$ ein hochfrequentes Spektrum. Die Detektorströme $i_1(t)$ und $i_2(t)$ setzen sich aus je einem niederfrequenten Anteil $i_{1D}(t)$ bzw. $i_{2D}(t)$ wegen $\Delta\varphi_D(t)$ und einem

562

hochfrequenten Anteil $i_{1M}(t)$ bzw. $i_{2M}(t)$ wegen $\Delta\varphi_M(t)$ zusammen. In solchen Fällen ist die in **Fig. 3211-4** gezeigte Regelschaltung mit dem Widerstand R vorzuziehen. Der niederfrequente Strom i_{1D}-i_{2D} lädt oder entlädt den Kondensator praktisch so, als wenn R=0 wäre. Für ihn sieht die Schaltung wie in **Fig. 3211-3** aus. Es gilt:

$$i_{1D} - i_{2D} = K_i \, \hat{B}_D \cos(\Delta\varphi_O + \Delta\varphi_D + \Delta\varphi_C) \tag{10}$$

$$i_{1D} - i_{2D} = 0 \quad \text{wenn} \quad \Delta\varphi_O + \Delta\varphi_D + \Delta\varphi_C = \frac{\pi}{2} \tag{11}$$

Die seinetwegen an C auftretende Spannung u_C steuert den Piezotranslator so, daß er mit $\Delta\varphi_C = K_u u_C$ fortwährend $\Delta\varphi_O + \Delta\varphi_D + \Delta\varphi_C = \pi/2$ und damit i_{1D}-$i_{2D}=0$ einstellt. Hat man vor dem Einschalten der Regelung auf $\Delta\varphi_O = \pi/2$ justiert, so wird diese Justierung mit $\Delta\varphi_C = -\Delta\varphi_D$ aufrechterhalten. Hat man bei irgend eine Wert von $\Delta\varphi_O$ eingeschaltet, so stellt die Regelung selbsttätig $\Delta\varphi_O + \Delta\varphi_C = \pi/2$ ein. Danach hält sie beim Auftreten von $\Delta\varphi_D$ mit entsprechend geänderten $\Delta\varphi_C$ die Summe $\Delta\varphi_O + \Delta\varphi_D + \Delta\varphi_C$ konstant gleich $\pi/2$. Für die Wiedergabe der hochfrequenten $\Delta\varphi_M$ liegt so fortwährend und unabhängig von Verformungen des Interferometers die optimale $\pi/2$-Justierung vor. Andererseits geht der hochfrequente Strom i_{1M}-i_{2M} praktisch unbehindert durch den Kondensator. Für ihn sieht die Schaltung wie in **Fig. 3211-5** aus. Am Widerstand R erscheint der folgende Spannungsabfall u_R:

$$u_R(t) = R\,[i_{1M}(t) - i_{2M}(t)] \tag{12}$$

Mit den hochfrequenten Strömen

$$i_{1M} = K_i \, \frac{\hat{B}_M}{2} \, [1 + \cos(\frac{\pi}{2} + \Delta\varphi_M)] = K_i \, \frac{\hat{B}_M}{2} \, (1 - \sin\Delta\varphi_M) \tag{13}$$

$$i_{2M} = K_i \, \frac{\hat{B}_M}{2} \, [1 - \cos(\frac{\pi}{2} + \Delta\varphi_M)] = K_i \, \frac{\hat{B}_M}{2} \, (1 + \sin\Delta\varphi_M) \tag{14}$$

ergibt sich:

$$u_R(t) = - R \, K_i \, \hat{B}_M \sin\Delta\varphi_M(t) \tag{15}$$

Diese Spannung $u_R(t)$ wird als Maß für die Phasenverschiebungen $\Delta\varphi_M(t)$ in dem zu untersuchenden Objekt registriert. Sie ist nicht ganz unabhängig von $\hat{B}_M$. Aber Schwankungen $\Delta\hat{B}_M(t)$ treten hier nicht in Konkurrenz zu den $\sin\Delta\varphi_M(t)$ auf, sondern ändern lediglich den Faktor vor $\sin\Delta\varphi_M(t)$. Kleine $\Delta\hat{B}_M/\hat{B}_M$ können die Messung von noch kleineren $\Delta\varphi_M/2\pi$ nicht unmöglich machen, sondern können lediglich kleine Fehler der Messung bewirken. Es gibt Fälle, in denen dieses Verfahren versagt. So lassen sich z.B. die $\Delta\varphi_D(t)$ infolge einer mechanischen Eigenschwingung mit der Frequenz 1000Hz nicht eliminieren, wenn die $\Delta\varphi_M(t)$ infolge der Oszillation einer Strömung mit der gleichen Frequenz 1000Hz auftreten. Das Interferometer muß so aufgebaut werden, daß das Spektrum der $\Delta\varphi_D(t)$ nur weit unter dem der

$\Delta\varphi_M(t)$ liegen kann. Die Kapazität C und der Widerstand R sind so zu wählen, daß der Wechselstromwiderstand $1/\omega C$ bei den Kreisfrequenzen ω_D der $\Delta\varphi_D(t)$ viel größer, bei den ω_M der $\Delta\varphi_M(t)$ aber viel kleiner als R ist.
Mit diesem Laserinterferometer kann man selbst bei der Übertragungsbandbreite 1MHz noch Phasenverschiebungen unter $\Delta\varphi/2\pi=1/100$ ohne merkliche Beeinträchtigung durch Rauschen registrieren. Bei Betrieb mit einem HeNe-Laser wird diese Phasenverschiebung z.B. von einem Verdichtungsstoß in Luft mit p=1 atm und T=293K verursacht, wenn die Verdichtung $\Delta\rho/\rho=8/1000$ und die Meßstrecke nur l=3 mm beträgt. Das Laserinterferometer kann also mit der in **Fig. 3211-1** eingezeichneten Abdeckung des Meßbündels zur praktisch lokalen Registrierung schwacher Stoßwellen verwendet werden. Wird die Abdeckung auf den letzten Zentimetern vor der Meßstrecke mit Kapillaren (Injektionsnadeln) vorgenommen, und werden die Enden der Kapillaren mit winzigen Fenstern verschlossen, so erfolgt die Registrierung fast berührungslos. Dabei wird die Ansprechzeit im wesentlichen durch die Laufzeit Δt bestimmt, die der Stoß zum Durchqueren des Meßbündels mit dem Durchmesser d braucht. Der schwache Stoß läuft praktisch mit der Schallgeschwindigkeit a. Bei frontalem Einfall des Stoßes beträgt die Laufzeit also $\Delta t=d/a$. Bei schiefem Einfall mit dem Winkel β zwischen der Stoßfront und der Meßstrecke beträgt sie:

$$\Delta t = \frac{d}{a} \cos \beta \ (1 + \frac{1}{d} \tan \beta) \tag{16}$$

Trifft der Stoß mit einem Krümmungsradius R auf den Rand des Meßbündels, so gilt:

$$\Delta t = \frac{d}{a} \ [1 + (1 + \frac{R}{d}) \ (\sqrt{1 + (\frac{1/2}{R+d})^2} - 1)] \tag{17}$$

Mit a=343 m/s und d=0,343 mm ergibt sich z.B. $\Delta t=1\mu s$ bei frontalem Einfall, $\Delta t=1,16\mu s$ bei schiefen Einfall mit $\beta=10°$ und $\Delta t=1,11\mu s$ bei R=30mm. Testmessungen mit Funkenknallwellen und mit Verdichtungsstößen im Stoßrohr ergaben, daß die Vorgänge an den Enden der Kapillaren bei frontalem Einfall eine etwa 30% längere Ansprechzeit zur Folge haben, wenn die Länge der Meßstrecke 3mm und der Außendurchmesser der Kapillaren 1,2mm beträgt. **Fig. 3211-6** vergleicht Oszillogramme von Funkenknallwellen, wie sie einerseits mit dem Laserinterferometer und andererseits mit einem Kondensatormikrophon registriert wurden, dessen obere Grenzfrequenz 80kHz betrug [2022]. Mit dem Laserinterferometer konnten erstmals einwandfreie lokale Messungen des Lärms im Nahfeld von kleinen Überschallstrahlen durchgeführt werden [967-969,2044-2047]. Dieser Lärm wird vorwiegend in Form von Machwellen mit einem bevorzugten Winkel γ wie in **Fig. 3211-7** abgestrahlt, der in einfacher Weise von der Strahlmachzahl M_i und dem Verhältnis a_i/a_a der Schallgeschwindigkeiten innerhalb und außerhalb des Strahles abhängt. **Fig. 3211-8** zeigt ein Oszillogramm solcher Machwellen in den Abständen x=40mm von der Austrittsebene und y=20mm vom Rand eines Strahls mit $M_i=2$, $a_i/a_a=2$ und dem Austrittsdurchmesser D=20 mm. **Fig. 3211-9** zeigt, wie die Propanflamme den Lärm eines Sauerstoff-

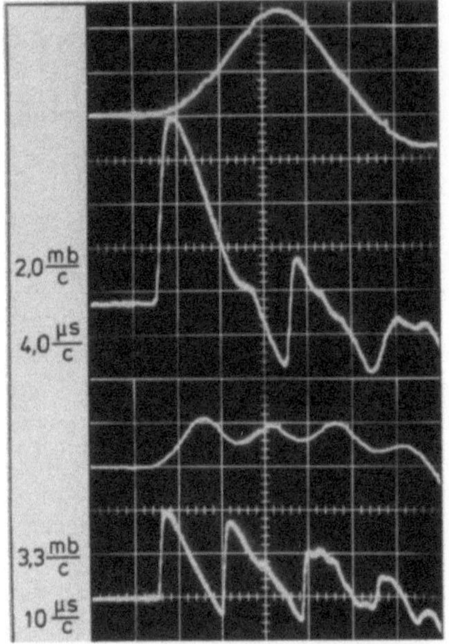

6: Funkenknall   MP≠MZ

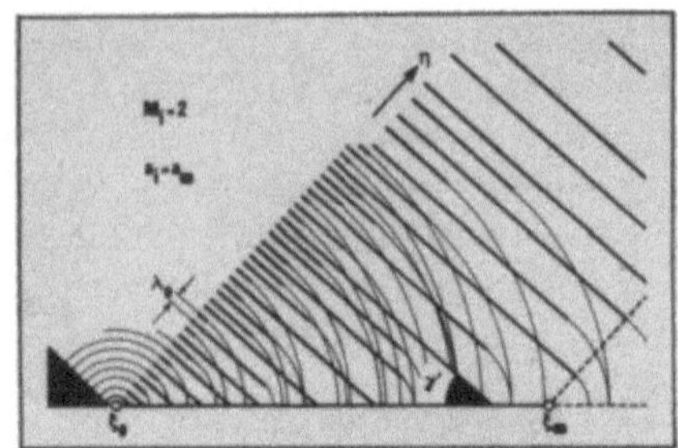

7: Strahl-Machwellen

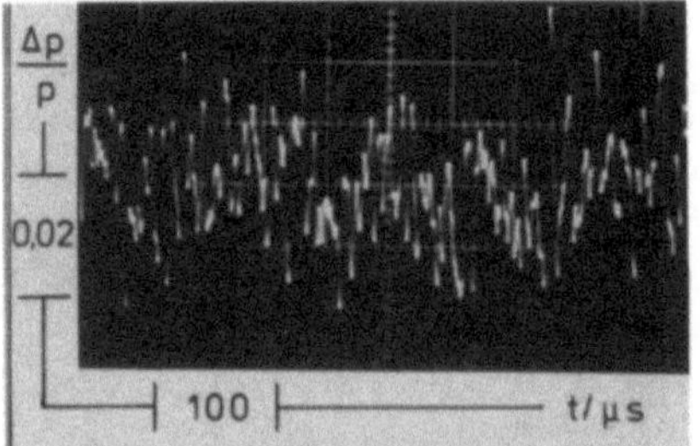

8: MZ-Registrierung

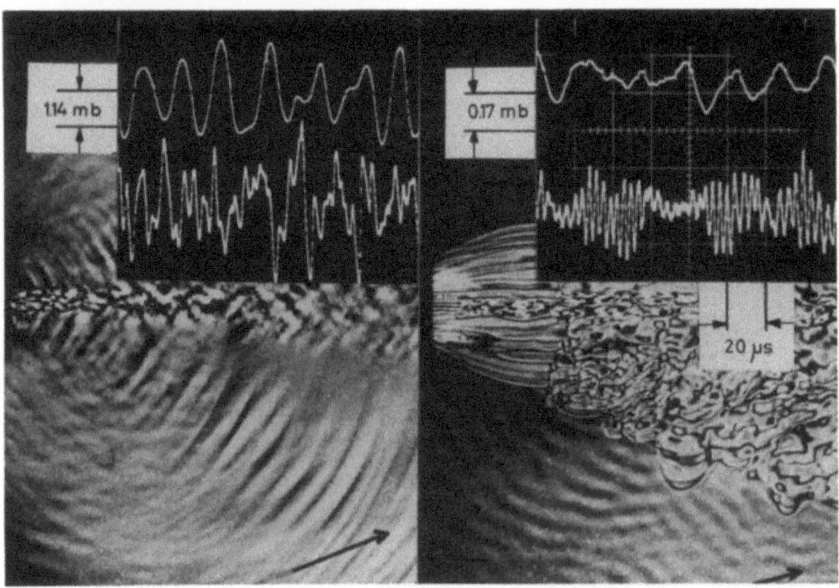

9: Lärm des Schneidbrenners   Ohne≠ mit Flamme   MP≠MZ

Fig. 3211: Mach/Zehnder-Interferometer

schneidstrahls verändert [969]. Ohne Flamme werden Machwellen und mit Flamme wird interferierender Ultraschall abgestrahlt. Ein Kondensatormikrophon mit der oberen Grenzfrequenz 80kHz konnte den Lärm mit den oberen Oszillogrammen nicht korrekt registrieren. Die unteren mit dem Laserinterferometer registrierten Oszillogramme zeigen, wie der Lärm wirklich aussah.

Grundsätzlich besteht die Möglichkeit, das Laserinterferometer auch mit Lichtleitern an Stelle der starren Arme aufzubauen [2048-2056]. Für die Strömungsforschung wäre die damit denkbare Plazierung der Meßstrecke an schwer zugänglichen Meßorten interessant. Aber Lichtleiter sind deformationsemfindlich [2057]. In Windkanälen und Strömungsmaschinen wird es schwierig, die kleinen Phasenverschiebungen infolge von Dichteänderungen von den großen infolge von Vibrationen zu unterscheiden.

Messungen mit dem Laserinterferometer können leicht simultan mit anderen Messungen durchgeführt werden. Neben der in Abschnitt 3.4.7.2 zu besprechenden Kombination mit einem Laservelozimeter war bisher insbesondere die Kombination mit vier Laserfraktometern bemerkenswert [2058,2059]. Das Interferometer lieferte das Dichteintegral:

$$S_0(x,y,t) = \int_{z_1}^{z_2} \rho(x,y,z,t)\,dz \tag{18}$$

Die Refraktometer lieferten die Integrale:

$$S_1(x,y,t) = \int_{z_1}^{z_2} \frac{\partial \rho}{\partial x}(x-\varepsilon,y,z,t)\,dz \quad ; \quad S_2(x,y,t) = \int_{z_1}^{z_2} \frac{\partial \rho}{\partial x}(x+\varepsilon,y,z,t)\,dz \tag{19}\,\tag{20}$$

$$S_3(x,y,t) = \int_{z_1}^{z_2} \frac{\partial \rho}{\partial y}(x,y-\varepsilon,z,t)\,dz \quad ; \quad S_4(x,y,t) = \int_{z_1}^{z_2} \frac{\partial \rho}{\partial y}(x,y+\varepsilon,z,t)\,dz \tag{21}\,\tag{22}$$

Addition der Summe $S_2 - S_1 + S_4 - S_3$ zu der mit einem passenden Faktor multiplizierten zweiten Abteilung $\partial^2 S_0/\partial t^2$ nach der Zeit ergab ein Signal, das bei verschwindendem Integral über die $\partial^2\rho/\partial z^2$ zu dem folgenden Integral proportional war:

$$S(x,y,t) = \int_{z_1}^{z_2} \left[\frac{\partial^2 \rho}{\partial t^2} - a_0^2 \left(\frac{\partial^2 \rho}{\partial x^2} + \frac{\partial^2 \rho}{\partial y^2} + \frac{\partial^2 \rho}{\partial z^2} \right) \right] dz \tag{23}$$

Dieses Integral verschwindet im reinen Schallfeld, hat aber in turbulenten Strömungen Werte, die für die Schallabstrahlung maßgebend sind. Meßgeräte solcher Art werden Dalembertometer genannt.

3.2.1.2 Heterodyninterferometer

Das im vorstehenden Abschnitt beschriebene Laserinterferometer registriert die Phasenverschiebung $\Delta\varphi(t)$ zwischen dem Meßbündel und dem Referenzbündel als Funktion der Zeit. Ändert sich diese nicht oder nur hinreichend langsam, so kann sie noch genauer auf dem Wege des Heterodynempfangs ermittelt werden. Auf dem Detektor wird der Schwingung der Meßwelle

$$E_M(t) = \hat{E}_M \cos(\omega_M t + \Delta\varphi_M) \tag{1}$$

die Schwingung einer Referenzwelle

$$E_R(t) = \hat{E}_R \cos(\omega_R t + \Delta\varphi_R) \tag{2}$$

mit etwas anderer Kreisfrequenz $\omega_R \neq \omega_M$ überlagert. Addition ergibt:

$$E(t) = E_M(t) + E_R(t)$$

$$= 2\,\hat{E}_M(t) \cos\left(\frac{\omega_M - \omega_R}{2}\, t + \frac{\Delta\varphi_M - \Delta\varphi_R}{2}\right) \cos\left(\frac{\omega_M + \omega_R}{2}\, t + \frac{\Delta\varphi_M + \Delta\varphi_R}{2}\right)$$

$$+ (\hat{E}_R - \hat{E}_M) \cos(\omega_R t + \Delta\varphi_R) \tag{3}$$

Der erste Term beschreibt eine Schwingung mit der mittleren Kreisfrequenz $(\omega_M + \omega_R)/2$, deren Amplitude mit der Modulationskreisfrequenz $(\omega_M - \omega_R)/2$ moduliert ist. Je weniger sich die Amplituden $\hat{E}_M$ und $\hat{E}_R$ unterscheiden, um so mehr wird $E(t)$ von diesem Term bestimmt. Das periodische (bei irrationalem ω-Verhältnis fast periodisch) An- und Abschwellen der Amplitude wird Schwebung genannt. Im Sonderfall $\hat{E}_M = \hat{E}_R$, $\Delta\varphi_M = \Delta\varphi_R = 0$ und $\omega_R = 0{,}8\omega_M$ lägen z.B. die in **Fig. 3212-1** skizzierten Verhältnisse vor. Die Schwebungsperiode τ_δ hängt folgendermaßen mit den Perioden $\tau_M = 2\pi/\omega_M$ und $\tau_R = 2\pi/\omega_R$ zusammen:

$$\frac{1}{\tau_S} = \frac{1}{\tau_M} - \frac{1}{\tau_R} \tag{4}$$

Die Schwebungsfrequenz $\nu_S = 1/\tau_S = \nu_M - \nu_R$ ist gleich der Differenz der beiden Schwingungsfrequenzen und doppelt so groß wie die Modulationsfrequenz. Der Detektor reagiert auf die Bestrahlungsstärken. Diese sind zum Quadrat von $E(t)$ proportional. Quadrierung und Umformung ergibt:

$$\hat{E}^2(t) = E_M^2 \cos^2(\omega_M t + \Delta\varphi_M) + \hat{E}_R^2 \cos^2(\omega_R t + \Delta\varphi_R)$$

$$+ \hat{E}_M \hat{E}_R \cos[(\omega_M + \omega_R)t + (\Delta\varphi_M + \Delta\varphi_R)] \tag{5}$$

$$+ \hat{E}_M \hat{E}_R \cos[(\omega_M - \omega_R)t + (\Delta\varphi_M - \Delta\varphi_R)]$$

Fig. 3212-2 zeigt, wie sich $E^2(t)$ aus der Summe Δ_{123} der drei ersten Terme und dem vierten Term Δ_4 zusammensetzt. Der Detektor kann den Kreisfrequenzen ω_M, ω_R und $\omega_M + \omega_R$ nicht folgen, sondern informiert lediglich mit einem

Gleichstrom I proportional zum Zeitmittelwert über die Existenz der drei ersten Terme. Nur der vierte mit der Schwebungsfrequenz oszillierende Term wird mit einem ebenso oszillierenden Wechselstrom i(t) wiedergegeben. Mit

$$\lim_{\Delta t\to\infty}\frac{1}{\Delta t}\int_{-\Delta t/2}^{+\Delta t/2}\cos^2(\omega_M t)dt = \lim_{\Delta t\to\infty}\frac{1}{\Delta t}\int_{-\Delta t/2}^{+\Delta t/2}\cos^2(\omega_R t)dt = \frac{1}{2} \quad (6)$$

$$\lim_{\Delta t\to\infty}\frac{1}{\Delta t}\int_{-\Delta t/2}^{+\Delta t/2}\cos[(\omega_M + \omega_R)t]dt = 0 \quad (7)$$

kommt:

$$I = K \cdot \frac{\hat{E}_M^2 + \hat{E}_R^2}{2} \quad (8)$$

$$i(t) = K \cdot \hat{E}_M \hat{E}_R \cos[(\omega_M - \omega_R)t + (\Delta\varphi_M - \Delta\varphi_R)] \quad (9)$$

Dieser Zusammenhang kann bei konstantem ω_R und $\Delta\varphi_M - \Delta\varphi_R$ zur Bestimmung von ω_M oder bei konstantem $\omega_M - \omega_R$ und $\Delta\varphi_R$ zur Bestimmung von $\Delta\varphi_M$ verwendet werden. Die Hochfrequenztechnik nutzt beide Möglichkeiten schon seit langem und hat hierfür verschiedene analog oder digital arbeitende Frequenz- bzw. Phasenmeßgeräte entwickelt. Ihre Meßgenauigkeit wächst mit der Zahl der Schwebungsperioden, während welcher die zu bestimmende Größe praktisch konstant bleibt. Mit der Erfindung des Lasers ist es möglich

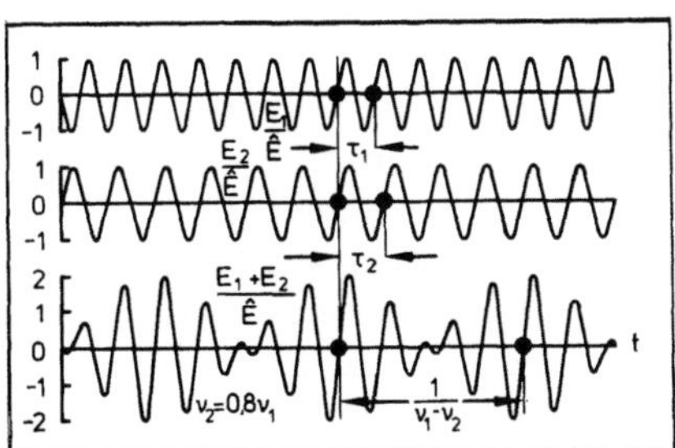

1: E-Schwebung

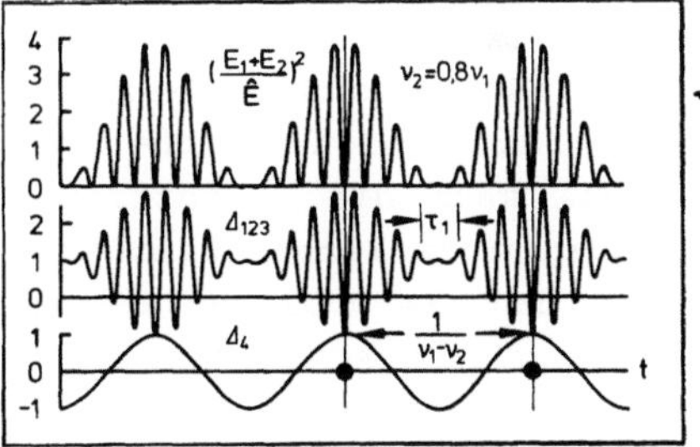

2: E^2-Anteile

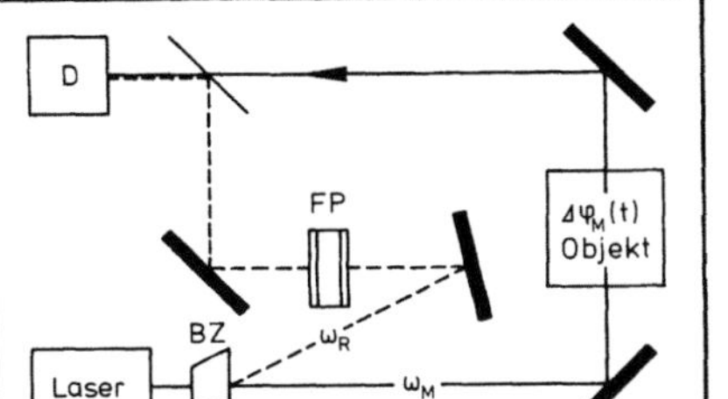

3: Einbündelanordnung

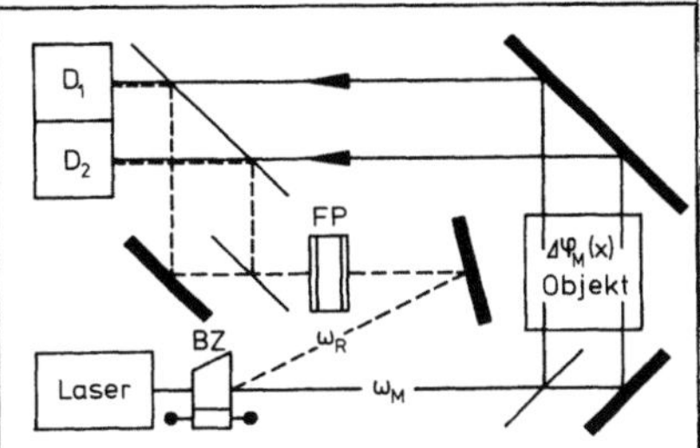

4: Zweibündelanordnung

Fig. 3212: Heterodyninterferometer

568

geworden, von diesem Vorteil des Heterodynempfanges auch bei optischen Messungen zu profitieren. Die Laservelozimetrie verwendet ihn zur Bestimmung von ω_M. Wir kommen in Abschnitt 3.4.3.1 darauf zurück. Das Infrarotradar benutzt ihn zur Bestimmung von $\Delta\varphi_M$ [2060 - 2064]. Dabei zeigte sich, daß die zufälligen Phasenverschiebungen infolge der turbulenten Dichteschwankungen der Atmosphäre stören. Es lag nahe, den Heterodynempfang zur Messung solcher Dichteschwankungen zu verwenden [2065]. Mit einem Meßbündel wie in **Fig. 3212-3** werden aufeinanderfolgende Abweichungen der $\Delta\varphi_M$ von einem Anfangswert $\Delta\varphi_{MO}$ ermittelt. Mit zwei Teilmeßbündeln wie in **Fig. 3212-4** kann auch eine Phasendifferenz $\Delta\varphi_{M2}-\Delta\varphi_{M1}$ gemessen werden. Bei bekannter Schwebungskreisfrequenz $\omega_M-\omega_R$ und bekannter Phasenverschiebung $\Delta\varphi_{R2}-\Delta\varphi_{R1}$ ist hierzu lediglich die Zeitverschiebung Δt_{21} der Nulldurchgänge von $i_2(t)$ und $i_1(t)$ zu ermitteln. Es gilt:

$$\Delta\varphi_{M2} - \Delta\varphi_{M1} = (\omega_M - \omega_R)\Delta t_{21} - (\Delta\varphi_{R2} - \Delta\varphi_{R1}) \tag{10}$$

Da zur Erzielung bisher Genauigkeit möglichst viele Nulldurchgänge mit gleicher Zeitverschiebung beobachtet werden müssen, schien das Verfahren zunächst nur bei Untersuchungen stationärer oder hinreichend langsam schwankender Strömungen einen Vorteil zu haben. Die stationäre Strömung kann man abtasten, um das Ergebnis nach Speicherung in ein Bild mit Linien gleicher Phasenverschiebungen gegenüber der an einem Vergleichsort umzusetzen. Mit einem einzigen aufgeweiteten Meßbündel, einem Bildchip, und einem Rechner können so viele Signale i(t) so schnell registriert, verarbeitet und umgerechnet werden, daß schon nach Sekunden ein Bild der Strömung mit Linien gleicher Dichte auf einem Monitor erscheint. In diesem Fall kann die Registrierung auch als die eines über den Bildchip laufenden Interferenzstreifenmusters beschrieben werden. Mit der Holographie ist es möglich geworden, kurzzeitig existierende Objektwellen langzeitig zu rekonstruieren. Seither wird das Verfahren auch gerne bei hologramminterferometrischen Untersuchungen höchst instationärer Strömungen angewendet. Es kann genauere Ergebnisse als die in Abschnitt 2.2.5.5 besprochene stufenweise Variation der Referenzphase liefern. In [2066 - 2084] wurde über die Heterodyninterferometrie und ihre Anwendungen berichtet.

Die Erzeugung der Frequenzdifferenz $\nu_M-\nu_R$ wird in Abschnitt 3.4.5.5 besprochen. In den **Fig. 3212-3 und 4** erfolgt sie mit Hilfe des Dopplereffektes bei der Beugung an Schallwellen, die in einer sogenannten Braggzelle (BZ) laufen. Ein Fabry/Perot-Filter (FP) eliminiert unerwünschtes Streulicht und erleichtert die Justierung.

3.2.2 Laserdifferentialinterferometer

3.2.2.1 Mit einem Meßbündelpaar

Selbstverständlich kann man auch durch das in Abschnitt 2.2.3.1 besprochene Differentialinterferometer mit 2 Wollastonprismen ein enges Laserlichtbündel anstatt des weiten Parallelstrahlenbündels schicken. Werden die Prismen in die Brennpunkte der betreffenden Linsen gestellt, so gehen die beiden Teilbündel exakt parallel und mit einem Abstand e durchs Objektiv und kommen kollinear aus dem zweiten Prisma heraus. Es ist dann sinnvoll, jedes dieser beiden orthogonal polarisierten Teilbündel mit einem dritten Wollastonprisma wie in **Fig. 3221-1** in zwei orthogonal polarisierte Teilbündel zu spalten. Auf den beiden Photodetektoren 1 und 2 kommen dann Teilbündel von Teilbündeln zur Interferenz, deren Phasenverschiebungen sich um π unterscheiden. Dieser Sachverhalt wurde bei der Besprechung der Komplementärbildspaltung in Abschnitt 2.2.3.5 erklärt. Die beiden Detektorströme i_1 und i_2 sind dann wie die Bestrahlungsstärken komplementär. Es ist außerdem ratsam, die beiden Prismen des Interferometers so zu versetzen, daß die Phasenverschiebung in ihnen $\Delta\varphi_0=\pi/2$ beträgt. In diesem Fall gilt mit der Phasenverschiebung $\Delta\varphi$ im Objekt:

$$i_1 = K_i \cdot \frac{\hat{B}}{2}(1 - \sin \Delta\varphi) \quad ; \quad i_2 = K_i \frac{\hat{B}}{2}(1 + \sin \Delta\varphi) \qquad (1)\,(2)$$

$$i_1 + i_2 = \hat{B} \quad ; \quad i_2 - i_1 = K_i \hat{B} \sin \Delta\varphi \qquad (3)\,(4)$$

Durch den Widerstand R der Schaltung fließt dann der Strom i_2-i_1: Würde nur i_1 oder i_2 registriert, so würden Schwankungen $\Delta\hat{B}$ von $\hat{B}$ in Konkurrenz zu $\sin \Delta\varphi$ wirksam werden. Schon kleine Schwankungen der Laserlichtleistung könnten die Messung kleiner $\Delta\varphi$ unmöglich machen. Die Registrierung des Spannungsabfalls $u=R(i_2-i_1)$ hat den Vorteil, daß Schwankungen $\Delta\hat{B}$ nur den Faktor $\hat{B}$ bei $\sin \Delta\varphi$ ändern. Kleine $\Delta\hat{B}$ haben nur kleine Fehler der $\Delta\varphi$-Messung zur Folge. Auf solche Weise konnten noch Phasenverschiebungen unter $\Delta\varphi=2\pi/1000$ gemessen werden. Unter Umständen kann die Teilung in zwei Teilbündelpaare wie in **Fig. 3221-2 oder 3** Vorteile haben. Man kann dann das eine Paar durch das interessierende Gebiet des Objektes und das andere durch ein Gebiet mit konstanter Dichte schicken. Man erhält zwei Stromsignale:

$$i_1 = K_i \frac{\hat{B}}{2}(1 - \sin \Delta\varphi_1) \quad ; \quad i_2 = K_i \frac{\hat{B}}{2}(1 - \sin \Delta\varphi_2) \qquad (5)\,(6)$$

Wenn man es hier so einrichtet, daß die Phasenverschiebung in den beiden Prismen verschwindet, dann ist $\Delta\varphi_2=0$, $\Delta\varphi_1=\Delta\varphi$, und gilt:

$$i_2 - i_1 = K_i \frac{\hat{B}}{2} \sin \Delta\varphi \qquad (7)$$

Auch so hängt nur der Faktor bei $\sin\Delta\varphi$ von $\hat{B}$ ab, und können darum kleine

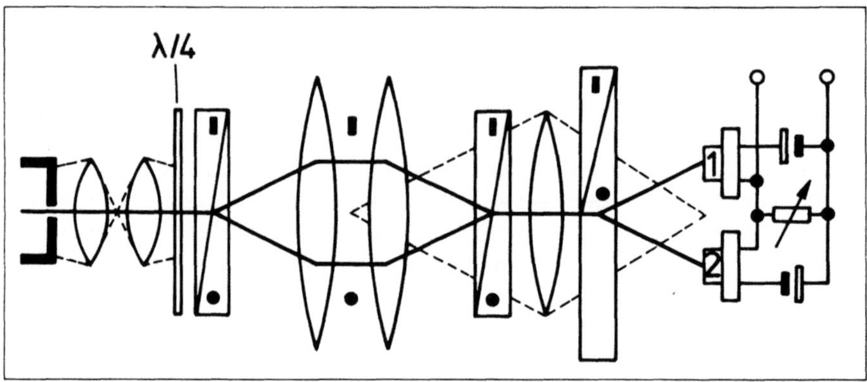

1:   Mit einem Teilbündelpaar

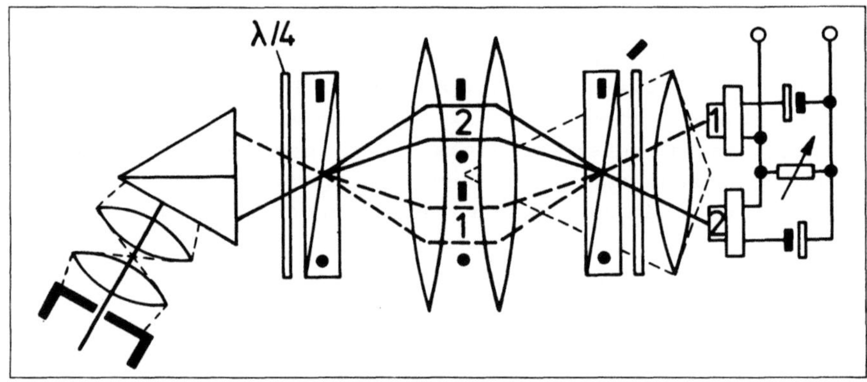

2:   Mit zwei Teilbündelpaaren

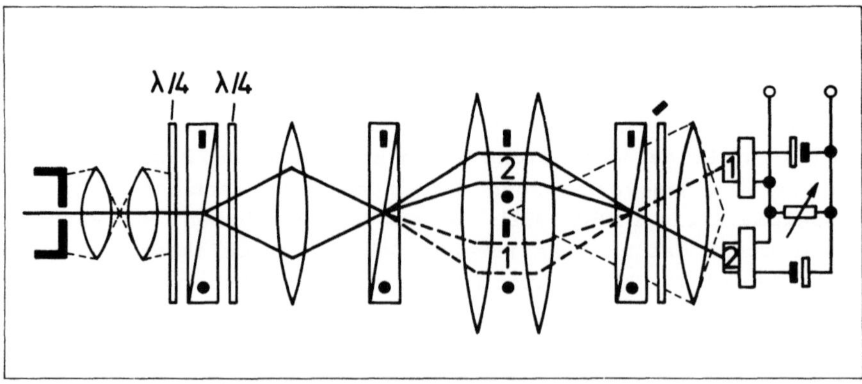

3:   Mit zwei Teilbündelpaaren

Fig. 3221:   Laserdifferentialinterferometer

Schwankungen ΔB nur kleine Fehler der Δφ-Messung bewirken. In **Fig. 3221-2** geschieht das mit einem einfachen Strahlteiler an Stelle eines dritten Wollastonprismas. Das Spannungsignal $u=K_i(i_2-i_1)$ wird nur halb so hoch wie mit der in **Fig. 3221-3** gezeigten Optik. Mit diesem Nachteil wird der Vorteil erkauft, daß sich jetzt auch kleine Phasenverschiebungen $\Delta\varphi_D$ infolge von Verschiebungen der Wollastonprismen nur wenig auswirken. Ist $\Delta\varphi_2=\Delta\varphi_D$ und $\Delta\varphi_1=\Delta\varphi_M+\Delta\varphi_D$, so gilt:

$$i_2 - i_1 = K_i \frac{\hat{B}}{2} \sin \Delta\varphi_M \left(1 - \sin \Delta\varphi_D \tan \frac{\Delta\varphi_M}{2}\right) \cos \Delta\varphi_D \tag{8}$$

Auch kleine gemeinsame Phasenverschiebungen beider Teilbündelpaare infolge eines Keilfehler der Fenster oder infolge der Fenstergrenzschichten werden so unterdrückt. Wie schon bei der Visualisierung mit dem Differentialinterferometer, so wird auch bei der Registrierung mit dem Laserdifferentialinterferometer mit der Phasenverschiebung $\Delta\varphi$ die Differenz $\Delta\Phi$ der optischen Wege mit dem Abstand e gemessen. Bei kleinen y-parallelen e läuft dies auf die Messung von $\partial\Phi/\partial y \approx \Delta\Phi/e$ hinaus. Verglichen mit der Φ-Registrierung des Laserinterferometers hat diese $\Delta\Phi/e$-Registrierung den Vorteil, daß die Empfindlichkeit mit kleinem e beliebig klein gewählt werden kann. Man kann Strömungen untersuchen, bei denen das Laserinterferometer versagt. Aber man kann nur in jenen Sonderfällen von den $\Delta\Phi(t)/e$ auf die $\Phi(t)$ schließen, bei denen ein bekannter Zusammenhang zwischen den $\Phi(y)$ und $\Phi(t)$ besteht.

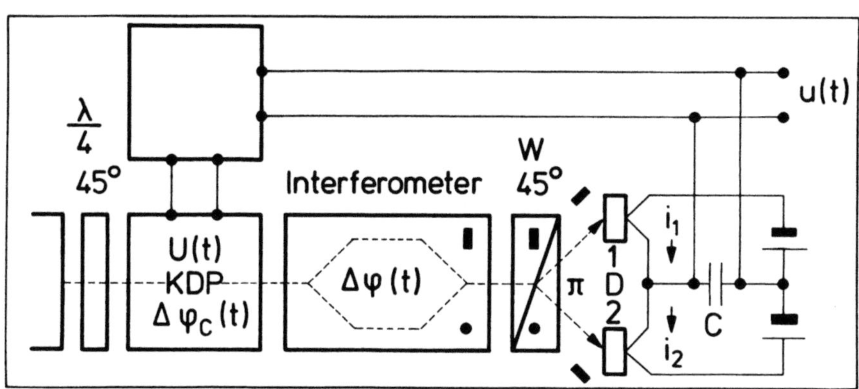

4: Mit Phasenrückführung

Fig. 3221: Laserdifferentialinterferometer

Auch beim Laserdifferentialinterferometer besteht die Möglichkeit, die Phasenverschiebung $\Delta\varphi$ mit einer Phasenrückführung in eine proportionale und garnicht von $\hat{B}$ abhängende Spannung zu wandeln. Die Phasenrückführung könnte wie beim Laserinterferometer mit einem Piezotranslator erfolgen.

572

Dieser müßte hier eines der beiden Wollastonprismen seitlich verschieben.
Die orthogonale Polarisation der beiden Teillichtbündel legt es nahe,
statt dessen eine Pockelszelle wie in **Fig. 3221-4** als Phasenschieber einzusetzen. Die Wirkungsweise der Pockelszelle (KDP) wurde in Abschnitt
1.7.2.3 beschrieben. Sie hat den Vorteil, daß die Phasenrückführung auch
bei sehr hohen Frequenzen vorgenommen werden kann. Wie beim Mach/Zehnder-
Interferometer , so ändert sich auch hier die Spannung u_C am Kondensator C
und damit die Phasenverschiebung $\Delta\varphi_C = K_u\, u_C$ in der Pockelszelle so lange,
bis die Differenz

$$i_1 - i_2 = K_i\,\hat{B}\,\cos\,(\Delta\varphi_O + \Delta\varphi_D + \Delta\varphi_M + \Delta\varphi_C) \tag{1}$$

verschwindet. Hier wie dort wird:

$$i_1 - i_2 = 0 \quad \text{wenn} \quad \Delta\varphi_O + \Delta\varphi_D + \Delta\varphi_M + \Delta\varphi_C = \frac{\pi}{2} \tag{2}$$

Mit $\Delta\varphi_O + \Delta\varphi_{CO} = \pi/2$ bei $\Delta\varphi_D + \Delta\varphi_M = 0$ und u_{CO} kommt auch hier:

$$u_C - u_{CO} = -\frac{\Delta\varphi_D + \Delta\varphi_M}{K_u} \tag{3}$$

Ist das Interferometer einigermaßen stabil aufgebaut, so können hier Phasenverschiebungen $\Delta\varphi_D$ infolge von Dejustierungen vernachlässigt werden.
Nur ungewöhnliche starke Erschütterungen würden merkliche $\Delta\varphi_D$ erzeugen.
Darum kann meist mit $\Delta\varphi_D = 0$ gerechnet werden. Die Abweichung der Spannung
u_C von der Spannung u_{CO} bei $\Delta\varphi_M = 0$ ist zu $\Delta\varphi_M$ proportional. Dieser Vorteil
besteht allerdings nur im Bereich jener $\Delta\varphi_M$, welche mit den $\Delta\varphi_u$ der Pok-
kelszelle kompensiert werden können. Für hohe $\Delta\varphi_M/2\pi$ werden sehr hohe
Steuerspannungen exakt proportional zu u_C benötigt. Hierfür stehen z.Zt.
nur Hochspannungsverstärker mit oberen Grenzfrequenzen unter 10^6Hz zur
Verfügung. Über die vorstehend beschriebenen Differentialinterferometer
und erste Anwendungen wurde in [2085 - 2092] berichtet. Auch andere Differentialinterferometer können mit einem engen Laserlichtbündel betrieben werden [204,2093-2105]. Das mit Wollastonprismen läßt sich besonders
leicht so modifizieren, daß mit mehr Meßbündelpaaren simultan registriert
werden kann.

3.2.2.2 Mit mehreren Meßbündelpaaren

Mit einem einzigen Meßbündelpaar erfährt man nur die Differenz $\Delta\Phi$ von zwei optischen Wegen als Funktion der Zeit. Oft sind jedoch die Differenzen vieler optischer Wege zu registrieren. Bei ebenen oder axialsymmetrischen Strömungen geben sie Auskunft über das Dichteprofil. Stationäre Strömungen kann man abtasten. Bei instationären Strömungen bleibt nur die Möglichkeit der simultanen Registrierung mit mehreren Meßbündelpaaren. Man kann sie durch Teilung eines Laserlichtbündels in einer Kette von Wollastonprismen erzeugen. **Fig. 3222-1** zeigt, wie man die Teilung so vornehmen kann, daß von 4 Teilstrahlenpaaren die jeweils benachbarten Teilstrahlen 3 Wollastonprismen als parallele Strahlen verlassen. Dies ist der Fall, wenn der Prismenwinkel des mittleren Prismas doppelt so groß wie der der beiden anderen ist. Die benachbarten Teilstrahlen durchsetzen dann die Strömung praktisch kollinear. Mit solchen 4 Meßbündelpaaren wurden z.B. die Dichteprofile bei der Stoß-

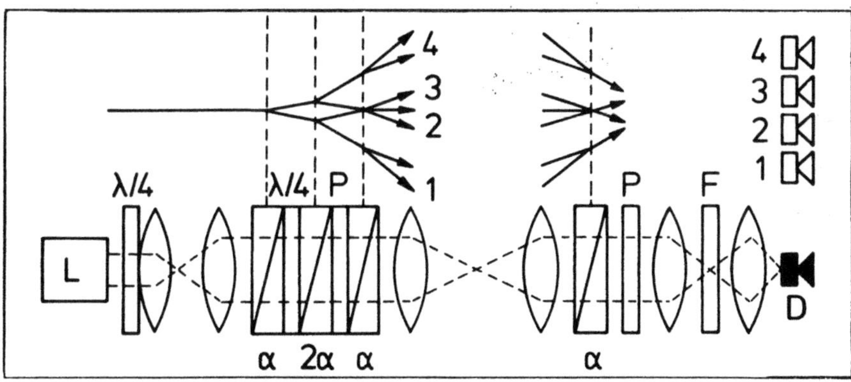

1: 4 Meßbündelpaare

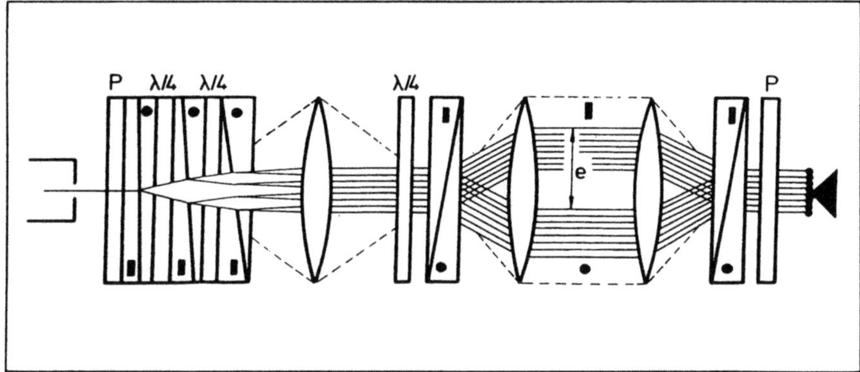

2: 8 Meßbündelpaare

Fig. 3222: Mit mehreren Meßbündelpaaren

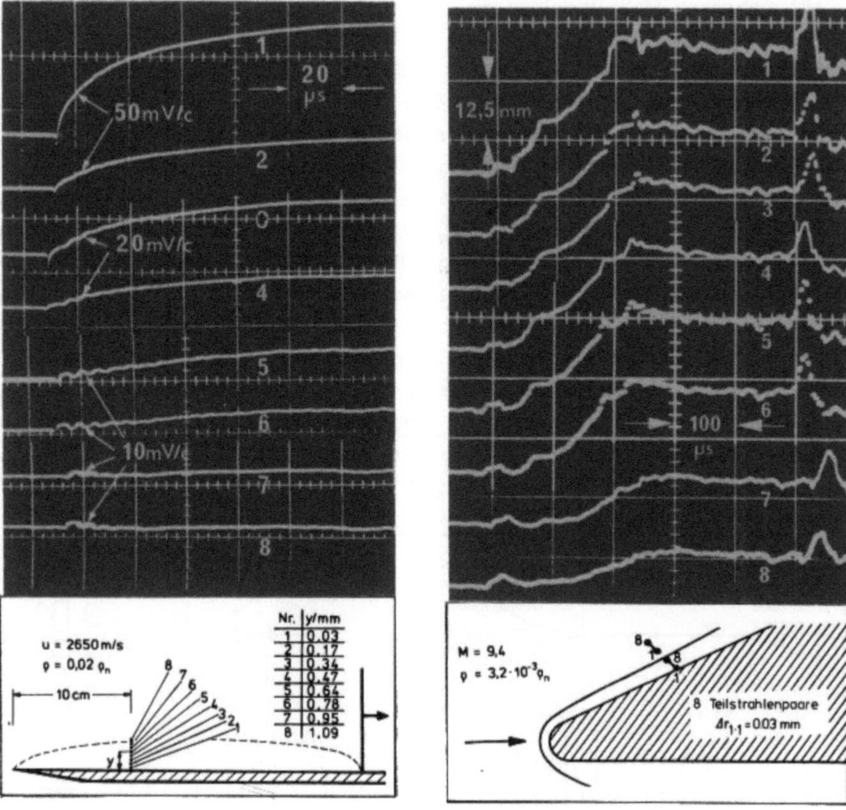

3: Instationäre Grenzschicht   4: Hyperschallströmung

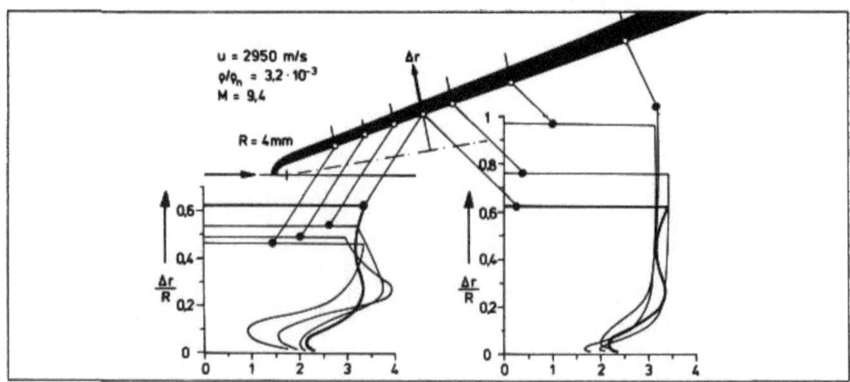

5: ρ-Profile der Kopfwelle, Entropieschicht und Grenzschicht

Fig. 3222: Mit 8 Meßbündelpaaren

beugung an Kugeln und Zylindern ermittelt [1813]. **Fig.** 3222-2 zeigt die Teilung in 8 Meßbündelpaare mit einem Teilstrahlenabstand e, der mehr als achtmal so groß wie der Paarabstand ist. Die **Fig.** 3222-3 demonstriert, wie auf solche Weise mit 8 simultanen Signalen die zeitlichen Änderungen der optischen Wege durch die instationäre laminare Grenzschicht hinter einem Verdichtungsstoß registriert werden konnten [2106,2107]. Der Stoß lief an einem Hohlzylinder mit dem Außendurchmesser 30 mm entlang und erzeugte eine Luftströmung mit der Strömungsgeschwindigkeit 2650 m/s und Dichte $2\rho_N/100$. In **Fig.** 3222-4 sind 8 von jeweils 24 Signalen wiedergegeben, mit denen die Dichteprofile der Kopfwelle, Entropieschicht und Grenzschicht eines angestellten Kegels mit Kugelnase in einer Hyperschallströmung mit der Machzahl 9,4 ermittelt wurden [2108,2109]. Die Strömungsgeschwindigkeit der Luft vor der Kopfwelle betrug 2950 m/s und ihre Dichte nur 3,2 $\rho_N/1000$. Die Strömung war nur während etwa 200 µs praktisch stationär. Die Teilbündel hatten den Durchmesser 0,03 mm und Abstand e=1,69 mm. In der **Fig.** 3222-5 sind einige so ermittelte Dichteprofile während der Dauer stationärer Strömung wiedergegeben. Ihre Kenntnis half, unerwartete Ergebnisse von Wärmeübergangsmessungen zu interpretieren [1210] . In [2111] wurde über Stoßstrukturuntersuchungen mit 8 Meßbündelpaaren berichtet.

3.2.2.3 Mit Schwingspiegel

Bei stationären Strömungen mit kleinen Abmessungen liefert das Abtasten mit Hilfe eines Schwingspiegels mit geringerem Aufwand mehr Information. Wird wie in **Fig.** 3223-1 der Spiegel im ersten Wollastonprisma abgebildet, so bewirkt die Drehung des Spiegels eine Parallelverschiebung des Meßbündelpaares. Dabei kann die Lage des Bündelpaares im Objekt mit der des Schreibflecks auf dem Schirm des Oszillographen gekoppelt werden, indem man dieselbe Wechselspannung zur Steuerung des Spiegels und Zeitablenkung des Schreibflecks benutzt. So wurde z.B. der in **Fig.** 3223-2 links gezeigte O_2-Überschallstrahl aus einer Schneidbrennerdüse abgetastet. Rechts sind 55 Oszillogramme wiedergegeben, die aufeinanderfolgend in je 50 ms geschrieben wurden [2112]. Mittelung solcher Oszillogramme lieferte die in der Mitte von **Fig.** 3223-2 gezeigten Profile der Differenzen $\Delta\Phi$ optischer Wege. Die Auswertung ergab die rechts über dem Abstand r von der Strahlachse aufgetragenen Werte $(n-1)/G(O_2)$. Innerhalb des O_2-Strahls sind diese Werte gleich der Dichte ρ. In der Mischungsschicht gilt dies wegen der etwas verschiedenen Gladstone/Dale-Konstanten $G(Luft) \neq G(O_2)$ von Luft und Sauerstoff nur ungefähr. Als Lichtquelle diente ein 15mW-HeNe-Laser. Die Teilbündel wurden so im Strahl fokussiert und kollimiert, daß dort ihr Taillendurchmesser 0,05 mm und ihr Achsabstand e=0,06 mm betrug. Das war 1976. Mittlerweile wurden für andere Anwendungen verschiedene Geräte zur Schwenkung oder Parallelverschiebung von Laserlichtbündeln entwickelt, mit denen auch größere Objekte in kürzeren Zeiten abgetastet werden können [2113-2125].

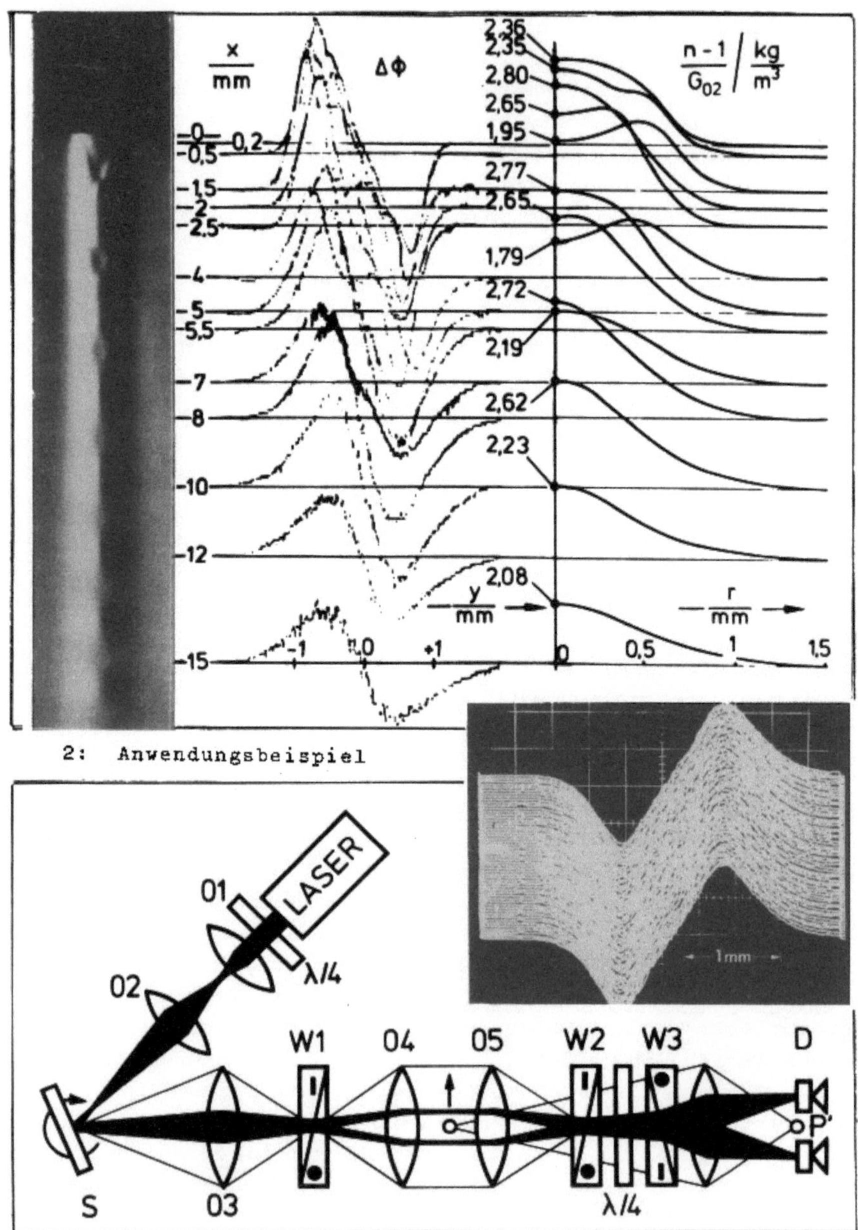

2: Anwendungsbeispiel

1: Mit Schwingspiegel

Fig. 3223: Laserdifferentialinterferometer

3.3 SPEKTROSKOPISCHE VERFAHREN

3.3.1 Emissionsmessungen

3.3.1.1 Thermische Emission

Die in Abschnitt 1.2.2.2 besprochenen Zusammenhänge bieten verschiedene Möglichkeiten, die Zusammensetzung, Dichte und Temperatur eines leuchtenden Gases durch Messungen des Emissionsspektrums zu bestimmen [2126 - 2134]. So kann z.B. die Temperatur durch Vergleich der Strahldichten L_1 und L_2 von zwei Spektrallinien ermittelt werden. Ist $h\nu_{1k} = E_1-E_k$ die Energie des bei einem Übergang $1{\to}k$ emittierten Photons, f_{1k} die betreffende Emissionsoszillatorenstärke und N_1 die Zahl der Partikel pro Volumen im oberen Niveau E_1, so gilt für die aus einer optisch dünnen Schicht mit der Dicke l in den Raumwinkel $\Omega_1 = 1$ sr gehende Leistung pro Fläche:

$$L\Omega_1 = \frac{2\pi q_e^2 \, h\nu_{1k}^3}{m_e c^3} \, f_{1k} N_1 l \tag{1}$$

Herrscht thermodynamisches Gleichgewicht, so beschreibt die Gleichung (10) in Abschnitt 1.2.2.2 die Abhängigkeit der Besetzungszahl N_1 von der Gesamtzahl N der betreffenden Partikel pro Volumen und der Temperatur T:

$$N_1 = N\cdot \frac{g_1}{Z} \, \exp(-E_1/kT) \tag{2}$$

g_1 ist das statistische Gewicht des Niveaus E_1. Die konstante Zustandssumme Z läßt sich durch Verhältnisbildung eliminieren:

$$\frac{L_2}{L_1} = (\frac{\nu_{1k2}}{\nu_{1k1}})^3 \, \frac{f_{1k2} g_{12}}{f_{1k1} g_{11}} \, \exp(\frac{E_{11}-E_{12}}{kT}) \tag{3}$$

N und l müssen nicht bekannt sein. Es muß lediglich sicher sein, daß N und T im beobachteten Teil der Schicht konstant sind, und daß sich die Boltzmannverteilung der Besetzungszahlen eingestellt hat. An Stelle der Gesamtstrahldichten L können auch die Scheitelwerte $L_\nu(\nu_{1k})$ der spektralen Strahldichten $L_\nu(\nu)$ verglichen werden. Bei der Halbwertsbreite γ einer Linie gilt mit einem Formfaktor C:

$$L = C\gamma L_\nu(\nu_{1k}) \tag{4}$$

Bei einer Linie mit Lorenzprofil ist $C = \pi/2$. Handelt es sich um zwei Linien mit gleichem C und gleicher relativer Linienbreite $\gamma_2/\nu_{k12} = \gamma_1/\nu_{k11}$, so gilt also:

578

$$\frac{L_\nu(\nu_{1k2})}{L_\nu(\nu_{1k1})} = \left(\frac{\nu_{1k2}}{\nu_{1k1}}\right)^4 \frac{f_{1k2}\,g_{12}}{f_{1k1}\,g_{11}} \exp\left(\frac{E_{11}-E_{12}}{kT}\right) \tag{5}$$

In Molekülgasen liegen insofern komplizertere Verhältnisse vor, als Änderungen der Elektronenenergie mit oder ohne Änderung der Schwingungsenergie und mit oder ohne Änderung der Rotationsenergie stattfinden können. An die Stelle von Linien treten Linienbanden. Das macht die Auswertung einerseits schwieriger, weil sie die Kenntnis zahlreicher Moleküldaten erfordert, macht sie andererseits aber auch sicherer, weil die Verteilungen der spektralen Strahldichten innerhalb der Banden die Prüfung erlauben, ob sich tatsächlich Boltzmannverteilungen der Besetzungszahlen mit gleicher Verteilungstemperatur T eingestellt haben. Heteronukleare Moleküle emittieren bereits ohne Elektronenanregung. Allerdings liegen dann die Linienbanden im Infraroten. Ist die Temperatur bekannt, so können die Zusammenhänge von der Art der Gleichungen (1) und (2) auch zur Bestimmung der Dichte ρ = Nm der betreffenden Partikel mit der Masse m verwendet werden. Solche Verfahren der Bestimmung von T und ρ wurden zunächst für die Untersuchung von Flammen und Plasmen entwickelt. Für die Strömungsforschung wurde die Emissionsspektroskopie interessant, als es mit dem Stoßrohr gelang, vorausberechenbare schnelle oder langsame Strömungen beliebiger Gase mit hohen oder tiefen Temperaturen und großen oder kleinen Dichten zu erzeugen [2135] . Solche Strömungen wurden zunächst zur Bestimmung von spektroskopischen Daten und zur Eichung spektroskopischer Meßgeräte gebraucht. Danach wurde mit Registrierungen von Emissionsspektren insbesondere die Relaxation der Rotation, Schwingung, Dissoziation und Ionisation hinter dem Verdichtungsstoß untersucht. Anfangs geschah dies vorwiegend mit Registrierungen auf bewegtem Film. Heute wird der Registrierung mit Photodetektoren und Signalspeichern der Vorzug gegeben. Allerdings ist sichtbare thermische Emission fast aller in Betracht kommenden Gase, und ist insbesondere sichtbare Emission der Luft erst bei sehr hohen Temperaturen zu erwarten [2136-2143] Darum wurde versucht, beigemischte Rußpartikel oder hochschmelzende Oxydpartikel als sichtbar emittierende Temperaturindikatoren zu verwenden [2144-2155]. Hier war es jedoch fraglich, ob die Partikel die lokale Gastemperatur annehmen konnten, und ob sie dem Gas nicht zuviel Wärme entzogen.

Messungen des Eigenleuchtens einer Strömung integrieren. Darum kann nur in Sonderfällen von empfangenen Strahlungsflüssen auf die lokalen Strahldichten geschlossen werden [2156]. Für turbulente Strömungen wurde vorgeschlagen, in zwei orthogonalen Richtungen zu empfangen, um wie in Abschnitt 3.1.1.2 die Schwankungen im Kreuzungsvolumen auf dem Wege der Schwankungskovarianz zu erfahren. Das Verfahren setzt jedoch hier wie dort vollkommen unkorrelierte Schwankungen außerhalb jenes im Kreuzungsvolumen zentrierten Volumens voraus, in welchem sich die Schwankungen nur wenig unterscheiden. Infrarotmessungen solcher Art in turbulenten Triebwerkstrahlen ergaben, daß diese Voraussetzung nicht erfüllt war [2157].

3.3.1.2 Elektronenstrahllumineszenz

Meist sind kältere und darum nicht merklich leuchtende Gasströmungen zu untersuchen. Auch hier sind Emissionsmessungen möglich, wenn die Gaspartikel durch Fremdeinwirkung angeregt werden. Die Anregung könnte wie bei den in Abschnitt 2.3.1.2 erwähnten Visualisierungen mit einer elektrischen Gasentladung vor oder hinter der Düse eines Windkanals erfolgen. Bei der ebenfalls in Abschnitt 2.3.1.2 erwähnten Anregung mit einem Elektronenstrahl liegen besser definierte Verhältnisse vor. Außerdem kann man es hier so einrichten, daß die Empfangsoptik nur Licht aus einem winzigen Meßvolumen empfängt. Die Messung liefert praktisch lokale Werte. Allerdings ist es zunächst aus verschiedenen Gründen fraglich, ob das Spektrum auch hier über die Dichte und Temperatur informiert. Es bedarf einer hohen Beschleunigungsspannung zwischen 10 KV und 60 KV, um den Elektronenstrahl ohne zu große Aufweitung und zu starke Schwächung durch eine typisch 20 cm tiefe Strömung mit einem Druck zwischen 10^{-4} bar mit 10^{-3} bar zu schießen. Die Elektronen prallen also mit einer kinetischen Energie zwischen 10 keV und 60 keV auf die Gaspartikel. Damit wird eine Vielfalt verschiedenster Vorgänge möglich. Einige Partikel werden nur angeregt. Einige werden ionisiert. Die freigesetzten Elektronen können ihrerseits anregen und ionisieren. Die Abregung der Partikel kann nicht nur spontan und verbunden mit der Emission eines Photons, sondern auch bei einem unelastischen Zusammenstoß durch Übertragung der Anregungsenergie auf ein anderes Partikel erfolgen. Die Anregung oder Abregung kann in einem einzigen Akt oder in einer Kaskade geschehen. Auch die Absorption eines Photons und Emission eines anderen Photons ist möglich. Moleküle werden vielleicht dissoziert. Hinzu kommt, daß sich die Gaspartikel nur kurze Zeit im Elektronenstrahl und etwas länger in einem Gebiet mit freigesetzten Elektronen befinden. Der Strahl hat z.B. den Durchmesser 1mm. Bei der Strömungsgeschwindigkeit 1000m/s braucht ein Gaspartikel 1µs, um ihn zu durchqueren. Die Frage war, ob unter solchen Umständen noch ein angebbarten Zusammenhang zwischen den Zahlen der mit bestimmten Energien emittierten Photonen und den Besetzungszahlen des Elektronengrundniveaus und bei Molekülen auch der Rotationsniveaus und Schwingungsniveaus vor Eintritt in den Strahl besteht. Diese Frage war nicht ganz neu, als in den sechziger Jahren die Idee aufkam, die sog. Elektronenstrahllumineszenz meßtechnisch zu verwenden [2158 - 2160] . Ähnliche Probleme waren seit Jahrzehnten im Rahmen der Gasentladungsphysik, Astrophysik und Physik der hohen Atmosphäre bearbeitete worden. Aufgrund der Ergebnisse dieser Vorarbeiten war zu vermuten, daß gewisse Spektrallinien in gewissen Bereichen der Dichte und Temperatur trotz der Vielfalt der Vorgänge Auskunft über den Gaszustand vor dem Elektronenstrahl geben können. Die Dichte muß so groß sein, daß sich ein Gleichgewicht der anregenden und abregenden Vorgänge einstellt. Sie darf aber nicht so groß sein, daß dabei die Löschung der Anregung durch Zusammenstöße (Stoßlöschung, collisional quenching) merklich mitspielen kann. Wenn diese auftritt, dann ist der folgende Zusammenhang zwischen der Strahldichte L_{1k} einer Atomlinie und

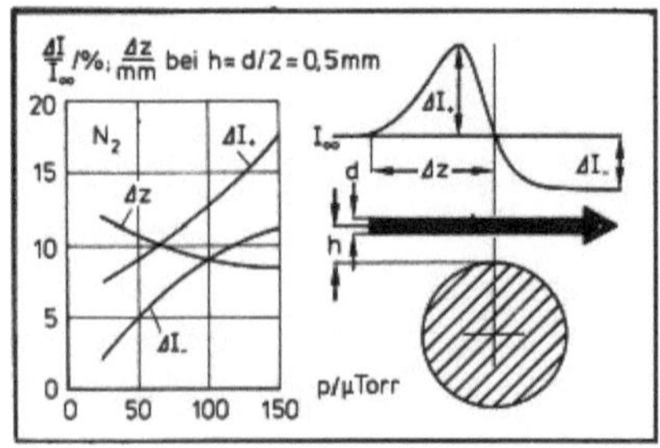

1:   Wandeinfluß

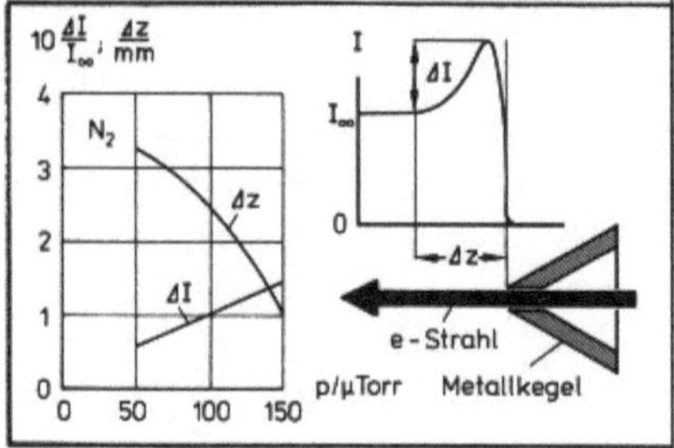

2:   Wandeinfluß

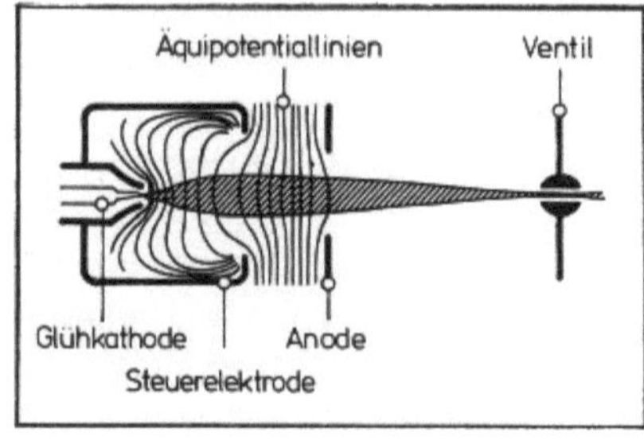

3:   Elektronenkanone

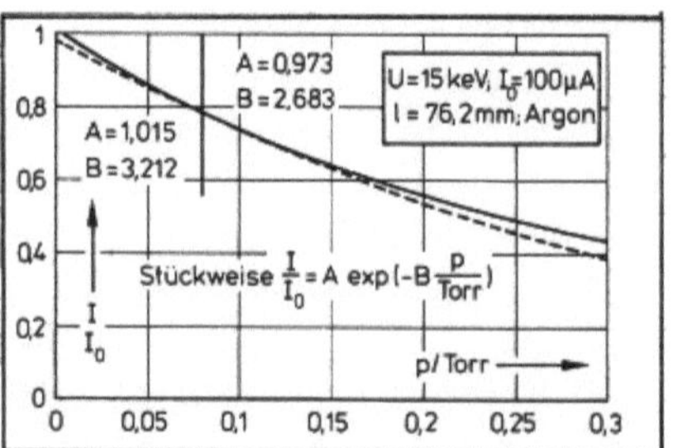

4:   Strahlschwächung:

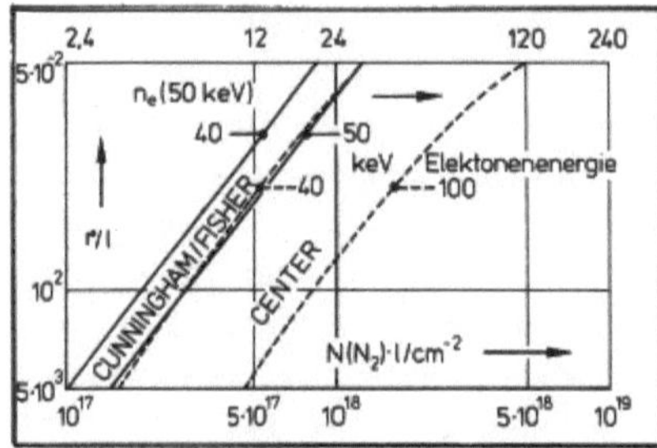

5:   Strahlaufweitung

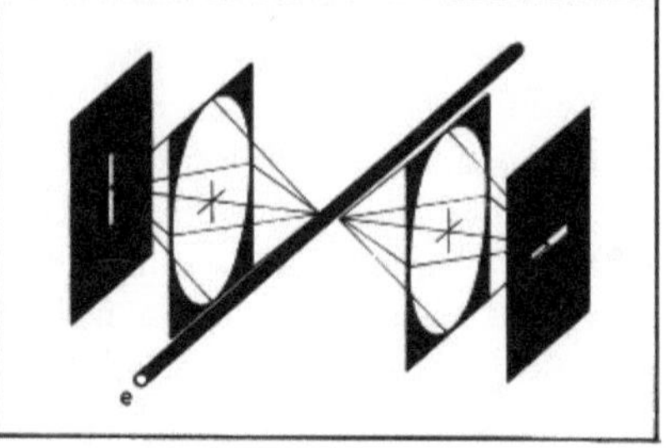

6:   Empfangsoptik

Fig. 3312:   Elektronenstrahllumineszenz

der Gesamtzahl N der Atome pro Volumen zu erwarten:

$$L_{lk} = \frac{K_{lk} \cdot N}{1 + (2N\sigma^2 \sqrt{4\pi kT/u} / A_{lk})} \tag{1}$$

K_{lk} und A_{lk} sind übergangscharakteristische Konstanten. Der Stoßquerschnitt σ hängt in einer umstrittenen Weise von T ab. Nur bei hinreichend kleinem N wird daraus die Proportionalität $L_{lk}=K_{lk}N$. Bei einigen Atomlinien mit besonders kleiner natürlicher Linienbreite gibt außerdem die Dopplerverbreiterung Auskunft über die Translationstemperatur T_t. Bei einigen Molekülbanden darf man annehmen, daß die Anregung oder Ionisierung und Anregung ohne oder mit einer bekannten Änderung der Besetzungszahlen der Rotationsniveaus erfolgt. Bei vernachlässigbarer Stoßlöschung kann dann die Rotationstemperatur T_r aus den Verhältnissen der Linienstärken innerhalb eines Bandenzweiges berechnet werden. Ohne Änderung der Besetzungszahlen der Rotations- und Schwingungsniveaus durch die Anregung wäre der folgende Zusammenhang zwischen den Strahldichten $L_{r,r-1}$ der Rotationslinien mit $v_{r,r-1} = (E_r - E_{r-1})/h$ und T_r zu erwarten:

$$L_{r,r-1} = KN' \frac{2ar^2}{2r+1} v_{r,r-1}^4 \; G \; \exp[-r(r+1)\frac{\theta}{T_r}] \tag{2}$$

$$G = \exp(2r\frac{\theta}{T_r}) + \frac{r+1}{r} \exp(-2(r+1)\frac{\theta}{T_r}) \tag{3}$$

Darin ist N' die Zahl der betroffenen nur angeregten oder ionisierten und angeregten Moleküle pro Volumen und ist $\theta=Bhc/k$ eine charakteristische Rotationstemperatur, die z.B. bei den N_2^+-Ionen $\theta=2{,}878$ K beträgt. Bei diesen Ionen ist a=1 im Falle ungerader und a=2 im Falle gerader Quantenzahlen r des oberen Rotationsniveaus einzusetzen. Weil gemessene Spektren je nach Wahl der ausgewerteten Linien etwas verschiedene Temperturen ergaben, wurden verschiedene Korrekturen vorgeschlagen. Es ist noch umstritten , wann in ähnlicher Weise auch die Schwingungstemperatur T_v durch Messung der Verhältnisse von Linienstärken bestimmt werden kann. Messungen in ruhenden Gasen können diese Frage nicht beantworten, weil sich dort die Moleküle viel länger im Elektronenstrahl aufhalten. In schnellen Strömungen verdünnter Molekülgase treten andererseits T_v-Abweichungen von T_r und T_t auf, die trotz zahlreicher Untersuchungen der Schwingungsrelaxation nur mit erheblichen Unsicherheiten vorausberechnet werden können. Oft ist es fraglich, ob ein einziger Parameter kT_v zur Charakterisierung der Verteilung der Besetzungszahlen des Schwingungsniveaus genügt. Über den jeweiligen Stand der meßtechnischen Verwendung der Elektronenstrahllumineszenz wurde in [136,2176-2181] berichtet. Sie ist insbesondere für die Forschung auf dem Gebiet der Strömungen zwischen den Molekularströmungen und Kontinuumsströmungen interessant und wurde benutzt, um solche Strömungen aus Hyperschalldüsen, um Modell hinter solchen und um die Struktur von Verdichtungsstößen zu untersuchen [2161-2189] In Wandnähe bereitet der Wandeinfluß auf den Elektronenstrahl

Schwierigkeiten [2172]. Man kann ihn vermeiden, indem man den Strahl nicht wie in **Fig. 3312-1** an der Wand vorbeischießt, sondern wie in **Fig. 3312-2** aus einer Wandbohrung austreten läßt. Eine Druckausgleichskammer unter der Wand verhindert das Absaugen des Grenzschichtgases . Elektronenkanonen werden für Fernsehgeräte, Kathodenstrahloszillographen, Elektronenmikroskope für die Metallverdampfung im Vakuum und für das Metallschweissen im Vakuum oder in der Atmosphäre angeboten [2190]. Bei den letzteren wird gerne das in **Fig. 3312-3** skizzierte Fernfokussystem verwendet [2191]. Die Beschleunigungsspannung kann hier z.B. 60 KV und die Leistung 15 KW betragen. Die Glühkathode besteht aus einem Wolframbändchen, dessen Lebensdauer bei Drücken zwischen 10^{-7} und 10^{-8} bar zwischen 20 und 200 Stunden beträgt. Das axiale Magnetfeld einer nicht eingezeichneten Spule schnürt den Strahl nach seinem Austritt durch das Hochvakuumventil nochmals ein. Der Durchmesser des zweiten Fokus hängt von der Brennweite ab. 0,1 mm im Abstand 100 mm und 1mm im Abstand 1500 mm von der Spule sind typische Werte. Druckstufen in Vorkammern zwichen der Kanone und der Meßkammer erleichtern die Aufrechterhaltung des Hochvakuums. Als Strahlauffänger auf der anderen Seite der Meßkammer hat sich eine Bohrung in einem Graphitblock bewährt, der sich in einem wassergekühlten Metallblock befindet. Die Wechselwirkung mit dem Testgas schwächt den Strahl und weitet ihn auf. Beide Effekte können bei ebenen Strömungen zur Bestimmung der Gasdichte verwendet werden [2192 - 2195]. Die Schwächung erfolgt exponentiell wie z.B. in **Fig. 3212-4**. Die Aufweitung läßt z.B. 80% des Strahlstroms durch Querschnitte mit den in **Fig. 3312-5** angegebenen Radien gehen [2196-2197]. Beide Effekte nehmen mit zunehmender Elektronengeschwindigkeit ab. Darum ist bei Strommessungen eine möglichst kleine, bei Lumineszenzmessungen aber eine möglichst hohe Beschleunigungsspannung günstig. Die Empfangsoptik bildet den Elektronenstrahl auf einer Schlitzblende ab, die man je nach der Größe des gewünschten Meßvolumens wie in **Fig. 3321-6** parallel oder senkrecht zum Strahl orientieren und mehr oder weniger zuziehen kann. Die spektrale Zerlegung des Lumineszenzlichtes wird in der herkömmlichen Weise mit einem Spektrometer oder Monochromator vorgenommen. Einen ersten Überblick über das Spektrum wird man sich auf Film verschaffen. Für die Registrierung der Linienstärken werden jedoch besser Photodetektoren verwendet. Bei stationärer Strömung besteht die Möglichkeit, das Signalrauschverhältnis durch periodische Unterbrechung und synchrone Verstärkung mit einem Lock-in-Verstärker zu verbessern. Bei instationärer Strömung bestimmt die Zahl der pro Volumen und Zeit emittierten Photonen die Zeitauflösung. Man kann die Zeitauflösung auf Kosten der Genauigkeit der Dichte- oder Temperaturbestimmung verbessern, indem man statt der Stärken einzelnen Linien die ganzer Bandenzweige hinter zwei Filtern mit versetzten Duchlaßmitten registriert. Notfalls kann man bei wiederholten Versuchen die während kurzer Zeitintervalle empfangenen Photonen zählen [2188].

3.3.1.3 Laserfluoreszenz

Auch die optische Anregung des strömenden Gases mit dem Licht eines Lasers kann nicht nur zu der in Abschnitt 2.3.1.2 erwähnte Visualisierung, sondern auch zur optoelektrischen Registrierung der lokalen Gasdichten verwendet werden. Dabei hat die Fokussierung des Laserlichtbündels in einem winzigen Meßvolumen den Vorteil, daß schon ein schwacher Dauerlaser stark anregen kann. Starke Fluoreszenzanregung ist nicht nur wegen des Detektorrauschens erwünscht. Bei schwacher Anregung können unelastische Zusammenstöße der Gaspartikel zu starke Abweichungen des Zusammenhanges zwischen der remittierten Strahlungsleistung und der Gasdichte von der Proportionalität zur Folge haben. Bei starker Anregung spielen solche Zusammenstöße keine merkliche Rolle. Die folgende Erweiterung der in Abschnitt 1.2.2.2 vorgenommenen Betrachtung der Absorption und Emission des hypothetischen Zweiniveaupartikels erläutert diesen Sachverhalt. Genauer betrachtet wird die Zahl N_2 der Partikel pro Volumen im oberen Niveau bei einer Zahl N_1 der Partikel pro Volumen im unteren Niveau und und einer Zahl $N_{h\nu}$ der eingestrahlten Photonen pro Volumen nicht nur durch $N_1 N_{h\nu}$-proportionale Absorption erhöht und durch N_2-proportional spontane Emission sowie $N_2 N_{h\nu}$-portionale induzierte Emission vermindert, sondern nimmt auch durch strahlungsfreie Übergänge bei Zusammenstößen ab. Diese Abnahme ist mit einem Stoßlöschungsfaktor Q (quenching) ebenfalls N_2-proportional. Es gilt:

$$\frac{dN_2}{dt} = B'_{12} N_{h\nu} N_1 - B'_{21} N_{h\nu} N_2 - A_{21} N_2 - Q N_2 \tag{1}$$

Mit der Gesamtzahl $N = N_1 + N_2$ der Partikel ergibt sich für N_2 bei $dN_2/dt = 0$ der Ausdruck:

$$N_2 = \frac{B'_{12} N_{h\nu}}{(B'_{12} + B'_{21}) N_{h\nu} + A_{21} + Q} \, N \tag{2}$$

Für die spontane d.h. gleich viel in alle Richtungen emittierte Leistung $P = A_{21} N_2 h\nu$ pro Volumen kommt im Falle schwacher Anregung mit $(B'_{12} + B'_{21}) N_{h\nu} \ll A_{21} + Q$ der Ausdruck:

$$P \approx \frac{B'_{12} N_{h\nu} h\nu}{A_{21} + Q} \, N \tag{3}$$

Darin wächst Q mit N, ist also P keineswegs N-proportional. Für den Fall starker Anregung ergibt sich andererseits mit $(B'_{12} + B'_{21}) N_{h\nu} \gg A_{21} + Q$ der Ausdruck:

$$P \approx \frac{B'_{12} h\nu}{B'_{12} + B'_{21}} \, N \tag{4}$$

Hier verschwindet nicht nur die Abweichung von der N-Proportionalität, sondern auch die Abhängigkeit von $N_{h\nu}$ d.h. von der eingestrahlten Leistung pro Volumen, weil praktisch nur noch die Absorption und die stimulierte Emission das Verhältnis N_2/N_1 bestimmen. Die Laserfluoreszenz unter diesen Bedingungen wird Lasersättigungsfluoreszenz genannt. Sie minimiert die Unsicherheiten, die bei der Bestimmung der Dichte ρ-Nm durch Messung von P auftreten, wenn Q und $N_{h\nu}$ nur ungefähr bekannt sind. Allerdings liegen in Wirklichkeit meist kompliziertere, manchmal aber auch einfachere Verhältnisse vor. Die Linien haben gewisse Breiten. Oft sind mehrere Übergänge möglich. Außerdem kann es nötig sein, dem strömenden Gas einen gewissen, meist kleinen Anteil Meßgas beizumischen, weil es selbst kein sichtbares Licht absorbiert. Als Meßgas kommt, wie schon in Abschnitt 2.3.1.2 besprochen, in Luft oder Stickstoff vor allem Jod und in Edelgasen oder Stickstoff vor allem Natriumdampf in Betracht. Die Jodmoleküle haben wegen ihrer Rotation und Schwingung viele eng beieinander liegende Resonanzlinien, die sich je nach Dopplerverbreiterung und Stoßverbreiterung d.h. je nach Temperatur und Totaldichte mehr oder weniger überlappen. Q hängt hier nicht nur von N, sondern auch stark von T ab. Wenig Natriumatome in Edelgas haben den Vorteil, daß Q auch bei schwacher Anregung vernachlässigt werden kann. Aber es hat sich als überaus schwierig erwiesen, den in einem Ofen erzeugten Natriumdampf so homogen beizumischen, daß das Verhältnis seiner Partikeldichte zur Totaldichte im zu untersuchenden Teil der Strömung konstant und bekannt ist und bleibt. Das Edelgas muß extrem rein sein, weil die chemische Reaktion der Natriumatome z.B. mit Sauerstoff- oder Wassermolekülen Kondensationskeime bildet. In Wandnähe verändern je nach Werkstoff und Temperatur die Adsorption und Kondensation oder das Abdampfen das Partialdichteverhältnis in unkontrollierter Weise. Seit es möglich ist, die Linie eines Farbstofflasers so genau abzustimmen und so stark einzuengen, daß damit eine Resonanzlinie des zu untersuchenden Gases abgetastet werden kann, ist die Laserfluoreszenzspektroskopie ein wichtiges Werkzeug der Forschung auf dem Gebiet der Physik der Atome und Moleküle geworden. Hier haben vor allem Experimente mit extrem kurzen Laserblitzen viel zur Bestimmung der Lebensdauern angeregter Zustände und zum Verständnis der Übergänge bei Zusammenstößen beigetragen. Die Kenntnis der Abhängigkeiten des Löschungsfaktors Q von den verschiedensten Variablen wird so fortwährend vermehrt. Wegen der trotzdem immer noch großen Unsicherheit dieses Faktors Q und wegen der erwähnten Impfschwierigkeiten hat jedoch die Bestimmung der lokalen Totaldichten strömender Gase mit Hilfe der Laserfluoreszenz erst wenig Freunde gefunden. Bei den meisten der bisherigen Anwendungen in Strömungslabor wurde nur nach einer lokalen Partialdichte gefragt. Oft kam es auch nur auf die Identifizierung von Reaktionsprodukten an. Mit der Laserfluoreszenz können sogar einzelne den Laserfokus durchquerende Atome nachgewiesen werden. Über Bestimmungen der Totaldichte oder nur Partialdichte wurde in [2197-2217] berichtet. In den letzten Jahren sind Bestimmungen von Temperaturen oder Strömungsgeschwindigkeiten durch Messung von Dopplerverbreiterungen bzw. Dopplerverschiebungen von Linienprofilen hinzugekommen " [2218-2225]. Das hierzu erforderliche feine Abtasten des Linienprofils mit der eingeengten Linie eines abgestimmten Lasers ist nur möglich, wenn sich die Strömung während langer Zeit nicht merklich ändert. Die Temperaturen und Strömungsgeschwindigkeiten solcher Strömungen können auch mit anderen und bequemeren Verfahren ermittelt werden. Die Ermittlung mit der Laserfluoreszenz wird in dem Maße interessant, wie mit immer besser auflösenden Spektrometern immer schnellere Änderungen des Linienprofils registriert werden können. Dann hat insbesondere die Bestimmung schnell schwankender oder gar wechselnder Strömungsgeschwindigkeiten mit Hilfe der Laserfluoreszenz verglichen mit den ab Abschnitt 3.4.1.1 zu besprechenden Verfahren der Tracervelozimetrie den Vorteil, daß nicht Geschwindigkeiten träger Tracerpartikel, sondern zweifelsfrei Strömungsgeschwindigkeiten ermittelt werden. Neue Entwicklungen auf dem Gebiet der hoch auflösenden Interferenzspektroskopie [2226-2239] könnten zuverlässigere Untersuchungen stark kompressibler und turbulenter Strömungen möglich machen. In der Literatur über Laserspektroskopie [2240] finden sich zahlreiche Hinweise auf Fluoreszenzvorgänge komplizierterer Art, die ebenfalls für Strömungsuntersuchungen genutzt werden könnten. So besteht z.B. die Möglichkeit, ein heteronukleares Molekül durch gleichzeitige Absorption eines sichtbaren und eines infraroten Photons so anzuregen, daß es gleichzeitig ein sichtbares Photon emittiert. Unelastische Zusammenstöße spielen dann erst bei sehr hohen Dichten eine merkliche Rolle. Solche Dreiphotonenvorgänge im gemeinsamen Fokus von zwei Laserlichtbündeln wurden zur Messung der lokalen Dichten von CO_2-Strömungen verwendet. Bleibt noch nachzutragen, daß bei all solchen Messungen das vom Fluoreszenzlicht durchsetzte Gas optisch dünn bleiben muß. 10^{10} Na-Atome pro cm^3 genügen, um eine 10cm dicke Gasschicht optisch dick zu machen.

3.3.2 Extinktionsmessungen

3.3.2.1 Mit einem Lichtbündel

Auch das Absorptionsspektrum kann über die Dichte und Temperatur informieren [2241-2252]. Die Absorptionslinien der hier interessierenden Gase liegen jedoch bei den uns interessierenden Temperaturen im Ultravioletten oder Infraroten. Mit UV-Absorptionsmessungen wurden z.B. Schwingungstemperaturen des Sauerstoffs der Luft bestimmt [2245]. Man kann die Luft mit einer Beigabe von Jod färben, um Absorptionsmessungen mit sichtbarem Licht möglich zu machen [2253]. Bis etwa 1000K gibt dann die Abhängigkeit des Absorptionsspektrums von den Besetzungszahlen der Schwingungsenergieniveaus Auskunft über die Temperatur. Über etwa 1000K kann die Abnahme der Absorption infolge der J_2-Dissoziation als Maß für die Temperatur gemessen werden [2254]. Das mit einer spektralen Intensität $I_\nu(0)$ einfallende Licht wird auf dem Weg 1 durch das absorbierende Gas gemäß Gleichung (18) in Abschnitt 1.2.2.2 geschwächt. Ist der spektrale Absorptionskoeffizient $\alpha(\nu)$ auf dem Weg 1 konstant, und ist $\alpha(\nu)l \ll 1$, so kann näherungsweise mit

586

$$I_\nu(\nu,1) = I_\nu(\nu,0) \, [1 - \alpha(\nu)1] \tag{1}$$

gerechnet werden. Hängt $I_\nu(0)$ im Frequenzbereich einer Linie nicht von ν ab, so wird in dieser die folgende Leistung pro Fläche absorbiert:

$$\int [I_\nu(0) - I_\nu(1)] \, d\nu = I_\nu(0)1 \int \alpha(\nu) \, d\nu \tag{2}$$

Das Integral über die Anteile $\alpha(\nu)d\nu$ der spektralen Absorptionskoeffizienten $\alpha(\nu)$ hängt folgendermaßen mit der Absorptionsoszillatorenstärke f_{k1} des Überganges $k\rightarrow 1$ und der Zahl N_k der Partikel pro Volumen im unteren Energieniveau E_k zusammen:

$$\int \alpha(\nu)d\nu = \frac{\pi q e^2}{\varepsilon_0 m_e c} f_{k1} \, N_k \tag{3}$$

Herrscht thermodynamisches Gleichgewicht, so gilt:

$$N_k = N \, \frac{g_k}{Z} \, \exp\,(- E_k/kT) \tag{4}$$

Zur Bestimmung der Dichte $\rho=Nm$ der betreffende Partikel bei bekannter Temperatur T durch Messung der Linienabsorption müssen das statistische Gewicht g_k und die Zustandssumme Z bekannt sein. Zur Bestimmung von T kann man Z durch Verhältnisbildung eliminieren:

$$\frac{\int [I_\nu(0)-I_{\nu 2}(1)]d\nu}{\int [I_\nu(0)-I_{\nu 1}(1)]d\nu} = \frac{f_{k12}g_{k2}}{f_{k11}g_{k1}} \, \exp\,(\frac{E_{k1}-E_{k2}}{kT}) \tag{5}$$

An Stelle der gesamten Linienintensitäten können auch die Scheitelwerte der spektralen Intensitäten verglichen werden. Mit der Halbwertbreite γ und dem Formfaktor C gilt:

$$\int [I_\nu(0) - I_\nu(1)]d\nu = C_\gamma \, [I_\nu(0) - I_\nu(1)] \tag{6}$$

Für den Fall gleicher C und gleicher relativer Linienbreiten $\gamma_2/\nu_{k12}=\gamma_1/\nu_{k11}$ der beiden Linien kommt:

$$\frac{I_\nu(0)-I_{\nu 2}(1)}{I_\nu(0)-I_{\nu 1}(1)} = \frac{\nu_{k12}\,f_{k12}g_{k2}}{\nu_{k11}\,f_{k11}g_{k1}} \, \exp\,(\frac{E_{k1}-E_{k2}}{kT}) \tag{7}$$

Vor der Erfindung der abstimmbaren Laser wurde für solche Extinktionsmessungen Licht mit einem kontinuierlichen Spektrum eingestrahlt. Mit einem abstimmbaren Laser kann man eine extrem scharfe Laserlinie in die Mitte der Absorptionslinie setzen, oder mit ihr das Absorptionsspektrum abtasten. Die Extinktionsmessung integriert. Nur bei ebener Strömung genügen Messungen der Extinktionen auf einem einzigen Weg 1, um ρ und T auf diesem Weg zu bestimmen. Wegen des in Abschnitt 1.2.1.1 erwähnten Zusammenhanges zwischen den Frequenzabhängigkeiten der Absorption und Brechung kann die erstere auch durch Messung der letzteren ermittelt werden [2255]. Für solche Messungen im Bereich einer Absorptionslinie wurde die sog. Hakenmethode entwickelt [2256-2258].

3.3.2.2 Mit gekreuzten Lichtbündeln

Für Turbulenzuntersuchungen wurde vorgeschlagen, die mit zwei gekreuzten Laserlichtbündeln registrierten Extinktionssignale zu korrelieren, um die Effektivwerte der Dichte- und Temperaturschwankungen im Kreuzungsvolumen zu ermitteln [2259 - 2261]. In reiner Luft würde dieses Verfahren einen UV-Laser und UV-Optik erfordern. Darum wurde ausgehend von der gleichen Idee das leichter zu handhabende und in Abschnitt 3.1.1.2 besprochene Kreuzstrahlschlierenverfahren entwickelt. Beide Verfahren setzen voraus, daß die beiden Lichtbündel außerhalb des Kreuzungsvolumens nur durch Gebiete mit vollkommen zufälligen und unkorrelierten Schwankungen gehen. Großräumig kohärente Turbulenzstrukturen können zu falschen Ergebnissen führen. In turbulenten Mischungsschichten sind diese so stark, daß sogar die Zielsetzung umgekehrt und mit gekreuzten Laserlichtbündeln nach ihnen gesucht werden kann.

3.3.3 Linienumkehrverfahren

3.3.3.1 Mit Abgleich

Die in den vorstehenden Abschnitten besprochenen Bestimmungen der Temperatur durch Emissions- oder Absorptionsmessungen setzen wenig Absorption und die Kenntnis von Übergangsdaten voraus. Die Absorption darf stark und die Übergangsdaten müssen nicht bekannt sein, wenn man eine emittierte Linie vor dem Hintergrund des kontinuierlichen Spektrums einer Vergleichslichtquelle betrachtet, deren äquivalente Strahlungstemperatur bekannt ist. Als Vergleichsstrahler hat sich die in Abschnitt 1.3.1.2. besprochene Wolframbandlampe bewährt. Als emittierende Beigabe zum heißen Gas kommt insbesondere Natrium in Frage, weil es seine NaD-Doppellinie weit ab von anderen Linien und mit besonders hoher Übergangswahrscheinlichkeit emittiert und absorbiert. Die Messung kann mit oder ohne Abgleich vorgenommen werden.

Zur Messung mit Abgleich wird das glühende Wolframband wie in **Fig. 3331-1** im Gas und auf dem Spalt eines Spektroskops abgebildet. Im Spektrum erscheint dann außerhalb des Frequenzbereichs der Linie die spektrale Vergleichsintensität $I_\nu(S)$ des ungestörten Teils des kontinuierlichen Spektrums. S bezeichnet die äquivalente Strahlungstemperatur. Im Frequenzbereich der Linie setzt sich die spektrale Intensität aus dem emittierten Anteil $e(\nu)I_\nu(T)$ und dem durch die Absorption geschwächten Anteil $[1-a(\nu)]I_\nu(S)$ zusammen. Das gilt für jede Frequenz der Linie in gleicher Weise. Die Linie kann zunächst heller oder dunkler als das übrige Spektrum erscheinen. $I_\nu(S)$ wird solange variiert, bis der Unterschied der spektralen Intensitäten verschwindet. Dann gilt:

588

$$I_\nu(S) = e(\nu)\, I_\nu(T) + [1 - a(\nu)]\, I_\nu(S) \tag{1}$$

Mit dem in Abschnitt 1.2.2.4 besprochenen Kirchhoffschen Gesetz $e(\nu)=a(\nu)$ kommt $I_\nu(T)=I_\nu(S)$. Bei vollzogenem Abgleich ist also T=S. $I_\nu(S)$ kann mit dem elektrischen Strom durch das Glühband, mit einem Graufilter oder mit zwei Polarisationsfiltern eingestellt werden. Bei der Bestimmung der äquivalenten Strahlungstemperatur S mit einem optischen Pyrometer oder durch Vergleich mit einer Eichlampe ist zu beachten, daß S durch Lichtverluste in der Optik herabgesetzt werden kann. Dieses 1903 von O. Fery [2262] vorgeschlagene Verfahren hat sich bei zahlreichen Untersuchungen von stationären Strömungen heißer Gase bewährt [2263 - 2275]. Es setzt voraus, daß die Temperatur des absorbierenden und emittierenden Gases auf dem betreffenden Lichtweg konstant ist. Die **Fig. 3331-2** demonstriert am Modellfall zwei gleich dicker Schichten mit den verschiedenen Temperaturen T_1=2575K und T_2=1890K, wie Abweichungen von dieser Voraussetzung den vollkommenen Abgleich unmöglich machen. Man kann dann lediglich erreichen, daß die Gesamtintensität der Linie verschwindet. Im vorliegenden Fall geschieht dies bei einer äquivalenten Strahlungstemperatur S=2285K des Glühbandes, die etwas höher als $(T_1+T_2)/2$=2233K ist [122].

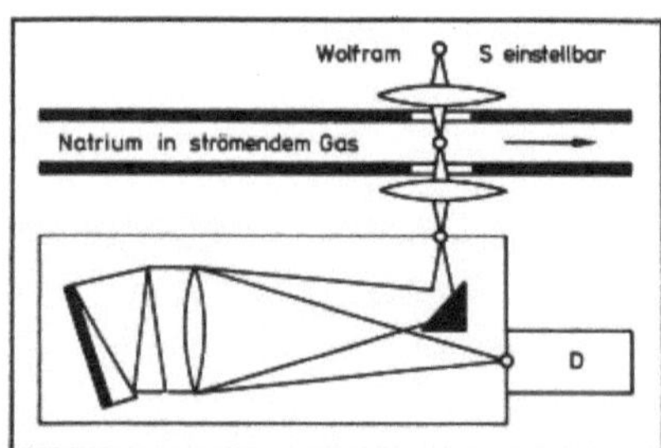

1: Mit Abgleich

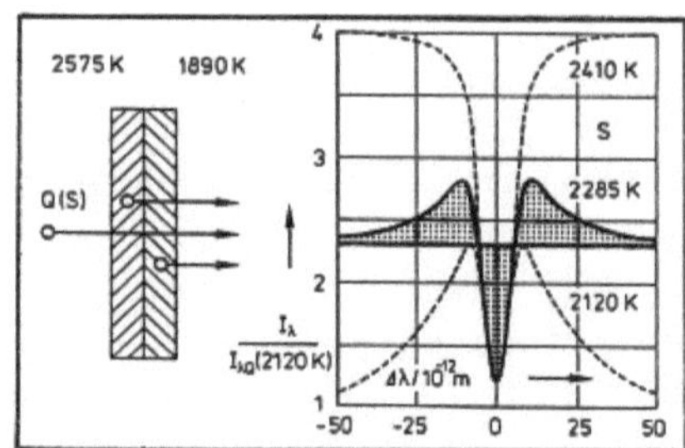

2: Zwei Schichten

Fig. 3331: Linienumkehrverfahren

3.3.3.2 Ohne Abgleich

Die Eliminierung von $e(\nu)=a(\nu)$ ist auch ohne den Abgleich möglich, wenn man im Frequenzbereich der Linie alternierend die spektralen Intensitäten $I_{\nu 1}$ ohne und $I_{\nu 2}$ mit dem Vergleichslicht registriert. Mit

$$I_{\nu 1} = e(\nu)I_\nu(T) \quad ; \quad I_{\nu 2} = e(\nu)I_\nu(T) + [1 - a(\nu)]\,I_\nu(S) \tag{1}\,(2)$$

ergibt sich:

$$I_\nu(T) = \frac{I_\nu(S)\,I_{\nu 1}}{I_\nu(S)+I_{\nu 1}-I_{\nu 2}} \tag{3}$$

Da dies für alle ν der Linie in gleicher Weise gilt, können statt der spektralen auch die totalen Intensitäten der Linie hinter einem Filter gemessen werden. Das periodische Zu- und Abschalten des Vergleichslichtes kann mit einer rotierenden Segmentblende wie in **Fig.3332-1** erfolgen[2276].

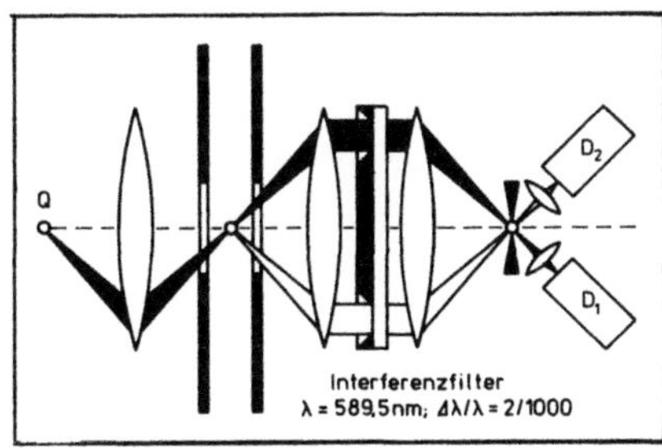

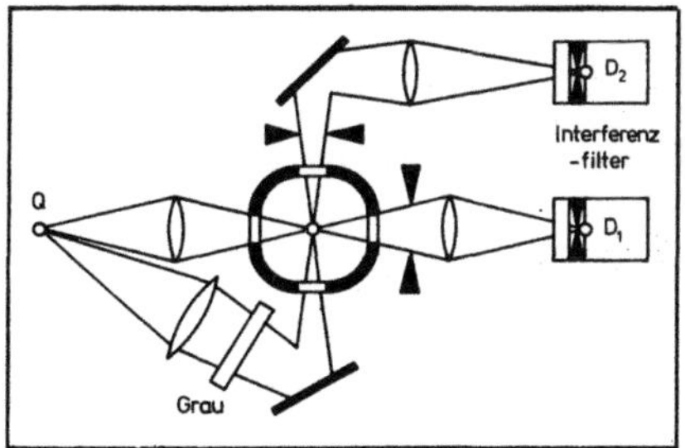

1: Periodisch   2: Kontinuierlich

Fig. 3332: Linienumkehrverfahren ohne Abgleich

Für die kontinuierliche Bestimmung der zeitabhängigen Temperaturen T(t) hinter laufenden Verdichtungsstößen wurde das in **Fig. 3332-2** skizzierte Verfahren entwickelt [2277]. Dabei wird gleichzeitig mit zwei verschiedenen I(S) registriert. Für die spektralen Intensitäten gilt:

$$I_{\nu 1} = e(\nu)I_\nu(T) + [1 - a(\nu)]I_\nu(S_1) \tag{4}$$

$$I_{\nu 2} = e(\nu)I_\nu(T) + [1 - a(\nu)]I_\nu(S_2) \tag{5}$$

Mit der Gleichung (2) kommt:

$$\frac{I_\nu(T)-I_\nu(S_2)}{I_\nu(S_1)-I_\nu(T)} = \frac{I_{\nu 2}-I_\nu(S_2)}{I_\nu(S_2)-I_{\nu 1}} \tag{6}$$

Bei passender Wahl von $I_\nu(S_1)$ und $I_\nu(S_2)$ liegt $I_\nu(T)$ während der ganzen Registrierung zwischen $I_\nu(S_1)$ und $I_\nu(S_2)$. Ein Graufilter sorgt für $S_2 < S_1$. Auch hier genügt die Messung der totalen Intensitäten im Frequenzbereich der Linie. Die Messung wird auch hier problematisch, wenn das Licht in Gebieten mit verschiedenen Gaszuständen emittiert und absorbiert wird. Außerdem kann die Anregungstemperatur T_e der Natriumatome von der Temperatur des Gases abweichen. Es scheint, daß bei Abweichungen der Schwingungstemperatur T_v von der Rotationstemperatur T_r und Translationstemperatur T_t praktisch $T_e = T_v$ ist [2277,2278].

3.3.4 Streulichtmessungen

3.3.4.1 Rayleighstreuung

Bei der in Abschnitt 1.8.1.1. besprochenen Rayleighstreuung ist die Intensität des Streulichtes zur Zahl der streuenden Partikel proportional. Ist in einem kleinen Meßvolumen die Zahl N der Partikel pro Volumen konstant, und wird dieses Volumen in einer Richtung mit monochromatischem und linear polarisiertem Licht mit der konstanten Intensität I_0 durchstrahlt, so geht die folgende Streulichtleistung $d\Phi$ in ein Raumwinkelelement $d\Omega$:

$$d\Phi = I_0 \, N \, \frac{d\sigma}{d\Omega}(\theta) \, d\Omega \quad \text{mit} \quad \frac{d\sigma}{d\Omega}(\theta) = \frac{\alpha^2 \omega^4}{c^4} \sin^2 \theta \qquad (1)\,(2)$$

Das Streulicht hat praktisch die gleiche Kreisfrequenz ω wie das bestrahlende Licht und ist praktisch ebenso linear polarisiert. θ ist der Winkel zwischen der Beobachtungsrichtung und der Schwingungsrichtung der elektrischen Feldstärke, α die sog. Polarisierbarkeit pro Partikel und $d\Sigma/d\Omega$ der differentielle Streuquerschnitt pro Partikel. Diese Rayleighstreuung gibt es nicht nur an winzigen von einer Gasströmung mitgeführten Stäubchen oder Tröpfchen, sondern auch an den Atomen oder Molekülen. Also liegt es nahe, die N-Proportionalität zur Bestimmung der lokalen $N(x,y,z,t)$ der Atome oder Moleküle des Gases zu benutzen. Bei bekannter Masse m pro Partikel ist dann $\rho = Nm$ die lokale Dichte. Allerdings ist dann $d\sigma/d\Omega$ sehr klein. Bei Kügelchen ist α zu d^3 d.h. $d\sigma/d\Omega$ zu d^6 proportional. Bei Atomen kann mit ungefähr $d=10^{-8}$cm gerechnet werden. In der folgenden Tabelle sind einige Mittelwerte berechneter oder gemessener $d\sigma/d\Omega$ bei $\lambda_0 = 694,3$nm und $\theta = \pi/2$ zusammengestellt:

Gas	H_2	O_2	Ar	N_2
$\frac{d\sigma}{d\Omega} / 10^{-30} (cm^2/sr)$	44	176	189	213

Tab. 3341-1: Differentielle Streuquerschnitte

Mit einer inkohärenten Lichtquelle wäre eine solche Bestimmung der Dichte in kleinem Meßvolumen und in kurzer Zeit ein hoffnungsloses Unterfangen gewesen. Mit dem Riesenimpuls eines Rubinlasers ist sie erstmals 1968 [2279] gelungen. Ein 1J-Impuls liefert etwa $3,5 \cdot 10^{18}$ Photonen. Bei Fokussierung in einem Meßvolumen mit der Länge 1cm gehen bei $d\sigma/d\Omega = 2 \cdot 10^{-28} cm^2/sr$ etwa $7 \cdot 10^{-10} N$ cm^3 gestreute Photonen in den Raumwinkel 1sr. Wenn davon 1% den Photomultiplier erreichen und von diesen nur 4% eine Elektronenlawine auslösen, so entstehen $2,8 \cdot 10^{-13} N$ cm^3 Elektronenlawinen. Wenn 100 Elektronenlawinen für die Bestimmung von N genügen, dann können Partikeldichten bis herab zu $N = 3,6 \cdot 10^{14}$ Partikel/cm^3 gemessen werden. Ein ideales Gas mit der thermischen Zustandsgleichung $p = NkT$ hat diese Partikeldichte z.B. bei $T = 293K$ und $p = 10^{-4}$ bar. In gasdynamischen Versuchsanlagen sind die Partikeldichten selten so klein. Mit dem Laser als Lichtquelle kann also die Streulichtintensität trotz des kleinen differentiellen Streuquerschnitts in vielen Fällen mehr als genügen. Leider ist es jedoch oft aus einem anderen Grund fraglich, ob das Rayleighstreulicht tatsächlich über die Gasdichte informiert. Wegen der d^6- Abhängigkeit ist zu befürchten, daß schon kleinste Verunreinigungen mit Staub oder Tröpfchen die Messung vereiteln. Im Überschallwindkanal kann z.B. trotz scharfer Trocknung die Kondensation der Restfeuchtigkeit so viele H_2O-Cluster mit Durchmessern um $d = 5nm$ bilden, daß mehr Rayleighstreulicht von diesen als von den Luftmolekülen kommt. Außerdem kann Staub aus dem Trockner mitgeführt werden. Auch Miestreulicht von Staub auf den Fenstern und vagabundierendes Laserlicht infolge von mehrfachen Reflexionen an Fenstern und Linsen kann Schwierigkeiten bereiten. In heißen Gasen kann die Dopplerverbreitung der Streulichtlinie infolge der thermischen Zufallsbewegung der Atome oder Moleküle zusätzlich Auskunft über die Temperatur des Gases geben. In [2280 - 2287] wurde über Messungen von Gasdichten und Gastemperaturen mit Hilfe der Rayleighstreuung berichtet.

3.3.4.2 Spontane Ramanstreuung

In Molekülgasen tritt zugleich mit der Rayleighstreuung auch die in Abschnitt 1.8.2.2 besprochene Ramanstreuung auf. **Fig. 3342-1** erinnert an die Übergänge zwischen Rotationsenergieniveaus E_r, Schwingungsenergieniveaus E_v oder beiden, mit denen die streuenden Moleküle die Energie der gestreuten Photonen vermindern oder vermehren. Der Übergang aus einem unteren Niveau $E_1 = E_{r1} + E_{v1}$ in ein oberes Niveau $E_2 = E_{r2} + E_{v2}$ nimmt dem eingestrahlten Photon $h\nu$ die Energie $E_2 - E_1$ und macht daraus ein Stokesphoton $h\nu_S = h\nu - (E_2 - E_1)$. Der umgekehrte Vorgang gibt dem Photon $h\nu$ die Energie $E_2 - E_1$ und macht daraus ein Antistokesphoton $h\nu_A = h\nu + (E_2 - E_1)$. Wird eine sichtbare Linie mit der Frequenz ν eingestrahlt, so hat das Streulicht ein ebenfalls sichtbares Linienspektrum beiderseits ν, das mit seinen Frequenzversetzungen $\nu - \nu_S$ und $\nu_A - \nu$ über Molekülkonstanten und mit seinen

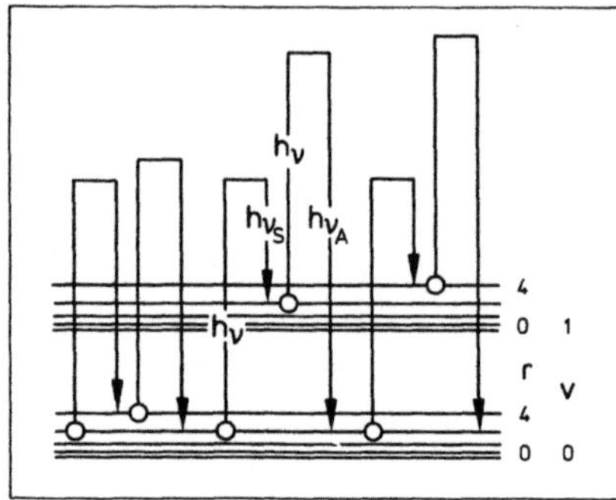

1: Ramanübergänge

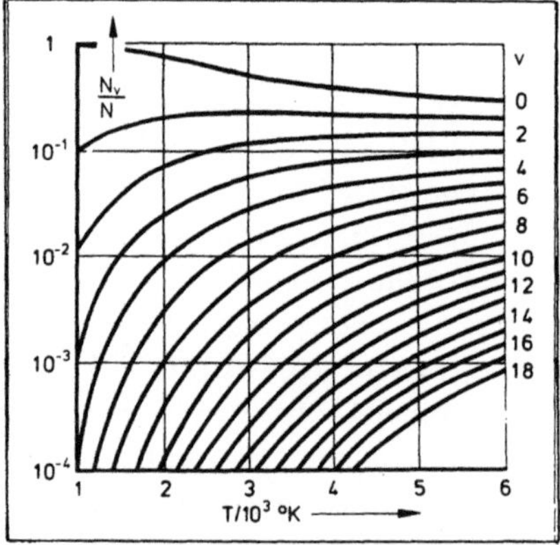

2: Rotations-Ramanspektrum

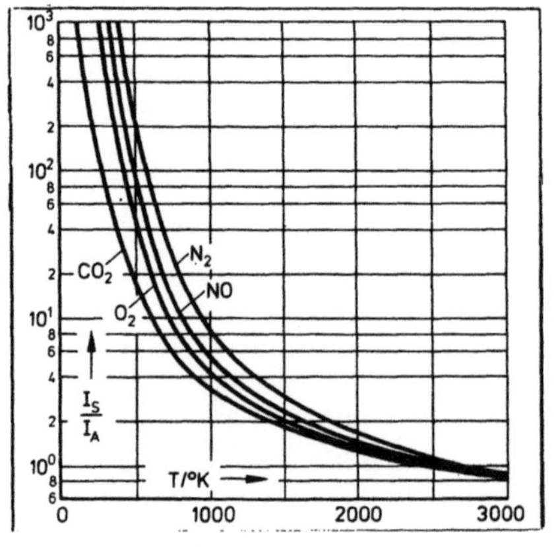

3: O_2-Schwingniveaubesetzung

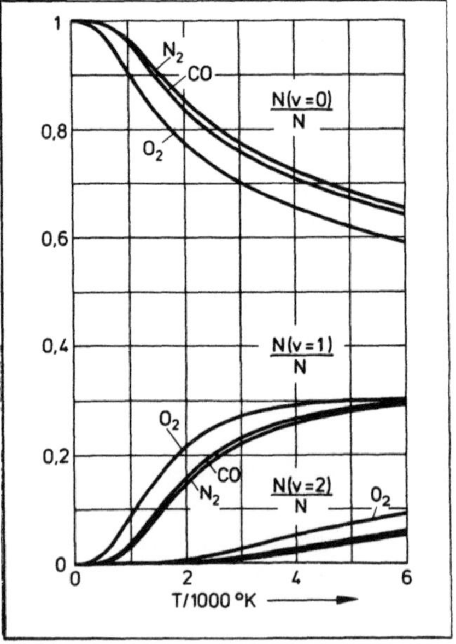

4: Stokes/Antistokes-Verhältnis   5: Schwing.niveaubesetzung

Fig. 3342: Spontane Ramanstreuung

Linienstärken über die Besetzungszahlen des Anfangsniveaus der betreffenden Übergänge informiert. Die im Frequenzbereich einer Linie mit der Scheitelfrequenz ν_S bzw. ν_A in ein Raumwinkelelement $d\Omega$ gehende Stokesleistung $dP_S(\nu_S)$ bzw. Antistokesleistung $dP_A(\nu_A)$ bei einer eingestrahlten Leistung $I(\nu)$ pro Fläche kann folgendermaßen geschrieben werden:

$$dP_S(1\text{-}2) = \left(\frac{d\sigma}{d\Omega}\right)_{12} N\,I(\nu)d\Omega \quad ; \quad dP_A(2\text{-}1) = \left(\frac{d\sigma}{d\Omega}\right)_{21} N\,I(\nu)d\Omega \qquad (1)\,(2)$$

Darin ist N die Zahl der betreffenden Moleküle pro Volumen und $(d\sigma/d\Omega)_{12}$ bzw. $(d\sigma/d\Omega)_{21}$ der betreffende differentielle Streuquerschnitt pro Molekül. Die Streuquerschnitte hängen vom Winkel θ zwischen der Beobachtungsrichtung und der Polarisationsrichtung des eingestrahlten Lichtes ab und sind zu der auf N bezogenen Besetzungszahl N_1/N bzw. N_2/N proportional:

$$\left(\frac{d\sigma}{d\Omega}\right)_{12} = K_{12}(\theta)\,\nu_S^4\,\frac{N_1}{N} \quad ; \quad \left(\frac{d\sigma}{d\Omega}\right)_{21} = K_{12}(\theta)\,\nu_A^4\,\frac{N_2}{N} \qquad (3)\,(4)$$

Handelt es sich um praktisch starr rotierende zweiatomige Moleküle im Schwingungsgrundniveau so gilt z.B.:

$$\frac{N_r}{N} = \eta\,\frac{2r+1}{Z_r(T)}\,\exp\left(-\frac{E_r}{kT}\right) \qquad (5)$$

$$E_r = Rr(r+1) \quad ; \quad Z_r(T) = \sum_{r=0}^{\infty} \eta(2r+1)\exp\left(-\frac{E_r}{kT}\right) \qquad (6)\,(7)$$

η ist ein statistisches Gewicht, das bei heteronuklearen Molekülen gleich 1 ist, bei homonuklearen aber je nach Kernspin und r gleich 0 oder 1 sein kann. Die Rotationszustandssumme $Z_r(T)$ strebt mit wachsendem kT/R bei heteronuklearen Molekülen dem Grenzwert kT/R und bei homonuklearen dem Grenzwert $kT/2R$ zu. Die charakteristische Temperatur der Rotation $\theta_r=R/k$ ist außer bei H_2 und D_2 so klein, daß schon bei Labortemperatur mit dem Grenzwert gerechnet werden kann. Die T-Abhängigkeit von N_r/N hat z.B. die in **Fig.** 3342-2 gezeigte T-Abhängigkeit des Rotationsramanspektrums von N_2 zur Folge. Ist die Temperatur T so hoch, daß auch höhere Schwingungsniveaus besetzt sind, so gilt für die Gesamtbesetzungszahl N_v eines Schwingungsniveaus bei praktisch harmonischer Schwingung

$$\frac{N_v}{N} = \frac{1}{Z_v(T)}\,\exp\left(-\frac{E_v}{kT}\right) \qquad (8)$$

$$E_v = v\,h\nu_0 \quad ; \quad Z_v(T) = \sum_{v=0}^{\infty} \exp\left(-\frac{E_v}{kT}\right) = \left[1-\exp\left(-\frac{h\nu_0}{kT}\right)\right]^{-1} \qquad (9)\,(10)$$

Bei der charakteristischen Temperatur $\theta_v=h\nu_0/k$ der Schwingung befinden sich noch $(e-1)/e \approx 63\%$ der Moleküle im Grundniveau. In der folgenden Tabelle sind die θ_v und θ_r einige Moleküle gegenüber gestellt.
Die θ_v sind erheblich höher als die θ_r. In **Fig.** 3342-3 sind für O_2 die N_v/N über T aufgetragen. Die **Fig.** 3342-5 zeigt, wie bei den Molekülen N_2, O_2 und CO die $N(v=1)/N$ und $N(v=2)/N$ zunehmen, wenn die $N(v=0)/N$ abnehmen. Bei diesen Gasen sind merkliche Besetzungen des Schwingungsniveaus mit $v=1$ erst bei ziemlich hohen T zu erwarten. Entsprechend groß ist das Verhältnis des

Molekül	H_2	N_2	O_2	J_2	CO
Θ_r/K	86,3	2,92	2,09	0,0543	2,82
Θ_v/K	6340	3394	2274	309	3120

Tabelle 1: Charakteristische Temperaturen

Anteils P_S der Stokesleistung zum Anteil der Antistokesleistung P_A an der Gesamtleistung des Rotationsschwingungsspektrums. Dieses Verhältnis kann ungefähr mit

$$\frac{P_S}{P_A} = \left(\frac{\nu-\nu_0}{\nu+\nu_0}\right)^4 \frac{N(v=0)}{N(v=0)} = \left(\frac{\nu-\nu_0}{\nu+\nu_0}\right)^4 \exp\left(\frac{h\nu_0}{kT}\right) \tag{11}$$

berechnet werden und ist in **Fig. 3342-4** über T aufgetragen. Die Berechnung der Besetzungszahlen der einzelnen Rotationsschwingungsniveaus E_r+E_v ist noch einigermaßen einfach, wenn man bei den widersprüchlichen Annahmen starrer Rotation und harmonischer Schwingung bleibt. Die Zustandssumme kann dann separiert d.h. als Produkt $Z_{r,v}=Z_r Z_v$ geschrieben werden. Die erheblich schwierigeren Berechnungen mit Berücksichtigung der Zentrifugaldehnung, der Anharmonizität und der infolgedessen auftretenden Kopplung von Rotation und Schwingung haben z.B. für den Stokes-Q-Zweig

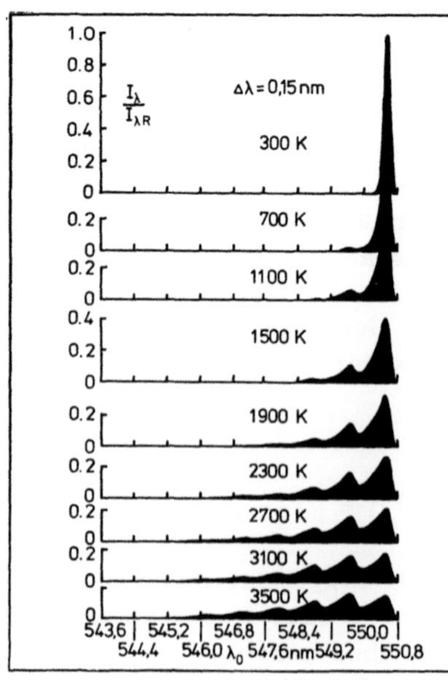

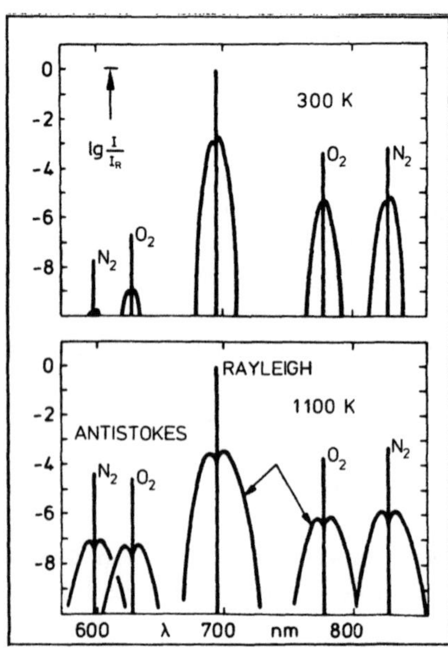

6: Schwingungs-Ramanspektrum   7: Rotationsflügel

Fig. 3342: Spontane Ramanstreuung

Temperaturabhängigkeiten wie in **Fig.** 3342-6 ergeben. **Fig.** 3342-7 zeigt ohne Berücksichtigung der Anharmonizität berechnete Schwingungslinien und die Einhüllenden ihrer Rotationsflügel bei zwei Temperaturen.

In jedem Fall gibt das Ramanspektrum mit seinen Frequenzen Auskunft über die streuende Moleküle und mit den Gesamtleistungen oder spektralen Leistungen seiner Linien oder Bandenzweige Auskunft über die Dichte $\rho=Nm$ der betreffenden Moleküle und ihre Temperatur T. Zwischen den Leistungen und N besteht strenge Proportionalität. Sonst noch vorhandene Gaspartikel haben bis zu hohen Drücken keinen Einfluß, weil die Stoßlöschung wegen der extrem kurzen Verweilzeit im instationären Anregungszustand nicht stattfinden kann. Herrscht kein thermodynamisches Gleichgewicht, so ist in Gleichung (5) die Rotationstemperatur T_r und vielleicht in Gleichung (8) die Schwingungstemperatur T_r statt T einzusetzen. Das Spektrum gibt dann Auskunft über diese Besetzungstemperaturen. All dies geschieht mit sichtbarem Licht und ebensogut bei homonuklearen wie bei heteronuklearen Molekülen. Die zur Auswertung erforderlichen Moleküldaten sind für zahlreiche Moleküle bekannt [2288]. Besonders genaue Berechnungen der differentiellen Streuquerschnitte liegen für das Molekül N_2 vor. All dies macht die Ramanstreuung für die Strömungsforschung besonders interessant. Leider hat sie verglichen mit anderen spektroskopischen Verfahren auch einen besonders schlimmen Nachteil. Das gesamte spontane Ramanstreulicht ist etwa um den Faktor 1/1000 schwächer als das schwache Rayleighstreulicht. Bis zur Erfindung des Lasers mußte höchstempfindlicher Film erst tagelang und schließlich stundenlang belichtet werden, um ein gut aufgelöstes Ramanspektrum eines Molekülgases aufzunehmen.
Bücher über die Ramanspektroskopie [2289] berichteten darum vorwiegend über Messungen in flüssigen und festen Medien. Messungen in Gasen wurden in besonderen Ramanzellen unter hohem Druck und mit mehrfach reflektiertem Lichtbündel lediglich zur Bestimmung von Moleküldaten vorgenommen. Heute werden zur Messung einer spektralen Leistung des Stokes-Q-Zweiges mit einem Argonlaser und Photomultiplier typisch 10s benötigt. Mit den frequenzverdoppelten und mit einem Farbstofflaser verstärkten 1J-Impulsen eines Nd/YAG-Lasers und einem Photomultiplier können in der gleichen Zeit typisch 10 aufeinanderfolgende Messungen spektraler Leistungen durchgeführt werden. Die Entwicklung geht in die Richtung der simultanen Registrierung von vielen spektralen Leistungen mit solchen etwa 2µs dauernden 1J-Impulsen und Vielkanaldetektoren. Die Dichtemessung bedarf der Eichung. Zur Bestimmung einer hohen Temperatur kann die Messung der mit Gleichung (11) abgeschätzten Verhältnisse P_S/P_A genügen. Bei tieferen Temperaturen ist die Einpassung des gemessenen Rotations- oder Rotationsschwingungsspektrums in eine Schar von berechneten Spektren mit Parameter T der übliche Weg. Dieses Verfahren kann auch bei Strömungen mit Schwingungsrelaxation angewendet werden. In Luft macht die Überlappung der Rotationslinien von N_2 und O_2 die Auswertung der Rotationsspektren problematisch. Die Rotationsschwingungsspektren bleiben jedoch auch bei hohen T genügend weit getrennt. Bei all

diesen Messungen der spontanen Ramanstreuung muß zunächst das viel stärkere Rayleighstreulicht weggefiltert werden. Damit wird zugleich
störendes Miestreulicht z.B. von Staub auf Fenstern und werden störende
Reflexe unterdrückt. Trotz erheblicher experimenteller Schwierigkeiten
ist die spontane Ramanstreuung von Laserlicht schon oft zur Diagnostik
von Gasströmungen verwendet worden. Darüber wurde z.B. in [2290-2327]
berichtet. Sogar die Visualisierung ist damit gelungen [2338].

3.3.4.3 Stimulierte Stokes/Ramanstreuung

Werden außer den Photonen $h\nu$ auch Photonen $h\nu_S = h\nu - \Delta E$ mit einer in das Molekül passenden Energiedifferenz $\Delta E = \Delta E_r$ oder $\Delta E_r + \Delta E_v$ eingestrahlt, so wird
der in **Fig. 3343-1** links für den Fall $\Delta E = E_1 - E_0$ skizzierte Vorgang wahrscheinlich. Ein Photon $h\nu$ hebt das Molekül aus dem Grundniveau E_0 in einen
instationären Zustand. Ohne ein gleichzeitig eintreffendes Photon $h\nu_S$
wäre das Zurückfallen in das Niveau E_0 unter Freigabe des unveränderten
Photons $h\nu$ wahrscheinlicher als der Übergang in das Niveau E_1 unter Abgabe
eines Photons $h\nu_S$. Ein gleichzeitig eintreffendes Photon $h\nu_S$ gibt dem
letztgenannten Vorgang die größere Chance. Es stimuliert die Abgabe des
Stokesphotons $h\nu_S$ mit der gleichen Frequenz, Phase und Schwingungsrichtung . Die Energiebilanz lautet:

$$h\nu + h\nu_S = 2\,h\nu_S + \Delta E \tag{1}$$

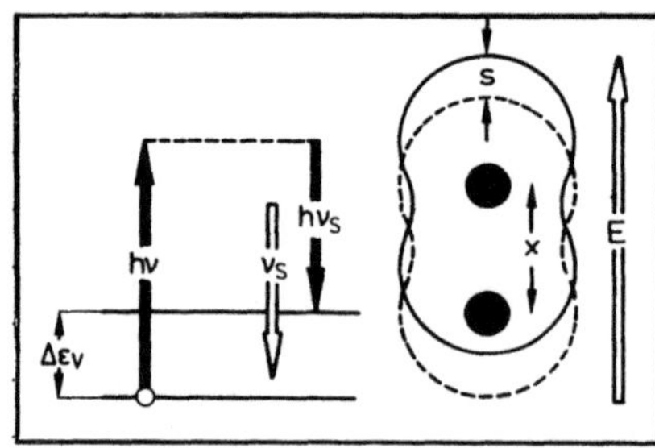

1: Stimulierung

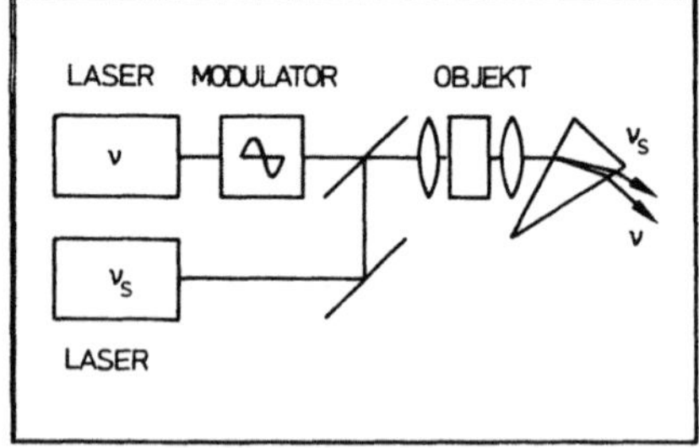

2: P-Modulation

Fig. 3343: Stimulierte Stokes/Ramanstreuung

Dieser Vorgang vermindert die Zahl N_0 der Moleküle pro Volumen im Grundniveau E_0 und erhöht die Zahl N_1 der Moleküle im Niveau E_1. Solange dabei N_1
viel kleiner als N_0 bleibt, kann man mit ihm eine exponentielle Zunahme
der in eine Richtung gehenden Stokesphotonen $h\nu_S$ erzielen. Dazu wird das
Molekülgas zugleich mit einem starken Laserlichtbündel mit einer Frequenz
ν und Leistung P und einem schwachen kollinearen Laserlichtbündel mit

der Frequenz $\nu_S=\nu-\Delta E/h$ und Leistung P_S durchstrahlt. Die stimulierte Stokesstreuung hat dann eine Zunahme dP_S von P_S auf dem Weg dz zur Folge, die wegen des anregenden Photons $h\nu$ zu P und N_0 und wegen des stimulierenden Photons $h\nu_S$ zu P_S proportional ist:

$$dP_S = K\,P\,P_S\,N_0\,dz \quad ; \quad P_S(z) = P_S(0)\,\exp\,(KPN_0z) \qquad (2)\,(3)$$

Geht es um die Umsetzung möglichst vieler Photonen $h\nu$ in Photonen $h\nu_S$, so ist ein möglichst großer Exponent KPN_0z erwünscht. Bei großem N_0 kann schon die Einstrahlung eines einzigen Laserlichtbündels mit hoher Leistung P genügen, um die $P_S(z)$-Verstärkung mit spontaner Anfangsleistung $P_S(0)$ in Gang zu setzen. $P_S(z)$ wird dann aber schon auf kurzem Weg z so groß, daß die Voraussetzung $N_1 \ll N_0$ nicht erfüllt bleibt. Andere Vorgänge kommen ins Spiel. Diese und die mit der Zunahme von $P_S(z)$ verbundene Abnahme von $P(z)$ begrenzen das erreichbare Umsetzungsverhältnis $P_S(z)/P(0)$. Die stimulierte Stokes/Ramanstreuung wurde in [155,2329-2337] untersucht.

Bei ihrer meßtechnischen Verwendung macht man KPN_0z so klein, daß mit der linearen Näherung gerechnet werden kann [2338-2343]:

$$P_S(z) = P_S(0)\,[1 + K\,P\,N_0z) \qquad (4)$$

Auch so wird die stimulierte Streulichtleistung $P_S(z)$ um viele Zehnerpotenzen größer als die spontane und geht praktisch nur in die gleiche Richtung wie die beiden kollinear eingestrahlten Laserlichtbündel mit P und $P_S(0)$. Zur Bestimmung der Gasdichte $\rho=Nm \approx N_0m$ ist dann $P_S(z)$ bei ρ und $P_{S*}(z)$ bei einer bekannten Dichte ρ_*, bei gleicher Temperatur T, bei gleichem $P_S(0)$ und bei gleichem Weg z durch das Gas zu messen. Dann gilt:

$$\frac{\rho}{\rho_*} = \frac{N_0}{N_{0*}} = \frac{P_S(z)-P_S(0)}{P_{S*}(z)-P_S(0)} \qquad (5)$$

Ist $\Delta E=E_1-E_0$ hinreichend groß, so genügt ein Dispersionsprisma, um das P_S-Bündel soweit vom P-Bündel zu trennen, daß nur das P_S-Bündel auf den Detektor gelangt. Es bedarf aber eines besonderen Tricks, um den Streulichtanteil $i_1{\sim}P_S(z)-P_S(0)$ vom Direktlichtanteil $i_2{\sim}P_S(0)$ am Stromsignal $i=i_1+i_2$ zu unterscheiden. **Fig. 3343-2** zeigt, wie eine Modulation der eingestrahlten Leistung P diese Unterscheidung ermöglicht [2342]. Mit der gleichen z.B. 10^6Hz betragenden Frequenz wird dadurch auch $P_S(z)-P_S(0)$ und damit i_1 moduliert, während $P_S(0)$ und damit auch i_2 unmoduliert bleibt. Ein Schmalbandfilter in der Detektorschaltung kann dann i_1 als Maß für $P_S(z)-P_S(0)$ durchlassen und i_2 unterdrücken. Als Modulator kann eine Pockelszelle mit nachgeschaltetem Polarisationsfilter eingesetzt werden. Grundsätzlich besteht auch die Möglichkeit, durch Messungen bei verschiedenen ΔE die Temperatur T zu erfahren. Der Faktor K hängt bei verschiedenen ΔE in verschiedener Weise von T ab. Auch die Dopplerverbreiterung der Linie informiert über T [2343].

598

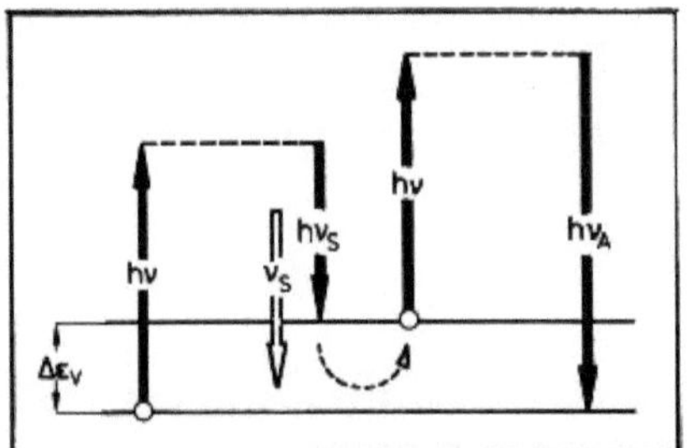

1: Energiebilanz

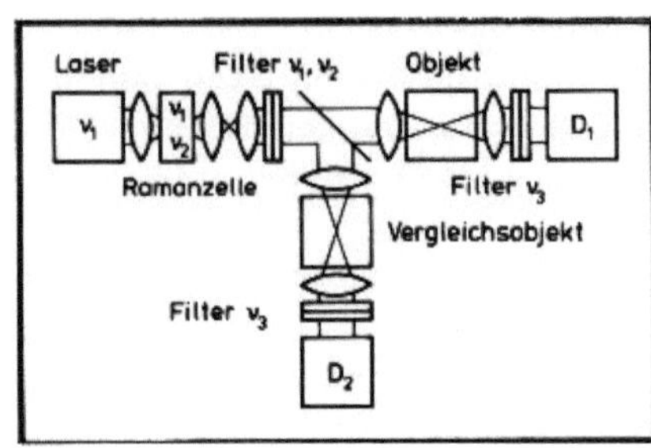

2: ν_S aus Ramanzelle

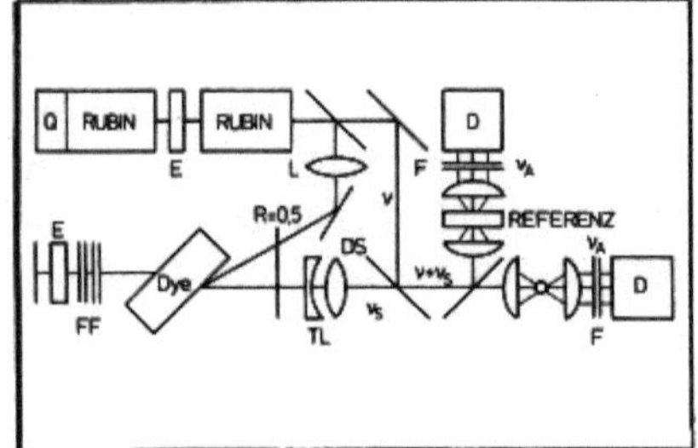

3: ν_S-Bündel aus Dye-Laser

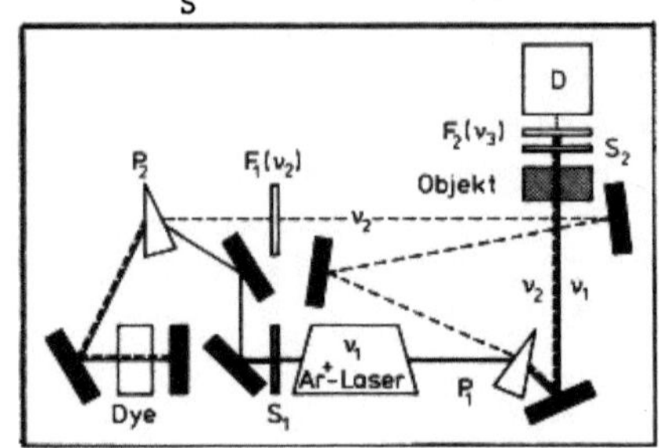

4: CARS im Resonator

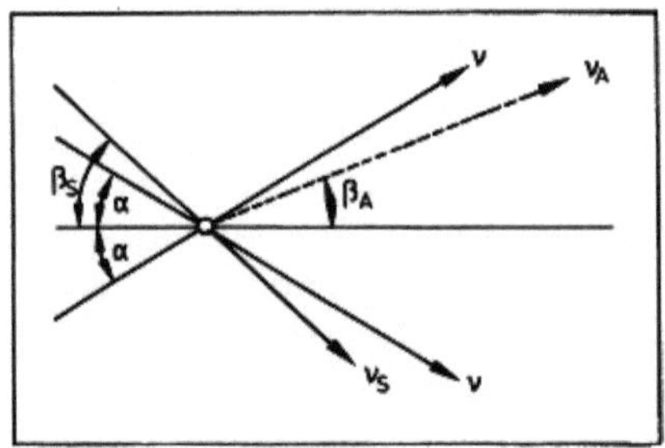

5: Zwei ν-Bündel

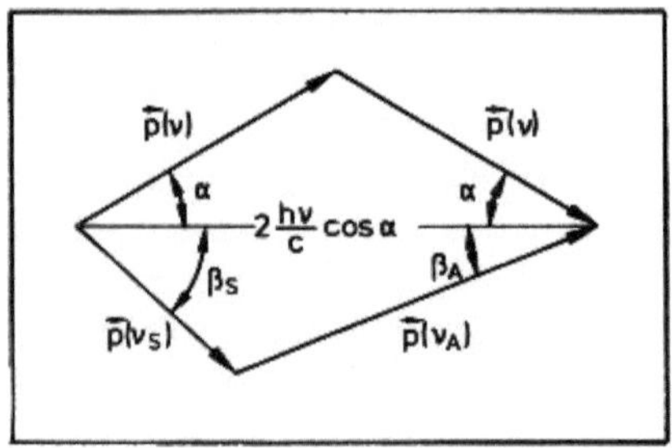

6: Impulsbilanz

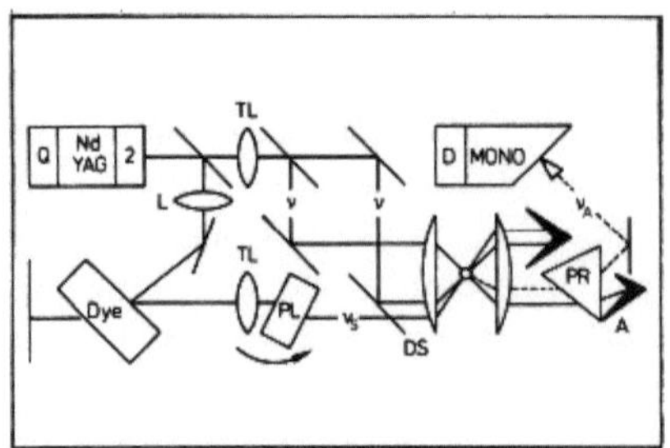

7: Box-CARS

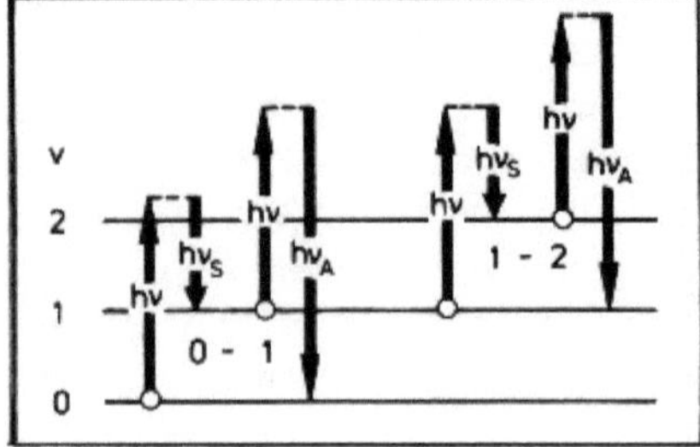

8: Starke $v=1$-Besetzung

Fig. 3344: Kohärente Antistokes/Ramanstreuung

3.3.4.4 Kohärente Antistokes/Ramanstreuung

Werden sehr viele Photonen $h\nu$ und $h\nu_S = h\nu - \Delta E$ zugleich eingestrahlt, so wird neben dem im vorstehenden Abschnitt besprochenen Vorgang auch der in **Fig. 3344-1** skizzierte Vorgang wahrscheinlich. Ein Photon $h\nu$ hebt das Molekül aus dem Grundniveau E_0 in einen instationären Zustand. Ein gleichzeitig eintreffendes Photon $h\nu_S$ stimuliert die Abgabe eines gleichen Stokesphotons $h\nu_S$. Das Molekül will sich in das Niveau $E_1 = E_0 + \Delta E$ begeben. Doch noch während dies geschieht, wird es von einem zweiten Photon $h\nu$ in einen instationären Zustand gehoben. Von dort fällt es unter Abgabe eines Antistokesphotons $h\nu_A = h\nu + \Delta E$ in das Grundniveau E_0 zurück. Die Energiebilanz lautet:

$$2h\nu = (h\nu - \Delta E) + (h\nu + \Delta E) = h\nu_S + h\nu_A \tag{1}$$

Das Molekül spielt dabei nur die Rolle eines Vermittlers. Danach hat es die gleiche Energie E_0 wie zuvor. Das geht nur, wenn es keinen Impuls aufnehmen muß, wenn also die Bewegungsgrößen der vier Photonen den Impulssatz erfüllen:

$$\vec{p}(\nu) + \vec{p}(\nu) = \vec{p}(\nu_S) + \vec{p}(\nu_A) \tag{2}$$

Mit $\vec{p}(\nu) = (h\nu/c)\vec{e}$, mit $c \approx c_0$ in Gasen unter mäßigem Druck und mit Gleichung (1) ergibt sich die Forderung $2\vec{e}(\nu) = \vec{e}(\nu_S) + \vec{e}(\nu_A)$ für die Richtungsvektoren. Sie ist erfüllt, wenn alle vier Photonen in die gleiche Richtung gehen. Aus dem gemeinsamen Fokus von zwei kollinearen und hinreichend intensiven Laserlichtbündeln mit den Frequenzen ν und $\nu_S = \nu - \Delta E/h$ ist also ein kollineares Stokeslichtbündel mit der Frequenz ν_S und ein ebenfalls-kollineares Antistokeslichtbündel mit der Frequenz $\nu_A = \nu + \Delta E/h$ zu erwarten. Wegen der Unbestimmtheit der Energieniveaus erscheint das Streulicht mit einer gewissen Linienbreite $\delta\nu$. Außerdem kann die Differenz $\nu - \nu_S'$ der eingestrahlten Frequenzen etwas von dem Sollwert $\nu - \nu_S = \Delta E/h$ abweichen. Die halbklassische d.h. einerseits mit vier elektromagnetischen Wellen und andererseits mit den diskreten Energieniveaus und mit Übergangswahrscheinlichkeiten rechnende Theorie des Vorganges [2344 - 2369] ergibt die folgende Abhängigkeit der Leistung P_A' des ν_A'-Bündels von den Leistungen P des ν-Bündels und P_S' des ν_S'-Bündels:

$$P_A' = \left(\frac{16\pi\omega\omega_A'}{c^3}\right) |\chi|^2 P^2 P_S' \tag{3}$$

χ ist die makroskopische CARS-Suszeptibilität. Sie hängt folgendermaßen mit dem differentiellen Streuquerschnitt $d\sigma/d\Omega$ der betreffenden spontanen Ramanstreuung zusammen:

$$\chi = \frac{2\pi N_k c^4}{h\omega_S'^4} \cdot \frac{d\sigma}{d\Omega} \cdot \frac{\omega - \omega_S}{(\omega - \omega_S)^2 - (\omega - \omega_S')^2 - 2j\delta\omega(\omega - \omega_S')} \tag{4}$$

N_k ist die Zahl der Moleküle pro Volumen in jenem Energieniveau E_k, in welchem das Molekül die Energie $\Delta E = h(\nu - \nu_s)$ aufnehmen kann. Die Beziehungen sind mit den Kreisfrequenzen $\omega = 2\pi\nu$ usw. geschrieben. Im Resonanzfall $\nu_s' = \nu_s$ wird $\nu_A' = \nu_A$ und:

$$P_A = AN^2 P^2 P_s \quad \text{mit} \quad A = \left(\frac{16\pi^2 c}{h}\right)^2 \left(\frac{\omega \; \omega_A}{\omega_s^4 \, \delta\omega}\right)^2 \left(\frac{d\sigma}{d\Omega}\right)^2 \left(\frac{N_k}{N}\right)^2 \tag{5)(6}$$

P_A ist unabhängig von den Abmessungen des Laserfokus, weil mit zunehmendem Taillendurchmesser d nicht nur die Intensitäten abnehmen, sondern auch der Weg l wächst, auf dem die Photonen $h\nu_A$ erzeugt werden können. Wird ein Bündel mit Gaußprofil und dem Durchmesser D mit einer Linse mit der Brennweite f fokussiert, so kommt aus dem Fokus etwa ebensoviel Antistokesleistung P_A, wie bei konstantem Rechteckprofil aus einem Zylinder mit dem Durchmesser d und der folgenden Länge l kommen würde:

$$\frac{d}{\lambda} = \frac{4}{\pi} \; \frac{f}{D} \quad ; \quad \frac{l}{\lambda} = \frac{8}{\pi} \left(\frac{f}{D}\right)^2 \tag{7)(8}$$

Die Theorie ergibt zunächst den Zusammenhang $I_A = A'(Nl)^2 I^2 I_S$ der Intensitäten. Mit $P = I(\pi d^2/4)$ usw. kommt der Zusammenhang (5) mit $A = 2A'/\lambda$. Im Bündel mit Gaußprofil werden etwa 75% von P_A auf dem Weg 6l erzeugt. Bei hohen P und P_s wird die kohärente Antistokesleistung P_A(CARS) um viele Zehnerpotenzen höher als die spontane Stokesleistung P_S(SPON). Mit der Gleichung (4) in Abschnitt 3.3.4.2 kommt:

$$\frac{P_A \, (\text{CARS})}{P_S \, (\text{SPON})} = \left(\frac{16\pi^2 c}{h}\right)\left(\frac{\omega \; \omega_A^2}{\omega_s^4 \, \delta\omega}\right) \frac{d\sigma/d\Omega}{\Omega \, l} \, N_k \, P \, P_S \tag{9}$$

Bei $\Omega = 1\,\text{sr}$, $l = 1\,\text{cm}$, $d\sigma/d\Omega = 10^{-30}\,\text{cm}^2/\text{sr}$, $\nu = 6 \cdot 10^{14}\,\text{Hz}$, $\nu - \nu_s = 6 \cdot 10^{13}\,\text{Hz}$, $\delta\nu = 3 \cdot 10^9\,\text{Hz}$, $N_k = N = p/kT$ und $T = 300\,\text{K}$ beträgt dieses Verhältnis z.B.:

$$\frac{P_A(\text{CARS})}{P_S(\text{SPON})} = 4,83 \cdot 10^{-2} \left(\frac{p}{\text{bar}}\right)\left(\frac{P \cdot P_S}{W^2}\right) \tag{10}$$

Bei $P = P_s = 1\,\text{MW}$ wird $P_A(\text{CARS})/P_S(\text{SPON}) = 4,83 \cdot 10^{10}$!

Befinden sich praktisch alle Moleküle im betreffenden Grundniveau, so kann man den Zusammenhang benutzen, um durch Messung von P_A die Dichte $\rho = Nm$ im Laserfokus zu bestimmen. Die Konstante A wird durch Vergleich mit P_{A*} bei bekannter Dichte $\rho_* = N_* m$ eliminiert. Es gilt:

$$\frac{\rho}{\rho_*} = \frac{N}{N_*} = \frac{P_*}{P} \sqrt{\frac{P_{S*}}{P_S} \cdot \frac{P_A}{P_{A*}}} \tag{11}$$

Erste Messungen solcher Art wurden mit der in **Fig. 3344-2** skizzierten optischen Anordnung durchgeführt. Ein Rubinlaser lieferte einen Riesenimpuls mit der Scheitelleistung 2MW und Pulsdauer 40ns. Etwa die Hälfte der ν-Photonen wurde in einer Ramanzelle R in ν_S-Photonen umgesetzt. Aus der Ramanzelle traten also zwei kollineare Lichtbündel mit etwa gleichen Leistungen $P = P_s = 1\,\text{MW}$ aus. Nach Teilung an einem teildurchlässigen Spiegel wurde der größere Teil im Meßobjekt M und der kleinere Teil in einer Ver-

gleichszelle V fokussiert. Zur Messung der H_2-Partialdichte in einer
Flamme wurden R und V mit H_2 gefüllt. In R sorgte eine etwa 20% betragende
He-Beigabe dafür, daß der hohe Druck p_R=30bar keine merkliche Verschiebung von ν_S bewirkte. In V war der Druck nicht so hoch. Aus dem Laserfokus
im Meßobjekt kam ein kohärentes Antistokeslichtbündel, dessen Scheitelleistung beim H_2-Partialdruck p_M=0,1mb etwa P_A=1W betrug. Filter F ließen
von dem kollinearen ν,ν_S- und ν_A-Bündeln nur die ν_A-Bündel zu den beiden
Detektoren D [2370 - 2373]. Wurde das ν,ν_S-Bündel so aufgeweitet, daß
sein Taillenquerschnitt etwa 1cm^2 betrug, so kamen aus einem damit durch-
strahlten H_2-Überschallstrahl mit dem Durchmesser 0,8mm immer noch genug
Antistokesphotonen, um einen 3000 ASA-Film zu schwärzen. Auf diese Weise
wurde das erste Antistokesbild einer Strömung aufgenommen.

Die Umsetzung der ν-Photonen in ν_S-Photonen in einer Ramanzelle geht nur
bei wenigen Gasen wie z.B. H_2,D_2,N_2,CO_2,CH_2 gut. Bei anderen Gasen macht
die konkurrierende Brillouinstreuung Schwierigkeiten. Heute wird darum
die Erzeugung des ν_S-Bündels mit einem Farbstofflaser vorgezogen, der wie
in **Fig. 3344-3** mit einem abgezweigten ν-Bündel gepumpt wird [2374].
E bezeichnet ein Fabry-Peron-Etalon, F ein Filter, DS einen dichoriti-
schen Spiegel, TL ein Teleskop, M das Meßobjekt, V die Vergleichszelle,
DYE die unter dem Brewsterwinkel eingesetzte Farbstoffüvette und Q den
Q-Switch des Rubinlasers. An Stelle des Rubinlasers kann auch ein
Nd/YAG-Laser verwendet werden.

Die kohärente Antistokesleistung P_A hängt mit $(N_k/N)^2$ in Gleichung (6)
von der Temperatur T ab. P_A-Messungen können also auch Auskunft über die
lokalen Temperaturen in Gasströmungen geben [2375 - 2393]. Es kommt
dann darauf an, das gemessene mit dem berechneten CARS-Spektrum zu vergleichen. Das CARS-Spektrum kann auf zwei verschiedene Weisen gemessen
werden. Man kann dem schmalbandigen ν-Impuls mit Hilfe eines Farbstofflasers einen so breitbandigen ν_S-Impuls überlagern, daß im ν_A-Impuls alle
interessierenden Frequenzen vertreten sind. Der ν_A-Impuls ist dann einem
Spektrometer zuzuführen. So wurde z.B. bei den in [2382] beschriebenen
Messungen der N_2-Schwingungsspektren in Flammen vorgegangen. Die zwischen $3\cdot10^{12}$Hz und $6\cdot10^{12}$Hz betragende Bandbreite des ν_S-Impulses war
groß genug, um das gesamte etwa $3\cdot10^{11}$Hz breite Schwingungsspektrum bei
fester Frequenz ν=5,644$\cdot10^{14}$Hz und fester Mitte ν_S=4,936$\cdot10^{14}$Hz des
ν_S-Bandes zu registrieren. Das Frequenzauflösungsvermögen wurde von der
etwa $3,6\cdot10^{10}$Hz betragenden Breite der ν-Linie bestimmt. Der ν-Impuls wurde von einem Nd/YAG-Laser mit einer zwischen 150mJ und 250mJ betragenden
Energie und etwa 10ns betragenden Dauer geliefert und mit dem Intervall
0,1s repetiert. Als Farbstoff wurde Rhodamin 640 in Ethanol verwendet.
Mit Farbstoffgemischen kann man ν_S-Bandbreiten bis etwa $9\cdot10^{12}$Hz
erzeugen.

Bei stationären oder exakt reproduzierbaren instationären Objekten besteht die andere Möglichkeit, das CARS-Spektrum mit extrem schmalbandigen

und exakt synchronisierten ν- und ν_S-Impulsen abzutasten. Mit den in [2394] beschriebenen Messungen der N_2-Rotationsschwingungsspektren hinter Verdichtungsstößen in Luft wurde erstmals vorgeführt, daß ein solches Vorgehen sogar bei Stoßrohrströmungen möglich ist, obwohl die instationäre und turbulente Fenstergrenzschicht die Fokussierung der Bündel stört. Bei jedem Versuch wurde von einem Nd/YAG-Laser mit Frequenzverdoppler (KDP) nur ein einziger 8MW/15ns-Riesenimpuls mit $\nu=5,635\cdot10^{14}$Hz geliefert. Etwa 20% seiner Leistung wurden direkt eingestrahlt. Die anderen 80% pumpten einen fein abstimmbarn Farbstofflaser und erzeugten so einen kohärenten 0,7MW/15ns-Impuls, dessen Frequenz im Bereich $4,3<\nu_S/10^{11}$Hz$<5,4$ variiert werden konnte. Die Linienbreiten betrugen nur etwa $6\cdot10^9$Hz. Ein dichroitischer Spiegel und ein Monochromator trennten das Antistokeslicht vom Stokeslicht und Pumplicht. Bei mäßig hohen T ist es günstiger, das Rotationsspektrum bei $\Delta\nu=0$ zu betrachten. Dabei ermöglicht die Periodizität der Linien die Elimination zufälliger Schwankungen auf dem Wege der Fourieranalyse oder Autokorrelationsanalyse [2395]. Das Schmalbandverfahren ist dem Breitbandverfahren hinsichtlich der Frequenzauflösung überlegen, ist aber nur bei stationären oder exakt reproduzierbaren Strömungen möglich und hat außerdem den Nachteil, daß zwecks Normierung zu jedem der vielen Meßimpulse ein Vergleichsimpuls registriert werden muß. Das Breitbandverfahren liefert den interessierenden Teil des Spektrums in z.B. 15ns. Die Normierung kann mit dem Integral über die spektralen Leistungsanteile erfolgen.

Die kollineare Einstrahlung hat den Nachteil, daß das Meßvolumen ziemlich lang und nicht genau bekannt ist. Man kann den Energiesatz (1) und Impulssatz (2) auch mit drei Bündeln erfüllen, die sich im Meßvolumen schneiden und so das Meßvolumen genau definiert. Werden z.B. zwei ν-Halbbündel wie in **Fig.** 3344-5 mit einem Winkel 2α eingestrahlt, so muß das ν_S-Bündel unter dem folgenden Winkel β_S gegen die Winkelhalbierende eingestrahlt werden:

$$\cos\beta_S = \frac{\cos^2\alpha-\Delta\nu/\nu}{(1+\Delta\nu/\nu)\cos\alpha} \qquad (12)$$

Das Stokeslicht geht in die gleiche Richtung wie das ν_S-Bündel. Das Antistokeslicht geht in eine Richtung, die mit der Winkelhalbierenden den folgenden Winkel β_A bildet:

$$\sin\beta_A = \frac{1-\Delta\nu/\nu}{1-\Delta\nu/\nu}\sin\beta_S \qquad (13)$$

Man kann diese Beziehungen dem Vektordiagramm in **Fig.** 3344-6 entnehmen. Je größer $\Delta\nu=\nu-\nu_S=\nu_A-\nu$, umso größer ist der Winkel β_S, und umso kleiner wird der Winkel β_A. Bei kleinem Winkel $\alpha\ll\pi/2$ gilt näherungsweise:

$$\beta_S = \alpha\sqrt{\nu_A/\nu_S}; \qquad \beta_A = \alpha\sqrt{\nu_S/\nu_A}; \qquad \beta_A\beta_S = \alpha^2 \qquad (14)\,(15)\,(16)$$

Das Verfahren wird CARS-Verfahren mit Phasenanpassung (phase matching) oder Box-CARS-Verfahren genannt. **Fig.** 3344-7 zeigt eine optische Anordnung mit der auf solche Weise das CARS-Spektrum entweder abgetastet oder als Breitbandspektrum aufgenommen werden kann [2382]. Die mit TL bezeichneten Linsen stehen für einstellbare Teleskope. Mit der Planplatte PL kann der Winkel β_S geändert werden. Das Dispersionsprisma PK vergrößert den Winkel zwischen dem ν_A- und dem einen ν-Bündel. Die ν-Bündel und das ν_S-Bündel werden von Absorbern A aufgefangen. Einige Filter sind nicht eingezeichnet. Erforderlichenfalls kann man das ν_S-Bündel mit einem ebenfalls nicht eingezeichneten Farbstoffverstärker verstärken, der mit einer zweiten grünen Linie des Nd/YAG-Lasers gepumpt wird. Beim Schmalbandbetrieb ist vor dem Detektor D ein Monochromator und beim Breitbandbetrieb wird vor vielen Detektoren ein Spektrometer eingesetzt.

Die Pausen zwischen den Riesenimpulsen sind viel zu lang, als daß so auch die Dichteschwankungen in turbulenten Strömungen registriert werden könnten. Darum wurde versucht, mit den viel kleineren Leistungen kontinuierlicher Laser auszukommen [2396,2397]. Es existiert keine untere Schwelle der Leistungen P und P_s, bei deren Unterschreitung die kohärente Antistokesstreuung aufhören würde. Aber die heutigen Leistungen von kontinuierlichen Monomodelasern sind nicht groß genug um damit wesentlich höhere P_A(CARS) als P_A(SPON) zu erzeugen. Im Resonator ist die Leistung erheblich höher als im austretenden Bündel. Darum wurde versucht, CARS-Messungen der Gasdichte im Resonator eines Arlasers durchzuführen **Fig.3344-4** zeigt eine optische Anordnung, mit der dies gelang. Hier bereitete aber die Störung der stehenden Welle durch das Meßobjekt Schwierigkeiten.

Bei den vorstehenden Betrachtungen blieb die stimulierte Stokesstreuung unbeachtet, die zugleich mit der kohärenten Antistokesstreuung auftreten kann. Sie ändert die Besetzungszahlen. Bei starker Besetzung des oberen Schwingungsenergieniveaus kommen nicht nur Vorgänge wie in **Fig. 3344-8 rechts** sondern auch andere stimulierte Vorgänge ins Spiel, die mit dem Antistokesvorgang konkurrieren. Dann kann nicht mehr mit den genannten Formeln gerechnet werden. Starke Abweichungen sind außerdem immer dann zu erwarten, wenn hν die Elektronenhülle anregen kann. Bei mehratomigen Molekülen und in Molekülgemischen können Kopplungen die Identifikation der CARS-Linien erschweren. Für den Molekülphysiker sind die mit solchen Vorgängen verbundenen Änderungen des CARS-Spektrums besonders interessant [2403-2405]. Bei CARS-Messungen in Strömungen erschweren sie die Fehlerabschätzung. Bei hohen Strömungsgeschwindigkeiten muß die Dopplerverschiebung der Linien berücksichtigt werden. In [2406] wurde über Versuche berichtet, diese Dopplerverschiebung zur Bestimmung der Strömungsgeschwindigkeiten eines Überschallstrahls zu benutzen.

3.4 TRACERVELOZIMETRIE

3.4.1 Tracer im Laserfokus

3.4.1.1 Tracerhäufigkeit

Die Tracervelozimetrie ist möglich, wenn von der Strömung weder zu kleine noch zu große und weder zu wenig noch zu viel Tracerpartikel mitgeführt werden. Diese müssen so klein sein, daß sie der Strömung folgen. Sie dürfer aber nicht so klein sein, daß sie zu wenig streuen. Solche Partikelprobleme treten auch bei den in Abschnitt 2.3.3.1 bis 2.3.3.4 besprochenen Visualisierungen auf. Der größte zulässige Durchmesser kann hier wie dort mit den in Abschnitt 2.3.3.3 notierten Mitführungsformeln abgeschätzt werden [2407-2411]. Aber hinsichtlich des kleinsten zulässigen Durchmesser sowie hinsichtlich der erforderlichen Partikelzahl liegen jetzt insofern andere Verhälnisse vor, als nur mit einem winzigen Laserfokus beleuchtet wird. Bei einigen Verfahren müssen die Partikel den Laserfokus einzeln nacheinander mit weder zu kurzen noch zu langen Pausen durchqueren. Bei anderen Verfahren ist das pausenlose Erscheinen mehrerer Partikel im Laserfokus erwünscht. Ihre Zahl pro Volumen darf aber nicht so groß sein, daß die Vielfachstreuung merklich, oder daß gar die Strömung beeinträchtigt wird. Die folgende Abschätzung mag helfen, die Zahl N der Tracerpartikel pro Volumen richtig zu wählen. Im Meßvolumen V erscheinen im Mittel $n = NV$ Partikel gleichzeitig. $V = 42{,}4 \cdot 10^{-12}$ m^3 eines Zylinders mit dem Durchmesser 0,3 mm und der Länge 0,6 mm ist ein typischer Wert. Hier ist z.B. $n = 1$ bei $N = 2{,}36 \cdot 10^{10}$ m^{-3}. Das Ereignis des gleichzeitigen Erscheinens von n Partikeln in V tritt dann mit der folgenden Poissonhäufigkeit auf:

$$P(n \text{ in } V) = \frac{\bar{n}^n \exp(-\bar{n})}{n!} \tag{1}$$

Mit $0! = 1$ ergeben sich die folgenden Verhältnisse:

$$\frac{P(n = 1 \text{ in } V)}{P(N = 0 \text{ in } V)} = \bar{n} \quad ; \quad \frac{P(n > 1 \text{ in } V)}{P(N = 1 \text{ in } V)} = \frac{\exp(\bar{n}) - 1}{\bar{n}} - 1 \tag{2} \tag{3}$$

Bei $\bar{n} = 1$ kommt $n = 0$ ebensohäufig und $n > 1$ fast so häufig vor wie $\bar{n} = 1$. Bei $n \ll 1$ kann näherungsweise mit $P(n>1 \text{ in } V)/P(n=1 \text{ in } V) \approx \bar{n}/2$ gerechnet werden. Dann kommt $n > 1$ viel seltener vor als $\bar{n} = 1$. Bei $n \gg 1$ können andererseits die Häufigkeiten von $n = 0$ und 1 gegenüber der von $n > 1$ vernachlässigt werden.

3.4.1.2 Streulichtimpulse

Das Tracerpartikel benötigt zur Durchquerung des Laserfokus eine Flugzeit
T. Während dieser Zeit sendet es einen Streulichtimpuls, der je nach Größe
und Brechzahl des Partikels in verschiedener Weise von der Streurichtung
abhängt. Ist der Partikeldurchmesser viel kleiner als die Lichtwellenlänge, so kann mit der in Abschnitt 1.8.1.1 besprochenen Richtcharakteristik
der Rayleighstreuung gerechnet werden. Bei größerem Partikeldurchmesser
hängt die in Abschnitt 1.8.1.2 besprochene Richtcharakteristik der Miestreuung stark von diesem ab. Hinzu kommt, daß der Dopplereffekt die
Streulichtfrequenz in der in Abschnitt 1.8.2.1 besprochenen Weise verschiebt. Die Feldstärkeamplituden wachsen mit dem Partikeldurchmesser.
Bei vorgegebenem Partikeldurchmesser und in vorgegebener Streurichtung
sind sie zur Feldstärkeamplitude des Laserfokus am jeweiligen Ort
des Partikels proportional. Hat der Laserfokus das in Abschnitt 1.3.2.5
besprochene Gaußprofil, so ist es üblich, als Flugzeit T jene Zeit anzugeben, während welcher sich das Partikel innerhalb des Zylinders mit dem
$1/e^2$-Durchmesser d der Lasertaille aufhält. Das Partikel trifft dort
Feldstärken an, die mehr als den e-ten Teil der maximalen auf der Fokus-
achse betragen. Wie die Feldstärken des Gaußprofils, so nehmen auch die
des Streulichtimpulses erst zu und dann wieder ab. Fliegt das Partikel in
einer achsennormalen Ebene, so liegen die in **Fig. 3412-1** oder die in **Fig.
3412-2** skizzierten Verhältnisse vor. Beim Flug wie in **Fig. 3412-1** ist
$T = d/v$. Beim Flug wie in **Fig. 3412-2** ist T um den Faktor $\sqrt{1-4a^2/d^2}$ kürzer.
Die größte angetroffene Feldstärke ist in diesem Fall um den Faktor
$\exp(-4a^2/d^2)$ kleiner als in **Fig. 3412-1**. Die angetroffenen Feldstärken sind
hier während der Zeit $T' = d/v$ größer als der e-te Teil dieser verminder-
ten größten. Als Impulsdauer wird von einigen Autoren die von a abhängende
Zeit T und von anderen die nicht von a abhängende Zeit T' angegeben.

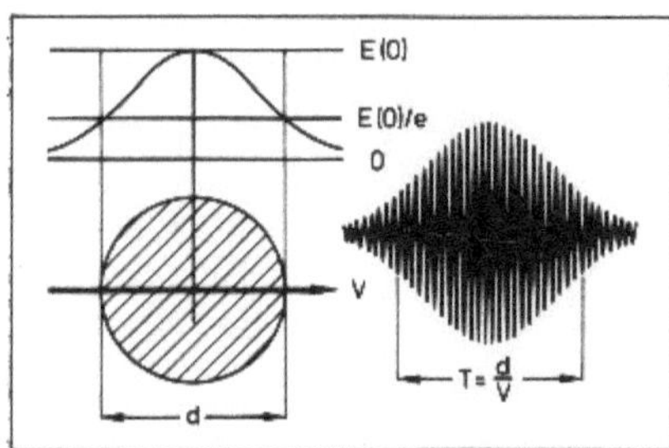

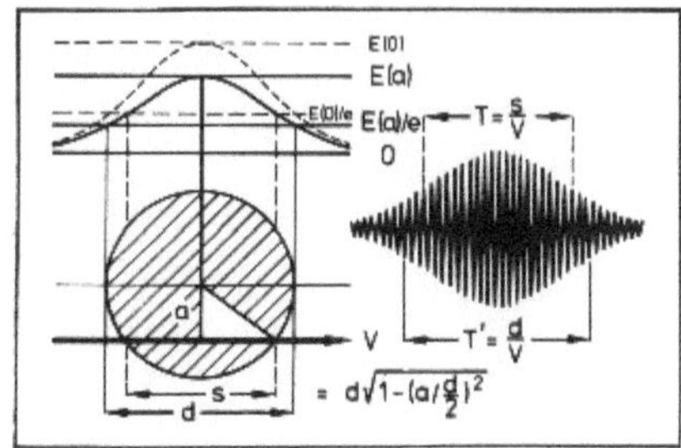

1: Zentraler Partikelflug   2: Streifender Flug

Fig. 3412: Streulichtimpulse

Nur ein gewisser Abschnitt des Laserfokus mit einer Länge 1 und mit dem
Durchmesser d wird auf dem Detektor abgebildet. Er hängt von der Empfangs-

optik, von der Signalverarbeitung und von der Signalauswertung ab, ob man besser das Zylindervolumen $V = \pi d^2 l/4$ oder das Quadervolumen $V = d^2 l$ als Meßvolumen betrachtet. Im letztgenannten Fall ist leicht einzusehen, daß bei $\bar{n} \ll 1$ der folgende Zusammenhang zwischen dem Verhältnis der Impulsdauer T' zur mittleren Impulspause Δt und der mittleren Zahl $\bar{n}$ der gleichzeitig in V erscheinenden Partikel besteht:

$$\frac{T'}{\Delta t} \approx \frac{P(n=1 \text{ in } V)}{P(n=0 \text{ in } V)} = \bar{n} \tag{1}$$

Pro Zeit fliegen im Mittel $\dot{n} = Nvdl$ Partikel in das Meßvolumen. Ebensoviel fliegen pro Zeit aus diesem heraus. Mit $\bar{n} = NV$ und $d/v = T'$ ergibt sich $\dot{n}T' = \bar{n}$. Im Falle $\bar{n} \ll 1$ ist $\dot{n}(T'+\Delta t) = 1$. Damit kommt $T'/\Delta t = \bar{n}/(1-\bar{n}) \approx \bar{n}$. Im Falle $\bar{n} \ll 1$ kann man also $\bar{n}$ durch Messung von $T'/\Delta t$ bestimmen. Im Falle $n \gg 1$ ist andererseits praktisch pausenloses Streulicht zu erwarten, bestehend aus Streulichtimpulsen, die sich mit zufälligen Phasen überlappen. Die vorstehenden Überlegungen setzen monodisperse Partikel, d.h. solche mit praktisch gleichen Durchmessern voraus. Bei polydispersen Partikeln ist zwischen den effektiven, meßbare Streulichtimpulse liefernden, und den ineffektiven, nur zum Streulichtrauschen beitragenden zu unterscheiden. Streng genommen kann nur bei Kugeln mit den Formeln der bereits zitierten Literatur über die Miestreuung [2412] gerechnet werden. Zufällig orientierte Partikel mit länglicher oder unregelmäßiger Form streuen zwar im Scharmittel wie Kugeln mit einem effektiven Durchmesser. Die bei der Laservelozimetrie interessierenden einzelnen Streulichtimpulse können jedoch mit sehr verschiedenen Impulshöhen auftreten [2413-2416]. Wenn sich die Partikel drehen, dann können auch die Impulsformen verschieden sein und erheblich von den in **Fig. 3412-1 und 2** gezeigten abweichen.

3.4.1.3 Meßtechnische Verwendung

Der Streulichtimpuls informiert über die Zeit des Eintreffens im Laserfokus, die Dauer des Partikelfluges durch den Laserfokus, die Dopplerverschiebung der Streulichtfrequenz und die Streulichtintensität. Die drei erstgenannten Informationen können zur Bestimmung der Partikelgeschwindigkeit (Velozimetrie) verwendet werden. Wenn die in Abschnitt 2.3.3.3 besprochene Voraussetzung vernachlässigbaren Schlupfes erfüllt ist, dann wird damit die lokale und momentane Strömungsgeschwindigkeit am Ort des Laserfokus ermittelt (Anemometrie). Von den verschiedenen Entwicklungen hierfür geeigneter Verfahren wurden die der Dopplervelozimetrie (LDV) oder Doppleranemometrie (LDA) mit überlagerungsempfang sofort nach der ersten Arbeit [2417] so stark gefördert, daß die Zahl der Veröffentlichungen zu diesem Thema schon nach wenigen Jahren in die Tausende ging. Tagungsberichte [2418], Monographien [2419 - 2434] und selbst Bibliographien [2435 - 2437] konnten nur noch mehr oder weniger zufällige Auswahlen zitieren. Die Abschnitte 3.4.3.1 bis 3.4.6.4 können lediglich einen einführenden Einblick vermitteln. Über andere in den Abschnitten 3.4.2.1 und 3.4.2.2 sowie 3.4.7.1 bis 3.4.7.3 zu besprechende Verfahren wurde viel weniger geschrieben und vorgetragen, obwohl diese für viele Untersuchungen die geeigneteren sind. Die Information über die Streulichtintensität bietet die Möglichkeit, zu große oder ungünstig fliegende Partikel von der Geschwindigkeitsmessung auszuschließen . Auch kann sie zur Ermittlung der Durchmesserverteilung verwendet werden[2438-2448]. Alle Verfahren der Traceranemometrie stehen vor dem in Abschnitt 2.3.3.3 besprochenem Problem, daß größere Partikeldurchmesser nicht nur stärkere Streuung, sondern auch größere Abweichungen der Partikelgeschwindigkeiten von der Strömungsgeschwindigkeit zur Folge haben. Darum wurden im Zusammenhang mit der Traceranemometrie auch zahlreiche neue Verfahren der möglichst monodispersen und homogenen Impfung mit möglichst kleinen Tracerpartikeln [2449 - 2455] entwickelt. Kleinste Partikel bilden gerne Cluster. Darum mußten zugleich optische Verfahren der Impfungskontrolle während der Geschwindigkeitmessung entwickelt werden [1390 - 1414]. Nicht nur das Problem der Tracerträgheit, sondern auch das in Abschnitt 3.4.6.4 zu besprechender Biasproblem der statistischen Signalauswertung entfällt, wenn die Dopplerverschiebung des Streulichtes oder Fluoreszenzlichtes der Gasmoleküle selbst gemessen wird. Aber dieses Licht ist viel schwächer als das Miestreulicht der Tracerpartikel. Außerdem wird die Messung bei hohen Temperaturen durch die Dopplerverbreiterung und bei hohen Drükken durch die Druckverbreiterung der Streulicht- oder Fluoreszenzlichtlinie erschwert. Dennoch könnten die in dieser Richtung unternommenen Anstrengungen dazu führen, daß die Tracervelozimetrie aus vielen ihrer heutigen Anwendungsgebiete wieder verdrängt wird.

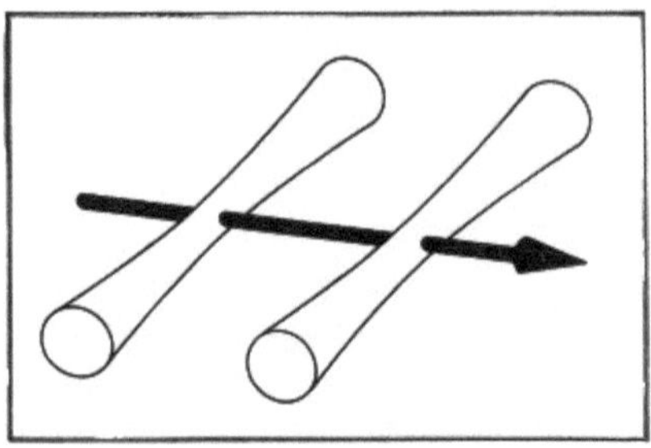

1: Nützlicher Partikelflug

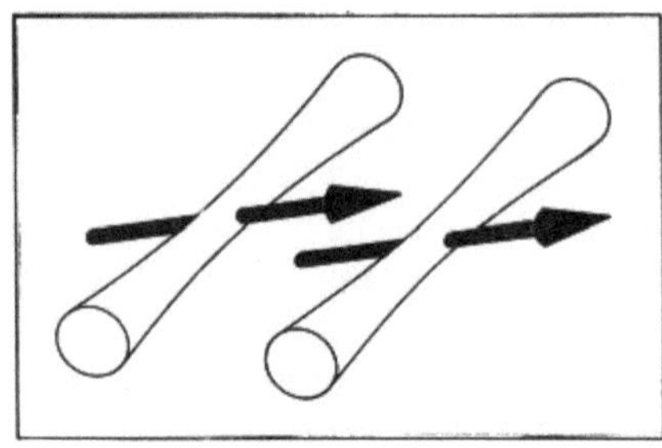

2: Nutzlose Partikelflüge

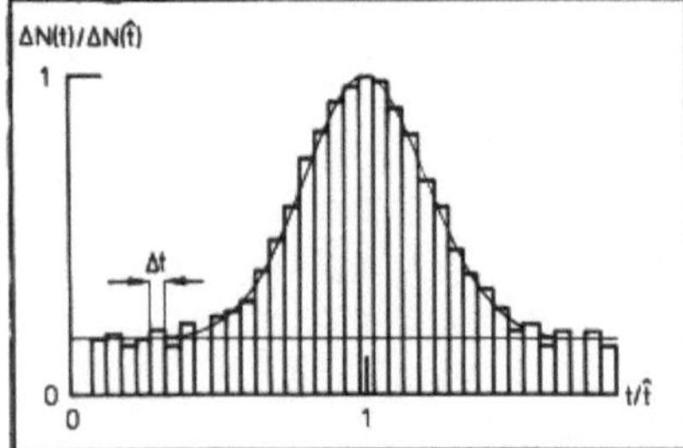

3: Impulsintervallverteilung

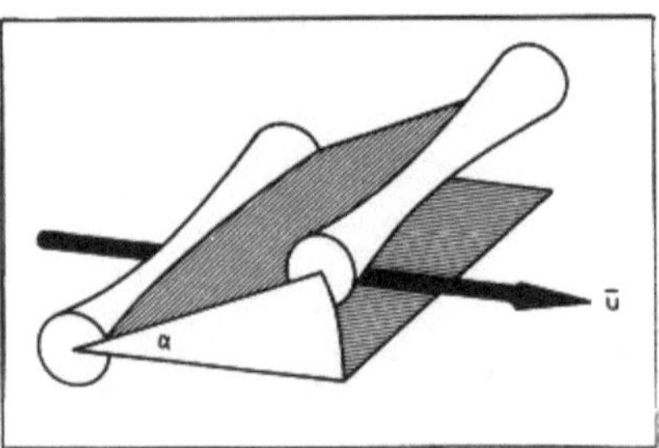

4: Schwenkung

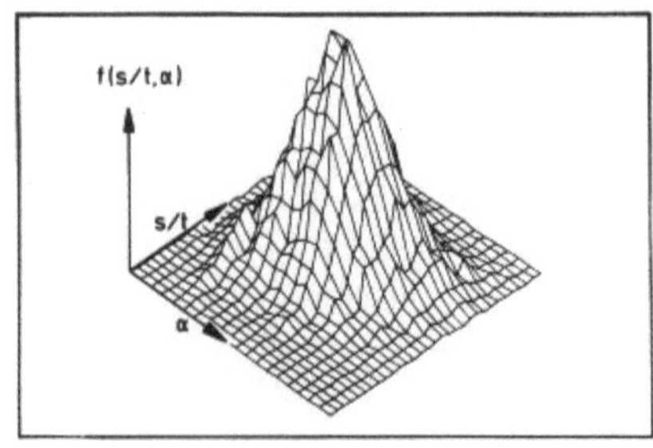

5: Verteilungen bei variiertem α

6: Ohne Schwenkvorrichtung

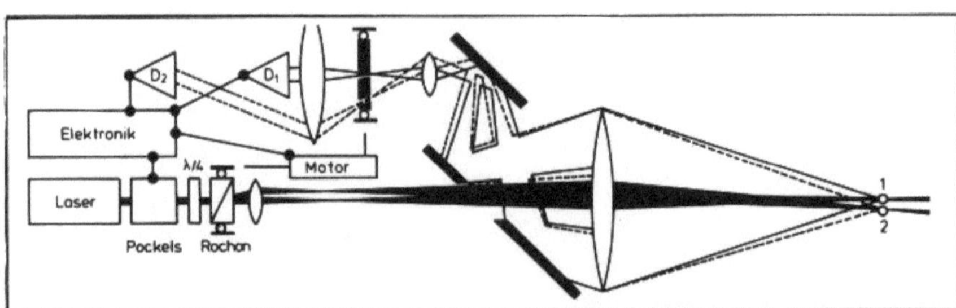

7: Schwenkung mit Hilfe eines Rochonprismas

Fig. 3421: Zweifokusvelozimeter

3.4.2 Laufzeitvelozimeter

3.4.2.1 Zweifokusvelozimeter

Würden in einer geimpften Gasströmung alle in einem Laserfokus F_1 eintreffenden Tracerpartikel in dieselbe Richtung fliegen, und wäre diese Richtung genau bekannt, so könnte der Betrag u ihrer Geschwindigkeit sehr leicht durch Messung der Flugzeit t ermittelt werden, die sie bis zu einem zweiten Laserfokus F_2 im Abstand s stromab von F_1 brauchen. Ist s so klein, daß sich nur jeweils ein Partikel auf diesem Weg befindet, so wäre dazu lediglich ein Zeitzähler mit einem Streulichtimpuls aus F_1 zu starten und mit dem nächsten Streulichtimpuls aus F_2 zu stoppen. In Wirklichkeit sind jedoch die Flugrichtungen schon bei schwächster Turbulenz nie so genau die gleichen, daß alle durch F_1 fliegenden Partikel auch in F_2 eintreffen. Von Partikelflügen wie in **Fig.** 3422-1 sind nützliche und von solchen wie in **Fig.** 3422-2 sind nutzlose Impulspaare zu erwarten. Die Zweifokusvelozimetrie ist darum nicht ganz so einfach. Es bedarf einer Statistik der Zeitintervalle t vieler Impulspaare, um die nützlichen von den nutzlosen zu unterscheiden. Bei den nutzlosen kommen alle t zwischen gewissen Grenzen fast gleich häufig vor. Bei den nützlichen schwanken die t mit einer glockenförmigen Häufigkeitsverteilung um einen häufigsten Wert $\hat{t}$. Bei der in **Fig.** 3422-1 angegebenen Richtung der mittleren Geschwindigkeit beobachtet man eine Häufigkeitsverteilung der in **Fig.** 3422-3 skizzierten Art. Der t-unabhängige Sockel ist auf die nutzlosen t zurückzuführen. Zieht man ihn ab, so erhält man die Häufigkeitsverteilung der nützlichen t. Mit diesen t können die mittlere Geschwindigkeit $\bar{u}$ und die Varianz $\overline{(u-\bar{u})^2}$ ermittelt werden.

Im allgemeinen ist jedoch die Richtung der mittleren Geschwindigkeit zunächst nicht bekannt. Man findet sie, indem man die Orientierung von s variiert. Hat s die Richtung der mittleren Geschwindigkeit, so sind die Häufigkeiten der nützlichen Streulichtsignale am größten. Man kann dann auch noch die Varianz $\overline{v^2}$ der Geschwindigkeitskomponenten senkrecht zur Ebene der beiden Bündelachsen und die Kovarianz $\overline{(u-\bar{u})v}$ ermitteln, indem man die Ebene der beiden Bündelachsen wie in **Fig.** 3422-4 um die Achse des ersten Bündels schwenkt. Die Häufigkeitsverteilung der t hängt vom Winkel α ab. Für die s/t ergeben sich Häufigkeitsverteilungen wie in **Fig.** 3422-5[1692]. besprochen: Bei Normalverteilung der Schwankungskomponenten $u'=u-\bar{u}$ und $v'=v-\bar{v}$ in der bündelnormalen und die Bündeltaillen enthaltenden Ebene gilt:

$$f(u',v') = \frac{1}{2\pi\sigma_u\sigma_v\sqrt{1-R}}\exp\left(-\frac{(\frac{u'}{\sigma_u})^2 - 2R\frac{u'v'}{\sigma_u\sigma_v} + (\frac{v'}{\sigma_v})^2}{2(1-R^2)}\right) \tag{1}$$

mit den Varianzen $\sigma_u^2 = \overline{u'^2}$, $\sigma_v^2 = \overline{v'^2}$ und der Kovarianz $R\sigma_u\sigma_v = \overline{u'v'}$. Dann wird mit diesem Verfahren die mit $u=s\cos\alpha/t$, $v=s\sin\alpha/t$ und $t'=t-\bar{t}$ folgende Verteilung $f(\alpha,t')$ ermittelt. Sie wird bestimmt, um daraus $f(u',v')$ und damit $\sigma_u/\sqrt{\overline{u^2}+\overline{v^2}}$, $\sigma_V/\sqrt{\overline{u^2}+\overline{v^2}}$ und R zu berechnen. Dieses Vorgehen setzt voraus, daß die bündelparallele Komponente $\bar{w}$ der mittleren Partikelgeschwindigkeit $\sqrt{\overline{u^2}+\overline{v^2}+\overline{w^2}}$ gleich Null ist, und daß die Schwankungskomponente w' nicht von α abhängt. Die Meßfehler bleiben tolerierbar, wenn s einerseits viel größer als der Durchmesser d der Lasertaillen und andererseits hinreichend klein ist. Die Zahl der nutzlosen t muß kleiner als die der nützlichen bleiben. Außerdem dürfen die Schwankungen der Strömungsrichtung in der Ebene der beiden Bündelachsen die Zahl der nützlichen t nicht merklich vermindern.

Bei den ersten Realisierungen des Zweifokusvelozimeters [2456 - 2458] war die Schwenkung der Bündelebene noch nicht vorgesehen. Fig. 3422-6 zeigt eine optische Anordnung ohne Schwenkvorrichtung. Bei der in Fig. 3422-7 skizzierten optischen Anordnung ermöglicht ein Rochonprisma die präzise Schwenkung der Bündelebene um die Achse des Startbündels [2461]. Mit diesen Anordnungen wird rückwärts gestreutes Licht empfangen. So wurde es möglich,die nur von einer Seite sichtbaren Strömungen in Turbomaschinen und zwischen Rohrbündeln zu untersuchen [2459 - 2464] . In [2461] wurde über Messungen in Zentrifugalkompressoren mit $d=12,8\mu m$ und $s=400\mu m$ berichtet. Bei diesem s und bei $u=500m/s$ betrug die mittlere Flugzeit $\bar{t}=0,8ms$. Die Zählung der Impulspaare mit Flugzeiten in t-Klassen mit Breiten Δt weit unter $\bar{t}$ mußte mit Signalanstiegszeiten unter $10^{-8}s$ erfolgen. Dabei waren z.B. 10000 Impulspaare pro Sekunde zu registrieren. Das ist mit handelsüblicher Elektronik möglich, die seit langem für kernphysikalische Messungen entwickelt wurde. Es konnte bis zu etwa 2mm Wandabstand gemessen werden. Bei noch kleinerem Wandabstand störte das von der Wand kommende Streulicht. Bei fluoreszierenden Tracerpartikeln könnte man das von der Wand kommende Streulicht mit einem Interferenzfilter unterdrücken. Der Wandabstand der Taillen düfte dann noch kleiner sein. Aber in der dünnen Grenzschicht sind die Voraussetzungen der Auswertung nicht mehr erfüllt. Das Zweifokusvelozimeter hat sich auch bei Untersuchungen von Grenzschichten und Freistrahlen bewährt [2465-2486]. Verglichen mit den in den folgenden Abschnitten zu beschreibenden Dopplervelozimetern hat es den Vorteil, daß die Laserlichtbündel extrem stark fokussiert werden können. Die Streulichtimpulse sind entsprechend kurz und intensiv. Eine Fehlerabschätzung [2487] kam zu dem Schluß, daß die Messung mit dem Zweifokusvelozimter die genauere sei. Auch die Signallänge beim Partikelflug durch ein einziges Lichtbündel kann über die Geschwindigkeit informieren [2488]. In [2489 - 2493] wurde über Messungen mit vielen Lichtbündeln berichtet.

3.4.2.2 Blendenvelozimeter

Die Festlegung der Meßstrecke muß nicht unbedingt in der Strömung selbst, sondern kann auch wie in **Fig. 3422-1** mit Hilfe einer Zweilochblende in einem stark vergrößerten Bild der Strömung erfolgen. Dann wird nur ein einziges Lichtbündel zur Dauerbeleuchtung der Partikel benötigt. Diese fliegen im Idealfall auf der Bündelachse. Die Detektoren hinter den zwei Löchern empfangen je einen Lichtblitz, wenn das Bild eines Partikels erst vor dem einen und dann vor dem anderen erscheint. Zur Ermittlung der im vorigen Abschnitt besprochenen Häufigkeitsverteilung ist jetzt lediglich die Blende zu drehen. Das Verfahren Läßt sich in vielerlei Weise variieren. So erhält man z.B. mit kurzen Längsschlitzen an Stelle von Löchern Blitze, deren Länge von der Richtung des Partikelweges abhängt. Der Vergleich der Blitzlängen mit den Blitzabständen kann die Identifizierung der in Schlitzrichtung fliegenden Partikel erleichtern. Mit einem Diodenarray hinter vielen Löchern können mehrere Partikelflüge zugleich und auf langen Wegen beobachtet werden [2494,2495].

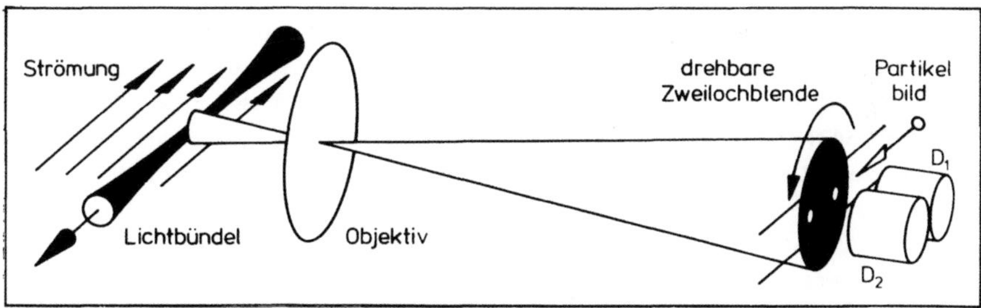

1: Mit drehbarer Zweilochblende

Fig. 3422: Blendenvelozimeter

3.4.3 Dopplerreferenzvelozimeter

3.4.3.1 Streulicht/Referenzlichtüberlagerung

Das Tracerpartikel muß nicht unbedingt durch Lichtschranken fliegen. Bereits das beim Flug durch einen einzigen Laserfokus gestreute Licht enthält Information über die Partikelgeschwindigkeit. Ist $\vec{v}$ der Geschwindigkeitsvektor $\vec{e}_L$ der Richtungsvektor vom Laser zum Partikel und $\vec{e}_D$ der Richtungsvektor vom Partikel zum Detektor, so bewirken die in Abschnitt 1.8.2.1 besprochenen Dopplerverschiebungen, daß das Streulicht auf dem Detektor nicht mit der Laserfrequenz ν_L, sondern mit einer abweichenden Frequenz ν_D erscheint:

$$\frac{\nu_D - \nu_L}{\nu_L} = \frac{\vec{v}}{c}(\vec{e}_D - \vec{e}_L) \tag{1}$$

Bei komplanaren Vektoren $\vec{v}, \vec{e}_L$ und $\vec{e}_D$ mit dem Winkel θ zwischen $\vec{e}_D$ und $\vec{e}_L$ und dem Winkel γ zwischen $\vec{v}$ und $\vec{e}_D - \vec{e}_L$ wie in **Fig. 3431-1** gilt:

$$\frac{\nu_D - \nu_L}{\nu_L} = 2\,\frac{v}{c}\,\sin\frac{\theta}{2}\,\cos\gamma \tag{2}$$

Die Dopplerverschiebung ist zur Geschwindigkeitskomponente $v\cos\gamma$ normal zur Halbierenden des Winkels θ proportional. Bei gegebenen v und θ ist sie im Falle $\gamma=0$ d.h. dann am größten, wenn das Partikel das Laserlichtbündel wie in **Fig. 3431-2** durchquert. Sie verschwindet bei Empfang mit $\theta=0$ d.h. in Richtung des Laserlichtbündels und hat bei Empfang mit $\theta=\pi$ d.h. in der entgegengesetzten Richtung ihren größtmöglichen Wert. Selbst im letztgenannten Fall beträgt die Dopplerverschiebung jedoch nur $(\nu_D - \nu_L)/\nu_L = 2v/c$. Bei $v=1\mathrm{m/s}$ beträgt sie z.B. nur etwa $(\nu_D - \nu_L)/\nu_L = 6,7 \cdot 10^{-9}$. Die Messung derart winziger Frequenzverschiebungen erfordert einen besonderen Trick. Einen solchen, nämlich den des Interferenzspektrometers, haben wir bereits in Abschnitt 2.3.3.8 bei der Besprechung des Dopplerbildverfahrens kennengelernt. Dort kam das Streulicht praktisch pausenlos von sehr vielen Partikeln, die einen Laserlichtschnitt gleichzeitig durchquerten. Wird nur Streulicht aus einem Laserfokus empfangen, so sind zufällige Pausen zwischen kurzen Streulichtimpulsen zu erwarten, die von einzelnen und nacheinander durch den Laserfokus fliegenden Partikeln gesendet werden. In diesem Fall kann die Frequenzverschiebung besser mit Hilfe des Überlagerungsempfangs ermittelt werden. Dieser kann auf drei verschiedene Weisen erfolgen. Man kann dem Streulicht geschwächtes Laserlicht überlagern. So arbeiten die Dopplerreferenzvelozimeter (reference beam velocimeter). Oder man kann dem in eine Richtung gehenden Streulicht das in eine andere Richtung gehende Streulicht überlagern. So gehen die Dopplerdifferenzvelozimeter vor (dual scatter velocimeter). Bei diesen beiden Verfahren durchquert das Tracerpartikel die Taille eines einzigen Laserlichtbündels. Man kann das Partikel aber auch gleichzeitig mit den Taillen von zwei sich schneidenden Teilbündeln eines Laserlichtbündels

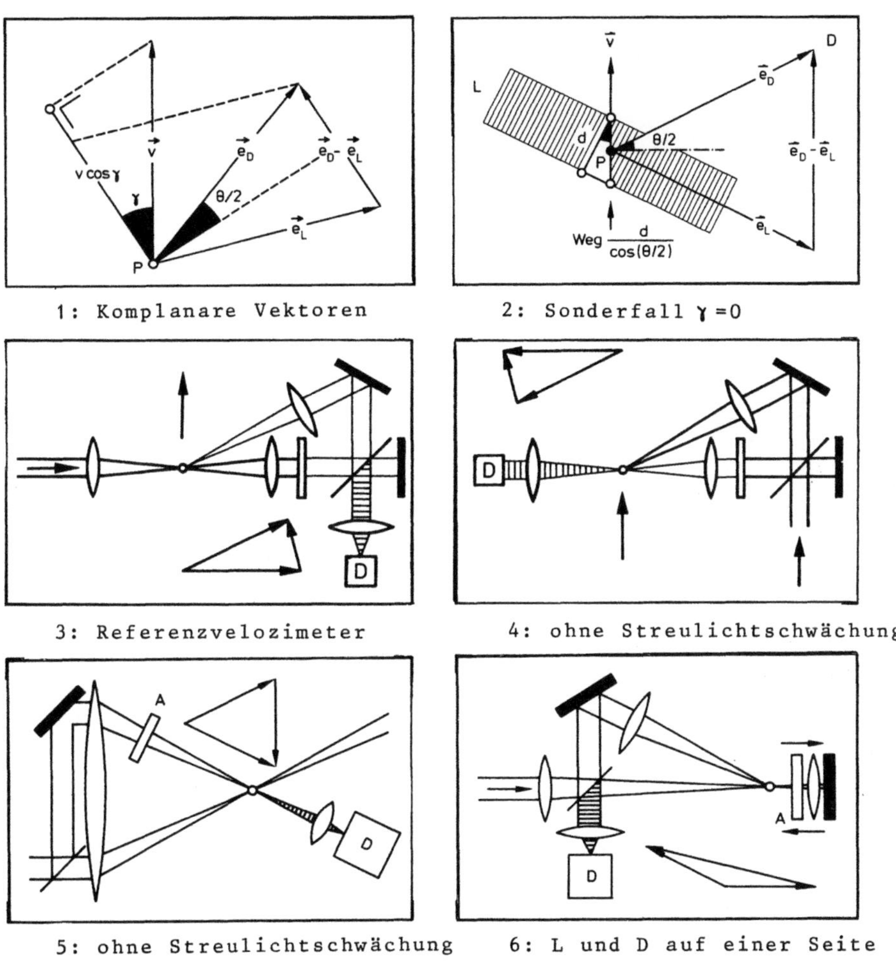

Fig. 3431: Streulicht/Referenzlichtüberlagerung

beleuchten. Dann setzt sich das in eine Richtung gehende Streulicht aus dem infolge des einen und dem infolge des anderen Teilbündels zusammen. Solche Dopplervelozimeter werden Zweibündelvelozimeter (dual beam velocimeter) genannt. Bei jedem dieser drei Verfahren werden auf dem Detektor die Momentanwerte $E_1(t)$ und $E_2(t)$ von zwei Schwingungen der elektrischen Feldstärke addiert, deren Frequenzen v_1 und v_2 sich nur wenig unterscheiden. Die Überlagerung von zwei endlosen harmonischen Schwingungen mit den konstanten Amplituden $\hat{E}_1$ und $\hat{E}_2$ würde das in Abschnitt 3.2.1.2 besprochene Stromsignal des Detektors mit einem Gleichstromanteil und mit einem Wechselstromanteil ergeben, der mit der Schwebungsfrequenz $v_S = v_1 - v_2$ oszilliert. Die in Abschnitt 3.2.1.2 wichtige Phasenverschiebung interessiert jetzt nicht. Wir schreiben:

$$I(t) = I_1 + I_2 + 2\sqrt{I_1 I_2}\,\cos\omega_S t \qquad\qquad (3)$$

I_1 ist zu $\hat{E}_1^2$ und I_2 zu $\hat{E}_2^2$ proportional. Der Überlagerungskonstrast $C = 2\sqrt{I_1 I_2}/(I_1+I_2)$ hat bei $I_1 = I_2$ seinen größten Wert 1. In diesem Fall oszilliert $I(t)$ zwischen Null und $4\,I_1$. Bei endlosen Schwingungen $E_1(t)$ und $E_2(t)$ käme es darauf nicht an, weil man den Gleichstromanteil an $I(t)$ leicht und restlos wegfiltern kann. Diese sind jedoch nicht endlos. Das Tracerpartikel streut nur während der kurzen Dauer seines Fluges durch das Laserlichtbündel oder Durchdringungsgebiet der beiden Laserlichtbündel. Hier liegen also komplizdertere und bei den drei Verfahren verschiedene Verhältnisse vor. Wenn die Flugzeit viele Schwebungsperioden beträgt, so kann dennoch bei allen drei Verfahren mit der Gleichung (3) gerechnet werden. Lediglich sind dann zeitabhängige $I_1(t)$ und $I_2(t)$ einzusetzen. Das Wegfiltern des wegen $I_1(t)$ und $I_2(t)$ auftretenden niederfrequenten Anteils an $I(t)$ ist dann nicht mehr so einfach und umso schwieriger je mehr sich $I_1(t)$ und $I_2(t)$ unterscheiden.

Im Folgenden wird zunächst das Referenzvelozimeter besprochen. Seine Optik kann z.B. wie in **Fig. 3431-3** aussehen. Die Objektive O2 und O4 bringen fortwährend geschwächtes Laserlicht als Referenzlicht auf den Detektor D. Während eines Partikelfluges durch die Taille des mit dem Objektiv O1 fokussierten Laserlichtbündels kommt durch die Objektive O3 und O4 Streulicht hinzu. Der Detektor liefert ein Stromsignal $I(t)$ mit der Schwebungsfrequenz $\nu_S=\nu_D-\nu_L$. Diese hängt gemäß Gleichung (1) von $\vec{v}$, $\vec{e}_D-\vec{e}_L$ und $c/\nu_L=\lambda_L$ ab. Wenn die drei Vektoren $\vec{v}$, $\vec{e}_D$ und $\vec{e}_L$ komplanar sind, dann gilt die Gleichung (2). Mit ν_S wird also die Komponente der Partikelgeschwindigkeit in Richtung von $\vec{e}_D-\vec{e}_L$ d.h. in Richtung der Halbierenden des Winkels zwischen den Blickrichtungen vom Partikel zum Laser und zum Streulicht einfangenden Objektiv O3 gemessen. Die Abzweigung des Referenzlichtes vom beleuchtenden Laserlichtbündel kann noch auf vielerlei andere Weisen erfolgen. Die in **Fig. 3431-4 und 5** gezeigten Anordnungen haben den Vorteil, daß das Streulicht nicht geschwächt wird. Bei der in **Fig. 3431-6** gezeigten Anordnung befinden sich der Laser und der Detektor auf derselben Seite des Meßvolumens. Das kann ein Vorteil sein. Bei Miestreuung wird dieser Vorteil allerdings mit dem Nachteil erkauft, daß rückwärts gestreutes d.h. schwächeres Streulicht empfangen wird. Bei fast Rayleighstreuung spielt dies keine Rolle. In jedem Fall darf das empfangene Streulichtbündel nicht zu weit sein, weil ν_S von der Richtung des Streulichtempfanges abhängt. Das ist einerseits ein schwerwiegender Nachteil, solange nur eine einzige $\vec{v}$-Komponente zu messen ist, macht es aber andererseits leicht, zwei oder gar alle drei Komponenten simultan als Funktionen der Zeit zu registrieren. Die ersten Dopplervelozimeter waren Referenzvelozimeter. Heute werden sie nur noch für simultane Messungen verwendet und hier nur dann, wenn kleine Objektive genug Streulicht einfangen. In [2504-2532] wurde über Referenzvelozimeter berichtet.

3.4.3.2 Signale

Auf dem Detektor wandert das Streulichtbild des Partikels durch einen ortsfesten Referenzbündelquerschnitt. Man erhält ein Signal wie in **Fig. 3432-1**, wenn zwei Bedingungen erfüllt sind: Erstens muß das Partikelbild zu gleichen Zeiten in der Mitte und am Rand des Referenzbündelquerschnitts wie das Partikel in der Mitte und am Rand der Laserbündeltaille erscheinen. Zweitens müssen die Größtwerte der Feldstärken des Partikelbildes und des Referenzbündelquerschnitts gleich sein. Dann werden am jeweiligen Ort des Partikelbildes Streufeldstärken $E_S(t)$ und Referenzfeldstärken $E_R(t)$ mit gleichen Amplituden $\hat{E}_S(t) = \hat{E}_R(t) = \hat{E}(0)\exp[-4(t/T)^2]$ überlagert. Der Detektorstrom setzt sich additiv aus einem praktisch konstantem Anteil und einem Signal $I(t)$ zusammen, das wie in **Fig. 3432-2** oben aus dem Sockel $I_P(t)$ und dem Dopplersignal $I_D(t)$ besteht:

$$I(t) = I_P(t) + I_D(t) \tag{1}$$

$$I_P(t) = \frac{I(0)}{2}\exp\left[-8\left(\frac{t}{T}\right)^2\right]; \tag{2}$$

$$I_D(t) = \frac{I(0)}{2}\exp\left[-8\left(\frac{t}{T}\right)^2\right]\cos(\omega_D - \omega_L)t \tag{3}$$

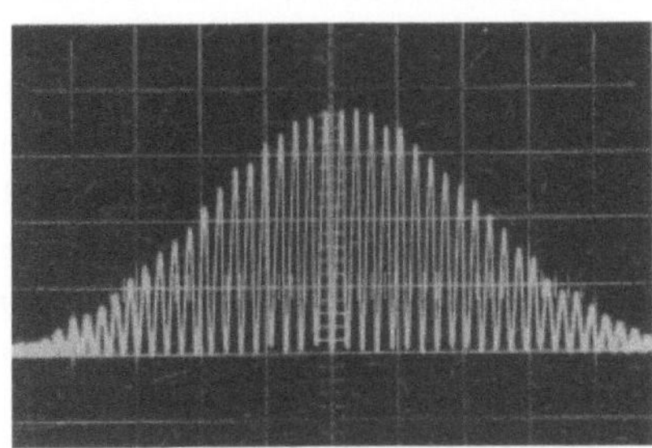

1: Gutes Signal

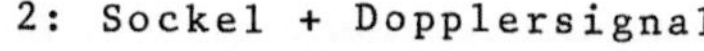

2: Sockel + Dopplersignal

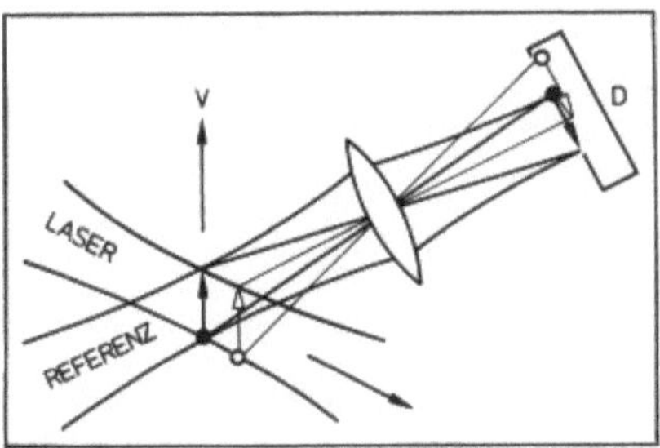

3: Abbildung auf dem Detektor

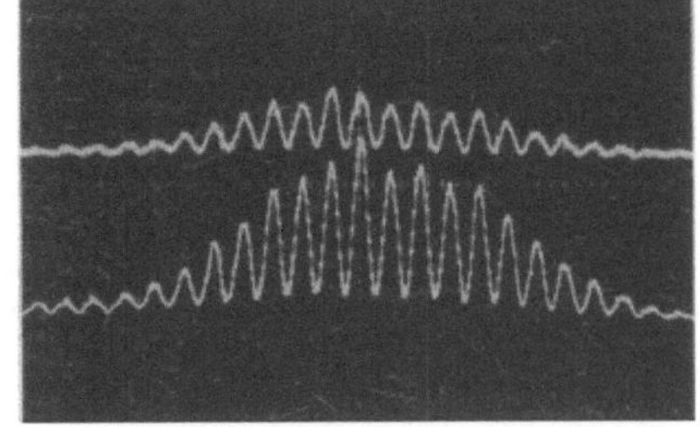

4: Schlechtes Signal

Fig. 3432: Signale

616

Der konstante Anteil interessiert nicht weiter und wird weggefiltert. $I(0)$ ist zu $\hat{E}^2(0)$ proportional. Sind die Scheitelwerte $\hat{E}_S(0)$ und $\hat{E}_R(0)$ der Amplituden verschieden, so gilt:

$$I_P(t) = [I_S(0)+I_R(0)]\exp[-8(\tfrac{t}{T})^2] \tag{4}$$

$$I_D(t) = 2\sqrt{I_S(0)I_R(0)}\,\exp[-8(\tfrac{t}{T})^2]\cos(\omega_D-\omega_L)t \tag{5}$$

$$I_S(0)/I_R(0) = [\hat{E}_S(0)/\hat{E}_R(0)]^2 = K \tag{6}$$

Das Verhältnis

$$S = \frac{2\sqrt{I_S(0)\,I_R(0)}}{I_S(0)+I_R(0)} = \frac{2\sqrt{K}}{1+K} \tag{7}$$

ist die sog. Sichtbarkeit des Dopplersignals. Sie hat bei $K = 1$ ihren größten Wert $S = 1$. Je mehr K nach oben oder unten von 1 abweicht, umso kleiner wird S, und umso schwieriger wird es, den Sockel mit einem Hochpaßfilter zu unterdrücken. Die **Fig. 3432-2** unten ist für $K = 1/4$, d.h. $S = 2/3$ gezeichnet. Es kann trotzdem sinnvoll sein, $E_R(0)$ viel größer als $E_S(0)$ zu machen. Auf solche Weise kann das Dopplersignal bei schwachem Streulicht mit starkem Referenzlicht aus dem Rauschen gehoben werden. Die beiden eingangs genannten Bedingungen lassen sich nur für einen einzigen Partikelweg erfüllen. Bei der in **Fig. 3432-3** skizzierten Anordnung ist dies der Partikelweg durch das Zentrum der Taille des Laserlichtbündels. Der daneben eingezeichnete Partikelweg wird so abgebildet, daß er außerhalb des Referenzbündels anfängt und innerhalb endet. Außerhalb kann die Überlagerung nur eine verschwindende Modulation bewirken. Bei solchen Wegen sind Signale wie in **Fig. 3432-4** zu erwarten. Ideale Signale wie das in **Fig. 3432-1** sind vergleichsweise selten. Bei seiner Berechnung wurde stillschweigend angenommen, daß die Zahl N der Schwebungen während der Flugzeit T des Partikels durch das Laserbündel groß sei. Das ist jedoch nur bei hinreichend großem Bündeldurchmesser d und Empfangswinkel ϑ der Fall. Im Sonderfall $\vartheta=0$ gilt z.B.:

$$T = \frac{d}{v\cos(\theta/2)}\;;\quad \tau = \frac{1}{\nu_D-\nu_L}\;;\quad \frac{\nu_D-\nu_L}{\nu_L} = 2\,\frac{v}{c}\sin\frac{\theta}{2} \tag{8}\,\tag{9}\,\tag{10}$$

$$N = \frac{T}{\tau} = 2\,\frac{d}{\lambda_2}\tan\frac{\theta}{2} \tag{11}$$

N hängt nicht von der Partikelgeschwindigkeit v ab. Bei $\theta = 90°$ und $\lambda_L = 5\cdot10^{-7}$m muß z.B. $d > 10\mu$m sein, damit $N > 10$ wird. Starke Fokussierung des Laserlichtbündels bringt einerseits erwünscht starke und andererseits unerwünscht schwebungsarme Dopplersignale. Bei großen Partikeln sind kleine Winkel θ günstig, weil viel mehr vorwärts als seitwärts gestreut wird. Auch so wird aber der Vorteil stärkerer Signale mit dem Nachteil kleinerer Schwebungszahlen erkauft!

3.4.3.3 Sockelunterdrückung

Zur Ermittlung der Schwebungsfrequenz müssen zunächst die Sockel der Signale beseitigt werden. Die Unterdrückung mit einem Hochpaßfilter setzt voraus, daß sich die Schwebungsfrequenz nur wenig ändert. Bei Messungen in stark schwankenden Strömungen können die Sockel besser durch Subtraktion von je zwei Simultanen Signalen mit praktisch gleichen Sockeln und komplementären Schwebungen beseitigt werden. Solche Signale kann man sich mit Hilfe der in **Fig.** 3433-1 skizzierten Optik verschaffen [2532].

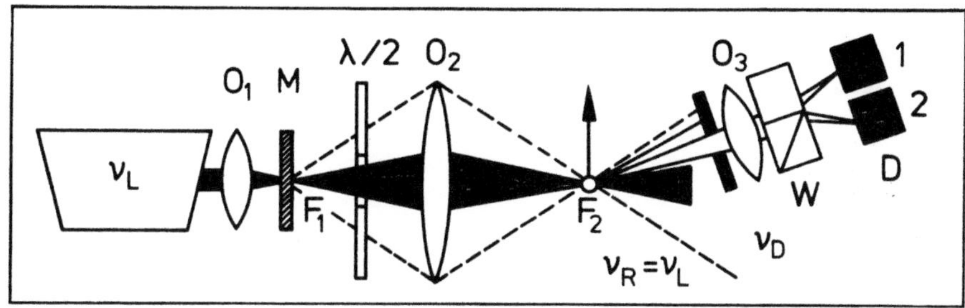

1: Anordnung mit Mattscheibe, $\lambda/2$-Platte und Wollastonprisma

Fig. 3433: Sockelunterdrückung

Sie verwendet als Referenzlicht jenes Streulicht, welches aus dem ersten Fokus F1 des Laserlichtbündels in einer Mattscheibe M kommt. Dieses Referenzlicht ist zunächst wie das direkte Laserlicht linear polarisiert. Eine durchbohrte $\lambda/2$-Platte dreht nur seine Polarisationsrichtung um 90°. Notfalls erfüllt auch eine $\lambda/4$-Platte und ein passend orientiertes Polarisationsfilter den gleichen Zweck. Der zweite Fokus F2 definiert das Meßvolumen. Das Objektiv O3 empfängt linear polarisiertes Streulicht aus diesem Meßvolumen und hierzu orthogonal linear polarisiertes Referenzlicht. Die optischen Achsen des Wollastonprismas W stehen diagonal. Dieses sorgt dafür, daß auf den zwei Detektoren D1 und D2 je ein Paar parallel polarisierter Komponenten erscheint. Die zwei Signale haben praktisch gleiche Sockel. Ihre Schwebungen erscheinen jedoch mit der konstanten Differenz π ihrer Phasen. Subtraktion der zwei Signale eliminiert den Sockel und addiert die Schwebungsamplituden. Auch alle sonst noch vorkommenden Störsignale werden unterdrückt, sofern sie nicht in Richtung einer der beiden optischen Achsen des Wollastonprismas polarisiert sind. Bei pausenlosem Signal verschwinden die niederfrequenten Schwankungen, die infolge von Schwankungen der Partikeldichte oder der Laserleistung auftreten. An Stelle des Wellastonprismas können zwei entsprechend orientierte Polarisationsfilter eingesetzt werden.

618

3.4.3.4 Behebung der Vorzeichenunsicherheit

Mit der Schwebungsfrequenz wird nur der Betrag und nicht das Vorzeichen
der Dopplerverschiebung bestimmt. Man kann dem Signal nicht ansehen,
ob die Frequenz des Streulichtes kleiner oder größer als die des Referenzlichtes war. Das spielt keine Rolle, wenn nur kleine Schwankungen
um eine bekannte Hauptströmungsrichtung vorkommen. Bei großen Schwankungen um eine konstante Hauptströmungsrichtung kann die gemessene
Geschwindigkeitskomponente ihr Vorzeichen wechseln. Oft ist auch die
lokale Hauptströmungsrichtung zu ermitteln. Die Vorzeichenunsicherheit
kann durch eine konstante Verschiebung $\Delta\nu_R=\nu_R-\nu_L$ der Frequenz ν_R des
Referenzlichtes gegenüber der Frequenz ν_L des Lasers behoben werden.
Auf dem Detektor kommt dann Streulicht mit der Frequenz $\nu_D=\nu_L+\Delta\nu_s$ zum
Referenzlicht mit der Frequenz $\nu_R=\nu_L+\Delta\nu_R$. Die Schwebung hat die Frequenz
$\nu_s=|\nu_D-\nu_R|=|\Delta\nu_s-\Delta\nu_R|$. Sie tritt schon beim ruhenden Partikel auf und
hat dann die Frequenz $\nu_s=|\Delta\nu_R|$. Partikelbewegung in der einen Richtung
erhöht und Partikelbewegung in der entgegengesetzten Richtung vermindert diese Frequenz. Die Frequenz des Referenzlichtes kann mit der in
Abschnitt 1.3.2.4 besprochenen Braggzelle verschoben werden [2534-
2536]. Die mit handelsüblichen Braggzellen möglichen Verschiebungen
$10\text{MHz}<\Delta\nu_R<80\text{MHz}$ sind jedoch ziemlich groß. Die nachträgliche Herabset-
zung der entsprechend hohen Schwebungsfrequenzen der Dopplersignale
würde zusätzlichen Aufwand an Elektronik erfordern. Kleinere Frequenzverschiebungen im Bereich $1\text{kHz}<\Delta\nu_R<100\text{kHz}$ werden auf dem Wege periodischer Phasenverschiebungen mit dem Pockels- oder Kerreffekt erzielt
[2537-2539]. Auch hier wird aufwendige Elektronik benötigt. Ganz ohne
Elektronik kommt die Frequenzverschiebung mit Hilfe eines rotierenden
Beugungsgitters aus. Wenn nur wenig Referenzlicht gebraucht wird, dann
kann sogar das Streulicht aus einer rotierenden und exentrisch durch-
strahlten Mattscheibe als Referenzlicht genügen. Die **Fig. 3434-1** zeigt
eine optische Anordnung solcher Art. Sie empfängt vorwärts gestreutes
Licht. In [2532] wurden außer dieser Anordnung auch Varianten beschrieben, mit denen rüchwärts gestreutes Licht empfangen oder mit denen ein
Vergleich der Dopplerverschiebungen an zwei Orten durchgeführt werden
kann.

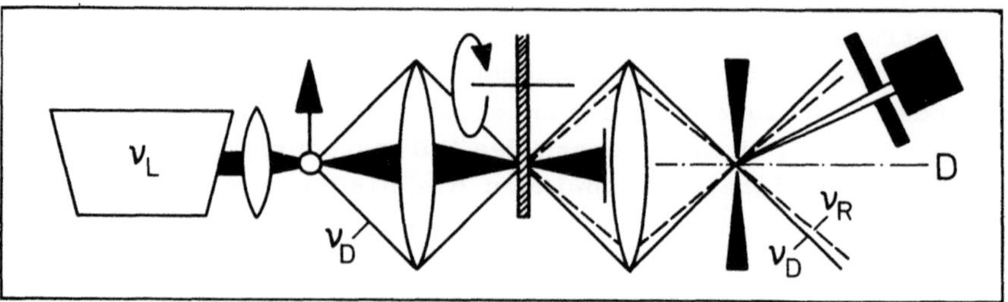

1: Verschiebung der Referenzlichtfrequenz

Fig. 3434: Behebung der Vorzeichenunsicherheit

3.4.3.5 Vektormessung

Die Richtungsabhängigkeit der Streulichtfrequenz kann zur simultanen Bestimmung der drei Komponenten der lokalen und momentanen Komponenten der Strömungsgeschwindigkeit verwendet werden. Dazu müssen das Streulicht und das Referenzlicht mit drei Detektoren an passend gewählten Orten empfangen werden[2445]. Diese dürfen nicht in derselben Ebene liegen. Es erspart Umrechnungen und minimiert die Fehlerfortpflanzung, wenn man die Detektoren wie in **Fig. 3435-1** plaziert. Kann der Geschwindigkeitsvektor jede beliebige Richtung annehmen, so genügt es nicht, die Beträge der drei Komponenten zu bestimmen. Man erfährt so lediglich acht mögliche Vektoren und kann nicht sagen, welcher von diesen bei der Messung existierten. Bei

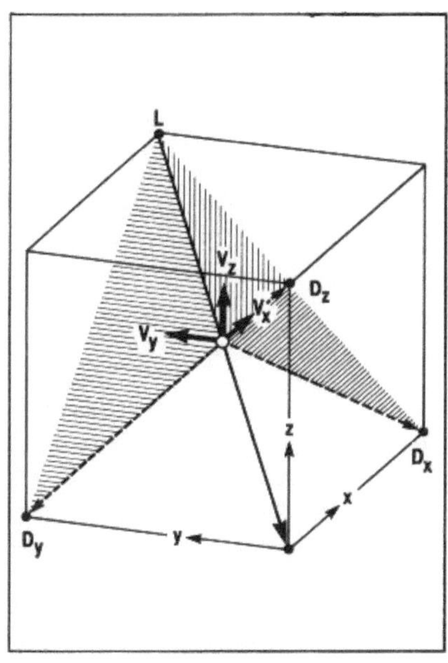

1: Detektorenplazierung

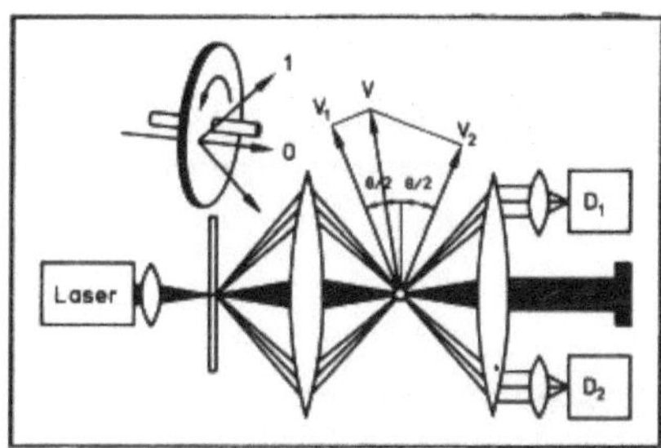

2: Zweikomponentenmessung

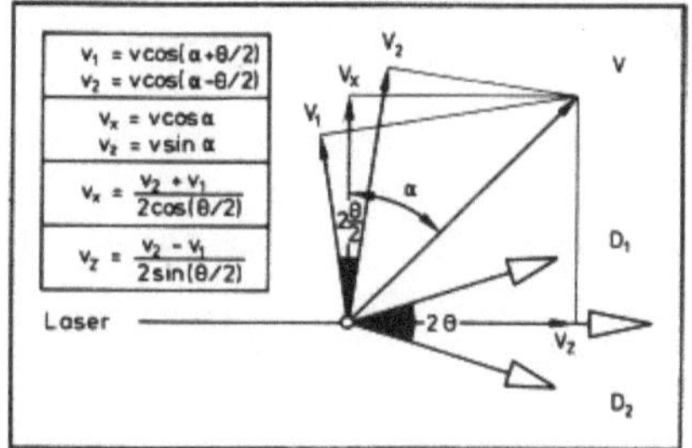

3: v_x, v_z aus v_1, v_2

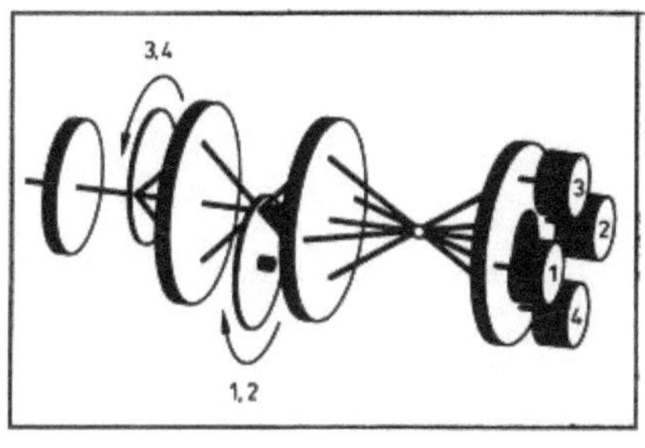

4: Dreikomponentenmessung

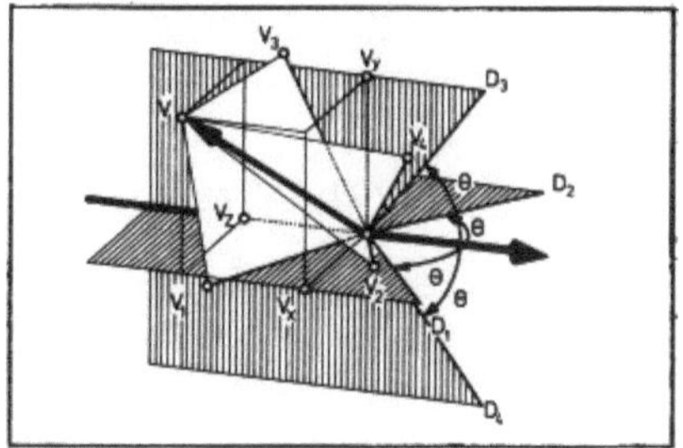

5: v_x, v_y, v_z aus v_1, v_2, v_3

Fig. 3435: Vektormessung

Untersuchungen stark schwankender Strömungen muß also auch die Vorzeichenunsicherheit behoben werden. Die Beträge und Vorzeichen von zwei Komponenten können z.B. mit der in **Fig. 3435-2** skizzierten Anordnung gemessen werden [2543,2544]. Ein rotierendes Radialgitter trennt die Referenzlichtbündel und verschiebt ihre Frequenz. Zwischen den gesuchten Komponenten v_x, v_z und den gemessenen v_1, v_2 bestehen dann die in **Fig. 3435-3** notierten Zusammenhänge. **Fig. 3435-4** zeigt eine entsprechende Anordnung zur simultanen Bestimmung der Beträge und Vorzeichen von allen drei Komponenten v_x, v_y, v_z. Hier gilt für die in **Fig. 3435-5** notierten Größen:

$$v_x = \frac{v_1 + v_2}{2\cos(\Theta/2)} \; ; \; v_y = \frac{v_3 + v_4}{2\cos(\Theta/2)} \; ; \; v_z = \frac{v_2 - v_1}{2\sin\Theta/2} \qquad (1)\,(2)\,(3)$$

$$v_4 - v_3 = v_2 - v_1 \qquad (4)$$

Wenn wenig Referenzlicht genügt, dann kann auch mit drei Detektoren anstatt des einen in der in **Fig. 3434-1** skizzierten Anordnung mit einer rotierenden Mattscheibe gemessen werden [2532].

3.4.4 Dopplerdifferenzvelozimeter

3.4.4.1 Streulicht/Streulichtüberlagerung

Fig. 3441-1 zeigt eine Optik, die auf dem Detektor D das aus der Taille eines Laserlichtbündels in zwei verschiedene Richtungen gehende Streulicht überlagert. Mit den vom Partikel in die beiden Empfangsrichtungen zeigenden Einheitsvektoren $\vec{e}_{1D}$ und $\vec{e}_{2D}$ gilt für die beiden Streulichtfrequenzen v_{1D} und v_{2D}:

$$\frac{v_{1D} - v_L}{v_L} = \frac{\vec{v}}{c}\,(\vec{e}_{1D} - \vec{e}_L) \quad ; \quad \frac{v_{2D} - v_L}{v_L} = \frac{\vec{v}}{c}\,(\vec{e}_{2D} - \vec{e}_L) \qquad (1)\,(2)$$

Die Überlagerung auf dem einen Detektor D hat das Auftreten der folgenden Schwebungsfrequenz $v_S = v_{2D} - v_{1D}$ zur Folge:

$$\frac{v_S}{v_L} = \frac{\vec{v}}{c}\,(\vec{e}_{2D} - \vec{e}_{1D}) \qquad (3)$$

Sind die Vektoren $\vec{v}$, $\vec{e}_{1D}$ und $\vec{e}_{2D}$ komplanar, so gilt mit den in **Fig. 3441-2** notierten Winkeln:

$$\frac{v_S}{v_L} = 2\,\frac{v}{c}\,\sin\frac{\Theta}{2}\,\cos\gamma \qquad (4)$$

Diese Gleichung stimmt nur formal mit der Gleichung (2) in Abschnitt 3.4.3.1 überein. Dort war Θ der Winkel zwischen den Richtungen des einen Streulichtbündels und des Laserlichtbündels.

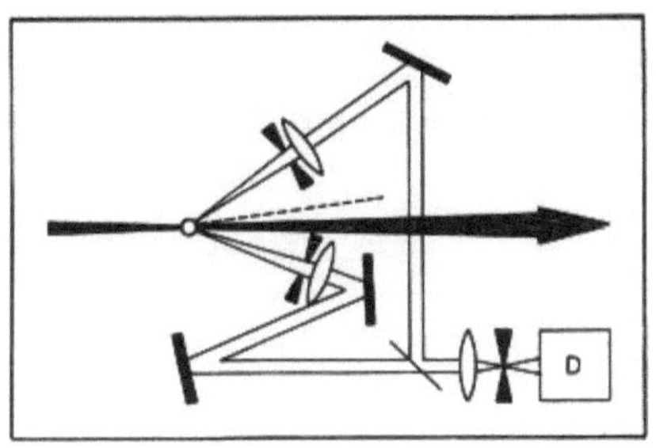

1: Enge Streulichtbündel

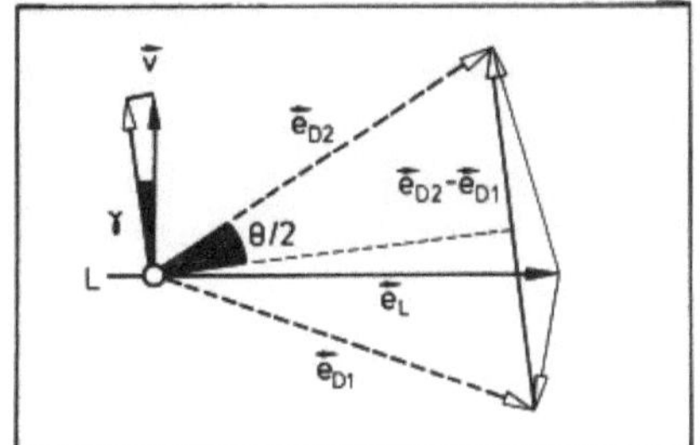

2: Zur Berechnung von ν_s

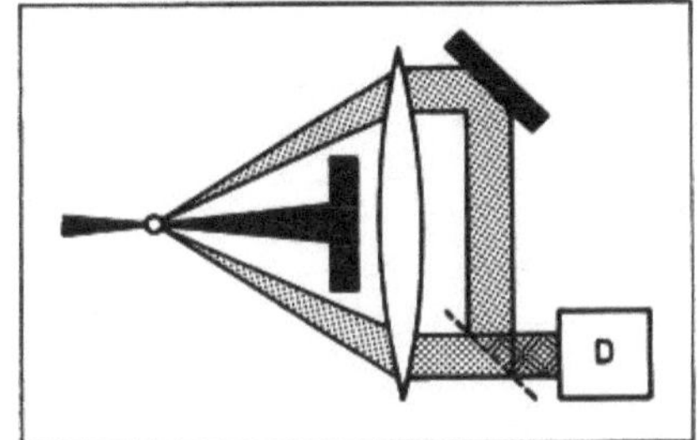

3: Weite Bündel · Mit Spiegel

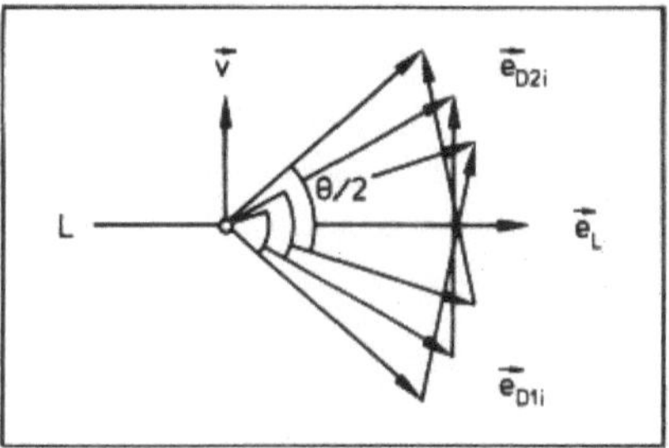

4: Verschiedene γ_i

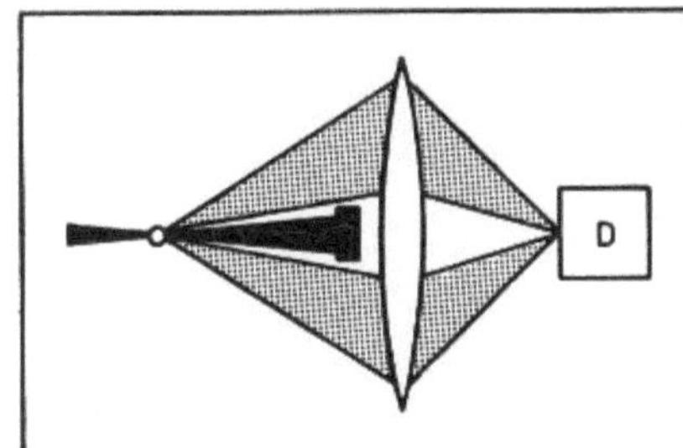

5: Weite Bündel · Ohne Spiegel

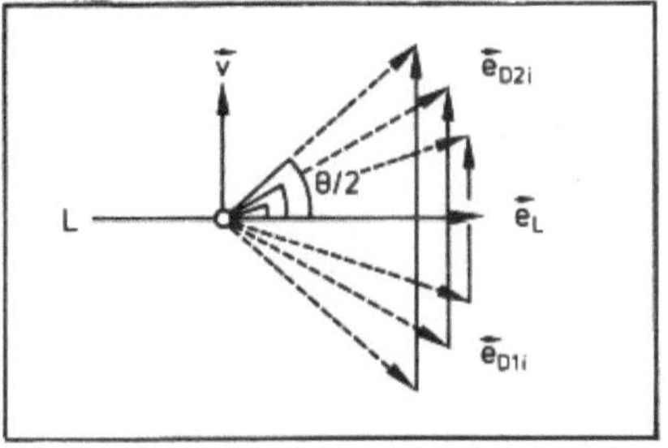

6: Verschiedene $|\vec{e}_{D2i} - \vec{e}_{D1i}|$

Fig. 3441: Streulicht/Streulichtüberlagerung

Jetzt ist hingegen Θ der Winkel zwischen den beiden Streulichtbündeln. Die Richtung des Laserlichtbündels kommt im Ergebnis der Rechnung nicht mehr vor. Die Schwebungsfrequenz ν_s hängt nicht mehr davon ab. Halbiert die Richtung des Laserlichtbündels den Winkel Θ wie in **Fig. 3441-3**, so wird mit ν_s die v-Komponente senkrecht zum Laserlichtbündel gemessen. Diese Anordnung hat außerdem den Vorteil, daß die beiden Streulichtbündel mit gleichen Amplituden auf dem Detektor D erscheinen. Sie dürfen auch hier wie das eine bei der Streulicht/Referenzlichtüberlagerung nur eng sein. Macht man sie weit, so treten viele Schwebungsfrequenzen ν_{si} gleichzeitig auf. Der Detektor liefert in diesem Fall ein Stromsignal mit einer mittleren Schwebungsfrequenz, die man nur dann hinsichtlich der v-Komponente senkrecht zum Laserlichtbündel auswerten kann, wenn die Intensität des empfangenen

Streulichtes nur schwach oder in bekannter Weise von der Richtung abhängt. Die Streulichtbündel müssen nicht so eng sein wie das des Referenzvelozimeters, wenn die Empfangsoptik dafür sorgt, daß die Streulichtanteile weiter Bündel nur paarweise wie in **Fig. 3441-4** zusammenkommen. Die Überlagerung ergibt dann zwar verschiedene $\nu_{\delta i}$, aber nur wegen verschiedener $\cos_{\gamma i}$ bei stets gleichen $\sin(\theta/2)$. Das ν_s-Spektrum bleibt schmal. Bei einem Winkel θ zwischen den Hauptstrahlen kann seine Breite selbst bei dem größtmöglichen Winkel 2θ zwischen den äußeren Randstrahlen nur etwa $\Delta\nu_s/\nu_s=\theta^2/8$ betragen. Das wird anders, wenn wie in **Fig. 3441-5** auf die Zusammenführung mit Spiegeln verzichtet und das Tracerpartikel auf dem Detektor abgebildet wird. In diesem Fall kommen auch Paarungen wie in **Fig.3441-6** vor. Die betreffenden Frequenzen γ_{si} sind mit verschiedenen $\sin(\theta_i/2)$ bei gleichen $\cos_{\gamma i}=1$ zu berechnen. Die größtmögliche Breite des Spektrums beträgt dann etwa $\Delta\nu_s/\nu_s=\theta$. Über Dopplerdifferenzvelozimeter wurde in [2446-2550] berichtet.

3.4.4.2. Signale

Auf dem Detektor des in **Fig. 3441-1** skizzierten Differenzvelozimeters werden je nach Bündelweite zwei kohärente Zentralprojektionen des Tracerpartikels oder zwei kohärente Beugungsmuster überlagert. Bei idealer Justierung sind diese deckungsgleich. Sie wandern mit gemeinsamem Zentrum über den Detektor. Die paarweise vereinten Wellenelemente haben Frequenzen, die sich auch bei vergleichsweise weiten Bündeln überall um praktisch die gleiche Differenz unterscheiden. Die Signale sehen dann wie die des Referenzvelozimeters mit engem Streulichtbündel aus. In der Praxis hat sich jedoch gezeigt, daß die ideale Justierung eine schwierige Aufgabe ist. Außerdem werden hohe Anforderungen an die Linsen und Spiegel gestellt. Diese Schwierigkeiten entfallen bei der in **Fig. 3441-5** skizzierten Anordnung. Aber hier sind nur mit sehr engen Streulichtbündeln gute Signale zu erwarten. Bei weiten Bündeln wird die Signalschwebung unharmonisch. Das Signalspektrum wird stark verbreitert und gibt nur bedingte und unsichere Auskunft über die senkrecht auf der Achse des Laserlichtbündels stehende Geschwindigkeitskomponente. In beiden Fällen dürfen die Streulichtbündel nicht so weit sein, daß die Winkelabhängigkeit der Streulichtamplitude eine Rolle spielen könnte.

3.4.4.3 Vektormessung

Mit den genannten Nachteilen der Differenzvelozimeter wird der Vorteil
erkauft, daß die simultane Messung von zwei orthogonalen Geschwindigkeitskomponenten nur wenig zusätzlichen Aufwand erfordert. Dazu ist lediglich ein zweites Streulichtbündelpaar in einer um 90° gedrehten Ebene auf
einem zweiten Detektor zu vereinen. Bei der in **Fig. 3441-3** skizzierten Anordnung bedarf es dazu nur eines zweiten Spiegelpaares. Die beiden
Komponenten stehen senkrecht auf der Achse des Laserlichtbündels. Zur
Messung einer dritten unabhängigen Komponente würden dann allerdings ein
zweites Laserlichtbündel mit anderer Frequenz oder Polarisation, noch ein
Spiegelpaar, noch ein Detektor und würden Filter vor den drei Detektoren benötigt. Wo drei Komponenten simultan registriert werden mußten, da
wurde bisher stets anderen Velozimetern der Vorzug gegeben.

3.4.5 Zweibündel-Dopplervelozimeter

3.4.5.1 Streulicht aus zwei Lichtbündeln

Bei beiden Einbündelvelozimetern hat die Abhängigkeit der Schwebungsfrequenz von der Richtung des Streulichtempfanges wachsende Unsicherheit der
Messung mit zunehmender Öffnung der Empfangsoptik zur Folge. Dieser Mangel führte zur Entwicklung des Zweibündelvelozimeters [2551 - 2589].
Bei diesem werden zwei Teilbündel eines Laserlichtbündels so zusammengeführt und fokussiert, daß sich ihre Achsen im gemeinsamen
Taillenmittelpunkt mit einem kleinen Winkel Θ schneiden. Aus dem Durchdringungsgebiet kommen dann wie in **Fig. 3451-1** zwei Streulichtanteile zum
Detektor D. Der eine mit der Frequenz ν_{1D} wird vom Teilbündel L1 und der
andere mit der Frequenz ν_{2D} wird vom Teilbündel L2 erzeugt. Wie beim Dopplerdifferenzvelozimeter, so wird auch hier Streulicht zu Streulicht
überlagert. Aber die beiden Schwebungsfrequenzen sind jetzt nicht wegen
zwei Empfangsrichtungen bei einer Beleuchtungsrichtung, sondern wegen
zwei Beleuchtungsrichtungen bei einer Empfangsrichtung verschieden. Es
gilt:

$$\frac{\nu_{1D}-\nu_L}{\nu_L} = \frac{\vec{v}}{c}\,(\vec{e}_D - \vec{e}_{L1}) \quad ; \quad \frac{\nu_{2D}-\nu_L}{\nu_L} = \frac{\vec{v}}{c}\,(\vec{e}_D - \vec{e}_{L2}) \tag{1)(2}$$

Für die Schwebungsfrequenz $\nu_S=\nu_{2D}=\nu_{1D}$ kommt:

$$\frac{\nu_S}{\nu_L} = \frac{\vec{v}}{c}\,(e_{L1} - e_{L2}) \tag{3}$$

Im Falle komplanarer Vektoren $\vec{v}$, $\vec{e}_{L1}$ und $\vec{e}_{L2}$ setzen sich die Differenzen
der Richtungsvektoren wie in **Fig. 3451-2** zu einer resultierenden Differenz
$\vec{e}_{L1}-\vec{e}_{L2}$ zusammen. Mit dem Winkel Θ zwischen $\vec{e}_{L1}$ und $\vec{e}_{L2}$ und dem Winkel γ zwischen $\vec{v}$ und $\vec{e}_{L1}-\vec{e}_{L2}$ gilt:

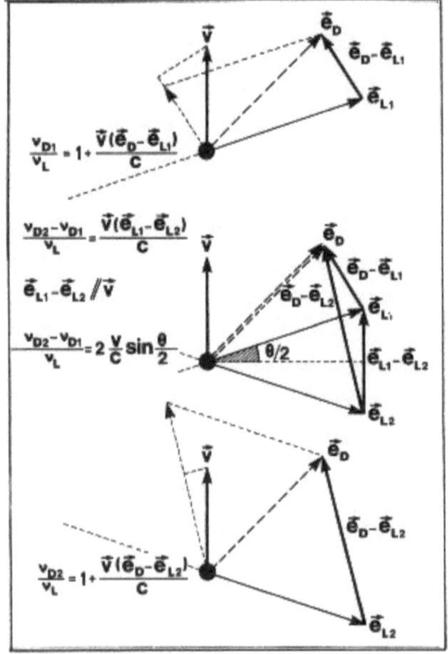

1: Streulicht aus 2 Bündeln

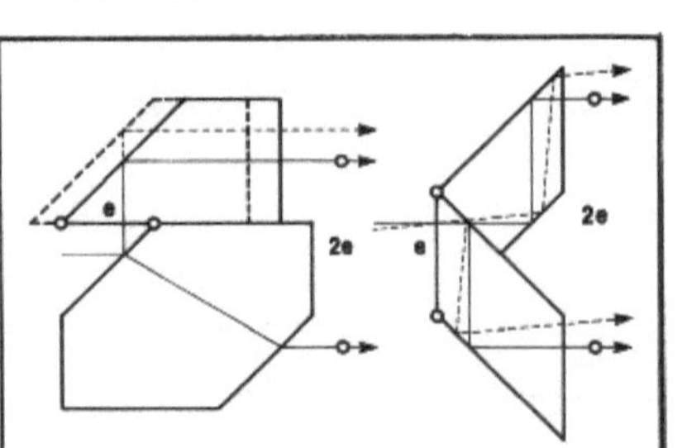

2: Streulichtüberlagerung

3: Strahlteiler

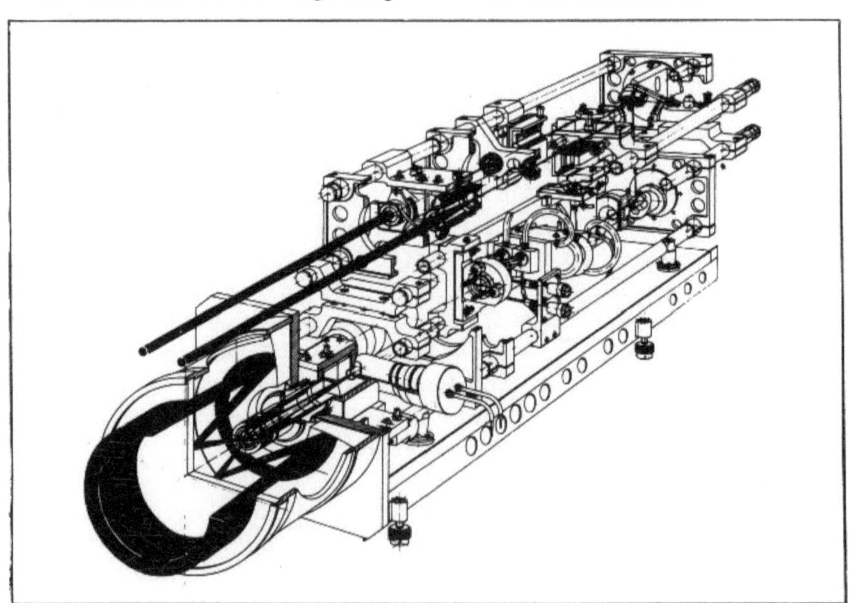

4: Kompakter Aufbau der Sende- und Empfangsoptik

Fig. 3451: Zweibündel - Dopplervelozimeter

$$\frac{\nu_S}{\nu_L} = 2\,\frac{v}{c}\,\sin\frac{\theta}{2}\,\cos\gamma \qquad\qquad (4)$$

Auch diese Formel stimmt nur formal mit den Formeln 3.4.3.1-(2) und 3.4.4.1-(4) überein. θ und γ bezeichnen andere Winkel. Jetzt ist die Schwebungsfrequenz ν_S unabhängig von der Richtung des Streulichtempfangs. Es darf also mit weiter Öffnung der Empfangsoptik empfangen werden. Mit ν_S wird die Komponente $v\cos\gamma$ der Partikelgeschwindigkeit normal zur Halbierenden des Winkels θ zwischen den beiden Lichtbündeln L1 und L2 gemessen.

Die Teilung des Laserlichtbündels in L1 und L2 kann mit den verschiedensten Strahlteilern vorgenommen werden. Der in **Fig. 3651-1** skizzierte mit einem halbdurchlässigen und einem undurchlässigen Spiegel ist bei offenem Aufbau störanfällig. Kompakter Aufbau nimmt die Möglichkeit, den Abstand und Winkel zwischen den in die Linse eintretenden Teilbündeln zu variieren. Außerdem hat dieser Strahlteiler den Nachteil, daß die Wege der beiden Teilbündel nicht die gleiche Länge haben. Anfangs wurde häufig das in Abschnitt 1.5.1.2 besprochene Koesterprisma verwendet   Bei senkrechtem Strahleintritt ist e=a. Bei Strahleintritt mit einem Einfallswinkel α wird nicht nur $\varepsilon=\alpha$, sondern wird zugleich auch der Zusammenhang zwischen e und a verändert. Die Kopplung erschwert die Justierung. Darum wurden eigens für das Zweibündelvelozimeter die in **Fig.** 3451-3 skizzierten Strahlteiler entwickelt. Bei dem rechts gezeigten "Schiffchen" ist bei senkrechten Strahleintritt e=b unabhängig von a. Bei schrägen Strahleintritt wird $\varepsilon=\alpha$ und bleiben die beiden Teilstrahlen parallel. Bei dem links gezeigten "Panzer" gilt das gleiche. Hier kann man b durch Verschieben des oberen Teilprismas auf dem unteren variieren. Bei passenden Abmessungen haben die beiden Teilstrahlen die gleiche Länge. In Abschnitt 3.4.5.4 werden Vorteile der Strahlteilung mit einem Wollastonprisma besprochen. Die weite Öffnung der Empfangsoptik ermöglicht Messungen mit sehr schwachem rückwärts gestreuten Mielicht. So kann man die Sendeoptik und die Empfangsoptik auf derselben Seite des Meßvolumens im Meßraum eines großen Windkanals, in einem Schutzraum oder in einem gemeinsamen Gehäuse unterbringen. **Fig.** 3451-4 zeigt den Aufbau eines Zweibündelvelozimeters, das für Messungen an Bord eines Flugzeugs entwickelt wurde [2590 - 2594].

Im nächsten Abschnitt wird gezeigt, wie die Wirkungsweise des Zweibündelvelozimeters unter Umständen auch anders beschrieben werden kann.

3.4.5.2 Interferenzfeldinterpretation

Die beiden Teillichtbündel interferieren im Durchdringungsgebiet wie in Abschnitt 1.6.1.1 besprochen. Im Interferenzfeld existieren parallele Ebenen vollständiger Löschung. Diese stehen senkrecht auf der Ebene der beiden Bündelachsen und schneiden sie in Parallelen zur Halbierenden des Winkels Θ zwischen den beiden Bündelachsen. Ihr Abstand beträgt:

$$i = \frac{\lambda}{2\sin(\Theta/2)} \tag{1}$$

Dieser Sachverhalt suggeriert eine ganz andere Erklärung der Modulation des Detektorsignals mit der Frequenz ν_S, die als Interferenzfeldinterpretation bekannt ist und anfangs Anlaß zu mancherlei Kontroversen gegeben hat [2559]. Das Tracerpartikel wird bei seiner Durchquerung des Interferenzfeldes periodisch beleuchtet. Liegt seine Bahn wie in **Fig.3452-1** in der Ebene der beiden Bündel, so benötigt es für den Weg $i/\cos\gamma$ die Zeit $\tau_S = i/v\cos\gamma$. Mit $\lambda = c/\nu_L$ ergibt sich der folgende Ausdruck für die Frequenz $\nu_S = 1/\tau_S$ der Streulichtblitze:

$$\frac{\nu_S}{\nu_L} = 2\,\frac{v}{c}\,\sin\frac{\Theta}{2}\,\cos\gamma \tag{2}$$

Genau die gleiche Frequenz ν_S wurde im vorstehenden Abschnitt als Schwebungsfrequenz gefunden.

Die Interferenzfeldinterpretation ist anschaulicher als die Dopplerdifferenzinterpretation und erleichtert den Umgang mit dem Zweibündelvelozimeter. Sie geht aber von der falschen Voraussetzung aus, daß der vom Partikel empfangene Strahlungsfluß die für den Strahlungsfluß des gestreuten Lichtes maßgebende Größe sei. In Wirklichkeit kommt es auf die elektrischen Feldstärken und deren Fortpflanzungsrichtungen an. Die Quadrierung erfolgt nicht im Partikel, sondern im Detektor. Nach der Interferenzfeldinterpretation dürfte überhaupt keine ν_S-Modulation des Detektorsignals auftreten, wenn der Durchmesser des Partikels $d=1{,}22i$, $2i$, $3i$ usw. beträgt, weil das Partikel dann fortwährend den gleichen Strahlungsfluß empfängt. Experimente haben jedoch in Übereinstimmung mit Berechnungen der Vorgänge im Partikel ergeben, daß bei allen d eine ν_S-Modulation auftritt. Bei $d=1{,}22i$ war diese sogar besonders stark [2595]. Außerdem bedarf es einer zusätzlichen Überlegung, um mit der Interferenzfeldinterpretation zu erklären, daß man auch bei orthogonalen Polarisationsrichtungen der beiden Bündel ν_S-modulierte Detektorsignale erhalten kann. Wir kommen in Abschnitt 3.6.5.4 darauf zurück. Es gibt also Fälle, in denen die Interferenfeldinterpretation versagt. Von solchen Fällen abgesehen hat sie sich als heuristisch und didaktisch wertvoll erwiesen. Im nächsten Abschnitt wird sie verwendet, um mit möglichst wenig Mathematik den niederfrequenten Anteil am Detekorsignal abzuschätzen. Die Abschätzung geht von den folgenden Bestrahlungsstärken im Durchdringungsgebiet aus:

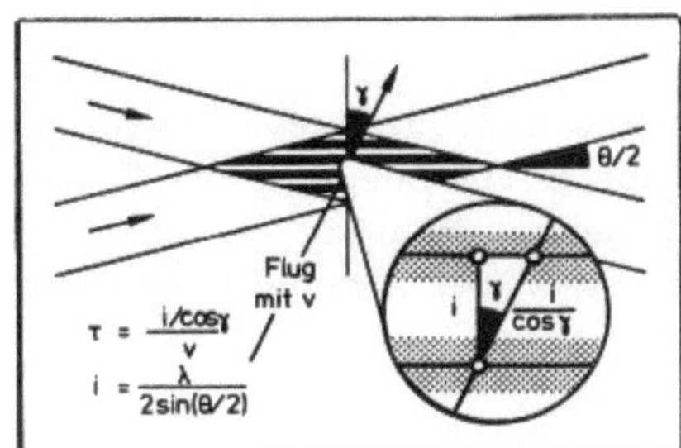

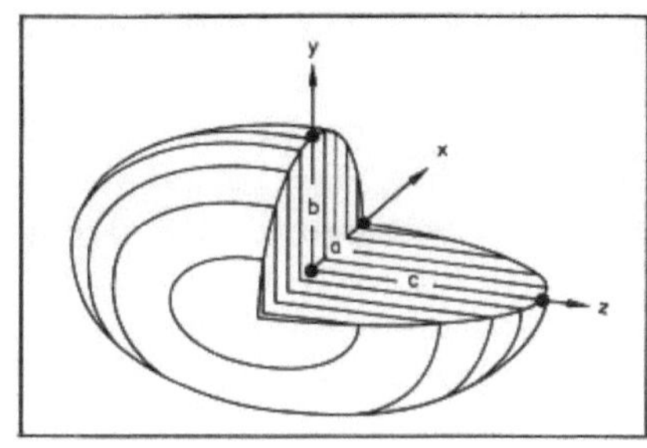

1: Flug durch Interferenzfeld   2: $1/e^2$-Ellipsoid

Fig. 3452: Interferenzfeldinterpretation

$$B(x,y,z) = B_1(x,y,z)+B_2(x,y,z)+2\sqrt{B_1(x,y,z)B_2(x,y,z)}\cos\left(2\pi\frac{x}{i}\right) \quad (3)$$

Das Bündel L1 allein würde mit $B_1(x,y,z)$ und das Bündel L2 allein mit $B_2(x,y,z)$ auftreten. Die Interferenz macht den periodischen Anteil. Bei gleichen Gaußprofilen der beiden Bündel mit dem $1/e^2$-Durchmesser d ergibt sich der folgende Ausdruck für den Faktor des periodischen Anteils :

$$2\sqrt{B_1(x,y,z)B_2(x,y,z)} = 2\hat{B}\exp\left\{-\frac{8}{d^2}\left[x^2\cos^2\left(\frac{\Theta}{2}\right) + y^2 + z^2\sin^2\left(\frac{\Theta}{2}\right)\right]\right\} \quad (4)$$

Dieser Faktor ist auf Ellipsoiden konstant und innerhalb des Ellipsoids mit den folgenden Hauptachsen größer als $2\hat{B}/e^2$:

$$a = d/\cos\frac{\Theta}{2} \quad ; \quad b = d \quad ; \quad c = d/\sin\frac{\Theta}{2} \qquad (5)\,(6)\,(7)$$

Dieses in **Fig. 3452-2** skizzierte Ellipsoid hat das folgende Volumen:

$$V = \frac{\pi d^3}{3\sin\Theta} \qquad (8)$$

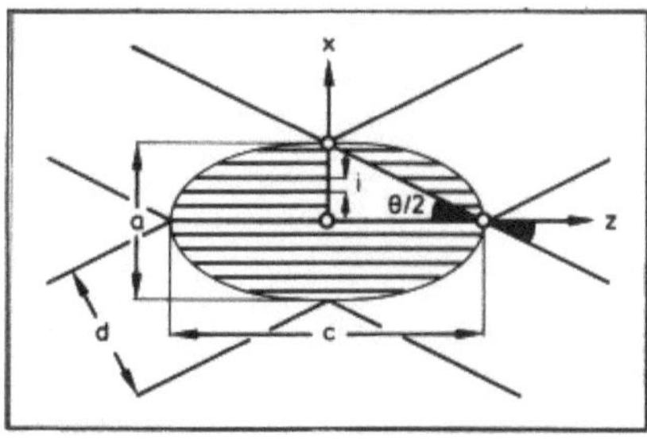

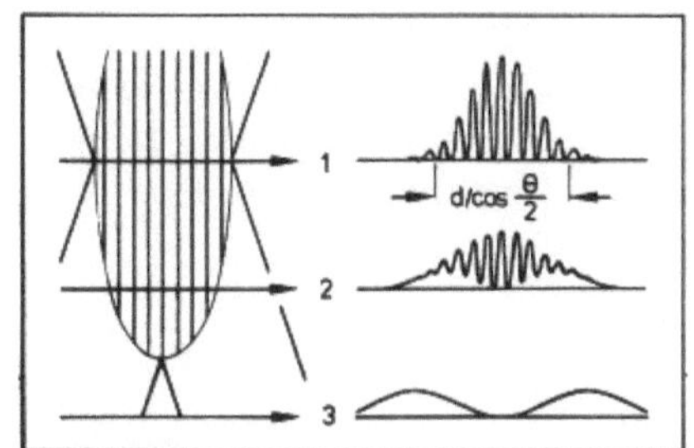

1: Ebene der Bündelachsen   2: Bestrahlungsstärken

Fig. 3453: Signale aus dem Interferenzfeld

3.4.5.3 Signale

Von einem Tracerpartikel ist nur solange ein gut auswertbares Signal zu
erwarten, wie es das im vorstehenden Abschnitt besprochene Ellipsoid auf
einem Weg durchquert, der die y,z-Ebene mit hinreichend großer Neigung
durchstößt. **Fig. 3453-1** zeigt die Situation in der x,z-Ebene der beiden Bündelachsen. Fliegt das Partikel in dieser Ebene, so trifft es die folgenden
Bestrahlungsstärken an:

$$B(x,z)/\hat{B} = \exp\left[-8\left(\frac{x}{a}-\frac{z}{c}\right)^2\right] + \exp\left[-8\left(\frac{x}{a}+\frac{z}{c}\right)^2\right] +$$

$$+ 2\exp\left[-8\left(\frac{x^2}{a^2}+\frac{z^2}{c^2}\right)\right]\cos\left(2\pi\frac{x}{i}\right) \tag{1}$$

In **Fig. 3453-2** sind solche Bestrahlungsstärken für drei x-parallele Wege
bei z=0,d,2d wiedergegeben. Das Partikel benötigt von Minimum zu Minimum
der Bestrahlungsstärken die Flugzeit $\tau=i/v$ und für die Durchquerung der
Ellipse die folgende Flugzeit T:

$$T = \frac{a}{v}\sqrt{1-4(z/c)^2} \tag{2}$$

Während T durchquert es die folgende Zahl N der Minima

$$N = \frac{T}{\tau} = 2\frac{d}{\lambda_L}\tan\left(\frac{\theta}{2}\sqrt{1-4(z/c)^2}\right) \tag{3}$$

Nach der Interferenzfeldinterpretation ist der Detektorstrom I(t) zu den
vom Partikel angetroffenen B(t) proportional. Auf den soeben betrachteten
Wegen ist x=vt. Mit $2\pi x/i=\omega_s t$ kommt:

$$I(t) = I_1(t) + I_2(t) + 2\sqrt{I_1(t)\,I_2(t)}\cos\omega_s t \tag{4}$$

$$I_1(t) = \hat{I}\exp\left[-8\left(\frac{vt}{a}-\frac{z}{c}\right)^2\right] \; , \; I_2(t) = \hat{I}\exp\left[-8\left(\frac{vt}{a}+\frac{z}{c}\right)^2\right] \tag{5}\,(6)$$

Bei Durchquerung nur eines der beiden Bündel würde das Signal $I_1(t)$ bzw.
$I_2(t)$ auftreten. Die B(x)-Modulation des Interferenzfeldes bewirkt die
I(t)-Modulation. Das Signal I(t) setzt sich additiv aus dem Sockel
$I_P(t)=I_1(t)+I_2(t)$ und dem Dopplersignal $I_D(t)=2\sqrt{I_1(t)I_2(t)}\cos\omega_s t$ zusammen. Im Sonderfall z=0 ist $I_1(t)=I_2(t)$. Mit $T_0=T(z=0)=a/v=d/v\cos(\theta/2)$
kommt:

$$I_P(t) = I_D(t)/\cos\omega_s(t) = 2\,\hat{I}\exp\left[-8\left(\frac{t}{T_0}\right)^2\right] \tag{7}\,(8)$$

Das Signal I(t) hat dann den gleichen Verlauf wie das in **Fig. 3432-1** gezeigte des Referenzvelozimeters bei optimaler Justierung und optimalem Partikelweg. Am Rande der Ellipse ist t=±T/2. Dort ist:

$$I_P(T/2) = \hat{I}e^{-2}\left[\exp\left(8\frac{z}{c}\sqrt{1-4\left(\frac{z}{c}\right)^2}\right)+\exp\left(-8\frac{z}{c}\sqrt{1-4\left(\frac{z}{c}\right)^2}\right)\right] \tag{9}$$

$$I_D(T/2) = 2\,\hat{I}\,e^{-2}\cos\omega_s t \tag{10}$$

Bei z=0 und bei z=c/2 wird dort $I_P=I_D/\cos\omega_s t=2\hat{I}e^{-2}$. Die Zahl der auswertbaren Signalschwingungen ist gleich der oben genannten Zahl N der während T angetroffenen B(x)-Minima, wenn die Schwingungsamplitude mehr als das $1/e^2$-fache der größtmöglichen betragen muß. Hinter einem logarithmischen Verstärker können auch noch Schwingungen vor und nach T beobachtet werden. Das Interferenzfeld hört ja am Rande des betrachteten Ellipsoids nicht plötzlich auf. Die unverzerrten Signale I(t) des Detektors haben jedoch wie die B(x) des Interferenzfeldes die in **Fig.** 3453-2 skizzierten Verläufe.

Bei kleinem Winkel θ ist die Achse c des Ellipsoids viel länger als die Achse a. Das Verhältnis c/a=cot(θ/2) wird bereits bei etwa θ=11° gleich 10. Zwecks Lokalisierung der Messung wird dann nur ein kurzer Abschnitt des Ellipsoids als Meßvolumen auf dem Detektor abgebildet. In einem solchen Fall können sich die Signale nur wenig von dem bei z=0 unterscheiden. Bei großem Winkel θ verraten auch die Signalverläufe, daß die Quadrierung der Feldstärken und Mittelung der hochfrequenten Anteile in Wirklichkeit nicht am Partikel, sondern erst im Detektor erfolgt. Die physikalisch korrekte Rechnung muß die Überlagerung der Feldstärken von zwei Partikelbildern betrachten, die über den Detektor wandern, während sich das Partikel durch zwei elektromagnetische Wellen bewegt. Diese beiden Bilder befinden sich stets zur gleichen Zeit am gleichen Ort. Die Amplituden ihrer Feldstärken sind aber nicht unbedingt gleich, sondern wegen der Richtungsabhängigkeit der Streuung mit verschiedenen Proportionalitätskonstanten zu den betreffenden Amplituden der Feldstärken am Ort des Partikels proportional. Es ergibt sich, daß man in die Gleichungen (5) und (6) nicht beidemal $\hat{I}$, sondern $\hat{I}_1 \neq \hat{I}_2$ einsetzen muß. Die Sichtbarkeit des Dopplersignals bei z=0 ist dann nicht gleich 1, sondern beträgt nur:

$$2\sqrt{\hat{I}_1\hat{I}_2}/(\hat{I}_1+\hat{I}_2) \tag{11}$$

Bei großem Winkel θ kommen selten so idealen Signale wie das in **Fig.** 3453-1 vor. Über die Signale des Zweibündelvelozimeters existiert umfangreiche Literatur [2595 - 2615]. Einige Arbeiten haben sich mit den Signalen großer Partikel mit Durchmessern über dem Interferenzflächenabstand i befaßt. In einigen wurden die Signale von zwei oder mehr gleichzeitig im Meßvolumen erscheinenden Partikeln untersucht. Dabei spielt dann doch die Öffnung der Empfangsoptik eine entscheidende Rolle. Es kommt darauf an, ob sich die Beugungssäume der Partikelbilder überlappen oder nicht. Nur wenn sie dies nicht tun, kann einfach mit der Summe der Einzelsignale gerechnet werden. In einigen Arbeiten wurde nachgewiesen, daß unter gewissen Voraussetzungen auch die Signale des Referenzvelozimeters und des Differenzvelozimeters als solche aus einem Interferenzfeld, allerdings aus einem virtuellen, berechnet werden können.

3.4.5.4 Sockelunterdrückung

Wird wie in **Fig. 3454-1** ein Wollastonprisma als Strahlteiler eingesetzt,
dann sind die beiden Teilbündel orthogonal polarisiert und können darum
nicht interferieren. Wenn ein Tracerpartikel das Durchdringungsgebiet
durchquert, dann liefert ein Detektor hinter einem diagonalen Polarisationsfilter oder hinter einem diagonalen Wollastonprisma dennoch ein mit
der Frequenz ν_S moduliertes Stromsignal. Für die Dopplerdifferenzinterpretation hat dieser Vorgang nicht geheimnisvolles. Die beiden
Streulichtbündel sind wie die erzeugenden Beleuchtungsbündel orthogonal
polarisiert. Ein Polarisationsfilter läßt von beiden nur die in seiner
Polarisationsrichtung schwingenden Komponenten durch. Oder das zweite
Wollastonprisma schickt nur die gleichschwingenden Komponenten in dieselbe Richtung. Diese werden überlagert. Die Interferenzfeldinterpretation muß hier annehmen, daß im Durchdringungsgebiet der beiden

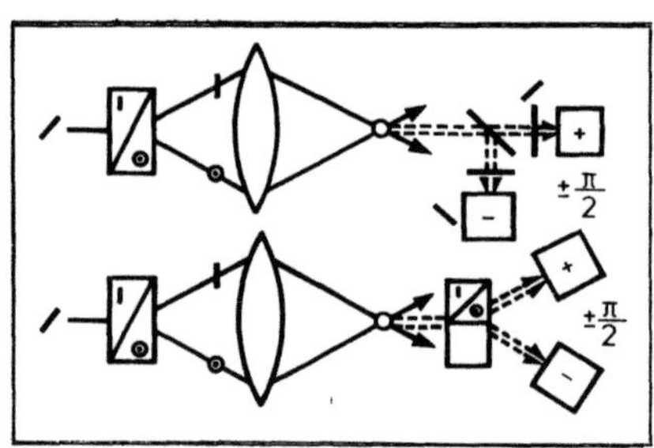

1: Opt. Anordnungen

2: Subtraktion der Signale

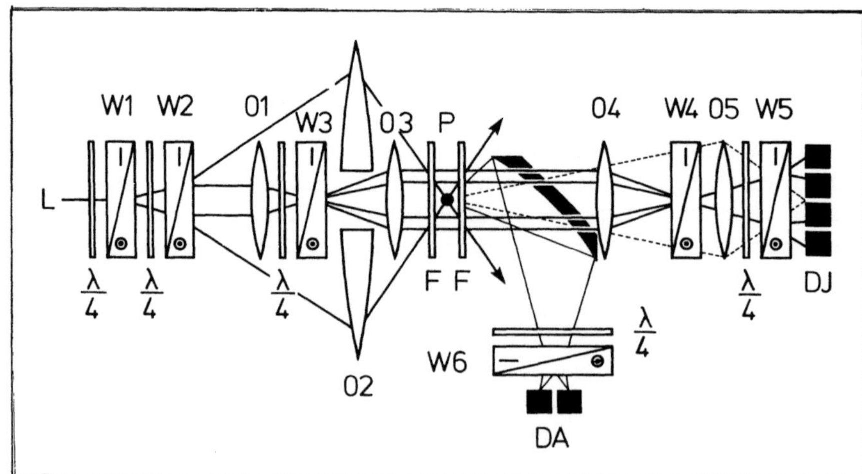

3: Velozimeter/Differentialinterferometer - Kombination

Fig. 3454: Sockelunterdrückung

orthogonal polarisierten Beleuchtungsbündel zwei komplementäre d.h. um
i/2 versetzte Interferenzfelder existieren, in denen ihre diagonal polarisierten Komponenten interferieren. Die Dunkelebenen des einen fallen
mit den Hellebenen des anderen so zusammen, daß sie bei Anwesenheit von
Rauch im Durchdringungsgebiet nicht ohne weiteres sichtbar werden. Sie
werden sichtbar, wenn man das Durchdringungsgebiet durch ein Polarisationsfilter betrachtet, das nur das Streulicht aus dem einen oder anderen
der zwei komplementären Interferenzfelder durchläßt.

Wird der Empfang nicht nur mit einem Detektor, sondern wie in **Fig. 3454-1**
oben mit zwei Detektoren hinter diagonal orientierten Polarisationsfiltern mit orthogonalen Polarisationsrichtungen vorgenommen, so erhält man
zwei Stromsignale mit gleichen Sockeln und komplementären ν_S-Anteilen.
Das gleiche geschieht, wenn man die zwei Detektoren wie in **Fig. 3654-1** unten
in die zwei passenden Richtungen hinter das zweite Wollastonprisma
stellt. Subtraktion der beiden Signale ergibt ein Signal ohne Sockel wie
in **Fig. 3454-2**, das mit der Frequenz ν_S oszilliert. Auch alle sonstigen aus
irgendwelchen Gründen auftretenden und bei beiden Signalen gleichen
Schwankungen werden so eliminiert. Zweibündelvelozimeter solcher Bauart
[2617] liefern selbst dann noch "saubere" Signale, wenn stark schwanken-
des Fremdlicht die Messung mit anderen Velozimetern unmöglich macht. Sie
eignen sich außerdem vorzüglich zur Kombination mit dem in Abschnitt
2.2.3.1 beschriebenen Differentialinterferometer, weil dasselbe Wollastonprisma die Teilung des Laserlichtbündels sowohl für das
Interferometer wie auch für das Velozimeter vornehmen kann. **Fig. 3454-3**
zeigt eine solche Kombination [2618]. Sie hat sich bei Untersuchungen der
Zellularkonvektion im Labor und in einer fallenden Rakete bewährt.

3.4.5.5 Behebung der Vorzeichenunsicherheit

Man kann auch dem Signal des vorstehend beschriebenen Zweibündelvelozimeters nicht ansehen, ob das Tracerpartikel in der einen oder in der entgegengesetzten Richtung durch das Meßvolumen flog. Diese Vorzeichenunsicherheit kann auf verschiedene Weisen behoben werden. Bei der gebräuchlichsten wird die Frequenz des einen Laserlichtbündels um einen festen
Betrag $\Delta\nu_L$ gegenüber der Frequenz des anderen verschoben. Dies hat zur
Folge, daß sich auf dem Detektor nicht Streulichtimpulse mit den Frequen-
zen $\nu_{1D} = \nu_L + \Delta\nu_{1D}$ und $\nu_{2D} = \nu_L + \Delta\nu_{2D}$, sondern solche mit den Frequenzen $\nu_{1D} =$
$\nu_L + \Delta\nu_{1D}$ und $\nu_{2D} = \nu_L + \Delta\nu_L + \Delta\nu_{2D}$ überlagern. Die Schwebungsfrequenz beträgt
jetzt nicht mehr $\nu_S = |\Delta\nu_{1D} - \Delta\nu_{2D}|$, sondern $\nu_S = |\Delta\nu_L + \Delta\nu_{1D} - \Delta\nu_{2D}|$. Die Schwe-
bung tritt schon beim ruhenden Partikel auf und hat dann die Frequenz
$\nu_S = |\Delta\nu_L|$. Diese wird bei Partikelbewegung in der einen Richtung um
$|\nu_{1D} - \nu_{2D}|$ erhöht und bei Partikelbewegung in der anderen Richtung um
$|\nu_{1D} - \nu_{2D}|$ vermindert. Die Interferenzfeldinterpretation hat mit laufenden Hell- und Dunkelebenen zu rechnen. Diese werden mit der

Geschwindigkeit $v_L = i\Delta v_L$ parallel verschoben. Ein ruhendes Partikel wird von den Hellebenen mit Zeitabständen $i/v_L = 1/\Delta v_L$ überlaufen. Von ihm gehen also Lichtblitze mit der Frequenz Δv_L aus. Entgegengesetzte Partikelbewegung vergrößert und gleichgerichtete verkleinert diese Blitzfrequenz. Die Frequenzverschiebung Δv_L ist so zu wählen, daß v_S bei allen vorkommenden Δv_{1D}-Δv_{2D} im Bereich jener Frequenzen liegt, welche von der Signalverarbeitung entdeckt werden können. Gelegentlich wird sie sogar nur vorgenommen, um v_S in den Arbeitsbereich vorhandener Elektronik zu legen. Die Frequenzverschiebung wird gerne mit zwei gegenläufig wirkenden Braggzellen im selben Lichtbündel oder mit zwei gleichlaufend wirkenden in den zwei Lichtbündeln vorgenommen. Diese Verfahren haben sich hier sich so gut bewährt, daß die in Abschnitt 3.4.3.4 erwähnten anderen Verfahren bisher nur selten verwendet wurden [2621-2626].

Die Frequenzverschiebung ist nicht die einzige Möglichkeit. Werden die Signale aus zwei leicht versetzten Interferenzfeldern mit verschiedenen Farben getrennt registriert, so informiert die Signalversetzung über die Richtung der Partikelbewegung [2624]. Bei guten Signalen kann sogar die Markierung durch eine asymmetrische Lichtverteilung im Interferenzfeld genügen. Die Aufgabe der Bestimmung des Vorzeichens der Frequenz-

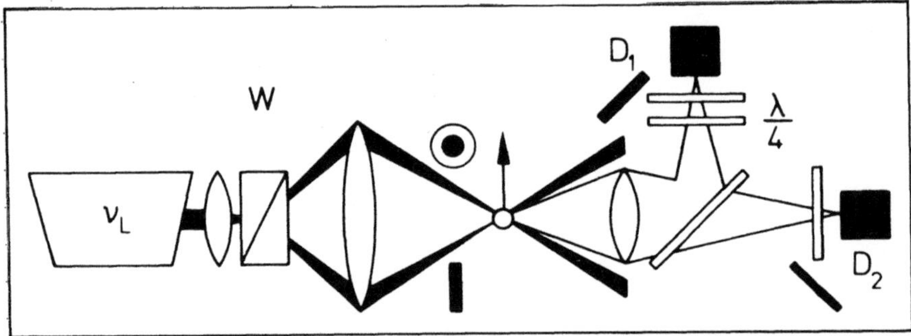

1: Bestimmung des Vorzeichens einer Phasenverschiebung

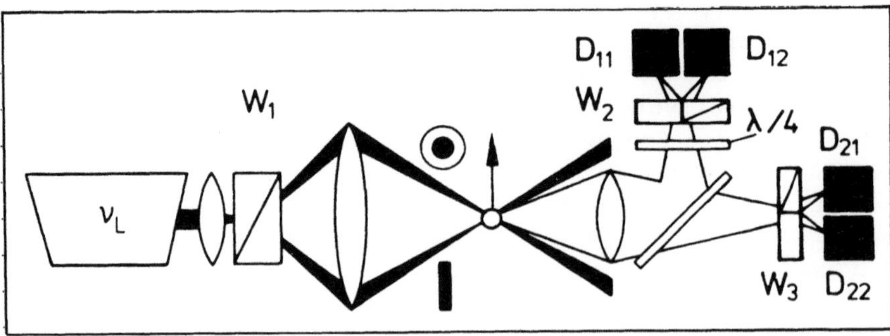

2: Kombination mit der Sockelunterdrückung

Fig. 3455: Behebung der Vorzeichenunsicherheit

differenz kann ferner mit der in **Fig.** 3455-1 skizzierten Optik in die des Vorzeichens einer Phasendifferenz gewandelt werden [2627]. Ohne die λ/4-Platte wären die Doppleranteile der Signale der zwei Delektoren D1 und D2 komplementär. Die Phasenverschiebung der Schwebungen würde π betragen. Die λ/4-Platte sorgt dafür, daß die Phase bei D1 der bei D2 je nach Vorzeichen der Frequenzdifferenz der überlagerten Streulichtanteil entweder um+π/2 vorauseilt oder um-π/2 nachläuft. Ob das eine oder andere zutrifft, kann mit einem einfachen Phasendiskriminator ermittelt werden. Bei guten und gut gefilterten Signalen genügt ein Vergleich der Nulldurchgänge. Der Betrag der Frequenzdifferenz wird mit einem der beiden Signale bestimmt. Auf die Sockelunterdrückung wird verzichtet. Die Vorzeichenbestimmung gelingt noch besser, wenn mit der in **Fig.** 3455-2 gezeigten Optik auch die Sockelunterdrückung vorgenommen wird. In diesem Fall sind die je zwei Signale der Detektorpaare D1 und D2 zu subtrahieren und die Differenzsignale zu vergleichen [2627].

3.4.5.6 Vektormessung

Mit Dopplerreferenzvelozimetern können wie gesagt leicht zwei oder alle drei Komponenten der Tracergeschwindigkeit simultan gemessen werden, weil die Dopplerverschiebung der Streulichtfrequenz von der Empfangsrichtung abhängt. Dazu genügt die Fokussierung eines einzigen Laserlichtbündels im Meßvolumen. Beim Zweibündelvelozimeter erfordert bereits die simultane Messung von zwei Komponenten einen höheren Aufwand. Sie kann mit vier getrennt durchs Meßvolumen gehenden Teilbündeln wie in **Fig.** 3456-1 links oder mit zwei getrennt und zwei kollinear laufenden Teilbündeln wie in **Fig.** 3456-1 rechts erfolgen. Dabei müssen sich die Teilbündelpaare entweder in der Polarisation oder in der Farbe oder durch zwei verschiedene Frequenzdifferenzen so unterscheiden, daß die Streulichtanteile getrennt werden können. Die Kennzeichnung durch die Polarisationsrichtungen läßt sich mit nur drei Teilbündeln mit zwei orthogonalen und einer hierzu diagonalen Polarisationsrichtung realisieren. Die Feldstärke des diagonal polarisierten setzt sich aus zwei orthogonalen Komponenten parallel zu den Polarisationsrichtungen der zwei anderen Teilbündel zusammen. Das Verfahren versagt, wenn bei Partikeldurchmessern über etwa 10µm die komplizierten elektrischen Ströme im Partikel das Streulicht depolarisieren [2628]. Die Farbkennzeichnung kann z.B. durch Verwendung einer blauen und der grünen Linie eines Arlasers geschehen. Die Farbtrennungen kann dann mit Hilfe von dichroitischen Spiegeln erfolgen. Hier gibt es noch vielerlei andere, im Detail verschiedene, im Prinzip aber immer wieder gleiche Möglichkeiten [2629 - 2634]. Zur Kennzeichnung durch verschiedene Frequenzdifferenzen kann man z.B. mit einer zweidimensionalen Braggzelle die Frequenz des Bündels 1 um $\Delta\nu_{L1}$ und die des Bündels 2 um $\Delta\nu_{L2}$ gegenüber der Frequenz ν_L der Bündel 3 und 4 verschieben. Die Überlagerung der Streulichtanteile aus den vier Bündeln würde bei einem ruhenden Partikel ein Signal mit den vier Frequenzen $\Delta\nu_{L2}$-$\Delta\nu_{L1}$ wegen der Bündel 1 und 2, $\Delta\nu_{L2}$ wegen der Bündel 2 und 3 wie 4, 0 wegen der Bündel 3 und 4 und $\Delta\nu_{L1}$ wegen der Bündel 1 und 3 wie 4 ergeben. Es kommt dann darauf an, die Signalanteile mit den Frequenzen 0 und $\Delta\nu_{L2}$-$\Delta\nu_{L1}$ wegzufiltern und die Signalanteile mit $\Delta\nu_{L1}$ und $\Delta\nu_{L2}$ zu trennen. Fliegt ein Partikel mit den Geschwindigkeitskomponenten v_x in der Ebene der Bündel 1 und 3 sowie v_y in der Ebene der Bündel 2 und 4 durch das Durchdringungsvolumen, so ist die Frequenz $\Delta\nu_{L1}$ mit der Dopplerdifferenzfrequenz wegen v_x und die Frequenz $\Delta\nu_{L2}$ mit der Dopplerdifferenzfrequenz wegen v_y moduliert. $\Delta\nu_{L1}$=30MHz und $\Delta\nu_{L2}$=40MHz sind typische Werte. Das Wegfiltern der Frequenzen 0 und $\Delta\nu_{L2}$-$\Delta\nu_{L1}$=10MHz sowie das Trennen der beiden übrigen Signalanteile gelingt, solange die beiden Dopplerdifferezfrequenzen unter 5MHz bleiben [2635-2641].

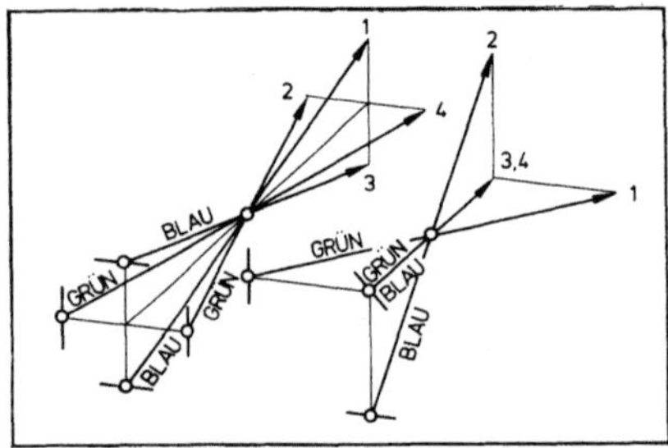

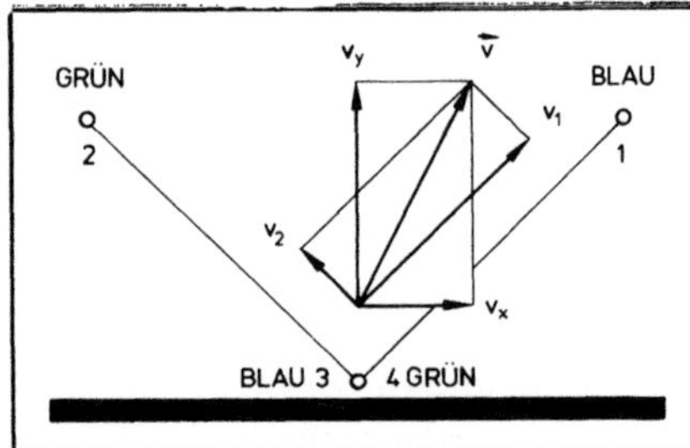

1: Zweikomponentenmessung   2: in Wandnähe

Fig. 3456: Vektormessung

Die Anordnung mit zwei kollinearen Teilbündeln ermöglicht einen kleineren Abstand des Meßvolumens von einer Wand, wenn man die Bündel wie in **Fig. 3456-2** orientiert. Wir entnehmen der Zeichnung, daß dann die folgenden Zusammenhänge zwischen den gemessenen Geschwindigkeitskomponenten v_1,v_2 normal zu den Ebenen der Bündelpaare und den gesuchten Geschwindigkeitskomponenten v_x, v_y parallel und normal zur Wand bestehen:

$$v_x = \frac{v_2+v_1}{\sqrt{2}} \quad ; \quad v_y = \frac{v_2-v_1}{\sqrt{2}} \qquad (1)\,(2)$$

Zur simultanen Messung aller drei Komponenten v_x,v_y,v_z des Geschwindigkeitsvektors müßte man nicht nur ein drittes Interferenzfeld in das Durchdringungsgebiet legen, sondern müßte auch die drei Interferenzfelder anders orientieren. v_z wird besser mit einem Einbündelvelozimeter gemessen. In [2642] wurde abgeschätzt, wie sich die Fehler der Messung nicht orthogonaler Komponenten in die Bestimmung der orthogonalen fortpflanzen. Dopplerverschiebung zur Bestimmung der Strömungsgeschwindigkeiten eines Überschallstrahls zu benutzen.

3.4.6 Verarbeitung der Dopplersignale

3.4.6.1 Einzelsignalverarbeitung

Alle drei mit dem Überlagerungsempfang arbeitenden Dopplervelozimeter
liefern ohne Sockelunterdrückung und bei optimaler Justierung ein Detektorsignal I(t) der in **Fig. 3461-1 oben** gezeigten Form, wenn ein einzelnes
Tracerpartikel die Mitte des Meßvolumes durchquert. Mit Sockelunterdrük-
kung sieht das Signal wie in **Fig. 3461-1** unten aus. Solch ideale Signale
sind jedoch selten. Bei ungünstigen Partikelflügen treten Signale wie in
Fig. 3461-2 auf. Die Signalverarbeitung beginnt mit der Unterdrückung des
Sockels wie in den **Fig. 3461-3 und 4** unten. Meist genügt es, das Signalspektrum mit einem Hochpaß zu beschneiden. Ein Bandpaß statt des Hochpasses
hat den Vorteil, außerdem das in Abschnitt 1.4.2.4 besprochene Detekto-
rauschen in Grenzen zu halten. Die Wahl der Grenzfrequenzen will wohl
überlegt sein. Das ideale Signal

$$I(t) = I(0) \exp\left[-8\left(\frac{t}{T}\right)^2\right][1+\cos \omega_s t] \tag{1}$$

hat z.B. je nach der Zahl $N=T|\tau_s=\omega_s T|2\pi$ der Schwebungen das in **Fig. 3461-5**
oder das in **Fig. 3461-6** graphisch dargestellte Amplitudenspektrum C (ω). Das
Filter soll den niederfrequenten Anteil des Sockels beseitigen, ohne den
hochfrequenten Anteil der Schwebung merklich zu beschneiden. Das ist
nur dann möglich , wenn sich die beiden Anteile nicht überlappen. Oft
ist zu beachten, daß ω_s stark schwankt oder nur mit großer Unsicherheit
vorhergesagt werden kann. Für solche Fälle wurden einstellbare und mit
einer Regelschaltung nachstellbare Filter entwickelt [2643].

Nach der Filterung sind die zu schwachen oder zu kurzen Signale zu verwerfen. Bei den übrigen ist die Schwebungsfrequenz $\nu_s = \omega_s/2\pi$ zu bestimmen.
Die Signale können dazu digitalisiert, gespeichert und einem Rechner
zugeführt werden [2644-2651]. Oft ist jedoch die Menge der anfallenden Signale viel zu mächtig. Oft soll das Ergebnis der Verarbeitung noch vor dem
Eintreffen des nächsten Signals vorliegen, damit die Änderung von ν_s noch
während des Versuchs angezeigt werden kann. Für die Frequenzanalyse werden die verschiedensten Signalspektrometer, Frequenzfolger und
Autokorrelatoren angeboten. Solche Geräte wurden jedoch ursprünglich für
die Analyse pausenloser Signale entwickelt. Einzelsignale werden besser
mit Frequenzzählgeräten analysiert [2652 - 2668]. Sie zählen entweder
die Zahl der positiven Nulldurchgänge während einer vorgegebenen Zahl von
Eichzeitintervallen oder die Zahl von Eichzeitintervallen während einer
vorgegebenen Zahl von positiven Nulldurchgängen des Signals. **Fig. 3461-7**
erläutert die Wirkungsweise eines Zählgerätes der erstgenannten Art. Zunächst unterdrückt ein Diskriminator all die Signale, deren Amplituden
unter einer gewissen Schwelle bleiben. Die übrigen gehen in einen Nulldurchgangsdetektor, der mit seiner Arbeit beginnt, sobald die Amplitude

eines Signals diese Schwelle überschreitet. Er liefert das in der zweiten Zeile skizzierte Signal. Ein Impulszähler zählt die Zahl Z der Signalanstiege nach dem ersten und bis zu jenem, nach welchem ein erster Rechteckimpuls mit der vorgegebenen Impulsdauer t endet wie in der dritten Zeile, und ein zweiter Rechteckimpuls anfängt wie in der zweiten Zeile. Dieser zweite Rechteckimpuls wird beim nächstem Signalanstieg beendet. Mit seiner Impulsdauer Δt gilt

$$(Z+1)\tau_s = t+\Delta t \; ; \quad \nu_s = \frac{Z+1}{t+\Delta t} \tag{2}\,(3)$$

Δt wird auf dem Wege der Integration des zweiten Rechteckimpulses in eine proportionale Impulshöhe umgesetzt. Die Berechnung von ν_s kann dann analog mit Impulshöhen oder digital mit Impulszahlen proportional zu $Z+1$, t und Δt erfolgen. Eine zusätzliche Logikschaltung verwirft das Ergebnis, wenn das Signal die Schwelle zu früh unterschreitet. Sie stoppt den Nulldurchgangsdetektor und bereitet den Empfang des nächsten Signals vor. Dieses Zählgerät versagt , wenn es häufig vorkommt, daß gleichzeitig zwei oder mehr Tracerpartikel das Meßvolumen durchqueren. Je nach dem Abstand der Partikel und der Öffnung der Empfangsoptik können dann ganz verschieden verformte Signale auftreten. Wandern die Partikelbilder getrennt über den Detektor, so addieren sich die Einzelsignale. Bei ungünstiger Phasenverschiebung ihrer Schwebungen löschen sie sich teilweise aus. Überlappen sich die Beugungsbilder, so kommen komplizierte Interferenzphänomene hinzu [2669 - 2671]. Das in **Fig. 3461-8** erläuterte Zählgerät vermeidet Fehlmessungen infolge von Signalüberlappungen, indem es unregelmäßige Signale erkennt und verwirft. Bis zur Erzeugung des in der zweiten Zeile gezeigten Signals wird wie bei dem soeben besprochenen Zählgerät verfahren. Danach werden jedoch nicht mit einem einzigen Zähler die Signalanstiege während einer vorgegebenen Zeit gezählt, sondern mit zwei Zählern die Zahlen z_1 und z_2 der Eichzeitintervalle δt während des Auftretens von vorgegebenen Z_1 bzw. Z_2 Anstiegen des Nulldetektorsignals nach dessen Beginn. Die dritte und vierte Zeile sind für den Fall $Z_2/Z_1 = 8/4$ gezeichnet. Das Ergebnis wird nur dann zur weiteren Auswertung zugelassen, wenn das gemessene Verhältnis z_2/z_1 hinreichend wenig vom vorgegebenen Verhältnis Z_2/Z_1 abweicht. Ein Rechner prüft, ob die folgende Bedingung erfüllt ist:

$$\left| \frac{z_2/z_1}{Z_2/Z_1} - 1 \right| < \varepsilon \tag{4}$$

Wenn sie erfüllt ist, so gilt mit einer angebbaren Unsicherheit:

$$Z_2\tau_s = z_2\delta t \; ; \quad \nu_s = Z_2/z_2\delta t \tag{5}\,(6)$$

Das Verfahren setzt $\delta t \ll \tau_s$ voraus. Zeitzähler werden für Eichzeitintervalle bis herab zu $\delta t = 10^{-8}$s angeboten. Damit können bis zu 10^5 Einzelsignale pro Sekunde verarbeitet werden. Sie liefern Stichprobenwerte. Bei

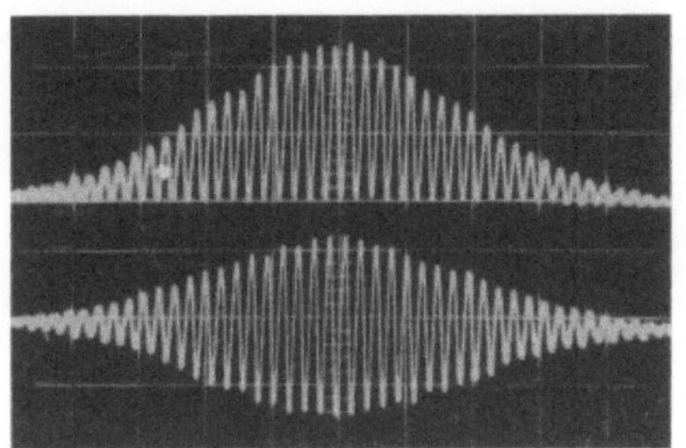

1: Gutes Signal

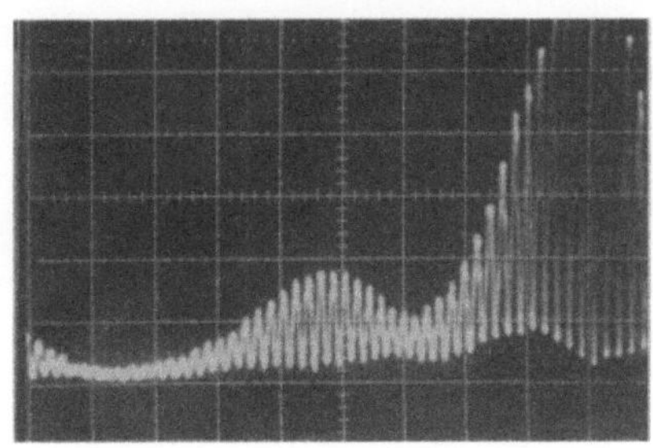

2: Schlechtes Signal

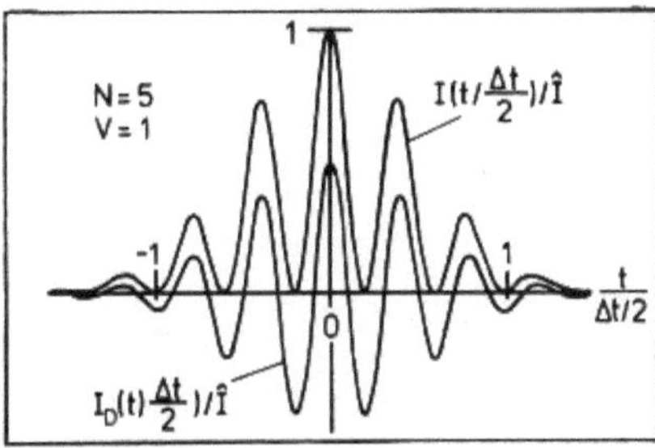

3: Sockelunterdrückung

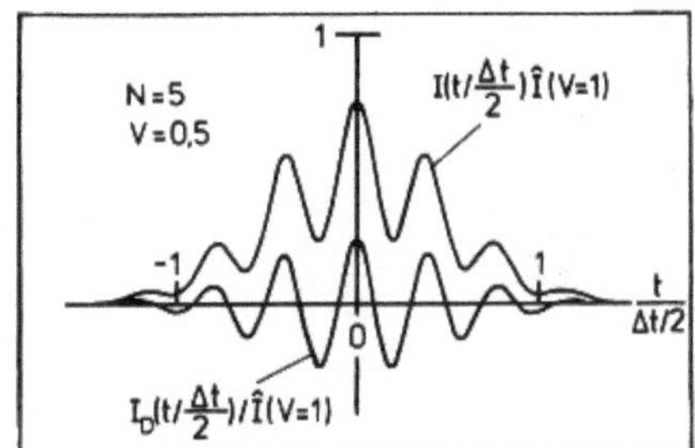

4: Sockelunterdrückung

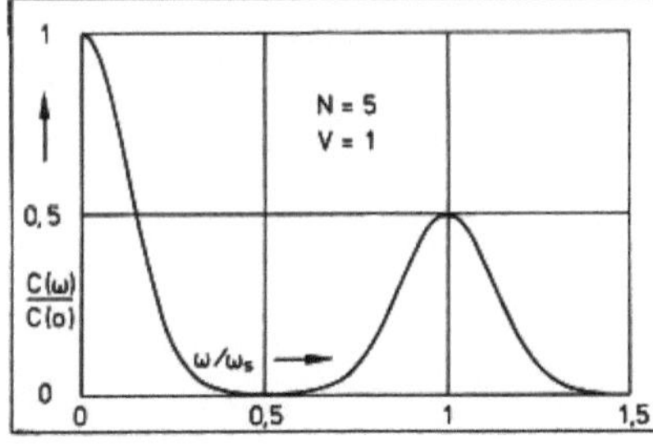

5: Amplitudenspektrum

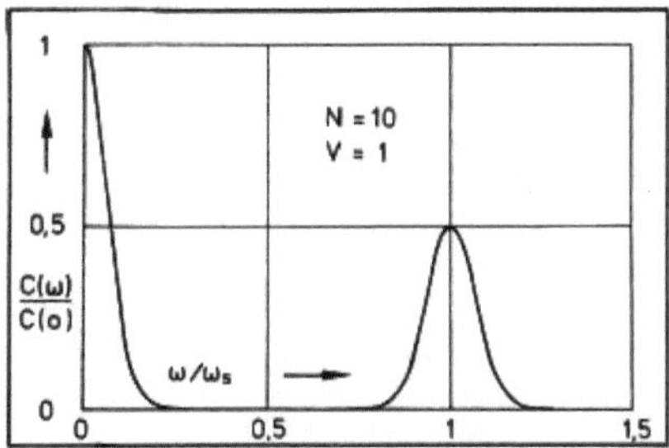

6: Amplitudenspektrum

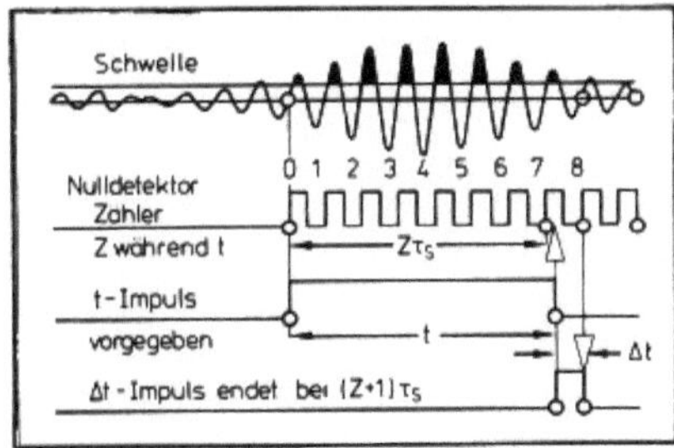

7: Zählung der Z während t

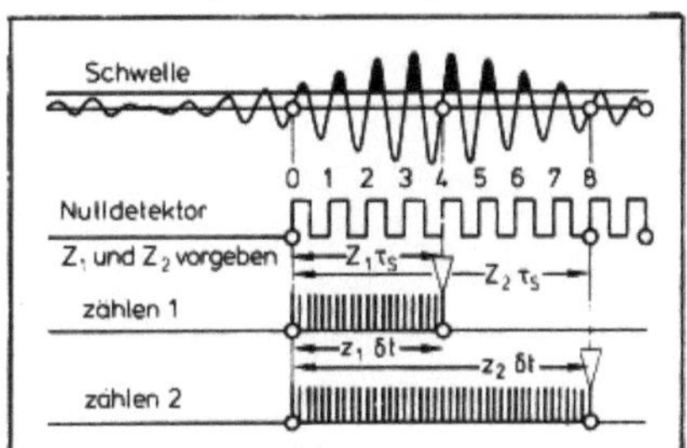

8: Zählung der δt in t für Z

Fig. 3461: Einzelsignalverarbeitung

stationärer Strömung genügen diese, um den arithmetischen Mittelwert und dessen Unsicherheit infolge von zufälligen Fehlern zu ermitteln. Bei instationärer Strömung sind zusätzlich die Zeiten der Stichprobenentnahme zu registrieren. Bei polydisperser Impfung instationärer Strömungen müssen oft auch die Signale zu großer Partikel wegen ihres Schlupfes verworfen werden. Das ist schwierig, weil große abseits vom Zentrum des Meßvolumens fliegende Partikel schwächere Signale als kleine durchs Zentrum fliegende liefern können. Unter Umständen gibt die Depolarisation des Streulichtes Auskunft über die Partikelgröße [2672]. In [2673-2675] wurden Übersichten über die verschiedenen Verfahren der Einzelsignalverarbeitung gegeben.

3.4.6.2 Vielsignalverarbeitung

Bei hoher Tracerkonzentration und großem Meßvolumen wird die mittlere Zahl $\bar{n}$ der gleichzeitig streuenden Tracerpartikel so groß, daß fast pausenlos Streulicht auf dem Detektor erscheint. Das Detektorsignal $I(t)$ sieht dann ungefiltert wie in **Fig. 3462-1 oben** aus. Filterung ergibt das **unten** gezeigte Dopplersignal $I_D(t)$. Bei konstanter Dopplerverschiebung ν_S und bei getrennten Partikelbildern auf dem Detektor setzt sich $I_D(t)$ folgendermaßen aus Einzelsignalen $I_{Dk}(t)$ mit unterschiedlichen Scheitelwerten $2I_{Dk}(0)$ und Phasenverschiebungen $\Delta\varphi_K$ bei gleichen individuellen $1/e^2$-Flugzeiten T der Partikel zusammen:

$$I_D(t) = \sum_k I_{Dk}(0) \exp\left[-8\left(\frac{t}{T}\right)^2\right]\cos(\omega_s t+\Delta\varphi_k) \tag{1}$$

Das resultierende Signal hat zufällig schwankende Amplituden und Phasen:

$$I_D(t) = \hat{I}_D(t) \cos\varphi(t) \tag{2}$$

Der Zeitmittelwert $\overline{I_D(t)}$ ist gleich Null. Die Phase kann als Summe $\varphi(t) = \omega_s t+\Delta\varphi(t)$ mit einem zufällig schwankenden Anteil $\Delta\varphi(t)$ geschrieben werden. Die Abweichungen $\omega' = \omega-\omega_s$ der Momentanfrequenz $\omega = \dot{\varphi}(t) = \omega_s+\Delta\dot{\varphi}(t)$ von ω_s haben bei langer Beobachtungsdauer und bei $T \gg 2\pi/\omega_s$ die in **Fig. 3462-2** graphisch dargestellte Normalverteilung der Wahrscheinlichkeitsdichten

$$p(\omega') = \frac{1}{\sqrt{2\pi\omega'^2}} \exp\left(-\frac{1}{2}\cdot\frac{\omega'^2}{\overline{\omega'^2}}\right) \tag{3}$$

mit dem folgenden Mittelwert $\overline{\omega'}$ und Quadratmittelwert $\overline{\omega'^2}$:

$$\overline{\omega'} = \int_{-\infty}^{+\infty} \omega' p(\omega')d\omega' = 0 \tag{4}$$

$$\overline{\omega'^2} = \int_{-\infty}^{+\infty} \omega'^2 p(\omega')d\omega' = \sigma^2 \tag{5}$$

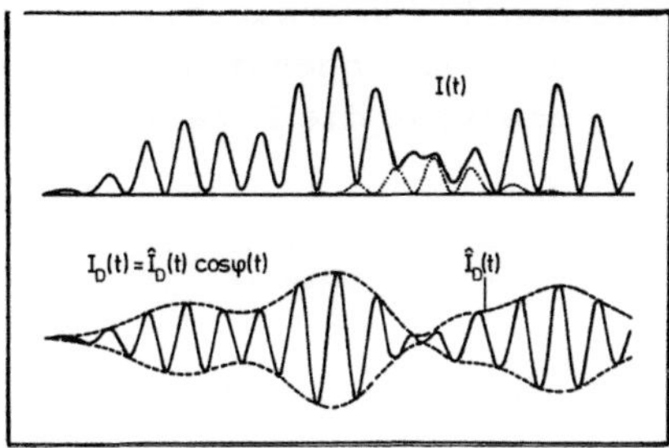

1: Pausenloses Signal

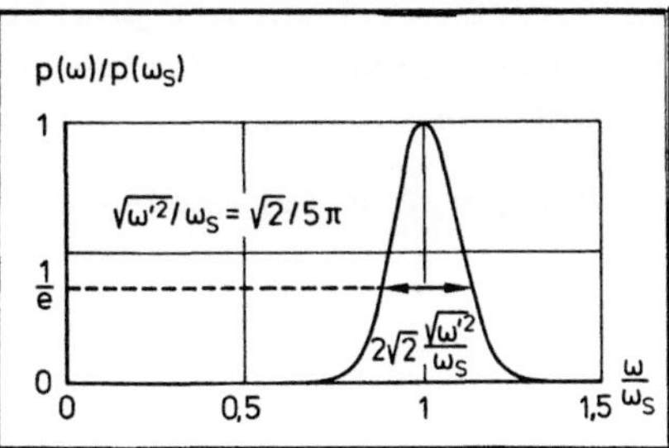

2: ω-Wahrscheinlichkeiten

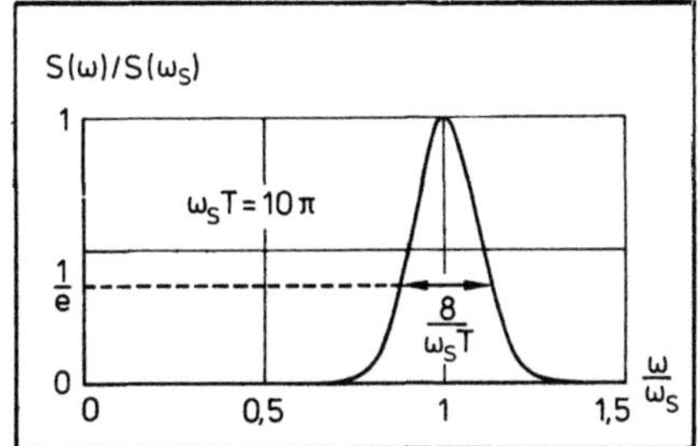

3: Leistungsspektrum

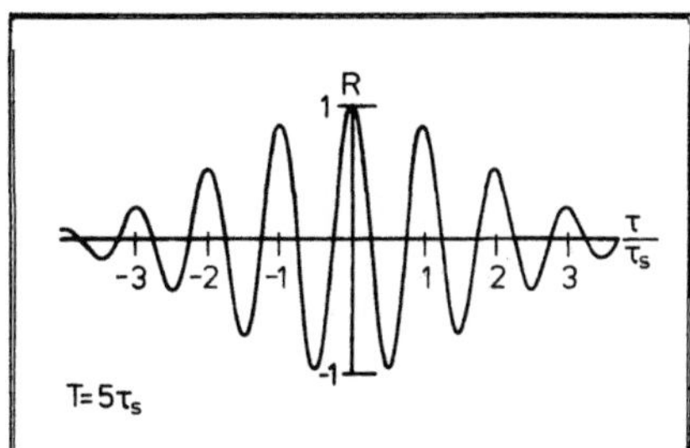

4: Autokorrelationsfunktion

Fig. 3462: Vielsignalverarbeitung

Die $p(\omega')d\omega'$ geben an, mit welchen Wahrscheinlichkeiten Abweichungen ω' zwischen $\omega'-d\omega'/2$ und $\omega'+d\omega'/2$ auftreten. Der Quadratmittelwert $\overline{I_D^2}$ des Signals setzt sich aus Anteilen $S(\nu)d\nu$ endloser harmonischer Schwingungen mit Frequenzen zwischen ν und $\nu+d\nu$ zusammen:

$$\overline{I_D^2} = \lim_{\Delta t \to \infty} \frac{1}{\Delta t} \int_{-\Delta t/2}^{\Delta t/2} I_D^2(t)dt = \overline{I_D^2} \int_0^\infty S(\nu)d\nu \tag{7}$$

$S(\nu)$ ist das Leistungsspektrum. Zwischen ihm und der mit

$$\overline{I_D^2}R(\tau) = \lim_{\Delta t \to \infty} \frac{1}{\Delta t} \int_0^{\Delta t} I_D(t)I_D(t+\tau)d\tau \tag{8}$$

definierten Autokorrelationsfunktion $R(\tau)$ bestehen die Zusammenhänge:

$$S(\nu) = 4 \int_0^\infty R(\tau) \cos(2\pi\nu\tau)d\tau \tag{9}$$

$$R(\tau) = \int_0^\infty S(\nu) \cos(2\pi\nu\tau)d\nu \tag{10}$$

Manche Autoren rechnen mit positiven und negativen Frequenzen ν sowie mit positiven und negativen Zeitverschiebungen τ. Zwischen den in diesem Fall zweiflügeligen Funktionen $S'(\nu)$ und $R'(\tau)$ bestehen die Zusammenhänge:

$$S'(\nu) = \int_{-\infty}^{+\infty} R'(\tau) \exp(-j\, 2\pi\nu\tau)d\tau \tag{11}$$

$$R'(\tau) = \int_{-\infty}^{+\infty} S'(\nu) \exp(j\, 2\pi\nu\tau)d\nu \tag{12}$$

$S'(\nu)$ und $R'(\tau)$ sind ein Fourierpaar. Im Bereich der positiven ν ist $S(\nu) = 2S'(\nu)$. Für das mit Gleichung (1) beschriebene Signal kommt mit $\omega = 2\pi\nu$:

$$S(\omega) = \frac{T}{4\pi} \left[\exp\left(-\frac{(\omega-\omega_s)^2 T^2}{16}\right) + \exp\left(-\frac{(\omega+\omega_s)^2 T^2}{16}\right) \right] \tag{13}$$

$$R(\tau) = \exp\left[-4\left(\frac{\tau}{T}\right)^2\right] \cos \omega_s\tau \tag{14}$$

Im Falle $T \gg 1/\omega_s$ kann der zweite Term im Ausdruck für $S(\omega)$ vernachlässigt werden. Dann hat $S(\omega)$ praktisch den in **Fig. 3462-3** graphisch dargestellten Verlauf mit der folgenden 1/e-Breite $\Delta\omega_{1/e}$:

$$\Delta\omega_{1/e} = 8/T \tag{15}$$

Diese ist auf die endliche Flugzeit T des Partikelfluges durch das Meßvolumen zurückzuführen und wird darum die Flugzeitbreite genannt. In der englischsprachigen Literatur wird gelegentlich von der ambiguity-Breite gesprochen, weil mit ihr die Unsicherheit wächst, mit der ν_s in kurzer Beobachtungszeit bestimmt werden kann. $R(\tau)$ ist eine Replik des Einzelsignals und oszilliert aufgetragen über τ mit der gleichen Periode $\tau_s = 2\pi/\omega_s$ wie das Einzelsignal aufgetragen über t. **Fig. 3462-4** zeigt $R(\tau)$ bei $T=5\tau_s$.

Die verschiedenen Beschreibungen mit $p(\omega)$, $S(\omega)$ oder $R(\tau)$ verweisen auf verschiedene Verfahren, mit denen ν_s bestimmt werden kann. Mit Zählgeräten oder Frequenzfolgern wird der Mittelwert oder der häufigste Wert der Momentanfrequenzen ν mit der Verteilung $p(\nu)$ ermittelt. Signalspektrometer informieren über $S(\nu)$, wenn man die am Ausgang auftretenden Spannungen quadriert und mittelt. Man kann sich damit begnügen, so ν_s mit der Unsicherheit $\pm\Delta\nu_{1/e}$ zu bestimmen. Man kann es aber auch so einrichten, daß man die Frequenz des Maximums von $S(\nu)$ erfährt. Mit Autokorrelatoren wird analog oder digital $R(\tau)$ berechnet. Mit zusätzlicher Elektronik kann man eine Spannung proportional zur Frequenz der Oszillation von $R(\tau)$ erhalten. All solche Geräte wurden schon lange vor der Erfindung der Dopplervelozimetrie für die Analyse aleatorischer Signale entwickelt. Von jedem werden vielerlei Varianten angeboten. Über ihre Verwendung bei der Dopplervelozimetrie wurde z.B. in [2676 - 2708] berichtet. Die Spektrometer und Korrelatoren können auch unverändert zur Analyse von Signalen mit Pausen eingesetzt werden. Die abtastenden Spektrometer und die Korrelatoren haben jedoch den Nachteil, daß sie vergleichsweise lange Signalabschnitte oder viele Signale für die Analyse brauchen. Das sehr schnell arbeitende

Spektrometer mit einem simultan arbeitenden Filtersatz ist teuer. Schwankende $\nu_s(t)$ z.B. aus turbulenten Strömungen werden besser mit einem Frequenzfolger ermittelt, wenn es darauf ankommt, nicht nur den Mittelwert und Quadratmittelwert zu erfahren, sondern auch den zeitlichen Verlauf zu registrieren. Sie liefern Spannungen proportional zu den Momentanfrequenzen $\nu(t)$. Den Frequenzfolgern bereiten jedoch Signalpausen Schwierigkeiten. Sie arbeiten mit einer Rückkopplung, die den Gleichlauf der Phase eines gesteuerten Oszillators mit der des Signales erzwingt. Der Gleichlauf rastet in Signalpausen aus und erst nach einer zufälligen Zahl von Signalperioden wieder ein. In den letzten Jahren wurden neue akusto-optische und elektro-optische Spektralanalysatoren entwickelt, mit denen schnellere Signalverarbeitungen möglich wurden [2709-2715].

3.4.6.3 Photonenkorrelation

Die in den vorstehenden Abschnitten erwähnten Signalverarbeitungen versagen, wenn während eines Partikelfluges durch das Meßvolumen nur wenige Photonen auf dem Detektor erscheinen. Anstelle des in **Fig.3463-1** punktiert eingezeichneten Signals I(t) treten dann am Detektorausgang vielleicht nur die als vertikale Striche eingezeichneten Photostromimpulse auf. Jeder dieser Impulse signalisiert das Eintreffen eines photoelektrisch wirksam gewordenen Photons. Würden solche Impulse bei vielen periodisch aufeinanderfolgenden und gleichen Partikelflügen durch das Meßvolumen registriert, so könnte man mit den Zahlen $n(t_i)$ der Impulse in entsprechenden Zeitintervallen von $t_i-\delta t/2$ bis $t_i+\delta t/2$ das Signal I(t) rekonstruieren. Bei sehr vielen Impulsen $n(t_i)$ in sehr kleinen Zeitintervallen δt sind die Impulszahlen $n(t_i) \approx \dot{n}(t_i)\delta t$ während δt zu den momentanen Impulszahlen $\dot{n}(t_i)$ pro Zeit proportional, und der Strom $I(t_i) = K \cdot \dot{n}(t_i)$ ist zu diesen $\dot{n}(t_i)$ proportional. Wegen der Zufälligkeit der Partikelflüge besteht jedoch kein strenger, sondern nur ein statistischer Zusammenhang. Die mit einem Zahlenkorrelator berechnete Summe von Produkten

$$R_n(m) = \sum_{i=m}^{N} n(t_i)n(t_{i-m}) \tag{1}$$

ist bei kleinem δt und großem N ein Schätzwert des Produktes von $(\delta t/K)^2$ und der folgenden Autokorrelation bei der Zeitverschiebung $\tau = m\delta t$:

$$R_I(\tau) = \lim_{\Delta t \to \infty} \frac{1}{\Delta t} \int_0^{\Delta t} I(t)I(t+\tau)dt \tag{2}$$

Mit dem Zeitmittelwert $\langle \dot{n} \rangle$ von $\dot{n}$ während $N\delta t$ gilt:

$$R_N(m) \approx (\frac{\delta t}{K})^2 R_I(\tau) + \langle \dot{n} \rangle \delta t(1- \frac{|\tau|}{\delta t}) \quad \text{bei } |\tau| < \delta t \tag{3}$$

$$R_N(m) \approx (\frac{\delta t}{k})^2 R_I(\tau) \quad \text{bei } |\tau| > \delta t \tag{4}$$

642

Photonenkorrelatoren berechnen solche Schätzwerte $R_n(m)$ simultan in vielen Kanälen für viele m = 1,2...M. Je größer die Zahlen N und M, umso besser stimmt $(K/\delta t)^2 R_n(m)$ bei m = $\tau/\delta t$ mit der Autokorrelationsfunktion $R_I(\tau)$ überein. Diese darf nicht mit der in Abschnitt 3.4.6.2 betrachteten normierten Autokorrelationsfunktion bei verschwindendem Mittelwert $\overline{I(t)}$ = 0 verwechselt werden. $R_I(\tau)$ setzt sich jetzt additiv aus Anteilen $R_D(\tau)$ des Dopplersignals und $R_P(\tau)$ des Sockels zusammen. Nahe τ = 0 kommt ein Anteil $R_0(\tau)$ wegen der Korrelation des Photostromimpulses mit sich selbst hinzu. In der Praxis kann außerdem oft ein Rauschanteil $R_R(\tau)$ nicht vernachlässigt werden. $R_I(\tau)$ sieht dann z.B. wie in **Fig.3463-2** aus. Der Photonenkorrelator berechnet im Idealfall soviele Punkte dieser Kurve, daß $1/\nu_S$ als Periode ihrer Oszillation abgelesen werden kann.

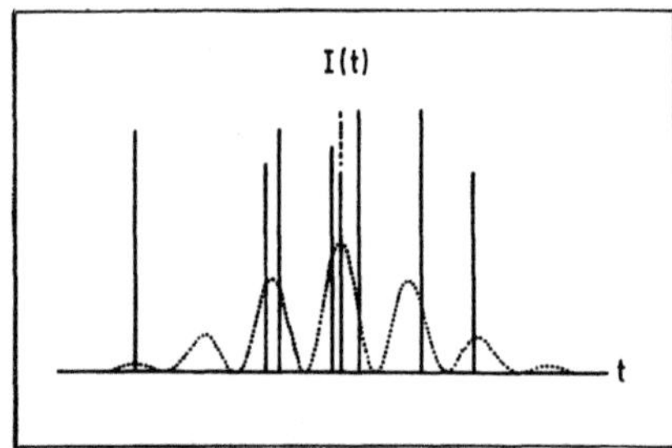

1: Signale

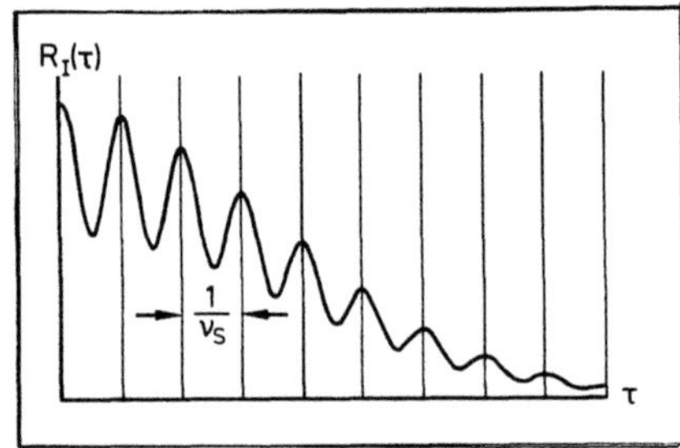

2: Korrelationsfunktion

Fig. 3463: Photonenkorrelation

All dies gilt zunächst nur für den Fall gleichbleibender Partikelgeschwindigkeiten. Für die zeitauflösende Bestimmung der $\nu_S(t)$ wird sehr schnell arbeitende Elektronik benötigt. Die schnellsten Photonenkorrelatoren opfern Genauigkeit, um Rechenzeit zu sparen. Sie setzen z.B. n gleich 0 oder 1, wenn n eine gewisse Schwelle unter- oder überschreitet. Das Zeitintervall darf dann δt = 10ns betragen. Man kann daran denken, mit einem solchen Korrelator auch das Einzelsignal zu analysieren. Etwa 100 Photostromimpulse während eines Partikelfluges durch das Meßvolumen könnten genügen, um ν_S zu bestimmen. Bei so vielen Impulsen während so kurzer Zeit besteht jedoch die Gefahr der Überlagerung. Der Korrelator kann dann nicht zwischen getrennt und gemeinsam auftretenden Impulsen unterscheiden. Bei stationär aleatorisch schwankenden $\nu_S(t)$ kann unter Umständen auf die Zeitauflösung verzichtet werden, wenn nur der Mittelwert der $\nu_S(t)$ und der Quadratmittelwert der Abweichungen von diesem ermittelt werden sollen. In [2716 - 2747] wurde über Anwendungen der Photonenkorrelatiosanalse bei der Laserdopplervelozimetrie berichtet.

3.4.6.4 Statistische Auswertung

Bei den weitaus meisten bisher durchgeführten Untersuchungen mit Laservelozimetern war die Strömung turbulent. Es kam darauf an, nicht nur die mittlere Strömungsgeschwindigkeit u, sondern auch statistische Größen der mehr oder weniger zufällig schwankenden Abweichungen $u'(t)=u(t)-\bar{u}$ zu bestimmen. In solchen Fällen schließt sich an die Signalverarbeitung eine statistische Auswertung an. Bei zufälligen Schwankungen ist nach dem arithmetischen Mittelwert $\bar{u}$ der Effektivwert $\tilde{u}'$ die wichtigste Größe. $\bar{u}$ ist das lineare statistische Moment und $(u')^2$ ist das zentrale statistische Moment zweiter Ordnung der Wahrscheinlichkeitsdichten $p(u)$:

$$\bar{u} = \lim_{\Delta t \to 0} \frac{1}{\Delta t} \int_0^\infty u(t)dt = \int_0^\infty up(u)du = \mu_1 \tag{1}$$

$$(\tilde{u}')^2 = \lim_{\Delta t \to 0} \frac{1}{\Delta t} \int_0^\infty (u')^2 dt = \int_0^\infty (u')^2 p(u)du = \mu_2 \tag{2}$$

Manchmal ist es nützlich, $p(u)$ durch Angabe von weiteren zentralen statistischen Momenten höherer n-ter Ordnung zu charakterisieren:

$$\mu_n = \lim_{\Delta t \to \infty} \frac{1}{\Delta t} \int_0^\infty (u')^n dt = \int_0^\infty (u')^n p(u)du \tag{3}$$

$\mu_3/\mu_2^{3/2}$ ist der Schiefefaktor und μ_4/μ_2^2 der Flachheitsfaktor. Im Falle $\bar{u}=0$ hat die Normalverteilung der Wahrscheinlichkeitsdichten

$$p(u) = \frac{1}{\tilde{u}\sqrt{2\pi}} \exp[-\frac{1}{2}(\frac{u}{\tilde{u}})^2] \tag{4}$$

den Schiefefaktor 0 und den Flachheitsfaktor 3. In turbulenten Grenz- oder Mischungsschichten haben diese Faktoren andere Werte. Neben diesen Größen kann das Leistungsspektrum $S(\nu)$ oder die Autokorrelationsfunktion $R(\tau)$ interessieren. Ihre Definitionen wurden in Abschnitt 3.4.6.2 besprochen. Hier ist lediglich u' statt dort I einzusetzen.

Die $u(t)$ sind zu den $\nu_S(t)$ proportional. Liegt $\nu_S(t)$ als kontinuierliche Folge von Momentanwerten vor, so ist die Ermittlung der vorstehend genannten Größen und Funktionen im Prinzip unproblematisch. Die Wahrscheinlichkeit $p(u)$ Δu, daß u einen Momentanwert zwischen u und u+Δu hat, wird durch Messung der Zeitintervalle Δt_i bestimmt, in denen solche Werte während einer Gesamtbeobachtungszeit Δt auftreten. **Fig.3464-1** informiert über das Verfahren. $p(u)$ ist dann folgendermaßen definiert:

$$p(u) = \lim_{\Delta u \to 0} \lim_{\Delta t \to \infty} \frac{\Sigma \Delta t_i}{\Delta u \Delta t} \tag{5}$$

Allerdings können Gerätefunktionen und die Flugzeitunsicherheit die Messung verfälschen. Bei Einzelsignalen mit langen Pausen steht man andererseits vor dem sog. Biasproblem. Die Zeitpunkte t_i der praktisch

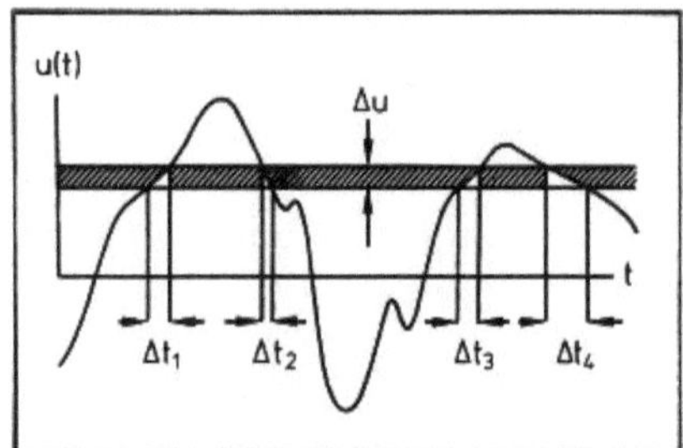

1: Bestimmung von p(u)

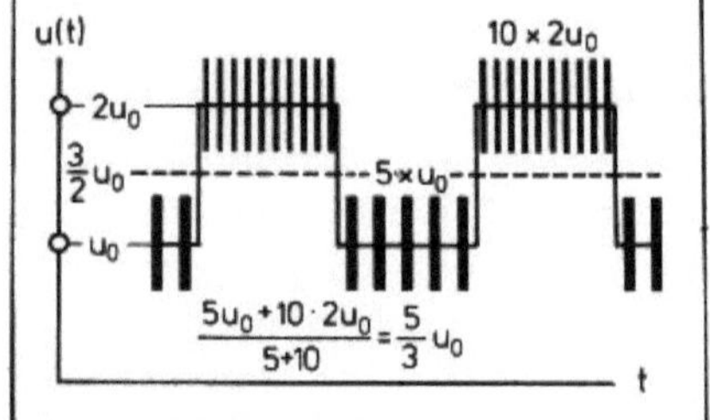

2: Bias

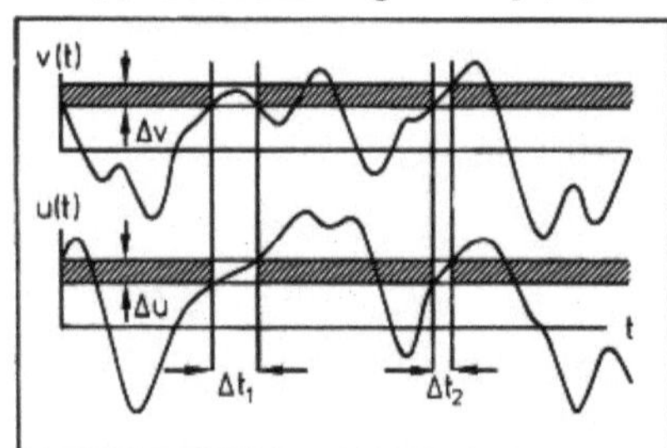

3: Bestimmung von p(u,v)

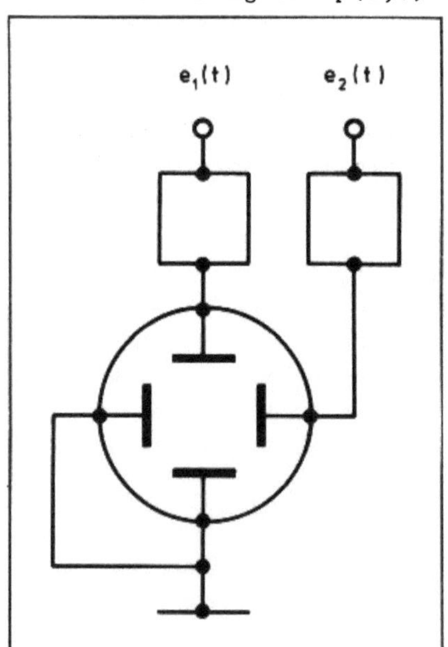

5: Korrelogramm

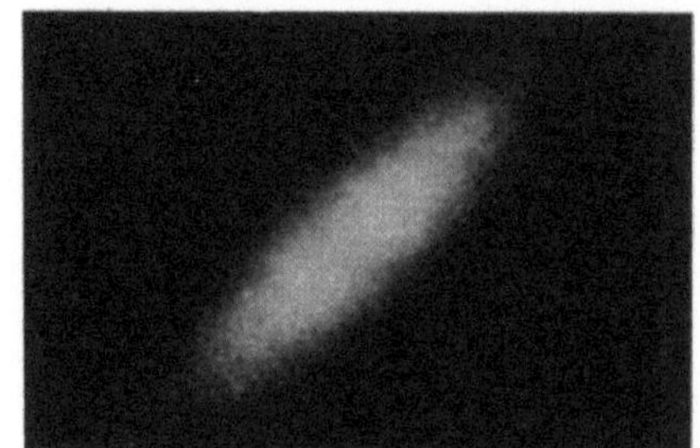

4: Korrelograph

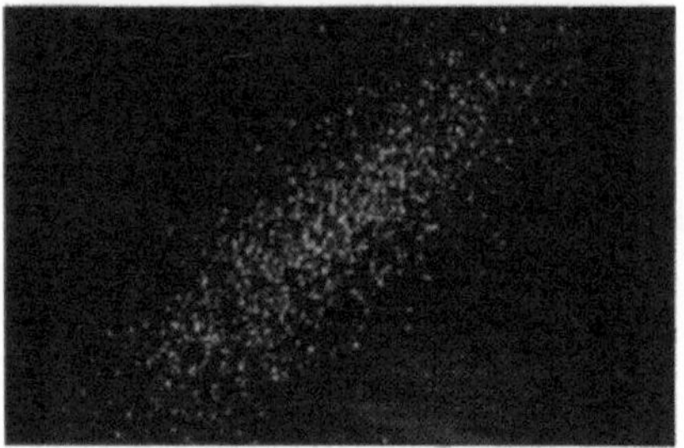

6: Punktekorrelogramm

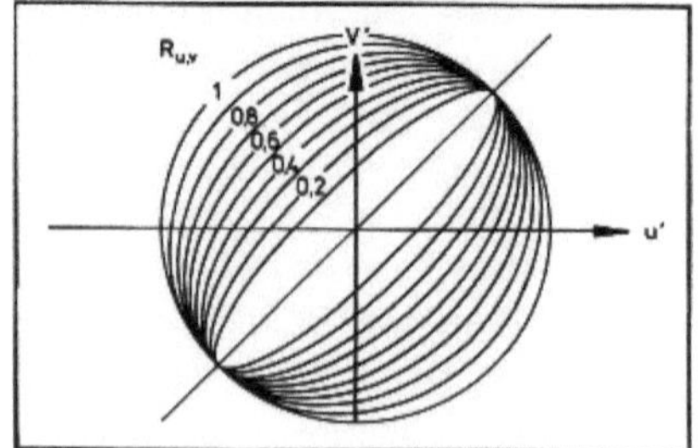

7: Korr.-Ellipsen

Fig. 3464: Statistische Auswertung

vernachlässigbaren Zeitintervalle der $v_s(t_i)$-Messung werden hier von den Partikeln bestimmt. Bei hohen Geschwindigkeiten erscheinen pro Zeit öfter Partikel im Meßvolumen als bei kleinen. Die Bildung von Scharmittelwerten an Stelle der geforderten Zeitmittelwerte würde zu falschen Ergebnissen führen und hat dies bei vielen Untersuchungen mit Laservelozimetern auch tatsächlich getan. Wenn z.B. die Geschwindigkeit $u(t)$ wie in **Fig. 3464-2** abwechselnd während gleicher Zeitintervalle u_0 und $2u_0$ beträgt, so fallen doppelt so viele Stichprobenwerte $u = 2u_0$ wie $u = u_0$ an. Als Scharmittel würde sich

$$\lim_{m\to\infty}\frac{1}{m}\sum_{i=1}^{m} u_i = \frac{nu_0 + 2n\cdot 2u_0}{n+2n} = \frac{5}{3}u_0 \tag{6}$$

ergeben, während doch der Zeitmittelwert $\bar{u} = 3u_0/2$ beträgt. Der korrekte Zeitmittelwert kann mit der Formel

$$\bar{u}_0 = \lim_{m\to\infty}\sum_{i=1}^{m} u_i T_i \Big/ \sum_{i=1}^{m} T_i \tag{7}$$

berechnet werden. Darin ist T_i die Zeit, die das u_i anzeigende Partikel zur Durchquerung des Meßvolumens benötigt. Eine solche Auswertung erfordert, daß nicht nur die $v_s(t_i)$, sondern auch die Signallängen T_i gemessen werden. Das Problem hat Anlaß zu zahlreichen Korrekturvorschlägen auch für die anderen statistischen Größen und auch für die Fälle wechselnder Strömungsrichtung und polydisperser Impfung gegeben [2748 - 2775]. Verwandte Biasprobleme treten auch bei Änderungen der Tracerdichte mit der Gasdichte und beim Verwerfen von Signalen auf. In [2776 - 2780] wurde der Sonderfall periodischer Meßbereitschaft behandelt. Alle bisherigen Überlegungen zu diesem Thema setzen trägsheitsfrei folgende Tracerpartikel voraus. Insbesondere in langlebenden Wirbeln kann aber schon kleinster Tracerschlupf zu einer starken Verarmung des Kerns an Tracern führen. Der hier mögliche Biaseffekt macht die Untersuchung kohärenter Strukturen in turbulenten Strömungen mit Dopplervelozimetern problematisch. Die Messung der Schwankungen einer einzigen Geschwindigkeitkomponenten an einem einzigen Meßort genügt nur selten. Meist sind zumindest die statistischen Zusammenhänge von zwei Geschwindigkeitskomponenten $u(t)$ und $v(t)$ am selben Ort oder von einer Geschwindigkeitskomponenten an zwei Orten zu bestimmen. Sie interessieren zu gleichen Zeiten t oder zu verschiedenen Zeiten t und $t+\tau$. Die Wahrscheinlichkeit $p(u,v)\,du\,dv$ des gleichzeitigen Auftretens eines u-Wertes zwischen $u-du/2$ und $u+du/2$ und eines v-Wertes zwischen $v-du/2$ und $v+dv/2$ kann wie in **Fig. 3464-3** durch Messung jener Zeitintervalle Δt_i ermittelt werden, in welchen diese Bedingung erfüllt ist. Geschieht dies während einer langen Beobachtungszeit Δt, so gilt:

$$p(u,v,) = \lim_{\substack{\Delta u \to 0 \\ \Delta v \to 0}} \lim_{\Delta t=\infty} \frac{\sum \Delta t_i}{\Delta u \Delta y \Delta t} \tag{8}$$

Bei Normalverteilungen der Abweichungen $u' = u-\bar{u}$ und $v' = v-\bar{v}$ gilt:

$$p(u',v') = \frac{\exp\left\{ \dfrac{1}{2(1-R_{uv}^2)} \left[\left(\dfrac{u'}{\tilde{u}'}\right)^2 - 2R_{uv}\,\dfrac{u'v'}{\tilde{u}'\tilde{v}'} + \left(\dfrac{v'}{\tilde{v}'}\right)^2 \right] \right\}}{2\pi\tilde{u}'\tilde{v}'\sqrt{1-R_{uv}^2}} \tag{9}$$

$\tilde{u}' = \sqrt{\overline{u'^2}}$ und $\tilde{v}' = \sqrt{\overline{v'^2}}$ bezeichnen die Effektivwerte von $u'(t)$ bzw. $v'(t)$. R_{uv} ist der folgendermaßen definierte Kreuzkorrelationskoeffizient:

$$\tilde{u}'\tilde{v}'\,R_{u'v'} = \lim_{\Delta t \to \infty} \frac{1}{\Delta t} \int_0^{\Delta t} u'(t)v'(t)\,dt \tag{10}$$

Im Falle vollkommen unkorrelierter $u'(t)$ und $v'(t)$ ist $R_{uv} = 0$ und wird $p(u',v') = p(u')p(v')$. Im Falle streng proportionaler $u'(t) = Kv'(t)$ ist andererseits $\tilde{u}' = K\tilde{v}'$ und $R_{uv} = 1$. $p(u',v')$ wächst dann über alle Grenzen. $p(u',v')$ wird sichtbar, wenn man wie in **Fig. 3464-4** eine zu $u'(t)$ proportionale Spannung an das eine Ablenkplattenpaar und eine zu $v'(t)$ proportionale an das andere eines Kathodenstrahlrohres legt. Man erhält dann bei kontinuierlichem Anlegen ein Korrelogramm wie in **Fig. 3464-5** und beim wiederholten kurzzeitigen Anlegen ein solches wie in **Fig. 3464-6**. Die Punkthäufigkeiten sind dann in Zonen zwischen konzentrischen und koaxialen Ellipsen konstant. Die Achsen a und b dieser Ellipsen informieren mit ihrem Winkel α gegen die u'- bzw. v'-Achse über das Verhältnis $\tilde{v}'/\tilde{u}'$ und mit dem Verhältnis ihrer Beträge über $R_{u'v'}$ [2781 - 2784]:

$$\tan\alpha = \frac{\tilde{v}'}{\tilde{u}'}\,; \quad R_{u'v'} = \frac{(a/b)^2 - 1}{\sqrt{[(a/b)^2+1]^2 + 4(a/b)^2\cot(2\alpha)}} \tag{11}\,(12)$$

Im Sonderfall $\tilde{u}' = \tilde{v}'$ wird $\alpha = 45°$ und gilt:

$$R_{u'v'} = \frac{(a/b)^2 - 1}{(a/b)^2 + 1} \tag{13}$$

Die Ellipsen entarten in diesem Sonderfall bei $R_{uv} = 0$ zu konzentrischen Kreisen und bei $R_{u'v'} = 1$ zu einer diagonalen Geraden. Nach Einprägung der in **Fig. 3464-7** gezeigten Ellipsen kann man dem Korrelogramm R_{uv} ansehen. R_{uv} charakterisiert den statistischen Zusammenhang mit einer einzigen Zahl. Ähnlich kann man mit Werten u' zu Zeiten t und v' zu Zeiten $t+\tau$ oder mit Werten u_1' an einem Ort zu Zeiten t und u_2' an einem anderen Ort zu Zeiten $t+\tau$ usw. verfahren. Man erhält so Kreuzkorrelationsfunktionen wie:

$$\tilde{u}'\tilde{v}'R_{uv}(\tau) = \lim_{\Delta t \to \infty} \frac{1}{\Delta t} \int_0^{\Delta t} u'(t)v'(t+\tau)\,dt \tag{14}$$

$$\tilde{u}'_1\tilde{u}'_2 R_{u_1 u_2}(\tau) = \lim_{\Delta t \to \infty} \frac{1}{\Delta t} \int_0^{\Delta t} u_1'(t)u_2'(t+\tau)\,dt \tag{15}$$

Liefern die zwei hierfür einzusetzenden Dopplervelozimeter keine kontinuierlichen $v_s(t)$, sondern lediglich Einzelwerte $v_s(t_i)$ bei zufälligen t_i, so ist nur die Ermittlung von $R_{uv}(0)$ ohne weiteres möglich. Die Signale für $u'(t_i)$ und $v'(t_i)$ kommen zur selben Zeit t_i vom selben

Partikel. In allen anderen Fällen müssen die Korrelationen bei vorgegebenen τ ausgehend von den Werten bei zufälligen t_i-Intervallen berechnet werden. Die Mathematik der Auswertung aleatorischer Signale wurde z.B. in [2785-2802] bereitgestellt. Über die Praxis der Registrierung und Auswertung von Dopplersignalen aus turbulente Strömungen wurde z.B. in [2803-2835] berichtet.

Strömungen sind nur selten entweder so streng laminar oder so vollkommen turbulent, daß mit Normalverteilungen gerechnet werden kann. Partikel in zufällig oder periodisch intermittierenden, zeitweise laminaren und zeitweise turbulenten Strömungen oder in turbulenten Strömungen mit kohärenten Strukturen liefern Signale, deren Auswertung erheblich kompliziertere Statistik erfordert. Oft ist außerdem zwischen den Signalen kleiner und großer Partikel zu unterscheiden. Die Partikelgeschwindigkeit kann wenige µm/s in Flüssigkeiten bis zu vielen km/s in Gasen betragen [2856]. Entsprechend unterschiedlich sind die Frequenzen und Längen der Signale. Bei kleinen Geschwindigkeiten kann während der Registrierung ausgewertet, bei großen muß jedoch gespeichert und nachträglich ausgewertet werden. Auch in dieser Hinsicht können also die Anforderungen an den Auswerterechner sehr verschiedene sein. Über Erfahrungen mit den verschiedensten Auswerteverfahren wurde bisher noch nicht zusammenfassend und vergleichend, sondern nur einzeln bei Mitteilungen von Meßergebnissen berichtet. Die Dopplervelozimetrie begann mit Messungen in einem kleine Wasserkanal [2857]. Mittlerweile sind an Messungen in Wasser oder anderen Flüssigkeiten solche in Blutgefäßen oder deren Nachbildungen [2858-2868], in Gerinnen, Rohrleitungen und Pumpen [2868-2875] und sogar in der Umgebung von Schiffen [2876] hinzugekommen. Für Messungen in wenig durchsichtigen Flüssigkeiten wurden Dopplervelozimeter mit Faseroptik entwickelt [2877-2880]. Messungen in Gasen wurden in Kapillaren und engen Spalten [2881-2883], Rohren [2884-2888], Freistrahlen [2889-2900] Windkanälen [2901-2929] und Strömungsmaschinen [2930-2954] durchgeführt, hinter Ventilatoren und Propelloren [2955-2957], auf Flugplätzen [2958] und an Bord von Flugzeugen [2959] In [2960] wurde über Messungen in der Abluft eines Hovercraft berichtet. Der Wind der Atmosphäre kann noch in einigen hundert Metern Abstand vom Laser gemessen werden [2961-2970]. Auch von Messungen in Strömungen um Pflanzen [2971], in ventilierten Räumen [2972], in Wärmetauschern [2973,2974] und in starken Luftschallwellen [2975,2976] liegen erste Ergebnisse vor. Mit zunehmender Beherrschung des Verfahrens sind zunehmend Messungen in Flammen, Brennkammern, Öfen und Plasmaströmungen [2977-3000] sowie in den verschiedensten Zweiphasenströ - mungen [3001-3030] hinzugekommen. Dabei kann die Resonanzfluoreszenz [3031] oder Ramanstreuung [3032] helfen, die Partikel verschiedener Art zu unterscheiden. In [3032-3035] wurden die Schwierigkeiten der Messung hoher Geschwindigkeiten besprochen. Hier kann es günstiger sein, nicht die Dopplerverschiebung des Mielichtes von beigemischten Tracerpartikeln, sondern die des Fluoreszenzlichtes oder kohärenten Ramanlichtes der Gasmoleküle selbst oder beigemischter Gasmoleküle oder Gasatome zu messen [3036-3040]. Kleinstmögliche Partikel sind jedoch nicht in jedem Fall gut, weil sie das Meßvolumen möglicherweise auf merklich gekrümmten Bahnen durchfliegen [3041]. All die genannten Untersuchungen verschiedenster Art erfordern nicht nur verschiedene Auswertungen, sondern auch ganz verschiedene Fehlerabschätzungen. Dabei darf nicht vergessen werden, daß nicht nur die Tracerträgheit und der statistische Bias, sondern auch die aleatorische Ablenkung und Phasenverschiebung des Lichtes in einer turbulenten Fenstergrenzschicht das Meßergebnis fälschen können [3042-3044]. Die Fehlerabschätzung ist schwierig und meist problematisch. Darum sind simultan oder in exakt reproduzierter Strömung vorgenommene Vergleiche mit den Ergebnissen anderer Messungen besonders interessant. Über solche Vergleiche wurde in [3045-3056]. berichtet. Dabei können Messungen mit dem Dopplervelozimeter zur Korrektur der Ergebnisse von Messungen mit Sonden verwendet werden [3055]. Die hier besprochene hat verglichen mit der in Abschnitt 2.3.3.8 beschriebenen Dopplervelozimetrie den Nachteil, daß die Abtastung eines ganzen Strömungsquerschnitts viel Zeit braucht [3056-3060]. Allerdings ist zu erwarten, daß diese Zeit mit elektrooptischen oder akustooptischen Strahlablenkern und mit Bildsensoren verkürzt werden kann [3061-3063]. Erst so würde es möglich, mit dem Dopplervelozimeter nicht nur periodisch erzeugte, sondern auch zufällig auftretende kohärente Strukturen turbulenter Strömungen einwandfrei zu untersuchen. Die statistische Signalauswertung würde vor neuen Aufgaben stehen.

3.4.7 Dopplerinterferenzvelozimeter

3.4.7.1 Michelsonvelozimeter

Der Überlagerungsempfang ist nicht die einzige Möglichkeit, die winzige Dopplerverschiebung der Streulichtfrequenz in eine gut meßbare Größe umzusetzen. Für die in strömenden Gasen auftretenden Dopplerverschiebungen kommt auch statt der Wandlung in eine Schwebungsfrequenz die Wandlung in eine Phasenverschiebung mit Hilfe eines Interferenzspektrometers in Frage. Als Interferenzspektrometer können dabei all jene Zweiwellen- oder Vielwelleninterferometer eingesetzt werden, in welchen ein hinreichend hoher Gangunterschied der interferierenden Teilwellen erzeugt werden kann. Von den Zweiwelleninterferometern hat sich insbesondere das Michelsoninterferometer mit verschiedenen Armlängen als Interferenzspektrometer bewährt. In Abschnitt 2.3.3.8 wurde beschrieben, wie es die Aufnahme von Dopplerbildern ermöglicht. Man kann es ebenso und ebensogut verwenden, um in einem Photodetektor Ströme I(t) zu erzeugen, die zu den Dopplerverschiebungen der Frequenz des in das Interferometer geholten Streulichtes proportional sind. Mit dem ersten 1968 beschriebenen [3064] Dopplervelozimeter solcher Art konnten nur die Geschwindigkeiten beweg-

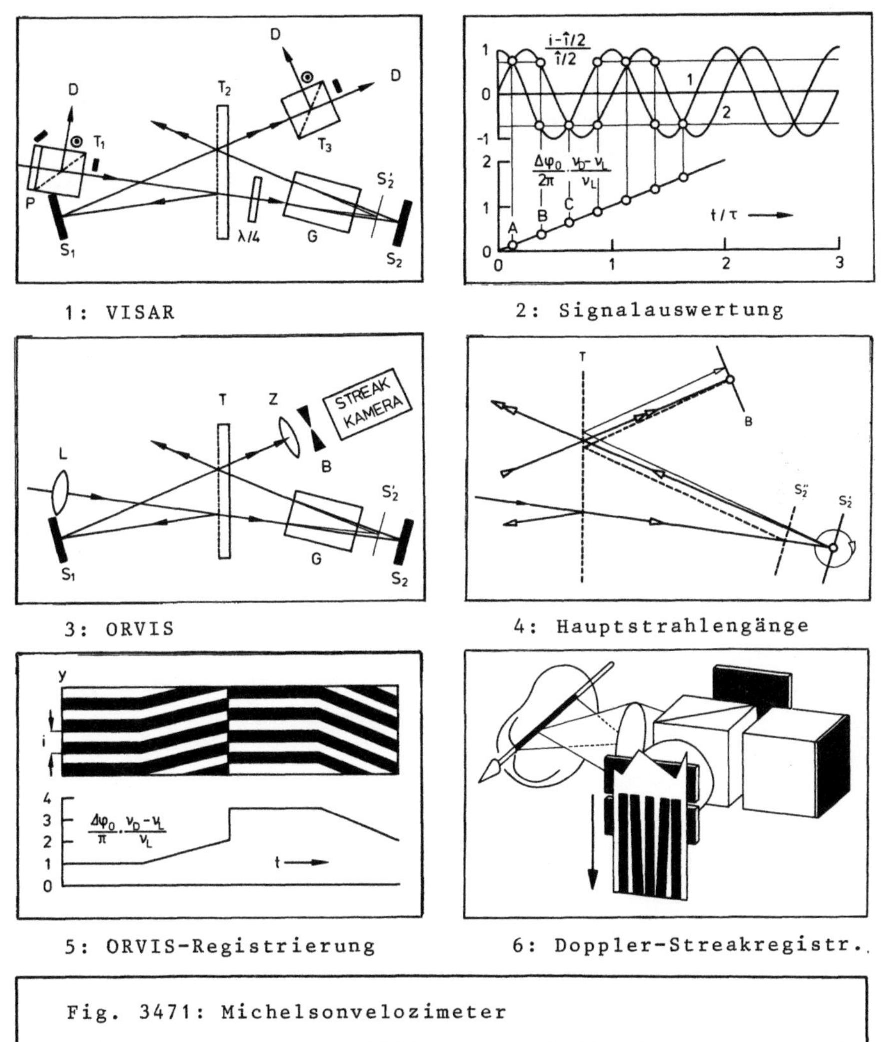

Fig. 3471: Michelsonvelozimeter

ter Spiegel gemessen werden. Mit der in **Fig. 3471-1** skizzierten Variante gelang 1972 die Messung der Geschwindigkeiten streuender Flächen [3065]. Das Gerät wurde unter dem Namen VISAR (Velocity Interferometer System for any Reflector) bekannt. Das von links empfangene Streulichtbündel wird mit dem Polarisationsfilter P diagonal zur optischen Achse des Polarisationsstrahlteilers T1 linear polarisiert. Die ⊙-Komponente geht zur Registrierung der Streulichtleistung auf einen Detektor D3. Die ı-Komponente geht in das Michelsoninterferometer mit dem Teiler T2 und den Spiegeln S1 und S2. Der Winkel zwischen den beiden Interferometerarmen beträgt hier nicht 90° wie in Abschnitt 2.3.3.8, sondern nur wenige Grad. Hier wie dort bewirkt ein Glasblock G, daß der Spiegel S2 trotz des viel längeren optischen Weges im Arm 2 von T2 aus gesehen virtuell im gleichen geometrischen Abstand wie S1 erscheint. Hier wie dort wird so

650

die Interferenz der aus dem Interferometer austretenden Teilbündel trotz der großen Differenz $\Delta\Phi$ der optischen Wege auf beiden Spiegeln S1 und S2 lokalisiert. Auch hier kann also mit einem relativ weiten und schräg einfallenden Streulichtbündel gearbeitet werden. Nur die nach rechts austretenden Teilbündel werden genutzt. Diese haben gleichviel Reflexionen erfahren und würden also ohne weiteren Eingriff mit der folgenden Phasenverschiebung $\Delta\varphi$ interferieren:

$$\frac{\Delta\varphi}{2\pi} = \frac{\Delta\phi}{\lambda_D} = \frac{\Delta\phi}{\lambda_L} \cdot \frac{\nu_D}{\lambda_L} \tag{1}$$

Eine $\lambda/4$-Platte im Arm 2 und ein Polarisationsstrahlteiler im Ausgang sorgen dafür, daß sich die Phasenverschiebungen von Teilbündeln der Teilbündel auf den Detektoren D1 und D2 um $\pi/2$ unterscheiden. Das Gerät wird so justiert, daß sich die Detektorflächen im Zentrum der Haidingerringe befinden. Die Detektorströme I_1 und I_2 sind zu den Bestrahlungsstärken

$$B_1 = \frac{\hat{B}}{2} (1 + \cos \Delta\varphi) \tag{2}$$

$$B_2 = \frac{\hat{B}}{2} [1 + \cos (\Delta\varphi - \frac{\pi}{2})] = \frac{\hat{B}}{2} (1 + \sin \Delta\varphi) \tag{3}$$

proportional. Wenn sich $\hat{B}$ nicht ändert, dann informieren sowohl die $I_1(t)$ wie auch die $I_2(t)$ über die Dopplerverschiebungen $\nu_D(t)-\nu_L$. Mit $\Delta\varphi_0=\Delta\varphi\,(\nu_D=\nu_L)$ und $\hat{I}=I_1(\Delta\varphi=0)=I_2(\Delta\varphi=\pi/2)$ kommt:

$$\frac{I_1(t)-\hat{I}/2}{\hat{I}/2} = \cos [\Delta\varphi_0 (1 + \frac{\nu_D(t)-\nu_L}{\nu_L})] \tag{4}$$

$$\frac{I_2(t)-\hat{I}/2}{\hat{I}/2} = \sin [\Delta\varphi_0 (1 + \frac{\nu_D(t)-\nu_L}{\nu_L})] \tag{5}$$

Die $\nu_D(t)$ werden von den Strömen $I_1(t)$ und $I_2(t)$ nichtlinear und im Falle hoher $\Delta\varphi_0[\nu_D(t)-\nu_L]/\nu_L$ mehrdeutig wiedergegeben. Dabei wird die Auswertung in der Umgebung von $\hat{I}$ ungenau. Die Registrierung der beiden Signale macht es möglich, für die Auswertung die jeweils günstigeren Abschnitte der Signale $I_1(t)$ und $I_2(t)$ zu wählen. **Fig. 3471-2** zeigt als Lehrbeispiel den Sonderfall, daß $\Delta\varphi_0$ ein ganzzahliges Vielfaches von 2π beträgt und $[\nu_D(t)-\nu_L]/\nu_L$ zeitproportional wächst. τ ist hier die Zeit, in der $\Delta\varphi_0[\nu_D(t)-\nu_L]/2\pi\nu_L$ um 1 zunimmt. Hier ist es günstig, die Auswertung beim Signal $I_1(t)$ von A bis B, beim Signal $I_2(t)$ jedoch von B bis C vorzunehmen und so fort. Dabei wirken sich Störsignale und das Rauschen um so weniger auf die relative Genauigkeit aus, je öfter die Signale Extrema durchlaufen. Es besteht also ein Interesse an einer möglichst großen Phasenverschiebung $\Delta\varphi_0$ bei $\nu_D=\nu_L$. Der Laser muß eine entsprechend große Kohärenzlänge haben. Ändert sich auch die empfangene Streulichtleistung und damit $\hat{I}$, so sind die $I_1(t)$ und $I_2(t)$ vor dieser Auswertung anhand des mit dem Detektor D3 registrierten Stromes $I_3(t)$ zu korrigieren. Das VISAR wurde eingesetzt, um Geschwindigkeiten von Geschossen im Rohr oder Stahlplatten vor Sprengladungen zu registrieren [3066]. Die Zeitauflösung betrug dabei etwa 2ns. Bei diesen Anwendungen kam das Streulicht von einer praktisch senkrecht bestrahlten und mit Geschwindigkeiten v(t) in Richtung Interferometer bewegten Oberfläche. Dabei galt:

$$\frac{\nu_D(t)-\nu_L}{\nu_L} = 2\,\frac{v(t)}{c_0} \tag{6}$$

v(t) änderte sich so schnell, daß bei der Zeitangabe die Differenz

$$\Delta t = \frac{\Delta\Phi}{c_0} = \frac{\Delta\varphi_0}{c_0}\left(\frac{1}{\nu_L}-\frac{1}{\nu_D}\right) \tag{7}$$

der Lichtlaufzeiten in den beiden Interferometerarmen zu berücksichtigen war. Die beiden Streulichtanteile, die zur Zeit t auf dem Detektor interferierten, wurden zu merklich verschiedenen Zeiten d.h. bei merklich verschiedenen Geschwindigkeiten gestreut. Bei entsprechender Korrektur war die Zeitauflösung die des Oszillographen.

Noch bessere Zeitauflösung wurde mit der in **Fig. 3671-3** gezeigten und ORVIS (Optically Recording Velocity Interferometer System) genannten Variante des VISAR erzielt. [3067]. Die Linse L macht aus dem empfangenen Streulichtbündel ein Parallelstrahlenbündel, dessen Durchmesser einige mm beträgt. Eine kleine Schwenkung des Spiegels S2 bewirkt, daß im Durchdringungsgebiet der beiden Teilbündel parallele und äquidistante Interferenzsteifen erscheinen. Der Abstand des Spiegels S2 vom Strahlteiler T wird so eingestellt, daß sich die Hauptstrahlen der beiden Teilbündel in der Mitte der Schlitzblende B kreuzen. In **Fig. 3471-4** ist dick ausgezogen der Hauptstrahlengang beim VISAR, dünn ausgezogen der bei lediglich geschwenktem Spiegel und dick gestrichelt der beim ORVIS gezeichnet. Diese Justierung lokalisiert die Interferenz auf der Blende. Die Zylinderlinse Z zieht die schlitznormalen Interferenzstreifen zu schlitzparallelen Strichen im Schlitz der Blende zusammen. Eine Streakkamera registriert die Lage dieser Striche als Funktion der Zeit. Auf Film mit hohem γ sind Weg/Zeitspuren wie in **Fig. 3471-5** zu erwarten. Die Verschiebung $\Delta y(t)=y(t)-y_0$ einer Spur ausgehend von ihrem Ort y_0 bei $\nu_D=\nu_L$ ist zur Dopplerverschiebung $\nu_D-\nu_L$ der Streulichtfrequenz proportional. Mit dem Streifenabstand i gilt:

$$\frac{\Delta y(t)}{i} = \frac{\Delta\varphi(t)-\Delta\varphi_0}{2\pi} = \frac{\Delta\varphi_0}{2\pi}\cdot\frac{\nu_D(t)-\nu_L}{\nu_L} \tag{8}$$

Die Registrierung wird mehrdeutig, wenn $\nu_D(t)$ springt. In einem solchen Fall wird besser so justiert, daß nur eine Spur scharf wird. Die Autoren geben an, daß die Zeitauflösung bei Registrierung der Geschwindigkeiten einer Stahlplatte vor einer Sprengladung mit einer elektrischen Kamera 0,3ns betrug.

Beide Geräte, sowohl das VISAR wie auch das ORVIS, könnten unverändert auch zur Registrierung der Frequenzen des Streulichtes aus einem Laserfokus in einer Strömung verwendet werden. Hier erhält man jedoch mehr Information über die Strömung, wenn man mit dem Michelsonspektrometer ein ganzes Dopplerbild aufnimmt wie in Abschnitt 2.3.3.8 besprochen. Man erhält auch dann noch mehr Information wenn das Dopplerbild wie in **Fig. 3471-6** mit einer Schlitzblende bis auf einen schmalen Streifen abdeckt, um die Interferenzstreifenverschiebungen im Bildstreifen auf bewegtem Film zu registrieren. In diesem Fall muß die Strömung nicht mit einem aufgeweitetem sondern nur mit einem eingeschnürten Lichtbündel hinreichend stark durchleuchtet werden. Das eines Dauerlasers kann genügen. Man erhält ferner zwar nicht mehr, aber genauere Information, wenn man die Signalverarbeitung des VISAR durch die im nächsten Abschnitt zu besprechende Phasennachführung ersetzt.

3.4.7.2 Michelsonvelozimeter mit Phasennachführung

Es wäre möglich, die Signale $I_1(t)$ und $I_2(t)$ des VISAR mit oder auch ohne Hilfe des Signals $I_3(t)$ auf elektronischem Wege in ein $\Delta\varphi$-proportionales und von der Streulichtleistung unabhängiges Signal $I(t)$ umzusetzen. Man kann sich ein solches Signal aber auch auf einfachere Weise mit Hilfe der in Abschnitt 3.2.2.1 besprochenen Phasenrückführung beschaffen. **Fig. 3472-1** informiert über das Prinzip und **Fig. 3472-2** zeigt den Aufbau einer mit Phasenrückführung arbeitenden Variante des VISAR. Sie wurde ab 1977 im Stoßrohrlabor des Seniorverfassers entwickelt [3068 - 3075] und bei verschiedenen Strömungsuntersuchungen eingesetzt [3076 - 3082]. Das Streulicht wird dem Michelsoninterferometer durch einen Lichtleiter zugeführt. Dort wird es diagonal zum Polarisationsstrahlteiler T1 polarisiert, geht durch eine Pockelszelle PK und wird von T1 in zwei orthogonal polarisierte Teilbündel geteilt. Nach Durchlaufen der verschiedenen optischen Wege Φ_1 und Φ_2 und eines diagonal zu T1 eingesetzten zweiten Polarisationsstrahlteiler T2 kommen parallel polarisierte Teilbündel der Teilbündel auf den Detektoren D1 und D2 zur Interferenz. Sie interferieren mit Phasenverschiebungen $\Delta\varphi_1$ und $\Delta\varphi_2$, die sich um π unterscheiden. Die Bestrahlungsstärken B_1 auf D1 und B_2 auf D2 sind komplementär. D1 und D2 liefern komplementäre Stromsignale $I_1(t)$ und $I_2(t)$. Mit diesen wird in der Regelschaltung RS eine Spannung U erzeugt, die sich sehr schnell und mit dem richtigen Vorzeichen solange ändert, wie $I_1(t)$ und $I_2(t)$ nicht gleich sind. U liegt an der Pockelszelle und bewirkt dort eine U-proportionale Phasenverschiebung $\Delta\varphi_U = K_U \cdot U$ der beiden orthogonal polarisierten Streulichtkomponenten. $\Delta\varphi_1$ setzt sich aus dieser frequenzunabhängigen Phasenverschiebung $\Delta\varphi_U$ und jener frequenzunabhängigen Phasenverschiebung $\Delta\varphi_\nu = 2\pi\Delta\Phi/\lambda_L$ zusammen, welche die Teilbündel wegen der Differenz $\Delta\Phi = \Phi_2 - \Phi_1$ der optischen Wege in den beiden Interferometerarmen erfahren. $\Delta\varphi_2$ unterscheidet sich auch bei $\Delta\varphi_U \neq 0$ nur um π von $\Delta\varphi_1$. Mit

$$\Delta\varphi_1 = \Delta\varphi_U + \Delta\varphi_\nu \quad ; \quad B_1 = \frac{\hat{B}}{2}(1 + \cos\Delta\varphi_1) \quad ; \quad I_1 = K_I B_1 \qquad (1)\,(2)\,(3)$$

$$\Delta\varphi_2 = \Delta\varphi_U + \Delta\varphi_\nu + \pi \quad ; \quad B_2 = \frac{\hat{B}}{2}(1 + \cos\Delta\varphi_2 \quad ; \quad I_2 = K_I B_2 \qquad (4)\,(5)\,(6)$$

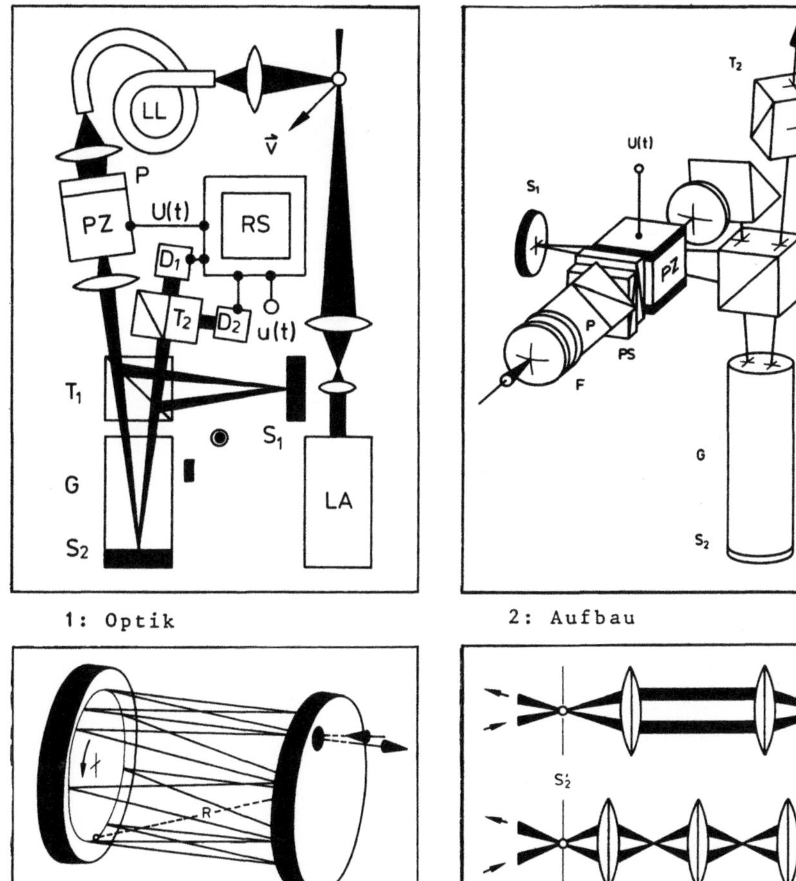

1: Optik

2: Aufbau

3: Langer Lichtweg · Spiegel

4: Langer Lichtweg · Linsen

Fig. 3472: Michelsonvelozimeter mit Phasennachführung

kommt der folgende Ausdruck für die Differenz der Stromsignale:

$$I_1 - I_2 = K_I \hat{B} \cos (\Delta\varphi_U + \Delta\varphi_\nu) \qquad (7)$$

Mit U ändert sich $\Delta\varphi_U = K_U U$ solange, bis $I_1 = I_2$ wird. Dieses Ziel wird bei $\Delta\varphi_U + \Delta\varphi_\nu = \pi/2$ erreicht:

$$I_1 = I_2 \quad \text{bei} \quad \Delta\varphi_U + \Delta\varphi_\nu = \frac{\pi}{2}$$

Kommt das Streulicht von einem ruhenden Partikel, so ist $\lambda_D = \lambda_L$ und damit $\Delta\varphi_\nu = 2\pi\Delta\hat{x}/\lambda_L$. U ändert sich, bis die Bedingung $I_1 = I_2$ bei der folgenden Spannung U_0 erfüllt ist:

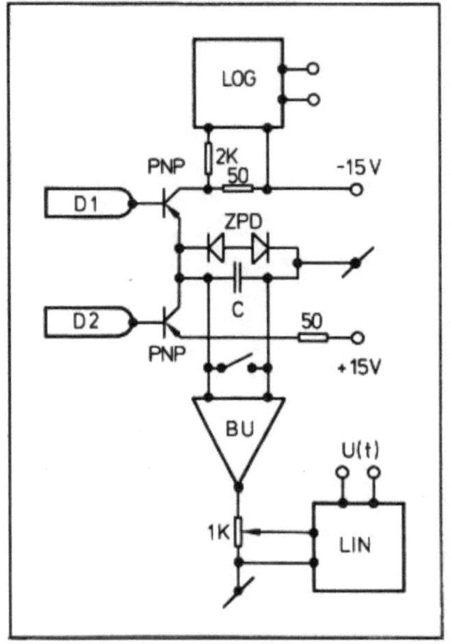

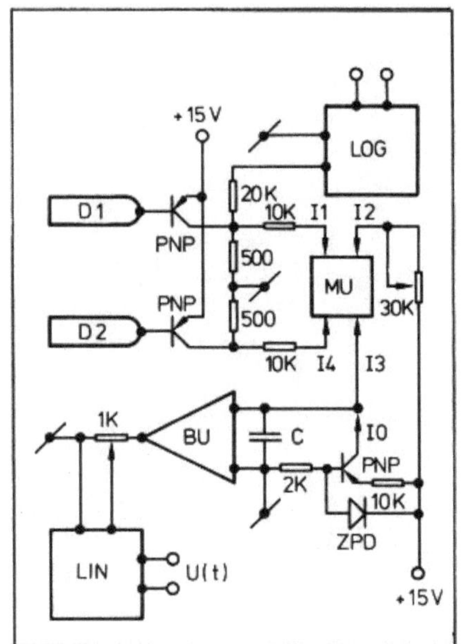

5: Differenzregelschaltung   6: Verhältnisregelschaltung

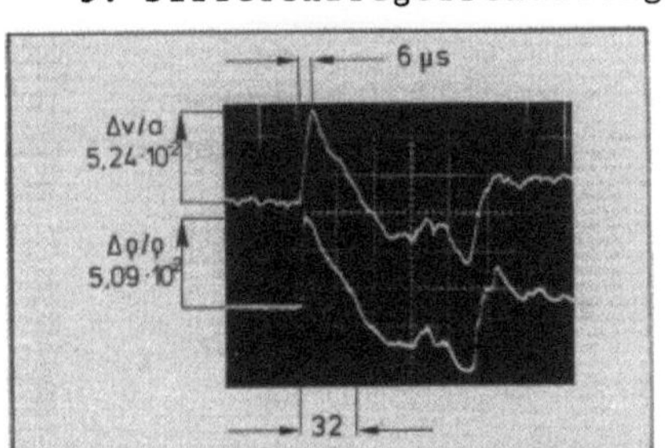

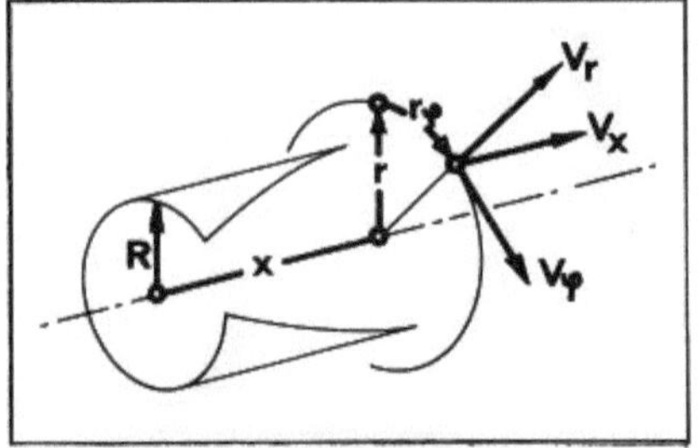

7: Funkenknallwelle   8: v-Komponenten

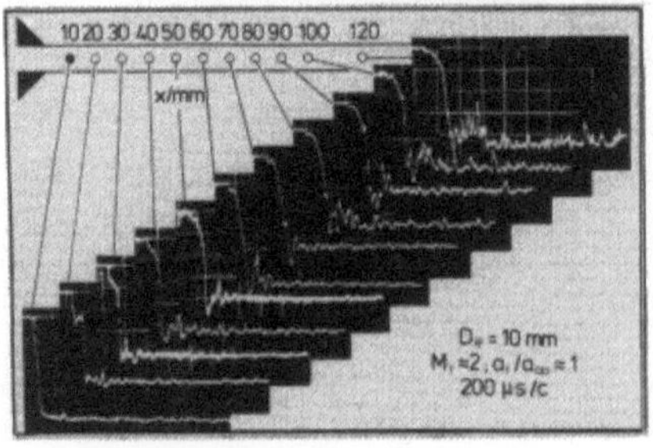

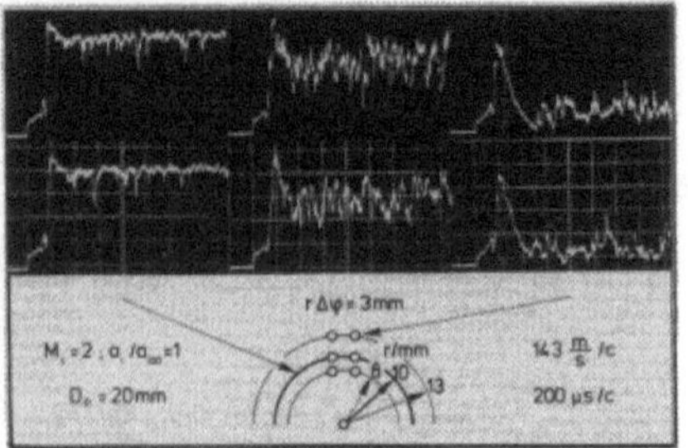

9: V_x auf Strahlachse   10: V_x am Strahlrand

Fig. 3472: Michelsonvelozimeter mit Phasennachführung

$$U_0 = \frac{2\pi}{K_U} \left(\frac{1}{4} - \frac{\Delta\Phi}{\lambda_L} \right) \tag{9}$$

Kommt das Streulicht von einem bewegten Partikel, so ergibt sich hingegen mit $\lambda_D/\lambda_L = \nu_L/\nu_D$ und $\Delta\varphi_\nu = 2\pi\Delta\Phi/\lambda_D$ der folgende Ausdruck für die Spannung U bei $I_1 = I_2$:

$$U = \frac{2\pi}{K_U} \left(\frac{1}{4} - \frac{\Delta\Phi}{\lambda_L} \cdot \frac{\nu_D}{\nu_L} \right) \tag{10}$$

Die Differenz dieser beiden Spannungen ist proportional zu der gesuchten Dopplerverschiebung $(\nu_D - \nu_L)/\nu_L$:

$$U - U_0 = - \frac{2\pi}{K_U} \cdot \frac{\Delta\Phi}{\lambda_L} \cdot \frac{\nu_D - \nu_L}{\nu_L} \tag{11}$$

Der Faktor $\Delta\Phi/\lambda_L$ muß so hoch sein, daß sich bei den zu messenden winzigen $(\nu_D - \nu_L)/\nu_L$ merkliche Änderungen von $\Delta\varphi_\nu$ und damit meßbare $U - U_0$ ergeben. Falls erforderlich, kann man durch vielfaches Hin- und Herspiegeln wie in **Fig. 3472-3** oder mit Hilfe von Linsen wie in **Fig. 3472-4** größere Gangunterschiede $\Delta\Phi/\lambda_L$ als mit dem Glasblock erzielen. Die Regelung muß so empfindlich sein und so schnell gehen, daß die $I_1(t)$ und $I_2(t)$ auch bei den zu registrierenden zeitlichen Änderungen der Streulichtfrequenz $\nu_D(t)$ nie zuviel voneinander abweichen. Die Abweichungen der Spannungen $U(t)$ von den mit Gleichung (11) berechneten müssen innerhalb einer zugelassenen Unsicherheit bleiben. Dann kann man die am Eingang des Pockelszellenverstärkers auftretende und zu $U(t) - U_0$ proportionale Spannung als proportionales und von der Streulichtleistung unabhängiges Maß für die $[\nu_D(t) - \nu_L]/\nu_L$ registrieren.

Während der Entwicklung und Erprobung des Gerätes wurde die in **Fig. 3472-5** gezeigte Regelschaltung benutzt. Sie arbeitet mit der bereits in Abschnitt 3.2.1.1 beschriebenen Ladung und Entladung des Kondensators C mit dem Differenzstrom $I_2 - I_1$. Dieses Prinzip ist besonders einfach, hat aber den Nachteil, daß die Zeitkonstante τ der Regelung mit abnehmender Streulichtleistung zunimmt. Bei kleinen $I_2 - I_1$ ist sie umgekehrt proportional zum Gleichgewichtsstrom I_0 durch die beiden PNP-Transistoren:

$$\tau = \frac{\lambda_D C}{4\pi V K_U I_0} \tag{12}$$

C bezeichnet die Kapazität des Kondensators und V die Spannungsverstärkung. Für Messungen in turbulenten Strömungen mit starken Schwankungen der Tracerkonzentration wurde darum die in **Fig. 3472-6** gezeigte Regelschaltung entwickelt. Hier sorgt der Multiplizierer MU dafür, daß das Verhältnis I_2/I_1 gleich 1 wird und bleibt. Die Zeitkonstante der Regelung ist so unabhängig von der Streulichtleistung, solange die Ströme durch die beiden PNP-Transistoren einen gewissen Mindestwert nicht unterschreiten. Beide Schaltungen halten die Spannung U bei Streulichtausfall konstant. Bei Messungen in hochturbulenten Strömungen zeigte sich, daß oft kurzzeitige Streulichtpausen auftraten. In solchen Fällen ist es wichtig, außer

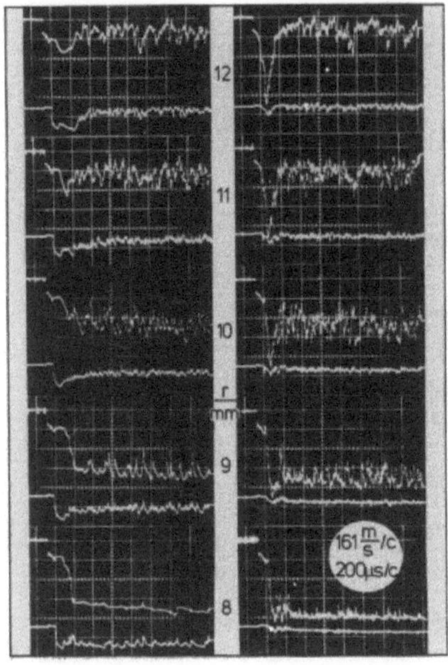

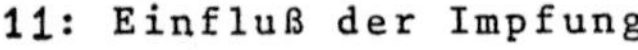

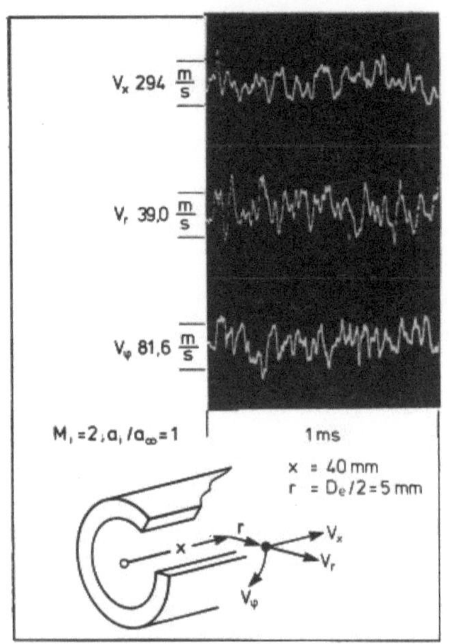

11: Einfluß der Impfung   12: Komponentenvergleich

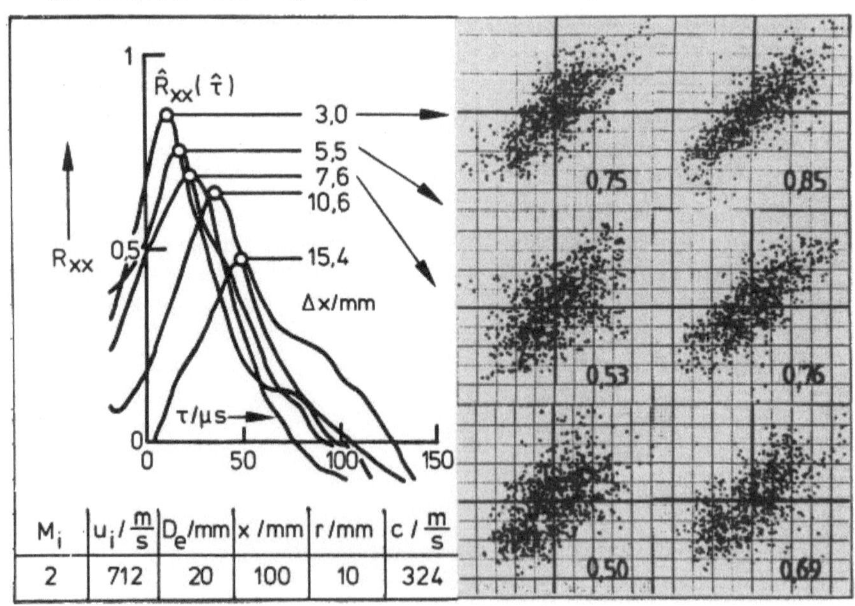

M_i	$u_i/\frac{m}{s}$	D_e/mm	x /mm	r /mm	c /$\frac{m}{s}$
2	712	20	100	10	324

13: V_x-Korrelationen informieren über Driftgeschwindigkeit

Fig. 3472: Michelsonvelozimeter mit Phasennachführung

dem Spannungssignal U(t) hinter dem linearen Verstärker LIN auch ein Spannungssignal hinter dem logarithmischen Verstärker LOG zu registrieren, das ohne Übersteuerungen über die Streulichtleistungen informiert. Auch das Michelsonvelozimeter mit Phasennachführung kann wie das VISAR zur Registrierung von Oberflächengeschwindigkeiten verwendet werden. Seine bislang unübertroffene Stärke zeigt es jedoch bei der Registrierung der Geschwindigkeiten von Tracerpartikeln in Gasströmungen, die stark instationär sind. **Fig.** 3472-7 [3079] vergleicht die Registrierung der Geschwindigkeiten von Zigarettenrauch in einer Funkenknallwelle mit der Registrierung der Luftdichten, die zur selben Zeit am selben Ort mit dem in Abschnitt 3.2.1.1 beschriebenen Interferenzmikrophon vorgenommen wurde. Die Anstiegzeit des Velozimetersignals betrug hier etwa 5µs, weil die Rauchpartikel dem Sprung der Strömungsgeschwindigkeit nicht schneller folgten. Die des Interferometersignals war trotz des größeren Meßvolumens und trotz der Stoßreflexion an den Kapillaren nur etwa halb so lang. Beide Geräte lieferten praktisch gleichwertige Information, weil in der schwachen Stoßwelle fast der gleiche Zusammenhang

$$\frac{u}{a} = \frac{\Delta\rho}{\rho}$$

zwischen der Strömungsgeschwindigkeit u, Schallgeschwindigkeit a, Verdichtung $\Delta\rho$ und Dichte ρ besteht wie in der Schallwelle. Das Velozimeter hat den Vorteil vollkommen berührungsfreier Messung. Mit zwei oder mehr parallelen und nacheinander durchlaufenen Laserlichtbündeln und mit entsprechend zwei oder mehr Michelsonspektrometern kann man z.B. die Änderungen der Stoßwelle bei der Ausbreitung oder Reflexion in ruhenden oder strömendem Gas untersuchen.

In **Fig.** 3472-10 **bis 12** sind einige Oszillogramme der Geschwindigkeiten von Zigarettenrauch in turbulenten Mischungsschichten von Überschallstrahlen wiedergegeben , die nach einem etwa 0,5ms dauernden Startvorgang nur während etwa 1ms existierten [971]. Wie bei dem in Abschnitt 3.4.3.1 besprochenen Dopplerreferenzvelozimeter, so macht es auch hier die Abhängigkeit der Streulichtfrequenz von der Richtung des Streulichtempfangs leicht, mit einem Laserlichtbündel und zwei Empfängern die Schwankungen von zwei Geschwindigkeitskomponenten am selben Ort oder an verschiedenen Orten simultan zu registrieren. **Fig.** 3472-8 informiert über die Bezeichnungen der Geschwindigkeitskomponenten. **Fig.** 3472-9 zeigt Oszillogramme des Startvorgangs und der kleinen v_x-Schwankungen auf der Strahlachse in verschiedenen Abständen x von der Düse. **Fig.** 3472-10 vergleicht die v_x-Schwankungen am inneren und äußeren Rand sowie in einer besonders interessierenden Tiefe der Mischungsschicht an zwei gleichzeitig beobachteten Meßorten mit dem azimutalen Abstand 3mm. Wurde nur die Luft im Strahl mit Rauch geimpft, so kam davon nicht genug in die Mischungsschicht. **Fig.** 3472-11 zeigt links, wie bei dieser unzureichenden Impfung die in verschiedenen Abständen r von der Strahlachse registrierten Signale aussahen. Rechts sind die Signale bei ausreichender Impfung innerhalb und außerhalb des Strahls wiedergegeben. Das Michelsonvelozimeter braucht pausenlose Anwesenheit von Tracerpartikeln im Meßvolumen. Das ist sein Nachteil. **Fig. 3472-13** demonstriert seinen Vorteil. 500µs Meßzeit reichten aus, um in zwei Digitalrekordern soviel Information über die simultanen v_x-Schwankungen an zwei Orten mit variiertem Abstand Δx zu speichern, daß die rechts gezeigten Korrelogramme geschrieben werden konnten. Die links wurden ohne und die rechts mit jener Zeitversetzung $\hat{\tau}$ geschrieben, bei welcher die Korrelationsfunktion $R_{xx}(\tau)$ ihr Maximum durchlief. Links sind die $R_{xx}(\tau)$ bei Δx graphisch dargestellt. Mit den $\hat{\tau}$ bei Δx wurde die Driftgeschwindigkeit bestimmt, mit der die Schwankungen stromab mitgeführt wurden. Es handelt sich um Schwankungen zwischen kleinsten und größten Geschwindigkeiten, deren Differenz gleich der Schallgeschwindigkeit war. In **Fig. 3472-12** sind am selben Ort registrierte v_x, v_r und v_φ wiedergegeben. Die Auswertung von mehreren hundert Oszillogrammen ergab ziemlich genau jene Schwankungsamplituden und Driftgeschwindigkeiten, welche die Stärken und Winkel der Machwellen in der Umgebung von Überschallstrahlen erklären. Alle Korrelationen der Schwankungen waren jedoch viel kleiner, als aufgrund der Interferenzbilder in Abschnitt 2.2.3.2 erwartet wurde. Leider ist zu wenig über das Verhalten von Tracerpartikeln in derart kompressibel turbulenten Strömungen mit oder ohne kohärente Strukturen bekannt, um diese Diskrepanz mit mehr als nur Vermutungen zu interpretieren.

3.4.7.3 Fabry/Perot-Velozimeter

Auch zahlreiche andere Interferometer können als Interferenzspektrometer verwendet werden [3083]. Dabei haben Vielwelleninterferometer den Vorteil, daß bessere Frequenzauflösung als mit Zweiwelleninterferometern ohne Phasenrückführung erzielt werden kann. Von den Vielwelleninterferometern haben sich insbesondere die in Abschnitte 1.6.1.2 besprochenen Fabry/Perot-Interferometer als Interferenzspektrometer bewährt. Das in **Fig. 3473-1** skizzierte mit zwei sphärischen Spiegeln läßt sich leicht justieren. Mit einer Defokussierung kann man Äquidistanz einiger Interferenzringe erreichen. Die Fizeau/Tolansky-Variante mit einem kleinen Winkel ε zwischen zwei ebenen Spiegeln hat den Vorteil, daß sie nicht konzentrische Haidingeringe, sondern parallele und äquidistante Fizeaustreifen erzeugt. Die Dopplerverschiebung der Streulichtfrequenz kann mit solchen Interferometern auf vielerlei verschiedene Weisen ermittelt werden [1891,3084-3100]. Die in **Fig. 3473-1** skizzierten und im Folgenden bechriebenen Verfahren sind nicht die einzigen, sondern lediglich typisch für drei grundsätzlich verschiedene Vorgehensweisen. Bei der in **Fig. 3473-3** gezeigten Anordnung wird mit Hilfe eines Referenzbündels so justiert, daß nur die in **Fig. 3473-4** skizzierte zentrale Scheibe des Interferenzmusters auf dem Detektor erscheint. Sie ist am hellsten, wenn

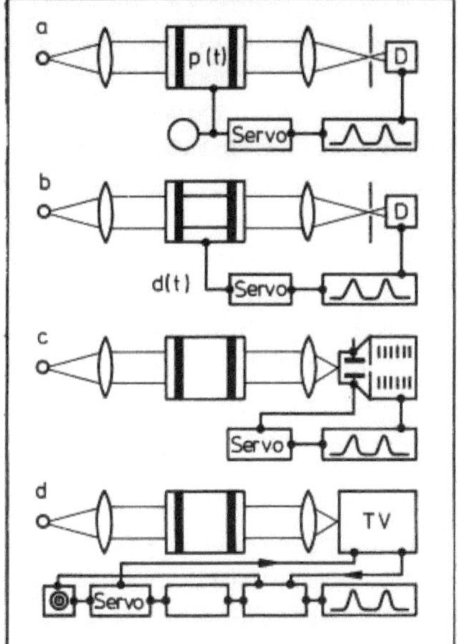

2: Verschiedene Verfahren

1: Mit sphärischen Spiegeln

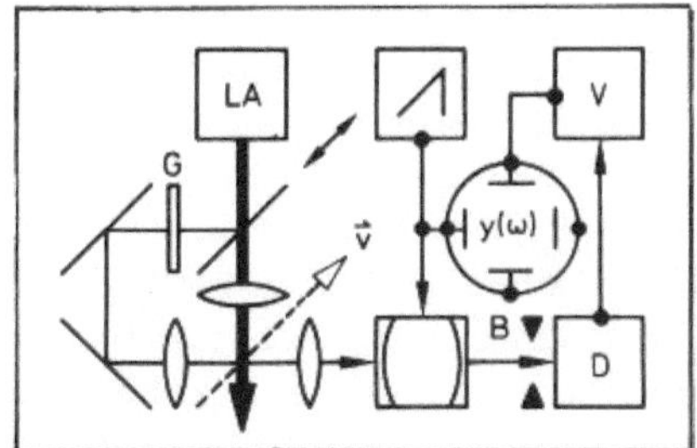

3: Abtastung des Spektrums

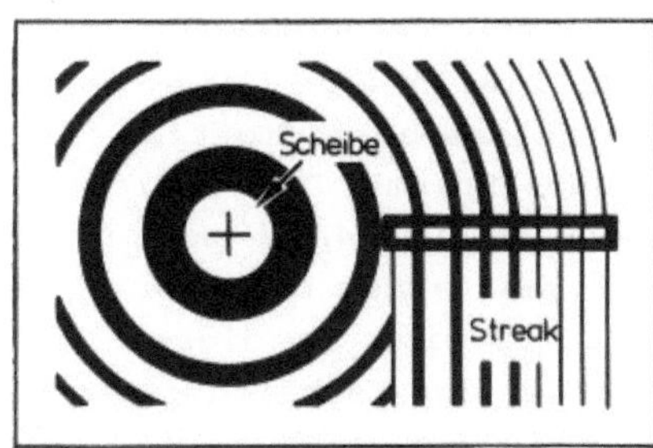

4: Haidingerringe

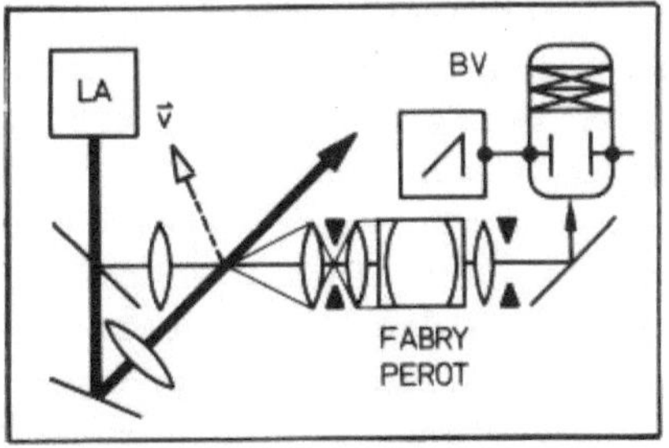

5: Ringverschiebung

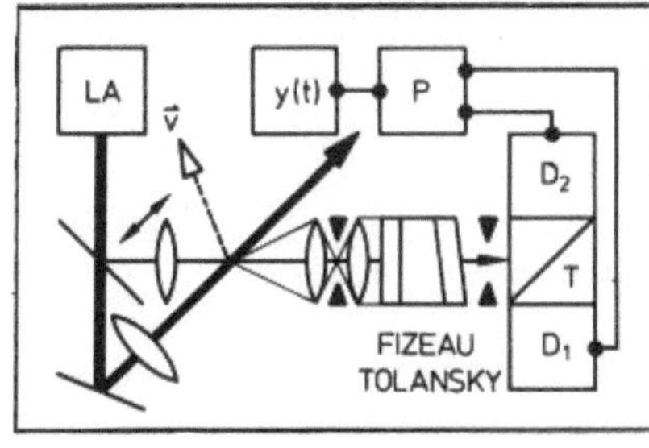

6: Streifenverschiebung

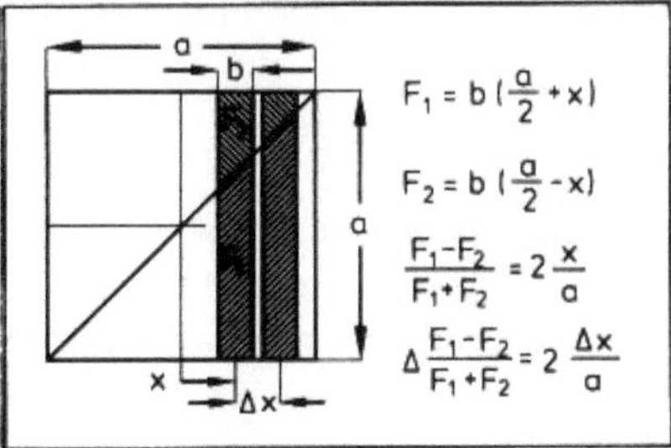

7: Umsetzung in Teilflächen

Fig. 3473: Fabry/Perot-Velozimeter

der Spiegelabstand e ein ganzzahliges Vielfaches $m\lambda$ der Wellenlänge
beträgt. Änderung von e oder λ ändert die Bestrahlungsstärke B auf dem
Detektor und damit über einen Verstärker V die Spannung an den Verti-
kalablenkplatten eines Oszillographen. Ein Piezotranslator variiert e
proportional zur Spannung an den Horizontalablenkplatten. So wird nach
Eichung mit dem Referenzbündel ein Spektrum des Streulichtes abgetastet
und über nichtlinearer Frequenzbasis aufgezeichnet. Das Maximum bei
$e=m\lambda_D=mc/\nu_D$ informiert über die von der Partikelgeschwindigkeit abhängende Frequenz $\nu_D = \nu_L+\nu_S$. Die Abtastung kann auch durch Änderung des
Druckes zwischen den Spiegeln erfolgen. Mit langsamer oder mit schneller
und oft repitierter Abtastung können ebensogut Streulichtimpulse mit
wie ohne Pausen verarbeitet werden, wenn ν_D konstant ist. Schnelle
Änderungen von ν_D kann man mit dem in **Fig.** 3473-5 gezeigten Gerät als
Funktion der Zeit registrieren. Dazu wird das Interferenzmuster mit
einer Schlitzblende wie in **Fig.** 3473-4 rechts bis auf einen schmalen
radialen Streifen abgedeckt. Eine Bildwandlerkamera mit mehrstufigem
Bildverstärker BV und linear wachsender Ablenkspannung schreibt eine
Streakregistrierung auf ruhenden Film. Es erleichtert die Auswertung,
wenn gleichzeitig geschwächtes Referenzlicht mit der Laserfrequenz ν_L
empfangen wird. Hinter dem Fabry/Perot-Interferometer erscheinen dann
zwei Interferenzringsysteme. Auf dem Film erscheinen Doppelspuren,
deren Abstand über $\nu_D(t)-\nu_L$ informiert. Die in **Fig.** 3473-6 gezeigte Anordnung ermöglicht die unmittelbare analoge oder digitale Eingabe der
$\nu_D(t)$ in einen Rechner. Ein bildteilendes Prisma T und Blenden sorgen
dafür, daß von einem Fizeaustreifen die in **Fig.** 3473-7 skizzierten Teilflächen F_1 auf einem Detektor D_1 und F_2 auf einem Detektor D_2 erscheinen. Die beiden Detektorströme I_1 und I_2 sind zu diesen Teilflächen
proportional. Der Signalprozessor P bildet das Verhältnis der Differenz
zur Summe dieser beiden Ströme. Mit den in **Fig.** 3473-7 notierten Beziehungen ergibt sich der folgende Ausdruck für die Änderung dieses Verhältnisses bei einer Verschiebung Δx des Interferenzstreifens:

$$\Delta \frac{I_1-I_2}{I_1+I_2} = 2\frac{\Delta x}{a} \tag{1}$$

Die Verschiebung Δx ab der Ausgangslage bei ν_L ist zur Dopplerverschiebung $\lambda_D-\lambda_L$ der Wellenlänge proportional. Bei den kleinen Dopplerverschiebungen kann praktisch mit $(\lambda_D-\lambda_L)/\lambda_L \simeq -(\nu_D-\nu_L)/\nu_L$ gerechnet
werden. Bei pausenlosem Streulicht wird so wie mit dem Michelsonvelo-
zimeter mit Phasenrückführung ein ununterbrochenes und geschwindig-
keitsproportionales Signal registriert. Hier wie dort haben Schwankungen der Streulichtintensität keinen Einfluß auf das Ergebnis.

Listen

Abkürzungen

AEDC	Arnold Engineering Development Center(Tullahoma)
AESS	Aerospace and Electronics Society
AFAL	Air Force Armament Laboratory(Eglin-AFB)
AFB	Air Force Base
AFIT	Air Force Institute of Technology
AFITAE	Association Française des Ingénieurs et Techniciens de l'Aéronautique et de l'Espace
AFOSR	Air Force Office of Scientific Research
AGARD	Advisory Group for Aerospace Research and Development
AIAA	American Institute of Aeronautics and Astronautics
ARC	Aeronautical Research Council (London)
ARL	Aerospace Research Laboratory (WPAFB)
ARO	Arnold Research Organization Inc.(Tullahoma)
ASA	American Standards Association
ASME	Americal Society of Mechanicsl Engineers
ATM	Archiv für Technisches Messen
AVA	Aerodynamische Versuchsanstalt (Göttingen)
AVCO	AVCO-Corporation (Massachusetts)
BMBW	Bundesministerium für Bildung und Wissenschaft
BMFT	Bundesministerium für Forschung und Technologie
BMVg	Bundesministerium der Verteidigung
BRL	Ballistic Research Laboratories(Aberdeen Providing Ground)
CAL	Cornell Aeronautical Laboratory (Buffalo)
CALTECH	California Institute of Technology (Pasadena)
CARDE	Canadian Armement Research and Development Establishment
CARS	Coherent Anti-Stokes Raman Scattering
CERN	Conseil Européen pour la Recherche Nucléaire(Genf)
CIT	California Institute of Technology (Pasadena)
CNRS	Centre National des Recherches Scientifiques
CR	Compte rendu
DEFA	Direction des Etudes et Fabrications d'Armement
DFVLR	Deutsche Forschungs-und Versuchsanstalt für Luft-und Raumfahrt
DGLR	Deutsche Gesellschaft für Luft-und Raumfahrt
DGRR	Deutsche Gesellschaft für Raketentechnik und Raumfahrt
DIN	Deutsche Industrienorm
DISA	DISA-Electronic A/S.(Skovlunde,Denmark)
DLR-FB	Deutsche Luft-und Raumfahrt - Forschungsbericht
DRET	Direction des Recherches Etudes et Techniques
Ed	Editor,Editeur,Herausgeber
Eds	Editors,Editeurs,Herausgeber
EMI	Ernst Mach Institut (Freiburg)
ENSA	Ecole Nationale Superieure de l'Aérodynamique(Paris)
EUMETSAT	European Organisation for the Exploitation of Meteorological Satellites
FBWT	Forschungsbericht aus der Wehrtechnik
FFA	Flygtekniska Försökanstalten (Stockholm)
CALCIT	Guggenheim Aeronautical Laboratory of the CIT
GB	Great Britain
IBM	International Business Machines Corporation
ICAS	International Council of the Aeronautical Sciences
ICIASF	International Congress on Instrumentation in Aerospace Simulation Facilities
ICHSP	International Congress on High Speed Phopography
ICLS	International Conference on Laser Spectroscopy
IEEE	Institute of Electrical and Electronic Engineers
ISFV	International Symposium on Flow visualization
ISL	Institut Franco-Allemand de Recherches de Saint-Louis, Deutsch-Französisches Forschungsinstitut Saint-Louis, (Saint-Louis, France)
ISTS	International Shock Tube Symposium
ITC	International Telemetry Conference

JAS	Journal of the Aeronautical Sciences
JPL	Jet Propulsion Laboratory (CIT,Pasadena)
LDA	Laser Doppler Anemometer
LDV	Laser Doppler Velozimeter
LRBA	Laboratoire de Recherches Balistiques et Aerodynamiques
LRSL	Laboratoire de Recherches Techniques de Saint-Louis
MHD.	Magnetohydrodynamik
MIT	Massachusetts Institute of Technology
MPI	Max Planck Institut
NACA	National Advisory Committee for Aeronautics
NAL	National Aerospace Laboratory (Japan)
NASA	National Aeronautics and Space Administration
NATO	North Atlantic Treaty Organization
NAVORD	Naval Ordnance
NBS	National Bureau of Standards(Gaithersburg,Maryland)
NLR	National Lucht-en Ruimtevaartlaboratorium(The Netherlands)
NOL	Naval Ordnance Laboratory(White Oaks,Silverspring,Maryland)
NPL	National Physical Laboratory (Teddington)
NRL	Naval Research Laboratory (Washington)
NY	New York
ONERA	Office National d'Etudes et de Recherches Aeronautiques
ONR	Office of Naval Research
ORVIS	Optical Recording Velocity Interferometer System
OSR	Office of Scientific Research
PIBALL	Potytechnic Institute of Brooklyn Aerodynamics Laboratory
PTB	Physikalisch Technische Bundesanstalt (Braunschweig)
RAE	Royal Aircraft Establishment (Farnborough,Hants,UK)
RARDE	Royal Armament Research and Development Establishment (Fort Halstead,Kent,UK)
RCA	Radio Corporation of America
RISO	National Laboratory Roskilde (Denmark)
R & M	Reports and Memoranda
RWTH	Rheinisch Westfälische Technische Hochschule (Aachen)
SEDOCAR	Service de Documentation Scientifique et Technique de l'Armement
SFB	Sonderforschungsbereich
SMPTE	Society of Motion Picture and Television Engineers
SPIE	Society of Photo-Optical Instrumentation Engineers
STS	Shock Tube Symposium
SUDA	Stanford University Department of Aeronautics and Astronautics
TH	Technische Hochschule
UCSB	University of California Santa Barbara
UDRI	University of Dayton Research Institute (Ohio)
UK	United Kingdom
UNIV	Universität,University
USAF	United States Air Force
UTIAS	University of Toronto Institute for Aerospace Studies
UTRC	United Technological Research Center (East Hartford)
USSR	Union der Sozialistischen Sowjetrepubliken
VDE	Verband deutscher Elektrotechniker
VDI	Verein deutscher Ingenieure
VISAR	Velocity Interferometer System for Any Reflector
VKF	Von Karman Gas Dynamics Facility(ARO Inc.Tullahoma)
VKI	Von Karman Institute for Fluid Dynamics (Rhode-Saint-Genese,Belgium)
WADC	Wright Air Development Center (WPAFB)
Wgg.	Wiedergabegenehmigung
WGLR	Wissenschaftliche Gesellschaft für Luft-und Raumfahrt
WPAFB	Wright-Patterson Air Force Base (USAF,Ohio)
ZAMM	Zeitschrift für angewandte Mathematik und Mechanik
ZFW	Zeitschrift für Flugwissenschaften und Weltraumforschung

Bildnachweis

1412-2	Bild 7a + 7f in [1763].
2111-1	Fig.11 in [759] Wiedergabe genehmigt von den Direktoren des ISL, Saint Louis,1988.
2111-2	Bild 9.24 in [383] Wiedergabe genehmigt von DFVLR-AVA Göttingen und Verlag Vieweg,Wiesbaden,1988.
2111-3	Fig.201 in [375].Aus J.N.Newman: p.519-545 in Proc.8th symp.on naval hydrodynamics,U.S.Govt.Printing Office, 1970.Wiedergabe genehmigt von J.N.Newman, Massachusetts Institute of Technology,Dept.Ocean Engineering, 1987.
2111-4	Fig.3a in [55].Fig.12e in [57].Wiedergabe genehmigt von H.Werlé,ONERA,Châtillon-sous-Bagneux,1988.
2111-5	Wiedergabe genehmigt von Tetsuo Tagori,University of Tokyo,Dept.Marine Engineering,1987.
2123-1	Bild 19 in [772].20°-Kegel.M=1,70.Wiedergabe genehmigt von R.Kutterer,Weil am Rhein,1988.
2123-2	Bild 18 in [772].20°-Kegel,M=1,10.Wgg.wie 2123-1.
2123-3	Fig.5a in [759].Fig.5a in [772].Abb.3 in [1732].Fig.1 in [1733].M=1,60.Wgg.wie 2111-1.
2123-4	Bild 19 in [772].145°-Kegel.M=1,70.Wgg.wie 2123-1.
2123-5	Aufnahme J.B.Noyère 1962 im ISL.30°-Kegel mit Kugelkalotte . M=2,40.Wgg.wie 2111-1.
2123-6	Fig.23a in [774]Aufnahme J.B.Noyère 1962 im ISL.Ogive mit Kugelkalotte.M=1,35.Wgg.wie 2122-1.
2123-7	Fig.3 in [774].Ähnliche Bilder in M.Giraud:ISL-T26/67. M=2,76.Wgg.wie 2111-1.
2123-8	Fig.21 in [774].Ähnliche Bilder in M.Giraud:ISL-N22/66, ISL-R3/71.Kugeldurchmesser 30mm.M=2,90.Wgg.wie 2122-1.
2123-9	Abb.4.12a in [776].Wgg.wie 2111-1.
2123-10	Fig.5 in [775].Wgg.wie 2111-1. 29.5 Vol.% H^2 in Luft.p=422 Torr.v.=1925m/s.
2123-11+12	Abb.1 in [780].Ähnliche Bilder in [782]. Wgg.wie 2111-1.
2123-13+14	Abb.193 in [387].Abb.521 in [387].Abb.11 in [417].Abb.2 in [780].Wgg.wie 2111-1.
2123-15+16	Bild 2+3 in [782].Ähnlich Abb.523 in [387]. M_S=1,41. p_1=1bar.Wiedergabe genehmigt von H.Reichenbach,EMI, Freiburg,1988.
2123-17	Aufnahme H.G.Prasse 1971 im EMI.M_S=4.p_1=27mbar.Wgg.wie 2123-15.
2123-18	Aufnahme H.G.Prasse 1977 im EMI.M_S=4.p_1=7mbar.R=120mm. Wgg.wie 2123-15.
2123-19+20	Abb.522 in [387].Fig.10 in [416].Fig.4+9 in [786]Wgg.wie 2111-1.
2123-21+22	Fig.11 in [416].Abb.6 in [780].Wgg.wie 2111-1.
2123-23+24	Fig.11 in [416].Abb.2 in [778].Fig.10+11 in [787].Wgg.wie 2111-1.
2123-25+26	Fig.11 in [416].Abb.409 in [387].Abb.4 in [778].Abb.8 in [780].Ähnliche Bilder in [788]Wgg.wie 2111-1.
2123-27	Fig.13 in [416].Aufnahme H.Nasdala,ISL.Wgg.wie 2111-1.
2123-28	Aufnahme H.Nasdala,ISL.Wgg.wie 2111-1.
2123-29	Fig.2 in [790].Wgg.wie 2111-1.
2123-30	Abb.539 in [387].Wgg.wie 2111-1.
2123-31+32	Abb.540 in [387].Fig.12 in [416].Wgg.wie 2111-1.
2123-33	Aufnahme H.Nasdala,ISL.Wgg.wie 2111-1.
2123-34	Fig.17 in [416].Fig.11 in [791].Wgg.wie 2111-1.
2123-35	Planche X in [796].Wgg.wie 2111-1.
2123-36	Planche XVII,XVIII in [796].Wgg.wie 2111-1.
2123-37	Aufnahme H.Nasdala im ISL.Wgg.wie 2111-1.
2123-38-40	Fig.4 in [786].Wgg.wie 2111-1.
2123-41	Fig.6 in [791].Fig.5 in [939].Fig.17 in [960].Wgg.wie 2111-1.
2123-42	Herkunft unbekannt.Ähnliche Bilder in [793].

2123-43	Aufnahme H.Nasdala,ISL.Wgg.wie 2123-11.
2123-44	Fig.177 in [375].Fig.2 in [797].Fig.2 in [798].Wiedergabe genehmigt von A.Roshko,California Institute of Technology, Graduate Aeronautical Laboratories,Pasadena,1987. $V(He)=1010cm/s.v(N_2)=394cm/s,p=8$ bar.
2132-1	Abb.29b in [802].
2132-2	Fig.17 in [805].Fig.12 in [941].Abb.54 in [983].Abb.608 in [387].M=8,T_S=2000 K,$\rho=\rho_N/300$.Wgg.wie 2111-1.
2132-3	Fig.5b in [9].Ähnlich Abb.17 in [802]. O.v.Schmidt.
2132-4	Abb.90 in [802].Abb.17 in [806].Fig.9 in [807]Abb.2b in [1732].
2132-5	Abb.81 in [802].Fig.16 in [806].
2132-6	Fig.247 in [375].Aus [809]. M=1,106/1,141/1,195/1,204/1,223/1,303.
2123-7	Fig.2 in [810].Wiedergabe genehmigt von H.Grönig, Stoßwellenlabor der RWTH Aachen,1984.
2132-8+9	Abb.17 in [811].Wiedergabe genehmigt von DFVLR-AVA-Göttingen 1987.
2132-10	Abb.00 in [812].Wgg.wie 2123-8.
2134-2	Abb.32+33 in [801].Abb.77 in [802].
2135-4	Bild 2 in [839].Wgg.wie 2111-1.
2223-1	Abb.525 in [387].Abb.7.54 in [392].Aus [881]. Wgg.wie 2223-7.
2223-2	Abb.1 in [882].
2223-3	Abb.31 in [847].
2223-4+5	Abb. 4 in [884].Aufnahme W.Frank.Wiedergabe genehmigt von Univ.Karlsruhe,Inst.f.Strömungsmechanik und Strömungsmaschinen, 1985.
2223-6	Abb.13 in [885].Wiedergabe genehmigt von G.E.A.Meier, MPI-Göttingen,1986.
2223-7	Aufnahme W.C.Griffith,A.Kenny,1957,CO_2- Schwingungsrelaxation . Wiedergabe genehmigt von Princeton Univ.Dept. Phys.1964.
2223-8	Abb.562 in [387].Wiedergabe genehmigt von I.I.Glass, UTIAS,1964. CO_2,M_S=1,08,p_1=520 Torr,T_1=294K, Schwingungsrelaxation.
2223-9	Abb.3 in [887].Aufnahme H.Jungbluth.Halogenlampe und Bichromatfilter 530nm,648nm.Wgg.wie 2223-4.
2223-10	Bild 4 in [782/1].Fig.2 in [782/2].Aufnahme W.Heilig. M_S=1,41.p_1=1 bar.Wgg.wie 2123-15.
2232-1	Fig.8 in [941].N_2,M=8,T_S=1800K,$\rho=\rho_N/300$. Wgg.wie 2111-1.
2232-2	Abb.616 in [387].Fig.7 in]939].Fig. 9 in [941].Fig.12 in [947].Bild 23 in [950]Abb.55 in [983].Fig.7 in [3080]. N_2,M=8.T_S=1000K.$\rho=\rho_N/125$.Wgg.wie 2111-1.
2232-3	Fig.24 in [416].Fig.1 in [942].Fig.22 in [919].Fig.6 in [955].Fig.25 in [960].Fig.2 in [1820].Wgg.wie 2111-1.
2232-4	Bild 29 in [940].Fig.9 in [941].Bild 12 in [947].Bild 23 in [950].Abb.55 in [983].Abb.19 in [2044].N_2,M=8,T_S=1000 K, $\rho=\rho_N/125$.Wgg.wie 2111-1.
2232-5	Abb.617 in [387].Fig.7 in [952].Abb.3 in [954].Fig.8 in [955].Fig.25 in [960].Abb.57 in [983].Fig.3 in [1820]. Fig.9 in [3080]. M=8.Durchmesser 100mm/100mm,150mm. Wgg. wie 2111-1.
2232-6	Abb.620 in [387].Fig.20 in [416].Fig.7 in [955].Abb.60 in [983].Fig.4 in [1820].Wgg.wie 2111-1.
2232-7	Fig.6 in [939].Fig.20 in [416].Fig.17 in [945]. Fig.6 in [952].Fig.25 in [960].Abb.59 in [983].M=8.T_S=1800 K. $\rho=\rho_N/250$.Wgg.wie 2111-1.
2232-8	Abb.619 in [387].Abb.7.86 in [392].Fig.20 in [416]. Fig.13+14 in [805].Bild 30 in [940]Fig.8 in [952]. Abb.4 in [954].Fig.9 in[955].Abb.56 in [983].Fig.5 in [1820]. M=8.Zylinderdurchmesser 30mm.Wgg.wie2111-1.
2232-9	Aufnahme H.Oertel,ISL.Wgg.wie 2111-1.

2232-10	Fig.14 in [1820].Wgg.wie 2111-1.
2232-11+12	Fig.23 in [416].Fig.27 in [960].Fig.8 in [1820].Fig.10 in [3080].Wgg.wie 2111-1.
2232-13	Abb.7.87 in [392].Fig.7 in [1820].Wgg.wie 2111-1.
2232-14	Fig.10b in [962].Fig.6 in [1820]. $U=2320m/s.\rho=\rho_N/55$. Wgg.wie 2111-1.
2232-15	Fig.20a in [997].Fig.13 in [1820].Wgg.wie 2111-1.
2232-16	Fig.8b in [962].$U=2670m/s.\rho=\rho_N/52$.Wgg.wie 2111-1.
2232-17	Fig.10 in [941].Fig.11 in [942].Bild 11 in [947].Fig.24 in [949].Bild 24 in [950].Fig.28 in [961].Fig.18 in [805]. Abb.40 in [983].Fig.10 in [1820].Abb.618 in [387].$M=8$, $T_S=3000\,K,\rho=\rho_N/1700,D=30mm$.Wgg.wie 2111-1.
2232-18	Fig.22 in [416].Fig.29 in [960].Fig.6 in [989].Abb.6 in [2044].$M=8.\rho=\rho_N/5000$.Fig.15 in [3080].Wgg.wie 2111-1.
2232-19	Fig.4 in [963].Austrittsdurchmesser 0,4mm.Fig.12 in [3080]. Wgg.wie 2111-1.
2232-20	Fig.11 in [964].Fig.1 in [965].Abb.10 in [2044].Fig.1 in [2046].Austrittsdurchmesser 20mm.Fig.14 in [3080].Fig.1 in [1830].Fig.1 in [1831].Wgg.wie 2111-1.
2232-21	Fig.29 in [416].Fig.30 in [960].Fig.10 in [964].Fig.2 in [966].Fig.7 in [2046].Fig.7 in [2047].Fig.3 in [1830]. Fig.2 in [964/2].Wgg.wie 2111-1.
2232-22	Fig.1 in [3082]Wgg.wie 2111-1.
2232-23	Aufnahme G.George,ISL.Wgg.wie 2111-1.
2232-24	Fig.12+20 in [970].$H=1mm$.Wgg.wie 2111-1.
2232-25	Fig.80 in [964].Fig.11 in [971].Fig.10 in [3082].Fig.32 in [964].10% He in N_2.Austrittsdurchm. 10mm.Wgg.wie 2111-1.
2232-26	Fig.17 in [967].Fig.6 in [971].Fig.4 in [3079].Fig.9 in [3082].$u=20m/s,60m/s$.Wgg.wie 2111-1.
2232-27+28	Aufnahmen M.Fiechter,ISL.Wgg.wie 2111-1.
2232-29	Fig.73 in [964].Fig.28 in [966].Fig.18 in [967].Fig.9 in [971].Fig.30 in[964/2].Fig.29 in [1830].Wgg.wie 2111-1.
2232-30+31	Abb.1 in [973].Fig.12 in [974].Abb.1 in [980].Silikonöl. Ra=1912,6270.Strahltrennung horizontal,vertik.. Wgg.wie 2223-4.
2232-34	Abb.33 in [979].Wgg.wie 2223-4.
2232-35	Abb.20 in [973].Abb.24 in [976].Silikonöl. Ra=16500, 24000,24200,25000.Instat.Heizung. Wgg.wie 2223-4.
2232-36	Abb.35 in [979].Wasser.Ra=6000000.Wgg.wie 2223-4.
2234-6	Fig.54 in [964].Fig.14 in [965].Fig.1 in [966].Fig.23 in [967].Fig.13 in [968].Fig.8 in [2046].Fig.1 in [964/2]. Fig.50 in [1830].Fig.20 in [1831].Doppelt belichtet mit $\Delta t=10\mu s$.Wgg.wie 2111-1.
2234-7	Fig.63 in [964].Fig.12 in [989].Doppelt belichtet mit $\Delta t=10\mu s$.Wgg.wie 2111-1.
2234-8	Fig.30 in [416].Fig.31 in [960].Fig.1 in [964].Fig.3 in [966].Fig.1 in [967].Fig.1 in [968].Abb.22 in [2044].Fig.9 in [2046].Fig.1 in [2047].Fig.1 in [2045].Fig.1 in [3079]. Fig.2 in [3082].Doppelt belichtet mit $\Delta t=3\mu s$. Wgg. wie 2111-1.
2234-9+10	Fig.49 in [964].Fig.2 in [965].Fig.6 in [966].Fig.15 in [1830].Fig.4 in [1831].$D=3,75mm.M=4.u=2080m/s.T=670\,K$. Doppelt belichtet mit $\Delta t=5\mu s$..Wgg.wie 2111-1.
2234-11	Fig.64 in [964].Fig.27 in [966].Fig.12 in [971].Fig.28 in [964/2].Fig.27 in [1830].Fig.16 in [1831].Wgg.wie 2111-1.
2234-12	Fig.41 in [416].Fig.40 in [960].Fig.8 in [966].Fig.15 in [971].Abb.24 in [2044].Fig.16 in [2047].Fig.7 in [1831]. Fig.6 in [1830].Fig.8 in [964/2].Fig.5 in H.Oertel, ISL-N14/74.Doppelt belichtet mit $\Delta t=1\mu s$.Wgg.wie 2111-1.
2234-13	Fig.6 in [969].Düse MG-Vadura-PM-15-25.Zylinder 1mm.Konus 1,34mm.$p_0(O2)=8,8bar.u=496m/s=1,45a_\infty.a=239m/s=0,70a_\infty$.Ohne Flamme.Lang belichtet mit $\delta t=100\mu s$.Wgg.wie 2111-1.

2234-14	Fig.34 in[966].Fig.15 in [969].Düse und O2-Strahl wie 2234-13.Ohne Flamme.Kurz belichtet mit $\delta t=0,5\mu s.\Delta t=4\mu s$. Wgg.wie2111-1.
2234-15	Fig.6 in [969].Düse und O2-Strahl wie 2234-13. p_0(Propan)=1,2bar.p_0(Heiz-O2)=2,5bar.Mit Flamme.Lang belichtet mit $\delta t=100\mu s$.Wgg.wie 2111-1.
2234-16	Fig.34 in [966].Fig.15 in [969].Fig.24 in [1831].Fig.44+45 in [1830].Fig.44 in [964/2].Düse und O2-Strahl wie 2234-13.Mit Flamme wie 2234-15.Kurz belichtet mit $\delta t=0,5\mu s.,\Delta t=4\mu s$.Wgg.wie 2111-1.
2235-4	Fig.128 in [964]Wgg.wie 2111-1.
2235-5	Fig.24 in [964].Fig.8 in [966].Wgg.wie 2111-1.
2236-4	Abb.51 in [983].Fig.8+10 in [998].
2244-3+4	Abb.25 in [1028].Wiedergabe genehmigt von C.Nebbeling, Delft University of Technology,Faculty of Aerospace Engineering,1987.
2245-9	Abb.25b in [1028].Strömung und Genehmigung wie 2244-3+4.
2245-10	Fig.3 in [1034].Fig.31 in [1040].D=20mm. M=8,2.$\rho=\rho_N/1430$. Wiedergabe genehmigt von C.Verét,ONERA, Châtillon-sous-Bagneux,1987.
2245-11+12	Fig.20+17 in [1033].Nadel.M=9.$\rho=\rho_N/1430$.Wgg.wie 2245-10.
2253-4+5	Fig.3+2 in [200].Wgg.wie 2245-10.
2311-1	Fig.145 in [375].Fig.7 in [1209].Wiedergabe genehmigt von S.A.Thorpe,The University of Southampton,Dept.of Oceanography,1987.
2311-2-7	Bild 4 in [1211].Wiedergabe genehmigt von MPI für Strömungsforschung, Göttingen,1987.
2312-1	Bild 203 in [25].M=22.p=0,08 Torr.Wgg. wie 2111-2.
2312-2	Bild 211 in [25].M=22.p=0,08 Torr.Wgg. wie 2111-2.
2312-3	Fig.146 in [375].F.A.Roberts,P.E.Dimotakis,A.Roshko, California Institute of Technology.Wgg.wie 2123-44.
2312-4	Fig.1 in [1254]Rohrdurchmesser 10cm.Rhodamin in Wasser. Xe-Impulslaser.Wiedergabe genehmigt von C.F.Dewey, MIT-Dept.Mech.Eng. 1987.
2312-5	Fig.2 in [1250].Fig.4 in [964/2].Fig.11 in [1830]. Austrittsdurchmesser 0,5mm.Luft geimpft mit J_2.M=10,2.p=1,8 Torr.Lichtbündelabstand 1,25mm.Argonlaser. Wgg. wie 2311-2.
2312-6	Fig.1 in [1261].N2 geimpft mit Na.M=3,4. Abgestimmter Dyelaser.Lichtschnitt gegen die Strömung.Oben große und unten kleine Geschwindigkeiten sichtbar.
2321-1+2	M=0,1.Wgg. wie 2111-2.
2321-3	Fig.1 in [1264].Aufgenommen für Boeing Commercial Airplane Company.Wiedergabe genehmigt von J.P.Crowder,Boeing Commercial Airplane Company,Seattle,1987.
2321-4	Fig.3 in [1265].Aufgenommen für X-Aero Company.Wgg.wie 2321-3. Fadendurchmesser 50µm.UV-Flash.
2321-5	Fig.7 in [1264].Aufgenommen für X-Aero Company.Wgg.wie 2321-3.
2321-6	Abb.153 in [25].Bild 3 in [53].Bild 3a in [1270]. Wiedergabe genehmigt von K.Gersten,Univ.Bochum 1988. Aufnahme aus Inst.f.Strömungsmechanik,T.H.Braunschweig.Wollfäden hinter Deltaflügel.Maschenweite 20mm.u=20m/s.
2322-1	Fig.8a in [56].Fig. 6c in [57].Fig. 19 in [379].Profil NACA 64AD15.Wgg.wie 2111-4.
2322-2-4	Fig.21,22,23 in [379].Wgg.wie 2111-4.
2322-5	Fig.8 in [1287].Aufgenommen 1983 von Kakugawa und Tagori im Ship Research Institute,Akashi Ship Model Bassin Co.Ltd.Wiedergabe genehmigt von Tetsuo Tagori,University of Tokyo,Dept.of Marine Engineering,1987.Fluoreszierende Milch/Alkohol-Fäden aus 0,7mm-Röhrchen.Fadenabstand 20mm. U=0,15m/s.1rps.

2322-6	Fig.2 in [1288].Rohrdurchmesser 3mm,1,5mm.Durchfluß 5,2 1/h.Wiedergabe genehmigt von D.Liepsch,Hal B.Wallis Research Facility,Eisenhower Medical Center,Rancho Mirage, California,1987.
2322-7	Fig.30 in [1276].Flügeloberseite.Anstellwinkel 8°.Wgg.wie 2111-4.
2322-8	Aufnahme H.Werlé.Wgg.wie 2111-4.
2322-9	Fig.IIa in [55][1283].Fig.11j in [57][1284]. Flügeloberseite.Simulierte Treibstrahlen. Anstellwinkel 12°. Schiebewinkel 10°.Wgg.wie 2111-4.
2322-10	Fig.41e in [56][1285].Fig.Ih in [55][1284]. Propellerdurchmesser 300mm.u=15cm/s.1rpm.Wgg. wie 2111-4.
2322-11-14	Aus ISL-Film 1966.Fig.12+17 in [1279].Fig.6c in [1280]. Wasserströmung.U=4cm/s.Re=400.Wgg.wie 2111-1.
2331-1	Bild 4 in [1291].Bild 19 in [1292].Wiedergabe genehmigt von W.Weinert,Modautal-Allershofen1987.
2332-3	Aufnahmen G.George,G.Smeets 1978 im ISL.D=10mm.p_0=10-12-14-16-18-20 bar.Wgg.wie 2111-1.
2332-4	Abb.527 in [387]Fig.15 in [416].Fig.12 in [960]. M_S=1,5.Δt=40µs.Wgg.wie 2111-1.
2332-5+6	Fig.6 in [1364].u=15m/s.Wiedergabe genehmigt von B.Ewald, T.H.Darmstadt,Fachbereich Maschinenbau, Fachgebiet Aerodynamik und Meßtechnik,1987.Aufnahme B.Ewald in Firma Weserflugzeugbau.
2332-8	Fig.1 in [1421].Wgg.wie 2111-1.
2333-3	Fig.16 in [416].Fig.13 in [960].Wgg.wie 2111-1.
2333-4	Fig.32 in [1429].Fig.5 in [1428].Wgg.wie 2111-1.
2333-5	Fig.32 in [1429].Wgg.wie 2111-1.
2334-1	Fig.107 in [375].Fig.6 in [1445].Wiedergabe genehmigt von A.E.Perry,University of Melbourne 1987.
2334-2	Herkunft unbekannt.
2334-3	Fig.8.11 in [383].Wirbelstraße hinter Insel Jan Mayen aufgenommen vom Satellit NOAA-5.Wgg.wie 2111-2.
2334-4	Fig.IV 5 in 978 . Kaminski 1974. AGEE 1978
2334-5	Meteosat-Aufnahme vom 28.7.81.Wiedergabe genehmigt von V.Thiem,EUMESAT,Darmstadt,1987.
2334-6	Fig.21 in [1450].Tabakrauch.u=40m/s.δt=20ns. Hologrammwiedergabe.Wgg.wie 2111-1.
2334-7	Fig.9 in [60].Fig.2 in [1451].2900rpm. v/u=0,61. Re=1030000.Wiedergabe genehmigt von Hemisphere Publishing Corporation,New York,1988.
2334-8	Fig.6 in [1452].D=20mm.M=2.Nd-YAG 0,5J,20s.Wgg.wie 2111-1.
2334-9	Aufnahme J.Srulijes 1986 im ISL.D=20mm.M=2.Nd-YAG 0,5J,20ns. Wgg.wie 2111-1.
2334-10	Fig.6 in [1452].D=20mm.Nd-YAG 0,5J,10ns.Wgg.wie 2111-1.
2334-11	Fig.6 in [1452].D=20mm.Nd-YAG 0,5J,20ns.Wgg.wie 2111-1.
2334-12	Aufnahme J.Srulijes 1986 im ISL.D=20mm.Nd-YAG 0,5J,20ns. Wgg.wie 2111-1.
2334-13	Bild 4 in [1453].Zylinder mit Ogivspitze. M=0.6. Re(D)=550000.Anstellwinkel 20°Lichtschnitt bei x/D=7,75 (links),10,25(rechts).Wiedergabe genehmigt von DFVLR-AVA-Göttingen 1988.
2334-14	Fig.2 in [1454].4W-Ar Laser.Wgg.wie 2245-10.
2334-15	Fig.14 in [1455].M=1,32. Anstellwinkel 15°Wiedergabe genehmigt von I.McGregor,RAE,Bedford 1988 (Crown copyright).
2334-16	Fig.79 in [375].Fig.1 in [1456].Wiedergabe genehmigt von Hideo Yamada,Nagoya Institute of Technology,Department of fine measurements,Nagoya,Japan,1987.
2335-1	Abb.1 in [1290].Wasser.D=142mm.Drehzahl 15,7 U/min.Zu verschiedenen Zeiten nach Anhalten des Zylinders.Wgg.wie 2223-4.

2335-2	Abb.3+4 in [1457].Abb 9 in J.Zierep: ZFW 2,3(1978)143-150.Silikonöl.R=40mm.R_2=50mm.Enddrehzahl 750 U/min.Links plötzlicher Start.Rechts quasistatischer Start.Wgg.wie 2223-4.
2335-3	Abb.9 in [1459].Abb.12 in [1461].Wasser.R_2=80mm.Links R_1=76,5mm und 300 U/min.Rechts R_1=78,95mm und 380 U/min.Wgg.wie 2223-4.
2335-4	Fig.4b in [1460].Bild 14 in [1462].Wasser.Re=5750.Wgg.wie 2223-4.
2335-5	Bild 19 in [1462].Wasser.Re=26000.Wgg.wie 2223-4.
2335-6	Bild 10 in [1462].Wasser.Re(D)=275.Görtlerwirbel.Wgg.wie 2223-4.
2335-7	Fig.142 in [375].Fig.4 in [1463].Bénardzellen.Wiedergabe genehmigt von E.L.Koschmieder,The University of Texas at Austin,College of Engineering,Department of Civil Enginee-ring,1987.
2335-8	Fig.109 in [375].Fig.I4a in[1464].Wiedergabe genehmigt von B.Cantwell,Stanford University,Department of Aeronautics and Astronautics,Stanford,1987.
2336-1	Fig.4a in [1467].Schlepptank.Alupulver in Wasser 2-7µm. Lichtschnitt mit 9 Lampen.Zylinderdurchmesser 30mm. δt=0,9s. u=7,25mm/s.Wiedergabe genehmigt von Kensaku Imaichi, Kazuo Ohmi,Osaka University,Toyonaka,1987.
2336-2	Fig.4b in [1467].Wgg.wie 2336-1.
2336-3+4	Fig.8f,8g in [1300].F.A.Schraub,S.J.Kline,J.Henry, P.W.Runstadler,A.Little,Stanford University,Dept.Mech.Eng. 1964.
2336-5	Bild 8 in [1291].Bild 19 in [1292].M=3. Laserstroboskop. Δt=4µs.Wgg.wie 2331-1.
2336-8	Fig.2 in [1473].Wiedergabe genehmigt von P.G.Simpkins,AT+T Bell Laboratories,Murray Hill,N.J. und J.of Fluid Mecha-nics, Cambridge 1987.
2336-9-11	Aufnahmen W.J.Hiller,T.A.Kowalewski.Pr=300.Ra=730000. Un-ten 32°.Oben 24°C.Δt=20s.10=Vertikalschnitt. 11=Horizon-talschnitt .Wgg.wie 2311-2.
2336-12	Fig.6 in [1482].Fig.2 in [1483].Öltröpfchen in Luft. u=1,73m/s.D=20mm.Zwei Rubinpulse 30ns,50mJ.Δt=150µs. Wie-dergabe genehmigt von VKI,Rhode-Saint-Genèse 1987.
2336-13	Fig.2 in [1481].Fig.5 in [48].Oben:10x mit Δt=3s belichte-tes Bild.Mitte:Gefiltertes Bild,Δvz=15,5µm/s.Unten: Ge-filtertes Bild,Δvx=18,8µm/s.Wgg.wie 2336-12.
2337-2	Fig.6a in [1493].Fig.19 in [1488].Wgg.wie 2111-1.
2338-7	Fig.5 in [1508].Umfangsgeschwindigkeit 143m/s.HeNe-Laser δt=1s/30.Wgg.wie 2111-1.
2338-9	Fig.7 in [1508].Fig.6 in [1509].Fig.4a/3 in [1511].p_e=p_∞. u=474m/s.Ar-Laser.Lichtband 0,5mm×35mm.δt=1s/60. Fig.3/3 in [1511/3].Wgg.wie 2111-1.
2338-10	Fig.7 in [1508].Fig.6 in [1509].Fig.4.4 in [1510].Fig.4a/7 in [1511].Fig.3/4 in [1511/3].p_e=0.64 p_∞.u=474m/s. Licht-band wie 2338-9.Wgg.wie 2111-1.
2338-11	Fig.8 in [1452].Fig.6 in [1511/2].Fig.5 in [1511/3]. D=20mm.M=2.Nd-YAG-0,55,20ns.Wgg.wie 2111-1.
2338-12	Fig.12 in [1428].M_2=0.6.Wgg.wie 2111-1.
2338-13	Fig.37 in [416].Fig.8 in [1510].Fig.12 in [1428].M_2=0,6. Wgg.wie 2111-1.
2339-6	Bilder 7,2+7,3 in [383].S.764 in [382].Wiedergabe geneh-migt von Springer Verlag,Heidelberg 1988.
2339-7	Abb. in[383/1].Wgg.wie 2111-2.
2339-8	Fig.2c in [55]. Luftblasen in Wasser. Anstellwinkel 15°. Wgg.wie 2111-4.
2339-9	Bild 6.4 in [383].Aufnahme P.Savic 1953 [1518]. Zirkula-tionsströmung in einem durch Rizinusöl fallenden Wasser-tropfen.D=17,7mm.u=11,6mm/s.δt=0,5s.Wgg.wie 2111-2.

2339-10	Fig.3 in [1519].Glaskügelchen in Wasser. Zylinderdurchmesser 10mm.u=3,42mm/s.δt=180s.Wiedergabe genehmigt von Matsakazu Tatsuno.Kyushu University,Institute for Applied Mechnics,Kasuga,Japan,1987.
2339-11	Fig.3 in [1522].Lissman airfoil.Anstellwinkel 15°. Re=117000.Wgg.wie 2334-7.
2339-12	Fig.1 in [1522].Fig.28 in [60].NACA 663018 airfoil. Anstellwinkel 12°.Re=40000.Wgg.wie 2334-7.
2339-13	Fig.34 in [60].Aufgenommen von A.A.Szewazyk,S.J.Elsner, Univ.of Notre Dame,Indiana,USA.Wgg.wie 2334-7.
2339-14	Bild 4.11 in [383].Wassergerinne.Bewegte Kamera. Kamerageschwindigkeiten 12,15cm/s(oben),20cm/s,27,6cm/s(unten). Aufnahme J.Nikuradse 1929 [1524].Wgg.wie 2111-2,2339,/16.
2339-15	Bild 2.2 in [383].Durch ruhendes Wasser bewegte Platte. Oben:Kamera ruht.Unten:Kamera mitbewegt.Wgg.wie 2111-2. Aufnahme F.Ahlborn 1909 [1525].
2339-16	Fig.4a in [55].Bild 1 in [1526].Wiedergabe genehmigt von DFVLR-Berlin 1987.
2339-17	Fig.191 in [374].Aufnahme A.Wallet,F.Ruellan 1950 [1527]. Wgg. von La Houille Blanche, Paris, 1988
2339-18	Fig.1 in [1528]Aufnahme D.C.Burnham 1972,US Dept.of Transpostalion,Cambridge, Mass.
2339-19	Fig.75 in [375].Aufnahme F.N.M.Brown 1971 [1529].18ft/s. 4080 rpm.
2339-20	Fig.94 in [375].[1530].Wasser.Re=140.u=1,4m/s. Zylinderdurchmesser 10mm.Elektrolytisch erzeugte Schwebteilchen. Wiedergabe genehmigt von Sadatoshi Taneda,Kyushu University,Research Institute for Applied Mechanics,Kasuga, Japan,1987.
2339-21	1 Streichlinie und 1 Zeitlinie eingezeichnet in 2336-4.
2339-22	Fig.6c in [1300].Wie 2336-4.
2339-23	Fig.6b in [1300].Fig.5a in [57]Wie 2336-4.
2339-24	Fig.6d in [1300].Wie 2336-4.
2339-25	Fig.8e in [1300].Fig.7b in [55].Fig.5b in [57].Wie 2336-4.
2339-26	Bild 11 in [1532].H2-Blasen in Wasser.Konkave Wand. Längswirbel in der instabilen laminaren Grenzschicht. Wgg.wie 2111-2.
2339-27	Fig.1 in [1538].Δt=5ms.H.M.Kondralas,R.L.Hummel,Univ.of Toronto,Dept.Chem.Eng.and Appl.Chemistry.
2339-28	Bild 37 in [1542].150kV – Funkenfolge.Δt=50µs.Wiedergabe genehmigt von F.Früngel,Impulsphysik GmbH, Hamburg-Schenefeld,1987.
2339-29	Abb.4 im Prospekt"Automatische High Speed Photographie"der Firma Impulsphysik GmbH.Aufnahme von Muschelknautz und Rink in Farbenfabriken Bayer A.G.,Leverkusen. Wgg.wie 2339-28.
2341-1	Aufnahme H.U.Meier,DFVLR-AVA-Göttingen.Wgg.wie 2132-8.
2341-2	Abb. in [383/1] aus [1564].
2341-3	Bild 4.39 in [383].Wgg.wie 2111-2.Aufnahme A.Hinderks, Franziusinstitut T.H.Hannover.
2341-4	Fig.2 in [1574].11µm Ölfilm auf Zylinder mit Ogivspitze. D=10mm.u=3,5m/s.Wiedergabe genehmigt von H.Murai, Hiroshima Institute of Technology,Saekiku Hiroshima City, Japan,1987.
2341-5+6	Fig.2B+2C in [1578/1].Fig.4d+4b in [1578/2].Wiedergabe genehmigt von L.H.Tanner,früher Brighton Polytechnic, 1987.
2341-7-12	Bilder 4 und 5 in [1579].Wiedergabe genehmigt von D.Hummel, Institut für Strömungsmechanik der Univ.Braunschweig 1987.
2341-13	Bild 13 in [1581].Photomontage Ölanstrichbild + Schlierenbild.AGARD-Heck A2.M=0,96.Re=1950000.p_0/p_∞=6,63. Wiedergabe genehmigt von H.Riedel,DFVLR-Institut für Entwurfsaerodynamik, Braunschweig,1987.

2341-14+15	Bild 34 in [1582].Wgg.wie 2132-8.
2341-16	Hubschrauberpropeller.Acenaphten.M=0,82.α=2°.Wgg.wie 2132-8.
2341-17	Fig.2c in [1592].0,1 mol ZnCl2.pH=3,5.30mA/cm2.1,0 h.360 rpm.Re=9000.Wiedergabe genehmigt von C.W.Tobias,Univ.of California. Dept.Eng.,Berkeley 1987.
2341-18	Fig.5a in [1592].0,1 mol ZnCl+1,0 mol LiCl.pH=3,1. 100mA/cm^2.360 rpm.Re=9000.Wgg.wie 2341-17.
2341-1	Fig.2 in [1599].t=0s,1s,2s,3s,6s,10s.Wiedergabe genehmigt von R.Cérésuela,ONERA,Châtillon-sous-Bagneux,1987.
2342-2	Fig.6+7 in [1599].Flügelunterseite.Anstellwinkel 15°. Schiebewinkel 15°.Wgg.wie 2342-1.
2342-5	Aufnahmen A.Kühn 1976.Ähnliche Bilder in [1610].Wgg.wie 2132-8.
2342-6-9	Bilder 2a,2b,7a,8a in [1613].Im Rohrwindkanal.Wgg.wie 2132-8.
2342-10	Fig.6d,e,f in [55].Fig.12g in [57].Wgg.wie 2342-1.
2423-7	Abb.7.51a in [392].Abb.1 in [786].Ähnliche Bilder in [782]. Wgg.wie 2111-1.
2423-8	Abb.7,51b in [392].Fig.9 in [416].Abb.2 in [780].Fig.6 in [960].Wgg.wie 2111-1.Ähnliche Bilder in [782].
2423-9	Aufnahme H.G.Prasse 1975 im EMI.M_S=4.p_1=27mbar. Ähnliches Bild 6 in [782/3].Wgg.wie 2123-15.
2423-10	Aufnahme H.G.Prasse 1977 im EMI.M_S=4.p_1=7mbar.Wgg.wie 2123-15.
2423-11	Aufnahme H.G.Prasse im EMI.M_S=3,7.p_1=40mbar.Wgg.wie 2123-15.Ähnliches Bild 7 in [782/3].
2423-12	Abb.523 in [387].Ähnliche Bilder in [782].M_S=1,5.p_1=1bar. R=45mm.Wgg.wie 2111-1.
2423-13	Abb.6 in [780].Wgg.wie 2111-1.
2423-14	Abb.408 in [387]Abb.7.50 in [392].Abb.4 in [778].Abb.8 in [780].Wgg.wie 2111-1.
2423-15	Abb.7.53b in [392].Abb.4 in [780].M_S=2,4.M_2=1,14.Wgg.wie 2111-1.
2423-16	Abb.7.79 in [392].Fig.10 in [416].Abb.9 in [786].Fig.7 in [960].Wgg.wie 2111-1.
2423-17	Fig.13 in [416].Fig.9 in [960].Titelbild [249].Wgg.wie 2111-1.
2423-18	Abb.540 in [387].Fig.12 in [416].Fig.10 in [960].Wgg.wie 2111-1.
2423-19	Abb.349 in [387].Fig.2 in [416].Abb.7.41 in [392].Wgg.wie 2111-1.
2423-20	ISL-Archiv.Vergleichbar Abb.18 in [1737].Wgg.wie 2111-1.
2424-10	Fig.14 in [18].Wgg.wie 2111-1.
2424-11	Abb.7 in [954].Wgg.wie 2111-1.
2424-12	Fig.10 in [942].CO_2.M_S=7.1.p_1=10 Torr.A'/A=11,6.Δt=40µs. Wgg.wie 2111-1.
2424-13	Fig.15 in [941].Bild 20 in [950].M=8.T_S=1800 K,ρ=ρ_N/300. Δt=10µs.Wgg.wie 2111-1.
2424-14	Fig.12 in [1820].Wgg.wie 2111-1.
2424-15	Abb.607 in [387]Abb.7.88 in [392].Fig.13 in [000].Fig.8 in [942].Bild 10 in [947].Fig.25 in [949].Bild 19 in [950]. Abb.6 in [954].Fig.18 in [960].Abb.61 in [983]. Fig.11 in [1820]. N_2.M=8.T_S=1800K.ρ=ρ_N/300.Δt=200µs. Wgg.wie 2111-1.
2425-2	Fig.4 in [1769].M=0,65.$\bar{p}$=2,6bar.T=403K.Δt=20µs.Wgg.wie 2111-1.
2442-1	Fig.354 in [387].Wiedergabe genehmigt von I.I.Glass, Univ.of Toronto,Institute for Aerospace Studies,1964.
2442-2	Fig.42 in [416].Fig.38 in [960].Abb.16 in [1813].Abb.7 in [2044].Wgg.wie 2111-1.
2442-3	Abb.17 in [1813].D=2mm.M=7,5.P_1=40 Torr.Polyäthylenkugel in Luft.Wgg.wie 2111-1.

2442-4	Abb.542 in [387].Abb.7.49 in [392].Erläuterung in [1816] [1817].Argon.M_S=9,43.p_1=12 Torr.T_1=293K.p_R=6430 Torr. T_R=12280 K. Wiedergabe genehmigt von L.Rehder, Universität Kiel,Physikalisches Institut,1964.
2442-5	Fig.22 in [1820].Fig.18 in [3080].Wgg.wie 2111-1.
2442-6	Fig.7.80 in [392].Fig.21 in [1820].Fig.17 in [3080].Wgg. wie 2111-1.
2442-7	Fig.38 in [416].Zusammengesetzt aus Bildern von K.Dietze, G.Riehl,U.Bleck,Universität Karlsruhe/ISL. Erläutert in [1824].Wgg.wie 2111-1.
2442-8	Zusammengesetzt aus Bildern in [964].Wgg.wie 2111-1.
2442-9	Fig.15 in [964].Fig.3 in [2046].Wgg.wie 2111-1.
2442-10	Fig.16 in [964].Fig.9 in [966].Fig.4 in [2046].Fig.9 in [964/2].Fig.8 in[131].Fig.18 in [1830]'.Wgg.wie 2111-1.
2442-12	Fig.32 in [416].Fig.35 in [960].Fig.82 in [964].Fig.11 in [965].Fig.16 in [966].Fig.6 in [967].Fig.6 in [968].Fig.5 in [971].Fig.9 in [992].Abb.28 in [2044].Fig.19 in [2046]. Fig.5 in [3082].Fig.20 in [1830].Fig.15 in [1831]. Fig.16 in [964/2].Wgg.wie 2111-1.
2451-1	Fig.33 in [416].Fig.18 in [966].Fig.9 in [967].Fig.7 in [968].Fig.33 in [960].Fig.67 in [964].Abb.30 in [2044]. Fig.21 in [2046].Fig.2 in [3079].Fig.3 in [3082]. Fig.18 in [964/2].Fig.22 in [1830].Wgg.wie 2111-1.
2451-2	Fig.69 in [964].Fig.26 in [1830].Wgg.wie 2111-1.
2451-7	Aufnahme H.Oertel im ISL.Wgg.wie 2111-1.
2451-8	Aufnahme F.Seiler im ISL.Wgg.wie 2111-1.
2452-1-5	Fig.7 in [971].Fig.76 in [2045].Fig.40 in [2046].Von H.Oertel zusammengestellte Bilder aus einem in [1842] beschriebenen TV-Film.Wiedergabe genehmigt von L.J.Poldervaart ,T.H.Eindhoven,1976.
3211-6	Fig.4 in [2022].Fig.3 in [2029].Fig.20 in [2045].Wgg.wie 2111-1.
3211-8	Fig.11 in [967].Fig.21 in [2045].Fig.27 in [2046].Fig.24 in [1830].Wgg.wie 2111-1.
3211-9	Fig.5+6 in [2022].Fig.4+5 in [2029].Abb.41+42 in [2044]. Fig.39 in [2046].Fig.3+4 in [2047]. Wgg.wie 2111-1.
3222-3	Abb.38 in [2044].Fig.16 in [2108].Fig.46 in [3080]Wgg.wie 2111-1.
3222-4	Abb.37 in [2044].Fig.11 in [2088].Fig.11 in [2089].Fig.17 in [2108].Fig.14 in [2110].Fig.27 in [3080].Wgg.wie 2111-1.
3222-5	Fig.12 in [2088].Fig.12 in [2089].Fig.37+40+41 in [2110]. Fig.40 in [3080].Wgg.wie 2111-1.
3223-1	Fig.17 in [969][2112].Fig.29 in [3080].Wgg.wie 2111-1.
3223-2	Fig.18+23 in [969][2112].Fig.30 in [3080]Wgg.wie 2111-1.
3432-1	Fig.6 in [2907].Wgg.wie 2111-1.
3432-4	Fig.4a in [2672].Wgg.wie 2111-1.
3451-4	Fig.4 in [2593]Wgg.wie 2111-1.
3461-1	Registrierung H.J.Pfeifer im ISL.Wgg.wie 2111-1.
3461-2	Registrierung H.J.Pfeifer im ISL.Wgg.wie 2111-1.
3464-5	Abb.206 in [387].Fig.41 in [971].Fig.1.2 in [2783].Fig.2 in [2784].Wgg.wie 2111-1.
3464-6	Fig.1.3 in [2783].Fig.4 in [.2784].Wgg.wie 2111-1.
3472-7	Fig.38 in [971].Fig.7 in [3079]Wgg.wie 2111-1.
3472-9	Fig.43 in [971].Wgg.wie 2111-1.
3472-10	Fig.73 in [971].Abb.45 in [2044].Fig. 46 in [2046].Fig.16 in [3082].Wgg.wie 2111-1.
3472-11	Fig.37 in [971].Wgg.wie 2111-1.
3472-12	Fig.44 in [2046].Oszillogramme aus [971].Wgg.wie 2111-1.
3472-13	Fig.68 in [971].Fig.18 in [3082].Wgg.wie 2111-1.

Literaturverzeichnis

[1] N.F.Barnes,S.L.Bellinger:Schlieren and shadowgraph equipment for air flow analysis.J.Opt.Soc.Am. 35(1945) 497
[2] S.Tolansky:Multiple beam interferometry.Oxford Univ.Pr.,N.Y.1948
[3] C.Candler:Modern interferometers.Hilger & Watt, London,1951
[4] E.Balint:Techniques of flow visualization.Aircr.Engng.25.292 (1953) 161-167
[5] R.W.Ladenburg,B.Lewis,R.N.Pease,H.S.Taylor(Eds):Physical measurements in gas dynamics and combustion.Vol.IX of High speed aerodynamics and jet propulsion.Princeton Univ.Press,Princeton,1954
[6] J.W.Beams:Shadow and schlieren methods.p.26-46 in (5)
[7] R.Ladenburg,D.Bershader:Interferometry.p.47-78 in [5]
[8] S.Tolansky:An introduction to interferometry.Longmans Green,1955
[9] H.Wolter:Schlieren,Phasenkontrast und Lichtschnittverfahren. S.555- 645 in [295/24]
[10] M.Françon:Le contraste de Phase en optique et en microscopie. Ed.Rev.d'optique, Paris, 1951, S.171-460 in [295/24]
[11] D.W.Holder,R.J.North,G.P.Wood:Optical methods for examining the flow in high-speed wind tunnel.AGARDograph 23 (1956)
[12] D.W.Holder,R.J.North:Schlieren methods. Part I in [11]
[13] G.P.Wood:Interferometer methods.Part II in [11]
[14] G.Gontier:Ombres-stries-interferences.Methodes optiques d'observation et de mesure dans les gaz en mouvement.Inst.Mec.des Fluides Lille GR 38 (1959)
[15] S.G.Popow:Strömungstechn. Meßwesen.Verl.Technik,Berlin,1960
[16] E.F.Winter:Flow visualization techniques.In "Progress in combustion science and technology".Pergamon Press, Oxford, 1960
[17] F.J.Weinberg:Optics of flames. Butterworth, London, 1963
[18] H.Beyer:Theorie und Praxis des Phasenkontrastverfahrens. Akad.Verl.ges., Frankfurt/M, 1965
[19] O.Breyngdahl:Applications of shearing interferometry.Progr.in Optics 4 (1965) 37-83
[20] L.O.Heflinger,R.F.Wuerker,R.E.Brooks:Holographic interferometry. J.appl.phys.37 (1966) 642-649
[21] W.H.Steel:Two-beam interferometry.Progr.in Optics 5 (1966) 145-197
[22] W.H.Steel:Interferometry.At the Univ.Press, Cambridge, 1967
[23] H.Oertel:Messungen im Hyperschallstoßrohr. S.759-848 in [80]
[24] C.Véret:Applications of flow visualization techniques in aerodynamics.ONERA TP 1982-68 (1968)
[25] W.Wuest:Strömungsmeßtechnik.Vieweg,Braunschweig,1969
[26] W.Woehl:Optische Verfahren und Geräte zur quantitativen Vermessung von Dichtefeldern.ATM Z 721-1(1950)
[27] M.Françon,S.Mallick:Polarization interferometers.Wiley Intersci. 1971
[28] W.Nebe:Analyt.Interferometrie.Akad.Verl.ges.,Frankfurt/M,1970
[29] D.S.Dosanjh(Ed):Modern optical methods in gasdynamic research. Plenum Press, N.Y., 1971
[30] W.G.Hyzer:Flow visualization.Res.Development 25, 8(1974) 26-28
[31] W.Merzkirch:Flow visualization.Academic Press, N.Y., 1974
[32] H.Beyer:Theorie und Praxis der Interferenzmikroskopie. Akad. Ver. ges. Geest&Portig, Leipzig, 1974
[33] R.J.Goldstein:Opt.techniques for temperature measurement.p.241 [47]
[34] W.Merzkirch:Current problems of optical interferometry in experimental gasdynamics.p.24/1-24/11 in [286]
[35] L.Genzel,K.Sakai:Interferometry from 1950 to present.J.Opt.Soc.67,7 (1977) 871-879
[36] C.Véret:Review of optical techniques with respect to aero-engine applications.AGARD LS90(1977)2/1-2/17
[37] A.E.Ennos:Speckle interferometry.Progr.in Optics 16(1978)233-288
[38] C.M.Vest:Holographic interferometry.Wiley,N.Y.,1979
[39] W.M.Hollister (Ed):Advancement on visualization techniques. AGARDograph 255(1980)

[40] J.F.O'Hapf,W.T.Strike:Holographic interferometry and image analysis
. AEDC AFD-TP-79-75 (1980)
[41] Y.I.Ostrowsky,M.M.Butusov,G.V.Ostrovskaya:Interferometry by holography. Springer, Berlin, 1980
[42] T.P.Davies:Schlieren photography-short bibliography and review.
Opt.Laser Technol.13, 1(1981)37-42
[43] R.J.Emrich(Ed):Methods of experimental physics,Vol.18:Fluid dynamics A and B.Academic Press,N.Y.,1981
[44] W.Merzkirch:Density sensitive flow visualization.p.345-403 [43A]
[45] G.Wernicke,W.Osten:Holographische Interferometrie.Physik Verlag,
Weinheim, 1982
[46] R.J.Goldstein(Ed):Fluid mechanics measurements.Hemisphere,1983
[47] P.Hariharan:Optical interferometry. Academic Press, 1986
[48] W.Lauterborn,A.Vogel:Modern optical techniques in fluid mechanics.
Ann.Rev.Fluid Mech. 16(1984)223-244
[49] W.Hauf,U.Grigull:Optical Methods in heat transfer.p.131-366 in "Advances in Heat Transfer".Vol.6.Academic Press,N.Y.,1970
[50] A.B.Witte,D.J.Collins:Basics of flow visualization.p.37-64 in "Fundamentals of Aerospace Instrumentation".Vol.4.1971
[51] W.T.Reid:Flame photographie.p.389-408 in [5]
[52] J.M.Lee:A review of air flow visualization by means of mist,smoke
and dust.David Taylor Model Basin Washington Rept. DTMB-
Aero-883(1955)
[53] W.W.Wüst:Sichtbarmachung von Strömungen.ATM V144-2 und 3 (1963)
[54] B.R.Clayton,B.S.Massey:Flow visualization in water:A review of tech-
niques.J.sci.instr. 44 (1967) 2-11
[55] H.Werlé:Hydrodynamic flow visualization.Ann.Rev.Fluid Mech. 5
(1973) 361-382
[56] H.Werlé:Le tunnel hydrodynamique au service de la recherche aeros-
patiale.ONERA PU 156 (1974)
[57] H.Werlé:Methodes de visualization hydrodynamiques des ecoulements.
ONERA TP 1222F (1974)
[58] T.J.Mueller:On the historical development of apparatus and techniques for smoke visualization of subsonic and supersonic
flow.AIAA Aerodynamic Testing Conf.Vol.11(1980)
[59] H.Werlé:Methodes de visualization des écoulements pour l'etude de
l'aerodynamique à forte incidence.ONERA TP 1982-5 (1982)
[60] T.J.Mueller:Flow visualization by direct injection.p.307-375 [46]
[61] C.Cranz:Lehrbuch der Ballistik.Bd.3 Experimentelle Ballistik.
Teubner 1913.Springer, Berlin, 1927.Ergänzungsband 1936
[62] H.Schardin,E.Fünfer:Grundlagen der Funkenkinematographie:Zs.angew.
Phys. 4,5(1952)185-199.4,6(1952)224-238.LRSL-Mem.13m/51
[63] W.Chesterman:The photographic study of rapid events. Clarendon
Press, Oxford, 1951
[64] G.A.Jones:High speed photography,its principles and applications.
Chapman&Hall,London,1952.Wiley,N.Y.,1952
[65] H.Schardin:The development of high speed photography in Europe.
J.SMPTE 61, 3(1953)273-285
[66] K.Michel,J.Stülper(Eds):Die wissenschaftliche und angewandte Photo-
graphie.Springer, Wien, 1955
[67] J.Stülper:Die photographische Kamera.Bd.2 in [66]
[68] H.Weise:Die kinematographische Kamera.Bd.3 in [66]
[69] J.S.Courtney-Pratt,D.P.C.Thackeray:Apparatus for high speed photogra-
phy.Butterworths, London, 1956
[70] J.S.Courtney-Pratt:A review of the methods of high speed Photography.
Rep.on Progr.in Phys. 20(1957)379-432
[71] H.Schardin:Die Kurzzeitphotographie in der Ballisitk.Wehrtechn.
Monatshefte 54, 8/9 (1957)292-314
[72] W.Struth:Neuere Verfahren der Kurzzeitphotographie und Hochfre-
quenzkinematographie.Kinotechnik 12, 9(1958)230-248
[73] E.V.Angerer:Wiss. Photographie.Akad.Verl.Ges.,Leipzig,1959
[74] R.Aspden:Electronic flashphotography.MacMillan, N.Y., 1960

[75] W.G.Hyzer:Engineering and scientific high speed photography. Mac-Millan, N.Y., 1962
[76] G.H.Lunn:A general survey of high-speed photographic techniques. Instr.High-Speed Phot.II, 2(1963) 102-107
[77] R.F.Saxe:High speed photography.The Focal Press, London, 1966
[78] N.A.Valyus:Stereoscopy.The Focal Press, London, 1966
[79] J.Rutowski:Stroboscopes for industry and research.Pergamon,1966
[80] K.Vollrath,G.Thomer(Eds):Kurzzeitphysik-High speed physics-Physique des phénomènes ultrarapides.Springer, Wien, 1967
[81] K.Vollrath:Funkenlichtquellen und Hochfrequenz-Funkenkinematographie . S.76-165 in [80]
[82] W.Müller:Elektro-optische Verschlüsse.S.207-300 in [80]
[83] H.Bender:Die Rasterverfahren der Hochfrequenzkinematographie . S. 301-327 in [80]
[84] F.Früngel:Mikroskopie der Zeit:Die aktiven und passiven Verfahren der Pico-,Mikro-und Millisekunden Technik.VDI Zs.109, 12 (1967) 595-599.109, 18(1967)801-806
[85] K.Michel:Die Mikrophotographie.Bd.10 in [66](1957,1967)
[86] J.Riek:Technik der wissenschaftlichen Kinematographie. Barth, 1968
[87] A.S.Dubovik:Photographic recording of high-speed processes. Pergamon, Oxford,1968
[88] P.Fleury,J.P.Mathieu:Images optiques (Physique generale et experimentale). Eyrolles, Paris, 1968
[89] S.Ooue:The photographic image.Progr.in Optics 7(1969)299-358
[90] H.F.Edgerton:Electronic flash strobe.McGrawHill, N.Y., 1970
[91] J.S.Courtney-Pratt:Advances in high-Speed photography 1957-1972.S. 59-63 in [98].J.SMPTE 82(1973)167-175
[92] W.Krug,H.G.Weide:Wissenschaftliche Photographie und ihre Anwendung. Teubner u.Akad.Verl.ges., Leipzig, 1972, 1976
[93] P.W.W.Fuller:High speed photography in ballistics.p.112-123[233]
[94] C.Hofmann:"Die optische Abbildung".Akad.Verl.ges.Leipzig,1980
[95] E.F.C.Sommerscale:Chronophotography.S.64-92 in [43 A]
[96] J.S.Courtney-Pratt:Advances in high-speed photography 1972-1982.p. 595 in [100]
[97] M.Hugenschmidt:Laser photography and cinematographic applications to the investigation of transient phenomena.p.643-690 in [100]
[98] M.Hugenschmidt,K.Vollrath:Light sources and recording methods.p. 687-725 in [43 B]
[99] K.D.Solf:Fotografie.Fischer,Frankfurt/M,1986
[100] J.P.Thompson,L.H.Lüssen(Eds):Fast electrical and optical measurements.Martin Mijhoff Publ.,Dortrecht,Boston,Lancaster,1986
[101] G.W.Stroke:An introduction to coherent optics and holography. Academic Press, N.Y., 1966, 1969
[102] L.H.Tanner:Some applications of holography in fluid mechanics. J.sci.instr.43(1966)81-83
[103] E.N.Leith,J.Upatnieks:Recent advances in holography.Pogr.in Optics 6 (1967)1-52
[104] J.B.DeVelis,G.O.Reynolds:Theory and applications of holography. Addison-Wesley,Reading,Mass.1967
[105] H.M.Smith:Principles of holography.Wiley Intersci.N.Y.,1969,1975
[106] H.Kiemle,D.Röss:Einführung in die Technik der Holographie.Akad. Verl.ges., Frankfurt/M, 1969
[107] M.Lehmann:Holography,technique and practice.Focal Pr.,London,1970
[108] J.C.Vienot,P.Smigielski,H.Royer:Holographie optique.Dunod,Paris,1971
[109] R.J.Collier,C.B.Burckhardt,L.H.Lin:Optical holography.Academic,1971
[110] M.Françon:Holographie.Springer, Berlin, 1972
[111] F.T.Arecchi,E.O.Schulz-Dubois(Eds):Laser handbook.p.1487-1543 Holography.North-Holland Publ., Amsterdam, 1972
[112] J.D.Trolinger:Flow visualization holography.Opt.Eng.14,5(1975)470
[113] W.Koechner,M.L.Stitch:Pulsed holography.p.577-626 in Laser Handbook Vol.3,North-Holland, Amsterdam, 1979
[114] S.Singh:Optical holography and its applications.J.Inst.Eng.(India) Mech.Eng.Div.60(1979)86-88

676

[115] **H.J.Caulfield(Ed)**:Handbook of optical holography.Academic,1979
[116] **Anonym**:Recent advances in holography.Proc.of the SPIE 215(1980)
[117] **Anonym**:Light and is uses.Making and using Lasers, holograms, interferometers and instruments of dispersion. W.H.Freeman+Co., San Francisco, 1980
[118] **M.P.Givens**:Introduction to holography.Am.J.Phys.35(1967)1056-1064
[119] **B.J.Thompson**:Applications of holography. Rep. Progr. Phys. 41,5 (1978) (633-674)
[120] **R.A.Brixner,L.O.Haflinger,R.F.Wuerker**:Holographic microscopy.Appl. Opt.17(1978)944-950
[121] **S.Tolansky**:High resolution spectroscopy.Methuen, London, 1947
[122] **F.P.Bundy,H.M.Strong**:Measurement of flame temperature,pressure and velocity.p.343-366 in [5]
[123] **S.S.Penner**:Spectroscopic methods of temperature measurements. Reinhold, N.Y., 1955
[124] **R.A.Sawyer**:Experimental spectroscopy.Prentice Hall, 1956
[125] **H.Sponer**:Flame spectroscopy.ONR-TR-11(1956)
[126] **W.H.Wurster,C.E.Treanor**:Spectroscopic technique for the measurement of temperature of air in hypersonic flow.AFOSR TN 59-1089
[127] **W.Lochte-Holtgreven**:Production and measurement of high temperature. Rep.Progr.in Physics 21 (1958) 312-383
[128] **S.S.Penner**:Quantitative molecular spectroscopy and gas emissivities.Pergamon Press, 1959, Addison-Wesley, Reading, Mass., 1959
[129] **B.P.Stoicheff**:High resolution Raman spectroscopy.In "Advances in spectroscopy" Vol.1, H.W.Thompson Ed.Interscience, 1959
[130] **G.L.Clark(Ed)**:The encyclopedia of spectroscopy.Reinhold,1960
[131] **P.H.Dickerman**:Optical spectrometric measurements of high temperatures.Univ.of Chicago, 1961
[132] **S.S.Penner**:Spectroscopic methods of temperature measurements. Vol.III part 1 in "Temperature,its measurement and control in science and technology".Reinhold Publ.Corp., N.Y., 1962
[133] **K.P.Baumann**:Absorption spectroscopy.Wiley, N.Y, 1962
[134] **J.Brandmüller,H.Moser**:Einführung in die Raman-Spektroskopie. Steinkopf , Darmstadt, 1962
[135] **M.A.El'Yashevich**:Atomic and molecular spectroscopy.Fizmatgiz, Moscow, 1962
[136] **E.P.Muntz**:The electron beam flourescence technique.AGARDograph 132 (1968)
[137] **M.Davies**:Infared spectroscopy and molecular structure.Elsevier. N.Y.,1963
[138] **R.H.Tourin**:Spectroscopic gastemperature measurement.Elsevier,1966
[139] **G.A.Vanasse,H.Sakai**:Fourier spectroscopy.Progr.in Optics 6(1967) 259-330
[140] **R.M.Measures**:Localized diagnostic possibilities of selective excitation spectroscopy.UTIAS Rept. 127(1967)
[141] **F.Rössler**:Temperaturmessungen.S.436-497 in [80]
[142] **J.Samson**:Techniques of vacuum ultraviolet spectroscopy. Wiley, London, 1967
[143] **J.Derkosch**:Absorptionsspktralanalyse im ultravioletten, sichtbaren und infraroten Gebiet.Akad.Verl.ges., Frankfurt/M, 1967
[144] **H.A.Szymanski**:Raman spectroscopy,theory and practice.Plenum Press, N.Y., 1967
[145] **F.Kneubühl**:Diffraction grating spectroscopy.Appl.Opt. 8(1969)505
[146] **J.A.Dean,T.C.Rains**:Flame emission and atomic absorption spectrometry.Dekker, N.Y., 1969
[147] **J.F.James,R.S.Sternberg**:The design of optical spectrometers. Chapman & Hall, London, 1969
[148] **H.Z.Cummins,H.L.Swinney**:Light beating spectroscopy.Progr.in Opt. 8(1970)133-200
[149] **S.P.Davis**:Differaction grating spectrographs.Holt, Rinehart & Winston, N.Y., 1970
[150] **E.F.H.Brittain,W.O.George,C.H.Welles**:Introduction to molecular spectroscopy.Theory and experiment.Academic Press, London, 1970

[151] A.J.Pesce,C.G.Rosen,T.L.Pasby:Fluorescence spectrosc.Dekker,1971
[152] P.Barchewitz:Spectroscopie atomique et moleculaire.Masson,1971
[153] R.J.Bell:Introductory Fourier transform spectroscopy.Academic Press, N.Y., 1972
[154] Nahari Rao,Weldon Mathews(Eds):Molecular spectroscopy.Academic Press, N.Y., 1972
[155] W.Kaiser,M.Maier:Stimulated Rayleigh,Brillouin and Raman Spectroscopy. p.1077-1150 in [529]
[156] J.P.Mathieu:Advances in Raman spectroscopy.Heydon, London, 1973
[157] M.Harwit,J.A.Decker jr.:Modulation techniques in spectrometry. Progr. in Optics 12(1974)101-162
[158] A.Loeber:High resolution Raman studies of gases.p.543-757 in [179]
[159] H.Z.Cummins,E.R.Pike(Eds):Photon correlation and light beating spectroscopy and velocimetry.Plenum Press, N.Y., 1974
[160] BF.Mentzen:Spectroscopies infrarouges et Raman.Masson, Paris, 1974
[161] M.Lapp,C.M.Penny(Eds):Laser Raman gas diagnostics.Plenum 1974
[162] A.G.Gaydon:The spectroscopy of flames.Chapman & Hall,1957,1974
[163] S.Haroche,J.C.Pebay-Peyroula,T.W.Hänsch,S.E.Harris(Eds):Laser spectroscopy.Vol.43 Lecture notes in physics.Springer, Berlin, 1975
[164] W.G.Felmy,H.Kurtz:Spektroskopie.Klett, Stuttgart, 1976
[165] H.Walther(Ed):Laser spectroscopy of atoms and molecules.Vol.2 Topics in applied physics.Springer, Berlin, 1976
[166] H.J.Beyer,H.Kleinpoppen(Eds):Progress in atomic spectroscopy. D. Plenum, 1987
[167] K.Shimoda(Ed):High-resolution laser spectroscopy.Vol.13 in "Tropics in applied physics"Springer, Berlin, 1976
[168] R.A.Smith(Ed):Very high resolution spectroscopy.Academic,1976
[169] J.L.Hall,J.L.Carsten(Eds):Laser spectroscopy III.Vol.7, Springer series in optical sciences.Springer, Berlin, 1977
[170] D.H.Levy,L.Wharton,R.E.Smalley:Laser spectroscopy in supersonic jets.in "Chemical and biochemical applications of lasers". Akademic Press, N.Y., 1977
[171] V.S.Letokhov,V.P.Chebotayev:Nonlinear laser spectroscopy.Vol.4 in Springer series in opt.sciences.Springer, Berlin, 1977
[172] V.S.Letokhov:Laserspektroskopie.Vieweg,Braunschweig, 1977
[173] R.J.H.Clark(Ed):Advances in infrared and Raman spectroscopy. Heydon & Son, London, 1977
[174] W.D.Williams(Ed):Spectroscopy(2 parts).Vol.13 of "Methods of Experimental Physics".L.Marton, C.Marton(Eds), Academic Press, N.Y.
[175] W.Demtroeder:Grundlagen und Techniken der Laserspektroskopie. Springer, Berlin, 1977
[176] W.M.Tolles,J.W.Nibler,J.R.McDoneld,A.B.Harvey:A review of the theory and application of coherent Antistokes Raman spectroscopy(CARS). Appl.Spectr. 31(1977)253-272
[177] S.Drouet,J.P.Taran:Coherent Anti-Stokes Raman spectroscopy.ONERA TP 1978-92 (1978)
[178] D.A.Long:Raman spectroscopy.McGraw Hill,London,1977
[179] A.Weber(Ed):Raman spectroscopy of gases and liquids.Vol.11 Topics in current physics.Springer, Berlin, 1979
[180] H.Schlossberg(Ed):Laser spectroscopy.Proc.of the SPIE Vol.158(1978)
[181] J.Chamberlain:The principles of interferometric spectroscopy. Wiley, London, 1979
[182] Y.S.Bobovich:New trends in remote Raman spectroscopy (Review). Kvantovaya Electron., Moskva, 6, 11(1979)2293-2317
[183] A.L.Schawlow,N.Oda,K.L.Takayanagi:Some methods of laser spectroscopy .p.47-53 in Proc.11th Int.Conf.Physics Electronic Atomic Collisions, Kyoto 1979, North-Holland, Amsterdam, 1980
[184] S.Haykin(Ed):Nonlinear methods of spectral analysis.Vol.34 Topics in Appl.Phys.Springer, Berlin, 1979
[185] S.H.Lin,Y.Fujimura,H.J.Neusser,E.W.Schlag:Multiphoton spectroscopy of molecules. Academic Press, 1984
[186] J.E.Dove:Measurement of composition. 6 in [43B]

[187] **E.P.Muntz:**Measurement of temperature by analysis of electron beam exicited radiation.4.2.3 in [43B]

[188] **M.Lapp,C.M.Penny:**Temperature measurement by analysis of scattered radition.4.2.2 in [43B]

[189] **N.A.Generalow:**Measurement of temperature by radition analysis-emitted and absorbed radiation.4.2.1 in [43B]

[190] **A.C.Eckbreth:**Spatally precise laser diagnostics for combustion. p.71.89 in [234]

[191] **M.Lapp,C.M.Penny:**Analysis of Raman and Rayleigh scattered radition.p.408-433 in [43B]

[192] **W.Demtroeder:**Laser spectroscopy-Basic concepts and instrumentation. Vol.5 Springer series in chem.phys.Springer, Berlin,1981

[193] **J.M.Hollas:**High resolution spectroscopy.Butterworth,London,1982

[194] **A.Celentano,S.Lederman:**Laser diagnostics in jets and flames.Dept. of Energy,Washington DC,DOE/ET/11056-T4(1981)

[195] **J.M.Hollas:**Modern spectroscopy.Wiley, London, 1982

[196] **L.J.Radziemski,R.W.Solarez,J.A.Paisner(Eds):**Laser spectroscopy and its applications.Vol.11 Optical Engin. Series,Dekker,N.Y.,1986

[197] **A.Anderson(Ed):**The Raman effect.Dekker, N.Y., 1971, 1973

[198] **S.Lederman,J.Bornstein:**Specie concentration and temperature measurements in flow fields.Project SQUID techn.rept.PIB-31-PU(1973)

[199] **F.Aussenegg(Ed):**Laserspektroskopie.Acta Physica Austriaca, Suppl.20, Springer, Wien, 1979

[200] **V.S.Letokhov:**Laserphotonionization spectroscopy. Academic Press, 1987

[201] **M.J.Rudd:**The laser anemometer-a review.Opt.and laser technology 11 (1971) 200-207

[202] **B.M.Watrasiewicz,M.J.Rudd:**Laser doppler measurements.Butterworths, London,1976

[203] **F.Durst,A.Melling,J.H.Whitelaw:**Principles and practice of laser-doppler anemometry.Academic Press, London, 1976

[204] **T,S,Duranni,C.A.Greated:**Laser systems in flow measuremnet.Plenum Press,N.Y.,1977

[205] **M.L.Riethmuller:**Laser Doppler velocimetry:Principles,potential and examples of possible applications.NASA D.VKI-preprint 1979-6

[206] **F.Jouaillec:**Les applications de la vélocimetrie laser.Sciences et Techniques 62,11(1979)46-52

[207] **H.D.Thompson,W.Stevenson(Eds):**Laser velocimetry and particle sizing.Hemisphere, Washington DC, 1979

[208] **B.S.Rinkevichius:**Laser anemometry.Energy Publ.House, Moscow, 1979

[209] **C.A.Greated,H.G.Jerrard:**A review of laser systems in flow measurement.Technol.Press,Guildford,1980

[210] **C.Rueckauer:**Laser Doppler Anemometer.S.672-676 in Mess Prüf. 16, 10(1980),Disa,Karlsruhe

[211] **L.E.Drain:**The laser doppler technique.Wiley,N.Y.,1980

[212] **L.E.Drain:**Doppler velocimetry.Laser Focus 16.10(1980) 68-79

[213] **A.Boutier:**Adaptation des vélocimètres à diverses applications.p. 1-33 in [214]

[214] **Anonym:**Laser velocimetry-Vélocimétrie laser.VKI Lecture Series 1981-3 (p.1-472)

[215] **E.F.C.Sommerscale:**Measurem.of Velocity.Tracer methods.p.1-240[43A]

[216] **R.J.Adrian:**Laser velocimetry.p.155-244 in [46]

[217] **D.R.Herriot:**Some applications of Laser to interferometry.Progr.in Optics 6 (1967)171-209

[218] **R.C.Pankhurst(Eds):**Laser technology in aerodynamic measurements AGARD LS 49(1972)

[219] **M.Lapp,C.M.Penny,J,A,Asher:**Application of light-scattering techniques for measurements of density,temperature and velocity in gasdynamics.ARL 73-0045(1973)

[220] **J.D.Trolinger:**Laser applications in flow diagnostics.AGARDograph 186(1974)

[221] **Anonym:**Evaluation des applications potentielles du laser dans le domaine aérospatial.AGARDograph 195(1974)

[222] **G.Schweiger:**Laser in aerodynamic testing-local measuring methods.
DLR.-Mitt. 74-09 (1974)
[223] **S.Lederman:**Some applications of laser diagnostics to fluid
dynamics.AIAA-paper 76-21 (1976)
[224] **Anonym:**Laser optical measurement methods for aero engine research
and development.AGARD LS 90(1977)
[225] **S.Lederman,A.Celentano,J.Glaser:**Flowfield diagnostics.AIAA J. 17.10
(1979) 1106-1110

ICIASF = International Congress on Instrumentation in Aerospace
Simulation Facilities

[226] ICIASF'64 record,Paris,1964,ENSA
[227] ICIASF'66 record,Stanford,1966,Stanford Univ.
[228] ICAISF'69 record,Farmingdale,1969,PIB
[229] ICIASF'71 record,Rhode-Saint-Genèse,1971.VKI
[230] ICIASF'73 record,California,1973,CIT
[231] ICIASF'75 record,Ottawa,1975,CGCC
[232] ICIASF'77 record,Shrivenham,1977,RMCS
[233] ICIASF'79 record,Monterey,Calif.,1979,Nav.Postgr.School
[234] ICIASF'81 record,Dayton,1981,UDRI
[235] ICIASF'83 record,Saint Louis,1983,ISL

STS = Shock Tube Symposium

[236] Proc. 1 st STS,MIT,1957,SWR-TM-57-2
[237] Proc. 2 nd STS,MIT,1958,SWR-TM-58-3
[238] Proc. 3 rd STS,Fort Monroe,Virginia,1959,SWR-TM-59-2
[239] Proc. 4 th STS,Aberdeen Proving Ground,1962,BRL-Rept.1160(1962)

ISTS = International Shock Tube Symposium

[240] Proc. 5 th ISTS NOL,White Oaks,Silver spring,1966
[241] Proc. 6 th ISTS,Freiburg,1968,Phy.of FLuids suppl.I,1969
[242] Proc. 7 th ISTS,Toronto,1969,Shock Tubes,I.I.Glass(Ed),Univ.
       Press,Toronto,1970
[243] Proc. 8 th ISTS,London,1971,Shock Tube Research,J.L.Stollery,
       P.R.Owen(Eds),Chapman&Hall,London,1971
[244] Proc. 9 th ISTS,Stanford,1973,Recent Developments in Shock Tube
       Research,D.Bershader,W.Griffith(Eds),Stanf.Univ.Pr.,1973
[245] Proc.10 th ISTS, Kyoto, 1975, Modern Developments in Shock Tube
       G.Kamimoto(Ed), Shock Tube Res, Soc, Japan, 1975
[246] Proc.11 th ISTS,Seattle,1977,Shock Tube and Shock Wave Research,
       B.Ahlborn,A.Hertzberg,D.Russel(Eds),Univ Wash.Press
[247] Proc.12 th ISTS,Jerusalem,1979,Shock Tubes and Waves,A.Lifshitz,
       J.Rom(Eds),The Magnum Press,Jerusalem,1980
[248] Proc.13 th ISTS,Niagara Frontier,Shock Tubes and Waves,C.E.
       Treanor,J.G.Hall,State Univ.New York Press, Albany,1982
[249] Proc.14 th ISTS,Sydney,1983,Shock Tubes and Waves,R.D.Archer,B.E.
       Milton(Eds), Sydney Shock Tube Symp.Publishers,1983
       (distr. by New South Wales Univ.Press)
[250] Proc.15 th ISTS,Berkeley,1985,Shock waves Shock tubes.D.Bershader,
       R.Hanson(Eds),Stanford Univ.Press,1986

ISFV = International Symposium on Flow Visualization

[251] Proc. ISFV 1,Tokyo,1977,I.Asanuma(Ed),Hemisphere,Washington,1979
[252] Proc. ISFV 2,Bochum,1980,W.Merzkirch(Ed),Hemispere,Wash.,1982
[253] Proc. ISFV 3,Ann Arbor,Michigan,1983,W.J.Yang(Ed) 1984
[254] Proc. ISFV 4,Paris,1986,C.Veret(Ed),Springer,Berlin,1987

ICLS = International Conference on Laser Spectroscopy

[255] Proc. 1   st ICLS,
[256] Proc. 2   nd ICLS,Mégève, 1975, Laser spectroscopy, Vol.43 Lecture
                  Notes in Physics, S.Haroche(Ed), Berlin, Springer, 1975
[257] Proc. 3   rd ICLS,Wyoming, 1977, Laser spectroscopy, J.L.Hall(Ed),
                  Vol.7,Springer Ser.Opt.Sci., Springer, Berlin, 1977
[258] Proc. 4   th ICLS,Rottach-Egern, Laser spectroskopy, H.Walther,
                  K.W.Rothe(Eds),Vol.21 Springer Ser.Opt.Sci.,Berlin,1979
[259] Proc. 5   th ICLS,Alberta,1981, Laser spectroscopy, McKellar A.R.W.
                  (Ed),Vol.30,Springer Ser.Opt.Sci., Springer, Berlin, 1981
[260] Proc. 6   th ICLS,
[261] Proc. 7   th ICLS,Maui,Hawaie,Vol.49,Springer Ser.Opt.Sci.,
                  T.W.Hänsch,Y.R.Shen(Eds),Springer,Berlin,1985

        IWLV = International Workshop on Laser Velocimetry.Purdue
        Univ.Lafayette, School of Mechanical Engineering, H.D.Thompson,
        W.H.Stevenson(Eds), Hemisphere,Washington D.C.

[262] Proc. 1 st IWLV,1972
[263] Proc. 2 nd IWLV,1974
[264] Proc. 3 rd IWLV,1978

[265] Proc.   Univ.of Minnesota short course and symp.on laser anemometry,
                  Minneapolis,Minnesota,1975,E.R.G.Eckert (Ed)
[266] Proc.   ISL/AGARD workshop on laser anemometry,Saint Louis,1976
                  H.J.Pfeifer, J.Haertig (Eds), ISL-R 117/76(1976)
[267] Proc.   Symp.on long range and short range optical velocity measure-
                  ments,Saint Louis,1980, H.J Pfeifer(Ed),ISL-R 117/80(1980)
[268] Proc.   Int.Symp.on applications of laser-doppler anemometry in
                  fluid mechanics,Lisbon,1982

        ICHSP = International Congress on High Speeed Photography

[269] Proc. 1   st ICHSP,Washington, 1952, Vol.5, SMPTE 1954
[270] Proc. 2   nd ICHSP,Paris, 1954, P.Naslin, J.Vivie(Eds), Dunod,1956
[271] Proc. 3   rd ICHSP,London, 1956, R.B.Collins(Ed),Butterworths,1957
[272] Proc. 4   th ICHSP,Köln, 1958, Verlag O.Helwich, Darmstadt, 1959
[273] Proc. 5   th ICHSP,Washington, 1960,J.S.Courtney-Pratt,SMPTE,1962
[274] Proc. 6   th ICHSP,Scheveningen, 1962
[275] Proc. 7   th ICHSP,Zürich,1965,O.Helwich(Ed),Verl.O.Helwich,
                  Darmstadt,1969
[276] Proc. 8   th ICHSP,Stockholm,1968, L.Högberg(Ed), Almquist&Wiksell,
                  1969
[277] Proc. 9   th ICHSP,Denver,1970,W.G.Hyzer,W.G.Chace(Eds),SMPTE,1970
[278] Proc.10   th ICHSP,Nice,1972,Paget,E.Laviron(Eds),Paris,ANRT 1972
[279] Proc.11   th ICHSP,London, 1974, P.J.Rolls(Ed), Chapman&Hall,1975
[280] Proc.12   th ICHSP,Toronto,1976,M.C.Richardson(ed),SPIE,Bellingham,
                  1977
[281] Proc.13   th ICHSP,Tokyo, 1978, S.I.Hyddo(Ed).SPIE 189
[282] Proc.14   th ICHSP,Moscow,1980,B.M.Stepanow(Ed),Moscow,1980
[283] Proc.15   th ICHSP,San Diego, 1982,
[284] Proc.16   th ICHSP,Strasbourg,1984,M.André,M,Hugenschmitt(Eds) SPIE
                  Vol. 491
[285] Proc.17   th ICHSP,Pretoria, 1986,

[286] **Anonym:**Applications of non-intrusive Instrumentation in fluid
        flow research.ISL/AGARD Fluid dynamics panel symp., Saint Louis,
        1976, AGARD CP 193(1976)
[287] **E.Mach:**Prinzipien der physikalischen Optik.Barth, Leipzig, 1921
[288] **E.Mach:**The principles of physical optics.An historical and philo-
        sophical treatment.Dover Publ., N.Y., 1926
[289] **A.F.Wagner:**Experimental optics.Wiley, N.Y., 1929
[290] **G.Joos:**Lehrbuch   der   theoretischen
        Physik.Akad.Verl.ges.,Leipz.,1943

[291] **B.K.Johnson**:Optics and optical instruments.Dover Publ., N.Y., 1947
[292] **J.Valasek**:Optics.Theoretical and experimental.Wiley, N.Y., 1949
[293] **F.W.Sears**:Addison-Wesley, Reading, Mass., 1949
[294] **J.Morgan**:Introduction to geometrical and physical optics.McGraw Hill, N.Y., 1953
[295] **S.Flügge(Ed)**:Handbuch der Physik(54 Bände),Gruppe 5:Optik. Bd.24 Grundlagen der Optik, 1956.Bd.25/1 Kristalloptik, Beugung,1961. Bd.25/2 Licht und Materie, 1967, 1970, 1974.Bd.26 Licht und Materie, 1958. Bd.27 Spektroskopie I,1964.Bd.28 Spektroskopie II, 1957.Bd.29 Optische Instrumente, 1967.
[296] **H.Franz,W.Fritz,H.Korte,E.Riekmann,A.Scheibe,U.Stille**:F.Kohlrausch-Praktische Physik,Bd.1 Allgemeines über Messungen und ihre Auswertung. Mechanik.Wärme.Optik.Teubner, Stuttgart 1955, 1968
[297] **M.Françon**:Interférences,Diffraction et polarisation.S.171-460 in [295 Bd.24]
[298] **F.Jenkins,H.White**:Fundamentals of optics.McGraw Hill,N.Y.,1957
[299] **B.Rossi**:Optics.Addison-Wesley,Reading,Mass.,1957,1967
[300] **J.K.Robertson**:Introduction to optics,geometrical and physical.Van Nostrand, Princeton, 1957
[301] **R.W.Pohl**:Einführung in die Physik.Bd.3:Optik und Atomphysik. Springer, Berlin, 13.Aufl.1976
[302] **W.Weizel**:Einführung in die Physik.Teil 3:Optik und Atomphysik. Bibl.Inst., Mannheim, 1959
[303] **A.Sommerfeld**:Vorlesungen über theoretische Physik, Bd.4 Optik. Geest & Portig, Leipzig, 1959
[304] **A.Sommerfeld**:Optics.Academics Press, N.Y., 1959
[305] **G.Brouhat**:Optique.Masson, Paris, 1959
[306] **C.L.Andrews**:Optics of the electromagnetic spectrum.Prentice-Hall, Englewood Cliffs, 1960
[307] **K.Mütze,L.Foitzik,W.Krug,G.Schreiber**:ABC der Optik.Dausien,Hanau, 1961
[308] **E.Wolf(Ed)**:Progress in Optics.Vol.1(1961)-Vol.16(1978).North Holland Publ.Corp., Amsterdam
[309] **W.H.Westphal**:Physik.Ein Lehrbuch.Springer, Berlin, 1963
[310] **E.L.O'Neill**:Introduction to statistical optics.Addison-Wesley, Reading, Mass., 1963
[311] **M.Françon**:Modern applications of physical optics.Interscience,1963
[312] **R.W.Ditchburn**:Light.Wiley, N.Y., 1963
[313] **C.Gerthsen**:Physik.Ein Lehrbuch zum Gebrauch neben Vorlesungen. Springer, Berlin, 1964
[314] **R.P.Feynman,R.B.Leighton,M.Sands**:The Feynman lectures on physics.3 Volumes.Addison-Wesley, Reading,Mass., 1964, 1966
[315] **W.A.Shurcliff,S.S.Ballard**:Polarized light.Van Nostrand,Princet.,1964
[316] **E.B.Braun**:Modern optics.Reinhold, N.Y., 1965
[317] **J.H.Sanders**:The velocity of light.Pergamon Press, Oxford, 1965
[318] **R.Kingslake(Ed)**:Applied optics and optical engineering.5 Volumes, Academic Press, N.Y., 1965-1969
[319] **M.Garbuny**:Optical physics.Academic Press,N.Y.,1965
[320] **M.Born,E.Wolf**:Principles of optics.Pergamon Press, Oxford, 1965, 1970, 1975, 1980
[321] **E.Wolf(Ed)**:Progress in optics.24 Volumes.Elsevier, Amsterdam, North Holland, Amsterdam, 1962-1987
[322] **A.Rubinowicz**:Die Beugungswelle in der Kirchhoffschen Theorie der Beugung.Springer, Berlin, 1966
[323] **R.S.Longhurst**:Geometrical and physical optics.Wiley, N.Y., 1967
[324] **H.G.Zimmer**:Geometrische Optik.Springer, Berlin, 1967
[325] **J.Roig**:Optique physique.Masson, Paris, 1967
[326] **A.C.S.Van Heel**:Advanced optical techniques.North Holland,1967
[327] **S.Tolansky**:Revolution in optics.Penguin Books, Baltimore, 1968
[328] **A.Nussbaum**:Geometric optics. An introduction. Addison-Wesley, Reading, Mass., 1968
[329] **A.C.S.Van Heel,C.H.F.Velzel**:What is light? McGraw Hill, N.Y., 1968

682

[330] J.W.Goodman:Introduction to Fourier optics.McGraw Hill, San Francisco, 1968
[331] L.Levi:Applied optics.Wiley, N.Y., 1968, Vol.1, 1980, Vol.2
[332] S.G.Lipson,H.Lipson:Optical physics.Cambridge Univ.Press,1969,1981
[333] G.A.Try:Geometrical optics.Chilton, Philadelphia, 1969
[334] B.B.Baker,E.J.Copson:The mathematical theory of Huygens' principle. Oxford Univ.Press, London, 1969
[335] O.Smith:Optics.Wiley, N.Y., 1971, 1987
[336] L.D.Landau,E.M.Lifschitz:Lehrbuch der theoretischen Physik. II Klassische Feldtheorie, 1987. III Quantenmechanik, 1988. IV Ouantenelektrodvnamik, 1986. VIII Elektrodynamik der Kontinua, Akad. Verl. Berlin, 1967
[337] R.H.Webb:Elementary wave optics.Academic Press, N.Y., 1969
[338] M.Klein:Optics.Wiley, N.Y., 1970
[339] M.Berek:Grundlagen der praktischen Optik.W.de Gruyter,1930,1970
[340] A.F.Harvey:Coherent light.Wiley-Interscience, London, 1970
[341] P.M.Duffieux:L'intégrale de Fourier et ses applications à l'optique. Masson, Paris, 1970
[342] A.Hadni:Eléments d'optique.Dunod, Paris, 1971
[343] J.F.Vinson:Optische Kohärenz.Akad.Verl.ges., Berlin, 1971
[344] A.K.Ghatak:An introduction to modern optics.McGraw Hill,1971
[345] H.Schade:Technische Optik.Vieweg, Braunschweig, 1971
[346] V.Ronchi:The nature of light.Harvard Univ.Press,Cambridge,1971
[347] O.N.Stravoudis:The optics of rays, wavefronts and caustics. Academic Press, N.Y., 1972
[348] J.R.Meyer-Arendt:Introduction to classical and modern optics. Prentice-Hall, Englewood Cliffs, N.Y., 1972
[349] J.W.Goodman:Introduction à l'optique de Fourier et à l'holographie. Masson, Paris, 1972
[350] M.Françon:Optique.Formation et traitement des images.Masson, Paris, 1972
[351] E.Menzel,W.Mirandé,J.W.Weingärtner:Fourieroptik und Holographie. Springer, Wien, 1973
[352] L.Bergmann,C.Schaefer(H.Gobrecht,Ed):Lehrbuch der Experimentalphysik .Bd.3-Optik.W.de Gruyter, Berlin, 8.Aufl.1987
[353] G.Schroeder:Technische Optik -kurz und bündig.Vogel, Würzburg, 1974
[354] F.Hecht,A.Zajac:Optics.Addison-Wesley, Reading, Mass., 1974
[355] E.Hecht:Optics.McGraw Hill, N.Y., 1975
[356] H.Slevogt:Technische Optik.W.de Gruyter, Berlin, 1974
[357] R.Taton:Bases de l'optique et principe des instruments. Eyrolles, Paris, 1975
[358] J.Fluegge:Studienbuch zur technischen Optik.Uni-Tb.109. Vandenhoeck & Ruprecht, Göttingen, 1976
[359] E.R.Robertson:The engineering uses of coherent optics.Cambridge Univ.Press, London, 1976
[360] A.K.Ghatak,K.Thyagarajan:Contemporary optics.Plenum Press,1978
[361] H.Haferkorn(Ed):Grimsehl-Lehrbuch der Physik.Bd.3-Optik.Teubner, Leipzig, 16.Aufl.1978, 18. Aufl. 1985
[362] W.G.Driscoll,W.Vaughan:Handbook of optics.McGraw Hill, N.Y., 1978
[363] M.Françon:Optical image formation and processing.Academic,1979
[364] R.R.Shannon,J.C.Wyant(Ed):Applied optics and optical engineering.Academic Press, N.Y., Vol.8, 1980, Vol.9, 1983
[365] J.P.Provost,P.Provost,Y.Carin:Optique et principe de Fermat. Fernand Nathan, Paris, 1980
[366] R.Resnick,D.Halliday:Ondes,optique et physique moderne.Ed.Renouveau Pédagogique, Montréal, 1980
[367] W.H.A.Fincham,M.H.Freeman:Optics.Butterworths, London, 1980
[368] K.Iizuka:Engineering optics. Vol.35. Springer Series in opt. sci., Springer, Berlin, 1985
[369] M.Haase:Optiker-Taschenbuch.Stuttgart,1980
[370] H.Haferkorn:Optik-Physik,techn.Grundlagen u. Anwendungen. Deutsch, Thun, Frankfurt/M, 18.Aufl.1985

[371] M.Born:Optik(Nachdruck der 3.Aufl.).Springer, Berlin, 1981
[372] H.Haken:Light.Vol.1-Waves, photons, atoms.North-Holland,1981
[373] R.D.Overheim,D.L.Wagner:Light and color.Wiley,N.Y.,1982
[374] H.Paul:Photonen,Vieweg,Braunschweig,1985

[375] M.van Dyke:An album of fluid motion.Parabolic Pr.,Stanford,1982
[376] R.C.Pankhurst,D.W.Holder:Wind tunnel technique.An account of experimental methods in low and high speed wind tunnels. Pitman, London, 1952
[377] R.Rebuffet:Aérodynamique expérimentale.Libr.Polytechn.Beranger, Paris, 1958
[378] I.I.Glass:Shock tubes.UTIA Rev.12(1958)
[379] H.Werlé:Aperçu sur les possibilites expérimentales du tunnel hydrodynamique à visualisation de l'ONERA.ONERA NT 48(1958)
[380] I.I.Glass,J.G.Hall:Shock tubes.Section 18 of Handbook of supersonic aerodynamics.NAVORD Rept.1488(Vol.6), 1959
[381] S.G.Popow:Strömungstechisches Meßwesen.VEB-Verlag Technik,1960
[382] L.Prandtl:Gesammelte Abhandlungen zur angewandten Mechanik,Hydro- und Aerodynamik(W.Tollmien,H.Schlichting,H.Görtler,F.W. Riegels,Eds) .Springer, Berlin, 1961
[383] L.Prandtl:Führer durch die Strömungslehre(K.Oswatitsch,K.Wieghardt Eds).Vieweg,Braunschweig,1965,1969,1984.(8. Aufl.)
[384] A.Pope,K.L.Goin:High-speed wind tunnel testing.Wiley, N.Y., 1965
[385] A.Pope,J.J.Harper:Low-speed wind tunnel testing.Wiley, N.Y., 1966
[386] J.K.Wright:Shock tubes.Methuen, London, 1961
[387] H.Oertel:Stoßrohre-Shock tubes-Tubes à choc.(Mit einer Einführung in die Physik der Gase).Springer, Wien, 1966
[388] B.Dayman:Free-flight testing in high-speed wind tunnels. AGARDograph 113(1966)
[389] T.N.Canning,A.Seiff,C.S.James(Eds):Ballistic range technology. AGARDograph 138(1970)
[390] W.Wuest:Strömungsmeßtechnik.Vieweg, Braunschweig, 1969
[391] J.Lukasiewicz:Experimental methods of hypersonics.M.Dekker,1973
[392] H.Oertel:Tubes à choc.p.347-536 in "Chocs et ondes de choc" Tome II,A.L.Jaumotte(Ed).Masson, Paris, 1973
[393] D.Bershader:Wind tunnels and free flight facilities.9.0 in [43B]
[394] D.Bershader:Shock tubes and tunnels.9.2 in [43B]
[395] A.J.Faller:Apparatus for rotating geophysical fluid dynamic studies.9.4 in [43B]
[396] M.Gad-el-Hak:The water towing tank as an experimental facility.An overview.Exp.in Fluid, 5, 5(1987)289-297
[397] E.F.Greene,J.P.Toenies:Chemische Reaktionen in Stoßwellen. Steinkopf, Darmstadt, 1959
[398] J.N.Bradley:Shock waves in chemistry and physics.Methuen,1962
[399] A.G.Gaydon,J.R.Hurle:The shock tube in high temperature chemical physics.Chapman & Hall, London, Reinhold, N.Y., 1963
[400] E.F.Greene,J.P.Toennies:Chemical reactions in shock waves. Academic Press, N.Y., Arnold, London, 1964
[401] A.G.Gaydon:Temperature measurements and relaxation processes in shock tubes.In Proc.Int.Symp.on Fundamental Phenomena in Hypersonic Flows.J.Gordon-Hall(Ed), Cornell Univ.Press,N.Y.,1965
[402] T.D.Wilkerson,D.W.Koopman,M.Miller,R.Bengtson,G.Charatis:Atomic spectroscopy with the shock tube.p.I/22-I/29 in [41]
[403] P.V.Marrone:Temperature and density measurements in free jets and shock waves.Phys.Fluid 10(1967)521
[404] R.A.Strehlow:Shock tube chemistry.p.127-176 in "Progress in high temperature physics and chemistry", Pergamon Press, Oxford, 1968
[405] R.W.Nicholls,H.O.Pritchard:Spectroscopic and kinetic studies in shock tubes.p.550-576 in [242]
[406] H.G.Wagner:Chemical reactions in shock waves.p. 4/1-4/29 in [243]
[407] W.H.Parkinson:The shock tube in spectroscopy and astrophysics.p. 4/1-4/29 in [243]

[408] K.L.Wray:New experimental techniques for kinetic studies in shock
tubes.AVCO-Res.Lab.AMP 232(1967)
[409] H.Wurster:The role of shock tubes in opacity measuremnets.p.53-68
in AGARD-CP 38(1967)
[410] T.Just:Chemical kinetics studies by vacuum-UV-spectroscopy in
shock tubes.p.54-68 in [248]
[411] R.K.Hanson,S.Saliman,E.C.Rea jr.:Laser absorption techniques for
spectroscopy and chemical kinetics studies in a shock
tube.p.544-601 in [249]
[412] H.Oertel:Messungen im Hyperschallstoßrohr.S.759-848 in [80]
[413] R.I.Soloukhin:Shock tube diagnostics,instrumentation and fundamental data.p.662-706 in [242]
[414] S.Lederman:Development in laser-based diagnostic techniques.p.
48-65 in [247]
[415] I.I.Glass:Beyond three decades of continous research at UTIAS on
shock tubes and waves (Paul Vielle lecture).p.1-20 in [248]
[416] H.Oertel:33 years of research by means of shock tubes at the French
German Research Institute (ISL)(Paul Vioille Lecture).p.3-13 in
[249].ISL-CO226(1983)
[417] F.Bayer-Helms:Neudefinition der Basiseinheit Meter im Jahre 1983.
Phys.Blätter 39,91983)307-312
[418] W.H.Westphal:Die Grundlagen des physikalischen Begriffssystems.
Vieweg, Braunschweig, 1965
[419] U.Stille:Symbole,Einheiten und Nomenklatur in der Physik.Vieweg,
Braunschweig, 1965
[420] Deutscher Normenausschuß(Ed):Umrechnungstabellen für die gesetzli-
chen Einheiten.Beuth-Vertrieb, Berlin, 1971
[421] H.Laass:Gesetzliche Maßeinheiten.Hoppenstedt, Darmstadt, 1973
[422] F.W.Winter:Die neuen Einheten im Meßwesen.Girardet, Essen, 1973
[423] F.Helbig:Grundlagen der Lichtmeßtechnik.Akad.Verl.ges.,Leipzig,77
[424] G.Oberdorfer:Das System internationaler Einheiten(SI).Springer,
Wien, 1977
[425] Anonym:Symbole,Einheiten und Nomenklatur in der Physik.Dokument
U.I.P.20(1978).Physik Verl., Weinheim, 1980
[426] K.Bischoff:Die Realisierung der SI-Basiseinheit Candela(cd) nach
ihrer Neudefinition 1979.PTB-Mitt.90, 1(1980)20-25
[427] J.V.Drazil:Quantities and units of measurement.Brandstatter, Wies-
baden, 1983
[428] H.Borchers,H.Hausen,K.H.Hellwege,K.Schäfer:Landold-Börnstein, Zahlenwerte und Funktionen aus Physik,Chemie,Astronomie, Geophysik
und Technik,Bd.2 Teil 8.Optische Konstanten.Springer,Berlin,1962
[429] L.W.Tilton,J.K.Taylor:Refractive index and dispersion of distilled
water for visible radiation at temperatures 0 to 60°C. NBS-J. Res.
20, 4(1938)419-477
[430] H.Scholze:Glas.Springer, Berlin, 1977
[431] R.F.Bacher,S.Goudsmit:Atomic energy states.McGraw Hill, N.Y., 1932
[432] H.S.White:Introduction to atomic spectra.McGraw Hill, N.Y., 1934
[433] E.U.Condon,H.G.Shortley:The theory of atomic spectra.Cambridge
Univ.Press, London, 1935
[434] G.Herzberg:Atomspektren und Atomstruktur.Steinkopf, Dresden, 1936
[435] G.R.Harrison:Wavelength tables.Wiley, N.Y., 1939
[436] A.Sommerfeld:Atombau und Spektrallinien.Vieweg, Braunschweig, 1960
[437] I.N.Sobelman:Introd. to the theory of atomic spectra,Moscow,1936
[438] C.Candler:Atomic spectra and the vector model.Hilger&Watts,1964
[439] K.H.Hellwege:Einführung in die Physik der Atome.Springer,1964
[440] E.W.Schpolski:Atomphysik.VEB Deutscher Verl.Wiss., Berlin, 1967
[441] W.Finkelburg:Einführung in die Atomphysik.Springer, Berlin, 1967
[442] P.Zimmermann:Eine Einführung in die Theorie der Atomspektren.
Bibl.Inst.Zürich, 1976
[443] I.I.Sobelman:Atomic spectra and radiative transitions.Springer,
Berlin, 1979
[444] I.I.Sobelman,L.A.Vainshtein,E.A.Yukov:Exication of atoms and broadening of spectral lines.Springer, Berlin, 1980

[445] H.Sponer:Molekülspektren I-Tabellen.Springer, Berlin, 1935
[446] G.Herzberg:Molekülespektren und Molekülstruktur.Steinkopff, Dresden, 1939
[447] G.Herzberg:Molecular spectra aund molecular structure.Vol.1+2,Van Nostrand,Princeton,1939,1945,1947,1950,1957,1960,1961,1963
[448] A.G.Gaydon:Dissocation energies and spectra of diatomic molecules Wiley, N.Y., 1947
[449] G.Herzberg:Infrared and Raman spectra.Pitman, N.Y., 1949
[450] R.C.Johnson:Introduction to molecular spectra.Pitman, N.Y., 1949
[451] E.B.Wilson,J.C.Decius,P.C.Cross:Molecular vibrations.The theory of infrared and Raman vibrational spectra.McGraw Hill, N.Y., 1955
[452] D.R.Bates:Atomic and molecular processes.Academic Press,1962
[453] R.W.B.Pearse,A.G.Gaydon:The indentification of molecular spectra. Chapman & Hall, London, 1963
[454] V.N.Kondratiev:La structure des atomes et des molecules. Masson, Paris, 1964
[455] B.Rosen:Données spectroscopiques relatives aux molecules diatomiques.Pergamon Press, Oxford, 1970
[456] D.R.Bates,I.Estermann:Advances in atomic and molecular physics. Vol.7.Academic Press, N.Y., 1971
[457] R.E.Barrow(Ed):Molecules diatomiques-Bibliographie critique de données spectroscopiques.CNRS, Paris, 1973, 1975
[458] M.Pivonsky,M.R.Nagel:Black body radiation functions.Macmillan,1961
[459] W.Schultze:Farbenlehre und Farbenmessung.Springer, Berlin, 1967
[460] M.Richter:Einführung in die Farbmetrik.De Gruyter, Berlin, 1970
[461] G.A.Agoston:Color theory and its application in art and design. Springer Series in Optical Sciences, Vol.19, Springer,1979
[462] J.C.De Vos:A new Determination of the emissivity of tungsten ribbon. Physica 20(1954)690
[463] K.T.Compton,I.Langmuir:Electrical discharges in gases.Survey of fundamental processes.Rev.mod.phys.2, 2(1930)123-242
[464] A.V.Engel,M.Steenbeck:Elektrische GasentladungenBd.1+2, Springer, Berlin, 1934
[465] S.R.Seeliger:Einführung in die Phydik der Gasentladungen.Barth, Leipzig, 1934
[466] M.Knoll,F.Ollendorf,R.Rompe:Gasentladungstabellen.Springer,1935
[467] J.Dosse,G.Mierdel:Der elektrische Strom im Hochvakuum und in Gasen.Hirzel, Leipzig, 1943
[468] L.Loeb:Fundamental proceses of electrical discharges in gases. Wiley, N.Y., 1939
[469] F.A.Maxfield,R.R.Benedict:Theory of gaseous conductors and electronics.McGraw Hill, N.Y., 1941
[470] H.Maecker:Der elektrische Lichtbogen.Erg.exact.Naturwiss.25(1951) 293-358
[471] V.L.Granovskii:Electric currents in a gas.Gostekhizdat, Moscow, 1952
[472] J.M.Meek,J.D.Craggs:Electrical breakdown of gases.Claredon Press, Oxford, 1953
[473] B.Gänger:Der elektrische Durchschlag in Gasen.Springer,1953
[474] N.A.Kapzow:Elektrische Vorgänge in Gasen und im Vakuum.VEB-Verl. Wiss., Berlin, 1955
[475] L.Goldstein:Electr.discharges in gases.Adv.Electronics 7 (1955)399
[476] W.Finkelnburg,H.Maerker:Elektrische Bogen und thermische Plasmen. S.254-444 in Handb.d.Physik, Bd.22, Springer, Berlin, 1956
[477] F.Liewellyn-Jones:Ionization and breakdown in gases.Methuen,1957
[478] J.D.Cobine:Gaseous conductors.Dover Publ., N.Y., 1958
[479] R.Römpe,W.Weizel:Theorie elektrischer Lichtbogen und Funken. Barth, Leipzig, 1949
[480] E.Badareu,I.Popescu:Gaz ionisés-Décharges électriques dans le gaz. Dunod, Paris, 1968
[481] W.Elenbaas:Light sources.Mac Millan Press, London, 1972
[482] D.Pigache,G.Fournier:Décharges électriques dans de volumes de gaz à pression élevée.ONERA Doc.5-7117(1973)

686

[483] P.Schulz:Elektronische Vorgänge in Gasen und Festkörpern. Braun, Karlsruhe, 1974

[484] H.Hess:Der elektrische Durchschlag in Gasen.Vieweg,1976

[485] W.Elenbaas:Queksilberdampf-Hochdrucklampen.Philips Techn.Bibl.66

[486] Osramgesellschaft,Hannover,Katalog

[487] W.F.Hug,C.M.Hains,C.J.Marlett:Spectra of alcali metal vapor and noble gas flashlamps.J.Opt.Soc.Am.68, 1(1978)62-67

[488] I.S.Marshak:Pulsed light sources.Plenum, N.Y., 1984

[489] W.Rogowski:Die Zündung einer Gasentladung.Phys.Zs.33.22 (1932) 797

[490] W.Rogowski,W.Fucks:Die Zündung einer bestrahlten Funkenstrecke. Arch.Elektrotechnik 29 (1935) 362-370

[491] E.Fünfer:Einige experimentelle Untersuchungen der elektrischen und optischen Vorgänge beim Funkendurchschlag in Gasen. Zs. angew.Phys.1, 7 (1949) 295-304

[492] H.E.Edgerton:Submicrosecond flashes of light.p.91-97 in [272]

[493] F.B.A.Früngel:High speed pulse technology.Vol.1-Capacitor discharges, magnetohydrodynamics-X-rays, ultrasonics.Vol.2-Optical pulses.lasers, measuring techniques.Vol.3-Capacitor discharge engineering.Vol.4-Sparks and laser pulses.Academic Press, N.Y., 1965, 1965, 1975, 1980

[494] J.D.Craggs,J.M.Meek:High voltage laboratory technique. Butterworth , London, 1954

[495] S.L.Shapiro(Ed):Ultrashort light pulses.Picosecond techniques and applications.Vol.18 of "Topics in Appl.Phys.",Springer,1977

[496] S.I.Andreev,M.P.Vanyukov:Application of a spark discharge to obtain intense light flashes of length 10^{-7} to 10^{-8}s.Soviet Physics-Techn.Phys.6, 8(1962)700-708

[497] A.Stenzel:Punktfunkenanordnung für Reihenaufnahmen in der Freifluganlage.LRSL NT 17a(1957)

[498] H.Fischer:Simple submicrosecond lightsource with extreme brightness . J.Opt.Soc.Am.(1957)931-934

[499] J.W.Beams,A.R.Kuhltau,A.C.Lapsley,J.H.McQueen,L.B.Snoddy,W.D.Whitehead: Spark light source of short duration.J.opt.soc.Am.37(1947)868-870

[500] E.Fünfer:Gleitfunken als Lichtquelle für Funkenkinematographie. LRBA Ber.1949

[501] M.Darveniza:Electrical breakdown in solids and over solid surfaces.p.139-155 in "Discharge and plasma Physics",Univ.of New England,Armidale,1964

[502] R.E.Beverly:Light emission from high-current surface-spark discharges.Progr.in Optics 16(1978)357-411

[503] W.G.Chaces,H.K.Moore:Exploding wires.Vol.1+2.Plenum,Pr., N.Y., 1959, 1962, 1964, 1968

[504] G.Mechtesheimer,R.Meyer,M.Schwertl:Mechanismen,Triggermethoden und Anwendungen der Pseudofunkenentladung.ISL R 103(1984)

[505] H.Oertel:Knallwellenoszillographie mittels Koronasonde.Diss.T.H. Aachen 1950, LRSL Ber.2(1950), Zs.angew.Phys.4, 5(1952)177-183

[506] C.E.Braun,J.Wiesinger,W.Graf,G.Chandler:Grounding and shielding. p.467-593 in "Fast electrical and optical measurements".J.E. Thompson,L.H.Luessen(Eds), NATO ASI Ser.E.Appl.Sci.108, Martinus Nijhoff Publ., Dordrecht, 1986

[507] T.H.Maimann:Stimulated optical radiation in ruby masers.Natur 187(1960)493-494

[508] A.Javan,W.R.Bennett jr.,D.R.Heriott:Population inversion and continous optical maser oscillation in a gasdischarge containing a helium-neon mixture.Phys.rev.lett.6(1961)106-110

[509] Anonym:Optical properties of lasers as compared to conventional radiators.Spectra Physics laser technical bull. 1.Spectra-Physics, Mountain View, Calif., 1963

[510] H.Döring:Theorie und Anwendung des Lasers.Westd.Verl.1965

[511] A.Kastler:Optical pumping.Progr.in Optics 5 (1966)1-81

[512] B.A.Lengyl:Introduction to laser physics.Wiley,N.Y., 1966

[513] D.Röss:Laser,Lichtverstärker und Oszillatoren.Akad.Verl.ges., Frankfurt/M., 1966

[514] E.Mollow,W.Kaule:Maser und Laser.Bibl.Inst., Mannheim, 1966
[515] A.L.Bloom:Gas lasers.Wiley, N.Y., 1968
[516] G.Grau,D.Rosenberger,G.Winstel:Verstärkung durch iduzierte Emission. Springer, Berlin, 1969
[517] W.Kleen,R.Müller(Eds):Laser.Springer, Berlin, 1969
[518] W.M.Fain,I.Chamin:Quantenelektronik-Physik der Maser und Laser. Teubner, Leipzig, 1969
[519] A.L.Mikaelian,M.L.Ter-Mikaelian:Quasie classical theory of laser radiation.Progr.in Optics 7(1969)321-297
[520] G.Koppelman:Multiple-beam interference and natural modes in open resonators.Progr.in Optics 7(1969)1-66
[521] D.Roess:State of the art of solid state lasers.Israel J.Technology 9 (1970)213
[522] A.L.Bloom:State of the art of gas laser.Israel J.Technology 9 (1970)205
[523] R.J.Pressley jr.(Ed):Handbook of lasers.CRC-Press, Cleveland, 1971
[524] M.J.Beesley jr:Lasers and their applications.Taylor&Francis,1971
[525] B.A.Lengyel:Lasers.Wiley Interscience, N.Y., 1971
[526] A.K.Levine,H.J.De Maria:Lasers Vol.3, Dekker, N.Y., 1971
[527] L.Allen,D.G.C.Jones:Mode locking in gas lasers.Progr.in Optics 8(1971)179-234
[528] H.J.De Maria:Picosecond laser pulses.Progr.in Optics 9(1971)31-71
[529] F.T.Arecchi,E.O.Schulz-Dubois(Eds):Laser handbook. Vol.1+2 (1972), Vol. 3 (1979).North Holland, Amsterdam
[530] H.Weber,G.Herziger:Laser-Grundlagen und Anwendungen.Physik Verl. Weinheim, 1972
[531] Anonym:Optics and laser technology.Vol.6IPC Science and Technology Press, Guilford, 1974
[532] D.Rosenberg:Technische Anwendungen des Lasers.Springer,1974
[533] K.Tradowsky:Laser.Vogel Verl., Würzburg, 1975, 1979
[534] W.Brunner,W.Radloff,K.Junge:Quantenelektronik-Einführung in die Physik des Lasers.VEB-Verl.Wiss., Berlin, 1975
[535] W.Appt,H.Gerlach,J.Kuhl,H.Scharf,W.Schmidt,A.Vogel,N.Wittekindt: Durchstimmbare kohärente Strahlung vom UV bis ins IR durch Farbstofflaser mit Frequenzwandlung.Feinwerktechnik und Meßtechnik 83, 2 (1975) 33-39
[536] A.Mooradian,T.Jaeger,P.Stokseth(Eds):Tunable lasers and application. Vol.3"Springer series in optical sciences". Springer,1976
[537] R.W.F.Gross,J.F.Bott:Handbook of chemical lasers.Wiley Int.sci.,1976
[538] N.G.Basov(Ed):Lasers and their applications.Proc.LebedevPhysics Institute Vol.76.Consultants Bureau, N.Y., 1976
[539] O.Svelto:Principles of lasers.Plenum, N.Y., 1976
[540] Z.Naray:Laser und ihre Anwendungen.Eine Einführung.Akad.Verl.ges. Geest&Pottig, Leipzig, 1976
[541] W.Koechner:Solid state laser engineering.Springer, Berlin, 1976 Springer series in optical sciences.Springer, Berlin, 1977
[542] M.Young:Optics and lasers.An engineering physics approach.Vol.5 Springer series in optical sciences.Springer, Berlin, 1977
[543] F.P.Schaefer(Ed):Dye lasers.Vol.1 Topics in applied physics. Springer, Berlin, 1977
[544] G.K.Grau:Quantenelekronik.Optik und Laser.Vieweg,Braunschweig,78
[545] R.Beck,W.Englisch,K.Gürs:Table of laser lines in gases and vapors.Vol.2 Springer ser. in opt. sci. Springer,1978,1980
[546] M.L.Stitch(Ed):Laser handbook.Vol.3.North-Holland,Amsterdam,1979
[547] M.Yamashita,M.Kasamatsu,H.Kashiwagi:Tunable lasers and its applications.Circ.Electrot.Lab.Tokyo 198(1979)
[548] A.Orszag,G.Hepner:Les lasers et leurs applications.Masson,Paris,80
[549] D.C.O'Shea,W.R.Callen,W.T.Rhodes:Introduction aux laser, Eyrolles, Paris, 1980
[550] A.Hirth:Les laser accordables à Colorant.Dévelopments et applications.Défense Nationale 36, 6(1980)119-132

[551] **A.A.Kaminskii**:Laser crystals.Their Physics and properties.Vol.14. Springer series in optical sciences.Springer, Berlin, 1981

[552] **K.Ehyagara,A.K.Ghatak**:Lasers, theory and applications.Plenum Press, N.Y., 1981

[553] **W.Brumer,K.Junge**:Lasertechnik.Hüthig,Heidelberg,1987

[554] **J.Herrmann,B.Wilhelmi**:Lasers for ultrashort light pulses.Akademie Verl., Berlin, 1987

[555] **L.E.Drain,B.C.Moss**:The frequency shifting of laser light by electrooptic devices.Optoelectronics 4(1972)429-439

[556] **E.K.Sittig**:Elastooptic light modulation and deflection.Progr.in optics 10 (1972)229-288

[557] **P.Debye,F.W.Sears**:On the scattering of light by supersonic waves.Proc.Nat.Acad.Sci.18(1932)409

[558] **J.Sapriel**:L'acousto-optique.Vol.11 Collection de monographies de physique.Masson, Paris, 1976

[559] **E.I.Gordon**:A review of acoustooptical deflection and modulation devices.Proc.IEEE 54, 10(1966)1391-1401

[560] **T.Suzuki,R.Hoiki**:Translation of light frequency by a moving grating.J.opt.soc.Am.57(1967)1551

[561] **C.B.Neblette**:Photography, its materials and processes.Van Nostrand, Princeton, 1952

[562] **E.Mutter**:Die Technik der Negativ-u.Positivverfahren.Bd.5 in [66]

[563] **C.E.Robertson**:Photographic response of certain films to Q-switched ruby laser energy.Nat.Tech.Inf.Serv.SCDR 71-0293(1971)

[564] **Anonym**:Plates and films for scientific photography.Eastman Kodak Publ.P 315(1973)

[565] **S.A.Amstrong**:Theoretical and experimental studies on the importance of photographic grain in optical systems.Thesis Univ. Rochester, 1978

[566] **P.Chavel,S.Lowenthal**:Film grain noise in partially coherent imaging.p.146-156 in Proc.Soc.Photo-Opt.Instr.Eng.194(1979), San Diego

[567] **C.Forno**:Film characteristics in high resolution moiré photography.Opt.Eng.19, 6(1980)908-910

[568] **S.T.Dunn**:Overview:Lasers versus photomaterials.SPIE 223(1980)42

[569] **D.Hoeschen**:The influence of development on grain and granularity of black-and white films.Mitt.PTB.Optik 59 (1981)179-196

[570] **W.Schultze**:Farbenphotographie und Farbfilm.Grundlagen und technische Gestaltung. Springer,Berlin, 1953

[571] **E.Mutter**:Farbphotographie.Theorie und Praxis.Bd.4 in [66]

[572] **Anonym**:RCA Electro-optics handbook.RCA Comm.Eng., Harrison, 1974

[573] **Anonym**:Valvo-Handbuch 1975-76, Fotovervielfacher. Hamburg,1975

[574] **Anonym**:Photomultiplicateurs.RTC, Paris, 1982

[575] **M.J.Eccles,M.E.Sim,K.P.Tritton**:Low light level detectors in astronomy. Cambridge Univ.Press., Cambridge, 1982

[576] **H.Carter,M.Donker**:Photoeleketronische Bauelemente.Theorie und Praxis.Philips Techn.Bibl.,Eindhoven,1964

[577] **F.Bergtold**:Bauelemente und Grundschaltungen der Optoelektronik. VDE-Verl., Berlin, 1973

[578] **Anonym**:Optoelektronische Bauelemente.Photodioden, Phototransistoren, Photoelemente.Siemens Druckschrift 1971

[579] **H.Greif**:Lichtelektrische Empfänger.Akad.Verl.ges.,Leipzig,1972

[580] **G.Hatzinger**:Bauelemente für die Optoelektronik.Siemens Zs.45, 9(1971)613-618, 45, 10(1971)686-689

[581] **M.Balkanski,P.Lallemand(Eds)**:Photonics.Gauthier-Villars, Paris, 73

[582] **G.Broussaud**:Optoélectronique.Masson, Paris, 1974

[583] **I.P.Kaminow**:An introduction to electro-optic devices, Academic Press, N.Y., 1974

[584] **W.Schmidt,O.Feustel**:Optoelektronik - kurz und bündig.Vogel Verl. Würzburg, 1975

[585] **Anonym**:Das Opto-Kochbuch.Texas Instruments, Freising, 1975

[586] **M.Bleicher**:Halbleiter-Optoelektronik.Huethig, Heidelberg, 1975

[587] **Anonym:**The optoelectromics data book for design engineers.Texas Instruments, Freising, 1976

[588] **J.U.Fischbach:**Optoelectronik.Lexika Verl., Grafenau.1977

[589] **R.J.Keyes(Ed):**Optical and infared detectores.Vol.19 Topics in applied physics.Springer,Berlin,1977

[590] **Anonym:**Hewlett-Packard Optoelectronics Division.Optoelectronics applications manual.McGraw Hill, N.Y., 1977

[591] **G.Hatzinger:**Optoelektronische Bauelemente und Schaltungen. Siemens, Berlin, 1977

[592] **R.H.Kingston:**Detection of optical and infared radiation.Springer, Berlin, 1978

[593] **G.R.Elion,H.A.Elion:**Electro-optics handbook.Dekker, N.Y., 1979

[594] **H.Sonnenberg:**High-speed laser detectors.p.416-420 in Proc.Int.Conf. Lasers, McLean, STS-Press, 1979

[595] **A.Kashiwakura,M.Yamaguchi,S.Fujiwara:**Silicon P-I-N photodiodes:Nat. Tech. Rep.Japan 25, 6(1979)1180-1189

[596] **P.Mischel:**Photoelectronic detectors.Funkschau 52, 6(1980)79-82

[597] **Anonym:**Opto-electronics data book.Electronic information series. Data Inc.US, 1980

[598] **L.R.Tomasetta:**High speed photodetectors.SPIE Vol.272(1981)

[599] **W.Waidelich(Ed):**Laser Optoelektronik 1987. Springer, Berlin, 1988

[600] **R.G.Seippel:**Optoelectronics,Reston Publ.Comp., Reston, 1981

[601] **Anonym:**Opto-Halbleiter.Datenbuch 81/82.Siemens B/2320.Siemens, München, 1982

[602] **C.L.Mehta:**Theory of photoelectron counting.Progr.in optics 8(1970)373-440

[603] **Van der Ziel:**Noise,source,characteristics,measurement.Prentice Hall, N.Y., 1970

[604] **Anonym:**Noise mechanisms.AGARD CP 131(1974)

[605] **F.N.H.Robinson:**Noise and fluctuations in electronic devices and circuits.Clarendon Press, Oxford, 1974

[606] **R.Müller:**Rauschen.Bd.15 Halbleiterelektronik.Springer.Berlin,1979

[607] **A.Lallemand,M.Duchesne:**Sur un récepteur ideal de photons.C.R.Acad, Sci.Paris 203(1936)243,203(1936)990

[608] **J.Burns,W.A.Hiltner:**Image converters with thin protection foils. Astrophysics 121(1955)772-773

[609] **J.D.Mc Gee,W.L.Wilcock:**Photo-electronic image devices.Academic Press, N.Y., 1960

[610] **F.Eckart:**Elektronenoptische Bildwandler und Röntgenbildverstärker . Barth, Leipzig, 1962

[611] **L.M.Biberman,S.Nudelman:**Photoelectric imaging devices.Plenum,1971

[612] **R.W.Smith:**The use of image tubes as shutters.Progr.in optics 10(1972)45-87

[613] **A.W.Woodhead:**Image tubes and their applications.Vacuum 30,11/12 (1980)539-542

[614] **A.E.Huston,K.Helbrough:**Photography with gated microchannel plate intersifiers.p.253-263 in Proc.7th Symp.Photo-electron image devices, London, 1978, Academic Press, London, 1979

[615] **W.Pfeiffer:**Ultrakurzzeitkamera mit hoher Lichtverstärkung. Fernseh- und Kinotechnik 32(1978)467-470

[616] **A.S.Lundy,A.E.Iverson:**Ultrafast gating of proximity focused micro-channel-plate intensifiers.p.348-62 in [283]

[617] **G.J.Yates,N.S.P.King,S.A.Jaramillo,J.W.Ogle,B.W.Noel,N.N.Thayer:** Image shutters:Gated proximity focused microchannel-plate wafertubes versus gated silicon intensified target vidicons.p.348-37 in [283]

[618] **W.Pfeiffer,D.Wittmer:** resolution nanosecond gated image intensifier diode.p.260-266 in [283]

[619] **W.Pfeiffer,D.Wittmer:**Image intensifiers for the detection of weak transient luminous phenomena.p.286-295 in Proc.9th IMEKO World Congr., Berlin, Vol.5/2, 1982

[620] **H.K.Pollehn:**Evaluation of image intensifiers.Opt.Eng.21,1(1982)34

[621] **W.Pfeiffer**:Ultra-high-speed methods of measurement for the investigation of breakdown development in gases. IEEE-Trans. instr. meas. Im-26 (1977) 367-372

[622] **G.F.J.Garlick**:Solid state image amplif.J.sci.inst.34,12(1957)473

[623] **D.A.Ross**:Optoelectronic devices and optical imaging techniques. Macmillan, London, 1979

[624] **D.Malacara**:Physical optics and light measurements. Academic Press, 1988

[625] **J.D.E.Beyon,D.R.Lamb**:Charge coupled devices and their applications. McGraw Hill, London, 1980

[626] **F.Moser,R.K.Ahrenkiel,B.C.Burkey**:SMPTE J.89,11(1980)841-845

[627] **Y.Kiuchi**:Imaging devices.J.Inst.Telev.Eng.Japan 34,7(1980)653-657

[628] **G.Lieselgang,P.Smith**:Vidicon characteristics under continous and pulsed illumination.Appl.Optics 21(1982)1437-1444

[629] **Anonym**:Optics guide 3.Melles Griot.Irvine Calif.,1985

[630] **J.R.Venning**:The spectral characteristics of metal beam splitters. Electronics Res.Lab.Adelaide, Australi.Rept.ERL 0123-T (1980)

[631] **J.P.C.Southall**:Mirrors,prisms and linses.Macmillan, N.Y., 1949

[632] **A.Sonnefeld**:Die Hohlspiegel.Verl.Technik Berlin, Berliner Union, Stuttgart, 1957

[633] **W.B.Elmer**:The optical design of reflectors.Wiley, N.Y., 1980

[634] **F.George**:Les prismes.Presses Univ.France.Paris, 1982

[635] **R.Guy**:Les optiques de fibre.Verres et refractaires 3(1965)185-187

[636] **R.Tiedeken**:Faseroptik und ihre Anwendungen.Akad.Verl.ges.,1967

[637] **W.P.Siegmund**:Fiber optics.p.90-98 in [276]

[638] **N.S.Kapany,J.J.Burke**:Optical waveguides.Academic Press, N.Y., 1972

[639] **W.B.Allan**:Fibre optics.Plenum Press, London, 1973

[640] **J.A.Arnaud**:Beam and fiber optics.Academic Press, N.Y., 1976

[641] **P.J.B.Clarriwats**:Optical fibre waveguides-a review.Progr.in optics 14(1977)327-402

[642] **J.E.Midwinter**:Optical fibers for transmission.Wiley,N.Y., 1979

[643] **D.A.Hill**:Les optiques â fibres et leurs applications. Eyrolles, Paris, 1980

[644] **C.C.Timmermann**:Lichtwellenleiter.Vieweg, Braunschweig, 1981

[645] **A.B.R.Sharma,S.J.Halme,M.M.Butusov**:Optical fiber systems.Vol.24 Springer series in optical sciences.Springer, Berlin, 1981

[646] **J.Flügge**:Leitfaden der geometrischen Optik und des Optikrechnens. Vandenhoeck & Ruprecht, Göttingen, 1956

[647] **A.Ehringhaus,L.Trapp**:Das Mikroskop.Teubner, Stuttgart, 1958

[648] **N.Günther**:Fernoptische Beobachtungs-und Meßinstrumente.Wiss. Verl.ges., Stuttgart, 1959

[649] **A.König,H.Köhler**:Die Fernrohre und Entfernungsmesser.Springer,59

[650] **R.Tiedeken**:Lehrbuch für den Optik-Konstrukteur.Bd.1:Strahlengang in optischen Systemen.VEB-Verl.Technik, Berlin, 1963

[651] **K.Michel**:Die Grundzüge der Theorie des Mikroskops.Wiss.Verl.ges., Stuttgart, 1964

[652] **M.Francon**:Einführung in die neueren Methoden der Lichtmikroskopie. Braun, Karlsruhe, 1967

[653] **H.Naumann**:Optik für Konstrukteure.Knapp, Düsseldorf, 1970

[654] **H.Beyer**:Handbuch der Mikroskopie.VEB.Verl.Technik, Berlin, 1973

[655] **D.F.Horne**:Optical instrum. and their applic..Hilger,Bristol,1980

[656] **C.Marmasse**:Microscopes and their uses.Gordon&Breach, N.Y., 1980

[657[**F.Flügge**:Das photographische Objektiv.Bd.1 in [66]

[658] **H.M.Brandt**:Das Photoobjektiv.Vieweg.Braunschweig, 1956

[659] **J.Tsujinchi**:Correction of optical images by compensation of aberrations and by spatial frequency filtering.Progr.in optics 2(1963)131-180

[660] **G.Franke**:Photographische Optik.Akad.Verl.ges., Frankfurt/M., 1964

[661] **K.Yamaji**:Design of Zoomlenses.Progr.in optics 6(1967)105-170

[662] **L.Mach**:Modifikation und Ausführung des Jaminschen Interferenzrefraktometers.Anz.Akad.Wiss.Wien math.naturw.Kl.28(1891)223-224

[663] **L.Mach**:Über einen Interferenzrefraktor.Vorl.Mitt.Wiener Akad. 5.11.1891.S.B.Akad.Wiss.Wien IIa 101 (1892) 5-10.102 (1893)

1035-1056. Zs.Instrumentenkunde 12 (1892) 89-93.14 (1894) 279-283

[664] L.Mach:Über einige Verbesserungen an Interferenzapparaten. S.B. Akad.Wiss.Wien IIa 107(1898)851-859

[665] L.Zehnder:Ein neuer Interferenzrefraktor.Zs.Instr.kunde 11 (1891) 275-285

[666] A.A.Michelson:Phil.Mag.13 (1882) 236.31 (1891) 338.34 (1892) 280. Astrophys.J. 8 (1898) 36.J.Phys.8 (1899) 305

[667] A.A.Michelson:Light waves and their uses.1903

[668] A.A.Michelson:Lichtwellen und ihre Anwendungen.1911

[669] M.Jamin:Cours de physique de l'école polytechnique, Paris, 1887

[670] O.Lummer:Über neuere Interferenzrefraktometer.Mechaniker 8 (1900) 25-74

[671] O.Lummer,E.Gehrcke:Berliner Berichte (1902)11

[672] A.Perot,C.Fabry:Ann.chim.et phys.(7) 12 (1897) 459.16 (1899) 115. 22 (1901) 564

[673] A.G.Zhiglins,S.G.Parchevs,E.S.Putilin:Formation of light-wave in a Fabry-Perot-Interferometer.Opt.Spectro.43, 5(1977)110-113

[674] V.N.Beltyugov:New formulas for designing a two-mirror multibeam reflecting interferometer.Opt.Spectro.46, 5(1979)574-575

[675] G.Kuhn:New Jena-made Fabry-Perot Interferometers.Jena Rev.24, 1(1979)42-45

[676] V.S.Bogdanov,Y.P.Dontsov,Y.A.Zavenyagin:Apparatus function of a Fabry-Perot interferometer with nonparallel mirrors.J.appl. spectr.31, 1(1979)904-909

[677] A.H.Lategan:The fringe system of a tilted Fabry-Perot interferometer. S. Afr. J. Phys.3, 1(1980)6-10

[678] D.C.Sinclair:Scanning Spherical-mirror interferometers for the analysis of laser mode structure.Spectra Phys. laser tech. bull. 6(1968)

[679] G.Schulz:Zweistrahlinterferenzen.Über Interferenzprinzipien und den Ort der Interferenzerscheinung.Ann.Phys.13(1953)421

[680] A.Vasicek:Optics of thin films.North Holland, Amsterdam, 1960

[681] H.Anders:Dünne Schichten für die Optik.Wiss.Verl.g.Stuttgart,65

[682] P.Bousquet:Opt.constants of thin films.Progr.in opt.4(1965)145-197

[683] R.J.Pegis:Methods of synthesis for dielectric multilayer filters Progr.in optics 7(1969)67-137

[684] A.Musset,A.Thelen:Multilayer antireflection coatings.Progr.in optics 8 (1970) 201-237

[685] P.W.Baumeister:Optical interference coatings.Ch.20 in "Handbook of optical design".US Govtl.Printing Off., Washington DC, 1963

[686] Anonym:Catalog of optical systems and components.Oriel Corp. Stanford, 1979

[687] E.Rau:Die Erzielung von Interferenzen hohen Gangunterschieds. Ann, Phys.10, 5(1931)

[688] H.Royer:Interférences entre des trains d'ondes séperés d'une distance supérieure à leur longueur.ISL N 606/79 (1979)

[689] H.Royer:Interferometry beyond the coherence length of the light-source-the use of channeled spectral lines.J.opt.12, 4(1981)229-232

[690] A.Sommerfeld:Math.Ann.47(1896)317.Zs.Math.Phys.46(1902)11

[691] F.Kottler:Diffraction at a Black screen.Progr.in opt. 4 (1965) 281-314, 6 (1967) 331-377. North-Holland, Amsterdam

[692] M.Francon,J.C.Thrierr:Atlas optischer Erscheinungen.Springer,62

[693] H.Volkmann:Ernst Abbe and his work.Appl.opt.5(1966)1720

[694] P.Beckmann:Scattering of light by rough surfaces.Progr.in Optics 6(1967)53-69

[695] J.C.Dainty(Ed):Laser speckle and related phenomena.Vol.9 Topics in applied physics.Springer, Berlin, 1975

[696] J.C.Dainty:The statistics of speckle patterns.Progr.in optics 14(1977)1046

[697] R.K.Erf(Ed):Speckle metrology.Academic Press, N.Y., 1978

[698] **B.M.Oliver:**Sparkling spots and random diffraction.Proc.IEEE 51(1963)220

[699] **M.Françon:**La granularité laser (speckle) et ses applications en optique.Masson, Paris, 1978.Laser speckle and applications in optics.Academic Press, N.Y., 1979

[700] **G.W.Stroke:**Ruling,testing and use of optical grating for high-resolution spectroscopy.Progr.in optics 2(1963)1-72

[701] **J.M.Busch:**The metrological applications of diffraction gratings. Progr.in optics 2(1963)73-108

[702] **W.T.Welford:**Aberration theory of gratings and grating mountings. Progr.in optics 4(1965)241-280

[703] **G.Schmahl,D.Rudolph:**Holographic diffraction gratings.Progr.in optics 14(1977)196-244

[704] **H.Kogelnik:**On the propagation of Gaussian beams of light through lenslike media including those with a loss or gain variation.Appl.optics 4, 12 (1965) 1562-1569

[705] **H.Kogelnik,T.Li:**Laser beams and resonators:Appl.optics 5,10 (1966)1550-1566

[706] **F.Durst,W.H.Srevenson:**Properties of focused laser beams and the influence on optical anemometer signals.p.371-388 in [265]

[707] **H.Weichel,L.S.Pedrotti:**A summary of useful laser equations. Electro-opt. System Design LIA-Rpt.7(1976)22-36

[708] **W.Daniels,R.Meyer,A.Stenzel:**Laserlichtschranke mit beugungsbegrenz-tem Strahlengang.ISL RT 507/78(1978)

[709] **P.Rouard,A.Meessen:**Optical properties of thin metal films.Progr.in optics 15(1977)77-137

[710] **G.N.Ramachandran,S.Ramaseshan:**Chrystal optics.Vol.25/1 in [295]

[711] **I.Sole:**Die Dispersion der Doppelbrechung bei Quarz und Kalkspat. Czech.Z.Phys.B 14(1964)347-351

[712] **K.H.Hellwege(Ed)Landold-Börnstein:**Zahlenwerte und Funktionen aus Naturwissenschaft und Technik.Gruppe III Bd.11.Elastische, pie-zoelektrische, piezooptische, elektrooptische und nichtlineare dielektrische Konstanten.Springer, Berlin, 1969

[713] **A.Feldman,R.M.Waxler:**Properties of crystalline materials for optics.Proc.Soc.Photo-opt.Instr.Eng.204(1979)68-76

[714] **Cia-Lun-Hu:**Linear electro-optic retardation schemes for the twenty classes of linear electrooptic crystals and their application. J.appl.phys. 38, 7(1967)3275-3284

[715] **F.C.A.Pockels:**Über den Einfluß des elektrischen Feldes auf das optische Verhalten piezoelektrischer Kristalle.Abh.königl. Ges.Wiss.Göttingen, Math.Phys.Kl.39(1893)1-204.Lehrbuch der Kristalloptik.Teubner, Leipzig, 1906

[716] **W.Voigt:**Magneto-und Elektrooptik.Teubner, Leipzig, 1908

[717] **J.Kerr:**On a new relation between electricity and light.Phil.Mag. 4(1875)337

[718] **A.Cotton,H.Mouton:**in [352]

[719] **[27][254][255][297][307] [631][634]**

[720] **E.H.Land:**Some aspects of the development of sheet polarizers. J.opt. soc.Am.41(1951)957

[721] **H.Fagot:**L'effet électrooptique linéaire(effet Pockels).ISL D1/64

[722] **H.J.White:**The technique of Kerr cells.Rev.sci.instr.6(1935)22-26

[723] **M.Faraday:**Experimental researches in electricity.London, 1855

[724] **W.Schütz:**Faraday-Effekt.Hdb.Exp.physik Bd.XVI, 1(1936)1-197

[725] **H.C.Von de Hulst:**Light scatterring by small particles.Wiley,1957

[726] **T.Y.Wu,T.Ohmura:**Quantum theory of scattering.Prentice-Hall, 1968

[727] **I.L.Fabelinski:**Molecular scattering of light.Plenum Press, 1968

[728] **R.R.Rudder,D.R.Bach:**Rayleigh scattering of ruby-laserlight by neutral gases.J.opt.soc.Am.58, 9(1968)1160-1266

[729] **M.Kerker:**The scattering of light and other electromagnetic radi-ation.Academic Press, N.Y., 1969

[730] **K.Y.Kondratyev:**Radiation in the atmosphere.Academic Press, 1969

[731] **G.Schweiger,G.Requart:**Laserlichtstreuung in Gasen.DLR-FB 70-53

[732] **B.J.McCartney:**Optics of the atmosphere.Scattering by molecules and particles.Wiley, N.Y., 1976
[733] **C.M.Penney:**Light scattering in terms of oscillator strengths and refractive indices.J.opt.soc.Am.59(1969)34-42
[734] **B.Chu:**Laser light scattering.Academic Press, N.Y., 1974
[735] **J.W.Strohbehn(Ed):**Laser beam propagation in the atmosphere.Vol.25 Topics in applied physics.Springer, Berlin, 1978
[736] **D.Beran:**Atmosphärische Rayleighstreuung im ultravioletten und sichtbaren Spektralbereich.DFVLR-Mitt.78-03(1978)
[737] **J.A.DeSanto,A.W.Sáenz,W.W.Zachary:**Mathematical methods and applications of scattering theory.Proc.Conf.Catholic Univ.Washington D.C.,1979
[738] **G.A.Mie:**Beiträge zur Optik trüber Medien,speziell kolloidaler Metall-Lösungen.Ann.Phys.(4)25, 3(1908)377.37(1908)881
[739] **H.Blumer:**Die Zerstreuung des Lichtes an kleinen Kugeln.Zs.f.Physik 38(1926)920
[740] **W.J.Pangouis,W.Heller:**Angular scattering functionns for spherical particles.Wayne State Univ.Press, Detroit, 1960
[741] **D.Deirmendjian:**Electromagnetic scattering on spherical polydispersions.Elsevier, N.Y., 1969
[742] **R.H.Giese:**Tabellen von Mie-Streufunktionen.1.Gemische dielektrischer Teilchen.BMBW-FB-W71-23(1971)
[743] **D.W.Schuerman(Ed):**Light scattering by irregularly shaped particles. Plenum Press, London, 1980
[744] **S.Asano:**Light scattering of spheroidal particles.Appl.Opt.18 (1979)712-724
[745] **H.C.Van de Hulst:**Multiple light scattering.Tables,formulas and applications.Vol.1+2.Acad.Press, N.Y., 1980
[746] S.790-793 in [352]
[747] **C.V.Raman:**Indian J.Phys. 2(1928)387
[748] **P.Pringsheim:**Raman spectra.p.607-633 in [295]Bd.21, 1929
[749] **K.W.F.Kohlrausch:**Der Smekal-Raman-Effekt:Berlin, 1931
[750] **G.Placzek,E.Teller:**Die Rotationsstruktur der Ramanbanden mehratomiger Moleküle. Zs.Physik 81(1933)209-258
[751] **K.W.F.Kohlrausch:**Raman-Spektren.Akad.Verl.ges., Leipzig, 1943
[752] **H.J.Bernstein,G.Allen:**Intensity of the Raman effect.J.opt.soc.Am. 45, 4(1955)237
[753] **S.I.Mizushima:**Raman effect.S.171-243 in [295]Bd.26
[754] **D.M.Golden,B.Crawford:**Absolute Raman intensities.J.chem.phys.26,6 (1962)1654
[755] [156][158][160][161][173][178][179][182][191][197]
[756] **C.M.Penney,L.M.Goldman,M.Lapp:**Raman scattering cross sections. Nat.phys.sci.235(1972)110-112
[757] **A.Weber:**High resolution rotational Raman spectra of gases.In [179]
[758] **H.W.Schrötter,H.W.Klöckner:**Raman scattering cross sections in gases and liquids.In [179]
[759] **H.Schardin:**Über den Druck am Geschoßboden.S.130-139 in LRSL 6m/49
[760] Bild 9.24 in [383]
[761] **J.N.Newman:**p.519-545 in Proc.8th Symp.Naval Hydrodynamics. M.S.Plessel, T.Y.Wu, S.W.Doroff(Eds), Washington D.C., 1970
[762] Fig. 3a in [55]
[763] Fig. 12e in [57]
[764] **R.Gans:**Fortpflanzung des Lichtes durch ein inhomogenes Medium. Ann. Physik 4, 47(1915)709-736
[765] **F.J.Weyl:**Analytical methods in optical examination of supersonic flow.Navord Rep.211(1950)
[766] **F.J.Weyl:**Analysis of optical methods.p.3-25 in [5]
[767] **U.Grigull:**Einige optische Eigenschaften thermischer Grenz . Int. J. Heat Mass Transfer. 6(1963)669-679
[768] **V.Dvorak:**Über eine neue einfache Art der Schlierenbeobachtung. Wiedemann's Ann.Phys.Chem. 9(1980)502

694

[769] H.Lewy:On the relation between the velocity of the shockwave and
the width of the lightgap it leaves on the photographic plate.BRL
Rep.373(1943)
[770] P.C.Keenan,H.Polachek:The measurement of densities in shock waves by
the shadowgraph method.Navord Rep.86-46(1946)
[771] ISL-Archiv Dias
[772] R.E.Kutterer:Ballistik.Vieweg,Braunschweig,1959
[773] H.Schardin:The multiple-spark camera in studies requiring highly
detailed photography.p.329-334 in [273]
[774] M.Giraud:Sur les études d'aérobalistiques menées au tunnel de tir
classique de l'ISL.ISL-R 11/76(1976).S.158-187 in BMVg-FBWT76-18
[775] W.Struth:Kurzzeitaufnahmen von Schüssen mit Hyperschallgeschwin-
digkeit in reagierende Gase.p.p.443-449 in [274]
[776] F.Lehr:Experimente zur stoßinduzierten Verbrennung in Wasser-
stoff-Luft und Wasserstoff-Sauerstoff-Gemischen. Dissertation
Univ. Karlsruhe 1971
[777] [416] und ISL-Archiv Dias
[778] H.Schardin:Filmaufnahmen von Vorgängen im Stoßwellenrohr.
S.139-141 in [272]
[779] [387][417][780]
[780] H.Schardin:Untersuchung instationärer gasdynamischer Vorgänge als
Beispiel für den zweckmäßigen Einsatz der Hochfrequenzkinemato-
graphie.S.17-23 in [275]
[781] ISL-Archiv Dias
[782] W.Heilig:Zur Beugung ebener Stoßwellen am Zylinder.S.269-284 in
[241].Theoretische und experimentelle Untersuchungen zur Beugung
von Stoßwellen an Kugeln und Zylindern.Dissertation Univ. Karlsruhe,1969.Diffraction of a Shock wave by a cylinder. p.I154-I157
in   [241]Visualisierung   und   Deutung   von   instationären
Stoßreflexionsvorgängen.S.35-55 in [960]
[783] C.Thery,G.Kronenberger:Umströmung eines auf einer Ebene ruhenden
Halbzylinders durch eine schwache Stoßwelle.ISL-T43/64(1964)
[784] H.G.Prasse:EMI-Freiburg,nicht veröffentliche Bilder der Machreflexion.
[785] ISL-Archiv Dias und [778][779][780][416]
[786] H.Schardin:Etude de l'écoulement autour d'un dièdre dans le tube
d'ondes de choc.LRSL-Coll.d'aerodynamique Dec.1956
[787] H.Schardin:Ein Beispiel zur Verwendung des Stoßwellenrohres für
Probleme der instat. Gasdynamik.LRSL-7/57(1957).ZAMP 9b(1958)
606-621
[788] H.O.Amann:Vorgänge beim Start einer Reflexionsdüse.Dissertation
Univ.Karlsruhe 1968,Zs.Flugwiss.19,10(1971)393-406.Experimental
Study of the starting process in a reflection nozzle.Phys.fluids
12(1969)150-153
[789] H.Schardin:Schwerpunkte der wissenschaftlichen Arbeit im Laufe der
Entwicklung des Instituts.ISL-8/60(1960)21-40, 1*-13*
[790] C.Thery,H.Nasdala:Etude de la variation de la pression au passage
d'une onde de choc se propageant sur un profil de coupe
sinusoidale.ISL-N 8/61(1961)
[791] C.Thery,L.Bobin,G.Jaeggy:Propagation des ondes de souffle en
galerie.ISL-36/71(1971).8 AFITAE-Coll.d'aérodynamique appliquée
[792] H.Oertel:Messungen im Hyperschallstoßrohr.S.69-72,53*-59* in
ISL-8/60(1960) Tag.Probl.Ballistik
[793] Z.Carrière:Exploration par le fouet des deux faces du mur du
son.Cahier Phys.63,11(1955)1-16
[794] L.S.G.Kovásnay:Turbulence measurements-Optical techniques. p.277-
288 in [5]
[795] M.S.Uberoid,L.S.G.Kovasznay:Analysis of turbulent density fluctuations by the shadow method.J.appl.phys.26(1955)19-24
[796] C.Théry:Quelques expérimentations d'orientation pour une étude de
la dégradation d'une onde de choc dans un tunnel. ISL-T5/63 (1963)
[797] A.Roshko:Structure of turbulent shear flows.A new look.AIAA
J.14,10 (1976) 1349-1357

[798] H.W.Liepmann:Experimental fluid mechanics.The impact of modern instrumentation.p.200-212 in Proc.13th int.congr.theor.and appl. mech., Moscow, 1972

[799] A.Töpler:Beobachtungen nach einer neuen optischen Methode. Poggendorfer Ann.Phys.Chem.127(1866)556-580, 128(1866) 126-139, 131 (1867) 33-55, 180-215, 134 (1868) 194-217.Ostwalds Klassiker exp.Wiss.Leipzig 157 (1906), 158 (1906)

[800] [6][9][12][14]

[801] H.Schardin:Das Toeplersche Schlierenverfahren.Diss.T.H.Berlin 1934. VDI-Forsch.heft 367(1934)1-32

[802] H.Schardin:Die Schlierenverfahren und ihre Anwendungen.Erg.exakten Naturwiss.20(1942)303-349

[803] D.W.Holder,R.J.North:The Toepler Schlieren apparatus.Brit.ARC-R&M 2780(1950)

[804] T.Fromme,L.Mücke:Bericht über Korrektursysteme zur Schlierenanordnung in Z-Form.LRSL29/50 (1950)

[805] H.Oertel:Die Hyperschallstoßrohre des ISL.S.5-31 in ISL-14/63, Wiss.Tagung im ISL 1961

[806] [9][802][807][1732]

[807] H.Schardin:Die Bedeutung der Gasdynamik für die Ballistik. S.4-16,I-IV in DEFA/LRBA-7/47,Tag.ber.Stationäre Gasdynamik. R.Sauer, C.Heinz(Eds),1947

[808] H.Schardin:Möglichkeiten der experimentellen Untersuchung am fliegenden Geschoß.Ber.139 Lilienthalges.(1943)38-51

[809] J.Ackeret,F.Feldmann,N.Rott:Mitt.Inst.Aerodyn.Zürich 10(1946).NACA T.M.1113(1947)

[810] R.Hall,H.Gröning:Fokusing of weak blast waves.p.563-568 in [249]

[811] F.Lethaus:Berechnung der transsonischen Strömung durch obere Turbinengitter nach dem Zeitschnittverfahren.VDI-Forsch.heft 586(1978)5-24

[812] G.W.Michel,F.W.Kost:The effect of constant flow on the efficiency of a transonic H.P. turbine profile.ASME-Paper 82-GT63,London,1982

[813] W.A.Mair:The sensitivity and range required in a Toepler Schlieren apparatus for photography of supersonic flow.Aeron.Quat.4(1952)

[814] G.S.Settles:Color Schlieren optics-A review of techniques and applications.p.749-759 in [252]

[815] J.Rheinberg:J.Roy.microscop.soc.8(1896)373-388

[816] H.Wolter:Zweidimensionale Farbschlierenverf..Ann.Phys.8(1950)1-10

[817] W.Woehl:Optische Verfahren und Geräte zur quantitativen Vermessung von Dichtfeldern.ATM-Z-721-1(1950)T139-T144

[818] D.W.Holder,R.J.North:Nature 169(1952)466

[819] R.J.North:NPL/Aero/266(1954)

[820] H.Jeffree:A wide range Schlieren syst.J.sci.instr.33,1(1956)29-30

[821] R.J.North,R.F.Cash:NPL/Aero/383(1959)

[822] J.Surget:Strioscopie quantitative à grille colorée et fente d'entrée multiple.Rech.aérospatiale 97(1963)37-42

[823] P.H.Cords jr.:A high resolution,high sensitivity color schlieren Syst.SPIE J.6.3(1968)85-88, Proc.12th SPIE Techn.Symp.Los Ang.

[824] W.Wuest:Sichtbarmachung von Strömungen.IV das Schlierenverfahren. ATM-V-144-5(1967)81-86

[825] H.Phillips:J.sci.instr.2,1(1968)

[826] A.R.Maddox:Thesis Univ.Southern Calif.1968

[827] J.R.Meyer-Arendt:J.opt.soc.Am.59(1969)518

[828] Z.Rotem:Appl.optics 8,11(1969)2325-2328

[829] J.R.Meyer-Arendt:Introduction to classical and modern optics. Prentice-Hall,194

[830] V.Ronchi:Due nuovi metodi per le Studio delle superficie e dei sistemi ottici.Ann.regia sci.normale super Pisa 15(1923)

[831] P.F.Derby:The Ronchi method of evaluating schlieren photographs. Navord rept.1946 p.74-76.Techn.Conf.opt.phenom.supersonic flow.

[832] D.A.Didion,Y.H.Oh:A quantitative schlieren-grid method for temperature measurement in a free convection field.Catholic Univ. Am.Mech.Eng.Dept.Techn.rept.1(1966), Washington D.C.

[833] **R.A.Burton:**A modified Schlieren apparatus for large areas of field.J.opt.soc.Am.39(1949)907

[834] **R.J.North:**Schlieren systems using graded filters.ARC 15099(1952)

[835] **F.K.Ligtenberg:**moiré method:A new experimental method for the determination of moments in small slab models.Proc.SESA 12 (1954) 83-98

[836] **F.P.Chiang:**Moiré methods for contouring displacement,deflection, slope and curvature.SPIE-Sem.proc.Advances in optical metrology 153(1978)113-119

[837] **A.J.Durelli,V.J.Parks:**Moiré analysis of strain.Prentice Hall,1970

[838] **P.S.Theocaris:**Moiré fringes in strain analysis.Pergamon Press,1969

[839] **T.Fromme:**Das Moiré Verfahren.LRSL-1m/55(1955).The moiré-schlieren method.p.276-278 in [271]

[840] **K.Kikuchi:**Quantitative measurement of a temperature boundary layer using moiré pattern.J.mech.eng.L 30, 1(1976)35-42

[841] **J.Stricker,O.Kafri:**Moiré deflectometry,a new method for density gradient measurements in compressible flows.NASA TAE-436(1981)

[842] **J.Stricker,O.Kafri:**Density gradients measurement in compressible flow by moiré deflectometry.p.122-127 in [234]

[843] **W.Kinder:**Theorie des Mach-Zehnder-Interferometers und Beschreibung eines Gerätes mit Einspiegeleinstellung.Optik 1, 6 (1946) 413-448

[844] **G.Hansen:**Über ein Interferometer nach Zehnder-Mach.Zs.techn.Phys. 12(1931)436-440

[845] **H.Schardin:**Theorie und Anwendung des Mach/Zehnder Interferenzrefraktometers.Zs.Instrumentenkunde 53,9(1933)396-403,53,10 (1933) 424-436

[846] **G.Hansen:**Über die Ausrichtung der Spiegel bei einem Interferometer nach Mach/Zehnder.Zs.Instrum.kunde 60(1940)325-329

[847] **H.G.Stamm:**Neuere Arbeiten über die Theorie des Mach-Zehnderschen Interferenzrefraktometers und neue Anwendungen auf gasdynamische Probleme.Diss.T.H.München 1945

[848] **E.H.Winkler:**Analytical studies of the Mach-Zehnder interferometer .Navord rept.1077(1947),1099(1950)

[849] **T.Zobel:**The development and construction of an interferometer for optical measurement of density fields.NACA TN 1184(1947)

[850] **J.Winckler:**The Mach interferometer applied to studying an axial symmetric supersonic air jet.Rev.sci.instr.19(1948)307-322

[851] **R.Ladenburg,J.Winckler,C.C.VanVoorhis:**Interferometric studies of faster than sound phenomena.Part I:The gas flow around various objects in a free, homogeneous, supersonic air stream.Phys.rev.76, 73,11(1948) 1359-1377.Part II:Analysis of supersonic airjets,Phys.rev.76,5(1949) 662-677

[852] **F.D.Bennett:**Optimum source size for the Mach-Zehnder interferometer.BRL-731(1950)

[853] **E.R.G.Eckert,E.E.Soehngen:**Studies on heat transfer in laminar free convection with the Mach-Zehnder-interferometer.Air Force Tech.Rep. 5747, ATI-44580(1948)

[854] **H.Hannes:**Der Aufbau eines neuen Mach-Zehnder-Interferometers. Diplomarbeit.Univ.Freiburg/Br.1952

[855] **F.D.Bennett,G.D.Kahl:**Generalized vector theory of the Mach-Zehnder-Interferometer. J.opt.soc.Am.43(1953)71-78

[856] **R.Ladenburg,D.Bershader:**Interferometry.p.47-78 in [5]

[857] **T.Fromme:**Ein achromatisches Interferometer.p.372-274 in [270]

[858] **W.L.Howes,D.R.Buchele:**Generalization of gas flow interferometry theory and interferogram evaluation equations for one-dimensional density fields.NACA TN 3340(1955)

[859] **G.P.Wood:**Interferometer methods.p.123-148 [11]

[860] **F.D.Bennett:**Effect of size and spectral purity of source on fringe pattern of the Mach-Zehnder-interferom..J.appl.phys.22 (1951)776

[861] **L.H.Tanner:**The design and use of interferometers in aerodynamics. ARC-TR 3131(1957)

[862] **R.Chevalerias,Y.Latron,C.Véret**:Methods of interferometry applied to the visualization of flows in wind tunnels.J.opt.soc.47, 8 (1957)703-706

[863] **L.H.Tanner**:The optics of the Mach-Zehnder interferometer.ARC-TR 3069(1959)

[864] **W.Kinder**:Ein Interferometer nach Mach-Zehnder.Zeiss-Werkzs.8 (1960) 61-68

[865] **H.K.Zienkiewicz**:Wave theory of the Mach-Zehnder interferometer. ARC-R&M 3173(1961)

[866] **H.Reichenbach**:Über den Mach-Zehnder-Interferenzrefraktor der Firma Hofer in Weil am Rhein.S.3/1-3/14 in EMI-17/62(1962)

[867] **R.L.Rowe**:Interferometers for hypervelocity ranges.In [226]

[868] **H.Lien,J.Eckermann**:Interferometric analysis of density fluctuations in hypersonic turbulent wakes.AIAA J.4, 11(1966)1988-1994

[869] **W.Kinder**:Ein Mach-Zehnder-Interferometer mit einer 4 Meter langen Meßstrecke.Zeiss Inf.63(1967)

[870] **D.B.Prowse**:Astigmatism in the Mach-Zehnder-interferometer.Appl. optics 6(1967)773

[871] **P.I.Brimelow**:An interferometric investigation of shock-structure and its induced shock tube boundary layer in ionized argon.UTIAS TN 187(1974)

[872] **D.Fischer**:Errors in optical path of Mach-Zehnder-interferometer. Optik 44,3(1976)305-312

[873] **L.Mertz**:Wide-angle Mach-Zehnder interferometer for monochromatically selective photography.Appl.optics 16, 4(1977)812-813

[874] **C.Véret**:Review of optical techniques with respect to aero-engine applications.p. 2/1-2/16 in [224]

[875] **R.D.Flack**:Mach-Zehnder interferomater errors resultung from test section misalignment.Appl.optics.17,7(1978)985-987

[876] **A.Thomas**:Choice of light source for interferometry.Instr.India 14,3(1979)12-13

[877] **E.W.Price**:Initial adjustment of the Mach-Zehnder interferometer. Rev.sci.instr.23(1952)162

[878] **D.B.Prowse**:A rapid method of aligning the Mach-Zehnder interferometer. Aust.Def.Sci.Serv.TN 100(1967)

[879] **U.Unrau,R.Nietz**:Quick precision alignment of interferometric equipment.J.phys.E sci.instr.13, 6(1980)608-610

[880] **E.F.Tubbs**:Alignment of two-beam interferometer.p.123-127 in Proc.Soc.Photo-opt.Instr.Eng.Vol.251(1980)

[881] **W.Bleakney,A.H.Taub**:Interaction of shock waves.Rev.mod.phys.21,4 (1949)584-605

[882] **H.Schardin**:Die Aufgaben des Kongresses.Prospekt zu [272]

[883] [808][847]

[884] **M.Frank**:Stationäre und instationäre Kondensationsvorgänge bei einer Prandtl-Meyer- Expansion.In "Strömungsmechanik und Strömungsmaschinen" 25(1978) 61-87, Braun-Verlag, Karlsruhe

[885] **W.J.Hiller,G.E.A.Meier**:Experimentelle Untersuchung einer transonischen Potentialströmung um ein symmetrisches Tragflügelprofil.MPI f.Strömungsforsch.Göttingen Ber.10(1971)

[886] **I.I.Glass,G.N.Patterson**:A theoretical and experimental study of shock tube flows.J.Aero.sci.22,2(1955)73-100

[887] **H.Jungbluth**:Experimente zur schallnahen Strömung längs einer welligen Wand.Acta mechanica 22(1975)171.180

[888] **W.Heilig**:Zur Beugung ebener Stoßwellen am Zylinder.S.269-284 in [241]

[889] **G.P.Wachtell**:Refraction effect in interferometry of boundary layer of supersonic flow along a flat plate.Phys.rev.78(1950)333

[890] **M.R.Kinsler**:Influence of refraction on the applicability of the Zehnder-Mach-interferometer to studies of cooled boundary layers.NACA TN 2462(1951)

[891] **G.D.Kahl,D.C.Mylin**:Refractive deviation errors of interferograms. J.opt.soc.Am.55(1965)364-372

[892] K.W.Beach,R.H.Muller,C.W.Tobias:Light deflection effects in the interferometry of one-dimensional refractive index fields. J.opt.soc.Am.63 (1973) 559-566

[893] B.Brand,U.Grigull:Interferometrische Beobachtung thermischer Grenzschichten in Gasen bei größeren Temperaturdifferenzen. Wärme- u. Stoffübertr.7(1974)182-188

[894] [845][847][858][859]

[895] T.Fromme:Eine Auswertemethode für Interferenzaufnahmen rotations-symmetrischer Vorgänge.LRBA-25(1947)

[896] J.Winckler:The Mach interferometer applied to studying an axially symmetric supersonic air jet.Rev.sci.instr.19,5(1948)

[897] F.D.Bennett:Effect of random errors in fringeshift on interferogram reductions of axi-symmetric flows.Phys.rev.83(1951)200

[898] F.D.Bennett,W.C.Carter,V.E.Bergdolt:Interferometric analysis of air-flow about projectiles in free flight.J.appl.phys.23(1952)453-469

[899] H.Hannes:Optik 12,4(1955)181-188

[900] [845][847][850][851][858][859]

[901] J.L.Solignac:Methode de dépouillement des interférogrammes en écoulements de révolution. Rech.aérospatiale 104(1965)12-13

[902] W.L.Howes,D.R.Buchele:optical interferometry of inhomogeneous gas-es. J.opt.soc.Am.56 (1966) 1517-1528

[903] S.M.Belotserkovsky:Anwendungsmöglichkeiten und Perspektiven opti-scher Methoden in der Gasdynamik.p.410-414 in [276]

[904] J.W.Bradley:Density determination from axisymmetric interferograms . AIAA J. 6(1968)1190-1192

[905] D.K.Sangster,G.A.Shaw:Analysis of errors in the reduction of inter-ferometric data.Ac.El.Def.Res.Labs Santa Barbara,Calif.Aerospace Operations Dept.Rept. AC-TR 68-59(1968)

[906] R.South:An extension to existing methods of determining refractive indexces from axisymmetric interferograms.AIAA J.8(1970)2057

[907] V.Sernas,L.S.Fletcher,J,A.Jones:An interferometric heat flux measur-ing device.ISA Trans.11 (1972) 316-337

[908] J.L.Solignac:Emploi de l'interférometrie dans l'étude des écoule-ments de révolution.ONERA-TP 1345(1974)

[909] G.Ben-Dor,B.T.Whitten:Interferometric techniques and data evalu-ation methods for the UTIAS 10cmx18cm hypervelocity shock tube.UTIAS TN 208(1979)

[910] G.Ben-Dor,B.T.Whitten,I.I.Glass:Evaluation of perfect and imperfect gas interferograms by computer.Int.J.Heat fluid flow 1(1979)77-91

[911] E.Jacobs,E.W.Ralston:Ambiguity resolution in interferometry.IEEE AER EL 17,6(1981)766-780

[912] R.E.Blue:Interferometer corrections and measurement of laminar boundary layers in supersonic stream.NACA TN 2120(1950)

[913] E.E.Anderson,W.H.Stevenson,R.Viskanta:Estimating the refractive error in optical measurements of transport phenomena. Appl.opt.14(1975)185-188

[914] F.R.McLarnon,R.H.Muller,C.W.Tobias:Deviation of one-dimensional refractive index profiles from interferograms. J.opt.soc. Am.65(1975)1011-1018

[915] A.M.Hunter,P.W.Schreiber:Mach-Zehnder interferometer data redution method for refractively inhomogeneous test objects.Appl.optics 14(1975)634-639

[916] C.M.Vest:Interferometry of strongly refracting axisymmetric phase objects.Appl.optics 14(1975)1601-1606

[917] G.D.Kahl:Mach-Zehnder interferometer data reduction method for refractively inhomogeneous test objects:comments.Appl.optics 14(1975)2336

[918] A.M.Hunter:Authors reply to comments.Appl.optics 14(1975)2336

[919] W.Merzkirch:Current problems of optical interferometry used in experimental gasdynamics.p.24/1-24/11 in [286]

[920] S.Cha,C.M.Vest:Interferometry and reconstruction of strongly refracting asymmetric-refractive index fields.Opt.lett.4, 10(1979)311-313

[921] **G.Quincke:**Interferenzfarben.Pogg.Ann.129(1866)129

[922] **N.A.Massie,J.Hartlove,D.Jungwirth,J.Morris:**High accurary interferometric measurement of eletron-beam pumped transverse-flow media with 10µs time resolution.Appl.opt.20(1981)2372-2378

[923] **R.Kraushaar:**A diffraction grating interferometer.J.opt.soc.Am.40 (1950)480-481

[924] **J.R.Sterrett,J.R.Erwin:**Investigation of a diffraction grating interferometer for use in aerodynamic research.NACA TN 2827(1952)

[925] **J.Dyson:**Comon-path interferometer for testing purpuses. J.opt.Soc.Am.47(1957)386

[926] **J.Dyson,R.V.Williams,K.M.Young:**Interferometric measurement of electron density in Sceptre IV.Nature 195(1962)1241

[927] **G.E.A.Meier,M.Willms:**Onthe use of Fabry-Perot-interferometer for flow visualization and measurement.p.725-729 in [252]

[928] **A.Frohn:**Measurement of concentration profiles in jets using Fizeau fringes.AIAA J.5,1(1967)185-186

[929] **A.Hirth:**Etude des possibilités de l'interférometrie à ondes multiples en vue de la visualisation des objets de phase rapides de très faible intensité.ISL-28/70(1970)

[930] [14][23][27]

[931] **F.H.Smith:**Brit.pat. 639,014 application 1947

[932] **G.Nomarski:**Interféromètre à polarisation.Brevet français 1.059. 123 (1952) 1.059.124 (1952)

[933] **G.Normarski:**Microinterféromètre différentiel à ondes polarisées.J. de physique 16(1955)95-135

[934] **G.Normarski:**Remarques sur le fonctionnement des dispositifs interférentiels à polarisation.J.de phys.17(1956)1-3, 15-35

[935] **G.Gontier:**Contribution à l'étude de l'interféromètre différentiel à biprisme de Wollaston.Publ.sci.tech.Min.Air. 338(1957)

[936] **G.Gontier:**Sur le fonctionnement d'un biprisme de Wollaston pour l'interférometrie différentielle en lumiere polarisée.CR Acad.Sci.t 244(1957)1019-1022

[937] **G.Gontier:**Sur la précision des relations utilisées pour l'application de l'interférometrie différentielle aux mesures de l'épaisseur optique d'une lame transparente isotrope.CR Acad.Sci.t 244(1957)2591-2594

[938] **M.Philbert:**Emploi de la strioscopie interférentielle en aérodynamique.Rech.aéron.65(1958)19-27

[939] **H.Oertel:**Hypersonic research at the LRSL.p.203-218 in "Hypersonic flow".A.R.Collar,J.Tinkler(Eds),Butterworth,Lond.1960.ISL-T3/59

[940] **H.Oertel:**Experimentelle Hyperschallforschung. Rak. tech. Raumf. forsch. 3(1959)65-75

[941] **H.Oertel:**High speed photography of hypersonic phenomena by a schlieren interferometric method.p.525 in [273]

[942] **H.Oertel:**Schliereninterferenzaufnahmen von Kopfwellen und Grenzschichten dissoziirter Gase.p.871-885 in "Advances in Aeronautical sciences"Vol.4.T.von Karman(Ed),Pergamon Press,Oxford,1962 ISL-T 6/60(1960)

[943] **H.Oertel:**Kurzzeitphotographie von Hyperschallvorgängen mit Hilfe des Schlieren-Interferenzverfahren.ISL-T 7/60(1960)

[944] **W.Bartholomeyczyk:**Zur Verwendung des Wollastonprismas als Strahlteiler in Differentialinterferometern.Zs.Instr.kund.68(1960)208

[945] **H.Oertel:**Ein Differentialinterferometer für Messungen im Hyperschallstoßrohr .ISL-T 17/61(1961)

[946] **H.Oertel:**Measurements in the hypersonic shock at the ISL.p.305-316 in [239]

[947] **H.Oertel:**Messungen im Hyperschallstoßrohr mit Hilfe eines Differentialinterferometers.S.8/1-8/20 in EMI 17/62(1962)

[948] **W.Schrader:**Ein quantitativ auswertbares Schlierenverfahren und seine Anwendungen.S.5/1-5/9 in EMI 17/62(1962

[949] **H.Oertel:**Hyperschallforschung in den Hyperschallstoßrohren des ISL.S.70-93 im Prof.Dr.Ing.H.Schardin zum 60.Geburtstag gewidme-

700

          ten Beiheft 3(1963).Wehrt.Monatshefte 59,9(1962)375-383, 59,
          10(1962)417-431
[950] H.Oertel:Differentialinterferenzaufnahmen kurzzeitiger Hyper-
       schallströmungen . Kino-Technik 16, 2(1962)29-34
[951] H.Oertel:Experimentelle Hyperschallforschung.S.65-75 im Jahrbuch
       1964 der WGLR. Traduction SEDOCAR 6731 (1965)
[952] H.Oertel:Diagnostic d'écoulement au tube à choc hypersonique.Proc.
       2e AFITAE-Coll.d'aérodyn.appl., Toulouse, 1965. ISL-N 27/65
       (1965)
[953] H.Oertel:Anwendungen der Kurzzeitphotographie in der Hyperschall-
       forschung.p.192-16 in [275]
[954] H.Oertel:Interferenzbilder und Streakregistrierungen von Kopfwel-
       len in Hyperschallstoßrohren.Wehrtechn.Monatshefte 64,3(1967)
       93-101.S.193-201 in "Beiträge zur Ballistik und technischen Phy-
       sik", Gedenkschrift für H.Schardin,Beiheft 7 der Wehrtechn. Mon-
       atshefte 1967, Verlag Mittler & Sohn, Frankfurt/M.
[955] H.Oertel:Die Hyperschallstoßrohre des ISL.S.223-253 in ISL-7/66.
       ISL-Fachtagung über Hyperschallaerodynamik und Meßverfahren der
       Kurzzeitphysik 1966
[956] W.Lang:Differential-Interferenzkontrast-Mikroskop nach Namarski.
       Zeiss-Inf.70(1968)114,71(1969)12
[957] D.W.Branston,J.Mentel:Beugungstheoretische Behandlung eines Differ-
       entialinterferometers für ausgedehnte Phasenobjekte.Appl.phys.
       14(1976)241-246
[958] D.W.Branston,J.Mentel:Treatment of a Wollaston-type interferometer
       by diffraction theory.Appl.phys.11,3(1976)241-246
[959] V.A.Komissaruk,N.P.Mende:Curvature of bands in a polarization
       interferometer with Wollaston prisms.Opt.Spektro.44,3(1978)603
[960] H.Oertel:Strömungsbilder aus dem Stoßrohrlabor des ISL.S.7-33 in
       "Kolloquium im ISL am 15.Juni 1982 zum Andenken an Prof. Dr.Ing.
       H.Schardin"ISL/EMI-1982
[961] [249],[939]-[943],[949]-[947],[949]-[954],[960]
[962] G.Smeets:Visualisierung von Kegelströmungen.ISL-T 51/69(1969)
[963] G.Smeets,A.George:Differentialinterferogramme von Mikrofreistrah-
       len ISL-N 610/76(1976)
[964] H.Oertel:Kinematik der Machwellen innerhalb und außerhalb von Über-
       schallstrahlen.ISL-R 112/78(1978)ISL-CO 205/78(1978)
[965] H.Oertel:Jet noise research by means of shock tubes.p.488-495 in
       [245].ISL-CO 209/75(1975)
[966] H.Oertel:Kinematics of Machwaves inside and outside of supersonic
       jets.p.121-136 in "Recent developments in theoretical and exper-
       imental fluid mechanics", U.Müller, K.G.Roesner, B.Schmidt(Eds),
       Springer, Berlin, 1979.ISL-PU 302/78(1978)
[967] H.Oertel:Machwave radiation of hot supersonic jets investigated by
       means of the shock tube and new topical techniques.p.266-275 in
       [247].ISL-CO 209/79(1979)
[968] H.Oertel:Mach wave radiation of hot supersonic jets.p.275-281 in
       "mechanics of sound generation", E.A.Müller(Ed), Springer,
       Berlin,1979.ISL-CO 211/79(1979)
[969] H.Oertel,G.Smeets,A,George:Interferometrische Untersuchungen an
       Schneidbrennerstrahlen.ISL-RT 76002/76(1976)
[970] G.Smeets,A.George:Einfluß von Düsenfehlern auf Überschallstrahlen
       ISL-R 79002/80 (1980)
[971] H.Oertel,F.Gatau,A.George:Schwankungsmessungen in der Mischungssch-
       icht eines Überschallstrahls.ISL.-R 110/82(1982)
[972] H.Oertel   jun.,K.Bühler,K.R.Kirchartz,J.Srulijes:Experimetelle   und
       theoretische   Untersuchung   der   Zellularkonvektion.
       Strömungsmech.u.   Strömungsmasch.24(1978)39-72,   Mitt.   Inst.f.
       Ström.lehre u. Ström.masch. Univ.Karlsruhe.
[973] K.Bühler,K.R.Kirchartz,J.Srulijes:Anwendung der Differntialinterfero-
       metrie bei thermischen Konvektionsströmungen.S.54-55 in "Applied
       fluid mechanics",Inst.f.Ström.masch.Univ.Karlsruhe,1978

[974] J.A.Srulijes:Zellularkonvektion in Behältern mit horizontalen Tem-
peraturgradienten.Dissertation Univ.Karlsruhe 1979
[975] K.Bühler,K.R.Kirchartz,H.Oertel jun.:Steady convection in a horizontal fluid layer.Acta mechanica 31(1979)155-171
[976] H.Oertel jun.:Thermische Zellularkonvektion.Habilitationsschrift
Univ.Karlsruhe,1979
[977] H.Oertel jr.:Einfluß der Rotation auf die stationäre Zellularkonvek-
tion.ZAMM 59(1979)247-252
[978] J.Zierep:Instabilitäten in Strömungen zäher wärmeleitender Medien.
ZfW 2,3 (1978) 143-150   le,1979
[979] K.R.Kirchartz:Zeitabhängige Zellularkonvektion in horizontalen und
geneigten Behältern,Dissertation Univ. Karlsruhe,1980
[980] K.Bühler:Zellularkonvektion in rotierenden Behältern. Fortschr.
Ber.VDI-Zs.7, 54(1979).Dissertation Univ.Karlsruhe 1979
[981] E.Koppe,G.Meier:Erfahrungen mit optischen Methoden bei der Untersuchung transsonischer Strömungen.Zs.Flugwiss.13,5(1965)149-157
[982] H.Oertel:Bemerkungen zur Interpretation von Differentialinter-
ferenzaufnahmen ISL-N 3/64(1964)
[983] H.Oertel:Visualisierung von Kopfwellen und Grenzschichten. S.
786-815 in [23]
[984] M.Hugenschmidt,K.Vollrath:Auswertung von Differentialinterferometeraufnahmen rotationssymmetrischer gasdyn. Prozesse.ISL-T14/67
[985] G.Smeets:Differentialinterferometer mit großer Strahlentrennung.
Auswertung der·Interferogramme. ISL-T 41/68 (1968)
[986] W.Merzkirch,W.Erdmann:Evaluation of axisymmetric flow patterns
with a shearing interferometer.Appl.phys.2(1973)119-122
[987] J.M.Metha,W.Z.Black:Errors associated with interferometric measurement of convective heat transfer coefficients.Appl.optics
16,6(1977)1720-1726
[988] R.D.Flack jr.:A simple method of analyzing axisymmetric data from a
Wollastonprism schlieren interferometer.J.phys.E.sci.inst.14
(1981)409-411
[989] G.Smeets,A.George:Doppelbelichtungs-Interferometrie.ISL-39/72(1972)
[990] G.Smeets:Interferograms of high optical quality by double expsure.
p.244-247 in [278]
[991] G.Smeets,A.George:Visualisierungsverfahren mit dem Differentialin-
terferometer.ISL-38/74(1974)
[992] H.Oertel:Komplementärstreak.ISL-N 19/74(1974)
[993] W.Z.Black,W.W.Carr:Application of a differential interferometer to
the measurement of heat transfer coefficients.Rev.sci.instr.
42(1971)337-340
[994] W.Z.Black,J.K.Norris:Interferometric measurement of fully turbulent
free convective heat transfer coefficients.Rev.sci.instr. 45
(1974)216-218
[995] G.Gontier:Montage interférométrique à biprisme de Wollaston. Orientation arbitraire des franges par rapport à la direction du
decalage des deux faisceaux.Inst.Mec.Fluides Lille GR 109(1966)
[996] G.Gontier.P.Carr,G.Henon:Sur un dispositif d'interférometrie dif-
feréntielle permettant d'orienter arbitrairement les franges par
rapport à la direction du décalage des faisceaux.CR Acad.
Sci.Paris, B t 262(1966)674-677
[997] G.Smeets:Differentialinterferometer mit großer Strahltrennung.
Auswertung der Interferogramme.ISL-T 41/68(1968)
[998] H.Oertel:Visualisierung kurzzeitiger Hyperschallströmungen mit
Hilfe eines Differentialinterferometers großer Öffnung.S.478-487
in [274]
[999] H.Oertel jun.,K.Bühler:Special differential interferometer used for
heat convection investigations.Inst.J.heat 21,8(1978)1111-1115
[1000] W.F.Merzkirch:A simple schlieren interferometer system.AIAA J.
3,10(1965)1974-1976
[1001] R.D.Small,V.A.Sernas,R.H.Page:Single beam schlieren interferometer
using a Wollaston prism.Appl.optics 11(1972)858-862

[1002] M.V.R.K.Murty,R.P.Shukla:Liquid-crystal wedge as a polarizing element and its use in shearing interferometry . Opt.eng.19, 1(1980)113-115

[1003] V.A.Komissaruk,N.P.Mende:A polarization interferometer with simplified double-refracting prisms.Opt.and Laser technol. 13, 3(1981)151-154

[1004] P.H.Lee,G.A.Woolsey:Versatile polarization interferometer.Appl. optics 20,20(1981)3514-3519

[1005] W.Bartholomeyczyk:Das Lummer-Waetzmann-Interferometer als Differentialinterferometer.Zs.Instr.kunde 70,9(1962)212-217

[1006] C.J.Wick,S.Winnikow:Reflection plate interferometer.Appl.optics 12(1973)841-844

[1007] [923][924]

[1008] F.J.Weinberg,N.B.Wood:Interferometer based on four diffraction gratings.J.sci.instr.36(1959)227-230

[1009] S.Yozeki,T.Suzuki:Shearing interferometer using the grating as the beam splitter.Appl.optics 10(1971)1575-1580

[1010] E.F.Tubbs:Concave grating interferometer.J.opt.soc.66, 10(1976) 1090

[1011] L.A.Vasilev,I,V,Ershov:Investigation of interferometer with a diffraction grating for purpose of using it for study on flow around of models in shock wave tunnels.Opt.Spektro.36, 6(1974)1193-1200

[1012] D.A.Thomas,J.C.Wyant:High-efficiency grating lateral shear interferometer.Opt.eng.15,5(1976)477

[1013] V.V.Kuindzhi,S.A.Strezhnev,M.T.Popov:Gratings for diffractio.ι interferometers.Opt.Mech.Prom.St.(USSR)47,4(1980)51-52

[1014] J.R.Andrewartha:A reflection grating interferometer. J. opt. (France) 12,4(1981)233-240

[1015] H.Le Boiteux,E.Curé:Strioscopie interférentielle.Enregistrement à grande vitesse d'écoulements dans un éjecteur supersonique. p.377-378 in [270]

[1016] E.B.Temple:The physical optical analysis and application of the schlieren interferommeter.MIT-Naval supersonic lab.TR 133(1959)

[1017] J.F.Waterhouse,H.B.Spencer:The application of the schlieren interferometer to the study of supersonic flow around the yawed axi-symmetric bodies.J.Roy.aeron.soc.65,610(1961)691-694

[1018] O.Bryngdahl:Applications of shearing interferometry.In"Progr.in optics".Vol.4.E.Wolf(Ed).Wiley,N.Y.,1965

[1019] J.B.Brackenridge,W.P.Gilbert:Schlieren interferometry.An optical method for determining temperature and velocity distributions in liquids.Appl.optics 12(1965)819-821

[1020] O.Bryngdahl,W.H.Lee:Shearing interferometry in polar coordinates. J.opt.soc.Am.64(1974)1606-1615

[1021] A.I.Khariton,V.A.Gorshkov,E.S.Simonova:Double-beam interferometer with lateral and radial shearing of wavefronts.Sov.J.opt. t 42,8(1975)457-458

[1022] V.A.Komissaruk,N.P.Mende:Grating interferometer with unusual fringe direction.Opt.and Laser technol.14,2(1982)101-103

[1023] P.J.Bird:Transonic flow measurements in a twodimensional nozzle using a schlieren interferometer.p.48-52 in CERL-Lab.note RD/L/N 166/79(1980)

[1024] K.Matsuda,C.H.Freund,P.Hariharan:Phase-difference amplification using longitudinally reversed shearing interferometry.An experimental study.Appl.optics 20,16(1981)2763-2765

[1025] W.Merzkirch:Generalized analysis of shearing interferometers as applied to gasdynamic studies.Appl.optics 13(1974)409-413

[1026] G.H.Markstein:Modified double slit interferometer for shock wave investigations.Rev.sci.instr.31,12(1960)1291-1296

[1027] H.J.Pfeifer,H.D.VomStein,B.Koch:Numerische und experimetelle Untersuchung der Lichtbeugung an ebenen Stoßwellen.ISL T 20/70

[1028] S.F.Erdmann:Ein neues,sehr einfaches Interferometer zum Erhalt quantitativ auswertbarer Strömungsbilder.Appl.sci.res.B 2 (1951) 149-198

[1029] F.Zernike:Roy.astr.soc. 94(1934)377

[1030] F.Zernike:Das Phasenkontrastverfahren bei der mikroskopischen Beobachtung.Zs.Phys.36(1934)848,Zs.techn.Phys.16(1935)454

[1031] F.Zernike:Phasecontrast,a new method for the microscopic observation of transparent objects.Physica 9, 7(1942)686-698, 9, 10(1942)974-986

[1032] F.Zernike:J.opt.soc.Am.34(1950)329

[1033] M.Philbert:Visualisation des écoulements à basse pression. Rech.aérospatiale 99, 4(1964)39-48

[1034] C.Véret:Visualisation à faible masse volumique.p.257-269 in "New experimental techniques in propulsion and energetics research. D.Andrew,J.Surugue(Eds), AGARD CP 38(1970).ONERA-TP 483(1967)

[1035] [9][10][18]

[1036] H.Wolter:Experimentelle und theoretische Untersuchung zur Abbildung nichtabsorbierender Objekte.Ann.d.Phys.6,7(1950)33-53

[1037] E.Menzel:Phsenkontrastverfahren.Zs.angew.Phys.3(1951)308

[1038] R.Bouyer,C.Chartier:Etude densitométrique des photographies d'écoulements gazeux obtenues par contraste de phase. Int.Congr.theor.appl.mech.Brüssel 1956,9,4(1956)430-437

[1039] R.Bouyer:Application de la méthode du contraste de phase a l'etude des écoulements gazeux.Publ.sci.tech.Min.de l'air 361(196)

[1040] J.P.Chevallier,J.Taillet:Récents progrès dans les techniques de mesure en hypersonique.ONERA-TP 1055(1972)

[1041] M.W.Taylor:Application of the method of phase contrast to gas flow visualization.AIAA-paper 80-0865(1980)

[1042] R.C.Anderson,M.W.Taylor:Phase contrast flow visualization. Appl.optics 21(1982)528-536

[1043] H.Wolter:Verbesserung der abbildenden Schlierenverfahren durch Minimalstrahlkennzeichnung.Ann.d.Phys.6,7(1950)182-192

[1044] H.Wolter:Die Minimalstrahlkennzeichnung als Mittel zur Genauigkeitssteigerung optischer Messungen und als methodisches Hilfsmittel zum Ersatz des Strahlbegriffs.Ann.Phys.6,7,(1950)341-368

[1045] F.Albe:Méthode d'étude d'objets de phase par filtrage optique à l'aide d'un reseau introduisant un déphasage périodique. Application aux sillages de sphères en vol hypersonique à basse pression.ISL-T 1/70(1970)

[1046] D.Gabor:A new microscope principle.Nature 161(1948)777

[1047] [101]-[120]

[1048] D.Gabor:Microscopy by reconstructed wave fronts.Proc.Roy.soc.A 179(1949)454-478,B 64(1951)449-469

[1049] E.N.Leith,J.Upatnieks:New techniques in wave front reconstruction, J.opt.soc.Am.52(1962)10, 1123-1130

[1050] E.N.Leith,J.Upatnieks:Reconstructed wave fronts and communication theory.J.opt.soc.Am.52(1962)10, 1123-1130

[1051] E.Maron,A.A.Friesem,E.E.Wiener-Avuear(Eds):Application of holography and optical data processing.Pergamon, London, 1977

[1052] E.J.Lehmann:Applications of holography.Vol.2.(Bibliography with abstracts 1975)NTIS/PS 78/0561(1978)

[1053] P.Smigielski:L'holographie et ses applications.Qualité.Revue pratique et contrôle industriel 103(1980)101-102

[1054] A.Graube:Advances in bleaching methods for photographically recorded holograms.Appl.optics 13,12(1974)2942-2946

[1055] H.F.Dietrich,R.J.Raine,R.N.Obrien:5-minute monobath for Kodak 649-plates used in holography and holographic interferometry. J.phot.sci. 24, 3(1976)120-123

[1056] H.M.Smith(Ed):Holographic recording materials.Vol.20 Topics in applied physics.Springer,Berlin,1977

[1057] F.Micheron:Materials for optical storage and reproduction. p.113-114 in Proc.4th general conf.European Physical Society, Trends in physics.York(England), (1979)

[1058] G.A.Sobolev:Recording materials for holographic imaging and cine-holography.Izdatel'stvo Nauka, Leningrad, 1979

[1059] Y.Mitsuhashi,J.Shimada:Materials for optical recording.J.Inst. Electron.and Commun.Eng.Japan 63,4(1980)339-344

[1060] T.H.Distefano:Optical storage materials.Spie Vol.263(1981)

[1061] E.S.Baltazzi:Recent development in electrophotograpic processes, materials and related fields.J.appl.phot.eng.6, 6(1980)147-152

[1062] P.Hariharan:Holographic recording materials.Recent developments. Opt.eng.19, 5(1980)636-641

[1063] P.Greguss:New easy-to-handle holocameras.Idr.J.Technol.18, 5(1980)247-250

[1064] D.M.Rowley,H.G.Jerrard:A new type of holo-camera.p.117-126 in Eletro-optics/Laser International 1980 UK,IPC sci.and technol. Press, Guilford, 1980

[1065] D.M.Rowley:A novel form of holocamera.Opt.and laser eng.2, 1(1981)67-70

[1066] C.Liegeois,P.Meyrueis:Thermoplastic film camera for holographic recording.p.214-225 in "Photonics applied to nuclear physics".1st European hybrid spectrometer workshop on holography and high-resolution techniques,Strasbourg,1981.CERN 82-01(1982)

[1067] G.Frankowski,G.Wernicke:Hologram camera for measurement and test investigations.Feingerätetechnik 30,5(1981)205-207

[1068] L.H.Tanner:The scope and limitations of three-dimensional holography of phase objects.J.sci.instr.44(1967)1011-1014

[1069] P.Smigielski:Application de l'holographie à l'aérodynamique hypersonique en tunnel de tir.ISL-T 32/68(1968)

[1070] P.Smigielski:Application de l'holographie à l'aérodynamique hypersonique en tunnel de tir.p.324-327 in [276]

[1071] P.Smigielski:Hologrphie des objets en mouvement.Application a l'etude des objets de phase.ISL-1/68(1968)

[1072] R.D.Buzzard:Description of three-dimensional schlieren system. p.335-340 in [276]

[1073] P.Smigielski:Analyse des écoulements par méthodes optiques.ISL-NB 5/73(1973)

[1074] P.Smigielski:Etude des projectiles en vol hypersonic et de leurs sillages par des méthodes holographiques.Thèse Univ.Besançon 1973, ISL-24/73(1973)

[1075] A.W.Burner,W.K.Goad:Combined single-pulse holograpgy and time-resolved laser schlieren for flow visualization.NASA TM 83109(1981)

[1076] W.KGoad,A.W.Burner:Holographic flow visualization at the Langley expansion tube.NASA TM 83116(1981)

[1077] A.W.Burner,W.K.Goad:Flow visualization in a cryogenic wind tunnel using holography.NAS 1.15:84556,L-15510(1982).p.457-461 in [253]

[1078] K.A.Stetson,R.L.Powell:Interferometric hologram evaluation and real time vibration analysis of diffuse objects.J.opt.soc.Am.55 (1965)12, 1694-1695

[1079] R.L.Powell,K.A.Stetson:Interferometric vibration analysis of three dimensional objects by wavefront reconstruction.J.opt.soc.Am.55 (1965)1593-1598

[1080] K.A.Haines,B.P.Hildebrand:Interferometric measurements using the wave front reconstruction technique.Appl.optics 5(1966)172-173

[1081] R.Frommer,J.Uhlenbusch:Rekonstruktion von Oberflächenwellenfedern mit holographischer Methoden.Zs.Flugwiss.21,7(1973)249-272

[1082] H.Steinbichler:Lasertechnik in der zerstörungsfreien Werkstoffprüfung ein neues holographisches Verfahren.Zs.f. Werkstoffkunde 5 (1974) 142-146

[1083] A.Peeck:Bestimmung von Abweichungen nach Maß,Form und Lage mit Hilfe der holographischen Interferometrie.Optik 41(1974)272-280

[1084] C.P.Hu,J.L.Turner,C.E.Taylor:Holographic interferometry-compensation for rigid body motion.Appl.optics 15, 6(1976)1558-1564

[1085] M.Schumann,M.Dubas:Holographic interferometry.From the scope of deformation analysis of opaque bodies.Vol.16 Springer series in optical sciences.Springer, Berlin, 1979

[1086] I.Yamaguch:Fringe loci and visibility in holographic interferometry with diffuse objects.1.Fringes of equal inclination.Optica acta 24,10(1977)1011-1025
[1087] V.G.Kulkarni:Sequential hologram interferometry with diffusely illuminated objects.Opt.commun.39, 3(1981)132-136
[1088] P.Smigielski:Revue generale des etudes menees a l"ISL dans le domaine du controle non destructif par holographie.ISL-CO 203/82
[1089] [20][38][39][40][41][45]
[1090] M.H.Horman:An application of wave front reconstruction to interferometry.Appl.optics 4(1965)333-336
[1091] K.A.Stetson,R.L.Powell:Hologram interferometry.J.opt.Soc.Am.56 (1966)1161
[1092] L.O.Heflinger,R.F.Wuerker,R.E.Brooks:Holographic interferometry. J. appl.phys.37,2(1966)642-649
[1093] J.M.Burch,J.W.Gates,R.G.N.Hall,L.H.Tanner:Holography with a scaterplate as beam splitter and a pulsed ruby laser as light source. Nature 212(1966)1347
[1094] J.W.Gates:Holography with scatter plates.J.sci.instr.2,1(1968)989
[1095] J.K.Beamish,D.M.Humberstone,D.M.Gibson,R.H.Summer,S.M.Zivi:Wind tunnel diagnostics by holographic interferometry.AIAA J.7 (1969) 2041-2043
[1096] J.Surget:Interferometrie holographique pour l'étude des milieux transparents.Proc.int.symp.applications of holography, Besancon, 1970
[1097] A.B.Witte,R.F.Wuerker:Laser holographic interferometry study of high speed flow fields.AIAA J.8(1970)581-583
[1098] R.D.Matulka,D.J.Collins:Determination of threedimensional density fields from holographic interferograms.J.appl.phys.42, 3(1971)1109-1119
[1099] F.C.Jahoda:Pulse laser holographic interferometry.In [29]
[1100] F.C.Van Houten:The application of holographic interferometry to the determination of discontinuous threedimensional density fields.Thesis,1972
[1101] C.Véret:Application de l'interférometrique en aérodynamique. ONERA-TP 1161(1972)
[1102] F.P.Kupper,C.A.Dijk:A method for measuring the spatial depedence of the index of refraction with double exposure holograms. Rev.sci.instr. 43(1972)1492-1497
[1103] J.Surget,J.R.Nicolas,G.de Closmadenc:Banc d'holographie pour l'étude interférometrique des milieux transparents.ONERA-TP 1203(1973)
[1104] G.Wortberg:Holographische Echtzeitinterferometrie in Gasdynamik und Plasmaphysik.EMI-6/73(1973)
[1105] A.F.Fercher,M.Kriese,P.Kunstmann:Holographische Real-time Interferometrie.BMFT-FB T 73-01(1973)
[1106] T.F.Zien:Quantitative applications of holographic interferometry to wind tunnel testing.NOL-TR 74-96(1974)
[1107] T.F.Zien,W.C.Ragsdale,W.C.Spring III:Quantitative determination of three-dimensional density field by holographic interferometry . AIAA J. 13(1975)841-842
[1108] I.S.Zeilikov,N.M.Spornik:Holographic interferometer based on a shadow instrument.Sov.J.Opt.T 42,9(1975)559-560
[1109] A.P.Ovechkin,A.S.Vladimir,B.V.Golubev,I.I.Dukhopel,S.Y.Lovkov,V.A.Popov, L.G.Fedina:Holographic interferometer with a narrow reference beam for studying phase objects.Sov.J.Opt.T42(1975)727-729
[1110] K.A.Stetson:Fringe vectore in hologram interferometry to determine fringe localization.J.opt.soc.Am.66, 6 (1976) 626-627
[1111] D.Dameron,C.M.Vest:Fringe sharpening and diffraction in nonlinear 2-exposure holographic interferometry.J.opt.soc.Am.66, 12 (1976) 1418-1421
[1112] C.M.Vest,V.L.Rothhaar:Fringe localization in holographic interferometry of phase objects.J.opt.soc.Am.66, 10(1976)1084

706

[1113] K.Matsuda:Holographic interferometry (1)-Analysis of interference fringes produced by displacement of hologram.J.mec.eng.L 30,5(1976)267-279
[1114] D.Nobis,C.M.Vest:Statistical analysis of errors in holographic interferometry.J.opt.soc.Am.66, 10(1976)1085
[1115] V.D.Zimin,P.G.Frik:Holographic interferometry in conditions of high ray refraction.Opt.Spektro.40, 3(1976)578-581
[1116] H.M.Smith,M.H.Sewell,J.R.King:Real-time holographic interfermetry system.Appl.optics 15, 3(1976)729-733
[1117] W.T.Armstron,P.R.Forman:Double-pulsed time differential holographic interferometry.Appl.optics 16, 1(1977)229-232
[1118] G.Tribillo,J.M.Fournier:Large-sized holographic interferometry in real image.Optica acta 24, 8(1977)893-896
[1119] J.Surget,J.Delery,J.P.Lacharme:Holographic interferometry applied to the metrology of gaseous flows.p.192-202 in Proc.1st European congr.on optics applied to metrology, Strasbourg, 1977.SPIE-Vol.136-37(1977)
[1120] V.G.Kulkarni,P.N.Puntambe:Holographic interferometry for testing large phase objects.Opt.commun.27, 1(1978)33-36
[1121] D.Nobis,C.M.Vest:Statistical analysis of errors in holographic interferometry.Appl.optics 17,14(1978)2198-2204
[1122] K.Iwata,R.Nagata:Analysis on fringe formation in holographic interferometry.Optica acta 25, 1(1978)19-39
[1123] M.Celaya,D.Tentori:Fringe visibility in 2 hologram interferometry . J.opt.soc.Am.68, 10(1978)1440
[1124] D.Apostol:Interference fringes of equal inclination and equal thickness in hologaphic interferometry.Su.Cer.Fiz. (Bucuresti) 30, 8(1978)779-784
[1125] J.J.Engelen:Parallaxe based determination of fringe localization in holographic interferometry.J.opt.soc.68, 10(1978)1440
[1126] K.Murata,N.Baba.K.Kunugi:Holograpgic interferometry with a wide field angle of view and its application to reconstruction of refractive index fields.Optik 53, 4(1979)285-294
[1127] J.Katz,E.Marom:Effects of nonlinear reccording in holographic interferometry.J.opt.soc.Am.69, 5(1979)696-705
[1128] K.Iwata,R.Nagata:Fringe formation in multiple-exposure holographic interferometry.Optica acta 26, 8(1979)995-1007
[1129] A.K.Beketova,A.F.Belozerov,A.N.Berezkin,I.S.Zeilikovich,L.T.Mustafina, A.I.Razumovskaia,N.M.Spornik,V.T.Chernykh:Holographic interferometry of phase objects.Izdatel'stvo Nauka, Leningrad, 1979
[1130] F.Gyimesi,A.Pilinyi.E.Tanos:Some practical problems in holographic interferometry of phase objects.p.441-442 in Conf.Proc.Laser 79, Opto-Electron., München, 1979, IPC sci.and technol.pr.,Guildford
[1131] I.S.Zeilikov,A.Y.Smolyak:Work-point selection on amplitude-exposure curve of photographic material for the holographic interferometry of some phase objects.Zh.Np.Fotog.24,4(1979)245-248
[1132] T.A.Dullforce,R.E.Faw:High-speed cine recording of real-time holographic interference fringes.Opt.commun.31,2(1979)111-113
[1133] J.E.O.Hare,W.T.Strike:Holographic interferometry and image analysis for aerodynamique testing.AEDC-TR 79-75(1980)
[1134] R.L.Kurtz:Analysis of localized fringes in the holographic optical schlieren system.NASA-CR-161619(1980)
[1135] Y.I.Ostrovsky,M.M.Butusov,G.V.Ostrovskaya:Interferometry by holography.Vol.20 Springer series in optical sciences.Springer,N.Y.,1980
[1136] C.M.Vest:Holographic interferometry-some recent developments. Opt.eng. 19,5(1980)654-658
[1137] A.K.Beketova,V.I.Lakhtion,L.E.Legu:Holographic interferometer for aerodynamic studies.Sov.J.opt.T 47, 7(1980)403-404
[1138] M.Yonemura:Geometrical theory of fringe localization in holographic interferometry.Optica acta 27, 11(198001537-1549
[1139] H.Kohler:Holographic interferometry.1.Evaluation with weighted orders.Optik 55, 3(1980)273-282

[1140] I.S.Zeilikovich:Method of increasing the sensitivity of interference measurements when using two superimposed holograms.Opt.and Spektrosk.(USSR)49, 2(1980)396-398
[1141] W.K.Witherow:Method of and apparatus for double-exposure holographic interferometry.NASA-Case-MFS-25405-1(1981)Pat.appl.
[1142] J.Surget:Interféromètre holographique pour l'analyse d'écoulements aérodynamiques.ONERA-TP 107(1980)
[1143] A.K.Beketova,T.V.Silina:Calculation of acceptable errors in holographic interferometers.Opt.Mekh.Prom.St.(USSR)48, 5(1981)1-2
[1144] I.Prikryl,C.M.Vest:Holographic interferometry of transparent media using light scattered by embedded test objects.NASA-CR 168395 (1981), Appl.optics 21(1982)2554.2557
[1145] H.Kohler:Holographic interferometry.5.The problems of the determination of order.Optik 60,4(1982)411-425
[1146] W.Schumann:Fringe localization in hologrphic interferometry in the case of a transparent objects with a nonuniformly varying index of refraction.Opt.lett.7,3(1982)119-121
[1147] A.J.Decker:Fringe location requirements for three-dimensional double pulse holographic interferometry.NASA-TP-1868(1982)
[1148] D.Basler:Investigation of shock-like density variation with a holographic high speed real time interferometer.Thesis 1982, NASA-MPIS-8/1982
[1149] W.Aung,R.O'Regan:Precise measurement of heat transfer using holographic interferometry.Rev.sci.instr.42(1971)1755-1759
[1150] R.D.Matulka:The application of holographic interferometry to the determination of asymmetric three-dimensional density fields in free jet flow.Thesis,1970
[1151] J.M.Caussignac:Visualisation d'écoulements aérodynamiques dans les compresseurs par interférometrie holographique.ONERA-NT 190(1972)
[1152] R.C.Jagota,D.J.Collins:Finite fringe holographic interferometry applied to a right circular cone at angle of attack. J.appl.mech.36, 4(1972)897-903
[1153] A.B.Witte,J.Fox,H.Rungaldier:Localized measurements of wake density fluctuations using pulsed laser holographic interferometry.AIAA J.10(1972)481-487
[1154] J.Surget:Etude quatitative d'un écoulement aerodynamique par interferometrie holographique.Rech.aerospatiale 3(1973)161-171
[1155] D.W.Sweeney,C.M.Cest:Measurement of three-dimensional temperature fields above heated surfaces by holographic interferometry . Int.J.heat mass transfer 17(1974)1443-1454
[1156] R.A.Kosakoski,D.J.Collins:Application of holographic interferometry to density field determination in transonic corner flow.AIAA J.12,6(1974)767-770
[1157] H.Fagot,L.Bobin:Visualisation d'un jet d'air par interférometrie holographique à double exposition.ISL-N 622/75(1975)
[1158] A.Shatilov,L.Mustafin,V.Ivanov,E.Yushkov:Application of holographic interferometry methods to investigation of flow in a shock tube reflection nozzle.SMPTE J.85,1(1976)24
[1159] J.D.Trolinger:Holographic interferometry as a diagnostic tool for reactive flows.Comb.sci.and technol.13(1976)229
[1160] H.Große-Wilde:Zur Messung des lokalen Stofftransportkoeffizienten in laminarer Grenzschichtströmung mit der holographischen Interferometrie.Dissertation Univ.Düsseldorf,1976
[1161] H.Große-Wilde,J.Uhlenbusch:Measurement of local mass transfer coefficients by holographic interferometry.Int.J.heat mass transfer 21(1978)677-682
[1162] G.Antonini,G.Guiffant,P.Perrot:The use of holography for direct visualization of thermal distributions.DISA Inf.21(1977)28-33
[1163] L.T.Clark,D.C.Koepp,J.J.Thykkuttathil:A three-dimesional density field measurement of transonic flow from a square nozzle using holographic interferometry.J.fluid eng.99(1977)737-744

[1164] W.R.Debler,C.M.Vest:Observations of a stratified flow by means of holographic interferometry.Proc.Roy.soc.a 358(1977)1692

[1165] C.M.Vest,P.T.Radulovic:Measurement of three-dimensional temperature fields by holographic interferometry.p.241-249 in "Application of holography and optical data processing",E.Maron,A.A.Friesem, E.Wiener-Avneas(Eds),Pergamon,London,1977

[1166] J.Delery,J.Surget,J.P.Lacharme:Quantitative holographic interferometry in 2-dimensional transonic flow.Rech.aérosp.(1977)89-101

[1167] R.J.Sanford,H.H.Chaskeli:Visualization of ultrasonic wavefronts by double-pulsed holographic interferometry.J.acoust.soc.62(1977)23

[1168] W.D.Bachalo,D.A.Johnson:Laser velocimetry and holographic interferometry measurements in transonic flows.p.369-381 in [207]

[1169] G.S.Meserve:Holographic interferometric survey of boundary layer transition in an axisymmetric free convection thermal boundary layer.Thesis AFIT-WP,AFB-OH School of eng.,1979

[1170] Y.Oshida,K.Iwata,R.Nagata,M.Ueda:Visualization of ultrasonic wave fronts using holographic interferometry.Appl.optics 19, 2 (1980) 222-227

[1171] J.Guerry:Etude par interférometrie holographique de la convection naturelle au voisinage de differentes configurations de parois.Application aux capteurs solaires.Thèse Univ.Paris, 1980

[1172] I.N.Zelinski,V.T.Chernykh,A.G.Belyaev:Use of a holographic interferometer for visualizing three-dimensional gas flows along an aero-ballistic tracjectory.Opt.Mekh.Prom.St.(USSR)47,11(1980)

[1173] G.Heid,M.Stanislas:Study by double exposure holography of the three dimensioal character of the flow around an airfoil profile in a wind tunnel.NASA.IMFL-80-31(1980)

[1174] I.N.Ilin,V.P.Grivtsov,A.D.Amelin,S.R.Yaundalders:Investigation of the boiling mechanism by means of holographic interferometry.Heat transfer-Sov.res.12,2(1980)51-56

[1175] A.J.Decker:Holographic flow visualization of time-varying shock waves.Appl.optics 20,18(1981)3120-3127

[1176] P.J.Walklate:A two wavelength holographic technique for the study of two-dimensional thermal boundary layers.Int.J.heat and mass transfer 24,6(1981)1051-1057

[1177] R.Diez Gonzalez,M.Dolz Planas,Y.M.Buendia Gomez:Holographic interferometry applications to the remote determination of the temperature field around a metallic cylinder.An.Fis.Ser.B. (Spain) 77, 2 (1981) 87-91

[1178] M.Ueda,Y.Oshida,K.Iwata,R.Nagata:Visualization of high-frequency ultrasonic wavefronts by holographic interferometry.IEEE Son.ul.(Japan) 28, 6 (1981) 436-438

[1179] F.W.Spaid,W.D.Bachalo:Experiments on the flow about a supercritical airfoil including holographic interferometry.J.aircraft 18, 4 (1981) 287-294

[1180] A.P.Shatilov,V.F.Ivanov,N.V.Yesina:The investigation on the gas flow behind lattices of nozzles by means of holographic techniques . In [248]

[1181] S.Bahcevan,M.Jonovska,M.Karovska,Z.Mitreska,A.Budziak,W.Kedziers: Examination of gas-liquid diffusion by holographic interferometry method of enhanced sensitivity.Opt.appl.11,3(1981)473-475

[1182] C.J.Moore,D.G.Jones,C.F.Haxell,P.Bryanston Cross,R.J.Parker:Optical methods of flow diagnostic in turbomachinery.NASA PNR-90109(1982)

[1183] K.Takayama,H.Kleine,H.Gröning:An experimental investigation of the stability of converging cylindrical shock waves in air.Exp.in fluids 5, 5(1987)315-322

[1184] D.Basler:Verdichtungsssssstoßuntersuchungen mit einem holografischen Hochgeschwindigkeits-Realzeit-Interferometer.MPI f. Strömungsforsch .Göttingen, Ber.8/1982

[1185] B.Gampert.P.Wagner:Investigation of non-newtonian Bénard-convection by holographic interferometry.p.330-334 in [253]

[1186] J.N.Koster,U.Müller:Visualization of free convective flow in Hele-Shaw cells.p.335-339 in [253]

[1187] G.P.Montgomery jr.,D.L.Reuss:Effects of refraction on axisymmetric flame temperatures measured by holographic interferometry. Appl.optics 21, 8(1982)1373-1380

[1188] T.M.Kreis,H.Kreitlow:Quantitative evaluation of holographic interference patterns under image processing aspects.p.196-202 in Proc.2nd European congr.on optics applied to metrology, Strasbourg, 1979, proc.soc.Photo-opt.instr.eng.210(19790

[1189] J.P.Hot,C.Durou:System for the automatic analysis of interferograms obtained by holographic interferometry.p.144-151 in Proc.2nd European congr.on optics applied to metrology, Strasbourg, 1979

[1190] L.Wenke,W.Schreiber,K.Erler:Procedures for the quantitative evaluation of holographic interferograms.Feingerätetechnik 29, 9 (1980) 413-416

[1191] M.Schlüter:Analysis of holographic interferograms with a TV-picture system.Opt.Laser Technol.12,2(1980)93-65

[1192] A.Choudry:Digital holographic interferometry of convective heat transport.Appl.optics 20,7(1981)1240-1244

[1193] R.Dändliker:Application of generalized phase-control during reconstruction to flow visualization holography-comments. Appl. optics. 18, 15 (1979) 2538

[1194] J.D.Trolinger:Application of generalized phase control during reconstruction to flow visualization holography.Appl.optics 18,6(1979)766-774

[1195] P.Hariharan,B.F.Oreb,N.Brown:Digital phase-measurement system for real-time holographic interferometry.Opt.comm.41,6(1982)393-396

[1196] R.Dändliker,R.Thalmann,J.F.Willemin:Fringe interpolation by two- reference beam holographic interferometry.Reducing sensitivity to hologram misalignment.Opt.commun.42, 3(1982)301-303

[1197] P.Harihan,B.F.Oreb,N.Brown:Real-time holographic interferometry:A Microcomputer system for the measurement of vector displacements. Appl.optics 22,6(1983)876-880

[1198] M.De,L.Sevigny:Appl.phys.lett.10(1976)78-79.Appl.opt. 10 (1967) 1665-1671

[1199] G.S.Ballard:J.appl.phys.39(1968)4846-4848

[1200] T.Tsuruta,N.Shiotake,Y.Itoh:Jap.J.appl.phys.7(1968)1092-1100

[1201] J.Politch,J.Shamir,J.Ben-Uri:Optics and laser technol.3(1971)226-228

[1202] J.Politch,J.Ben-Uri:Optik 38(1973)368-386

[1203] J.Surget:Schema d'holographie à deux sources de référence.ONERA-TP 1344(1974)

[1204] R.Dändliker,E.Marom,F.M.Mottier:J.opt.soc.Am.66(1976)23-30

[1205] R.Dändliker,B.Ineichen:Nonlinear cross-talk in 2-reference-beam holographic interferometry.Opt.commun.19,3(1976) 365-369

[1206] S.N.Rebigan:3-beam holographic interferometry.Stu.Cer.Fiz. (Bucuresti)29,6(1977)539-548

[1207] G.Larcher,D.Allano:Application of 3-beam holographic interferometry to study of a thermal turbulent wake.J.opt.8,3(1977) 159-164

[1208] J.Surget:Interférométrie holographique à deux sources de référence. ONERA TP 1981-125 (1981)

[1209] S.A.Thorpe:Experiments on the in stability of stratified shear flows: miscible fluids. J.fluid mech.46,2(1971)299-319

[1210] R.Breidenthal:Reacting flow visualization of a turbulent shear-layer and wake.p.689-693 in [252]

[1211] F.A.Mueller:Das MPI für Strömungsforschung heute.Zs. Flugwiss. 23, 5(1975)168-173

[1212] D.J.Baker:A technique for the precise measurement of small fluid velocities.J.fluid mech.26, 3(1966)

[1213] M.S.Quraishi,T.Z.Fahidy:A flow visualization technique using an analytical indicator.theory and some applications.Chem.eng.sci. 37(1982)775-780

[1214] R.A.Gardner:Thymal blue flow vis. and modeling of the urban heat island in a density stratified water channel.p.284-288 in [253]

[1215] E.M.Winkler:Spectral absorption method.p.89-96 in [5]

[1216] **P.M.Sherman:**Vis. of low-density flows by means of oxygen-absorption of ultraviolet radiation.J.aeron.sci.24, 2(1957)93-98

[1217] **R.Ladenburg,C.C.Van Voorhjes:**The continuous absorption of oxygen between 1750 and 1300 Å and its beasing upon the dispersion. Phys.rev.43(1933)315-321

[1218] **C.E.Treanor,W.H.Wurster:**Measured transition probabilities for the Schumann-Runge system of oxygen.J.chem.phys.32, 3(1960)758-766

[1219] **R.R.Dickerso,D.H.Stedman:**Qualitative and quantitative flow visualization technique using ozone.Rev.sci.instr.50, 6(1979)705-707

[1220] **E.C.Y.Inu,Y.Tanaka:**The absorptin spectrum of ozone.J.opt. soc. Am. 43 (1953)870-874

[1221] **D.H.Stedman,G.R.Carignan:**Flow vis. using ozone.p.628-633 in [253]

[1222] **J.M.Benson:**The physical properties of active nitrogen in low density flow.NACA TN 2293(1951)

[1223] **R.W.F.Gross:**Temperature dependence of chemiluminescent reactions . Vol.1:The nitrogen afterglow.Vol.2:The nitric oxide afterglow.Vol.3:The sulfurdioxide afterglow.Aerospace Corp.Los Angeles, Aerospace TR-1001(2240-20)-6, 1967-1968

[1224] **T.W.Williams,J.M.Benson:**Preliminary investigation of the use of afterglow for visualizing low density compressible flows.NACA TN 1900(1949)

[1225] **W.B.Kunkel:**Mass production and some properties of HF-excited afterglow in air and nitrogen.U.C.eng.proj.rep.HE-150-106(1952)

[1226] **W.B.Kunkel:**Flow vis. using air afterglow excited by a cross stream 60 cycle discharge.U.C.eng.proj.rep.HE-150-107(1952)

[1227] **E.M.Winkler:**Electrical discharge and afterglow techn..p.79-88[5]

[1228] **W.B.Kunkel,F.C.Hurlbut:**Luminescent gas flow visualization for low density wind tunnels.J.appl.phys.28,8(1957)827-835

[1229] **E.S.Moulic:**Afterglow investigations of shock detachment distances at low Reynolds numbers.UASF,WADS TR 57-643(1958)

[1230] **F.S.Sherman:**Univ.Calif.eng.proj.rep.HE-150-70(1950)

[1231] **H.J.Bömelburg:**A new glow-discharge metthod for flow visualization in supersonic windtunnels.J.aerospace sci.25,11(1958) 727-728

[1232] **A.I.Carswell:**Gas flow visualization using low-density plasma streams.Phys.fluids 5,9(1962)1128-1130

[1233] **O.Leuchter:**Flow visualization at Mach-number 14 by the glow discharge method.Rech.aérospatiale 110(1966)59

[1234] **S.C.Metcalf,D.A.J.Walliker,C.J.Berry:**A new method of afterglow visualization for low density high Machnumber flows.NPL- Aero rep.1291(1969)

[1235] **S.S.Fisher,D.Bharatha:**Glow-discharge flow visualization in low density free jets.J.spacrock.10,10(1973)658-662

[1236] **T.Kimura,M.Nishio,T.Fujita,R.Maeno:**Visualization of shock-wave by electric discharge.AIAA J.15,5(1977)611-612

[1237] **T.Kimura,M.Nishio:**Visualizing method of shock wave by electric discharge using point-line electrodes.p.580-583 in [253]

[1238] **D.E.Rothe:**Flow visualization using a traversing electron beam.AIAA J.3,10(1965)1945-1946

[1239] **D.I.Sebacher:**Flow visualization using an electron beam afterglow in N_2 and air.AIAA J.4,10(1966)1858-1859

[1240] **B.L.Maquires,E.P.Muntz,J.R.Mallin:**Quantitative visualization of low density flow fields using the electron beam techn..p.79-85[228]

[1241] **K.A.Bütefisch:**Investigation of hypersonic non-equilibrium rarefied gas flow arouund a circular cylinder by the electron beam technique.p.1739-1748 in "Rarefied gas dynamics",Vol.2,Academic Press, N.Y.,1969

[1242] **S.Lewy:**Visulisation d'écoulements en soufflerie à l'aide d'un faisceau d'électrons.Rech.aérospatiale 3(1970)155-166

[1243] **R.Juillérat:**Application de la sonde à faisceau d'électrons aux visualisations d'écoulements en soufflerie à gaz rarefiés.Rech. aérospatiale 1(1970)53-54

[1244] **C.A.Parker:**Photoluminescence of solutions.Elsevier,Amsterd.,1968

[1245] R.S.Becker:Theory and interpretation of fluorescence and phosphorescence.Wiley Interscience, N.Y., 1969

[1246] I.B.Berlman:Handbook of fluorescence spectra of aromatic molecules . Academic Press, N.Y., 1971

[1247] F.A.Roberts,P.E.Dimotakis in [375]

[1248] D.S.Nichols,C.H.Brown,C.F.Dewey:Laser-induced fluorescence as a method for measuring mass-transfer rates and for flow visualization.B.Am.Phys.soc.17, 11(1972)1091-1092

[1249] W.J.Hiller,W.D.Schmidt-Ott:Optical investigation of a gas-jet system. Nucl.instr.and methods 139(1976)331-333

[1250] W.J.Hiller,J.Hägele:Visualization of hypersonic micro-jets by laser-induced fluorescence.p.427-431 in [252]

[1251] A.A.Cenkner,R.J.Driscoll:AIAA J.20(1982)812-819

[1252] J.C.McDaniel,D.Baganoff,R.L.Byer:Phys.fluids 25(1982) 1105-1107

[1253] G.Kychakoff,R.D.Howe,R.K.Hanson,K.Knapp:AIAA-paper 0405 (1983)

[1254] C.F.Dewey jr.:Qualitative and quantitative flow field visalization utilizing laser induced fluorescence.p.17/1-17/7 in [286]

[1255] [2220][2222]

[1256] R.B.Miles,M.Zimmermann:Flow diagnostics and visualization with resonant Doppler-velocimeter.B.Am.phys.soc.23,8(1978)994

[1257] R.B.Miles,E.Udd,M.Zimmermann:Appl.phys.lett.32(1978)317

[1258] W.J.Hiller,W.D.Schmidt-Ott:Visualization of low density gas-jets by Laser induced fluorescence. p.68-73 in [232].

[1259] J.C.McDaniel,R.K.Hansen:Quantitative planar visualization in gaseous flow fields using laser-induced fluorescence.p 153-157 in [253]

[1260] J.C.McDaniel,B.Hiller,R.K.Hanson:Simultaneous multiple-point measurements using laser induced jodine fluorescence.Optics lett.8,1 (1983)51-53

[1261] M.Zimmermann,S.Cheng,R.B.Miles:Velocity selective flow visualization in a free supersonic nitrogen jet with the resonant Doppler velocimeter.p.462-466 in [253]

[1262] A.H.Epstein:Eng.power 99(1977)460-475

[1263] DFVLR-AVA-Göttingen. Nicht veröffentliche Bilder

[1264] J.P.Crowder:Fluorescent minitufts for flow visualization on rotating surfaces.p.694-703 in [253]

[1265] J.P.Crowder:Flow visualization techniques applied to full scale vehicles.p.15-24 in [254]

[1266] J.A.G.Haslam:Wool-tufts-a direct method of discriminating between steady and turbulent airflow over the wing surfaces of the aircraft in flight.ARC R&M 1209(1928)

[1267] M.P.Paidoussis:Dynamics of flexible slender cylinders in axial flow.J.fluid mech.26,4(1966)717-751

[1268] J.P.Crowder,P.E.Robertson:Flow cones for airplane flight test flow visualization.p.699-703 in [253]

[1269] J.D.Bird:Visualization of flow fields by use of a tuft grid technique.J.aeron.sci.19(1952)481

[1270] K.Gersten:Untersuchungen über den Abwind hinter Deltaflügeln bei inkompressibler Strömung.Jahrb.der WGLR (1955)151-161

[1271] J.P.Crowder:Fluorescent minitufts for nonintrusive surface flow visualization.p.612-616 in [252]

[1272] J.P.Crowder:Fluorescent minitufts for non-intrusive flow visualization.McDonnell Douglas rept.MDC J 7374(1977)

[1273] A.L.Treaster,D.R.Stinebring:The use of fluorescent mini-tufts for hydrodynamic flow visualization.Pennsylvania State Univ.State College, Appl. Res. Lab. rept. ARL/PSU/TM-80-07(1980)

[1274] D.R.Stinebring,A.L.Treaster:Water tunnel flow visualization by the use of fluorescent mini-tufts.p.704-709 in [253]

[1275] G.A.Tokaty:A history and philosophy of fluid mechanics. Foulis,Oxfordshire,UK,1971

[1276] H.Werlé:Aperçu sur les possibilités expérimentales du tunnel hydrodynamique à visualisation de l'ONERA.ONERA NT 48(1958)

[1277] H.Werlé:Etude effectuée à la cuve à huile et au tunnel hydrodynamique a visualisation de l'ONERA.Rech.aéron.79(1960)9-24
[1278] H.Werlé,C.Fiant:Visualisation hydrodynamique de l'écoulement à
basse vitesse autour d'une maquette d'avion du type Concorde .
ONERA, Rech.aérospatiale 102(1964)
[1279] M.Fiechter:Über Wirbelsysteme an schlanken Rotationskörpern und ihr
Einfluß auf die aerodynamischen Beiwerte.ISL-10/66(1966)
[1280] M.Fiechter,R.Ramshorn:Der Wasserkanal des ISL.ISL-T 31/68(1968)
[1281] B.R.Clayton,B.S.Massey:Flow visualization in water: A review of
techniques.J.sci.instr.44(1967)2-11
[1282] P.Poisson-Quinton,H.Werlé:Water tunnel visualization of vortex
flows. Astron. aéronaut. 5(1967)64-66
[1283] [55][56][57]
[1284] L.Bairstow:Applied aerodynamics.Longmans,London,1939
[1285] M.Roy:Über die Bildung von Wirbelzonen in Strömungen mit geringer
Zähigkeit. ZFW 7,7 (1959)217
[1286] H.Werlé:Tourbillons de corps fuselés aux incidences elevées .
Aéron.Astron.79,6(1979)3-22
[1287] T.Takahei:Appraisal of flow visualization for development of ship
hydrodynamics.p.529-538 in [253]
[1288] D.Liepsch,S.Moravec,R.Zimmer:Visualization of stationary and pulsating flow in artery models.p.587-590 in [253]
[1289] H.Werlé:Rech.aéron.33(1953)3- 7
[1290] G.A.Euteneuer,J.Reimann:Der Mechanismus der Sichtbarkeit von
Görtler-Taylor-Wirbeln in Flüssigkeiten mittels feingemahlenem
Pulver.Acta mechanica 12(1971)89-97
[1291] W.Weinert,J.Heber,R.Bayer:Laser-Stroboskop Anemometer.Zs.Flugwiss.
Weltraumforsch.4, 3(1980)137-142
[1292] W.Weinert:Experimentelle und theoretische Untersuchungen des
Strömungsfeldes an 2D-Stufen im
Überschall.Diss.T.H.Darmstadt,1984
[1293] V.M.Ghatage:Modellversuche über die gegenseitige Bewegung von
Luftmassen verschiedener Temperaturen.Diss.Univ.Göttingen,1936
[1294] K.Kirde:Untersuchungen über die zeitliche Weiterentwicklung eines
Wirbels mit vorgegebener
Anfangsverteilung.AVA-Gött.58/A/17(1958)
D.Memel:Spaltströmung an geraden Schaufelgittern.Ing. Archiv 31,
4(1962)294
[1295] H.Sameith:Untersuchung zur Ausbreitung von Stoßwellen in relaxier-
enden Zweikomponenten-Blasengemischen.Diss.Univ.Karlsruhe 1973
[1296] E.W.Geller:An electrochemical method of visualizing the boundary
layer.Thesis Mississippi State College 1954,J.aeron.sci.22,
12(1955)869-870
[1297] S.J.Lukasiek,C.E.Grosch:Velocity measurement in thin boundary
layers.Davidson Lab.Stevens Inst.of Technol.TM 122(1959)
[1298] D.W.Clutter,O.M.Smith,J.G.Brazier:Techniques of flow visualization
using water as the working medium.Douglas Aircraft Co.rept.ES
29075(1959)
[1299] D.W.Clutter,A.M.O.Smith:Flow visualization by electrolysis of
water.Aerospace eng.20,1(1961)24
[1300] F.A.Schraub,S.J.Kline,J.Henry,P.W.Runstadler jr.,A.Little:Use of hydrogen
bubbles for quantitative determination of time dependent velocity
fields in low speed flows.Stanford Univ.Dept.mech.eng.MD 10
(1964)
[1301] F.A.Schraub,S.J.Kline,P.W.Rundstadler jr.,A.Little:Quantitative determination of time dependent velocity fields in low speed water
flows.ASME trans.D 87(1965)429-444
[1302] F.W.Roos,W.W.Willmart:Hydrogen bubble flow visualization at low Reynolds numbers.AIAA J.7(1969)1635
[1303] G.E.Mattingly:The hydrogen bubble flow visualization technique.
David Taylor Model Basin rep.2146(1966)
[1304] D.Rockwell,C.Knisely,S.Ziada:Methods for simultaneous vis. of vortex
impingement and pressure/force measurement. p.349-353 in [252]

[1305] J.H.Gerrard:Velocity measurement in water using flow visualization by tracers produced at a wire.Mech.eng.94(1959)72

[1306] K.W.McAister,L.W.Carr:Water tunnel visualization of dynamic stall. ASME J.fluids eng.101(1979)378-380

[1307] T.Matsui,H.Nagata,H.Yasuda:Some remarks on hydrogen bubble techniques for low speed wake flows.p.215-220 in "Flow visualization" T.Asuma (Ed.),Hemisphere,Washington D.C.,1979

[1308] G.E.Sims,S.A.Barakat,M.A.Aggour:Hydrogen-bubble flow visualization in two-phase two-component studies.p.2621-2632 in Proc. Multi-phase flow and heat transfer symp.workshop,Miami Beach,1979, Hemisphere,Washington D.C.,1979

[1309] H.Werlé:Transition and separation-visualizations in the ONERA water tunnel.Rech.aérospatiale 5(1980)331-345

[1310] J.E.Lamar:Water tunnel flow visualization-insight into complex 3-dimensional flowfields-comment.J.aircraft 18,8(1981)704

[1311] G.E.Erickson:Water tunnel flow visualization-insight into complex 3-dimensional flowfield-reply.J.aircraft 18,8(1981)704

[1312] E.Kato,M.Suita,M.Kawamata:Visualization of unsteady pipe flows using hydrogen bubble technique.p.209-213 in [252]

[1313] F.X.Wortmann:Eine Methode zur Beobachtung und Messung von Wasserströmungen mit Tellur.Zs.angew.Phys.5,6(1953)201. Tellurmethode zur Strömungsbeobachtung und Strömungsmessung. Zs.VDI 94(1952)1017

[1314] W.Lauterborn:Laser-induzierte Kavitation.Acoustica 31(1974)51-78

[1315] W.Lauterborn:Cavitation bubble dynamics-new tools for an intricate problem.Appl.sci.rev.38(1982)165-178

[1316] C.E.Jung:Air chemistry and radooactivity.Academ. Press,N.Y., 1963

[1317] C.N.Davies:Size distribution of atmospheric particles.J. aerosol sci.5(1974)293-300

[1318] R.Jaenicke,C.N.Davies:The mathematical expression of the size distribution of atmospheric aerosols.J.aerosol sci.7(1976)255-259

[1319] S.Twomey:Atmospheric aerosols.Elsevier,Amsterdam,1977

[1320] J.Abele:Neuere Aerosolmessungen im Bereich 0,15µm-30µm unter besonderer Berücksichtigung optischer Effekte.Forsch.Inst.f. Optik, Tübingen,Ber.1980/62

[1321] D.Deirmendjian:A survey of light-scattering techniques used in the remote monitoring of atmospheric aerosols.Rev.geophys.space phys.18(1980)341-360

[1322] O.Sambraus,O.Brinker:Nebenerzeuger für Windkanäle zur Sichtbarmachung der Strömungsformen,Zentr.Wiss.Ber.Luftf.U.M.615,(1938)

[1323] E.Giffen,O.Muraszew:The atomization of liquid fuels.Wiley,1953

[1324] B.E.Dahnecke,H.Flaschbarth,P.J.Monig,M.Schwarzer:Das Verdampfen kleiner Tropfen in Aerosolstrahlapparaturen.BMVg-FBWT 73-5(1973)

[1325] R.Whytlaw-Gray,H.S.Patterson:Smoke.Arnold,London,1932

[1326] J.H.Preston,N.E.Sweeling:An improved Smoke generator for use in the visualization of airflow.ARC R&M 2023(1943)

[1327] C.Salter:A multiple-jet white smoke generator.ARC R&M 2657(1947)

[1328] D.Cornell:Smoke generation for flow visualization.Mississippi State Univ.Aerophys.res.rep.54(1964)

[1329] H.L.Green,W.R.Lane:Particulate clouds:dusts, smoked and mists.Van Nostrand,N.Y.,1964

[1330] A.G.Parker,J.C.Brusse:New smoke generator for flow visualization in low-speed wind tunnels.J.aircraft 13,1(1976)57-58

[1331] R.R.Irani.C.F.Callis:Particle size:Measurement, interpretation and application.Wiley,N.Y.,1973

[1332] N.A.Dimmock:Production of uniform droplets.Nature 166(1950)687

[1333] M.Schmidt:Erzeugung kleiner Salzkristalle als Streuteilchen für laseranemometrische Messungen durch Kondensation aus der Dampfphase.MPI f.Ström.forsch.Göttingen Ber.119-1979

[1334] W.S.Farren:Air flow with demonstrations on the screen by means of smoke.J.Roy.aero.soc.36(1932)454

[1335] C.Wieselsberger:Beschreibung von Meßeinrichtungen der Aerodynamischen Versuchsanstalt Göttingen,II(1923)4-8

[1336] F.N.M.Brown:An American method of photographing flow patterns .
Aircraft eng.24(1952)280
[1337] R.J.Remiarz,J.K.Agarwal,E.M.Johnson:Improved polystyrene latex and
vibrating orifice monodisperse aerosol generators.TSI-Quaterly
VIII,3(1982)3-12
[1338] F.Durst,A.Melling,J.H.Whitelaw:Typical seeding materials for laser
doppler anemometry.p.305 in [203]
[1339] Y.H.Lin:Fine particles,aerosolgeneration,measurement,sampling and
analysis.Academic Press,N.Y.,1976
[1340] W.V.Feller,J.F.Meyers:Development of a controllable particle generator for LDV seeding in hypersonic wind tunnels.p.342-357 in [19]
[1341] J.K.Agarwal,E.M.Johnson:Generating aerosol for laser velocimeter
seeding.TSI-Quaterly VII,3(1981)5-15
[1342] B.Etkin:Research on an aerodynamic particle separator.UTIAS-
rep.316(1987)
[1343] H.J.Allen,E.W.Perkins:NACA rep.1048(1951)
[1344] E.M.Winkler:Condensation study by absorption or scattering of
light.p.289-306 in [5]
[1345] J.McGregor:The vapor-screen method of flow visualization.J. fluid
mech.11, 4 (1961) 481-511
[1346] C.W.Kitchens,R.Sedney:Vapor screen visualization of supersonic flow
past cylindrical protuberances.B.Am.phys.S 18,11(1973)1471
[1347] [416][1345]
[1348] P.P.Wegener,L.M.Mack·Condensation in supersonic and hypersonic
wind tunnels. Advances in appl. mech. 5 (1958) 307-407
[1349] J.Zierep,S.Lin:Bestimmung des Kondensationsbeginns bei der Entspan-
nung feuchter Luft in Überschalldüsen.Forsch.Ing.wesen 33, 6
(1967) 169-172
[1350] P.P.Wegener:Gasdynamic of expansion flows with condensation and
homogeneous nucleation of water vapor.In "Nonequilibrium flows"
Part 1,P.P.Wegener(Ed.), Dekker, N.Y., 1969
[1351] G.Schnerr:Homogene Kondensation in stationären transsonischen
Strömungen durch Lavaldüsen und um Profile. Habilitationsschrift
Univ.Karlsruhe 1986
[1352] P.P.Wegener,S.Reed jr.,E.Stollenwerk,G.Lundquist:Air condensation in
hypersonic flow.J.appl.phys.22(1951)1077-1083
[1353] R.L.Bispling,J.B.Coffin,C.W.Haldeman:Water fog generation system for
subsonic flow visualization.AIAA J.14,8(1976)1133-1135
[1354] J.Krzyzano,B.Weigle:Some experiments on wet steam flow vis. in large
steam-turbine blading.J.fluid eng.98,3(1976) 573-577
[1355] K.Bro,S.L.K.Wittig,D.W.Sweeney:In situ optical measurements of particulate growth in sooting acetylen combustion.p.429-436 in [247]
[1356] [416],ISL-Archiv Dia
[1357] A.Lippisch:Results from the Deutsche Forschungsanstalt für Segel-
flug smoke tunnel.Roy.aeron.soc.43(1939)
[1358] J.C.Muirhead:Smoke streams as tracers in shock tube flows.
J.appl.phys.30,5(1959)789
[1359] J.C.Muirhead,D.W.Lecuyer,F.L.McCallum:A method for the observation of
air movements in shock tube flows using smoke streams as
tracers.Suffield techn.paper 153(1959)
[1360] R.L.Maltby,R.F.A.Keating:Smoke techniques for use in low speed wind
tunnels.AGARDograph 70(1962)87-109
[1361] B.J.Holsgrove,R.A.Klymchuk:Statically oriented smoke-puff grids.
Defence Res, Est.Suffield DRB proj.D16-01-27(1970)
[1362] R.J.Holsgrove,R.A.Klymchuck,C.M.Myers:Dynamically oriented smoke-
puff grids.Defence Res.Est.Suffield(1971)
[1363] T.C.Corke,A.C.Crawford,H.M.Nagib:Visualization of turbulent flows
using controlled sheets of smoke sreaklines.B.Am.phys.soc.S 22,
10(1977)1279
[1364] B.Ewald:Smoke tunnel development at VFW.p.313-322 in [252]
[1365] T.J.Mueller:Smoke visualization of subsonic and supersonic flows.
Univ.Notre Dame TN 3412-1(1978)

[1366] T.J.Mueller,R.C.Nelson,J.T.Kegelman,R.J.Zehentner:A new single fila-
ment smoke tube injection device.p.777-780 in [253]
[1367] W.B.Roberts,J.A.Slovisky:Location and magnitude of cascade shock
loss by high speed smoke visualization.AIAA
J.17,11(1979)1270-1272
[1368] T.J.Mueller:On the historical development of apparatus and techniques for smoke visualization of subsonic and supersonic flows.
AIAA-paper 80-0420 CP(1980)
[1369] S.M.Batill,R.C.Nelson,T.J.Mueller:High speed smoke flow visualization.
AFWAL-TR 3002(1981)
[1370] S.M.Batill,R.C.Nelson,T.J.Mueller,W.C.Wells:Smoke flow visualization at
transonic and supersonic Mach numbers.AIAA-paper 0188(1982)
[1371] H.Bergh:A method for visualizing boundary layer flows.Symp.
Grenzschichtforsch. Freiburg,Br.1958,Springer,Berlin,1958
[1372] J.J.Cornish:A device for the direct measurement of unstady air flows
and some characteristics of boundary layer transition. Mississippi State Univ.Aerophys.Res.note 24(1964)
[1373] C.J.Sanders,J.F.Thompson:An evaluation of the smoke wire techniques
of measuring velocities in air.Mississippi State Univ.
Aerophys.Res.rep.70(1966)
[1374] L.I.Gaby:Hot-wire smoke streams for visualization of air flow pat-
terns.J.sci.instr.43(1966)334
[1375] H.Yamada:Instantaneous measurements of air flows by smoke wire
technique.Trans.Japan mech.eng.39(1973)726
[1376] T.Corke,D.Koga,R.Drubka,H.Nagib:A new technique for introducing
controlled sheets of smoke streaklines in wind tunnels.IEEE publ.
77CH1251-8 AES(1974)
[1377] N.Kasagi,M.Hirate,S.Yokobori:Visual studies of large eddy structures
in turbulent shear flows by means of smoke wire.p.169-174 in [251]
[1378] T.Torii:Flow visualization by smoke wire technique.p.175-180 in
[251]
[1379] H.M.Nagib:Visualization of turbulent and complex flows using controlled sheets of smoke streaklines.p.181-186 in [251]
[1380] T.Corke,Y.Guezenne:Phase conditioned visualization of near wake of
a circular cylinder using smoke-wire technique.B.Am.phys.soc.
23,8(1978)995
[1381] S.M.Batill,T.J.Mueller:Flow visualization of boundary layer transition using the smoke wire technique.B.Am.phys.soc.24,8(1979)1140
[1382] S.M.Batill,T.J.Mueller:Visualization of transition in the flow over an
airfoil using the smoke wire technique.AIAA J.19,3(1981) 340-345
[1383] B.J.Jansen:Flow visualization through the use of the smoke-wire
technique.AIAA aerospace sci.meeting Vol.19,No.81-0412(1981)
[1384] M.H.Redon,M.F.Vinsonneau:Etude de l'écoulement de l'air autour
d'une maquette.Aéronautique 18,204(1936)60-66
[1385] J.Kampé le Fériet:Some recent researches on turbulence. p.352-355 in
Proc.5th Int.congr.appl.mech.,Mass.1938,Wiley,N.Y.,1939
[1386] A.Garrone,L.Viassone:Flow visualiization methods for vortical flow
studies.p.209-213 in [253]
[1387] C.B.Santanam,G.L.Tietbohl:Complex flow visualization by a unique
method.p.70-75 in [253]
[1388] R.W.Hale,P.Tan,D.E.Ordway,R.C.Stowell:Experimental investigation of
several neutrally buyont bubble generations for aerodynamique
flow visualization.Nav.res.rev.24,6(1970)19-24. Development of
an integrated system of flow visualization in air using
neutrally-buoyant bubbles.Sage Action Inc.rep.SAI-RR 7107(1971)
[1389] E.F.C.Sommerscales:p.759 in "Flow-its measurement and control in
science and industry",R.B.Dowdell(Ed.),Vol.1,Instrum.Soc.Am.,
Pittsburgh.Pennsylvania,1974
[1390] R.D.Cadle:Particle size determination.Wiley Interscience,1955
[1391] C.Orr jr.,J.M.Dallavalle:Fine paricle size measurement.
Macmillan,1959
[1392] R.A.Dobbins,I.Glassman:Measurement of mean particle sizes of sprays
from diffractively scattered light.AIAA J.1, 8(1963)1882-1886

[1393] C.N.Davies:Aerosol science.Academic Press,London,1966
[1394] T.Allen:Particle size measurements.Chapman&Hall,London,1968
[1395] H.W.Koch,L.Phillipp:Bestimmung der Konzentration und Partikelgröße des Luftstaubes in geschlossenen Räumen.ISL-R 22/71(1971)
[1396] W.M.Former:The interferometric observation of dynamic particle size,velocity and number density.Thesis Univ.Tennessee,1973
[1397] R.Brossmann:Die Lichtstreuung an kleinen Teilchen als Grundlage einer Teilchengrößenbestimmung.Diss.Univ.Karlsruhe 1966
[1398] W.Cassatt,R.Maddock(Eds):Aerosol measurements.NBS special publ. 412 (1974)
[1399] D.W.Roberds:Particle sizing usiing laser interferometry.Appl. optics 16, 7(1977)1861-1868
[1400] T.Gast:Staubmeßtechnik-ein Überblick.Techn.Messen 45,12 (1978)427
[1401] W.H.Stevenson:Spray and particulate diagnostics in combustion systems.A review of optical methods.Combustion Inst.Cent.States Sect. spring techn.meet.techn.paper 1978
[1402] B.B.Weiner:Particle and spray sizing using laser diffraction. p.53-62 in Proc.SPIE sem.170,Los Angeles,1979
[1403] J.Cornillault:Particle size analysis by laser.p.415-419 in Proc.Int.powder and bulk solids handl and process techn.progr., Philadelphia,1979
[1404] U.Ghezzi,A.Coghe:Droplet size measurements in reacting flows by laser interferometty.Politecn.Milan Abs.pap.ACS 1979
[1405] D.W.Roberds,C.W.Brasier,B.W.Bomar:Use of a particle sizing interferometer to study water droplet size distribution.Opt.eng.18,3 (1979)236-242
[1406] G.W.Grams,D.W.Schuerman:In situ light scattering techniques for determining aerosol size distributions and optical constants. p.243-246 in Proc.Int.workshop,Albany,1980
[1407] S.L.Cartwright,P.Dunn.B.J.Thompson:Particle sizing using farfield holography.New developments.Opt.eng.19(1980)727-733
[1408] W.D.Bachalo:Method for measuring the size and velocity of spheres by dual-beam light scatter interferometry.Appl.optics 19, 3 (1980) 363-370
[1409] H.Straubel:Elektrooptische Messung von Aerosolen.Techn.Messen 48, 6 (1981) 199-210
[1410] N.Mohamed,R.C.Fry,D.L.Wetzel:Laser Fraunhofer diffraction studies of aerosol droplet size in atomic spectrochemical analysis. Anal.chem.53, 4(1981)639-645
[1411] L.G.Felix,R.L.Merritt,J.D.McCain,J.W.Ragland:Sampling and dilution system for measurement of submicron particle size and concentration in stack emissions aerosols.TSI-Quaterly VII,4(1981)3-12
[1412] H.Tröndle,H.J.Schäfer,M.Scharf,H.J.Pfeifer:Experimentelle Untersuchung über die Eignung von Whiskernetzen für die quantitative Aerosolgrößenanalyse.ISL-R 104/82(1982)
[1413] A.J.Yule,A.C.Seng,P.G.Felton,A.Ungut,N.A.Chigier:Sprays,drops,dusts, particles-a study of vaporizing fuel sprays by laser techniques.Combust.flame 44,1-3(1982)71-84
[1414] P.B.Keady,F.R.Quant,G.J.Sen:Differenttial mobility particle sizing.A new instrument for high resolution aerosol size distribution measurement below 1 µm.TSI-Quaterly IX,2(1983)3-11
[1415] H.J.Schäfer,H.J.Pfeifer:Deduction of aerosol size distribution from particle sampling by Whisker collectors.Exp.in fluids 1(1983)185-193
[1416] W.Weibull:A statistical distribution function of wide applicability . J.appl.mech.18(1951)293-297
[1417] J.Hartung,B.Elpelt,K.H.Klösener:Statistik.Oldenburg, München,1984
[1418] G.Herdan:Small particle size statistics.Butterworth,London, 1960
[1419] K.A.Leschonski,A.W.Koglin:Teilchengrößenanalyse.I.Darstellung und Ausw. von Teilchengrößenverteil.Chem.Ing.Techn. 46(1974)23-26
[1420] A.Fortier:Mecanique des suspensions.Masson,Paris,1967
[1421] J.Haertig:Les Particules en anémometrie laser.ISL-CO 203/79 (1979). Introductory lecture on particle behaviour.p.1-40 in [266]

[1422] G.König,A.Frohn:Relaxation of small solid particles in shock tube.p.711-715 in [252]

[1423] H.D.vom Stein,H.J.Pfeifer:Das Relaxationsverhalten submikroskopischer Partikeln in Gasströmungen mit großen Geschwindigkeitsänderungen .ISL-N 17/73(1973).Investigation of the velocity relaxation of micron-sized particles in shock waves using laser radiation.Appl.optics 11, 2(1972)305

[1424] B.T.Chao:Turbulent trasnport behaviour of small particles in dilute suspension.Öster.Ing.Archiv 18(1964)7

[1425] A.T.Hjelmfielt jr.,L.F.Mockrov:Motion of discrete particles in a turbulent fluid.Appl.sci.res.16(1966)149

[1426] A.M.Al-Taweel,J.F.Carley:Dynamics of single spheres in pulsated flowing liquids.Chem.eng.progr.symp.series 116(1971)

[1427] J.H.Burson,E.Y.H.Keng,C.Orr:Particle dynamics in centrifugal fields. Powder technol.1(1967)305

[1428] W.Jäger:Particle transport in a compressible vortex.p.186-192 in [253].ISL-CO 230/83(1983)

[1429] W.Jäger,A.George:Experimentelle und theoretische Untersuchung der Partikelbewegung in einem kompressiblen Wirbel.ISL-R 129/83

[1430] C.Vonalfth:Transverse motion of a particle in a turbulent boundary layer.Act.poly.(Finland)AP 121(1978)3-22

[1431] W.Bez,A.Frohn:The effect of a temperature gradient at the visualization of gas flow.p.705-709 In [252]

[1432] J.H.Nelson,A.Gilchrist:An analytical and experimental investigation of the trajectories of particles entrained by the gas flow of a nozzle.J.fluid mech.35,3(1969)

[1433] M.K.Mazumder,K.J.Kirsch:Flow tracing fidelity of scattering aerosol in laser doppler velocimetry.Appl.optics 14(1975)894

[1434] G.F.Carrier:Shock waves in a dusty gas.J.fluid mech.4(1958)376-382

[1435] G.Rudinger:Some effects of finite particle volume on the dynamics of gas-particle mixtures.AIAA J.3,7(1965)1217-1222

[1436] B.Schmitt-von Schubert:Zur eindimensionalen stationären Verdichtungsströmung in einem staubigen Gas.ZAMM 47 (1976) T168. Strömungen von Gasen mit festen Teilchen.Diss.T.H.Darmstadt,1968

[1437] T.D.Varma,N.K.Chopra:Analysis of normal shock waves in a gas-particle mixture.ZAMP 18(1967)650-660

[1438] G.Rudinger:Relaxation in gas-particle flow.in "Nonequilibrium flows".P.P.Wegener(Ed)Part 1,Dekker,N.Y.,1969

[1439] A.C.Buckingham,W.J.Seikhaus:Interaction of moderately dense particle concentrations in turbulent flow.AIAA-Aerospace sci.meeting Vol.19,No 81-0346(1981)

[1440] L.O.C.Drury,W.I.Axford,D.Summers:Particle acceleration in modified shocks.Mon.not.Roy.astron.soc.198,3(1982)833-841

[1441] H.Mirura,I.I.Glass:On the passage of a shock wave through a dusty gas layer.UTIAS 252(1982)

[1442] J.J.Gottlieb,C.E.Coskunses:Effects of particle volume on the structure of a partly dispersed normal shock wave in a dusty gas.UTIAS 295(1985)

[1443] B.Y.Wang,I.I.Glass:Laminar sidawell boundary layer in a dusty-gas shock tube.UITAS 312(1987)

[1444] D.Fleckhaus,K.Hishida,M.Maeda:Effect of laden solid particles on the turbulent flow structure of a round jet.Exp.in fluids 5,5(1987)323-333

[1445] A.E.Perry,T.T.Lin:Coherent structures in coflowing jets and wakes.J.fluid mech.88(1978)451-463

[1446] Amateurphoto

[1447] [383]

[1448] J.Zierep,H.Oertel jr:Convective transport and instability phenomena. Braun, Karlsruhe, 1982

[1449] Satellit METEOSAT Aufnahme

[1450] P.Smigielski:Analyse des ecoulements par méthodes optiques.ISL-NB,5/73

718

[1451] **T.J.Mueller:**Recent developments in smoke flow visualization. p.556-566 in [253]. Auch in [60][1366]

[1452] **J.Srulijes,F.Seiler:**A review of some visualization experiments carried out at the ISL-shock tubes.[254].ISL-CO243/86(1986)

[1453] **K.Hartmann:**Einfluß der Reynoldszahl auf Normalkräfte.ZW2,1(1978)22

[1454] **C.Véret:**Flow visualization by light sheet.p.146-152 in [253]

[1455] **J.McGregor:**The vapour screen method of flow visualization.J.fluid mech.11,4(1961)481-511

[1456] **H.Yamada,T.Matsui:**Phys.fluids 21(1978)292-294

[1457] **G.A.Euteneuer:**Störwellen-Messung bei Längswirbeln in laminaren Grenzschichten an konkav gekrümmten Wänden.Acta mech.7(1969)161-168

[1458] **G.A.Euteneuer:**Einige Ergebnisse experimeteller Untersuchungen an instationären Görtler-Taylor-Wirbeln.ZAMM 50(1970)T177-T180

[1459] **O.Sawatzki,J.Zierep:**Das Strömungsfeld im Spalt zwischen zwei konzentrischen Kugelflächen,von denen die innere rotiert.Acta mechanica 9(1970)13-15

[1460] **K.Bühler,J.Zierep:**Transition to turbulence in a sperical gap. 4th Int.symp.turbulent shear flows,Karlsruhe,1983

[1461] **M.Wimmer:**Experimetelle Untersuchung der Strömung im Spalt zwischen zwei konzentrischen Kugeln,die beide um einen gemeinsamen Durchmesser rotieren.Diss.Univ.Karlsruhe,1974

[1462] **K.Bühler:**Strömungsmechanische Instabilitäten im Kugelspalt. Stromungsmech. u. Strömungsmasch.,Univ.Karlsruhe, 38 (1986)11-24. Visualization of flow instabilities in spherical gaps. p.130-134 in [253]

[1463] **E.L.Koschmieder:**Bénard convection.Adv.chem.phys.26(1974)177-212

[1464] **B.Cantwell,D.Coles,P.Dimotakis:**Structure and entrainement in the plane of symmetry of a turbulent spot.J.fluid mech.87(1978)641-672

[1465] **D.R.Carlson,S.E.Widnall,M.F.Peeters:**A flow visualization study of transition in plane Poiseuille flow.J.fluid mech.121(1982)487-505

[1466] **M.Gad-el-Hak,R.F.Blackwelder,J.J.Riley:**Visualization techniques for studying transitional and turbulent flows.p.781-788 in [253]

[1467] **K.Imaichi,K.Ohmi:**Numerical processing of flow visualization pictures-measurement of two-dimensional vortex flow.J.fluid mech.129(1983)283-311

[1468] **F.A.Schraub,S.J.Kline,J.Henry,P.W.Runstadler,A.Little:**Use of hydrogen bubles for quantitative determination of time dependent velocity fields in low speed water flows.Stanford Univ.Dept.mech.eng. thermosci. div. rept. MD-10 (1964)

[1469] [1222][1291]

[1470] **W.J.Hiller,T.A.Kowalewski:**Simultaneous measurement of temperature and velocity fields in thermal convective flows.p.617-622 in [254]

[1471] **E.R.Flynn,P.J.Bendt:**Rev.sci.instr.33(1962)223

[1472] **W.M.Cady:**Velocity measurements by illuminated or lumineous particles.p.142-145 in [5]

[1473] **P.G.Simpkins,T.D.Dudderar:**Laser speckle measurements of transient Benard convection.J.fluid mech.83,4(1978)665-671

[1474] **D.B.Barier,M.E.Fourney:**Measuring fluid velocities with speckle patterns.Opt.lett.4(1977)135-137

[1475] **H.J.Tiziani:**Physical properties of speckles.p.5-9 in "Speckle metrology".Academic press,N.Y.,1978

[1476] **R.Meynart:**Flow velocity measurement by a speckle method.Proc.SPIE 210(1979)25-28

[1477] **P.L.Baker,F.Ninio,G.J.Troup,R.Bryant:**Velocity measurement with speckle and speckle-like photoggraphy. Aust. J. phys. 33 (1980) 601-605

[1478] **H.Lenk:**Grundlagen und Anwendungen der Speckletechnik.Bild und Ton 33,4(1980)114-118.33,5(1980)133-138

[1479] N.Takai,T.Iwai,T.Asakura:Laser speckle velocimeter using a zero-crossing technique for spatially integrated intensity fluctuation. Opt.eng.20, 2(1981)320-324
[1480] R.Meynart:Digital image processing for speckle flow velocimetry . Rev.sci.instr.53, 1(1982)110-111
[1481] R.Meynart:Convective flow field measurement by speckle velocimetry.Rev.de phys.applique 17(1982)301-305
[1482] R.Meynart:Speckle velocimetry application of image analysis techniques to the measurement of instantaneous velocity fields in unsteady flow.p.30-36 in [235]
[1483] R.Meynart:Instantaneous velocity field measurements in unsteady gas flow by speckle velocimetry.Appl.optics 22,4(1983)535-540
[1484] K.Hinsch,W.Schipper:Air flow analysis by double-exposure speckle photography.p.789-793 in [253]
[1485] [695]-[699]
[1486] A.F.Fercher,J.D.Briers:Flow visualization by means of single-exposure speckle photography.Opt.commun.37, 5(1981)326-330
[1487] H.Royer:Holographische Messung der Geschwindigkeit von Mikroteilchen.ISL-R 107/75(1975)
[1488] H.Royer:La microholographie ultra-rapide et ses applications .ISL-CO 204/82(1982)
[1489] R.F.Wuerker,B.J.Matthews:Producing holograms of reacting sprays in liquid propellant rocket engines.TRW-rep.68.4712.2-017
[1490] R.F.Wuerker,B.J.Matthews:Producing holograms of reacting sprays in liquid propellant rocket engines.TRW-rep.68.4712.2-020.NASA
[1491] H.Royer,F.Albe:L'utilisation du montage de Gabor en microholographie.ISL-34/71(1971)
[1492] H.D.Gabler:Anwendung der Impulsholographie zur Untersuchung von bewegten Teilchenfeldern.DRL-Mitt.73-34(1973)
[1493] H.Royer:Montages particuliers pour l'holographie des microparticules.ISL-R 118/76 (1976)
[1494] F.Albe:Microholographie ultra-rapide.Etude expérimentale.ISL-4/73
[1495] F.Albe,P.Smigielski:Microholographie ultra-rapide.ISL-3/73(1973)
[1496] B.J.Thompson:Holographic particle sizing techniques.J.phys.E 7(1974)781-788
[1497] K.M.Hagenbuch:Optimized holography of microscopic particles.SCEE rept.contr.F 49620-79-c-0038(1979)
[1498] R.A.Belz,R.W.Menzel:Particle field holography at AEDC.Opt.eng.18,3 (1979)
[1499] W.K.Witherow:A high resolution holographic particle syzing system.Opt.eng.18,3(1979)
[1500] J..Trolinger,D.Field:Particle field diagnostics by holography. AIAA-paper 80-0018(1980)
[1501] M.J.Houser:Particle field diagnostics-Applications of intensity ratioing,interferometry and holography.Opt.eng.19,6(1980)873-877
[1502] H.Royer:Holographische Registrierung der Teilchenbahnen in einer Blasenkammer.Bericht über eine beim CERN durchgeführte Versuchsserie.ISL-R 124/80(1980)
[1503] B.C.R.Ewan:Fraunhofer plane analysis of particle field holograms . Appl.optics 19, 8(1980)1368-1372
[1504] K.M.Hagenbuch:Pulsed holography of rapidly moving dust particles . AFOSR-81-0847(1981)
[1505] M.Dykes:Holographic photography of bubble chamber tracks-a feasibility test.Nucl.instr.methods 179,3(1981)487-494
[1506] H.Royer,P.Lecoq,E.Ramsmeye:Application of holography to bubble-chamber visualization.Opt.Commun.37, 2(1981)84-86
[1507] J.Prikryl,C.M.Vest:Holographic imaging of semitransparent droplets or particles.appl.optics 21(1982)2541-2547
[1508] H.Oertel,F.Seiler,A.George:Visualisierung von Geschwindigkeitsfeldern mit Doppelbildern.ISL-R 115/82(1982)
[1509] F.Seiler,H.Oertel:Visualization of velocity fields with Doppler pictures.p.467-472 in [253].ISL-CO 218/83(1983)

[1510] F.Seiler,W.Jäger:Flow visualization with Doppler pictures.p.292 in
[235].ISL-CO 223/83(1983)
[1511] J.Srulijes,F.Seiler,A.George:Velocity field visualization using the
Dopplerpicture technique.ISL-CO 201/88,CO 202/88
[1512] G.Hansen:Die Sichtbarkeit der Interferenzen beim Michelson-und
Twyman-Interferometer.Zeiss Nachr.4,5(1942)109
[1513] G.Hansen:Die Sichtbarkeit der Interferenzen beim Twyman-Inter-
ferometer . Zs. angew. Physik 6,5(1954) 203-205. Optik 12,1 (1955)
5-16
[1514] G.Hansen,W.Kinder:Abhängigkeit des Kontrastes der Fizeau-Streifen
im Michelson-Interferometer vom Durchmesser der Aperturblende
.Optik 15, 9(1958)560-564
[1515] F.R.Hama:Streaklines in a perturbed shear flow.Phys.fluids
5(1962)644
[1516] [382][383]
[1517] Fig. 2c in [55]
[1518] P.Savic:S.369 in [383].Nat.Res.Counc.Can.rept.MT-22(1953)
[1519] M.Tatsuno,K.Ishini:Flow visualization and force measurement on two
cylinders at low Reynolds numbers.p.204-208 in [253]
[1520] [57][1300]
[1521] V.P.Goddard,J.A.McLaughlin,F.N.M.Brown:A visual supersonic flow by
means of smoke lines. J. aero. sci. 26,11 (1959) 761-762
[1522] T.J.Mueller:Recent development in smoke flow visualization .
p.556-566 in [253]
[1523] [60][1522]
[1524] J.Nikuradse: Kinematographische Aufnahme einer turbulenten
Strömung.ZAMM 9(1929)495-496.[383]
[1525] F.Ahlborn:Jahrb.d.Schiffbautechn.Ges.10(1909)370. [383]
[1526] R.Wille:Zs.Flugwiss.9,4/5(1961)150-155,Karmansche Wirbelstraßen
[1527] A.Wallet,F.Ruellan:Trajectoires internes dans un clapotis partiel
Houille Blanche 5(1950)483-489
[1528] D.C.Burnham:Effect of ground wind shear on aircraft trailing vor-
tices.AIAA J.10, 8(1972)1114-1115
[1529] F.N.M.Brown:See the wind blow.Univ.Notre Dame,Dept.Aerospace and
Mech.Eng.1971
[1530] S.Taneda:J.phys.soc.Japan 11(1956)302-307,1104-1108
[1531] Fig. 6c in [1300]
[1532] H.Bippes,P.Colak-Antic:Der Wasserschleppkanal der DFVLR in Freiburg/
Br.Zs.Flugwiss.21, 4(1973)113-120
[1533] H.Bippes:Visualization of flow separation and separated flows with
the aid of hydrogen bubbles.p.271-276 in [252]
[1534] F.X.Wortmann:Tellurmethode zur Strömungsbeobachtung und Strömungsmessung . Zs.VDI 94(1952)1017
[1535] F.X.Wortmann:Eine Methode zur Beobachtung und Messung von
Wasserströmungen mit Tellur.Zs.angew.Phys.5(1953)201-206
[1536] E.W.Geller:An electrochemical method of visualizing the boundary
layer.J.aeron.sci.,12(1955)869-870.Thesis Mississipi State College 1954
[1537] D.W.Clutter,O.M.O.Smith,J.G.Brazier:Techniques of flow visualization
using water as the working medium.Douglas Aircraft Co.rept.ES
29075(1959).Aerospace eng.20(1961)
[1538] H.M.Konratas,R.L.Hummel:Application of the photochronic tracer
technique for flow visualisation near the wall region. p. 387-391
in [1538]
[1539] J.Hutchins,J.Esdorn,G.Johnson,E.Marschall:Flow visualization in li-
quid/liquid direct contact heat transfer equipment.p.345-349 in
[253]
[1540] H.Yamada,T.Matsumi:Visualization of vortes interaction usnig smoke
wire technique.p.355-359 in [252]
[1541] D.J.Shlien,A.K.M.F.Hussain:Visualization of the large-scale motion
of a plane jet.p.513-517 in [253]
[1542] F.Früngel:Mikroskopie der Zeit.VDI Zs.109, 12(1967)518-522.109,
18(1967)801-806

[1543] G.Rudinger:Comments on "A tracer-spark technique for velocity mapping of hypersonic flow fields".AIAA J.(1964)
[1544] H.C.H.Townend:Visual and photographic methods of studying boundary layer flow.ARC-R&M 1803(1937)
[1545] H.J.Bömelburg,H.J.Herzog,I.R.Weske:The electric spark method for quantitative measurement in flowing gases.ZW.7 (1959) 322-329
[1546] F.Früngel:Bewegungsaufnahmen rascher Luftströmungen und Stoßwellen durch hochfrequ. Hochspannungsfunken.WGLR-Jahrb. (1960)175-182
[1547] J.B.Kyser:Tracer spark technique for velocity mapping of hypersonic flow fields.AIAA J.2(1964)393-394
[1548] F.Früngel:Messung der dreidimensionalen Luftwirbelung nach dem spark tracing Verfahren.VDI-Ber.146(1970)181-186
[1549] F.Früngel:High-frequency spark tracing and application in engineering and aerodynamics.p.291-301 in [280]
[1550] K.Matsuo,T.Ikui,Y.Yamamoto,T.Setoguchi:Measurement of shock tube flows using a spark tracer method.p.233-238 in [251]
[1551] W.Fister,J.Eikelmann,U.Witzel:Expanded application programs of the spark tracer method with regard to centrifugal compressor impellers.p.107-120 in [252]
[1552] H.Ohki,Y.Yoshinaga,Y.Tsutsumi:Visualization of relative flow patterns in centrifugal impellers.p.497-501 in [253]
[1553] K.Matsuo,T.Setoguchi,Y.Yamamoto:The error in measuring an accelerated flow velocity by a spark tracer method.Bull.JSME(Japan) 24,193(1981)1168-1175
[1554] H.C.H.Townend:Hot wire and spark shadographs of the airflow through an air screw.ARC-R&M 1334(1932)
[1555] H.C.H.Townend:On rendering airflow visible by means of hot wires.ARC-R&M 1349(1931)
[1556] Y.P.Raizer:Heating of a gas by a powerful light pulse.Soviet phys.21(1965)1009-1017
[1557] Y.P.Raizer:Breakdown and heating of a gas under the influence of a laser beam.Soviet phys.Usp.8(1966)650-673
[1558] L.Petit:Nouvelle méthode d'étude d'écoulements par marquage thermique.Thèse Univ.Paris-Sud,1979
[1559] T.Reese,F.Demming,W.Botticher:Determination of shock tube boundary layer parameter utilizing flow marking.Univ.Hannover Inst.f. Plasmaphysik NP 9(1981)
[1560] J.Steinhoff:A simple efficient method for flow field measurement and visualization.p.88-91 in [253]
[1561] V.Delitzsch:Methoden zur Sichtbarmachung von Strömungen mittels optisch aktivierter Tracer.Diss.Univ.Göttingen 1976
[1562] E.Atraghji:More than meets the eye:The oil dot technique.p.619-629 in [252]
[1563] E.Atraghji:Surface flow visualization,surface pressure and surface Preston tube pressure measurement over a 6.1 ellipsoid at incidence at M=0,3 and 0,4.NRC-NAE-data rept.5x5/0032(1968)
[1564] F.Gutsche:Jahrb.Schiffbautechnik Ges.41(1940)188-226
[1565] A.Stanbrook:The surface oil flow technique for use in high-speed wind tunnels.AGARDograph 70(1962)39-74
[1566] L.C.Squire:The surface oilflow technique:The motion of a thin oil sheet under the boundary layer on a body.AGARDograph 70(1962)7-28
[1567] J.H.Preston,N.E.Sweeting:Experiments on the measurement of transition position by chemical mehtods, ARC-R&M 2014(1945)
[1568] A.Hinders in [383]
[1569] T.Örnberg:A note on the flow around Delta wings.KTH (Stockholm) Aero-TN 38(1954)
[1570] E.Bazzochi:Boundary layer flow visualization tests in a low velocity wind tunnel(Ital)Aerotecnica 36(1956)315
[1571] K.Kraemer:Windkanaluntersuchungen an einem Deltaflügel bei mäßigen Geschwindigkeiten.AVA-Ber.61A11(1961)
[1572] R.J.Stalker:A note on the chinafilm technique for boundary layer indication.J.Roy.Aero.soc.60(1956)543

[1573] M.V.Morkovin,E.Migotsky,H.E.Bailey,R.E.Phinney:Experiments on inter-action of shock waves and cylindrical bodies at supersonic speeds.J.aeron.sci.19(1952)237
[1574] H.Murai,A.Ihara,T.Narasaka:Visual investigation of formation proc-ess of oil flow pattern.p.629-633 in [252]
[1575] H.Oertel,G.Smeets,A.George:Doppelinterferogramme einer heißen tur-bulenten Überschallgrenzschicht an kalter ebener Wand.ISL-N 21/74(1974)
[1576] H.Oertel,F.Gateau,A.George:Schwankungsmessungen in der Mischungs-schicht eines Überschallstrahls.ISL-R 110/82(1982)
[1577] P.R.Nachtsheim,J.R.Hagen:Observations of crosshatched wave patterns in liquid films.AIAA J.10,12(1972)1637-1640
[1578] L.H.Tanner:Surface flow visualization and measurement by oil film interferometry.p.613-617 in [252]. Application of Fizeau inter-ferometry of oil films to the study of surface flow phenomena. Opt.lasers eng.2, 2 (1981)105-118
[1579] U.Brennenstuhl,D.Hummel:Untersuchungen über die Wirbelbildung an Flügeln mit geknickten Vorderkanten.ZW.5, 6 (1981) 375-381
[1580] U.Brennenstuhl,D.Hummel:Weitere Untersuchungen über die Wirbelbil-dung an Flügeln mit geknickten Vorderkanten. ZW.6,4(1981) 375-381
[1581] H.Riedel:Einige Aspekte der Zellen-Triebwerksinterferenz bei ein-strahligen Heckkörpern und Triebwerkgondeln unter Berücksichtigung des Heckdruckwiderstandes.DGLR-Jahrestagung 1980, IB 151-80/22
[1582] S.Tusche:Erfahrungen über die Anwendung ung Beurteilung von Rau-higkeitsstreifen zur Beeinflussung des Grenzschichtumschlags bei Windkanalversuchen im Hochgeschwindikeitsbereich.DFVLR-Mitt. 86-12(1986)
[1583] G.Muesmann:Messungen und Grenzschichtbeobachtungen an affin ver-dickten Gebläseprofilen in Abhängigkeit von der Reynoldszahl. ZW.7, 9(1959)253
[1584] Anonym:Acenaphten.Katalog EGA-Chemie,Steinheim/Albuch [53][1582]
[1585] E.J.Richards,F.H.Burstall:The "chinaclay" method for indicating tran-sition.ARC-R&M 2126(1945)
[1586] C.Gazeley:The use of the chinaclay lacquer technique for detecting boundary layer transition.Gen.Electric rep.49A0536(1950)
[1587] [1572][1573][53]
[1588] W.S.Sadels,H.J.Brauer,J.R.Durgin:A dry surface coating method for visualization of separation.p.635-639 in [252]
[1589] W.Z.Sadeh,H.J.Brauer,J.R.Durgin:A dry surface coating method for visualization of separation.NASA-CR 16319(1980)
[1590] W.Z.Sadeh,H.J.Brauer,J.R.Durgin:Dry-surface coating method for visualization of separation on a bluff body.AIAA J.19,7(1981) 954-956
[1591] V.Kottke:A chemical method for flow visualization and determination of local mass transfer.p.657-662 in [252]
[1592] M.M.Jaksic,C.W.Tobias:Hydrodynamic flow visualization by an elec-trochemical method.p.647-654 in [252]
[1593] G.Cognet,J.Mallet,M.Wolff:Wall streamline visualization by eletro-chemical method.p.227-231 in [252]
[1594] F.Laghouit,A.Laghouit,D.Bodiot,M.Daguenet:Electrochemical visualiza-tion of surface streamlines of a fluid-application to dimicroelec-trodes.J.chim.phys.72,2(1975)265-270
[1595] G.R.Eber:Wall temperature determination.p.167-185 in [5]
[1596] H.Oertel:Wärmeübergangsmessungen in 100 Mikrosekunden.ISL-N 20/63
[1597] H.Oertel:Messungen im Hyperschallstoß.S.759-848 in [80]
[1598] W.P.Thompson:Heat transfer gages. Chapter 7 in [43B]
[1599] R.Ceresuela,A.Betremieux,J.Cadars:Mesure de l'échauffement cinétique dans les souffleries hypersoniques au moyen de paintures thermo-sensibles.ONERA-TP 313(1965)
[1600] Anonym:ONERA-Souffleries de recherches de la Direction de l'Aérodynamique.ONERA-imprimé 329(1969)

[1601] R.J.Sartell,G.C.Lorenz:A new technique for measurement of aerodynamic heating distribution on models of hypersonic vehicles.Proc.heat transfer and fluid mech.instr.,Stanford Univ.Press,1964

[1602] F.Urbach,N.R.Nail,D.Pearlman:The observation of temperature distributions and of thermal convection by means of nonlinear phosphors.J.opt.soc.Am. 39(1949)1011-1019

[1603] L.C.Bradley III:Temperature sensitive phosphor used to measure surface temperature in aerodynamics.Rev.sci.instr.24(1953)219-220

[1604] L.C.Bradley,C.C.VanVoorhis,D.Bershader:Experiments on a phosphorescence method for study of surface temperatures in a supersonic flow field.Phys.rev.91(1953)469

[1605] J.L.Fergason:Liquid crystals.Scientific American 211,2(1964)76-85

[1606] G.W.Gray:Molecular structure and the properties of liquid crystals.Academic press,N.Y.,1962

[1607] W.Maier:Die elektrische Eigenschaften kristalliner Flüssigkeiten. Landold Börnstein Bd.2 Teil 6.Optische und magnetooptische Eigenschaften von kristallinen Flüssigkeiten.Landold Bönstein Bd.2 Teil 8.Springer,Berlin,1962

[1608] P.G.de Gennes:The physics of liquid crystals.Oxford Univ.Pr.,1974

[1609] J.E.Adams:Optical properties of certain cholesteric liquid crystal films.J.chem.phys.50, 6(1969)

[1610] A.Kühn:Wärmeübergangsmessungen in einer Hyperschallströmung geringer Dichte mit Hilfe von flüssigen Kristallen.Dipl.arbeit Univ.Göttingen 1976

[1611] D.Vennemann,K.A.Bütefisch:Über die Verwendung temperaturempfindlicher Kristalle bei aerodynamischen Untersuchungen. DGLR/ÖGFT-Jahrestagung Innsbruck 1973, Vortrag 73-91

[1612] K.Kienappel,D.Vennemann:Experimentelle Untersuchung des örtlichen Wärmeübergangs an schlanken Kegeln in verdünnter Hyperschallströmung . DFVLR-AVA-Ber.71A11(1971)

[1613] H.Schöler:Wärmeübergangsmessungen an Leitflächen von KEGeschossen . DFVLR-AVA-IB 222-85C11(1985)

[1614] H.Schöler:Wärmeübergangsmessungen mit Flüssigkristallen im Rohrwindkanal in Göttingen.DFVLR-Nachr.31(1980)1-3

[1615] T.C.Bannister,P.G.Grodzka:Heat flow and convection demostration experiments abord Apollo 14 and Apollo 17.Paper presented at 24th Congr.Int.Astron.Fed.,Baku.USSR,1973

[1616] D.R.Stinebring:Development of the liquid crystal skin friction measurement device.p.688-693 in [253]

[1617] W.O.Hamelin:Infrared temperature measurements.Electronics world 2(1968)34-36

[1618] H.J.Schepers:Wärmeübergangsuntersuchungen an rotationssymmetrischen Flugkörpermodellen bei Hyperschallströmung mittels des Infrarotmeßverfahrens.DLR-Mitt.71/19(1971)

[1619] A.Bandettini,D.J.Peake:Diagnosis of seperated flow regions on wind-tunnel models using an infrared camera.p.171-185 in [233]

[1620] G.Gauffre,J.C.Fontanella:Les cameras infrarouges:Principes, caractérisation,utilisation.Rech.aérospatiale 4,7/8(1980)259-269

[1621] A.W.Ward:Infrared thermography and engineering.IEEE-ICEE Proc. Oklahoma City,1981 p. 173-179

[1622] P.H.Dugger,C.P.Enis,R.E.Hendrix:Aeroballistics range photopyrometry.AEDC-TR-82-1(1982)

[1623] [55][57]

[1624] L.Steg,H.Lew:Hypersonic ablation.p.629-680 in "The high temperature aspects of hypersonic flow",W.C.Nelson(Ed),AGARDograph 68,Pergamon Press,Oxford,1964

[1625] M.Tobak:Hypothesis for the origin of cross-hatching.AIAA J.8, 2(1970)330-334

[1626] L.N.Persen:Surface patterns of ablating bodies studied by means of water experiment simulation.ZW.19,8(1971)360-373

[1627] J.Thiels:Ernst Mach.Arbeiten über Erscheinungen an fliegenden Projektilen.VVG-Verl.Vertr.Ges.,Hamburg,1966

[1628] A.Stenzel:Une chronoloupe portative à étincelles d'après Cranz-Schardin avec commande de déclenchment des étincelles en basse tension LRSL-10a/55(1955)
[1629] A.Stenzel:Elektronisches Steuergerät zur tragbaren Cranz-Schardin-Zeitlupe .LRSL-NT 13a/56(1956)
[1630] A.Stenzel:Eletronisch gesteuerte Cranz-Schardin-Zeitlupe.ISL-T 9/59 (1959).p.136-138 in [272]
[1631] A.Stenzel:Eine moderne Cranz-Schardin-Funkenzeitlupe.Wehrt. Monatshefte 6/7 (1962) 289-295.Beiheft 3 (1963) 132-138
[1632] A.Stenzel:Anordnung für Reihenaufnahmen in der Freifluganlage. ISL-T 26/70
[1633] A.Stenzel:Vielseitig verwendbare 24-Funkenzeitlupe.ISL-T26/70
[1634] [97][98]
[1635] L.L.Hatfield,H.C.Harjes,M.Kristiansen,A.H.Guenther,K.H.Schonbach:Low jitter laser triggered spark gap using fiber optic. IEEE-Int. pulsed power conf.N.Y., Vol.2(1979)442-445
[1636] E.G.Jones:A nitrogen-laser-triggered spark gap.S.Afr.J.phys.3, 2 (1980)49-50
[1637] [74][90][488]
[1638] Anonym:Flash trigger.Electron.today int.(GB) 9,10(1980)30-31
[1639] J.H.Webb:The relationship between reciprocity law failure and the intermittancy effect in photographic exposure. J.opt.soc. Am. 23 (1933)157
[1640] J.H.Webb:The photographic reciprocity law failure for radiation of different wavelengths.J.opt.soc.Am.23(1933)316
[1641] G.A.Jones:Photographic materials.p.71-89 in [64]
[1642] H.Frieser:Eigenschaften photographischer Schichten bei kurzen Belichtungszeiten.p.184-191 in [270]
[1643] J.Castle:The photographic response of several high-speed emulsions at very short exposuretimes.Phot.eng. 5,3(1954)189-164
[1644] J.Castle,W.Woodburg,W.A.Shelton:Reciprocity law failure at very short exposuretimes.p.219-224 in [271]
[1645] J.Eggert,R.von Wartburg:The behaviour of 16mm film emulsions at very short exposure times.p.211-213 in [271]
[1646] R.von Wartburg:Behaviour of three-layer colour film over a wide range of exposure times.p.214-218 in [271]
[1647] R.J.North,N.A.North:Tests to determine the suitability of various commercially available emulsions for photography of high speed air flow with short duration spark light sources.p.204-210 in [271]
[1648] H.Sauvenier:Reasons for reciprocity failure at very short exposure times.p.72-75 in [273]
[1649] Z.Pressman:A comparision of high speed photographic films with different vigorous development conditions.p.80-86 in [273]
[1650] [67][99]
[1651] B.Coe:Kameras.Time Life International,1978
[1652] H.E.Edgerton,K.J.Germershausen:A microsecond still camera.J.SMPTE 61(1953)286-294
[1653] G.D.Gottschall:Light modulation by P-type crystals.J.SMPE 51 (1948) 13-20
[1654] B.H.Billings:The electrooptic effect in uniaxial crystals of the type XH PO .J.opt.soc.Am.39(1949)797-808, 40(1950)225-229, 42 (1952) 12-20
[1655] Y.Wachi:Obturateur utilisant l'ADP.J.appl.phys.(Japan) 27 (1958) 670-674
[1656] A.B.Gilwarg,G.V.Kolesov:Use of electrooptical effect in crystals for high-speed shutter.Instr.exp.techn.3(1961)535-539
[1657] Anonym:Electro-optic light modulators KDP,ADP,KD*P and supplementtary electronics.Baird-Atomic Inc.,Cambridge,Mass.,1965
[1658] J.Donjon,F.Dumont,M.Grenot,J.P.Hazan,G.Marie,J.Pergrale:A Pockels effect light valve:Phototitus.Applications to optical image processing.IEEE Transact electron.devices ED-20,1191973)1037-1042

[1659] M.Blanchet,J.P.Gex:Pockels cell shutter operating in 100 picosecond range-applications to ultra-high-speed interferometry.SMPTE J.85,1(1976)77
[1660] H.F.Quinn,W.B.Mackay,O.J.Bourque:A Kerr cell camera and flash illumination unit for ballistic photography.J.appl.phys.21(1950) 995-1001
[1661] A.Karolus:Die elektrooptischen Effekte und ihre Anwendungen in der Kurzzeitphotographie und Hochfrequenzkinematographie.p.78-90 in [270]
[1662] E.Fünfer,W.Müller:Photographie et cinématographie des phénomènes ballistiques à l'aide de cellules de Kerr.p.244-252 in [270]
[1663] W.Müller:Die Einzel-Kerrzellenkamera.LRSL-R 1/57(1957)
[1664] M.A.Dugnay:the ultrafast optical Kerr shutter.Progr.in optics 14(1977)161-193
[1665] J.A.Hull,G.O.Theophanus:Ballistics-range applications of millimicrosecond photography.Instr.high speed phot.2,2(1993)58-61
[1666] K.Weedon:Design of magnetooptic shutter circuits.p.321-332 [274]
[1667] [82][612][614]-[618]
[1668] W.Hopmann:Das Image-Orthicon als Kurzzeitverschluß.p.443-449 [275]
[1669] D.L.Emberson:mage intensifier developments at 20th Century Electronics Ltd.and their application as high speed shutters. p.454-458 in [275]
[1670] G.H.Lunn,E.D.Menzies:A comparision of Kerr cells and image tubes as high speed shutters.p.127-128 in [273]
[1671] G.Weihrauch:Entwicklung eines Kurzzeitverschlusses großer Öffnung. ISL-T 35/67(1967)
[1672] W.Struth:p.275 in [270]
[1673] D.Ebeling,F.Früngel,J.F.Suarez:Zur Technologie schnell wirkender optischer Verschlüsse.Optik 25(1967)359-376
[1674] F.A.Schmitz,D.J.Nims:Explosive high-speed shutter.Rev.sci.instr.39 (1968)598
[1675] G.Weihrauch,R.Maurer,E.Spaeth:Rußverschluß für die 24-Funken-Kamera nach Cranz-Schardin.ISL- 15/71971)
[1676] C.Cranz,H.Schardin:Kinematographie auf ruhendem Film und mit extrem hoher Bildfrequenz.Zs.Physik 56(1929)147-258, Forsch.u. Fortschritte 22(1929)257-258
[1677] H.Schardin,C.Cranz:Fortschritte auf dem Gebiet der Hochfrequenz-Kinematographie .Zs.VDI 79, 36(1935)1075-1079
[1678] H.Schardin:Die Verfahren der Funkenkinematographie.S.139-153 in "Beiträge zur Ballistik und technischen Physik",C.Cranz zum 80.Geburtstag gewidmet,Barth,Leipzig,1938
[1679] H.Schardin:C.Cranz als Mitbegründer der Kurzzeitphotographie.p.1-8 in [272]
[1680] [1629][1632]
[1681] M.R.Wilson,R.J.Hiemez:High speed multiple-spark light source. Rev.sci.instr.29,11(1958)949-951
[1682] A.Stenzel:Transistorisierter Impulsverteiler zur 24-Funkenzeitlupe . ISL-N 23/61(1961)
[1683] A.Stenzel:Elektronischer Taktgeber.ISL-N 10/66(1966)
[1684] A.Stenzel:Programmierbarer Impulsgenerator für Cranz-Schardin-Funkenzeitlupen .ISL-T 2/66(1966)
[1685] A.Stenzel:Zwei Funkenzeitlupen für extreme Anforderungen.p.152-156 in [276]
[1686] A.Stenzel,R.Kutterer:Eine geschwindigkeitsabhängige Mehrfachfunkenauslösung für die Freifluganlage. ISL-N72/55 (1955)
[1687] A.Stenzel:Auslösegerät mit Kompensation der Projektilverzögerung für Reihenaufnahmen längs der Flugbahn.ISL-RT 15/72(1972)
[1688] A.Stenzel:Steuergerät für 24-Funkenzeitlupe mit retarder in programmierbarem Impulsgenerator in Kompaktausführung.ISL-N 7/73
[1689] J.Schatte:Über eine neue Methode der Kinematographie mit elektrischen Funken.Zs.ges.Schieß-u. Sprengstoffwesen 7(1912)65-67

[1690] O.Eckert,E.Eitz:Beitrag zur Hochfrequenz-Funkenkinematographie .
Zs. ges. Schieß-u. Sprengstoffwesen 37, 8(1942)148-150
[1691] F.Früngel,W.Thorwart:Quenching spark graps as trigger elements in
high speed cinematography.p.469-672 in [273]
[1692] K.Vollrath:Messung der Entionisierung an elektrischen Funkenstreck-
en.p.31-38 in [270]
[1693] A.J.DeMaria,W.H.Glenn,M.J.Brienza,M.E.Mack:Proc.IEEE 47(1969)2
[1694] [96][97][98][527][528]
[1695] D.Ebeling:High-Speed Kinematographie mit Laser-Q-swich-Impulsen.
p.554-557 in [275]
[1696] A.Alfs:Möglichkeiten zur Erzeugung von Laser-Lichtblitzserien für
die Kurzzeitphotographie.EMI-7/69(1969)
[1697] A.K.Oppenheim,M.M.Kamel:Laser cinematography of explosions.CISM-
lecture 100,Udine, 1971.Springer, Wien, 1971
[1698] I.Meyer.U.Timm:Generation of spark in air by train of modelocked
laser pulses.Opt.comm.6.4(1972)339-341
[1699] G.V.Sklizkov:Lasers in high speed photograpgy.in [529]
[1700] F.H.Oertel jr.:A transient experiment using a multiple-pulse laser
light source.BRL-MR-2687(1976)
[1701] K.J.Ebeling:Hochfrequenzphotographie mit dem Rubinlaser.Optik 48
(1977) 383-397, 481-490
[1702] Shu Ji-Zu,Lin Fang:The repetively pulsed argon laser and its application in a hypersonic shock tunnel.p.769-775 in [252]
[1703] M.Y.Schelev:New trends in picosecond photonics.p.75-82 in [283]
[1704] K.D.Merboldt,W.Lauterborn:High speed holocinematography with acoustooptic light deflection.Opt.comm.41(1982)233-238
[1705] M.Hugenschmidt,K.Vollrath:High speed cinematography of transient
events using subnanosecond pulses at different wavelengths.ISL-CO
211/78(1978),p.252-255 in [281]
[1706] M.Hugenschmidt,J.Weyr,W.Braca:Recent development in high-speed
cinematographic and interferometric studies of high power laser
target interaction.ISL-CO 213/83(1982)
[1707] C.Stanciulescu:A plane parallel plates pulsed nitrogen laser. Rev.
Roum.phys.24, 3/4 (1979) 301-304
[1708] J.P.Singh,S.N.Thakur:Nitrogen laser-a review.J.sci.industr.res.39
(1980)613-662
[1709] M.Hugenschmidt,J.Wey:Multichannel laser system for multiple wavelength cinematographic and interferometric diagnostic.ISL-CO
221/79(1979)
[1710] M.Hugenschmidt,K.Vollrath:Experimental investgation of a multichan-
nel N_2-laser.Opt.comm.26, 3(1978)415-418
[1711] W.Hiller,H.M.Lenth,G.E.Meier,B.Stasicki:A pulsed light generator for
high speed photography.Exp.in fluids 5(1987)141-144
[1712] J.L.Brewster,J.P.Barbour,F.M.Charbonnier,F.J.Grundhauser:p.304-309
[277]. A New technique for ultrahigh nanosecond flash light generation.
[1713] A.M.Zarem:A multiple Kerr cell camera.Rev.sci.21(1950)514
[1714] A.Erez,S.Eylon:A multiple Kerr cell camera.p.333-339 in [274]
[1715] A.Persson:A multiple Kerr cell camera.p.123-129 in [275]
[1716] L.Liebing,F.Früngel:Multiple Kerr cell system with square shuttering
characteristics.p.138-140 in [273]
[1717] E.Fünfer:Ball.Inst.Techn.Akad.Luftw.Berlin-Gatow,Ber.7/40(1940)
[1718] S.M.Hauser,D.H.Marlow,H.O.Onan,R.D.Silver,P.A.Button:A true Kerr cell
framing camera.p.82-90 in [270]
[1719] R.P.Shutt(Ed):Bubble and spark chambers.Academic Press,N.Y.,1976
[1720] F.Früngel,H.Köhler,H.P.Reinhard:The illumination of the CERN-2-Meter
hydrogen buble chamber.Appl.opt.2(1963)1017-1024
[1721] F.Früngel,G.Röder:Regenerierbare Hochdruckblitzlampen für 10-1000
Joule.p.56-62 in [276]
[1722] F.Früngel:Blitzsysteme mit sehr hohem Lichtstrom sowie solchen mit
hoher Aufnahmefrequenz in der Beleuchtungstechnik von Blasenkammern und Diffusionsnebelkammern. Sonderdruck "Atomreaktoren-

Energieforschung in Deutschland.Situation 1965/66". Verl.Conté, Sprendlingen bei Frankfurt/M., 1966
[1723] A.Girard,E.Robert:Chronophotographie stéréoscopique de particules en suspension dans un ecoulement aérodynamique. Rech. aéron. 49 (1956)
[1724] M.Philbert,A.Boutier:Methodes optiques de mesure de vitesse de particules entraineés dans les écoulements.ONERA-TP 1120(1972), Rech.aérospatiale 3(1972)171-184
[1725] R.H.Bomback:The Marley high-speed camera.Photography 2, 5/6 (1947) 28-32
[1726] C.Cranz,H.Schardin:Kinematographie auf ruhendem Film und mit extrem hoher Bildfrequenz.Zs.f.Physik 56(1929)147-183
[1727] H.Schardin,C.Cranz:Fortschritte auf dem Gebiet der Hochfrequenz-Kinematographie . Zs.VDI 79(1935)1075-1079
[1728] H.Schardin,W.Struth:Neuere Ergebnisse der Funkenkinematographie. Zs.techn.Phys.18, 11(1937)474-477
[1729] [773][778][780][787][387][392][416]
[1730] H.Schardin:Die Mehfachfunkenkamera und ihre Anwendung in der technischen Physik.Zs.angew.Phys.5,1(1953)19-24
[1731] H.Schardin:High-frequency cinematography the shock tube.p.365-369 in (271), J.phot.sci.5, 2(1957)17-19
[1732] H.Schardin:Die Kurzzeitphotographie in der Ballistik . Wehrtechn. Monatshefte 54, (/)(1957)293-314
[1733] H.Schardin:The multiple spark camera in studies requiring highly detailed photography.p.329-334 in [273]
[1734] H.Schardin:Über das Stoßwellenrohr.p.231-252 in LRSL-14m/51(1951)
[1735] H.Schardin:Application de la cinematographie par etincelle à l'examen des phénomènes de rupture.p.301-314 in [270]
[1736] H.Schardin:Untersuchung von Zerreißvorgängen bei Kunststoffen. Kunststoffe 44,2(1954)48-55
[1737] H.Schardin:Physikalische Methoden zur Untersuchung kurzzeitiger Vorgänge.Physik.Blätter 7,11(1951)487-501.ISL-Archiv Dia 12743
[1738] R.J.North:A Cranz-Schardin high-speed camera for use with a hypersonic shock tube.p.151-157 in [272]
[1739] R.J.North:High-speed photography applied to high-speed aerodynamic research at the National Physical Laboratory.p.489-497 in [273]
[1740] D.Elle:Eine funkenkinematographische Anordnung geringer Parallaxe. p.128-133 in [274]
[1741] W.Thorwart,J.F.Surarez,H.G.Patzke:Eine Cranz-Schardin-Funkenzeitlupe mit zwei variablen Funkenköpfen.p.51.55 in [275]
[1742] A.Hirth:Utilisation de fibres optiques pour réduire la parallaxe dans les chronoloupes à étincelles.ISL-T 35/68(1968)
[1743] W.Thorwart,J.F.Suarez:Chronolite-ein variables Funkenstreckensystem mit Gasdruckkammer.p.157-161 in [276]
[1744] J.C.Kent:Multiple spark photography with image separation by color coding.Appl.optics 8,5(1969)1023-1026
[1745] A.Stenzel:Funkenkopf für Anordnungen mit kleiner Parallaxe.ISL-N 8/73(1973)
[1746] W.Taupel:Thermische Turbomaschinen.Bd.2.Kap.17:Festigkeit der Rotoren.S.248-290,Springer,Berlin,1982
[1747] A.Stenzel,K.Vollrath:Chronoloupe à étincelles fournissant un grand nombre d'images.p.55-57 in [270]
[1748] [23][387][392][416][939]-[955][960]
[1749] J.S.Courtney-Pratt:Image dissection in high speed photography. Phot.Korr.2.Sonderheft,Helwich,Darmstadt,1958
[1750] J.S.Courtney-Pratt:Some unconventional methods of high speed photography .p.197-226 in [273]
[1751] N.S.Kopany:Role of fiber optics in ultra-high-speed photography. Instr.high speed phot.II,2(1963)72-78
[1752] H.Bender:Die Rasterverfahren der Hochfrequenzkinematographie. S.301-32 in [80]
[1753] H.Pagues,P.Smigielski:Cineholography.ISL-N 13/65(1965)

[1754] P.Smigielski,H.Royer:Bestimmung der Anwendungsmöglichkeiten der Kineholographie,insbesondere für die Untersuchung bewegter Objekte.ISL-1/67(1967)

[1755] H.Royer,P.Smigielski:Expositions multiples sur un hologramme.Qualité des images restuées.Applications.ISL-T 34/68(1968)

[1756] W.Lauterborn,K.J.Ebeling:High speed holography of laser induced break down in liquids.Appl.phys.lett.31(1977)663-664

[1757] A.J.Decker:Holographic cinematography of tim-varying reflecting and time-varying phase objects using a Nd/YAG-Laser. Opt.let.7, 3(1982)122-123

[1758] W.Hentschel,W.Lauterborn:New speed record in long series holographic cinematography.Appl.optics 23,19(1984)3263-3265

[1759] W.Thorwart:Strobodrum-eine Hochfrequenzfilmkamera für Funkenblitzbeleuchtung.Researchfilm 3, 2 (1958) 66-73.Photo-Techn.u. Wirtsch. 9, 9 (1958) 350-354.Kinotechnik 12, 9 (1958) 254-256. Photo-Magazin 11 (1958)35=36.Promiary,Automatyka Kontrola 5,2 (1959) 61-63

[1760] C.F.Jenkins:1000000 pictures per minute.Trans.SMPE 13 (1921) 69-73. Motion picture camera taking 3200 pictures per second.Trans.SMPE 17(1923)77-78

[1761] W.E.Buck:High-speed turbine-driven rotating mirrors. Rev. sci. instr. 25, 2 (1954) 115-119

[1762] A.S.Dubowik:Theoretische Untersuchungen über Mehrfachreflexionen an Drehspiegeln.p.182-188 in [272]

[1763] H.Schardin:Grundlagen für die meßtechnische Anwendung der Kinematographie insbesondere zur Untersuchung schnellverlaufender Vorgänge.Schweiz.Photo-Runschau 14(1951)294-303

[1764] H.Schardin:Remarks on high-speed cinematography.p.388-391 in "Science and application of photography".R.S.Schultze(Ed). Roy.phot.soc.1955

[1765] H.Schardin:Über die Grenzen der Hochfrequenzkinematographie.p.1-29 in [274]

[1766] R.A.Chippendale:Image converter techniques applied to high speed photography.Phot.J.923,9/10(1952)149-157

[1767] J.A.Jenkins,R.A.Chippendale:High-speed photography by means of the image converter.Philips techn.rev.14,2(1953)213-225

[1768] Anonym:IMACON-high speed camera.John Hadland Ltd.,Newhouse Lab.,Bovindon,Hemel Hempstead,Herts,UK

[1769] F.Seiler,J.Srulijes:Vortices and pressure waves at trailing edges.p.794-799 in [284].Wirbel und Druckwellen an Hinterkanten. ISL-CO 224/84(1984)

[1770] [614] - [628]

[1771] J.R.Parker,A.S.Lundy,A.L.Criscuolo:Fast solid-state camera.Los Alamos Sci.Lab.Proc.soc.photo-opt.instr.eng.190(1979)445-451

[1772] R.W.Leach,R.E.Schild,H.Gursky,G.M.Madejski,D.A.Schwartz:Descriptio n, performance and calibration of a charge-coupled-device camera. Publ.astron.soc.Pac. 92,4/5(1980)233-245

[1773] G.G.Silberberg:High speed video photography.Int.telem.conf.proc. ITC-USA'80,16(1980)35

[1774] J.C.Mignel:Synthèse sur video rapide.491,88 in [284]

[1775] H.Joachim:Die neue Zeitlupe.Filmtechnik 6,191930)10

[1776] Anonym:Zeiss Ikon high frequency camera.Brit.J.phot.82, 9 (1935) 617

[1777] A.S.Dubowik:Elemente der Theorie der Spiegelablenkung. Zs. wiss.angew. Phot.u.Kinematographie V, II, 4(1957)

[1778] J.H.Waddell:Design of ratating prisms for high-speed cameras.J.SMPE 53,11(1949)496-501

[1779] P.M.Gunzbourg:High-speed motion picture cameras from France. J.SMPTE. 58, 3(1952)259-265

[1780] T.Suhara,N.Sato,S.Kamei:A new ultra-speed kinematographic camera taking 40000 photographs per second.Tokyo Univ.aeron.rept. 60(1930)Proc.imp.acad.Japan 5, 10(1929)334.Eine neue Hochfre-

quenz-Kino-Kamera für 40000 Bilder je Sekunde.Kinotechnik 12,
9(1930)495-497

[1781] T.Uyemura:A drum type ultra-high-speed picture camera.p.300-304 in
[271]
[1782] C.D.Miller,A.Scharf:J.SMPTE 2(1953)
[1783] A.Stenzel:Funkengenerator zur Zeitlupe für große Bildzahl.
ISL-T8/64(1964)
[1784] J.S.Bowen:Product engrs 19(1948)147
[1785] C.D.Miller:Half-million stationary images per second with refocused
revolving beams.J.SMPTE 53,11(1949)479-488
[1786] M.Sultanoff:100 000 000 frames persecond camera.Rev.sci.instr.
21(1950)653
[1787] B.Brixner:A high-speed rotating mirror frame camera.J.SMPTE
59(1952)502-511
[1788] B.Brixner:One million frame per second camera. J.opt.soc.Am.45,
10(1955)876-880.Fifteen million frame per second camera.in [270]
[1789] H.Schardin:The relationship between maximum frame frequency and
resolution in rotating mirror framing cameras.p.316-323 in [271]
[1790] M.C.Kurtz:A new framing camera(Beckman & Whitley model 189).Instr.
high speed phot.II,1(1960)92-94
[1791] J.Tchernyi:Spinning-mirror drum cameras in the USSR.p.324-336 in
[271]
[1792] H.Bartels,B.Eiselt:Über ein einfaches Verfahren zur kinematographis-
chen Aufnahme schnell verlaufender Vorgänge.Optik 6,191950)56-58
[1793] H.Bartels,R.Beuchelt:Eine einfache kinematographische Anordnung für
die Aufnahme einiger hundert Bilder mit einer Bildfrequenz von
140000 je sec.Zs.angew.Zs.Physik. 10,3(1958)114-117
[1794] H.Edels,D.Whittaker:The theory and design of rotating mirror
cameras.J.sci.instr.32,3(1955)103-107
[1795] [63]-[65][69][70][72][75]-[77][87][91][93][96]
[1796] H.E.A.Joachim:Twenty years of development of high frequency
cameras.J.SMPE 30,2(1938)169-180
[1797] W.D.Chesterman:History and present position of high-speed photography in Great Britain.J.SMPTE 60,3(1953)240-246
[1798] J.S.Courtney-Pratt:Fast mutiple frame photography.J.phot.sci.
1(1953)21-40
[1799] K.Shaftan:High-speed photography.p.201-230 in"Progress in photography 1951-1954".D.D.Spencer(Ed).Focal Press,London,1954
[1800] W.D.Chesterman:World progress in high-speed photography from 1935
to 1953.p.356-360 in "Science and application of photography".
R.S.Schultze(Ed), Rev.phot.soc.1955
[1801] J.S.Courtney-Pratt:A review of the methods of high-speed photography. Rept.progr.physics 20(1957)379-432
[1802] V.Komelkov:High-speed photography in the USSR.Industr.phot. 8,
8(1959)28, 49, 51
[1803] B.E.Drimmer:Cameras and techniques for shock waves and explosions
.Instr.high speed phot.II,2(1963)51-57
[1804] S.Miura,T.Goto,Y.Syono,Y.Nakawaga:High-sensitivity streak camera
applicable to time-resolved spectroscopy.Sci.rep.res. instr.
Tohoku Univ.A 28,12(1979)80-92
[1805] N.H.Schiller,Y.Tsuchiya,E.Inuzuka,Y.Suzuku,K.Kinoshita:An ultrafast
streak camera sustem. Temporal disperser and analyzer. Opt. spec-
tra(USA) 14, 6(1980)55-62
[1806] D.J.Bradley,K.W.Jones,W.Sibbett:Picosecond and femtosecond streak
cameras.Present and future designs.Phil.trans.Roy.soc.London A
298,1439(1980)281-285
[1807] Y.Suzuki,Y.Tsuchiya,K.Kinoshita,M.Sugiyama,E.Inuzuka:Recent developments in picosecond camera systems.Phil.trans.roy.soc.London A
298,1439(1980)295-302
[1808] A.E.Huston,K.Helbrough:Phil.trans.Roy.soc.London A 298,1439(1980)
287-293
[1809] R.A.Elliott,J.B.Shaw:Electrooptik streak camera:Theoretical analy-
sis.Appl.optics 18,7(1979)1025-1033

730

[1810] G.Ben-Dor,K.Takayama:Streak camera photography with curved slits for the precise determination of shock wave transition phenomena.Can.aeron.Space J. 27,2(1981)128-134
[1811] [378][380][387]
[1812] W.Frank,G.Patz,J.Zierep:Unsteady transonic supersonic flow over suddenly inserted bodies.ISL-CO 210/75(1975)
[1813] G.Patz:Ausbildung der Kopfwellen stumpfer Körper in der Strömung hinter dem laufenden Stoß.ISL-R 107/76.Diss.Univ.Karlsruhe 1976
[1814] G.Patz:Use of the shock tube as a low density facility and transonic wind tunnel.S.29-36 in "Applied fluid mechanics".H.Oertel jr.(Ed).Inst.Ström.lehre u.Ström.mech.Univ.Karlsruhe 1978
[1815] G.Patz:Formation of bow waves around blunt bodies in the flow behind a moving shock.Acta mech. 32(1979)89-100.ISL-Pu 316/79
[1816] L.Rehder:Diss.Univ.Kiel 1962
[1817] O.E.Berge,A.Böhm,L.Rehder:Spektroskopische Messungen am Membranstoßwellenrohr . Teil II:Absolutbestimmung der ξ-Faktoren neutraler Edelgasatome.Zs.Naturforsch.20a, 1(1965)120-124
[1818] H.Oertel,G.Smeets:Schmieraufnahmen von Verdichtungsstößen mit Hilfe eines Differentialinterferometers mit streifenparallelem Spalt. ISL-T 35/65 (1965)
[1819] G.Smeets:Streak interferometric studies of head wave standhoff in a shock tunnel.p.157-160 in [241]
[1820] H.Oertel:Non-reflected shock tunnel test times.p.80-108 in [242]
[1821] J.E.Mack:Density measurement in shock tube flow with the chronointerferometer.Lehigh Univ.Inst.of Res.TR 4(1954)
[1822] F.D.Bennett,H.S.Burden,D.D.Shear:Two-wavelength streak interfermetry of an ionized heavy gas.Phys.fluids 6,5(1963)749-752
[1823] J.H.Spurk,D.D.Shear:Simultaneous streak and frame interferometry for use in short duration hypervelocity facilities.Phys.fluids 8,10(1965)1913-1915
[1824] H.Oertel jr:Vortices in wakes induced by shock waves.p.293-300 in [249]
[1825] H.Oertel:Jet noise research by means of shock tubes.p.488-495 in (245).ISL-CO 209/75(1975)
[1826] H.Oertel:Interferometrische Untersuchungen des Lärms von Überschallstrahlen. S.185-190 in "Beiträge zu Transportphänomenen in der Strömungsmechanik und anverwandte Gebiete". DLR-FB-77-16 (1977)
[1827] H.Oertel:Kinematik der Machwellen innerhalb und außerhalb von Überschallstrahlen.ISL-R 112/78(1978)
[1828] H.Oertel:Kinematik der Machwellen innerhalb und außerhalb von Überschallstrahlen.ISL-Pu 302/78(1978)ISL-CO 205/78(1978)
[1829] H.Oertel:Kinematics of Machwaves inside and outside supersonic jets.p.121-136 in "Theoretical and experimental fluid mechanics ".U.Müller, K.G.Roesner, B.Schmidt(Ed), Springer, Berlin, 1979
[1830] H.Oertel:Forschung mit dem Stoßrohr nach der Ursache der Machwellen innerhalb und außerhalb von Überschallstrahlen. BMVg-FBWT-79-1 (1979) 167-208.ISL-Pu 313/79(1979)
[1831] H.Oertel:Investigation of supersonic jet noise using interferometry.ISL-Pu 314/79(1979)
[1832] H.Oertel:Mach wave radiation of hot supersonic jets investigated by means of shock tube and new optical techniques.ISL-CO 209/79
[1833] H.Oertel:Komplementärstreak.ISL-N 19/74(1974)
[1834] [1825]-[1832]
[1835] F.Seiler:Experimentelle Untersuchung der Nachströmung eines Flugkolbens.ISL-CO 223/81(1981)
[1836] F.Seiler:Stoßrohrsimulation der Vorgänge am Geschoßboden im Lauf. ISL-CO 219/82(1982)
[1837] F.Seiler:Experimental simulation of the flow inside a gun barrel. ISL-CO 208/83(1983)
[1838] F.Seiler:Dichtemessungen im Lauf hinter einem Projektil-eine Simulation im Stoßrohr.ISL-CO 237/84(1984)
[1839] [79][90]

[1840] H.E.Edgerton:Stroboscopic and slow-motion pictures by means of intermittend light.J.SMPE 18,3(1932)356-364
[1841] G.Brown:Stroboscope.Pract.electron.15,7(1979)24-30
[1842] L.J.Poldervaart,A.P.J.Wijnands,I.Bronkhorst:Sound pulse-boundary layer interaction studies.Tekst behorende bij de film.T.H.Eindhoven, Fluid dyn.lab.1974
[1843] L.J.Poldervaart,T.J.Verhaegh,A.P.J.Wijands:The use of TV in High-speed cinematography.Synchro-Strobe as a method to explore periodic phenomea up to MHz.p.399-400 in [276]
[1844] [966][971][1842][1843]
[1845] [31][34][766][845][847][850][856][895][896][901][904][906][908] [916][984][985][986][988]
[1846] H.Hörmann:Zs.Physik 97(1935)539
[1847] F.D.Bennett,W.C.Carter,V.E.Bergdolt:Interferometric analysis of air flow about projectiles in free flight.J.appl.phys.23(1952)453-469
[1848] H.Maecker:Zs.Physik 136(1953)122
[1849] J.Friedrich:Ann.Physik 3(1959)327
[1850] L.Kean:Coefficients for axisymmetric schlieren evaluations.ASD-TN 61-56(1961)
[1851] M.Neumann:Zur quantitativen Auswertung von Schlierenbildern rotationssymmetrischer Strömungen.DVL-Ber.91(1961)
[1852] K.Bockasten:Transformation of observed projected intensities into radial distributions of the emission of a plasma. J.opt.soc.Am.51(1961)943
[1853] H.Edels,K.Hearne,A.Young:J.math.phys.41(1962)62
[1854] W.Frie:Zur Auswertung der Abelschen Integralgleichung.Ann.Physik 7, 10(1963)332-339
[1855] R.Gorenflo:Numerische Methoden zur Lösung einer Abelschen Integralgleichung.Inst.Plasmaphys.Garching IPP/6/19(1964)
[1856] J.L.Solignac:Méthode de dépouillement des interferogrammes en écoulement de révolution.Rech.aérospatial 104(1965)12-13
[1857] M.Hugenschmidt,K.Vollrath:Auswertung von Differentialinterferometeraufnahmen rotationssymmetrischer gasdynamischer Prozesse. ISL-T 14/67(1967)
[1858] J.L.Solignac:Etude interférométrique de l'écoulement à Mach 5 autour d'une sphère.Rech.aérospatiale 125(1968)
[1859] J.W.Bradley:Density determination from axisymmetric interferograms . AIAA J.6(1968)1190-1192
[1860] R.South:An extension to existing methods of determining refractive indices from axisymmetric interferograms.AIAA J.8(1970)2075-2059
[1861] L.Oudin,M.Jeanmaire:La transformation d'Abel.Application à la mesure des masses volumique dans les sillages.ISL-R 21/70(1970)
[1862] U.Kogelschatz,W.R.Schneider:Quantitative schlieren techniques applied to high current arc investigations.Appl.opt. 11 (1972) 1822-1832
[1863] W.Merzkirch,W.Erdmann:Evaluation of axisymmetric flow patterns with a shearing interferometer.Appl.phys.2(1973)119-122
[1864] F.Gatau:Depouillement d'interférogrammes dans le cas d'un systeme de révolution.Programme ROOPT.ISL-Dec.1975
[1865] P.Ding,S.Pan:The numerical solution of Mach-Zehnder interferogram analysis of supersonic airflow about cylindrical and symmetric projectiles.Wright-Patterson AFB.Foreign Technol.Div.rept.No. FTD-ID (RS) T-0016-82(1982)
[1866] J.Radon:Über die Bestimmung von Funktion durch ihre Integralwerte längs gewisser Mannigfaltigkeiten.Verh.Sächs.Akad.Ber.69(1917) 262-277
[1867] G.T.Hermann:Image reconstruction from projections.(The fundamentals of computer tomography),Academic Press,N.Y.,1980
[1868] G.T.Herman,R.Gordon:Three-dimensional reconstruction from projections.A review of algorithms..Int.rev.cytology 38 (1974) 111-151

[1869] **R.A.Brooks,G.DiChiro:**Principles of computer assisted tomography (CAT) in radiography and radio isotope imaging.Phys.med.biol.21, 5(1975)689-732

[1870] **D.Ludwig:**The Radon transform on Euclidian space.Comm.pure appl. math.19(1966)49-81

[1871] **L.R.Oudin:**Operateur de moyenne.Partie I:Etude théorique en vue d'applications aérodynamiques.ISL-R 14/74(1974).Partie II: Applications pratiques.ISL-R 15/74(1974)

[1872] **L.R.Oudin:**L'operateur de Radon appliqué à des espaces de fonctions R2.Thèse Univ.de Nancy I,1978

[1873] **Z.H.Cho:**General views on 3D-image reconstruction and computerized transv. axial tomography.IEEE trans.nucl.sci.Ns-21(1974) 44-71

[1874] **G.N.Ramachandran,A.V.Lakshiminarayan:**Three-dimensional reconstruction from radiographs and electron micrographs:Applications of convolutions instead of Fourier transform.US Nat. Acad. Sci. 68(1971)2236-2240

[1875] **R.Gordon,R.Bender,G.T.Herman:**Algebraic reconstruction techniques (ART)for three-dimensional electron-microscopy and x-ray photography J.theor.biol.29(1970)471-481

[1876] **D.Gilbert:**Iterative methods for the reconstruction of three dimensional objects from projections.J.theor.biol.36(1972)105-117

[1877] **R.A.Brooks,G.DiChiro:**Theory of image reconstruction in computed tomography.Radiologie 117(1975)561-572

[1878] **B.E.Oppenheim:**More accurate algorithms for iterative 3-dimensional reconstruction. IEEE transact. nucl. sci. NS-21 (1974) 72-77

[1879] **P.R.Smith,T.M.Peters,R.H.T.Bates:**Image reconstruction from a finite number of projections.J.phys. A 6(1973)261-382

[1880] **R.M.Lewitt:**Processing of incomplete measurement data in computed tomography.Med.phys. 6(1979)412-417

[1881] **B.E.Oppenheim:**Reconstruction tomography from incomplete projections.Chicago Univ.Conf. 750 465-2(1975)

[1882] **J.D.Sweeney,C.M.Vest:**Reconstruction of three-dimensional refractive index fields from multidirectional data.J.appl.opt.12, 11(1973)2464-2664

[1883] **H.G.Junginger,W.van Haeringen:**Calculation of three-dimensional refractive-index fields using phase integrals.Opt.com.5, 1(1972)1-4

[1884] **P.D.Rowley:**Quantitative interpretation of three-dimensional weeakly refractive phase objects using holographic interferometry . J.appl.opt.59, 3(1969)1496-1498

[1885] **R.D.Matulka,D.J.Collins:**Determination of three-dimensional density fields from holographic interferograms.J.appl.phys.42, 3(1970) 1109-1119

[1886] **L.H.Tanner:**The application of Berry-Gibbs theory to phase objects using interferometry,holography or schlieren methods. J. sci. instr. 3(1970)987-990

[1887] **T.F.Zièn,W.C.Ragdale,W.C.Spring:**Quantitative determination of three-dimensional density field of a circular cone by holographic interferometry . AIAA paper 74-636(1974)

[1888] **D.W.Sweeny,C.M.Vest:**Reconstruction of three-dimensional temperature fields above heated surfaces by holographic interferometry. Int.J.heat mass transf. 17 (1974) 1443-1454

[1889] **T.F.Zien,W.C.Ragsdale,W.C.Spring:**Quantitative determination of three-dimensional density field by holographic interferometry. AIAA J.13(1975)841-842

[1890] **P.T.Radulovic,C.M.Vest:**Determination of three-dimensional temperature fields by holographic interferometry.Univ.Michigan techn. rep.INTEL-7601(1976)

[1891] **G.Schwarz,H.Knauss:**Quantitative experimental investigation of three-dimensional flow fields around bodies of arbitrary shapes in supersomic flow with optical methods.p.737-741 in [252]

[1892] G.Schwarz,H.Knauss,W.Schmidt:Quantitative Untersuchung drei dimen-
sionaler Strömungsfelder um Flugkörper bei Anströmung mit Über-
schallgeschwindigkeit durch optische Methoden.DGLR-Jahrb.1976
[1893] H.Knauss:Ein Auswerteverf. für allgemeine dreidimensionale
Dichtefelder mit Hilfe der Interferenzmeth.Diss.Univ. Stuttgart,
1977
[1894] M.Koch:Interferometrische Messung mit Auswertung der Dichteprofile dreidim. Konvektionsströmungen.Dipl.arb.Univ. Karlsruhe,
1977
[1895] G.Schwarz.H.Knauss:Ein neues Verfahren zur quantitativen Ermittlung von dreidimensionalen asymmetrischen Dichtefeldern aus
Interferogrammen.Zs.VDI-Fortschrittsber.Reihe 7 No.50(1979)
[1896] J.R.Fincke,M.J.Berggren,S.A.Johnson:The application of the recon-
structive tomography to the measurement of density distribution in
two-Phase flow.Instr.Soc.Am.Aerospace industry 26, 1(1980)
235-243
[1897] R.J.Santoro,H.G.Semerjian,P.J.Emmerman,R.Goulard:Optical tomography
for flow field diagnostics. AIAA-thermophys. conf.paper
Vol.15,No.80-1541(1980).
[1898] R.J.Santoro,H.G.Semerjian,P.J.Emmerman,R.Goulard:Optical tomography
for flow field diagnostics.Int.J.heat mass transf.24,
7(1981)1139-1150
[1899] S.Cha,C.M.Vest:Tomogaphic reconstruction of stronly refracting
fields and its·application to interferometric measurement of boundary layers.Appl.optics 20, 16(1981)2787-2794
[1900] I.Prikryl,C.M.Vest:Computer tomography of flows external to test mod-
els.NASA-1.26:169521, INTFL-8202(1981)
[1901] H.G.Semerjian,S.R.Ray,R.J.Santoro:Laser tomography for diagnostics in
reacting flows.AIAA paper 83-0854(1982)
[1902] L.Hesselink,R.Snyder:Three-dimensional tomographic reconstruction
of the flow around a revolving helicopter rotor blade.A numerical
simulation.p.350-357 in [253]
[1903] K.R.Kirchartz:Zeitabhängige Zellularkonvektion in horizontalen und
geneigten Behähltern.Diss.Univ.Karlsruhe 1980
[1904] R.Niehuis:Tomographie.Eine Methode zur Rekonstruktion dreidimensionaler Objekte aus einer Anzahl von Projektionen.
DFVLR-IB-222-85A04 (1985)
[1905] G.Smeets,A.George:Auswertung von Filmspuren mittels Beugungsana-
lyse.ISL-N 601/76(1976)
[1906] [330][349][351]
[1907] J.F.Ebersole:Optical image subtraction.Opt.eng.14,5(1975)436-447
[1908] S.Debrus,M.Francon,P.Koulev:Extraction de la différence entre deux
images.Nouv.rev.opt.5(1974)153
[1909] L.Glass:Moiré effect from random dots.Nature 223,8(1969)578-580
[1910] M.Cloupeau:The printing of underexposed photographs by means of
optical contrasters.Phot.sci.eng.5,3(1961)175-180
[1911] E.Ranz:Neuer Film vereinfacht Äquidensiten-Herstellung.VDI-Nachr.
70/39(Beilage)(1970)
[1912] W.Krug,E.Lau:Die Äquidensitometrie,ein neues Meßverfahren für Wissenschaft und Technik.Feingerätechn.1,9(1952)391-394
[1913] W.Krug:Äquidensitometrie.ATM V 434-8-283 und 9-286(1959)
[1914] G.Schweiger,K.Wanders,H.Wiegand:Die Anwendung der Äquidensitometrie
zur Diagnose von Zweiphasenströmungen und Strömungen geringer
Dichte.DLR-Mitt.73-02(1973)
[1915] H.Mach:Vergleich des Mikrodensitometers von Joyce mit dem Registrierphotometer von Zeiss.ISL-T 25/63(1963)
[1916] J.C.Scott:Inexpensive photographic transparency digitizer.
J.phys.E(GB)14, 1(181)35-37
[1917] Anonym:Pericolor-Systeme de traitement numérique d'images.Numelec
[1918] B.Fink,R.Hartenstein,F.Holdermann:Beschreibung eines Computersystems
zur Bildverarbeitung und einige Methoden zur automatischen Must-
ererkennung.BMVg-FBWT 70-3(1970)

[1919] C.Johansen:Umwandlungsanlagen für Bildsignale.DLR-Mitt. 73-32 (1973)

[1920] Anonym:image processing for 2-D and 3-D reconstruction from projections-Theory and practice in medicine and the physical sciences.Stanford Univ.inst.electronics in medicine/ Opt. soc. Am. 1975

[1921] S.S.Sandler:Picture processing and reconstruction.Lexington Books,London,1975

[1922] A.Rosenfeld(Ed):Digital picture analysis.Vol.11 Topics in applied physics.Springer,Berlin.1976

[1923] D.A.Jackson,D.S.Bedborou:Digital eletronic system for use in Interferometry.J.phys.E 10,11(1977)1121-1124

[1924] R.C.Gonzalez,P.Wintz:Digital image processing.Addison Wesley Reading,Mass.,1977

[1925] J.C.Simon,A.Rosenfeld:Digital image processing and analysis. NATO-Adv. study instr.ser.E appl.sci.No.20 (1977) Noordhoff Int.Publ.Leyden, 1977

[1926] G.L.Rogers:Noncoherent optical processing.Wiley,N.Y.,1977

[1927] F.Lanzl,M.Schlueter:Microprocessor-controlled hologram analysis. p.159-162 in Proc.int.opt.comput.conf.Dig of Pap.London, 1978. publ.by IEEE (Cat.78CH1305-2C), Piscataway, N.Y., 1978

[1928] A.G.Tescher:Applications of digital image processing.Proc.of the SPIE,Vol.149(1978)

[1929] W.K.Pratt:Digital image processing.Wiley,N.Y.,1978

[1930] M.A.Hernan,J.Jimenez,J.Bescos,A.Hidalgo,L.Plaza,J.Santamaria:The use of digital image processing in optical flow measurements.Sociedad Espanola de Optica,Madrid,(1978)379-382

[1931] K.R.Castleman:Digital image processing.Prentice Hall,Englewood Cliffs,N.J.,1979

[1932] G.Haussmann:Digitale Bildverarbeitung an dreidimensionalen Hologrammrekonstruktionen.Ein Verfahren zur Auswertung von Partikelverteilungen.Diss.Univ.Göttingen,1979

[1933] M.M.Reischman,J.M.Holzmann,N.H.Huhges:Digital image analysis of two phase flow data.Naval Ocean Systems Center San Diego rept.NOSC-TR-50(1980)

[1934] M.Herran,J.Jimenez:The use of digital image analysis in optical flow measurement.Proc.2rd symp.tube shear flow,London,1979

[1935] P.Hebrard,A.Giovanni,G.Toulouse,F.Calvet:Techniques video d'écoulements à recirculation en canal hydrodynamique. ONERA- AAAF-NT-80-20(1980)

[1936] F.Becker,G.Meier,H.Wegner:Development of an instrument for evaluation of interferograms.NASA-TM-76673(1981)

[1937] G.Cesini,P.DiFilippo,G.Lucarini,G.Guattari,P.Pierpaoli:Use of charge-coupled devices for automatic processing of interferograms. J.opt. 12, 2 (1981) 99-103

[1938] W.Seemuller:Coherent image fringe contrast measurement with sensing arrays.Army Eng.Topographic Labs., Fort Belvoir, rept. ETL-R012(1981)

[1939] B.Aulbach:Verfahren zur A/D-Umsetzung von Fernsehbildern. Elektronik H 24(1982)63-68

[1940] M.Takeda,H.Ina,S.Kobayashi:Fourier-transform methhod of fringe pattern analysis for computer-based topography and interferometry. J.opt.soc.Am.72(1982)156-160

[1941] F.Becker:Zur automatischen Auswertung von Interferogrammen. Mitt.74(1982) aus dem MPI f.Strömungsforsch., Göttingen

[1942] A.Rosenfeld,A.C.Kak:Digital picture processing.Academic Pr.,1982

[1943] Anonym:Image processing techniques.AGARD-LS-119(1982)

[1944] J.M.Wallace,J.L.Balint:Applications of image processing analysis to the study of the turb. boundary layer structure.p.310-314 [253]

[1945] K.Imaichi,K.Ohuni:Quantitative flow analysis aided by image processing of flow visualization photographs.p.365-369 in [253]

[1946] G.Toulouse,H.Hebrard,G.Lavergue,P.Calvet:Quantitative flow visualizations with video methods and micro computers.p.320-324 in [253]

[1947] **J.F.Keffer,J.G.Kawall,M.Shokr:**An image processing technique for determining properties of turbulent flows.p.305-308 in [253]

[1948] **L.P.Bernal,M.A.Mernan,V.Sarohia:**Characterization of coherent structures in a turbulent mixing layer by digital image analysis. p.407-411 in [253]

[1949] **C.R.Smith,R.D.Paxson:**Computer augmented hydrogen bubble wire flow visualization of turbulent boundary layers.p.650-654 in [253]

[1950] **C.Gennero,J.M.Mathe:**Real time extraction application to the study of vortices cores.p.418-422 in [253]

[1951] **T.Kobayashi,T.Ishibara,N.Saraki:**Automatic analysis of photographs of trace particles by microcomputer system.p.261-265 in [253]

[1952] **T.P.Chang,G.B.Tatterson:**An automatic analysis method for complex three dimensional mean flow field.p.266-273 in [253]

[1953] **J.L.Balint,M.Ayrault,J.P.Schon:**Quantitative investigation of the velocity and concertration fields of turbulent flows combining visualization and image processing.p.315-319 in [253]

[1954] **H.Zarschizky:**Digitale Hologrammauswertung von pulsholographisch aufgezeichneten Blasenfeldern.Diss.Univ.Göttingen 1985

[1955] **E.R.Dougherty,C.R.Giardina:**Image processing,continous to discrete Prentice Hall,N.Y.,1987

[1956] **W.Bleakney:**Velocity of shock waves by the light screen technique. p.159-164 in [5]

[1957] **W.R.Grabowsky:**An instrument for the study of aerodynamic flows. Cornell Univ.Grad.school aeronautical eng.Notice N 401(25)

[1958] **E.L.Resler jr.,M.Scheibe:**Instrument to study relaxation rates behind shock waves.J.chem.phys.20(1952)923.J.acoust.soc.Am.27,5(1955)

[1959] **J.H.Kiefer,R.Lutz:**Simple quantitative schlieren technique of high sensitivity for shock tube densitometry.Phys.fluids 8,7 (1965)1393-1294

[1960] **G.Diebold,R.Santoro:**Differential photodiode detector for a shock tube laser schlieren system.Rev.sci.instr.45,6(1974)773-775

[1961] **B.Koch,H.J.Pfeifer:**Untersuchung des Frequenzspektrums von Schallfedern und turbulenten Gasströmungen mit Laserstrahlen. Zs. angew. Phys.24,1(1967)53-56

[1962] **K.Shilo,G.Appelbaum,Y.Noter:**Schlieren technique for the measurement of low-lewel concentration fluctuations. Rev.sci.instr.50, 9(1979) 1080-1083

[1963] **J.H.Kiefer,R.W.Lutz:**Vibrational relaxation of deuterium by a quantitative schlieren method.J.chem.44, 2(1966)658-667

[1964] **H.J.Pfeifer,H.D.vom Stein:**Messung des Druckes in Schallfedern mit Hilfe von Laserstrahlung.ISL-T 39/68(1968)

[1965] **W.W.Koziak:**Quantitative space and time resolved laser schlieren system for study of hypersonic flow.Rev.sci.instr.41(1970)1770

[1966] **W.W.Koziak:**Quantitative laser schlieren measurements in an expanding hypersonic laminar boundary layer.UTIAS rept.173(1971)

[1967] **W.D.Breshears.P.F.Bird.J.H.Kiefer:**Density gradient measurements of O_2-dissociation in shock waves.J.chem.phys.55,8(1971)4017-4026

[1968] **M.R.Davis:**Measurements in a subsonic turbulent jet using a quantitative schlieren system.J.fluid mech.46(1971)631-656

[1969] **M.R.Davis:**Quantitative schlieren measurements in a supersonic turbulent jet.J.fluid mech.5191972)435-447

[1970] **S.C.Johnston:**Turbulent gas mixing measurements using a laser schlieren technique.AIAA J.10,11(1972)1550-1552

[1971] **H.J.Pfeifer:**Untersuchung rotationssymmetrischer Überschallstrahlen Diss.Univ.Karlsruhe 1972

[1972] **R.K.Hanson,W.Flower:**Verification of a simple relationship for shock wave reflection in a relaxing gas.AIAA j.11,12(1973)1777-1778

[1973] **J.H.Kiefer:**Densitometric measurements of rate of carbon-dioxide dissociation in shock waves.J.chem.phys.61,1(1974)244-248

[1974] **M.Yasuhara,K.Yoneda,S.Sato:**Vibrational relaxation measurements of methane by a laser schlieren.J.phys.Japan 36,2(1974)555-557

[1975] **J.E.Dove,H.Teitelbaum:**J.chem.phys.6(1974)431

[1976] **J.H.Kiefer:**Densitometric measurements of rate of sulfur-dioxide dissociation in shock waves.J.chem.phys.62,4(1975)1354-1357
[1977] **J.E.Dove,H.Teitelbaum:**Interaction of a laser beam with a curved shock front.The location of the time origin of laser schlieren experiments.p.474-481 in [246]
[1978] **T.Tanzama,Y.Hidaka,W.C.Gardiner jr.:**Laser schlieren deflection in incident shock flow.p.555-561 in [247]
[1979] **U.Dress:**Quantitatives Laser-Dichtegradientenmeßverfahren unter Benutzung moderner opto-elektronischer Bauelemente.p.437-440 in Conf.proc.Laser 79, Opto-electron.München, 1979.publ.by IPC sci. technol. press, Guilford, Surrey, Engl., 1979
[1980] **J.H.Kiefer,J.C.Hadjuk:**Rate measurement in shock waves with the laser-schlieren technique.p.97-110 in [247]
[1981] **G.P.Davidson,D.C.Emmony:**A schlieren probe method for the measurement of the refractive index profile of a shock wave in a fluid.J.phys.E(GB) 13,1(1980)92-97
[1982] **J.H.Kiefer,M.Z.Al Alami,J.C.Hajduk:**Physical optics of the laser-schlieren shock tube technique.Appl.optics 20, 2(1981)221
[1983] **A.Hirschberg:**Shock tube determination of the heat conductivity of non-ionized and partially ionized argon.Diss.T.H.Eindhoven 1981
[1984] **A.Stilp.,H.Giesbrecht:**Aufbau eines einfachen Lichtschrankensystems mit einem He-Ne-Laser.EMI-4/71(1971)
[1985] **L.N.Wilson,R.J.Damkevala:**Statistical properties of turbulent density fluctuations.J.fluid mech.43(1970)291-303
[1986] **B.H.Funk,K.D.Johnston:**Laser schlieren crossed beam measurements in a supersonic jet shear layer.AIAA J.8(1970)2074-2075
[1987] **M.R.Davis:**Measurement in a subsonic turbulent jet using a quantitative schlieren technique.J.fluid mech.46(1971)631-656
[1988] **B.Koch:**Laser beam probing for aerodynamic flow field analysis. p.9/1-9/20 in [218]
[1989] **F.R.Grosche:**Untersuchung von Luftstrahlen mit Hilfe einer Laseranordnung .DLR-Mitt.73-20(1973)
[1990] **R.A.Martin:**Turbulent density fluctuations in a subsonic and transonic free jet using crossed beam schlieren technique.p.411-425

[1991] **R.A.Martin:**Studies of scalar turbulence in air downstream of a heated grid.Diss.Jowa State Univ.1975
[1992] **M.R.Davis:**Intensity scale and convection of turbulent density fluctuations.J.fluid mech.70(1975)463-479
[1993] **J.Kompenhans,H.R.Höfer,S.Rannenberg:**Untersuchung von Dichtegradientenschwankungen in einem turbulenten Freistrahl mit Hilfe der Laser-Schlieren-Kreuzstrahlmethode.DFVLR-FB 85-19(1985)
[1994] [1985]
[1995] **B.Koch,H.J.Pfeifer:**Detection of large scale coherent structures in free jets by laser anemometry and crossed beam schlieren techniques.ISL-CO 210/77(1977)
[1996] **M.E.H.van Dongen:**Light reflection as a diagnostic principle in compressible boundary layer studies.T.H.Eindhoven Lab.for fluid dyn.and heat transfer R-246-D(1976)
[1997] **M.E.H.van Dongen:**Light reflection as a simple experimental method in compressible boundary layer studies.AIAA J.15,8(1977)1210-1212
[1998] **R.Jacobson:**Light reflection from films of continously varying refraction index.Progr.in optics 591966)249-286
[1999] **H.Royer,J.J.Arnoux:**Reflexion d'un faisceau laser sur un milieu à indice variable.ISL-R 101/80(1980)
[2000] **D.F.Hornig:**A method of measuring the thickness of a shock front. Phys.rev.72, 2(1947)179
[2001] **G.R.Cowan,D.F.Hornig:**The experimental determination of the thickness of a shock front in a gas.J.chem.phys.18, 8(1950)1008-1018
[2002] **E.F.Greene,G.R.Cowan,D.F.Hornig:**The thickness of shock fronts in argon and nitrogen and rotational heat capacity lags.J.Chem.phys. 19(1951)427-434

[2003] E.F.Greene,D.F.Hornig:The shape and thickness of shock fronts in argon, hydrogen, nitrogen and oxygen.J.chem.21(1953)617
[2004] D.F.Hornig:Shock front measurements by light reflectivity. p.203-212 in [5]
[2005] K.Hansen,D.F.Hornig:J.chem.phys.33(1960)913
[2006] M.Linzer,D.F.Hornig:Structure of shock fronts in argon and nitrogen. Phys.fluids 6, 12(1963)1661-1668
[2007] D.Simpson,P.R.Smy:Optical mixing of laser radiation reflected from a shock wave.J.appl.phys. 40(1969)4928
[2008] J.R.Schwarm,J.R.Bowen:Measurements of local velocity of shock and detonation waves by schlieren interferometry of Dopplershifted laser light.J.phys.D 5(1972)1561
[2009] F.J.Weinberg,W,W,Y,Wong:A laser method for the direct measurement of normal propagation velocities of phase changes. J.appl.phys.36, 11(1975)379
[2010] E.Thornton:Incorporation of a laser into the arm of an interferometer for measurement of transient phase changes. J.appl.phys.36, 11(1965)3539-3541
[2011] D.E.T.F.Ashby:J.appl.phys.36,1(1965)29
[2012] L.Tama:J.sci.instr.4291965)834
[2013] J.R.Sterrett:AIAA J. 3,5(1965)936
[2014] L.H.Tanner:The design of laser interferometers for use in fluid dynamics.J.sci.instr.43(1966)878-886
[2015] U.Grigull,H.Rottenkolber:Two-beam interferometer using a laser. J.opt.soc.Am.57(1967)149-155
[2016] L.W.Utley:Laser interferometry applications.Boulder Labs., Colorado.Conf.72.1075-1(1972)
[2017] S.S.Sandhu,F.J.Weinberg:A laser interferometer for combustion, Aerodynamics and heat transfer studies.J.phys. E:sci. instr. 5 (1972) 1018-1020
[2018] L.M.Barker:Laser interferometry in shock wave research. Exp.mech.12(1972)209
[2019] F.H.Oertel:Laser interferometry of unsteady underexpanded jets. IEEE Pub.73 CHO 784-9 AES (1973)
[2020] G.Smeets,A.George:Laserinterferometer mit Phasennachführung.ISL-R 136/ 75 (1975)
[2021] W.A.Adams,A.R.Davis,G.Seabrook,W.R.Ferguson:Digitized laser interferometer for high-pressure refractive-index studies of liquids. Can.J.spect.21, 2(1976)40-45
[2022] G.Smeets,A.George:Laser-Interferenz-Mikrofon für Ultraschallregistrierungen und Untersuchungen der nichtlinearen Akustik.ISL-R 132/76(1976)
[2023] A.M.Garforth:Unburnt gas-density measurement in a spherical combustion bomb by infinite-fringe laser interferometry.Comb.flame 26,3(1976)343-352
[2024] R.South,B.M.Hayward:Temperature-measurement in conical flames by laser interferometry.Comb.sci.T 12,4(1976)183-195
[2025] A.K.Rabinovi,K.S.Romanko:Twin-wave Mach-Zehnder interferometer with stabilization of position of operating point.Instr.Exp. R.19, 5 (1976) 1484-1484
[2026] V.P.Zakharov,V.P.Tychinsk,Y.A.Snezhko,N.N.Evtikhie,R.A.Vanetsia:Limiting sensitivity and accuracy characteristics of a laser micro-interferometer .Meas.tech.R.19(1979)1433-1437
[2027] J.Shiloh,E.Baravrah,A.Fisher:Study of an imploding gas-cylinder using a nitrogen laser Mach-Zehnder interferometer. B.Am.phys.soc.22, 9(1977)1162
[2028] S.Donati,V.Speziali:Laser interferometer for sensing of respiratory sounds.IEEE J. Q.El. 13, 9(1977)87
[2029] G.Smeets:Laser interference microphone for ultrasonics and nonlinear acoustics.J.acoust.so.Am.61, 3(1977)872-875
[2030] D.P.Murphy,C.Chinfatt,G.C.Goldenba,H.R.Griem:Quadrature He-Ne-laser interferometer.B.Am.Phys.soc.23,7(1978)849-850

[2031] D.C.Leiner,D.T.Moore:Real-time phase microscopy using a phaselock interferometer.Rev.sci.instr.49,12(1978)1702-1705

[2032] C.J.Timmerma,P.H.Schellek,D.C.Schram:Phase quadrature feedback interferrometer using a 2-mode HeNe-laser.J.phys.E.11, 10 (1978) 1023

[2033] P.E.Williams:Investigation of a shock front structure with a laser interferometer.B.Am.phys.soc.24,4(1979)715

[2034] D.W.Heeley:Computer-controlled laser interferometer.Behav.res.M. 11,5(1979)523-525

[2035] W.Frank:A new method to determine small density gradients. p.731-735 in [252]

[2036] A.M.Garforth:Laser interferometry in fluid measurements. S.afr. mech.eng. 29,12(1979)453-457

[2037] N.G.Basov,I.G.Zubarev,A.B.Mironov,S.I.Mikhailo,A.Y.Okulov:Laser interferometer with mirrors reversing the wave front.Zh.Eksp. teo.79, 5(1980)1678-1686

[2038] A.Yasuda,Y.Kanai,J.Kusunoki,K.Kawahata,S.Takeda:Feed-back stabilized dual-beam laser interferometer for plasma measurements. Rev.sci.instr.51, 12(1980)1652-1655

[2039] K.Dorenwendt,R.Probst:Hochauflösende Interferometrie mit Zweifrequenzlasern.PTB-Mitt.90, 5(1980)359-362

[2040] Zhu He-Nianlin,Shi-Hengtian,De-Fangou,Zhen-Ya:Rationalized scheme for dual-frequency laser interferometer.J.Quing Hua Univ.(China) 20, 1(1980)79-89

[2041] T.Kwaaitaal,B.J.Luymes,G.A.Van der Pijll:Noise limitations of Michelson laser interferometers.J.phys.D(GB)13,6(1980)1005-1015

[2042] E.H.A.Granneman:Two-wavelength HeNe-laser interferometer. Department of Energy, Washington, Contract W-7405-Eng-48 (1981)

[2043] G.L.J.Y.Bourdet,M.A.F.Franco:Procédé et appareil d'interférometrie laser à deux longueurs d'ondes.BOPI 22, 20(1981)4188

[2044] H.Oertel:Untersuchungen gasdynamischer Vorgänge mit neuen Interferometern. ISL-CO 213/81 (1981)

[2045] H.Oertel,F.Gatau,A.George:Dynamik der Machwellen in der Umgebung von Überschallstrahlen.ISL-R 124/81(1981)

[2046] H.Oertel:Les ondes de Mach à l'intérieur et à l'extérieur du jet supersonique avec ou sans enveloppe subsonique.ISL-CO 205/81(1981)

[2047] H.Oertel,G.Patz:Wirkung von Unterschallmänteln auf die Machwellen in der Umgebung von Überschallstrahlen.ISL-RT 505/81(1981)

[2048] T.Suzuki:Interferometric uses of optical fiber.Japan J.appl.phys. 5(1967)1065-1074

[2049] E.I.Alekseev:Fiber-waveguide laser interferomers.Sov.J.Quantum Electron.7,9(1977)1161-1162

[2050] A.Simon,R.Ulrich:Fiber-optical interferometer.Appl.phys.lett. 31, 2(1977)77-79

[2051] C.Roychoudhuri:Multimode fiber-optic interferometry.Appl.optics 19,12(1980)1903-1906

[2052] R.Ulrich:Fibre-optical interferometers.p.217 in CPEM-digest 1980. Conf. precision electromagn.measurements,Braunschweig,1980

[2053] F.Albe,J.Schwab.P.Smigielski,A.Dancer:Interferometer mit Faseroptik. ISL R 114/80 (1980)

[2054] D.A.Jackson,A.Drandrige,S.K.Sheem:Measurement of small phase shifts using a single-mode optical-fiber interferometer. Opt.lett. 5, 4(1980)139-141

[2055] M.Imai,T.Ohashi,Y.Ohtsuka:Fiber-optic Michelson interferometer using an optical power divider.Opt.lett.5,10(1980)418-420

[2056] K.Fritsch,G.Adamovsk:Simple circuit for feedback stabilization of a single-mode optical fiber interferometer. Rev.sci.instr.52, 7(1981) 966-1000

[2057] G.B.Hocker:Fiber-optic sensing of pressure and temperature. Appl.optics 18, 9(1979)1445-1448

[2058] G.Sava,P.Smigielski:Dispositif d'étude expérimentale des sources de bruit dans un jets d'air par la mesure directe du Dalembertien de la masse volumique.CR Acad.Sci.Paris t 282 B(1976)267-269

[2059] P.Smigielski,P.G.Sava:The Dalembertometer.ISL-CO 220/79(1979).Proc. soc.photo-opt.instr.eng. 210(1979)102-106.2nd European congr. optics applied to metrology,Strasbourg,1979

[2060] M.C.Teich:Infrared heterodyn detection.Proc.IEEE 56(1968)37

[2061] D.P.Woodman,P.J.Titterton,H.E.Sweeny:Direct detection versus heterdyn detection in laser radar systems.p.523-535 in Proc. electro-optics/laser 79 conference and exposition, Anaheim, Calif.1979

[2062] R.Ebert,W.Büchtemann:Puls-Heterodyn CO2-Laser Radar.Forschungsinstitut für Optik, Tübingen, FfO-1980/114(1980)

[2063] J.C.Leader:Laser radar analysis.McDonnell Douglas Res.Labs. St.Louis, MDC-Q071491980)

[2064] A.V.Jelalian:Laser radar systems.EASCON'80 record,IEEE(1980)546

[2065] K.Barthel:Bestimmung der lateralen atmosphärischen Kohärenzlänge mit einem Zweikanal-Heterodynempfänger im Infrarot(λ=10,59µm).FfO 1983/37(1983)

[2066] R.Crane:Appl.optics 8(1969)538-542

[2067] G.S.Ballard:NASA SP 299(1971)63-92

[2068] R.Dändliker,B.Ineichen,F.M.Mottier:Opt.comm.9(1973)412-416

[2069] R.Kristal,R.W.Peterson:Bragg cell heterdyne interferometry of fast plasma events.Rev.sci.instr.47,11(1976)1357-1359

[2070] M.J.Lavan,G.E.Vandamme,W.K.Cadwalle:Mach-Zehnder heterodyne interferometer.Opt.eng.15,5(1976)464-466

[2071] R.Dändliker:Strain and stress analysis through heterodyne holographic interferometry.Habilitationsschrift ETH-Zürich 1977

[2072] D.R.Huber,R.D.Setterst,L.V.Knight:Heterodyne laser interferometer with electrical feedback to maintain quadrature. B.Am.phys.soc.22, 9(1977)1151

[2073] A.R.Jacobson,D.L.Call:Heterodyne interferometry in red and IR.B. Am. phys. soc. 22, 9(1977)1196

[2074] M.A.Nokes,B.C.Hill,A.E.Barelli:Fiber optic heterodyne interferometer for vibration measurements in biological systems. Rev. sci.instr.49, 6(1978)722-728

[2075] F.M.Mottier:Microprocessor-based automatic heterodyne interferometer.Opt.eng.18,5(1979)464-468

[2076] C.L.Koliopou,J.C.Wyant:Phase measurement in heterodyne interferometry using integrating detectors.J.opt.soc.69,10(1979)1455

[2077] N.A.Massie,R.D.Nelson,S.Holly:High-performanc real-time heterodyne interferometry.Appl.optics 18,11(1979)1797-1803

[2078] N.A.Massie:Real-time digital heterodyne interferometry system. Appl.optics 19, 1(1980)154-160

[2079] J.Hartlove:Digital heterodyne holographic interferometry of flow fields(laser system gainregion).p.276-281 in Proc.Consejo Nacional de Ciencia y Technolaip,Ensenada,Mexiko,1980

[2080] J.Master,V.Masek:Electronic instrumentation for heterodyne holographic interferometry.Rev.sci.instr.51,7(1980)926-931

[2081] R.Dändliker:Heterodyne holographic interferometry.Progr.in optics. (1980)1-84

[2082] J.Hartlove,D.Jungwirth,J.Morris:High accuracy interferometric measurements of eletron-beam pumped transverse flow laser media with 10 µs time resolution.Appl.optics 20(1981)2372-2378

[2083] P.V.Farrell,G.S.Springer,C.M.Vest:Heterodyne holographic interferometry.Concentration and temperature measurements in gas mixtures. Appl.optics 21, 9(1982)16-1627

[2084] R.Kristal:Rapid spatially scanning IR heterodyne interferometer. Appl.optics 18, 5(1979)615-622

[2085] G.Smeets:4-Strahl-Laser-Interferometer zur Messung an schnell veränderlichen schwachen Phasenobjekten.ISL-T 21/70(1970)

[2086] G.Smeets:Laser-Interferometer zur Messung an schnellveränderlichen schwachen Phasenobjekten. Opt. comm.2, 1 (1970) 29-32

[2087] **G.Smeets:** A high sensitivity laser interferometer for transient phase objects.p.45/1-45/10 in [243]
[2088] **G.Smeets,A.George:**Gasdynamische Untersuchungen im Stoßrohr mit einem hochempfindlichen Laserinterferometer. ISL-R 14/71(1971)
[2089] **G.Smeets:**Laser interferometer fot high sensitivity measurements on electronic systems,AES-8 No.2(1972)186-190
[2090] **H.Oertel jr.:**Berechnung und Messung der Dissoziationsrelation hinter schief reflekt. Stößen in Sauerstoff.Diss.Univ.1974
[2091] **H.Oertel jr.:**Regular shock reflaction used studying oxygen dissociation.p.605-612 in [245]
[2092] **H.Oertel jr.:**Oxygen vibrational and dissociation relaxation behind regular reflected shocks.J.Fluid mech.74,3(1976)477-495
[2093] **J.R.Sterrett,J.C.Emery,J.B.Barber:**A laser grating interferometer. AIAA J.3(1965)963-964
[2094] **A.K.Oppenheim,P.A.Urtiew,F.J.Weinberg:**On the use of laser light sources in schlieren-interferometer systems.Proc.Roy.soc. (London) A 291 (1966) 279-290
[2095] **J.W.Meyer.L.M.Cohen.A.K.Oppenheim:**Study of exothermic processes in shock ignited gases by use of laser shear interferometry. Comb.sci.T.8, 4(1973)185-197
[2096] **O.B.Danilov,A.A.Zabelin,A.P.Zhevlako,T.N.Kotlikov,V.E.Terentev:**Laser shearing interferometer for investigating rapidly occuring processes.Sov.J.opt.T.43,5(1976)298-300
[2097] **D.Malacara,S.Mallick:**Holographic lateral shear interferometer. Appl.optics 15,11(1976)2695-2697
[2098] **L.Hesselink:**Laser interferometer probe.US-patent PAT-APPL-840 331,PATIENT-4 171 915(1979)
[2099] **K.Matsuda:**Lateral shear interferometer using twin 3-beam holograms. Appl. optics. 19,15(1980)2643-2646
[2100] **A.K.Gupta,I.Rossi:**Application of laser schlieren interferometry to burning droplets.AIAA paper 80-0349(1980)
[2101] **C.L.Koliopou:**Radial grating lateral shear heterodyne interferometer. Appl.optics 19, 9(1980)1523-1528
[2102] **H.Rögener,H.J.Achtermann:**The experimental determination of the refractive index of watervapor with grating interferometer.p.489-493 in Proc. 9th conf. water and steam, München, 1979
[2103] **H.J.Achtermann:**Entwicklung und Erprobung einer optischen Versuchsanlage zur Bestimmung der Dichte aus Berechnungsindex-Messungen . Diss.T.U.Hannover 1978
[2104] **H.J.Achtermann,H.Rögener:**Ein neus Gerät zur kontinuierlichen Druckmessung-Das Druckmeßinterferometer.Techn.Messen 49,3(1982) 87-92
[2105] **K.Schätzel:**Interferometric analysis of deep random-phase screens. Opt.lett.5, 9(1980)389-391
[2106] **G.Smeets:**Messung der Bildung der laminaren und turbulenten Grenzschicht an einem Hohlzylinder im Stoßrohr konstanten Querschnitts. ISL-R 4/72(1972)
[2107] **G.Smeets,A.George:**Investigation of shock boundary layers with a laser interferometer.p.45/1-45/10 in [243]
[2108] **G.Smeets,A.George:**Anwendungen des Laser-Differentialinterferometers in der Gasdynamik. ISL-R 28/73 (1973)
[2109] **G.Smeets:**Flow diagnositcs by laser interferometry.IEEE aer.el. 13,2(1977)82-90
[2110] **H.Oertel:**Mesures des flux de chaleur et des masses volumiques sur des cônes à tête sphérique mis en incidence en écoulements hypersoniques chauds.ISL-N 6/71(1971).Gemessene Stoßkonturen und Wärmestromdichten an Kegeln mit Kugelnase in Hyperschallströmungen mit Strömungsgeschwindigkeiten bis 5000m/s. ISL-37/74
[2111] **F.Seiler:**Stoßstruktur in Wandnähe.Diss.Univ.Karlsruhe 1980
[2112] **H.Oertel,G.Smeets,A.George:**Interferometrische Untersuchungen an Schneidbrennerstrahlen. ISL-RT 76002/76(1976)
[2113] **R.A.Honzik,F.B.Warren:**Scanned laser illuminator/receiver. Martin Marietta Aerospace,Orlando,rept.OR-14268(1976)

[2114] L.Beiser,G.F.Marshall(Eds):Laser scanning components and techniques.
Proc.of the SPIE Vol.84(1977)
[2115] M.Jagger:Laser scanning camera.Central Electricity Generating
Board,Heysham(England)sci.serv.dept. TDB-324(1979)
[2116] Y.Kameyama,H.Masuko,S.Kutsuzawa,M.Naraoka:Advanced rotating mirror
laser beam scanner.NHK Lab.note 242,10(1979)
[2117] J.B.Merry,L.Bademian:Acouso-optics laser scanning.SPIE sem.proc.
169(1979)56-59
[2118] A.A.Jamberdino:Laser scanning and recording for advanced image and
data handling.Proc.soc.photo opt.instrum.Eng.222(1980)
[2119] N.G.Kiselev:Choosing the optomechanical scanner scheme for a laser
recording system.opt.Mekh.Prom.St.(USSR)47,5(1980)8-11
[2120] L.D.Dickson,W.J.Walsh,A.D.Wolfheimer:Diffraction efficiency optimization for skew-angle holographic scanner.IBM tech.disclos.
bull. 23, 4(1980)1569
[2121] C.J.Kramer:Holographic laser scanner for high resolution imaging
applications.CLEO'81 Conf.on lasers and electro-optics, Washington, IEEE, N.Y., 1981
[2122] J.R.Bertschy,F.H.Abernathy:Novel method of traversing a forward
scatter Laser-Doppler anemometer.Rev.sci.instr.52, 7 (1981)
1013-1015
[2123] A.Huba:High-precision optoelectronic picture scanniing by means
of a precision mechanical instrument. Finomech. Microtech. (Hun-
gary) 20, 7 (1981) 222
[2124] T.E.Pisareva,V.N.Puchkov:Scanning device for optical instruments.
Prib.Tekh.Eksp.(USSR)24, 1(1981)269-271
[2125] R.Porkar,J.P.Prenel,G.Diemusch,P.Hamelin:Visualization by means of
coherent light sheets. p. 163-167 in [253]
[2126] [122][123][125]-[128][132][138][141][146][162]
[166][189][401][403]
[2127] N.Thomas:Analysis of the combustion wave-spectroscopic temperature measurements.p.534-544 in [5]
[2128] G.H.Dieke:Spectroscopy of combustion.p.467-526 in [5]
[2129] R.H.Tourin,B.Krakow:Applicability of infrared emission and absorption spectra to determination of hot gas temperature profiles.
Appl.optics 4 (1965)237-242
[2130] B.Krakow:Determination of hot gas temperature profile from infrared emission and absorption spectra.AIAA J.3,7(1965)1359-1361
[2131] D.K.Taylor:Spectrographic determination of species in a high temperature gas.AIAA J.3,4(1965)771-772
[2132] R.T.Schneider,W.N.Woerner,H.E.Wilhelm:A spectroscopic method of temperature measurement which does not require transition probabili-
ties.NASA CR-382(1966)
[2133] R.F.Neubauer,K.Anders,H.Modjallal:Spektroskopische Temperaturbestimmung in einem Heißgas-Freistrahl.DLR-FB 71/75(1971)
[2134] R.F.Neubauer:Spektroskopische Temperaturbestimmung nach dem
Zweilinienverfahren bei zeitlich schwankender Temperatur.DLR-FB
75/65(1975)
[2135] [397]-[413]
[2136] W.H.Wurster,H.S.Glick,C.E.Treanor:Radiative properties of high- temperature air. CAL-rept.QM-997-A-1(1957),QM-997-A-2(1958)
[2137] M.Nardone,R.G.Breene,S.Zeldin,T.R.Riethof:Radiance of species in high
temperature air.General Electric Philadelphia rept.R-63SD3(1963)
[2138] F.R.Gilmore:Approximate radiation properties of air between 2000°
and 8000°.Rand Corp.mem.RM-3997(1964)
[2139] R.A.Allen:Air radiation graphs-spectrally integrated fluxes
including line contributions and self absorption.AVCO-Everett
Res.Lab.res.rept.230(1965)
[2140] R.A.Allen:Air radiation tables:Spectral distribution functions for
molecular band systems.NASA-CR-557(1966)
[2141] J.S.Gruszczynski,W.R.Warren:Study of equilibrium air total radiation
. AIAA paper 66-103(1966)

[2142] I.V.Nemchinov,V.V.Svettsov,V.V.Shuvalov:Brightness of strong shock waves in air with a reduced density.Zh.Prikl. Spektrosk.(USSR)30, 6(1979)1068-1092

[2143] R.Landshoff(Ed):Radiative properties of air (Bd.1). Exitation and non-equilibrium phenomena in air (Bd.2). Plenum Pr.,1969

[2144] H.Mach,F.Rössler:Temperaturmessung an Stoßwellen mittels Al-Linienstrahlung . ISL-7/65(1965)

[2145] H.Mach,F.Rössler:Lichtemission von Aluminiumpulver in Stoßwellen. ISL-T 52/65(1965)

[2146] H.Mach:Über das Verhalten von Al-Teilchen in einer Stoßwellenströmung . Teil 1-Bewegung,Aufheizung und Verdampfung. ISL-T 17/66. Teil 2-Thermische Anregung des Al-Dampfes. ISL-T 18/66

[2147] H.Mach:Temperaturbestimmung aus einem Bandengruppenspektrum von AlO.ISL-7/67(1967)

[2148] H.Mach:Zur Genauigkeit der Temperaturbestimmung aus dem Intensitätsverhältnis von Al-Linien.ISL-T 32/67(1967)

[2149] H.Mach:Temperatur im Nachlauf von Hyperschallprojektilen bestimmt aus AlO-Banden.ISL-T 37/67(1967)

[2150] J.Vauvrecy:Untersuchung des Hyperschall-Nachlaufs einer ablatierenden Kugel mit Hilfe von Eigenlichtaufnahmen.ISL-T 47/67(1967)

[2151] H.Mach,F.Lehr:Temperaturmessungen im Nachlauf von mit Aluminiumplättchen versehenen Zylindergeschossen.ISL-T 28/67(1967)

[2152] J.Vauvrecy,H.Fagot:Etude du sillage proche de sphères en vol hypersonique par l'absorption et l'émission lumineuse des produits d'ablation.ISL-T 61/68(1968)

[2153] F.Rössler:Relaxation de la temperature des particules de carbone dans un jet de propulseur.ISL-N 35/73(1973)

[2154] H.Mach:Mesures de température dans la flamme d'un chalumeau oxycoupeur contenant des particules de TiO et de SiO.ISL-R 123/76

[2155] B.T.Draine:Infrared emission from dust in shocked gas.Astrophy.J. 245,3,1(1981)880-890

[2156] J.Vauvrecy:Bestimmung der Leuchtdichte und des Absorptionsgrades in jedem Punkt einer rotationssymmetrischen Quelle anhand von photographischen Aufnahmen.ISL-T 3/66(1966)

[2157] M.Perulli,J.F.deBelleval,J.Maulard:Caractérisation des sources de bruit dans les jets chauds par la technique des faisceaux croisés. p.18/1-18/11 in [286]

[2158] E.P.Muntz:Measurement of rotational temperature,vibrational temperature and molecular concentration in nonradiating flows of low density nitrogen.UTIAS-rept.71(1961)

[2159] E.O.Gadamer:Measurement of density distribution in a rarefied gas flow using the fluorescence induced by a thin electron beam.UTIAS-rept.83(1962)

[2160] D.E.Rothe,D.J.McCaa:Emission spectra of molecular gases excited by 10keV electrons.CAL-rept.165(1968)

[2161] D.I.Sebacher,R.J.Duckett:A spectrographic analysis of a 1-foot hypersonic air stream using an electron beam probe. NASA-TN-R-214(1964)

[2162] G.Schweiger,V.Winkler:Das Elektronenstrahlgerät(Statischer Aufbau). Abschlußbericht.DFVLR-Porz-Wahn 64/14(1964)

[2163] R.Robben,L.Talbot:Some Measurements of rotational temperatures in a low density wind tunnel using electron beam fluorescence. Phys.fluids 9(1966)644.Univ.Calif.Berkeley, AS-65-6(1965)

[2164] D.I.Sebacher:An electron beam study of vibrational and rotational relaxing flows of nitrogen and air.Proc.heat transf.fluid mech.instr.18(1966)315

[2165] D.E.Rothe:Electron beam studies of the diffusive separation of helium-argon mixtures in free jets and shock waves.UTIAS rept.114(1966)

[2166] B.L.Maquire:The effective spatial resolution of the electron beam fluorescence probe in helium.Rarefied gas dynamics, suppl.4, Vol.2(1967)1497

[2167] H.Ashkenas:Rotational temperature measurements in electron beam excited nitrogen.Phys.fluids 10(1967)2509

[2168] G.E.McMichael:Electron beam densitometer investigation of diffusiv separation in front of a blunt body in low density helium-argon.UTIAS rept.167(1971)

[2169] K.A.Bütefisch:Experimentelle Bestimmung von Rotations-und Schwingungstemperaturen und Dichten mit Hilfe der Elektronenstrahltechnik im Strömungsfeld eines hypersonisch angeströmten Kreiszylinders bei Stauremperaturen von 1100-1800 K.DLR-FB- 69-63 (1969)

[2170] J.E.Wallace:Hypersonic turbulent boundary-layer measurements using an elctron beam.AIAA J.7(1969)757

[2171] H.Eberius,J.F.Wendt:Direct measurement of density gradient in a rarefied flow.VKI-Sept.1970

[2172] P.Gaucherel:Influence de l'environement sur la précision des mesures effectuées par sondage electronique des gaz rarefiés. Thèse Univ.Paris VI,1971

[2173] G.Schweiger,W.Ch.Ho:Rotationstemperaturmessung mit dem Elektronenstrahlgrät im Temperaturbereich von 500 bis 1200 K. DLR-FB-71/93

[2174] S.Léwy:Measuring rotational temperature with secondary effects by electron beam probe.Euromech 28,Brüssel,1971

[2175] S.Léwy:Density and temperature measurement in laminar boundary layer and free jets of Hypersonic nozzles by electron beam probe.ONERA-TP-1131(1972)

[2176] S.Léwy:Sondage de gaz rarefiés par faisceau d'électrons appliqué aux écoulements aérodynamiques.ONERA-Publ.146(1972)

[2177] S.Léwy:Measurement of nitrogen rotation temperature in hypersonic flow by an electron-beam probe.J.physique 33,11-1(1972)955-969. Mesure par une sonde à faisceau d'électrons.ONERA-TP 1206(1973)

[2178] A.A.Haasz:Electron impact excitation of N_2,O_2 and O_2 and upper atmospheric diagnostics with electron beam fluorescence probes.UTIAS rept.194(1900)

[2179] R.B.Smith:Electron.beam investigation of a hypersonic shock-wave in nitrogen.Phys.fluids 15(1972)1010

[2180] G.Schweiger,K.Wanders,M.Becker:Influence of electron-beam blunt-body interactions on density measurements in transition flow. DLR-FB-73-08(1973)

[2181] K.A.Bütefisch,D.Vennemann:The elctron beam technique in hypersonic rarefied gas dynamics.in"Progress in aerospace sciences", Vol.15, D.Küchemann(Ed), Pergamon Press, Oxford, 1974

[2182] J.A.Smith,J.F.Driscoll:The electron-beam fluorescence technique for measurements in hypersonic turbulent flow.J.fluid mech.72, 4(1975)695

[2183] J.H.deLeeuw,W.E.R.Davies,A.A.Haasz,J.I.Unger:Diagnostics with rocketborne electron beam fluorescence probes.UTIAS rept.197(1975)

[2184] D.Coe,F.Robben,L.Talbot,R.Cattolica:Measurement of translational temperature in nitrogen with the electron beam fluorescence technique.Phys.fluids 23,4(1980)715-718

[2185] W.C.Honaker,W.W.Hunter,W.C.Woods:Utilization of an electron beam for density measurements in hypersonic helium flow.AIAA J.19,4(1981)458

[2186] T.Soga,M.Takanishi,M.Yasuhara:Measuements of low density high velocity flow by electron beam fluorescence technique. Mem.Fac.Eng.Nagoya Univ.33, 1(1981)76-89

[2187] E.P.Muntz:Measurement of density by analysis of electron beam excited radiation.p.434-455 in [43B]

[2188] M.Wörner:Stoßinduzierte Separation in binären Gasgemischen. Dissertation Univ.Karlsruhe 1982

[2189] B.Schmidt,F.Seiler,M.Wörner:Shock structure near a wall in pure inert gas and in binary inert-gas mixtures.J.fluid mech. 143 (1984) 305-326

744

[2190] **F.W.Braucks:**Untersuchungen an der Fernfokuskathode nach Steiger-
wald. Optik 15, 4(1958)242-260
[2191] **Anonym:**Elektronenstrahlkanonen und Hochspannungsversorgungen.
Leybold-Heraeus GmbH, 16-3001/2(1983)
[2192] **D.Venable,D.E.Kaplan:**Electron beam method of determining density
profiles across shock waves in gases at low densities.
J.appl.phys.26, 5(1955)639-640
[2193] **H.N.Ballard,D.Venable:**Shock front thickness measurement by an electron beam technique.Phys.fluids 1(1958)225-229
[2194] **A.Frohn:**Dichteverteilung an Stoßwellen in einatomigen verdünnten
Gasen.Diss.T.H.Aachen 1964
[2195] **B.Schmidt:**Electron beam density measurements in shock waves in
argon.J.fluid mech.39,2(1969)361-373
[2196] **J.W.Cunninham,C.H.Fisher:**AEDC-TR-66-211(1967)
[2197] **R.E.Center:**Phys.fluids 13,1(1970)79
[2198] **W.M.Fairbank jr.,T.W.Hansch,A.L.Schawlow:**Absolute measurement of
very low sodium vapor densities using laser resonance
fluorescence. J. opt. soc. Am.65(1975)199-204
[2199] **J.W.Daily,C.Chan:**Laser induced fluorescence measurement of sodium
in flames.6th int.symp.gasdynamics of explosions and reactive
systems,Stockholm,1977
[2200] **N.H.Wrobel,N.H.Pratt:**Laser induced sodium fluorescence measurement
in a turbulent propane diffusion flame.17th int.symp. combustion,
Leeds, 1978, p.957-965
[2201] **J.F.Bott:**HF vibrational relaxtion measurement using combined shock
tube-laser induced fluorescence technique.J.chem.phys.57(1972)96
[2202] **J.Haegele:**Untersuchungen an rotationssymmetrischen Unterfreistrah-
len mittels laserinduzierter J_2-Fluoreszenz.
MPI-Strömungsforsch.Göttingen Ber.7(1979)
[2203] **J.W.Daily:**Laser induced fluorescence spectroscopy in turbulent
reacting flows.Univ.Missouri-Rolla,Biennial symp.turbulence
6(1979)33/1-33/18
[2204] **N.L.Rapagnani,S.J.Davis:**Laser induced J_2-fluorescence measurements
in a chemical laser flow flied.AIAA J.17,12(1979)1402-1404
[2205] **J.Haegele:**Experiments with rotational symmetric supersonic free
jets with laser-induced J_2-fluorescence.NASA D.MPIS-7/197(1979)
[2206] **D.Otten:**Untersuchungen eines CaCl-Düsenstrahls durch laserinduz-
ierte Fluoreszenz.MPI-Ström.forsch.Göttingen Ber.29(1980)
[2207] **S.J.Davis:**Laser induced fluorescence techniques. In [46]
[2208] **J.Bradshaw,S.Nikdel,R.Reeves,J.Bower,N.Omenetto:**Determination of
flame and plasma temperatures and density profiles by means of
laser-excited fluorescence.AFOSR-TR-81-0051(1980)
[2209] **C.Chan,J.W.Daily:**Measurement of temperature in flames using laser
induced fluorescence spectroscopy of OH.Appl.optics 19, 12 (1980)
1963-1968
[2210] **K.P.Chiccino,A.J.Roberts,D.Phillips:**Time-resolved fluorescence spectroscopy using pulsed lasers.J.phys.E.sci.instr.13, 4(1980)446
[2211] **R.Cattolica:**OH-rotational temperature from two-line laser excited
fluorescence.Appl.optics 20, 7(1981)1156-1166
[2212] **R.Bailly,M.Péalat,J.P.Taraan:**Mesures de densité par diffusion de
fluorescence dans les ecoulements aérodynamiques. Rech. aérospat.
6, 11/12 (1981) 367-374
[2213] **S.J.Davis:**Method and appartus for analyzing supersonic flow fields
by laser induced fluorescence.Dept.Air Force, Washington.
rept.PAT-APPL-6-293 777(1981)
[2214] **V.N.Benham:**Sodium concentration measurements using laser induced
fluorescence.Wright-Patterson AFB-AFIT/GEP/PH/81-1(1981)
[2215] **W.K.Bischel,B.E.Perry,D.R.Crosley:**Detection of O and N atoms by
two-photon laser induced fluorescence.CLEO'81 conf.lasers and
electro-optics,IEEE,N.Y.,(1981)120
[2216] **P.B.Davies,W.Hack,F.Temps:**Recent developments in laser resonance
spectroscopy.MPI-Ström.forsch.Ber.15(1981)

[2217] J.D.Bradshaw,N.Omenetto,G.Zizak,J.N.Brower,J.D.W.Winefordner:Five laser-excited fluorescence methods for measuring spatial flame temperatures. Appl.opt.19(1980) 2709

[2218] M.Zimmermann:Resonant Doppler velocim.:Thesis Princeton Univ.1974

[2219] W.H.Stevenson,R.dosSantos,S.C.Mettler:A laser velocimeter utilizing laser-induced fluorescence.Appl.phys.lett.27, 7(1975)395-396

[2220] R.B.Miles:Resonant Doppler velocimeter.Phys.fluids 18 (1975) 751-752, p.19/8 in [286]

[2221] F.K.Owen:Simultaneous laser velocimeter and laser induced photo-luminescence measurements of instantaneous velocity and concentration in complex mixing flows.AIAA paper 76-35(1976)

[2222] M.Zimmermann,R.B.Miles:Hypersonic helium flow field measurements with the resonant Doppler velocimeter, Appl.phys.lett.37, 10(1980)885-887

[2223] C.Y.She,W.M.Fairbank jr.:Velocity measurements by laser resonance fluorescence.NASA-CR-163971(1980)

[2224] S.Benecchi,F.Cignoli,A.Coghe,G.Zizak:Experimental comparision between laser doppler anemometry and laser fluorescence anemometry. p.233-240 in Conf.proc.Electro-opt./laser int, '80, UK, Brighton, 1980, IPC Sci.technol.press, Guilford, Surrey, 1980

[2225] R.L.McKenzie,K.P.Gross,P.Logan:Simultaneous measurements of temperature, density and pressure in a supersonic turbulent flow using laser-induced fluorescence. ICIAF'85 record (1985) 217-221

[2226] [121][168][178][193][195]

[2227] R.L.Woerner,T.J.Greytak:Precise wavelength calibration of a pressure scanned flat Fabry-Perot-interferometer. Rev.sci.instr.47, 3(1976)383-384

[2228] J.R.Sanderco:Simple stabilization scheme for maintenance of mirror alignment in a scanning Fabry-Perot-interferometer. J.phys.E.9, 7(1976)566-569

[2229] V.Hansen,J.Thorsrud:Pressure-scanned Fabry-Perot-interferometer for nightglow measurements-its construction and operation. Appl.optics 15, 10(1976)2418-2422

[2230] T.R.Hicks,N.K.Reay,C.L.Stephens:Servo-controlled Fabry-Perot-interferometer with online computer control. Astron. astr.51, 3 (1976) 367-374

[2231] T.Kohno,N.Yajima:Scanning Fabry-Perot-interferometer and its application. J.Mec.Eng.L(Japan)32, 1(1978)13-22

[2232] L.N.Durvasul,R.W.Gammon:Pressure-scanned 3-pass Fabry-Perot-interferometer . Appl.optics 17, 20(1978)3298-3303

[2233] G.Chanin,J.C.Lecullie:Scanning Fabry-Perot-interferometer. Infrar. phys. 18, 5/6 (1978) 589-594

[2234] D.S.Bedborou,D.A.Jackson:Method of multi-passing a Fabry-Perot-interferometer . J.phys.E.11, 5(1978)473-479

[2235] S.E.Gustafson,M.N.Khan,J.Vaneijk:Wavelength scanning and mirror alignment of a new multipass Fabry-Perot-interferometer.J.phys.E. 12,11(1979)1100-1102

[2236] T.Kohno:A scanning Fabry-Perot-interferometer for space research. Opt.acta(GB)26, 8(1979)1075-1071

[2237] R.Chaux,J.P.Boquillon:Diameter measurements of Fabry-Perot-interference rings using CCD linear sensors. Opt. comm. 30, 2 (1979) 239-244

[2238] P.Atherton,N.K.Reay,J.Ring,T.R.Hicks:Tunable Fabry-Perot filters. Opt. eng.20, 6(1981)806-814

[2239] R.L.Schwiesow:Stabilization mechanism for optical interferometer. Dept.Commerce, Washington.PAT-APPL-6-348 576(1982)

[2240] [163][165][167]-[172][175][180][183][192][194][196][199]

[2241] [133][143][146][166][186]

[2242] E.M.Winkler:Spectral absorption technique.p.89-97 in [5]

[2243] O.L.Anderson:A method for the measurement of air temperature under non-equilibrium conditions.BRL-rept.1160(1962)

[2244] W.C.Nelson(Ed):The high temperature aspects of hypersonic flow. Pergamon Press, Oxford, 1964

[2245] O.L.Anderson:An experimental method for measuring the flow properties os air under equilibrium and non-equilibrium flow conditions.
p.299-313 in [2244]

[2246] H.Palmer:Study of shock waves by light absorption and emission.
J.appl.phys.27, 9(1956)1105

[2247] P.V.Marrone,W.H.Wurster,C.E.Treanor:Vacuum-ultraviolet absorption
measurements of vibrationally excited nitrogen using ashock tube
splitter-plate technique.p.682-695 in [245]

[2248] R.W.Dibble,J.R.Bowen:Studies of a chemical-reaction in a shock-tube
by tuned laser spectroscopy.J.chem.phys.65,5(1976)2028-2029

[2249] C.L.Lin:Quantitative analysis of absorption spectra.
Appl.spectroscopy 33, 5(1979)481-491

[2250] T.Just:Chemical kinetics studied by vacuum-UV-spectroscopy in
shock tubes.p.54-68 in [248]

[2251] T.Tsuboi,M,Egawa,H.Kobayashi,T.Hirose,M.Kamei,Y.Teranaka:Temperature
measurement of detonation using UV-absorption of O_2.p.141-149
[248]

[2252] R.K.Hanson,S.Saliman,E.C.Rea jr.:Laser absorption technique for spectroscopy and chemical kin. studies in a shock tube.p.594-600 [249]

[2253] S.Gerstenkorn.P.Luc:Atlas du spectre d'absorption de la molecule
d'jode.Orsay,CNRS,1978

[2254] D.Britton,N.Davidson,G.Schott:Shock waves in chemical kinetics.The
rate of dissociation of molekular jodine.Faraday soc. disc.
17(1954)

[2255] T.Hirschfeld:Spectrorefractometry and absorption spectroscopy.
Appl.spectrosc.35, 2(1981)223

[2256] D.Roschdestvenski:Ann.d.Phys.38 (1912) 249

[2257] W.C.Marlow:Appl.opt. 6(1967) 1715

[2258] J.R.Sandemann:The application of hook method spectroscopy to the
diagnosis of shock heated gases.p.1-13 in [250]

[2259] M.J.Fisher,F.R.Krause:The crossed beam correlation technique. J.
fluid mech.28 (1967) 705-717

[2260] F.R.Krause,W.O.Davies,M.W.P.Cann:Determination of thermodynamic
properties with optical cross-correlation methods.AIAA J.7 ,4
(1969) 587-592

[2261] M.Y.Su,F.R.Krause:Optical crossed beam measurements of turbulence
intensities in a subsonic jet shear layer.AIAA J.9(1971)2113-2114

[2262] C.Fery:CR Akad.Sci.137(1903)909

[2263] [122][141][189]

[2264] J.G.Clouston,A.G.Gaydon,I.I.Glass:Temperature measurements of shock
waves by the spectrum-line reversal method I.Proc.Roy.soc.A
248(1958)429-444

[2265] A.G.Gaydon.I.R.Hurle:Temperature measurement of shock waves and
detonations by spectrum line reversal.III.Observations with chro-
mium lines.Proc.Roy.soc.A 262(1961)38

[2266] L.Nadaud,M.Gicquel:Mesure optique des températures élevées.
p.281-297 in [2244]

[2267] K.C.Lapworth:Temperature measurement in a hypersonic shock tunnel.
p.255-269 in [2244]

[2268] I.R.Hurle,A.L.Russo,J.G.Hall:J.chem.phys.40(1964)2076

[2269] I.R.Hurle:Line-reversal studies of the sodium excitation process
behind shock waves in N_2.J.chem.phys.41,12(1964)3911-3920

[2270] I.R.Hurle,A.L.Russo:Spectrum-line reversal measurements of free
electron and coupled N_2 vibrational temperatures in expansion
flows.J.chem.phys.43, 12(1965)4434-4443

[2271] Y.Sasaki:Some remarks on the temperature measurement of nonisother-
mal flames by the line reversal technique. Jap. J. appl.
phys.5(1966)439-446

[2272] W.Snelleman:Errors in the method of line-reversal.Comb.and flame
11(1967)453-463

[2273] M.Lapp:Effect of a continuous absorber on spectral line reversal
temperature measurements.AIAA J.5(1967)2224

[2274] E.H.Carneval,S.Wolnik,G.Larson,C.Carey,G.W.Wares:Simultaneous ultrasonic and line reversal temperature determination in a shock tube.Phys.fluids 10(1967)1459

[2275] C.D.Smekhov,V.A.Poltoratskii,A.B.Britan:A general setup for gastemperature measurement by spectrum-line reversal.Teplofiz. Vys.Temp.(USSR) 17, 3(1979)598-604

[2276] H.Guénoche,R.Chareyre:Application de la méthode de renversement des raies D du sodium à la mesure des températures de vibration de l'azote derrière un choc en propagation et après détente dans une tuyère.AGARD-CP 12(1967)11-130

[2277] J.G.Clouston,A.G.Gaydon,I.R.Hurle:Temperature measurement of shock waves by spectrum line reversal.II.A double beam method. Proc.Roy.soc.A.252(1959)143-155

[2278] T.A.Holbeche:Spectrum-line reversal temperature measurements through unsteady rarefaction waves in vibrationally relaxing oxygen.Nature 203,4944(1964)476-479

[2279] M.Lapp,C.M.Penney:Rayleigh scattering.p.414-417 in [188]

[2280] G.Schweiger,M.Fiebig:Mögichkeiten der Streulichtanalyse zur Dichte- und Temperaturmess.in nichtstrahlenden Gasen.BMBW-FB 72-20(1972)

[2281] G.Schweiger:Lokale Dichtemessung in verdünnten Gasen mit Hilfe der Laserlichtstreuung.DLR-FB-73-83(1973)

[2282] G.Schweiger:Laser in aerodynamic testing-local measuring methods. DLR-Mitt. 74-09(1974)

[2283] S.C.Graham,A.J.Grant,J.M.Jones:Transient molecular concentration measurements in turbulent flows using Rayleigh light scattering. AIAA J. 12, 8 (1974)1140-1142

[2284] W.Krahn,K.Stursberg:Konzentrationsmessung mit Laserstreulicht in einem Freistrahl.DLR-FB 75-02(1975)

[2285] R.W.Pitz,R.Cattolica,F.Robben,L.Talbot:Temperature and density in a hydrogen-air flame from Rayleigh scattering.Comb.and flame 2791976)313-320

[2286] T.M.Dyer:Rayleigh scattering measurements of time-resolved concentration in a turbulent propane jet.AIAA J.17,8(1979)912-914

[2287] M.C.Escoda,M.B.Long:Rayleigh scattering measurements of the gas concentration field in turbulent jets.AIAA J.21,1(1983)81-84

[2288] [445]-[457]

[2289] [129][134][144][156][158][160][161][173][179][182][188][191][197]

[2290] A.Weber,S.P.Porto,L.E.Cheesman,J.J.Barrett:High resolution Raman spectroscopy of gases with CW-laser excitation. J.opt.soc.Am.57, 1(1967)19-27

[2291] G.F.Widhopf,S.Lederman:Specie concentration measurement utilizing Raman scattering of a laser beam.AIAA J.9,2(1971)309-316

[2292] J.A.Salzman,W.J.Masica,T.A.Coney:Determination of gas temperatures from laser Raman scattering.NASA-TN-D-6336(1971)

[2293] D.L.Hartley:Transient gas concentration measurements utilizing laser beam spectroscopy.AIAA J.10,5(1972)687-689

[2294] D.A.Leonard:Point measurement of density by laser Raman scattering AVCO-Everett Res.Lab.res.note 913(1972)

[2295] J.M.Kellam,M.M.Glick:Gas density measurements in a jet using Raman scattering.AIAA J.10,10(1972)1389-1391

[2296] M.Billiott:Method for Raman diffusion applied to study on vibration relaxation down a shock wave.CR Acad.Sci. A 274(1972)1067

[2297] W.J.Jones:On the use of a Fabry-Perot-interferometer for the study of Raman spectra of gases under high resolution. Contemp. phys.13, 5(1972)419-439

[2298] A.Weber:High resolution Raman studies of gases.p.543-757 in [197]

[2299] J.P.Taran:Etudes d'application de l'effet Raman ā la caractérisation d'écoulement gazeux.ONERA-Rap.de synthēse 2-7131(1973)

[2300] S.Lederman,J.Bornstein:Specie concentration and temperature measurements in flow fields.Project squid tech.rept.PIB-31-PU(1973)

[2301] M.Lapp,C.M.Penney,L.M.Goldman:Vibrational Raman scattering temperature measurements.Opt.comm.9,2(1973)195-200

[2302] M.Lapp,C.M.Penney,J.A.Asher:Applications of light scattering techn-
ieques for measurement of density.temperature and velocity in gas-
dynamics. WPAFB Aerospace Res.Lab.rept. ARL-73-0045 (1973)
[2303] D.L.Hartley:Application of laser Raman scattering to the study of
turbulence.AIAA J.12,6(1974)816-821
[2304] M.E.Hillard,W,W.Hunter,J.F.Meyers,W.V.Feller:Simultaneous Raman and
laser velocimeter measurements.AIAA J.12(1974)1445-1447
[2305] M.E.Hillard,E.L.Morriset,M.L.Emory:Raman-scattering applied to hypersonic air-flow.AIAA J.12,8(1974)1160-1162
[2306] E.R.Schildkraut:Electronic signal processing for Raman scattering
measurements.p.259-277 in [161]
[2307] R.Goulard:Laser Raman scattering applicat.JQSRT 14(1974)969-974
[2308] J.J.Barrett,A.B.Harvey:Vibrational and rotational-translational
temperatures in N_2 by interferometric measurement of the pure
rotational Raman effect.J.opt.soc.Am.65 (1975) 392-398
[2309] W.D.Williams,J.W.L.Lewis:Raman and Rayleigh-scattering diagnostic of
a 2-phase hypersonic N_2-flow field.AIAA J.13,6(1975)709-710
[2310] M.Lapp:Raman scattering from water vapor in flames.AIAA J.15, 12
(1977) 1665-1666
[2311] S.Lederman:The use of laser Raman diagnostics in flow fields and
combustion.J.progr.energy comb.sci.3,1(1977)1-34
[2312] W.Krahn,K.Stursberg:Laser-Raman-Spektroskopie.S.89-102 in DLR-FB
77-36(1977)
[2313] W.D.Williams,D.W.Sinclair.L.L.Price:Laser-Raman/Rayleigh flow diagnostic techniques applied to subsonic flow.AEDC-TR-80-20(1980)
[2314] W.D.Williams,D.A.Wagner,H.M.Powell,L.L.Price:Laser-Raman flow field
diagnostics of two large hypersonic test facilities.Final
rept.AEDC-TR-79-88(1979)
[2315] S.Lederman,A.Celentano,J.Glaser:Flow field measurement using Raman
and LDV techniques.Interim rept.SQUID-PIB-36-PU(1979)
[2316] W.D.Williams,H.M.Powell:Laser-Raman measurements in the muzzle blast
region of a 20mm cannon.AEDC-TR-79-72(1979)
[2317] A.D.Birch,D.R.Brown,G.M.Dodson,J.R.Thomas:Studies of flammability.
In Symp.int.on comb.17(1979)
[2318] P.P.Yaney:Combustion diagnostics using laser spontaneous Raman
scattering.Wright-Patterson AFB rept.UDR-TR-79-46(1979)
[2319] W.D.Williams,H.M.Powell,L.L.Price,G.D.Smith:Laser-Raman measurements
in a ducted,two-stream,subsonic H_2/air combustion flow.
AEDC-TR-79-74 (1979)
[2320] M.Lapp,C.M.Penney,S.Warshaw:Laser Raman probe diagnostics.Purdue
Univ.Lafayette fin.rept.75/79(1982)contract N00014-75-C-1143
[2321] J.R.Smith:Temperature and density measurements in an engine by
pulsed Raman spectroscopy.SAE prepr.800137 for meet.Feb.1980
[2322] J.R.Smith:Instantaneous temperature and density by spontaneous
Raman scattering in a piston engine.AIAA paper 80-1359(1980)
[2323] G.Alessandretti:Some results on the measurement of temperature and
density in a flame by Raman spectroscopy. Opt. acta (GB) 27, 8
(1980) 1095-1103
[2324] K.Stursberg:Possibilities and limitations of Raman spectroscopy in
local temperature and concentration measurements in flames.
DFVLR-FB-80-17 (1980). Diss. Ruhr Univ.1980
[2325] J.A.Vanderhoff,R.A.Beyer:Laser Raman spectroscopy of flames.Theory
and preliminary results.ARBRL-TR-02279(1981)
[2326] J.W.Glaser:Shock tube diagnostics utilizing laser Raman scattering.
Thesis Polytechn.Inst.New York,1982
[2327] J.W.Glaser,S.Lederman:Shock tube diagnostics utilizing laser Raman
scattering.AIAA J.21,1(1983)85-91
[2328] M.Mérian:Application de l'effet Raman à la visualisation
d'écoulements gazeux.Rech.aérospat.2(1972)85-89
[2329] R.W.Minck,R.W.Terhune,W.G.Rado:Laser stimulated Raman effects and
resonant 4 photon interactions in gases. Appl.phys.lett.3 (1963)
181

[2330] R.Y.Shen,N.Blombergen:Theory of stimulated Brillouin and Raman scattering.Phys.rev.137,6A(1965)1787-1805

[2331] N.Blombergen:The stimulated Raman effect.Am.J.phys.35, 11 (1967) 989-1023

[2332] N.Blombergen,G.Bret,P.Lallemand,P.Simova:Controlled stimulated Raman amplification and oscillation in hydrogen gas.J.quant.el.QE 3,5(1967)197-201

[2333] P.Lallemand,P.Simova:Stimulated Raman spectroscopy in hydrogen gas.J.mol.spectr.26(1968)262-276

[2334] M.Maier,W.Kaiser,J.A.Giordmaine:Backward stimulated Raman scattering Phys.rev.177, 2(1969)580-599

[2335] G.D.Boyd,W.D.Johnston jr.,I.P.Kaminow:Optimazation of the stimulated Raman scattering threshold.J.quant.el.QE 5,4(1969)203-241

[2336] I.Reinhold,M.Maier:Gain measurements of stimulated Raman scattering using a tunable Dye laser.Opt.comm.5,1(1972)

[2337] W.Schmidt,W.Appt:Tunable stimulated Raman emission generated by a dye laser.Zs.Naturforsch.27a(1979)1373-1375

[2338] M.A.Kovacs:Vibrational relaxation measurements using transient stimulated Raman scattering.B.Am.phys.soc.16(1971)1397

[2339] H.Matsui,E.L.Resler,S.H.Bauer:Vibrational relaxation in H_2-CO and D_2-CO mixtures,measured via stimulated Raman-IR-fluorescence. J.chem.phys. 63 (1975) 4171-4176

[2340] C.Y.She,W.M.Fairbanks,R.J.Exton:Measuring molecular flows with high-resolution stimulated Raman spectroscopy.IEEE J.quant.el.QE 17,1(1981)2-4

[2341] G.C.Herring,W.M.Fairbanks,C.Y.She:Observation and measurement of molecular flow using stimulated Raman gain spectroscopy.IEEE J.quant.el.QE 17(1981)1975-1976

[2342] M.E.Mack,R.L.Carman,J.Reintjes,N.Bloembergen:Transient stimulated rotational and vibrational Raman scattering in gases. Appl. phys. lett. 16,5 (1970) 209-211

[2343] P.E.Perkins:Frequency modulation applied to stimulated Raman scattering(SRS)for linewidth and temperature measurement. Appl.spectrosc.34, 6(1980)617-621

[2344] (171)(176)(177)(184)

[2345] P.D.Maker,R.W.Terhune:Study of optical effects due to an induced polarization third order in electric field strength. Phys. rev. 137 (1965) A801-A818

[2346] N.Bloembergen:Nonlinear optics.Benjamin,N.Y.,1977

[2347] P.S.Pershan:Non lilnear optics,Progr.in optics 5(1966)83-144

[2348] A.Yariv:Quantum electronics.Wiley,N.Y.,1967,1975

[2349] A.K.Levine(Ed):Non linear optics.Dekker,N.Y.,1968

[2350] R.H.Pantell,H.E.Puthoff:Fundamentals of quantum electronics. Wiley, N.Y., 1969

[2351] S.M.Kay,A.Maitland(Eds):Quantum optics.Proc.10th sess.Scottish Univ.summer school in phys.1969.A NATO advanced study inst., Academic Press, London, 1970

[2352] M.Schubert,B.Wilhelmi:Einführung in die nichtlineare Optik.Teil 1-Klassische Beschreibung.Teubner,Leipzig,1971

[2353] F.Zernike,J.E.Midwinter:Applied nonlinear optics.Wiley,N.Y.,1973

[2354] H.Rabin,C.L.Tang(Eds):Quantum electronics.A treatise.Academic,1975

[2355] J.J.Valentini:Coherent Anti-Stokes Raman scattering.In [46]

[2356] J.P.E.Taran:Coherent Anti-Stokes Ramanspectroscopy.p. 1-6 in "Lasers in chemistry". M.A.West (Ed), Elsevier, Amsterdam,1977

[2357] W.B.Roh.P.W.Schreiber,J.P.E.Taran:Single pulse coherent Antistokes Raman scattering.Appl.phys.lett.29(1976)174-176

[2358] R.W.DeWitt,A.B.Harvey,W.M.Tolles:Theoretical development of third-order susceptibility as related to coherent Antistokes Raman spectroscopy.NRL-Mem.rept.3260(1976)

[2359] J.W.Nibler,G.V.Knighten:Coherent Antistokes Raman spectroscopy. chapt.7 in "Topics in current physics". A.Weber(Ed), Springer,1977

750

[2360] J.W.Nibler,W.M.Shaub,J.R.McDonald,A.B.Harvey:Coherent Antistokes Raman spectroscopy.In"Vibrational spectra and structure".J.R.Durig(Ed),Elsevier,N.Y.,1977

[2361] W.B.Roh.:Coherent Anti-Stokes Raman spectra of molecular gases.Wright-Patterson AFB, Dayton, Ohio, AFAPL-19-TR-47(1977)

[2362] V.S.Letokhov:Laser spectroscopy.5.Raman spectroscoy.Optics and laser technol.6(1978)129-137

[2363] J.H.Eberly,P.Lambropoulos(Eds):Multiphoton processes.Wiley,1978

[2364] W.M.Shaub,S.Lemont,A.B.Harvey:Interpretation of coherent Anti-Stokes Raman spectroscopy(CARS)spectral profiles. Appl. Spectr. 33, 3 (1979) 268-273

[2365] D.C.Hanna,D.Cotter,M.A.Yuratich:Nonlinear optics of free atoms and molecules.Vol.17 Springer ser. in opt. sci. Springer, 1979

[2366] H.Weil:Analysis for coherent Anti-Stokes Raman spectroscopy (CARS) AFOSR-80-1007(1980)

[2367] M.S.Feld,V.S.Letokhov(Eds):Coherent nonlinear optics.Vol.21. Topics in current physics.Springer, Berlin, 1980

[2368] M.Lapp,C.M.Penney:Analysis of Raman and Rayleigh scattered radiation.p.408-433 in [43B]

[2369] S.Druet,J.P.Taran:CARS-Spectroscopy.ONERA-TP 1982-3(1982)

[2370] P.Régnier,J.P.Taran:On the possibility of measuring gas concentrations by stimulated Anti-Stokes scattering. ONERA-TP-1269 (1973) Appl.phys.lett.23, 5(1973)240-242

[2371] S.Druet,J.P.E.Taran:Coherent Anti-Stokes Raman spectroscopy. In "Chemical and biochemical applications of lasers". Vol.IV. C.B. Moore (Ed). Academic Press, 1978

[2372] P.R.Régnier,F.Moya,J.P.E.Taran:Gas concentration measurement by coherent Raman Anti-Stokes scattering.AIAA J.12, 6 (1973) 826-831.AIAA-paper 73-702.ONERA-TP 1269(1973)

[2373] P.Régnier:Application de la diffusion Anti-Stokes cohérente à la mesure de concentrations gazeuses et à la visualisation des écoulements.Thèse Univ.Paris 1973.ONERA-NT 215(1973)

[2374] F.Moya:Application de la diffusions Raman Anti Stokes cohérente à des mesures deconcentrations gazeuses dans les écoulements aérodynamiques.Thèse Univ.Paris,1976.ONERA-TR 1975-13(1975)

[2375] F.Moya,S.A.Druet,J.P.E.Taran:Gas spectroscopy and temperature measurement by coherent Raman Anti-Stokes scattering. Opt. comm. 13, 2(1975)169-174

[2376] F.Moya,S.Duret,M.Péalat,J.P.E.Taran:Flame investigation by coherent Anti-Stokes Raman scattering.AIAA-paper 76-29(1976).ONERA-TP 1976-1(1976)

[2377] F.Moya,S.Druet,M.Péalat,J.P.E.Taran:Flame investigation by coherent Anti-Stokes Raman scattering.p.549-575 in "Progress in astronautics and aeronautics" Vol.53. B.T.Zinn(Ed). Princeton, 1977

[2378] W.M.Tolles,J.W.Nibler,J.R.McDonald,A.B.Harvey:A review of the theory and application of coherent Anti-Stokes Raman spectroscopy Appl.spectr.31(1977)253-272

[2379] C.Veret:Optical measurements in flames. p. 2/8-2/16 in [874]

[2380] R.Bailly,M.Péalat,J.P.E.Taran:Raman investigation of a subsonic jet. Opt. comm. 17(1976)68

[2381] S.Druet,R.Bailly,M.Péalat,J.P.E.Taran:Techniques Raman d'étude des écoulements et des flames.p.14/1-14/12 in [286]ONERA-TP 1976-40

[2382] A.C.Eckbreth.R.J.Hall:CARS-diagnostic investigations of flames. United technol.res.cent., East Hartford, Conneticut, UTRC 78-87

[2383] A.C.Eckbreth,P.A.Bonczyk,J.A.Shirley:Investigation of saturated laser fluorescence and CARS-spectroscopic techniques for combustion diagnostics.Unit. Technol. Res. Center, East Hartford,PB 283 81(1978)

[2384] A.C.Eckbreth,R.J.Hall,J.A.Shirley:Etude d'une spectroscopie cohérente Raman anti Stokes pour l'analyse pratique des combustions. AGARD-conf. proc.CP 281(1980)1-14

[2385] A.C.Eckbreth,P.A.Bonczyk,J.F.Verdieck:Investigation of CARS and laser induced saturated fluorescence for practical combustion diagnosis, Industrial Env.Res.Lab, Res.Triangle Park.EPA/600/780/ 09(1980)

[2386] A.C.Eckbreth,R.J.Hall,J.A.Shirley,J.F.Verdieck:Investigation of CARS for practical combustion diagnostics.Proc. 5th int.symp. air-breathing engines. Bagalore,1981

[2387] D.Klick,K.A.Marko,L.Rimai:Broadband single-pulse CARS spectra in a fired internal combustion engine. Appl. opt. 20 (1981) 1178

[2388] M.N.Osin,P.P.Pashinin,V.V.Smirnov,V.I.Fabelinskii,N.S.Tskhai:Measurement of local temperature and density of a gas by the CARS method.Zh.Tekh.Fiz.(USSR)51,1(1981)106-110

[2389] M.N.Osin,P.P.Pashinin,V.V.Smirnov,V.I.Fabelinskii,N.S.Tskhai:Measurement of the pressure and temperature distributions in a supersonic nitrogen flow by coherent Anti-Stokes Raman scattering Pis'Ma.V.Zh.Tekh.Fiz.(USSR)6,3/4(1980)145-147

[2390] D.V.Murphy.R.K.Chang:Single-pulse broadband rotational coherent anti-Stokes Raman-scattering thermometry of cold N_2/gas.Opt.lett. 6,5(1981)233-235

[2391] J.P.E.Taran,M.Péalat:Practical CARS temperature measurements. ONERA-TP 1982-6(1982)

[2392] K.Knapp,F.J.Hindelang:Measurement of temperatures in a shock tube by coherent Antistokes Raman spectroscopy(CARS).p.132-140 in [248]

[2393] P.Huber Walchli,J.W.Nibler:CARS-spectroscopy of molecules in super-sonic free jets.J.chem.phys.76,1(1982)273-284

[2394] S.Brückner,F.J.Hindelang:Methods for improving the performance of CARS-measurements in shock tubes.p.617-623 in [249]

[2395] T.Lasser.E.Magens,A.Leipertz:Gas thermometry by Fourier analysis of rotational coherent anti-Stokes Raman scattering.Opt.lett.10 (1985)535-537

[2396] J.J.Barrett,R.F.Begley:Low power CW generation of coherent anti-Stokes Raman radiation in CH_4-gas.Appl.phys.lett.27,3(1975)129

[2397] J.J.Barrett:Generation of coherent Anti-Stokes rotational Raman radiation in hydrogen gas.Appl.phys.lett.29(1976)722-724

[2398] A.Hirth,K.Vollrath:CW-coherent anti-Stokes Raman scattering from gases.ISL-CO 216/76

[2399] A.Hirth:Mesure locale et continue de la densite d'un écoulement gazeux par diffusion cohérente Raman anti-Stokes.p.15/1-15/7 [286]

[2400] A.Hirth:Application de la diffusion Raman anti-Stokes cohérente à l'étude des écoulements gazeux.ISL-R 116/77(1977)

[2401] A.Hirth,K.Vollrath:Mesure de la masse volumique et de la température par spectroscopie DRASC.ISL-CO 210/78(1978)

[2402] H.Mach,U.Werner,A.Hirth,L.Bobin:Anwendung der CARS-Methode zur Untersuchung turbulenter Gasströmungen.ISL-R 120/80(1980)

[2403] B.Hudson,W.Hetherington III,S.Cramer,I.Chabay,G.K.Klauminzer:Resonance enhanced coherent anti-Stokes Raman scattering. Proc. nat. acad.sci.USA 73, 11(1976)3798-3802

[2404] S.Druet:Diffusion Raman anti-Stokes cohérente au voisinage des résonances électronique.Thèse Univ.Paris, Orsay, 1976.ONERA-TN 1976-6 (1976).ESA-TT-371(1977)

[2405] B.Attal:Diffusion Raman anti-Stokes cohérente à la résonance élec-tronique;application à l'iode.ONERA-NT 1979-4(1979)

[2406] E.K.Gustafson,J.C.McDaniel,R.L.Byer:CARS-measurement of velocity in a supersonic jet.J.quant.el.QE 17,12(1981)2258-2259

[2407] G.J.Sem:Aerodynamic particle size. Why is it important? ISI-Quaterly X, 3(1984)3-12

[2408] J.K.Agarwal,L.M.Fingerson:Evaluation of various particles for their suitability as seeds in laser velocimetry.p.50-66 in [24]

[2409] F.Durst,B.Ruck:Effektive particle size range in laser-Doppler ane-mometry.Exp.in fluids 5,5(1987)305-314

[2410] R.P.Dring:Sizing criteria for laser anemometry particles. J. fluid eng. 104 (1982) 15-17

[2411] **W.Gregor**:Limits imposed on the concentration and size of tracer particles in laser doppler anemometry.DISA info.22(1977)39-41

[2412] [725][729][732][734][738]-[745]

[2413] **P.Chylek,G.W.Grams,R.G.Pinnick**:Light scattering by irregular randomly oriented particles.Science 193(1976)480-482

[2414] **D.S.Wang,P.W.Barber**:Scattering by inhomogeneous nonspherical objects.Appl.optics 18(1979)1190-1198

[2415] **A.R.Jones**:Scattering efficiency factors for agglomerates for small spheres.J.phys.D(GB)12,10(1979)1661-1672

[2416] **D.L.Jaggard,C.Hill,R.W.Shorthill,D.Stuart,M.Glantz**:Light scattering from particles of regular and irregular shape. Atmos. environ.15, 12(1981)2511-2519

[2417] **Y.Yeh,H.Z.Cummins**:Localized fluid flow measurements with an He-Ne-laser spectrometer.Appl.phys.lett.4(1964)176-178

[2418] [262]-[268][286]

[2419] [201]-[216]

[2420] **F.Durst,J.H.Whitelaw**:A guide to optical anemometers.Imperial College of Sci.and Technol.Mech.Eng.Dept. ET/TN/A/2(1970)

[2421] **A.D.Lennert,D.B.Brayton,F.L.Crosswy.W.H.Goethert,H.T.Kalb**:Laser metrology.p.11/1-11/90 in [218]

[2422] **F.Durst**:Introduction to laser-Doppler shift anemometry.Technica 408(1971)47-61

[2423] **M.K.Denham**:The use of laser anemometry for fluid flow measurements. Univ. Exeter Dept.Chem.Eng. rept.CA 13(1971)

[2424] **M.J.Rudd**:The laser anemometer-a review.Opt.and lasertechnology 11 (1971) 200-207

[2425] **C.Greated**:A review of laser flow measuring techniques. Proc. soc. underwater technol.12, 1(1972)38-47

[2426] **F.Durst,A.Melling,J.H.Whitelaw**:Euromech 36 - Laser anemometry. J. fluid. mech.51, 1(1972)143-161

[2427] **F.Durst**:Development and application of optical anemometers.Thesis Imperial College London 1972

[2428] **M.Laug**:Vélocimétrie laser.ONERA doc.1/6009(1973)

[2429] **B.Masure,B.Gautier,J.Haertig**:La vélocimetrie laser.Description et application à l'étude des écoulements gazeux.ISL-CO 1/73(1973)

[2430] **A.Coghe**:Anemometria Doppler.Principi theorici e sistemi sperimentali.La Termotechnica 3(1974)123-133

[2431] **A.Lennert**:Fundamentals of laser Doppler velocim. p. 3/ 1-3/37 [244]

[2432] Anonym:Anémometrie Doppler à laser.Cours Palaiseau,Disa 1979

[2433] **W.M.Farmer**:Laser velocimetry.Opt.eng.20,3(1981)SR/064-066

[2434] **H.J.Pfeifer**:Review lectures on various topics of laser velocimetry.ISL-CO 204/81(1981)

[2435] **W.H.Stevenson.M.K.Pedigo,R.E.Zammitt**:Bibliography on laser Doppler velocimeters.Theory,design and applications.US Army Missile Command Redstone Arsenal,Alabama,rept. RD-TR 1972

[2436] Anonym:Bibliography of laser Doppler anemometry literature.DISA info.March 1972

[2437] **F.Durst,M.Zaré**:Bibliography of laser Doppler anemometry literature DISA info.sept.1974.Univ.Karlsruhe SFB 80-DBR 1974

[2438] [1331][1390]-[1394][1397][1401][1406]

[2439] **D.G.Andrews,H.S.Seifert**:Investigation of particle size determination from the optical response of a laser-Doppler velocimeter. Stanfort Univ.Proj.Squid TR-SU-1-PU(1972)

[2440] **A.J.Yule**:Particle size and velocity measurement by laser anemometry.J.Energy 1,4(1977)220-228

[2441] **D.M.Ogden.D.E.Stock**:Simultaneous measurement of particle size and velocity via the scattered light intensity of a real fringe laser anemometer.p. 496-505 in [207]

[2442] **C.Brioschi,A.Coghe,Y.Ghezzi,H.G.Jerrard**:Particle sizing by Mie scattering.P.251-259 in"Electro.optics/laser international.IPC Sci. Technol. Press, Guildford, UK, 1980

[2443] M.Laug,A.Desfour:Particle sizing by Mie-scattering.p.17/1-17/12 in ISL-R 117/80(1980)

[2444] M.Timmerman:Simultaneous measurement of particle size and velocity using a laser Doppler velocimeter. Proc. soc. photo-opt. instr. eng. 236 (1981) 231-236

[2445] R.Kleine,G.Gouesbet,B.Ruck:Simultaneous local optical measurements of particle velocity, particle size and particle concentration. Network 226(1982)15-42

[2446] M.S.Atakan,A.R.Jones:Measurement of particle size and refractive index using crossed-beam laser anemometry.J.phys.D. 15, 1 (1982) 1-13

[2447] Y.Mizutani,H.Kodama,K.Miyasaka:Doppler-Mie combination technique for determination of size-velocity correlation of spray droplets. Combust.flame 44, 1-3(1982)85-95

[2448] C.J.Bates,O.Hadded,M.L.Yeoman,H.J.White:Dual wavelength DLA-technique with extended dynamic range for simultaneous measurement of particle size and velocity.p.183-190 in [235]

[2449] [1333][1337]-[1341]

[2450] B.Y.H.Liu,K.T.Whitby,H.H.S.Yu:A condensation aerosol generator for producing monodispersed aerosols in the size range 0.036 up to 1,3 µm.J.rech.atmosph.(1966)397-406

[2451] A.Melling:Particles.Their generation and measurement.Imperial College Dept.Mech.Eng.rept.ET/TN/B/7(1971)

[2452] A.Melling,J.H.Whitelaw:Seeding of gas flows for laser anemometry. DISA Info.15(1973)5-13

[2453] M.K.Mazumder,B.D.Hoyle,K,J.Kirsch:Generation and fluid dynamics of scattering aerosols in laser-Doppler velocimetry.p.234-269 [263]

[2454] H.Altgeld,A.Schnettler,D.Stehmeier:Spark discharge particle generator for laser Doppler anemometry.J.phys.E. 13,4(1980)437-441

[2455] W.P.Patrick.R.W.Paterson:Seeding technique for laser Doppler velocimetry measurements in strongly accelerated nozzle flowfields.AIAA fluid and plasma dyn.conf.14(1981)No.18-1198

[2456] H.Thompson:A tracer-particle fluid velocity meter incorporating a laser.J.phys.E. sci.instr.2,1(1968)929-931

[2457] F.Mesch,H.H.Daucher,R.Fritsche:Geschwindigkeitsmessung mit Korrelationsverfahren,Meßtechnik 7(1971)152-157

[2458] L.H.Tanner:A particle timing laser velocimeter.Opt.and laser technol.5(1973)108-110

[2459] R.Schodl:On the development of a new optical method for flow measurements in turbomachines.Paper presented ASME gas turbine conf.Zürich 1974

[2460] R.Schodl:The laser-dual-focus flow velocimeter.p.21/1-21/9 [286]

[2461] R.Schodl:Laser-two-focus velocimetry (L2F) for use in aeroengines. p.4/1-4/33 in AGARD-LS 90(1977)

[2462] R.Schodl:Entwicklung des Laser-Zweifokus-Verfahrens für die berührungslose Messung der Strömungsvektoren,insbesondere in Turbomaschinen.Diss.T.H.Aachen 1977

[2463] R.Schodl:Laser-two-focus(12L) velocimeter for automatic flow measurements in the rotating components of turbomachines.J.fluids eng.trans.ASME 102,4(11980)412-419

[2464] H.Flügge:Laser-dual-focus system for measuring the flow through narrow rod bundles.Exp.in fluids 1(1983)37-41

[2465] L.Lading:The time od flight laser anemometer.p.23/1-23/20 in [286]

[2466] W.T.Mayo jr,.A.E.Smart,T.E.Hunt:Laser transit anemometer with microcomputer and special digital electronics.Measurements in supersonic flows.p.146-153 in [233]

[2467] L.Lading:The time-of-flight laser anemometer versus the laser Doppler anemometer.Laser velocim. and particle sizing 3 (1979)

[2468] A.E.Smart,W.T.Mayo jr.:Experimental and analytical development of the applic. of a transit laser velocim. AEDC SDC1-79-6501 (1979)

[2469] A.Lading,A.S.Jensen.C.Fog,E.Rasmussen:Remote measurement of wind velocity.The time-of flight anemometer.p.223-232 in Conf.proc. electro-opt./laser int.80,IPC Sci.Technol.Press,Guidford,1980

[2470] **A.E.Smart,D.C.Wisler,W.T.Mayo jr.**:Optical advances in laser transit anemometry.p.149-156 in J.fluids eng.gas turbine conf.and prod.show,New Orleans, 1980.ASME,N.Y.,1980

[2471] **M.M.Ross**:Transit laser anemometry data reduction for flow in industrial turbomachinery.Opt.acta 27,4(1980)511-528

[2472] **H.Eickhoff,R.Schodl**:Velocity and turbulence measurements in turbulent flames using the L2F technique.AGARD CP 281(1980)1-12

[2473] **E.D.Hirleman**:Recent developments in non-Doppler laser velocimetry. AIAA-aerospace sci.meeting 18 (1980) paper 80-0350

[2474] **F.Durst,F.Schmitt**:A combined laser Doppler/dual focus system. Comparison and applications.p.48/1-48/10 in [267]

[2475] **R.Schodl,H.Selbach.H.G.Lossau**:Comparison o signal processing by correlation and by pulse pair timing in laser dual focus vecolimetry.p.51/1-51-21 in [266]

[2476] **H.P.Kugler**:Two spot measurements in high temperature and high speed flows.p.49/1-49/15 in [266]

[2477] **R.G.W.Brown,E.R.Pike**:Relative photon limited accuracies of laser transit velocimeter processes.p.27/1-27/6 in [266]

[2478] **W.T.Mayo jr.,A.E.Smart,R.J.Hermes**:Laser transit anemometer measurements with unseeded backscatter.IEEE C.P. 81CH1712-9 (1981) 46-52

[2479] **Y.Loh.H.Tan**:A new method for processing the signals from a laser dual-focus velocimeter.J.phys.E 14,8(1981)981-984

[2480] **S.Eriksen,K.Sakbani,S.L.K.Wittig**:Laser-Doppler and laser-dual-focus measurements in laminar and fully turbulent boundary layers.XIV ICHMT-symp.heat mass transf. in rot. mach., Dubrovnik, 1982

[2481] **S.Eriksen,S.L.K.Wittig,K.Sakbani,K.P.Rüd**:Comparison of laser- and probe measurements in laminar and fully turbulent boundary layers.19.2 in [268]

[2482] **C.Y.She,R.F.Kelley**:Scaling law and photon-count distribution of a laser time-of-flight velocimeter.J.opt.soc.Am.72,3(1982)365-371

[2483] **U.Schricker**:Optical flow measurements with the laser-two-focus method.Feinwerktechn.Meßtechn.9-,2(1982)65-69

[2484] **R.G.W.Brown,P.N.Inman**:Direct comparison of laser Doppler,transit hot wire and pulsed wire anemometer measurements in an axisymmetric jet.p.158-164 in [235]

[2485] **S.Wittig,S.Eriksen,A.Schulz,C.Hassa**:Laser-Doppler und Laser-zwei-Fokus Messungen in laminaren und turbulenten Wandgrenzschichten. VDI-Ber. 487 (1983) 181-189

[2486] **S.Erikson,S.Wittig,K.P.Rüd**:Optical measurements of the transport properties in a highly cooled turbulent boundary layer at low Reynolds number.4th int.symp.turb. shear flow, Univ.Karlsruhe 1983

[2487] **C.J.Oliver**:Accuracy in laser anemom. J. phys.Dappl. phys. 13, 7 (1980) 1145

[2488] **E.D.Hirleman**:Non-Doppler laser velocimetry;single beam transit-time L1V.AIAA J.20, 1(1982)86-87

[2489] **O.Sasaki,T.Sato**:Two-dimensional velocity distribution measuring system using multiple laser beam line detectors and high order correlation analysis.Appl.optics 1,20(1979)3522-3525

[2490] **M.E.Mc Donnell,E.J.Johnson**:Multiple-beam laser velocimeter.Analysis and applications.Appl.optics 19,17(1980)2934-2939

[2491] **F.Robben,R.K.Cheng,M.M.Popovich,F.J.Weinberg**:Associating particle tracking with laser fringe anemometry.J.phys.E 13,3(1980)315-322

[2492] **R.B.Owen,C.W.Campbell**:Laser beam manifold and particle photography system for use in fluid velocity measuremnts. Rev. sci. instr. 51, 11(1980)1504-1508

[2493] **S.K.Wang**:Coherent and noncoherent detection.Ceonfigurations of multipoint measurements with laser anemometers. RISO-R-453(1981)

[2494] **W.S.Kang,L.Lading,E.Rasmussen**:Simultaneous measurements of the velocity at different points in space with laser anemometers. p.50/1-50/13 in [266]

[2495] **J.R.McCullough,Y.C.Agrawal**:Method for measuring particle velocity using differential photodiode arrays.Dept.of the Navy, USA, rept. PAT-APPL-6-374 557(1982)

[2496] V.J.Corcoran:Directional characteristics in optical heterodyne detection processes.J.appl.phys.36(1965)1819.38(1976)3117
[2497] M.Ross:Laser receivers.Wiley.N.Y.,1966
[2498] M.P.Warden:Experimental study of the theory of optical super-heterodyne reception.Proc.IEEE 113(1966)997-1004
[2499] A.E.Siegman:The antenna properties of optical heterodyne receivers. Appl.optics 5, 10(1966)
[2500] M.C.Teich:Infrared heterodyne detection.Proc.IEEE 56, 1 (1968) 37
[2501] O.E.DeLange:Opt. heterodyne detection.IEEE spectr. 5,10 (1968) 77
[2502] F.L.Crosswy,H.T.Kalb:Frequency heterodyning in photomultiplier tubes.AEDC-TR-70-35(1970)
[2503] W.K.Pratt:Laser communication systems.Wiley,N.Y.,1979
[2504] J.W.Foreman jr.,E.W.George,R.D.Lewis:Measurement of localized low velocities in gases with a laser Doppler flow meter. Appl. phys. lett. 7 (1965) 77-80
[2505] J.W.Foreman,E.W.George,J.L.Jetton,R.D.Lewis,J.R.Thornthon,H.J.Watson: Fluid flow measurements with a laser Doppler velocimeter. IEEE J. quant. el.QE-2, 8 (1966) 260-266
[2506] J.W.Foreman jr.,R.D.Lewis,J.R.Thornton,H.J.Watson:Laser Doppler velo-cimeter for measurement of localized flow velocity in liquids.IEEE proc.54, 3 (1966) 424-425
[2507] J.W.Foreman,R.M.Huffaker:Development of a laser Doppler flowmeter for gas velocity measurements.NASA-TMX-53389(1966)
[2508] D.K.Kreid:Measurements of the developing laminar flow in a square duct.An application of the laser Doppler flowmeter.Thesis Univ.Minnesota,Minneapolis,1966
[2509] B.Ahlborn,A.J.Barnard:Velocity measurements by Doppler effect.AIAA J.4,6(1966)1136-1137
[2510] R.J.Goldstein,D.K.Kreid:Measurement of laminar flow development in square duct using a laser Doppler flowmeter. J.appl.mech.34 (1967) 813-818
[2511] R.J.Goldstein,W.F.Hagen:Turbulent flow measurements utilizing the Dopplershift of scattered laser radiation.Phys.fluids 10 (1967) 1349
[2512] R.D.Lewis,J.W.Foreman,H.J.Watson,J.R.Thornton:Laser-Doppler velocim-eter for measuring flow-velocity fluct.Phys.fluids 11 (1968) 433
[2513] W.B.Clarke:Fluid velocity measurement by Doppler shift of scattered light.MIT-AD-68421(1968)
[2514] R.J.Goldstein,D.K.Kreid:Fluid velocity measurement from the Doppler shift of scattered laser radiation. Univ. Minnesota, Minneapolis, HTL-TR-85 (1968)
[2515] E.Rolfe,J.K.Silk,S.Booth,K.Meister:Laser Doppler velocity instrument. NASA-CR-1199 (1968)
[2516] R.N.James,W.B.Babrock,H.S.Seifert:A laser Doppler technique for the measurement of particle velocity.AIAA J.6(1968)160
[2517] R.V.Edwards,J.C.Angus,D.L.Morrow:Flow measurements with Doppler shifted laser light.Adv.in instrumentation 23(1968)868-875
[2518] E.R.Pike,D.A.Jackson,P.J.Bourke,D.I.Page:Measurements of turbulent velocities from the Doppler shift in scattered light.J.phys.E sci.instr.1(1968)111
[2519] R.M.Huffaker:Laser-Doppler detection system for gas velocity meas-urement.Appl.optics 9(1970)1026
[2520] R.E.Anderson,C.E.Edlund,B.W.Vanzant:Measurement of particle veloci-ty at a shock front in water with a laser-Doppler meter. J. appl. phys. 42 (1971) 2741
[2521] E.B.Dennison,W.H.Stevenson,R.W.Fox:Pulsating laminar flow measure-ments with a directionally sensitive laser velocimeter.AICHE J.17(1971)781
[2522] W.T.Mayo:Spatial filtering properties of the reference beam in an optical heterodyne receiver.Appl.optics 9,5(1970)1159-1162
[2523] D.A.Jackson,D.M.Paul:Measurement of supersonic velocity and turbu-lence by laser anemometry.J.phys.E sci.instr.4(1971)173.p.487 [262]

[2524] H.H.Bossel,W.J.Hiller,G.E.A.Meier:Zur Messung von Strömungsgeschwindigkeiten mittels des optischen Dopplereffektes. MPI für
Strömungsforsch. Göttingen Ber. 7 (1971)
[2525] H.H.Bossel,K.L.Orloff:Practical laser Doppler anemometer.
UCSB-Me-71-3 (1971)
[2526] M.J.R.Schwar:Doppler velocity measurements using white light.
Nature 229(1971)621
[2527] O.Lang,C.C.Johnson,S.Morikawa:Directional laser Doppler velocimeter
. Appl. optics 10(1971)884
[2528] H.H.Bossel,W.J.Hiller,G.E.A.Meier:Self-aligning comparison beam methods for one-two-and three-dimensional optical veocity measure-
ments.J.phy.E sci.instr.5(1972)897-900
[2529] H.H.Bossel,A.L.Carter:The poor man's three-dimensional laser Doppler anemometer. UCSB-Me-72-6 (1972)
[2530] H.H.Bossel,K.L.Orloff:Laser Doppler anemometer for water tunnel
application.J.hydronautics 6,2(1972)101-105
[2531] H.H.Bossel:Noise cancelling signal difference method for optical
velocity measurements.J.phys.E sci.instr.5(1972)893-896
[2532] W.J.Hiller,G.E.A.Meier:Das Streulichtvergleichsstrahlenanemometer,
ein Laseranemometer zur Messung von drei Geschwindigkeitskompo-
nenten.MPI für Strömungsforsch.Göttingen Ber.3(1972)
[2533] [558][559]
[2534] M.K.Mazumder:Laser Doppler velocity without directional ambiguity
by using frequency shifted incident beams. Appl. phys. lett.
16(1970)462
[2535] Anonym:Acousto-optic application of calibrators and frequency
shifters for laser velocimeters.Zenith techn.note 1971
[2536] D.F.G.Durao,J.H.Whitelaw:The performance of acousto-optic cells for
laser-Doppler anemomometry.Imperial College Dept. Mech. Eng. int.
rept.HTS/74/21(1974)
[2537] [555][556]
[2538] D.F.Buhrer,D.Baird,E.M.Conwell:Optical frequency shifting by electro-optic effect.Appl.phys.lett.1, 2(1962)46
[2539] R.Foord,A.F.Harvey,R.Jones,E.R.Pike,J.M.Vaughan:A solid-state electro-optic phasemodulator for laser-Doppler anemometry.J.phys.D
appl.phys.7(1974)36-39
[2540] J.Oldengarm,A.H.van Krieken,H.J.Raterink:Development of a rotating
grating and its use in laser velocimetry.p.603-616 in [266]
[2541] W.H.Stevenson:Optical frequency shifting by means of a rotating
diffraction grating.Appl.optics 9, 3 (1970) 649-652
[2542] J.Oldengarm,A.H.VanKrieken,H.Raterink:Laser-Doppler velocimeter
with optical frequency shifting.Opt.and laser technol. (1973)
249-252
[2543] J.Oldengarm:The use of rotating radial diffraction grating in laser
Doppler velocimetry.p.22/1-22/6 in [286]
[2544] C.deSnoo,A.H.vanKrieken,G.Wigley:The development of a rotating radi-
al-concentric phase grating for multi component LDV system. p.
9.5/1-9.5/7 in [268]
[2545] [2515][2528][2529][2532][2543][2544]
[2546] M.K.Mazumder,D.L.Wankum:Signal to noise ratio and spectral broadening in turbulence structure measurement using a CW-laser.
Appl.optics 9(1970)633
[2547] C.P.Wang:New model for laser Doppler velocity measurement of turbulent flow.Appl.phys.lett.18,11(1971)522-524
[2548] C.P.Wang:A unified analysis on laser-Doppler
velocimeters.J.phys.E 5(1972)763-766
[2549] C.P.Wang:Instantaneous turbulence velocity measurement by laser
Doppler velocimeter.Appl.phys.lett.20,9(1972)339-341
[2550] R.L.Bond:Contributions of system parameters in the Doppler method
fluid velocity measurements. Thesis Univ. of Akansas 1968
[2551] M.J.Rudd:A laser Doppler velocimeter employing the laser as a mix-
er oscillator.J.phys.E sci.instr.1(1968)723

[2552] H.D.vomStein,H.J.Pfeifer:Ein Verfahren zur Messung der Geschwindig-keit von kleinen Teilchen.ISL-T 38/68(1968)
[2553] M.J.Rudd:A self aligning laser Doppler velocimeter. ICO-8. Opt. instr. and techniques(1969)58-166, Oriel Press
[2554] M.J.Rudd:Measurements made on a drag reducing solution with a laser velocimeter.Nature 224(1969)587-588
[2555] H.D.vomStein,H.J.Pfeifer:A Doppler difference method for velocity measurements.Metrologica 5,2(1969)59-61
[2556] H.D.vomStein,B.Koch,P.Ratau,G.Schultze:Untersuchung der Verwendungsmöglichkeiten eines Gaslasers für die fortlaufende Geschwindigkeitsmessung mit Hilfe des Dopplereffektes.ISL-4/69(1969)
[2557] H.D.vomStein,H.J.Pfeifer,B.Koch:Geschwindigkeitsmessungen an kurzz-eitigen Strömungsvorgängen mittels Laserstrahlung. Opt. comm.1, 5(1969)207-210
[2558] H.D.vomStein,H.J.Pfeifer:Geschwindigkeitsmessungen an kurzzeitigen Strömungsvorgängen mittels Laserstrahlung.ISL-T 33/69(1969)
[2559] M.J.Rudd:A new theoretical model for the laser Doppler meter. J. phys.E 2 (1969) 55-58, 505-511, 723-726
[2560] C.M.Penney:Differential Doppler velocity measurements.J.IEEE Qe-5, 12(1969).Appl.phys.lett.16, 4(1970)167
[2561] D.B.Brayton,W.H.Goethert:A new dual scatter laser-Doppler shift velocity measuring technique.ISA trans.10,1(1971)40-50
[2562] W.H.Goethert:Laser Doppler velocimeter dual scatter probe volume. AEDC-TR-71-85(1970)
[2563] D.B.Brayton,W.H.Goethert:New velocity measuring technique using dual-scatter laser Doppler shift.AEDC-TR-70-205(1970)
[2564] M.K.Mazumder:Laser Doppler velocity measurement without direc-tional ambiguity by using frequency shifted incident beams. Appl.phys.lett.16, 11(1970)462-464
[2565] H.J.Pfeifer,H.D.vomStein:Eine Methode zur Messung des Turbulenzgra-des von Gasströmungen mit Laserstrahlung. ISL-N 22/70(1970)
[2566] H.J.Pfeiffer,H.D.vomStein:Anwenduing des Doppler Differenzenverfah-rens auf Messungen im Stoßrohr.ISL-N 35/70(1970)
[2567] F.Durst,J.H.Whitelaw:Measurements of mean velocity,fluctuating velocity and shear stress using a single channel anemometer.DISA Info.12(1971)11
[2568] A.Boutier,M.Philbert:Velocity measurements in gas and liquid flows with an interferential velocimeter.ONERA TP 1059(1972)
[2569] K.A.Blake,K.I.Jesperson:The NEL-laservelocimeter. NEL-rept. 510 (1972)
[2570] M.J.Rudd:Velocity measuremtns made with a laser Doppler meter in the turbulent pipe flow of a dilute polymer solution.J.fluid mech.51(19720673
[2571] M.Philbert,A.Boutier:Méthodes optigues de mesure de vitesse de parti-cule entrainées dans les écoulements.Rech.aérospatiale 3 (1972) 171-184.ONERA-TP 1120(1972)
[2572] F.Durst,J.H.Whitelaw:Integrated optical units for laser anemometry. J. phys. E sci.instr.4(1971)804
[2573] R.E.Anderson,C.E.Edlund,B.W.Vanzant:Measurement of particle veloci-ty at a shock front in water with a laser Doppler meter. J.appl.phys.42, 7(1971)2741-2743
[2574] T.H.Wilmshurst,C.A.Greated,R.Manning:A laser fluid-flow velocimeter of wide dynamic range.J.phys.E scti.instr.3(1971)81
[2575] F.Durst,J.H.Whitelaw:Optimization of optical anemometers. Proc. Roy. soc.A 324(1971)157-1816
[2576] W.H.Goethert:Balanced detection for the dual scatter laser Doppler velocimeter.AEDC-TR-71-70(1971)
[2577] W.H.Goethert:Introduction to laser Doppler velocimeter.Paper pre-sented at Univ.Tennesee Spece Institute,Tullahoma,1971
[2578] F.Durst,J.H.Whitelaw:Aerodynamic properties of separated gas flows;existing measurement techniques and a new optical geometry for the laser Doppler anemom..Progr.heat mass transf. 4 (1971) 311

758

[2579] F.Durst:Development and application of optical anemometers.Thesis Imperial College, London, 1971

[2580] H.H.Bossel,W.J.Hiller,G.E.A.Meier:Noise cancelling signal difference method for optical velocity measurements.J.phys.E sci. instr. 5 (1972) 893-896

[2581] B.Dessus,P.Napie,L.Peruecker:Velocimétre à laser.La Houille Blanche 8(1972)685-693

[2582] A.Boutier,M.Philbert:Velocity measurements in gas and liquid flows with an interferential velocimeter.ONERA-TP 1059(1972)

[2583] H.W.Stevenson:A historical review of laser velocimetry.p.1-14 [207]

[2584] W.M.Farmer:Measurement of particle size,number density and velocity using a laser interferometer.Appl.optics 11(1972)2603-2609

[2585] B.Koch:Laser beam probing for aerodynamic flow field analysis. p. 9/1-9/13 in [218]

[2586] F.Durst,J.H.Whitelaw:Light source and geometrical requirements for optimization of optical anemometer signals.Opto-electronics 5(1973)137-151

[2587] W.J.Hiller,G.E.A.Meier:Dimensionierung und Justierung von Laser-Anemometern bei der Verwendung von Wollaston-Prismen als Strahlteiler.MPI für Strömungsforsch.Göttingen Ber.12-1973(1973)

[2588] A.J.Smiths,A.E.Perry:Optimization of LDV geometry.Appl.optics 18,7(1979)1097-1100

[2589] A.Boutier:Optical systems in laser anemometry.p.1-45 in VKI-lecture series 1981-3"Laser velocimetry"

[2590] D.Mainone,X.Bouis:Rapport sur les éssais éffectués du 3.1 au 14.1.1977 sur un anémomètre laser installé à bord d'un NORD 260 du CEV-Bretigny.ISL-RT 504/77(1977)

[2591] D.Mainone:Laser Doppler Anemometrie vom Flugzeug aus.ISL-RT 500/78

[2592] D.Mainone,X.Bouis:Verwendung eines Farbstofflasers mit hoher Spitzenleistung und langer Pulsdauer zur Messung der "Luftgeschwindigkeit" vom Flugzeug aus.ZfW 2/3 (1978) 151-155

[2593] J.P.Hancy,A.Köneke:Compact fringe type anemometer for air borne and large wind tunnel applications.p.10/1-10/8 in ISL-R 117/80 [267]

[2594] A.Köneke,J.P.Nancy,F.Wietrich,P.G.Sava:Einsatz des mobilen Laser-Anemometers für Messungen in großen Windkanälen.ISL-RT 511/81(1981)

[2595] D.M.Robinson,W.P.Chu:Diffraction analysis of Doppler signal characteristics for a cross beam laser Doppler velocimeter. Appl. optics 14 (1975) 2477-2481

[2596] [203][215][216][2559]

[2597] C.Greated,T.S.Durrani:Signal analysis for laser velocimeter measurements.J.phys.E 4(1971)24-26

[2598] R.J.Adrian,R.J.Goldstein:Analysis of a laser Doppler anemometer. J. phys.E 4(1971)505-511

[2599] L.Lading:A Fourier optical model for the laser Doppler velocimeter. Optoelectronics 4(1972)385

[2600] L.E.Drain:Coherent and non-coherent methods in Doppler optical beat velocity measurements.J.phys.D appl.phys.5(1972)481

[2601] L.Lading:Analysis of signal-to-noise ratio of the laser-Doppler velocimeter.Optoelectronics 5(1973)175-187

[2602] B.Eliasson,R.Dändliker:A theoretical analysis of laser Doppler flowmeters.Brown Boveri KLR-73-03(1973).Optica acta 21, 2(1974) 119

[2603] A.R.Jones:Light scattering by a cylinder situated in an interference pattern with relevance to fringe anemometry and particlesizing.J.phys.D appl.phys.6(1973)417-415.Light scattering by a sphere situated in an interference pattern with relevance to fringe anemometry and particle sizing. J. phys. D appl. phys. 7 (1974) 1369-1377

[2604] D.B.Brayton:Small particle signal characteristics of a dual scatter laser velocimeter.Appl.optics 13,10(1974)2346-2351

[2605] S.HansonCoherent detection in laser Doppler velocimeters. Optoelectronics 6(1974)263

[2606] J.F.Meyers,M.J.Walsh:Computer simulation of a fringe type laser velocimeter.p.471-510 in [263]

[2607] R.J.Adrian,W.L.Early:Evaluation of LDV-performance using Mie scattering theory.p.426-454 in [265]

[2608] R.J.Adrian,K.L.Orloff:Laser anemometry signals.Visibility characteristics and application to particle sizing.Appl.optics 16(1977)677-684

[2609] E.Brockmann:Computer simulation of laser velocimeter signals. p.328-331 in [207]

[2610] F.Durst,W.H.Stevenson:Influence of Gaussian beam properties on laser Doppler signals.Appl.optics 18(1979)516

[2611] R.J.Adrian:Estimation of LDA-signal strength and signal to noise ratio.TSI Q.5(1979)3-8

[2612] B.J.Abbiss:The structure of the Doppler-difference signal and the analysis of its autocorrelation function. RAE-TR-7908(1979).Physica scripta 19 (1979) 388-395

[2613] J.K.Agarawal,P.Keady:Theoretical calculation and experimental observation of laser velocimeter signal quality.TSI Q.6(1980)3-10

[2614] W.W.Martin,A.H.Adbelmessih,J.J.Liska,F.Durst:Characteristica of laser-Doppler signals from bubbles.Int.J.multiphase flow(GB) 7,4(1981)439-460

[2615] R.J.Adrian:Characteristics of the dual beam signal.p.165-175 [46]

[2616] C.P.Wang,D.Snyder:Laser Doppler velocimetry.Experimental study. Appl. optics 13(1974)280

[2617] H.H.Bossel,W.J.Hiller,G.E.A.Meier:Zur Messung von Strömungsgeschwindigkeiten mittels des optischen Dopplereffektes MPI für Ström.forsch. Göttingen Ber. 7 (1971)

[2618] K.R.Kirchartz,H.Oertel jr.:A laser anemointerferometer for simultaneous measurements of velocity and density.p.45/1-45/10 in [267]

[2619] H.Oertel jr.,W.Jäger:Optik workshop-Ausblick auf die Anwendung des Weltraum-Optiklabors.BMFT-FB W79-44(1979)

[2620] H.Oertel jr.,W.Jäger:Optical measuring techniques and applications in the space optical laboratory.BMFT-FB-W-81-050(1981)

[2621] [2534]-[2536]

[2622] O.Lanz,C.C.Johnson,S.Morikawa:Directional laser Doppler velocimeter . Appl.optics 10, 4 (1971) 884-888

[2623] L.F.Jernquist,T.G.Johansson:A laser Doppler anemometer for the measurement of an arbitrary velocity component in highly turbulent fluid flow.Apparatus and techniques 10(1973)246-247

[2624] F.Durst,M.Zaré:Removal of pedestals and directional ambiguity of optical anemometry signals.Appl.optics 13,11(1974)2562

[2625] P.Buchhave:Laser Doppler velocimeter with variable frequency shift.Opt.and lasertechnol.2(1975)11-16

[2626] J.B.Abbiss,W.T.Mayo jr.:Deviation-free Bragg cell frequency shifting.Appl.optics 20,4(1981)588-590

[2627] W.J.Hiller,G.E.A.Meier:Zur Vorzeichenbestimmung der Geschwindigkeitskomponenten beim Laser-Doppler-Anemometer.MPI für Strömungsforsch.Göttingen 1(1972)

[2628] K.A.Blake:Simple two-dimensional laser velocimeter optics. J.phys.E 5(1972)623-624

[2629] G.R.Grant,K.L.Orloff:Two color dual beam backscatter laser Doppler velocimeter.Appl.optics 12(1973)2913-2916

[2630] J.B.Abbiss,T.W.Chubb,E.R.Pike:Laser Doppler anemometry. Opt. and laser technol. 6(1974)249

[2631] C.Caspersen:Measuring the flow field in front of a turbulent nozzle using two-color LDA.DISA Info.24(1979)5-8

[2632] J.B.Abbiss,P.R.Sharpe,M.P.Wright:Experiments using a three-component laser-anemometry system on a subsonic flow with vorticity.RAE-TR-80081(1980)

[2633] J.C.Petersen:Theorie und Aufbau eines Zwei-Komponenten-Laser-Anemometers.DFVLR-Mitt.81-06(1981)

[2634] **F.L.Crosswy,J.O.Hornkohl,A.E.Lennert:**Signal characteristics and signal conditioning electronics for a vector velocity laser velocimeter.p.396-444 in [262]

[2635] **F.L.Crosswy,J.O.Hornkohl**Signal conditioning electronics for a laser vector velocimeter.Rev.sci.instr.44,9(1973)1324-1332

[2636] **F.L.Crosswy,J.O.Hornkohl**Signal concitioning electronics for a vector velocity laser velocimeter.AEDC-TR-72-192(1973)

[2637] **W.M.Farmer,J.O.Hornkohl:**Two-component self-aligning laser vector velocimeter.Appl.optics 12(1973)2636

[2638] **R.J.Hallermeier:**Design considerations for a 3-D laser Doppler velocimeter for studying gravity waves in shallow water.Appl.optics 12,2(1973)924-300

[2639] **R.J.Adrian:**A bi-polar two component laser velocimter.J.phys.E 4(1975)72-75

[2640] **T.G.Johansson,L.F.Jernquist,S.K,F.Karlsson,N.Frössling:**A three-component laser-Doppler-velocimeter.p.28/1-28/4 in [286]

[2641] **L.Lourenco,C.Borrego,M.L.Riethmuller:**Simultaneous two dim. measurements with one color laser Doppler velocimeter. VKI-TM-28 (1980)

[2642] **K.L.Orloff,P.K.Snyder:**Laser Doppler anemometer measurements using nonorthogonal velocity components;error estimates.Appl.optics 21,2(1982)339-344

[2643] **M.König:**Einstellbares Bandpassfilter für die LDA-Meßkette .ISL-522/77

[2644] **B.Rudd,F.Durst:**Influence of signal detection and signal processing electronics on mean property measurements of LDA-frequencies .p.16.4/1-16.4/9 in [268]

[2645] **J.C.Petersen:**Ein computergestütztes Laser-Doppler-Anemometer. DFVLR-Mitt.79-14(1979)

[2646] **A.Boutier:**Data processing in laser anemometry.p.41-54 in [266]

[2647] **P.Buchave,C.Caspersen,J.Solt,T.Kemeny:**Pcocessing of discrete particle laser Doppler anemometer data.Measurement for progress in science and technology.p.15-22 in proc. IMEKO congr. Moscow, USSR, 1979. North-Holland, Amsterdam, 1980

[2648] **R.S.Figliola:**A digital laser Doppler processor.VKI-TM 30(1980)

[2649] **C.A.Hobson,M.J.Lalor,J.Solt,T.Kemeny:**The application of microprocessors to laser anemometry flow measurement.Measurement for progress in science and technology.p.79-86 in Proc.IMEKO congr.Moscow, 1979.Norht-Holland, Amsterdam, 1980

[2650] **C.J.Bates:**Transient recorder aids laser Doppler study of particles.Ind.res.dev.(USA)23,10(1981)182-186

[2651] **K.E.Harwell,W.M.Farmer,J.O.Hornkohl,E.Stallings:**Development of microprocessor-based velocimeter and its application to measurement of jet exhausts and flows over missiles at hight angles of attack.Army Res.Office,Res.Triangle Park,rept.GDFTR-81-2(1981)

[2652] **H.J.Peifer,H.D.vomStein:**Eine Methode zur automatischen Auswertung von Dopplersignalen.ISL-N 15/69(1969)

[2653] **H.J.Pfeifer,H.D.vomStein:**An automatic data processing system for laser amemometers.IEEE trans.AES-8,3(1972)345-349

[2654] **H.J.Pfeifer,H.D.vomStein:**Die Dopplercountermethode zur Datenerfassung und -verarbeitung beim Dopplerdifferenzenverfahren.ISL-N 24/72(1972)

[2655] **D.B.Krumholz,R.J.Murphy:**Design considerations for a counter based LDV.p.224-239 in [263]

[2656] **F.V.Steenstrup:**Counting techniques applied to laser Doppler anemometry.DISA Info18(1975)21-25

[2657] **H.J.Pfeifer,H.J.Schaefer:**A single counter technique for data processing in laser anemometry.ISL 30/74(1974)

[2658] **J.C.F.Wang:**Measurement accuracy of flow velocity via a digital frequency counter laser velocimeter processor.Gen.Electric rept. 75CRD196 (1975) p.150 in Proc.LDV-symp.Copenhagen 1975

[2659] **H.T.Kalb,V.A.Cline:**New technique in the processing and handling of laser velocimeter burst data.Rev.sci.instr.47,6(1976)708-711

[2660] M.König,H.J.Pfeifer:LDA data acquisition systems with high accuracy and high data rate.ISL-CO 205/77(1977)p.13-21 in [232]

[2661] M.König,H.J.Pfeifer:Zusatzgerät zum LDA-Datenerfassungsgerät.ISL-RT 511/77(1977)

[2662] M.König:LDA-Datenerfassungsgerät zur Bewertung und schnellen Aufbereitung von LDA-Signalen für einen Minicomputer.ISL-RT 509/ 77

[2663] H.J.Pfeifer:Advances in digital data processing for LDA-systems. ISL-CO 209/78(1978)

[2664] M.König:Digitale Datenerfassungsgeräte für die Laser-Doppler-Anemometrie.Probleme und Entwicklungen gezeigt an im ISL gebauten Geräten.ISL-PU 311/79(1979)

[2665] W.Hoesel,W.Rodi:A highly accurate method for digital processing of laser-Doppler velocimeter signals.Univ.Karlsruhe SFB 80(1975)

[2666] A.Boutier:Data processing in laser anemometry.p.41-53 in [266]

[2667] H.J.Pfeifer:Introduction fo LDA signal analysis and signal processing.VKI lecture series 1981-3(1981)1-22

[2668] H.J.Pfeifer:Signal processing by counters and digital processing of LDA signals.VKI lecture series 1981-3(1981)1-25

[2669] [203][215][216]

[2670] L.E.Drain:Coherent and non-coherent methods in Doppler optical beat velocity measurement.J.phys.D. 5(1972)481-495

[2671] F.Durst,W.H.Stevenson:Visual modeling of laser Doppler anem. signals by means of moiré fringes.Univ.Karlsruhe SFB 80/TM/42 (1974)

[2672] H.J.Pfeifer:Ein ·Verfahren zur Erkennung großer Teilchen in der Laseranemometrie .ISL-37/73(1973)

[2673] [203][215][216]

[2674] F.Durst:Electronic processing of optical anemometer signals.VKI lecture series 64(1974)

[2675] A.E.Lennert:Fundamentals of laser Doppler velocimetry.p.3/1-3-40 in [224]

[2676] H.Z.Cummins,H.L.Swinney:Progr.opt.8(1970)135

[2677] P.D.Iten,R.Dänliker:A sampling FM wide-band demodulator useful for laser-Doppler velocimeters.Proc.IEEE 60(1972)1470-1475

[2678] P.D.Iten:Elektronische Verkleinerung des Meßvolumens einer Doppler-Strömungssonde.ZAMP 21(1970)666

[2679] A.E.Smart:Evaluation of information processing methods for laser Doppler velocimetry.Rolls-Royce int.rept.RR(OH)450(1970)

[2680] R.M.Huffaker:Laser Doppler system for gas velocity measurements. Appl.optics 9, 5(1970)1026-1039

[2681] C.Greated,T.S.Durrani:Signal analysis for laser velocimeter measurements.J.phys.E 4(1971)24-26

[2682] M.O.Deighton.E.A.Sayle:An electronic tracker for the continous measurement of Doppler frequency from a laser anemometer.DISA Info.12(1971)5-10

[2683] R.V.Edwards,J.C.Angus,M.J.French,J.W.Duming jr.:Spectral analysis of the signal from the laser Doppler flow meter.Time independant systems.J.appl.phys.42(1971)837-850

[2684] C.P.Wang:Instantaneous turbulence velocity measurement by laser Doppler velocimeter.Appl.phys.lett.20,9(1972)339-341

[2685] J.Klapper,J.T.Frankle:Phase-locked and frequency feed back systems.Academic press,N.Y.,1972

[2686] R.J.Adrian:Statistics of laser Doppler velocimeter signals. Frequency measurement. J. phys. E 4(1972)91-95

[2687] J.F.Meyers:Signal processing with a frequency tracker.p.155 [262]

[2688] R.J.Smith-Saville:Signal processor for use with laser Doppler anemometer.Càmpbridge Consultants rept.1972

[2689] J.O.Asalor:An examination of spectrum analysis for the processing of laser anemometer signals.Imperial College Mech. Eng. Dept. HTS/73/46(1973)

[2690] T.S.Durrani,C.A.Greated:Frequency domain analysis of laser-Doppler signals for estimation of turbulence parameters.Proc.IEEE 120,8(1973)913-918

[2691] **R.J.Baker:**A filter bank signal processor for laser anemometry. AERE-R 7652 (1973)

[2692] **T.S.Durrani,C.A.Greated:**IEEE J. AES-10(1974)418

[2693] **D.F.Durao,J.H.Whitelaw:**Performance characteristics of two frequency tracking demodulators and a counting system for measurements in an air jet.p.170-203 in [263]

[2694] **R.L.Simpson,P.W.Barr:**Laser Doppler velocimeter signal processing using sampling spectrum analyzer.Rev.sci.instr.46(1975)835

[2695] **R.J.Baker,G.Wigley:**Design,evaluation and applicaiton of a filter bank signal processor.p.350-363 in "The accuacy of flow measurements by laser Doppler methods". P.Buchave(Ed),Hemisphere,1977

[2696] **R.J.Adrian,J.A.C.Humphrey,J.H.Whitelaw:**Frequency measurement errors due to noise in LDV-signals.p.287-311 in "The accuracy of flow measurements by laser Doppler methods". P.Buchave (Ed), Hemisphere,1977

[2697] **R.Best:**Theorie und Anwendungen des Phase-locked loops. AT-Fachverlag, Stuttgart, 1976

[2698] **D.A.Jackson,D.M.Paul:**Measurement of hypersonic velocities and turbulence by direct spectral analysis of Doppler shifted laser light.Phys.lett.32(1970)77

[2699] **K.H.Norsworthy:**A new high product rate 10 nanosecond,256 point correlator.Phys.scr.19(1978)369-378

[2700] **J.R.Abiss:**The structure of the Doppler-difference signal and the analysis of its autocorrelation function. Phys. scr. 19 (1978) 388-395

[2701] **T.H.Wilmhurst,J.E.Rizzo:**An autodyne frequency tracker for laser Doppler anemometry.J.phys.E sci.instr.7(1974)924

[2702] **A.E.Smart:**Data retrieval in laser anemometry by digital correlation.Laser velocimetry and particle sizing 3(1979)273-284

[2703] **R.V.Edwards:**Comparison of trackers and counters.Laser velocimetry and particle sizing 3(1979)290-299.Hemisphere,Washington

[2704] **R.V.Edwards,L.Lading,F.Coffield:**Design of a frequency tracker for laser anemometer measurements.Biennial symp.on turbulence 5(1979)163-167.Science Press,Princeton

[2705] **J.B.Roberts,J.Downie,M.Gaster:**Spectral analysis of signals from a laser Doppler anemometer operating in the burst mode.J.phys.E sci.instr.13,9(1980)977-981

[2706] **K.Schätzel:**Signal processing for digital correlators. Appl. phys. 22 (1980) 251-256

[2707] **K.Schätzel,E.O.Schulz-Dubois,R.Vehrenkamp:**Optical correlation techniques in fluid dynamics.Opt.laser technol.13,2(1981)91-95

[2708] **A.Melling:**Instrumentation for LDA signal processing.VKI lecture series 1981-3(1981)1-71

[2709] **A.van der Lugt:**Interferometric spectrum analyzer.Appl. opt. 20,16 (1981)2770-2779

[2710] **M.Alldritt,R.Jones,C.J.Oliver,J.M.Vaughan:**The processing of digital signals by a surface acoustic wave spectrum analyzer.J.phys.E 11(1978)116-119

[2711] **A.Alippi.A.Palma,A.Palmieri,L.Socino,E.Verona:**Real time acoustooptic spectrum analyzer through unguided light surface acoustic wave interactions.Opt.comm.35(1980)37

[2712] **N.Nakatami,Y.Nakano,A.Uehara,T.Yamada:**The real time processor of LD signals with an acoustooptic light deflector and position sensitive device.p.9.7/1-9.7/10 in [268]

[2713] **G.I.Aponin,A.A.Beshaposhnikov,O.B.Bragina:**Laser Dopler velocimeter based on an electronoptical converter and photomultiplier. Prib. tekh.eksp.USSR 23, 6(1980)156-160

[2714] **A.Schnettler:**Optoelektrische Demodulation von Laser-Doppler-Signalen.Techn.Messen 48,5(1981)159-163

[2715] **P.Y.Belousov,E.G.Volkov,Y.N.Dubnishchev,I.G.Pal Chikova:**Optical discriminator for Doppler frequency shifts. Avtometriya (USSR) 3 (1981) 100-102

[2716] **H.C.Kelly**:Velocity measurement of small paricles by photon counting. Appl.phys.lett.17, 10(1970)453-455

[2717] **E.Jakeman**:Theory of optical spectroscopy by digital autocorrelation of photon-counting fluctuations.J.phys.A gen.phys.3(1970)

[2718] **E.Jakeman,E.R.Pike,S.Swain**:Statistical accuracy in the digital autocorrelation of photon counting fluctuations.J.phys.A gen. phys. 4 (1971) 517

[2719] **J.B.Abbiss**:Laser anemometry in an unseeded wind tunnel by means of photon correlation spectroscopy of back-scattered light.J.phys.D 5(1972)L100-L102

[2720] **E.R.Pike**:The application of photon correlation spectroscopy to lase Doppler measurements.J.phys.D 5(1972)L23-L25

[2721] **C.T.Meneely,C.Y.She,D.F.Edwards**:Opt.comm.6(1972)380

[2722] **C.Y.She,J.A.Lucero**:Opt.comm.9(1973)300

[2723] **J.B.Abbiss**:Photon corr. velocim. in aerodyn. p. 386-424 [159]

[2724] **E.R.Pike**:Photon correlation methods.p.271-289 in [289]

[2725] **T.S.Durrani,C.A.Greated**:Statistical analysis of velocity measuring systems employing the photon correlation technique.Trans.IEEE AES-10(1974)17-24

[2726] **T.S.Durrani,C.A.Greated**:Spectral analysis and cross-correlation techniques for photon-counting measurements on fluid flows. Appl.optics 14(1974)778-786

[2727] **A.D.Birch,D.R.Brown,J.R.Thomas**:Photon correlation spectroscopy and its application to the measurement of turbulence parameters in fluid flows.J.phys.D 8(1975)438-447

[2728] **W.T.Mayo**:Modeling laser velocimeter signals as triply stochastic Poisson processes.p.455-484 in [265]

[2729] **H.T.Kalb,V.A.Cline**:Rev.sci.instr.4791976)708

[2730] **J.B.Abbiss**:Development of photon correlation anemometry for application to supersonic flows.p.11/1-11/11 in [286]

[2731] **F.H.Barnes,Q.I.Daudpota,T.S.Durrani,F.Grant,C.A.Greated**:Measurement of periodic flows using laser Doppler correlation techniques. p.12/1-12/9 in [286]

[2732] **F.H.Barnes,Q.I.Dautpota,C.A.Greated**:Application of photon correlation techniques to the measurement of flow with a sinusoidal perturbation. Phys.fluids 20, 2 (1977) 211-215

[2733] **W.T.Mayo**:Study of photon correlation techniques for processing of laser velocimeter signals.NASA-CR 2780(1977)

[2734] [159]

[2735] **J.B.Abbiss**:Photon correlation techniques for wind-tunnel anemometry. IEEE trans.AES-14, 4(1978)546-557

[2736] **E.R.Pike**:How many signal photons determine a velocity? p.285-289 [264]

[2737] **M.König,H.J.Pfeifer,E.Sommer,B.Koch**:Photonenkorrelation als Auswerteverfahren der Laseranemometrie bei gepulstem Laserbetrieb und starkem Störlicht.ISL-RT 505/78(1978)

[2738] **E.Sommer,H.J.Pfeifer**:Rechnerorientiertes Simulationsmodell der Photonenkorrel. stark verrauschter Laser-Doppler-Signale.ISL-R 101/79

[2739] **R.S.Figliola,G.Vorropoulus**:A study into the use of a photon correlation technique in both low and high speed flows.VKI-TM 27(1980)

[2740] **I.Grant**:Gated sampling with a simple periodicity applied to the photon correlation technique.p.217-222 in Conf.proc.Electro-opt/ laser int'80 UK, Brighton, 1980.IPC sci.and technol.press, 1980

[2741] **I.Hamid**:Effect of test rhombus size on photon correlation laser velocimeter data. WPAFIT/GAE/AA/80D-7(1980)

[2742] **R.Vehrenkamp**:Nach dem Photonen-Korrelationsverfahren durchgeführte Laser-Doppler-Messungen zur Wirbelentstehung in gekrümmten Kanälen.Diss.Univ.Kiel 1980

[2743] **H.J.Pfeifer,E.Sommer**:Vergleich der LDA-Signalstärken in Photonenkorrelogr. bei gepulstem und kontin. Laserbetrieb.ISL-R 111/81

[2744] K.Schätzel,E.O.Schulz-Dubois,R.Vehrenkamp:Optical correlation techniques in fluid dynamics.Opt.and laser technol.13,2(1981)91-95 Proc.soc.photo-opt.instr.eng.(USA) 2236(1981)218-225

[2745] D.L.Neyland:Data acquisition and reduction of photon correlated laser Doppler velocimetry.WPAFB,OH.School of Eng.AFIT/GA/AA/81D-10(1981)

[2746] J.N.Ross:Laser Doppler anemometer using photon correlation to measure the velocity of indiv. particles.J.phys.E 14, 8 (1981)1019

[2747] G.G.Catalano,R.E.Walterick,H.E.Wright:A characterization of the near field of a two-dimensional wake by photon correlation. p.1.1/1-1.1/13 in [268]

[2748] O.McLaughlin,W.Tiederman:Biasing correction for individual realization of laser anemometer measurements in turbulent flows. Phys. fluids 16, 12 (1973) 2082-2088

[2749] D.O.Barnett,H.T.Bentley:Statistical bias of individual realization laser velocimeters.p.428 in [263]

[2750] D.K.Kreid:Laser-Doppler velocimeter measurements in non-uniform flow.Error estimates.Appl.optics 13,3(1974)1872

[2751] P.Ardenceau:Laser anemometry for turbulence spectrum measurements. Analysis of signal sampling process.ISL-N 15/74(1974)

[2752] D.Durao,J.H.Whitelaw:The influence of sampling procedures on velocity bias in turbulent flows.p.138 Proc. LDA-symp.Copenhagen, 1975

[2753] P.Buchhave:Biasing errors in indiv. particle measurement with the LDA-counter signal processor.p.258 Proc. LDA-symp.Copenhagen, 1975

[2754] J.C.Erdmann,R.I.Gellert:Particle arrival statistics in laser anemometry of turbulent flow.Appl.phys.lett.29(1976)408-411

[2755] P.Dimotakis:Single scattering particle laser-Doppler measurements of turbulence.p.10/1-10/11 in [286]

[2756] M.Quigley,W.Tiederman:Experimental evaluation of sampling bias in individual realization laser anemometry.AIAA J.15(1977)255

[2757] W.Hoesel,W.Rodi:New biasing elimination method for laser Doppler velocimeter counter processing.Rev.sci.instr.48,7(1977)910-(19

[2758] D.O.Barnett,T.V.Giel jr.:Studies of the statistical bias and signal characteristics of laser velocimeters.AEDC-TR-78-65(1980)

[2759] T.V.Giel,D.O.Barnett:Analytical and experimental study of statistical bias in laser velocimetry.p.86-99 in [207]

[2760] L.Shemer,S.Einav:Sensing volume and biasing corrections for dual counter LDA processors.Rev.Sci.Instr.50,7(1979)879-881

[2761] D.G.Bogard,W.G.Tiederman:Experimental evaluation of sampling bias in naturally seeded flows.p.100-104 in [207]

[2762] P.Buchhave,W.K.George jr.:Bias corrections in turbulence measurements by the laser Doppler anemometer. p.110-119 in [207]

[2763] P.Buchhave,W.K.George jr.:The measurement of turbulence with the laser Doppler anemometer.Ann.rev.fluid mech.11(1979)443-503

[2764] P.Buchhave:The measurement of turbulence with the burst-type laser Doppler anemometer-errors and correlation methods.State Univ. New York at Buffalo techn.rept.TRL-106(1979)

[2765] T.C.Roesler,W.H.Stevenson.H.D.Thompson:Investigation of bias errors in laser Doppler velocim. measurem.. WPAFB AFWAL-TR-80-2105(1980)

[2766] D.F.G.Durao,J.Laker,J.H.Whitelaw:Bias effects in laser Doppler anemometry.J.phys.E sci.instr.13,4(198)442-445

[2767] T.C.McDougall:Bias correction for individual realization LDA measurements.J.phys.E sci.instr.13(1980)

[2768] J.C.Erdmann,C.D.Tropea:Statistical bias of the velocity distribution function in laser anemometry.16,2 in [268]

[2769] D.F.G.Durao,J.H.Whitelaw:Bias in LDA due to velocity-signal amplitude correlation.p.25.1/1-25.1/10 in [267]

[2770] J.C.Erdmann,C.D.Tropea:Turbulence-induced statistical bias in laser anemometry.Proc.7th bienniel symp.on turbulence, Rolla, Missouri, 1981

[2771] **J.C.Erdmann,C.D.Tropea**:Statistical bias in laser anemometry. Univ. Karlsruhe SFB 80/ET/198(1981)
[2772] **R.V.Edwards**:A new look at particle statistics in laser-anemometer measurements.J.fluid mech.105(1981)317-325
[2773] **J.C.Erdmann,C.D.Tropea**:Statistical bias of the velocity distribution function in laser anemometry.p.16.2/1-16.2/10 in [268]
[2774] **B.Lehmann**:A spatially working model to correct the statistical biasing error of more directional one component LDA measurements.p.16.3/1-16.3/13 in [268]
[2775] **M.A.Founti,J.Laker,G.Pita,A.Velho,J.H.Whitelaw**:Some consequences of bias effects in laser-Doppler velocimetry.16.2 in [268]
[2776] **D.B.Brayton,H.T.Kalb,F.L.Crosswy**:Appl.opt.12(1973)1145
[2777] **J.A.Asher**:Progr.astron.aeron.34(1974)141
[2778] **H.T.Kalb,V.A.Cline**:Rev.sci.instr.47(1976)708
[2779] **I.Grant**:Gated sampling with a simple periodicity applied to the photon correlation technique.p.217-222 in Conf. proc. Electro-opt/laser int'80, Brighton, UK, 1980
[2780] **I.Grant,C.A.Greated**:Periodic sampling in laser anemometry.J.phys.E sci.instr.13, 5(1980)571-574
[2781] **H.Reichardt**:Messungen turb. Schwankungen. Naturwiss. 24/25 (1938)404-408
[2782] **H.Richter**:Théorie statistique de la détermination expérimentale des fonctions d'autocorrelation.LRSL-rapport 9/54(1954)
[2783] **H.Oertel**:Methodes de dépouillement des enrégistrements normalement élliptiques fournis par un corrélateur à rayons cathodiques. LRSL-rapport 11/54(1954)
[2784] **H.Oertel**:Détermination expérimentale des correlations à l'aide d'un oscillographe à rayon cathodique.Mém.de l'Artillerie Française 4(1957)1053-1068
[2785] **S.O.Rice**:Mathematical analysis of random noise.Bell syst.rech. J. 22 (1944) 282-332.24(1945)46-156
[2786] **S.O.Rice**:Statistical properties of a sinewave plus random noise.Bell syst.techn.J.27(1948)109-156
[2787] **B.Davenport,W.L.Root**:An introduction to the theory of random signals and noise.McGraw Hill, N.Y., 1958
[2788] **J.Mandel**:The statistical analysis of experimental data. Intersci-ence, N.Y., 1964
[2789] **A.Papoulis**:Propability,random variables and stochastic processes. McGraw Hill,N.Y.,1965
[2790] **P.F.Panter**:Modulatin,noise and spectral analysis.McGraw Hill,1965
[2791] **J.S.Bendat,A.G.Pierson**:Measurement and analysis of random data. Wiley,N.Y.,1966
[2792] **J.Stern,J.Barbeyrac,R.Poggi**:Méthodes pratiques d'étude des fonctions aléatoires.Dunod,Paris,1967
[2793] **F.H.Lange**:Signale und Systeme.Vieweg,Braunschweig,1967
[2794] **J.L.Lumley**:Stochastic tools in turbulence.Academic Press,N.Y.,1970
[2795] **P.Bradshaw**:An introduction to turbulence and its measurement. Pergamon Pr., Oxford, 1971
[2796] **W.Feller**:An introduction to probability theory and its applications . Wiley, N.Y., 1971
[2797] **S.T.Ariatnam,H.H.Leiphold(Eds)**:Stochastic problems in mechanics. Univ. Waterloo Press, Waterloo, Ontario, 1974
[2798] **L.R.Rabiner,B.GOld**:Theory and application of digital signal proc-essing.Prentice-Hall,Englewood Cliffs,1975
[2799] **J.J.Komo**:Random signal analysis in engineering systems. Academic Press, 1987
[2800] **A.Papoulis**:Signal analysis.McGraw Hill,N.Y.,1977
[2801] **B.Saleh**:Photoelectron statistics.Vol.6 Springer series in optical science.Springer,Berlin,1978
[2802] **D.Achilles**:Die Fouriertransformation in der Signalverarbeitung. Kontinuierliche und diskrete Verfahren der Praxis.Springer, 1978
[2803] [203][215][216]

766

[2804] **R.J.Goldstein,W.F.Hagen:**Turbulent flow measurements utilizing the Doppler shift of scattered laser radiation.Phys.fluids 10(1967)1349-1352

[2805] **N.E.Welch,W.J.Tomme:**Analysis of turbulence from data obtained with a laser velocimeter.AIAA paper 67-179(1967)

[2806] **E.Rolfe,R.M.Huffaker:**Laser Doppler velocity instrument for wind tunnel turbulence and velocity measurements.NASA-N 69-18099(1967)

[2807] **E.R.Pike,D.A.Jackson,P.J.Bourke,D.I.Page:**Measurement of turbulent velocities from the Doppler shift in scattered laser light.J.sci.instr.1(1968)111-114

[2808] **R.M.Huffaker,C.E.Fuller,T.R.Lawrence:**Application of laser-Doppler instrument. to the measurem. of jet turbulence.SAE conf.Detroit,1969

[2809] **J.L.Lumley,W.K.George,Y.Kobashi:**The influence of ambiguity and noise on the measurement of turbulence spectra by Doppler scattering. Proc.1st biennial symp.on turbulence in liquids, Rolla, 1969

[2810] **P.L.Eggins,D.A.Jackson,D.M.Paul:**Measurement of mean velocity and turbulence in supersonic boundary layers,shock waves and free jets by laser anemometry.Opto-electronics 5(1973)91

[2811] **M.K.Mazumder,D.L.WankuM:**SNR and spectral broadening in turbulence structure measurement using a CW laser.Appl.optics 9(1970)633

[2812] **D.A.Jackson,D.M.Paul:**Measurements of supersonic velocity and turbulence by laser anemometry.J.phys.E 4(1970)173-176

[2813] **P.J.Bourke,L.E.Drain,B.C.Moss:**Measurement of spatial and temporal correlations of turbulence in water by laser anemometry.DISA Info.12(1971)17-20

[2814] **J.B.Morton,W.H.Clark:**Measurement of two-point correlations in pipe flow using laser anemometers.J.phys.E sci.instr.4(1971)809-814

[2815] **J.W.Dunning,N.S.Berman:**Turbulence measurements using the laser-Doppler velocimeter.P.175 in Proc.2nd biennial symp.on turbulence in liquids,Rolla,1971

[2816] **W.K.George:**An analysis of the laser Doppler velocimeter and its application to the measurement of turbulence.Thesis John Hopkins Univ.,Baltimore,1971

[2817] **H.D.vomStein,H.J.Pfeifer:**Measurement of the turbulence degree in gas flows using a laser velocimeter.p.148-151 in [229]. IEEE-publ. 71-C-33 AES(1971)

[2818] **D.A.Jackson,D.M.Paul:**Measurement of supersonic velocity and turbulence by laser anemometry.p.487 in [262]

[2819] **A.Melling:**The influence of velocity gradient broadening on mean and rms velocities measured by laser anemometry.Imperial College Mech.Eng.Dept.rept.HTS/73/33(1973)

[2820] **A.D.Birch,D.R.Brown,J.R.Thomas,E.R.Pike:**The application of photon correlation spectroscopy to the measurement of turbulent flows.J.phys.D appl.phys.6(1973)71

[2821] **N.S.Berman,J.W.Dunning:**Pipe flow measurements of turbulence and ambiguity using laser Doppler velocimetry. J. fluid mech. 61 (1973) 289

[2822] **W.K.George,J.L.Lumley:**The laser Doppler velocimeter and its application to the measurement of turbulence. J. fluid mech. 60 (1973)321

[2823] **C.P.Wang:**Effect of Doppler ambiguity on the measurem. of turbulence spectra by laser Doppler velocim..Appl. phys. lett. 22(1973)154

[2824] **W.Y.Yanta:**Turbulence measurements with a laser velocimeter. NOL-TR-73-94(1973)

[2825] **L.F.Jernquist,T.G.Johansson:**A laser Doppler anemometer for the measurement of an arbitrary velocity component in highly turbulent fluid flows.J.phys.E sci.instr.7(1974)246

[2826] **R.J.Baker:**The application of a filterbank to measurements of turbulence in fully developed jet flow.AERE R 7648(1974).p.355 in [263]

[2827] **W.K.George:**The measurement of turbulence intensities using real-time laser Doppler velocimetry.p.511 in [263]

[2828] A.Boutier:Vélocimètre compact pour mesures dans des écoulements très turbulents.ONERA-NT 237(1974)

[2829] P.L.Eggins,D.A.Jackson:Laser-Doppler velocity measurements in an underwepanded free jet.J.phys.D appl.phys. 7(1974)1894

[2830] W.R.Mayo,M.R.Shay,S.Riter:Digital estimation of turbulence power spectra from burst counter LDV data.p.16 in [263]

[2831] P.Ardonceau:Laser anemometry for turbulence spectrum measurements Analysis of signal sampling process.ISL-N 15/74(1974)

[2832] H.J.Pfeifer:Datenerfasssungs- und -verarbeitungssystem zur Spektralanalyse der zeitlichen Geschwindigkeitsschwankungen in einer Gasströmung.ISL-R 127/75(1975)

[2833] X.Bouis,J.Haertig,J.P.Hancy,G.Koerber:Vélocimétrie laser dans des écoulements turbulents.ISL-1/75(1975)

[2834] A.D.Birch,D.R.Brown,J.R.Thomas:Photon correlation spectroscopy and its application to the measurement of turbulence parameters in fluid flows.J.phys.D appl.phys.8(1975)438-447

[2835] H.J.Pfeifer,H.J.Schäfer:Überlegungen zur Frequenzanalyse der mit einem Laseranemometer ermittelten Geschwindigkeitsschwankungen. ISL-R 105/75(1975)

[2836] X.Bouis,S.Courtot,H.J.Pfeifer:Anémométrie laser:mesure de la densité spectrale de puissance des fluctuations de vitesse d'un écoulement turbulent.ISL-R 126/76(1976)

[2837] H.J.Pfeifer:Korrelationsanalyse der Schwankungen der Strömungsgeschwindigkeit in einem Unterschall-Freistrahl.ISL-R 134/76(1976)

[2838] P.Ardonceau,F.Brue,R.Leblanc:Development and application of laser anemometry to turbulent high-speed flow.p.119-166 in [266]

[2839] P.E.Dimotakis:Single scattering particle laser Doppler measurements of turbulence.p.10/1-10.14 in [286]
germ.

[2840] H.J.Pfeifer:Bestimmung der spektralen Leistungsdichte von Schwankungen der Strömungsgeschwindigkeit in einem Unterschall-Freistrahl.ISL-R 102/77(1977)

[2841] B.Koch,H.J.Pfeifer:Investigations of turbulent gas flows by means of the laser Doppler anemometer and the laser crossed beam schlieren procedure.NASA-TT-F17424,paper 76-203,Washington,1977

[2842] H.J.Pfeifer:A system for cross correlation measurement of fluctuation in flow velocities.S.70-81 in "Applied fluid mechanics", H.Oertel jr.(Ed) Univ.Karlsruhe,1978

[2843] H.J.Pfeifer:Analysis of coherent structures in flow fields using laser Doppler anmemometry.p.266 in [233]

[2844] W.G.Tiederman:Interpretation of laser velocimeter measurements in turbulent boundary layers and regions of separation.Biennial symp.on turbulence 5(1979)153-161,Rolla,Science Press,Princeton.

[2845] D.O.Barnett,T.V.Giel jr.:Broadening of laser velocimeter turbulence measurements due to the dynamics of a particle ensemble.Biennial symp.on turbulence 5(1979)143-152.Rolla,Science Press

[2846] E.Brockmann,C.G.Stojanoff:A new statistical approach to the processing of LDV signals of highly turbulent flows. p.226-235 in [207]

[2847] P.Buchhave,W.K.George jr.,J.L.Lumley:The measurement of turbulence with the laser Doppler anemo..Ann.rev.fl. mech. 11(1979)443-503

[2848] K.Schätzel:Advances in cross-beam rate correlation.,Optica acta 27,1(1980)45-52

[2849] J.B.Cole,M.D.Swords,P.S.Tromans:Proposed method of measuring turbulence length scales using laser-Doppler anemometry and photon correlation.J.phys.D. appl.phys.13,7(1980)1137-1143

[2850] H.J.Schäfer,H.J.Pfeifer:LDV-correlation analysis of velocity fluctuations in a hot supersonic jet.p.30/1-30/10 in [267]

[2851] N.Nakatani:Recent developments in flow measurement techniques. Avoidance of ambiguity noise in laser Doppler velocimeter(LDV). Oyo Buturi(Japan) 49, 11(1980)1117

[2852] G.N.Glazov,G.M.Igonin:Correlation function of photocurrent of optical Doppler turbulent-velocity measurement device. Isv.Vuz.Radiofiz.(USSR) 23, 6(1980)677-688

[2853] D.P.Robinson:Approximate models for the analysis of laser velocimetry correlation functions.Opt.and laser technol.13,2(1981)85-89

[2854] K.Schätzel,E.O.Schulz-Dubois,R.Vehrenkamp:Optical correlation techniques in fluid dynamics.Opt.and laser technol.4(1981)91-95

[2855] G.Pfister,K.Schätzel:Velocity correlation measurements of oscillating flow and turbulence in rotational Couette flow.3.1 in [268]

[2856] R.Menon:Laser Doppler velocimetry:Performance and applications. Am. Lab. (USA) 14, 2(1982)122-142

[2857] [2417][2505][2506]

[2858] R.J.Goldstein,D.K.Kreid:Measurement of velocity profiles in simulated blood by thee laser Doppler technique.ISA-symp.on flow, Pittsburg, 1971, paper 4-2-95(1971)

[2859] N.Vlachos,J.H.Whitelaw:Measurement of blood velocity with laser anemometry.Imperial College Mech.Eng.Dept.rept.HTS/74/13(1974)

[2860] C.Veyrat,D.Kalmanson:Clinical applications of pulsed Doppler velocimetry in cardilogy.p.317-339 in Advanced technobiology, B.Rybak(Ed),NATO Sijthoff and Noordhoff,Alphen aan den Rijn, Netherlands,1979

[2861] B.R.Ware:Laser Doppler blood flow meter and optical plethysmograph. Rev. sci. instr.51, 9(1980)1258-1262

[2862] H.Nishihara,J.Koyama,N.Hoki,F.Kajiya:Optical-fiber high resolution LDV for pulsatile blood flows.p.174 in CLEO'81 conf.on lasers and electro-optics, Washington, 1981, IEEE N.Y.1981

[2863] H.Mishihara,J.Koyama,N.Hoki,F.Kajiya,T.Muramoto,K.Hironaga:Optical-fiber-type laser Doppler velocimeter for high-resolution measurement of pulsatile blood flows.13.5 in [268].Appl.optics 21,10(1982)1785-1790

[2864] K.Ohba,T.Matsuno:Local velocity measurement of opaque fluid flow using laser Doppler velocim. with optical fiber pick-up.13.4 [268]

[2865] D.Kilpatrick,J.V.Tyberg,W.W.Parmley:Blood velocity measurement by fiber optic laser Doppler anemometry.IEEE trans. biomed. eng. BME-29, 2(1982)142-145

[2866] T.Koyama,M.Horimoto,H.Mishina,T.Asakura:Measurement of blood flow by means of a laser Doppler miscroscope.13.6 in [268]. Optik 61, 4(1982)411-426

[2867] A.Bousquet,D.Bellet,D.P.Ly:The study of pulse flow by laser velocimeter.Mes.regul.autom.(France)47,3(1982)53-58

[2868] K.Gardner,E.R.Pike,A.Keller,M.Miles,U.Sjodin:Non Newtonian flow in narrow slots and capillaries by LDV.p.44/1-44/6 in [267]

[2869] [2520][2430][2579][2573][2638]

[2870] P.J.Bourke,C.G.Brown,L.E.Drain:Measurement of Reynolds shear stress in water by laser anemometer.DISA Info.12(1971)21

[2871] A.Melling,J.H.Whitelaw:Measurements in turbulent water flows by laser anemometry.Imperial College Mech.Eng.Dept.rept.HTS/73/44(1973)

[2872] M.Corti,M.Martinelli,F.Parmigiani:A laser Doppler velocimeter for pulsatile water flow measurements in resonant hydraulic circuits.Opt.and laser technol.12,3(1980)155-157

[2873] J.H.G.Howard,O.S.Mukker,T.Naeem:Laser Doppler measurements in a radial pump impeller.p.133-138 in Jt.fluids eng.gas turbine conf.and prod.show,New Orleans,1980,ASME,N.Y.,1980

[2874] C.Maksimovic:Waterflow in a duct with diffusion of drag reducing polymers.2.3 in [268]

[2875] V.S.Lvov,Y.E.Nesterikhin,A.A.Prettechensky,V.S.Sobolev,E.N.Utkin: Investigation of turbulence transition on ordinary hydrodynamic flows.3.2 in [268]

[2876] J.Kux,H.Stöhrmann:Measuring full-scale ship wakes by laser Doppler velocimetry.12.4 in [268]

[2877] [2862][2865]

[2878] K.Kyuma,S.Tai,K.Hamanaka,M.Nunoshita:Laser Doppler velocimeter with a novel optical fiber probe.Appl.optics 20,14(1981)2424-2427

[2879] **M.L.Riethmuller,T.vanKoninckxloo:**Laser Doppler endoscope:practical realization using standard components and applications.13.2 [268]

[2880] **P.Buchhave,J.Knuhtsen:**Fiber-optic laser anem. measurem.. 13.1 in [268]

[2881] **E.O.Schuls-Dubois:**Measurement of small velocities and in small flow geometries. 40/1-40/8 in [267]

[2882] **G.D.D'Emilia,E.P.Tomasini:**Experimental verification of flow characteristics across models of straight through and other geometric labyrinth seals by laser Doppler anemometry.4.3 in [268]

[2883] **R.Mullin,S.Cooke:**Laser anemometry in small tubes.p.241-250 in Conf.proc.electro-opt/laser in'80,Brighton,UK,IPC Sci.and Technol.Press, Guildford, 1980

[2884] **A.Melling:**Investigation of flow in non-circular ducts and other configurations by laser Doppler anemometry.Thesis Univ.London,1975

[2885] **W.Hiemstra,E.V.D.Sande:**The laser-Doppler velocity meter. Energiespectrum (Netherlands)5, 10(1981)266-270

[2886] **A.R.Freeman,R.T.Szczepura:**Mean and turbulent velocity measurements in an abrupt axisymmetric pipe expansion with a complex inlet geometry.4.5 in [268]

[2887] **M.Holt,J.Flores,P.J.Turi:**Measurement of air flow in a curved pipe using laser Doppler velocimetry.4.1 in [268]

[2888] **B.H.Anderson,A.M.K.P.Taylor,J.H.WHitelaw,Y,Yiameskis:**Developing flow in S-shaped ducts.4.2 in {268]

[2889] **P.A.Robinson,R.A.Cusworth,J.P.Sislian:**Laser Doppler velocimetry measurements in coaxial, co-and counter-swirling, isothermal jets. UTIAS rept.308(1986)

[2890] **H.P.Kugler:**Velocity measurements of micron-sized particles in a rocket exhaust.p.447-464 in [266]

[2891] **J.C.F.Wang:**Velocity measurement of high-temperature and high-speed subsonic jet flow using a laser velocimeter.p.325-374 in [266]

[2892] **J.B.Morton,G.D.Catalano,R.R.Humphris:**Measurements in the mixing region of a turbulent jet in coflowing air stream.p.269-298 in [266]

[2893] **J.Haertig:**Application of laser Doppler anemometry to aeroacoustic research.ISL-CO 214/78(1978)

[2894] **A.Coghe,L.DeLuca,G.L.Sensalari.A.Volpi:**Mesures de la vitesse de la phase gazeuse dans les moteurs fusées à solides par anémométrie laser Doppler.AGARD-CP 259(1979(31/1-31/14

[2895] **I.Gökalp,P.Gougat,A.Lasek,F.Martin:**LDA-measurement in a turbulent jet at high temperature.p.46/1-46/11 in [267]

[2896] **H.J.Schäfer:**Bestimmung der Strömungsprofile sowie des Spektrums der Geschwindigkeitsschwankungen in einem heißen Freistrahl der Machzahl 0,6.ISL-127/80(1980)

[2897] **H.Mach,U.Werner,H.Masur:**Vermessung des instationären Geschwindigkeitsfeldes im Ausströmbereich einer Rohrwaffe vom Kaliber 20mm mittels eines Laser-Doppler-Interferometers.ISL-R 128/81

[2898] **P.Meyer,P.G.Sava:**Two-dimensional laser-Doppler measurements of fluctuations of velocity in an excited jet.1.4 in [268]

[2899] **D.F.G.Durao,M.N.R.Nina,G.Pita:**Coherent structures in axisymmetric jets.1.3 in [268]

[2900] **H.J.Schäfer:**Study of coherent structures in a high-speed exhaust jet.7.1 in [268].ISL-CO 209/82(1982)

[2901] **A.E.Lennert,F.H.Smith,R.L.Parker:**Application of dual scatter laser Doppler velocim. for wind tunnel measurements.p.12/1-12/6 in [218]

[2902] **F.Maurer,J.C.Petersen:**Optische Gechwindigkeitsmessung in Trans- und Überschallkanälen mittels Laser-Doppler-Verfahren in Zusammenarbeit mit dem Deutsch-Französischen Forschungsinstitut Saint Louis(ISL).DFVLR-IB 351-74(1974)

[2903] **P.Ardonceau:**Application de l'anémometrie laser à l'aérodynamique supersonic.Thèse Univ.Poitiers,1974

[2904] C.Caspersen,H.S.Kristensen:Laser Doppler anemometer measurements in a low-velocity wind tunnel on a fin-plate.DISA Info.17(19075)3-8

[2905] F.Maurer,J.C.Petersen,H.J.Pfeifer,J.Haertig:Messung von Geschwindig-keitsprofilen in einem Überschallwindkanel mittels Laser-Doppler-Verfahren.BMFT-FB-W75-15(1975)

[2906] X.Bouis,J.P.Hancy:Vélocimétrie laser et déplacement du point de mesure en soufflerie industrielle.ISL-R 116/7591975)

[2907] H.J.Pfeifer:Review on high speed applications of laser anemometry in France and Germany.ISL-CO 204/76(1976).p.1/1-1/18 in[286]

[2908] W.J.Yanta:Laser Doppler velocimetry techniques in transonic and supersonic flows-a review.p.55-118 in [266]

[2909] J.C.Bennett:LV measurement in a supersonic tunnel.p.167-176 [266]

[2910] L.F.East:The application of a laser anemometer to the investigation of shock wave boundary layer interactions.p.5/1-5/10 in [286]

[2911] A.E.Smart,W.T.Mayo:Applications of laser anemometry to hight Reynolds number flows.Physica scripta 19(1979)456-440

[2912] V.A.Cline,F.L.Crosswy:A survey of laser Doppler velocimeter applications at the Arnolds Engineering Development Center.p.513-524 in Instrum.soc.Am.internat. instrumentation symp., Anaheim, 1979

[2913] B.C.Hancy:Etude de l'écoulement au bord de fuite d'une aile au moyen de la vélocimétrie laser et comparaison au calcul théorique. ISL-RT 505/79(1979)

[2914] P.E.Dimotakis,D.B.Lang,D.J.Collins:Laser Doppler velocity measurements in subsonic,transonic and supersonic turbulent boundary layers.p.208-219 in [207]

[2915] W.J.Yanta:A three-dimensional laser Doppler velocimeter(LDV) for use in wind tunnels.p.294-301 in [233]

[2916] J.P.Hancy,A.Köneke:Compact fringe type anemometer for airborne and large wind tunnel applications.p.10/1-10/8 in [267]

[2917] W.J.Yanta:Use of the laser Doppler velocimeter in aerodynamic facilities.p.344-362 AIAA aerodyn.test conf.Colorado Spings,1980

[2918] M.Albers:Untersuchung einer transsonischen Strömungsschwingung mittels Echtzeit-Laser-Doppler-Anemometrie. Dissertation. DFVLR-FB 80-04(1980)

[2919] A.Köneke,J.P.Hancy,F.Wietrich,P.G.Sava:Utilisation du vélocimètre laser embaruable pour les mesures dans les grandes souffleries.ISL-RT 511/81(1981)

[2920] L.R.Gartrell,P.B.Gooderum,W.W.Hunter jr.,J.F.Meyers:Laser velocimetry technique applied to the Langley 0,3 meter transonic cryogenic tunnel.NASA-TM-81913(1981)

[2921] B.V.Johnson,J.C.Bennett,A.J.Landgrebe:Laser velocimetry for a large wind tunnel.ISA international instrumentation symp., Indianapolis, 27, 1(1981)161-168

[2922] M.K.Mazumder,S.Wanchoo.P.C.McLeod,G.S.Ballard,S.Mozumdar:Skin friction drag measurements by LDV.Appl.optics 20,16(1981)2832-2837

[2923] A.Boutier:Application of laser velocimeters to various applications.VKI lecture series 1981-3(1981)1-33

[2924] A.Boutier,M.Canu:Application of laser velocimetry to large industrial wind-tunnels.12.5 in [268].ONERA TP 1982-63(1982)

[2925] W.W.Hunter,J.T.Foughner jr.:Flow visualization and laser velocimetry for wind tunnels.NASA 1.55:2243,L-15498(1982)

[2926] A.Köneke,P.G.Sava:Compact pulsed LDA for airborne and wind tunnel applications.12.3 in [268]

[2927] W.W.Hunter jr.,W.C.Honaker,R.Gartrell:Application of laser anemometry to cryogenic wind tunnels.p.200-208 in [235]

[2928] F.Durst,F.Ernst,J.Völklein:Laser Doppler Anemometer für lokale Geschwindigkeitsmessungen in Windkanälen. ZfW 11, 2(1987)61-70

[2929] R.I.Crane:Laser-Doppler measurement of Görtler vortices in laminar and low Reynolds number turbulent boundary layers.2.5 in [268]

[2930] D.W.Wisler,P.W.Mossey:Gas velocity measurements within a compressor rotor passage using a laser Doppler velocimeter.Trans.ASME J.eng.power 95(1973)91

[2931] **A.E.Smart:** Seminar on aero engine applications of laser anemometry 1971.Rolls Royce,Derby Engine Div.1974

[2932] **P.W.Runstadler,F.X.Dolan:** Design,development and test of a laser velocimeter for high speed turbomachinery. Proc. LDA-75-symp. Techn. Univ. Denmark, 1975

[2933] **A.Boutier,G.Fertin,R.Larguier,J.Lefevre,A.deSievers:** Laser anemometry applied to a research compressor.p.553-566 in [266]

[2934] **P.W.Runstadler jr.:** Review paper:Special applications and new technical aspects of laser anemometry.p.465-552 in [266]

[2935] **A.J.Strazisar,J.A.Powell:** Laser anemometer measurements in a transonic flow compressor rotor.NASA-TM-79323(1979)

[2936] **A.P.Morse,J.H.Whitelaw,M.Yianneskis:** Turbulent flow measurements by laser-Doppler anemometry in motored piston-cylinder assemblies. ASME paper 79-WA/FE-1(1979)

[2937] **J.B.Cole,M.D.Swords:** Laser Doppler measurements in an engine. Appl.optics 18, 10(1979)1539-1545

[2938] **K.Walter,P.S.Larsen:** LDA-counter-processor application to turbomachinery. DISA Info. 25(1980)25-34

[2939] **J.A.Powell,A.J.Strazisar,R.G.Seasholtz:** Efficient laser anemometer for intra-rotor flow mapping in turbumachinery.p.157-164 Jt.fluids eng.gas turbine conf.and prod.show, New Orleans, 1980, ASME

[2940] **H.Tokoi,N.Ozaki,I.Harada:** Measurements of velocity profiles of gas in a rapidly rotating cylinder.Rev.sci.instr.51,10(1980)1318-1322

[2941] **R.J.Dunker,H.G.Hungenberg:** Transonic axial compressor using laser anemometry and unsteady pressure measurements.AIAA J.18, 8(1980)973-979

[2942] **R.L.Elder:** Introduction to laser anemometry studies in turbomachinery.p.8/1-8/22 in VKI lecture series 1981-7(1981)

[2943] **J.Miles:** Application of laser anemometry of the measurement of airflow through a cascade of turbine blades.J.sci.and technol. 47, 2(1981)69-76

[2944] **J.S.Serafini,H.E.Neumann,J.P.Sullivan:** Laser-velocimeter flow-field measurements of an advanced turboprop.AIAA, SAE, ASME joint prop.conf., Colorado Spings, 1981.Vol.17, No.18-1568(1981)

[2945] **A.Melling:** Further developments in laser anemometry.p.1-41 in VKI lecture series 1981-3(1981)

[2946] **A.J.Strazisar,J.A.Powell:** Laser anemometer measurements in a transonic axial flow compressor rotor.Trans.ASME J.eng.power 103, 2 (1981) 430-437

[2947] **M.E.Gill,C.Forster,R.L.Elder:** Analysis of laser Doppler anemometer data arising from high speed turbomachinery studies.p.9/1-9/24 in VKI lecture series 1981-7(1981)

[2948] **J.A.Powell,A.J.Strazisar,R.G.Seasholtz:** High-speed laser anemometer. NASA techn.briefs 6, 1(1981)52-53

[2949] **T.M.Liou,D.A.Santavicca,F.V.Bracco:** Turbulence measurements in a ported IC-engine.19.5 in [268]

[2950] **C.Arcoumanis,A.F.Bicen,J.H.Whitelaw:** The application of LDA to four-stroke motored model engines.19.4 [268]

[2951] **L.A.Oliveira,J.L.Bousgarbies,J.Pecheux:** Experimental study of the velocity field between a rotating and stationary disk.18.1 in [268]

[2952] **J.A.Powell,A.J.Strazisar,R.G.Seasholtz:** High-speed laser anemometer system for intrarotor flow mapping in turbomachinery. NASA-TP-1663,E 27691982)

[2953] **D.G.Jones:** Some lase measurement techniques used in aero engine research.NASA-PNR-90118(1982)

[2954] **C.J.Moore,D.G.Jones.C.F.Haxell,P.Bryanston Cross,R.J.Parker:** Optical methods of flow diagnistic in turbomachinery.NASA-PNR-90109(1982)

[2955] **S.M.Fraser,C.Carey:** Two-dimensional laser Doppler anemometer measurements in an axial flow fan.18.2 in [268]

[2956] **S.Kobayashi:** Propeller wake survey by laser-Doppler velocimeter. 18.4 in [268]

[2957] B.Sellier,J.Pigere:Laser Doppler anemometry applied to the study of the air flow in the wake of an helicopter rotor.18.5 in [268]

[2958] R.M.Huffaker,A.V.Jelalian,J.A.L.Thomson:Laser Doppler system for detection of aircraft trailing vortices.Proc.IEEE 58(1970)322

[2959] [2590]-[2593]

[2960] W.E.R.Davies,J.H.deLeeuw:Velocity measurements of the aerodynamic wake of a Hovercraft using laser Doppler anemometry.UTIAS techn. note 203(1976)

[2961] H.J.Pfeifer,M.König,B.Koch:Untersuchung der Eigenschaften eines über große Entfernung erzeugten Interferenzstreifensystems.ISL-R 127/78

[2962] L.Z.Kennedy,J.W.Bilbro:Remote measurement of the transverse wind velocity component using a laser Doppler velocimeter.Appl.optics 18,17(1979)3010-3013

[2963] F.Koepp:Remote sensing of wind speed and direction by laser Doppler anemometer.DFVLR-Mitt.79-18(1979)

[2964] J.Bilbro:Atmospheric laser Doppler velocimetry: An overview. Opt. eng.19, 4 (1980) 533-542

[2965] F.Köpp:On the usefullness of direct laser Doppler velocimetery for crosswind measurements.p.5/1-5/10 in [266]

[2966] L.Danielsson:Laser Doppler velocity measurements over large distance in the atmosphere.p.12/1-12/11 in [267]

[2967] F.Durst,B.Howe,G.Richter:LDA-system design for large-range wind velocity measurements.p.11/1-11/9 in [267]

[2968] H.J.Pfeifer:Fringe type laser.Doppler anemometer for cross wind velocity measurements in the atmosphere.p.8/1-8/8 in [267]

[2969] F.Köpp:A direct laser Doppler anemometer for remote sensing of atmospheric flow.p.12.1 in [268]

[2970] F.Durst,G.Richter:Long range wind velocity measurements using visible laser radiation.12.2 in [268]

[2971] F.Durst,G.Wigley,M.Zaré:Laser Doppler anemometry and its application to flow investigations in the environment of vegetation. Univ. Karlsruhe SFB 80/EM/41(1980)

[2972] J.A.Andrade,A.Restivo:The velocity characteristics of ventilated rooms with sill mounted air supply grilles.4.4 in [268]

[2973] C.J.Beates:Experimental investigtion of the flow through various cylindrical tube bundles.15.3 in [268]

[2974] S.Nowshiravani,A.Dybbs,R.V.Edwards,T.Farrokhalaee:Velocity measurements in rod bundles.15.5 in [268]

[2975] P.Buchhave:Edge tone oscillations in air measured with laser anemometer.DISA Info.12(1971)25-30

[2976] W.Kunz,D.Vortmeyer:Anwendung der Laser-Doppler-Anemometrie zur Messung von akustischen Impedanzen.Acustica 50,4(1982)261-266

[2977] F.Durst,A.Melling,J.H.Whitelaw:The application of optical anemometry to measurements in combustion systems.Comb.flame 18(1972)

[2978] S.A.Self:LDA for boundary layer measurements in a high temperature MHD channel flow.p.44 in [263]

[2979] D.F.G.Durao,J.H.Whitelaw:Instantaneous velocity and temperature measurement in oscillating diffusion flames.Proc.Roy.soc. A 338(1974)479

[2980] R.J.Baker,P.Hutchinson,J.H.Whitelaw:Preliminary measurements on instantaneous velocity in a two meter square furnace using a laser anemometer.Trans.ASME J.heat transfer 96(1974)57

[2981] R.J.Baker,P.Hutchinson,E.F.Khalil,J.H.Whitelaw:Measurements of three velocity components and their correlations in a model furnace with and without combustion.Imperial College Mech.Eng.Dept.rept. HTS/ 74/29(1974)

[2982] R.Günther,W.Roth:Velocity measurements in diffusion flames by means of laser Doppler anemometry.p.299-312 in [266]

[2983] A.Boutier,P.Moreau,R.Borghi:Laser anemometry in a combustion flow.p.313-324 in [266]

[2984] B.Koch,H.J.Schäfer,H.J.Pfeifer:Investigation of high-speed flames by LDV-techniques.p.385-398 in [266]

[2985] N.A.Chigier,A.C.Styles:Velocity of droplets in Kerosene spray flames.p.399-416 in [266]

[2986] F.K.Owen:Air and fuel droplet velocity studies in combustion sytems.p.417-446 in [266]

[2987] S.A.Self,J.H.Whitelaw:Laser anemometry for combustion research. Comb.sci.and techn.special issue on reactive turb. flows, 1976

[2988] D.F.G.Durao,F.Durst,J.Whitelaw:Optical measurements in a pulsating flame.Trans.ASME J.heat transf.9591976)277

[2989] N.A.Chigier:Combustion diagnistics by laser velocimeter.AIAA 14th aerospace sci.meeting.AIAA paper 76-32(1976)

[2990] L.Y.Jiang,J.P.Sislian:Prediction of axisymmetric turbulent diffusion flames and comparison with laser-Doppler velocimetry data.UTIAS rept.314(1987)

[2991] G.D.Smith,T.V.Giel:Two component laser velocimeter measurement in a dump combuster flowfield.Laser velocimeter and particle sizing 3(1979)147-157

[2992] C.P.Wang,J.M.Bernard,R.H.Lee:Feasibility of velocity field measurement in a fluidized bed with a laser anemometer. p.455-462 in [207]

[2993] J.F.Driscoll,D.G.Pelaccio:Laser velocimetry measurments in a gas turbine research combuster.p.158-165 in [207]

[2994] M.Grassi,S.Cantarutti:Laser-Doppler anemometry applications in industrial furnaces and steam generators combustion chambers design.Tec.Ital.45,6(1980)251-255

[2995] W.H.Stevenson,H.D.Thompson,T.S.Luchik:Laser velocimeter measurements and analysis in turbulent flows with combustion. WPAFB school mech. eng. CTR F 33615-81-K-2003 (1981)

[2996] O.K.L.Lee,J.B.Moos,K.N.C.Bray:Conditionally sampled measurements of velocity in an oscillatory combusting flow.8.3 in [268]

[2997] F.Durst,R.Kleine:Velocity measurements in turbulent premixed flames by means of laser-Doppler anemometers.Univ.Karlsruhe SFB 80/EM/10(1982)

[2998] V.Hartmann:LDV-measurements of velocity and turbulence characterisics in enclosed turbulent diffusion flames.8.2 in [268]

[2999] S.M.Barlow:Laser Doppler anemometry measurements in a large gas-fired furnace.8.5 in [268]

[3000] J.Labbe,P.Magre:Precautions that have to be taken in applying LDV to combustion chambers.p.255-258 in [235]

[3001] R.N.James:Application of a laser Doppler technique to the measurement of particle velocity in gas particle two-phase flow.Thesis Stanford Univ.1966

[3002] H.L.Morse:Development,application and design specifications of a laser-Doppler particle sensor for the measurement of particle velocities in two-phase rocket exhaust. SUDA AR 356(1968)

[3003] F.Durst,J.H.Whitelaw:Local velocity measurements in atomized sprays,Jahrbuch der DGLR (1971)188

[3004] W.E.R.Davies:Velocity measurement in bubbly two-phase flows using laser Doppler anemometry.Part 1.UTIAS TN 184(1973)

[3005] W.E.R.Davies,J.I.Unger:Velocity measurements in bubbly two-phase flows using laser Doppler anemometry.Part 1.UTIAS TN 185(1973)

[3006] F.Durst,M.Zaré:Doppler measurements in two-phase flows. Univ. Karlsruhe SFB80/TM/63(1975)

[3007] J.P.Galaup:Contribution à l'étude des méthodes de mesure en écoulement diphasique.Applications à l'analyse statistique des écoulements à bulles.Thèse Univ.Sci.et Med.Grenoble 1975

[3008] McCorquodale,E.Imam:Laser Doppler measurements in air-water mixtures. p.153-158 in Proc.CSCE-conf., Montreal, 1979. NRC of Canada, Ottawa, 1979

[3009] J.P.Sullivan,T.G.Theofanous:The use of LDV in two-phase bubbly pipe flow.p.391-394 in [207]

[3010] W.W.Martin,A.H.Abdelmessih,J.J.Liska,F.Durst:Laser Doppler signal characteristics in particulate two-phase flows.p.36/1-36/16 in [267]

[3011] J.L.Marié,A.Dumontier,M.Lance:Investigation of a turbulent air-water bubbly flow using laser Doppler anmemometry.p.38/1-38/13 in [267]

[3012] J.L.Marié:Contribution au développement de l'anémométrie laser à effect Doppler en écoulements diphasiques dispersées.Thèse Univ. Claude Bernard, Lyon, 1980

[3013] K.Ohba:Two-phase flow measurements.p.35/1-35/10 in [267]

[3014] J.N.Lecomte:Insitu bubble sizing using a reference beam laser Doppler anemometer.p.37/1-37/12 in [267]

[3015] Y.Tridimas:Development and application of laser Doppler instrumentation for the study of gas-solid suspension flows.Thesis Liverpool Polytechnic Dept.Mech.Eng.1981

[3016] J.Lesinski,B.Mizera Lesinska,J.C.Fanton,M.I.Boulos:Laser Doppler anemometry measurements in gas-solid flows.AICHE J.27,3(1981)358-364

[3017] R.Decuypwe,A.Arts:Some aspects concerning the use of a laser Doppler velocimeter in steam expanding at supercritical pressure ratios.19.1 in [268]

[3018] J.L.Marié,G.Charnay,J.Bataille:Investigation of turbulence in two-phase dispersed flows using laser Doppler anemometry. p.6.5/1-6.5/15 in [268]

[3019] M.Timmerman:Laser particle sizer velocimeter.6.3 in [268]

[3020] Y.D.Tridimas,C.A.Hobson,N.H.Wooley,M.J.Lalor:Measurement of the velocities of the two phases in a flowing gas solid suspension using LDA.p.6.4/1-6.4/11 in [268]

[3021] K.Hishida,M.Maeda,J.Imaru,K.Hisonaga,H.Kano:Measurements of size and velocity of particle in two-phase flow by a three beam LDA-system.5.6 in [268]

[3022] L.Lourenco,M.L.Riethmuller:Optical measurements applied to particulate two-phase flow.5.5. in [268]

[3023] A.Brankovic,T.Boerner,W.W.Martin:The measurement of mass transfer coefficients of bubbles rising in liquids using laser-Doppler anemometry.5.4 in [268]

[3024] S.L.Lee,R.Rob,S.K.Cho:LDA-measurement of mist flow across grid spacer plate important in loss of coolant accident refloeed of pressurized water nuclear reactor.5.3 in [268]

[3025] R.J.Kerekes,R.G.Garner:Measurement of turbulence in pulp suspensions by laser anemometry.5.2 in [268]

[3026] G.Ciaravino:The use of the laser anemometer in cavitating currents. Experiments at the inlet to a short pipe.5.1 in [268]

[3027] H.J.Pfeifer:Ein Verfahren zur Korrelationsmessung in Zweiphasenströmungen. ISL-R 107/82(1982)

[3028] H.J.Pfeifer:Correlation measurement in two-phase flow.6.6. in [268]

[3029] M.Maeda,K.Hishida:Velocity and turbulence intensity measurements of gas and spherical particles in two-phase flows by a modified LDA-system.Network,Buckingham,England 3(1982043-57

[3030] M.L.Yeoman,M.S.Lightfood,A.P.Morse:The simulateneous measurement of particle size,velocity and mass transfer in a pulsed two-phase flow field.193. in [268]

[3031] W.H.Stevenson,R.dosSantos,S.C.Mettler:Fringe mode fluorescence velocimeter.p.20/1-20/9 in [286]

[3032] O.FLorisson,F.F.M.deMul,H.G.deWinter:Raman anemometer for component-selective velocity measurements of particles in a flow.J.phys.E 14, 12(1981)1445-1446

[3033] A.Boutier:High velocity measurements:Special requirements.VKI lecture series 1981-3(1981)

[3034] D.Dopheide:High speed velocity measurements using laser Doppler anemometers.Laser velocimetry and particle sizing 3(1979)357-368

[3035] A.Boutier:High velocity measurements:Special requirements.VKI lecture series 1981-3(1981)1-9

[3036] R.B.Miles:Resonant Doppler velocimeter.Phys.fluids 18 (1975)751

[3037] S.W.S.Cheng:Resonant Doppler velocimetry in supersonic nitrogen flow.NASA MAE-T-1574(1982)

[3038] M.Zimmermann,R.B.Miles:Hypersonic helium flow field measurements
with the resonant Doppler velocimeter. Appl.phys.lett. 15
(1980)885

[3039] A.Celentano,S.Lederman:Laser diagnostics in jets and flames.Dept.of
Energy,Washington,DOE/ET/11056-T4(1981)

[3040] E.K.Gustafson,J.C.McDaniel,R.L.Byer:Cars measurement of velocity in a
supersonic jet.IEEE J.quantum electron.17,12(1981)2258-2259

[3041] K.A.Marko.L.Rimai:Single-particle velocity and trajectory measurements of microscale inhomogenieties in unstable airflows.
Opt.lett.7, 3 (1982) 130-132

[3042] A.Gagnaire,P.Mialhe,A.Briguet,A.Erbeia:Perte de cohérence d'un faisceau laser se propageant dans un milieu turbulent. Opt.comm.1,
8(1970)367

[3043] M.J.Beran,T.L.Ho:Coherence degradation of Gaussian beams in a turbulent atmosphere.J.opt.soc.Am.60,5(1970)667-673

[3044] G.K.Born,K.D.Bogenberger,K.D.Erben,F.Frank,F.Mohr,G.Sepp:Phase
front distortion of laser radiation in a turbulent atmosphere.
Appl.optics 14, 12(1975)2857-2863

[3045] [2467][2474][2480][2481][2484] [2485][2584][2618][2629][2620]

[3046] J.Haertig,G.Koerber,X.Bouis:Comparaison des mesures de vitesse
instantanée faites par anémométrie à fil chaud et anémomètre
laser.ISL-R117/75(1975)

[3047] R.I.Crane,A.Melling:Velocity measurements in wet steam flows by
laser anemometry and pitot tube.TransASME J.fluids eng. 97 (1975)
113

[3048] F.K.Owen:Simultaneous laser measurements of instantaneous velocity and concentration in turb. mixing flows.p.27/1-27/7 [286]

[3049] B.Koch,H.J.Pfeifer:Untersuchungen an turbulenten Gasströmungen mit
dem Laser-Doppler-Anemometer und dem
Laser-Kreuzstrahl-Schlierenverfahren.ISL-CO 207/76(1976)

[3050] S.V.Sherikar,R.Chevray:Simultaneous measurements and flow visualization in plane mixing layer.2.1 in [268]

[3051] C.Borrego:Concentration/velocity measurements in the mixing layer
of two plane streams.2.2 in [268]

[3052] R.V.Edwards,L.Lading,A.S.Jensen:Optimizing and comparing laser ane-
mometers.p.17.2/1-17.2/11 in [268]

[3053] J.K.Eaton,E.W.Adams,J.C.Vogel:Measurements in a backward-facing
step flow using laser Doppler and pulsed wire anemom..11.6 [268]

[3054] J.F.Meyers,S.P.Wilkinson:A comparison of turbulence intensity measurements using a laser velocimeter and a hot wire in a low speed
jet flow.17.4 in [268]

[3055] M.Salis,G.Sambiagio:On the distortion of the velocity field in free
jet due to the presence of a measuring probe.1.5 in [268]

[3056] J.P.Duperoux:Laserenemometrie.Unabhängige Systeme für die Verschiebung der Sende und Empfangseinheiten mit Selbstregelung.
ISL-RT 512/78(1978)

[3057] M.König:Zweidimensionales Nachführsystem für den Empfänger eines
Laser-Doppler-Anemometers.ISL-RT 509/79(1979)

[3058] F.Durst,B.Lehmann,C.Tropea:Laser Doppler system for rapid scanning
of flow fields.Rev.sci.instr.52,11(1981)1676-1681

[3059] Anonym:A laser sweep anemometer for the measurement of velocity
profiles.Mes.regul.autom.(France)46,1091981)67,69,71

[3060] R.L.Simpson,B.Chehroudi,B.G.Shivaprasad:Pointwise and scanning laser
anemometer measurements in steady and unsteady separated turbulent boundary layers.11.3 in [268]

[3061] T.Yoshimura,H.Yamamoto,N.Wakabayashi:Measurements of velocity distributions with a laser Doppler imaging system. Opt.
commun.40.1(1981)10-14

[3062] T.Sato,Y.Nakatami,M.Ueda:Real time display of velocity distribution
on a surface by using ultrasonic laser light frequency shifter and
TV-system.Appl.optics 13,12(1974)2759-2762

[3063] T.Sato,T.Koshimoto,Y.Nakatami:Real-time gray level display of velocity distributions on a surface.Appl.optics 15,4(1976)867-868

[3064] **L.M.Barker:**Fine structure of compressive and release wave shapes in aluminium measured by the velocity interferometer technique. p.483-505 in"Behavior of dense media under high dynamic pressure", Gordon & Breach, N.Y., 1968

[3065] **L.M.Barker,R.E.Hollenbach:**Laser interferometer for measuring high velocities of any reflecting surface. J.appl.phys.43, 11(1972)4669-4675

[3066] **D.E.Munson,R.P.May:**Interior ballistics of a two-stage light gas gun using velocity interferometry.AIAA j.14,2(1976)235-242

[3067] **D.D.Bloomquist,S.A.Sheffield:**Optically recording velocity interferometer system(ORVIS) for subnanosecond particle-velocity measurements in shock waves.Dept.of Energy, Washington, SAND-82-1368C, Conf.-820824-3(1982)

[3068] **G.Smeets,A.George:**Instantaneous laser Doppler velocimeter using a fast wavelength tracking Michelson interferometer.ISL-PU 304/78.Rev,sci.instr.49,11(1978)1589-1596

[3069] **G.Smeets,A.George:**Velozimetrie mit Hilfe eines Michelson-Interferometers mit schneller Phasennachführung.ISL-R 124/78(1978)

[3070] **G.Smeets,A.George:**Novel laser Doppler velocimeter enabling fast instantaneous recordings.ISL-CO 212/79(1979).p.579-588 in [247]

[3071] **G.Smeets.A.George:**Laser-Doppler-Velocimeter mit einem Michelson Spektrometer.ISL-R 109/80(1980)

[3072] **G.Smeets,A.George:**Laser Doppler velocimetry using a Michelson spectrometer.p.22/1-22/11 in [266]

[3073] **G.Smeets,A.George:**Michelson spectrometer for instantaneous Doppler velocity measurements.J.phys.E sci.instr.14,7(1981)838-845

[3074] **G.Smeets:**Laser Doppler velocimeter with a Michelson spectrometer. ISL-CO 210/82(1982).13.3 in [268]

[3075] **G.Smeets,G.Mathieu:**Optische Dopplermessung mit dem Michelson-Spektrometer .ISL-R 123/83(1983)

[3076] [416][960]

[3077] **G.Patz,G.Smeets,A.George:**Geschwindigkeitsverteilung im Überschallfreistrahl.Messungen mit dem Laser-Velocimeter.ISL-N 601/80

[3078] **F.Seiler,A.George,A.Sanner:**Durchführbarkeit von Geschwindigkeitsund Dichtemessungen bei Versuchen mit einem Flugkolben.ISL-R 118/81(1981)

[3079] **H.Oertel:**Measured velocity fluctuations inside the mixing layer of a supersonic jet.S.170-179 in"Recent contributions to fluid mechanics",W.Haase(Ed),Springer,Berlin,1982.ISL-Pu 309/82(1982)

[3080] **H.Oertel:**New interferometric techniques applied in gasdynamic research.ISL-CO 210/76

[3081] **H.Oertel,F.Gatau,A.George:**Schwankungsmessungen in der Mischungsschicht eines Überschallstrahls.ISL-R 110/82(1982)

[3082] **H.Oertel:**Coherent structures producing Machwaves inside and outside of the supersonic jet.p.334-343 in "Structure of complex turbulent shear flow", R.Dumas, L.Fulachier(Eds.), Springer, Berlin,1983. ISL-CO 218/82(1982)

[3083] [121][124][147][164][168][178][181][193][195]

[3084] **R.N.James,W.R.Babcock,H.S.Seifert:**A laser Doppler technique for the measurement of particle velocity.AIAA J.6(1968)160

[3085] **D.A.Jackson,D.M.Paul:**Measurement of supersonic velocity and turbulence by laser anemometry.J.phys.E sci. instr. 4 (1971) 137

[3086] **D.M.Paul,D.A.Jackson:**Rapid velocity sensor using a static confocal Fabry Perot and a single frequency argon laser. J. phys. E sci. instr. 4 (1971) 170-172

[3087] **D.G.Andrews,H.S.Seifert:**Investigation of particle-size distribution from the optical response of a laser Doppler velocimeter.Stanford Univ.Proj.SOUID rept.SU-1-PU(1972)

[3088] **S.R.Self:**Laser Doppler anemometer for boundary layer measurements in high velocity,high temperature MHD-flows. p. II/64-II/67 in [263]

[3089] **P.L.Eggins,D.A.Jackson:**Laser-Doppler velocity measurements in an underexpanded free jet.J.phys.D appl.phys.7(1974)1894

[3090] J.M.Avidor:Novel instantaneous laser Doppler velocimeter. Appl. optics 13(1974)280
[3091] D.A.Jackson,P.L.Eggins:Supersonic velocity and turbulence measurements using a Fabry-Perot interferometer.p.6.1/1-6.1/13 in [286]
[3092] P.W.Forder:A novel approach to laser Doppler velocimetry and anemometry.J.phys.E 14,8(1981)1014-1018
[3093] P.W.Forder,D.A.Jackson:Digital anemometer based on a scanning Fabry-Perit spectrometer.J.phys.E 15,5(1981)555-557
[3094] P.Atherton,N.K.Reay,J.Ring,T.R.Hicks:Tunable Fabry-Perot filters. Opt. eng. 20.6(1981)806-814
[3095] S.A.Abramov,Y.F.Tomashevskii:Fabry-Perot interferometer with spherical-surface adjustment.Izmer.Tekh.(USSR) 24,5(1981)31-32
[3096] A.N.Papyrin,R.I.Soloukhin:Fabry-Perot-Spectrometer.p.194-227   in [43A]
[3097] R.G.Seasholtz,L.J.Goldman:Laser anemometer using a Fabry-Perot interferometer for measuring mean velocity and turbulence along the optical axis in turbomachinery.NASA-TM-82841(1982)
[3098] R.N.James,W.R.Babcock,H.S.Seifert:Application of a laser-Doppler technique to the measurement of particle velocity in gas-particle two-phase flow.Stanford Univ.Dept.Aeron.Astron.rept.265(1966)
[3099] H.L.Morse,B.J.Tullis,H.S.Seifert:Development of a laser-Doppler particle sensor for the measurement of velocities in rocket exhaust. J. spacecraft 6, 3(1969)264-272
[3100] V.Met:Working with etalons.Laser technology 45(1967)

Sachverzeichnis

Namen auf Textseiten

Namen im Literaturverzeichnis

Alessandretti G. 2323
Alfs A. 1696
Alippi A. 2711
Allan W.B. 639
Allano D. 1207
Alldritt M. 2710
Allen L. 527
Allen M.J. 1343
Allen R.A. 2139,2140
Allen T. 1394
Al-Taneel A.M. 1426
Altgeld H. 2454
Amann H.O. 788
Amelin A.D. 1174
Anders H. 681
Anders K. 2133
Anderson A. 197
Anderson B.H. 2888
Anderson E.E. 913
Anderson O.L. 2243,2245
Anderson R.C. 1042
Anderson R.E. 2520
Andrade J.A. 2972
Andreev S. 496
Andrewartha J.R. 1014
Andrews C.L. 306
Andrews D.G. 2439,3087
Angerer E.V. 73
Angus J.C. 2517,2683
Antonini G. 1162
Aponin G.I. 2713
Apostol D. 1124
Appelbaum G. 1962
Appt W. 535,2337
Arcoumanis C. 2950
Ardenceau P. 2751,2831,2838,2903
Arecchi F.T. 111,529
Ariatnam S.T. 2797
Armstron W.T. 1117
Armstrong S.A. 565
Arnaud J.A. 640
Arnoux J.J. 1999
Arts A. 3017
Asakura T. 1479,2866
Asalor J.O. 2689
Asano S. 744
Ashby D.E.T.F. 2011
Asher J.A. 2302,2777
Ashkenas H. 2167
Aspden R. 74
Atakan M.S. 2446
Atherton P. 2238,3094
Atraghji E. 1562,1563
Attal B. 2405
Aulbach B. 1939
Aung W. 1149
Aussenegg F. 199
Avidor J.M. 3090
Axford W.I. 1440
Ayrault M. 1953
Baba N. 1126
Babcock W.R. 3084,3098
Babrock W.B. 2516

Bach D.R. 728
Bachalo W.D. 1168,1179,1408
Bacher R.F. 431
Badareu E. 480
Bademian L. 2117
Baganoff D. 1252
Bahcevan S. 1181
Bailey H.E. 1573
Bailey R. 2212,2380,2381
Baird D. 2538
Bairstow L. 1284
Baker B.B. 334
Baker D.J. 1212
Baker P.L. 1477
Baker R.J. 2691,2695,2826,2980,
2981
Balint J.L. 1944,1953
Balkanski M. 581
Ballard G.S. 1199,2067,2922
Ballard H.N. 2193
Ballard S.S. 315
Baltazzi E.S. 1061
Bandettini A. 1619
Bannister T.C. 1615
Barakat S.A. 1308
Baravrah E. 2027
Barber J.B. 2093
Barber P.W. 2414
Barbeyrac J. 2792
Barbour J.B. 1712
Barelli A.E. 2074
Barier D.B. 1474
Barker L.M. 2018,3064,3065
Barlow S.M. 2999
Barnard A.J. 2509
Barnes F.H. 2731,2732
Barnett D.O. 2749,2758,2759,2845
Barr P.W. 2694
Barrett J.J. 2290,2308,2396,2397
Barrow R.E. 457
Bartels H. 1792,1793
Barthel K. 2065
Bartholomeyczyk W. 944,1005
Basler D. 1148,1184
Basov N.G. 538,2037
Bataille J. 3018
Bates C.J. 2448,2650,2973
Bates D.R. 452,456
Bates R.H.T. 1879
Batill S.M. 1369,1370,1381,1382
Bauer S.H. 2339
Baumeister P.W. 685
Bayer R. 1291
Bayer-Helms F. 417
Bazzochi E. 1570
Beach K.W. 892
Beamish J.K. 1095
Beams J.W. 499
Beck R. 545
Becker F. 1936,1941
Becker M. 2180
Becker R.S. 1245
Beckmann P. 694

814

Bradley J.N. 399
Bradley J.W. 904,1859
Bradley L.C. 1603,1604
Bradshaw J. 2208,2217
Bradshaw P. 2795
Bragina O.B. 2713
Brand B. 893
Brandt H.M. 658
Brankovic A. 3023
Branston D.W. 957,958
Brasier C.W. 1405
Braucks F.W. 2190
Brauer H.J. 1588,1589,1590
Braun C.E. 506
Braun E.B. 316
Bray K.N.C. 2996
Brayton D.B. 2421,2561,2563,2604,
2776
Brazier J.G. 1298,1537
Breene R.G. 2137
Breidenthal R. 1210
Brennenstuhl U. 1579,1580
Breshears W.D. 1967
Bret G. 2332
Brewster J.L. 1712
Brienza M.J. 1693
Briers J.D. 1486
Briguet A. 3042
Brimklov P.I. 871
Brinker O. 1322
Brioschi C. 2442
Britan A.B. 2275
Britton D. 2254
Brixner B. 1787,1788
Bro K. 1355
Brockmann E. 2609,2846
Bronkhorst I. 1842
Brooks R.A. 1869,1877
Brooks R.E. 1092
Brossmann R. 1397
Brouhat G. 305
Broussaud G. 582
Brower J.N. 2217
Brown C.G. 2870
Brown C.H. 1248
Brown D.R. 2317,2727,2820,2834
Brown F.N.M. 1336,1529
Brown G. 1841
Brown N. 1195,1197

Brown R.G.W. 2477,2484
Brue F. 2838
Brueckner S. 2394
Brumer W. 553
Brunner W. 534
Brusse J.C. 1330
Bryanston P. 1182,2954
Bryant R. 1477
Bryngdahl O. 1018,1020
Buchele D.R. 858,902
Buchhave P. 2625,2647,2753,2762,
2763,2764,2847,2880,2975
Buck W.E. 1761

Buckingham A.C. 1439
Budziak A. 1181
Buechtemann W. 2062
Buehler K. 972,973,975,980,999,
1460,1462
Buendia Y.M. 1177
Buetefisch K. 1241,1611,2169,
2181
Buhrer D.F. 2538
Burch J.M. 1093
Burden H.S. 1822
Burke J.J. 638
Burner A.W. 1075,1076,1077
Burnham D.C. 1528
Burns J. 608
Burson J.H. 1427
Burstall F.H. 1585
Burton R.A. 833
Busch J.M. 701
Button P.A. 1718
Butusov M.M. 645,1135
Buzzard R.D. 1072
Byer R.L. 1252,2406,3040
Cadars J. 1599
Cadle R.D. 1390
Cadwalle W.K. 2070
Cady W.M. 1472
Call D.L. 2073
Callen W.R. 549
Callis C.F. 1331
Calvet P. 1935,1946
Campbell C.W. 2492
Candler C. 438
Cann M.W.P. 2260
Canning T.N. 389
Cantarutti S. 2994
Cantwell B. 1464
Canu M. 2924
Carey C. 2274,2955
Carignan G.R. 1221
Carin Y. 365
Carley J.F. 1426
Carlson D.R. 1465
Carman R.L. 2342
Carneval E.H. 2274
Carr P. 996
Carr W.W. 993
Carr L.W. 1306
Carrier G.F. 1434
Carrière Z. 793
Carswell A.I. 1232
Carter A.L. 2592
Carter H. 576
Carter W.C. 898,1847
Cartwright S.L. 1407
Cash R.F. 821
Caspersen C. 2631,2647,2904
Cassatt W. 1398
Castle J. 1643,1644
Castleman K.R. 1931
Catalano G.D. 2892
Catalano G.G. 2747
Cattolica R. 2184,2211,2285

818

Merian M. 2328
Mernan M.A. 1948
Merritt R.L. 1411
Merry J.B. 2117
Mertz L. 873
Merzkirch W.F. 31,34,44,919,986,
1000,1025,1863
Mesch F. 2457
Meserve G.S. 1169
Met V. 3100
Metcalf S.C. 1234
Metha J.M. 987
Mettler S.C. 2219,3031
Meyer I. 1698
Meyer J.W. 2095
Meyer P. 2898
Meyer R. 504,708
Meyer-Arendt J.R. 348,827,829
Meyers J.F. 1340,2304,2606,2687,
2920,3054
Meynart R. 1476,1480,1481,1482,
1483
Meyrueis P. 1066
Mialhe P. 3042
Michel G.W. 812
Michel K. 66,85,651
Michelson A.A. 666,667,668
Micheron F. 1057
Midwinter J.E. 642,2353
Mie G.A. 738
Mierdel G. 467
Mignel J.C. 1774
Migotsky E. 1573
Mikaelian H.L. 519
Mikhailo S.I. 2037
Miles M. 2868
Miles R.B. 1256,1257,1261,
2220,2222,3036,3038
Miller C.D. 1782,1785
Miller M. 402
Minck R.W. 2329
Mirande W. 351
Mironov A.B. 2037
Mirura H. 1441
Mischel P. 596
Mishihara H. 2863
Mishina H. 2866
Mitreska Z. 1181
Mitsuhashi Y. 1059
Miura S. 1804
Miyasaka K. 2447
Mizushima S.I. 753
Mizutani Y. 2447
Mockrov L.F. 1425
Modjallal H. 2133
Mohamed N. 1410
Mohr F. 3044
Mollwo E. 514
Monig P.J. 1324
Montgomery G.P. 1187
Mooradian A. 536
Moore C.J. 1182,2954
Moore D.T. 2031

Moore H.K. 503
Moos J.B. 2996
Morevec S. 1288
Moreau P. 2983
Morgan J. 294
Morikawa S. 2527,2622
Morkovin M.V. 1573
Morris J. 922,2082
Morriset E.L. 2305
Morrow D.L. 2517
Morse A.P. 2936,3030
Morse H.L. 3002,3099
Morton J.B. 2814,2892
Moser F. 626
Moser H. 134
Moss B.C. 555,2813
Mossey P.W. 2930
Mottier F.M. 1204,2068,2075
Moulic E.S. 1229
Mouton H. 716
Moya F. 2372,2374,2375,2376,
2377
Mozumdar S. 2922
Muecke L. 804
Mueller F.A. 1211
Mueller R. 517,606
Mueller T.J. 58,60,1365,1366,1368,
1369,1370,1381,1382,1451,1522
Mueller U. 1186
Mueller W. 82,1663
Muesmann G. 1583
Muetze K. 307
Muirhead J.C. 1358,1359
Mukker O.S. 2873
Muller R.H. 892,914
Mullin R. 2883
Munson D.E. 3066
Muntz E.P. 136,187,1240,2158,2187
Muramoto T. 2863
Muraszew O. 1323
Murata K. 1126
Murphy D.P. 2030
Murphy D.V. 2390
Murphy R.J. 2655
Murty M.V.R.K. 1002
Musset A. 684
Mustafin L. 1158
Mustafina L.T. 1129
Mutter E. 562,571
Myers C.M. 1362
Mylin D.C. 891
Nachtsheim P.R. 1577
Nadaud L. 2266
Naeem T. 2873
Nagata H. 1307
Nagata R. 1122,1128,1170,1178
Nagel M.R. 458
Nagib H.M. 1363,1376,1379
Nail N.R. 1602
Nakano Y. 2712
Nakatami N. 2712,2851
Nakatami Y. 3062,3063
Nakawaga Y. 1804